MIKROBIOLOGIE DER LEBENSMITTEL

FLEISCH UND FLEISCHERZEUGNISSE

Herausgegeben von

Herbert Weber

BEHR'S...VERLAG

Die Deutsche Bibliothek – CIP-Einheitsaufnahme

Mikrobiologie der Lebensmittel. – Hamburg : Behr.
Fleisch und Fleischerzeugnisse / H. Weber (Hrsg.). – 1996
ISBN 3-86022-236-8
NE: Weber, Herbert [Hrsg.]

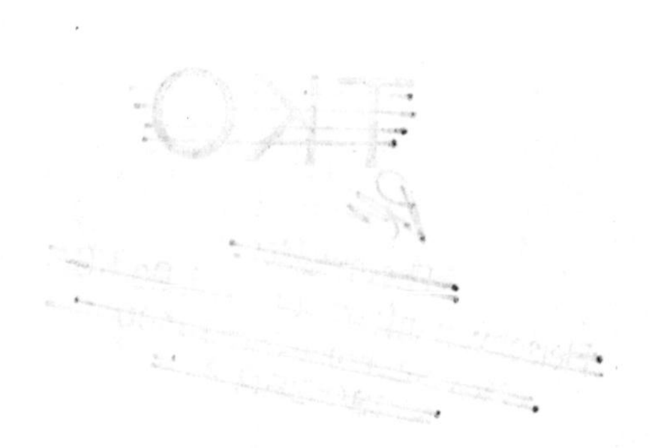

1. Auflage 1996

Satz und Druck: druckhaus köthen GmbH
Buchbinderische Verarbeitung: Kunst- und Verlagsbuchbinderei Leipzig GmbH

Vorwort

Vor über zwölf Jahren wurde das Buch „Mikrobiologie tierischer Lebensmittel“ niedergeschrieben. Neben diesem Band erschienen noch die Bände „Grundlagen der Lebensmittelmikrobiologie“ und „Mikrobiologie pflanzlicher Lebensmittel“ in jeweils mehreren Auflagen. Die ursprünglich von Dr. Gunther Müller iniziierte Buchreihe wurde in mehrere Sprachen übersetzt und fand eine weite Verbreitung. Inzwischen ist die gesamte Buchreihe vom Behr's Verlag, Hamburg, übernommen worden und umfaßt derzeit fünf Bände.

Die vorliegende Auflage ist völlig neu bearbeitet worden. Dabei kam es darauf an, die Gesamtkonzeption dieser Buchreihe zu überdenken, die Darstellungen zu aktualisieren sowie altbekannte Tatsachen unter neuen Aspekten darzustellen. Aufgrund des enormen Wissenszuwachses wurde eine Erweiterung notwendig. Dies hatte eine Aufgliederung der Lebensmittel tierischer Herkunft in zwei Bände zur Folge, den „Fleischband“ und den „Milchband“.

Der Band „Fleisch und Fleischerzeugnisse“ aus der Buchreihe „Mikrobiologie der Lebensmittel“ wurde realisiert unter Mitwirkung von 21 Autoren. Sie sind auf den von ihnen dargestellten Fachgebieten anerkannt in Wissenschaft und Praxis. Die Gliederung des recht heterogenen Gebietes erfolgte dabei nach Lebensmittelgruppen. Etwaige Überschneidungen, die sich beim Zusammenwirken mehrerer Autoren nicht immer vermeiden lassen, wurden zum Teil beibehalten, da es interessant sein kann, wenn das Wissen aus unterschiedlichen Blickwinkeln betrachtet wird.

In den einzelnen Kapiteln werden grundlegende mikrobiologische Kenntnisse bei der Veredlung tierischer Rohstoffe zu hochwertigen Lebensmitteln beschrieben. Sofern sinnvoll, werden dabei auch technologische Grundlagen berücksichtigt, denn die Mikrobiologie von Lebensmitteln tierischer Herkunft kann nur in Verbindung mit der entsprechenden Technologie gesehen werden. Herausgestellt wird des weiteren die Bedeutung der Mikroorganismen für die Qualität von fermentierten Fleischerzeugnissen. Neben den erwünschten Aktivitäten von Mikroorganismen wird in einem gesonderten Kapitel über pathogene und toxinogene Mikroorganismen berichtet. Sofern erforderlich, werden auch Beziehungen zu prozeßhygienischen Aspekten herausgestellt, und es wird auf gesetzliche Regelungen aufgrund der Bildung der EU eingegangen. Erweitert wird die Thematik um die Mikrobiologie von Eiern, Fischen und Fischwaren sowie Krebstieren.

Dieses Buch soll aktuelle mikrobiologische Fachkenntnisse vermitteln und sowohl dem Praktiker als auch dem Wissenschaftler und dem Studenten eine hinreichende Orientierung geben. Möge dieses Buch eine ebenso günstige Aufnahme finden wie die vorausgegangenen Bände dieser Buchreihe.

Allen sei gedankt, die bei der Entwicklung dieses Buches mit Rat und Tat zur Seite standen. Von vielen Seiten habe ich Anregungen und Unterstützungen erhalten. Mein Dank gilt insbesondere allen Autoren für ihre Bereitschaft zur Mitarbeit und Akzeptanz der Gesamtkonzeption. Dem Behr's Verlag danke ich für die verlegerische Betreuung. Änderungsvorschlägen sehe ich gerne entgegen.

Berlin, im Januar 1996 — Herbert Weber

Autoren

Prof. Dr. J. BAUMGART	Laboratorium Lebensmittel-Mikrobiologie im Fachbereich Lebensmitteltechnologie der Fachhochschule Lippe, Lemgo
Dr. Z. BEM	Fehring, Österreich
Dr. L. BÖHMER	Freie Universität Berlin, Fachbereich Veterinärmedizin, Institut für Lebensmittelhygiene, Berlin
Prof. Dr. M. BÜLTE	Fachbereich Veterinärmedizin, Institut für Tierärztliche Nahrungsmittelkunde, Gießen
Prof. Dr. R. FRIES	Institut für Anatomie, Physiologie und Hygiene der Haustiere der Rheinischen Friedrich-Wilhelms-Universität Bonn, Abteilung Veterinär- und Lebensmittelhygiene, Bonn
Dr. K. H. GEHLEN	Fa. Herta GmbH, Werk Berlin
H. HECHELMANN	Bundesanstalt für Fleischforschung, Kulmbach
Prof. Dr. G. HILDEBRANDT	Freie Universität Berlin, Fachbereich Veterinärmedizin, Institut für Lebensmittelhygiene, Berlin
Prof. Dr. W. HOLZAPFEL	Bundesforschungsanstalt für Ernährung, Karlsruhe
Dr. J. JÖCKEL	Berliner Betrieb für Zentrale Gesundheitliche Aufgaben (BBGes), ehemals Landesuntersuchungsinstitut für Lebensmittel, Arzneimittel und Tierseuchen Berlin (LAT)
Dr. H. KNAUF	Fa. Rudolf Müller & Co. GmbH, Pohlheim
Prof. Dr. J. KRÄMER	Rheinische Friedrich-Wilhelms-Universität, Abteilung für Landwirtschaftliche und Lebensmittel-Mikrobiologie, Bonn
Prof. Dr. F.-K. LÜCKE	Fachhochschule Fulda, Fachbereich Haushalt und Ernährung, Fulda
Dr. K. PRIEBE	Staatliches Veterinäramt, Bremerhaven
Prof. Dr. G. REUTER	Freie Universität Berlin, Fachbereich Veterinärmedizin, Institut für Fleischhygiene und -technologie, Berlin

Dr. Chr. Saupe	Saßnitz
Dr. U. Seybold	Deutsche Gelatine Fabriken, STOESS AG, Eberbach
Dipl.-Lebensmitteltechnologe R. Stroh	Analytisches Institut W. Bostel, Stuttgart
Dr. vet. G. Schiefer	Veterinärdirektor, Veterinär- und Lebensmittelaufsichtsamt, Leipzig
Dipl.-Ing. P. Timm	Pinneberg
Prof. Dr. H. Weber	Technische Fachhochschule Berlin, Fachbereich Lebensmitteltechnologie und Verpackungstechnik, Berlin
Prof. Dr. E. Weise	Bundesinstitut für gesundheitlichen Verbraucherschutz und Veterinärmedizin, Berlin

Inhaltsverzeichnis

1 Mikrobiologie des Fleisches

1 Mikrobiologie des Fleisches

G. Reuter

1.1 Mikrobiologische und technologische Grundlagen

1.1.1 Einleitung

Fleisch und Fleischprodukte von warmblütigen Tieren nehmen in der Ernährung des Menschen eine überragende Stellung ein. Über diese tierischen Produkte deckt der Mensch den wesentlichen Teil seines täglichen Bedarfes an Eiweiß sowie wichtiger Mineralsalze, Vitamine und Spurenelemente. Der Mensch ist von seiner Physiologie her auf die Verstoffwechselung tierischer Eiweiße und Fette eingestellt.

Die moderne Fleischerzeugung hat es ermöglicht, jederzeit genügend Fleischeiweiß im Nahrungsangebot verfügbar zu haben. Dabei können die Produkte zu Preisen gehandelt werden, die zu einem leichtfertigen Umgang mit diesem verderblichen Substrat verleiten. Mangelsituationen in der Ernährung auf Grund von Eiweißdefiziten, wie sie noch im 18. und 19. Jahrhundert in der Folge von verheerenden Tierseuchen in Europa auftraten, erscheinen heute in den hochentwickelten Industriestaaten ausgeschlossen. Als entgegengesetzten Effekt haben wir in den mitteleuropäischen Regionen eine Überproduktion zu verzeichnen.

Mit der Massenproduktion von Fleisch sind jedoch auch Qualitätsminderungen einhergegangen. Substantielle Mängel in Aussehen, Konsistenz, Geruch und Geschmack haben sich eingestellt. Rückstandsbelastungen sind bei regelwidriger Gewinnung möglich, Infektionsgefährdungen bei leichtfertigem Umgang mit latenten Tierseuchen (Zoonosen) nicht auszuschließen. Der Verbraucher reagiert auf diese Situation. Er hält sich beim Verzehr von Fleisch und Fleischerzeugnissen zurück oder sucht gezielt nach garantierter Qualität, zumal er aufgrund medizinischer oder ernährungsphysiologischer Aspekte laufend vor zu viel Fleischgenuß gewarnt wird.

Seit einer Reihe von Jahren wird daher von Seiten der Fleischerzeugung versucht, diese Entwicklung zu korrigieren und das Vertrauen des Verbrauchers zurückzugewinnen. Es wird ein sinnvoller Kompromiß zwischen Quantität und Qualität des Fleisches und seiner Produkte gesucht, wobei die hygienische, d. h. die mikrobiologische Unbedenklichkeit, eine ganz entscheidende Rolle spielt.

Da Fleisch ein Naturprodukt ist, das einen Reifungsprozeß durchlaufen muß, wenn es direkt zum Genuß verwendet werden soll, muß seine Entwicklung gesteuert werden, damit kein Fehlprodukt und im Endstadium kein Verderb entstehen. Ursachen für den Verderb von Fleisch sind im wesentlichen Veränderungen durch Mikroorganismen. Diese stammen aus der äußeren und inneren Körperflora der Tiere und aus der Umgebungsflora des Schlacht- und Verarbeitungsbereiches, somit auch mittelbar aus der Umgebung des Menschen.

Die mikrobielle Belastung der Oberflächen des Fleisches nimmt mit der fortschreitenden Bearbeitung ständig zu. Sie ist bisher nicht vermeidbar und kann komplexe Zusammensetzungen und hohe Quantitäten erreichen. Zur Vermeidung ausufernder Entwicklungen können hygienische und technologische Maßnahmen eingesetzt werden. Dazu gehört das alsbaldige und kontinuierliche Kühlen auf Temperaturen, die in die Vermehrungsphase der Mikroorganismen hemmend eingreifen, wobei abgestufte Wirkungen, je nach Kälteempfindlichkeit bestimmter Keimgruppen, eintreten. Das Tiefkühlen (Gefrieren) ist ein weiteres wichtiges Verfahren. Es bewirkt ein Ruhestadium bei fast allen Mikroorganismen. Nach dem üblicherweise langsamen Auftauen ist der Keimgehalt quantitativ jedoch nahezu unverändert vorhanden und mehr oder weniger verzögert vermehrungsfähig. Das Erhitzen beendet das mikrobielle Wachstum. Es führt, je nach Intensität, zur abgestuften Abtötung der meisten Mikroorganismen. Es beseitigt jedoch nicht die Stoffwechselprodukte derselben in dem stark proteinhaltigen Substrat. Einige Metaboliten bleiben unverändert oder in weiteren Abbaustufen zurück, darunter auch gesundheitlich nicht unbedenkliche Substanzen.

Alle bei der Fleischgewinnung und -verarbeitung einsetzbaren technischen und hygienischen Maßnahmen werden letztlich durch ökonomische Vorgaben eingeschränkt. Wie in anderen Bereichen der Lebensmittelindustrie, bestimmt die Wirtschaftlichkeit bei der Fleischproduktion den Prozeßablauf. Nur wenn der Verbraucher bereit ist, für ein qualitativ hochwertiges Produkt einen adäquaten Preis zu zahlen, können weitere Fortschritte in der Hygiene erzielt werden. Der Wettbewerb im gemeinsamen Markt der Europäischen Gemeinschaft bietet eine gute Basis für solche Anstrengungen, insbesondere wenn präzise rechtliche Vorgaben vorhanden sind, die es zu verwirklichen gilt.

Da die mikrobiologische Beschaffenheit von Fleisch und Fleischerzeugnissen entscheidend von den technischen Bearbeitungsstufen abhängt, werden in den nun folgenden Kapiteln dieser Abhandlung die technologischen Aspekte jeweils den mikrobiologischen oder hygienischen Erörterungen vorausgeschickt oder gleichlaufend behandelt.

1.1.2 Definitionen für Fleisch und Einteilung nach Angebotsformen

- Fleisch im Sinne des Fleischhygienegesetzes
- frisches Fleisch
- Fleischerzeugnis, zubereitetes Fleisch
- Nebenprodukte der Schlachtung
- eßbare und nicht eßbare Nebenprodukte
- Abfall
- Konfiskat

1.1.2.1 Fleisch im Sinne des Fleischhygienegesetzes

Darunter sind nach den rechtlichen Vorschriften für die Gewinnung und Behandlung von Fleisch (Fleischhygienegesetz = FlHG [113] sowie Fleischhygieneverordnung = FlHV [120]) alle für den Genuß des Menschen geeigneten Teile eines Schlachttieres zu verstehen. Folglich gehören dazu auch die Organe und alle anderen eßbaren Nebenprodukte, wie z. B. die aufbereiteten Därme als Wursthüllen. Diese Definition geht weit über die gewöhnliche Verbrauchervorstellung hinaus, nach der unter Fleisch nur quergestreifte Muskulatur mit anhaftendem Binde- und Fettgewebe verstanden wird.

Der Begriff Fleisch steht außerdem für heterogene Angebotsformen. Für die allgemeine Verständigung und den richtigen Sprachgebrauch in Handel und Konsum sind deshalb weitere Begriffsbestimmungen notwendig:

1.1.2.2 Frisches Fleisch

Darunter ist solches Fleisch zu verstehen, das keiner Behandlung unterworfen worden ist, bei der die natürliche Struktur verlorenging, d. h., gekühltes oder tiefgekühltes (Gefrier-) Fleisch gelten als frisches Fleisch. Im Handel angebotenes aufgetautes Fleisch bleibt frisches Fleisch. Gereiftes Fleisch ist ebenfalls frisches Fleisch.

1.1.2.3 Fleischerzeugnis

Fleisch wird zu einem Fleischerzeugnis, wenn es einer Behandlung unterzogen wurde, bei der die natürliche Struktur des Fleisches verlorenging, es also zum Zwecke der Haltbarmachung verändert wurde. Klassische Maßnahmen, die zu einer Haltbarmachung durch Denaturierung führen, sind z. B. Erhitzen (Autoklavieren, Kochen, Braten, Ausschmelzen), Trocknen (Herabsetzen des Wassergehaltes unter 10 %), Beizen (Säuern unter oder bis zu pH 4,5), Pökeln (Salzen auf einen bestimmten NaCl-Gehalt (z. B. 2 oder 4 %), ohne oder mit Zugabe von Nitrat oder Nitrit) und Räuchern.

Für die Haltbarmachung sind in Rechtsvorschriften Kriterien vorgegeben worden. Diese sind in Tab. 1.1 orientierend dargestellt. Weitere Daten über Temperatur- und Zeitkombinationen für die Hitzekonservierung und Einzelwerte für die übrigen Kriterien müssen aus den Spezialkapiteln dieses Buches entnommen werden. Hier sei nur angeführt, daß die durch die Abtrocknung und/oder durch den Zusatz von Kochsalz herabgesetzten a_w-

Tab. 1.1 Vorgegebene Haltbarkeitskriterien für Fleisch und Fleischerzeugnisse

Allgemeine Kennzeichen der Haltbarkeit

a_w-Wert: $<0{,}97$;
Keine Merkmale frischen Fleisches im Kern eines Anschnittes
(„Denaturation“ bei mehr als 56 °C)

Vollständig haltbar

Für luftdicht verschlossene Behältnisse

- F_c-Wert: $\geq 3{,}0$ (erhitzt nach bestimmten Temperatur-/Zeitkombinationen)
- unveränderte Beschaffenheit nach Bebrütung bei
  37 °C: 7 Tage, bzw.
  35 °C: 10 Tage

Für nicht luftdicht verschlossene Behältnisse oder locker verpackte Produkte

- pH-Wert: $\leq 4{,}5$ (künstlich gesäuert)
  oder $<5{,}2$ verbunden mit a_w-Wert $\leq 0{,}95$
- a_w-Wert: $\leq 0{,}91$

Bedingt haltbar

- Nichterreichen obiger Werte

Werte bei Fleischerzeugnissen eine wichtige Rolle für die Zusammensetzung und den Zustand der Mikroflora spielen. Der als Haltbarkeitskriterium angeführte pH-Wert wird allerdings nicht durch die Glykolyse der Muskulatur, sondern letztlich nur durch den Zusatz organischer Säuren herbeigeführt. Beide Parameter wirken jedoch synergistisch bei der Steuerung der mikrobiellen Besiedlung des Fleisches und bei der Ausprägung einer Mikroflora in Fleischerzeugnissen.

Da in neuerer Zeit vermehrt mit diesen beiden Kriterien, nicht nur in der Produktion sondern auch in der amtlichen Überwachung, operiert wird, erscheint es sinnvoll, einen orientierenden Überblick über die pH- und a_w-Wert-Bereiche bei Fleisch und Fleischerzeugnissen zu vermitteln. Diese wurden deshalb in Tab. 1.2 nach vorhandenen Daten zusammengestellt.

Tab. 1.2 pH- und a_w-Bereiche bei Fleisch und Fleischerzeugnissen als Orientierungswerte für die substantielle Beschaffenheit (nach WIRTH et al.[1]) sowie eigenen Daten)

	pH-Werte	a_w-Werte	Ø
Frisches Fleisch			
Rind	6,2 (6,0)–5,6 (5,4)	0,99–0,98	0,99
Schwein	6,0 (5,8)–5,6 (5,4)		
Schaf/Wild	–5,8 (5,6)		
Fleischerzeugnisse			
Gegarte Pökelware		0,98/0,96	0,97
Blutwurst	7,1/6,7	0,97/0,86	0,96
Leberwurst		0,97/0,95	0,96
Brühwurst		0,98/0,93	0,97
Pökellaken	6,4/6,2		
Fleisch-Konserven	6,2/5,8		0,97
Roh-Pökelwaren		0,96/0,80	0,92
Rohwurst	5,2/4,8	0,96/0,70	0,91
Sülze	5,2/4,5		
Speck			0,85

[1]) Richtwerte der Fleischtechnologie, Fach-Verlag, Frankfurt/Main, 1990
pH-Werte = Dissoziationsformen der Elektrolyte
$<7,0$ = sauer $>7,0$ = alkalisch
a_w-Werte = activity of water = frei verfügbares, ungebundenes Wasser in einem Substrat
Skala von 0,999 – absteigend (bei Fleischerzeugnissen im Extremfall bis etwa 0,7 bei Rohwurst-Dauerwaren)

Dabei handelt es sich um Orientierungswerte, die teilweise für eine recht breite Produktpalette stehen, z. B. für die Pökelwaren oder die Brüh- und Leberwürste als Gruppen. Andererseits wird ersichtlich, daß im Fall der a_w-Werte viele Erzeugnisse in einem engen Bereich angesiedelt sind. Dieser Sachverhalt schränkt die Aussagekraft dieses Parameters wesentlich ein, obwohl dieser in den letzten Jahren gerade für die innerbetriebliche Produktkontrolle stark propagiert wurde [40].

1.1.2.4 Zubereitetes Fleisch

Im Jahre 1987 wurde bei einer der Überarbeitungen des Fleischhygienerechtes „zubereitetes Fleisch“ als besondere Kategorie eingeführt. Hierunter versteht man frisches Fleisch, das durch Zusatz von Gewürzen und Geschmacksstoffen zum Genuß vorbereitet worden ist. Als Beispiel ist Gyros (Gewürzfleisch als Spieß oder Geschnetzeltes, nach Gyrosart gewürzt) zu nennen. Hierunter fällt auch frisches Fleisch in Form von vorbereiteten aber noch nicht erhitzten Cevapcici, Bouletten oder Bratklopsen.

1.1.2.5 Nebenprodukte der Schlachtung

Darunter fallen alle zur wirtschaftlichen Verwertung geeigneten sonstigen Teile eines Schlachttieres, außer Muskulatur, Fett und Bindegewebe. Es handelt sich dabei zunächst um genußtaugliche Teile eines Schlachttieres, die nach dem Entfernen der Haut, des Felles, der Gliedmaßenenden und dem Ausweiden noch vorhanden sind. Man nennt sie auch die „eßbaren Nebenprodukte“. Von diesen sind die „nicht-eßbaren Nebenprodukte“ abzugrenzen. Eßbare Nebenprodukte der Schlachtung werden zusätzlich in die sogenannten „roten“ und „weißen“ Nebenprodukte unterteilt. Im wesentlichen handelt es sich dabei um die inneren Organe der Schlachttiere. Es gibt auch Produkte mit Doppelcharakter, z. B. Blut, Haut, Knochen und Fett (siehe auch Abb. 1.1).

1.1.2.6 Abfall und Konfiskat

Der Abfall bei der Fleischgewinnung besteht aus nicht verwertbaren Teilen, z. B. aus Magen- und Darminhalt und nicht aufgefangenem Blut, die ungenutzt in die Abwässer eingeleitet werden. Konfiskat besteht aus Teilen, die bei der Herrichtung eines geschlachteten Tieres entfernt werden müssen.

Diese werden nach dem TierKBG [114] aus dem Verkehr gezogen. Darunter sind auch Teile, die nach unserer Verbrauchererwartung grundsätzlich nicht zum Genuß für Menschen geeignet sind, weil sie ungenießbar oder ekelerregend sind. Das sind z. B. Augen, Ohrausschnitte, Geschlechtsteile, Nabelausschnitte. Als Konfiskat gelten auch alle bei der amtlichen Fleischuntersuchung wegen substantieller Veränderungen und möglicher Gesundheitsgefährdungen für den menschlichen Genuß als untauglich beurteilten Teile, ganze Schlachttiere eingeschlossen.

Aber sowohl Abfall als auch Konfiskate können noch einer industriemäßigen Verwertung zugeführt werden. In den Tierkörperbeseitigungsanstalten (TBA) wird aus Konfiskat eiweißhaltiges Tiermehl für Futterzwecke hergestellt, und selbst aus Magen- und Darminhalt werden im Versuchsstadium neuerdings mit Hilfe besonderer Fermentations- und Extraktionsverfahren Futterkomponenten für die Tierernährung gewonnen.

Unter dem Gesichtspunkt der im Zunehmen befindlichen Verwertung von Schlachtabfällen werden inzwischen auch andere Unterteilungen dieser Produktgruppen vorgenommen [16]. Man unterscheidet danach

- frei handelbare Abfälle
- nicht handelbare Abfälle
- Abfälle im Sinne des Abfallgesetzes.

Die frei handelbaren Schlachtabfälle sind Haut, Fett, Borsten, Haar, Klauen, Hörner, Pansenschabsel, Darmschleim, Gallenblase und Gallenflüssigkeit, die in der Regel über Spezialbetriebe zu Industrieprodukten verarbeitet werden. Die Verwertung findet allerdings nur statt, solange ein wirtschaftliche Gewinn zu erwarten ist. Nach wie vor ist die pharmazeutische Industrie Abnehmer diverser „Abfälle“. Bedeutende Produkte waren und sind teilweise noch Insulin und Heparin, die aus tierischen Gewebebestandteilen gewonnen werden.

Mit Hilfe spezieller Konservierungsverfahren müssen die Haltbarkeit und die mikrobiologische Unbedenklichkeit der Ausgangssubstrate gewährleistet bleiben. Der Fleischhygieniker muß daher auch mit der mikrobiologischen Beschaffenheit und der hygienischen Behandlung derartiger Substrate vertraut sein.

Die nicht handelbaren Schlachtabfälle bestehen im wesentlichen aus den Konfiskaten auf Grund der amtlichen Untersuchung und den nach Fleischhygienerecht immer zu beschlagnahmenden Teilen. Sie unterliegen dem Tierkörperbeseitigungs-Gesetz und dessen Ausführungsvorschriften.

Die Abfälle im Sinne des Abfallgesetzes setzen sich aus Blut, Magen-Darminhalten, Fettabscheiderrückständen (Flotaten) sowie Sieb- und Rechengut zusammen. Alternativ können diese Abfälle über die TBA entsorgt werden oder als Rohstoffe für die Futtermittelindustrie genutzt werden.

1.1.2.7 Organisationsstruktur der Fleischgewinnung

Die Verwertung möglichst vieler Teile eines Schlachttieres ist aus ökonomischen Gründen angezeigt, besteht doch bei einem Rind etwa ein Drittel des Lebendgewichtes aus späteren Nebenprodukten und Abfall und beim Schwein etwa ein Viertel. Jede Gewebeart oder jeder Teil eines Schlachttieres hat einen eigenen Stellenwert im Fließschema eines ökonomischen Produktionsprozesses.

Die Produktionsabläufe bei der Fleischgewinnung,-behandlung und -bearbeitung sind also äußerst vielschichtig. Je nach Organisationsstruktur eines Betriebes kann relativ wenig oder fast alles einer wirtschaftlichen Nutzung zugeführt werden. Wie zielgerichtet die Verwertung der einzelnen Bestandteile eines Schlachttieres erfolgen kann, sei in einem Organisationsplan für den Gesamtprozeß der Fleischgewinnung (Abb. 1.1) dargestellt. Dazu sei

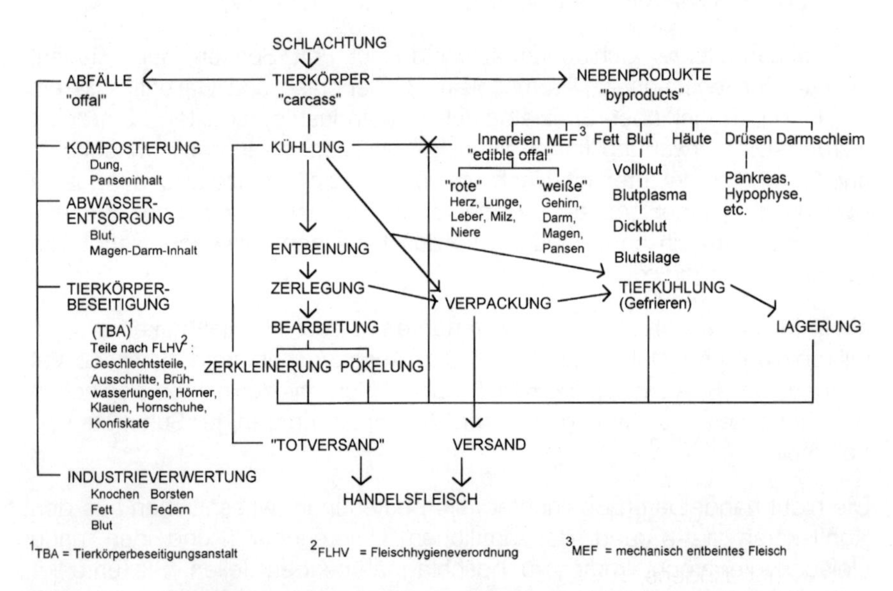

Abb. 1.1 Klassische Organisationsabläufe der Fleischgewinnung (schematisch)

gesagt, daß diese Übersicht nur eine Grobstruktur aufzeigen kann und Quervernetzungen nicht eingefügt werden konnten. Trotzdem wird daraus ersichtlich, wie vielschichtig sich das Arbeitsfeld eines Fleischhygienikers und -technologen darstellt.

1.1.3 Ursprung einer Fleischmikroflora

- Tiefenkeimgehalt
- Oberflächenkeimgehalt
- standortbedingte Prägungen (Habitate)

Die Beschreibung der Herkunft und die Charakterisierung der Zusammensetzung der Fleischmikroflora in den vielen Habitaten könnte allein eine Monographie füllen. Bisher gibt es keine nennenswerte erschöpfende aktuelle Buchausgabe. Eine zusammenfassende Darstellung liegt aus dem Jahre 1982 vor [7]. Einzelne Spezialkapitel in anderen Buchausgaben folgten [82, 88]. Je nach Zielstellung der jeweiligen Ausgabe wurden dabei besondere Schwerpunkte gesetzt, die teilweise einer Ergänzung bedürfen. Die Erkenntnisse haben mit der Verbesserung der mikrobiologischen Analytik und der molekularbiologisch orientierten Taxonomie der Mikrobiologie laufend zugenommen. Deshalb soll hier versucht werden, eine Einführung und einen systematisierenden Überblick über die Ökologie und Terminologie der Fleischmikroflora zu liefern.

Grundsätzlich ist zwischen einer Oberflächenmikroflora und einer Tiefenmikroflora zu unterscheiden. Die Mikroflora auf der Oberfläche des Fleisches und das Zustandekommen eines Keimgehaltes im Inneren der Gewebe sind seit Beginn der klassischen Mikrobiologie in einer Vielzahl von Publikationen behandelt worden. Leider sind dabei die beiden unterschiedlichen Standorte der Mikroflora nicht immer genügend getrennt worden.

1.1.3.1 Tiefenkeimgehalt

Ein Tiefenkeimgehalt, innerer Keimgehalt oder auch primärer Keimgehalt im Fleisch liegt dann vor, wenn kranke Tiere, d. h. solche mit Störungen des Allgemeinbefindens, zur Fleischgewinnung herangezogen wurden. Hierbei handelt es sich in der Regel um Dysfunktionen der Körperphysiologie, verbunden mit erhöhter Körpertemperatur, die nicht transport- oder umgebungsbedingt sind. Bei derartigen Funktionsstörungen können nicht nur die Organe, sondern auch die Muskulatur, die normalerweise keimfrei ist, von Mikroorganismen befallen sein. Das gleiche kann bei stark gehetzten oder transportgeschädigten Tieren auftreten, bei denen bereits vor dem Schlachten oder vor dem Erlegen die Darm-Leber-Schranke durchbrochen wurde und die Mikroorganismen aus diesem Bereich intra vitam in den großen Körperkreislauf gelangten. Bei erlegtem Wild mit übermäßig langer Nachsuche kann das gleichermaßen der Fall sein.

Solche Ausnahmezustände dürfen jedoch sowohl aus fleischhygienerechtlichen als auch aus tierschützerischen Gründen nicht mehr vorkommen und müssen gegebenenfalls durch Schlachtverbote oder nachträgliche Konfiszierungen des Tiermaterials streng verfolgt werden. Bei einer trotzdem widerrechtlich erfolgten Fleischgewinnung besteht die Möglichkeit der mikrobiologischen Beweisführung. Falls diese nicht zu bewerkstelligen ist, können auch andere Verfahren, z. B. die Proteinanalytik mit elektrophoretischen Verfahren, herangezogen werden [99, 109].

Bei allen regulär zur Schlachtung gelangten Tieren (sogenannte Normalschlachtungen unter Beachtung der tierschutz- und fleischhygienerelevanten Vorschriften) kann hingegen davon ausgegangen werden, daß diejenigen Gewebe des Körpers, die der Fleischgewinnung dienen, zum Zeitpunkt der Schlachtung weitgehend keimfrei sind. Das gilt insbesondere für die quergestreifte Muskulatur [46]. Selbst Muskulatur von Tieren, die nach dem plötzlichen Transporttod noch bis zu 2 Stunden post mortem entblutet und hergerichtet wurden (Scheinschlachtung beim Schwein), erwies sich als keimfrei oder keimarm wie die von regulär geschlachteten Tieren [99]. Andere substantielle Mängel, wie z. B. die fehlende Glykolyse, sprechen gegen die Verwendung dieses Fleisches als Lebensmittel.

Anderslautende Mitteilungen aus der Literatur über Keimgehalte in Geweben von regulär geschlachteten Tieren basieren möglicherweise auf Fehlern in der eingesetzten mikrobiologischen Technik. Es bereitet Schwierigkeiten, den Tiefenkeimgehalt eines Fleisches von dem überall verbreiteten Oberflächenkeimgehalt analytisch sicher zu trennen. Ein oberflächliches Abflammen mit Alkohol oder auch das bekannte Myokauterisieren der Oberfläche zur Vorbereitung einer Probeentnahme für einen Tiefenkeimgehalt eliminieren nicht sicher den immer vorhandenen Oberflächenkeimgehalt. Durch Muskeleinziehungen kann es infolge der plötzlichen Hitzeeinwirkung zu einem Einschluß von lebensfähigen Keimen in koagulierten oberflächlichen Gewebeschichten kommen. Es wird dann kein Tiefenkeimgehalt erfaßt, sondern ein eingeschlossener Oberflächenkeimgehalt. Ein mindestens zweimaliges oberflächliches Abtragen der Deckgewebsschichten unter ständigem Abflammen erscheint erforderlich, bevor die eigentliche Probeentnahme vorgenommen werden kann. Bei kleinen und unregelmäßigen Proben (Lymphknoten) empfiehlt sich das direkte Abdruckverfahren auf Nährböden mit sorgfältig freipräparierten Anschnitten, wobei der oberflächliche Keimgehalt an der Randzone erkannt werden kann [46].

Während also die wertbestimmenden Gewebe (Muskulatur und Fettgewebe) eines Schlachttieres als keimarm bis nahezu keimfrei gelten können, trifft das für die parenchymatösen Organe nicht oder weniger zu. Hier ist fast immer mit einem, wenn auch normalerweise niedrigen Tiefenkeimgehalt zu rechnen.

1.1.3.2 Oberflächenkeimgehalt und standortbedingte Habitate

Das Entstehen eines Oberflächenkeimgehaltes auf Fleisch ist bisher beim Schlachtprozeß unvermeidbar. Damit ist zugleich der Charakter der Mikroflora festgelegt. Es handelt sich überwiegend um eine aerobe Mikroflora. Der sonst gebräuchliche Begriff Biotop ist im vorliegenden Falle zur Charakterisierung nicht geeignet, weil es sich um kein Biosystem mehr handelt. Die vorliegenden mikrobiellen Assoziationen entstehen auf totem Gewebe. Deshalb ist es besser, von standortbedingtem Habitat zu sprechen.

Je nach Behandlungs- oder Bearbeitungsstufe haben wir es mit reichlich unterschiedlichen Habitaten zu tun. Eine Übersicht soll Tab. 1.3 geben. Dar-

Tab. 1.3 Technische Behandlungsstufen bei Frisch-Fleisch und Nebenprodukten

I. schlachtfrisch,
gekühlt,
gefroren

II. offen,
verpackt

III. unzerlegt,
zerlegt,
zugeschnitten,
gewürfelt,
gewolft,
gekuttert,
zentrifugiert

aus wird ersichtlich, daß die Mikrobiologie des Fleisches sehr stark von den technologischen Behandlungsstufen beeinflußt werden kann. An die Stelle eines ursprünglichen Oberflächenkeimgehaltes kann ein Tiefenkeimgehalt treten. Aus dem Oberflächenkeimgehalt eines Fleischstückes wird der Tiefenkeimgehalt eines Hackfleisches. Als Bezugsgröße tritt dann **g** anstelle von **cm^2.** Diese Entwicklungen sollen in der Tab. 1.4 dargestellt werden. Die prinzipiellen Unterschiede zwischen Oberflächen- und Tiefenkeimgehalt sollten jedem Betroffenen, der Fleisch oder Fleischprodukte untersucht oder entsprechende Befunde interpretiert, immer bewußt sein, wobei stets zu berücksichtigen ist, daß eine einmalige Untersuchung nur eine Momentaufnahme innerhalb eines dynamischen Geschehens darstellen kann. Aus einer einzelnen mikrobiologischen Analyse dürfen Schlüsse auf Zustände vor und nach derselben nur unter den Gesichtspunkten fließender Übergänge getroffen werden. Empirische Erfahrungswerte über die Keimfloradynamik sind deshalb für einen Lebensmittelmikrobiologen unabdingbar.

Tab. 1.4 Veränderungen der Fleisch-Mikroflora in Abhängigkeit von den Verarbeitungsstufen (Habitat)

Oberflächenflora	Tiefenflora

Tierkörper u. Teilstücke
gehälftet,
geviertelt,
entbeint,
zerlegt,

Fleischabschnitte u. Hackfleisch
gewürfelt,
gewolft,
gekuttert

Separatorenfleisch (MEF) u. Blutplasma
zentrifugiert

Organe u. eßbare Nebenprodukte
unzerlegt,
aufbereitet,
bearbeitet

(cfu/cm^2) → **(cfu/g oder ml)**

cfu = colony forming units = Koloniebildende Einheiten (KbE) = Gesamtkeimzahl

Diese können nur aus wiederholten Analysen abgeleitet werden. Der erforderliche Zeit- und Kostenaufwand muß von der betroffenen Industrie oder den Überwachungsbehörden getragen werden, was bisher allerdings nur widerstrebend erfolgt.

1.1.4 Herkunft und Entwicklung der Fleischmikroflora

Die Mikroflora auf frisch gewonnenen Schlachttierkörpern besteht aus Keimgruppen, die einerseits aus der originären Mikroflora der Tiere, andererseits aus der Mikroflora der Betriebe, einschließlich der Körperflora des Personals, stammen. Somit ist zunächst mit allen Vertretern bekannter aerober und anaerober ubiquitärer Mikroorganismen zu rechnen, die die Tiere und die Menschen mit sich herumtragen und die sich in den Räumen und auf den Einrichtungen angesiedelt haben. Der Vielfalt sind also keine Grenzen gesetzt.

Die originäre Mikroflora der Tiere umfaßt unzählige Mikroorganismen, sowohl was die Quantität als auch die Artenvielfalt betrifft. Mikroorganismen finden sich nicht nur im Schmutz der Haut, des Felles, der Klauen, sondern auch in den Körperhöhlen und in und an den natürlichen Körperöffnungen. Der Inhalt des Dickdarmes stellt eine nahezu unermeßliche Ansammlung von lebenden Mikroorganismen dar. Gesamtzahlen bis zu 10^{11}/g können vorliegen. Verständlich ist, daß ein Ausbreiten auch nur eines ganz geringen Teiles einer solchen Mikroorganismenmasse eine flächenmäßig weitreichende Kontamination auf einer ursprünglich keimfreien Oberfläche bewirken kann. Auf der Unterhaut eines frisch enthäuteten Rindes würde theoretisch allein 1 g Kot ausreichen, insbesondere nach einer zusätzlichen Verteilung durch Abbrausen der freigelegten Unterhautfläche, einen durchschnittlichen Keimgehalt von etwa $10^6/cm^2$ zu erzeugen. Ähnliches kann geschehen, wenn der Inhalt aus dem Pansen von Wiederkäuern, in dem kontinuierlich ein mikrobiologischer Fermentationsprozeß wie in einer biotechnischen Produktionsanlage abläuft, aus dem Schlund oder aus einer Zusammenhangstrennung beim fehlerhaften Ausweiden austritt. Aber auch Exkrete aus anderen Organen, wie z. B. Milch aus laktierenden oder entzündeten Eutern, Blaseninhalt oder Speichel, führen zur Kontamination der Fleischoberfläche bei der Fleischgewinnung. Diese kurze Schilderung dürfte belegen, daß an eine keimfreie Gewinnung von Fleisch bislang nicht zu denken ist.

Glücklicherweise wird nur ein Bruchteil der Kontaminanten auf der Fleischoberfläche vermehrungsfähig bleiben, da die innere Körperflora eines

Schlachttieres überwiegend strikt anaerobe Anteile enthält, die unter der hohen Sauerstoffspannung der Fleischoberfläche schnell absterben oder inaktiviert werden. Es verbleiben daher vorwiegend nur die aeroben und mikroaerophilen Arten. Aus der Gruppe der Gram-negativen Bakterien sind es vor allem die mesophilen *Enterobacteriaceae* und die psychrotrophen Species aus der *Pseudomonas-Acinetobacter*-Gruppe. Aus der Gruppe der Gram-positiven dominieren anfangs die Mikrokokken, die im weiteren Verlauf der Bearbeitung von den Milchsäurebakterien und von der Species *Brochothrix thermosphacta* abgelöst werden.

Zur Veranschaulichung der Wachstumseigenschaften der betroffenen Mikroorganismen sei eine bekannte und oft dargestellte Abbildung zur Charakterisierung der Mikroflorakomponenten nach Wachstumsoptima und Grenztemperaturen angeführt (Abb. 1.2). Danach haben Psychrophile ein Wachstumsoptimum von etwa 10 bis 20 °C, Mesophile von 20 bis 40 °C sowie Thermophile von 40 bis 55 °C. Die zusätzlichen Begriffe für die jeweiligen unteren und oberen Wachstumstemperaturen erlauben die weitere Einengung nach Untergruppen. Diese Grundprinzipien der Wachstumsphysiologie der Mikroorganismen verdienen in der Fleischmikrobiologie, ähnlich wie in der Milchbakteriologie, eine besondere Beachtung.

Durch äußere Einflüsse kommt es bald zur Umschichtung einzelner Gruppen oder Species in der Oberflächenflora. Abtrocknung und Abkühlung haben

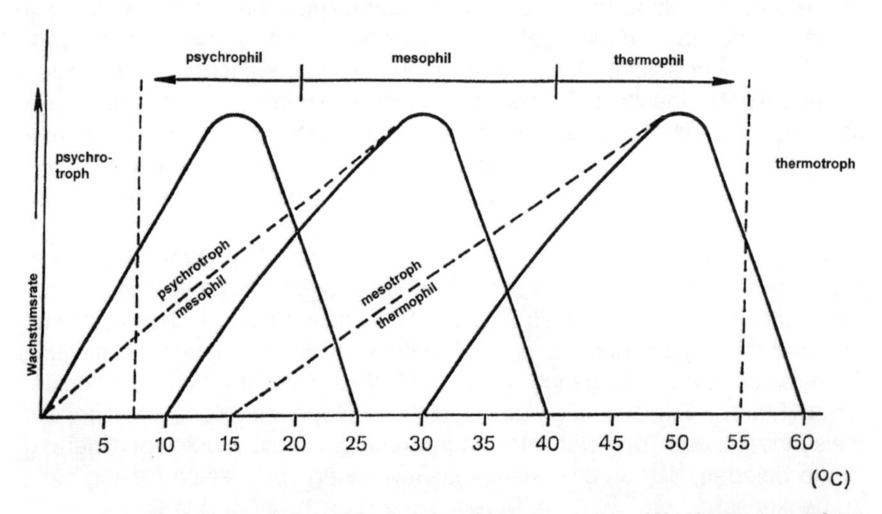

Abb. 1.2 Einteilung der Mikroorganismen nach Wachstumsoptima (-phil) und unteren und oberen Wachstumsgrenztemperaturen (-troph) (nach KANDLER, 1966)

einen selektierenden Einfluß. Dieser Prozeß ist nicht nur temperatur-, sondern auch zeitabhängig. Deshalb ist für die Charakterisierung der Mikroflora des frischen Fleisches immer die Angabe des technologischen Behandlungszustandes hilfreich. Mindestens folgende Zustandsformen sollten bei der Auswertung einer Analyse der Oberflächenflora angegeben werden:

- Der Status am Ende des Schlachtprozesses, vor Beginn der Kühlung;
- der Status nach der Durchkühlung vor dem Abtransport;
- der Status nach dem Transport bei der Ankunft im Verarbeitungsbetrieb.

1.1.5 Komponenten der Fleischmikroflora

Es ist schwer, die Bedeutung der einzelnen Komponenten kennzeichnend zu beschreiben. Einzelne Keimgruppen sind quantitativ stark vertreten, aber unbedenklich im hygienischen und technologischen Sinne, andere sind in geringen Anteilen vorhanden, aber gesundheitlich bedenklich oder von großer Auswirkung im technologischen Sinne.

Zum Zwecke einer ersten Orientierung werden deshalb die anzutreffenden wesentlichen Einzelkomponenten einer Fleischmikroflora in Tab. 1.5 schematisch aufgeführt. Dabei werden die quantitativen Relationen durch Abstufung in der Reihung angedeutet. Zur weiteren Abgrenzung untereinander sind einige diagnostische Kurzcharakteristika angeführt. Dieser Versuch einer schematischen Darstellung basiert auf eigenen Erfahrungen und auf Angaben aus der klassischen Literatur zu diesem Spezialgebiet der Mikrobiologie, wobei beileibe nicht alle nennenswerten Autoren angeführt werden können [18, 21, 30, 50, 63].

Bei den Gram-negativen ist die Unterscheidung zwischen Oxidase-positiven und -negativen und bei den Gram-positiven die Trennung in Katalase-positive und -negative Stammformen angebracht. Dieses Vorgehen erscheint sinnvoll, weil in der mikrobiologischen Praxis oft nur eine einfache gruppenweise Identifizierung nach diesen Kriterien möglich ist. Zudem reichen diese Kategorien für die Routinearbeit oft auch aus, insbesondere wenn die Mikroflora durch elektive und selektive Nährmedien bestimmt wird.

Abweichende quantitative Abstufungen in der Mikroflora beim Fleisch einzelner Tierarten, wie sie z.B. bei Wild vorliegen, werden damit allerdings nicht abgedeckt. Genauere Informationen dazu sind aus Spezialpublikationen zu entnehmen, die laufend in den Fachzeitschriften erscheinen, zum Teil aber auch in Spezialkapiteln dieses Buches abgehandelt werden. Eigene Erfahrungen zu Wild wurden bereits mitgeteilt [74]. Einige neuere

Tab. 1.5 Bedeutsame Bakteriengruppen der Fleischmikroflora (Reihung nach quantitativer Dominanz)

I. **Gram-negative**
Oxidase-negativ:
Enterobacteriaceae
Acinetobacter

Oxidase-positiv:
Pseudomonas
Moraxella
Arthrobacter/Psychrobacter
(„Coccobacilli")
Aeromonas

II. **Gram-positive**
A: aerob/fakultativ anaerob
Katalase-negativ:
Lactobacillus
Pediococcus
Leuconostoc
Streptococcus

Katalase-positiv:
Brochothrix thermosphacta
Micrococcus
Staphylococcus
Bacillus

B: obligat anaerob
Clostridium

Mitteilungen über die Oberflächenmikroflora bei Schwein und Lamm liegen vor. Sie enthalten neue taxonomische Gruppierungen und Einstufungen der Hauptkomponenten dieser Fleischflora, d. h. insbesondere der psychrotrophen Anteile [12, 19, 52].

Bei gekühltem Fleisch dominiert bald die psychrotrophe Oxidase-positive und -negative *Pseudomonas-Acinetobacter*-Assoziation. Hinzu treten Mikrokokken und *Brochothrix thermosphacta*. Bei verpacktem Fleisch kommen die Katalase-negativen Gram-positiven Milchsäurebakterien aus den Gattungen *Lactobacillus*, *Streptococcus*, *Leuconostoc* und *Pediococcus* hinzu, die sich bald zur dominanten Mikroflora entwickeln.

Innerhalb der Fleischmikroflora interessieren aber nicht nur die saprophytären Mikroorganismen, sondern auch die potentiell pathogenen und toxinogenen Species. Diese wurden in Tab. 1.6 gelistet und ebenfalls mit Hilfe einer Reihung geordnet. Neben eigenen Erfahrungen wurden Angaben aus verfügbaren Arbeiten der Literatur berücksichtigt [5, 13, 14, 20, 36, 43, 44, 45, 49, 68, 71, 72, 77, 83, 88, 104]. Auch diese Plazierung kann nur als informativ gewertet werden. Sie sagt nichts über das mengenmäßige Vorkommen einer einzelnen Keimart in einer Einzelprobe aus. Sie dient lediglich der Veranschaulichung der in Fleisch und Fleischerzeugnissen zu erwartenden Erregerstruktur nach der Häufigkeit oder der Bedeutung ihres Auftretens (qualitative Struktur). Wechselnde Technologien bei der Fleischgewinnung und -behandlung und Veränderungen der Mikroflora der lebenden Tiere können diese Rangordnung beeinflussen.

Unter den heutigen Aufzucht- und Mastbedingungen der Haussäugetiere stehen die Vertreter des Genus *Salmonella* sowie der Species *Staphylococ-*

Tab. 1.6 Potentiell pathogene[1]) und toxinogene[2]) Bakterien-Species der Fleischmikroflora

I. **Gram-negative**

Salmonella-spec.[1])
Campylobacter jejuni/coli[1])
Escherichia coli[1,2])
und andere *Enterobacteriaceae*[1,2])
Yersinia enterocolitica[1])
Pseudomonas-spec.[1])
Aeromonas-spec.[1])

II. **Gram-positive**

Staphylococcus aureus[2])
Listeria monocytogenes[1])
Cl. perfringens A[2])
Bac. cereus, subtilis[2])
licheniformis, pumilus[2])
Cl. botulinum A, B[2])
Cl. bifermentans[2])
Cl. novyi, sordellii[2])
Cl. perfringens C[2])
Cl. botulinum E, F[2])
Streptococcus A[1])

Bac. = Bacillus *Cl. = Clostridium*

cus aureus neben *Listeria monocytogenes* als Problemkeime im Vordergrund. Stammformen der *Campylobacter*-Species haben eine größere Bedeutung lediglich beim Geflügelfleisch, bei dem diese nicht nur häufig vorkommen, sondern sich bei den gegebenen Bearbeitungsbedingungen bei hoher Wasseraktivität auch vermehren können. Im sogenannten roten Fleisch der Haussäugetiere spielen sie bisher nur eine unbedeutende Rolle.

In einem speziellen Kapitel dieses Bandes wird auf die Problematik dieser und weiterer Keimgruppen sowie der Species *Yersinia enterocolitica* und der *EHEC*-Keime (*E. coli*) ausführlicher eingegangen werden.

1.1.6 Technologische Bedeutung der Mikroflora-Komponenten

Je nach Physiologie und Biochemie sind die Mikroorganismen unterschiedlich zum Abbau von Ausgangssubstraten befähigt. Sie können jeweils überwiegend proteolytisch, lipolytisch oder saccharolytisch wirken. Sie können aber auch alle Fähigkeiten gleichermaßen besitzen und diese je nach Angebot und Situation einsetzen.

Ein gesundheitsschädlicher Verderb von Lebensmitteln geht vor allem von den stark proteolytischen und schnell wachsenden mesophilen bis thermophilen Mikroorganismen aus. Langsamer wachsende mesophile psychrotrophe Mikroorganismen sind hingegen überwiegend saccharolytisch wirksam und führen zu weitaus geringeren sensorischen Veränderungen. Diese wirken sich erst nach längerer Lagerdauer limitierend auf die Verkehrsfähigkeit eines Produktes aus.

Einzelne Gruppen üben mit ihrer Stoffwechseltätigkeit eine Schutzfunktion gegenüber der Vermehrung verschiedener Verderbserreger aus, wiederum andere verhindern das Wachstum potentiell toxinogener und pathogener Mikroorganismen. Diese grundsätzlichen mikrobiellen Interaktionen in mikroökologischen Biotopen oder Habitaten sind auch in der Fleischflora zu verzeichnen und haben eine nicht zu unterschätzende Bedeutung für die Haltbarkeit des Fleisches und seiner Erzeugnisse.

Die Aktivitäten einzelner Mikroflorakomponenten werden durch eine schnell einsetzende und kontinuierliche Kühlung gefördert und gesteuert. Das ist möglich durch die unteren Wachstumstemperaturen einzelner Mikroorganismenarten. Diese erhalten für die Hygiene der Fleischgewinnung und -verarbeitung und damit für die Gewährleistung der Haltbarkeit eine entscheidende Bedeutung. Sie sind deshalb in einer Übersicht zusammenfassend dargestellt (Tab. 1.7).

Tab. 1.7 Wachstumskriterien der Mikroflora in Fleisch und Fleischwaren

	Gruppe/Species	Minimalwerte *T* (°C)	pH	a_w
	Bazillen, mesophil	20/5	4,6/4,2	0,90
	Bac. cereus	12/7	4,9	0,91
	Clostridien, mesophil [1])	20/10	4,6	0,94
	Cl. perfringens [1])	15/12	5,0	0,93
10 °C >				
	Escherichia/Proteus	7,0	4,4	0,95
	Staph. aureus	6,7	4,5	0,86/0,83
	Salmonella/Citrobacter	7,0/5,2	4,5	0,95
	Enterococcus	5,0	4,5	0,94
	Micrococcus	5,0	5,6	0,90
4 °C >				
	Micrococcus	2,0	5,6	0,90
	Lactobacillus/Leuconostoc [2])	2	3,0/4,5	0,90/0,94
	Brochothrix	0	5,0/6,0 [1])	0,94
	Enterobacter/Hafnia/Klebsiella	0	4,0	0,95
0 °C >				
	Pseudomonas *Acinetobacter* *Flavobacterium*	–5,0	5,3	0,98/0,95
	Hefen	–12,0	1,5/2,3	0,92/0,62
	Schimmelpilze	–5,0/–18,0	1,5/2,0	0,94/0,61

[1]) anaerob
[2]) mikroaerob

Die **unteren Wachstumstemperaturen** sowie die **minimalen pH- und a_w-Werte**, die synergistisch die hemmende Wirkung der niedrigen Temperaturen unterstützen, können als die wesentliche Grundlage der Mikroökologie der Lebensmittelmikroorganismen angesehen werden. Sie gelten ganz besonders für die Fleischflora und wurden bereits in einer früher erschienenen Übersichtsarbeit vorgestellt und besprochen [63] und basieren auf Angaben aus der Literatur, von der wiederum nur einige wichtige Arbeiten zitiert werden sollen [18, 21, 26, 40, 42, 43, 49, 56].

Zur Aussagekraft der angeführten unteren Wachstumsgrenztemperaturen müssen noch einige Erläuterungen gegeben werden. Die in der Literatur aufgeführten Grenzwerte wurden unter unterschiedlichen Bedingungen ermittelt, zum Teil im Experiment in künstlichen Medien, zum Teil unter praxissimulierten Bedingungen in Modellversuchen. Dabei zeigten sich auch Einflüsse unterschiedlicher Lebensmittel. Dieses hängt mit Hemm- oder Fördereffekten durch das jeweilige Substrat, z. B. durch Ausbildung kolloidaler Schutzhüllen, zusammen.

Für Salmonellen wurde unter künstlichen Milieubedingungen ein unterer Wachstumsgrenzwert von 5,2 °C ermittelt. Aus speziellen Arbeiten über das Verhalten in Fleisch und Fleischerzeugnissen ist aber zu ersehen, daß bei 7 °C keine Vermehrung mehr stattfindet. Bei experimentell eingemischten Salmonellen in Schweinehackfleisch [80] war eine Vermehrung in Hackfleisch erst bei Temperaturen über 7 °C nachweisbar, und zwar bei 8 °C nach 96, bei 10 °C nach 24 und bei 15 °C nach 6 Stunden. Die Vermehrung um eine Zehnerpotenz erforderte bei 15 °C insgesamt 12 und bei 10 °C 48 Stunden. Bei entsprechenden Überprüfungen auf frischem Rindfleisch waren ähnliche Ergebnisse zu erzielen, und zwar kein Wachstum zwischen 7 und 8 °C und Generationszeiten von 8,1 Stunden bei 10 °C, 5,2 bei 12,5 °C und 2,9 bei 15 °C.

Wie aus den oben angeführten Einzelwerten hervorgeht, müssen bei der Bewertung unterer Temperatur-Grenzwerte die verlängerten Generationszeiten der Mikroorganismen berücksichtigt werden. Es treten vielfach Generationszeiten von Tagen statt Stunden oder Minuten auf. Entsprechende Prüfungen müssen sich deshalb über längere Zeiträume hinziehen. Zusätzlich spielen noch aerobe oder anaerobe Wachstumsbedingungen eine Rolle. Außerdem können innerhalb einer Species Biovarietäten auftreten, die sich unterschiedlich verhalten. In jedem Habitat spielt zudem die Zusammensetzung der Gesamtflora eine Rolle. Die gegenseitige Beeinflussung durch Antagonismen und Synergismen einzelner Komponenten ist in Betracht zu ziehen. Somit dürfen insgesamt die angeführten Einzelwerte nicht als absolut gewertet werden. Sie dienen lediglich als Richtwerte. Als solche stellen sie jedoch eine wertvolle Basis dar.

Auch in Rechtsvorschriften für die Behandlung von Fleisch sind entsprechend abgestufte untere Grenztemperaturwerte aufgeführt. Diese sind für die Bearbeitung, Lagerung und den Transport von Fleisch festgelegt. Für rotes Fleisch ist eine Kerntemperatur von 7 °C, für die roten Organe von 3 °C festgelegt, für Kaninchen- und Geflügelfleisch von 4 °C und für Hackfleisch von 2 °C vorgeschrieben [118, 120]. Die beiden letzteren Werte beziehen sich dabei auf die Umgebungstemperatur. Die Kerntemperatur beinhaltet die Meßwerte im thermischen Mittelpunkt eines Körpers, also im tiefsten Punkt eines Fleischteiles oder einer Tierkörperhälfte.

Insgesamt lassen sich aus den Einzeldaten der Tabelle 1.7 folgende anzustrebende Kühltemperaturen für die Behandlung, Bearbeitung und Aufbewahrung des Fleisches als Richtwerte ableiten:

Eine Temperatur von **10 °C** stellt eine erste Sicherheitsstufe gegenüber der Vermehrung stark proteolytischer Organismen dar. Sie verhütet oder verzögert das Wachstum der meisten Clostridien-Species und vieler Bacillus-Stämme, auf jeden Fall auch der beiden lebensmittelhygienisch relevanten Campylobacter-Species.

Eine Temperatur von **4 °C** erscheint als die wesentliche Sicherheitsstufe. Sie schließt die Vermehrung fast aller pathogenen und toxinogenen Keimarten aus (*Salmonella*, *E. coli*, *Staph. aureus* etc.). Außerdem ist die Vermehrungsrate der noch zum Wachstum befähigten psychrotrophen Verderbsflora durch die Verlängerung der Generationszeiten stark herabgesetzt. Der Temperaturbereich bis 4 °C kommt daher für die Aufbewahrung von frischem Fleisch und für verderbnisanfällige Fleischerzeugnisse vorzugsweise in Betracht.

Eine Temperatur von **0 ± 2 °C** bietet eine weitere wesentliche Absicherung gegen Verderb und gegen Gesundheitsgefährdung. Hierdurch sind fast alle mikrobiellen Risiken bei Fleisch auszuschalten. Eine solche Temperaturführung stößt allerdings auf arbeitstechnische und wirtschaftliche Vorbehalte. Der Energieaufwand zur Erreichung dieser Kältewerte ist beträchtlich, und der Aufenthalt des Personals in derartig gekühlten Räumen ist auf die Dauer nicht zumutbar, so daß es letztlich nur Werte für Kühlräume sein werden, in denen wenig oder kein langdauernder Personaleinsatz erforderlich ist.

Grundsätzlich kann also gefolgert werden: Je näher sich die Umgebungstemperatur des Fleisches der 0 °C-Grenze nähert, desto höher ist der hygienische und produktstabilisierende Effekt der Kühlung zu veranschlagen.

Die Rechtfertigung für Kühlgrenztemperaturen für die Fleischbearbeitung und -lagerung belegen auch die **Wachstumsmerkmale pathogener und potentiell toxinogener Species**. Für diese wurden die verfügbaren Temperatur-, die pH- und a_w-Wert-Daten ebenfalls detailliert in Tab. 1.8 zusammengestellt. Darin wurden auch orientierende Angaben über die Möglichkeit zu einem kompetitiven Wachstum, d. h. zur Fähigkeit, sich innerhalb

Tab. 1.8 Wachstumsmerkmale pathogener und potentiell toxinogener Bakterien in Fleisch und Fleischerzeugnissen

Species	°C min.	°C opt.	°C max.	pH min.	pH opt.	pH max.	a_w min.	△
Cl. perfringens: A	15/6,5[4])	43/47	50	5,0	7,2	9,0	0,95/0,97	–
Bacillus, 7 % NaCl-tolerant[1])	15/5		55/45	4,6		8,5	0,90	(+)
B. cereus	12/7	25/30[5]) 32/37[6])	45/35	4,9		9,3	0,95/0,91[10]) 0,94/0,96	(+)
Cl. botulinum: A, B	10	30/40	50/48	4,6		8,5	0,98	–
C	> 10							
E. coli[2])	7/3	37	44	4,4/4,0[2])	7,0	9,0	0,94/0,96	–
St. aureus	6,7	10/20/40[7])	45	4,5	7,0/7,3	9,3	0,86/0,9[9])	○
Salmonella	7,0		47/45	4,5	6,5/7,5	9,0	0,93	○
Cl. botulinum: E	3,0	35	45	5,0		8,5	0,97	–
B[3])	3,0	25/37		4,7				
Yers. enterocolitica	0	25/30	43	5,4[8])/5,8[9])	7,0	9,0	0,95	–
Listeria spp.	1,0	33	45					
Camp. jejuni/coli[11])	30	43	45,5	5,9	7,0	8,0/9,0		–

[1]) *subtilis, licheniformis, pumilus*
[2]) VTEC (Verotoxin-positive *E. coli*) einschließlich EHEC (enterohaemorrhagische *E. coli*)
[3]) nicht proteolytisch
[4]) reduziertes Wachstum
[5]) Emetic Toxin
[6]) Diarrhoe Toxin
[7]) Enterotoxin
[8]) 4,6 bei 25 °C
[9]) anaerob
[10]) vegetative Zellen
[11]) Vermehrung bisher nur in Geflügelfleisch, nicht in rotem Fleisch
△ = kompetitives Wachstum:
(+) = mäßig
○ = gering
– = nicht bekannt

einer komplexen Mischflora zu behaupten und gegebenenfalls eine Dominanz zu erzielen, aufgenommen. Mit dem Vorbehalt der Abweichung einzelner Stämme vom allgemeinen Verhalten einer Species kann gefolgert werden, daß erst **oberhalb von 10 °C** die Vermehrung der potentiell toxinbildenden Species der Gattungen *Bacillus* sowie *Clostridium* (speziell *Cl. perfringens A* sowie von *Cl. botulinum A, B, C*) möglich ist, zwischen **10 und 4 °C** die von *E. coli*, *Staph. aureus* und *Salmonella* erfolgen kann und **unterhalb von 4 °C** lediglich die von *Cl. botulinum E* und *B* (nicht proteolytisch) sowie von *Yersinia enterocolitica* gegeben erscheint.

Glücklicherweise haben die zuletzt genannten Species in Fleisch und Fleischerzeugnissen unseres Einzugsgebietes nicht die Bedeutung gehabt wie in anderen Lebensmitteln, z. B. in Milch, Wasser und Fisch. Auf die Einzelheiten des Vorkommens und der Bedeutung dieser Pathogenen wird in einem späteren Spezialkapitel eingegangen werden.

Die Einhaltung von unteren Grenztemperaturen erscheint dann nicht mehr zwingend, wenn andere stabilisierende Faktoren voll zur Wirkung kommen. Für einzelne Fleischerzeugnisse sind das die begrenzenden **pH**-, a_w- und **Eh**-Werte. Das von LEISTNER vorgestellte Hürdenkonzept [108] faßt diese Zusammenhänge theoretisch bildhaft zusammen, wobei eine zweidimensionale Darstellung dem komplexen interaktiven Geschehen eigentlich nicht gerecht werden kann. Für die Praxis müßten für jedes Fleischerzeugnis separat die Kombinationen und die additiven Wirkungen aller dieser Faktoren prinzipiell ermittelt werden. Dieses wäre eine Aufgabe der Betriebslaboratorien bei der Entwicklung neuer Produkte. Aus den ermittelten Daten könnte dann eine Vorhersage für die Haltbarkeit und die gesundheitsbezogene Stabilität der einzelnen Produkte abgeleitet werden. In der Bundesrepublik sind wir derzeit aber noch weit entfernt von einer Vorhersagenden Mikrobiologie (predictive microbiology). In Großbritannien und in den USA wurden hingegen mathematische Berechnungsmodelle für solche Vorhersagen erstellt [100]. In diesen Ländern ist allerdings die Produktpalette der Fleischerzeugnisse weitaus geringer als in unseren Regionen. Die Bundesrepublik ist das Erzeuger- und Absatzgebiet mit der größten Vielfalt an Fleischerzeugnissen. Deshalb würde sich auch eine predictive microbiology weitaus schwieriger gestalten. Über die spezielle Problematik der Vorhersagenden Mikrobiologie ist im Grundlagenband dieser Reihe Weiteres ausgeführt.

In Rechtsvorschriften sind über die Temperaturgrenzwerte hinaus auch andere Parameter, insbesondere für die Haltbarkeit von Fleischerzeugnissen, festgelegt worden (s. auch Tab. 1.1). Einzelfaktoren reichen nämlich bei

Fleisch für einen stabilisierenden oder hemmenden Effekt auf die Mikroflora oft nicht aus. So werden a_w-Werte unter 0,9, bei denen die meisten Bakterien gehemmt werden, und solche unter 0,86, bei denen keine pathogenen und toxinogenen Erreger mehr wachsen, bei Fleischerzeugnissen nur selten oder nur in einem recht späten Stadium der Entwicklung erreicht, z. B. bei rohem Schinken und ausgereifter Dauerwurst. Das gleiche gilt für die unteren Grenz-pH-Werte, die allein erst ab etwa pH 4,0 ausreichend wachstumshemmend wirken. Bei kombiniertem Einsatz verschiedener Faktoren gibt es hingegen additive Wirkungen. So kann ein pH-Wert von 5,0 für Salmonellen bereits bei einer Temperatur von 15 °C hemmend wirken oder entsprechend ein pH von 5,2 bei 12 °C sowie ein pH-Wert von 5,4 bei 8 °C [26]. Für *Cl. botulinum* gilt pH = 4,6 allgemein als unterer Wert für eine Wachstumshemmung.

Die Fähigkeit zu einem kompetitiven Wachstum innerhalb einer komplexen Fleischmikroflora trifft offensichtlich nur für wenige *Enterobacteriaceae* zu, entsprechende mesophile Wachstumsbedingungen vorausgesetzt. Bestimmte Species sind dabei in der Lage, sich bis auf Werte von 10^8/g oder cm^2 zu entwickeln. Salmonellen sowie pathogene bzw. toxinogene *E. coli*-Stammformen besitzen diese Fähigkeit offensichtlich weniger. Experimentelle Untersuchungen über das Wachstumsverhalten von Verotoxin-bildenden *E. coli*-Stämmen, darunter auch sogenannte *EHEC*-Bakterien, innerhalb einer normalen Fleischmischflora bestätigten dieses [104].

Eine zusammenfassende Darstellung der über Jahrzehnte hinweg gewonnenen Erkenntnisse über eine an sich weitgehende Unbedenklichkeit der in großer Vielgestaltigkeit vorliegenden *Enterobacteriaceae*-Flora auf und in Fleisch erfolgte kürzlich [68]. Bei sachgerechter Gewinnung und Behandlung des Fleisches (z. B. unter ausreichender Kühlung) ist danach die Möglichkeit einer Gesundheitsgefährdung des Konsumenten durch pathogene oder toxinogene Erreger aus dieser Gruppe eher als gering zu veranschlagen. Bedenkliche mikrobiologische Situationen treten bevorzugt nur dann ein, wenn Rekontaminationen auf weitgehend entkeimten Fleischerzeugnissen stattfinden und diese sich dort zu dominanten Mikroflorabestandteilen entwickeln.

Literaturangaben über kompetitive Eigenschaften einzelner Fleischmikroflorakomponenten liegen vereinzelt vor. Experimentelle Erfahrungen stammen aus dem eigenen Arbeitsbereich [45, 59]. Weitere Angaben sind in Übersichtstabellen von Monographien zu finden [49, 77]sowie in einer speziellen Arbeit über das Verhalten von Fleischflorakomponenten bei Temperaturen von 20 und 30 °C [21].

1.2 Mikrobieller Verderb von Fleisch

1.2.1 Voraussetzungen für die Vermehrung von Mikroorganismen

- Fleisch als Nährsubstrat
- Der Einfluß der gewebsmäßigen Beschaffenheit
- Der Einfluß des frei verfügbaren Wassers
- Der Einfluß der pH-Wert-Absenkung

1.2.1.1 Fleisch als Nährsubstrat

Muskulatur enthält zu etwa 75 % Wasser, 19 % Eiweiß, 2,5 % Fett, 1,2 % Kohlenhydrate, 1,65 % Reststickstoff und 0,65 % Asche. Die Organe (Nebenprodukte) weisen je nach ihrer Gewebestruktur und Funktion erhöhte oder erniedrigte Anteile der einzelnen Fraktionen auf. Leber enthält zum Beispiel neben reichlich Glykogen zusätzlich Vitamine und Spurenelemente. Aminosäuren sind gelegentlich in Über-, nur selten in Unterbilanz vorhanden. Somit liegen Substrate vor, die als ideale Nährmedien für fast alle Mikroorganismen gelten können. Nicht von ungefähr war die „Bouillon“ das flüssige Nährmedium der klassischen Mikrobiologie. Bis heute ist Fleischextrakt nach Liebig eine wesentliche Komponente vieler Routine-Nährmedien. Er liefert neben den Eiweißabbaustufen die notwendigen Vitamine und Spurenelemente. Lediglich tryptisch oder peptisch verdautes Fleisch wird heute zum besseren Start des Wachstums von anspruchsvollen Mikroorganismen als Pepton den Nährmedien zusätzlich zugegeben.

1.2.1.2 Der Einfluß der gewebsmäßigen Beschaffenheit

Muskulatur und Organe sind in ihrer Gewebestruktur verschieden aufgebaut. Außerdem bestehen Unterschiede von Tierart zu Tierart. Zusätzlich bedingen der Ernährungszustand und das Alter der Tiere sowie der Funktionszustand der Gewebe und Organe vor dem Schlachten die Zustandsformen. Bei der quergestreiften Muskulatur, dem Fleisch im engeren Sinne, finden postmortal erhebliche Strukturveränderungen statt. Diese sind an die biochemischen Entwicklungen gebunden. Im wesentlichen sind dies Rigor, Glykolyse und Reifung. Dadurch wird gleichzeitig das Wachstum von Mikroorganismen begünstigt oder behindert.

Die geschlossenen Strukturen des Bindegewebes, der Fascien, der Aponeurosen und der Sehnen sowie die Fettumhüllungen stellen natürliche Schutzhüllen gegen das Eindringen von Mikroorganismen in die Gewebe dar. Hingegen bedeutet jeder frische Anschnitt, der diese Schutzabdeckungen zerstört, ein Eröffnen und Beimpfen von Eintrittspforten für Mikroorganismen, die im darunter liegenden Gewebe ein optimales Nährsubstrat mit entsprechendem freien Wasser vorfinden. Oberstes Prinzip für die Substanzerhaltung von Fleisch muß daher sein, Anschnitte nur im technologisch oder untersuchungstechnisch notwendigem Ausmaß vorzunehmen. Das gilt insbesondere für die quer anzuschneidenden Muskelfasern und die freizulegenden Organgewebe von Leber und Niere.

Für bewegungsaktive Mikroorganismen, d. h., für die mit Geißelapparaten ausgestatteten Bakterien, besteht auch die Möglichkeit, auf bestimmten Gleitbahnen in die unzerstörte Gewebestruktur von Fleisch einzudringen. So verläuft die Fäulnis bei der Überlagerung von Fleisch vorzugsweise entlang der Bindegewebsstränge vom Fascienbereich aus in die Tiefe der Muskulatur. Dieses war schon in der vormikrobiellen Ära bekannt. Daraus resultierten z. B. die sensorischen Tests zur Erkennung einer Tiefenfäulnis, in Form der PAULI-Probe bei Wild (umhüllendes Bindegewebe im Nierenbereich) und der MAY'schen Haltbarkeitsprobe im Plexus brachialis (Verbindung zwischen Vordergliedmaßen und Rumpf) bei Tierkörpern von Wiederkäuern. Diese bekannten klassischen Untersuchungsverfahren aus der Frühzeit der Fleischhygiene werden auch heute noch zur Orientierung eingesetzt.

Die Frage des Penetrierens von Mikroorganismen in das Fleisch wurde vielfach experimentell bearbeitet. Die Arbeiten stammen noch aus der Ära, als die Kühltechnik ungenügend entwickelt und die Schlachttechnik weniger mechanisiert war. Diese Thematik ist im Rahmen unserer hochtechnisierten Fleischgewinnung nicht mehr so aktuell. Zur Information im Bedarfsfall sei auf vorhandene Fundstellen verwiesen [82].

1.2.1.3 Der Einfluß des frei verfügbaren Wassers

Entscheidend für das Fortschreiten des Verderbs ist das freie Wasser auf und in dem Gewebe. Gemeint ist das für die Mikroorganismen direkt verfügbare, nicht das in den Zellen der Gewebe gebundene Wasser. Allgemein gebräuchliche Begriffe wie Feuchtigkeit und Abtrocknung konnten im Laufe der letzten Jahrzehnte durch ein Maßsystem für das frei verfügbare Wasser ersetzt werden. Der Begriff Wasseraktivität (activity of water), ausgedrückt als a_w-Wert, wurde geschaffen. Der a_w-Wert ergibt sich aus dem Wasserdampfdruck des betreffenden Gewebes (P) im Vergleich zu demjenigen von Wasser (P_o). Folglich ist $a_w = P/P_o$. Die Skala verläuft von 0,999 abwärts, bewegt sich aber bei Fleisch im wesentlichen zwischen 0,995 und 0,985. Frisches Fleisch bietet damit fast allen Mikroorganismen gute Vermehrungsbedingungen, wie aus den Grenzwerten (Tab. 1.7) bereits zu ersehen war.

Die Abtrocknung der Fleischoberflächen führt zu einer Herabsetzung des oberflächlichen a_w-Wertes, der eine Unterbrechung des Wachstums vieler Mikroorganismenarten bewirkt. Dieser Zustand wird aufgehoben, wenn die Oberflächen wieder einer höheren relativen Luftfeuchtigkeit ausgesetzt werden, wie es z. B. beim Verbringen von gut gekühltem Fleisch in feuchtigkeitsangereicherte, wärmere (12 °C) Räume durch Bildung von Kondenswasser auf der Oberfläche geschieht. Die Oberflächen-Wasseraktivität ist daher immer in Abhängigkeit von der relativen Luftfeuchtigkeit und der Temperatur der Umgebung zu sehen. Sie ist somit nicht in jedem Fall wünschenswert steuerbar. Eine luft- und gasdichte Verpackung schafft hingegen definitive Wasseraktivitätsbedingungen, die bei Fleisch zu einer angepaßten Mikroflora führen.

Wasseraktivitätsmessungen sind nur mit komplizierten Geräten zuverlässig möglich und zudem zeitaufwendig. Sie sind bei der Haltbarkeitsbewertung von frischem Fleisch nicht routinemäßig einzusetzen. Die Kenntnis der produktspezifischen a_w-Werte hingegen ist nützlich für die grundsätzliche Bewertung von neuen Produktformen und Prozeßschritten. Für die in Zukunft vorgesehene *predictive* Mikrobiologie der Lebensmittel, d. h. die vorhergehende Abschätzung einer mikrobiologischen Kinetik, erscheint die Beachtung der a_w-Wert-Skala für einzelne Mikroorganismengruppen von Bedeutung.

1.2.1.4 Der Einfluß der pH-Wert-Absenkung

Mit der Glykolyse des Fleisches gehen pH-Wert-Absenkungen einher. Sie erreichen allerdings allein nicht die erwünschte Hemmwirkung auf das Wachstum von verderbserregenden Mikroorganismen. Die End-pH-Werte der Glykolyse des Fleisches liegen tierartbedingt unter normalen Bedingungen bei den großen schlachtbaren Haustieren zwischen 5,6 (Rind) bis 5,4 (Schwein). Bei Wild und Kaninchen erreichen sie nur Werte von 6,0 bis 5,8. Das sind Bereiche, in denen die Vermehrung einiger Verderbsorganismen bereits verlangsamt, aber noch nicht unterbunden wird. Die pH-Wert-Absenkung kann also nur als eine von mehreren Sicherungskomponenten gegen das ungehinderte Wachstum proteolytischer Mikroorganismen gesehen werden.

Die Bedeutung der Säuerung der Muskulatur für eine verlängerte Haltbarkeit wird offensichtlich, wenn zum Vergleich die Haltbarkeitsdaten von Nebenprodukten, z. B. roten Organen, betrachtet werden. Muskulatur von Rind verträgt eine Kühllagerung bis zu 10 oder 12 Tagen, in Vakuumverpackung sogar bis zu 6 Wochen – sie benötigt diese sogar bis zur vollen Reifung –, Leber hingegen weist nur eine Haltbarkeit von 1 bis zu maximal 3 Tagen auf. Im Lebergewebe liegen die für das Mikroorganismenwachstum optimalen pH-Werte um den Neutralpunkt (pH = 7,0) vor, und diese verändern sich bei der Kühllagerung kaum.

1.2.2 Formen des mikrobiellen Verderbs von Fleisch

- Abbauwege der Fleischinhaltsstoffe
- Auflagerungen und Bereifen
- Innenfäulnis und Zersetzung
- Stickige Reifung
- Verpackungsbedingte Abweichungen.

Die Beschreibung dieser Sachverhalte erfolgt in Anlehnung an die Ausführungen einer vorangegangenen Monographie [82].

1.2.2.1 Abbauwege der Fleischinhaltsstoffe

Die Endstufe des mikrobiellen Verderbs von Fleisch stellt die Fäulnis dar. Je nach überwiegender Beteiligung einer Oberflächen- oder einer Tiefenmikroflora unterscheidet man eine Außen- und eine Innenfäulnis. Verständlicherweise sind fließende Übergänge vorhanden. Beide Formen können zugleich vorliegen.

Bevor die Endstufe des Verderbs erreicht wird, gibt es mehrere Zwischenstufen, die auch als solche bestehen bleiben können. Die bei den Zwischenstufen auftretenden sensorischen Veränderungen sind vielgestaltig. Sie reichen von Geruchs- und Geschmacksabweichungen über Farbveränderungen bis hin zu den Änderungen der Konsistenz. Die Abweichungen können mäßig sein, ohne die Genußtauglichkeit des Fleisches auszuschließen, oder erheblich. Im letzteren Fall sind sie zu reglementieren, d. h., das Fleisch ist aus dem Verkehr zu ziehen. Die Entscheidung hierüber hat der erfahrene Sensoriker zu treffen.

Die Ausprägung einzelner sensorischer Abweichungen hängt von der Stoffwechselaktivität dominanter Mikroorganismengruppen oder -arten ab. Diese Dominanz kann sich im Laufe der Lagerung eines Produktes allerdings ändern, so daß die bei einer Untersuchung angetroffenen sensorischen Veränderungen nicht unbedingt mit der nachweisbaren Mikroflora übereinstimmen müssen.

Allgemein ist zu unterscheiden zwischen saccharolytischen, proteolytischen und lipolytischen Abbauprozessen. Einzelne Mikroorganismen-Species sind zu allen Abbauwegen befähigt, andere nur oder vorwiegend zu dem einen oder anderen. Selbst zwischen Stammformen innerhalb einer Art gibt es Unterschiede. Manche Mikroorganismen, so z. B. die *Enterobacteriaceae*, sind zunächst, solange leicht abzubauende Kohlenhydrate verfügbar sind, überwiegend saccharolytisch, um anschließend den proteolytischen Stoffwechselweg zu beschreiten. Andere Gruppen, wie die Milchsäurebakterien, sind dominant saccharolytisch, vermögen aber auch vorgespaltenes Eiweiß (Peptone, Polypeptide) weiter zu Aminosäuren abzubauen. Den Variationsmöglichkeiten des mikrobiellen Fleischabbaus durch eine komplexe Mikroflora sind also prinzipiell keine Grenzen gesetzt. Nur die technologischen Faktoren der Fleischbehandlung, wie Kühlung, Abtrocknung oder Verpakkung, geben bestimmte Gesetzmäßigkeiten vor.

Die **Saccharolyse** ist, da der Vorrat an Kohlenhydraten in der Muskulatur nicht hoch ist, bald beendet. Die dabei entstandenen Stoffwechselprodukte werden von den Mikroorganismen zur Energieverwertung für das weitere Wachstum benutzt.

Der mikrobielle Abbau des Fleischeiweißes, die **Proteolyse**, ist ein Prozeß mit etlichen Zwischenstufen. Über Poly-, Tri-, und Dipeptide läuft der Abbau bis zu den Aminosäuren, die entweder als Energiequelle für das Wachstum genutzt werden oder als solche angereichert werden können. Der weitere Abbau der Aminosäuren erfolgt im wesentlichen auf zwei Wegen, der Desaminierung und der Decarboxylierung. Im ersteren Fall wird Ammoniak, im letzteren Fall CO_2 freigesetzt.

Aus den Aminosäuren entstehen durch Decarboxylierung die biogenen Amine, die als kennzeichnende Fäulniskomponenten angesehen werden müssen. Sie verursachen in der Regel unangenehme Geruchsabweichungen. Einige zerfallen leicht, andere hingegen werden angereichert. Falls es zu einer Anreicherung bestimmter Amine in Fleisch und Fleischprodukten kommt, sind nicht nur eine starke Geruchsbeeinträchtigung, sondern auch eine Gesundheitsschädigung des Konsumenten zu erwarten. Als Beispiele für gesundheitsschädliche Amine sei Histamin genannt, das aus Histidin entsteht, oder Cadaverin, das aus Lysin gebildet wird. Zwei aus Tryptophan durch gleichlaufende Desaminierung und Decarboxylierung entstehende Amine sind Skatol und Indol. Sie können ebenfalls Begleitsubstanzen von Zersetzungsprozessen in Fleisch sein und zeichnen sich durch entsprechend unangenehme Geruchsnuancen aus. Beide Substanzen können aber auch durch Resorption aus dem Darminhalt in das Fleisch gelangt sein.

Abbauprodukte unerwünschter Art entstehen auch aus Proteiden. Das sind zusammengesetzte Eiweißkörper. Bei diesen unterliegt der Lipidanteil einem besonderen Abbauweg. Aus diesem resultiert die Produktion von Trimethylamin und Neurin. Beide sind ebenfalls toxische Stoffe.

Der enzymatische Abbau der Fette, die **Lipolyse**, ist eine weitere Ursache für Verderb. Die Ausstattung der Mikroflorakomponenten der Fleischflora mit Lipasen ist unterschiedlich. Unter den Bakterien sind *Proteus*-, *Pseudomonas*-, *Micrococcus*- und *Bacillus*-Arten als starke Lipasebildner bekannt. Aber auch Hefen und Pilze besitzen teilweise diese Fähigkeit. Wenn es im weiteren Verlauf der Lipolyse zur Anreicherung von Ketonen kommt, treten sensorisch die typischen Ranzigkeitsmerkmale auf.

1.2.2.2 Auflagerungen und Bereifen

Die Oberflächenmikroflora auf Fleisch ist im unteren und mittleren Keimzahlbereich (10^3 bis 10^6/cm^2) visuell und sensorisch nicht wahrzunehmen. Sobald bestimmte Grenzzahlen pro cm^2 Fleischoberfläche erreicht bzw. überschritten wurden, sind Auflagerungen in verschiedener Form und Konsistenz feststellbar. Je nachdem, ob es sich um Vertreter der Gram-negativen Bakterien oder um Mikrokokken, Hefen oder Schimmelpilze handelt, entsteht ein charakteristischer Belag. Der erfahrene Technologe und Mikrobiologe vermag diese Veränderungen zu differenzieren. Da jedoch oft eine Mischflora vorliegt, ist zur genauen Erfassung in der Regel eine mikrobiologische Analyse erforderlich.

Aus der Praxis heraus sind Erscheinungsformen bekannt, die kennzeichnend für einzelne Mikroorganismen sein können. Anhaltspunkte dafür sind deshalb in 3 Teiltabellen (Tab. 1.9 a, b, c) zusammengestellt worden. Dabei wurden auch die Geruchsabweichungen zu skizzieren versucht. Sie sollen dem wenig Erfahrenen einen Anhaltspunkt für eine Urteilsfindung bieten. Wie immer, sind pauschale Angaben im Bereich der Mikrobiologie mit der nötigen Zurückhaltung zu behandeln. Eindeutige Abweichungen sind am ehesten noch bei den verschiedenen Hefe- und Schimmelpilz-Arten zu registrieren.

Tab. 1.9 a Verderbserscheinungen durch psychrotrophe Bakterien auf Fleischoberflächen

	cfu/cm^2 ab etwa	Auflagerungen[1])	Geruch
Gram-negative *Enterobacteriaceae* *Pseudomonas*-spec. *Achromobacter*-spec.	10^7	verwaschen, grauweiß, klebrig, schleimig	alt, dumpfig, esterartig, käsig
Gram-positive	10^8		
Micrococcaceae		grauweiß, trocken-krümelig	dumpfig, fruchtig
Brochothrix thermosphacta		schleimig	

[1]) Sonderformen durch spezifische Keimarten, die Rot-, Blau-, Gelbfleckigkeit oder Fluoreszenz erzeugen können (*Serratia*, *Pseudomonas*, Flavobakterien, *Micrococcus roseus*)

Tab. 1.9 b Verderbserscheinungen durch Hefen und Pilze auf Fleischoberflächen

	cfu/cm^2 ab etwa	Auflagerungen „Bereifen"	Geruch
Hefen	10^5	weißlich, trocken, krümelig	fruchtig, hefig
Pilze	10^3	weiß, graublau, rauchfarben, grün, schwarz	dumpfig, muffig

Tab. 1.9 c Verderbserscheinungen bei Innenfäulnis oder Stickigkeit von Fleisch

	Farbe	Struktur	Geruch
Fäulnis (mikrobiell)	dunkel-graugrün	weich, brüchig, aufgegast	süßlich, widerlich, aashaft
Stickigkeit (enzymatisch)	kupferrot bis schmutzig-gelb, bräunlich	schlaff, weich	sauer-muffig, widerlich nach H_2S

1.2.2.3 Innenfäulnis und Zersetzung

Die Innenfäulnis wird sowohl durch strikt anaerobe Bakterien als auch durch fakultativ anaerobe Mikroorganismen hervorgerufen. Sie entstammen in der Regel dem Tiefenkeimgehalt. Ursache für ihre Vermehrung sind meist die ungenügende Abführung der Wärme aus dem Inneren des Fleisches sowie eine ungenügende Säuerung im Verlauf der Glykolyse. Da das Bindegewebe an dem eigentlichen Glykolyseprozeß nicht teilnimmt und somit keine pH-Wert-Senkung erfährt, ist es verständlich, daß die Proteolyten bevorzugt in diesen Gewebeteilen aktiv werden und an diesen entlang auch in die Tiefe der Gewebe eindringen.

Die Endstufe ist die Zersetzung der Grobstruktur mit Zerfall des Zellgewebes und mit Aufgasung in verschiedenen Formen, je nach dominantem Vorkommen einzelner Erreger. Verbunden ist die Fäulnis oft mit Verfärbungen, meist in Grün- und Graunuancen, besonders im Bindegewebsbereich.

Die Innenfäulnis prägt sich bei einem Schlachttierkörper vorzugsweise im umliegenden Bindegewebe der großen Gefäße aus, z. B. im Axillargeflecht unter der Vordergliedmaße oder im Binde- und Fettgewebe in der Umgebung der Nieren. In der Hinterextremität beginnt sie im Bereich der großen Gelenke zwischen Oberschenkel und Becken. Diese Areale sind in der Regel auch jene Teile eines Tierkörpers, an denen die Auskühlung die erforderliche untere Grenztemperatur zur Wachstumshemmung der Mikroorganismen zuletzt erreicht. Diese Stellen werden deshalb für die Messung der Kerntemperatur vorgesehen. Als Kerntemperatur gilt der thermische Mittelpunkt eines Tierkörpers oder Tierkörperteiles. Das sind in der Regel die Zentren von Keule oder Schinken.

1.2.2.4 Stickige Reifung

Eine mikrobiell bedingte Fäulnis darf nicht verwechselt werden mit einer enzymatisch bedingten besonderen Form einer atypischen Reifung der Muskulatur infolge Überhitzung, d. h. einer ungenügenden Wärmeabfuhr. Diese Verderbsform wird stickige Reifung genannt. Sie tritt insbesondere bei Wiederkäuern und Haarwild auf, wenn die Tierkörper nach dem Schlachten oder Erlegen nicht schnell genug ausgeweidet und damit nicht genügend ausgekühlt werden. Die Veränderung tritt relativ schnell ein und ist irreversibel. Die sensorischen Veränderungen sind ebenfalls in Tab. 1.9 skizziert. Wegen des widerlich-süßlichen Geruches, wegen der Weichheit und der unansehnlichen Farbe ist das Fleisch nicht mehr als genußtauglich zu beurteilen. (Siehe auch [94])

1.2.2.5 Verpackungsbedingte Abweichungen

Verderbserscheinungen treten nicht nur am Tierkörper und am grobzerlegten oder -entbeinten Fleisch auf, sondern in allen weiteren Stufen der Bearbeitung des frischen und des zubereiteten Fleisches. Insbesondere das Verpacken unter teilweisem oder vollständigem Luftabschluß bewirkt besondere Verderbsformen, die sich in spezifischen Geruchsabweichungen und in Konsistenzveränderungen, wie in Saftaustritt und Schleimbildung äußern. Verursacher sind die mikroaeroben Bakterienarten, die sich im unteren Temperaturbereich von 2 bis 6 °C weiter zu vermehren vermögen. Kennzeichnend, insbesondere nach Vakuumverpackung, ist ein reichlicher, fadenziehender Schleim mit dumpfig-säuerlichem Geruch. Ein Abtrocknenlassen solcher Fleischteile nach Öffnen und Beseitigen der Verpackungen bewirkt großen Teiles auch das Verschwinden der sensorischen Veränderungen. Im fortgeschrittenen Zustand ist der Übergang von Genußtauglichkeit zu Verderb fließend und kann nur durch sachkundige Sensoriker entschieden werden.

1.2.3 Charakterisierung von Verderbsformen nach verursachenden Keimgruppen

Spezifische Formen des Verderbs können entsprechenden Mikroorganismen-Gruppen oder -Species zugeordnet werden. Als ein Versuch, kennzeichnende Zusammenhänge aufzuzeigen, kann die Tab. 1.10 gelten. Die Aufschlüsselung sensorischer Veränderungen erfolgte dabei gleichzeitig nach den Grenztemperaturbereichen, wie sie schon zuvor in den Tabellen 1.7 und 1.8 angeführt wurden. Aus den Einzelangaben der Tab. 1.10 lassen sich einige grundlegende Tendenzen ableiten.

Die markantesten Verderbsformen mit Zersetzungserscheinungen und teilweise mit Gasbildung werden von den Gram-positiven Sporenbildnern verursacht. Das sind Vertreter der Gattungen *Clostridium* und *Bacillus*. Kennzeichnend für diese Gruppen ist, daß sich deren Vertreter mesophil bis thermophil verhalten und die untere Wachstumsgrenztemperatur in der Regel oberhalb von 10 °C liegt. Diese Temperatur wird heutzutage bei der Bearbeitung des Fleisches in der Regel nicht oder nur unwesentlich überschritten. Somit ist das Vorkommen von Bazillen und Clostridien in Fleisch und Fleischerzeugnissen in größerer Menge eigentlich auf grobe Verstöße bei der Fleischbehandlung oder auf grundlegende Fehler bei der Herstellung von Erzeugnissen zurückzuführen. Einige Species spielen dabei für den Verderb eine Rolle, andere sind gesundheitlich bedenklich oder gar gefährlich durch die Bildung von Toxinen. Über die besondere Rolle von *Clostridium botulinum* mit seinen Biovarianten wird an anderer Stelle berichtet werden.

Interessant erscheint eine Zusammenstellung der Fallberichte über Clostridien in verschiedenen Lebensmitteln, neben Fleisch und Fleischerzeugnissen, aus den Jahren von 1975 bis 1985 [13, 14], wobei zwischen toxinogenen sowie nicht-toxinogenen und verderbserregenden Species unterschieden wurde (Tab. 1.11). Unter den toxinogenen Arten sind es vor allem die *Cl. perfringens Typ A* und unter den nicht-toxinogenen die *Cl. sporo-*

Tab. 1.10 Untere Wachstumstemperaturen und Verderbserscheinungen für Mikroorganismen von Fleisch

	Mikroorganismen	°C	Verderbsformen						
			A	F	T	S	Ge	Z	Gs
	Bazillen, mesophil	5/20					+[4]	±	
	Clostridien, mesophil	10/20				±	+[5]	+	+
10 °C >									
	Enterobacteriaceae, mesophil	5/7	+			+	+		
	Staphylokokken	6/7	+						
4 °C >									
	Clostridien, psychrotroph	1/5					+[4,5]		
	Mikrokokken	2/5	+						
	Enterokokken	0/5	+	+					
	Laktobazillen/*Leuconostoc*.-spec.	0/2	+	+[1,2]	+	+			±
	Brochothrix thermosphacta	0	+	+[2]			+		
	Enterobacteriaceae, psychrotroph	0	+			+	+		
0 °C >									
	Pseudomonas/Acinetobacter/ Moraxella/Flavobacterium	–5	+				+		
–5 °C >									
	Hefen	–12	+			+	+[6]		
	Schimmelpilze	–5/–18	+	+[3]				+[7]	
–18 °C >									

A = Auflagerungen/Schleim
F = Farbveränderungen: grau[1], grün[2], schwarz[3]
T = Trübung (unter Vakuum)
S = Säuerung
Ge = Geruchsabweichung: dumpfig[4], faulig[5], fruchtig[6]
Z = Zersetzung: Fleisch/Fett[7]
Gs = Gasbildung

Tab. 1.11 Clostridien in Lebensmitteln nach der Literatur ab 1975 bis 1985[1])

Species		Frisch-fleisch u. Fleisch–produkte	Fisch u. -produkte	Milch u. -produkte	Gemüse u. Pilze	Kräuter u. Gewürze	Früchte	Honig
C. perfringens[2])	Typ A	11	2	2	2	2		1
	Typ B	2						
	Typ F	1						
C. botulinum[2])	Typ A	4	1		4		1	5
	Typ B	5	2		4		1	4
	Typ C	1	1		1			
	Typ D	1	2					
	Typ E	2	6					
	Typ F	2	1					
C. bifermentans[3])		3		2		2		
C. sordellii	}	1						1
C. histolyticum	} 2	3						
C. novyi, C. chauvei,	}	3						
C. septicum, C. tetani	}							
C. sporogenes	}	6	1	4	2			
C. butyricum	}	2		5	1	1		1
C. tyrobutyricum	} 3	3		8	1			
C. thermosaccharo-lyticum	}	2			1	1	2	

C. carnis, C. fallax	3	3
C. putrificum		
C. innominatum		
C. tertium		4
C. mucosum		
C. perenne		
C. barati		
C. plagarum		2
C. malenominatum (lentoputrescens)		1

[1]) Zahlenangaben entsprechen der Anzahl der Literaturquellen (nach EISGRUBER, H., 1986)
[2]) Toxinogene Clostridien
[3]) Nicht-toxinogene Clostridien

genes-Stämme, mit denen gerechnet werden muß. Insgesamt sind Clostridien in frischem Fleisch und in Fleischerzeugnissen nur in geringer Zahl (meist unter 10^1/g) vorhanden. Bei sachgerechter, d. h. technologisch und hygienisch vorschriftsmäßiger Fleischgewinnung und -verarbeitung ist somit das Risiko durch Clostridien als gering zu veranschlagen.

Auch Bazillen spielen in Frischfleisch in der Regel keine nennenswerte Rolle. Erst in Fleischerzeugnissen ist mit ihnen verstärkt zu rechnen, insbesondere wenn sie durch Zusätze, wie z. B. Gewürze, oder durch besondere Rohstoffe, wie Blut, in die Wurstmasse gelangt sind. Eine vergleichende Analyse von Fleischerzeugnissen, unter anderem auch von Hackfleisch, mit verschiedenen Nachweismethoden lieferte insgesamt keine besorgniserregenden Daten [5]. In Hackfleisch und in Brühwurstwaren lag der Bazillengehalt fast durchweg unter 10^3/g, lediglich bei Leber- und Blutwurst konnten 10^5/g erreicht werden. In der Fleischzubereitung Gyros allerdings konnte dieser, durch die Gewürzzusätze bedingt, bis zu 10^6/g betragen. Potentiell toxinogene Anteile innerhalb der Bazillenflora, die mit Hilfe des Kriteriums der 7 %-NaCl-Toleranz abgegrenzt wurden, lagen um etwa 2 Zehnerpotenzen unter der Zahl des Gesamtbazillengehaltes. Die Gefährdung durch toxinbildende Species auf und in Fleisch ist also auch bei dieser Sporenbildnergruppe eher als gering zu veranschlagen. Aus den Daten der Tabelle 1.10 ergibt sich jedoch deutlich, daß Fleischerzeugnisse, die mit Bazillen-Anteilen belastet sein können, möglichst einer Kühllagerung unter 10 °C unterworfen werden sollten.

Im Übergangsbereich zwischen 10 °C und 4 °C (Tab. 1.7 und Tab. 1.10) bleiben vor allem *Enterobacteriaceae* und Mikrokokkenstämme vermehrungsfähig, die klebrig-schleimige bzw. trocken-krümelige Auflagerungen auf frischem Fleisch verursachen können. Ein Senken der Kühltemperatur auf Werte von 4 °C würde die Vermehrung der meisten Vertreter dieser Gruppe unterbinden. Trotzdem muß erwähnt werden, daß innerhalb beider Gruppen auch besondere psychrotrophe Species zu finden sind, deren Vermehrungsaktivität bei 4 °C nicht endet. Bei den *Enterobacteriaceae* sind das z. B. die Vertreter der *Hafnia*- und *Enterobacter*-Species.

Im Wachstums-Temperaturbereich zwischen 4 °C und 0 °C kann dann die sogenannte Psychrotrophenflora noch aktiv bleiben, die neben den schon genannten Gram-negativen und bestimmten Mikrokokkenstämmen nun auch die Milchsäurebakterien, vor allem *Lactobacillus*- und *Leuconostoc*-Arten sowie *Brochothrix thermosphacta* umfaßt. Die letztere Species tritt insbesondere auf dem länger gelagerten und luftdurchlässig verpackten Fleisch auf. In diesem Temperaturbereich kommt es neben Auflagerungen auch zu Verfärbungen nach Grau und Grün und insbesondere unter Vakuumverpackung zu Trübung, Säuerung und Schleimbildung. Falls peroxydbildende Species beteiligt sind, die in allen Genera, auch bei den Laktobazillen, vertreten sind, kommt es auch zur Fettzersetzung und Ranzigkeit oder zu spezifischer Grünverfärbung.

Unterhalb des Wachstumstemperaturbereichs von 0 °C haben die sogenannten Oxidase-positiven Gram-negativen neben Hefen und Schimmelpilzen noch ihr Wirkungsfeld und bewirken Auflagerungen der schon genannten Ausprägungen mit Geruchs- und Farbveränderungen. Der typische Kühlhausgeruch (dumpfig-muffig) weist auf diese Floraanteile hin und ist ein Hinweis, daß demnächst eine reinigende und desinfizierende Grundsanierung in den gekühlten Produktionsanlagen vonnöten ist.

Die pauschale Angabe „Oxidase-positive" Keimarten ist allerdings nicht ganz zutreffend. Es gibt auch Oxidase-negative Psychrotrophe, die einen wesentlichen Anteil dieser Kühlhausflora ausmachen können. Es handelt sich dabei um Stammformen aus der *Acinetobacter*-Gruppe [6]. Die in einem späteren Kapitel (1.3.3) enthaltene Abb. 1.6 veranschaulicht die Umwälzungen in der Zusammensetzung der psychrotrophen Oberflächenflora im Verlauf des Kühlprozesses von Rinderschlachttierkörpern.

1.3 Die Mikrobiologie des Fleisches in verschiedenen Behandlungsstufen

1.3.1 Die Mikrobiologie des frisch gewonnenen Fleisches

1.3.1.1 Einflüsse der Körperflora der Schlachttiere

Die Körperflora der Schlachttiere bestimmt ganz wesentlich die Zusammensetzung und die Entwicklung der Fleischmikroflora. Da die einzelnen Tierarten vom inneren und äußeren Körperbau und von der Haltungsform grundverschieden sind und aus verschiedenen mikroökologischen Habitaten kommen, unterscheidet sich auch ihre Körperflora. Je nachdem, ob es sich um Pflanzenfresser oder Allesfresser, Wiederkäuer oder monogastrische Tiere handelt, ist die autochthone, d. h. die originäre Mikroflora der inneren Hohlorgane und der Körperhöhlen unterschiedlich. Tiere mit Weidegang und Fell haben eine andere äußere Körperflora als solche mit Borstenkleid und enger Stallhaltung. Abhängigkeiten ergeben sich auch aus Jahreszeiten und den Wetterbedingungen zum Zeitpunkt des Antransportes zur Schlachtung. Der Verschmutzungsgrad der äußeren Körperregionen beim Einbringen der Tiere in den Schlachtprozeß spielt eine erhebliche Rolle für die spätere Menge und Zusammensetzung der Oberflächenflora des Fleisches [27].

Alle Versuche, die Tiere vor der Schlachtung zwecks Keimzahlreduzierung einer Waschung zu unterziehen, haben sich bisher als unzweckmäßig erwiesen, weil die Zufuhr von Wasser auch die Vermehrungsbedingungen für Mikroorganismen fördert und im Ruhestadium befindliche Mikroorganismen zum Wachstum anregt. Tiere mit Fell müßten nach einer Waschung vor dem Schlachtprozeß wieder abgetrocknet sein. Zu erwägen wäre dieses Vorgehen lediglich bei Schweinen, für die inzwischen auch spezielle Waschanlagen entwickelt wurden [25]. Hierbei kann es sich nur um einen hochtechnischen, teuren Prozeß handeln, über dessen Eignung noch Erfahrungen gesammelt werden müssen.

Es bleibt also vorerst nur das bisherige Vorgehen, den Fleischgewinnungsprozeß so zu gestalten, daß die beiden hygienisch extrem divergierenden Abschnitte, die unreine und die reine Seite, nicht ineinandergreifen. Zwischen diesen beiden Arbeitsabschnitten im Schlachtprozeß muß so strikt räumlich, einrichtungsmäßig und auch personell getrennt werden, daß der Übergang von äußerem Restschmutz auf die enthäuteten oder entborsteten Schlachttierkörper so gering wie möglich gehalten wird.

EU-Richtlinien für die hygienische Gewinnung von Fleisch und entsprechende nationale Vorschriften, z. B. in Form der Fleischhygieneverordnung [120], haben hygienische Schwachpunkte bei der Fleischgewinnung beschrieben und Maßnahmen für das Reduzieren mikrobieller Belastungen festgelegt. Bei vorschriftsmäßiger Handhabung des Fleischgewinnungsprozesses sind inzwischen auch erstaunliche Fortschritte erzielt worden. Früher übliche Gesamtkeimzahlbelastungen von 10^5 bis $10^6/cm^2$ Körperoberfläche am Ende des Schlachtbandes, also vor Beginn des Kühlprozesses, konnten auf 10^3 bis $10^4/cm^2$ herabgesetzt werden. Mit einer besonderen automatischen Enthäutetechnologie bei Rindern waren die Zahlenwerte sogar auf 10^2 bis $10^3/cm^2$ herabzufahren. Das sind Erfolge, die bisher nicht für möglich gehalten wurden.

Die Reduzierung der Keimzahlbelastung der Schlachttierkörper wird aber nicht nur durch amtliche Hygienevorschriften allein bewirkt, ganz wesentlich erscheinen diesbezügliche Anforderungen der Abnehmerbetriebe der Wirtschaft. Diese geben inzwischen in Spezifikationen definierte Erwartungswerte vor [61]. Sobald sich das Bewußtsein verbreitet hat, daß weniger keimzahlbelastetes Fleisch auch ökonomische Vorteile mit sich bringen kann, wird auch die Hygiene der Fleischgewinnung allgemein verbessert werden können. Niedrige Keimzahlen sind nämlich kein Selbstzweck. Erfahrungen haben gezeigt, daß dadurch die Haltbarkeit des Fleisches wesentlich verlängert werden kann, die Einhaltung der Kühlkette vorausgesetzt. Das bedeutet für den Fleischhandel einen höheren Gewinn und volkswirtschaftlich bzw. weltwirtschaftlich eine Erhöhung der Eiweißressourcen für die Ernährung, verbunden mit allen umweltbiologischen Vorteilen.

Durch die lebenden Tiere wird aber nicht nur der allgemeine Keimgehalt, der überwiegend aus Saprophyten besteht, verbreitet, es werden auch spezifische pathogene Mikroorganismen gestreut, die, ohne daß die Tiere klinisch erkrankt sind, von diesen beherbergt werden und unter den Streßbedingungen des Transportes aus den Reservoiren des Körperinneren (Darm, Gallenblase) ausgeschwemmt werden. Tiere, in deren Kot vor dem Transport keine Salmonellen nachweisbar sind, können während und nach dem Transport Salmonellen ausscheiden und damit den Schlachtbereich kontaminieren. Meist handelt es sich um Einzeltiere. Diese können jedoch nicht erfaßt werden, denn eine mikrobiologische Untersuchung des Kotes aller Tiere zur Erkennung von Ausscheidern muß aus zeitlichen und ökonomischen Gründen entfallen. Das Problem des aufflammenden Ausscheidertums wurde in mehrfachen Untersuchungen, insgesamt mit gleichem Ergebnis, erkannt und konnte auch durch systematische eigene Verfolgungsuntersuchungen bei Schweinen belegt werden [98]. Ob durch stichprobenweise Untersuchung von Faeces und Darmlymphknoten nach dem Schlachten und durch Übermittlung der Ergebnisse an die Herkunftsbetriebe im Rahmen des sogenannten integrierten Qualitätskontrollsystems (IQS) nach niederländischem Muster und dänischem Vorgehen eine Verbesserung der Belastungssituation mit Salmonellen in den Beständen herbeigeführt werden kann, bedarf der umfassenden Prüfung. Die Fleischvermarkter drängen die Fleischerzeuger zu Sanierungsmaßnahmen in den Beständen. Sie wünschen ausscheiderfreie Tierbestände.

Fortschritte zur Verringerung des Risikos bei der Fleischgewinnung mögen die neueren stringenten Bestimmungen des EU-Fleischhygieneregimes bewirken, nach denen bei der Rinderschlachtung der Schlund und der Enddarm abgebunden bzw. auf andere Art verschlossen sein müssen, bevor die Ausweidung vorgenommen werden darf. Auch für Schweine sind Verfahren entwickelt worden, die den Austritt von Darminhalt auf die Körperoberflächen beim Schlachtprozeß verhüten sollen. Das sogenannte Bung-Dropper-System [76] ist ein solches, bei dem das Freischneiden und Verlagern des Enddarmes maschinell nach Absaugen des Enddarminhalts erfolgt. Es befindet sich noch in der Erprobung. Seine Anwendung ist deshalb noch nicht vorgeschrieben worden.

1.3.1.2 Einflüsse der Technik und des Personals

Je nach Tierart gibt es im Schlachtprozeß spezifische Schwachstellen, an denen das vorgeschriebene Hygieneregiment nicht eingehalten werden kann. Einzelprobleme sind zwar erkannt, sie konnten bisher dennoch nicht gelöst werden. Als Beispiel der Anfälligkeit der hygienischen Prozeßführung sei die Schlachtung der Schweine angeführt. In den einzelnen Stufen des Schlachtprozesses kommt es zu einem Ansteigen und Abfall des oberflächlichen Keimgehaltes. Schuld daran sind überwiegend Maschinen und Einrichtungen an einzelnen Stationen, die erhöhte mikrobielle Belastungen verursachen. Die Maschinen sind entweder von der Konstruktion her nicht gründlich zu reinigen und zu desinfizieren, oder der Einsatz von ständig erneuertem frischem Wasser, z. B. in der Enthaarungsmaschine, scheidet aus ökonomischen Gründen aus. So muß aufgeheiztes Brühwasser wiederverwendet werden. Eine technische Weiterentwicklung dieser Einrichtungen unter Berücksichtigung hygienischer Anforderungen ist dringend nötig [101]. Aus früheren Mitteilungen in der Literatur ist bekannt, daß Filter, die zur Entkeimung dieses wiederzuverwendenden Brühwassers vorgesehen waren, schnell durch verbliebene Haut- und Borstenbestandteile verstopften, so daß sie im praktischen Betrieb wieder entfernt werden mußten.

Zur Veranschaulichung der bisher noch bestehenden allgemeinen Problematik ist die variierende Keimbelastung auf Schweinekörperoberflächen während des Schlachtprozesses in Abb. 1.3 graphisch dargestellt worden. Sie resultiert aus einer Zusammenfassung mehrerer Befundmitteilungen aus der Literatur [91, 96] und kann ebenfalls nur als pauschale Orientierung gewertet werden. Deutlich ist die Schwachstelle an der Enthaarungsmaschine zu erkennen, deren Folgen durch den Prozeß des Abflammens oder Sengens einigermaßen ausgeglichen werden können. Die in der Abbildung angegebenen Keimzahlwerte umfassen die üblicherweise bestimmten Parameter des Gesamtkeimgehaltes und der *Enterobacteriaceae*. Entscheidend ist schließlich das Niveau am Ende des Schlachtbandes, das in dieser Darstellung aufgrund der bisherigen Technologie noch reichlich hoch angesetzt erscheint. Es kann bei moderner Prozeßführung zumindest um eine Zehnerpotenz gesenkt werden, wobei die *Enterobacteriaceae* unter die Nachweisgrenze der quantitativen Keimzahlbestimmung von $10^2/cm^2$ fallen können.

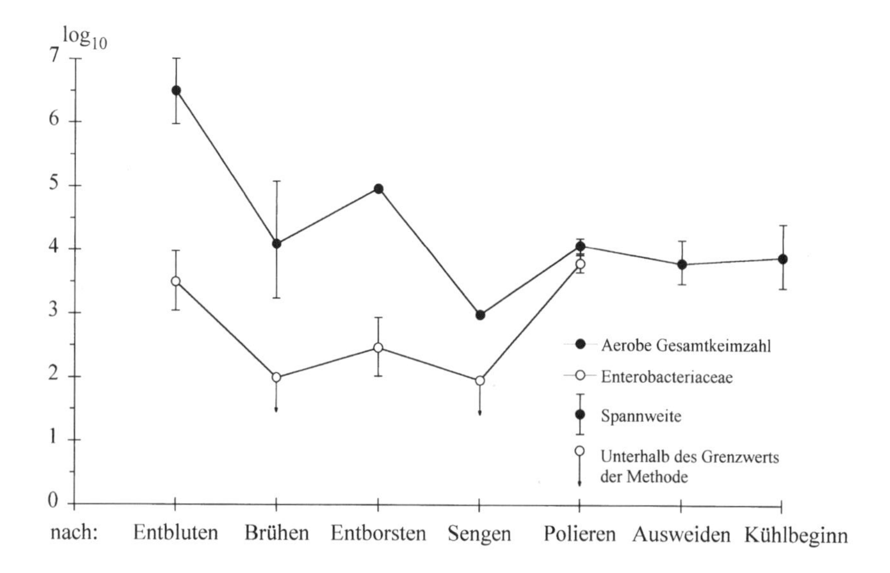

Abb. 1.3 Bakterielle Oberflächenkontamination von Schweineschlachttierkörpern (KBE/cm²) (Tendenzen nach zusammengefaßten Literaturangaben durch STOLLE, 1989)

1.3.2 Die Mikrobiologie des weiterbehandelten Fleisches

1.3.2.1 Technologische Behandlungsstufen

Tierkörper und Nebenprodukte werden in vielfältiger Weise weiterbehandelt, d. h. bearbeitet, bevor sie zu Fleischerzeugnissen verarbeitet werden. Die Übergänge zwischen Frischfleischbehandlung und -verarbeitung sind heute fließend. Früher strikt getrennte Technologieschritte überlappen sich und finden in den gleichen Gebäudekomplexen und Einrichtungen statt.

Die Kühlung stellt die alle weiteren Schritte begleitende Maßnahme dar. Die erste wesentliche Stufe besteht aus dem Grob- und Feinzerlegen, verbunden mit dem Entbeinen. Das Verpacken des Frischfleisches zum Zwecke der Reifung gehört heute als ein fast selbstverständlicher weiterer Schritt dazu. Das Portionieren und Abpacken in Angebotsformen ist eine weitere Stufe der Frischfleischbehandlung.

Das Entbeinen geschieht in unserem Produktionsbereich überwiegend nach dem Kühlen. Im Ausland gab es auch Handhabungen, bei denen diese Behandlung unmittelbar nach dem Schlachten warm vom Haken erfolgte. Es wird heute in dieser Form kaum noch praktiziert, weil das Problem des Verziehens der Teilstücke sowie des schlechten Handlings des warmen, klebrigen Fleisches beim Verbringen in Verpackungen besteht. Dabei ist das Warmentbeinen ökonomisch vorteilhaft, ermöglicht es doch frühzeitig das Entfernen der Knochen, die volumen- und gewichtsmäßig die weitere Behandlung, z. B. das Kühlen, behindern oder verteuern. Dieses gilt bevorzugt bei der Rindfleischgewinnung für die Zusammenstellung größerer Sendungen. Das Warmentbeinen (Hot boning) muß allerdings mit besonderer hygienischer Sorgfalt erfolgen, weil bei der Zerlegung und Sortierung in Teilstücke das warme, feuchte und nicht gesäuerte Fleisch die besten Startbedingungen für eine Vermehrung von Mikroorganismen bietet.

Das Grobzerlegen ist das Aufteilen in handelsmäßige Teile, z. B. das Vierteln bei Rindern in Anlehnung an die Handelsklassenverordnung sowie das Abtrennen der Schinken (Hinterextremitäten) bei Schweinen. Diese Maßnahmen sind hygienisch nicht als besonders problematisch zu sehen.

Das Feinzerlegen nach dem Kühlen ist die hygienisch bedeutsamste Bearbeitungsstufe. Ein auf 7 °C oder tiefer herabgekühltes Fleisch ermöglicht die Erhaltung der Kühlkapazität in den auf 12 °C eingestellten Zerlegeräumen. Das Gewinnen und Sortieren von Teil- und Edelteilstücken sowie das Portionieren in Frischfleischverkaufsverpackungen kann unter dem Schutzmantel dieser Kühlbedingungen erfolgen. Das Fleisch sollte dabei nicht länger als 2 Stunden in den Bearbeitungsräumen verweilen.

Das Zerkleinern von Fleisch sollte sich möglichst unmittelbar an das Feinzerlegen anschließen, sofern entsprechende Fleischerzeugnisse hergestellt werden sollen. Es erhält größere Bedeutung im Zuge der industriellen Herstellung der Angebotsformen von Fleisch in Stücken unter 100 g oder von Hackfleisch. Diese werden bereits in Portionspackungen abgefüllt und zum Verkauf vorbereitet. Fleischverkaufsfilialen größerer Handelsketten befassen sich heute kaum noch mit einer Bearbeitung von Fleisch, sondern überwiegend mit dem Feilhalten. Dadurch erhält die industriemäßige Produktion von Hackfleisch eine zentrale hygienische Bedeutung.

Bei vorschriftsmäßiger Produktion von Hackfleisch können annehmbare und teilweise sogar unerwartet niedrige Keimzahlwerte erzielt werden, so daß an eine mehrtägige Lagerfrist auch dieser an sich hygienisch problematischen Erzeugnisse gedacht werden kann. Allerdings muß die strikte Einhaltung einer Transport- und Lagertemperatur von 2 °C, auch im Verkaufsraum, gegeben sein. Leider verfügen die Kühltheken in den Verkaufsräumen bisher nicht über die erforderliche Kühlkapazität.

Portioniertes Fleisch wird verbrauchergerecht verpackt. Dafür werden saugfähige neutrale Kunststoffschalen und sauerstoffdurchlässige Folien verwendet. Für größere Edelteilstücke, die als Ladenfleisch vorgesehen sind, erfolgt die Verpackung in der Regel zunächst unter Vakuum, um den Reifeprozeß ohne große Gewichtsverluste ablaufen zu lassen. Die Fleischfarbe und der Frischezustand können bei diesen Frischfleischangebotsformen durch Zugabe eines Schutzgases (CO_2 oder N_2 mit einem geringen Anteil an O_2) stabilisiert werden. CO_2 und N_2 bewirken auf Grund ihrer antagonistischen Effekte gegenüber saprophytären Mikroorganismen eine Haltbarkeitsverlängerung, O_2 verringert die Metmyoglobinbildung, d. h., die Vergrauung der Fleischoberfläche. Es wird auf die ausführliche Behandlung dieser Thematik im Grundlagenband dieser Buchreihe verwiesen.

Eine Übersicht über einzelne Abschnitte der weiteren Behandlung von Tierkörpern und Nebenprodukten mit Hinweisen auf die Kühlung oder Tiefkühlung ist in der Tab. 1.12 gegeben worden.

Tab. 1.12 Stufen der weiteren Behandlung des frischen Fleisches

		Kühlen		Tief-kühlen
		ohne	mit	
Tierkörper				
	Grobzerlegen	+	+	
	Feinzerlegen		+	
	Portionieren		+	
	Verpacken		+	+
Nebenprodukte				
	Sortieren und Aufbereiten	+	+	
	Sammeln im Container		+	
	Abpacken in: Sammelverpackung		+	+
	Einzelverpackung		+	+

1.3.2.2 Verhalten der Mikroflora

Die mit dem schlachtfrischen oder gekühlten Fleisch in einen Bearbeitungsraum eingebrachte Oberflächenmikroflora bestimmt die mikrobielle Besiedelung aller Einzeleinrichtungen dieses Raumes nach verhältnismäßig kurzer Zeit, selbst wenn die Anlagen vor dem Beginn einer Arbeitsschicht einem sachgerechten Reinigungs- und Desinfektionsverfahren unterzogen worden waren. Nach etwa 1 bis 2 Stunden ist auf allen Einrichtungen mit einer einheitlichen, der Einbringflora des Fleisches vergleichbaren, mikrobiellen Belastung zu rechnen. Frische Anschnitte des Fleisches werden dann gleichmäßig mit der dort verbreiteten Mikroflora nahezu flächendekkend beimpft [105]. Diese Erkenntnis ist für den Nichteingeweihten schokkierend. Dieser Herausforderung müssen sich die Hygieniker und Techniker jedoch stellen.

Ein Ausweg ist bisher darin zu sehen, daß das in einen Verarbeitungsraum einzubringende Fleisch von vornherein in einem geringen Belastungsgrad zu halten ist. Als weitere Maßnahme kann, ähnlich wie im Schlachtbereich, eine Trennung in einen höher und einen niedriger belasteten Prozeßbereich vorgesehen werden. Das bedeutet z. B., daß die hochbelastete Schweinehaut mit einer Spezialapparatur von den größeren Muskelpartien, wie sie am Schinken oder an der Schulter vorliegen, getrennt wird, bevor das weitere Zerlegen erfolgt. Das bedeutet weiterhin, daß Schneidbretter, die mit hochbelasteten Fleischoberflächen in Berührung gekommen sind, von solchen, die mit überwiegend frischen Anschnitten in Kontakt kommen, zu trennen sind. Das bedeutet außerdem, daß Geräte, die zur Oberflächenbehandlung eingesetzt werden, nicht parallel für Schnitte in die Tiefe des Gewebes benutzt werden dürfen. Das beinhaltet zusätzlich, daß große Fleischflächen berührende Sägen und rotierende Messer während der Arbeitsschicht zwischenzeitlich mehrfach oder gar fortlaufend gereinigt werden müssen. Gleiches gilt für das Transportband, für das technische Lösungen einer Reinigung in möglichst kurzen Zeit-Intervallen, zumindest in den Arbeitspausen, angestrebt werden müssen.

So einfach diese Forderungen klingen, so schwer sind sie in der Praxis umzusetzen. Einmal fehlt die notwendige Grundkenntnis der mikrobiologisch-technologischen Zusammenhänge bei den Verantwortlichen, andererseits ist das bearbeitende Personal für derartige Maßnahmen nicht sensibilisiert, ganz zu schweigen von den ökonomischen Zwängen eines kontinuierlichen Arbeitsprozesses im Akkordtempo. Unter solchen Gegebenheiten erscheint das vorgeschriebene Tragen eines Mundschutzes während der Arbeitsschicht und das wiederholte maschinelle Waschen der Stiefel geradezu als spitzfindig. Es bedarf der abgestimmten Zusammenarbeit eines routinierten Fleischtechnologen mit einem praxisorientierten Mikrobiologen, um die eigentlichen kritischen Prozeßstufen zu erkennen, wobei mikrobiologische Stufenkontrollen einzusetzen sind. Die im EU-Fleischhygienerecht geschaffene Funktion eines vom Betrieb einzusetzenden Hygienebeauftragten stellt ein erfolgreiches Vorgehen in Aussicht, das aber vorerst mangels genügend qualifizierter Personen wohl noch eine gewisse Anlaufzeit benötigt.

Bei vorschriftsmäßig gekühltem angeliefertem Fleisch und bei entsprechender Temperaturführung in den Räumen ist im Zerlegebereich eine dominant psychrotrophe Mikroflora zu erwarten, bei der die Oxidase-positiven Gramnegativen, d. h., die *Pseudomonas*-Arten, eindeutig dominieren. Hinzu tritt aber bereits eine Gram-positive Mikroflora, die im wesentlichen aus der Species *Brochothrix thermosphacta* sowie den Milchsäurebakterien und Mikrokokken besteht. Über die genaue Zusammensetzung dieser Mikroflora im Zerlegebereich ist aber nicht so viel bekannt wie über die der Vorstufen, nämlich die Mikroflora des schlachtfrischen Fleisches, oder die der Endstufen, die Mikroflora in den abgepackten Portions- oder Reifepackungen. Dieser Mangel an Detailkenntnis ist darauf zurückzuführen, daß sich die Untersucher fast durchweg mit der Erfassung der Gesamtkeimzahl begnügten und die Identifizierung der Einzelkomponenten nicht für notwendig erachteten. Die quantitativen Relationen einzelner Mikrofloraanteile wurden sicher auch deshalb nur ungenügend bestimmt, weil es sich um ein äußerst aufwendiges Verfahren handelt, bei dem aus jeder nahezu gleichförmigen Kultur eine größere Anzahl von Einzelkolonien isoliert, subkultiviert und identifiziert werden muß.

1.3.2.3 Rechtliche Vorgaben

Für den nationalen Bereich sind die Hygienebestimmungen für die Fleischgewinnung und -behandlung in der Anlage 2 und seit März 1995 zusätzlich in der Anlage 2a der Fleischhygieneverordnung [120] aufgeführt. Die Anforderungen an die Ausstattung der Zerlegebetriebe sind genau festgelegt, verbunden mit Vorschriften für das Verhalten des Arbeitspersonals. Diese Anweisungen können hier nicht wiedergegeben werden, zumal sich die Fassungen von nationalen Einzelbestimmungen aufgrund von übergeordneten EU-Richtlinien häufig ändern. Kritisch ist anzumerken, daß es sich vielfach um eine Auflistung formalistischer Einzelsachverhalte handelt, die in keiner direkten Relation zu hygienischen Konsequenzen stehen. So erscheinen die Anforderungen an die räumliche und einrichtungsmäßige Ausstattung der Betriebe übertrieben spezifiziert, die Anforderungen an die richtige hygienische Prozeßführung hingegen unzulänglich präzisiert. Dieses ist wohl darauf zurückzuführen, daß praktische Erfahrungen und experimentelle Erkenntnisse nur schwer in laufende Rechtssetzungsverfahren einzubringen sind. Die Überwachung der Betriebspraxis durch die Aufsichtsbehörden führt dann konsequenterweise oft zur Verfolgung von Nebensächlichkeiten, die an der Lösung der eigentlichen hygienischen Problemstellungen vorbeigehen.

In einer vergleichenden Darstellung der Entwicklung der Hygienevorschriften für Einrichtungen und für den Betriebsablauf konnte die kopflastige Ausweitung der formalen Vorschriften für die Raumausstattung demonstriert werden [24].

1.3.3 Die Mikrobiologie des gekühlten Fleisches

Gekühltes Fleisch ist ein für eine begrenzte Zeit haltbar gemachtes Fleisch. Die Haltbarkeit ist von der durch die Tierart bedingten Gewebestruktur und von der Temperaturführung abhängig und beträgt ohne Vakuumverpackung bei üblicher Kühlraumtemperatur von etwa 4 °C bei Muskulatur 8 bis 10 Tage, in günstigen Fällen, d. h. bei einem niedrigen Ausgangskeimgehalt auf den Oberflächen, 3 Wochen, bei Organen 1 bis 2 Tage. Zur Sicherheit wird in den amtlichen Hygienevorschriften für die Kühllagerung der Organe eine Kerntemperatur von 3 °C gefordert [120].

1.3.3.1 Technologie des Kühlens

Zur Kühlung großer Fleischkontingente, die in modernen Schlachtanlagen mit einer Kapazität bis zu 600 Schweinen oder 80 Rindern pro Stunde anfallen, sind in den letzten Jahrzehnten zahlreiche technische Neuerungen eingeführt worden. Tiefe Temperaturen und gleichzeitige hohe Luftgeschwindigkeiten der gekühlten Luft haben die Schnellstkühlung ermöglicht. Diese wird vorzugsweise bei Schweineschlachttierkörpern eingesetzt. Dabei darf es zu keinem Gefrieren der oberflächlichen Gewebeschichten, mit Ausnahme der Ohren, kommen.

Die Schnellstkühlung wird auch Schockkühlung genannt, die in speziellen Tunnelanlagen erfolgt, bei denen die Tierkörper in der Regel am kontinuierlich laufenden Band mäanderförmig durch 2 Kabinen mit unterschiedlichen Kältewerten und Luftgeschwindigkeiten geführt werden. In der ersten Stufe werden die tiefsten Kälte- und die höchsten Luftgeschwindigkeitswerte eingesetzt. Gleichzeitig wird die relative Luftfeuchtigkeit durch die hohe Wasserdampfabgabe der warmen Tierkörperhälften hoch gehalten und damit eine übermäßige Abtrocknung verhindert.

Aus der Schnellstkühlung bei –5 bis –8 °C hat sich in neuerer Zeit die „Ultra-Schnellstkühlung“ bei –20 bis –30 °C entwickelt. An beide Verfahren müssen sich unterschiedlich lange Nachkühlprozesse in konventionell ausgerüsteten Ausgleichskühlräumen anschließen.

Daneben gibt es die Schnellkühlung mit geringeren Luftgeschwindigkeiten und nicht so tiefen Temperaturen (1 bis –1 °C). Sie erfolgt in kleineren, gut steuerbaren Kühlräumen (Zellenkühlräumen). Diese sind relativ schnell zu beschicken, und der Kälte- und Belüftungsbedarf ist je nach Fortschritt des Kühlprozesses angepaßt zu regeln.

Die konventionelle Kühlung erfolgt ebenfalls mit bewegter Luft, aber nicht mit derartig hohen Kälte- und Luftumwälzungswerten, wie bei den zuvor genannten Verfahren. Sie findet in den noch weit verbreiteten Großkühlräumen statt. Hier liegen die Temperaturen im allgemeinen zwischen 0 und 4 °C.

Die tierartlich bedingte Struktur der Körpergewebe bestimmt die Möglichkeiten eines unterschiedlich schnellen und intensiven Kühlens mit. So sind Schweineschlachttierkörper aufgrund ihrer Haut- und Fettabdeckung mit niedrigeren Temperaturen zu behandeln als die enthäuteten Tierkörper der Wiederkäuer.

Einige wichtig erscheinende technologische Daten zu Kühlmodifikationen, auch unter der Berücksichtigung der tierartlich bedingten Unterschiede, sind in der Tab. 1.13 nach älteren und neueren Übersichtsangaben [51, 103, 108, 119] zusammengestellt worden. Diese können nur als orientierend angesehen werden. Durch andere Kombinationen von Temperatur und

Tab. 1.13 Arbeitswerte für die Schnellstkühlung frischen Fleisches (chilling)

Kühlung	Tierart	Temp. °C	Luftumwälzung mal/h	m/sec	Dauer h
Schnell-	Rind	–2/0	150/100 für 3 bis 4 h, dann 60/40	4/1	18 bis 24
	Schwein	–5/–3			12 bis 14
Schnellst-	Rind	–6/–2/0	250, 150/100, 60/40	8/3	4 und 10[1])
	Schwein	–12/–6			1,5 und 8[1])
Ultra-schnellst-	Schwein	–30/–20	250, 150/100, 60/40	8/6	1 und 11[2])

[1]) Nachkühlung bei ±0 °C [2]) Nachkühlung bei +5 °C

Luftumwälzung sowie andere Aufteilungen in Haupt- und Nachkühlphase sind zusätzliche Variationen, je nach technischem Ausrüstungsstand, möglich.

Aus der Literatur sind Erfahrungswerte über Gewichtsverluste infolge unterschiedlicher Kühlverfahren bekannt, von denen einige in einer Übersichtstabelle (Tab. 1.14) aufgeführt sind. Sie sollen dazu dienen, die Einsatzbereiche und -begrenzungen des Kühlprozesses zu veranschaulichen. Andere zusammenfassende Daten sind in neueren Publikationen zu finden [22, 51].

Die Kühllagerung und der Kühltransport erfordern eine entsprechend technologisch ausgerichtete Handhabung. Es gilt, den durch die oberflächliche

Tab. 1.14 Vergleich durchschnittlicher Gewichtsabnahmen durch Verdunstung während der Kühlung von Frischfleisch über unterschiedliche Zeiträume (24 bis 48 h) nach Ingram (1972)[1])

Fleischart	Kühlvorgang	Gewichtsabnahme (%)
Rind	Abhängen	2,0 bis 4,0
	Kühlraum	
	2 °C, 70 % rel. L.-F.	4,0
	2 °C, 90 % rel. L.-F.	2,8
	Kühltunnel	
	0 °C, 95 % rel. L.-F.	1,0
Lamm	Abhängen 4 h	
	und Kühlraum	2,4
	sofortige Kühlung	1,5
Schwein	Abhängen 6 h (20 °C)	
	und 17 h Kühlung (2 °C)	3,0 bis 4,0
	Kühlraum, Konventionell	2,51
	Schnellstkühlung und Nachkühlung	1,67
	Kühlraum (4 °C)	1,73
	Schnellstkühlung (–7 °C)	
	und Nachkühlung (4 °C)	1,1

[1]) Royal Society of Health J. **92**, 121–131 (1972)

Abtrocknung entstehenden Wasserverlust so gering wie möglich zu halten. Deshalb wird auch in diesen Stufen neben der Kühlung die relative Luftfeuchtigkeit nach Möglichkeit reguliert.

Zu diskutieren ist die hin und wieder zu beobachtende Praxis, die Tierkörper vor dem Einbringen in den Schnellkühlraum mit reichlich Wasser zu besprengen. Dieses Vorgehen belastet nach früheren Aussagen der Experten nur die Kühlaggregate infolge der Eisbildung und vergrößert dadurch die Energiekosten. Praktiker sind der Meinung, daß die Verdunstungskälte die Wärmeabführung beschleunigt. Aus hygienischen Gründen sollten die Tierkörper jedoch im gesamten Fleischgewinnungsprozeß, also auch speziell vor dem Kühlen, so trocken wie möglich gehalten werden. Das gilt ganz besonders für die Gewinnung des Rindfleisches.

1.3.3.2 Zusammensetzung der Mikroflora

Die auf schlachtfrischen Tierkörpern vorhandene Mikroflora kann durch den Kühlprozeß in ihrer Struktur grundlegend verändert werden. Die Abtrocknung, die niedrigen Temperaturen sowie auch die abgesenkten pH-Werte wirken beeinflussend. Dabei reagieren Tierkörper mit Haut und Fettschicht (Schwein) anders als Wiederkäuer mit freiliegender Muskulatur und Unterhaut.

Die Umschichtung einer bestehenden Mikroflora geschieht sowohl qualitativ (Wechsel von Komponenten) als auch quantitativ (Wechsel in der Dominanz einzelner Komponenten). Die Entwicklung ist dabei schwer vorhersehbar und ebenso schwer zu analysieren. In Mitteilungen der Literatur wurden diese Prozesse bisher meist ungenügend registriert, so daß die Vergleichbarkeit der mikrobiologischen Daten nicht ohne weiteres gegeben ist. Es soll daher der Versuch unternommen werden, auf Grund eigener Erfahrungen allgemeine Tendenzen aufzuzeigen. Diese lassen sich wie folgt darstellen:

Thermophile und mesophile Keimarten, die ihr Temperaturoptimum zwischen 50 und 45 °C, bzw. um 30 °C haben, stellen ihre Vermehrung unter den Einfluß der Kühlung bald ein. Psychrotrophe-Mesophile vermehren sich zunächst langsam weiter, echte Psychrotrophe, das sind überwiegend psychrophile Gram-negative, werden dagegen in ihrem Wachstum begünstigt. Somit tritt eine Umschichtung zunächst nach Genera und dann auch nach Species ein. Die Entwicklung wird um so deutlicher, je länger der Kühlprozeß dauert. Insgesamt wird die Dominanz der Mesotrophen durch die der Psychrotrophen abgelöst. [1])

Umschichtungen erfolgen auch innerhalb einzelner eng verwandter Keimgruppen. So umfaßt die Familie der Enterobacteriaceae sowohl mesotrophe als auch psychrotrophe Vertreter. In der Praxis bedeutet das: Aus dominanten coliformen Anteilen aus der Darmflora der Tiere entwickeln sich dominante Anteile der *Enterobacter*- und *Hafnia*-Species aus der Umgebungsflora der Tierkörper oder des Verarbeitungsbereiches. Das bedeutet weiterhin, aus Mikrofloraanteilen mit potentiell pathogenen oder toxinogenen Eigenschaften werden solche mit saprophytärem Charakter. Aus zwei Graphiken (Abb. 1.4 und 1.5) können diese Entwicklungen beispielhaft abgelesen werden, wobei zur Charakterisierung dieser Umschichtungen auch das seinerzeit bestimmte Resistenzverhalten dient [68, 71, 72].

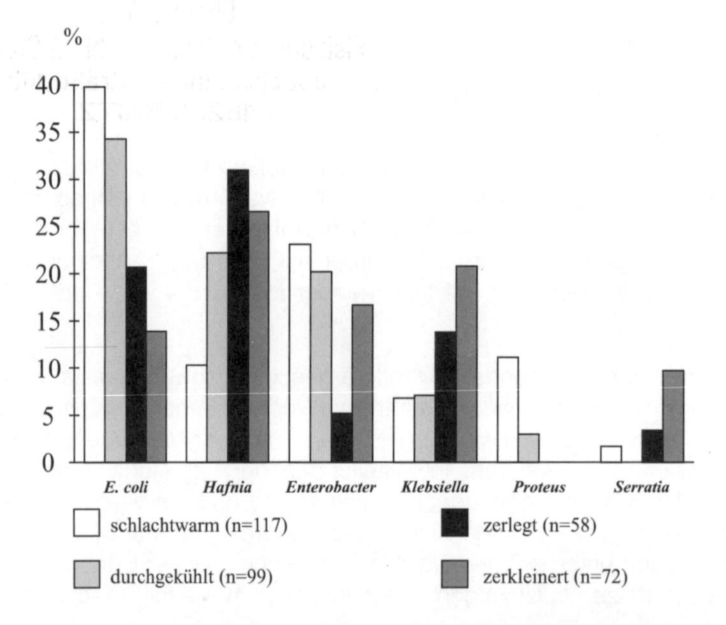

Abb. 1.4 Häufigkeit resistenter Enterobacteriaceae in verschiedenen Bearbeitungsstufen des Schweinefleisches (nach REUTER u. ÜLGEN, 1977)

[1]) Eine Übersicht der Einteilung der Mikroorganismen nach ihrem Wachstumsverhalten bei Optimal- und unteren und oberen Grenztemperaturen wurde bereits in Kapitel 1.1.4 gegeben. Die geographische Darstellung in Abb. 1.2 liefert die Charakteristika für die einzelnen Gruppen.

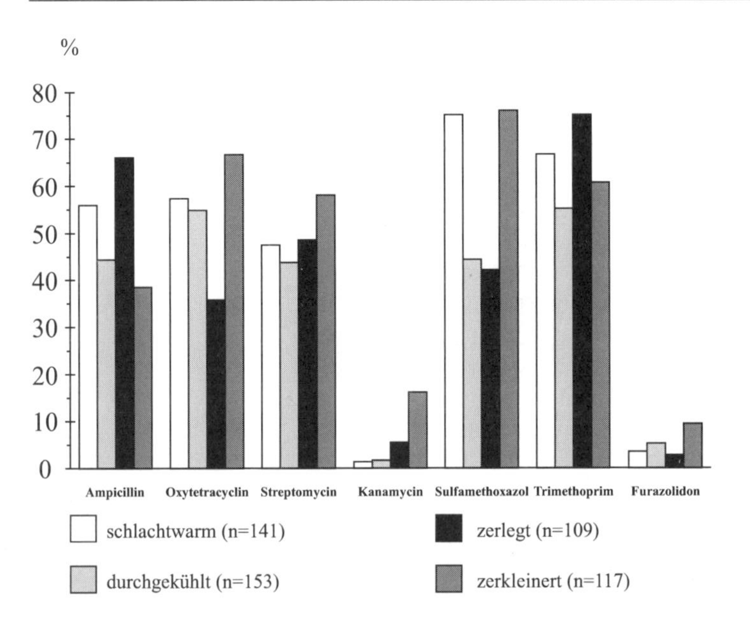

Abb. 1.5 Häufigkeit von Resistenzdeterminanten bei Enterobacteriaceae in Schweinefleisch in verschiedenen Bearbeitungsstufen (nach Reuter u. Ülgen, 1977)

Innerhalb der Gruppe der Psychrotrophen spielen sowohl *Pseudomonas*-Arten als auch *Acinetobacter*- oder *Moraxella*-Species eine Rolle. Diese Keimassoziationen zu analysieren, erfordert einen großen labortechnischen Aufwand. Deshalb existieren wenig Angaben, die neben der Species-Identifizierung gleichzeitig die quantitativen Relationen einzelner Komponenten erfaßt haben. Deshalb sei auf Ergebnisse aus Erhebungen im eigenen Arbeitsbereich verwiesen [6].

Von jeder Nährbodenplatte wurden alle verfügbaren Einzelkolonien subkultiviert und identifiziert. Die Analyse erstreckte sich auf die Oberflächenmikroflora von gekühlten Rinderschlachttierkörpern am 2. und 7. Tag der Kühlung. Aus 106 Abtrageproben waren insgesamt 4 221 Subkulturen gewonnen worden, von denen sich 884 (ca. 21 %) als Gram-negative erwiesen. Von diesen stammten 295 von 2 Tage alten Tierkörpern sowie 589 von 7 Tage alten. Die Verteilung der Isolate ist aus der Abb. 1.6 ersichtlich. Danach nahm die Häufigkeit der Pseudomonaden im Laufe der Kühlung zu, die der *Moraxella*- und *Acinetobacter*-Stämme ab. In quantitativer Hinsicht spielten Pseudomonaden nach 7 Tagen die dominante Rolle. Quantitäten von lg 8/cm^2 wurden erreicht, *Enterobacteriaceae* und *Acinetobacter* erzielten gelegentlich

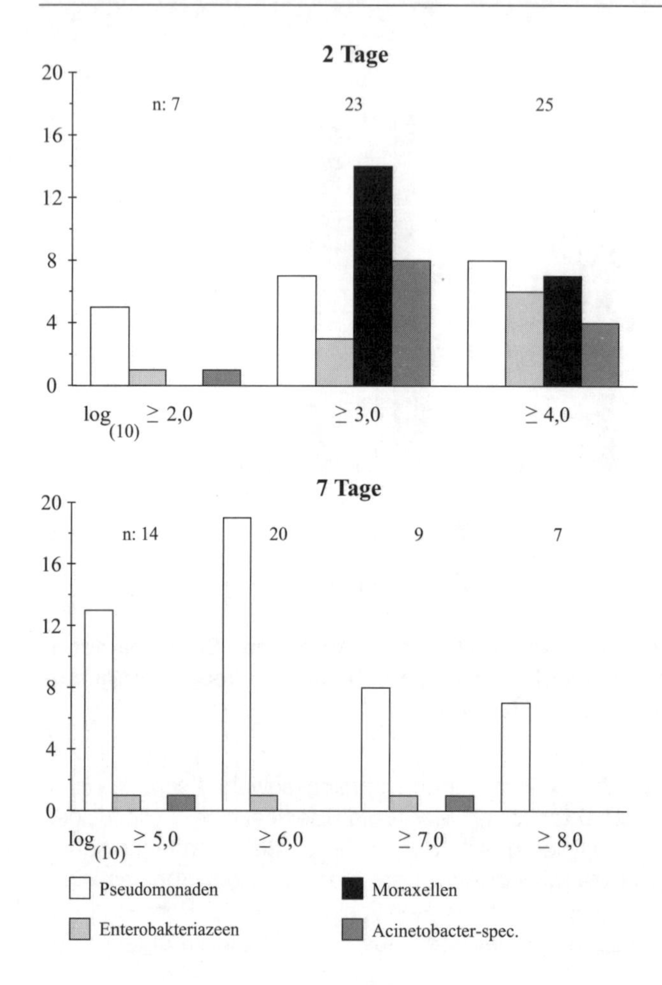

Abb. 1.6 Dominantes Auftreten von Gram-negativen Mikroorganismen auf Abtrageproben von Rinderschlachttierkörpern (*Mm. adductores* / 4–6 °C) (nach Bläschke u. Reuter, 1984)

(ca. 11 %) Werte von lg 6. Als Hauptvertreter der Pseudomonaden war vor allem *Ps. taetrolens* anzutreffen. Eine zweite dominierende Species war Katalase-positiv, Oxidase-negativ, unbeweglich und wies keinen Glukoseabbau auf. Es handelte sich um eine *Acinetobacter*-Stammform.

Die Identifizierung der psychrotrophen Keimspecies mit labormäßig einfachen Testbestecken bereitet immer noch Schwierigkeiten, weil handelsübliche Identifizierungsverfahren auf die pathogenen Stämme aus dem

Hospitalbereich abgestellt sind, also vordringlich auf die Identifizierung von *Pseudomonas aeruginosa* oder die mesophilen *Acinetobacter*-Arten. Es besteht für diese Mikroorganismengruppen aber nach wie vor ein großer diagnostischer Handlungsbedarf. So wurde neuerdings die numerische Taxonomie eingesetzt. Eine große Zahl von Reaktionen wurde mit vorgegebenen Testbestecken (z. B. Api 50) geprüft und mit Hilfe einer Computeranalyse bewertet. Das führte zu einer neuen Nomenklatur für die *Acinetobacter*-Species [34].

Species, die danach auch für die Fleischmikroflora in Betracht kommen, sind *Acinetobacter johnsonii* und 2 bisher unbenannte Stammformen. Andererseits wurden auf frischem Rindfleisch auch *A. lwoffi* und *A. calcoaceticus* nachgewiesen [12].

Auch die Taxonomie der psychrotrophen *Pseudomonas*-Species ist in der Bearbeitung [48]. Von diesen wurden die Gram-negativen Kokkobazillen abgegrenzt, die in der Vergangenheit als *Arthrobacter* und neuerdings als *Psychrobacter* geführt werden [33].

Aus einer Abschlußstudie langjähriger Forschungen auf der Grundlage der numerischen Taxonomie läßt sich eine Einteilung dieser komplexen Mikroflora im Lebensmittelbereich in insgesamt 3 große Gruppen ableiten [86]: Eine Gruppe ist mit *Acinetobacter johnsonii* gleichzusetzen, eine andere mit *Psychrobacter immobilis* und die dritte mit *Pseudomonas fragi*.

Im eigenen Arbeitsbereich fiel der hohe Anteil Gram-positiver Bakterien an der Oberflächenflora des Fleisches auf. So wurden hohe Mikrokokken-Anteile bei Wildfleischproben angetroffen [74]. Auch die in der Abb. 1.7 dargestellten quantitativen Relationen einer Oberflächenflora auf Rinderschlachtkörpern [87] weisen auf die Bedeutung der Mikrokokken hin. Befunde aus der neueren englischsprachigen Literatur bestätigen diese Beobachtungen [20].

Eine weitere Keimgruppe Gram-positiver Mikroorganismen als typische Vertreter der Fleischflora im Kühlbereich wurde von englischsprachigen Autoren vor etwa 2 Jahrzehnten ermittelt. Es handelt sich um Katalase-positive, mikroaerophile Stäbchen. Sie wurden nach der bestehenden Nomenklatur zunächst als *Microbacterium* eingeordnet. Sie werden heute als separate Species, *Brochothrix thermosphacta*, geführt. Sie vermehren sich noch bei 1 °C und bilden Milchsäure, weshalb sie mit den Laktobazillen auch vergesellschaftet auftreten und diesen ähneln. Sie weisen als Besonderheit eine starke Lipaseaktivität auf. Deshalb führt ihr massenweises Auftreten zu Verderbserscheinungen bei Fleisch, insbesondere unter teilanaeroben Bedingungen. Sie wurden bei früheren Untersuchungen vielfach übersehen, weil

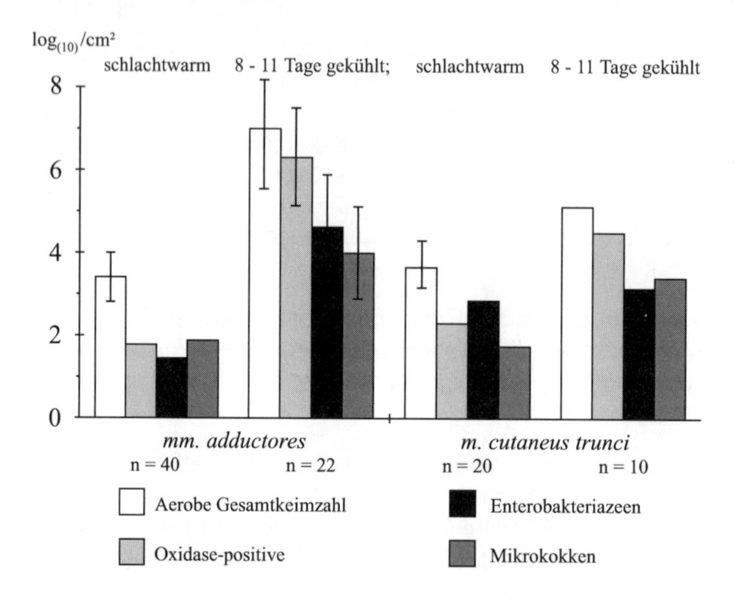

Abb. 1.7 Oberflächenkeimgehalte auf Rinderhälften nach destruktiver Probeentnahme ($\overline{x}_g$ und s) (nach SIBOMANA, 1980)

sie nur mit Selektivmedien von den Milchsäurebakterien abzutrennen und quantitativ zu erfassen sind. Allerdings sind sie empfindlicher gegen Säuren als die Laktobazillen, so daß sie sich in fermentierten Fleischerzeugnissen oder in Vakuumpackungen nicht gegen die Laktobazillen behaupten können. Heute gibt es als selektive Kulturmedien zwei Versionen, das STAA-Medium [17] und das SIN-Medium (HECHELMANN, 1981, pers. Mitteilung). Für das erstere wird derzeit bei ISO ein Standard entwickelt. Für weitere Informationen über diese Keimgruppe sei auf zwei Übersichtsarbeiten [90, 108 b] und auf die Beschreibung in einem taxonomischen Standardwerk [23] verwiesen.

Mit einer verbesserten mikrobiologischen Technik wurden weitere Gram-positive Mikroorganismen als Fleisch-spezifisch erkannt. Diese weisen morphologisch und physiologisch ebenfalls eine Ähnlichkeit mit den Laktobazillen auf. Ihre Nährstoffansprüche sind gleichermaßen hoch. Sie unterscheiden sich jedoch von diesen dadurch, daß sie weniger Kohlenhydrate fermentieren und nicht auf acetathaltigen Nährmedien wachsen. Sie wurden deshalb als *non-aciduric lactobacilli* bezeichnet [85]. Inzwischen wurden sie in dem neuen Genus *Carnobacterium* zusammengefaßt, das ebenfalls in dem taxonomischen Grundlagenwerk [23] ausführlich beschrieben wurde.

1.3.4 Die Mikrobiologie des Handelsfleisches mit Versand und Transport

Das gekühlte Fleisch wird in die Distribution gegeben, entweder als Ladenverkaufs- oder als Verarbeitungsfleisch. Damit stellen sich neue Herausforderungen für die Haltbarkeit.

Die Einhaltung einer Kühlkette ist bei einem Transport, der länger als 2 Stunden dauert, unabdingbar und auch rechtlich vorgeschrieben. Die einfachste Versandform ist der direkte Abtransport als ganzer Tierkörper (kleine Wiederkäuer, Kälber), als Hälften (Schweine) oder als Viertel (Rinder). Die zuvor im Kühlraum entstandene Oberflächenmikroflora soll sich dabei nur geringfügig verändern. Werte von $10^7/cm^2$ sollen nicht überschritten werden. Ab $10^8/cm^2$ erscheint die Fleischoberfläche als schmierig und klebrig. Sie ist dann meist auch stumpf und glanzlos. Es prägt sich ein dumpfig-muffiger Geruch aus, der typisch für diese oberflächliche Verderbsform ist. Als Richtwert für eine nicht mehr akzeptable Oberflächenbelastung wurde eine Keimzahl von $5 \times 10^7/cm^2$ angegeben [108].

Eine im Fleischgewinnungsbetrieb in Grenzen gehaltene Oberflächenbelastung von z. B. 10^4 bis 10^5 KBE/cm^2 kann beim Kühltransport schnell ausufern, wenn noch reichlich Restwärme im Inneren der Tierkörper verblieben ist. Die geforderte Kerntemperatur von 7 °C sollte deshalb zum Zeitpunkt der Verladung erreicht sein. In der täglichen Praxis ist das jedoch vielfach nicht zu bewerkstelligen, weil unterschiedliche Partien eines Schlachttages aus logistischen Gründen zu einer Sendung zusammengestellt werden müssen.

Moderne Fleischtransportfahrzeuge mit unabhängig vom Fahrbetrieb arbeitenden Kühlaggregaten können das Kältepotential einer Ladung in der Regel nur erhalten, jedoch nicht verbessern. Das bedeutet, daß die aus dem Kernbereich der Tierkörper zur Oberfläche nachströmende Restwärme nicht kompensiert werden kann. Nach unzureichender Durchkühlung kommt es während des Transportes zu einem unvermeidbaren Ansteigen der Oberflächentemperatur und zur entsprechenden Zunahme der Oberflächenflora.

Inzwischen sollen kühltechnisch besser ausgerüstete Fleischtransportfahrzeuge bei nicht zu dichter Beladung in der Lage sein, eine noch übermäßig vorhandene Restwärme aus den Tierkörpern zu kompensieren, wobei die Oberflächentemperatur des Fleisches während des gesamten Transportes auf einem annähernd gleichen Niveau gehalten wird, so z. B. bei 5 °C [75]. In den Niederlanden ist es daher seit 1985 innerstaatlich erlaubt, die Tierkörper zu den Zerlegebetrieben zu transportieren, ohne daß die Kerntemperatur von 7 °C erreicht ist. Folgende Bedingungen müssen dabei erfüllt sein: 70 % der Körperwärme müssen vor dem Transport entzogen sein, die Kühlkette darf an keiner Stelle unterbrochen werden und die Zerlegebetriebe müssen über eine entsprechende Schnellkühlkapazität verfügen [47].

In der Praxis gilt es zu bedenken, daß die zu kontrollierende Oberflächentemperatur nicht direkt und keinesfalls laufend zu messen ist. Außerdem kann, je nach Aufhängung der Tierkörper im Wagen, die Oberflächentemperatur an verschiedenen Stellen eines Tierkörpers oder in verschiedenen Bereichen des Wagens völlig unterschiedlich sein. Wenn, wie es die Regel ist, die Stauräume der Wagen voll genutzt werden oder es durch Fahrzeugbewegungen in mehr oder weniger kurzer Zeit zu den sogenannten Fleischwänden, d. h. eng aneinander geschobenen Tierkörpern, gekommen ist, ist dieses Prinzip nicht realistisch.

Ohne eine ausreichende Durchkühlung auf die rechtlich vorgegebene Kerntemperatur vor dem Transport erscheint also ein Verbringen von Handelsfleisch in Form von Tierkörpern oder -teilen über größere Entfernungen unter hygienischen Gesichtspunkten nach wie vor nicht möglich.

Eine besondere Belastung durch Mikroorganismen tritt auch dann auf, wenn das Beladen der Fahrzeuge nicht unter Ausschluß der Außenluft erfolgt, das vorgeschriebene Andocken der Transportfahrzeuge an die Kühlräume unterlassen wird und sich auf den kalten Oberflächen der Tierkörper die Feuchtigkeit aus der Umgebungsluft niederschlägt. Die von innen nachfließende Restwärme schafft in Verbindung mit der feuchten Oberfläche die besten Voraussetzungen für ein mikrobielles Wachstum mit Schmierigkeit und Geruchsabweichung und Oberflächenkeimzahlen von 10^8 bis $10^9/cm^2$. Das Beschlagen erfolgt bevorzugt an den Stellen, die im kalten Luftstrom der Kühlräume bis zum Gefrierpunkt herabgesetzt wurden, bei Schweinen also vorzugsweise an Kopf und Akren (Gliedmaßenenden).

Beim Transport von ungenügend durchgekühltem Fleisch öffnen die Fahrer gelegentlich die Lüftungsklappen der Transportfahrzeuge. Dadurch werden die sonst auftretenden Veränderungen auf der Fleischoberfläche reduziert. Diese Maßnahme führt jedoch zu anderen Nachteilen. Die Gewichtsverluste sind höher als sonst üblich. Sie bewegen sich normalerweise in einer Größe von 2 bis 3 % vom Kühlbeginn bis zur Ankunft beim Empfänger. Außerdem entstehen hygienische Beeinflussungen dadurch, daß Staub und Mikroorganismen aus der Umwelt in den Laderaum gesogen werden und damit das Kühlgut kontaminieren.

1.3.5 Mikrobiologie des tiefgekühlten Fleisches (Gefrierfleisch) mit Auftauen

1.3.5.1 Technologie des Einfrierens

Tiefgekühltes Fleisch ist ein für längere Zeit haltbar gemachtes Fleisch. Die Temperaturen werden in Bereiche abgesenkt, unterhalb derer die Vermehrung der meisten Mikroorganismen aufhört und auch die Aktivität der von den Mikroorganismen präformierten sowie der fleischeigenen Enzyme erlahmt.

Für den eigentlichen **Einfrierprozeß** sind keine Temperaturen vorgeschrieben. Es gilt jedoch die Maxime, je niedriger die Einfriertemperatur eingestellt ist und je schneller der Einfrierprozeß abläuft, desto besser ist die Erhaltung der Fleischqualität. Dabei ist ein ökonomisch-technologischer Kompromiß anzustreben, und zwar zwischen dem erforderlichen hohen Energieaufwand zur Erreichung der hohen Kältewerte und der verbliebenen Restaktivität noch lebensfähiger Mikroorganismen und noch wirksamer fleischeigener Enzyme.

Für die **Gefrierlagerung** sind in den amtlichen Hygienevorschriften Grenztemperaturen festgelegt worden. Für die Lagerung von tiefgekühltem frischem Fleisch gelten als Mindestwerte –18 °C für rotes Fleisch und –12 °C für weißes Fleisch (Geflügelfleisch). Kurzfristig eingelagertes Geflügelfleisch kann auch bei –8 °C gelagert werden. Oxidationsgefährdetes Schweinefleisch sollte bei mindestens –20 °C aufbewahrt werden.

Das Gefrieren läuft bei Fleisch strukturmäßig etwa wie folgt ab: Bei Erreichen des Gefrierpunktes, der bei etwa –1 bis –2 °C liegt, bilden sich aus dem freien Gewebswasser in den interfibrillären Räumen Eiskristalle. Bei –1 °C werden etwa 19 %, bei –2,5 °C 64 %, bei –10 °C 84 % und bei –20 °C 90 % des freien Wassers ausgefroren [82, 108]. Dadurch erhöht sich die Konzentration der Inhaltsstoffe im restlichen Muskelgewebe. Der a_w-Wert sinkt. Für vorhandene Mikroorganismen entstehen neue Bedingungen. Diese führen in der Regel zu einem Erlahmen der Lebensfunktionen, ohne daß strukturelle Veränderungen der Zellen der Mikroorganismen einhergehen müssen. Allerdings besteht eine unterschiedliche Empfindlichkeit je nach ihrer Zellwandzusammensetzung. Gram-negative sind empfindlicher als Gram-positive. Besonders resistent sind z. B. Kokken. Zellen in der logarithmischen Wachstumsphase sind sensibler als solche in der stationären Phase.

Das **Gefrierverhalten der Mikroorganismen** wird auch durch die Substrate bedingt, in denen sie sich befinden. Eiweißhaltige Suspensionen besitzen die Funktion von Schutzkolloiden. Kohlenhydrate und Triglyceride wirken ebenfalls protektiv, bestimmte Ionen und anorganische Salze, Säuren, oberflächenaktive Komponenten und Lysozyme sowie Proteasen wirken hingegen destruktiv. Die höchste Absterberate tritt zu Beginn des Einfrierens ein. Ein wiederholtes Einfrieren und Auftauen hat eine potenzierende Abtötungswirkung.

Eine zusammenfassende Übersicht, mit Angaben über das Verhalten von einzelnen Spezies und Keimgruppen in Lebensmitteln, liegt aus dem Jahre 1977 vor [92]. Eine Arbeit aus dem eigenen Arbeitsbereich enthält experimentelle Erfahrungen über das Verhalten der Salmonellen in Fleischgemengen [73]. Dabei erwiesen sich die Gram-negativen, unter diesen die Salmonellen, als gut überlebensfähig.

In der Praxis der Fleischkonservierung durch Gefrieren unterscheidet man langsames und schnelles Einfrieren, je nach dem Fortschreiten der Gefrierfront von der Oberfläche hin zum noch warmen thermischen Mittelpunkt einer Hälfte, eines Viertels oder eines Teilstückes eines Schlachttierkörpers. Die Gefrierfront wird in cm pro h gemessen. Die Kennzeichen für die verschiedenen Formen des Einfrierens sind wie folgt beschrieben [108]:

Einfrierprozeß	:	**Gefrierfront (cm/h)**
sehr schnell	:	5 bis 1
schnell	:	1 bis 0,2
langsam	:	weniger als 0,2.

Die Einfriergeschwindigkeit wird auch von der tierartlich bedingten Struktur des Gefriergutes bestimmt. Bei Schweinefleisch mit starker Fett- und Hautabdeckung sowie mit Fettdurchsetzung ergeben sich schlechtere Werte als bei magerem Rindfleisch. Bei kollagenhaltigem Jungtierfleisch (Lamm oder Kalb) liegen ebenfalls ungünstigere Werte vor.

Als die gebräuchlichen Gefrierverfahren sind das Luftgefrier- und das Kontaktgefrierverfahren zu nennen. Ersteres wird vor allem bei Tierkörpern und -teilen eingesetzt, letzteres bei entbeintem Fleisch, vorzugsweise beim Einfrieren in Formen mit anschließender Verpackung in PE (Polyäthylen)-Folie und Lagerung in Stapelkartons.

Beim Luftgefrierverfahren wird mit möglichst tiefen Temperaturen und gleichzeitiger starker Luftumwälzung gearbeitet. Die Kombinationswerte variieren in Abhängigkeit von der Fleischart und von der Ausgangskerntemperatur der Tierkörper (Tab. 1.15). Normalerweise wird mit vorgekühltem Fleisch bei Kerntemperaturen von +7 °C beim Rind und +4 °C beim Schwein

Tab. 1.15 Arbeitswerte für die Tiefkühlung frischen Fleisches (Gefrieren = freezing)

		Einfrierprozeß				Gesamtdauer mit Nachfrieren bei –18/–20 °C	Gefrierlagerung °C[7])
	°C[1])	Einfrieren °C	Luftumwälzung m/sec	Dauer h[4])	°C[2])		
Rind	7	–30[3])	8/4	8 bis 22	–7	30 bis 50 h	–18
Schwein	4	–25[3])	4/1	14 bis 16	–15	20 bis 30 h	–20[8])
Rind	40[5])	–30 bis –40[6])	3/2				–18

[1]) Kerntemperatur zu Beginn
[2]) Kerntemperatur am Ende
[3]) unverpackt
[4]) Gefrierfront: 2,0 bis 0,6 cm/h
[5]) schlachtwarm zerlegt und verpackt (Verarbeitungsfleisch)
[6]) Kontaktplattenverfahren, in Formen
[7]) verpackt
[8]) wegen Oxidation des Fettes

begonnen. Die Tiefkühltemperaturen variieren zwischen –25 und –30 °C, je nach kältetechnischer Kapazität und räumlicher Konzeption, die Luftgeschwindigkeit umfaßt anfangs den Bereich zwischen 8 bis 4 m/sec. Die tiefsten Temperaturen und die höchsten Luftgeschwindigkeiten werden zu Beginn des Prozesses eingesetzt. Die Gefriergeschwindigkeit (Gefrierfront) beträgt dann etwa 0,6 cm/h. Der Gefrierprozeß wird beendet, wenn beim Rind Kerntemperaturen von –7 °C, beim Schwein von –15 °C erreicht sind. Die anschließende Gefrierlagerung erfolgt bei Rindfleisch bei –18 °C, bei Schweinefleisch möglichst bei –20 °C bis –24 °C, um die langsam fortschreitende Oxidation des Fettes einzuschränken.

Das Kontaktgefrieren nutzt die schnelle Wärmeableitung über Metallplatten (Plattenfrosterverfahren). Das zerlegte Fleisch wird in Metallformen in einer Schichthöhe bis zu etwa 10 cm und bis zu einer Menge von 25 kg eingebracht und in Kontaktplattenschränke eingesetzt. Diese enthalten mehrere Etagen. Außer der direkten Kälteübertragung über die Platten kann noch mit einem horizontalen Kälteluftstrom eine zusätzliche Wärmeabführung bewirkt werden. In einer Anlage können mehrere Plattenfroster hintereinander aufgestellt werden. Bei diesem Verfahren kann von sehr schnellem Einfrieren gesprochen werden.

Der größte Nachteil des Gefrierens sind die Gewichtsverluste durch Ausfrieren von Gewebswasser, das beim anschließenden Auftauen nicht wieder resorbiert werden kann. Beim Gefrieren vorgekühlter Tierkörper im Ganzen, in Hälften oder Vierteln betragen diese etwa 2 bis 3 %. Bei zerlegtem Fleisch, das folien- und vakuumverpackt gefroren wurde, sind die Verluste bei Rindfleisch auf 1,5–1,6 % und beim Schwein auf 0,8–1,0 % herabzusetzen, wobei etwa 0,5 % als Eis im Folienbeutel erscheinen. Besondere Vorteile ergeben sich, wenn schlachtwarm entbeintes und zerlegtes Fleisch verpackt und tiefgefroren wird. Außer dem geringeren Gewichtsverlust ergibt sich eine Verlängerung der Lagerzeit um 2 bis 3 Monate für Rind- und 3 bis 4 Monate für Schweinefleisch.

Die Gefrierlagerzeiten werden durch die eingehaltenen Temperaturen und die tierartlich bedingte Gewebestruktur bestimmt. Fettes und kollagenhaltiges Fleisch ist weniger lange lagerfähig als mageres Fleisch. Weitere Informationen sind aus der Tab. 1.16 zu entnehmen.

Tab. 1.16 Gefrierlagerzeiten verschiedener Fleischarten (verpackt) nach Wirth et al. (1990)

°C	Art des Fleisches	Monate
–18	Schweinefleisch, fett	4 bis 5
	Schweinefleisch, mager	6 bis 8
	Kalbfleisch	5 bis 6
	Hammelfleisch	6 bis 8
	Rindfleisch	10 bis 12
–24	Schweinefleisch, mager	8 bis 10
	Rindfleisch	bis 18
–30	Schweinefleisch, mager	bis 12
	Rindfleisch	bis 24

1.3.5.2 Gefrieren zur Tauglichmachung beschlagnahmten Fleisches

Das Gefrieren wird bei der amtlichen Fleischuntersuchung und -beurteilung als eine Maßnahme zur Tauglichmachung eines an sich zu reglementierenden, d. h. nur unter anderen Bedingungen in den Verkehr zu bringenden Fleisches benutzt. Die beiden Möglichkeiten, die in der Allgemeinen Verwaltungsvorschrift zum Fleischhygienegesetz (VwVFlHG [109]) verfahrensmäßig genau beschrieben werden, sind in der Tab. 1.17 schematisch dargestellt. Das erstere Verfahren gilt für schwachfinnige Rinder. Das sind solche, bei denen bis zu 10 Zystizerken des *Cysticercus bovis sive inermis* bei den vorgeschriebenen Untersuchungsschnitten nachgewiesen wurden.

Tab. 1.17 Amtliche Gefrierverfahren nach VwVFlHG (Kap. III, Nr. 5.3 und 5.4)

	Vor Beginn	Einfrieren (°C)	Dauer (d)
Rind[1]	0/2 °C 1 d[3]	–10	6 d[3]
		–30/–25	–5 °C 10 h[4]
Schwein[2]	0/2 °C[4]	–25	4 d[5]
			8 d[6]

[1] Tauglichmachung schwachfinniger Rinder
[2] Befreiung von der Untersuchung auf Trichinen
[3] klassisches Verfahren
[4] erforderliche Kerntemperatur
[5] bis 25 cm Schichtdicke
[6] bis 50 cm Schichtdicke
d = Tage
h = Stunde
VwVFlHG = Verwaltungsvorschrift zum Fleischhygienegesetz

Es hat eine große wirtschaftliche Bedeutung, da die Rate befallener Tiere in unserem Einzugsgebiet im Durchschnitt nach wie vor bei etwa 1 % liegt. Das zweite Verfahren, das der Befreiung von der Pflichtuntersuchung auf Trichinen beim Schwein dient, erhält seine Bedeutung im Rahmen der sonst erforderlichen Nachuntersuchung von Frischfleisch bei der Einfuhr aus Drittländern, in denen die Trichinenuntersuchung nicht nach dem Methodenstand unseres Einzugsgebietes erfolgt.

Beide Gefrierverfahren wirken sich auf die substantielle Qualität des Fleisches aus, das erstere stärker, das zweite weniger. Deshalb wurde für das Finnen-Gefrier-Verfahren beim Rind neben dem klassischen Vorgehen bei –10 °C für 6 Tage auch die technisch aktuellere Form mit Anwendung niedrigerer Temperaturen nach dem Entbeinen, Zerlegen und Verpacken des Fleisches amtlich erlaubt. Allerdings ist dabei die Registrierung der erreichten Kerntemperatur erforderlich.

1.3.5.3 Verhalten der Mikroflora

Der Gefrierprozeß konserviert nicht nur Fleisch sondern auch die Mikroflora, insbesondere wenn dieser schnell und mit hohen Kältewerten durchgeführt wird. Schnelles Einfrieren schützt die Mikroorganismen ebenso wie die Muskelzellen.

Das Gefrieren wird auch als langdauerndes Konservierungsverfahren für Mikroorganismen in Kulturensammlungen und für industriemäßig genutzte Mikroorganismen eingesetzt, zum Teil in Verbindung mit einer Vakuumtrocknung. Dabei müssen möglichst tiefe Temperaturen möglichst schnell erreicht werden, um eine günstige Überlebensrate zu erzielen.

Die Absterberaten für Mikroorganismen durch das Gefrieren von Fleisch sind nur für wenige Arten experimentell belegt. Beim Schnellgefrieren kann mit einer Reduzierung der Mikroflora um etwa eine Zehnerpotenz gerechnet werden. Dabei ist eine Selektion bestimmter Anteile möglich. Die Gramnegativen gelten zwar als stärker empfindlich, doch ist eine grundsätzliche Umschichtung der Mikroflora beim Einfrieren nicht zu erwarten. Experimentelle Versuche, den Anteil der Salmonellen durch den Gefrierprozeß nennenswert zu reduzieren, schlugen weitgehend fehl [73].

Beim Einfrieren bei der Tauglichmachung schwachfinniger Rinder, kann es zu einer vermeintlichen höheren Absterberate lebensfähiger Mikroorganismen kommen. Dieser Vorgang ist jedoch nicht sicher kalkulierbar, weil nicht erkennbar ist, ob die Mikroorganismen nur sublethal geschädigt oder abgetötet wurden. Unter günstigen Bedingungen können sie wieder lebensfähig werden und erneut in die Vermehrungsphase eintreten. Diese Reaktion tritt insbesondere beim langsamen Auftauen ein, das wiederum zur Erhaltung der Fleischqualität nach einem langsamen Einfrierprozeß angezeigt ist.

Bei der mikrobiologischen Untersuchung von Gefriergut ist deshalb prinzipiell eine Wiederbelebungsphase (Resuscitation) der eigentlichen, oft selektiven Kultivierung vorzuschalten. Dieses Vorgehen gehört auch beim Nachweis von Salmonellen aus Gefrierfleisch zur Standardmethode. Eine Unterlassung dieses Schrittes würde einen Kunstfehler bedeuten.

Abschließend kann festgehalten werden, daß durch einen Gefrierprozeß und eine anschließende Gefrierlagerung von Fleisch mikrobielle Risiken für die menschliche Gesundheit, die von Bakterien ausgehen, nicht beseitigt und in der Regel auch nicht wesentlich reduziert werden.

1.3.5.4 Probleme des Auftauens

Die mikrobiologische Belastung des Fleisches wird durch das Auftauen, den in der Regel unvermeidbaren anschließenden Behandlungsschritt, nicht reduziert, sondern eher erhöht. Eine Ausnahme bildet nur Verarbeitungsfleisch („Ballenfleisch"), das direkt für die Produktion von Fleischerzeugnissen, z. B. Brühwurst, verwendet werden kann. Es kann mit Spezialmaschinen zerkleinert werden (Gefrierfleischschneider, -hacker und spezielle Gefrierfleischwölfe) und direkt dem Kutter mit den anderen Ingredienzien (Fett und anderes Fleisch) zugeführt werden. Der mikrobiologische Status des Gefrierfleisches bleibt in einem solchen Fall unverändert erhalten. Für Rohwurst wird das gefrorene Rohmaterial aufgetaut, entsehnt (Weichseparator) und für die Verarbeitung wieder eingefroren.

Problematisch wird es, wenn Gefrierfleisch als Frischfleisch und insbesondere als Ladenfleisch angeboten werden soll. Hier ist ein Auftauverfahren zu wählen, welches die entstehenden technologischen und mikrobiologischen Risiken so niedrig wie möglich hält. Die grundsätzliche Maxime für das auszuwählende Auftauverfahren lautet nach technologischen Erfahrungswerten:

- Schnelles Auftauen nach schnellem Einfrieren.
- Langsames Auftauen nach langsamem Einfrieren.

Als Erklärung wird angeführt: Das schnelle Einfrieren bewirkt ein Ausfrieren des freien Wassers in den interfibrillären Räumen des Muskels in relativ kleinen Eiskristallen. Diese lösen sich beim Auftauen leicht wieder auf und werden bei einer Rehydratisierung der Muskelfibrillen weitgehend wieder resorbiert. Beim langsamen Gefrieren entstehen größere Eiskristalle, die infolge ihrer physikalischen Struktur das Sarkolemm beschädigen. Die geschädigte Hülle der Sarkomeren ermöglicht beim Auftauen einen zusätzlichen Austritt von Fleischsaft. Die nährstoffreiche Auftauflüssigkeit reichert sich interfibrillär an und fließt nach dem Anschnitt ab. Dieser Zustand bietet für die Mikroorganismen optimale Vermehrungsbedingungen. Der Vorgang hinterläßt zudem ein Muskelgewebe, das beim küchenmäßigen Zubereiten als trokken und strohig erscheint. Nach Erfahrungswerten kann daher ein übermäßiger Auftauverlust nur durch ein langsames Auftauen einigermaßen kompensiert werden.

Orientierungswerte, die für das Auftauen unverpackten Fleisches vorgesehen werden können, sind in einer tabellarischen Übersicht (Tab. 1.18) zusammengestellt worden. Handelt es sich um vakuumverpacktes Fleisch, so empfiehlt sich das Auftauen in warmem Wasser, da in diesem die Kälteabführung wesentlich schneller erfolgt. Eine nennenswerte Vermehrung der Mikroorganismen kann in der erforderlichen kurzen Auftauzeit nicht stattfinden. Entbeintes Fleisch in Blockform oder Geflügeltierkörper oder -teile können günstig im Hochfrequenzstrom aufgetaut werden.

Tab. 1.18 Kennzeichen für Auftauverfahren

Langsames Auftauen

technologisch[1])

0 → 2 → 5 → 10/12 °C

70 → 90 % rF

Zeitbedarf	Tage:	
Schweine/Schafe	3–2	[2])
Rind/Vorderviertel	4–2,5	
Rind/Hinterviertel	5–3,5	

Schnelles Auftauen

technologisch[1])

5 → 8 °C

80 → 90 % rF

Zeitbedarf bei Luftumwälzung 100 mal/h	Tage: 1,5–0,75

[1]) Anpassung der relativen Luftfeuchte zur Reduzierung von Gewichtsverlusten
[2]) Verkürzung bei Einsatz erhöhter Luftumwälzung von 50 bis 30 mal/h

1.3.6 Die Mikrobiologie der Fleischreifung

1.3.6.1 Technologische Voraussetzungen

Die Umwandlung der Muskulatur eines geschlachteten Tieres in „Fleisch" ist ein vorwiegend enzymatischer Prozeß. Dieser beginnt mit dem Abbau des Adenosintriphosphates (ATP) und führt zur Ausprägung des *Rigor mortis*, sobald die Vorräte an Adenosintriphosphat erschöpft sind. Die Ursache für diesen irreversiblen Vorgang ist der durch das Entbluten der Tiere eingetretene Sauerstoffmangel. Im lebenden Zustand der Tiere erfolgt in der Erholungsphase des Muskels ansonsten eine Resynthetisierung des ATP.

Parallel zum ATP-Abbau verläuft die anaerobe Glykolyse. Sie stellt einen Ausgleichsversuch des Muskels zum fortschreitenden ATP-Abbau dar. Die Glykolyse bewirkt eine Anreicherung von Milchsäure. Diese ist beendet, wenn der niedrigste Säuerungswert im Fleisch erreicht ist (pH_{ult}). Die äußerst komplizierten biochemischen und morphologischen Vorgänge im Muskel sind im einzelnen aus einer neueren Übersichtsarbeit zu ersehen [94].

Mit der Lösung des Rigors beginnt die Reifung des Fleisches. Der Muskel wird durch den proteolytischen Abbau des Muskelbindegewebes und der Myofibrillen zart und mürbe. Beteiligt sind vor allem muskeleigene Enzyme, Kathepsine. Der Abbau der myofibrillären Strukturen erfolgt insbesondere an den Verbindungen der Z-Scheibe mit der I-Bande. Dieser Abbau der Muskelstrukturen kann sich über einen Zeitraum bis zu 3 Wochen erstrecken. Der Prozeß wird dabei durch die Umgebungstemperatur beeinflußt. Ist diese höher, verläuft er schneller, liegt sie im unteren Temperaturbereich bei 2 bis 4 °C, muß mit der vollen Zeitspanne des Reifungsprozesses gerechnet werden. Im Fall des Tiefkühlens kommt der Reifungsprozeß zum Stillstand. Er wird fortgesetzt, sobald entsprechende Temperaturen für die Aktivität der Enzyme wieder erreicht werden. Das beginnt bereits beim Auftauvorgang.

Das Tiefkühlen oder das schnelle Kühlen können schon die Rigor-Ausprägung und die Glykolyse unterbrechen. Dabei entstehen biophysikalische Komplikationen. Es tritt eine irreversible Kontraktur der Muskelfibrillen ein, ohne daß eine spätere Lösung durch Reifungsprozesse möglich würde. Das Fleisch bleibt zäh und ist für den direkten Verzehr nicht geeignet. Dieser Zustand wird als *cold shortening* – Kälteverkürzung der Muskelfibrillen – bezeichnet. Diese kritische Entwicklung tritt ein, wenn die Kerntemperatur im Muskel im Prärigor, also vor dem Eintritt der Muskelstarre, Werte von weniger als 12 °C erreicht. Sie betrifft vorzugsweise das Fleisch der Wiederkäuer (Rind und Schaf). Diese Entwicklungen können vermieden werden, wenn der ATP-Abbau und damit der Rigor durch elektrische Impulse (Elektrostimulierung) unmittelbar nach dem Schlachten herbeigeführt wird. Durch Anlegen einer Elektrode an eine Gliedmaße und durch Einsatz der Aufhängevorrichtung als die zweite Elektrode läßt sich dieser Prozeß – natürlich unter Sicherheitsauflagen – bewerkstelligen.

Auch tierartbedingte Strukturen der Muskulatur spielen bei der Reifung eine Rolle. Die Muskulatur des Rindes benötigt eine extrem lange Reifungszeit, z. B. bis zu 4 Wochen bei minus 1 bis 0 °C, die des Schweines nur etwa 2 bis 3 Tage. Der Einfluß tierartlicher Unterschiede und die Temperaturabhängigkeit des Reifungsprozesses sind in einer beigefügten Übersichtstabelle (Tab. 1.19) grob skizziert.

Parallel zur Auflösung der inneren Muskelstruktur läuft der Abbau des äußeren Stützgewebes, des Bindegewebes. Es ist schwer, den Abbau dieser extrazellulären Matrix visuell zu erkennen oder zu definieren. Sensorisch äußert sich dieser Prozeß in der zunehmenden Zartheit des Fleisches. Spe-

Tab. 1.19 Dauer der Fleischreifung in Abhängigkeit von der Temperatur

°C	Tage		
	Rind	Kalb/Schaf	Schwein
–1/+1	24/18	4/3	3/2
10	6/5		
15	3		
37[1])	5 h		

[1]) Schnellreifeverfahren USA

zialgeräte zur Messung der Zartheit wurden entwickelt und werden in der vergleichenden Fleischqualitätsbeurteilung eingesetzt. Das Warner-Bratzler-Gerät findet seine Anwendung jedoch nur im Laborbereich bei Grundlagenforschungen. Es ist für Routineanwendungen zu arbeitsaufwendig. Letztlich kann nur der erfahrene Fleischtechnologe den Reifungszustand eines Fleisches erkennen.

Die konventionelle Fleischreifung in Form des Abhängens im Kühlraum führt zu erheblichen Gewichtsreduzierungen durch Wasserverluste, die 2,5 bis 5 % betragen können. Außerdem werden die oberflächlichen Schichten, insbesondere bei Rindfleisch, durch Abtrocknung und Dunkelfärbung unansehnlich und müssen abgetragen werden. Zur Vermeidung dieser Nachteile ist das frühzeitige Entbeinen, Zerlegen und Verpacken des Fleisches unter Vakuum eine Alternative, die heute bei Rindfleisch großtechnisch genutzt wird. Die Gewichtsverluste werden dabei um etwa 50 % reduziert.

Bei der Reifung des Fleisches im Vakuumbeutel handelt es sich um ein neu geschaffenes mikrobiologisches Habitat, bei dem besondere technische und hygienische Voraussetzungen erfüllt sein müssen, um Komplikationen zu vermeiden. So darf kein Fleisch mit DFD-Charakter, d. h. mit unzureichender Glykolyse, verwendet werden. Es würde sonst bald zu Aufgasungserscheinungen infolge der Vermehrung von anaeroben Sporenbildnern kommen. Das zu verpackende Fleisch sollte überdies auf 2 bis 4 °C herabgekühlt sein, wobei der Zerlegeraum voll klimatisiert sein muß. Bei einer Betriebstemperatur von 12 °C darf er nur eine relative Feuchte von 50 bis 55 % aufweisen, um ein Beschlagen des kalten Fleisches zu vermeiden. Die mikrobiologische Ausgangsbelastung der Oberflächen der Fleischteile sollte dabei auch so niedrig wie möglich sein (10^2 bis $10^4/cm^2$). Die Reifungszeit beträgt dann 2 bis 3 Wochen bei einer Reifungstemperatur von 0 bis 2 °C.

Sofern die genannten Bedingungen eingehalten werden, ist eine Haltbarkeitsverlängerung des so verpackten Fleisches nach der Reifung um mehrere Wochen zu erzielen. Der Zeitraum wird dabei wiederum von der eingehaltenen Lagertemperatur bestimmt (Tab. 1.20). Die Haltbarkeit kann zusätzlich noch durch eine Begasung beim Verpacken verbessert oder durch Schnellfrosten verlängert werden, und zwar bis zu weiteren 6 Monaten. Als Gase sind Stickstoff und Kohlendioxid im Gebrauch. Das erstere ist inert und verhütet eine Oxidation, das zweite wirkt zusätzlich bakterizid. Allerdings entstehen bei alleiniger Anwendung von CO_2 partielle Braunfärbungen an den Oberflächen, die wiederum zu Verlusten durch das erforderliche Abtragen führen. Eine Mischung aus beiden Gasen ist auch möglich. In angloamerikanischen Ländern werden meist 70 % N_2 und 30 % CO_2 kombiniert eingesetzt. Insgesamt sind die Vorteile des Begasens im Vergleich zum einfachen Evakuieren bei der Frischfleischreifung im Vakuumbeutel jedoch nicht überzeugend gewesen, so daß überwiegend das einfachere Vakuumverfahren praktiziert wird.

Tab. 1.20 Zusätzliche Haltbarkeit von Rindfleisch nach der Reifung in der Vakuumverpackung

°C	Wochen
–1/0	4
0/2	3
4[1])	2
6[1])	1,5

[1]) bewirkt eine besonders zarte Konsistenz

1.3.6.2 Verhalten der Mikroflora

Beim Reifungsprozeß spielen Mikroorganismen eine nicht unerhebliche Rolle, und zwar sowohl für den eigentlichen Reifungsprozeß selbst als auch für die weitere Haltbarkeit. Mikroorganismen sind mit ihrem Enzymsystem an der Lockerung und Auflösung des Bindegewebes beteiligt.

Bei der konventionellen Reifung, d. h. dem Abhängen des Fleisches, spielen die aeroben, d. h. die sauerstoffliebenden Mikroorganismen die Hauptrolle. Es sind dieses vor allem die psychrotrophen Gram-negativen, vorzugsweise aus der *Pseudomonas*-Gruppe, mit den Species *Ps. fragi* und *Ps. fluorescens*, daneben in untergeordneter Quantität auch die *Acinetobacter*-Species.

Über die Zusammensetzung der Reifungsflora gibt es einige Angaben. Neben den schon angeführten Daten in den Abb. 1.4 bis 1.7 in Kap. 1.3.3 liegt eine neuere Arbeit über die Verteilung von *Pseudomonas*-Species bei gekühlten Lamm-Tierkörpern vor. Danach waren in der Nachweishäufigkeit die Vertreter der Species *Ps. fragi* eindeutig dominant, gefolgt von *Ps. ludensis*. Nur gelegentlich waren *Ps. fluorescens*, biovar I, und *Ps. putida*, biovar A, nachzuweisen. Die Nachweishäufigkeit der beiden ersteren Species wurde durch eine Temperatur von 7 °C begünstigt [52]. Des weiteren sind Mikrokokken sowie Hefen und Schimmelpilze anzutreffen.

Die beteiligten Species verfügen über proteolytische und viele auch über lipolytische Enzyme, so daß es gleichlaufend zur Stromaauflockerung auch zu sensorisch erfaßbaren Abweichungen kommt, die von Alt-Geruch und -Geschmack über Ranzigkeit bis zur Oberflächenfäulnis reichen können. Je nach dominanter Mikroorganismengruppe kommt es zu den Oberflächenveränderungen, die in den Kap. 1.2.2 und 1.2.3 beschrieben und in den Tab. 1.9 und 1.10 dargestellt wurden.

Bei der Reifung in der Vakuumpackung kommt es zu anderen sensorischen Abweichungen, die auf quantitative Umschichtungen in der Fleischoberflächenflora zurückzuführen sind. Die vor der Verpackung vorhandene dominant aerobe Flora wird durch eine mikroaerophile bis anaerobe Flora ersetzt. An die Stelle der *Pseudomonas-Acinetobacter*-Assoziation treten nach und nach die psychrotrophen *Enterobacteriaceae*, darunter *Hafnia*, *Enterobacter* und *Klebsiella*. Sie erhalten Wachstumsvorteile, so lange die Temperatur nicht unter 4 °C abfällt. Dabei nimmt die Sauerstoffspannung weiter ab, während sich CO_2 ansammelt. Dadurch und durch eine weiterhin niedrige Temperaturführung wird die auf Fleischoberflächen ursprünglich vorhandene, aber zunächst kaum nachweisbare Flora aus Gram-positiven, mikroaerophilen Bakterien im Wachstum begünstigt. Es handelt sich dabei um Milchsäurebakterien. Zu diesen rechnen außer den Laktobazillen, den Milchsäurebakterien im engeren Sinne, auch Streptokokken, einschließlich der *Leuconostoc*-Species und der Pediokokken, sowie die Species *Brochothrix thermosphacta* und die Vertreter des Genus *Carnobacterium*. Diese vermehren sich unter den jeweils gegebenen Bedingungen mehr oder weniger langsam, doch stetig zu Floraanteilen innerhalb dieses neuen Habitats des Fleisches. In einer Vakuumpackung werden bei Kühllagerung innerhalb von 10 bis 14 Tagen Keimzahlen von 10^6 bis 10^8 pro cm^2 Füllgutoberfläche oder pro ml Flüssigkeitsansammlung erreicht. Liegen zwischenzeitlich höhere Umgebungstemperaturen vor, ist diese Entwicklung wesentlich verkürzt. Letztlich gewinnen aber die Laktobazillen auf Grund ihrer höheren Säuretoleranz (bis herab zu pH-Werten von 3,9 oder gar 3,6) die Oberhand und bleiben schließlich als alleiniger wesentlicher Florabestandteil übrig. Zum Glück werden innerhalb dieser Gruppe solche Species oder Stamm-Varianten, die besondere proteolytische oder lipolytische Eigenschaften besitzen, meist auch unterdrückt, so daß sich die sensorischen Veränderungen in Grenzen halten. Die Mikroflora dieses neuen Habitats ist im übrigen so vielgestaltig, daß bisher noch nicht alle auftretenden Varianten weder taxonomisch noch stoffwechselmäßig eindeutig definiert werden konnten.

Über die Mikroökologie vakuumverpackten Frischfleisches gibt es eine große Zahl von Publikationen, insbesondere aus dem englischsprachigen Schrifttum. Diese sind in den zusammenfassenden Kapiteln in einer Monographie angeführt [7]. Im Kapitel Verpackung des Grundlagenbandes sind weitere Angaben zu finden.

Unvermeidbar ist, daß neben Milchsäure auch noch andere Metaboliten, wie Essigsäure und geringfügig auch Buttersäure, sowie andere gasförmige Komponenten, außer CO_2, gebildet werden. Diese Entwicklung äußert sich am Ende der Haltbarkeit einer solchen Vakuumpackung in einem stechend sauren Geruch, einem fadenziehenden Schleim und einer dunkelbraunroten Verfärbung der Oberfläche des Füllgutes. Erstaunlicherweise sind diese sensorischen Erscheinungen überwiegend flüchtiger Natur. Relativ kurze Zeit nach dem Öffnen der Beutel, etwa nach 10 bis 15 min, sind die Geruchsabweichungen weitgehend verflogen, und selbst die Farbe hellt sich wieder auf, so daß im Rahmen der Haltbarkeitsgrenzen das Fleisch als voll verkehrsfähig gelten kann.

1.4 Die Mikrobiologie der eßbaren Nebenprodukte

1.4.1 Die Mikrobiologie der Organe

1.4.1.1 Technologische Voraussetzungen

Die inneren Organe eines Schlachttieres gehören zu den eßbaren Nebenprodukten. Im wesentlichen sind es Leber, Lunge, Zunge, Herz und Nieren, mit gewissem Abstand auch Milz, Gehirn, Thymus, Vormagenteile und

Euter. Sie werden auch als Innereien bezeichnet. Der Anteil am Gesamtlebendgewicht eines Schlachttieres beträgt beim Rind 18 %, bei Schweinen etwa 10 %. Beim Rind beträgt der Gesamtanteil der Nebenprodukte einschließlich der nicht eßbaren etwa 42 %, beim Schwein 25 %. Im Schnitt beträgt der Gesamtanteil der Nebenprodukte beider Tiergruppen etwa ein Drittel der Lebendmasse eines Schlachttieres. (s. auch Kap. 1.1.2.5 und Abb. 1.1)

Die eßbaren Nebenprodukte stellen einen wichtigen Erlös für den Fleischproduzenten dar. Sie sind in unserem Einzugsbereich außerdem für die Herstellung vieler Fleischerzeugnisse oder Spezialzubereitungen die Grundlage. Folglich müssen sie fachgerecht behandelt werden, um die Haltbarkeit und die gesundheitliche Unbedenklichkeit auch der daraus hergestellten Erzeugnisse zu gewährleisten.

Im Vergleich zur Muskulatur sind die Möglichkeiten zum mikrobiellen Verderb bei den Innereien weitaus größer. Dieses hängt mit der Struktur und der Zusammensetzung zusammen. Sie verfügen im Unterschied zur Muskulatur meist über weniger straffes umhüllendes Bindegewebe. Ihre Volumina sind kleiner, und ihre Oberfläche ist wesentlich größer. Sie sind fast durchweg blutreicher und auch stärker mit Gewebeflüssigkeit durchsetzt. Die Leber verfügt außerdem über hohe Glykogengehalte. Alle diese Faktoren begünstigen das Wachstum von Mikroorganismen nicht nur auf den Außenflächen, sondern besonders in den inneren Gewebeschichten. Daher gilt es, mit konservierenden Maßnahmen dem unvermeidlichen Verderbsprozeß entgegenzuwirken.

Neben dem Reinigen, z. B. bei Vormägen und Darm, ist das alsbaldige Kühlen das Mittel der Wahl. Damit sollte bereits am Schlachtband durch Einzelaufhängung der Geschlinge oder der einzelnen Organe begonnen werden. Oft werden die Innereien aber zunächst in Behältern gesammelt und anschließend in diesen gekühlt. Besonders in den tieferen Schichten der Organe ist die Auskühlung ungenügend, und das mikrobielle Wachstum beginnt bereits vor dem Kühlprozeß. Insbesondere die roten Organe (Leber, Milz, Nieren) sind davon betroffen. Innerhalb von 8 Stunden sollten im Inneren wenigstens 10 °C erreicht sein. Bis zum Abtransport muß nach der Fleischhygieneverordnung eine Kerntemperatur von wenigstens 3 °C vorliegen. Einige Informationen über die Abhängigkeit der Haltbarkeit der Organe von der Lagertemperatur sind aus Tab. 1.21 zu entnehmen.

Tab. 1.21 Haltbarkeit von roten Organen

°C	Tage
18/20	0 bis 1
2/4	2
0/1	4 bis 5
–5	5 bis 8
–18	14 bis 21

1.4.1.2 Die Bestandteile der Mikroflora

Mikroorganismen sind sowohl auf als auch in den Organen anzutreffen. Die äußere Keimbelastung kommt wesentlich durch das Befassen der Oberflächen beim Ausweiden zustande [36]. Sie ist unvermeidlich. Die innere Keimbelastung resultiert aus den Quellen im Tierkörper selbst. Besonders in der Agonie kann es zu einem passiven Übertritt aus keimhaltigen Körperhohlorganen über den Portalkreislauf in die stark bluthaltigen inneren Organe kommen. Außerdem lassen die beim Betäuben entstehenden abrupten Gefäßkontraktionen, die sich bis in die Arteriolen auswirken können, zusätzliche Druck- und Sogwirkungen entstehen, so daß an ein Einschwemmen aus verschiedenen Regionen des Tierkörpers gedacht werden muß. Diese Hypothese ließ sich allerdings experimentell bei Schweinen nicht bestätigen. Sinnvoll erscheint auf jeden Fall ein alsbaldiges Entbluten im Anschluß an die Betäubung, wie es im Hinblick auf die Erhaltung der substantiellen Qualität des Fleisches ohnehin erforderlich ist. Bei Schweinen sollte das Entbluten innerhalb von 20 Sekunden nach dem Ende der Betäubung begonnen sein.

Auch bei der weiteren Behandlung im Schlachtprozeß kann es zum Übertritt von Mikroorganismen ins Gewebe der Organe kommen. Das früher übliche Bauchtreten bei Rindern zum Zwecke einer besseren Entblutung dürfte endgültig der Geschichte angehören.

Beim Schwein sind spezifische retrograde Keimausbreitungen durch schmutzhaltiges Brühwasser beim Brühprozeß nachgewiesen worden. Dieses gelangte nicht nur in die Lunge sondern infolge reflektorischer Kompressionen und Erweiterungen der eröffneten großen Gefäße nachweislich bis in den Becken-Schinkenbereich [32].

Die Tiefenflora der Organe ist damit weitgehend durch eingeschwemmte mesophile Keimarten aus der Körperflora der Tiere gekennzeichnet, darunter auch solcher, die zu den latenten Zoonoseerregern zu rechnen sind, z. B. Salmonellen aus dem Darm oder aus den Darmlymphknoten. Aber auch die aus dem Brühwasser der Schweine resultierende Flora ist weitgehend körpereigenen Ursprungs. Darunter befinden sich nicht nur hitzeresistente Kokken, aerobe und anaerobe Sporenbildner, einschließlich der pathogenen und toxinogenen Clostridien, darunter auch *Cl. botulinum*, sondern auch zahlreiche Gram-negative, die unter der Schutzwirkung des Eiweißes und des Schmutzes selbst im 58 bis 62 °C warmen Brühwasser, wenn auch kurzfristig, überleben können. Diese mesophilen Keime müssen daher bei der Aufbewahrung der Organe schnell in ihre Wachstumsgrenzen verwiesen werden. Das Ziel ist daher, möglichst bald eine Temperatur von 10 °C oder die amtlich geforderte Kerntemperatur von 3 °C zu erreichen.

Je nach Frischegrad oder Behandlungszustand bewegt sich der Tiefenkeimgehalt der Organe in Bereichen zwischen 10^5 bis 10^7/g [54] (Tab. 1.22). Das ist hoch, wenn man auf schlachtfrischem Fleisch von 10^3 bis 10^5 pro cm^2 ausgeht. Damit erreicht die Keimbesiedelung der Organe bedenkliche Dimensionen, die den alsbaldigen Verbrauch bedingen oder eine andere Konservierung erfordern.

Tab. 1.22 Gesamtkeimgehalte auf und in Fleisch, je nach Frischezustand nach PROST (1985)

Fleisch-Oberfläche	$10^{3-7}/cm^2$
Organe	10^{5-7}/g
MEF[1])	10^{5-7}/g

[1]) = mechanisch entbeintes Fleisch

Eine ähnliche kritische Situation liegt bei dem sogenannten Restfleisch vor, eine vor etwa 10 bis 12 Jahren neugeschaffenen Angebotsform. Es handelt sich um mechanisch entbeintes Fleisch, das mit Hilfe von elektromechanischen Separatoren von den bereits grob entfleischten Knochen abgelöst wurde. Die Mikroflora des Restfleisches wird dabei in der Zusammensetzung weitgehend von der Vorbehandlung der Knochen bestimmt. Es enthält große Anteile einer Oberflächenflora, die vom Kühlraum geprägt ist. In einem anderen Spezialkapitel dieses Buches wird auf diese Kategorie detailliert eingegangen werden (Kapitel 2.4).

Ein rasch fortschreitender Verderb durch Mikroorganismen wird bei den Organen durch einen weiteren biophysikalischen Umstand begünstigt. In den

Geweben, auch der roten Organe, findet keine oder nur eine unwesentliche pH-Wert-Absenkung statt. Diese Gegebenheit wird meist gar nicht registriert. Orientierend sind deshalb entsprechende pH-Werte im frischen Zustand und nach 24 Stunden nach Angaben aus der Literatur [54] in Tab. 1.23 zusammengestellt worden.

Tab. 1.23 pH-Werte in Fleisch nach Prost (1985)

	pH_o	pH_{24}
Skelettmuskulatur	6,8	5,5
Herz	6,8	6,2
Leber	6,3	6,5
Lunge	6,7	6,9
Niere	6,7	6,9
Euter	6,5	6,6
MEF[1])	6,2	7,4

[1]) = mechan. entbeintes Fleisch pH_o = Ausgangs-pH-Wert

1.4.2 Die Mikrobiologie des Blutes und der Blutnebenprodukte

1.4.2.1 Technologische Aspekte

Blut kann als Lebensmittel dienen, wenn es unter entsprechenden hygienischen Bedingungen gewonnen und behandelt wurde. Es enthält hochwertiges Eiweiß, und der Gehalt an einzelnen essentiellen Aminosäuren ist sogar höher als im Muskeleiweiß. Limitierende Faktoren sind lediglich geringere Gehalte an Methionin und Isoleucin. Das nicht als Lebensmittel verwendete Blut wird in der Industrie als Eiweißausgangsstoff benutzt. Das aus technologischen Gründen nicht auffangbare oder nicht verwendbare Blut gilt als Abfall (s. auch Kap. 1.1.2.6).

Die Zustandsformen des Blutes, die für die Verwendung als Lebensmittel oder als Industrieblut in Betracht kommen, sind, je nach Vorbehandlung, wie folgt zu beschreiben:

Defibriniertes Blut: Blut, das durch einen Rührprozeß vor der Koagulation bewahrt wurde. Die mit dem Rühren bewirkte Entfaserung (Defibrinierung) verursacht einen Eiweißverlust von 0,3 bis 0,4 %.

Blutserum: Hauptbestandteil eines defibrinierten Blutes nach Zentrifugation (59 % Serum und 41 % Restblut). Das Restblut stellt im wesentlichen ein Blutkörperchenkonzentrat dar.

Stabilisiertes Blut: Vollblut, das durch Zusatz von Antikoagulantien (Zitrate/Phosphate) flüssig erhalten wurde.

Blutplasma: Hauptbestandteil eines stabilisierten Blutes nach Zentrifugation (67 % Plasma und 33 % Dickblut). Das Dickblut stellt im wesentlichen ein Blutkörperchenkonzentrat dar.

Blutmehl: Mittels Dampf koaguliertes Blut, das durch Dekantieren vorentwässert und anschließend getrocknet wurde (Thermische Koagulation und H_2O-Separation).

Blutsilage: Durch Zusatz von Säure auf pH 4,0 eingestelltes Blut (Chemische Koagulation und H_2O-Separation).

Texturiertes Bluteiweiß: Chemisch aufbereitetes und versponnenes Bluteiweiß (→ Fleischersatz – Kunstfleisch).

Einen kurzen Überblick über die mengenmäßige Verteilung der wesentlichen Komponenten der industriemäßig interessanten Angebotsformen des Blutes gibt die Übersicht in Tab. 1.24.

Tab. 1.24 Wesentliche Komponenten des Blutes und seiner Aufbereitungsformen in %

	Vollblut	Plasma		Dickblut
		frisch	getrocknet	
Wasser	80,9	90,8	7,0	66,0
Eiweiß (55 % Globuline, 45 % Albumine)	18,0	7,9	72,0	33,0
Fett (essentielle Strukturlipide)	0,1	0,1	1,0	
Sonstiges (Kohlenhydrate, Mineralstoffe/Salze, Antikoagulantia)	1,0	1,2	20,0	1,0

Die industriemäßig interessanteste Kategorie stellt das Blutplasma dar. Es ist eine aromatische, farbschwache, leicht gelbliche, klare Lösung, die für die Lebensmittelproduktion geeignet ist, sofern es vorschriftsmäßig und hygienisch gewonnen und ebenso weiter behandelt wurde. Blutplasma wird auch als flüssiges Fleisch bezeichnet. Es kann durch Gefrieren oder durch Trocknung länger haltbar gemacht werden.

Die direkte Verwertung von Vollblut und insbesondere von Dickblut ist eingeschränkt. Vollblut wird in speziellen Fleischerzeugnissen verwendet, Dickblut kann nur nach spezieller Aufbereitung als Futtermittel genutzt werden. Ein entscheidender Nachteil ergibt sich aus dem hohen Farbstoffgehalt, der durch die roten Blutkörperchen bedingt ist, der zudem mit einem strengen bitteren Geschmack verbunden ist, der auf das Eisen im Häm zurückzuführen ist.

1.4.2.2 Mikrobiologische Anforderungen

Die divergierenden Behandlungsschritte und die unterschiedlichen Angebotsformen von Blut ergeben unterschiedliche mikrobiologische Belastungssituationen. Zwar ist Blut, ähnlich wie die Muskulatur und die Organe, unter physiologischen Bedingungen weitgehend keimfrei, doch unter den Streßbedingungen des Antransportes, des Aufstallens, des Treibens und des Schlachtens der Tiere kann es zur Einschwemmung einer wechselnden Zahl von Mikroorganismen vom Darmtrakt in den Blutkreislauf kommen. Ob es sich nur um einen Durchbruch aus dem Lymphknotenbereich des Darmtraktes oder ob es sich auch um einen direkten Übertritt aus dem Darmlumen handelt, kann bisher immer noch nicht mit Bestimmtheit gesagt werden. Erkenntnisse aus der experimentellen Forschung besagen, daß die passive Translokation von höhermolekularen Bestandteilen und damit auch von Mikroorganismen durch die Darmschleimhautschranke möglich ist, ohne daß es zuvor zu Entzündungsprozessen oder zu einer krankhaften Durchlässigkeit der Darmwand gekommen sein muß. Die frühere Hypothese, daß der durch das Entbluten entstandene Unterdruck im Gefäßsystem zu einem Ansaugen von Mikroorganismen aus dem Darmbereich führt, wobei die Abwehrreaktionen des Tieres in Form von Muskelkontraktionen noch zu einer Verteilung beitragen können, ist bisher nicht belegt. Glaubwürdig hingegen erscheinen die negativen Folgen einer früher praktizierten Unsitte, am liegenden Tier durch Treten auf die Bauchdecke den Entblutungsprozeß zu beschleunigen oder zu verbessern. Die schnelle und wirkungsvolle Betäubung und das Entbluten spätestens

30 Sekunden, bei Schweinen bis zu 20 Sekunden, nach dem Ende des Betäubungsprozesses sind die wichtigsten technischen Vorgaben, um die Keimbelastung des Tierkörpers und der Organe und damit auch des Blutes niedrig zu halten.

Zur eigentlichen Keimzahlbelastung des Blutes kommt es aber erst beim Entblutungsprozeß, und zwar sowohl durch den Vorgang des Stechens selbst, als auch insbesondere durch das Auffangen und Sammeln des Blutes.

Zwei Verfahren sind zu unterscheiden. Das klassische war das offene Blutgewinnungsverfahren, bei dem nach dem Stechen möglichst nur das Stoßblut, d. h., das im Strahl austretende Blut, aufgefangen wird. Das geschieht entweder in Einzelbehältern, die auf dem Boden an das Tier herangeführt werden, oder in Entblutungsbecken, wobei bei den letzteren aus Düsen Antikoagulantien kontinuierlich zugeführt werden. Das hygienische Problem stellt das selektive Auffangen des Stoßblutes dar, denn Blutrinnsale über Hautpartien oder andere austretende Sekrete, wie Speichel oder Urin, sollten nicht mitgesammelt werden. Entsprechende manuelle oder einrichtungsmäßige Vorrichtungen wurden entwickelt. Das Ziel ließ sich in der Praxis aber meist nicht in ausreichendem Umfang verwirklichen. Heute wird nach der gültigen Fleischhygieneverordnung [120] für die Gewinnung von Plasma oder Serum ein geschlossenes Auffangsystem gefordert.

Dabei wird ein Hohlmesser mit angeschlossenem Schlauch- und Rohrleitungssystem zum Auffangen und Ableiten des Blutes benutzt. Bei der Entwicklung dieses Entblutungsverfahrens wurde zunächst noch Vakuum eingesetzt. Heute benutzt man zur Vermeidung einer möglicherweise eintretenden Hämolyse und damit verbundener rötlicher Verfärbung des später gewonnenen Plasmas nur die Wirkung des natürlichen Gefälles im Rohrleitungs- und Sammelsystem.

Das geschlossene Entblutesystem verhütet zwar äußere mikrobielle Beeinflussungen, beinhaltet jedoch andere Belastungen. Die Stichstelle ist vor dem Ansetzen des Entblutegerätes nicht zu entkeimen. Alle diesbezüglichen Vorhaben scheiterten bisher an der ökonomisch nicht vertretbaren Vorbereitungszeit für eine Reinigung und Entkeimung der Stichstelle. Ein vorheriges Abduschen bei Schweinen würde zwar den sichtbaren Schmutz und möglicherweise auch die Keimzahlen der Haut etwas reduzieren, der engere Bereich der Stichstelle müßte jedoch vor dem Entbluten trocken sein. Somit bleibt es bisher beim Schwein nur bei den hygienischen Mindestmaßnahmen, den verkrusteten Schmutz an der Stichstelle zuvor mit einem Messer abzukratzen und bei Tieren mit Fell vorher einen Hautschnitt anzulegen und die Fellflächen vor dem Entblutestich auseinanderzuspreizen, wobei eine nachträgliche Fellberührung des Blutes ausgeschlossen werden muß.

Bei laufender Schlachtung mit hoher Frequenz (etwa 60 bis 80 Rinder, 240 bis 360 Schweine pro Stunde) müssen in einer Anlage mit geschlossenem Entblutesystem immer zwei Hohlmesser gekoppelt verfügbar sein, damit von Tier zu Tier zwischenzeitlich das jeweilig benutzte Hohlmesser durch automatische Wasserspülung wenigstens gereinigt werden kann. Entsprechende technische Vorrichtungen, insbesondere für die Rinderentblutung, sind vorhanden.

Geschlossenene Systeme werden hygienisch kritisch, wenn die Rohrleitungen und Sammelbehälter zwischenzeitlich nicht genügend gereinigt und desinfiziert werden können. Erfahrungen aus der modernen Milchbearbeitungstechnologie sowie aus der Apparatemedizin müssen berücksichtigt werden. Es können sich Nester von Mikroorganismen in Nischen und Verwinkelungen bilden und selbst die Gefahr des Entstehens von Biofilmen im Inneren der Schläuche und Gefäße muß in Betracht gezogen werden. Die mit der Konstruktion solcher Systeme befaßten Techniker müssen daher mit den Hygienikern bei der Entwicklung und Wartung zusammenarbeiten und die Reinigung und Desinfektion mikrobiologisch kontrollieren.

Weitere unerwartete Fehlerquellen können darin bestehen, daß Antikoagulantienlösungen, die am Tag zuvor in Vorratsbehältern angesetzt wurden, bereits einen hohen Eigenkeimgehalt von 10^6 bis 10^7/ml enthalten. Dieser wird dann fortlaufend in das Auffangblut gespritzt. In einer speziellen Arbeit über die Keimzahlbelastungen bei verschiedenen Formen der Blutgewinnung vom Schwein sind wertvolle mikrobiologische Daten zusammengetragen worden. Auffällig war die große Schwankungsbreite im Keimgehalt zwischen den mit Stufenkontrollen überprüften 10 Betrieben [93].

In Kenntnis dieser Begleitumstände bei der großtechnischen Gewinnung von Blut können gewisse Voraussagen für die mikrobiologische Belastung von Blutprodukten gemacht werden. Während im Stoßblut bei Schweinen nur ein durchschnittlicher Keimgehalt von 5×10^2/ml zu erwarten ist, muß in einer geschlossenen Anlage im Routinebetrieb mit einem Keimgehalt von 10^4 bis 10^5 pro ml Sammelblut (stabilisiertes Blut) gerechnet werden. Dieser Keimgehalt kann bei zielgerichteter Hygiene noch um mindestens eine Zehnerpotenz gesenkt werden. Bei konventionell offen gewonnenem Blut, selbst wenn nur das Stoßblut, d. h. das strömende Blut aus der Stichstelle unter Weglassung des ersten und letzten Anteiles, aufgefangen wird, muß hingegen mit Werten von 10^5 bis 10^6 pro ml gerechnet werden.

Die Zusammensetzung der Mikroflora hängt von den Quellen der Kontamination ab. Überwiegend handelt es sich um mesophile aber auch um psychrotrophe saprophytäre Keime, die für den späteren Verderb verantwortlich sind. Pathogene und toxinogene Erreger dürfen bei einem normalen, den Fleischhygieneregeln gemäßen Gewinnungsprozeß nicht oder nur in unbedenklichen Mengen auftreten. Das setzt voraus, daß Blut von Tieren, die bei der amtlichen Fleischuntersuchung als bedenklich für den menschlichen Genuß beurteilt wurden, nicht dem Sammelblut zugeführt wird. Das gilt auch für Verdachtsfälle, bei denen die Tiere vorläufig beschlagnahmt werden. Es muß deshalb ein fraktioniertes Auffangsystem vorhanden sein, das in der Lage ist, nichtgeeignetes Blut wirksam auszusondern. Aus diesem Grunde werden hintereinandergeschaltete Batterien von Sammelgefäßen eingesetzt, die jeweils das Blut von 10 bis 20 Tieren bei Rindern und bis zu 50 Tieren bei Schweinen aufnehmen, wobei man davon ausgeht, daß bei Rindern 5 bis 6 l, bei Schweinen ca. 2 bis 2,5 l aufzufangen sind. Diese Batterien müssen durch ein automatisches Beschickungs- und Entleerungssystem so gesteuert werden können, daß sie auch vom Ort der amtlichen Fleischuntersuchung her zu bedienen und zu kontrollieren sind. Dabei muß der gesamte Inhalt eines Gefäßes, in das das Blut auch nur eines beanstandeten Tieres gelangte, mit Sicherheit ausgesondert werden. Konsequenterweise müssen die Gefäße vor einer neuen Beschickung gründlich gereinigt und desinfiziert werden. Auch das ist automatisch zu bewerkstelligen. Im Grunde genommen handelt es sich um eine hochtechnische Anlage, ähnlich wie in der Milchverarbeitung, die einer besonderen Wartung und Pflege für ein vorschriftsmäßiges Funktionieren bedarf.

Das Sammelblut ist sofort herunterzukühlen, entweder mit einer äußeren Eiswasserkühlung oder mit entsprechend leistungsfähigen Luftkühlaggregaten. Die in der Fleischhygieneverordnung geforderte Endtemperatur von 3 °C sollte bald erreicht sein und eingehalten werden. Unter diesen Voraussetzungen ändert sich der Keimgehalt im Blut innerhalb von 48 Stunden so gut wie gar nicht, so daß sogar an einen Transport in eine Blutplasmagewinnungsanlage gedacht werden kann.

In einer Blutplasmagewinnungsanlage schließt sich an den Sammelbehälter eine Zentrifuge an. Diese Einrichtungen wurden weitgehend aus der Molkereitechnik übernommen. Das Zentrifugieren bewirkt eine Reduzierung des Keimgehaltes um etwa eine Zehnerpotenz, so daß mit einer durchschnittlichen Belastung von 10^3 bis 10^4 Keimen pro ml in frischem Plasma, dem vorläufigen Endprodukt, gerechnet werden kann. Wenn die Zentrifugen allerdings unzureichend gereinigt und desinfiziert wurden, kommt es durch den Zentrifugenschlamm zu einer erheblichen Rekontamination des Blutplasmas und zu einem bedenklichen Ansteigen des Keimgehaltes.

Nach dem Zentrifugieren erfolgt, ähnlich wie in der Milchtechnologie, eine Schnellkühlung mit Hilfe von Plattenkühlern im Eiswassergegenstromverfahren. Bei anschließender strikter Kühllagerung bei mindestens 3 °C ist das gewonnene Blutplasma ca. 5 Tage als Ausgangssubstrat für Lebensmittel verwendbar. Es kann bis zu einem Anteil von 10 % dem Brühwurstbrät direkt zugesetzt werden.

Die Haltbarkeit des Blutplasmas kann durch weitere technische Prozesse verlängert werden. Gebräuchlich sind das Gefrieren mit Hilfe eines Walzengefrierers zu Scherbeneis-Plasma oder die Trocknung, ähnlich wie bei der Milchpulverherstellung, in Form der Sprühtrocknung oder der Walzentrocknung. Das Gefrieren ist das bessere Verfahren, weil es am wenigsten Veränderungen an der Eiweißsubstanz hervorruft. Beim Versprühen wird Ammoniak als technischer Hilfsstoff zugesetzt, der anschließend verdampft. Ammoniak hat zudem noch einen keimzahlreduzierenden Effekt. Der mikrobielle Status kann in einem getrockneten Blutplasma bei $3{,}5 \times 10^4$ Zellen pro g liegen.

Die sensorische Beschaffenheit ist ein Indikator für den mikrobiologischen Status der Blutplasmaprodukte. Frisches Blutplasma und Scherbeneisplasma sind einwandfrei in Geruch und Geschmack und im Aussehen bernsteinfarben und klar. Bei dem pulvrigen Trockenblutplasma kann außer einem leicht brennerigen auch ein weiterer fremdartiger Geruch auftreten, der cerealienartig oder fischig erscheint. Dieser entsteht durch Oxidation der Lipide, weshalb die Zugabe von Antioxidantien sinnvoll ist. Trockenblutplasma findet nicht nur Verwendung in der Fleischindustrie, sondern als Eiweißaustauschstoff auch in verschiedenen Bereichen der Lebensmittelindustrie, so z. B. in der Bäckerei.

Das nach dem Zentrifugieren verbleibende Dickblut enthält nicht nur die Blutzellen, sondern in großer Menge auch die bei der Zentrifugation sedimentierten Mikroorganismen. Es ist somit aus mikrobiologischen Gründen von einer Verwendung als Lebensmittel und möglicherweise auch als Futtermittel auszuschließen. Inzwischen wurden jedoch Verfahren entwickelt, die es ermöglichen, aus Dickblut durch chemische Aufarbeitung (Säurefällung) noch Grundstoffe für die Tierernährung zu gewinnen.

Blut und Blutaufbereitungsmodifikationen finden üblicherweise auch direkte Verwendung bei der Herstellung von industriemäßig hergestellten Futterkonserven für die kleinen Haustiere. Ein Mindestmaß an hygienischer Behandlung muß dabei eingehalten werden. Die Produzenten solcher Erzeugnisse legen durch entsprechende Spezifikationen die Bedingungen für die Abnahme von Blut als Futterausgangsstoff fest.

1.5 Betriebshygienische Maßnahmen bei der Fleischgewinnung

1.5.1 Die Reinigung und Desinfektion als innerbetriebliche Hygienemaßnahme

1.5.1.1 Grundlagen der Reinigung und Desinfektion

In allen Prozeßstufen der Fleischgewinnung und -behandlung haben die Reinigung und die Desinfektion für den hygienischen Zustand der Einrichtungen und die Qualität der Produkte einen ganz entscheidenden Einfluß. Am bedeutendsten sind diese Maßnahmen im Zerlegebereich. Die amtlichen Hygienevorschriften tragen dieser Bedeutung nur pauschal Rechnung. Dort sind nur die Forderungen „Es ist zu reinigen und zu desinfizieren" aufgeführt. Gelegentlich wird diese Formulierung noch mit dem Zusatz „gründlich" verstärkt. Eine Anwendungsvorschrift, d. h. eine Anweisung mit Einzelheiten für die Durchführung dieser technischen Vorgänge, gibt es jedoch in diesen Fleischhygienevorschriften nicht. Die Lösung bleibt den Anwendern überlassen, die sich hilfesuchend an die Anbieter der Produkte wenden und auf deren Empfehlungen zurückgreifen. Das liegt in der Komplexität dieser Verfahren begründet. Einerseits gibt es viele verschiedenartige Produkte, die eingesetzt werden können, zum anderen wird ihr Gebrauch unter den Gesichtspunkten der Arbeitssicherheit und der Unbedenklichkeit der Wirkstoffe gegenüber Lebewesen, Einrichtungen und Umwelt eingeschränkt. Ein umfangreiches chemisch-analytisches und mikrobiologisches Grundlagenwissen sind daher für den richtigen Einsatz von chemischen Desinfektionsverfahren unumgänglich. Dieser Sachverstand ist in der Regel bei den größeren Produktionsfirmen vorhanden. Sie stehen dabei allerdings unter dem Zwang des gewinnbringenden Vertriebs ihrer Produkte.

In der Bundesrepublik Deutschland gibt es dementsprechend auch keine amtliche Zulassung für Produkte, die einsetzbar sind. Die Desinfektionsmittel für den Lebensmittelbereich sind weder als Arzneimittel registriert noch gelten sie als „Medizinprodukte". Sie unterliegen keiner direkten gesetzlichen Reglementierung mit Ausnahme der Bestimmungen des Chemikaliengesetzes. Es bleibt dem Hersteller oder Inverkehrbringer überlassen, für die toxikologische und umweltbiologische Unbedenklichkeit zu garantieren.

Auch für die Wirksamkeitsprüfung gibt es kein amtliches Verfahren. Es bestehen lediglich Listungen der auf ihre Wirksamkeit überprüften gebräuchlichen Desinfektionsmittel. Diese Prüfungen werden in Deutschland von wissenschaftlichen Gesellschaften vorgenommen. Die Deutsche Veterinärmedizinische Gesellschaft (DVG) z. B. gibt eine „Liste der in ihrer Wirksamkeit geprüften Desinfektionsmittel für den Lebensmittelbereich“ heraus. Diese umfaßt vornehmlich Produkte für die Bearbeitungsbereiche der Lebensmittel tierischer Herkunft, also für Fleisch, Fisch, Eier, Milch usw., wobei auch die Großküchenbereiche, inklusive der Krankenhausküchen, einbezogen sind.

Hersteller oder Inverkehrbringer von Desinfektionsmitteln unterwerfen sich auf diese Weise freiwillig einem Prüf- und Anerkennungsverfahren, das in einer Richtlinie der DVG festgelegt worden ist [121]. Eine erste Liste der DVG für Desinfektionsmittel für den Lebensmittel wurde 1987 erstellt. Sie fand großen Anklang sowohl bei den Anwendern als auch bei den Überwachungsbehörden. Im Jahre 1993 folgte bereits die dritte Ausgabe einer wesentlich erweiterten Liste. Sie enthält mittlerweile 86 Produkte. Diese basieren allerdings nicht alle auf divergenten originären Rezepturen, sondern stellen auch Lizenzprodukte dar. Dabei hat sich das Spektrum der Wirkstoffe vergrößert. So kamen als neue Wirkstoffgruppe die Alkylamine hinzu. Ebenso haben die Peroxyd-, Peressigsäure- und Alkoholpräparate zugenommen. Nach wie vor spielen jedoch die Quaternären Ammoniumverbindungen (QAV) die Hauptrolle. Einen Überblick über die Art und Verteilung der eingesetzten Wirkstoffe in den Desinfektionsmitteln der 3. Liste der DVG gibt die Abb. 1.8.

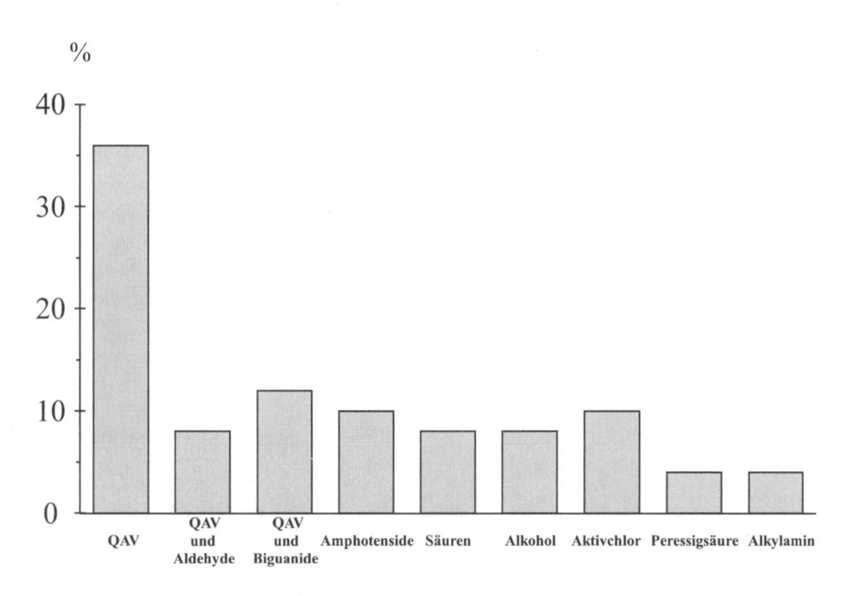

Abb. 1.8 Häufigkeit der Hauptwirkstoffgruppen in 86 DVG-gelisteten Desinfektionsmitteln (nach Knauer-Kraetzl, 1994)

Ein derartiges Prüf- und Zertifizierungsverfahren erfüllt aber noch ein weiteres dringendes Anliegen. Bei einer Desinfektion im Lebensmittelverarbeitungsbereich dürfen Rückstands- und Umweltbelastungen nicht außer acht gelassen werden. Der Einsatz der Wirkstoffe darf nur nach dem Prinzip erfolgen: „So viel, wie unbedingt erforderlich", doch niemals nach der Devise: „Viel hilft viel". Die Festlegung zutreffender Wirkstoffkonzentrationen für unterschiedliche Anwendungen ist daher ein ganz entscheidendes Anliegen solcher Listungsverfahren.

Über die umweltbiologische Relevanz der eingesetzten Wirkstoffe ist eine erste vorsichtige Abschätzung versucht worden [39]. Danach ist bei sachgerechter Anwendung der Produkte, die in der DVG-Liste enthalten sind, keine Gefährdung der Konsumenten zu befürchten. Unter sachgerechter Anwendung ist die richtige Wahl der Anwendungskonzentrationen und das ausreichende Spülen nach dem Desinfektionsvorgang zu verstehen.

Wie in vielen Bereichen der Chemie und der Technik hat jeder Wirkstoff Vor- und Nachteile aufzuweisen. Die jeweiligen Vorteile für einen sinnvollen Einsatz eines Wirkstoffes zu erkennen und richtig zu gewichten, ist ein schwieriges Unterfangen. Hinweise aus Literaturdaten und Erfahrungswerte sind dabei von großer Bedeutung. Als nützliches Kompendium solcher Erfahrungswerte kann eine Übersichtstabelle dienen [69], die hier wiedergegeben werden soll (Tab. 1.25).

Für Reinigungsmittel gibt es bisher weder ein Prüf- noch ein Registrierungssystem, außer den grundsätzlichen Bestimmungen des Chemikaliengesetzes und den Vorschriften für die biologische Abbaubarkeit der Wirkstoffe. Hier besteht ein Nachholbedarf für die sachlich gerechtfertigte Auswahl und für den gezielten Einsatz der Wirkstoffe für den Fleischverarbeitungsbereich.

1.5.1.2 Anwendung in der täglichen Praxis

Sowohl bei der Reinigung als auch bei der Desinfektion ist der Anwender neben den Wirksamkeitsempfehlungen aus den Listen der DVG wesentlich auf die Beschreibungen der Hersteller oder Inverkehrbringer der Produkte angewiesen. Verantwortungsbewußte Hersteller haben aufgrund ihrer jahrelangen Erfahrungen umfangreiche und nützliche Anweisungen erstellt. Bei der Beachtung dieser Empfehlungen kann der Anwender zu praxisgerechten Erfolgen gelangen. Er ist jedoch mit der Übernahme der Produkte und der Reinigungspläne an die betreffenden Hersteller gebunden, weil sich alle

Tab. 1.25 Eigenschaften von DVG-gelisteten Desinfektionsmitteln für den Lebensmittelbereich (Reuter, 1988; 1994 b)

Produkte	Wirksamkeit[1])				Limitierende Faktoren[2]) aus der Literatur bekannte Beeinflussungen			
Hauptwirkstoffgruppen	Kurzzeiteffekt (30 min)	mit Belastung Eiweiß (10% Serum)	Kälte (10 °C)	pH-Bereiche	sensorisch	korrosiv	haftend[3])	andere
Peressigsäure	+	+	+	2–8	(x)	(x)	–	aggressiv für Gewebe
Alkohole (± Aldehyde)	+	+	+	5–9	–	–	–	unverdünnt kostspielig
Hypochlorite	(+)	(+)	(+)	≥9	(x)	(x)	–	} Schwächen gegen Gram-positive
Organische Säuren	(+)	(+)	+	1–3	–	x	–	
Amphotenside (± QAV)	+	(+)	(+)	7–9	–	–	(x)	} Schwächen gegen Gram-negative
QAV (± Aldehyde)	+	(+)	(+)	5–9	–/(x)	–	x	
QAV (± Biguanide)	(+)	(+)	(+)	5–9	(–)	–	x	
Alkylamine	+	+	+	9–11	–/(x)	–	x	statische Effekte

QAV = Quaternäre Ammoniumverbindungen

[1]) + = gute Wirkung
(+) = mäßige Wirkung
Ausgleich durch Konzentrations- oder Anwendungszeiterhöhung vielfach möglich

[2]) x = einschränkend
(x) = gering einschränkend
(–) = wenig einschränkend

[3]) rückstandsbildend

Angaben im wesentlichen auf die von diesen angebotenen Produkte beziehen.

Falls nach längerem Einsatz eines einmal gewählten Reinigungs- und Desinfektionskonzeptes in einem Betrieb eine resistente Mikroflora oder eine einseitige Restkeimflora („Hausflora") entstanden sind, z. B. entweder in Form Gram-positiver oder Gram-negativer Problemkeime, oder wenn es zur Anreicherung von Sporenbildnern oder zum Haften von Pilzen gekommen ist, bedarf es eines Wechsels des Systems und der eingesetzten Mittel. Diese Situation wirft jedoch unerwartete Probleme auf. Bei ungenügender Absprache und bei Entscheidungen nur nach Kostengesichtspunkten kann es zu schlimmen Folgen kommen. Reinigungs- und Desinfektionsmittel können untereinander unverträglich (nicht kompatibel) sein. Sie heben sich in ihrer Wirkung teilweise oder ganz auf, oder sie potenzieren sich in ihrer korrosiven Wirkung. Dann können erhebliche Schäden in der Produktionsanlage entstehen, die letztlich bis zum Lochfraß in der Metalleinrichtung (Aluminium) führen können. Insbesondere die Oxidantien, wie Peressigsäure oder die Aktivchlorpräparate, erfordern eine sachgerechte Anwendung. Niemals darf nach Einsatz eines stark sauren Reinigers eine stark alkalische Aktivchlorlösung eingesetzt werden. Die Beachtung der technischen Angaben in den verfügbaren und mitzuliefernden DIN-Sicherheitsdatenblättern für die Produkte ist deshalb unabdingbar.

Das Reinigen und Desinfizieren in Fleischbearbeitungsbetrieben ist somit ein schwieriges Unterfangen. Oft werden diese Aufgaben an Fremdfirmen vergeben, die ungenügend geschultes Personal einsetzen. Als Hilfen werden Arbeitspläne vorgegeben. Beispielhaft sei deshalb ein Reinigungsplan vorgestellt, der als Spiegel der heutigen Reinigungs- und Desinfektionstechnik im Fleischverarbeitungsbereich angesehen werden kann (Tab. 1.26). In einer weiteren Zusammenstellung sind grundsätzliche Applikationsdaten für Reinigungs- und Desinfektionsverfahren (Tab. 1.27) zusammengestellt. Diese können als Grundlage für innerbetrieblich zu erstellende Hygienepläne dienen. In absehbarer Zeit wird in jedem der von der EU zugelassenen Fleischgewinnungs- und -zerlegebetriebe ein Hygienebeauftragter tätig sein müssen, der Hygienepläne zu erstellen und deren Einhaltung zu kontrollieren hat.

Die nach einer gründlichen Reinigung und einer sachgerechten Desinfektion erzielte hygienische Ausgangssituation in einer Produktionsanlage für Fleisch hält jedoch beim laufenden Arbeitsbetrieb nicht lange an. Nach etwa einstündiger Produktion sind die Keimzahlwerte auf den Einrichtungsgegenständen langsam angestiegen, und nach ca. 2 Stunden ist in etwa die maximale Dauerbelastung erreicht. Dieser Zustand wird durch die mikro-

Tab. 1.26 Reinigungs- und Desinfektionsplan für einen Zerlege- und Verarbeitungsbetrieb (Beispiel)

Produkt-Typ	Einsatzort	Ziel R (Reinigung) D (Desinfektion)	Einsatzintervall, Konzentration	Temperatur oder kaltes Wasser	Kontaktzeit min	Anwendungen
alkalisch mit Aktivchlor oder alkalisch chlorfrei	alle Geräte, Produktions- u. Kühlräume	R: Fett, Eiweiß, Blut	täglich 2 % Mo, Di, Mi, Fr[1])		20–30	Schaumgerät
sauer oder alkalisch	alle Geräte, Produktions- u. Kühlräume	D	5 % / 2–3 % } Do[1])		20–30	Schaumgerät
sauer	alle Geräte, Produktions- u. Kühlräume	R: Kalk, Rost, eingebrannte Ablagerungen	Mi + Fr[1]) 0,5 %		20–30	Schaumgerät
alkalisch	Kistenwasch-anlage	R + D	über automatische Dosieranlage	30–55 °C im Laugentank	automatisch	
schwach alkalisch oder neutral	LKW's innen / außen	R + D / R	täglich 0,5 %, wöchentlich		20	Schaumgerät oder Injektor
neutral	Hände	R + D	vor und nach jeder Arbeitsunterbrechung		0,5	einreiben, lauwarm abwaschen
alkalisch	Rauchanlagen, Rauchbeschickungs-anlagen und Rauch-spieße	R	5–8 % wöchentlich, 3–6 % nach Bedarf	auf 80 °C aufheizen; Boden trocken	20	automatisch
neutral (alkoholisch)	Verpackungs- u. Aufschnittmaschine	D	vor jeder Pause sowie bei Arbeitsbeginn u. -ende, konzentriert		5–10	Sprühpistole

[1]) Wochentage

Tab. 1.27 Reinigungs- und Desinfektionsmaßnahmen in Fleischwarenbetrieben

	Produkt		Applikations-					Zielort	Häufigkeit pro Woche	Kontrolle	
	l/qm	pH(≈)	-form	-druck (bar)[3]	-konz. %	-temp. °C	-zeit, min			vis.	mikrob.
Erhitzen		1,5	MAN		3	60–70	20–30	Desinf. Becken	1×		
Scheuern		11,0	MAN		50	30–40		Schneidbretter beidseitig	1×		
Scheuern		2,2	MAN		5	30–40		Handwaschbecken	tgl.		
Ausspritzen mit heißem Wasser	6,0		ND	20–40		50–55		Maschinen, Geräte, Maschinenteile	tgl.		
	2,0		HD	40–60							
Wegziehen der Grobreste			MAN					Boden u. Flächen	tgl.		
Einschäumen[1])											
R: alkalisch (evtl. DR)	0,2	12,0	ND	10–20	1–5	50–55	15–30	Flächen	4×		
R: sauer (evtl. DR)	0,2	1,5	ND	10–20	1–5	50–55	15–30	Flächen	1×		
R: Gel (evtl. DR)			ND	2–3	1–5	50–55	15–30	Flächen	4×		
Spülen mit Trinkwasser	8,0		ND	1–2				Flächen	tgl.	+	
Einsprühen[2])											
DM: alkalisch	0,4	10,0		1	1–2		30–60	Kontaktfl. für Le.mi.	tgl.		
DM: neutral	0,4	6,0		1	1–2		30–60	Geräte	laufend		
DM: alkoholisch				1	konz.		0,5	Hände	laufend		
Spülen mit Trinkwasser	8,0			1–2		40–50		Kontaktfl. für Le.mi.	tgl. (vor Wiederbenutzung)		+
Trocknen									tgl.		+

R = Reiniger; DM = Desinfektionsmittel; DR = Desinfektionsreiniger; Le.mi. = Lebensmittel; tgl. = täglich; vis. = visuell
[1]) nach erfolgreicher Vorreinigung; [2]) niemals R-sauer mit DM-stark alkalisch oder Aktivchlor kombinieren!; [3]) Abstand der Düsen von der Oberfläche 15–20 cm, Flachstrahldüsen 15–40°; mikrob. = mikrobiologisch; MAN = Manuell; ND = Niederdruck; HD = Hochdruck

bielle Kontamination des eingebrachten, zur Bearbeitung anstehenden Fleisches verursacht. Die Einrichtungsmikroflora entspricht dann in der Zusammensetzung weitgehend der Fleischmikroflora. Der Zustand kann sich allerdings im Verlaufe der Arbeitsschicht etwas ändern, wenn nachfolgende Fleischpartien geringere Keimbelastungen aufweisen und vorhandene Mikroorganismen mit ihren frischen Anschnittsflächen aufnehmen. Sowohl an Schlachtbändern für Rinder und Schweine, als auch an Zerlegeeinrichtungen konnte dieser zunächst nicht vermutete Effekt nachgewiesen werden [27, 105].

1.5.1.3 Kontrolle der Wirksamkeit

Der Erfolg einer Reinigung und Desinfektion im Fleischgewinnungs- und -verarbeitungsbetrieb muß regelmäßig überprüft werden. Das kann zunächst visuell geschehen. Hierbei kann die optische Sauberkeit, d. h. das Fehlen von erkennbarem Schmutz, festgestellt werden. Trotzdem können auf glatten Oberflächen noch Keimbesiedlungen bis zu etwa 10^7 oder $10^8/cm^2$ vorhanden sein. Auch der Geruch in trockener Umgebung gibt wenig Hinweise auf eine noch vorhandene Belastung. Daher sind mikrobiologische Überprüfungen mit einfachen, dennoch aussagekräftigen Methoden notwendig, die möglichst standardisiert sein sollten. Der auf den Einrichtungen noch verbliebene und nachweisbare Keimgehalt wird dabei am besten in ganzen oder halben Zehnerpotenzstufen erfaßt und angegeben, da sich das quantitative Geschehen in den Lebensmittelproduktionsbereichen ohnehin in größeren Dimensionen bewegt. Prozentangaben für eine Zu- oder Abnahme sind bei der Keimdynamik der Fleischmikroflora unangebracht. Sinnvollerweise benutzt man als Keimzahlangabe Logarithmus-Stufen.

Der Keimzahl-reduzierende Effekt einzelner technischer Schritte während des Reinigungs- und Desinfektionsverfahrens ist abgestuft und unterschiedlich. Dieses läßt sich aus einer Zusammenstellung der Literatur ablesen (Tab. 1.28). Das Spülen mit ausreichend Wasser nach dem Reinigen und das anschließende Trocknenlassen der Flächen sind dabei entscheidende Schritte für den Reinigungsprozeß ohne eine Anschlußdesinfektion. Das Trocknen der Einrichtungen stellt in der Praxis jedoch ein Problem dar, insbesondere in gekühlten Räumen. Die Anwendung von warmem Spülwasser und einer guten Durchlüftung der Räume sind Möglichkeiten, die bedacht werden sollten. Sollte nach einer Reinigung und Spülung jedoch keine baldige Abtrocknung möglich sein, was in Fleischverarbeitungsbetrieben oft der Fall ist, muß auf jeden Fall eine Desinfektion angeschlossen werden. Sonst kann es bis zur nächsten Arbeitsschicht zu einem Wieder-

Tab. 1.28 Reduktion des Oberflächenkeimgehaltes auf Einrichtungen von Fleischverarbeitungsbetrieben nach SCHMIDT, U. (1989)

	$\log_{10}/cm^2$		$\log_{10}/cm^2$
Reinigen	3–5	Reinigen	3–5
Spülen	1–3	Spülen	1–3
Trocknen	1–4	Desinfizieren und Spülen	4–7
Summe	5[1])	Summe	8[2])

[1]) ohne Desinfektion; [2]) mit Desinfektion

aufleben der Keimbesiedelung kommen, die gleiche Dimensionen erreicht, wie sie vor der Reinigung vorgelegen haben. Eine vorschriftsmäßige Reinigung und Desinfektion vermag den Oberflächenkeimgehalt auf den Einrichtungsgegenständen von etwa 10^8 auf $10^1/cm^2$ herabzusetzen. Eine vollständige Entkeimung auf derartigen Produktionseinrichtungen ist ohnehin nicht zu erwarten.

Die tägliche Praxis sieht bei weitem anders aus. Es wird gereinigt und nicht getrocknet, aber auch nicht desinfiziert. Die Befunde aus problembeladenen Prozeßstufen sind erschreckend. Eine Arbeit über den Reinigungs- und Desinfektionseffekt in einem EG-zugelassenen Schlachtbetrieb analysierte den mikrobiologischen Status in einzelnen Bearbeitungsstufen der Schweineschlachtung [26 a]. Danach waren im sogenannten unreinen Teil (Entborster) Keimzahlwerte von 10^6 bis $10^8/cm^2$ vor erneutem Produktionsbeginn am nächsten Tag nachweisbar.

Der Effekt der Reinigung und Desinfektion ist bei glatten Oberflächen mit einfachen Verfahren nachzuweisen. Hierfür stehen Rodac-Nährbodenplatten oder nährbodenbeschichtete Kontakträger (*contact slides*) zur Verfügung. Beim Aufpressen der Nährbodenoberfläche auf die Probeentnahmestelle nehmen sie einen Teil der noch vorhandenen Keime von der Oberfläche auf. Allerdings können diese nur auf trockenen Flächen eingesetzt werden und zudem erfassen sie nur einen variierenden Prozentsatz des wirklichen Oberflächenkeimgehaltes [60]. Trotzdem kann bei regelmäßiger Anwendung und aus Erfahrungswerten ein abgestufter Schlüssel für eine bewertende Aussage erstellt werden. Mit allen Unwägbarkeiten der Wiederholbarkeit der Aussage eines solchen Verfahrens erscheint es dennoch möglich, den guten oder schlechten hygienischen Zustand einer Anlage zu demonstrieren. Aus diesem Grunde erfreuen sich diese Abklatschverfahren bei den Überwachungsbehörden, die für die Überprüfung der Hygiene zuständig sind, großer Beliebtheit. Sind diese doch anhand einer mit Mikroorganismen überwucherten Nährbodenplatte in der Lage, recht eindrucksvoll die ungenügenden Reinigungs- und Desinfektionsmaßnahmen in einem Betrieb zu belegen. Allerdings erwies sich der Einsatz des Rodac-Verfahrens im Fleischgewinnungsbereich als weniger praktikabel als der der *contact slides* [26 a].

Produktionsstätten verfügen aber nicht nur über glatte und gut zu reinigende Oberflächen. Ebenso müssen verwinkelte, poröse, rissige Flächen und Maschinenteile gereinigt und desinfiziert werden. In diesen Problemzonen erfolgt die ungebremste Vermehrung einer Restkeimflora. Zur Erfassung dieser Risikobereiche müssen andere mikrobiologische Kontrollverfahren eingesetzt werden. Hierfür eignen sich Tupferverfahren. Unter diesen gibt es inzwischen etliche Varianten, sowohl was den Aufwand als auch die angestrebte Aussage betrifft. Einige dienen dem orientierenden Nachweis einer verbliebenen geringen Restflora, andere eignen sich zum semi- oder annähernd quantitativen Nachweis einer höheren Restbelastung. Die letzteren Verfahren dienen auch als Referenzverfahren zur Bewertung der einfacheren Methoden.

Viele praktische Erfahrungen mit durchaus unterschiedlichen Ansätzen wurden in den letzten Jahren an verschiedenen Orten gesammelt. Die Erkenntnisse wurden in Normvorschlägen des Deutschen Instituts für Normung (DIN) niedergelegt. Inzwischen liegen mehrere Entwürfe für DIN-Standards vor, die nach ihrer Übernahme als Standard sicher auch in die amtliche Methodensammlung nach § 35 LMBG aufgenommen werden können. Zwei der dort beschriebenen Tupferverfahren sind in den Abb. 1.9 und 1.10 skizziert. Im ersteren Fall handelt es sich um ein Referenzverfahren, im letzteren Fall um ein routinegeeignetes einfaches Verfahren, das bei erstaunlich guter Aussagekraft trotz eines einfachen Ansatzes die Bewährungsprobe in der Praxis bereits bestanden hat [41].

Die möglichen Fehlerquellen bei der Probeentnahme, die ein zutreffendes und vergleichbares Resultat erheblich beeinträchtigen können, sind in einer neueren Arbeit [70] beispielhaft für die Anwendung der Abklatsch- und der Tupferverfahren angeführt worden (Tab. 1.29 und Tab. 1.30).

Auf andere neue Verfahren zur Bestimmung der Oberflächenflora sei verwiesen [31], insbesondere auch auf die indirekten Verfahren mit modernen Schnellmethoden [4, 8, 9]. Von diesen scheint das Biolumineszenzverfahren auf der Basis des ATP-Nachweises der Mikroorganismen und des Resteiweißes das routinegeeignetste zu sein.

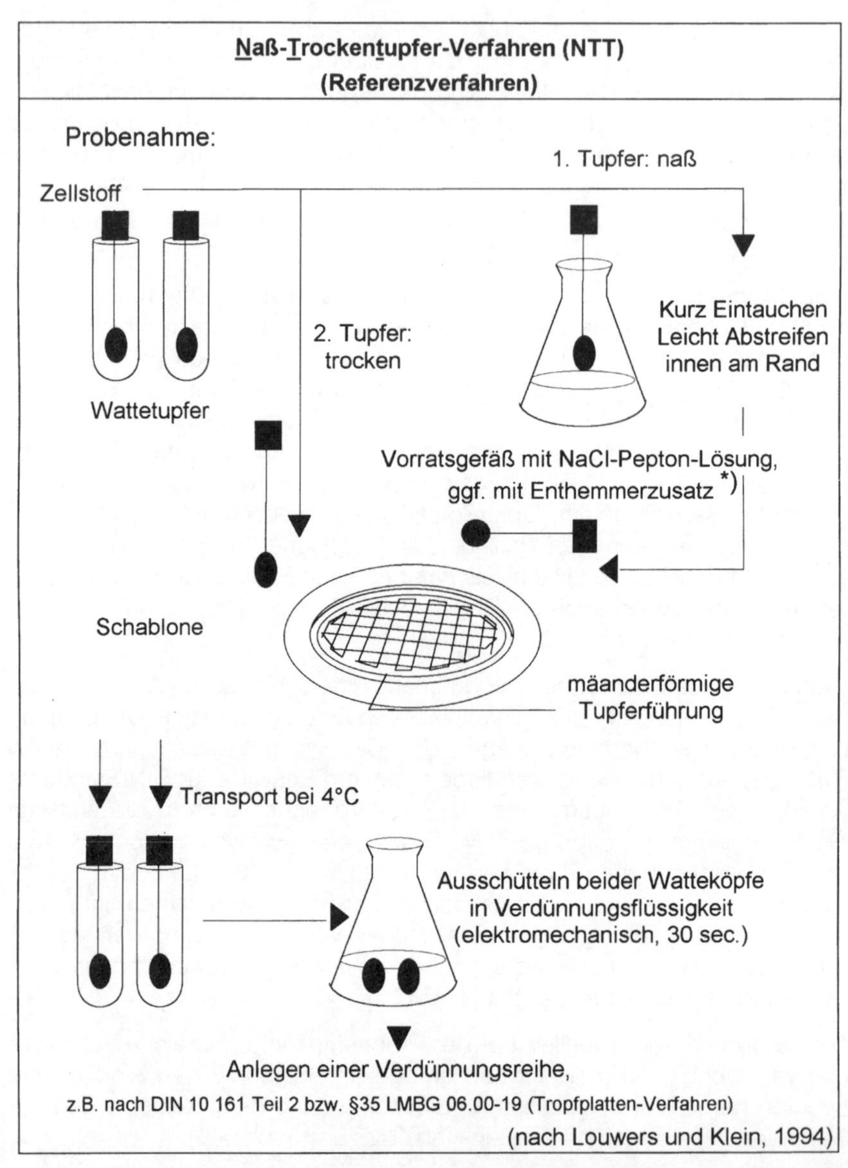

*): einzusetzen, wenn mit Desinfektionswirkstoffen zu rechnen ist

Abb. 1.9 Probeentnahmeverfahren für die quantitative Bestimmung eines erheblichen Oberflächenkeimgehaltes von Einrichtungsgegenständen in der Lebensmittelindustrie

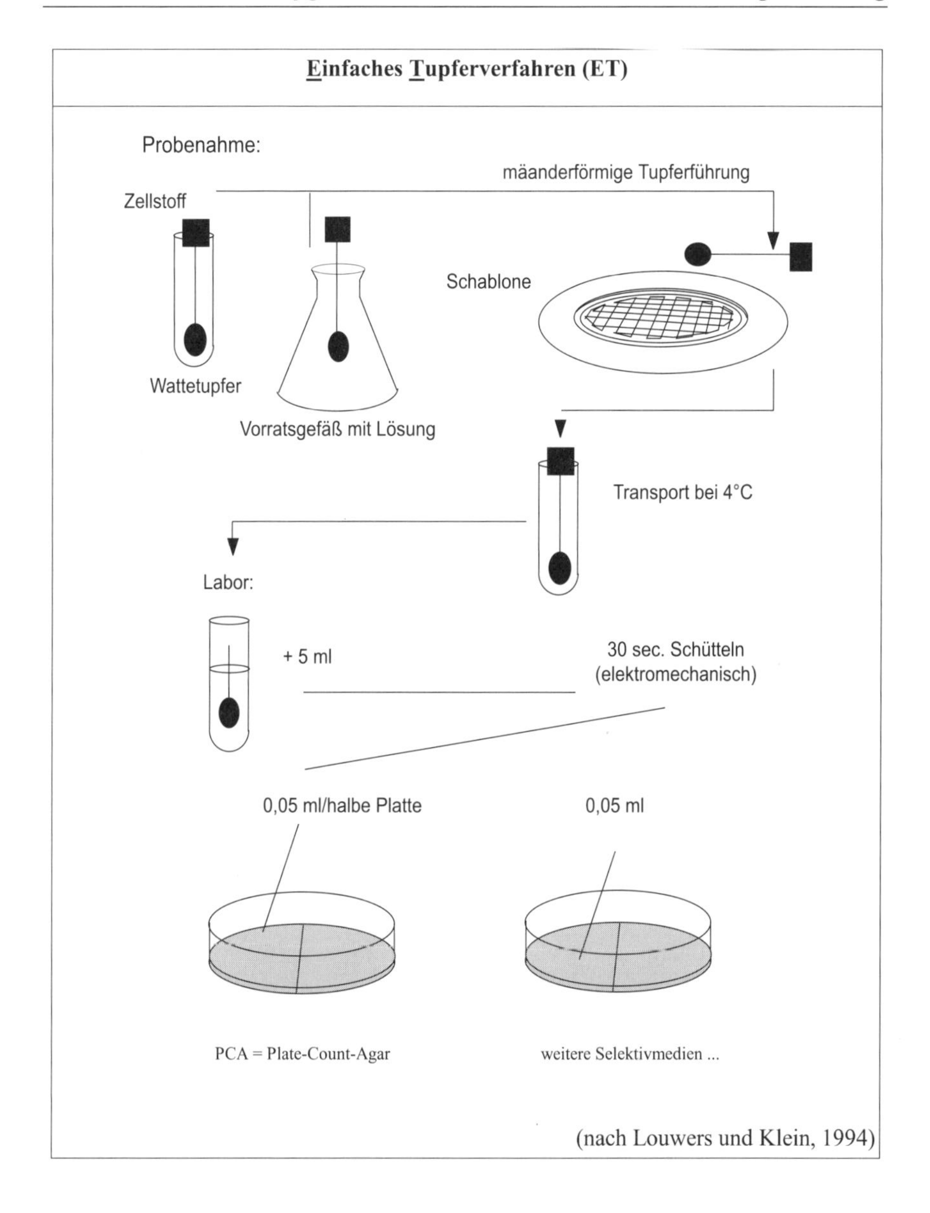

Abb. 1.10 Probeentnahmeverfahren für die semiquantitative Bestimmung eines niedrigen Oberflächenkeimgehaltes von Einrichtungsgegenständen, z. B. nach der Reinigung und Desinfektion

Tab. 1.29 Fehlerquellen bei mikrobiologischen Prozeßkontrollen: Abklatschverfahren

Flächen	Folgen	Aussage
feucht	verlaufende Kolonien	keine
nicht gereinigt	Rasenwachstum	keine
gereinigt, aber nicht desinfiziert	zu viele Kolonien	wenig
desinfiziert, aber nicht gespült	unterdrücktes Wachstum, da statische Effekte nicht ausgeschlossen	falsche (falls kein Enthemmer im Nachweismedium)

Tab. 1.30 Fehlerquellen bei mikrobiologischen Prozeßkontrollen: Tupferverfahren

Flächen	Folgen	Aussage
visuell verschmutzt	Rasen	keine
nicht gereinigt (abgedeckte Elektroteile)	Rasen	keine
nicht gespült (Reinigungs- u. Desinfektionsmittelreste)	reduziertes oder kein Wachstum	keine
irgendwo/irgendwann (Türgriff: 1×/Monat)	Zufallsbefunde	ohne Konsequenz

Bei der Kontrolle einer Desinfektionswirkung muß ein wichtiger Gesichtspunkt Berücksichtigung finden. Nicht alle Wirkstoffe wirken mikrobiozid, insbesondere wenn sie unterdosiert werden. Je nach dem eingesetzten Wirkstoff können die Mikroorganismen mehr oder weniger in den Zustand der Stase verfallen, d. h. in eine vorübergehende Vermehrungsunfähigkeit. Fällt die Wirkung des mikrobioziden Stoffes weg, werden sie wieder lebensfähig. Dieses Phänomen wird bei der mikrobiologischen Prozeßkontrolle nach der Desinfektion in den Produktionsbetrieben oft nicht beachtet. Um Restwirkungen noch haftender Wirkstoffe auszuschalten, bedarf es des Zusatzes von Inaktivatoren zu den Nährmedien, die der Überprüfung der

Wirksamkeit eines Desinfektionsverfahrens dienen, z. B. beim Abklatschverfahren direkt zu den Nährböden oder beim Tupferverfahren in den Suspensionslösungen. Inaktivierungssubstanzen, auch Enthemmer genannt, sind solche Stoffe, welche die desinfizierenden Wirkstoffe neutralisieren. Sie sind gezielt, je nach eingesetzter Wirkstoffgruppe, auszusuchen. Meist benutzt man Kombinationen, die mehrere Wirkstoffgruppen, die im Lebensmittelbereich eingesetzt werden, abdecken, z. B. eine Kombination aus Tween 80, Lecithin, Histidin, Natriumthiosulfat. Für Abklatschmedien und für Suspensionslösungen für Tupferproben hat sich der Zusatz von 3 % Tween 80 und 0,3 % Lecithin als brauchbar erwiesen [41].

1.5.1.4 Entwicklung eines Hygienekonzeptes

Wie in anderen lebensmittelverarbeitenden Betrieben müssen auch in der Fleischbearbeitung diejenigen Prozeßstufen ausfindig gemacht werden, die als Schwachstellen der Hygiene im Produktionsgang gelten. Die Durchführbarkeit eines solchen Vorgehens wurde am Rinderschlachtband erfolgreich erprobt [27, 65]. Dabei kann wie folgt vorgegangen werden:

Zunächst ist eine Auflistung aller technologisch bedeutsamen Prozeßstufen erforderlich. Dann hat sich eine Beobachtung des täglichen Prozeßablaufes anzuschließen, wobei alle regelwidrigen und auffälligen Ereignisse in einzelnen Stufen zu protokollieren sind. Das sollte an verschiedenen Tagen unter unterschiedlichen äußeren (Tierkollektive) und inneren Bedingungen (Personalwechsel) geschehen. Mit Hilfe einer beschreibenden Auswertung können dann die wesentlichen Schwachstellen bestimmt und schwerpunktmäßig in die nachfolgenden Erhebungen aufgenommen werden.

An die Erfassung der visuell feststellbaren Schwachstellen haben sich mikrobiologische Überprüfungen anzuschließen. Dabei sollten die Probeentnahmestellen repräsentativ für die Gesamteinheit einer Kontrollstufe sein. So sollten mehrere ausgewählte Stellen eines Schneidbrettes oder einer Sägeeinrichtung eine zutreffende Aussage für die Gesamtheit dieses Einrichtungsgegenstandes liefern. Dieser wichtige Entscheidungsschritt wird bei den Betriebshygienekontrollen meist ungenügend beachtet. Sofern dieses Problem der repräsentativen Probe durch Mehrfachuntersuchungen an Modellflächen abgeklärt ist, kann aus Rationalisierungsgründen auch zu Sammelproben übergegangen werden, die eine wesentliche Material- und Arbeitsersparnis bedeuten. In Voruntersuchungen sollte auch die Aussagekraft des eingesetzten Verfahrens abgeklärt werden. Beispielsweise sollte die Präzision eines Verfahrens durch Vergleich der Ergebnisse mehrerer eng aneinander liegender Probeentnahmestellen (z. B. 5 auf einem Schneidbrett) nachgewiesen werden. Falls dieses eine erheblich divergierende Oberflächenrauhigkeit aufweist, muß auch für jeden dieser Bereiche durch Mehrfachproben die Präzision geprüft werden. Den Fragen der Wiederholbarkeit der Analyseergebnisse muß künftig mehr Aufmerksamkeit gewidmet werden [70].

Mit Hilfe eines ausgewählten Verfahrens kann dann von den gleichen Personen mit gleicher Methodik der Hygienestatus eines Betriebes in wiederkehrenden Zeitabständen treffsicher und vergleichbar dargestellt werden [105].

1.5.2 Die mikrobiologische Prozeßkontrolle als Qualitätssicherungsmaßnahme

1.5.2.1 Zum Status und zur Dynamik einer Fleischmikroflora

Der Status der Mikroflora ist neben anderen Kriterien ein wichtiger Maßstab der Qualität von Fleisch. Der Status umfaßt die qualitative und quantitative Zusammensetzung der Mikroflora. Wegen der Vielgestaltigkeit der Fleischmikroflora ist eine Statuserhebung meist nur mit Hilfe von selektiven Kulturverfahren möglich. Die Kunst des Analytikers besteht in der gezielten Auswahl geeigneter Testmedien, wobei die Zahl so gering wie möglich gehalten werden soll. Auf diese Nährmedien werden möglichst zutreffend ausgewählte Verdünnungsstufen des aufbereiteten Probematerials aufgetragen. Je nach Art und mikrobiologischer Belastung der Proben können einfache und preiswürdige aber auch zeitaufwendige und teure Analysen notwendig werden. Praxisbezogene Anleitungen für ein rationelles Vorgehen sind dringend erforderlich. Deshalb wurden bereits in den 60er Jahren entsprechende Vorschläge erarbeitet [57, 58]. Sie haben sich als allgemein gültige Anleitung vielerorts bewährt und sind im Prinzip noch heute gültig. Von Zeit zu Zeit müssen sie allerdings an aktuelle Bedürfnisse, bedingt durch neue Techniken oder neue Produkte, angepaßt werden. Auch neu entdeckte oder in ihrer Bedeutung angewachsene Mikroorganismen-Gruppen müssen berücksichtigt werden.

Die Nährmedien und die Methoden müssen zudem genau beschrieben sein. Sie werden daher vermehrt als Standards in Methodensammlungen bzw. Pharmakopöen zusammengestellt, z. B. in der „Sammlung amtlicher

Methoden zu § 35 LMBG" [110] oder in der „Pharmakopöe der Kulturmedien" der International Working Party on Culture Media [1, 2, 3]. Dabei besteht die Gefahr, daß aus der Neigung zur Perfektion zu viel im Detail geregelt und zu ausführlich beschrieben wird. Für die tägliche Laborarbeit müssen dann die eigentlichen Arbeitsschritte wiederum herausgefiltert werden. Dieser Prozeß erfordert fachliche Erfahrungen, die nicht überall gegeben sind.

Jede mikrobiologische Untersuchung eines Lebensmittels kann allerdings nur eine Momentaufnahme sein. Zur Charakterisierung einer Entwicklung bedarf es daher mehrerer Statuserhebungen in zeitlichen Abständen. Man erfaßt damit die Dynamik einer Mikroflora. Diese äußert sich in der Zu- und Abnahme einzelner Komponenten oder in grundsätzlichen Umschichtungen in der Zusammensetzung, verbunden mit dem Verschwinden oder Neuauftauchen ganzer Populationen.

Damit der Aufwand für mikrobiologische Untersuchungen im Lebensmittelbereich nicht ins Unermeßliche steigt und diese auch nicht zum Selbstzweck werden, bedarf es gewisser Einschränkungen. Diese bestehen in der Festlegung geeigneter Such- oder Leitkeime, die stellvertretend für einen Status oder eine dynamische Entwicklung stehen können. Die Beachtung einer möglichst eindeutigen, gültigen Nomenklatur der als Indikatoren benutzten Mikroorganismen ist dabei eine wesentliche Voraussetzung. Diese sollte prinzipiell wissenschaftlichen Anforderungen genügen, aber dennoch für die Praxis einen allgemein verständlichen Charakter haben. Die überall vorhandene Neigung zur Vereinfachung führt dann zwangsläufig zur Einteilung in Gruppen. Diese Gruppenbildung kann dabei sowohl auf ökologisch-technologischer als auch auf mikrobiologisch-taxonomischer Basis erfolgen. In den nachfolgenden Kapiteln soll deshalb auf die gebräuchlichen praxisüblichen Gruppierungen eingegangen werden.

1.5.2.2 Ökologisch-technologische Gruppierung der Fleischmikroflora

Eine ökologisch-technologische Gruppierung der Fleischflora erlaubt folgende Einteilungen:

Unerwünschte Mikroorganismen

Dazu gehören die pathogenen und toxinogenen Mikroorganismen. Diese können für Mensch und Tier krankmachend sein, und zwar über die Infektionen, Invasionen oder eine Toxinbildung.

Aber auch Erreger, die einen schnellen und/oder tiefgreifenden Verderb des Fleisches herbeiführen, gehören dazu. Teilweise reichern sie Stoffwechselprodukte an, die zwar nicht unmittelbar krankmachen, dennoch kumulierend Gesundheitsstörungen verursachen können. Hierzu rechnen die biogenen Amine, Abbauprodukte aus dem Proteinstoffwechsel, oder Metaboliten von Pilzen oder von Bakterien, die zytotoxisch oder cancerogen oder gar mutagen wirken können.

Tolerierbare Mikroorganismen

Das sind die Mikroorganismen, die weder eine unmittelbare noch eine kumulierende Gesundheitsschädigung und auch keinen gesundheitsschädlichen Verderb herbeiführen. Es sind in der Regel Mikroorganismen, die unter den Bedingungen der Fleischgewinnung und -behandlung als unvermeidbare Kontaminanten auftreten und in dem mikroökologischen System des Fleisches keine besondere Rolle spielen, d. h., sie werden mengenmäßig nicht dominant oder können selbst als dominante Gruppe nichts Bedenkliches ausrichten. Hierzu zählen einige Species der Psychrotrophen, sowohl aus der Abteilung der Gram-positiven als auch der Gram-negativen Mikroorganismen.

Erwünschte Mikroorganismen

Hierunter fallen Mikroorganismen, die durch ihre Stoffwechselleistungen zu einer Verbesserung der Haltbarkeit oder der sensorischen Qualität eines Produktes beitragen. Einige sind dabei zur Sicherung des Herstellungsprozesses von Produkten sogar erforderlich. Im Optimalfall garantieren sie die sensorische und hygienische Stabilität eines Produktes. Neben der Verwendung als Starterkulturen für Fermentierungs- oder Reifungsprozesse werden sie heute auch als Schutzkulturen gegen das Aufkommen pathogener oder toxinogener Erreger benutzt. Genauere Angaben sind im Kapitel 2.6 sowie im Grundlagenband zu finden. Es sind überwiegend Gram-positive Species mit starker Milchsäurebildung. Weitere Schutzfunktionen gehen von anderen mikrobioziden Metaboliten, z. B. Bakteriocinen, aus. So ermöglichen Laktobazillen der *L. sake-curvatus*-Gruppe oder Pediokokken die hygienisch unbedenkliche Reifung von Rohfleischerzeugnissen.

Diese ökologisch-technologische Gruppierung schließt allerdings Doppelfunktionen nicht aus. So können Mikroorganismen, die in einem Habitat eine stabilisierende, qualitätssichernde Funktion ausüben, in einem anderen die Ursache für eine verringerte Haltbarkeit oder gar einen massiven Verderb sein. Dieses Phänomen kann wiederum an den Laktobazillen demonstriert werden. Sie sind einerseits für die Herstellung einer guten Rohwurst wichtig, andererseits bei aufgeschnittenen, vorverpackten Brühwursterzeugnissen, sofern sie in großer Zahl vorliegen, die Ursache zum Verderb.

1.5.2.3 Mikrobiologisch-taxonomische Gruppierung, „Leitkeime" und ihre Funktion als Indikator- und Indexorganismen

Die Gruppierung der Mikroorganismen nach den ökologisch-technologischen Kriterien ist in der Praxis leider nicht umzusetzen. Die mikrobiologische Analytik liefert, methodisch bedingt, andere Aussagen. Für die Analyse eines Fleischhabitats sind daher Leitkeime notwendig, die nachfolgend besprochen werden sollen (s. Tab. 1.31).

Bei den Leitkeimen für die Charakterisierung einer Fleischmikroflora ist zwischen Indikator- und Index-Organismen zu unterscheiden.

Indikatorkeime sind solche Mikroorganismen, die eine nicht sachgerechte Behandlung des Fleisches anzeigen, wobei die Bewertung in der Regel nach der Quantität der kultivierbaren Keime erfolgt. Diese erfaßt man als koloniebildende Einheiten (KBE) oder colony forming units (cfu).

Die mesophile aerobe Gesamtkeimzahl, kultiviert bei 30 °C, gilt heute als Gradmesser der mikrobiologischen Belastung eines Fleischhabitats. Die Annahme, daß eine nachweisbare Gesamtkeimzahlmenge mit dem allgemeinen hygienischen Status korrelieren könnte, galt zunächst nur als vage Hypothese, weil es bei Fleisch zu viele Keimgruppen und -arten mit völlig unterschiedlichen Nährstoffansprüchen und Kultivierungsbedingungen gibt. Doch inzwischen erwies sich dieses Bewertungsprinzip für die tägliche Praxis als durchaus brauchbar und sogar methodisch standardisierbar [61, 70, 77, 78].

Die „mesophile aerobe Gesamtkeimzahl bei 30 °C" repräsentiert alle Mikroorganismen, die bei einer Temperatur von 30 ± 2 °C auf einem einfach zusammengesetzten Standardnährboden innerhalb von 48 Stunden zu kultivieren sind und in Form der koloniebildenden Einheiten pro g, ml oder cm^2 Ausgangsmaterial erfaßt werden können. Darunter fallen auch die mesophilen fakultativ pathogenen und toxinogenen Species. Kritisch zu bedenken ist dabei nur, daß in bestimmten Verarbeitungsbereichen auch die psychrotrophen Anteile der Fleischmikroflora quantitativ berücksichtigt werden müssen. Dieses geschieht bei einer Kultivierungstemperatur von 30 °C nur

Tab. 1.31 Leitkeime für die hygienische Bewertung von Fleisch

I. **Indikator-Organismen**	**Kriterium**	**Bedeutung**
Gesamtkeimzahl mesophil aerob	mikrobiologische Gesamtbelastung	Hinweis auf eingeschränkte Verarbeitungsmöglichkeit, verringerte Haltbarkeit
Enterobacteriaceae mesophil aerob	schnell wachsende proteolytische Mikroorganismen	Hinweis auf unsachgemäße Prozeßführung
E. coli Typ I mesophil aerob	faekale Kontamination	Hinweis auf unsachgemäße Prozeßführung
Enterokokken mesophil aerob	faekale Kontamination	Hinweis auf unsachgemäße Prozeßführung
Sulfitreduzierende Clostridien mesophil anaerob	bedenkliche Umwelt- oder intra vitam-Belastung	Entscheidungshilfe für eingeschränkte Verarbeitung bzw. verwendungsbeschränktes Inverkehrbringen (Aktueller Regelungsbedarf)
II. **Index-Organismen**		
Salmonellen	Gesundheitsgefährdung[1])	Reglementierung je nach Ausbreitungsgrad und -menge sowie Entstehung: intra vitam (Infektion) post mortem (Kontamination)

[1]) Gleichfalls zutreffend für:

Pathogene Varianten von:

Listeria monocytogenes
Campylobacter jejuni & coli
Yersinia enterocolitica
Escherichia coli

Toxinogene Varianten von:

Escherichia coli
Staphylococcus aureus
Clostridum perfringens
Bacillus cereus

ungenügend. Für bestimmte Fragestellungen oder Produktgruppen müssen deshalb Bebrütungstemperaturen von 25 ± 2 °C oder noch niedrigere vorgesehen werden, wobei die Bebrütungszeiten auf 3 bis 5 Tage ausgedehnt werden müssen. Bei der Mitteilung einer Gesamtkeimzahlbestimmung sollten daher immer auch die gewählten Bebrütungstemperaturen und -zeiten als wichtige Kriterien angegeben werden.

Neben der Bestimmung der Gesamtkeimzahl können zum Zweck des Erkennens einer unsachgemäßen Prozeßführung auch gezielte Nachweise anderer Keimgruppen erfolgen. Mesophile *Enterobacteriaceae*, das sind Gramnegative Stäbchen, die bei einer Bebrütungstemperatur von 37 ± 1 °C auf geeigneten Selektivplatten, z. B. Kristallviolett-Gallesalz-Glukose-Medien, anaerob wachsen, können relativ einfach und schnell bestimmt werden. Sie weisen in der Regel auf eine Kontamination aus der Umgebung der Tiere oder des Menschen hin. Da sie ebenfalls quantitativ bestimmt werden, ist der Nachweis nur dann als sinnvoll anzusehen, wenn mit einer Mindestbelastung von 10^2 pro g oder pro cm^2 zu rechnen ist. Anderenfalls handelt es sich wegen des negativen Befundes bei einer meist vorhandenen stärkeren Begleitflora um einen vergeblichen Aufwand.

Als gezielter Hinweis auf eine direkt von Mensch und Warmblütern stammende Kontamination kann der Nachweis der Species *E. coli* Typ 1 angesehen werden, die neben den Species- und Gruppenkriterien der Enterobacteriaceae zusätzlich noch die sogenannten Eijkmann-Kriterien erfüllen muß, d. h. die Gasbildung aus Glukose und die Indolbildung bei 44 ± 1 °C.

Auch die Enterokokken, das sind im wesentlichen die Stammformen der Species *Ec. faecalis* und *Ec. faecium*, können als Indikatorkeime im klassischen Sinne benutzt werden. Schlußfolgerungen auf einen faekalen Ursprung müssen, ähnlich wie bei *E. coli* Typ 1, allerdings mit Zurückhaltung vorgenommen werden. Zur näheren Erläuterung der Aussagekraft und des gezielten Nachweises von Enterokokken sei auf eine Spezialarbeit verwiesen [66].

Unter Index-Organismen versteht man für den Verbraucher gesundheitlich bedenkliche Mikroorganismen, deren Anwesenheit an sich zu einem Ausschluß eines Produktes von der weiteren Verwendung als Lebensmittel führen müßte. Hierunter fallen z. B. die *Salmonella*-Species und pathogene oder toxinogene Serotypen von *E. coli* sowie von *Yersinia enterocolitica*, *Campylobacter jejuni* und *coli* und *Listeria monocytogenes*. Die Besonderheiten dieser Erreger werden in einem nachfolgenden Kapitel dieses Buches abgehandelt.

Beim gelegentlichen Nachweis von Vertretern dieser Erregergruppen und -species ist Zurückhaltung vor voreiligen Schlüssen und ungerechtfertigten administrativen Maßnahmen geboten. Der vereinzelte (sporadische) Salmonellennachweis, der mit einem äußerst empfindlichen Kultivierungsverfahren und einer zielgerichteten Identifizierungstechnik erfolgte, darf im Rahmen von mikrobiologischen Betriebskontrollen kein Anlaß sein, den Prozeß der Fleischgewinnung und -behandlung sofort und ohne Konzept zu unterbinden. Einzelnachweise in einer sonst einwandfreien Produktion stellen Warnsignale dar. In solchen Situationen müssen Wiederholungsuntersuchungen in einem regelmäßigen Turnus erfolgen, um den Fortbestand der Belastungssituation sowie die epidemiologischen Zusammenhänge zu klären. Betriebsanalysen zeigen, daß es sich bei positiven Salmonellennachweisen im Zerlege- und Verarbeitungsbereich von Frischfleisch in vorschriftsmäßig geführten Betrieben in der Regel um Einzelbefunde handelt, die bei fachgerechter Betriebshygiene mit der nächsten Arbeitsschicht abbrechen. Meist sind sie durch fahrlässig in den Produktionsgang eingebrachtes belastetes Ausgangsmaterial bedingt. In der Regel verschwinden diese Keime ebenso schnell wieder, wie sie gekommen sind, sofern die tägliche Reinigung und Desinfektion vorschriftsmäßig erfolgen, die Personalhygiene strikt eingehalten und auf die einwandfreie Beschaffenheit und Behandlung des zu verarbeitenden Ausgangsmaterials geachtet wird. Derartige Befunde sollten aber betriebsintern immer Anlaß zu erhöhter Wachsamkeit und zu zusätzlichen Hygienemaßnahmen sein.

Die Problematik des sporadischen Auftretens von Salmonellen wurde in jüngster Zeit in Fachkreisen und in Überwachungsbehörden ausgiebig diskutiert [37, 70, 97]. Insbesondere die Form der Mitteilung eines positiven Befundes ohne oder mit Bewertungsvorschlägen nach dem LMBG bei amtlichen Untersuchungen ist teilweise kontrovers diskutiert worden. Ein vorschnelles Einschreiten der Behörden ist auf jeden Fall zu vermeiden. Jedweder Eingriff in ein Produktionsgeschehen muß angemessen und epidemiologisch vertretbar sein. Hierzu bedarf es noch weiterer experimenteller und praxisrelevanter Beobachtungen.

1.5.2.4 Die Aussagekraft von mikrobiologischen Analysen

Bei der Bewertung der Keimzahlbestimmungen müssen biometrische Gesichtspunkte berücksichtigt werden. Die Präzision eines Verfahrens muß bekannt sein. Dazu gehören die Präzisionsmaße Wiederholbarkeit und Vergleichbarkeit. Die Wiederholbarkeit (*r*) gibt an, wie weit zwei Analysenergebnisse für eine Probe auseinanderliegen können, die von der gleichen

Person im gleichen Laboratorium bei zwei unabhängigen Ansätzen, z. B. an zwei verschiedenen Tagen, gewonnen wurden. Die Vergleichbarkeit (*R*) kennzeichnet die Spanne der Einzelwerte, die sich bei Untersuchungen der gleichen (analogen) Untersuchungsprobe in verschiedenen Laboratorien ergeben kann. Die Werte für *r* und *R* müssen für jeden Labor- und Anwendungsbereich zumindest einmal gründlich ermittelt worden sein, vorzugsweise in Ringversuchen, d. h. in Versuchen unter Beteiligung von mehreren Teilnehmern mit verschlüsselten Proben nach einem festen Plan. Die Präzisionsmaße erhalten insbesondere dann eine besondere Bedeutung, wenn Keimzahlen nach rechtlich vorgegebenen Richtwerten zu Beanstandungen führen müssen. Bei Fleischerzeugnissen trifft dieses z. B. bei der Beurteilung von industriell hergestelltem Hackfleisch zu [118, 120].

Die Präzision eingearbeiteter Fachkräfte sollte auch in gut geführten Laboratorien von Zeit zu Zeit überprüft werden. Da die Keimzahlangaben in der Lebensmittelmikrobiologie bevorzugt in logarithmischen Werten erfolgen, ein Wert von 1×10^6 KBE/g also als lg 6,0 geschrieben werden kann, empfiehlt sich die Angabe der Präzisionswerte auch in $\log_{10}$-Stufen. Für *r* ist unter den zuvor beschriebenen Prämissen im Arbeitsbereich der Fleischmikrobiologie eine Spanne von 0,2 bis 0,3 $\log_{10}$-Stufen anzusetzen, für *R* eine solche von 0,3 bis 0,7 [15, 70, 106]. Bei gut eingearbeiteten und fortlaufend mit Analysen betrauten Fachkräften kann *r* durchaus nur etwa 0,1 $\log_{10}$-Stufen betragen.

Unter den Voraussetzungen einer standardisierten Probeentnahme und -aufarbeitung sowie einer entsprechend abgesicherten Bewertung der Ergebnisse (GLP = Gute Labor-Praxis) hat die Gesamtkeimzahlbestimmung einen nie erahnten Stellenwert in der Hygienekontrolle des Fleisches und der Fleischprodukte erlangt, so daß sie inzwischen auch in Rechtssetzungsverfahren für die Bewertung einzelner Erzeugnisse festgeschrieben worden ist (EG-Hackfleisch-Richtlinie [118] und entsprechende Passagen in der Fleischhygiene-Verordnung zum FlHG [120]).

1.5.2.5 Empfehlungen für eine hygienische Prozeßkontrolle im Fleischgewinnungsbetrieb

Hygienische Prozeßkontrollen werden inzwischen vielerorts praktiziert. Einige Verfahren haben Pioniercharakter [4,10,31]. Die in den Rechtsvorschriften festgelegten Anweisungen sind hingegen völlig ungenügend und sicher auch bewußt nicht ausformuliert. So könnten die in einer Übersicht (Tab. 1.32) dargestellten Arbeitsschritte eine Hilfe sein, ein brauchbares

Tab. 1.32 Prozeßkontrollen bei der Fleischgewinnung

Statistisch-administrativ	Betriebskonzeption, Personalverhalten, Betriebsablauf
Sensorisch	Aussehen, Geruch, Konsistenz, Belag
Physikalisch	*t* = Temperatur, m/sec = Belüftung, rF = relative Feuchtigkeit, pH = Säuerungswert, a_w = verfügbares freies Wasser, LF = veränderte Leitfähigkeit
Mikrobiologisch	**Leitkeime** Indikator-Organismen: Aerobe Gesamtkeimzahl, Enterobacteriaceae Index-Organismen: *Salmonella*-Spec., *Staph. aureus*, *Clostridium*-Spec., *E. coli* (VTEC[1], EHEC[2] etc.) *Campylobacter*-Spec. **Verfahren** Abtrageproben: Tierkörper/Organe Abklatschproben: R + D[3])-Kontrolle Tupferproben: Naß-Trocken-Tupfer (NTT): Einrichtungen/Räume Einfach-Tupfer (ET): R + D[3])-Kontrolle

1) verotoxinogene *E. coli*,
2) enterohämorrhagische *E. coli*
3) R + D = Reinigung und Desinfektion

Tab. 1.33 Hygienische Risikofaktoren bei der Fleischgewinnung (Übersicht)

Erregerausbreitung durch lebende Tiere			
Keine ausreichende Absonderung der kranken Tiere	Übertritt von Erregern aus Darmtrakt in Körperkreislauf durch übermäßigen Transport- und Aufstallungsstreß	Erregerausbreitung mit Kot bei Transport und Aufstallung durch Ausschwemmung aus Körperhöhlen	Manifestation latenter zu apparenter Infektion
Hygienewidrige Konstruktionsmerkmale der technischen Ausstattung			
Keine konstruktive Trennung der Prozeßstufen: unrein/rein, Tierkörper/Organe, roh/behandelt	Ungenügende Temperatur-, Belüftungs-, Feuchtigkeits- und Beleuchtungs-Regulierung	Rauhe, rissige, winklige Oberflächen, korrodierendes Metall, Holzausstattung, nicht wartungsgerechte Geräte	Keine Trinkwasserqualität, ungenügende Heißwasserverfügbarkeit, mangelhafte Reinigungs- u. Desinfektions-Einrichtungen
Regelwidriger technischer Ablauf			
Tätigkeit gleicher Personen in den Prozeßstufen: unrein/rein, Tierkörper/Organe, roh/behandelt	Fehlerhafte Handhabung der Geräte (Verschmieren von Infektionsmaterial)	Unsachgemäße Anwendung von Wasser (Aerosol-, Spritzwasser-Kontamination)	Zeitverzug in der Kühlung (Pausen, zu große Sammelbehälter)
Hygienewidriges Verhalten des Arbeitspersonals			
Vorliegen latenter oder apparenter Infektionen (Ausscheider, Hautinfektionen)	Unvollständige oder unsaubere Arbeitskleidung und -geräte (Handschuhe, Stiefel, Schürzen etc.)	Unzureichende Körper-, insbesondere Hautpflege	Bewußte Ignoranz hygienischer Grundprinzipien oder ungenügende Unterweisung

System für eine hygienische Prozeßkontrolle für den jeweiligen Arbeitsbereich zu entwickeln. Ein Vorgehen nach einem solchen Strukturmuster erscheint insofern sinnvoll und erfolgversprechend, als es in eigenen Erhebungen für nützlich befunden wurde [27, 65].

Eine Hilfe für das Erkennen kritischer Prozeßstufen, die bevorzugt zu prüfen oder zu verfolgen sind und die auch für die Gewichtung einzelner Hygienemaßnahmen dienen können, möge die Tab. 1.33 liefern. In dieser sind die kritischen Abschnitte „Lebende Tiere", „Technische Ausstattung", „Technischer Ablauf" und „Arbeitspersonal" in ihrer Bedeutung für die hygienische Fleischgewinnung und -bearbeitung in ihrer Gesamtheit schematisch dargestellt worden.

Literatur

[1] Baird, R. M.; Corry, J. E. L.; Curtis, G. D. W.: Pharmacopoeia of Culture Media for Food Microbiology, Intern. Committee on Food Microbiology and Hygiene of the Intern. Union of Microbiological Societies Intern. J. Food Microbiol. **5** (1987) 185–299.

[2] Baird, R. M.; Corry, J. E. L.; Curtis, G. D. W.: Pharmacopoeia of Culture Media for Food Microbiology, Additional Monographs I. Intern. J. Food Microbiol. **9** (1989) 85–144.

[3] Baird, R. M.; Corry, J. E. L.; Curtis, G. D. W.: Pharmacopoeia of Culture Media for Food Microbiology, Additional Monographs II. Intern. J. Food Microbiol. **17** (1993) 201–266.

[4] Baumgart, J.: Lebensmittelüberwachung und -qualitätssicherung. Mikrobiologisch – hygienische Schnellverfahren. Fleischwirtsch. **73** (1993) 392–396.

[5] Bläschke, A.: Vergleichende Untersuchung zur selektiven quantitativen Erfassung aerober Sporenbildner aus Lebensmitteln unter besonderer Berücksichtigung potentiell toxinogener Species. Vet.med. Diss., FU Berlin 1986.

[6] Bläschke, A.; Reuter, G.: Die Zusammensetzung der gramnegativen Oberflächenmikroflora auf Rinderschlachttierkörpern. Proc. 25. Arbeitstagung Lebensmittelhygiene der Dtsch. Vet.-med. Ges. (DVG), Garmisch-Partenkirchen, Eigenverlag der DVG, 1984, 148–156.

[7] Brown, M. H.: Meat Microbiology. London New York: Applied Science Publishers, 1982.

[8] Bülte, M.; Reuter, G.: Impedance measurement as a rapid method for the determination of the microbiological contamination of meat surface, testing two different instruments. Intern. J. Food Microb. **1** (1984) 113-125.

[9} Bülte, M.; Reuter, G.: The bioluminescence technique as a rapid method for the determination of the microflora of meat. Intern. J. Food Microb. **2** (1985) 371–381.

[10] Bülte, M.; Stolle, A. F.: Die Einsatzfähigkeit moderner mikrobiologischer Schnellverfahren zur Untersuchung von Lebensmitteln tierischen Ursprungs. Fleischwirtsch. **69** (1989) 1459–1463.

[11] DAINTY, R. H.; MACKEY, B. M. (1992), zitiert nach PRIETO et al. (1994).
[12] ERIBO, B. E.; JAY, J. M.: Incidence of Acinetobacter spp. and other Gram-negative oxidase-negative bacteria in fresh and spoiled ground beef. Appl. Environm. Microbiology **49** (1985) 256–257.
[13] EISGRUBER, H.: Prüfung von Verfahren zur Kultivierung und Schnellidentifizierung von Clostridien aus frischem Fleisch sowie aus anderen Lebensmitteln. Vet.med. Diss, FU Berlin (1986).
[14] EISGRUBER, H.; REUTER, G.: Einsatzmöglichkeit einfacher und zeitsparender Verfahren zur orientierenden Identifizierung wichtiger Clostridien-Species aus Lebensmitteln. Arch. Leb. Hyg. **38** (1987) 141–146.
[15] FEIER, U.: Durchführung des § 35 LMBG. Eine Schwerpunktaufgabe: „Statistische Bewertung mikrobiologischer Untersuchungsverfahren“ nach § 35 LMBG Bundesgesundheitsbl. **30** (1987) 65–72.
[16] FREUDENREICH, P.; BACH, H.: Anfall und Verwertung von Schlachtnebenprodukten. Mittlgsbl. Bundesanst. f. Fleisch-Forsch. Kulmbach, Nr. 122 (1993) 399–403.
[17] GARDENER, G. A.: A selective medium for the enumeration of *Microbacterium thermosphactum* in meat and meat products. J. appl. Bact. **32** (1966) 371–380.
[18] GIBBS, P. A.; PATEL, M.; STANNARD, C. J.: Microbial ecology and spoilage of chilled foods: A review (1982) Scientific and Technical Surveys, Leatherhead Food RA, No. 135.
[19] GILL, C. O.; BRYANT, J.: The origins of the spoilage bacteria on pork, in: Lacombe Research Station Highlights 1992, edited by St. REMY, E. A.: Agriculture Canada Research Station, Lacombe Alberta (1992) 30–32.
[20] GILL, C. O.; MCGINNIS, C.: Changes in the microflora on commercial beef trimmings during their collection, distribution and preparation for retail as ground beef. Intern.J. Food Microb. **18** (1993) 321–332.
[21] GILL, C. O.; NEWTON, K. G.: Growth of bacteria on meat at room temperatures. J. Appl. Bact. **49** (1980) 315–323.
[22] GRÄTZ, H.; NIEDEREHE, H.: Kühlung und Kühltransport von Schweinehälften. Fleischwirtsch. **71** (1991) 402–406, 660–667.
[23] HAMMES, W. P.; WEISS, N.; HOLZAPFEL, W.: The genera *Lactobacillus* and *Carnobacterium*, in: BALOWS, A. et al.: The Prokaryotes, 2. ed. Berlin/Heidelberg/New York: Springer, 1992, 1535–1594.
[24] HANEKE, M.; REUTER, G.: Hygiene bei der Fleischgewinnung in Theorie und Praxis. Proc. 32. Arbeitstagung Lebensmittelhygiene der Dtsch. Vet.-Med. Ges. (DVG), Garmisch-Partenkirchen, Eigenverlag der DVG, 1991, 97–105.
[25] HECHELMANN, H. G.: Hygieneaspekte sowie Anmerkungen zur Qualitätssicherung aus mikrobiologischer Sicht: Rückblick auf die IFFA '92. Fleischwirtsch. **73** (1993) 44–50.
[26] HECHELMANN, H. G.; LINKE, H.: Einfluß des Säuregrades auf die Vermehrungsfähigkeit von Salmonellen bei zerkleinertem Fleisch. Mittlgsbl. Bundesanst. f. Fleisch-Forsch. Kulmbach, Nr. 91 (1985) 6732–6736.
[26 a] HEILIGENTHAL, A.: Überprüfung der Effizienz von Reinigung und Desinfektion in einem Fleischgewinnungsbetrieb. Vet.med. Diss., FU Berlin (1995).
[27] HESSE, S.: Mikrobiologische Prozeßkontrolle am Rinderschlachtband unter besonderer Berücksichtigung technologisch bedingter Hygieneschwachstellen. Vet. med. Diss., FU Berlin (1991).
[28] INGRAM, M.: Meat preservation – past, present and future. Roy. Soc. Hlth. J. **92** (1972) 121–130.

[29] INGRAM, M.: Probleme bei der Kühlung von Fleisch. Arch. Leb. Hyg. **24** (1973) 269–272.
[30] INGRAM, M.; ROBERTS, T. A.: The microbiology of the red meat carcass and the slaughterhouse. Roy. Soc. Hlth. J. **96** (1976) 270–276.
[31] JERICHO, K. W. F.; BRADLEY, J. A.; GANNON, V. P. J.; KOCUB, G. C.: Visual demerit and microbiological evaluation of beef carcasses: methodology. J. Food Protection **56** (1993) 114–119.
[32] JONES, B.; NILSSON, T.; SÖRQVIST, S.: Kontamination von Schweine-Schlachttierkörpern durch Brühwasser. Fleischwirtsch. **64** (1984) 1243–1246.
[33] JUNI, E.; HEYM, G. A.: *Psychrobacter immobilis*, gen. nov., spec. nov.: genospecies composed of Gram-negative, aerobic, oxidase-positive *Coccobacilli*. Int. J. System. Bact. **36** (1986) 388–391.
[34] KÄMPFER, P.; TJERNBERG, J.; URSING, J.: Numerical classification and identification of *Acinetobacter* genomic species. J. appl. Bact. **75** (1993) 259–268.
[35] KANDLER, O.: Zur Definition der psychrophilen Bakterien. Milchwiss. **21** (1966) 257–261.
[36] KERSCHNER, K.: Ein Beitrag über das Vorkommen von Salmonellen auf der Oberfläche frischer Schweine-Innereien (Herz/Leber/Niere) unter Berücksichtigung der verschiedenen Herkunfts- und Vermarktungsstufen. Vet. med. Diss., FU Berlin (1980).
[37] KLEIN, G.; LOUWERS, J.: Mikrobiologische Qualität von frischem und gelagertem Hackfleisch aus industrieller Herstellung. Berl. Münch. Tierärztl. Wschr. **107** (1994) 361–367.
[38] KNAUER-KRAETZL, B.: Reinigung und Desinfektion. BEHR's Seminar, Darmstadt, April 1994.
[39] KNAUER-KRAETZL, B.; REUTER, G.: Wirkstoffe in DVG-gelisteten Desinfektionsmitteln für den Lebensmittelbereich – Bewertungsversuch nach biologischen Kriterien. Proc. 33. Arbeitstagung Lebensmittelhygiene der Dtsch. Vet.-med. Ges. (DVG), Garmisch-Partenkirchen, Eigenverlag der DVG, 1992, 103–114.
[40] LEISTNER, L.; RÖDEL, W.; WIRTH, F.: Optimale Prozeßsteuerung bei der Fleischwarenherstellung. Fleischwirtsch. **55** (1975) 1055–1058.
[41] LOUWERS, J.; KLEIN, G.: Eignung von Probeentnahmemethoden zur Umgebungsuntersuchung in fleischgewinnenden und -verarbeitenden Betrieben mit EU-Zulassung. Berl. Münch. Tierärztl. Wschr. **107** (1994) 367–373.
[42] LOWRY, P. D.; GILL, C. O.: Temperature and water activity minima for growth of spoilage moulds from meat. J. Appl. Bact. **56** (1984) 193–199.
[42 a] LUDWIG, S.; BERGANN, T.: Zur Bedeutung von *Brochothrix thermosphacta* für die Lebensmittelhygiene. Arch. Leb. Hyg. **45** (1995) 121–144.
[43] MACKEY, B. M.; ROBERTS, T. A.; MANSFIELD, J.; FARKAS, G.: Growth of *Salmonella* on chilled meat. J. Hyg., Camb. **85** (1980) 115–124.
[44] MACKEY, B. M.; ROBERTS, T. A.: Improving slaughter hygiene using HACCP and monitoring. Fleischwirtsch. **73** (1993) 58–61.
[45] MARX, M.: Untersuchungen zur Mikrobiocoenose von Lebensmittelmikroorganismen (Antagonistische und synergistische Wechselwirkungen zwischen *Enterobacteriaceae*, *Pseudomonadaceae*, Staphylokokken, Enterokokken, Bazillen und Clostridien). Vet. med. Diss., FU Berlin (1972).
[46] MARX, M.; REUTER, G.: Erhebungen über Häufigkeit und Bewertung des sogenannten unspezifischen Keimgehaltes bei der amtlichen Bakteriologischen Untersuchung. Arch. Leb. Hyg. **25** (1974) 49–53.
[47] MOERMANN, P. C.: Chilling and transport of porc. Proc. 38th Intern. Congress Meat Sci. and Techn., Clermont Ferrand, France (1992) 695–698.

[48] MOLIN, G.; TERNSTRÖM, A.: Phenotypically based taxonomy of psychrotrophic *Pseudomonas* isolated from spoiled meat, water and soil. Int. J. System. Bact. **36** (1986) 257–274.

[49] MOSSEL, D. A. A.: Microbiology of foods. 3rd. ed., The University of Utrecht, Faculty of Veterinary Medicine, 1982.

[50] NOTTINGHAM, P. M.: Microbiology of carcass meats. in: M. H. BROWN, Meat Microbiology, 1982, 13–65.

[51] ORTNER, H.: The effect of chilling on meat quality. Fleischwirtsch. **69** (1989) 593–597.

[52] PRIETO, M.; GARCIA-ARMESTO, M. R.; GARCIA-LOPEZ, M. L.; ALONSO, C.; OTERO, A.: Species of *Pseudomonas* obtained at 7 °C and 30 °C during aerobic storage of lamb carcasses. J. appl. Bact. **73** (1992) 317–323.

[53] PRIETO, M.; GONZÁLEZ, C.; LÓPEZ, M.-L.; OTERO, A.; MORENO, B.: Evolution of Brochothrix and other non-sporing Gram-positive rods during chilled storage of lamb carcasses. Arch. Leb. Hyg. **45** (1994) 83–85.

[54] PROST, E. K.: Hygienezustand und Nährwert der Schlachtnebenprodukte. Monatsh. Vet. med. **40** (1985) 98–102.

[55] PROST, E. K.; PELCZYNSKA, E.; LIBELT, K.: Innereien von Schwein und Rind – Zusammensetzung und biologische Wertigkeit. Fleischwirtsch. **73** (1993) 454–457.

[56] RESTAINO, L.; WALTERS, J. L.; LEVONICH, L. M.: Food related pathogens and the ramnifications of pH and water activity – an overview. Assoc. of Food and Drug Officials, Q.Bull. **47** (3) (1983) 122–144.

[57] REUTER, G.: Erfahrungen mit Nährböden für die selektive mikrobiologische Analyse von Fleischerzeugnissen. Arch. Leb. Hyg. **19** (1968) 84–89.

[58] REUTER, G.: Mikrobiologische Analyse von Lebensmitteln mit selektiven Medien. Arch. Leb. Hyg. **21** (1970) 30–35.

[59] REUTER, G.: Untersuchungen zur antagonistischen Wirkung der Milchsäurebakterien auf andere Keimgruppen der Lebensmittelflora. Zbl. Vet. med. B **19** (1972) 320–334.

[60] REUTER, G.: Ermittlung des Oberflächenkeimgehaltes von Rinderschlachttierkörpern – Untersuchungen zur Eignung nicht-destruktiver Probeentnahmeverfahren. Fleischwirtsch. **64** (1984 a) 1247–1252.

[61] REUTER, G.: Die Problematik mikrobiologischer Normen bei Fleisch. Arch. Leb. Hyg. **35** (1984 b) 106–109.

[62] REUTER, G.: Elective and selective media for lactic acid bacteria. Int. J. Food Microb. **2** (1985) 55–68.

[63] REUTER, G.: Hygiene der Fleischgewinnung und -verarbeitung. Zbl. Bakt. Hyg. B **183** (1986) 1–22.

[64] REUTER, G.: Anforderungen an Desinfektionsmittel für den Lebensmittelbereich: 1. Liste geprüfter Desinfektionsmittel der Deutschen Veterinärmedizinischen Gesellschaft (DVG). Berl. Münch. Tierärztl. Wschr. **101** (1988) 138–139, 199–201.

[65] REUTER, G.: Hygiene and technology of red meat production. in: HANNAN, J.; COLLINS, J. D.: The scientific base for harmonizing trade in red meat. Univ. College Dublin (1990) 19–36.

[66] REUTER, G.: Culture media for *enterococci* and group *D-streptococci*. Int. J. Food Microb. **17** (1992) 101–111.

[67] REUTER, G.: 3. Desinfektionsmittelliste der Deutschen Veterinärmedizinischen Gesellschaft (DVG) für den Lebensmittelbereich. Deutsches Tierärzteblatt **41** (1993) 636–644.

[68] REUTER, G.: Surface count on fresh meat – hazardous or technically controlled? Arch. Leb. Hyg. **45** (1994 a) 51–55.

[69] REUTER, G.: Zur Wirksamkeit von Reinigungs- und Desinfektionsmaßnahmen bei der Fleischgewinnung und -verarbeitung. Fleischwirtsch. **74** (1994 b) 808–813.

[70] REUTER, G.: Sinn und Unsinn einer mikrobiologischen Prozeßkontrolle bei der Fleischgewinnung und -verarbeitung. Proc. 35. Arbeitstagung Lebensmittelhygiene der Dtsch. Vet.-med. Ges. (DVG), Garmisch-Partenkirchen, Eigenverlag der DVG, 1994 c, 29–46.

[71] REUTER, G.; SASSE-PATZER, B.: Antibiotika- und Chemotherapeutika-Resistenz von *Enterobacteriaceae* und *Pseudomonadaceae* in Rind- und Schweinefleisch. Wiener Tierärztl. Mschr. **66** (1979) 172–177.

[72] REUTER, G.; ÜLGEN, M. T.: Zusammensetzung und Umschichtung der Enterobacteriaceenflora bei Schweine-Schlachttierkörpern. Arch. Leb. Hyg. **28** (1977) 211–214.

[73] RIEMER, R.: Der Einfluß des Gefrierprozesses auf die Überlebensfähigkeit von Salmonellen in zerkleinertem Rind- und Schweinefleisch unter besonderer Berücksichtigung unterschiedlicher Einfrier- und Gefrierlagertemperaturen sowie der Lagerdauer. Vet. med. Diss., FU Berlin (1977).

[74] RIEMER, R.; REUTER, G.: Untersuchungen über die Notwendigkeit und Durchführbarkeit einer Wildfleischuntersuchung bei im Inland erlegtem Rot- und Rehwild – zugleich eine Erhebung über die substantielle Beschaffenheit und die Mikroflora von frischem Wildfleisch. Fleischwirtsch. **59** (1979) 857–864.

[75] RING, CH.: Sind Alternativen zur EG-Beförderungstemperatur denkbar? Proc. 34. Arbeitstagung Lebensmittelhygiene der Dtsch. Vet.-med. Ges. (DVG), Garmisch-Partenkirchen, Eigenverlag der DVG, 1993, 151–162.

[76] RING, CH.; BOROWSKI, D.: Erfahrungen mit dem „Bungdropper" am Schweineschlachtband. Fleischwirtsch. **73** (1993) 421–422.

[77] ROBERTS, D.: Bacteria of public health significance, in: M. H. BROWN, Meat Microbiology (1982) 319–386.

[78] ROBERTS, T. A.; HUDSON, W. R.; WHELEHAN, O. P.; SIMONSEN, B.; ØLGARD, K.; LABOTS, H.; SNIJDERS, J. M. A.; VAN HOOF, J.; DEVEREUX, J.; LEISTNER, L.; GEHRA, H.; GLEDEL, J.; FOURNAUD, J.: Number and distribution of bacteria on some beef carcasses at selected abbatoirs in some member states of the European Community. Meat Sci. **11** (1984) 191–205.

[79] ROSSET, R.: Chilling, freezing, thawing. in: M. H. BROWN, Meat Microbiology (1982) 265–318.

[80] SCHMIDT, U.: Verhalten der Salmonellen bei Kühllagerung. Mittlgsbl. Bundesanst. f. Fleisch-Forsch. Kulmbach, Nr. 88 (1985) 6458–6464.

[81] SCHMIDT, U.: Cleaning and disinfection methods – effect of rinsing on surface bacterial count. Fleischwirtsch. **69** (1989) 71–74.

[82] SCHREITER, M.: Mikrobiologie des Fleisches und der Fleischprodukte, in: ZICKRICK et al., Mikrobiologie tierischer Lebensmittel, 2. Aufl. Thun & Frankfurt/M.: Verlag Harri Deutsch, 1987, 304–421.

[83] SEELIG, I.: Ökologische Erhebungen über die Verbreitung von Salmonellen auf Rinderschlachttierkörpern unter Beachtung der möglichen Kontaminationsquellen und Modellversuche über die Nachweisbarkeit geringer Salmonellenkontamination auf Fleischflächen. Vet. med. Diss., FU Berlin (1979).

[84] SHAW, B. G.; ROBERTS, T. A.: Indicator organisms in raw meat. Antonie van Leeuwenhoek **48** (1982) 612–613.

[85] SHAW, B. G.; HARDING (1984 u. 1985), zitiert nach HAMMES et al. (1992).

[86] SHAW, B. E.; LATTY, J. B.: A numerical taxonomy study of non-motile non-fermentative Gram-negative bacteria from foods J. Appl. Bact. **65** (1988) 7–21.

[87] SIBOMANA, G.: Vergleichende Untersuchungen über die Brauchbarkeit von Probeentnahmeverfahren zur Oberflächenkeimzahlbestimmung bei Schlachttierkörpern. Vet. med. Diss., FU Berlin (1980).
[88] SINELL, H. J.: Mikrobiologie des Fleisches, in: PRÄNDL, O.; FISCHER, A.; SCHMIDHOFER, I.; SINELL, H. J., Fleisch: Technologie und Hygiene der Gewinnung und Verarbeitung. Stuttgart: Verlag Eugen Ulmer, 1988, 173–197.
[89] SINELL, H. J.; KLINGBEIL, H.; BENNER, M.: Microflora of edible offal with particular reference to *Salmonella*. J. Food Protection **47** (1984) 481–484.
[90] SKOVGAARD, N.: *Brochothrix thermosphacta*: comments on its taxonomy, ecology and isolation. Intern. J. Food Microb. **2** (1985) 71–79.
[91] SNIJDERS, J. M. A.; GERATS, G. E.; VAN LOGTESTIJN, J. G.: Good manufacturing practises during slaughtering. Arch. Leb. Hyg. **35** (1984) 99–103.
[92] SPECK, M. L.; RAY, B.: Effects of freezing and storage on microorganisms in frozen foods: A review. J. Food Protection **40** (1977) 333–336.
[93] SPERVESLAGE, C.-M.: Die hygienischen Schwachstellen bei der Blutgewinnung und -behandlung im Fleischgewinnungsbetrieb – eine bakterielle Analyse verschiedener Gewinnungssysteme. Vet. med. Diss., FU Berlin (1991).
[94] STEPHAN, R.; UNTERMANN, F.: Postmortale biochemische Vorgänge in der Muskulatur und ihre Beziehungen zur Fleischqualität. Arch. Leb. Hyg. **45** (1994) 114–118.
[95] STOLLE, F. A.: Die Problematik der Probeentnahme für die Bestimmung des Oberflächenkeimgehaltes von Schlachttierkörpern. Habilitationsschrift, Fachbereich Vet. med., FU Berlin 1985.
[96] STOLLE, F. A.: Die hygienischen Rahmenbedingungen während des Schlachtvorganges. Prakt. Tierarzt **12** (1989) 5–15.
[97] STOLLE, F. A.: Beurteilung von mit Salmonellen kontaminierten Lebensmitteln. Deutsches Tierärztebl. **42** (1994) 444–445.
[98] STOLLE, F. A.; REUTER, G.: Die Nachweisbarkeit von Salmonellen bei klinisch gesunden Schlachtrindern im Bestand, nach dem Transport zum Schlachthof und während des Schlachtprozesses. Berl. Münch. Tierärztl. Wschr. **91** (1978) 188–193.
[99] STOLLE, F. A.; TROEGER, K.; REUTER, G.: Isoelektrische Fokussierung in Polyacrylamidgel zur Erkennung von Veränderungen im Proteinmuster unzulässig gewonnenen Schweinefleisches (Scheinschlachtungen) unter Berücksichtigung unterschiedlicher Reifungsstadien. Fleischwirtsch. **63** (1983) 1315–1319.
[100] SUTHERLAND, J. P.; BAYLISS, A. J.; ROBERTS, T. A.: Predictive modelling of growth of *Staphylococcus aureus*: the effects of temperature, pH and sodium chloride. Intern. J. Food Microb. **21** (1994) 217–236.
[101] TROEGER, K.: Keimzahlentwicklung im Brühwasser im Schlachtverlauf – Auswirkungen auf die Oberflächenkeimgehalte der Schweineschlachttierkörper. Fleischwirtsch. **73** (1993) 816–819.
[102] TROEGER, K.: Kühltechniken und deren Einfluß auf die Fleischreifung. Arbeitsunterlagen Kursus „Fleisch und Fleischerzeugnisse" der Senatsverwaltung für Gesundheit, Berlin am 12. 11. 1993.
[103] TROEGER, K.; HONIKEL, K. O.: Erhöhung des Hygienestandards bei der Fleischgewinnung und -behandlung durch Prüfung nach CMA-Kriterien. Proc. 35. Arbeitstagung Lebensmittelhygiene der Dtsch. Vet.-med. Ges. (DVG), Garmisch-Partenkirchen, Eigenverlag der DVG, 1994, 303–311.
[104] TRUMPF, T.: Versuche zur Isolierung, Charakterisierung und Abgrenzung verotoxinogener *E. coli* (VTEC) von anderen *E. coli*-Populationen aus der Darmflora von Rindern und die Erfassung von VTEC-Stämmen des Serovars 0157 : H7 aus Hackfleisch in Modellversuchen. Vet. med. Diss., FU Berlin (1990).

[105] UPMANN, M.: Veränderungen der Oberflächenkontamination bei Schweinefleisch während des Zerlegeprozesses. Vet. med. Diss., FU Berlin (in Vorbereitung).
[106] WEISS, H.; ARNDT, G.: Problematik der biometrischen Bewertung mikrobiologischer Untersuchungsverfahren von Lebensmitteln im Rahmen des § 35 LMBG. Dtsch. tierärztl. Wschr. **92** (1985) 64–75.
[107] WIRTH, F.; LEISTNER, L.; RÖDEL, W.: Physikalische Richtwerte für die Fleischtechnologie. I. Mitteilung: 1. Frischfleisch, 2. Gefrierfleisch, 3. Brühwurst. Fleischwirtsch. **55** (1975) 1188–1190, 1192–1196.
[108] WIRTH, F.; LEISTNRER, L.; RÖDEL, W.: Richtwerte der Fleischtechnologie, 2. Aufl. Frankfurt am Main: Dtsch. Fachverlag, 1990.

Rechtsvorschriften und Kommissionsrichtlinien

[109] n. n.: Allgemeine Verwaltungsvorschrift über die Durchführung der amtlichen Untersuchungen nach dem Fleischhygienegesetz (VwVFlHG) vom 11. 12. 1986 (Bundesanzeiger Nr. 238 a vom 23. 12. 1986).
[110] n. n.: Amtliche Sammlung von Untersuchungsverfahren nach § 35 LMBG (Lebensmittel- und Bedarfsgegenstände-Gesetz). Berlin/Köln: Beuth Verlag GmbH, Stand Mai 1994.
[111] n. n.: CAC = Codex alimentarius commission: Draft code of hygienic practice for processed meat and poultry products, Appendix II of the report of the 13th session of the Codex Committee, FAO/WHO (1985) Alinorm 85/16.
[112] n. n.: EG-Commission/Scientific Veterinary Committee: Microbiology in the hygienic production of red meat. Draft reports of the working group (1984) 1054/VI/84.
[113] n. n.: Fleischhygienegesetz (FlHG) vom 08. 07. 1993 (Bundesgesetzblatt I, S. 1189) sowie Änderung vom 20. 12. 1993 (Bundesgesetzblatt I, S. 2170).
[114] n. n.: Gesetz über die Beseitigung von Tierkörpern, Tierkörperteilen und tierischen Erzeugnissen (Tierkörperbeseitigungsgesetz – TierKBG) vom 02. 09. 1975 (Bundesgesetzblatt I, S. 2313).
[115] n.n.: ICMSF = International Commission on Microbiological Specifications for Foods, Microbial ecology of foods, Vol. I. Factors affecting life and death of microorganisms, New York: Academic Press 1980.
[116] n. n.: RICHTLINIE Nr. 64/433/EWG DES RATES vom 26. 06. 1964 zur Regelung gesundheitlicher Fragen beim innergemeinschaftlichen Handelsverkehr mit frischem Fleisch. ABl. EG Nr. 121 vom 29. 07. 1964, S. 2012, zuletzt geändert durch die RICHTLINIE Nr. 91/497/EWG DES RATES vom 29. 07. 1991, ABl. EG Nr. L 268 vom 24. 09. 1991, S. 69.
[117] n. n.: RICHTLINIE Nr. 77/99/EWG DES RATES vom 21. 12. 1976 zur Regelung gesundheitlicher Fragen beim innergemeinschaftlichen Handelsverkehr mit Fleischerzeugnissen. ABl. EG Nr. L 26 vom 31. 01. 1977 S. 85, zuletzt geändert durch die RICHTLINIE Nr. 92/5/EWG DES RATES vom 10. 02. 1992, ABl. EG Nr. L 57, S. 1.
[118] n. n.: RICHTLINIE Nr. 88/657/EWG DES RATES vom 14. 12. 1988 zur Festlegung der für die Herstellung und den Handelsverkehr geltenden Anforderungen an Hackfleisch, Fleisch in Stücken von weniger als 100 g und Fleischzubereitungen sowie zur Änderung der Richtlinien 64/433/EWG, 71/118/EWG und 72/462/EWG. ABl. EG Nr. L 382 vom 31. 12. 1988, S. 3, zuletzt geändert durch die RICHTLINIE 92/110/EWG, ABl. EG Nr. L 394 vom 31. 12. 1992, S. 26.

[119] n. n.: Verein Deutscher Ingenieure (VDI-Fachgruppe Lebensmitteltechnik, Ausschuß Fleisch): Kälteanwendung bei Fleisch und Fleischwaren. VDI Handbuch Lebensmitteltechnik VDI 2656, Blatt 2 (1970) 1–6.

[120] n. n.: Verordnung über die hygienischen Anforderungen und amtlichen Untersuchungen beim Verkehr mit Fleisch (Fleischhygiene-Verordnung – FlHV) vom 30. 10. 1986 (Bundesgesetzblatt I, S. 1678) sowie Änderung vom 15. 03. 1995 (Bundesgesetzblatt I, S. 328).

[121] n. n.: Richtlinien für die Prüfung chemischer Desinfektionsmittel. Deutsche Veterinärmedizinische Gesellschaft e. V. (DVG), 2.Aufl. Giessen: Eigenverlag der DVG, 1988.

[122] n. n.: Resolutionsentwurf zum Thema „Kontamination von Lebensmitteln", Arbeitspapier zur Hauptversammlung Arbeitskreis V: Fleisch- und Lebensmittelhygiene, 20. Deutscher Tierärztetag, Braunlage im Harz, 21.–23. 6. 1995. Deutsches Tierärzteblatt **43**, 1995, 110.

2 Mikrobiologie ausgewählter Erzeugnisse

2.1 Mikrobiologie des Hackfleisches

2.2 Mikrobiologie ausgewählter Erzeugnisse und Zubereitungen aus rohem Fleisch

2.3 Mikrobiologie von Gelatine und Gelatineprodukten

2.4 Mikrobiologie des Seperatorenfleisches

2.5 Hygienische Aspekte bei der Planung von Fleischwerken

2.6 Pathogene und toxinogene Mikroorganismen – Zoonose-Erreger

2.1 Mikrobiologie des Hackfleisches

M. Bülte

2.1.1 Rechtliche Grundlagen und Definitionen

Im innerstaatlichen Bereich ist derzeit (1996) weiterhin die Hackfleisch-Verordnung (HFlV [1]) für nicht EG-zugelassene Betriebe gültig. Seit dem 1. Januar 1996 ist die neue EU-Richtlinie 94/65/EG [2] des Rates vom 14. Dezember 1994 in Kraft. Sie enthält die Rechtsvorgaben für EU-zugelassene Betriebe. Diese Richtlinie hat damit die ehemalige Hackfleisch-Richtlinie 88/657/EWG [3] vom 14. Dezember 1988 abgelöst, die mittlerweile in nationales Recht umgesetzt worden war, und zwar in der Fleischhygiene-Verordnung (FlHV [4]) durch die VO zur Änderung fleisch- und geflügelfleischhygienerechtlicher Vorschriften vom 15. März 1995 [5]. Diesbezügliche Rechtsvorgaben finden sich im § 10 FlHV und in der neuen Anlage 2 a. Grundlage für die Erarbeitung dieses Buchbeitrages ist neben der HFlV die HFl-RL 94/65/EG, die in nationales Recht umzusetzen sein wird.

Hackfleisch (in Österreich: „Faschiertes") stellt eine Sammelbezeichnung für eine Vielzahl zerkleinerter Fleischerzeugnisse dar. Es sei darauf hingewiesen, daß der Begriff „Erzeugnisse" der nationalen HFlV sowie der HFl-RL nicht mit demjenigen der FlHV identisch ist. Hackfleisch wird gemäß den in den Leitsätzen des Deutschen Lebensmittelbuches [6] aufgeführten Anforderungen unter den in der Tab. 2.1.1 gelisteten Bezeichnungen angeboten. Hackfleisch wird aus sehnenarmer oder von Sehnen befreiter und grob entfetteter Skelettmuskulatur (bei Schweinefleisch) hergestellt. Es darf nach der HFlV von geschlachteten oder erlegten warmblütigen Tieren stammen, nach der HFl-RL aus frischem Fleisch von Rind, Schwein, Schaf, Ziege und Einhufern hergestellt werden. Nach der HFl-RL muß es sich um

Tab. 2.1.1 Verkehrsbezeichnungen für Hackfleisch

Bezeichnung	Leitsatz[1])
Schabefleisch, Beefsteakhack, Tatar	2.507.13
Rinderhackfleisch, Rindergehacktes, Rindergewiegtes	2.507.21
Hamburger, Beefburger	2.507.2
Schweinehackfleisch, Schweinemett, Schweinegehacktes, Schweinegewiegtes	2.507.22
Gemischtes Hackfleisch, Halb und Halb	2.507.23

[1]) Deutsches Lebensmittelbuch, 1994 [6]

frisches Fleisch gemäß EU-Richtlinie 64/433/EWG [7] handeln, d. h., es darf auch tiefgefrorenes, aber nicht auf irgendeine andere Weise vorbehandeltes Fleisch verwendet werden. Wegen der schlacht- bzw. verarbeitungstechnologisch unvermeidbaren hohen Keimbelastung besteht nach der HFlV ein Verwendungsverbot für Kopf-, Bein-, Stich- und Separatorenfleisch sowie für Bauch- und Zwerchfellmuskulatur. Nach der seit dem 1. Januar 1996 gültigen HFl-RL darf im Gegensatz zur HFlV die Kau- und Zwerchfellmuskulatur (ohne seröse Häute) nach Untersuchung auf Cysticercose sowie Bauchmuskulatur ohne Linea alba verwendet werden.

Während sich in der HFlV keine Hinweise auf das Alter der zu verarbeitenden Muskulatur für die Hackfleischherstellung finden, schreibt die EU-Richtlinie vor, daß Fleisch aller verwendbaren Tierarten gekühlt höchstens 6 Tage, und im tiefgekühlten Zustand das Fleisch vom Rind höchstens 18, von Schaf und Ziege höchstens 12 und vom Schwein höchstens 6 Monate bei −18 °C gelagert werden darf. Ein Herstellungs- bzw. Abgabeverbot für rohes Hackfleisch aus Geflügel- und Wildfleisch findet sich in beiden Rechtsnormen. Die Anforderungen an das Ausgangsmaterial, die gewebliche Zusammensetzung und die Aufbewahrungs- sowie Abgabebedingungen für Hackfleisch sind in der Tab. 2.1.2 zusammengefaßt. Mit der Änderung der HFlV von 1992 sind die Abschnitte (1) und (2) zu § 6, die Angaben über den höchstzulässigen Fettanteil enthielten, ersatzlos entfallen. Die ursprünglichen Angaben sind dennoch in der Tabelle aufgeführt, da sie den geltenden Verkehrsauffassungen entsprechen.

Da es sich – wie noch aufzuzeigen sein wird – um besonders risikobehaftete Lebensmittel handelt, muß nach der HFlV (§ 4) frisch zubereitetes Hackfleisch zur Abgabe an den Verbraucher am Herstellungstag verkauft und bei einer Kühllagerungstemperatur von +4 °C, bei der alsbaldigen Abgabe kurzfristig auch bei maximal +7 °C, aufbewahrt werden. Unmittelbar nach Herstellung tiefgekühlter Hackfleischerzeugnisse dürfen diese 6 Monate bei −18 °C gelagert werden. Weitergehender ist die Regelung für Hackfleisch, das in den Betrieben, die nach § 11 Abs. 1 Nr. 4 der FlHV eine EU-Zulassung besitzen, hergestellt wird. Danach ist auf allen Stufen der Herstellung ebenso wie für den Distributions- einschließlich Verkaufsbereich eine Temperatur von +2 °C verbindlich vorgeschrieben. Auf der Endverbraucherpackung ist gemäß Lebensmittelkennzeichnungsverordnung (LMKV [8]) diese Temperatur anzugeben. Gemäß der HFl-RL ist bei frischen Hackfleischerzeugnissen das Verfallsdatum, bei tiefgekühlten das Mindesthaltbarkeitsdatum anzugeben. Dieses bedeutet, daß ein EU-zugelassener Betrieb die Haltbarkeitsfristen seiner Hackfleischerzeugnisse, die in Endverbraucherpackungen abgegeben werden, selbst festsetzen kann. Dieses ergibt sich auch aus § 5 (1 a) der HFlV.

Tab. 2.1.2 Anforderungen für die Herstellung und Abgabe von Hackfleisch/Faschiertem

Ausgangsmaterial	Grundlage[1])	Tierart			
Frisches Fleisch (Skelettmuskulatur)	RL 64/433/EWG	Rind	Schaf/ Ziege	Schwein	Mischung[2])
gekühlt (Tage bei +4 °C)	a	höchstens 6[3])			
tiefgekühlt (Monate bei −18 °C)	a	18	12	6	abhängig von Tierart
Hackfleisch (Gewebliche Zusammensetzung)					
Fettgehalt (%)	a	≤ 20 (≤ 7)[5])	≤ 25 (≤ 7)	≤ 25 (≤ 7)	≤ 30
	b[4])	≤ 20 (≤ 6)	fehlt	≤ 35	≤ 30
BEFFE[6]) (%)	c	≥ 14 (≥ 18)	fehlt	≥ 11,5	≥ 12,5
Kollagen/Fleischeiweiß (%)	a	≤ 15 (≤ 12)	≤ 15	≤ 15	≤ 18
Hackfleisch (Abgabe)					
gekühlt	a	≤ +2 °C; Verfallsdatum			
	b	+4 °C (+7 °C, kurzfristig); am Herstellungstag			
tiefgekühlt	a	< −18 °C; keine definierte zeitliche Vorgabe; Mindesthaltbarkeitsdatum ist anzugeben			
	b	≤ −18 °C; 6 Monate für Hackfleisch aller Tierarten; nicht gestattet, wenn aus tiefgefrorenem Hackfleisch hergestellt			

[1]) a = nach Hackfleisch-Richtlinie (HFl-RL) [2]; b = nach Hackfleisch-Verordnung (HFlV) [1]; c = nach Leitsätzen (Deutsches Lebensmittelbuch) [6]
[2]) HFl-RL: mit Schweinefleischanteil
[3]) entbeintes, vakuumverpacktes Rindfleisch: ≤ 15 Tage
[4]) seit 1992 ersatzlos weggefallen; Werte entsprechen Verkehrsauffassung
[5]) ( ) = mageres Hackfleisch/Faschiertes (z. B. Tatar)
[6]) **B**indegewebs**e**iweiß**f**reies **F**leisch**e**iweiß

Personen, die mit der Herstellung von Hackfleisch befaßt sind, bedürfen nach § 10 HFlV eines besonderen Sachkundenachweises. Auch an das Verkaufspersonal werden besondere Anforderungen gestellt. Nach der HFl-RL (Art. 7, Abs. 2) obliegt dem Betriebsinhaber bzw. Geschäftsführer ein adäquates Schulungsprogramm für das Personal zur Sicherung hygienischer Herstellungsbedingungen. Diese Vorschriften tragen dem Umstand Rechnung, daß es sich um hygienisch anfällige Erzeugnisse mit besonderem Risiko handelt. Als sachkundig gelten z. B. Fleischermeister sowie Gesellen mit einer mindestens dreijährigen Tätigkeit in einem Betrieb mit Hackfleischherstellung.

2.1.2 Matrix-bedingte Besonderheiten bei Hackfleisch/Faschiertem

Mit jeder Schnittführung im Fleisch erhöht sich unvermeidlich die mikrobielle Kontamination. Dieses trifft erst recht für das Zerkleinern und Wolfen bei der Hackfleischherstellung zu. Als mikrobiologische Barriere anzusehende, natürlicherweise vorhandene Bindegewebsanteile wie Aponeurosen und Faszien, aber auch die intakte Muskelfaser werden weitgehend zerstört. Gleichzeitig wird durch diesen Zerkleinerungsvorgang das Hackfleisch mit Sauerstoff angereichert. Als Folge des Zerkleinerungsprozesses tritt Fleischsaft aus. Nach Beendigung der technologischen Behandlung steht somit ein ideales Nährsubstrat für Mikroorganismen bereit. Diese Erzeugnisse weisen hohe a_w-Werte von ungefähr 0,98 auf (31). Die pH-Werte können zwischen 5,6 bis 6,3 liegen, befinden sich aber zumeist im Bereich zwischen 5,8 und 6,0 (19). Diese „intrinsic"-Faktoren bieten daher keine Gewähr für eine Hemmung des Wachstums sowohl von Verderbniserregern als auch von pathogenen und/oder toxinogenen Mikroorganismen. Einer Vermehrung kann daher nur durch Kühlung entgegengewirkt werden, die für solche Lebensmittel zwingend ist (27). Dabei ist zu beachten, daß der Wolfungsvorgang mit einer Temperaturerhöhung einhergeht, die nur allmählich von der sich anschließenden Kühllagerung wieder ausgeglichen wird (15).

2.1.3 Einfluß der Behandlung auf die Zusammensetzung der Mikroflora des Ausgangsmaterials

Der Gesamtkeimgehalt und die Zusammensetzung der Mikroflorakomponenten kann in Abhängigkeit vom Alter und der Vorbehandlung des zu verarbeitenden Ausgangsmaterials kennzeichnenden Schwankungen unterworfen sein (siehe Kap. 1.3). Einerseits kann bis zu sechs Tage altes, bei +7 °C gekühltes Fleisch der zugelassenen Tierarten, andererseits auch bei −18 °C tiefgefrorenes Fleisch verwendet werden. Vielfach wird auch – insbesondere für die Herstellung von Rinderhackfleisch – vakuumierte, gelegentlich unter kontrollierter Gasatmosphäre gelagerte Ware bevorzugt. Daraus ergeben sich spezifische mikrobiologische Umschichtungen. Grundsätzlich sollte nur Fleisch mit einer möglichst niedrigen Ausgangskeimbelastung ausgewählt werden.

Nach Beendigung der Schlachtung liegt – je nach hygienischen Bedingungen bei der Schlachtung und Herrichtung – eine Oberflächenkontamination auf den Schlachttierkörpern zwischen 10^2 und 10^4, mitunter 10^5 Kolonie-bildenden Einheiten (KbE)/cm^2, nur ausnahmsweise höher, vor (27). Die tiefen Schichten der Muskulatur sind als steril anzusehen, so daß der Oberflächenkeimgehalt entscheidend ist. Neben der vom Schlachttier selbst stammenden originären Mikroflora kommen aus dem Schlachtumfeld sowie bei der weiteren Behandlung wie Kühllagerung, Transport, Zerlegung und der Hackfleischherstellung selbst weitere, als sekundäre Kontamination zu kennzeichnende Anteile hinzu. Dieses ist trotz vielfältiger hygienischer Vorschriften unvermeidbar (26, 27, 29, 38). Das Ausmaß einer Kontamination während des Produktionsablaufes kann allerdings eingeschränkt werden. Hier ist insbesondere die Eigenverantwortlichkeit des Betriebsleiters anzusprechen. Ein entsprechendes Hygienemanagement mit Erfassung der kritischen Kontrollpunkte und Schulung des Personals ist ohnehin vorgeschrieben und sollte selbstverständlich sein. Fehler und Nachlässigkeiten bei der Produktsteuerung sind im fertigen Produkt nicht mehr zu korrigieren.

2.1.4 Höhe und Zusammensetzung der Hackfleischmikroflora

2.1.4.1 Verderbnisflora

Die für die Hackfleischherstellung erforderliche Produktionstechnologie bedingt eine hohe Keimbelastung. Die aerobe mesophile Keimzahl liegt produktspezifisch üblicherweise zwischen 10^5 und 10^7 KbE/g (16, 33). Gelegentlich sind auch höhere Keimzahlwerte bis zu 10^{11} KbE/g ermittelt worden (23). Bei kontrollierter Materialauswahl, hygienisch sorgfältiger Prozeßführung und vorschriftsmäßiger Personalhygiene sind aber auch regelmäßig deutlich darunter liegende Keimzahlwerte durchaus möglich (19). Innerhalb der Hackfleischmikroflora dominieren gramnegative psychrotrophe Mikroorganismen aus der Gruppe der Pseudomonaden sowie häufig auch *Acinetobacter*- und *Moraxella*-Stämme. In zumeist geringeren Anteilen sind regelmäßig *Enterobacteriaceae* in einer Größenordnung von 10^3 bis 10^5/g nachzuweisen (34). Es sind durchaus auch höhere Werte möglich. Gerade beim Transport von unzureichend heruntergekühlten Schlachttierkörpern bei nicht ausreichendem Kühlvermögen des Transportfahrzeuges insbesondere in heißen Jahreszeiten kann der Anteil an Enterobacteriaceae auf der Schlachttierkörperoberfläche sogar dominieren (4).

Wird das Fleisch frisch geschlachteter Tiere verwendet, finden sich neben den bereits erwähnten weitere gramnegative Mikroorganismen aus den Gattungen *Flavobacterium*, *Alcaligenes* und seltener *Aeromonas*, weiterhin – beim Rindfleisch mitunter auch dominierend – grampositive Mikroorganismen wie *Micrococcus* spp., *Bacillus* spp. sowie gelegentlich auch *Brochothrix thermosphacta* (3, 11). Wird Fleisch ausgewählt, das bereits mehrere Tage gelagert wurde, ist der Anteil an *Moraxella*- und *Acinetobacter*-Stämmen zugunsten der Pseudomonaden zurückgedrängt (3). Regelmäßig ist bei nicht schlachtfrischem Fleisch auch der Gehalt an Laktobazillen sowie von *Brochothrix thermosphacta* erhöht (11, 25). In nicht so hohem Maße, aber ebenfalls regelmäßig, sind auch psychrotrophe Stammformen verschiedener Spezies aus der Familie der *Enterobacteriaceae* vertreten (13, 17, 18, 29).

Aus der Pseudomonasgruppe dominieren *Pseudomonas (Ps.) fragi*-Stämme, gefolgt von *Ps. fluorescens*-, *putida*- und *taetrolens*-, gelegentlich auch *Ps. aeruginosa*-Stämmen (17). Innerhalb der *Enterobacteriaceae*-Flora sind regelmäßig *Serratia liquefaciens*-, *Citrobacter freundii*- sowie *Erwinia*-, *Hafnia*- und *Klebsiella*-, in weitaus geringeren Anteilen *Klyuvera* I- und II- sowie *Enterobacter*-, *Providencia*- und *E. coli*-Stämme nachzuweisen (17, 18, 28). Innerhalb des Enterobakteriogramms können Verschiebungen mit einem dominierenden Anteil an *Enterobacter agglomerans*-, *liquefaciens*- und *cloacae*- oder psychrotrophen *Klebsiella*-Stämmen auftreten (13).

Zum Verderb des Hackfleisches tragen maßgeblich die proteolytischen Pseudomonaden und anteilig die *Enterobacteriaceae*-Stämme bei. Verderbniserscheinungen äußern sich daher als dumpfig, muffig oder gar faulig. Nur gelegentlich kommt es durch eine dominierende Laktobazillen-Flora auch zu einer Säuerung. Aus früheren Lagerungsversuchen ist bekannt, daß Verderbniserscheinungen in aller Regel erst bei Keimzahlwerten ab 10^7 bis 10^8/g auftreten (14). Da Hackfleisch frisch hergestellt und allenfalls kurzfristig und bei Kühltemperaturen vorrätig gehalten wird, ist ein mikrobieller Abbau von Nährstoffbestandteilen nicht oder nur unwesentlich möglich. Sehr hohe Keimzahlwerte müssen daher nicht zwingend mit sensorischen Veränderungen verbunden sein. Sie können vielmehr – ohne zum Verderb zu führen – ein Anzeichen für mikrobiell entsprechend hoch belastetes Ausgangsmaterial sein und/oder auf hygienische Mängel beim Herstellungsprozeß hinweisen (38).

In Hackfleisch finden sich gelegentlich, aber in zumeist geringen quantitativen Anteilen auch aerobe und anaerobe Sporenbildner. Als Species der ersten Gruppe können *Bacillus subtilis-*, *pumilus-* und *licheniformis*-Stämme (1), als Vertreter der zweiten Gruppe *Clostridium putrificum-*, *perfringens-*, *sporogenes* und *bifermentans*-Stämme vertreten sein (7). Sie besitzen proteolytische, viele Clostridienstämme zusätzlich saccharolytische Fähigkeiten. Ihre Bedeutung als Verderbniserreger bei Hackfleisch ist eher gering einzustufen. Dieses gilt ebenso für die toxinogenen Stammformen, die bei sachgerechter Behandlung nicht zur Entwicklung gelangen.

2.1.4.2 Gesundheitlich bedenkliche Mikroorganismen

Vor dem zweiten Weltkrieg hat es eine Fülle von Salmonella-Infektionen in Deutschland über roh verzehrtes Hackfleisch gegeben. Dieses führte 1936 zum Erlaß der Hackfleisch-Verordnung, die zu einem deutlichen Rückgang der Salmonellosen des Menschen beitrug. Es kann davon ausgegangen werden, daß diese Verordnung aufgrund der vorgeschriebenen strikten Herstellungs- und Abgabebedingungen auch zu einem Rückgang weiterer Lebensmittelinfektionen durch solche Risikoprodukte geführt hat.

Das Vorkommen von *eo ipso* oder potentiell gesundheitlich bedenklichen Mikroorganismen in Hackfleisch ist besonders intensiv untersucht worden. Dieses ist verständlich, da es sich um Erzeugnisse handelt, die sehr häufig roh verzehrt werden. Der alleinige Nachweis einer Species, die sowohl saprophytäre als auch pathogene oder toxinogene Stammformen aufweisen kann, ist in aller Regel nicht ausreichend, um die tatsächliche Gesundheitsgefährdung des Verbrauchers beim Verzehr einzuschätzen. Eine differenzierte Erfassung des tatsächlich gesundheitlich bedenklichen Anteils kann durch die Bestimmung pathogener Serovare (z. B. *Yersinia enterocolitica, Listeria monocytogenes*) oder, sofern bekannt und Methoden verfügbar, über den Nachweis spezifischer Pathogenitätsfaktoren (z. B. *E. coli*) oder durch die Bestimmung im Lebensmittel vorhandener präformierter Toxine (z. B. *Staphylococcus aureus*) erfolgen. Der alleinige, mitunter rein qualitative Nachweis einer potentiell pathogenen Species kann daher nur ausnahmsweise als Grundlage für eine lebensmittelrechtliche Beurteilung dienen.

Eine Übersicht zu *Salmonella*-Funden in Hackfleisch in der Bundesrepublik Deutschland und einigen angrenzenden Ländern ist in der Tab. 2.1.3 ent-

Tab. 2.1.3 Nachweis von Salmonellen in Hackfleisch (Literaturauswahl)

Tierart	Land	Anzahl Proben	positiv n (%)	Autor(en)
Schwein	D	500	226 (45,2)	PIETZSCH u. KAWERAU, 1984
Schwein	D	207	10 (4,8)	ZIMMERMANN/ SCHULZE, 1986
Schwein	D	322	17 (5,3)	SCHMIDT, 1988
Schwein	D	265	10 (3,8)	KLEIN u. LOUWERS 1994
Rind	D	545	4 (7,3)	
Rind/Schwein	D	270	5 (1,9)	
„Hamburger" (roh)	NL	182	59 (32)	TAMMINGA et al., 1980
„filet americain"	NL	73	62 (84)	BEUMER et al., 1983
Schwein; Rind/ Schwein	CH	157	3 (1,9)	KLEINLEIN et al., 1989
Hackfleisch/rohes Brät	CH	3 082	130 (4,2)	

halten. Von einigen Arbeitsgruppen (2, 23, 37) wurden mit ca. 32 % bzw. 84 % sehr hohe Kontaminationsraten, von den meisten jedoch deutlich unter 10 % liegende Werte ermittelt (19, 21, 32, 41). In diesem Zusammenhang sei darauf hingewiesen, daß *S. enteritidis*-Stämme, die für die drastische Zunahme der Salmonellosen in der Bundesrepublik Deutschland von 1985 bis 1992 zweifelsfrei verantwortlich waren (12), in Hackfleischerzeugnissen nur ausnahmsweise gefunden werden. Nach wie vor werden aus Hackfleisch überwiegend *S. typhimurium*-, gelegentlich *panama*- und *indiana*-Stämme sowie wenige andere Serovare nachgewiesen (19, 32, 41). Da die Infektionsdosis von ca. 10^5 bis 10^6 vermehrungsfähigen Zellen/g bei vorschriftsmäßigem Behandeln nicht erreicht wird, ist das Risiko, sich über Hackfleisch zu infizieren, als insgesamt gering einzustufen. Dieses gilt selbstverständlich nicht für die sog. Risikogruppen, wie Säuglinge und Kleinkinder, ältere Menschen und immunkompromittierte Personen. Diese Risikogruppen sind aber auch durch andere gesundheitlich bedenkliche Mikroorganismen einem erhöhten Infektionsdruck ausgesetzt.

Eine Auflistung weiterer, in Hackfleisch nachweisbarer potentiell pathogener Species ist in der Tab. 2.1.4 enthalten. Listerien sind ihrer ubiquitären Verbreitung entsprechend regelmäßig zu kultivieren. Der überwiegende Anteil besteht aus Stämmen nicht oder nur ausgesprochen selten humanpathoge-

Tab. 2.1.4 Nachweis von potentiell gesundheitlich bedenklichen Mikroorganismen in Hackfleisch (Literaturauswahl)

Species	Land	Tierart	Anzahl Proben	positiv n (%)	Autor(en)
Listeria	D	Rind	100	23 (23)	ERDLE, 1988
monocytogenes	D	Schwein	30	24 (80)	SCHMIDT, 1988
	CH	Schwein	90	15 (16,7)	KLEINLEIN et al., 1989
	CH	Gemischt	67	13 (19,4)	
	D	Rind/Schwein	125	19 (15,2)	OZARI u. STOLLE, 1990
Yersinia	D	Schwein	224	0	STENGEL, 1984
enterocolitica	CH	Schwein	90	46 (51,1)	KLEINLEIN et al., 1989
	CH	Gemischt	67	29 (43,3)	
	D	Schwein (gefr.)	20	16 (80)	WENDLAND u.
	D	Rind (gefr.)	18	7 (38,9)	BERGANN, 1993
Verotoxinogene	D	Rind	520	4 (0,8)	BÜLTE et al., 1996
E. coli	D	Schwein	197	0	
	D	Rind	120	1 (0,8)	GEIER, 1992

ner Species, wie *L. welshimeri*, *innocua*, *seeligeri* (21, 22). Die in der Literatur mitgeteilten Nachweisraten an *L. monocytogenes* schwanken erheblich. Sie lagen zwischen 15 und 80 % (8, 16, 21, 22, 33). Unter den *L. monocytogenes*-Stämmen interessieren insbesondere die menschenpathogenen Serovare 1/2 a und 4 b, die im Hackfleisch offensichtlich einen geringeren Anteil stellen (21, 22, 33). Kennzeichnend für gesundheitlich bedenkliche Stämme ist das Hämolysinbildungsvermögen, das bei apathogenen Stammformen grundsätzlich fehlt. *L. monocytogenes* ist in regelmäßig geringen Quantitäten vertreten, die mit überwiegend unter 10 Zellen/g, nur sehr selten höher liegend, angegeben wurden (8, 16, 33). Diese Zahlenwerte befinden sich unterhalb der für eine Infektion des gesunden Menschen erforderlichen Dosis. Das Infektionsrisiko sollte daher nicht überbewertet werden, zumal eine diesbezügliche Lebensmittelinfektion über Fleisch bisher nicht bekannt geworden ist. Vom Verzehr rohen Hackfleisches sollte allerdings Schwangeren – auch aufgrund anderer möglicher bakterieller und parasitärer Infektionserreger – grundsätzlich abgeraten werden.

Gelegentlich sind *Y. enterocolitica*-Stämme in Hackfleischproben vom Schwein nachzuweisen. Überwiegend handelt es sich aber nicht um Stämme humanpathogener Serovare. Solche sind den Serogruppen O : 3, O : 8, O : 9 und O : 5,27 zuzuordnen, wobei das Vorkommen von O:8-Stämmen auf die USA und Kanada, von O:5,27-Stämmen auf Japan beschränkt ist. Bisher sind Lebensmittelinfektionen über Fleisch nicht bekannt geworden. Es muß bedacht werden, daß *Y. enterocolitica*-Stämme, darunter gelegentlich auch pathogene Serovare, häufiger im Mundhöhlenbereich des Schweines nachzuweisen sind. Auch wenn das Kopffleisch für die Hackfleischproduktion ausgeschlossen ist, ist eine Kontaminierung des Tierkörpers durchaus wahrscheinlich (5). Obgleich es sich um psychrotrophe Stämme handelt, ist die Vermehrung pathogener *Y. enterocolitica*-Stämme im Hackfleisch aufgrund kompetitiver Mikrofloraeinflüsse bei sachgerechter Behandlung nicht möglich (9, 20).

Vor allem aus den USA und Kanada, aber auch aus Großbritannien sind mehrere schwerwiegende Lebensmittelinfektionen mit Todesfällen durch verotoxinogene *E. coli*-Stämme (VTEC) des Serovars O157.H7 bekannt geworden. Aufgrund des häufig als hämorrhagische Diarrhöe zu diagnostizierenden klinischen Erkrankungsbildes werden solche Stämme als enterohämorrhagische *E. coli* (EHEC) bezeichnet (s. Kap. 2.6.3.1.3).

Als Vektoren wurden überwiegend rohes Hackfleisch bzw. nicht ausreichend erhitzte „Hamburger", aber vielfach auch rohe Kuhmilch ermittelt. In der Bundesrepublik ist bisher nur ein größerer Ausbruch durch *E. coli* O157.H7 in einer Kindertagesstätte bekannt geworden (24). Zwei weitere mit blutigen Durchfällen einhergehende Lebensmittelinfektionen waren durch EHEC-Stämme der Serovare O22.H8 und O101.HNT (H-Antigen nicht typisierbar) verursacht worden. Daneben gibt es in unserem Lebensbereich eine Vielzahl durch O157-Stämme bedingte sporadische Fälle mit Hämolytisch-urämischem Syndrom (HUS), das als Komplikation einer vorherigen hämorrhagischen Colitis (HC) besonders gefürchtet ist. Anamnestische Daten, die einen Bezug zu Lebensmitteln herstellen könnten, fehlen allerdings bisher.

Aus der Tab. 2.1.4 ist ersichtlich, daß bei Untersuchungen an Rinder- und Schweinehackfleischproben, die im Berliner Raum vorgenommen wurden, bisher keine O157-, nur ausnahmsweise und vereinzelt andere VTEC-Stämme gefunden werden konnten (6, 10). Diese waren den Serovaren ONT.H$^-$, ONT.H16 und O40.H27 und damit nicht der EHEC-Gruppe zuzuordnen. Nach derzeitigem Kenntnisstand vermögen sich VTEC-Stämme innerhalb einer kompetitiven Mikroflora roten Fleisches nicht zu behaupten (6, 28). Das Verotoxinbildungsvermögen ist bisher bei über 250 verschiedenen *E. coli*-Serovaren nachgewiesen worden. Eine Einstufung als „gesundheitlich bedenklich" ist bei alleinigem Nachweis des Verotoxinbildungsvermögens nicht ohne weiteres möglich, da zur Entfaltung der vollen Pathogenität ein spezifisches Haftungsvermögen erforderlich ist, das offensichtlich nur bei einigen wenigen Stämmen vorhanden ist. Der Nachweis von bisher immer als hochpathogen einzustufenden *E. coli* O157.H7-Stämmen in Hackfleisch würde eine Beurteilung nach §8 des Lebensmittel- und Bedarfsgegenständegesetzes (LMBG [9]) rechtfertigen.

Clostridium perfringens- und *Staphylococcus aureus*-Stämme können häufiger in Hackfleischerzeugnissen nachgewiesen werden (35), kommen aber bei vorschriftsmäßiger Kühlung und auch aufgrund mikroökologisch bedingter kompetitiver Einflüsse einer um mehrere Zehnerpotenzen höheren Begleitflora nicht zur Entwicklung (30). Damit fehlt auch die Grundlage für eine Enterotoxinbildung bei *Staph. aureus*-Stämmen, die an eine Vermehrung der Zellen gebunden ist. *Campylobacter jejuni*- und *coli*-Stämme, die auf Schlachttierkörperoberflächen regelmäßig vorkommen, sind im Hackfleisch von sehr geringer Bedeutung. Sie können sich als thermo- und mikroaerophile Species nicht behaupten. Ihr Nachweis in zerkleinertem Fleisch ist daher nur gelegentlich möglich (39).

2.1.5 Mikrobiologische Kriterien

Während in der HFlV keine mikrobiologischen Normwerte enthalten sind, finden sich – nach erheblicher kontroverser Diskussion einzelner Mitgliedsstaaten – in der neuen HFl-RL als Ersatz für die ehemaligen „mikrobiologischen Normen" für alle EU-zugelassenen Betriebe „mikrobiologische Kriterien" (Anhang II). Damit soll zum Ausdruck gebracht werden, daß es sich nicht um Endproduktnormen, sondern um Produktionsparameter für eine hygienische Beurteilung handelt. Auch für Fleischzubereitungen sind mikrobiologische Kriterien (Anhang IV) in nunmehr geänderter Form vorgegeben. Für die Beurteilung einzelner Chargen von Hackfleisch/Faschiertem sind jeweils fünf Teilproben zu untersuchen. Eine Auflistung der mikrobiologischen Kriterien mit Angabe der Untersuchungsmodi findet sich in der Tab. 2.1.5. Für die Salmonellen ist ein Zweiklassenplan, für die übrigen Mikroorganismen ein Dreiklassenplan zugrunde gelegt. Das bedeutet, daß bei fünf (n = 5) Stichproben im Falle der Salmonellenuntersuchung keine (c = 0) Probe positiv ausfallen darf. Bei der aeroben mesophilen Keimzahl, bei der Bestimmung von *E. coli* sowie bei der Erfassung von *Staphylococcus aureus* dürfen jeweils zwei Proben (c = 2) Werte im Toleranzbereich zwischen „m" und „M" aufweisen. Eine Bestimmung der Clostridien ist nicht mehr vorgesehen. Geändert hat sich auch die auf Salmonellen zu untersuchende Einwaage, die für Hackfleisch/Faschiertes nur noch 10 g, für Fleischzubereitungen lediglich 1 g beträgt. Es sei darauf hingewiesen, daß durch die etwas unklare Formulierung der ursprünglichen deutschen Textfassung der HFl-RL bezüglich der Werte „m" sowie „3×m" Interpretations-

Tab. 2.1.5 Mikrobiologische Kriterien für Hackfleisch/Faschiertes nach HFI-RL

Mikroorganismen	Modus	m*	M*	n	c
Aerobe mesophile Keimzahl	täglich	5×10^5	5×10^6	5	2
Salmonellen	täglich	nicht nachweisbar in 10 g		5	0
E. coli	wöchentlich	5×10^1	5×10^2	5	2
Staph. aureus	wöchentlich	10^2	10^3	5	2

* Angaben der Keimzahlwerte als **K**olonie-**b**ildende **E**inheiten [KbE/g]
m ×3 = Grenzwert, unter dem alle Proben als „zufriedenstellend" gelten
M oberer Grenzwert
n Anzahl Proben pro Charge
c Anzahl Proben einer Charge, die zwischen „3×m" und „M" liegen dürfen (= „annehmbar")

Anmerkung: Kriterien für Fleischzubereitungen: siehe Kap. 2.2

schwierigkeiten auftreten könnten. „3×m" und nicht „m" charakterisiert den Keimzahlgrenzwert, unterhalb dessen eine Charge unbeanstandet bleibt, während mit „M" ein Grenzkeimzahlwert festgelegt wurde, oberhalb dessen eine Charge in keinem Fall akzeptiert wird. Die Angabe „c" bezieht sich somit auf Werte, die zwischen „3×m" und „M" liegen. Als weiteres Kriterium ist der Wert „S" (= „m × 10^3") aufgeführt, bei dessen Überschreitung die Proben als verdorben oder toxisch zu gelten haben. Dieses ist jedoch weder wissenschaftlich noch nach geltender Verkehrsauffassung zu substantiieren. Je nach Einhaltung der aufgeführten Kriterien werden die Chargen als „zufriedenstellend", „annehmbar", „nicht zufriedenstellend", „bedarf zusätzlicher Bewertung" (nur bei Überschreitung der aeroben mesophilen Keimzahl) und „toxisch oder verdorben" eingestuft.

Alle mikrobiologischen Befunde sind zu dokumentieren und werden von der zuständigen Behörde amtlich überwacht. Die mikrobiologischen Kriterien dieser Richtlinie sind als Richtwerte für den Produzenten gedacht. Sie sind nicht für eine Untersuchung von Hackfleischerzeugnissen im Einzelhandel im Sinne einer Endproduktspezifikation anzuwenden. Mit Ausnahme der Salmonellen kommt den weiteren aufgeführten Mikroorganismen primär eine Indikatorfunktion zu, d. h., sie sollen Aufschluß über unhygienische Sachverhalte liefern. Eine Indexfunktion für *E. coli*, d. h., das Anzeigen möglicherweise gleichzeitig vorhandener pathogener Mikroorganismen aufgrund gleicher ökologischer Herkunft, muß für Hackfleisch verneint werden.

Literatur

[1] Hackfleisch-Verordnung (HFlV) v. 10. Mai 1976 (BGBl I S. 1186); ÄndV v. 24. 7. 1992 (BGBl. I S. 1412).
[2] Richtlinie des Rates 94/65/EG v. 14. 12. 1994 zur Festlegung von Vorschriften für die Herstellung und das Inverkehrbringen von Hackfleisch/Faschiertem und Fleischzubereitungen (Hackfleisch-Richtlinie), ABl. Nr. L 368/10.
[3] Richtlinie des Rates 88/657/EWG zur Festlegung der für die Herstellung und den Handelsverkehr geltenden Anforderungen an Hackfleisch, Fleisch in Stükken von weniger als 100 g und Fleischzubereitungen sowie zur Änderung der Richtlinie 64/433/EWG, 71/118/EWG und 72/462/EWG v. 14. 12. 1988, ABl. Nr. L 382/3.
[4] Fleischhygiene-Verordnung (FlHV) v. 30. 10. 1986, BGBl. I S. 1678, zuletzt geändert am 15. 3. 1995, BGBl. I S. 327.
[5] Verordnung zur Änderung fleisch- und geflügelfleischhygienerechtlicher Vorschriften v. 15. 3. 1995, BGBl. I S. 327.
[6] Deutsches Lebensmittelbuch, Bundesanzeiger-Verlagsges. mbH, Köln (1994).
[7] Richtlinie des Rates 64/433/EWG (Frisches Fleisch), ABl. Nr. L 121 v. 29. 7. 1964, S. 2012/64, i. d. F. der VO (EWG) Nr. 91/497, ABl. Nr. L 268/71.
[8] Lebensmittel-Kennzeichnungsverordnung (LMKV) v. 6. 9. 1984 , BGBl. I S. 1221, zuletzt geändert am 17. 5. 1995, BGBl. I S. 671.
[9] Lebensmittel- und Bedarfsgegenständegesetz (LMBG) v. 15. 8. 74, i. d. F. vom 8. 7. 1993, BGBl. I S. 1169, zuletzt geändert am 25. 11. 1994, BGBl. I S. 3538.
(1) BERKEL, H.: Differenzierung und Speziesverteilung von aus Fleischerzeugnissen stammenden Mikroorganismen der Gattung *Bacillus*. Vet. med. Diss. Gießen 1975.
(2) BEUMER, R. R.; TAMMINGA, S. K.; KAMPELMACHER, E. H.: Microbiological investigation of „filet americain". Arch. Lebensmittelhyg. **34** (1983) 35–40.
(3) BLÄSCHKE, A.; REUTER, G.: Die Zusammensetzung der gramnegativen Oberflächenmikroflora auf Rinderschlachttierkörpern. Proceed. 25. Arbeitstagung Arbeitsgebiet „Lebensmittelhygiene" der Dtsch. Vet. Med. Ges., Eigenverlag der DVG Gießen (1984) 148–156.
(4) BÜLTE, M.: Die Impedanzmessung und das Biolumineszenzverfahren als anwendbare Schnellmethoden zur Bestimmung des Keimgehaltes auf Fleischoberflächen. Vet. med. Diss. FU Berlin (1983).
(5) BÜLTE, M.; KLEIN, G.; REUTER, G.: Schweineschlachtung – Kontamination des Fleisches durch menschenpathogene *Yersinia enterocolitica*-Stämme? Fleischwirtsch. **71** (1991) 1411–1416.
(6) BÜLTE, M.; HECKÖTTER, S.; SCHWENK, P.: Enterohämorrhagische *E. coli*-Stämme (EHEC) – Lebensmittelinfektionserreger auch in der Bundesrepublik? 2. Mitteilung: Nachweis von EHEC-Stämmen in Lebensmitteln tierischen Ursprungs. Fleischwirtsch. **76** (1996) 88–91.
(7) EISGRUBER, G.: Prüfung von Verfahren zur Kultivierung und Schnellidentifizierung von Clostridien aus frischem Fleisch sowie aus anderen Lebensmitteln. Vet. med. Diss. FU Berlin (1986).
(8) ERDLE, E.: Zum Vorkommen von Listerien in Käse, Fleisch und Fleischwaren. Vet. med. Diss. München (1988).
(9) FUKUSHIMA, H.: Direct isolation of *Yersinia enterocolitica* and *Yersinia pseudotuberculosis* from meat. Appl. Environ. Microbiol. **50** (1986) 710–712.
(10) GEIER, D.: Untersuchungen zur Möglichkeit des Nachweises verotoxischer *E. coli* (VTEC-Stämme) über Enterohämolysin als epidemiologisches Merkmal bei ver-

schiedenen Nutz- und Heimtieren sowie Hackfleisch in Berlin. Vet. med. Diss. FU Berlin (1992).
(11) GILL, O. C.; MCGINNIS: Changes in the microflora on commercial beef trimmings during their collection, distribution and preparation for retail sale as ground beef. Int. J. Food Microbiol. **18** (1993) 321–332.
(12) HARTUNG, M.: pers. Mitteilung (1994).
(13) HECHELMANN, H.; BEM, Z.; UCHIDA, H.; LEISTNER, L.: Vorkommen des Tribus Klebsielleae bei kühlgelagertem Fleisch und Fleischwaren. Fleischwirtsch. **9** (1974) 1515–1517.
(14) INGRAM, M.; DAINTY, R. H.: Changes caused by microbes in spoilage of meats. J. Appl. Bact. **34** (1971) 21–39.
(15) JAMES, S.; BAILEY, J. u. C.: Chilling systems for foods. In: T. R. GORMLEY (Ed.), Chilled foods: The state of the art. Elsevier Applied Science, London (1990) 1–36.
(16) KARCHES, H.; TEUFEL, P.: *Listeria monocytogenes* – Vorkommen in Hackfleisch und Verhalten in frischer Zwiebelmettwurst. Fleischwirtsch. **68** (1988) 1388–1392.
(17) KLEEBERGER, A.: Untersuchungen zur Taxonomie von Enterobakterien und Pseudomonaden aus Hackfleisch. Arch. Lebensmittelhyg. **30** (1979) 130–137.
(18) KLEEBERGER, A.; BUSSE, M.: Keimzahl und Florazusammensetzung bei Hackfleisch. Ztschrft. Lebensm. Unters. **158** (1975) 321–331.
(19) KLEIN, G.; LOUWERS, J.: Mikrobiologische Qualität von frischem und gelagertem Hackfleisch aus industrieller Herstellung. Berl. Münch. Tierärztl. Wschrft. **107** (1994) 361–367.
(20) KLEINLEIN, N.; UNTERMANN, F.: Growth of pathogenic *Yersinia enterocolitica* strains in minced meat with and without protective gas with consideration of the competitive background flora. Int. J. Food Microbiol. **10** (1990) 65–72.
(21) KLEINLEIN, N.; UNTERMANN, F.; BEISSNER, H.: Zum Vorkommen von Salmonella- und Yersinia-Spezies sowie *Listeria monocytogenes* in Hackfleisch. Fleischwirtsch. **69** (1989) 1474–1476.
(22) OZARI, R.; STOLLE, F. A.: Zum Vorkommen von *Listeria monocytogenes* in Fleisch und Fleisch-Erzeugnissen einschließlich Geflügelfleisch des Handels. Arch. Lebensmittelhyg. **41** (1990) 47–50.
(23) PIETZSCH, O.; KAWERAU, H.: Salmonellen in Schweine-Schlacht- und -Zerlegebetrieben sowie Schweinehackfleisch. Vet. Med. Hefte Nr. 4 Bundesgesundheitsamt Berlin (West) (1984).
(24) REIDA, P.; WOLFF, M.; POHLS, H. W.; KUHLMANN, W.; LEHMACHER, A.; ALEKSIC, S.; KARCH, H.; BOCKEMÜHL, J.: An outbreak due to *Escherichia coli* O157 : H7 in a children day care centre characterized by person-to-person transmission and environmental contamination. Zbl. Bakt. **281** (1994) 534–543.
(25) REUTER, G.: Vorkommen und Bedeutung von psychrotrophen Mikroorganismen im Fleisch. Arch. Lebensmittelhyg. **23** (1972) 272–274.
(26) REUTER, G.: Die Problematik mikrobiologischer Normen bei Fleisch. Arch. Lebensmittelhyg. **35** (1984) 106–109.
(27) REUTER, G.: Hygiene der Fleischgewinnung und -verarbeitung. Zbl. Bakt. Hyg. **B 183** (1986) 1–22.
(28) REUTER, G.: Surface count on fresh meat – hazardous or technically controlled? Arch. Lebensmittelhyg. **45** (1994) 51–55.
(29) REUTER, G.; ÜLGEN, M. T.: Zusammensetzung und Umschichtung der Enterobacteriaceaeflora bei Schweineschlachttierkörpern im Verlaufe der Bearbeitung unter Berücksichtigung der Antibiotika- und Chemotherapeutikaresistenz. Arch. Lebensmittelhyg. **28** (1977) 211–214.

(30) ROBERTS, T. A.; BRITTON, C. R.; HUDSON, W. R.: The bacteriological quality of minced beef in the U. K. J. Hyg. (Cambridge) **85** (1980) 211–217.
(31) RÖDEL, W.: Einstufung von Fleischerzeugnissen in leicht verderbliche, verderbliche und lagerfähige Produkte aufgrund des pH-Wertes und des a_w-Wertes. Vet. med. Diss. FU Berlin (1975).
(32) SCHMIDT, U.: Vorkommen und Verhalten von Salmonellen im Hackfleisch vom Schwein. Fleischwirtsch. **68** (1988) 43–51.
(33) SCHMIDT, U.; SEELIGER, H. P. R.; GLENN, E.; LANGER, B.; LEISTNER, L.: Listerienfunde in rohen Fleischerzeugnissen. Fleischwirtsch. **68** (1988) 1313–1316.
(34) SINELL, H.-J.: Bewertung der hygienischen Qualität von Lebensmitteln nach mikrobiologischen Gesichtspunkten. Fleischwirtsch. **5** (1971) 767–772.
(35) SCRIVEN, F. M.; SINGH, R.: Comparison of the microbial populations of retail beef and pork. Meat Sci. **18** (1986) 173–180.
(36) STENGEL, G.: Ein Beitrag zum Vorkommen von *Yersinia enterocolitica*. Vet. med. Diss. FU Berlin (1984).
(37) TAMMINGA, S. K.; BEUMER, R. R.; KAMPELMACHER, E. H.: Bakteriologisch onderzoek van hamburgers,Voedingsmiddelentechnologie **21** (1980) 29–34.
(38) TEUFEL, P.; GÖTZ, G.; GROSSKLAUS, D.: Einfluß von Betriebshygiene und Ausgangsmaterial auf den mikrobiologischen Status von Hackfleisch. Fleischwirtsch. **61** (1981) 1849–1855.
(39) TURNBULL, P. C. B.; ROSE, P.: Campylobacter jejuni and salmonellae in raw red meats. J. Hyg. (Cambridge) **88** (1982) 29–37.
(40) WENDLAND, A.; BERGANN, T.: Zum Vorkommen von *Listeria monocytogenes*-Serotypen in den Produktionsstufen eines großen Fleischgewinnungs-, -be und -verarbeitungsbetriebes. Proceed. 34. Arbeitstagung Arbeitsgebiet „Lebensmittelhygiene" der Dtsch. Vet. Med. Ges., Eigenverlag der DVG Gießen (1993) 103–112.
(41) ZIMMERMANN,T.; SCHULZE, K.: Salmonellen im Hackfleisch vom Schwein. Arch. Lebensmittelhyg. **37** (1986) 79–80.

2.2 Mikrobiologie ausgewählter Erzeugnisse und Zubereitungen aus rohem Fleisch

J. Jöckel, H. Weber

Unbehandeltes (rohes), zerkleinertes Fleisch bietet aufgrund der starken Oberflächenvergrößerung vielen Verderbnis- und Krankheitserregern gesteigerte Vermehrungsmöglichkeiten. In der Hackfleisch-Verordnung (HFIV) sind die Bedingungen für Herstellung, Lagerung und Inverkehrgabe von Produkten niedergelegt, die nach der Verordnung zu beurteilen sind. Die EU-Hackfleisch-Richtlinie beinhaltet mikrobiologische Kriterien für die Beurteilung von Hackfleisch, Faschiertem und Fleischzubereitungen. Hinsichtlich der mikrobiologischen Normen sowie der Bewertungsklassen für Hackfleisch wird auf das Kapitel 2.1 (Mikrobiologie des Hackfleisches) in diesem Band verwiesen.

Die EU-Hackfleischrichtlinie 88/657/EWG vom 4. Dezember 1988 wurde inzwischen aufgehoben und durch die EU-Richtlinie 94/65/EG ersetzt. Diese zum 1. Januar 1996 in Kraft getretene Richtlinie gilt für EU-zugelassene Betriebe. Für nicht zugelassene EU-Betriebe gilt derzeit (1996) weiterhin die Hackfleisch-Verordnung. Somit hat die EU-Richtlinie keine Gültigkeit, sofern Fleischzubereitungen und Hackfleisch/Faschiertes in Einzelhandelsgeschäften oder in an Verkaufsstellen angrenzenden Räumlichkeiten hergestellt werden, um dort direkt an den Endverbraucher verkauft zu werden.

Fleischzubereitungen im Sinne der EU-Richtlinie sind Lebensmittel, denen Würzstoffe (Kochsalz, Senf, Gewürze und ihre aromatischen Extrakte, Küchenkräuter und ihre aromatischen Extrakte) oder Zusatzstoffe zugegeben worden sind oder das einer Behandlung unterzogen worden ist, aufgrund derer die Zellstruktur des Fleisches im Kern nicht verändert wurde, so daß die Merkmale des frischen Fleisches nicht verloren gegangen sind.

Rindfleisch für Fleischzubereitungen darf in gefrorenem Zustand höchstens 12 Monate gelagert werden. Im Hinblick auf das Inverkehrbringen müssen Fleischzubereitungen aus Hackfleisch auf eine Kerntemperatur von 2 °C binnen kürzester Zeit gebracht werden. Für Zubereitungen aus frischem Fleisch wird eine Temperatur von 7 °C gefordert [49].

Bei Fleischzubereitungen darf der Anteil der Gewürze im Endprodukt nicht mehr als 3 % betragen, wenn die Gewürze in getrocknetem Zustand beigemischt werden, und nicht mehr als 10 %, wenn die Gewürze in einem anderen Zustand beigemischt werden [49].

Die Angebotspalette von Produkten, die den Fleischzubereitungen im Sinne der EU-Hackfleischrichtlinie zuzurechnen sind, hat sich in den letzten Jahren erweitert. Neben traditionellen, schon seit Jahren in der nationalen HFlV explizit genannten Erzeugnissen, z. B. rohe Bratwürste und Fleischspieße, erfreuen sich insbesondere ausländische Spezialitäten bei den Verbrauchern in der Bundesrepublik Deutschland zunehmender Beliebtheit. Mit dem Ausbau und der Erweiterung der Europäischen Union sind in den kommenden Jahren auf diesem Gebiet weitere Impulse zu erwarten. Diese Entwicklung stellt, wie schon bisher, an die Hersteller dieser Lebensmittel, die Händler, den Gesetzgeber und die in der Überwachung tätigen Institutionen neue, bisher nicht gekannte Anforderungen. Nachfolgend soll neben den mikrobiologischen auf allgemeine lebensmittelhygienische Aspekte von Fleischzubereitungen eingegangen werden, wobei insbesondere neuartige, in den letzten Jahren in den Verkehr gebrachte, Produkte berücksichtigt werden. Im Hinblick auf die nicht immer einheitliche Auffassung über ihre substantielle Zusammensetzung wird auch diese Problematik angesprochen. Zerkleinertes gepökeltes, in Folien verpacktes Fleisch nach Art der Frischen Mettwurst wird in diesem Kapitel ebenfalls besprochen, da es nicht immer sachgerecht hergestellt worden ist und dann nach der HFlV bzw. der EU-Hackfleisch-Richtlinie zu beurteilen ist.

2.2.1 Erzeugnisse aus oder mit zerkleinertem rohem Fleisch

2.2.1.1 Großkalibrige Erzeugnisse auf Spießen: Döner Kebab und vergleichbare Produkte

Das traditionelle Fast-Food-Angebot Bratwurst, Currywurst, Hamburger oder Frikadellen wurde in den letzten Jahren durch Gerichte wie die türkische Fleischspezialität **Döner Kebab** erweitert. Diese Grillspezialität gehört inzwischen in Deutschland zu den beliebtesten kleinen Mahlzeiten unterwegs. Sie hat sich auch ihren festen Platz als Vorspeise oder Hauptgericht in der einschlägigen Gastronomie erobert. Erhöhte Beliebtheit und gesteigerte Nachfrage waren allerdings im Laufe der Jahre auch von Qualitätsverlust begleitet.

Zur Qualitätssicherung für Döner Kebab wurden deshalb in Berlin schon mit Gültigkeit vom 1. 6. 1989 [29] die Verkehrsauffassung für dieses Erzeugnis festgestellt und Mindestanforderungen an Ausgangsmaterial und Herstellungsart zwischen den beteiligten Institutionen vereinbart ([56] vgl. auch Tab. 2.2.1). Diese Festschreibung wurde durch allinstanzliche Gerichtsurteile für Berlin sowie hinsichtlich der Verfassungskonformität bestätigt [11, 12, 13, 63] und durch den Ausschuß für Lebensmittelüberwachung der Lei-

Tab. 2.2.1 Berliner Verkehrsauffassung für das Fleischerzeugnis „Döner Kebab" (am 30. Oktober 1991 als bundeseinheitlicher Beurteilungsmaßstab festgeschrieben)

1. Bei der Herstellung von Döner Kebab wird nur Fleisch vom Kalb, Rind oder Schaf verwendet; Mischungen von Fleisch der drei vorgenannten Arten untereinander sind zulässig.
2. Das Fleisch der Nummer 1 hat den Anforderungen des §6 Abs.1 der Hackfleisch-Verordnung[1]) (grob entsehnt, grob entfettet und maximal 20 % Fett, bei Mischungen von Rind (Kalb) und Schaf 25 % Fett) zu entsprechen. Für den Hackfleischanteil sind nur die beim Zuschnitt der Scheiben des Fleisches nach Nummer 1 anfallenden Abschnitte zu verwenden.
3. Das Hackfleisch ist nur zu wolfen und zu mengen; es wird nicht gekuttert. Brühwurstbrät wird nicht verwendet.
4. Der Anteil von Hackfleisch beträgt höchstens 60 %.
5. Als weitere Zutaten werden verwendet: Salz, Gewürze, Eier, Zwiebeln, Öl, Milch, Joghurt. Nicht verwendet werden dürfen: Kutterhilfsmittel (wie Phosphate, Citrate u. a.) sowie Stärke oder stärkehaltige Bindemittel.
6. Aus technologischen Gründen darf höchstens 5 % Eis oder Milch verwendet werden.

[1]) Im Rahmen der ÄnderV zur HFlV vom 24. 7. 1992 wurde §6 Abs. 1 aufgehoben; die zitierte Anforderung an die Fleischbeschaffenheit richtet sich nunmehr nach der weiterbestehenden Verbrauchererwartung, die durch die obigen Festlegungen normiert und beeinflußt wurde.

tenden Veterinärbeamten der Länder (AfLMÜ) als einheitlicher Beurteilungsmaßstab für das gesamte Bundesgebiet beschlossen [3].

Die türkische Spezialität „Döner Kebab" oder auch „Döner Kebap" – beide Schreibweisen sind gebräuchlich – setzt sich aus den Wörtern „döner" (sich drehend) und „kebab" (Röstfleisch) zusammen.

Als „Kebab" werden kleine, am Spieß gebratene Hammelfleischstücke beschrieben. Die Bezeichnung „Döner Kebab" steht für am senkrechten Drehspieß an einer offenen Wärmequelle gebratenes Hammelfleisch, das in hauchdünnen Scheibchen vom Spieß geschnitten wird [14, 17]. Frei übersetzt bedeutet „Döner Kebab" drehender Fleischspieß.

Nach Untersuchungen zum Herstellungsbrauch von Döner Kebab in Deutschland wird Rind- und/oder Kalbfleisch verarbeitet. Zuweilen wird auch Hammel- oder Schaffleisch verwendet; jedoch ist die Spießherstellung mit Fleisch dieser Tierart allein nicht üblich. Neben dem seltenen Einsatz von ausschließlich Fleisch in Scheiben wird zur Spießherstellung auch zerkleinertes Fleisch bzw. Hackfleisch verwendet [23, 53, 71]. Der Anteil an gewolftem Fleisch lag früher zwischen einem Drittel bis zur Hälfte [23] oder auch deutlich über 50 % [53]. Nach der Festschreibung der Berliner Verkehrsauffassung werden 60 % zerkleinertes Fleisch bei einem Spieß toleriert [56]. In jüngerer Zeit wird Döner Kebab auch wieder ausschließlich aus Fleischscheiben geschichtet. Diese Produktqualität wird in Berlin häufig unter der hervorhebenden Verkehrsbezeichnung „Yaprak-Döner" (Blatt-Fleisch) in den Verkehr gebracht.

Das Döner Kebab-Fleisch wird nach individuellen Rezepturen gewürzt. Verwendung finden Kochsalz, Cumin und Pfeffer, oft Zwiebeln und Glutamat, zuweilen werden Joghurt, Eier und Paprika zugemischt. Cumin (gemahlener Kreuzkümmel, Ciminum cyminum) wird von fast allen Herstellern benutzt und stellt meist die dominierende Geschmacksnote dar.

Zur besseren Bindung des Hackfleischgemisches werden Menger, manchmal auch Kutter oder Schneidmischer im Menggang, eingesetzt. Die fertig geschichteten Spieße werden häufig mit Netzfett vom Kalb, mitunter auch vom Schaf abgedeckt. Das Gewicht der Spieße schwankt je nach Anforderung zwischen 5 und 140 kg. Am häufigsten sind Spießgewichte von 10 bis 30 kg.

Nach Untersuchungen in Berlin [23] ist Döner Kebab wegen der Verwendung von zerkleinertem rohem Fleisch der HFlV zu unterwerfen. Der rohe und damit hygienisch labile Zustand von Döner Kebab-Spießen bleibt auch bei der Zubereitung weitgehend erhalten, weil das Fleisch nur an der Oberfläche in geringer Schichtdicke gegart wird. Der amtlichen Begründung zur Entstehungsgeschichte der HFlV ist zu entnehmen, daß der Anwendungsbereich der Verordnung nicht „allein auf das Bestimmtsein des Inverkehrbringens im rohen Zustand abgestellt ist, sondern zerkleinertes Fleisch unabhängig davon solange erfaßt wird, wie es sich ganz oder teilweise im rohen Zustand befindet" [71].

Dieser Einschätzung stimmten die Sachverständigen auf der 35. ALTS-Tagung zu [23, 59]. Die Eingruppierung wurde unter § 1 Abs. 1 Nr. 2 HFlV (Erzeugnisse aus zerkleinertem Fleisch wie Fleischklöße, Fleischklopse, Frikadellen, Bouletten, Fleischfüllungen) vorgenommen. Sofern die Erzeugnisse wie auch vergleichbare griechische Spezialitäten nur aus Fleischscheiben (d. h. ohne hackfleischartig zerkleinertem Fleischanteil) hergestellt sind, lassen sie sich nicht unter § 1 Abs. 1 Nr. 2 HFIV einordnen. Es wurde deshalb eine Zuordnung zu § 1 Abs. 1 Nr. 6 HFIV (Schaschlik und in ähnlicher Weise hergestellte Erzeugnisse aus gestückeltem Fleisch ...) vorgeschlagen. Ein Teil der Sachverständigen meinte jedoch, daß die HFIV dann „überstrapaziert" würde. Auch andere Experten [60, 71] sprachen sich ausdrücklich gegen eine Erfassung von Gyros und Döner Kebab aus großen Fleischstücken durch die HFIV aus. Unstrittig ist jedoch die Zuordnung von Döner Kebab aus großen Fleischscheiben unter die HFIV, sofern eine Hackfleischkomponente enthalten ist und solange sich diese ganz oder teilweise in rohem Zustand befindet.

Als problematisch bei der Anwendung der HFIV für Döner Kebab sind die nach § 4 Abs. 1 zu erfüllenden Temperaturanforderungen. Die Erzeugnisse dürfen nur in Räumen und Einrichtungen gelagert und befördert werden, deren Innentemperatur +4 °C nicht überschreitet. Hiervon abweichend darf eine zur alsbaldigen Abgabe an den Verbraucher bereitgestellte Menge dieser Erzeugnisse in Verkaufseinrichtungen, deren Innentemperatur +7 °C nicht überschreitet, aufbewahrt werden. Diese Kühlvorschriften lassen sich bei Döner-Kebab-Spießen während der Zubereitungsphase an der Grillvorrichtung naturgemäß jedoch nicht einhalten [23]. Beim Garen entsteht ein Temperaturgradient, der von außen nach innen in Abhängigkeit vom Spießdurchmesser und der Verweildauer am Grill von max. 70 °C (in der äußersten Zone) bis zu 2,2 °C (im Kern) reicht [23, 31]. Im Temperaturbereich von 20–40 °C kommt es zur starken Vermehrung der Keime, wobei meist die Milchsäurebakterien dominieren. Es liegen aber auch hygienisch relevante Mikroorganismen wie Enterobakteriazeen inklusive *Escherichia coli*, *Staphylococcus aureus* sowie *Clostridium perfringens* häufig in nicht unerheblichen Keimzahlen vor. Aufgrund der Tatsache, daß verzehrsfähige Döner Kebab-Abschnitte infolge unzureichender Hitzeeinwirkung in Verbindung mit zu großer Schichtdicke manchmal nicht durchgegart sind, kann die Gefahr einer Gesundheitsbeeinträchtigung nach Verzehr nicht generell ausgeschlossen werden [19, 23].

Für die Eingruppierung der Döner Kebab-Erzeugnisse mit zerkleinertem Fleisch ist § 1 Abs. 1 Nr. 2 HFIV heranzuziehen [19, 23, 60]. Dabei sollte der früher beobachteten gewerbeüblichen Reifung des Fleischgemenges für die Spießherstellung Rechnung getragen werden [19, 23]; denn Vor- oder Zwischenprodukte dieser Erzeugnisse können nach § 5 Abs. 1 der HFIV am Tage ihrer Herstellung oder am folgenden Tag verarbeitet werden. Die Frist für Herstellung und Inverkehrgabe beträgt also 2 Tage, wobei der fertige Spieß nur innerhalb einer Geschäftsperiode zubereitet, d. h. gegrillt und an den Verbraucher abgegeben werden darf. Reste von angegarten Spießen sind nach Ablauf dieser Frist nicht mehr verkehrsfähig.

Die Auslegung der erweiterten Abgabefrist muß sehr restriktiv gehandhabt werden [8]. Sobald ein Spieß fertiggestellt, d. h. abschließend geschichtet ist, beginnt die endgültige Ein-Tage-Frist für die Inverkehrgabe nach der HFIV.

Probleme bei der Durchführung der HFIV ergeben sich außer bei der Temperatureinhaltung auch bei den personellen und räumlichen Vorraussetzungen für Herstellung und Inverkehrgabe von Döner Kebab. Die Anforderungen an Personen nach § 10 HFIV sind einzuhalten. Produktionsstätten, die nicht als Betriebe im Sinne von § 9 HFIV anzusehen sind, müssen in jedem Falle die geltenden Hygienebedingungen für Räume und Einrichtungen erfüllen. Die Regelungen für das Inverkehrbringen auf Märkten und Straßenfesten müssen streng ausgelegt werden.

Problematisch bei der Herstellung von tiefgefrorenen Spießen können auch der Gefriervorgang an sich und die geforderte Verpackung sein. Die nach der HFIV (§ 3 Abs. 1) vorgeschriebene Gefriergeschwindigkeit von mindestens 1 cm/h auf eine Kerntemperatur von mindestens –18 °C kann in üblichen Anlagen mit Luft als Konvektionsmedium (Gefrierraum, Gefriertruhe) nicht erreicht werden. Notwendig hierzu ist die Frostung mit flüssigem Kohlendioxid oder flüssigem Stickstoff in speziellen, den Erfordernissen angepaßten Gefrieranlagen. Sie sind verschiedentlich im Einsatz, verursachen aber erhebliche investive und laufende Kosten. Zum Nachweis eines ordnungsgemäßen Frostprozesses ist es erforderlich, die anlagentechnischen Voraussetzungen, den Durchsatz in Verbindung mit Anzahl und Gewicht der Spieße sowie die Aufzeichnungen der Temperaturschreiber zu kontrollieren. Nach der EU-Hackfleisch-Richtlinie müssen Fleischzubereitungen, die in gefrorener Form vermarktet werden sollen, binnen kürzester Frist eine Kerntemperatur von weniger als –18 °C erreicht haben. Die Anforderungen der EU-Hackfleisch-Richtlinie sind somit weniger streng als die der HFIV. Die Anforderungen der Richtlinie mußten bis spätestens 1. 1. 1996 umgesetzt sein [71]. Bis zum Zeitpunkt der Umsetzung blieben für den nationalen Bereich die schärferen Bestimmungen der HFIV bestehen. Die häufig zum Verpacken der Spieße verwendeten Frischhaltefolien dürften, auch bei Mehrfachwickelung, die Anforderungen der HFIV (§ 3 Abs. 1) bezüglich der Kältebeständigkeit („bis –40 °C"), Wasser- und Luftdurchlässigkeit („weitgehend wasserdampf- und luftundurchlässig") sowie Festigkeit („ausreichend mechanisch widerstandsfähig") nicht erfüllen. In Betracht kommen dagegen Materialien wie Verbundfolien, Schrumpffolien und gewachste Kartonagen. Bei kälteerstarrten Döner Kebab-Spießen sollte wegen der angesprochenen besonderen Anforderungen die Kenntlichmachung der Chargen (Loskennzeichnung) selbstverständlich sein. Schließlich sind die Fristen für die Inverkehrgabe gemäß HFIV und EU-Hackfleischrichtlinie zu beachten.

Hinsichtlich des **Hygienestatus von Döner Kebab** mit zerkleinertem Fleisch liegen Untersuchungen aus Berlin [19, 23, 41], Bremen [27], Stuttgart [31] und München [60] vor. Die mikrobiologischen Ergebnisse lassen sich wie folgt zusammenfassen:

Nach den Berliner Untersuchungen entsprach die mikrobielle Qualität des Ausgangsmaterials (n = 53 Proben) der von gewerbeüblichem, rohem Verarbeitungsfleisch bzw. Hackfleisch. Bei Gesamtkeimzahlen im Bereich von 10^6 bis 10^7/g dominierten die *Pseudomonadaceae*. *Lactobacillaceae* und *Enterobacteriaceae* lagen jeweils in Konzentrationen von 10^4 bis 10^5/g vor. Staphylokokken, *Clostridium perfringens* und *Escherichia coli* waren bei einzelnen Proben vorhanden. Die Zwischenprodukte (n = 41 Proben) wiesen neben der meist dominierenden *Lactobacillaceae*-Flora in Höhe von 10^5 bis über 10^8/g auch in nicht unerheblichem Umfang Staphylokokken (ca. 10^3/g bei 20 %), *Clostridium perfringens* (10^2 bis 10^5/g bei etwa einem Drittel) und *Eschericha coli* (ca. 10^5/g bei ca. 10 %) auf. Salmonellen waren weder in rohen noch in gegarten Produkten nachweisbar. Listerien konnten bei einer anderen Untersuchung mit n = 177 Proben roher Gemenge für die Döner Kebab-Herstellung in über 50 % der Proben isoliert werden. Der Anteil an *L. monocytogenes* betrug 20,3 %.

Bei den in Zubereitung befindlichen Spießen vermehren sich aufgrund des Temperaturanstieges bis 40 °C im Innern nicht nur die Reifungsflora, son-

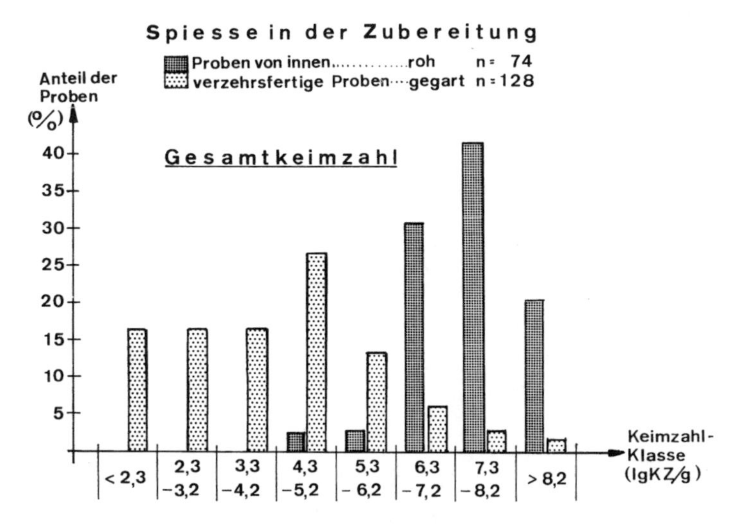

Abb. 2.2.1 Häufigkeitsverteilung der aeroben Gesamtkeimzahlen von Döner Kebab-Spießen in der Zubereitung (Jöckel und Stengel, 1984)

dern auch hygienisch relevante Mikroorganismen. Abb. 2.2.1 zeigt die Häufigkeitsverteilung der aeroben Gesamtkeimzahlen von solchen Döner Kebab-Spießen. Von den Proben aus dem Innern der Spieße wiesen mehr als 60 % Keimzahlen von über 10^7/g bei einer dominierenden Flora an Milchsäurebakterien auf. *Enterobacteriaceae* (Abb. 2.2.2) kamen bei etwa einem Drittel der rohen Proben von innen (n = 74) mit Keimzahlen von $\geq 10^6$/g vor. Bei den verzehrsfertigen Abschnitten (n = 128) lagen ca. zwei Drittel unter der Nachweisgrenze von $2{,}0 \times 10^2$/g. Da verzehrsfertige Abschnitte infolge unzureichender Hitzeeinwirkung oder zu großer Schichtdicke häufig nicht durchgegart werden, kann die Gefahr einer Gesundheitsschädigung nach dem Verzehr nicht generell ausgeschlossen werden. Dies läßt sich durch den Nachweis von potentiellen Lebensmittelvergiftern belegen (Abb. 2.2.3). Koagulase-positive Staphylokokken lagen bei früheren Untersuchungen bei fast einem Sechstel der rohen Proben (12 von 74) und bei 3 von 128 gegarten Proben jeweils in Keimzahlen zwischen 10^3 und 10^4/g vor. Bei 4 der isolierten Stämme war die Fähigkeit zur Enterotoxinbildung vorhanden. *Clostridium perfringens* wurde sogar aus etwa 30 % der rohen Proben (Keimzahlen meist bis 10^4/g, zweimal sogar 10^7/g) isoliert. Bei 14 von 128 verzehrsfertig gegarten Spießabschnitten war dieser Keim in Konzentrationen von 10^2 bis $6{,}0 \times 10^4$/g nachweisbar. Spätere Untersuchungen (1987/88) zeigen, daß *C. perfringens* häufiger bzw. in höheren Keimzahlen als im Jahre 1984 nachgewiesen wurden. Von n = 16 Proben roher Spieße

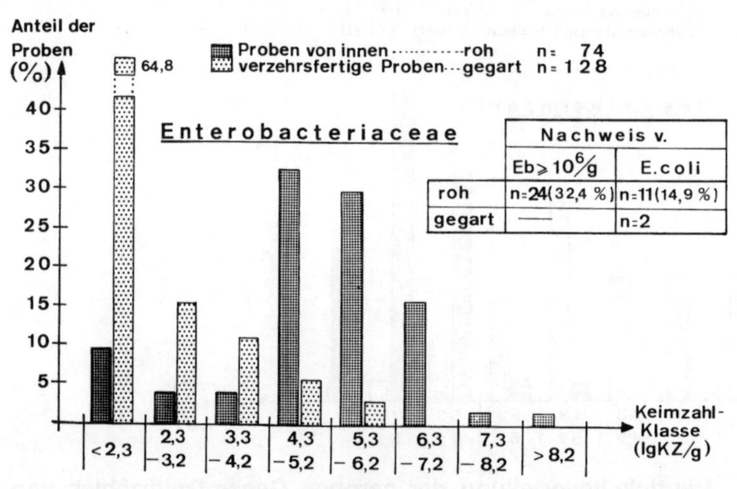

Abb. 2.2.2 Häufigkeitsverteilung von *Enterobacteriaceae* in Döner Kebab (Jöckel und Stengel, 1984)

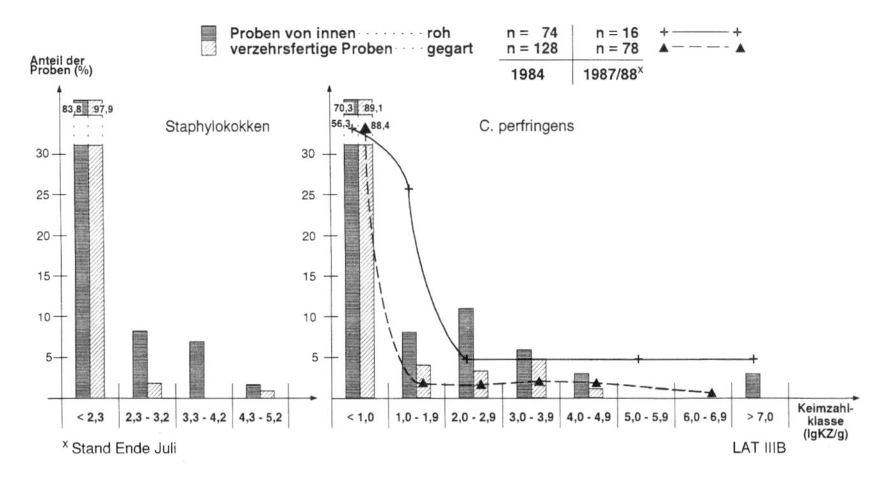

Abb. 2.2.3 Häufigkeitsverteilung von Staphylokokken und *C. perfringens* (Jöckel und Stengel, 1984)

waren die Keime in fast der Hälfte vorhanden. Die Keimzahlen lagen im Bereich von 10^1 bis $>10^7$/g. Bei den gegarten Abschnitten (n = 78) kamen etwa 12 % mit Keimzahlen zwischen 10^1 und 10^6/g vor [19, 23, 41].

Die mikrobiologische Untersuchung von Döner Kebab in Bremen erstreckte sich auf das Rohmaterial (n = 13) und die verzehrsfertig gegarten Teile (n = 13). Dabei wurden folgende Ergebnisse erzielt:

Die rohen Fleischteile aus der Tiefe der Spieße wiesen einen aeroben mesophilen Keimgehalt bis 10^8/g auf; *Enterobacteriaceae* lagen im Bereich bis 10^4/g (9 Proben) bzw. bis 10^7/g (4 Proben). Laktobazillen und Pseudomonaden wurden im Bereich von 10^6/g, *Escherichia coli* wurde in einer Probe mit $5{,}0 \times 10^3$/g und sulfitreduzierende Anaerobier bei einzelnen Proben („fallweise") bei $1{,}0 \times 10^4$/g nachgewiesen. Koagulase-positive Staphylokokken und Salmonellen wurden in keiner Probe ermittelt. Bei den verzehrsfertig gegarten Portionen lagen deutlich niedrigere Werte vor. Der aerobe mesophile Keimgehalt reichte lediglich bis 10^5/g; die Keimflora bestand überwiegend aus aeroben Sporenbildnern und Kokken [27].

Bei Untersuchungen in Stuttgart wurden in 48 % der Proben Gesamtkeimzahlen von mehr als 10^7/g festgestellt. Dominierende Keimflora waren die

Pseudomonaden (64 % der Proben). Bei 18 % der Proben lag die Pseudomonadenzahl über 10^8, bei 64 % über 10^7/g (Abb. 2.2.4). Die Laktobazillen dominierten bei 14 % der Proben, 54 % der Proben wiesen Keimzahlen im Bereich von 10^5 bis 10^7/g auf (Abb. 2.2.5). *Enterobacteriaceae* überwogen bei 8 % der Proben mit Keimzahlen von über 10^5/g (Abb. 2.2.6). In 90 % der Proben konnten aerobe Sporenbildner nachgewiesen werden. Die Werte lagen zwischen 10^3 und 10^7/g. Salmonellen konnten nicht isoliert werden. Clostridien wurden in 34 % der Proben nachgewiesen. Die Ermittlung der durchschnittlichen Keimzahl bei fünf Großherstellern ergab deutliche Unterschiede zwischen den einzelnen Herstellern [31].

Bei den Untersuchungen im Raum München wurden 44 Proben verzehrsfertig zubereitete Döner-Kebab-Portionen aus dem Straßenverkauf von 22 Verkaufslokalen gezogen. Es handelte sich um Produkte, die mehrheitlich entweder ausschließlich aus Fleischscheiben bestanden, oder die in Einzel-

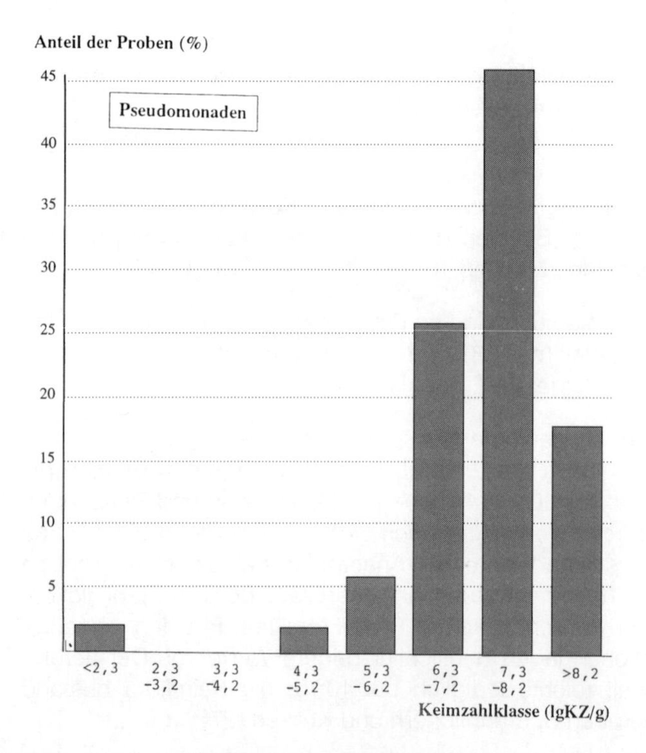

Abb. 2.2.4 Pseudomonaden-Keimzahlen in rohen Döner Kebab-Spießen (Krüger et al., 1993)

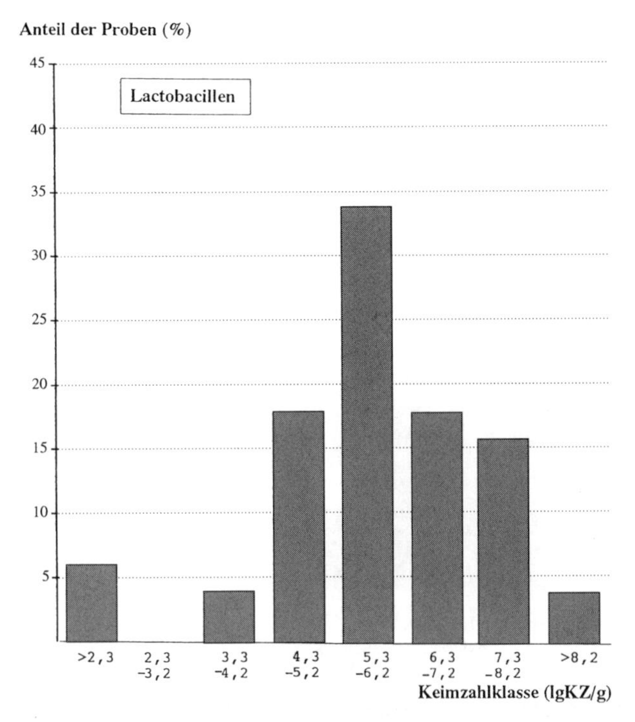

Abb. 2.2.5 Laktobazillen-Keimzahlen in rohen Döner Kebab-Spießen (Krüger et al., 1993)

fällen unter Mitverwendung von zerkleinertem Fleisch hergestellt waren. Die Ergebnisse der mikrobiologischen Untersuchungen sind in Tab. 2.2.2 aufgeführt. Die Autoren machen jedoch keine Unterschiede zwischen beiden Produktvarianten. Auffallend sind die insgesamt hohen Maximalwerte verschiedener Keimgruppen. Sie reichen bei der aeroben Koloniezahl knapp an 10^8/g heran; Enterobakteriazeen, Enterokokken und Milchsäurebakterien lagen jeweils bei über 10^7/g; Milchsäurebakterien, Pseudomonaden, Hefen und aerobe Sporenbildner waren im Bereich von 10^6/g nachweisbar; *Clostridium perfringens* lag in einem Fall über 10^5/g. Salmonellen waren nach Anreicherung in allen Proben nicht nachweisbar [60].

Döner Sis (= Drehender Spieß) war bis zur Festschreibung der Verkehrsauffassung in Berlin als ein von Döner Kebab abgeleitetes Produkt im Handel. Es bestand überwiegend aus zerkleinertem Fleisch, das mit Zusätzen von Stärke oder stärkehaltigen Bindemitteln, Phosphaten und Eis unter Ein-

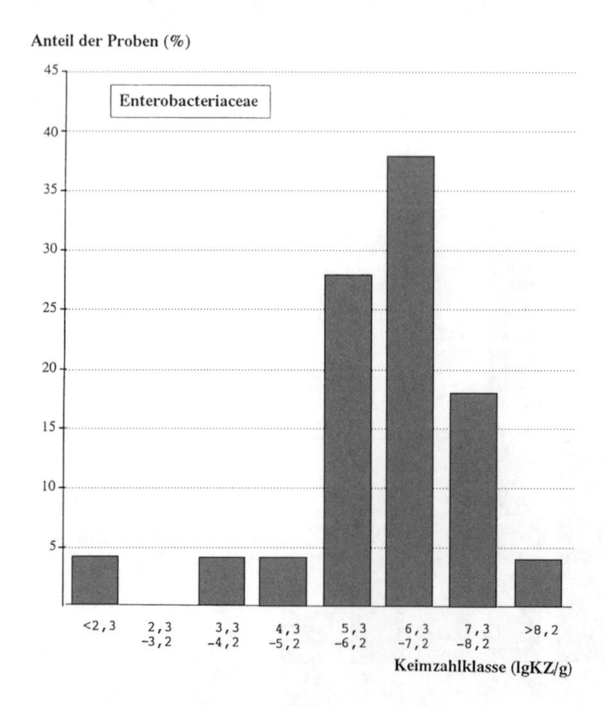

Abb. 2.2.6 ***Enterobacteriaceae*-Keimzahlen in rohen Döner Kebab-Spießen (Krüger et al., 1993)**

Tab. 2.2.2 Ergebnisse der Keimzahlbestimmungen von 44 Proben Döner Kebab (logarithmierte Keimzahlen; KbE/g: koloniebildende Einheiten pro Gramm) (Stolle et al., 1993)

Keimart	n Proben	Minimaler Wert	Maximaler Wert	Median
aerobe Keimzahl	44	2,78	7,93	4,97
Enterobacteriazeen	37	< 2,30	7,08	3,60
Staphylokokken	0	–	–	–
Enterokokken	17	< 2,30	7,15	< 2,30
Milchsäurebakterien	37	< 2,30	7,32	3,71
Pseudomonaden	27	< 2,30	6,04	3,08
Hefen	7	< 2,30	5,93	< 2,30
aerobe Sporenbildner	40	< 2,30	5,88	3,80
Bacillus cereus-Gruppe	1	< 2,30	2,30	< 2,30
Clostridium perfringens	2	< 1,00	5,28	< 1,00

satz des Kutters hergestellt wurde. Der Anteil an hochwertigem Scheibenfleisch war auf ein Minimum reduziert; in manchen Fällen betrug er nur noch fünf Prozent. Derartige Billigprodukte verdrängten zusehends die eigentliche Spezialität „Döner Kebab" vom Markt. Beim Verbraucher setzte sich nur der erste Teil der Produktbezeichnungen (nämlich „Döner") durch. Zudem unterblieben an den Imbißeinrichtungen meist die erläuternden Angaben über die abweichende Beschaffenheit der nachgemachten Produkte. Dem Konsumenten war es somit nicht möglich, die unterschiedlichen Qualitätsstufen zu erkennen; er wurde häufig übervorteilt. Mit der Veröffentlichung der Berliner Verkehrsauffassung [29, 56], die auch als bundeseinheitlicher Beurteilungsmaßstab festgeschrieben wurde ([3], siehe Tab. 2.2.1) war die Herstellung und Inverkehrgabe von Döner Sis-Spießen nicht mehr möglich. Nach Ansicht der Berliner Gerichte [11, 12, 13] und der Kommentierung [29] sind von Döner Kebab abweichende Produkte wegen ihrer gleichartigen Gestaltung, ihres Aussehens und ihrer Würzung unter der Bezeichnung „Drehspieß" zur Täuschung der Verbraucher in hohem Maße geeignet, bzw. werden sie nur zu diesem Zweck hergestellt. Angesichts der typischen Form und Würzung des Drehspießes nach Art von Döner Kebab wäre auch ein Verkauf unter einer anderen Bezeichnung kaum geeignet, eine Irreführung des Verbrauchers zu vermeiden. Als Döner Sis bzw. Drehspieß bezeichnete Döner Kebab-artige Produkte sind daher nicht (mehr) verkehrsfähig.

2.2.1.2 Geformte kleinkalibrige Erzeugnisse: Cevapcici, Köfte (Kofte), Keftedes und Keuftés

Das Produkt **Cevapcici** ist eine aus Jugoslawien stammende Fleischspezialität, welche aus Hackfleisch, Kochsalz und Gewürzen (besonders Pfeffer, aber auch Knoblauch und Paprika) besteht und keine weiteren Zusätze enthält. Das Produkt wird in Röllchenform portioniert und sowohl als vorbereitetes (rohes) Produkt im Einzelhandel bzw. vom fleischverarbeitenden Gewerbe als auch im gegarten Zustand in Restaurants abgegeben.

Nach jugoslawischen Original-Herstellungsverfahren wird diese Spezialität meist aus zerkleinertem Rind- und/oder Schweinefleisch, in mohammedanischen Gebieten aus Rind- und/oder Lammfleisch, hergestellt. Schweinegehacktes soll dabei nicht mehr als 30 %; Rindergehacktes nicht mehr als 25 % Fett enthalten. Umrötesalze (Salpeter, Nitritpökelsalz) oder (stärkehaltige) Bindemittel sind nicht üblich. Moderne Technologien, mit denen unter Wasserschüttung feinzerkleinerte, brätartige Strukturen im Produkt entstehen, sind mit den Produkteigenschaften nicht vereinbar und müssen abgelehnt werden. Das gewürzte Fleischgemenge soll zur Erzielung des spezifischen Aromas mehrere Stunden bzw. über Nacht durchziehen. Es wird danach zu fingerdicken Würstchen ausgeformt, die auf dem Rost gegrillt oder in Öl gebraten werden [42, 68].

Das Produkt fällt, solange es roh ist, unter die Vorschriften der HFlV – § 1 Abs. 1 Nr. 2 [71]. Im Rahmen der HFlV wird eine zweitägige Frist zur Herstellung, Reifung und zum Vertrieb eingeräumt. In Analogie zum „zerkleinerten Fleisch zur Herstellung von Bratwürsten" wird das zerkleinerte, gewürzte, ungeformte Fleischgemenge zur Herstellung von Cevapcici als Vorprodukt i. S. von § 1 Abs. 2 HFlV angesehen. Dieses Cevapcici-Vorprodukt („Fleischteig im Ganzen") muß nach § 5 Abs. 1 Satz 2 HFlV am Tag seiner Herstellung oder am folgenden Tag verarbeitet werden. „Verarbeiten" bedeutet hierbei die bestimmungsgemäße Verwendung des Vorproduktes zur Herstellung des Endproduktes, d. h. das Ausformen der Fleischröllchen [54]. Die Fleischröllchen wiederum dürfen am Tag ihrer Herstellung und am darauffolgenden Tag in den Verkehr gebracht werden. Während der eingeräumten Verkehrsfrist ist die vorgeschriebene Temperatur (< 4 °C) unbedingt einzuhalten. Diese Beurteilungskriterien fanden die Zustimmung des ALTS, und sie sind inzwischen in die Praxis der Lebensmittelüberwachung eingegangen [54, 68].

Nach einer früheren Publikation [42] wurden rohe Cevapcici überwiegend im Rahmen der HFlV gemaßregelt. Von n = 45 Proben waren 32 am Tag nach der Herstellung noch nicht denaturiert, sie wurden wegen Fristüberschreitung beanstandet. Weitere 10 Proben wurden als faulig beurteilt, und nur 3 Proben waren ohne Befund. Allerdings finden sich in dieser Arbeit keine mikrobiologischen Untersuchungsergebnisse. Es wird jedoch angeregt, für derartige Hackfleischerzeugnisse einen Grenzwert von 10^6 Keimen pro Gramm festzusetzen. Neuere Untersuchungen [20] weisen für rohe Cevapcici aus dem Handel (n = 27) folgende mikrobiologischen Ergebnisse aus: Die aerobe Koloniezahl lag im Bereich $3{,}2 \times 10^4$ und $5{,}0 \times 10^7$, wobei Milchsäurebakterien, Pseudomonaden und Enterobacteriazeen dominierten. Koagulasepositive Staphylokokken waren in einer Probe mit einer Keimzahl von $4{,}0 \times 10^3$ enthalten. *Bacillus cereus*-Keime, *L. monocytogenes* und *C. perfringens* lagen jeweils unter der Nachweisgrenze der Plattenmethode von 10^2 bzw. 10^1/g. Nach Anreicherung (1 g) waren jedoch neunmal *L. monocytogenes* und dreimal *C. perfringens* nachweisbar. Salmonellen ließen sich dagegen in allen Proben nach Anreicherung von 25 g nicht feststellen.

Kibbi, Köfte (Kofte), Keftedes (Kjeftedes) und **Keufés** sind ebenfalls geformte Produkte aus zerkleinertem Fleisch. Sie entstammen der türkischen

Küche (Kibbi, Köfte/Kofte, Keuftés) bzw. sind griechischer Herkunft (Keftedes, Kjeftedes). Sie werden in der einschlägigen Gastronomie als Vorspeisen oder Bestandteile von Hauptgerichten angeboten.

Die türkischen Erzeugnisse werden aus Lamm-, Hammel-, Rind- oder Kalbfleisch – auch aus Mischungen von Fleisch dieser Tierarten – hergestellt. Für die griechischen Varianten wird auch Schweinefleisch verwendet. Das Fleisch wird mit Salz, verschiedenen Gewürzen und Kräutern, Zwiebeln sowie Öl und Bindemitteln (Ei, Semmelbrösel, eingeweichtes Weißbrot) vermengt. Der Teig wird – in unterschiedlicher Größe – als rundes Fleischbällchen oder flach oval (hacksteakartig) ausgeformt. Wenn die Formlinge in Öl ausgebacken werden sollen, werden sie zuvor in Mehl gewälzt. Bei der Zubereitung auf Grillspießen (Sis-Köfte) oder im Backofen wird die Oberfläche mit Öl benetzt. Die Erzeugnisse können warm oder kalt verzehrt werden [26, 61, 69].

In Zentralanatolien werden Köfte nur aus Hackfleisch ohne Bindemittel hergestellt und in gekochtem oder gegrilltem Zustand gegessen. Als roh dargereichte Erzeugnisse sind in der Südtürkei sog. Cig-Köfte üblich, die entweder als Tartarbällchen hergestellt werden oder deren Hackfleischmasse intensiv mit Weizengrieß vermengt ist. Eine weitere Spezialität sind „Frauenschenkel"-Köfte, die aus einem gekochten Reis-Fleisch-Gemenge mit Eipanande bestehen und als kalte Vorspeise dienen [17, 26].

Kibbi ist ein Erzeugnis aus Rindfleisch, das durch den Wolf gedreht wurde und das mit Weizenkörnern, Walnüssen und fein zerkleinerten Zwiebeln gemischt wird, um dann gebraten zu werden [71].

Keuftés sind Erzeugnisse aus gewolftem Lammfleisch, Weißbrot, Eiern, Salz und Gewürzen. Der Teig wird intensiv gemengt und zu kleinen Würstchen ausgerollt. Nach dem Ausbraten in Hammelfett oder Öl werden sie sehr heiß serviert [6].

Unter den Sammelbegriff „**Kebab**" fallen verschiedene gegrillte, geröstete, gebratene oder gedünstete Speisen. Stückiges Fleisch auf (kleinen) Grillspießen wird als „Sis-Kebab" bezeichnet. Das Fleisch (Lamm, Hammel oder Rind) wird in Würfel geschnitten, mit Salz, Gewürzen und Öl vermengt. Danach läßt man es einen Tag durchziehen. Die Fleischteile werden mit Zwiebel- und Paprikastücken auf einen Spieß aufgesteckt und auf einem (Holzkohlen-) Grill zubereitet [26]. Häufig beinhaltet die Bezeichnung auch den Namen der Stadt, in der ein bestimmtes Produkt ursprünglich beheimatet ist: „Adana-Kebab" ist z. B. ein Erzeugnis aus scharf gewürztem Hackfleischbrät, das weit über die Stadt Adana hinaus in der Türkei landesweit bekannt ist und auch in der türkischen Gastronomie in Deutschland angeboten wird.

Die beschriebenen Erzeugnisse haben eines gemeinsam: sie fallen bei Herstellung und Inverkehrgabe in der Bundesrepublik Deutschland unter die Vorschriften der HFlV, solange sie noch roh sind. Die Erzeugnisse aus oder mit zerkleinertem Fleisch sind analog Cevapcici unter § 1 Abs. 1 Nr. 2, die Spieße mit kleinen Fleischstücken wie Sis Kebab unter § 1 Abs. 1 Nr. 6 (Schaschlik und in ähnlicher Weise hergestellte Erzeugnisse aus gestückeltem Fleisch ...) einzuordnen. Besondere, über die Regelungen der HFlV hinausgehende Vereinbarungen hinsichtlich der Fristen für Herstellung und Inverkehrgabe sind nicht bekannt. Die Produkte sind bei Abgabe in Gaststätten gegart, so daß kein besonderes hygienisches Risiko für den Verbraucher besteht.

Auch bei im Ursprungsland Türkei an diversen gegarten Köfte-Erzeugnissen (n = 56) erhobenen Befunden läßt sich bei Verzehr direkt nach Zubereitung kein besonderes Gefährdungspotential ableiten [17]. Durch die Hitzeeinwirkung erfahren die Produkte eine deutliche Keimreduktion: die Gesamtkeimzahl und die Keimzahl der Mikrokokken lagen maximal im Bereich von 10^4 bis 10^5/g und die sulfitreduzierenden Anaerobier kamen bei 96 % der Proben in einer Konzentration von < 10/g vor. Die Produkte sind jedoch für die Aufbewahrung ungeeignet. Dies läßt sich am Beispiel der „Frauenschenkel"-Köfte, die erst längere Zeit nach der Zubereitung als Kaltspeise verzehrt werden, belegen. Sie wiesen infolge nachträglicher Vermehrung Keimgehalte bis 10^8/g auf. Die Gefahr einer Gesundheitsbeeinträchtigung des Konsumenten kann bei rohen Erzeugnissen dagegen nicht ausgeschlossen werden. Als Ursache ist insbesondere die weitere Vermehrung der häufig schon in Keimzahlen von > 10^2/g (18 von 22 Proben) vorliegenden Clostridien in Betracht zu ziehen. Die Keime werden mit dem Ausgangsmaterial (Hackfleisch von Rind und Schaf) in die Erzeugnisse eingebracht. Von n = 180 Hackfleischproben wiesen mehr als ein Viertel ≥ 10^3/g sulfitreduzierende Anaerobier auf. Vier Proben davon hatten 10^4/g und eine Probe sogar 10^5/g dieser Keime.

2.2.1.3 Zerkleinertes gepökeltes, folienverpacktes Fleisch nach Art der Frischen Mettwurst

Produkte aus rohem zerkleinertem, gepökeltem Fleisch wurden im Laufe der Jahre unter verschiedenen Bezeichnungen und Zweckbestimmungen („Hackepeterwurst", „Rindfleisch fix und fertig gewürzt, für Hackbraten") hergestellt.

Seit einiger Zeit werden vor allem in den neuen Bundesländern verstärkt Erzeugnisse mit der Bezeichnung „Schweinefleisch (bzw. Rindfleisch oder

Rind- und Schweinefleisch) fertig gewürzt, zerkleinert und gepökelt – nach Art der Frischen Mettwurst" in den Verkehr gebracht. Die Gemenge werden in luft- und wasserdampfundurchlässigen Vakuum-Tiefziehpackungen vertrieben, die unter Kühlbedingungen mit einer Haltbarkeit von zwei bis drei Wochen ausgestattet sind. Sie werden häufig in Haushalten ländlicher, mit Fleischereien unterversorgten Gegenden nicht wie streichfähige Rohwurst als Brotaufstrich, sondern als Hackfleisch verwendet [30]. Bei diesen Produkten stellt sich die Frage, ob sie als Hackfleischzubereitungen bzw. als Rohwursthalbfabrikate der HFlV unterliegen oder als ausreichend gereifte rohwurstartige Erzeugnisse verkehrsfähig sind. Für die Entlassung aus der HFlV sind die Anforderungen nach § 1 Abs. 3 Nr. 2 maßgeblich: „Erzeugnisse, die einem abgeschlossenen Pökelungsverfahren mit Umrötung, bei Rohwursterzeugnissen in Verbindung mit Fermentation (Reifung) unterworfen worden sind", gelten als nicht mehr roh im Sinne der Verordnung.

Nicht nur das in Folienbeutel verpackte, zerkleinerte Fleisch, sondern auch die in Hüllen abgefüllte „Frische Mettwurst", von der es abgeleitet ist, ist wegen des häufig unzureichenden Rohwurstcharakters aus lebensmittelhygienischer und lebensmittelrechtlicher Sicht umstritten [43, 58]. Der Frischecharakter konkurriert bei dieser Produktgruppe, zu der auch die Zwiebelmettwurst zählt, mit dem für Rohwurst wesenseigenen technologischen Vorgang der Reifung bzw. Fermentierung. Von der Intensität her bestehen durchaus Unterschiede zu herkömmlicher schnittfester Rohwurst, die unter bestimmten Voraussetzungen zu tolerieren sind. Die Relevanz der Abgrenzung der Erzeugnisse (früher auch als „Vesperwurst" oder „Hackepeterwurst" bezeichnet) zu Hackfleischprodukten besteht trotz der im Laufe der Zeit regelmäßig publizierten Vorschläge zur Herstellungstechnologie und den Beurteilungsparametern weiterhin [25, 34, 50, 51, 67].

Die Zubereitungen sind mit Nitritpökelsalz versetzt und daher bei der Inverkehrgabe meist umgerötet, jedoch häufig nur unzureichend gereift. Der Hinweis auf die Pökelung hebt die Erzeugnisse zwar eindeutig von Hackfleisch ab; die meßbare Größe der Umrötung allein ist aber noch kein Beleg für den Abschluß des Pökelungsverfahrens. Da bei Rohwurstgemengen der Zeitraum für die Umrötung durch Hilfsmittel wie Glucono-delta-Lacton (GdL) verkürzt werden kann, ist hier das Merkmal der Fermentation (Reifung) maßgebend. Erst durch die während des Zeitablaufes der Fermentation sich ausbildenden weiteren stabilisierenden Faktoren, welche die Stickoxid-Myoglobin-Bildung ergänzen, wird eine ausreichende Haltbarmachung erreicht. Die alleinige Zugabe von Kochsalz und Pökelstoffen wirkt dagegen nur keimhemmend [71, 32]. Ein Produkt aus gepökeltem, zerkleinertem Fleisch kann nur dann als Rohwurst gelten, wenn es durch die Merkmale Umrötung, Aromatisierung und Bindung sowie der daraus resultierenden Konservierungseffekte den Status „Wurst" erreicht [15]. Sind die Hürden der (abgeschlossenen Pökelung) und Fermentierung nur ungenügend ausgeprägt, liegt ein mit hohem hygienischem Risiko behaftetes Rohwurstvorfabrikat vor, das im Falle der Abgabe im Handel oder an Verbraucher der HFlV unterworfen ist [35, 71]. Dabei ist die Darbietungsform (Folienbeutel oder Wursthülle) unerheblich.

Der häufig unzureichende Rohwurstcharakter der Produkte und das daraus resultierende Gefährdungspotential durch Krankheitserreger wie Salmonellen und Staphylokokken wird insbesondere bei nur kurze Zeit lagerfähigen Rohwürsten gesehen. Zu diesen zählt die Frische Mettwurst und das davon abgeleitete in Folienbeutel verpackte, zerkleinerte gepökelte Fleisch. Salmonellen wurden in frischen Rohwürsten wesentlich häufiger als in schnittfesten nachgewiesen. Die Kontaminationsrate war besonders in den Sommermonaten und bei Erzeugnissen aus Supermärkten erheblich. Als Ursachen wurden mangelnde hygienische und technologische Maßnahmen genannt [7, 51]. Der Zusatz von Starterkulturen und GdL zum Brät kann das Salmonellenwachstum unterdrücken bzw. die Stabilisierung der Produkte verbessern, GdL wirkt sich aber negativ auf die sensorischen Eigenschaften aus [50, 70]. Mit dem Vorkommen von *Staphylococcus aureus* muß bei der Hälfte der streichfähigen Rohwürste gerechnet werden. Die Keimzahlen von toxinogenen Stämmen sind jedoch in der Regel nicht so hoch, daß sie eine ernste Gefahr für den Konsumenten darstellen [32]. Zur sicheren Herstellung in bezug auf die Hemmung von *S. aureus* in ungeräucherter Rohwurst muß bei Reifungstemperaturen >18 °C ein rasche Absenkung des pH-Wertes durch Zuckerzugabe und schnell säuernde Milchsäurebakterien erreicht werden [38]. Fermentiert ist ein Erzeugnis, wenn in seiner Keimflora die Laktobazillen überwiegen und dadurch das Wachstum der schädlichen Keime (Konkurrenzflora) unterdrückt wird [71].

Die antagonistische Wirkung von Milchsäurebakterien, insbesondere von homofermentativen Laktobazillen, auf die (unerwünschte) Begleitflora ist dann verläßlich, wenn sich die Keime alsbald auf Werte $>10^8$/g entwickeln. Die Hemmung beruht vor allem auf der Anreicherung von Milchsäure, die beim Abbau von Kohlenhydraten gebildet wird. Die Produktion verläuft allerdings im Vergleich zur Keimvermehrung verzögert. Das Maximum wird erst in der späten stationären Phase der Kultur erreicht [47, 48]. In diesem Ablauf ist auch die Begründung dafür zu sehen, daß für Frische Mettwurst und die Erzeugnisse nach Art der Frischen Mettwurst, auch bei Verarbeitung von Kohlenhydraten und Starterkulturen, eine Reifungszeit von zwei Tagen gefordert wird [25, 46, 67, 70]. Wird die Frist nicht eingehalten, können zwar Milchsäurebakterien als dominierende Mikroflora vorliegen, jedoch fehlt das stabilisierende Element der Säuerung, oder es ist noch nicht genügend ausgebildet. Aus diesem Sachverhalt ergibt sich zwangsläufig, daß die quantitative Ermittlung der Keime als alleiniges Kriterium zum Beweis einer stattgefundenen Reifung nur bedingt geeignet ist. Diese Behauptung kann durch ein Beispiel erhärtet werden: Wird Rohwurstbrät unmittelbar nach dem Zusatz von Starterkulturen untersucht, ergeben sich Keimzahlen in Höhe der zugesetzten Konzentration, z. B. 10^8/g. Daß die mit dem Fleisch vermischten Mikroorganismen noch kein Substrat umgesetzt haben, liegt auf der Hand; sie befinden sich nämlich noch im Anfangsstadium der Anpassung an das neue Milieu (beginnende „lag"-Phase). Wird jedoch beim Nachweis die Keimzahl mit der Stoffwechselaktivität der zu prüfenden Population verknüpft, läßt sich das Reifestadium einer Probe besser abschätzen. Als geeignete Methode für diese kombinierte Analyse kann die Impedanzmessung dienen [45, 46, 70]. Sie erfaßt die Änderung des elektrischen Widerstandes, die sich durch die Stoffwechseltätigkeit der mit einer Probe in ein flüssiges Kulturmedium eingebrachten Mikroorganismen ergibt. Während Wachstum und Vermehrung der Kultur wird die Meßwertänderung fortlaufend in bestimmten Abständen registriert und als Funktion der Inkubationszeit aufgezeichnet. Verlauf und Steigung der Kurve hängen von der mikrobiellen Beschaffenheit der untersuchten Probe ab. Eine flach verlaufende Detektionskurve (Steigung $<3{,}5\,\%$) zeigt den Metabolismus einer zahlenmäßig dominierenden Säuerungsflora an. Die gramnegativen Keime solcher Erzeugnisse liegen in der Regel unter 10^3/g und stellen kein hygienisches Risiko dar. Eine steile Detektionskurve (Steigung $\geq 4\,\%$) läßt dagegen den Schluß auf ungenügende Stabilisierung zu. Der Kurvenverlauf ist überwiegend von der Stoffwechseltätigkeit von Gramnegativen geprägt. Namentlich Enterobakteriazeen liegen in höheren Keimzahlen (Bereich $\geq 10^4$/g) vor, während die Reifungsflora in der Population unterrepräsentiert bzw. wenig stoffwechselaktiv ist (Abb. 2.2.7). Ein weiterer Vorteil der Impedanz-Meßmethode liegt in ihrem niedrigen Arbeitsaufwand und in ihrer geringen Zeitdauer. Sie kann bei einer Untersuchungsfrist von 16 bis 20 Stunden im Vergleich zu herkömmlichen mikrobiologischen Kultivierungsverfahren als Schnellmethode bezeichnet werden. Obwohl der Reifegrad eines Erzeugnisses in den meisten Fällen anhand des Kurvenverlaufes eingeordnet werden kann (Tab. 2.2.3), empfiehlt es sich, die Impedanzmessung als Screening-Verfahren einzustufen. Zur Absicherung des Befundes sollten weitere Kriterien, wie pH-Wert, Umrötungsgrad, Milchsäuregehalt und sensorische Beschaffenheit, herangezogen werden.

Dem Gehalt an D (–)-Milchsäure (Richtwert für gereifte Ware $\geq 0{,}22$ g/100 g [46]) ist die größte Bedeutung für die Verifizierung des Befundes zuzumessen. Dieser Metabolit wird im Verlauf der Rohwurstreifung ausschließlich durch bakterielle Prozesse gebildet. Seine Konzentration ist statistisch sehr

Messung: 0223-000 Meβplatz: 2/1 Beginn: 23.2.1994 14:41:24 Messung beendet
Schwelle M: 9.17 Std Schwelle E: 7.50 Std KBE: ------
Text: 4366

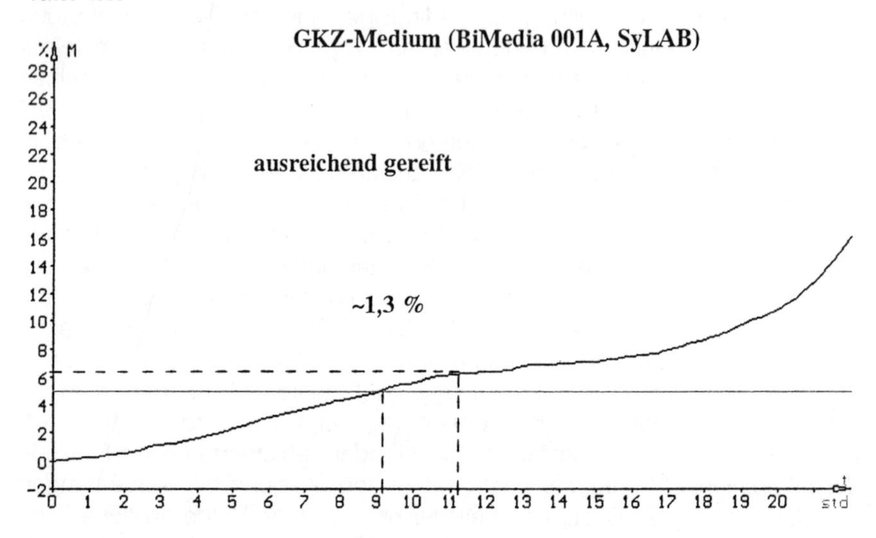

Messung: 0323-000 Meβplatz: 2/1 Beginn: 23.3.1994 11:2:0 Messung beendet
Schwelle M: 11.26 Std Schwelle E: 12.63 Std KBE: ------
Text: 6274

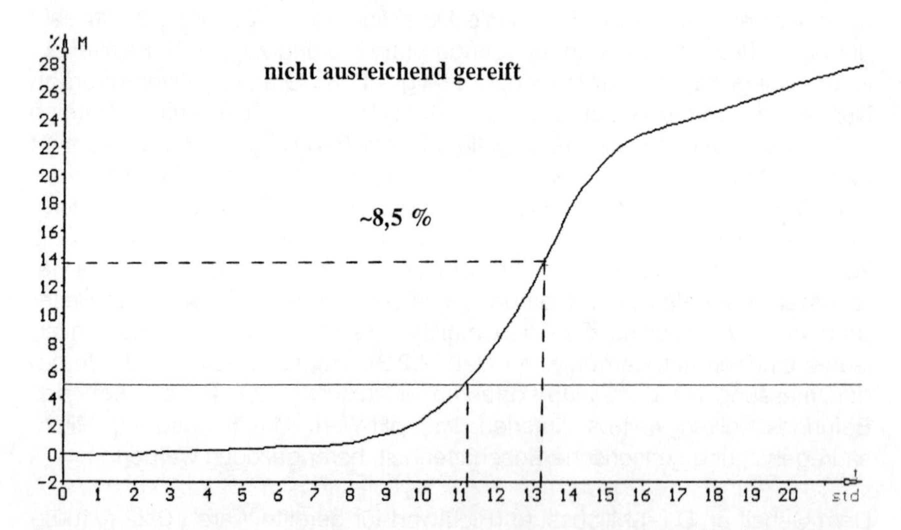

Abb. 2.2.7 Frische Mettwurst: Impedanz-Messung als Screening-Methode zum Nachweis mikrobieller Fermentation (Reifung) (Jöckel, 1994)

Tab. 2.2.3 Beurteilung von 80 Mettwurstproben aus dem Handel nach dem Impedanzkurvenverlauf (Steigung) (Reinschmidt et al., 1993)

	a) Steigung ≥4 n = 43		b) Steigung ≤3,5 n = 30	
	x	s	x	s
pH-Wert	5,83	0,19	5,33	0,21
D-Milchsäure	0,053	0,093	0,44	0,15
log Milchsäurebakterien	5,64	1,35	7,69	0,57
Impedanzsteigung	6,52	1,84	1,65	1,23

c) „falsche“ und „unregelmäßige“ Kurven, n = 7

	Imp. Steigung	pH-Wert	D-Msre.	Reifung	
				wenig ausgepr.	ausgeprägt
n = 3	≤3,5	≥5,7	≤0,22	+	
n = 4	≥4	<5,7	>0,22		+

eng mit der Zahl der Milchsäurebakterien und dem pH-Wert einer Probe verknüpft. Die in Rohwurst ebenfalls vorhandene L (+)-Milchsäure entsteht zwar auch während der Reifung, sie gelangt jedoch schon in höherer Konzentration mit dem Fleischanteil in das Rohwurstbrät. Sie ist nur locker mit den anderen Parametern korreliert und daher zur Beurteilung der bakteriellen Rohwurstreifung weniger gut geeignet als die D (–)-Variante [36, 46, 50].

Der pH-Wert (Richtwert ≤5,6 [25, 35, 43, 51, 58, 67]) ist als alleiniger Parameter zur Bestimmung des Reifegrades ungeeignet. Einem Produkt zugesetzte Säuerungsmittel (z. B. GdL, Citronensäure), die sich ebenso wie bakteriell gebildete Milchsäure pH-senkend auswirken, können einen ausreichenden Reifungsprozeß vortäuschen. Als Eingruppierungskriterium in Verbindung mit der Impedanzmessung verbessert die pH-Bestimmung jedoch die Bewertung fermentierter Produkte hinsichtlich ihres Rohwurstcharakters. Die Übereinstimmung von Impedanzmessung und pH-Wert mit dem D-Milchsäure-Gehalt betrug sowohl bei ausreichend gereiften (n = 32) als auch bei nicht ausgereiften Proben (n = 36) jeweils ungefähr 95 % (Tab. 2.2.4) [22].

Tab. 2.2.4 Übereinstimmung von Impedanzmessung, pH-Wert und D-Milchsäuregehalt bei fermentierten Produkten (Jöckel, 1994)

Reifestadium	Anzahl		Übereinstimmung					
			Impedanz-Steigung		pH-Wert		D-MS [g/100 g]	
	n	(%)	<3,5%	≥3,5%	<5,7%	≥5,7%	≤0,22	>0,22
Ausreichend	16	(50)	*		*			*
n = 32	11	(34,4)	*					*
	3	(9,4)			*			*
	[2 (6,25)]							[*]
			n = 30 (93,8%)					n = 32 (100%)
Nicht ausreichend	17	(47,2)		*		*	*	
n = 36	6	(16,7)		*			*	
	11	(30,55)				*	*	
	[2 (5,55)]						[*]	
			n = 34 (94,4%)					n = 36 (100%)

Der Faktor Umrötung (Methode nach Möhler [39], Richtwert ≥50 % [25, 46]) ist, wie oben schon dargelegt, für die hygienische Qualität der frischen Rohwurst bzw. der rohwurstartigen Produkte nur wenig bedeutsam [35, 71]. Durch die übliche Verwendung von Nitritpökelsalz und gegebenenfalls Pökelhilfsstoffen läuft die Umrötung als chemische Reaktion sehr schnell ab. Sie ist allenfalls als Begleiterscheinung für die während der bakteriellen Fermentierung eintretenden Stabilisierungsprozesse zu werten.

Sensorisch bestimmbare Reifungsanzeichen sind nicht immer zuverlässig zu erkennen. Beispielsweise überdeckt eine dominierende Zwiebel- oder Knoblauchwürzung des zerkleinerten Fleisches ein eventuell vorhandenes Rohwurstaroma. Andererseits bindet sehr mageres zerkleinertes Fleisch, insbesondere aus gereiftem Rindfleisch und bei Zusatz von pH-senkenden Mitteln, sehr viel schneller ab als durchwachsenes Schweinefleisch. In jedem Fall sind zur Beurteilung von Produkten im Hinblick auf die Anforderungen nach der HFlV nicht nur ein, sondern mehrere Reifungsparameter zu bestimmen. Die erforderliche Stabilisierung der Erzeugnisse darf aus lebensmittelhygienischen und -rechtlichen Gründen nicht gegenläufigen Frischekriterien und den damit verbundenen wirtschaftlichen Interessen der Hersteller untergeordnet werden. Weil die Reifungsvorgänge nicht so ausgeprägt sind wie bei herkömmlicher (schnittfester) Rohwurst, und die Hürden der Räucherung und Abtrocknung fehlen, sind die frischen rohwurstartigen Erzeugnisse generell verderbnisanfälliger als klassische Rohwürste. Die Hersteller berücksichtigen dies, indem sie vorgeben, daß die Produkte unter strikter Kühlung nur kurze Zeit aufzubewahren sind.

2.2.2 Erzeugnisse aus gestückeltem rohem Fleisch

2.2.2.1 Erzeugnisse auf Spießen: Gyros und vergleichbare Produkte

Die griechische Spezialität **Gyros** ist ein dem Döner Kebab ähnliches Produkt, jedoch wird im Gegensatz zu dem unter Abschnitt 2.2.1.1 beschriebenen Döner Kebab kein zerkleinertes Fleisch verarbeitet. Der Begriff „Gyros" bezeichnet den Vorgang der „Umdrehung" bzw. „Rotation" und ist als Hinweis auf die typische Zubereitung, nämlich am rotierenden Spieß, aufzufassen [10, 18, 40]. Das Produkt besteht in der Bundesrepublik Deutschland aus rohen, marinierten, speziell gewürzten Schweinefleischscheiben, welche auf einem senkrecht stehenden Drehspieß zylinder- oder kegelförmig geschichtet und durch seitlich zugeführte trockene Hitze oberflächlich gegart werden. Die in dünnen Streifen oder Scheiben abgetragene braun gegrillte Fleischoberfläche wird serviert [10, 18, 28, 40, 71]. Neben der Bezeichnung des beschriebenen Originalproduktes wurde der Begriff „Gyros" seit Anfang der achtziger Jahre allein oder in Wortverbindungen für nachgemachte Erzeugnisse verwandt. Auf diese gyrosähnlich dargebotenen oder gyrosartig gewürzten Produkte wird in den nachfolgenden Abschnitten 2.2.2.2 und 2.2.2.5 gesondert eingegangen.

Das Originalprodukt, also Abschnitte von großkalibrigen Spießen, wird in der einschlägigen Gastronomie, an festen Imbißständen aber auch an Imbißwagen und -ständen auf Märkten und im Reisegewerbe abgegeben [1, 71]. Insbesondere wegen des „mobilen" Verkaufs und aufgrund der Tatsache, daß ähnliche hygienische Verhältnisse herrschen wie bei Döner Kebab, stellte sich die Frage nach der Erfassung durch die HFlV. Die Zuordnung zu §1 Abs. 1 Nr. 2 analog Döner Kebab mit zerkleinertem Fleisch ist jedoch wegen der Herstellung der Spieße ausschließlich aus Fleischstükken nicht möglich. Die Schichtung erfolgt allerdings wie bei Döner Kebab von Hand, und die Spieße unterliegen bei der Zubereitung den gleichen Temperaturbedingungen und bleiben im Innern roh (vgl. Abschnitt 2.2.1.1). Es wurde daher vorgeschlagen, Gyros als überdimensionierten Fleischspieß unter §1 Abs. 1 Nr. 6 (Schaschlik und in ähnlicher Weise hergestellte Erzeugnisse aus gestückeltem Fleisch ...) einzugruppieren, solange sie ganz oder teilweise roh sind [23]. Diese Einschätzung wurde jedoch von anderen Sachverständigen nicht geteilt [59, 60, 71]. Sie wollten Gyros (und vergleichbare Döner Kebab-Produkte) aus großen Fleischscheiben (ca. 1 cm dicke Kammscheiben) nicht der HFlV unterworfen wissen. Andererseits wird aber auch bedauert, daß die Erzeugnisse, obwohl hygienisch labil, aus formalen Gründen wegen der Größe ihrer Fleischstücke nicht der HFlV unterliegen [10]. Bei der Untersuchung von n = 29 verzehrsfertigen Proben von Spießabschnitten wurden Gesamtkeimzahlen im Bereich von 10^2 bis 10^6/g festgestellt. Hohe Keimzahlen (> 10^5/g) sowie Enterokokken, Enterobakteriazeen und Staphylokokken waren nur in Einzelfällen vorhanden. Es handelte sich um solche Abschnitte, die nicht durchgegarte Bezirke aufwiesen. In diesen unmittelbar unter der erhitzten Oberfläche liegenden Schichten und im Innern der Spieße herrschen optimale Temperaturen für die Keime. Sie können sich bei längerer Aufbewahrung (beobachtet wurden Fristen bis zu 2 Tagen) vermehren und gesundheitsgefährdende Stoffwechselprodukte, z. B. hitzestabile Staphylokokken-Enterotoxine produzieren [10]. Daß bei den vorgelegten Untersuchungen keine pathogenen Keime wie Salmonellen, *Staphylococcus aureus*, *Clostridium perfringens* und *Bacillus cereus* vorhanden waren, negiert das hygienische Risiko der Produkte keineswegs. In Einzelfällen sind nämlich bei (nach zwischenzeitlicher Kühlung) wieder erhitzten Proben direkt unter der Oberfläche *C. perfringens*-Keimzahlen von 10^3 bis 10^4/g und *S. aureus* in Konzentrationen von $2{,}3 \times 10^2$ bis $2{,}4 \times 10^3$/g nachgewiesen worden [9].

Ähnliche Verhältnisse herrschen auch bei den sonstigen Spießen aus stükkigem Fleisch, den türkischen Pendants des griechischen Gyros, z. B. Döner Kebab, Sis Kebab, Yaprak-Döner und Antep Sislik.

Döner Kebab besteht aus Fleischscheiben vom Rind, Kalb oder Hammel. Zuweilen wird auch Truthahnfleisch verwendet, jedoch sind derartige Spieße nicht orts- und gewerbeüblich [17, 60].

Sis Kebab (Schwert-Fleisch) ist auf einen langen Spieß gestecktes und gebratenes Hammelfleisch. Das Produkt wird auch als kleinkalibriger Spieß beschrieben.

Yaprak Döner (Blattfleisch) steht für einen qualitativ hochwertigen Döner Kebab-Spieß aus Schulterfleisch von Rind oder Kalb ohne Hackfleisch, der u. a. in Berlin vertrieben wird.

Antep Sislik (Antep-Spieß) ist ein nach der Stadt Antep in der Türkei benannter Spieß, der ebenfalls nur aus Fleischstücken von Rind oder Kalb geschichtet und u. a. in Berlin bekannt ist.

Als Anhaltspunkt für die mikrobielle Beschaffenheit der Produkte können die im Ursprungsland Türkei an Döner Kebab durchgeführten Untersuchungen angeführt werden [17]. Die 47 Proben waren Abschnitte von Spießen in der Zubereitung, die ausschließlich aus Hammelfleischscheiben bestanden. Aufgrund der sehr unterschiedlichen Hitzeeinwirkung auf die äußeren Spießpartien ergab sich ein recht unterschiedliches Bild der Keimgehalte. Zwar lagen die Keimzahlen häufig unter der Nachweisgrenze, es kamen aber auch Fälle mit Gesamtkeimzahlen von 10^6/g, mit Mikrokokken von 10^5/g und mit sulfitreduzierenden Anaerobiern von 10^4/g vor. Gerade wenn in Stoßzeiten halbgare Portionen verkauft werden, besteht wegen des Vorkommens von *C. perfringens*-Keimen in höheren Konzentrationen die Gefahr einer Lebensmittelvergiftung.

Die mikrobiologisch-hygienischen Verhältnisse bei Döner Kebab deutscher Herstellung können anhand der im Münchner Raum erhobenen Befunde verdeutlicht werden [60]. Es handelte sich bei den 44 Proben überwiegend um Produkte aus Fleischscheiben. Da jedoch auch Erzeugnisse mit zerkleinertem Fleisch in dem Untersuchungskontingent enthalten waren, diese jedoch nicht getrennt ausgewiesen wurden, wurden die Untersuchungsergebnisse schon unter Abschnitt 2.2.1.1 behandelt (vgl. auch Tab. 2.2.2).

Um Gesundheitsgefährdungen zu vermeiden und eine unbedenkliche mikrobiologische Beschaffenheit zu gewährleisten, werden an Spieße aus Fleischscheiben von der Herstellung bis zur Abgabe an den Verbraucher hohe hygienische Anforderungen gestellt. Gefordert wird, die Größe dem voraussichtlichen Verkaufsbedarf anzupassen, das rohe Fleisch nicht zu lange bei Risikotemperaturen auf dem Spieß zu belassen, die abgabefertigen Portionen gut durchzugaren und die Abgabefrist auf wenige Stunden zu beschränken [10].

2.2.2.2 Marinierte geschnetzelte Erzeugnisse: Fleisch-Gemüse-Mischungen (Pfannengerichte, Fleischpfannen) und gyrosähnliche Erzeugnisse

Marinierte Fleischzubereitungen gehören mittlerweile zum Standardangebot von Fleischereien und von Frischfleisch- und SB-Abteilungen des Lebensmittelhandels. Die Erzeugnisse bestehen aus rohen Fleischstreifen oder
-scheibchen, die mit einer würzenden Tunke und häufig mit Zwiebeln bzw. verschiedenen Gemüsen vermischt sind. Sie werden als küchenfertige „Convenience"-Produkte entweder in gekühlter Form (lose) oder als tiefgefrorene Produkte (verpackt) angeboten und sind nach dem Kurzbraten im Haushalt verzehrsfertig.

Als Ausgangsmaterial wird Schweinefleisch (meist geschierte Schultern und Kämme) eingesetzt. Die Zerkleinerung erfolgt von Hand oder wird maschinell vorgenommen. Bei industrieller Herstellung werden die Schulterstücke (häufig Gefrierfleisch) „naß" gewürzt, angepoltert, in Blöcken angefrostet und mit einem Gefrierfleischschneider geschnitten.

Aufgrund des Zuschnittes ist das Fleisch als „geschnetzelt" einzustufen. Geschnetzeltes Fleisch wird als kleine, dünne, quer zur Faser geschnittene Scheiben oder Streifen von sehnen- und fettgewebsarmem Skelettmuskelfleisch charakterisiert [33, 71]. Es unterliegt wegen seines Zerkleinerungsgrades im rohen Zustand den Bestimmungen der HFlV [10, 18, 28, 40, 71]. Die Eingruppierung ergibt sich aus § 1 Abs. 1 Nr. 1, wo geschnetzeltes Fleisch definitiv genannt ist. Von den sich aus der Erfassung durch die HFlV ergebenden Besonderheiten sind insbesondere die Temperaturanforderungen (§ 4), die Fristen für das Inverkehrbringen (§ 5) sowie die Anforderungen an die Herstellung von tiefgefrorenen Erzeugnissen (§ 3) zu beachten. Bei losen, gekühlten Erzeugnissen besteht in der Praxis nicht immer Klarheit darüber, daß sie nur am Tage der Herstellung in den Verkehr gebracht werden dürfen. Die Fehlinterpretation beruht darauf, daß die zugesetzte Marinade als „Beize" i. S. von § 1 Abs. 3 Nr. 4 HFlV angesehen wird, bei deren Anwendung das Erzeugnis aus der HFlV entlassen ist. Diese Annahme trifft jedoch nicht zu, weil es sich bei den Würztunken nicht um „saure Aufgüsse" handelt, die eine Verlängerung der Haltbarkeit des zerkleinerten Fleisches bewirken. Die dazu erforderliche Säuerung wird, wie die pH-Werte der untersuchten Produkte zeigen, nicht annähernd erreicht. Wegen der lebensmittelhygienischen und lebensmittelrechtlichen Bedeutung der Marinaden werden diese in einem separaten Abschnitt behandelt (vgl. 2.2.2.3).

Der Gemüseanteil der sog. **Fleischpfannen** setzt sich vorrangig zusammen aus

- frischem Gemüse (z. B. Zwiebeln, Paprika und Sojasprossen),
- tiefgekühltem Gemüse (z. B. Suppengemüse, grüne Bohnen, Erbsen),
- hitzesterilisiertem Gemüse (z. B. Sojasprossen, grüne Bohnen, Erbsen) auch exotischem (z. B. Maiskörnern, diversen Pilzen) oder
- sauer eingelegtem Gemüse (z. B. Gurken, Silberzwiebeln).

Fleisch-Gemüse-Gerichte werden häufig unter Phantasiebezeichnungen in den Verkehr gebracht, die Rückschlüsse auf die Verwendung bestimmter Gemüsezutaten und Gewürze und die Art der Zubereitung zulassen: z. B. „Schnelle Pfanne" (Schnellgericht zum Kurzbraten), „Zwiebelpfanne" (Zwiebelringe dominierend), „Hubertus" (Waldpilze), „Madras/China/Hongkong" (Curry, Chinapilze, Bambus- und Sojasprossen), „Mexiko/Balkan/Budapest" (Zwiebel, Paprika).

Erzeugnisse mit gyrosartiger Würzung wurden früher unzutreffend als „Gyros" oder als „Gyros aus geschnetzeltem Schweinefleisch" bezeichnet [40]. Es handelt sich um Erzeugnisse, die mit dem (Original-) Gyros zwar die Verwendung gleichartigen Ausgangsmaterials (Schweinefleischscheiben), gleichartiger Gewürze und Marinierung gemeinsam haben, jedoch als Pfannengerichte angeboten werden. Für diese Produkte wird die Benennung „**Schweinegeschnetzeltes nach Gyrosart**" als ausreichend anerkannt. Nicht zu tolerieren sind jedoch Bezeichnungen wie „Gyros-Geschnetzeltes", „Gyros, geschnetzeltes Schweinefleisch", „Pfannen-Gyros" oder „Gyros-Pfanne" (OLG Koblenz vom 22. 4. 1988 I Ss 126/88, 312 JS 8482/87 – 28 OWi – Sta Mainz, zit. nach [28]).

Die zu besprechenden mikrobiologischen Untersuchungen erfassen ausschließlich die Produkte im rohen Zustand, in dem sie an den Verbraucher abgegeben werden. Von n = 41 Fleischzubereitungen mit unterschiedlichen Gemüseanteilen („Chinapfanne, Gemüsepfanne, Balkanpfanne, Madagaskarpfanne, Puten-Curry-Pfanne) wurden mesotrophe Gesamtkeimzahlen mit einem Wert von durchschnittlich $3{,}3 \times 10^7$ KBE/g festgestellt. Die psychrotrophe Gesamtkeimzahl, die zwischen $2{,}7 \times 10^4$ bis $3{,}4 \times 10^8$ lag, stellte die Ursache für eine bakteriell bedingte Wertminderung dar. Die den psychrotrophen Keimarten zugehörigen Pseudomonaden lagen zu 75 % in einem Bereich von 10^5 bis 10^7 KBE/g. Die Keimzahlen von Laktobazillen streuten in einem Bereich von 10^3 bis 10^7 KBE/g. Die Keimzahlen von Enterobakteriazeen lagen zu 68 % in einem Bereich von 10^3 bis 10^4 KBE/g. *Staphylococcus aureus* wurde in 44 % der Proben mit einer Keimzahl von $2{,}7 \times 10^2$ bis $8{,}1 \times 10^2$ KBE/g nachgewiesen [52].

Bei weiteren n = 57 Proben geschnetzeltem Fleisch nach Gyros-Art und sonstigen Pfannengerichten mit Zwiebeln und diversen Gemüsen (überwiegend verpackte tiefgefrorene Produkte) lag die aerobe Koloniezahl im Mittel bei $2{,}5 \times 10^5$ KBE/g (Minimalwert $5{,}0 \times 10^3$, Maximalwert $2{,}0 \times 10^8$). Als dominierende Flora wurden in wechselnder Zusammensetzung Milchsäurebakterien, aerobe Sporenbildner und Mikrokokken festgestellt. Hygienisch relevante Enterobakteriazeen und Pseudomonaden kamen bei 37 bzw. 25 Proben mit Keimzahlen von $2{,}0 \times 10^2$ bis $6{,}3 \times 10^6$ KBE/g (Enterobacteriazeen) bzw. $1{,}3 \times 10^3$ bis $3{,}0 \times 10^7$KBE/g (Pseudomonaden) vor. Hefen wurden zwar nicht regelmäßig untersucht, bei Proben mit rohem Gemüse ergaben sich jedoch Keimzahlen von 10^3 bis 10^4 KBE/g. Koagulasepositive Staphylokokken und *Clostridium perfringens* ließen sich je zweimal nachweisen, während *Bacillus-cereus*-Keime in allen Fällen unter der Nachweisgrenze von 10^2 KBE/g lagen. Salmonellen waren nach Anreicherung von 25 g bei 4 Proben nachweisbar. *Listeria monocytogenes* ließen sich ebenfalls nach Anreicherung in 1 g (7 Fälle) feststellen, die Keimzahlen lagen jedoch unter 10^2 KBE/g [21].

Bei der Untersuchung von 73 Proben **„Zerkleinertes Schweinefleisch, nach Gyros-Art gewürzt"** aus dem Handel lagen die pH-Werte bei 82,2 % in dem Bereich von 5,6–6,2. Die bakteriologischen Befunde dieser Untersuchungen sind in Tab. 2.2.5 aufgeführt [40].

Tab. 2.2.5 Keimgehalte (lg KBE/g) und Häufigkeitsverteilung (%) in „Zerkleinertem Schweinefleisch, nach Gyros-Art gewürzt" (n = 73) (nach MURMANN, LENZ, V. MAYDELL, 1985)

Keimart	lg KBE/g von–bis	Häufigkeitsverteilung (%) Keimzahlklassen (lg KBE/g)						
		<2	2	3	4	5	6	7
Aerobe GKZ	4,3–8,0	–	–	–	2,7	41,1	39,7	16,4
Enterobacteriaceae	<2,0–5,6	6,9	5,5	67,1	17,8	2,7	–	–
Enterokokken	<2,0–4,2	2,9	41,1	24,7	1,4	–	–	–
Bacillus spp.	<2,0–4,7	26,0	6,9	37,0	30,1	–	–	–
Staphylococcus spp.	<2,0–6,0	13,7	–	27,4	54,8	4,1	–	–
Lactobacillus spp.	<2,0–6,6	1,4	5,5	31,5	37,0	19,2	5,5	–
Pseudomonas spp.	<2,0–7,0	24,7	4,1	2,7	21,9	27,4	17,8	1,4
Salmonella spp.	negativ							
Clostridium spp.	negativ							

In einer weiteren Untersuchungsreihe wurden bei n = 32 Proben derselben Produktgruppe aerobe Gesamtkeimzahlen zwischen 10^2 und 10^8 KBE/g ermittelt. 91 % aller Proben lagen im Bereich 10^5 bis 10^7 KBE/g. Enterobacteriaceae wurden in der Größenordnung bis 10^5 KBE/g und Hefen bis 10^7 KBE/g nachgewiesen. *Bacillus cereus*, *Clostridium perfringens* und *Staphylococcus aureus* konnten in keinem Fall festgestellt werden. Hingegen konnten in diesen rohen Fleischzubereitungen durch Anreicherungsverfahren in zwei Fällen Salmonellen angezüchtet werden (S. livingstone und S. panama). Die ermittelten pH-Werte lagen zwischen 5,6–5,8 [10].

2.2.2.3 Marinaden für geschnetzeltes Fleisch

Die heute für die Fleischzubereitungen von der Zulieferindustrie angebotenen Marinaden gliedern sich in [66]:

- **Marinaden auf Wasserbasis**. Hierbei handelt es sich um suspendierte Gewürze und Komponenten in Lösung, wie z. B. Salz, Zucker, Stärke u. a. Sie haben gegenüber Marinaden auf Ölbasis den Vorteil, daß die Geschmacksstoffe besser in das Fleisch eindringen können. Auch in bezug auf ihr Grillverhalten sind sie vorzuziehen, da Produkte auf Ölbasis zum Anbrennen neigen. Im Hinblick auf die kalorische Belastung liegen die Marinaden auf Wasserbasis eher im Trend.
- **Emulgierte Marinaden**. Es handelt sich hierbei um Öl-in-Wasser-Emulsionen. Die Produkte sind auch als „Light Produkte" mit vermindertem Fettanteil im Handel.
- **Marinaden auf Ölbasis**. Es handelt sich um Suspensionen von Gewürzen, Zuckerstoffen, Kochsalz u. a. in Speiseöl. Die Konsistenz hängt von der Temperatur ab, und aufgrund eines relativ niedrigen a_w-Wertes sind diese Produkte aus mikrobiologischer Sicht als stabil zu bewerten.

Bei sämtlichen dieser Marinaden handelt es sich um keine Beizen (saure Aufgüsse) i. S. der HFlV (§ 1 Abs. 3 Nr. 4), durch welche die Produkte aus der HFlV zu entlassen sind („nicht mehr roh") [16, 65]. Dies geht auch aus Rezepturanweisungen der Hersteller dieser Gewürzmarinaden hervor. Sie enthalten i. d. R. einen Hinweis in der Form, daß geschnetzeltes, mit Marinade versetztes Fleisch unter die HFlV fällt und am Tage der Herstellung verkauft werden muß.

Die bei mariniertem Fleisch auftretende Wirkung wird dem Einfluß von Säuren auf das kollagene Bindegewebe zugeschrieben. Die säurelabilen Querverbindungen im Kollagenmolekül werden gelöst, was eine Auflockerung der Gewebestruktur zur Folge hat. So sollen auch die Genußsäuren auf die Myofibrillen wirken, die ebenfalls die Möglichkeit zum Quellen besitzen. Bei einem pH-Wert von pH 5,0 wurde ein Minimum an Wasseraufnahme bei Fleisch beobachtet und dadurch auch ein Maximum an Scherkraft gemessen. Begründet wird dieses mit dem minimalen Wasserbindungsvermögen der Myofibrillen am isoelektrischen Punkt. Durch eine pH-Wert-Verschiebung nach oben oder unten, mittels Einsatz von Säuren oder Laugen, verbessert sich das Wasserbindungsvermögen. Hierbei lockert sich die Struktur aufgrund der Wasseranlagerung. Untersuchungen [57] ergaben, daß durch das Marinieren mit steigender Konzentration der Säuren eine verbesserte Zartheit des Fleisches erreicht werden konnte. Bei einer Konzentration der Säure von über 0,15 Mol wurde das Produkt als zu sauer bewertet. Eine Verlängerung der Haltbarkeit durch Einlegen in saure gewürzhaltige Aufgüsse ist nur dann gegeben, wenn der pH-Wert im Innern des Fleisches unter 5,0 abgesenkt wird, weil dann Vermehrung und Toxinbildung von lebensmittelhygienisch relevanten Mikroorganismen gehemmt werden. Derartig niedrige pH-Werte werden bei den sog. Fleischpfannen jedoch nicht erreicht [10, 16, 52]. Die Produkte fallen deshalb weiterhin unter die Bestimmungen der Hackfleisch-Verordnung. Das in die Marinaden eingelegte Fleisch erfährt keine Verlängerung der Haltbarkeit; § 1 Abs. 3 Nr. 4 HFl trifft somit nicht zu.

2.2.2.4 Sonstige Erzeugnisse aus geschnetzeltem Fleisch: Zubereitungen der asiatischen Küche, Carpaccio

Bei **Gerichten der asiatischen, insbesondere der chinesischen Küche** werden in den Restaurants häufig dünne Streifen bzw. Scheibchen Schweine- und Rindfleisch, größere Stücke Geflügelfleisch, auch Fischfiletstücke und ganze Garnelenschwänze sowie Fleischklößchen verwendet. Häufig sind die Fleischstreifen im Zerkleinerungsgrad mit geschnetzeltem, zerkleinertem Fleisch vergleichbar. Sie werden sogar als sehr kleine ausgefranste Streifen, deren Oberfläche zerquetscht ist, beschrieben [42]. Bei der Herstellung der Gerichte werden fast immer Öl, Stärke, Kochsalz, Pfeffer, z. T. auch Eier, Zukker, Natron, Glutamat und Weinbrand eingesetzt.

Praxisüblich ist es, die Gemenge aus rohen Fleischstreifen bzw. -stücken und den würzenden Zutaten zum Erreichen oder zur Verbesserung der spezifischen Geschmacksnote durchziehen zu lassen. In Abhängigkeit von Zubereitungsmengen und Verbrauch reicht die Häufigkeit der Herstellung von täglich bis wöchentlich. Somit ergeben sich Aufbewahrungszeiten der rohen Erzeugnisse von einem bis zu acht Tagen unter Kühllagerung, manchmal auch unter Gefrierbedingungen [24].

Obwohl die Spezialitäten in der beschriebenen Art und Weise schon seit Jahren hergestellt werden und somit ein gewisser Gewerbebrauch üblich ist, stellt sich die Frage nach der Anwendung der HFlV. Wenn man die Frage bejaht, sind die Erzeugnisse aus dünnen Fleischstreifen, solange sie roh sind, als geschnetzeltes Fleisch unter § 1 Abs. 1 Nr. 1 HFlV einzustufen. Dies bedeutet, daß die Einschränkungen, die sich aus der Unterwerfung ergeben, zu beachten sind. Insbesondere ist die Vorgabe der täglichen Herstellung zu nennen, welche die über eine Geschäftsperiode hinausgehende Aufbewahrung ausschließt. Die Erzeugnisse müssen nach Ablauf dieser Frist so behandelt werden, daß sie als nicht mehr roh i. S. der HFlV (§ 1 Abs. 3) anzusehen sind. Die Praxis des „Marinierens" in der oben beschriebenen Form kann jedoch nicht als eine solche Behandlung angesehen werden, weil es sich nicht um „saure Aufgüsse (Beizen)" handelt, die eine Verlängerung der Haltbarkeit bewirken (vgl. dazu Abschnitte 2.2.2.2 und 2.2.2.3). Den Produkten eine Sonderstellung hinsichtlich der Fristen für die

Inverkehrgabe einzuräumen („Marinieren“ i. S. von „Reifen“ wie bei Döner Kebab oder Cevapcici – vgl. Abschnitte 2.2.2.1 und 2.2.2.2) wird nicht für erforderlich erachtet: Bei Verzehr chinesischer (bzw. asiatischer) Gerichte wird meist der Geschmackseindruck aufgrund der Würzung des Fleisches und der zahlreichen exotischen Vegetabilien sowie der zugehörigen Soße als dominierend empfunden [24, 42].

Im Gegensatz zu dieser Position, die durch den Arbeitskreis Lebensmittelhygienischer Tierärztlicher Sachverständiger (ALTS) vertreten wurde [24], kam das übergeordnete Gremium, der Ausschuß für Lebensmittelüberwachung (AfLMÜ) der Arbeitsgemeinschaft der Leitenden Veterinärbeamten der Länder (ArgeVet) zu einem anderen Beschluß: „Fleischerzeugnisse der chinesischen Küche, die küchenmäßig zubereitet und danach durchgegart werden, also Vor- oder Zwischenprodukte darstellen, sollten nicht nach der HFlV beurteilt werden [2]. Als Begründung ist dem Protokoll der AfLMÜ-Sitzung zu entnehmen, daß die Mitglieder des Ausschusses mehrheitlich darin übereinstimmten, daß „in dieser Angelegenheit kein Bezug zu Fragen des Gesundheitsschutzes des Verbrauchers zu erkennen ist“. Im Vorfeld der Entscheidung wurde allerdings vom damaligen Bundesministerium für Jugend, Familie, Frauen und Gesundheit (BMJFFG) die Meinung vertreten, die Beurteilung als Tatbestandsfrage zu betrachten, bei der von Fall zu Fall geprüft werden müsse, ob das eingelegte Fleisch nicht mehr als roh i. S. der HFlV anzusehen ist.

Trotz der unterschiedlichen Auslegung zur Anwendung der HFlV ist der AfLMÜ-Beschluß für die Lebensmittelüberwachung maßgebend. Es soll daran auch bei der zu erwartenden Neukonzeption der HFlV durch die Umsetzung der EU-Hackfleisch-Richtlinie festgehalten werden [55].

Unabhängig von der Anwendung der HFlV ist es unbestritten, daß die rohen Gemenge aus geschnetzeltem Fleisch als hygienisch labil einzustufen sind [71]. Aufgrund von Überlagerung, d. h. Fristüberschreitung im Rahmen der HFlV, wurden n = 20 Proben nach der sensorischen Untersuchung häufig als verdorben beurteilt [42].

Bei der Untersuchung von n = 70 Fleischzubereitungen der chinesischen Küche aus dem Handel wurden die in Tab. 2.2.6 aufgeführten mikrobiologischen Ergebnisse ermittelt [24]. Bei 60 rohen Proben lagen die aeroben Koloniezahlen im Bereich von $4{,}0 \times 10^4$ bis $4{,}0 \times 10^7$ KBE/g. Als dominierende Flora lagen Laktobazillen und/oder Pseudomonaden vor. Die Enterobakteriazeen reichten von $3{,}0 \times 10^2$ bis $3{,}0 \times 10^5$ KBE/g, bei zwei Proben waren auch Salmonellen nach Anreicherung in 25 g Probenmaterial nachweisbar. Nicht vorhanden waren *S. aureus*, *B. cereus* und *C. perfringens*. Die pH-Werte dieser rohen Fleischzubereitungen lagen zwischen 5,7–7,6, also eher

Tab. 2.2.6 Untersuchungsergebnisse von Fleischzubereitungen der chinesischen Küche (nach JÖCKEL und STENGEL, 1986)

	gegarte Proben (n = 10	rohe Proben (n = 60)
aerobe Gesamtkeimzahl	$x = 4{,}4$	$= 6{,}5$
	$x_{min} < 2{,}3$	$= 4{,}6$
	$x_{max} = 5{,}9$	$= 7{,}6$
dominierende Flora	Lactobazillen und/oder Pseudomonaden	
Enterobacteriaceae	$x = 3{,}6$	$= 4{,}0$
	$x_{min} < 2{,}3$	$= 2{,}3$
	$x_{max} = 5{,}0$	$= 5{,}3$
Salmonellen	nicht nachweisbar	2 positiv
Staphylococcus aureus, Bacillus cereus und Clostridium perfringens waren	in allen Proben nicht nachweisbar	
pH-Wert	5,7–7,4	5,7–7,6
Sensorik	z. T. Geruchs- u. Geschmacks-abweichung	keine Abweichung
Konservierungsstoffe	nicht untersucht	nicht nachweisbar

im alkalischen Bereich, bedingt durch Zutaten wie Eier und Natron. Sensorisch konnten keine Abweichungen festgestellt werden. Obwohl die gegarten Proben (n = 10) niedrigere Keimzahlen als die rohen Erzeugnisse aufwiesen, waren bei einem Teil Geruchs- und Geschmacksfehler festzustellen. Die Vorschriften der HFlV waren wegen des vollständigen Durchgarens nicht relevant.

Carpaccio ist ein italienisches Gericht, das aus rohem, fett- und bindegewebsarmem Fleisch hergestellt wird. In der Originalrezeptur wird Rinderfilet eingesetzt. Zahlreiche Modifikationen mit Fleisch anderer Tierarten einschließlich Haarwild, Geflügel und auch Fisch sind üblich. Das Fleisch wird in sehr dünne Scheiben geschnitten, mit einer Marinade (z. B. aus Zitronensaft, Salz, Pfeffer, Knoblauch und Olivenöl) angerichtet sowie mit Hartkäse (Parmesan o. ä.) und evtl. mit Pilzen (Steinpilzen oder Champignons) garniert. Die Speise wird ohne weitere Behandlung, insbesondere ohne Erhitzung oder ein anderes haltbarkeitsverlängerndes Verfahren, zum unmittelbaren Verzehr angeboten.

Carpaccio stellt ein besonderes Hygieneproblem dar, da durch das Schneiden des Fleisches in hauchdünne Scheiben die Oberfläche extrem vergrößert wird, die zum Anrichten verwendete „Marinade" praktisch keinen keimhemmenden Effekt besitzt, und eine weitergehende Behandlung, die zu einer Verminderung oder auch nur zu einer Hemmung des Wachstums von Mikroorganismen führen könnte, nicht erfolgt.

Carpaccio aus Wildbret ist aus hygienischer Sicht besonders kritisch zu beurteilen. Fleisch von erlegtem Wild wird i. d. R. unter schwierigen Hygienebedingungen gewonnen und behandelt. Es muß deshalb mit einer erhöhten Keimbelastung schon vor der Feinzerkleinerung gerechnet werden. Von einer Verwendung dieses Ausgangsmaterials zur Herstellung von Carpaccio ist daher abzuraten.

Das Bundesgesundheitsamt (BGA jetzt BGVV) hat in einer Stellungnahme [4] die Auffassung vertreten, daß Carpaccio aus Wildfleisch kein Hackfleisch nach § 2 Abs. 2 Satz 1 der HFlV, sondern ein anderes, der HFlV unterliegendes, Erzeugnis ist. Das BGA regte an, das Verbot des § 2 Abs. 2 Satz 1 HFlV auf alle Angebotsformen von Wildfleisch nach § 1 HFlV auszudehnen, die bei bestimmungsgemäßer oder vorhersehbarer Verwendung vor dem Verzehr nicht mehr erhitzt werden, und die auch keinem anderen in § 1 Abs. 3 HFlV genannten Behandlungsverfahren unterzogen werden.

2.2.2.5 Gyrosartig gewürzte Erzeugnisse

Gyrosartig gewürzte Erzeugnisse sind Fleischerzeugnisse, die mit dem Gyros nur noch die Verwendung spezifischer Gewürze gemeinsam haben. Derartige Erzeugnisse dürfen nur so gekennzeichnet werden, daß die gyrosartige Würzung für den Verbraucher klar erkennbar wird (z. B. „Schweinebauch, gyrosartig gewürzt", „Fleischkäse, gewürzt nach Gyrosart" und ähnlichen Bezeichnungen) [28]. Diese Produkte unterliegen in der Regel nicht den Bestimmungen der HFlV.

Literatur

[1] Ausschuß für Lebensmittelüberwachung (AfLMÜ) der Arbeitsgemeinschaft der Leitenden Veterinärbeamten der Länder (ArgeVet): Herrichten, Feilhalten und Abgeben der griechischen Spezialität „Gyros" auf Märkten und im Reisegewerbe. 10. Sitzung am 22./23. 10. 1984 in Berlin, Top 7.1, Protokoll S. 21.

[2] Ausschuß für Lebensmittelüberwachung (AfLMÜ) der Arbeitsgemeinschaft der Leitenden Veterinärbeamten der Länder (ArgeVet): Beurteilung von Fleischzubereitungen der chinesischen Küche. 14. Sitzung am 21./22. 9. 1987 in Berlin, Top 8, Protokoll S. 19.
[3] Ausschuß für Lebensmittelüberwachung (AfLMÜ) der Arbeitsgemeinschaft der Leitenden Veterinärbeamten der Länder (AfLMÜ): Zur Beurteilung von „Döner Kebab", Sondersitzung am 30. 10. 1991 in Berlin, Top 3, Protokoll S. 7.
[4] BGA-Pressedienst: Wildbret im Haushalt, im Handel und in der Gastronomie – wichtige Verbrauchertips; Hinweise für Jäger und Wildhandel. **50**, 1988.
[5] Bundesminister für Jugend, Familie, Frauen und Gesundheit: Beurteilung von Fleischzubereitungen der chinesischen Küche. Schreiben vom 1. 10. 1986, Gesch. Z. 422-7006-2/24 an den Senator für Gesundheit und Soziales/Berlin.
[6] Bickel, W.: Der große Pellaprat. Die französische und internationale Küche. Verlag Gräfe und Unzer, 9. Auflage (Neufassung) – ohne Jahresangabe.
[7] Boos, G.: Vorkommen von Salmonellen in schnittfesten und streichfähigen Rohwürsten. Fleischwirtsch. **59** (1979), 1882–1885.
[8] Burow, H.: Zur Eingruppierung von Döner Kebab unter die Vorschriften der Hackfleischverordnung. Pers. Mitteilung (1994).
[9] Bryan, F. L.; Standley, S. R.; Henderson, W. C.: Time-Temperature Conditions of Gyros. J. Food Prot. **43** (1980), 346–353.
[10] Flemming, R.; Stojanowic, V.; Kipper, L.: Gyros – Beschaffenheit, Zusammensetzung, Hygienestatus, lebensmittelrechtliche Beurteilung. Fleischwirtsch. **66** (1986), 22–28.
[11] Gerichtsentscheid in Sachen Döner Kebab: Urteil des Amtsgerichts Tiergarten von Berlin vom 2. 12. 1991 – 329-135/91 – rechtskräftig seit 1. 9. 1992.
[12] Gerichtsentscheid in Sachen Döner Kebab: Urteil des Landgerichts Berlin vom 21. 4. 1992 – (519) 1 Wi Js 213/91 Ns (4/92) – rechtskräftig seit 1. 9. 1992.
[13] Gerichtsentscheid in Sachen Döner Kebab: Beschluß des Kammergerichts Berlin vom 31. 8. 1992 – (5) 1 Ss 104/91(26/92).
[14] Gorys, E.: Heimerans Küchenlexikon, München: Kochbuchverlag Heimeran KG, 1975.
[15] Gissel, C.: Mitteilungsblatt der Bundesanstalt für Fleischforschung Kulmbach, **32** (1992), 275.
[16] Hechelmann, H.: Einfluß des Säuregrades auf die Vermehrung von Salmonellen bei zerkleinertem Fleisch. 26. Arbeitstagung Lebensmittelhygiene der Deutschen Veterinärmedizinischen Gesellschaft (DVG) Garmisch-Partenkirchen (1985), Tagungsbericht 254–259.
[17] Hildebrandt, G.; Yurtyeri, A.; Tolgay, Z.; Ambarci, I; Siems, H.: Vorkommen und Bedeutung von Mikrokokken und sulfitreduzierenden Anaerobiern in Proben von Lebensmitteln tierischer Herkunft in der Türkei. Berliner und Münchener tierärztliche Wochenschrift **86** (1973), 88–93.
[18] Jahnke, K.: Gyros – eine Fleischzubereitung nach griechischer Art. Fleischerei **34** (1983), 794.
[19] Jöckel, J.: Herstellung und Qualitätsanforderungen an Döner Kebap. Lebensmittelkontrolleur **4** (1989), 6–8.
[20] Jöckel, J.: Mikrobiologische Untersuchungen von Cevapcici-Proben am LAT Berlin. Unveröffentlichte Ergebnisse der Jahre 1991, 1992 und 1994.
[21] Jöckel, J.: Mikrobiologische Untersuchungen von Geschnetzeltem nach Gyros-Art und sonstige „Pfannengerichte" mit Zwiebeln und Gemüse am LAT Berlin. Unveröffentlichte Ergebnisse der Jahre 1991 bis 1994.
[22] Jöckel, J.: Einsatz der Impedanz-Methode in der amtlichen Lebensmittelüber-

wachung. Symposium Schnellmethoden und Automatisierung der Lebensmittel-Mikrobiologie, Lemgo (1994), Tagungsbericht 9–13.
[23] JÖCKEL, J.; STENGEL, G.: „Döner Kebab"; Untersuchung und Beurteilung einer türkischen Spezialität. Fleischwirtsch. **64** (1984), 527–540.
[24] JÖCKEL, J.; STENGEL, G.: Untersuchung und Beurteilung von Fleischzubereitungen der chinesischen Küche. 38. Arbeitstagung des Arbeitskreises Lebensmittelhygienischer Tierärztlicher Sachverständiger (ALTS) Berlin (1986), Protokoll 48–49.
[25] JÖCKEL, J.; WEBER, H.; GERIGK, K.; GROSSKLAUS, D.: Chemisch-Analytische, physikalische und sensorische Untersuchungen „Frischer Mettwurst" – 1. Der Einfluß verschiedener Zusatzstoffe. Arch. Lebensmittelhyg. **27** (1976), 130–134.
[26] KAYA, A. R.: Die türkische Küche, 6. Aufl. München: Wilhelm Heyne Verlag, 1987.
[27] KAYAHAN, M.; WELZ, W.: Zur Üblichkeit der Spezialität „Döner Kebap" – Erhebungen in Bremen. Archiv für Lebensmittelhyg. **43** (1992), 143–144.
[28] KLARE, H.-J.: Zur Verkehrsfähigkeit ausländischer Spezialitäten. Fleischwirtsch. **69** (1989), 1314–1315.
[29] KLARE, H.-J.: Zusammensetzung von Döner Kebab. Fleischwirtsch. **73** (1993), 948–951.
[30] KOLB, H.: Rind- bzw. Schweinefleisch, zerkleinert nach Art der frischen Mettwurst. 46. Arbeitstagung des Arbeitskreises Lebensmittelhygienischer Tierärztlicher Sachverständiger (ALTS) Berlin (1993), Protokoll 65–69.
[31] KRÜGER, J.; SCHULZ, V.; KUNTZER, J.: Döner Kebab; Untersuchungen zum Handelsbrauch in Stuttgart. Fleischwirtsch. **73** (1993), 1242–1248.
[32] KUSCHFELDT, D.: Vorkommen und Bedeutung von Staphylokokken in streichfähigen Rohwürsten. Fleischwirtsch. **60** (1980), 2045–2048.
[33] Leitsätze für Fleisch und Fleischerzeugnisse i. d. F. vom 31. 1. 1994 (GMBl. S. 350).
[34] LINKE, H.: Kennzeichnung „frische Zwiebelmettwurst". Fleischwirtsch. **61** (1981), 660.
[35] LINKE, H.: Aktuelle lebensmittelrechtliche Probleme: Abgeschlossenes Pökelungsverfahren. 43. Arbeitstagung des Arbeitskreises Lebensmittelhygienischer Tierärztlicher Sachverständiger (ALTS) Berlin (1990), Protokoll S. 15.
[36] LIST, D.; KLETTNER, P.-G.: Die Milchsäurebildung im Verlauf der Rohwurstreifung bei Starterkulturzusatz. Fleischwirtsch. **58** (1978), 136–139.
[37] LOTT, G.: Die Bedeutung kältetoleranter Keime für die Fleischwirtschaft. Alimenta **1** (1970), 17–22.
[38] LÜCKE, F.-K.; HECHELMANN, H.; SCHILLINGER, U.; NEUMAYR, L.: Unterdrückung von Staphylococcus aureus während der Reifung und Lagerung ungeräucherter Rohwurst. 31. Arbeitstagung Lebensmittelhygiene der Deutschen Veterinärmedizinischen Gesellschaft (DVG) Garmisch-Partenkirchen (1990), Tagungsbericht 101–104.
[39] MÖHLER, K.: Die Bestimmung der Umrötung in Fleischerzeugnissen. Arch. Lebensmittelhyg. **17** (1966), 245–246.
[40] MURMANN, D.; LENZ, F.-C.; v. MAYDELL, A.: „Gyros". Ein Erzeugnis aus rohem und zerkleinertem Schweinefleisch? Fleischwirtsch. **65** (1985), 685–690.
[41] NOACK, D. J.; JÖCKEL, J.: Listeria monocytogenes: Vorkommen und Bedeutung in Fleisch und Fleischerzeugnissen und Erfahrungen mit den Empfehlungen zum Nachweis und zur Beurteilung. Fleischwirtsch. **73** (1993), 581–584.
[42] OBERHAUSER, M.: Ausländische Spezialitäten und die Hackfleischverordnung. Fleischwirtsch. **55** (1975), 491–492.
[43] RACKOW, H. G.; WELZ, W.: Beitrag zur Abgrenzung hackepeterähnlicher Erzeugnisse zu frischer Mettwurst. Arch. Lebensmittelhyg. **16** (1965), 84–87, 101–102.

[44] REINSCHMIDT, B.: Erfahrungen mit der Impedanzmessung bei der Untersuchung von Speiseeis und Frischer Mettwurst. 46. Arbeitstagung des Arbeitskreises Lebensmittelhygienischer Tierärztlicher Sachverständiger (ALTS) Berlin (1993), Protokoll 75–77.

[45] REINSCHMIDT, B.; JÖCKEL, J.; HILDEBRANDT, G.: Impedanz-Meßgeräte in der Routinediagnostik. Lebensmitteltechnik **24** (1992), 58–60.

[46] REINSCHMIDT, B.; JÖCKEL, J., HILDEBRANDT, G.: Kriterien zur Bestimmung des Reifezustandes von Frischer Mettwurst. 34. Arbeitstagung Lebensmittelhygiene der Deutschen Veterinärmedizinischen Gesellschaft (DVG) Garmisch-Partenkirchen (1993), Tagungsbericht 237–343.

[47] REUTER, G.: Laktobazillen und eng verwandte Mikroorganismen in Fleisch und Fleischwaren. Fleischwirtsch. **51** (1971), 1237–1245.

[48] REUTER, G.: Untersuchungen zur antagonistischen Wirkung der Milchsäurebakterien auf andere Keimgruppen der Lebensmittelflora. Zbl. Vet. Med. B, **19** (1972), 320–334.

[49] Richtlinie des Rates 94/65/EG v. 14. 12. 1994 zur Festlegung von Vorschriften für die Herstellung und Inverkehrbringen von Hackfleisch/Faschiertem und Fleischzubereitungen (Hackfleisch-Richtlinie), ABl. Nr. L 368/10).

[50] SCHILLINGER, U.; LÜCKE, F.-K.: Hemmung des Salmonellenwachstums in frischer, streichfähiger Mettwurst ohne Zuckerstoffe. Fleischwirtsch. **68** (1988), 1056–1067.

[51] SCHMIDT, U.: Salmonellen in frischen Mettwürsten, I. Mitteilung: Vorkommen von Salmonellen in frischen Mettwürsten. Fleischwirtsch. **65** (1985), 1045–1048.

[52] SCHÖTTLER, A.: Mikrobiologische Untersuchungen von Fleisch-Gemüse-Mischungen (Fleischpfannen). Diplomarbeit Technische Fachhochschule Berlin, Fachbereich Lebensmitteltechnologie und Verpackungstechnik, Berlin (1994).

[53] SEEGER, H.; SCHOPPE, U.; GEMMER, H.; VOLK, K.: Döner-Kebab – Über die Zusammensetzung des türkischen Fleischgerichtes. Fleischwirtsch. **66** (1986), 29–31.

[54] Senatsverwaltung für Gesundheit und Umweltschutz Berlin: Zur Auslegung der HFIV in bezug auf Cevapcici. Schreiben vom 6. 3. 1981, Gesch.-Z IV C1-5882 an BA Wilmersdorf in Berlin – VetLebAmt –.

[55] Senatsverwaltung für Gesundheit und Soziales Berlin: Zur Beurteilung von Fleischzubereitungen der chinesischen Küche. Schreiben vom 8. 5. 1990, Gesch.-Z. IV C 3-5882 an die Berliner Bezirksämter Abt.Ges/VetLeb.

[56] Senatsverwaltung für Gesundheit Berlin: Berliner Verkehrsauffassung für das Fleischerzeugnis „Döner Kebab“. Bekanntmachung Ges IV C 3 vom 2. 12. 1991, ABl. Jg. 42, Nr. 2 vom 10. Januar 1992, 65.

[57] SEUSS, J.; MARTIN, M.: Einfluß der Marinierung mit Genußsäuren auf Zusammensetzung und sensorische Eigenschaften von Rindfleisch. Fleischwirtschaft **71** (1991), 1269–1278.

[58] SINELL, H.-J.; LEVETZOW, R.: Untersuchungen zur Haltbarkeit von „frischer Mettwurst“, Fleischwirtsch. **46** (1966), 123–127.

[59] STENGEL, G.; JÖCKEL, J.: Mikrobiologische Untersuchung und Beurteilung der türkischen Spezialität „Döner Kebab“. 35. Arbeitstagung des Arbeitskreises Lebensmittelhygienischer Tierärztlicher Sachverständiger (ALTS) Berlin (1983), Protokoll 76–78.

[60] STOLLE, A.; EISGRUBER, H.; KERSCHHOFER, D.; KRAUSSE, G.: Döner Kebap: Untersuchungen zur Verkehrsauffassung und mikrobiologisch-hygienischen Beschaffenheit im Raum München. Fleischwirtsch. **73** (1993), 834–837; 938–948.

[61] THEOHAROUS, A.: Griechisch kochen, 4. Aufl. München: Wilhelm Heyne Verlag, 1985.

[62] TODD, E. C. D.; SZABO, R.; SPIRING, F.: Donairs (Gyros) – Potential hazards and control. Journal of Food Protection **49**, 369–377.
[63] Verfahren über die Verfassungsbeschwerde: Beschluß des Bundesverfassungsgerichts vom 19. 10. 1992 – 2 BvR 1634/92.
[64] Verordnung über Hackfleisch, Schabefleisch und anderes zerkleinertes rohes Fleisch (Hackfleisch-Verordnung – HFlV) vom 10. Mai 1976 (BGBl. I S. 1196) i. d. F. der ÄndV vom 24. 7. 1992 (BGBl I S. 1412).
[65] WEBER, H.: Marinieren und chemisch konservieren? Anmerkungen zum carry over-Effekt der Sorbinsäure in zerkleinertem Fleisch. Unveröffentlichte Ergebnisse 1985.
[66] WEBER, H.: Aromen und Gewürze, Zusatzstoffe und Zutaten; Rückblick auf die IFFA '92. Fleischwirtsch. **72** (1992), 1348–1360.
[67] WEBER, H.; JÖCKEL, J.; GERIGK, K.; GROSSKLAUS, D.: Mikrobiologische Stufenkontrollen bei „Frischer Mettwurst" – 1. Der Einfluß verschiedener Zusatzstoffe. Arch. Lebensmittelhyg. **27** (1976), 93–98.
[68] WELZ, W.: Die jugoslawische Spezialität „Cevapcici" in Deutschland. 26. Arbeitstagung des Arbeitskreises Lebensmittelhygienischer Tierärztlicher Sachverständiger (ALTS) Berlin (1978), Protokoll 69–72.
[69] WILLINSKY, G.: Die Mittelmeerküche. Kochbuchverlag Heimeran KG München, (1974), 131.
[70] ZICKERT, M.: Mikrobiologische Untersuchungen an zerkleinertem gepökeltem Schweinefleisch. Technische Fachhochschule Berlin, Fachbereich Lebensmitteltechnologie und Verpackungstechnik Berlin, 1994.
[71] ZIPFEL, W.: Kommentar zum Lebensmittelrecht Band II (C 232 HFlV), C. H. Beck'sche Verlagsbuchhandlung München, 1981, 1994.

2.3 Mikrobiologie von Gelatine und Gelatineprodukten

U. SEYBOLD

2.3.1 Einleitung

Die Herstellung von gelatineähnlichen Massen läßt sich bis in die Zeit der Ägypter zurückverfolgen. Doch erst seit etwa 1700 wird der Begriff Gelatine dafür gebraucht. Die heutigen modernen Gelatinefabriken haben sich oft als Nebenbetriebe von Gerbereien und Lederfabriken entwickelt. Besonders seit etwa 1950 hat die Gelatineindustrie gewaltige Fortschritte hinsichtlich der Qualität ihrer Produkte gemacht, so daß dieser Industriezweig es heute gar nicht gerne hört, wenn man Speisegelatinen wie vor hundert Jahren als besonders reine Leimsorten bezeichnet.

Gelatine ist ein wertvolles Eiweiß, das durch Extraktion mit heißem Wasser aus tierischem Kollagen (Knochen, Haut) gewonnen wird. 18 verschiedene Aminosäuren verknüpfen sich zu Ketten von etwa 1000 Aminosäuren (Primärstruktur). Jeweils drei dieser Polypeptidketten lagern sich zu einer schraubenartigen Struktur zusammen (Sekundärstruktur). In der Tertiärstruktur windet und faltet sich die Spirale zu einer rechtsgängigen Superspirale (Tripelhelix). Bei der Gelatineherstellung wird dieser komplizierte Aufbau des natürlichen Kollagens teilweise wieder rückgängig gemacht, und es entstehen mehr oder weniger knäuelförmige Kettenbruchstücke mit einem Molekulargewicht zwischen 5000 und 360000. Von den 10 essentiellen Aminosäuren, die der menschliche Körper nicht selbst produzieren kann, sind 9 in der Gelatine enthalten (Tab. 2.3.1). Tryptophan als essentielle Aminosäure fehlt zwar vollständig, das mindert jedoch nicht die ernährungsphysiologische Wertigkeit der Gelatine als Protein in den aus verschiedenen Eiweißen zusammengesetzten Nahrungsmitteln. Auch für die Pharmaindustrie (z. B. Hart- und Weichgelatinekapseln) und die Fotoindustrie ist Gelatine ein unverzichtbarer Bestandteil. Für Mikroorganismen ist Gelatine ein idealer Nährboden und wird zum Beispiel durch Proteolyten (protease- und kollagenasebildende Bakterien) vollständig abgebaut. Wie bereits 1915 [40, 41, 42] ist deshalb auch heute die Hygiene bei der Rohstoffauswahl, Rohstoffverarbeitung und bei der Gelatineherstellung von hervorragender Bedeutung. Gelatine ist aufgrund dieser Sorgfalt in der Herstellungsphase zwar ein sehr keimarmes, aber kein steriles Produkt. Insbesondere wegen ihrer extremen Temperaturempfindlichkeit kann Gelatine nicht ohne deutlichen Qualitätsverlust durch Hitzeanwendung sterilisiert werden. Diese Eigenschaft wirkt sich jedoch nachteilig auf

Tab. 2.3.1 Aminosäurezusammensetzung von Gelatine

Aminosäure	% Anteil	Essentiell
Alanin	11,0	–
Arginin	9,0	+
Asparaginsäure	6,7	–
Cystein	0,0	–
Cystin	0,1	–
Glutaminsäure	11,4	–
Glycin	27,0	–
Hystidin	0,8	+
Prolin	16,0	–
Hydroxyprolin	13,8	–
Isoleucin	1,5	+
Leucin	3,3	+
Lysin	4,3	+
Methionin	0,8	+
Phenylalanin	2,4	+
Serin	4,1	–
Threonin	2,2	+
Tryptophan	0,0	+
Tyrosin	0,3	–
Valin	2,7	+

den Einsatz von Gelatine in Nährmedien aus. Die Verwendung von Gelatine zur Herstellung von Nährböden für Mikroorganismen geht auf Robert Koch (1881) zurück, der damit zum eigentlichen Begründer der modernen wissenschaftlichen Bakteriologie wurde. Wegen der beschriebenen Temperaturempfindlichkeit der Gelatine hat sich aber Agar-Agar in späteren Jahren für die Herstellung von Nährböden als überlegen herausgestellt [30].

2.3.2 Bakteriologie der Rohstoffe

Als Grundstoffe für die Gelatineherstellung dürfen ausschließlich Nebenprodukte aus der Schlachtung veterinärmedizinisch genußtauglich beurteilter Tiere verwendet werden (Schweineschwarten, Rinderhäute, Knochen). Diese schlachtfrischen Rohstoffe unterscheiden sich, soweit sie als Lebensmittel dem direkten Verzehr dienen könnten, in ihrer bakteriologischen Beschaffenheit nicht von anderen Schlachtprodukten wie zum Beispiel Fleisch (Tab. 2.3.2).

Tab. 2.3.2 Daten zur bakteriologischen Beschaffenheit der Rohstoffe

Keimspektrum	Rohstoffe					Literatur[1])
	Knochen	Ossein	Spalt	Haut	Schwarte	
Enterobakteriazeen		–	+			[1], Ackermann[3])
Enterobacter spec.				+		[2]
Proteus spec.				+		[2]
Yersinia spec.					+	[22, 39]
Salmonella spec.					+	[39]
Gramneg. Stäbchen		–		+		[1], Ackermann[3])
Pseudomonas spec.				+	+	[2, 9]
Streptokokken			+	+		[1, 2, 8], Herzel[2])
Diplokokken				+		[1]
Mikrokokken		–	+	+		[1, 2], Herzel[2]), Ackermann[3])
Staphylokokken			+	+	+	[1, 7], Herzel[2])
Bacillus spec.		–	+	+	+	[2, 4], Herzel[2]), Ackermann[3])
Clostridium spec.	+	–	+	+	+	[2, 20, 31], Ackermann[3])
Alcaligenes spec.				+		[2]
Campylobacter spec.					+	[39]
Schimmelpilze		–		+		[1], Ackermann[3])

[1]) Numerierung nach Literaturliste.
[2]) Herzel, W.: persönliche Mitteilungen.
[3]) Ackermann: persönliche Mitteilungen.

Während über die eigentlichen Rohstoffe nur wenige Untersuchungen vorliegen, ist über die allgemeine bakteriologische Beschaffenheit der Hautoberfläche mehrfach berichtet worden. Nur bei Verwendung von einwandfreiem Rohmaterial lassen sich die Anforderungen erfüllen, die heute an die Qualität der Gelatine gestellt werden. Dazu sind neben der sorgfältigen Auswahl der Rohstoffe und kurzen Anlieferungszeiten in die weiterverarbeitenden Betriebe auch die im folgenden beschriebenen weiteren Verarbeitungsschritte von entscheidender Bedeutung.

2.3.2.1 Knochen und Knochenverarbeitung

Zur Gelatineherstellung sind grundsätzlich Schweine- wie auch Rinderknochen geeignet. Knochen, die einem Schlachttierkörper entnommen werden, sind praktisch keimfrei. Erst bei den weiteren Bearbeitungsprozessen kommt es, wie auch beim Fleisch, zur sekundären Rekontamination mit Bakterien aus der Umgebung. Insbesondere Enterobakterien, aber auch verschiedene *Staphylococcus*-, *Pseudomonas*-, *Streptococcus*-, *Bacillus*- und *Clostridium*-Arten können gefunden werden (Tab. 2.3.2). Die frisch angelieferten Knochen werden zunächst zu Gelatineschrot verarbeitet, indem sie feinstückig gebrochen, mit Heißwasser weitgehend entfettet, von anhaftenden Weichteilen befreit und anschließend getrocknet werden. Diese Behandlung und die bei der Trocknung angewendeten Temperaturen von bis zu 100 °C führen zu einer sehr starken Reduktion der vegetativen Keime. Nur Sporen von einigen extrem thermophilen Bakterien werden nicht beeinflußt. Nach dem Trocknen wird das erhaltene Knochenschrot in verschiedene Körnungen klassiert und eingelagert. An dem beim Zwischenlagern des trockenen Schrotes entstehenden Staub bleiben Keime aus der Umgebungsluft haften, so daß zur Vermeidung von Kontaminationen pneumatische Transportsysteme mit hochleistungsfähigen Staubabscheidern und Luftfiltern eingesetzt werden. Anschließend wird das Gelatineschrot durch Einwirkung verdünnter Salzsäure bei einem pH-Wert unter 1,5 entmineralisiert. Je nach Struktur und Korngröße braucht dieser Vorgang, die sogenannte Mazeration, 3–5 Tage. Dabei findet praktisch eine vollständige Entkeimung statt [45], sogar Sporen von *Bacillus*- und *Clostridium*-Arten lassen sich nicht mehr nachweisen. Das nach der Mazeration gewonnene Ossein, d. h. das entmineralisierte Gelatineschrot, wird zu Beginn der eigentlichen Gelatineherstellung über mehrere Wochen einer alkalischen Behandlung mit Kalkmilch bei pH-Werten über 12,5 unterzogen. Hierdurch wird das im Ossein enthaltene native Kollagen durch Lockerung und Spaltung der Bindegewebs-Quervernetzungen so aufgeschlossen, daß es im später folgenden Extraktionsprozeß in heißwasserlösliches Gelatineeiweiß (Glutin) überführt werden kann. Diese Umwandlung ist irreversibel. Da dieser sogenannte Äscherprozeß in offenen Gruben durchgeführt wird, kann es zu einem Eintrag von Luftkeimen kommen. Aufgrund des hohen pH-Wertes erreicht die Keimdichte in der Kalkmilch jedoch nur einen maximalen Wert von etwa 100 KBE/ml. Diese Luftkeime können den hohen pH-Wert im Äscher nicht nur überleben, sondern zeigen sogar noch aktiven Stoffwechsel [12], der sich an der Zunahme des Nitritgehaltes ablesen läßt. Von verschiedenen Arten der Gattungen *Staphylococcus*, *Pseudomonas* und *Bacillus* ist bekannt, daß sie einerseits hohe pH-Werte tolerieren, andererseits auch in der Lage sind, unter anaeroben Bedingungen Nitrat als Sauerstoffquelle zu nutzen (Nitratreduktase). Dabei entsteht Nitrit, das bestimmt werden kann und Hinweise für die bakteriologische Aktivität im Äscher liefert. Durch häufigen Äscherwechsel, das heißt Ersetzen der verbrauchten Kalkmilch durch frische, läßt sich die Anhäufung von unerwünschten Stoffwechselprodukten und Bakterien bereits vor den anschließenden, intensiven Waschprozessen weitgehend verhindern.

2.3.2.2 Schweineschwarten und Schweineschwartenverarbeitung

Etwa 80% der in Europa produzierten Speisegelatine wird aus Schweineschwarten hergestellt. Schweineschwarten werden in frischem oder gekühltem Zustand direkt von den Fleischverarbeitern bezogen und entweder sofort weiterverarbeitet oder bis zur Verarbeitung im Tiefkühlhaus vorübergehend zwischengelagert. Schweineschwarten sind oberflächlich mit verschiedenen Bakterienarten kontaminiert, wobei Enterobakterien, *Staphylococcus*-, *Pseudomonas*-, *Bacillus*-, *Campylobacter* und *Yersinia*-Arten am häufigsten nachgewiesen werden (Tab. 2.3.2). Die vorhandene Keimzahl kann sich beim Transport trotz Kühlung weiter erhöhen, weil sich psychrophile Keime wie *Pseudomonas*-Arten auch unter diesen Bedingungen noch vermehren können [3]. Durch kurze Anlieferungszeiten läßt sich dies weitgehend vermeiden. Auch durch die Zwischenlagerung der Schwarten im Gefrierhaus erfolgt eine deutliche Keimreduzierung [5], allerdings muß nach dem Auftauen darauf geachtet werden, daß die Schwarten möglichst rasch weiterverarbeitet werden, da sonst eine erneute Keimvermehrung eintritt. Schweineschwarten stammen von jungen Tieren, deren Kollagen noch nicht sehr stark vernetzt ist. Hier genügt eine eintägige Säurebehandlung, um die Umwandlung des nativen Kollagens in heißwasserlösliches Glutin zu erreichen. Eine intensive und langwierige alkalische Vorbehandlung ist nicht notwendig.

2.3.2.3 Rinderhaut (Spalt) und Spaltverarbeitung

In häuteverarbeitenden Betrieben werden die gereinigten Kalbs- und Rinderhäute enthaart und nach einer alkalischen Vorbehandlung waagerecht in drei Schichten aufgespalten (daher die Bezeichnung Spalt). Die untere Schicht, das fett- und fleischhaltige Unterhautgewebe (Subcutis), wird entfernt, die enthaarte Oberschicht (Epidermis) dient der Lederherstellung, und nur die mittlere, jetzt erst freigelegte Schicht, die Spalthaut, ist als weitgehend reines Kollagen zur Gelatineherstellung hervorragend geeignet. Die Abschnitte der Spalthaut werden überwiegend in frischem Zustand verwendet, seltener, und dann nach einer Salz- oder Ätzkalkkonservierung, nach Trocknung und Zwischenlagerung. Während die behaarte Hautoberfläche normalerweise mit Enterobakterien, *Staphylococcus*-Arten und anderen Hautkeimen kontaminiert ist, ist das Spaltmaterial bis zum Spaltprozeß keimfrei zwischen Epidermis und Subcutis eingeschlossen. Erst nach dem Spaltprozeß läßt sich auch im Spalt eine typische Keimflora feststellen (Tab. 2.3.2). Durch die Konservierung mit Salz oder Ätzkalk wird eine Keimvermehrung jedoch weitgehend verhindert. Spaltmaterial wird zur Umwandlung des nativen Kollagens in heißwasserlösliches Glutin ebenfalls einem alkalischen Äscherprozeß unterworfen. Die dabei ablaufenden mikrobiologischen Vorgänge sind im Prinzip die gleichen wie beim Ossein (2.3.2.1).

2.3.3 Herstellung von Gelatine

Die Herstellung von hochwertigen Gelatinen erfordert bis zu 600 Liter Wasser pro kg Gelatine. Im § 7 der Trinkwasserverordnung und im § 11 des Bundesseuchengesetzes ist eindeutig geregelt, daß Wasser für Lebensmittelbetriebe Trinkwasserqualität haben muß, soweit es direkt im Produktionsprozeß eingesetzt wird. In der Trinkwasserverordnung sind Grenzwerte für die mikrobiologische Beschaffenheit von Trinkwasser vorgegeben. So dürfen maximal 100 KBE/ml enthalten sein. *Coliforme*, *E. coli* und Fäkalstreptokokken dürfen in 100 ml Wasser nicht nachweisbar sein. Darüber hinaus kann die zuständige Behörde im Verdachtsfall auch die Untersuchung auf *Clostridium*-Arten, *Pseudomonas aeruginosa*, *Staphylococcus aureus* sowie auf weitere pathogene Keime veranlassen. Nach den im Kapitel 2.3.2 beschriebenen Vorbehandlungsschritten müssen die Rohstoffe mehrfach mit Trinkwasser gewaschen, gesäuert und nach Neutralisation erneut gewaschen werden. Insgesamt können bis zu 20 Wasserwechsel notwendig sein, wodurch ein Großteil der anhaftenden Bakterien entfernt wird. Bei der Säuerung können pH-Werte von 2 bis 3 auftreten, wodurch Sporen von

Bacillus- und *Clostridium*-Arten aktiviert werden [10, 21, 34]. Die sich daran anschließende Auskeimung der Sporen hat gravierende Auswirkungen auf das Überleben der vegetativen Formen bei der weiteren Gelatineherstellung. Nur die nach dieser Vorbehandlung bereits äußerst keimarmen Rohstoffe können nun der weiteren Gelatineproduktion zugeführt werden.

2.3.3.1 Extraktion

Zunächst werden die Rohstoffe mit warmem Wasser versetzt und mehrstufig extrahiert, wobei von Abzug zu Abzug höhere Extraktionstemperaturen angewandt werden (50 bis 100 °C). Dabei fällt jeweils eine etwa 5 %ige Gelatinelösung an. Je nach Extraktions-pH (5,5–7,0) kann es zu einer mehr oder weniger starken Vermehrung der noch vorhandenen Keime kommen, wobei der neutrale pH-Bereich deutlich kritischer zu bewerten ist als der saure. Nach Möglichkeit wird daher der Extraktionsprozeß bei pH 5–6 gesteuert, weil sich so eine Zunahme der Keimzahl verhindern läßt. Neben der bereits erwähnten Aktivierung durch pH-Werte von 2–3 bei der Säuerung, kann es auch bei den während der Extraktion auftretenden relativ niedrigen Temperaturen zu einer Hitzeaktivierung [10, 21, 23, 34] der vorhandenen Sporen kommen, die dadurch vollständig auskeimen. Die nun vegetativen Bakterien sind wesentlich temperaturempfindlicher und werden durch Temperaturen von bis zu 140 °C, wie sie bei der weiteren Gelatineproduktion auftreten, praktisch vollständig abgetötet.

2.3.3.2 Reinigung

Die bei der Extraktion gewonnene Gelatinelösung wird mit Hilfe von Hochleistungsseparatoren von Partikeln und Fäserchen, die aus der Struktur des Rohmaterials stammen, befreit. Selbstreinigende Anschwemmfilter, in denen selbst feine Verunreinigungen durch Kieselgur (Diatomeenerde) zurückgehalten werden, vervollständigen die Vorreinigung. Für besondere Anforderungen kann die Gelatine mit Hilfe von Ionenaustauschersäulen von Calcium, Natrium und anderen Salzen befreit werden. Eine Filtration über Plattenfilter (Zellulose-Kieselgur), wie sie auch in der Getränkeindustrie verwendet werden, schließt die Reinigung ab. Alle Filtrationsschritte bieten durch die große Oberfläche der Filtermedien ideale Adsorptionspunkte für Bakterien. Eine Rekontamination der Gelatinelösung durch die Filtrationsschritte wird vermieden, da nach der Reinigung ausgedampft und mit heißem Wasser vorgespült wird. Auch die regelmäßige Regeneration der Austauscher verhindert eine Rekontamination der Gelatinelösung, weil sich dadurch auf der großen Oberfläche der Austauscherharze keine Bakterien ansiedeln können. Der Entzug von Calcium und anderen Salzen durch den Austauschprozeß beeinflußt das Wachstum von Bakterien zusätzlich negativ.

2.3.3.3 Eindickung

Mehrstufige Vakuum-Eindampfanlagen mit vorgeschalteten Plattenerhitzern entfernen das Wasser aus der dünnen Gelatinelösung (5 %) und konzentrieren sie schonend bis zu einer honigartigen Beschaffenheit (30 %) auf. Dabei treten Temperaturen von bis zu 100 °C auf, die eine Vermehrung von Keimen zuverlässig verhindern [45]. Auch die bereits durch die Säuerung und die Extraktion aktivierten und ausgekeimten Sporen von *Bacillus*- und *Clostridium*-Arten werden dabei irreversibel geschädigt oder sogar abgetötet.

2.3.3.4 Sterilisation und Trocknung

Durch die Eindickung erhält man eine hochkonzentrierte Gelatinelösung, die über eine Kurzzeit-Hocherhitzeranlage sterilisiert wird. Dabei können Temperaturen von 120–140 °C und Verweilzeiten von wenigen Sekunden bis zu einer Minute eingesetzt werden. Die heiße Gelatinelösung wird dann über einen Kratzkühler abgekühlt, erstarrt und durch eine Lochscheibe aus Edelstahl gepreßt. Dabei entstehen endlose Geleenudeln, die gleichmäßig auf das Trockenband eines Trockners verteilt werden. In diesem Trockner wird mit filtrierter, entkeimter und entfeuchteter Luft die Gelatine getrocknet. Am Ende des Trockners wird die nunmehr spröde und harte Gelatine gebrochen, gemahlen und eingelagert. Durch regelmäßige Reinigung, Desinfektion und andere hygienische Maßnahmen wird eine Rekontamination verhindert und der gute bakteriologische Status der Gelatine erhalten. Auch der starke Wasserentzug im Trockner trägt dazu bei, da vor allem gegen Austrocknung empfindliche Bakterien wie *Pseudomonas*-Arten und *coliforme* Keime unter diesen Bedingungen nicht überleben können.

2.3.3.5 Mahlen, Mischen, Verpacken

Dies sind die letzten, jedoch sehr wichtigen Schritte, die notwendig sind, um die Ware nach spezifischen Kundenanforderungen einzustellen. Erfahrungsgemäß ist die trockene Gelatine nicht mehr anfällig für eine

Rekontamination durch Bakterien (z. B. Luftkeime). Selbstverständlich muß in diesem Zusammenhang auch sichergestellt sein, daß nur Verpackungsmaterial von einwandfreier mikrobiologischer Beschaffenheit eingesetzt wird.

2.3.4 Mikrobiologische Beschaffenheit von Gelatine und Gelatineprodukten

Für Rohstoffe, Extrakte und Drogen, die aus Ausgangsmaterialien tierischen oder pflanzlichen Ursprungs gewonnen werden, läßt das Deutsche Arzneibuch eine relativ hohe aerobe Gesamtkeimzahl zu. Gelatine genießt diesen Sonderstatus nicht. Im Gegenteil, die Anforderungen an die bakteriologische Qualität von Gelatine und Gelatineprodukten werden seit Jahren immer höher. Gelatine ist jedoch kein Sterilprodukt und kann trotz aller Sorgfalt je nach Qualität, Rohstoff und Verarbeitung Mikroorganismen enthalten, zumal bei der Gelatineherstellung keine Konservierungsmittel zugesetzt werden. Verschiedene Autoren haben Gelatine untersucht und je nach Qualität und Herkunft der Proben Bakterien nachgewiesen [18], (Tab. 2.3.3). Dabei handelt es sich ausschließlich um ältere Untersuchungen, so daß diese Werte heute

Tab. 2.3.3 Literaturdaten zur bakteriologischen Beschaffenheit von Gelatine

Keimspektrum	Literatur
Enterobakteriazeen	[6, 18, 19, 25, 28, 32]
E. coli	[6, 20, 25, 27, 37, 45]
Proteus spec.	[45]
Salmonella spec.	[33, 37, 45]
Enterokokken	[6, 25]
Streptokokken	[6]
Diplokokken	[30]
Mikrokokken	[6]
Staphylococcus aureus	[32]
Pseudomonas aeruginosa	[18, 19]
Bacillus spec.	[6, 30, 32, 45]
Clostridium spec.	[6, 21, 25, 30, 32, 34, 45]
Schimmelpilze	[18, 19, 26]

nicht mehr repräsentativ sind. Verglichen mit heutigen Gelatinequalitäten wurden früher wesentlich mehr Bakterien gefunden, obwohl heute die untersuchten Probenmengen sogar noch deutlich größer sind. Die Gelatineindustrie hat inzwischen ganz entscheidende Fortschritte gemacht, die aber leider nicht durch entsprechende Veröffentlichungen dokumentiert sind. Im Einzelnen konnten gramnegative Stäbchenbakterien (Enterobakteriazeen, *Pseudomonas*-Arten) nur selten und dann auch nur in geringer Anzahl festgestellt werden. Ursache dafür ist die Tatsache, daß diese meist psychrotoleranten oder mesophilen Keime die Temperaturen bei der Herstellung von Gelatine nicht überstehen. Wenn sie dennoch nachgewiesen werden, so handelt es sich bei ihnen also weitgehend um Rekontaminationskeime aus der Luft. Auch die laut Literatur häufiger in Gelatine nachgewiesenen grampositiven Bakterien (*Bacillus*-, *Clostridium*-, *Micrococcus*- und *Streptococcus*-Arten) stellen Rekontaminationskeime dar, die oft bei Luftuntersuchungen gefunden werden. Dabei kann man zwischen primären Luftkeimen (Umgebungskeimen) und sekundären Luftkeimen (Personalkeimen) unterscheiden [44]. Nur die noch nicht aktivierten und ausgekeimten Sporen von thermophilen *Clostridium*- und *Bacillus*-Arten sind keine typischen Rekontaminationskeime und können die im Herstellungsprozeß aufttretenden Temperaturen überleben. Sie sind mitunter das Hauptproblem bei der Gelatineherstellung, das nur durch peinliche Sauberkeit von der Rohstoffverarbeitung bis zum Fertigprodukt zu beherrschen ist. Auch die meisten Schimmelpilze können aufgrund ihrer Temperaturempfindlichkeit den Herstellungsprozeß der Gelatine nicht überstehen. Sie sind deshalb in Gelatine sehr selten zu finden und sind dann ebenfalls als Rekontaminationskeime anzusehen. Eine weitere Kontaminationsquelle im Zusammenhang mit Schimmelpilzen könnte das Verpakkungsmaterial darstellen, das deshalb stets von einwandfreier bakteriologischer Beschaffenheit sein muß.

2.3.4.1 Pulvergelatine

In Tabelle 2.3.3 sind Mikroorganismen zusammengestellt, die laut älterer Literaturangaben in Pulvergelatinen nachgewiesen wurden. Dagegen spielen heute auch bei entsprechend großer Probenmenge gramnegative Stäbchen wie verschiedene Enterobakteriazeen und *Pseudomonas*-Arten eine absolut untergeordnete Rolle. Grampositive, sporenbildende Stäbchenbakterien und einzelne Kokken können jedoch nachweisbar sein, wenn die beschriebenen Vorsichtsmaßnahmen und hygienischen Regeln bei der Rohstoffbehandlung und beim Herstellungsprozeß nicht eingehalten werden.

2.3.4.2 Blattgelatine

Zur Herstellung von Blattgelatine wird fertige Pulvergelatine in Wasser aufgelöst und nochmals über einen Plattenerhitzer etwa 20 Sekunden bei 105 °C erhitzt. Diese praktisch keimfreie Gelatinelösung wird in einem dünnen Film auf eine Kühltrommel aufgetragen und erstarrt. In schmale Bahnen geschnitten wird sie anschließend auf das Trockenband (endloses Nylonnetzband) eines langen Trockentunnels aufgelegt. Die getrockneten Blattstreifen werden am Ende des Trockentunnels auf die gewünschte Länge geschnitten und verpackt. Durch die Erhitzung der gelösten Pulvergelatine und moderne, hygienische Herstellungsverfahren ist Blattgelatine von einwandfreier bakteriologischer Qualität.

2.3.4.3 Instantgelatine

Häufig sollen auf kaltem Wege Torten, Desserts, Sahne und andere Produkte stabilisiert werden. Mit normaler Pulvergelatine ist dies nur schlecht möglich. Durch ein Spezialverfahren wird Pulvergelatine in eine Instantform gebracht, die nach Vermischung mit den übrigen Zutaten der Masse die nötige Stabilität durch Ausbildung eines Pseudogels verleiht. Dabei treten Temperaturen auf, die eine Vermehrung von Bakterien zuverlässig verhindern. Die trockene, pulverförmige Instantgelatine enthält deshalb üblicherweise keine Bakterien.

2.3.4.4 Kollagenhydrolysate

Kollagenhydrolysate können auch als enzymatisch abgebaute, kaltwasserlösliche Gelatinen bezeichnet werden. Dabei werden die Kollagenmoleküle durch Proteasen in niedermolekulare Peptidbruchstücke gespalten und verlieren dadurch vollständig ihre Gelierkraft. Hydrolysate werden entweder in flüssiger Form oder nach Sprühtrocknung in Pulverform an die Anwender abgegeben. Vor allem die Sprühtrocknung stellt einen kritischen Verarbeitungsschritt dar, bei dem es zu einer Rekontamination kommen kann [35]. Aber auch Flüssigtransporte sind vor allem in den Sommermonaten nicht ohne Probleme, weil eine warme Proteinlösung für viele Mikroorganismen geradezu ideale Lebensbedingungen bietet. Flüssige Hydrolysate werden deshalb nur als keimfreies Produkt aus Steriltanks aseptisch in Tanklastzüge verladen, die zusätzlich zur vorgeschriebenen Reinigung ausgedampft und dadurch sterilisiert worden sind. In der Regel kann in Abstimmung mit den Anwendern eine Transportkonservierung erfolgen.

2.3.4.5 Gelatineanwendungen in verschiedenen Lebensmitteln

Gelatine und Gelatineprodukte werden in vielen Lebensmitteln wie zum Beispiel Fleischwaren, Sülzen, Milchprodukten und Süßwaren als wichtiger Bestandteil mit wertvollen Eigenschaften eingesetzt. Damit diese Eigenschaften erhalten bleiben und zum optimalen Nutzen für die entsprechenden Produkte eingesetzt werden können, müssen einige Punkte beachtet werden:

- Einfluß der Lagerbedingungen
- Einfluß der Temperatur
- Einfluß des pH-Wertes.

Einfluß der Lagerbedingungen

Nach der Auslieferung an den Gelatine-Anwender ist für die Erhaltung einer gleichbleibenden Gelatinequalität eine sachgerechte und sorgfältige Lagerung unumgänglich. Grundsätzlich muß Speisegelatine trocken und geruchsfrei aufbewahrt werden. Da Speisegelatine nur einen Restwassergehalt von etwa 10% hat, besteht in feuchten Lagerräumen, vor allem bei bereits geöffneten Gebinden, die Gefahr einer Wasserabsorption, die zur Verklumpung und zu einer Rekontamination führen kann. Auch die Bildung von Schwitzwasser und Kondenswasser wirkt sich negativ auf die Lagerfähigkeit von Gelatine aus und sollte unbedingt vermieden werden. Feuchtigkeit in der Verpackung und auch im Lagerraum kann Schimmelpilzwachstum begünstigen (Penicillium spec., Aspergillus spec.), da Schimmelpilze bereits bei sehr niedrigen a_w-Werten (Wasseraktivität) wachsen können [26, 33, 43]. Neben der wasserabsorbierenden Eigenschaft besitzt Gelatine auch die Neigung, Gerüche anzunehmen. Deshalb müssen Behälter nach jeder Gelatineentnahme sofort wieder dicht verschlossen werden. Eine sachgerecht gelagerte Speisegelatine ist auch nach Jahren noch verwendbar [29]. Die Gelatinehersteller garantieren eine Mindesthaltbarkeitsdauer von 5 Jahren.

Einfluß der Temperatur

Warme Gelatinelösungen bieten geradezu ideale Lebensbedingungen für eine Vielzahl von Mikroorganismen. In 7 Stunden können so zum Beispiel bei einer Temperatur von 37 °C aus 500 Keimen bis zu 2 Milliarden werden [38], (Abb. 2.3.1). Aber auch wesentlich kürzere Inkubationszeiten können

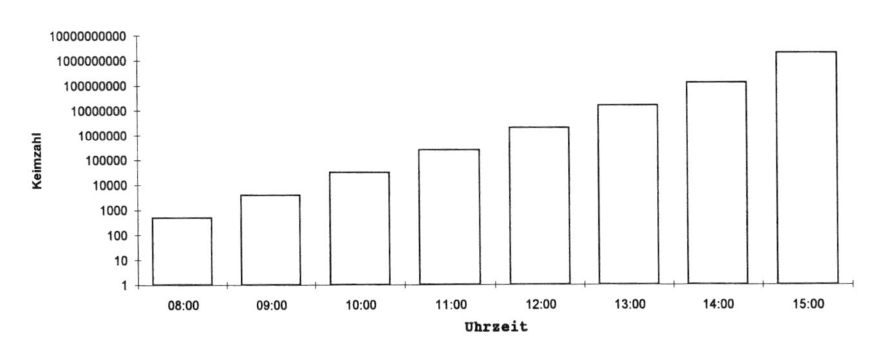

Abb. 2.3.1 Vermehrung der Keimzahl in einer Gelatinelösung bei 37 °C [38]

nach einer Rekontamination der Gelatinelösung zu einem rasanten Anstieg der Bakterienzahl führen. Wenn es sich dabei um proteolytisch aktive Bakterien (z. B. *Bacillus-*, *Proteus-* und *Pseudomonas*-Arten) handelt, besteht die Gefahr eines sehr schnellen Abbaus der Gallertfestigkeit. Mit zunehmender Temperatur der Gelatinelösung nimmt jedoch auch die bakteriologische Aktivität deutlich ab. Bei etwa 60–70 °C hört das Wachstum mit Ausnahme einiger extrem thermophiler Bacillusarten praktisch auf. Grundsätzlich sollte jede Gelatinelösung so schnell wie möglich weiterverarbeitet werden, da zusätzlich zu diesem bakteriologischen Abbau auch die Temperatur alleine zu einem thermischen Abbau der Gallertfestigkeit führt. So reduziert sich in 7 Stunden die Gallertfestigkeit bei einem pH von 5,8 und 80 °C um etwa 40 %. Bei 60 °C dagegen führen dieselben Bedingungen nur noch zu einem Abbau um etwa 20 % [46], (Abb. 2.3.2). Es ist deshalb vorteilhaft, eine Gelatinelösung bei etwa 50–60 °C zu verarbeiten.

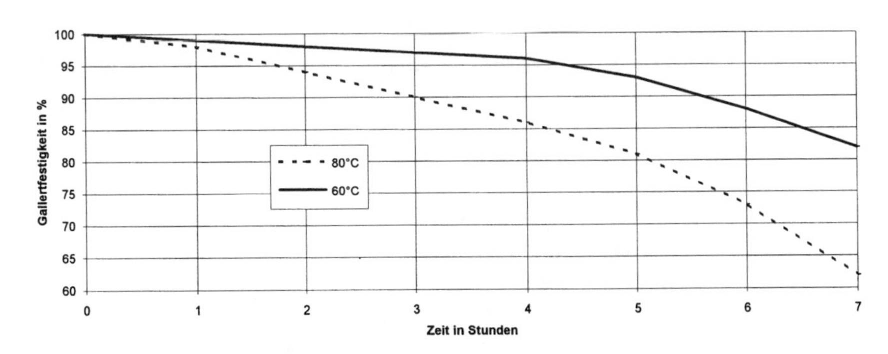

Abb. 2.3.2 Thermischer Abbau der Gallertfestigkeit bei pH 5,8 und 60 °C bzw. 80 °C

Einfluß des pH-Wertes

Ein wichtiges Kriterium für die Keimvermehrung stellt auch der pH-Wert dar. Grundsätzlich muß zwischen einem Toleranzbereich und dem für eine optimale Vermehrung erforderlichen pH-Bereich unterschieden werden. Der Optimalbereich ist erfahrungsgemäß viel enger und liegt für Bakterien etwa bei 6–8, für Schimmelpilze etwa bei 4–6. Eine warme Gelatinelösung (etwa 60 °C) verliert zwar bei pH 3 kaum Gallertfestigkeit durch bakteriologischen Abbau, wohl aber aufgrund eines bei diesem pH besonders stark auftretenden Säureabbaus von etwa 40 % innerhalb von 3 Stunden [46], (Abb. 2.3.3). Mit zunehmendem pH-Wert nimmt das Problem des Säureabbaues zwar stark ab, dafür steigt aber die Gefahr eines bakteriologischen Abbaues der Gallertfestigkeit. Frühzeitiges Ansäuern bringt also durchaus Vorteile hinsichtlich des bakteriologischen Abbauverhaltens, birgt aber bei längeren Standzeiten andererseits die Gefahr eines deutlichen Säureabbaus. Da bei einem pH von 5,0 der Säureabbau nur etwa 18 % innerhalb von 4 Stunden beträgt und das Wachstum von Bakterien noch weitgehend unterdrückt ist, stellt diese Kombination durchaus eine praktikable Lösung für viele Anwendungsfälle dar.

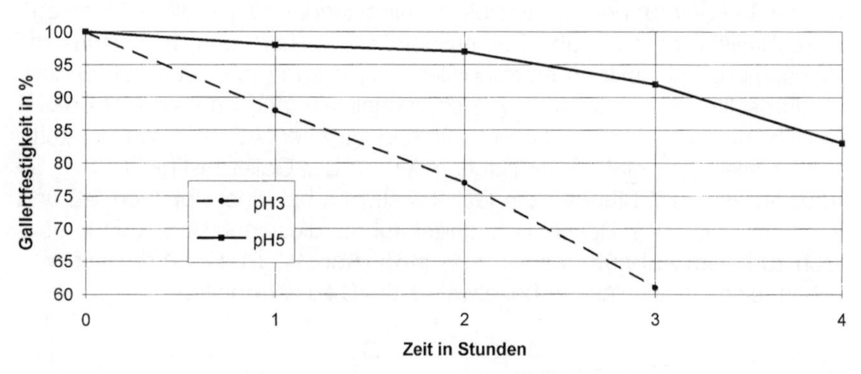

Abb. 2.3.3 Abbau der Gallertfestigkeit bei 60 °C in Abhängigkeit von pH 5,0 bzw. pH 3,0

2.3.5 Historische Entwicklung von Reinheitsanforderungen an Gelatine

Die mikrobiologische Qualität von Gelatine kann nur durch regelmäßige bakteriologische Kontrollen des Produktionsprozesses (Inprozeßkontrollen) und des Endproduktes sichergestellt werden. Die Gesellschaft Amerikanischer Bakteriologen hat bereits 1907 Forderungen zur bakteriologischen

Untersuchung von Gelatine aufgestellt [11, 17]. Vor allem gelatineverflüssigende Bakterien waren von besonderem Interesse, deren Nachweis damals noch 6 Wochen in Anspruch nahm. 1922 [17] wurden bereits umfangreiche bakteriologische Untersuchungsmethoden für Gelatine beschrieben. Seither hat sich natürlich vieles verändert und weiterentwickelt. War damals noch die Untersuchung von 0,1 g Gelatine ausreichend, so findet man heute nicht selten die Forderung nach Untersuchung von 10 g oder mehr. Aber Reinheitsanforderungen für Gelatine sind keine Erfindung unserer Tage, denn parallel zu dem ständig wachsenden Wissen über die bakteriologische Beschaffenheit von Gelatine kam es auch sehr bald zu präzisen Anforderungen. Dies führte zu einer deutlichen Abgrenzung zwischen technischer Gelatine und Speisegelatine [15] und in Folge davon auch zur Einführung von Richtwerten für die bakteriologische Qualität (Tab. 2.3.4). Unter anderem wurde bereits 1922 [13, 14, 16] für Speisegelatine gefordert: Sorgfältige Rohstoffauswahl und Sauberkeit bei der Produktion, Trocknung von Speisegelatinen nur mit konditionierter Luft (Rekontaminationsgefahr) und Einsatz ausschließlich höchster Gelatinequalitäten für Lebensmittel. 1958 [36] hatten sich in Europa Richtwerte für die zulässige Keimzahl in Speisegelatine durchgesetzt, wie sie vom amerikanischen Arzneibuch (USP XV) für Pharmagelatine gefordert wurden, allerdings hatte es sich dabei im Falle der Speisegelatine nicht um rechtsverbindliche Festlegungen gehandelt. Es wurde dann zwar im Jahre 1959 empfohlen, Reinheitsvorschriften für Speisegelatine im Deutschen Lebensmittelbuch zu verankern, doch ist dies nicht geschehen [24, 37]. Erst die Fremdstoffkommission der Deutschen Forschungsgemeinschaft hat in ihren Mitteilungen 1964 und 1967 Empfehlungen ausgesprochen, die auch die Reinheit von Speisegelatine betreffen. Diese Empfehlungen wurden 1977 [24, 37] in die Weinverordnung (2. Weinrechts-Änderungsverordnung) und damit auch in gesetzliche Regelungen übernommen. Die Zuordnung der Speisegelatine zu den Lebensmitteln und nicht zu den Zusatzstoffen hat den Europäischen Verband der Gelatinehersteller (GME) bereits 1971 [24, 37] veranlaßt, einen Entwurf für eine horizontale Richtlinie für Speisegelatine in Brüssel vorzulegen, der bis heute noch nicht umgesetzt wurde. Seit längerer Zeit arbeitet der Verband (GME) an einer umfangreichen Gelatinemonographie als Entwurf einer Europäischen Norm, die neben Reinheitsanforderungen auch genaue Untersuchungsverfahren festlegen wird. Für den Verbraucher dokumentieren diese Aktivitäten der europäischen Gelatinehersteller deren unablässigen Einsatz für die einwandfreie bakteriologische Qualität ihrer Produkte. Hervorragender Erfolg ist, daß trotz der vielen Rekontaminationsmöglichkeiten die tatsächlich ermittelten bakteriologischen Werte für Gelatine weit unter den in den Anforderungen vorgegebenen Zulässigkeitsgrenzen liegen.

Tab. 2.3.4 Daten zur historischen Entwicklung von Reinheitsanforderungen an Speisegelatine

Keimspektrum	USP XV	DFG Empfehlungen		GME Vorschlag	Fleisch-VO	Weinrechts-VO	GME Monographie
	1958	1964	1967	1971	1973	1977	1994
Aerobe Gesamtkeimzahl	< 10 000/g	< 10 000/g	< 10 000/g	< 5 000/g	< 10 000/g	< 10 000/g	< 1 000/g
Coliforme	–	neg./0,1 g	neg./0,1 g	–	neg./g	< 1/0,1 g	neg./g
E. coli	neg./g	neg./g	neg./g	< 1/g	–	< 1/g	neg./10 g
Salmonellen	–	–	–	neg./20 g	–	–	neg./25 g
Clostridien	–	neg./g	neg./0,5 g	< 10/g	neg./g	< 1/g	< 10/g
Staphylococcus aureus	–	–	–	–	–	–	neg./g

Literatur

[1] Autorenkollektiv: Mikrobiologie tierischer Lebensmittel. 1. Aufl. Leipzig 1981, S. 330–331.
[2] Autorenkollektiv: Mikrobiologie tierischer Lebensmittel. 1. Aufl. Leipzig 1981, S. 335.
[3] Autorenkollektiv: Mikrobiologie tierischer Lebensmittel. 1. Aufl. Leipzig 1981, S. 338.
[4] Autorenkollektiv: Mikrobiologie tierischer Lebensmittel. 1. Aufl. Leipzig 1981, S. 350.
[5] Autorenkollektiv: Mikrobiologie tierischer Lebensmittel. 1. Aufl. Leipzig 1981, S. 359–367.
[6] Baumgarten, H.-J.; Levetzow, R.: Untersuchungen zur hygienischen Beschaffenheit von im Handel befindlicher Speisegelatine. Arch. f. Lebensmittelhygiene **20** (1969) H. 2, 38–42.
[7] Blobel, H.; Schliesser, T.: Handbuch der bakteriellen Infektionen bei Tieren. 1. Aufl. Jena 1980 (Band II), S. 76–79.
[8] Blobel, H.; Schliesser, T.: Handbuch der bakteriellen Infektionen bei Tieren. 1. Aufl. Jena 1980 (Band II), S. 162–166.
[9] Blobel, H.; Schliesser, T.: Handbuch der bakteriellen Infektionen bei Tieren. 1. Aufl. Jena 1980 (Band III), S. 98–100.
[10] Blocher, J. C.; Busta, F. F.: Bacterial spore resistance to acid. Food Technology **37** (1983) H. 11, 87–99.
[11] Bogue, R. H.: The chemistry and technology of gelatin and glue. 1. Aufl. London 1922, S. 60–61.
[12] Bogue, R. H.: The chemistry and technology of gelatin and glue. 1. Aufl. London 1922, S. 280–281.
[13] Bogue, R. H.: The chemistry and technology of gelatin and glue. 1. Aufl. London 1922, S. 298.
[14] Bogue, R. H.: The chemistry and technology of gelatin and glue. 1. Aufl. London 1922, S. 306.
[15] Bogue, R. H.: The chemistry and technology of gelatin and glue. 1. Aufl. London 1922, S. 502.
[16] Bogue, R. H.: The chemistry and technology of gelatin and glue. 1. Aufl. London 1922, S. 566.
[17] Bogue, R. H.: The chemistry and technology of gelatin and glue. 1. Aufl. London 1922, S. 574–575.
[18] Bühlmann, X.; Gay, M.; Hauert, W.; Hecker, W.; Sackmann, W.; Schiller, I.: Prüfung pharmazeutischer Hilfsstoffe auf mikrobielle Kontamination. Pharm. Ind. **34** (1972) H. 8, 562–566.
[19] Chestworth, K. A. C.; Sinclair, A.; Stretton, R. J.; Hayes, W. P.: An enzymatic technique for the microbiological examination of pharmaceutical gelatin. J Pharm. Pharmac. **29** (1977) H. 1, 60–61.
[20] Coretti, K.; Müggenburg, H.: Vorkommen und Bedeutung von Clostridien in Gelatine. Fleischwirtschaft **48** (1968) H. 5, 625–629.
[21] Davis, B. D.; Dulbecco, R.; Eisen, H. N.; Ginsberg, H. S. (ed.): Microbiology, 4. Aufl. New York 1990, S. 48.
[22] Fukushima, H.; Maruyama, K.; Omori, I.; Ho, K.; Iorihara, M.: Bedeutung kontaminierter Schweinehaut für die Verunreinigung von Schweinetierkörpern mit fäkalen Yersinien bei der Schlachtung. Fleischwirtschaft **69** (1989) H. 3, 409–413.

[23] GRIFFITHS, M. W.; PHILLIPS, J. D.: Strategies to control the outgrowth of spores of psychrophilic Bacillus spp. in diary products. II. Use of heat treatments. Milchwissenschaft **45** (1990) H. 11, 719–721.
[24] HONEGGER, H.-U.: Speisegelatine – ein stets reines Lebensmittel. Deutsche Lebensmittel Rundschau **72** (1976) H. 11, 379–383.
[25] KRÜGER, D.: Ein Beitrag zum Thema mikrobielle Kontamination von Wirk- und Hilfsstoffen. Pharm. Ind. **35** (1973) H. 9, 569–577.
[26] KUNZ, B.: Grundriß der Lebensmittel-Mikrobiologie, 1. Aufl. Hamburg 1988, S. 89.
[27] LEININGER, H. W.; SHELTON, L. R.; LEWIS, K. H.: Microbiology of frozen cream-type pies, frozen cooked-peeled shrimp and dry food-grade gelatin. Food Technology **25** (1971) H. 3, 224–229.
[28] LEISTNER, L.: Anaerobe Gelatinekeimzählung. Fleischwirtschaft **7** (1955) H. 9, 725–727.
[29] MARGGRANDER, K.: Speisegelatine in Fleischerzeugnissen, 1. Aufl. Frankfurt 1991, S. 19.
[30] METZ, H.: Bemerkungen über Nährböden. Merck KONTAKTE (1992) H. 3, 52–64.
[31] MÜGGENBURG, H.; LEISTNER, L.: Der Keimgehalt von Speisegelatinen in Vergleich zu Gelatinen für technische Zwecke. Fleischwirtschaft **47** (1967) H. 4, 379–382.
[32] PARK, C. E.; RAYMAN, M. K.; STANKIEWICZ, Z. K.; HAUSCHILD, A. H. W.: Preenrichment procedure for detection of salmonella in gelatin. Can. J. Microbiol. **23** (1977) H. 5, 559–562.
[33] PICHHARDT, K.: Lebensmittelmikrobiologie, 2. Aufl. Berlin 1989, S. 190.
[34] RUSSEL, A. D.: The destruction of bacterial spores, 1. Aufl. London 1982, S. 18.
[35] SCHIEFER, G.: Mikrobiologie der Eier in: Mikrobiologie tierischer Lebensmittel, 2. Aufl. Leipzig 1986, S. 457.
[36] SCHMIED, R.: Keimfreie Gelatine und entkeimte Gelatine. Fleischwirtschaft **10**, (1958) H. 11, 768–769.
[37] SCHRIEBER, R.: Speisegelatine – Eigenschaften und Anwendungsmöglichkeiten in der Lebensmittel-Industrie. Gordian **75** (1975) H. 6, 218–227.
[38] SCHRIEBER, R: Speisegelatine für die Fleischwarenerzeugung. Die Fleischerei (1975) H. 4, 49.
[39] SÖRQUIST, S.; DANIELSSON-THAM, M.-L.: Überleben von Campylobacter-, Salmonella- und Yersinia-Arten im Brühwasser bei der Schweineschlachtung. Fleischwirtschaft **70** (1990) H. 12, 1460–1466.
[40] ULLMANN, F.: Enzyklopädie der technischen Chemie, 1. Aufl. Berlin 1915, S. 31.
[41] ULLMANN, F.: Enzyklopädie der technischen Chemie, 1. Aufl. Berlin 1915, S. 38–41.
[42] ULLMANN, F.: Enzyklopädie der technischen Chemie, 1. Aufl. Berlin 1915, S. 46.
[43] WALLHÄUSSER, K.-H.: Lebensmittel und Mikroorganismen, 1. Aufl. Darmstadt 1990, S. 37.
[44] WALLHÄUSSER, K.-H.: Praxis der Sterilisation – Desinfektion – Konservierung. 4. Aufl. Stuttgart 1988, S. 136–140.
[45] WIDMANN, A.; CROOME, R. J.: Gelatine – Mikrobiologischer Status. Pharm. Ind. **37** (1975) H. 8, 650–654.
[46] WUNDERLICH, H. E.: Wenn es um Gelatine geht. 1. Aufl. Darmstadt 1972, S. 59–61.

2.4 Mikrobiologie des Separatorenfleisches

H. HECHELMANN und Z. BEM

Entsehnung und Entknochung sind wichtige wirtschaftliche und hygienische Probleme der Fleischverarbeitung. Die beiden Prozesse erfordern manuelle Arbeit und damit besteht immer die Gefahr der mikrobiellen Kontamination der Fleischstücke und gleichzeitig eine Erwärmung, wodurch die Keimvermehrung begünstigt wird. Bei der Zerlegung des Schlachttierkörpers verbleiben ca. 5 % des Fleisches als sogenanntes Restfleisch (Knochenputz) an den Knochen, vornehmlich an den Wirbelsäulen. Technische Fortschritte haben hier bei der Rückgewinnung des Restfleisches Vorteile gebracht, die eine Standardisierung und Mechanisierung der Entsehnung durch Weichseparatoren und der Entknochung durch Hartseparatoren des Fleisches möglich machen. So kann man mechanisch relativ schnell große Mengen von Fleisch entsehnen oder entknochen, was vor allem wirtschaftliche Vorteile hat.

Bei Separatorenfleisch handelt es sich um Fleisch, das mechanisch von Sehnen oder Knochen getrennt worden ist. Seit eh und je werden nach redlichem Handwerksbrauch die geringerwertigen Bestandteile des Schlachttierkörpers manuell vom Fleisch abgetrennt, d. h. die Sehnen werden herausgeschnitten und die Knochen ausgelöst. Das an den Knochen verbleibende Restfleisch wird mit dem Messer oder unter Zuhilfenahme mechanisierter Handwerkszeuge (Zieh-, Ringmesser) als Knochenputz gewonnen und für die Wurstherstellung verwendet. Es war naheliegend, diese arbeits- und damit kostenaufwendigen Vorgänge so weit wie möglich zu mechanisieren, und daher sind die sog. Weichseparatoren zur Entsehnung und die sog. Hartseparatoren zur Entknochung von Fleisch entwickelt worden. Weichseparatoren werden primär für eine Entsehnung des zur Rohwurstherstellung verwendeten Fleisches eingesetzt, während das mit Hartseparatoren gewonnene Rohmaterial vorwiegend zur Brühwurstherstellung und in geringerem Umfang für die Herstellung von Kochwurst und Rohwurst verwendet wird. Für Separatorenfleisch werden zahlreiche Bezeichnungen verwendet:

Mechanisch entsehntes Fleisch: z. B. Weichseparatorenfleisch oder Baaderfleisch (genannt nach dem Hersteller einer dafür verwendeten Maschine).

Mechanisch entknochtes Fleisch: Hartseparatorenfleisch oder Knochenseparatorenfleisch, MEF (maschinell entbeintes Fleisch) oder MDM (mechanically deboned meat).

Aus mikrobiologischer Sicht ist es vor allem wichtig, ob die Mechanisierung der Entsehnung oder Entknochung von Fleisch hygienische Risiken mit sich bringt. Diese Problematik wurde von BEM und Mitarbeitern gründlich überprüft [1, 2]. Untersucht wurden daher der Einfluß der Entsehnung und Entknochung auf den Keimgehalt des Fleisches, die Veränderung der mikrobiellen Kontamination des entsehnten und entknochten Fleisches im Verlauf des Arbeitstages und die Lagerfähigkeit von entsehntem und entknochtem Fleisch. Ausschlaggebend für die hygienische Qualität des entsehnten und entknochten Fleisches ist der Keimgehalt des Rohmaterials, das von gesunden Tieren stammen, unter hygienischen Bedingungen verarbeitet sowie ohne Unterbrechung der Kühlkette transportiert werden muß. Die Gesamtkeimzahl des Rohmaterials sollte unter 5×10^6/g liegen. Wie die Tab. 2.4.1 zeigt, war in den Untersuchungen das für eine maschinelle Entsehnung und Entknochung vorgesehene Rohmaterial häufig stärker keimhaltig als das Rohmaterial, das manuell entsehnt oder entknocht werden sollte. Im Durchschnitt hat die Bakterienzahl bei dem zur manuellen Bearbeitung vorgesehenen Rohmaterial 10^6/g betragen, während die Bakterienzahl bei dem zur maschinellen Bearbeitung vorgesehenen Rohmaterial häufig im Durchschnitt bei 10^7/g lag. Die Ursache dafür war, daß das zur manuellen Verarbeitung bestimmte Rohmaterial in den untersuchten Betrieben nicht zugekauft wurde, d. h. vor der Verarbeitung nicht lange in gekühltem Zustand aufbewahrt oder transportiert worden ist und auch nicht gefroren war, also nicht aufgetaut werden mußte. Gefrorenes Rohmaterial, das entsehnt oder entknocht werden soll, muß schnell und bei niedrigen Temperaturen aufgetaut werden. Dabei ist besonders zu empfehlen, die großen Stücke vor dem Auftauen grob zu zerkleinern, um das Auftauverfahren dadurch zu beschleunigen. Fleischstücke, die ca. 3 cm dick sind, tauen unter folgenden Bedingungen am besten auf: etwa 6 Stunden bei +10 °C; oder etwa 7 Stunden bei +8 °C und bei +5 °C etwa 9 Stunden.

Bei einer Entknochung von Schweinerücken, Schweineschwänzen, Schweinebauchknorpeln, Rinderhalsknochen und Putenrücken wurde keine Zunahme der Gesamtkeimzahl, sondern eine gewisse Abnahme beobachtet. Auch bei der Entknochung von Hähnchen- und Putenhälsen kam es nicht zu einer erheblichen Zunahme der Gesamtkeimzahl. Dagegen wurde bei der Entknochung von Ochsenschwänzen, Rinderrückenknochen, Rinderköpfen und Hähnchenkarkassen eine deutliche bis starke Zunahme der Gesamtkeimzahl festgestellt. Die Keimzahlen von maschinell sowie auch von manuell entsehntem Fleisch zeigten im Verlauf des Arbeitstages im allgemeinen eine geringe Zunahme, die bei manuell entsehntem Fleisch größer war, d. h. das zu Beginn des Arbeitstages entsehnte Fleisch hatte einen geringeren Keimgehalt als das am Mittag oder Abend gewonnene Fleisch.

Tab. 2.4.1 Gesamtkeimzahl des Rohmaterials, das entweder zur maschinellen oder manuellen Entsehnung und Entknochung vorgesehen war (Bem u. Leistner, 1974)

Verfahren	Tierart	Vorgesehene Behandlung	Anzahl der Proben	Gesamtkeimzahl pro Gramm		Prozent der Proben über Grenzwert[1])
				Durchschnitt	Bereich	
Entsehnung	Schwein	maschinell	18	4×10^6	$1 \times 10^6 – 9 \times 10^6$	22 %
		manuell	16	1×10^6	$2 \times 10^5 – 5 \times 10^6$	6 %
	Rind	maschinell	25	7×10^7	$8 \times 10^4 – 2 \times 10^8$	84 %
		manuell	16	3×10^6	$2 \times 10^4 – 1 \times 10^7$	25 %
Entknochung	Schwein	maschinell	8	2×10^7	$4 \times 10^5 – 5 \times 10^7$	87 %
		manuell	15	1×10^6	$4 \times 10^5 – 3 \times 10^6$	0 %
	Rind	maschinell	7	9×10^6	$1 \times 10^6 – 2 \times 10^7$	57 %
		manuell	16	1×10^6	$3 \times 10^5 – 5 \times 10^6$	0 %
	Geflügel	maschinell	39	2×10^6	$8 \times 10^4 – 9 \times 10^6$	21 %

[1]) Als Grenzwert für die Gesamtkeimzahl des Rohmaterials werden 5×10^6/g angenommen

Im Verlauf des Arbeitstages waren bei der Entknochung keine deutlichen Veränderungen in der Gesamtkeimzahl zu beobachten, allerdings nur in Betrieben mit guter Arbeitsorganisation. Maschinell oder manuell entsehntes Fleisch kann zwei Tage bei −1 °C bis 2 °C oder mindestens 14 Tage unter −18 °C gelagert werden. Dagegen sollte man entknochtes Fleisch nicht kühllagern, sondern sofort einfrieren, denn unter −18 °C kann es mindestens 14 Tage gelagert werden [4]. Wurde entknochtes Fleisch Fleischerzeugnissen zugesetzt, dann waren keine bakteriologischen Nachteile bei Brühwürsten (mit 10 bis 65 Prozent entknochtem Fleisch) und bei Kochwürsten (10 bis 20 Prozent) festzustellen. Allerdings muß im Hinblick auf die Salmonellen, die insbesondere in entknochtem Geflügelfleisch vorkommen können, sichergestellt sein, daß bei Brüh- und Kochwürsten in allen Teilen eine Temperatur von mindestens 70 °C erreicht wird. Bei Rohwurst, die im allgemeinen nicht erhitzt wird, liegen die Verhältnisse etwas anders. Hier können durch den Zusatz von entknochtem Fleisch vermehrt *Enterobacteriaceae* und vor allem auch Staphylokokken (*Staphylococcus aureus*), die vermehrt in Schweinefleisch zu finden sind, dem Brät zugesetzt werden. Es ist daher ratsam, auch im Sinne von GMP, entknochtes Fleisch nicht für die Rohwurstherstellung zu verwenden. Andererseits weist NEUHÄUSER darauf hin, daß Separatorenfleisch vom Rind bis zu 10 % schnittfester, schnellgereifter Rohwurst und Separatorenfleisch vom Schwein bis zu 10 % streichfähigen Rohwurstsorten zugesetzt werden kann [5, 6].

Aus den mitgeteilten Keimzahlen kann gefolgert werden, daß der Keimgehalt von Separatorenfleisch primär dem Keimgehalt der fleischtragenden Knochen, also des Rohmaterials, entspricht. Durch den Prozeß der mechanischen Entknochung wird der Keimgehalt des Materials nicht wesentlich verändert. Zu einer schnellen Keimvermehrung kann es jedoch kommen, wenn das Separatorenfleisch gekühlt, vor allem unzureichend gekühlt und zu lange Zeit aufbewahrt wird. Folglich ist das Separatorenfleisch ein hygienisch labiles Produkt, das besonderer Sorgfalt bedarf [3].

Welche „Spielregeln" bei der Herstellung und Lagerung von Separatorenfleisch eingehalten werden sollten, hat die Bundesanstalt für Fleischforschung, Kulmbach, in einer Stellungnahme (1976) bereits mitgeteilt, darin heißt es u. a.:

Die Anforderungen, die an maschinell entknochtes Fleisch gestellt werden, sollten im Hinblick auf Hygiene und Qualität nicht geringer sein als bei manuell gewonnenem Restfleisch.

Aus den von BEM erarbeiteten Untersuchungsergebnissen ist zu folgern, daß bei Verwendung von maschinell gewonnenem Knochenrestfleisch (Separatorenfleisch) mit einer Erhöhung der hygienischen Risiken sowie einer Beeinträchtigung der Qualität von Fleischerzeugnissen nicht zu rechnen ist, wenn folgende Voraussetzungen eingehalten und kontrolliert werden. Dazu gehören:

1. Das zum mechanischen Entknochen bestimmte Rohmaterial ist zu kühlen oder zu gefrieren. Werden nur im eigenen Betrieb anfallende Knochen separiert, dann reicht eine Kühlung aus, wenn das Separieren spätestens am Tage nach dem Anfall der Knochen vorgenommen wird und die Knochen bis dahin bei einer Temperatur bis zu höchstens +2 °C aufbewahrt werden. Ist eine längere Aufbewahrung vorgesehen oder werden die Knochen aus anderen Betrieben eingesammelt, dann ist ein sofortiges Einfrieren der Knochen direkt nach dem Anfall erforderlich. Vor dem Entknochen muß das gefrorene Rohmaterial sachgerecht aufgetaut werden. An Betriebe, die nicht ausschließlich Knochen aus dem eigenen Betrieb verwenden, müssen besonders strenge hygienische Anforderungen gestellt werden, die sich vor allem auf Temperatur und Zeit der Lagerung des Rohmaterials erstrecken. Der Import von Knochen zum Zwecke des Separierens sollte daher verboten werden.
2. Separatorenfleisch muß unmittelbar nach der Herstellung gekühlt und spätestens noch am Tage nach der Gewinnung durcherhitzt oder tiefgefroren werden. Das Gefrieren hat nach der Gewinnung in dünner Schicht und schnell auf –20 °C zu erfolgen.
3. Von der mechanischen Entknochung sollten sämtliche Kopfknochen, Röhrenknochen, Gliedmaßenenden sowie Schweineschwänze ausgeschlossen werden. Weiterhin sollten vor dem Separieren von Geflügel-Karkassen die Bürzeldrüsen entfernt werden.
4. Der Zusatz von maschinell gewonnenem Knochenrestfleisch darf nicht zu rohverzehrten Fleischerzeugnissen, sondern nur zu Brüh- und Kochwürsten zugelassen werden und zwar auch nur bei solchen Produkten, denen bereits traditionell manuell gewonnenes Knochenputzfleisch zugesetzt wird. Da Separatorenfleisch aus Geflügelknochen (wie Geflügelfleisch allgemein) relativ häufig pathogene Mikroorganismen enthält, sollte eine Verarbeitung derartigen Separatorenfleisches nur in Betrieben, die auf die Herstellung von Geflügelfleischerzeugnissen ausgerichtet sind (strenge räumliche und personelle Trennung in reine und unreine Seite, ausreichende Erhitzung der Produkte), zulässig sein.
5. Aus mikrobiologischer Sicht ist es wichtig, an den Keimgehalt von Separatorenfleisch bestimmte Anforderungen zu stellen, d. h. bakteriologische Normen (Richtwerte, wie in Tabelle 2.4.1) festzulegen.

Bei Beachtung der aufgeführten Vorsichtsmaßnahmen bringt die maschinelle Entsehnung oder Entknochung keine hygienischen Nachteile mit sich.

Jede Unvorsichtigkeit oder Nachlässigkeit kann jedoch zu wirtschaftlichen Verlusten oder einer Gefährdung oder Täuschung des Verbrauchers führen und eine große Gefahr darstellen.

Literatur

[1] BEM, Z.; LEISTNER, L.: Fleischseparatoren aus mikrobiologischer Sicht. Mitteilungsblatt der Bundesanstalt für Fleischforschung, Kulmbach, (1974 a) 2244.

[2] BEM, Z.; DRESEL, J.; LEISTNER, L.: Fleischseparatoren aus hygienischer Sicht. Jahresbericht der Bundesanstalt für Fleischforschung, Kulmbach, (1974 b) C 37.

[3] LIENHOP, E.: Hygienische Rahmenbedingungen zur Gewinnung von maschinell entbeintem Fleisch. (1981) Vortrag anl. Verbandstag des Bundesverbandes der Deutschen Fleischwarenindustrie e. V. in Garmisch-Partenkirchen am 21. 5. 1981.

[4] LINKE, H.; ARNETH, W.; BEM, Z.: Ein neues Verfahren zur mechanisierten Restfleischgewinnung unter hygienischen, analytischen und lebensmittelrechtlichen Gesichtspunkten. Fleischwirtschaft **54** (1974) 1653.

[5] NEUHÄUSER, S.: Technologische Verbesserungen der maschinellen Fleischgewinnung. Fleischwirtschaft **57** (1977 a) 1233.

[6] NEUHÄUSER, S.: Verfahren zur maschinellen Fleischgewinnung. Fleischwirtschaft **57** (1977 b) 1754.

2.5 Hygienische Aspekte bei der Planung von Fleischwerken

P. Timm

2.5.1 Einleitung

Dieser Beitrag beschäftigt sich mit den hygienischen Aspekten bei der Planung von Fleischwerken, nicht jedoch im Detail mit bautechnischen oder technologischen Gesamtlösungen. Fleischwerke im Sinne der gewählten Definition sind Schlachthöfe, Zerlegebetriebe und Verarbeitungsbetriebe als Einzelbetriebe, aber auch als integrierte Gesamtbetriebe, wie z. B. das neue Fleischzentrum der „Weimarer Wurstwaren“ in Nohra, Thüringen (Inbetriebnahme 9/1993).

Auf die speziellen Anforderungen der Geflügelfleischproduktion wird in diesem Beitrag nicht eingegangen.

Um heute im Kampf um Marktanteile im Lebensmittel-Einzelhandel (LEH) erfolgreich sein zu können, müssen hohe hygienische Anforderungen erfüllt werden. Der Rahmen dafür wird im wesentlichen, neben vielen weiteren Verordnungen und Gesetzen, durch folgende rechtliche Ausführungen vorgegeben:

- EU-Richtlinie 64/433 und EU-Richtlinie 91/497 für Schlacht- und Zerlegebetriebe.
- EU-Richtlinie 77/99 und 92/5 für Verarbeitungsbetriebe
- EU-Richtlinie 88/657 und 92/110 für Hackfleischbetriebe
- EU-Richtlinie 93/43 über Lebensmittelhygiene allgemein
- EU-Richtlinie 89/397 für die allgemeine amtliche Lebensmittelüberwachung
- EU-Richtlinie 89/392 (Maschinenrichtlinie) für die Konstruktion von Anlagen und Maschinen
- das Lebensmittel- und Bedarfsgegenständegesetz
- das Lastenheft für das CMA-Prüfsiegel „deutsches Qualitätsfleisch aus kontrollierter Aufzucht“
- die Fleischhygiene VO
- die Handelsklassen VO für Schlachtkörper
- das Tierseuchengesetz
- das Produkthaftungsgesetz mit der Loskennzeichnungs VO
- Darüber hinaus wird bereits in der Richtlinie 93/43 ein HACCP-Konzept für eine gute Hygienepraxis gefordert und die Zertifizierung nach DIN EN ISO 9000 ff empfohlen.

Daneben werden durch nationale Verordnungen weitere Anforderungen gestellt, die für die Planung von Fleischwerken von entscheidender Bedeutung sind. Eine zusätzliche Planungsvorgabe wird durch die Unternehmensphilosophie des Bauherrn und besondere Qualitäts- und Hygieneanforderungen von Kunden gegeben (z. B. USDA-Richtlinien).

Fehler, die bereits im Planungsstadium begangen werden, können später entweder überhaupt nicht mehr oder nur mit unvertretbar hohem finanziellem Aufwand korrigiert werden. Insofern sind hygienische Aspekte bei der Planung von Fleischwerken heute und in Zukunft weitaus mehr als noch in der Vergangenheit für die Rentabilität und die Wettbewerbsfähigkeit der Fleischbetriebe von entscheidender Bedeutung.

2.5.2 Die Planungsgrundlagen, das Lastenheft des Bauherrn

Zu den Erfolgsaussichten einer Planung kann folgende Kernaussage getroffen werden:

„Eine Planung ist immer nur so gut, wie der Bauherr weiß was er will!“

Eine Planung muß sich an den Zielen orientieren, die mit der Investitionsmaßnahme erreicht werden sollen. Bei Beginn der Planung müssen also die wesentlichen Inhalte des Gesamtkonzeptes geklärt werden. Als Stichworte sind hier zu nennen:

- Ausgangsbasis, Schwachstellenanalyse
- Produktionssortiment, Qualitätsniveau, Technologieeinsatz
- Mengengerüst, Logistik
- Organisationsstruktur
- Finanzbudget, Zeitrahmen
- Endvision, Planungsstufen, Alternativlösungen
- Kosten/Nutzen-Analyse

Zur strukturierten Beantwortung von relevanten Planungsfragen werden diverse Checklisten mit entsprechender Software eingesetzt. Daraus kann z. B. folgendes, komprimiertes Anforderungsprofil (Lastenheft) formuliert werden:

- Integriertes Fleischwerk vom Stall bis zur portionierten Wurst
- Zertifizierungen: ES, EZ, EV, USDA, CMA, ISO 9001
- Auslastung: 1-Schichtbetrieb
- Schweineschlachtung: 250 Schweine/Stunde

- Rinderschlachtung: 50 Rinder /Stunde
- Sanitätsschlachtung: Nur für den internen Bedarf
- Nebenprodukte: LM-Blut, komplette Kuttelei
- Schweinegrobzerlegung: 300 Schweinehälften/Stunde
- Schweinefeinzerlegung: 9 000 kg/Stunde
- Rinderzerlegung: Entfällt in der 1. Planungsstufe
- Wurstproduktion: 25 t/Tag gemäß Sortimentmix
- Versand/Logistik: Rohrbahn, Eurokiste, Palette, Rolli
  Optionen: 2-Schichtbetrieb, Rinderzerlegung mit Reifung, Flächenerweiterung für Kühlung, Zerlegung, Verpackung, Verarbeitung, Verwaltung.

Welche hygienischen Aspekte müssen nun aus diesem Anforderungsprofil für die Planung abgeleitet und berücksichtigt werden? Im Beispiel handelt es sich um ein Fleischwerk, das von der Schlachtung bis zur Wurstverarbeitung reicht. Dafür ist zunächst die konsequente Trennung der reinen und der unreinen Seite des Betriebes sicherzustellen. Dies beinhaltet den Materialfluß und die Transportwege innerhalb und außerhalb des Gebäudes sowie die Personalwege der Mitarbeiter, die hier tätig sind. Das Konzept muß so angelegt werden, daß spätere Erweiterungen bereits berücksichtigt und Kreuzkontaminationen vermieden werden. Für einen Schlachtbetrieb ist z. B. ein Viehwagenwaschplatz mit einer Desinfektionsmöglichkeit im unreinen Teil des Betriebsgeländes zwingend vorgeschrieben. Ebenso müssen die Sozialräume für die Mitarbeiter in den Bereichen Stall, Kuttelei, Sanitätsschlachtung und Entsorgung so geplant werden, daß es keine Kreuzung mit den übrigen Mitarbeitern des Betriebes gibt, um die Übertragung von pathogenen Keimen auf die anschließenden Arbeitsprozesse zu verhindern. Dieses Element der Planung ist gleichzeitig ein wichtiger Mosaikstein des HACCP-Konzeptes.

2.5.3 Die Betriebsstruktur und das Raumprogramm

Wenn auf der Basis des Lastenheftes die Struktur des Betriebes festgelegt ist, kann die eigentliche Planung nach folgendem System beginnen:

- Das Mengengerüst des Outputs wird über die Produktionstechnologie auf den Wareneingang zurückgerechnet
- Das Raumprogramm wird über die Produktionstechnologie von innen nach außen geplant
- Weiterhin wird aus der Endvision, d. h. aus der maximalen Ausnutzung der Grundstücksfläche, stufenweise auf die 1. Planungsphase der Inbetriebnahme zurückgeplant

- Dabei müssen alle relevanten Auflagen und Restriktionen der Genehmigung des Antrages nach dem Bundes-Immissions-Schutzgesetz (BIMSCH) bzw. der lokalen Genehmigungen berücksichtigt werden, wie z. B., ob eine eingeschossige oder mehrgeschossige Bauweise incl. Unterkellerung möglich ist.

Wesentliche hygienische Aspekte in dieser Planungsphase sind:

- Das System und die Lokalisierung der Personalwege vom Umkleideraum über die Hygieneschleusen zum Arbeitsplatz unter Berücksichtigung der Pausen
- Die Logistik und Reinigungssysteme der Behälter, Haken und sonstiger Transportmittel und Geräte
- Planung der Vieh- und Fleischwagenwaschplätze
- Das System und die Lokalisierung der Zapfstellen für die Betriebsreinigung unter Berücksichtigung der Lagerflächen für Reinigungsmaterial und -geräte
- Die Planung der Wasserkreisläufe und deren Trassen incl. eines Zapfstellenentnahmeplans unter Berücksichtigung der Wasserqualität
- Die Planung der Abwassernetze unter Berücksichtigung der Einleiterqualität, der Trennung der grünen, roten und braunen Linie
- Planung der Schutzmaßnahmen gegen Insekten, Schaben und Nagetiere
- Planung der Logistik zur Entsorgung der Schlachtnebenprodukte
- Planung der Logistik für die Bereiche Kantine, Wäsche, Besucher
- Planung von chemischen und mikrobiologischen Labors für die Qualitätssicherung
- Planung von Räumen für die Schulung der Mitarbeiter
- Planung der Kälte-, Klima-, und Lüftungstechnik unter Berücksichtigung der Raumanforderungen und der Energiekosten
- Planung der Logistik für Hilfsstoffe, Verpackungsmaterial, Räuchermaterial und Asche.

Alle vorhergenannten Kriterien sind von hygienischer Bedeutung, um einerseits technische und räumliche Rahmenbedingungen für die Produktionsverfahren zu schaffen, und um andererseits zu vermeiden, daß es unnötige Kreuzungen zwischen der unreinen und der reinen Seite des Betriebes gibt. Eine 100 %ige Planung gibt es trotzdem nicht, weil es zu viele „Grauzonen" gibt (halbreine Bereiche), und eine nachträgliche Beurteilung im Prinzip eine Abwägung von Kompromissen ist.

Definition der unreinen Bereiche des Betriebes:

- Stall und Sanitätsschlachtung
- Rinderschlachtung bis zum Fellabzug
- Schweineschlachtung bis zum Öffnen des Tierkörpers

- Entsorgung von Rinderbeinen, Häuten, Borsten, Konfiskaten, Altblut, Pansen- und Darminhalt
- Viehwagenwaschplatz, Flotation
- Kuttelei im Bereich der Darmreinigung.

Definition der halbreinen Bereiche des Betriebes:

- Kuttelei im Bereich des Darmsalzens und der Verladung
- Lebensmittel-Blut
- Tierfutter und BU-Verladung (taugliches Fleisch nach bakteriologischer Untersuchung)
- Verladung der Fette, Knochen, Schwarten und Sehnen
- Energiezentrale, Werkstatt und Magazin
- Leergutanlieferung und Müllentsorgung
- In Betrieben ohne Schlachtung müßte die Definition angepaßt werden
- Alle nicht genannten Bereiche sind dem reinen Teil des Betriebes zuzuordnen.

Zu diesem Zeitpunkt der Planung kann eine relativ genaue Kostenschätzung vorgelegt werden. Nach einer kurzen Zäsur muß entschieden werden, ob der Entwurf realisiert werden kann oder ob eine andere Lösung erarbeitet werden muß.

2.5.4 Die Personalhygiene und das Schleusensystem

Das Konzept der Personalhygiene besteht im wesentlichen aus drei räumlich getrennten Bereichen:

1. Der Umkleidebereich mit eindeutiger Trennung zwischen der sauberen, täglich zu wechselnden Hygienekleidung und der Straßenkleidung sowie den Wasch- und Duscheinrichtungen.
2. Die Hygieneschleuse vor jedem Arbeitsbereich mit den Reinigungseinrichtungen für Stiefel, Schürzen und Geräte sowie dem Trockenlagerplatz dafür. In unmittelbarer Nähe sind auch der Schleifraum, die Toiletten und der Kurzpausenraum anzuordnen. Einrichtungen zur Händereinigung und -desinfektion sind obligatorisch.
3. Die Schürzenreinigungsschleuse und/oder die Wasch- und Sterilbecken am Arbeitsplatz.

Der Mitarbeiter betritt in Straßenkleidung den Betrieb. Auf dem Weg zum Umkleideraum deponiert er zunächst persönliche Sachen in seinem Wertfach und entnimmt dann aus seinem Wäschefach die saubere Hygienekleidung (weiße Hose, weißer Kittel). Im Umkleideraum wechselt er die Kleidung und zieht spezielle blaue Clogs über. Die blauen Clogs werden ausschließlich für den Weg zwischen dem Umkleideraum und der Hygieneschleuse benutzt und dienen auch der Hygiene-Kontrolle der Mitarbeiter. In der Hygieneschleuse werden weiße Stiefel oder weiße Clogs angezogen. Die blauen Clogs bleiben in der Hygieneschleuse. Als nächstes werden die Stech- und Gummischürzen sowie die Kopfbedeckung übergezogen. Als letzter Step in der Hygieneschleuse wird der Stechhandschuh übergezogen und der Messerkorb mitgenommen. Am Arbeitsplatz angekommen, wird der Messerkorb in die Halterung gehängt, und die offenen Hände werden gereinigt und desinfiziert.

Der Weg zurück bei der Mittagspause und nach Arbeitsende läuft in umgekehrter Reihenfolge. Wichtig dabei ist, daß Messer, Schürzen und Stiefel gereinigt in der Hygieneschleuse verbleiben und nicht mit in den Umkleideraum genommen werden. Die Stiefel müssen mit der Sohle nach vorn aufgehängt werden. Dadurch ist eine schnelle, übersichtliche Kontrolle für den Hygienebeauftragten möglich. In dem betrieblichen Reinigungsplan muß auch die Reinigung der Hygieneschleuse geregelt sein, also „die Reinigung der Reinigung".

Die Planung der Schürzenreinigungsschleusen sind in einem Schlachtbetrieb von besonderer Bedeutung für die Produkthygiene. Es muß vermieden werden, daß Spritzwasser an den Tierkörper gelangt. Gleichzeitig muß die Benutzung so ergonomisch sein, daß der Mitarbeiter zwangsgeführt wird und nicht daran vorbeigeht. Taktweise muß es möglich sein, Schürze, Hände und Messer zu reinigen sowie das Messer zu wechseln. Im Gegensatz zu den Waschbecken, die mit Fotozellen berührungslos arbeiten, werden die Schürzenreinigungsschleusen mit einem mechanischen Fußhebel bedient.

Abschließend muß betont werden, daß auf diesem Gebiet die technische und organisatorische Entwicklung erst am Anfang steht und in naher Zukunft deutliche Verbesserungen und Standardisierungen zu erwarten sind.

2.5.5 Die Rinderschlachtung

Die Planung einer Rinderschlachtlinie wird im wesentlichen von drei Kriterien beeinflußt:

1. von der Kapazität (Rinder/Stunde)
2. von der Fellabzugtechnologie und
3. von der Bauweise des Gebäudes.

Bis zu einer Nettoleistung von ca. 50 Rindern/Std. führt ein Taktförderer zu den besten Gesamtlösungen. Bei größeren Leistungen ist ein kontinuierlicher Förderer erforderlich. In beiden Fällen ist eine hängende Schlachtung gemeint. Auf die liegende Schlachtung (Entblutung) soll an dieser Stelle nicht eingegangen werden. Die Fellabzugstechnologie (mit Kopf/ohne Kopf, von oben nach unten/von unten nach oben, mit oder ohne Elektrostimulation) ist richtungsweisend für die Anordnung der einzelnen Arbeitsplätze und die Festlegung der Entsorgungspunkte. Der Baukörper entscheidet über die Entsorgungslogistik der Nebenprodukte. Als weitere Einflußkriterien sind zu nennen: Mono- oder Rinder- und Schweineschlachtbetrieb und Ein-Geschoß- oder Zwei-Geschoßbetrieb. Im Idealfall sollte die vertikale Entsorgung in einem Zwei-Geschoßbetrieb gewählt werden.

Unter hygienischen Aspekten haben folgende Arbeitsplätze entscheidenden Einfluß auf die Gesamtkeimzahl (GKZ) und die Enterobakteriazeenzahl (EBZ):

- Verschmutzungsstatus der Tiere bei der Anlieferung, d. h. die Forderung nach einer Vorreinigung
- Absetzen der Unterbeine im Gelenk mit dem Messer oder der Zange
- Umhängen, Freischneiden der Hessen, Absetzen der Hinterbeine
- Absetzen der Euter und Geschlechtsteile, besonders die Kontamination durch Milch aus laktierenden Eutern kann zur Übertragung von Eitererregern, Tuberkuloseerregern, Bruceloseerregern und Erregern der Strahlenpilzkrankheit führen
- Schlundlösen und Verschließen (Rodding)
- Mastdarmlösen und Verschließen, Schwanzenthäuten
- Vorenthäuten Keule, Bauch und Schulter
- Fellabzug über Kopf
- Kopfabsetzen und Kopfbearbeitung
- Entnahme der weißen und roten Organe (Bauchhöhle und Brusthöhle).

Sofern es an den o. g. Arbeitsplätzen zu Verschmutzungen und Kontaminationen kommt, sind es im wesentlichen Bedienungsfehler des Personals, selten technische Fehler. Die Bedeutung der Schulung und Qualifizierung der Mitarbeiter hat somit den größten Einfluß auf die Qualität und Hygiene der Schlachtung.

Als Grundforderung sollten folgende technischen und organisatorischen Schwachstellen vermieden werden:

- Berühren der Podeste durch den Tierkörper
- Kontamination der Tierkörper durch Spritzwasser (keine Handbrausen!), Kondenswasser und Aerosolbildung

- Kontamination der Tierkörper durch pathogene Keime aus zurückströmender Abluft der Konfiskaträume. (Kamineffekt der Abwurfrohre)
- Berühren von tauglichen und untauglichen Tierkörperhälften vor und nach der Klassifizierung.
- Unkontrolliertes Verteilen von Blut, Fleischsaft und Abwasser in der Schlachthalle, d. h. die Forderung nach Sammelrinnen aus V2A in der Schlachthalle
- Ungekühltes Verweilen der Tierkörper und Organe von länger als 60 Minuten in der Schlachthalle (je schneller der Durchlauf, desto geringer die Oberflächenkeimzahl)
- unsynchronisiertes Zerlegen, Selektieren und Kühlen von LM-Innereien, Tierfutter, Fetten und Trimmfleisch
- Kontamination der Tierkörper durch manuelles Schieben, d. h. die Forderung nach automatischen Transport- und Fördersystemen mit Zielsteuerung
- Kondensation der Luftfeuchtigkeit an der Tierkörperoberfläche durch fehlerhafte Kühl-und Lüftungstechnik
- Feuchteflecken an der Fleischoberfläche durch Berühren der Hälften beim Kühlen, d. h. ausreichende Dimension der Kühlräume
- Schlechte Reinigungsmöglichkeit von Wänden, Decke und Fußboden, d. h. Wände sollten raumhoch oder bis zur Höhe der Fördertechnik gefliest sein, Fußböden müssen ein ausreichendes Gefälle haben, um stehendes Wasser zu vermeiden; Installationsleitungen sollten möglichst in einem zentralen Mediengang außerhalb der Schlachthalle verlegt werden.

Das Gesamtkonzept der Rinderschlachtung führt zu sehr niedrigen Gesamtkeimzahlen an der Oberfläche (Ziel max. $10^2/cm^2$).

2.5.6 Die Schweineschlachtung

Für die Planung einer Schweineschlachtlinie sind neben den grundsätzlichen und spezifischen Kriterien der Rinderschlachtung noch folgende Entscheidungen zu treffen:

- Reine Schweineschlachtung oder kombiniert mit Sauen
- Schlachtung am Spreizhaken oder am Eurohaken
- Betäubung mit Kohlendioxid oder Strom
- liegende oder hängende Entblutung
- liegendes oder hängendes Brühverfahren

- Einsatz von automatischen Mastdarmbohrern, Organentnehmern, Flomenziehern, Hackern
- Konventionelle Kühlung, Schocktunnel oder Powerschocktunneltechnologie.

Im Beispiel wurde eine kombinierte Schweine -und Sauenlinie mit 250 Schweinen/Std., am Spreizhaken mit CO_2-Betäubung, mit hängender Entblutung und Brühung, ohne Automaten, mit Kühlung im Powerschocktunnel geplant.

Durch die Powerschocktunneltechnologie wird bei 80 Minuten Durchlauf, d. h. ca. 2 Std. p. m., im Kern des Schinkens eine Temperatur von ca. 35 °C gemessen. Das gewählte Gesamtkonzept der Schweineschlachtung, in Verbindung mit dem automatischen Fördersystem mit Zielsteuerung führt zu sehr niedrigen Gesamtkeimzahlen (Ziel $10^2/cm^2$).

2.5.7 Die Zerlegung, die Verpackung, der Versand

Die Zerlegung ist nach der Fleischgewinnung durch das Schlachten die erste Veredelungsstufe der Fleischbe- und Fleischverarbeitung. Aus hygienischen Gründen muß sichergestellt sein, daß die Kerntemperatur von +7 °C im Fleisch und an der Oberfläche der Teilstücke nicht überschritten wird. Fast noch wichtiger ist die Oberflächentemperatur am Fleisch, die Raumtemperatur und die relative Luftfeuchtigkeit und die Luftgeschwindigkeit im Zerlegeraum; denn sobald der Taupunkt der Luft unterschritten wird, kondensiert die wärmere Feuchtigkeit der Luft an der kälteren Fleischoberfläche und bietet Bakterien zur Vermehrung einen idealen Nährboden. Aus diesem Grunde wären nicht die nach der EG-Richtlinie geforderten Höchstwerte von +10 bis 12 °C die Optimallösung, sondern ca. +5 bis 7 °C. Diese Forderung läuft allerdings den Auflagen der Arbeitsstätten-Richtlinien (ASR) und der Berufsgenossenschaft (BG) mit max. +15 bis 18 °C entgegen. Diese fordern eine Fußbodenheizung bzw. gleichwertige Lösungen zur Vermeidung von Fußkälte an Arbeitsplätzen mit dauerhaft stehender Tätigkeit wie an einem Zerlegeband. Zur Erreichung von hygienischen Arbeitsbedingungen im Zerlegeraum ist somit entscheidend, wie leistungsfähig die Klimaanlage Luftfeuchtigkeit, Temperatur und Luftgeschwindigkeit regeln kann, und wie schnell der Durchlauf der Fleischteile organisiert werden kann. Zur energieschonenden Einhaltung niedriger Temperaturen ist auch die Erwärmung durch direkte Sonneneinstrahlung zu berücksichtigen. Daneben hat die Zerlege- und Reinigungstechnik entscheidenden Einfluß auf die Keimzahlen.

Technische und organisatorische Grundlagen einer hygienischen Zerlegung sind:

- Verbindliche Zerlegeplanung der Mengen und Artikel
- Einsatz von laserstrahlgeführten Kreismessern, keine wassergekühlten Bandsägen
- Wechsel der Zerlege-Messer alle 2 Stunden
- Umdrehen und Wechseln der Schneidebretter 2- bis 4mal/Tag, vollständige Abtrocknung der Schneidebretter nach der Reinigung
- Einsatz von Kastenfördersystemen mit integrierter Behälterwäsche, möglichst mit separaten internen und externen Behältern
- Die Behälter müssen trocken und gekühlt bereitgestellt werden
- Reinigungsmöglichkeit für Großbehälter und Paletten
- Keine Berührung von Fleisch und Schürze beim Zerlegen und Transportieren
- Keine Wasch- und Sterilbecken an jedem Arbeitsplatz (Aerosolbildung), sondern zentrale Messerreinigung und Schleifraum in der Hygieneschleuse
- Gute Isolierung der wasserführenden Leitungen zur Vermeidung von Kondenswasser
- Glatte Wände, Fußboden mit ausreichendem Gefälle zur leichten Reinigung und Desinfektion.

Diese Grundforderungen bestehen auch für die Räume der Verpackung und im Versand. Zusätzliche Kriterien im Verpackungsbereich sind:

- Konsequente Trennung der Kartonverpackung und der Lagerräume von der Frischfleischumhüllung
- Planung separater Räume für Vakuum-Pumpen (Ölstaub, Erwärmung, Lärm, Wartung)
- Direkte Vrasenabführung bei Schrumpfbeutellinien (Kondensation an der Decke oder an Fördertechnik und Lüftungskanälen)
- Einsatz von Kastenfördersystemen zur Ver- und Entsorgung des Verpackungsraumes
- Gesonderte Planung für die Etikettierung und Kennzeichnung der verpackten Ware, evtl. Vorkommissionierung
- Gesonderte Planung der SB-Verpackung von portioniertem Fleisch, ggf. nach der Hackfleisch-Richtlinie
- Planung der Verpackung von gefrosteten Produkten.

Im Versandbereich sind folgende zusätzliche Kriterien von Bedeutung:

- Einhaltung der Kühlkette durch Verladekonzepte mit besonderen Torabdichtungen unter Berücksichtigung der LKW-Typen

- Synchronisation von Kommissionieren und Verladen zur Vermeidung von Kondensation an der Fleisch- oder Folienoberfläche
- Bei organisierter Vorkommissionierung: Planung von Bereitstellungszonen mit +4 bis 6 °C
- Räumlich getrennte Verladung von Kartonware
- Räumliche Trennung von Verladung und Leergutannahme und -reinigung
- Planung des LKW Waschplatzes als integriertes Element des Versandes
- Planung von separaten Warteräumen mit WC und Waschräumen für externe Fahrer und Abholer ohne Zugang in den Versandbereich
- Gesonderte Planung bei Verladung von TK-Ware.

2.5.8 Die Wurstproduktion

Als Wurstproduktion ist hier die allgemeine Verarbeitung und Veredelung von Fleisch zu Fleisch- und Wurstwaren, also incl. der Roh- und Kochpökelwaren gemeint.

Der Vorteil eines integrierten Verarbeitungskonzeptes ist die lückenlose Logistik zwischen Rohstoffgewinnung (Schlachtung) und Veredelung (Wurstproduktion). Somit ist aus hygienischer Sicht der Idealfall gegeben, daß schlachtwarmes oder schlachtfrisches Fleisch ohne Zwischenbearbeitung und externen Transport, direkt zur Verfügung steht. Dieser Vorteil bleibt auch erhalten, wenn dieses Fleisch nicht direkt verarbeitet wird, sondern plattengefrostet zwischengepuffert wird. Sofern dieses Fleisch nicht gefrostet, sondern aufgetaut verarbeitet wird, muß auch ein spezieller Auftauraum eingeplant werden. Die Schnittstelle zur Verarbeitung ist in jedem Fall die Zerlegeabteilung. Der Hygienestatus des Rohstoffs ist für die unerhitzten Produkte wie Rohwurst und Rohpökelwaren von entscheidender Bedeutung. Diese Produktionslinien sollten räumlich von den Brühwurst- und Kochwurstlinien getrennt werden. Im Sinne einer Trennung von reinen und unreinen Bereichen bei der Wurstverarbeitung wird folgende Definition gewählt:

Unreiner Bereich:

- Lagerräume für Gewürze, Därme, Salz
- Lagerräume für Folien und Verpackungsmaterial
- Lagerräume für Handelswaren und Zukaufware in Kartonverpackung
- Technikräume für Raucherzeugung und -reinigung
- Räume für Anlagen zum Räuchern, Kochen und Backen
- Räume mit Reinigungsanlagen für Maschinenteile, Spieße, Transportbehälter und Leergut
- Entsorgung von Konfiskaten und Knochen.

Die thermische Abteilung (Rauch- und Kochanlagen), als unreiner Bereich, ist die Schnittstelle zwischen dem halbreinen Bereich und dem reinen Bereich. Der reine Bereich beginnt mit den Kühlräumen vor der Verpackung und dem Versand. Sofern die Verpackung von portionierter Ware geplant ist, muß über die Schaffung von Spezialräumen nach dem Reinraum-Konzept mit separater Zugangsschleuse und Lüftungstechnik nachgedacht werden. Die Entscheidung ist abhängig von dem Mengenanteil dieser Produkte, und ob andere Methoden der Qualitätssicherung zu sicheren Ergebnissen führen. Auch in dem Bereich der Wurstverpackung müssen die Räume der Kartonverpackung von den Räumen der Umhüllung von frischen Wurstwaren getrennt werden. Wenn in größerem Umfang auch Rohwurst und Rohpökelwaren produziert werden, sollten auch die Verpackungsräume und Versandlagerräume dieser Produkte von dem Frischwurstbereich der Brüh- und Kochwurstlinien getrennt werden. Die Temperaturdifferenz der Produkte von 10 °C würde sonst auch zu Kondensationsproblemen führen, und in der Vakuumpackung zu Haltbarkeitsproblemen führen.

Gesondert geplant werden müssen Produktionslinien für Würstchen in Lakepackungen und die Konservenproduktion.

Es wird also deutlich, wie wichtig gerade im Verarbeitungssektor das Lastenheft des Bauherrn ist.

2.5.9 Die Reinigungssysteme

Je komplexer ein Fleischwerk ist, und je größer die Nutzflächen sind, desto exakter und aufwendiger wird die Planung der Reinigungssysteme. „Reinigungssysteme" regeln sowohl den Einsatz von Technik, Energie, Chemie und Personal als auch die Organisation und Dokumentation. Im weiteren Sinne sind auch der Trinkwasserprüfplan und der Plan zur Bekämpfung von Nagetieren, Schädlingen und Insekten Bestandteile des „Reinigungssystems".

Das Beispielprojekt ist mit einer zentralen Mitteldruck-Anlage (28 bar) und einer Ringleitung ausgerüstet. Im Abstand von ca. 25–30 m sind Zapfstellen installiert. Diese Zapfstellen haben parallel dazu einen Luftdruckanschluß und einen Hochdruck-Schlauch mit Pistole und Aufrollautomatik für die Schaumreinigung. Die Reinigungs- und Desinfektionsmittel werden jeweils dezentral nach Bedarf über Dosierautomaten eingespeist. Der Vorteil gegenüber zentraler Chemiedosierung liegt u. a. in der gezielteren Anwendemöglichkeit. Über die Reinigungssysteme der Personalhygiene siehe Kapitel 2.5.4.

Zur Reinigung von Leergut und Transportmitteln sind verschiedene Systeme im Einsatz. Die Schlachthaken, die Organehaken und Schalen sowie das Pansentransportband werden kontinuierlich im Kreislauf gereinigt und mit Heißwasser von +82 °C sterilisiert. Für die Reinigung der Eurohaken (Austauschpool mit allen Kunden und Lieferanten) wird die Ultraschalltechnik eingesetzt.

Alle Transportbehälter, wie Kunststoffbehälter und Paletten, werden in zwei automatisch arbeitenden Durchlaufanlagen gereinigt, die in das zentrale Kastenfördersystem integriert sind.

Weiterhin sind Spezialmaschinen zum Reinigen der 200 l-Normwagen und der Räucherspieße im Einsatz. Alle Rauchanlagen sind mit einem integrierten Reinigungssystem ausgestattet. Die Reinigung von Maschinenteilen und Formteilen aus der Wurstproduktion können mit Spezialeinsätzen in der Durchlaufanlage für Kunststoffkisten erfolgen.

Zur Vermeidung von Rekontaminationen durch Kondenswasser und Aerosolbildung müssen alle Räume und Anlagen des „Reinigunggssystems" mit einer leistungsfähigen Vrasenabzugsanlage versehen werden. Zur Reinigung von Großbehältern und Spezialteilen für die es keine Maschinenlösung gibt, oder die Menge dafür unrentabel ist, müssen Räume zur manuellen Reinigung geplant werden.

Auch die LKW-Waschplätze in den Außenanlagen, für Viehtransporter im unreinen Teil, für Fleischtransporter im reinen Teil des Betriebes, gehören mit zum Reinigungssystem und müssen nach besonderen Anforderungen geplant werden. Wichtig ist, daß die ganzjährige Nutzung, auch im Winter, sichergestellt ist.

2.5.10 Beschreibung von Plänen, Fotos und Tabellen

Tab. 2.5.1 Klimaanforderung an Arbeits- und Lagerräume

Raumbezeichnung	*T* = °C	*F* = % rel LF	L = m/s	B = lux
Schlachthalle	+20		0,2	500
Schockkühlung	–18	90	4,0	60
Fleischkühlraum	0– +2	90	0,2	120
Zerlegeraum	+10	65	0,2	500
Verpackungsraum	+10	65	0,2	500
Kutterraum	+10	65	0,2	300
Füllraum	+15	80	0,2	300
Wurstkühlraum	+4	80	0,1	120
Rohwurstlagerraum	+15	75	0,1	120
Kommissionierung und Wareneingang	+10	75	0,2	500
Versandbereitstellung	+4	85	0,1	300

Tab. 2.5.2 Nutz-Flächenanteile im Beispielprojekt

Funktionsbezeichnung	qm – %-Anteil
Produktion, Kühlung, Lagerung	61
Energie, Werkstatt, Technik	21
Sozialräume, Hygieneschleusen	12
Verwaltung, Veterinäramt, Labore	6

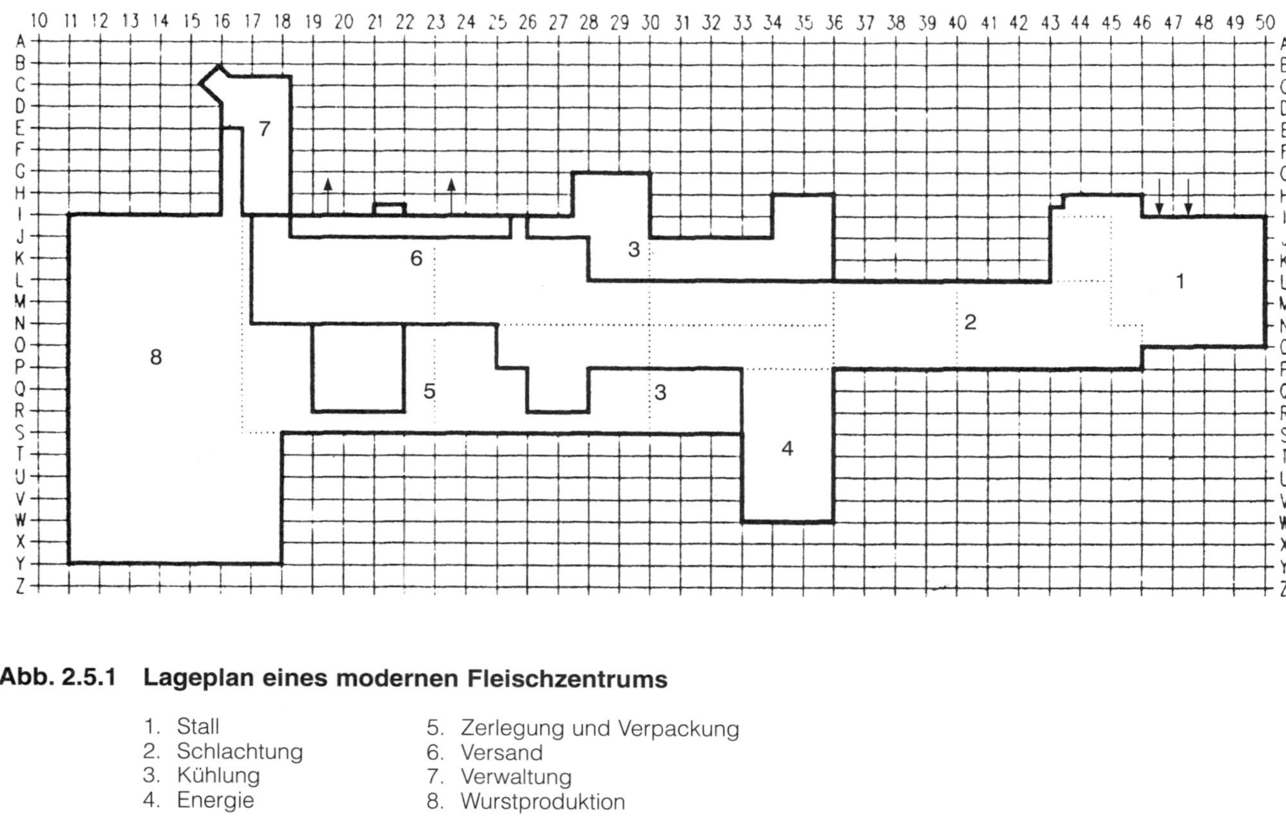

Abb. 2.5.1 Lageplan eines modernen Fleischzentrums

1. Stall
2. Schlachtung
3. Kühlung
4. Energie
5. Zerlegung und Verpackung
6. Versand
7. Verwaltung
8. Wurstproduktion

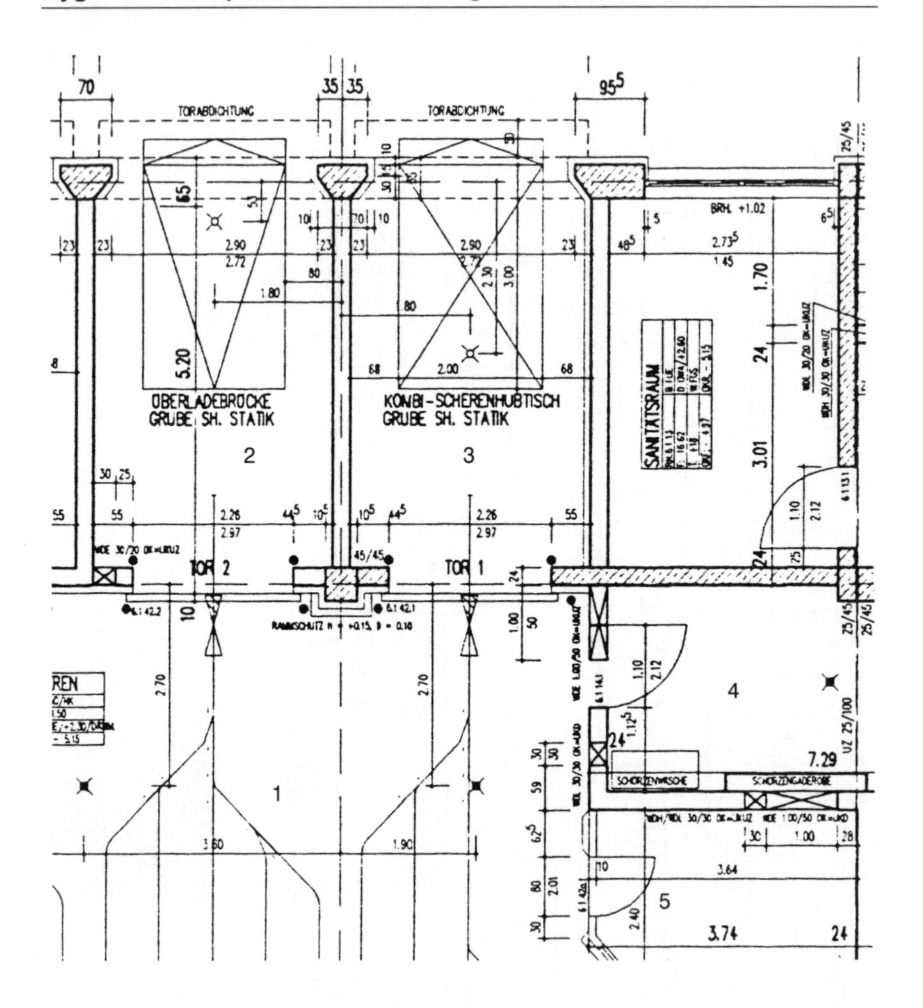

Abb. 2.5.2 Plan einer Verladeeinrichtung mit geschlossener Kühlkette

1. Versandraum mit Rohrbahnanschluß
2. Andockschleuse mit Überladebrücke
3. Andockschleuse mit Scherenhubtisch
4. Hygieneschleuse zum Versand
5. Versandbüro

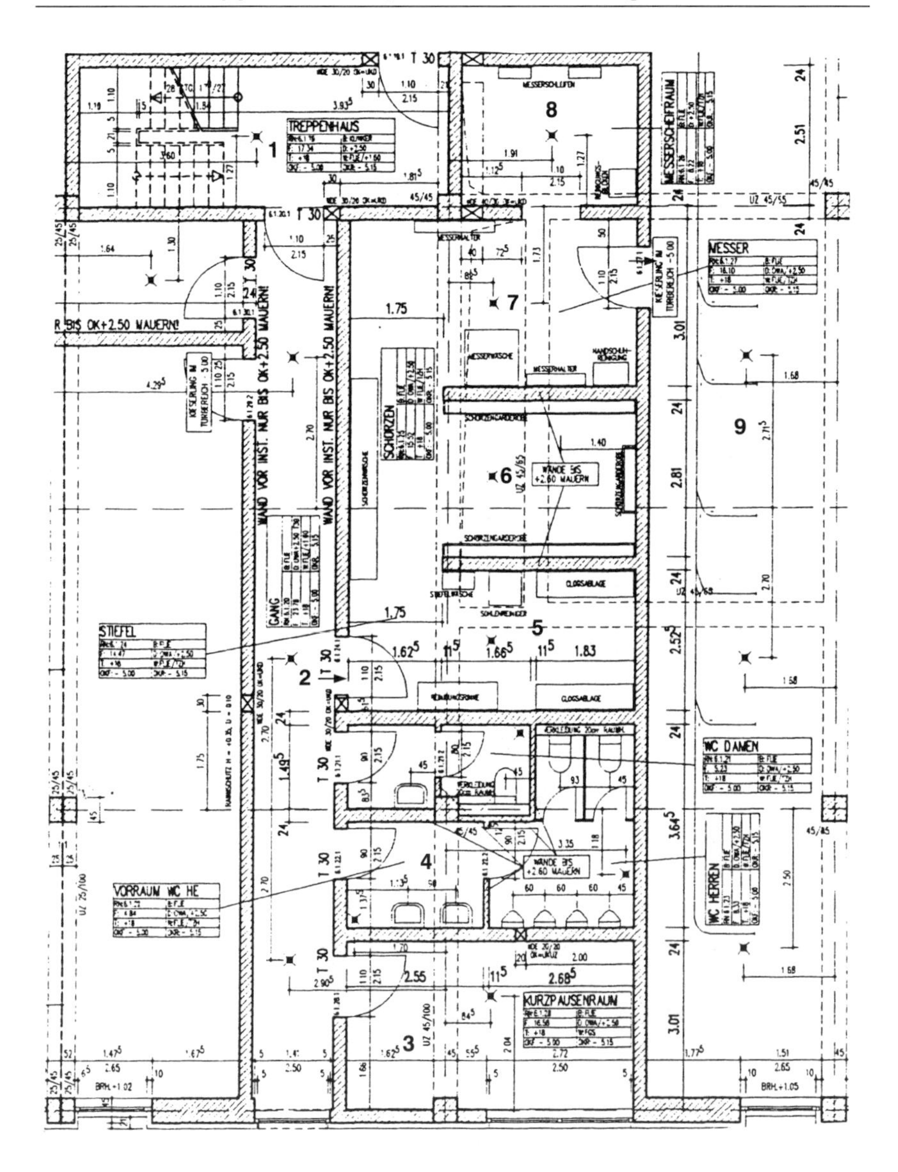

Abb. 2.5.3 Plan einer Hygieneschleuse vor dem Zerlegeraum

1. Treppenhaus zu den Umkleideräumen
2. Gang zur Hygieneschleuse
3. Kurzpausenraum
4. WC
5. Stiefelwäsche und Garderobe
6. Schürzenwäsche und Garderobe
7. Messerreinigung und Lager
8. Messerschleifraum
9. Zerlegeraum

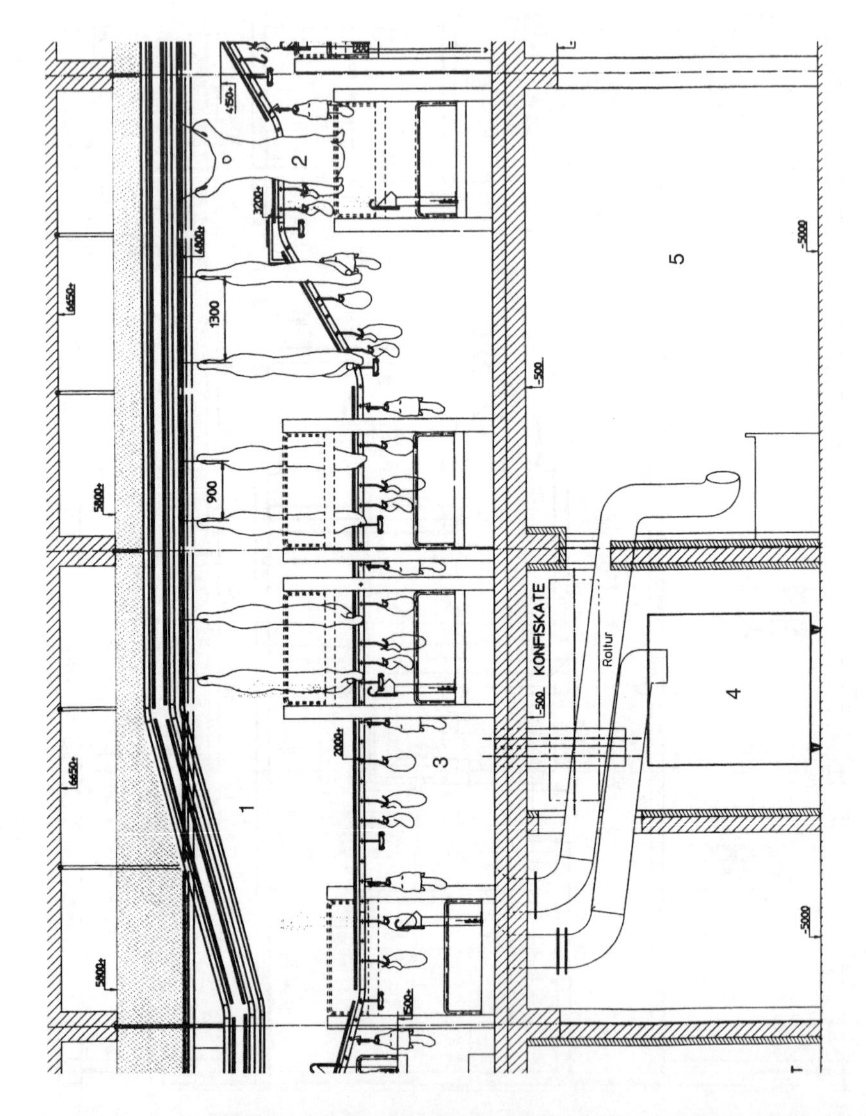

Abb. 2.5.4 Schnittzeichnung: Vertikale Entsorgung der Nebenprodukte aus der Rinder-Schlachthalle

1. Schlachthalle für Rinder
2. Ungeteilter Tierkörper
3. Die roten Organe mit dem Kopf
4. Konfiskatecontainer
5. Kuttelei

Abb. 2.5.5 Hygieneschleuse mit halbautomatischer Stiefelreinigung (links) und Sohlenreinigung

Abb. 2.5.6 Hygieneschleuse mit einer Reinigungsanlage für Kettenhandschuhe und Messer

Abb. 2.5.7 Hygieneschleuse mit manueller Schürzenreinigung

Abb. 2.5.8 Hygieneschleuse mit Stiefeltrocknung

Abb. 2.5.9 Hubpodest mit integrierter Reinigungsschleuse

Abb. 2.5.10 Kuttelei: Übergabe des Darmpaketes

Abb. 2.5.11 **Reinigungszapfstelle mit Handwaschbecken, Reinigungssatellit und Schlauchaufroller**

Abb. 2.5.12 **Reinigungsschleuse am Arbeitsplatz**

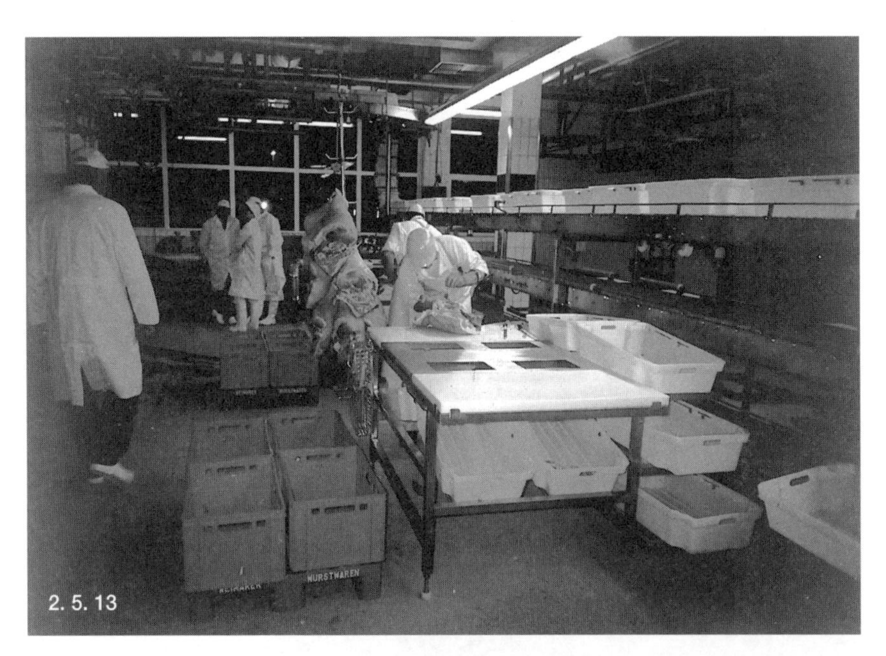

Abb. 2.5.13 Feinzerlegung: Einzelarbeitsplatz mit Kastenfördersystem

Abb. 2.5.14 Verladeeinrichtung von außen

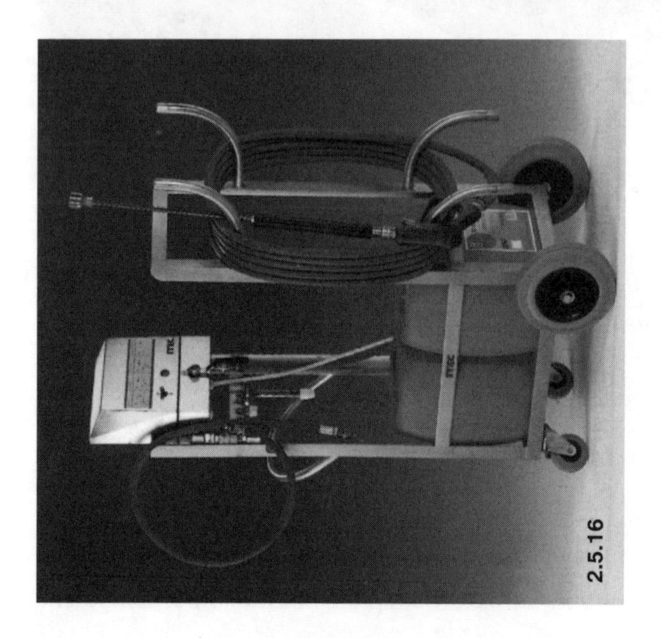

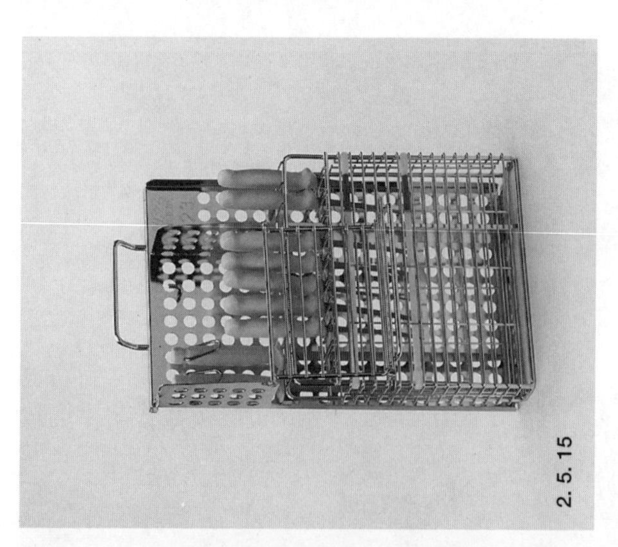

Abb. 2.5.15 **Messerkorb für Zerleger mit Extrafach für kontaminierte Messer**

Abb. 2.5.16 **Mobile Reinigungsanlage mit Dosiereinrichtung, Chemikalien und Schlauch**

2.6 Pathogene und toxinogene Mikroorganismen – Zoonose-Erreger

M. BÜLTE

2.6.1 Rechtliche Grundlagen

Für den Menschen gesundheitlich bedenkliche Mikroorganismen können häufiger und in unterschiedlichen Anteilen bei den Schlachttieren sowie von ihnen stammenden Lebensmitteln nachgewiesen werden. Sie sind bei der amtlich vorgeschriebenen Schlachttier- und Fleischuntersuchung bei weitem nicht immer zu erfassen, sondern nur dann zu vermuten, wenn sie klinische bzw. kennzeichnende pathologisch-anatomische Veränderungen hervorgerufen haben. In diesen Fällen werden der Schlachttierkörper und die Nebenprodukte der Schlachtung fleischhygienerechtlich gemaßregelt. Die rechtskonforme Beurteilung und daraus abzuleitende Maßregelungen der Untauglichkeitserklärung oder einer Verwendungsbeschränkung finden sich im nationalen Bereich im Fleischhygienegesetz (FlHG [1]) mit der Fleischhygieneverordnung (FlHV [2]) nebst sechs Anlagen sowie in der Allgemeinen Verwaltungsvorschrift zum Fleischhygienegesetz (VwVFlHG [3]). Dabei steht der Gesundheitsschutz des Verbrauchers im Vordergrund. Gleichzeitig bilden diese Rechtsregulative aber auch eine wichtige Grundlage zur Eindämmung von Tierseuchen. Entsprechende, das Fleischhygienerecht tangierende Rechtsvorschriften finden sich im Bundesseuchengesetz (BseuchG [4]) und im Tierseuchengesetz (TierSG [5]). Im Bundesseuchengesetz (§ 3) ist die Meldepflicht auch für viele vom Tier auf den Menschen übertragbare Erkrankungen (Zooanthroponosen) verankert.

Als weitere Rechtsgrundlage für die Beurteilung von Fleisch und Fleischprodukten sind das Lebensmittel- und Bedarfsgegenständegesetz (LMBG [6]) sowie die einzelnen Hygieneverordnungen der Bundesländer anzuführen. Der strafbewehrte § 8 LMBG dient als Grundlage zur Beurteilung von allen Lebensmitteln, die geeignet sind, die Gesundheit des Menschen zu schädigen. Dabei sind alle Be- und Verarbeitungsstufen einbezogen wie Herstellen, Behandeln, Anbieten und in den Verkehr bringen. Der dabei geforderte Nachweis der konkreten Eignung – und nicht: möglicherweise vorhandene Gefährdung – muß selbstverständlich mehr als den alleinigen Nachweis einer potentiell pathogenen oder toxinogenen Species umfassen. Die individuelle Immunitätslage des Verbrauchers, die Menge des aufgenommenen Lebensmittels, die minimale Infektionsdosis sowie ganz wesentlich die Virulenz, d. h. das Ausmaß der krankmachenden Eigenschaften des jeweiligen Erregers, sind immer mit zu berücksichtigen.

2.6.2 Begriffe und Definitionen

Gesundheitlich bedenkliche Mikroorganismen können in pathogene und toxinogene Species unterteilt werden. Pathogene Mikroorganismen werden üblicherweise als Infektions-, Toxin-bildende als Intoxikationserreger bezeichnet. Eine Zusammenstellung einiger fleisch- und lebensmittelhygienisch bedeutsamer Infektions- und Intoxikationserreger findet sich in der Tab. 2.6.1 Pathogene Mikroorganismen vermehren sich im befallenen Wirtsorganismus und führen nach einer – gelegentlich charakteristischen – Inkubationszeit zu einer Infektion. Eine als Intoxikation bezeichnete Gesundheitsschädigung wird durch von den Erregern gebildete Toxine hervorgerufen. Dabei handelt es sich um präformierte Toxine, die vom Mikroorganismus aktiv in das Lebensmittelsubstrat ausgeschieden werden. Als Beispiel seien die Enterotoxin-bildenden *Staphylococcus aureus*- und die Neurotoxin-bildenden *Clostridium* (*C.*) *botulinum*-Stämme angeführt. Eine Toxinbildung kann aber auch erst im Darmlumen nach Aufnahme der Erreger stattfinden. Dieses trifft beispielsweise für toxinogene *C. perfringens*- und *Escherichia coli*-Stämme zu. Zwar sind bei *C. perfringens* auch präformierte Toxine im Lebensmittel nachgewiesen worden, aber zumeist in derartig geringen Konzentrationen, die für eine Intoxikation in aller Regel nicht ausreichen. Von *Bacillus cereus*-Stämmen können beide Toxinarten gebildet werden. Während es sich beim emetischen Toxin stets um ein präformiertes Toxin handelt, wird das diarrhöisch wirkende Enterotoxin im Darm gebildet. Der letztere Vorgang stellt streng genommen eine Toxi-Infektion dar. Zu den pathogenen Mikroorganismen zählen außerdem invasive Stammformen, wie z. B. die Gruppe der enteroinvasiven *E. coli* und *Shigella*

Tab. 2.6.1 Pathogene und toxinogene Bakterienspecies

Gram-positiv	Gram-negativ
Staphylococcus aureus (T)	*Salmonella spp.* (p; t)
Clostridium perfringens (t)	*Campylobacter jejuni* (p)
Clostridium botulinum (T)	*Campylobacter coli* (p)
Bacillus cereus (t; T)	*Enterohämorrhagische E. coli* (p; t)
licheniformis (t)	*Yersinia enterocolitica* (p)
subtilis (t)	*Aeromonas hydrophila* (p; t)
Listeria monocytogenes (p)	

T: präformiertes Toxin
t: toxinogen
p: pathogen

spp. Eine Invasion ist auch für alle parasitären Krankheitserreger kennzeichnend.

Im Gegensatz zu den eigentlichen Intoxikationen, die beim Menschen blind enden, können Infektionserreger sehr häufig vom erkrankten Individuum auf andere Menschen übertragen werden. Krankheiten, die vom Tier auf den Menschen übertragen werden, bezeichnet man als Zoonosen (wissenschaftlich zutreffender: Zooanthroponosen [griechisch: zoon – das Tier; anthropos – der Mensch]). Sie können bakteriellen, viralen oder parasitären Ursprungs sein. Als Vektoren kommt Lebensmitteln tierischen Ursprungs auch in den industrialisierten Ländern nach wie vor eine führende Rolle zu.

Lebensmittelinfektionen und -intoxikationen werden häufig noch mit dem Begriff „Fleischvergiftung" belegt, die dabei ursächlich beteiligten Mikroorganismen als „Fleischvergifter" bezeichnet. Diese nicht mehr zeitgemäßen Begriffe gehen auf Ende des letzten und Anfang dieses Jahrhunderts ermittelte Lebensmittelinfektionen durch Salmonellen zurück. Diese Erkrankungen waren durch den Verzehr von Fleisch kranker Tiere verursacht worden, das intra vitam oder auch in der Agonie infiziert („vergiftet") worden war.

Von einer solchen primären bzw. initialen, also vom Tier ausgehenden Kontamination oder auch Penetration selbst tieferer Gewebeschichten wie der Muskulatur und verschiedener Organe mit Krankheitserregern sind die auf sekundärer Kontamination beruhenden Infektionsquellen abzugrenzen. Dabei können die gesundheitlich bedenklichen Mikroorganismen sowohl aus der belebten als auch aus der unbelebten Umwelt stammen. Im Laufe der weiteren Behandlung der Schlachttierkörper wie Kühllagerung, Transport, Zerlegung und weiterer Verarbeitungsstadien ergeben sich zusätzliche und vielfältige Kontaminationsmöglichkeiten. Nicht selten tritt der Mensch selbst als Kontaminationsquelle in Erscheinung.

2.6.3 Mögliche Zoonose-Erreger bei Schlachttieren

Die bei den schlachtbaren Nutztieren bedeutsamsten bakteriellen,viralen und parasitären Zoonose-Erreger sind in der Tab. 2.6.2 aufgeführt. Neben der Infektionsgefahr über den Verzehr mit gesundheitlich bedenklichen Mikroorganismen behafteten Fleisches geht von apparent, aber insbesondere von inapparent erkrankten Schlachttieren ein direktes Risiko für bestimmte Berufsgruppen wie Tierärzte, Fleischkontrolleure sowie weiteres auf dem Schlachthof und in Fleisch-verarbeitenden Betrieben tätiges Personal aus. Die unterschiedlichen Übertragungswege für die einzelnen Zoonose-Erre-

Tab. 2.6.2 Mögliche Zoonose-Erreger bei Schlachttieren

Erreger	Erkrankung	Übertragungswege		
		Kontakt	Inhalation	Ingestion
Bakterien				
Bacillus anthracis	Milzbrand	+	+	+
Brucella abortus bovis *melitensis* *suis*	Brucellose	+		
Campylobacter spp.	Campylobacteriose			+
Escherichia coli	Hämorrhagische Colitis			+
Erysipelothrix rhusiopathiae (insidiosa)	Rotlauf	+[1])		
Francisella tularensis	Tularämie	+	+	
Leptospira spp.	Leptospirose	+[1])		
Listeria monocytogenes	Listeriose	+	+	
Mycobacterium tuberculosis *bovis* *avium*	Tuberkulose	+	+	+(?)
Pseudomonas mallei	Rotz	+	+	
Salmonella spp.	Salmonellose	+		+
Staphylococcus aureus	Staphyl.-Infekt.	+[1])		+
Streptococcus spp.	Streptok.-Infekt.	+[1])		+
Yersinia pseudotuberculosis	Pseudotuberkulose	+		+
Rickettsien				
Coxiella burnetii	Q-Fieber		+	
Chlamydia psittacii	Ornithose	+	+	
Viren				
Orthopox-V.	Kuhpocken	+		
Paramyxo-V.	Newcastle Disease		+	
Retro-V.	Infekt. Anämie	+[1])		
Rhabdo-V.	Tollwut	+[1])		
Rhino-V.	Maul- und Klauenseuche	+		
Pilze				
Microsporum spp.	Mikrosporie	+		
Trichophyton spp.	Trichophytie	+		
Protozoen				
Toxoplasma gondii	Toxoplasmose	+		+
Sarcocystis spp.	Sarkozystose			+
Helminthen				
Taenia saginata	Bandwurm-Befall			+
Taenia solium	Bandwurm-Befall			+
Echinococcus granulosus	Echinokokkose			+[2])
Trichinella spiralis	Trichinellose			+

[1]) bei Verletzung, [2]) Hund als Überträger

ger sind aus der Tab. 2.6.2 ersichtlich. Sehr häufig ist allein durch den Kontakt eine Infektionsgefährdung gegeben. Ein gesteigertes Risiko besteht immer bei Verletzungen der Haut, wobei es sich nicht selten um geringgradige Läsionen handelt, die vom Betroffenen nicht wahrgenommen werden. So konnten bei fast 60 % des Personals in Schlacht- bzw. Fleischverarbeitungsbetrieben Wunden an Händen, Handgelenken und Fingernägeln ermittelt werden (2).

Umfassende staatliche Bekämpfungsmaßnahmen nach dem zweiten Weltkrieg sowie das Festhalten an der tierärztlich geleiteten Einzeluntersuchung aller Schlachttiere und Schlachttierkörper, die wesentlich auf Robert von Ostertag zurückgeht, haben entscheidend dazu beigetragen, daß einige früher bedeutsame Zoonosen deutlich zurückgedrängt werden konnten und heute keine oder nur eine geringfügige Rolle spielen. Dazu zählen beispielsweise die Tuberkulose, die Brucellose und das Q-Fieber.

Eine Übersicht zur Nachweishäufigkeit einiger Zoonose-Erreger bei der Fleischuntersuchung ist in der Tab. 2.6.3 wiedergegeben. Nur sehr selten

Tab. 2.6.3 Ergebnisse der amtlichen Fleischuntersuchung bei gewerblichen Schlachtungen von 1990 bis 1993[1])

Erkrankung	Beurteilung[2])	Jahr 1990	1991[3])	1992	1993
Tuberkulose	a (b)	146 (2773)	804 (4985)	344 (2838)	418 (1986)
Salmonellose	a (b)	334 (487)	586 (743)	619 (1302)	418 (812)
Rotlauf	a (b)	383 (3577)	721 (3619)	570 (2730)	687 (2278)
Tollwut	a	9	4	6	8
Brucellose	a	2	44	1	5
Milzbrand	a	2	1	2	11
Leptospirose	c	4	84	23	17
Q-Fieber	c	166	15	35	37
Finnen	a (d)	312 (32542)	638 (69481)	1080 (41259)	1050 (30225)
Sarkosporidien	a	223	321	260	193
Trichinellose	a	0	1	0	2
Anzahl der Schlachtungen		43642164	50707453	46432030	45960916

[1]) Statistisches Bundesamt, Reihe 4.3: Angaben für Rinder, Kälber Schafe, Ziegen, Schweine
[2]) nach Fleischhygienerecht: a: untauglich, b: bedingt tauglich, c: untaugliche Teile, d: tauglich nach Brauchbarmachung
[3]) erstmalig alte und neue Bundesländer

werden Tollwut (*Rabies*-Virus), Brucellose (*Brucella* spp.), Milzbrand (*Bacillus anthracis*), Leptospirose (*Leptospira* spp.) oder Q-Fieber (*Coxiella burnetii*) festgestellt. Erkrankungen des Menschen mit diesen Zoonose-Erregern nehmen ihren Ausgang überwiegend vom lebenden Tier im Bestand bzw. auch von Wild- oder kleinen Haustieren. Dennoch darf das Risiko einer möglichen Gesundheitsgefährdung durch Schlachttiere oder von diesen stammende Lebensmittel nie außer acht gelassen werden. Ein durch den Erreger des Milzbrandes erkranktes, aber nicht erkanntes Tier könnte fatale Folgen zeitigen, handelt es sich doch um eine der gefährlichsten Erkrankungen des Menschen überhaupt.

Rotlauf (*Erysipelothrix rhusiopathiae*) führt häufiger (ca. 0,01 %) zur Beanstandung von Schlachtschweinen. Überwiegend handelt es sich um den sog. Hautrotlauf (Backsteinblattern), wobei die Haut unschädlich beseitigt und der Tierkörper einer Hitzebehandlung unterzogen wird, bei der mit Sicherheit die Rotlauf-Bakterien abgetötet werden. Bei sinnfälligen Veränderungen (Blutungen in Muskulatur und Fettgewebe) wird der Tierkörper untauglich.

Die Tuberkulose (*Mycobacterium* spp.) kann bei allen landwirtschaftlichen Nutztieren vorkommen. Diese Erkrankung ist bei der Fleischuntersuchung vom Tierarzt zu diagnostizieren. Je nach Ausprägung und Lokalisation werden der Tierkörper bzw. die betroffenen Organe nach dem Fleischhygienerecht entsprechend gemaßregelt. Die häufigsten Beanstandungen erfolgen bei Mastschweinen. Dabei handelt es sich um lokal begrenzte Veränderungen (Lymphknoten) im Bereich der Mundhöhle und des weiteren Verdauungstraktes. Diese werden durch Mykobakterien des sog. *avium-intracellulare*-Komplexes hervorgerufen. Beim Menschen ebenso wie bei Säugetieren sind sie ausgesprochen selten als Krankheitserreger in Erscheinung getreten. Das eigentliche Reservoir der *M. avium*-Stämme ist das Geflügel. Beim Rind können die auch für den Menschen infektiösen *M. bovis*-Stämme, gelegentlich auch *M. tuberculosis* vorkommen.

Unter den parasitären Zoonose-Erregern fallen die häufigen Nachweise an Finnen (Larvalstadien von Bandwürmern) beim Rind auf. Diese führen regelmäßig zur höchsten Beanstandungsquote überhaupt und liegen im Durchschnitt der letzten Jahre bei ca. 0,5 % aller Schlachtrinder.

Nicht alle Zoonose-Erreger konnten erfolgreich zurückgedrängt werden. So ist beispielsweise trotz eines profunden Kenntnisstandes über die Epidemiologie der Salmonellen bei gleichzeitigen umfangreichen Eindämmungsmaßnahmen die Zahl der *Salmonella*-Erkrankungen deutlich angestiegen. Weitere Zoonose-Erreger (aktuelle Keime), deren Bedeutung erst in den letzten Jahren erkannt werden konnte, sind hinzugekommen. Im Rahmen dieses Beitrages soll der Schwerpunkt auf dem aktuellen, nicht dem historischen Geschehen liegen. Eine ausführliche Beschreibung weiterer Lebensmittelinfektions- und -intoxikationserreger findet der geneigte Leser im Grundlagenband 1 dieser Serie.

2.6.3.1 Bakterielle Infektions- und Intoxikationserreger

2.6.3.1.1 *Salmonella* spp.

Aus Übersichten zur Ätiologie der Erreger von Magen-Darmerkrankungen (*Enteritis infectiosa*) des Menschen nehmen die Salmonellen, gelegentlich nur noch übertroffen von *Campylobacter*-Stämmen, in den industrialisierten Staaten den vordersten Rang ein. Da die Salmonellose nahezu ausschließlich alimentär bedingt ist, muß sie als die bedeutendste Lebensmittelinfektion angesehen werden. Es liegen begründete Hinweise vor, daß neben den erkannten und dann auch gemeldeten Fällen von einer Dunkelziffer ausgegangen werden kann, die mindestens zehnfach, nach Angaben einiger Autoren sogar bis zum Hundertfachen höher liegt (26).

Bei den landwirtschaftlichen Nutztieren können Salmonellen häufig nachgewiesen werden. In Kotproben von Rindern werden durchschnittliche Nachweisraten von 3 bis 4 %, von Schweinen von 8 bis 10 % und vom Geflügel von 20 bis 40 %, teilweise auch erheblich höher gefunden. Dieser Umstand hängt ganz wesentlich von den Infektketten ab, innerhalb derer die landwirtschaftlichen Nutztiere, aber auch der Mensch, eine Schlüsselstellung einnehmen. Dieser Kreislauf ist nur schwer zu unterbrechen und müßte durch eine Dekontamination von Futtermitteln sowie von einer stringenten Nagerbekämpfung begleitet werden.

Ein an Salmonellose erkranktes Schlachttier kann aufgrund der klinischen Erscheinungen bei der Schlachttieruntersuchung oder auch aufgrund kennzeichnender pathologisch-anatomischer Veränderungen bei der Fleischuntersuchung als verdächtig erkannt werden. Tierkörper und Nebenprodukte werden untauglich oder unterliegen zumindest einer Verwendungsbeschränkung. Solche Tiere stellen daher nicht das eigentliche Problem dar. Dieses ist vielmehr durch latent infizierte Tiere gegeben, die klinisch unauffällig sind, aber Salmonellen ausscheiden. Bei der amtlichen Schlachttier- und Fleischuntersuchung sind sie nicht zu erfassen. Eine Vorverlegung der Untersuchung auf Salmonellen in den Herkunftsbestand ist zwar häufig gefordert worden, aber allenfalls eingeschränkt aussagefähig. Das hängt mit dem diskontinuierlichen Ausscheidungsmodus *Salmonella* beherbergender Tiere zusammen. Salmonellen können nur während eines akuten Ausscheidungsstadiums bakteriologisch-kulturell nachgewiesen werden. In entsprechenden Untersuchungen konnte eindrucksvoll belegt werden, daß die *Salmonella*-Nachweisrate bei Schlachttieren in Belastungssituationen wie Transport und Auftrieb am Schlachthof häufig erheblich ansteigen konnte (34). Dieses bedingte regelmäßig auch eine entsprechende Zunahme mit Salmonellen kontaminierter Schlachttierkörper. Es muß daher davon ausgegangen werden, daß weiterhin ein Teil der Schlachttiere Salmonellen beherbergt, und diese nicht erfaßt werden.

Eine weitere, sekundär bedingte Zunahme der *Salmonella*-Kontamination ist auch in den verschiedenen Behandlungsstufen bis hin zur Distributionsebene des Groß- und Einzelhandels nachzuweisen (16, 29, 32). Nur so werden die teilweise sehr hohen Nachweisraten erklärlich. Regelmäßig nahm dabei auch die Anzahl zu isolierender unterschiedlicher Serovare zu (16).

Von den mittlerweile mehr als 2500 bekannten Serovaren sind nur ca. ein Dutzend von größerer lebensmittelhygienischer Bedeutung. Bei Fleisch und Fleischprodukten spielen *S. typhi*-Stämme, die nur beim Menschen haften und dann zumeist zu einer systemischen Allgemeininfektion führen, keine Rolle. Dieses unterscheidet sie von den „Enteritis"-Salmonellen, die in aller Regel zu einer lokal begrenzten Erkrankung des Verdauungstraktes führen und nur gelegentlich in andere Organe bzw. Organsysteme absiedeln. Nicht selten werden Menschen infiziert, ohne daß klinische Anzeichen festzustellen sind. Dabei tritt das Problem der unerkannten Dauerausscheider auf. Diese können auch einmal als sekundäre Kontaminationsquelle, sofern sie im lebensmittelproduzierenden Gewerbe tätig sind, in Erscheinung treten.

Beim Fleisch dominieren nach wie vor *S. typhimurium*-Stämme, gefolgt von gelegentlichen Nachweisen der Serovare *S. panama*, *S. infantis*, *S. derby*, *S. indiana*, *S. saint-paul*, *S. hadar*, *S. eimsbuettel*, *S. virchow* sowie wenige weitere. *S. enteritidis*-Stämme werden im Fleisch nur selten gefunden. Der seit 1985 bis 1992 zu verzeichnende drastische Anstieg des Salmonellosegeschehens war daher nicht auf den Verzehr von Fleisch und Fleischprodukten unserer landwirtschaftlichen Nutztiere zurückzuführen, sondern nahezu ausschließlich durch den Genuß von kontaminierten Eiern, insbesondere eihaltigen Lebensmittelzubereitungen, die sehr häufig hygienewidrig hergestellt oder aufbewahrt wurden, bedingt.

Eine häufigere Kontamination des Fleisches mit Salmonellen ist also nicht auszuschließen, sondern sogar wahrscheinlich. Die Infektionsgefährdung des Menschen über diese Lebensmittel ist dennoch als insgesamt gering einzustufen. Der national wie international in allen Standardvorschriften für den Nachweis von Salmonellen vorgesehene presence/absence-Test läßt keine quantitative Aussage über die Kontamination zu. Die wenigen bisher vorliegenden quantitativen Untersuchungsergebnisse belegen, daß zumeist nur einige wenige *Salmonella*-Zellen nachweisbar waren (22, 33). Diese lagen weit unter der aus Freiwilligen-Versuchen bestimmten minimalen Infektionsdosis von 10^5 bis 10^8 Zellen/g. Hinzu kommt, daß sich Salmonellen innerhalb der sehr heterogenen und kompetitiv wirkenden Mikrofloraanteile des Fleisches, die zudem mehrere Zehnerpotenzen höher angesiedelt ist, nicht durchzusetzen vermögen (28). Dieses gilt selbstverständlich nur bei Einhaltung der vorgeschriebenen Kühltemperaturen. Insbesondere bei zum Rohverzehr vorgesehenen Hackfleischerzeugnissen sind die vorgeschriebenen Herstellungsbedingungen und Abgabefristen zwingend.

2.6.3.1.2 *Campylobacter jejuni*

Unter den *Campylobacter* (*C.*)-Arten kommt als Infektionserreger des Menschen *C. jejuni* die größte Bedeutung zu. Nur in ca. 3 bis 5 % treten *C. coli*- und sehr selten *C. laridis*-Stämme als Krankheitsverursacher beim Menschen auf. Unter den großen landwirtschaftlichen Nutztieren finden sich beim Schwein regelmäßig hohe Anteile an *Campylobacter* spp. in Kotproben. Überwiegend handelt es sich um die Species *C. coli* (3). *C. jejuni* kommt bei Schlachtschweinen nahezu ausschließlich in der Galle vor, während *C. coli* im Kot als nahezu alleinige Komponente nachweisbar war. Es gibt aber offensichtlich auch Tierkollektive mit einem höheren *C. jejuni*-Anteil (25). Unterschiedliche Angaben zur Nachweishäufigkeit liegen für die kleinen und großen Wiederkäuer vor. Insgesamt sind *Campylobacter*-Stämme bei diesen Tierarten aber nicht so häufig anzutreffen wie beim Schwein (25, 39).

Eine besondere Rolle spielt das Mastgeflügel, in dessen Kotproben *Campylobacter* spp., insbesondere *C. jejuni*, regelmäßig und in sehr hohen Anteilen nachzuweisen waren (24). In diesem Zusammenhang spielen nicht ausreichend gereinigte und desinfizierte Transportkäfige für Schlachtgeflügel bei der Re- oder Neukontamination neueren Untersuchungen zufolge offensichtlich eine überragende Rolle (38).

Die aus der Literatur ersichtlichen Angaben über Nachweisraten von *Campylobacter* spp. schwanken erheblich. Dieses ist ganz wesentlich auch auf unterschiedliche Kultivierungstechniken zurückzuführen (3, 20). Im Vergleich zu quantitativen Kultivierungstechniken werden mit Anreicherungsverfahren selbstverständlich wesentlich höhere Nachweisraten erzielt. Entscheidend für die Bewertung einer möglichen Gesundheitsgefährdung des Menschen kann allerdings nur der aktuelle Keimgehalt sein, d. h. der quantitativ erhobene Befund.

Die Keimgehalte liegen bei den Ausscheidertieren aller Tierarten regelmäßig über 10^4/g und können bei einzelnen Tieren bis zu 10^8 KbE/g erreichen (3). Solche Tiere sind bei der Schlachttier- und Fleischuntersuchung nicht zu erkennen, da sie – vergleichbar mit den Gegebenheiten bei den Salmonellen – als symptomlose Ausscheider auftreten, die nicht selbst erkranken. Es ist daher nicht erstaunlich, daß *Campylobacter*-Stämme auch auf Schlachttierkörpern anzutreffen sind (3, 25). Beim Schwein wurden zwischen 10^1 und 10^2 KbE/cm^2 ermittelt (3). Begünstigt durch das dieser Gattung besonders zusagende feuchte Milieu finden sie sich auch häufig (bis zu 50 %) im Schlachtumfeld (3, 25).

Nach derzeitigem Kenntnisstand liegt die *Dosis infectiosa minima* für *C. jejuni* bei ca. 5×10^2 KbE/g, so daß kontaminiertes rohes Fleisch mit einem besonderen Risiko behaftet sein könnte. Im Gegensatz zu vielen anderen gesundheitlich bedenklichen Mikroorganismen ist im Laufe der weiteren Be- und Verarbeitung des Fleisches bis hin zur Distributionsebene des Groß- und Einzelhandels eine deutliche Reduzierung des *Campylobacter*-Anteils festzustellen. Dieses konnte eindrucksvoll bei Innereienproben vom Schwein, die regelmäßig eine hohe Ausgangsbelastung aufwiesen, belegt werden (1). Auch in gekühlten oder gefrorenen Teilstücken sowie in Hackfleischproben waren *Campylobacter*-Stämme nur ausnahmsweise nachweisbar (1, 3, 36).

Diese deutliche Reduzierung ist ursächlich nicht durch die kompetitiv wirkende Mikroflora bedingt, die kaum eine antagonistische Wirkung auf *Campylobacter* spp. ausübt. Vielmehr können sich solche Stämme – einer mikroaero- und thermophilen Species angehörig – bei vorschriftsmäßiger Aufbewahrung des Fleisches nicht behaupten. Auch eine geringe Luftfeuchtigkeit übt einen deutlich hemmenden Einfluß auf die Überlebensfähigkeit dieser Mikroorganismen aus.

Abgesehen von kleinen Haustieren und wohl auch Wildtieren, die als latente Ausscheider in Frage kommen, geht eine größere Gefährdung eher vom Geflügel und Geflügelfleisch aus, das sich regelmäßig als hoch kontaminiert erweist. Dabei ergibt sich die Möglichkeit einer Kreuzkontamination mit anderen Lebensmitteln, wobei hygienisch nicht-geschultes Personal eine große Rolle spielen kann (10).

2.6.3.1.3 Enterohämorrhagische *E. coli*

Unter den gesundheitlich bedenklichen *E. coli*-Stämmen kommen den enterohämorrhagischen Stämmen (EHEC), insbesondere des Serovars O157 : H7, aus fleischhygienischer Sicht besondere Bedeutung zu. Solche Stämme sind in der Lage, sog. Verotoxine zu bilden. Häufiger werden sie daher auch als verotoxinogene *E. coli* (VTEC) bezeichnet. Aufgrund der Erkrankungserscheinungen, die denjenigen gleichen, die durch *Shigella dysenteria* Typ I-Stämme verursacht werden, sind sie auch als *Shiga*-like toxin-bildende *E. coli* (SLTEC) bezeichnet worden. Bisher sind mindestens acht Toxinvarianten nachgewiesen worden, die sich zwei Hauptgruppen (VT 1 bzw. SLT I und VT 2 bzw. SLT II) zuordnen lassen. Die unterschiedliche Nomenklatur überdies zahlreicher Toxinvarianten erscheint verwirrend; Bestrebungen zur Vereinheitlichung und damit Vereinfachung sind bisher wenig erfolgreich gewesen. Der Autor bevorzugt den Begriff „VTEC“. Damit sind alle *E. coli*-Stämme umfaßt, die irgendeines oder gleichzeitig mehrere der Verotoxine zu bilden vermögen. Verotoxinbildungsvermögen ist bisher bei Stämmen aus mehr als 250 *E. coli*-Serovaren nachgewiesen worden. Dieses wird durch die Bakteriophagen-vermittelte Übertragbarkeit des Pathogenitätsfaktors verständlich. Der Begriff „VTEC“ ist nicht identisch mit dem Begriff „EHEC“. Zwar bilden alle EHEC-Stämme auch Verotoxin(e) und gehören somit zur überzuordnenden Gruppe der VTEC; die enterohämorrhagischen *E. coli*-Stämme besitzen aber zusätzlich Haftungsfaktoren. Erst wenn sich VTEC-Stämme sehr innig an die Mucosa-Zellen des Darmes anlagern können, kann das Verotoxin lymphogen oder hämatogen an die bevorzugten Absiedelungsstellen gelangen. Das sind diejenigen Organe (Dickdarm, Niere, Bauchspeicheldrüse, Gehirn), die eine besonders hohe Rezeptorendichte (sog. Gb_3-Rezeptoren) für Verotoxine aufweisen. Der nach bisherigem Kenntnisstand dabei bedeutsamste Haftungsfaktor liegt als „*E. coli* attaching and effacing“ (eae)-Gen chromosomal codiert vor. Es findet sich z. B. bei allen, nach bisherigem Kenntnisstand immer als hochpathogen einzustufenden O157 : H7- und H^--Stämmen sowie bei wenigen anderen Serovaren. Bei einigen wenigen VTEC-Stämmen, die in Verbindung mit Erkrankungen des Menschen isoliert wurden, konnte das „eae“-Gen nicht nachgewiesen werden. Es wird daher vermutet, daß noch andere Haftungsfaktoren existieren könnten.

Enterohämorrhagische *E. coli*-Stämme können beim Menschen, insbesondere bei Kleinkindern, zu einer hämorrhagischen Entzündung des Dickdarmes führen (Hämorrhagische Colitis = HC). Das Krankheitsbild wird in ca. 3 bis 16 % durch das Hämolytisch-urämische Syndrom (HUS) verkompliziert. Dabei stehen vor allem schwere Nierenschädigungen im Vordergrund. In einigen Fällen führte dieses zum Tod des Erkrankten (insbesondere Kinder). Während bis ca. Mitte der 80er Jahre das Krankheitsgeschehen vor allem auf die USA und Kanada beschränkt war, hat es seit 1985 zunehmend auch Ausbrüche in Großbritannien sowie vereinzelt in Belgien, Holland und der Bundesrepublik Deutschland gegeben. In unserem Lebensbereich wurden auch VTEC-Stämme anderer *E. coli*-Serovare wie O22 : H8 und O101 : NM (non-motile) nachgewiesen.

Als Vektoren wurden regelmäßig nicht oder nur unzureichend erhitzte Lebensmittel der Tierart Rind, insbesondere Hackfleischerzeugnisse und rohe Milch, ermittelt. Der große Ausbruch in Amerika mit ungefähr 600 Erkrankten und vier Todesfällen um die Jahreswende 1992/93 ging auf den Verzehr nicht ausreichend erhitzter „Hamburger" zurück. Diese waren mit dem Serovar O157 : H7 kontaminiert.

O157 : H7-Stämme werden weltweit nahezu ausschließlich beim Rind nachgewiesen (8, 9). Diese Tierart bildet somit nach derzeitigem Kenntnisstand das eigentliche Reservoir. Mit molekularbiologischen Feintypisierungsverfahren konnte belegt werden, daß die Isolate von erkrankten Menschen zu ca. 90 % identisch mit den bei Rindern vorzufindenden Stämmen waren. Ähnlich den Salmonellen sind sie aber nicht regelmäßig im Kot nachweisbar, sondern werden offensichtlich intermittierend ausgeschieden. Kälber sind häufiger Träger solcher Stämme als adulte Tiere. Da die Ausscheidertiere selbst nicht erkranken, sind sie weder bei der Schlachttier- noch bei der Fleischuntersuchung zu erfassen.

In der Bundesrepublik Deutschland konnten O157 : H7-Stämme bisher nur sehr selten und nur in Kotproben von Mastbullen nachgewiesen werden (8). Allerdings fanden sich bei einzelnen Tierkollektiven zu ca. 10 % weitere Verotoxin-bildende *E. coli*-Stämme anderer Serovarietäten. Eine fäkale Kontamination des Schlachttierkörpers ist daher nicht auszuschließen, wenn sich erst einmal Ausscheidertiere innerhalb einer Gruppe befinden. Unter den landwirtschaftlichen Nutztieren konnten bei Schafen in ca. 35 % der Kotproben VTEC-, aber keine O157 : H7-Stämme nachgewiesen werden (7, 31). Dieses bedingte eine entsprechend hohe Kontamination auch der schlachtfrischen Tierkörper. Allerdings waren VTEC-Stämme bei Schaffleischproben des Einzelhandels nur noch sehr selten nachweisbar (8, 13).

Wie auch andere gesundheitlich bedenkliche Mikroorganismen können sich VTEC-Stämme offensichtlich innerhalb einer kompetitiv wirkenden Mikroflora und bei vorschriftsmäßiger Kühlung des Fleisches nicht behaupten. In Modelluntersuchungen konnte belegt werden, daß O157 : H7-Stämme bereits nach 24stündiger Lagerung in Hackfleischproben nur noch ausnahmsweise zu rekultivieren waren (35).

Eine Gefährdung des Menschen ist aber sicherlich immer dann und auch in erhöhtem Maße gegeben, wenn Lebensmittel einem keimreduzierenden Verfahren unterzogen werden und danach mit pathogenen oder toxinogenen Stämmen rekontaminiert werden.

Der Beleg der gesundheitlichen Bedenklichkeit von VTEC-Stämmen muß neben dem Verotoxinbildungsvermögen auch den Nachweis von Haftungsfaktoren beinhalten. Als immer hochpathogen sind *E. coli* O157 : H7- und auch O157 : H⁻-Stämme einzustufen. Das Pathogenitätspotential wird durch die geringe minimale Infektionsdosis von weniger als 10^2 Zellen unterstrichen. Zur Gruppe der EHEC sind auf jeden Fall weiterhin Stämme der Serovare O26 : H11, O26 : H⁻, O111 : H8, O111 : H⁻ und möglicherweise auch Stämme der Serovare O22 : H8, O91 : H⁻ und O113 : H21 zu zählen. Eine präsumtive Erfassung auf primären Kultivierungsmedien gelingt nur für die O157 : H7-Stämme aufgrund ihrer negativen *β*-D-Glucuronidase- und Sorbit-Reaktion.

Von untergeordneter Bedeutung sind bei Fleisch und Fleischprodukten in unserem Lebensbereich andere gesundheitlich bedenkliche *E. coli*-Gruppen, die enterotoxische (ETEC), enteropathogene (EPEC) oder enteroinvasive (EIEC) Stämme umfassen.

2.6.3.1.4 *Listeria monocytogenes*

Unter den bei Fleisch und Fleischprodukten, aber auch anderen Lebensmitteln, häufig nachzuweisenden Listerien interessieren insbesondere die pathogenen Stammformen. Diese gehören nahezu ausschließlich der Species *Listeria* (*L.*) *monocytogenes* und hierunter wiederum nur ganz bestimmten Serovaren an. Die Species *L. seeligeri*, *L. innocua* und *L. welshimeri* gelten als apathogen. Lediglich Stämme der Species *L. ivanovii* können pathogen sein, werden aber im Fleisch und auch bei anderen Lebensmitteln nur sehr selten nachgewiesen.

Bei den gesundheitlich bedenklichen *L. monocytogenes*-Stämmen handelt es sich in erster Linie um die Serovare 1/2 a und 4 b, gelegentlich auch 1/2 b und 1/2 c, wobei erhebliche Virulenzunterschiede bestehen können. Stämme des Serovars 4 b sind die virulentesten Listerien, und sie werden am häufigstem bei Erkrankungen des Menschen nachgewiesen. 1/2 b- und 1/2 c-Stämme weisen demgegenüber eine geringere Virulenz auf, bei 1/2 a-Stämmen existieren auch avirulente Stammformen (21). Entscheidend für die Einstufung als gesundheitlich bedenklich ist der Nachweis der Hämolyse, der nur bei den pathogenen Stämmen gelingt.

Listerien können regelmäßig vom Fleisch aller Tierarten kultiviert werden. Während schlachtfrische Tierkörper zumeist geringere Kontaminationsgrade aufweisen, geht die weitere Verarbeitung und Distribution der Lebensmittel tierischen Ursprungs mit einer teilweise sehr deutlichen Zunahme des Listeriengehaltes einher (27). Insbesondere Hackfleisch, aber auch gekühltes und gefrorenes Schlachtgeflügel wiesen Kontaminationswerte bis zu ca. 40 %, teilweise sogar zwischen 60 bis 100 % auf (11, 19, 40, 41). Darunter befanden sich, wenn auch in zumeist geringeren Anteilen, regelmäßig *L. monocytogenes*-Stämme. Verfügbare quantitative Daten belegen, daß diese zumeist in Größenordnungen unter 10^2/g, ausnahmsweise über 10^3/g vorlagen (15, 30). Sie lagen somit unter der allgemeinhin angenommenen *Dosis infectiosa minima* von ca. 10^4/g.

Listerien, darunter auch *L. monocytogenes*-Stämme, sind sehr häufig im Schlacht- und Verarbeitungsbereich anzutreffen. Einer Kontamination von Schlachttierkörpern wird durch Aerosolbildung, insbesondere beim Reinigen mit Hochdruckreinigern, Vorschub geleistet, da eine entsprechende Verteilung auf Einrichtungs- und Bedarfsgegenstände erfolgt. Diesem ist nur durch sachgerechte Reinigung und Desinfektion entgegenzuwirken (23). Dieses gilt entsprechend auch für andere Verarbeitungsstufen und -bereiche.

Eine *L. monocytogenes*-Infektion über Fleisch oder Fleischprodukte ist bisher nicht bekannt geworden. Die tatsächliche Gesundheitsgefährdung des Verbrauchers über diese Lebensmittel sollte daher nicht überbewertet werden. Hingegen sollte vielmehr die Eignung des Listeriennachweises als Hygieneindikator verstärkt verfolgt werden.

2.6.3.1.5 *Yersinia enterocolitica*

Yersinia (*Y.*) *enterocolitica*-Stämme werden bei Wildtieren und unter den landwirtschaftlichen Nutztieren insbesondere beim Schwein häufiger nachgewiesen [Übersicht: (6)]. Bei den Mastschweinen finden sie sich vor allem im Mundhöhlenbereich, insbesondere auf den Tonsillen. Nur gelegentlich sind sie auch im Kot und selten auf Schlachttierkörpern oder in verarbeitetem Fleisch anzutreffen. Quantitative Resultate liegen nur ausnahmsweise vor, da überwiegend mit Anreicherungsverfahren gearbeitet wurde.

Zur Einschätzung einer möglichen Gesundheitsgefährdung des Menschen durch den Verzehr mit *Y. enterocolitica* behafteten Fleisches ist der alleinige Nachweis auf der Speciesebene nicht ausreichend. Unter den *Y. enterocolitica*-Stämmen sind nur diejenigen der Serovare O:3. O:8. O:9 und

O:5,27, sehr selten andere, humanpathogen. Das Vorkommen von O:3 und O:9-Stämmen ist weitgehend auf Europa, von O:8-Stämmen auf die USA und Kanada beschränkt. In Japan werden neben dem Serovar O:8 zusätzlich Stämme des Serovars O:5,27 gefunden. Innerhalb der *Yersinia*-Populationen auf Fleisch, insbesondere Schweinefleisch, wurden die aufgeführten pathogenen Serovare jedoch nur ausgesprochen selten nachgewiesen (18). Eine Kontamination der Schweineschlachttierkörper ist zwar nicht auszuschließen, sondern bei der Herrichtung und Untersuchung sogar anzunehmen. Obwohl es sich um psychrotrophe Stammformen handelt, vermögen sie sich innerhalb der heterogenen kompetitiven Fleischmikroflora nicht durchzusetzen (12, 17). Insgesamt ist die Gesundheitsgefährdung des Menschen durch solche Stämme als gering einzustufen. Bisher ist lediglich eine Lebensmittelinfektion über Fleisch („chitterlings" = Gericht aus Schweine-Innereien) bekannt geworden.

2.6.3.1.6 *Clostridium perfringens*

Clostridium (*C.*) *perfringens* ist ubiquitär verbreitet und regelmäßig im Kot der landwirtschaftlichen Nutztiere, aber auch in Stuhlproben des Menschen nachweisbar. *C. perfringens* Typ A-Stämme sind im Erboden in Größenordnungen von 10^3 bis 10^4/g, in Fäzesproben von Nutz- und Haustieren sowie des Menschen von 10^4 bis 10^6/g nachweisbar.

Die Species *C. perfringens* wird aufgrund des unterschiedlichen Toxinbildungsvermögens einzelner Stämme in entsprechende Typgruppen eingeteilt (A bis F). Nahezu alle Lebensmittelinfektionen sind durch Typ A-Stämme verursacht worden.

Eine direkte Gefährdung geht weniger vom lebenden Schlachttier oder vom Fleisch aus, obgleich ca. 50 % roher und gefrorener Fleischproben in geringen Anteilen *C. perfringens* enthalten. Einige proteolytische Stämme (alle Typ A-, ein Teil der Typ B- und F-Stämme) wachsen noch bis zu 10 °C, einige nicht-proteolytische Stämme (alle Typ E- und ein Teil der Typ B- und F-Stämme) sogar bis zu 3 °C. Bei vorschriftsmäßiger Kühlung ist mit einer Vermehrung aber nicht zu rechnen. Die Gefährdung geht überwiegend von verzehrsfertigen, zuvor erhitzten Gerichten aus, die längere Zeit warm gehalten werden.

Bei der Sporulation im Darm wird das Enterotoxin freigesetzt. Bei Versuchen mit freiwilligen Probanden zeigte sich, daß mindestens 10^8 Zellen erforderlich sind, um eine Erkrankungsrate von 50 % hervorzurufen. Derartige Konzentrationen in Lebensmitteln stellen die Ausnahme dar, zumal in solchen Fällen die Verderbniserscheinungen sinnfällig sein dürften. *C. perfringens*-Stämme können gelegentlich ein präformiertes Toxin in das Lebensmittelsubstrat abgeben. Es liegt aber regelmäßig in solch geringen Quantitäten vor, die für eine Intoxikation des Menschen nach dem Verzehr entsprechend kontaminierter Lebensmittel nicht ausreichen.

2.6.3.1.7 *Staphylococcus aureus*

Staphylococcus (*S.*) *aureus*-Stämme können sehr häufig bei Mensch und Tieren als physiologische Komponente nachgewiesen werden. Bei den schlachtbaren Nutztieren gelingt der regelmäßige Nachweis im Fell, auf der Haut und den Schleimhäuten des Nasen- und Rachenraumes. Bei Schweinen finden sie sich zu ca. 50 bis 60 % auch auf den Tonsillen. Von *S. aureus*-Stämmen können fünf unterschiedliche hitzeresistente Enterotoxine gebildet werden (A bis E). Dieses ist jeweils Stamm-abhängig. Es kann davon ausgegangen werden, daß ca. 50 bis 70 % der *S. aureus*-Stämme zur Enterotoxinbildung befähigt sind und der Mensch zu etwa 15 bis 35 % Träger solcher Stämme ist (42). Auch Stämme anderer, bei Schlachttieren anzutreffender Species wie *S. hyicus* und *S. intermedius* können als Toxinbildner in Erscheinung treten, sind aber von nachrangiger Bedeutung für Fleisch und Fleischprodukte. In rohem Fleisch sind *S. aureus*-Stämme bei vorschriftsmäßiger Kühlung nicht vermehrungsfähig, und damit ist auch die Fähigkeit zur Toxinbildung nicht gegeben.

Eine Lebensmittelintoxikation kann erst nach quantitativ ausreichender Bildung präformierter Toxine (1–20 µg) im Lebensmittelsubstrat erfolgen. Dieses kann sehr häufig als Hinweis auf nicht sachgerechte und unhygienische Behandlung gewertet werden. Entsprechende Intoxikationen konnten zurückverfolgt werden, fast immer handelte es bei den Überträgern um Lebensmittelhändler.

2.6.3.2 Umschichtung von pathogenen und toxinogenen Mikrofloraanteilen

Die mikrobielle Besiedlung von Schlachttierkörperoberflächen ist keine konstante Größe, vielmehr unterliegt sie kennzeichnenden Umschichtungsprozessen. Bei vorschriftsmäßiger Kühlung entwickelt sich eine psychrotrophe Flora (s. Kap. 1.3), die nicht ohne Auswirkung auf gleichzeitig vorhandene potentiell pathogene oder toxinogene Mikroorganismen ist. Für die Einschätzung einer möglichen Gesundheitsgefährdung des Menschen ist daher neben der Virulenz nachweisbarer Stammformen, die erheblichen Schwankungen innerhalb einer Species unterliegen kann, auch die Fähigkeit, sich innerhalb der einstellenden psychrotrophen Mikroflora behaupten zu können, von großer Bedeutung.

Der kulturelle, zumeist auch noch rein qualitativ (Anreicherung) erhobene Nachweis einer potentiell pathogenen oder toxinogenen Species bei Schlachttieren bzw. auf schlachtfrischen Tierkörpern ist, von wenigen Ausnahmen abgesehen, kaum geeignet, eine Aussage über eine de facto vorhandene oder sich möglicherweise ergebende konkrete Gesundheitsgefährdung des Menschen zu treffen.

In der Tab. 2.6.4 ist eine nach Literaturangaben sowie eigenen Befunden zusammengestellte Übersicht zum Vorkommen sog. aktueller Zoonose-Erreger bei Schlachttieren enthalten. Die Variabilität des Nachweises verschiedener Bakterien-Species bei den einzelnen Tierarten spiegelt neben kulturell-methodisch bedingten Verfahrensmodifikationen auch unterschiedliche epidemiologische Gegebenheiten wider. Eine primäre oder auch sekundäre Kontamination mit potentiell pathogenen Mikroorganismen bei der Herrichtung von Tierkörpern ist nie auszuschließen. Schlachtfrische Tierkörper weisen regelmäßig Oberflächenkeimzahlwerte von ca. 10^3 bis ca.

Tab. 2.6.4 Aktuelle Zoonose-Erreger bei Schlachttieren

Species	Tierart				D. inf. min.[1] (KbE/g)	Häufigkeit[2] LN-Infekt.
	Rind	Schwein	Schaf	Geflügel		
Salmonella spp.	+	+	(+)/+	++/+++	$10^5/10^6$	***
Campylobacter jejuni/ coli	++/+++	++/+++[3]	(+)/++	++/+++	5×10^2	***
enterohämorrhagische *E. coli* (EHEC)	(+)/+	–[4]	(+)/+	–	10^1	*
Listeria monocytogenes	+	+	+	++	10^4	(*)
Yersinia enterocolitica	(+)	+/++	(+)	(+)	$10^7/10^8$	(*)

+++ über 50 %; ++ ca. 10–20 %; + unter 10 %; (+) unter 1 %

[1] Dosis infectiosa minima (koloniebildende Einheiten; ungefähre Angaben)
[2] ***: sehr häufig; *: gelegentlich; (*): sehr selten
[3] überwiegend *C. coli*
[4] außer Ödemkrankheit b. Schwein; nicht humanpathogen (Verotoxin⁺)

$10^4/cm^2$, gelegentlich auch höher, auf. Darunter befindliche pathogene oder toxinogene Anteile liegen zumeist in quantitativ deutlich geringeren Anteilen vor. Bei vorschriftsmäßiger, d. h. auch durchgehender Kühlung können sie sich nicht vermehren und werden sogar weitgehend durch die psychrotrophe Mikroflora mit ihren kompetitiven Anteilen zurückgedrängt (12, 28, 35). Das trifft für psychrotrophe *Yersinia enterocolitica*- und *Listeria monocytogenes*-Stämme ebenso zu wie für die thermotrophen *Campylobacter jejuni*- und *coli*- sowie die mesophilen Salmonella- und die gesundheitlich bedenklichen *Escherichia coli*-Stämme.

Dennoch ist festzustellen, daß die Nachweishäufigkeit von Salmonellen und *L. monocytogenes* vielfach und oft auch regelmäßig zunimmt. Der Anstieg der Nachweishäufigkeit von Salmonellen ist regelmäßig von der Zunahme dabei isolierbarer Serovare begleitet und liefert somit den Hinweis auf eine zunehmende sekundäre Kontamination in unterschiedlichen Verarbeitungs- und Distributionsstufen (16). Der ubiquitären Verbreitung von Listerien entsprechend ist eine kontinuierliche, sekundär bedingte Zunahme im Verarbeitungsprozeß nachvollziehbar. Es handelt sich also bei diesen Mikroorganismen – immer eine sachgerechte Kühlung vorausgesetzt – nicht um das Ergebnis eines aktiven Vermehrungsprozesses der Zellen selbst.

2.6.3.3 Parasitäre Zoonose-Erreger

Unter den parasitären Zoonose-Erregern, die über Lebensmittel tierischen Ursprungs übertragen werden können, sind als die wichtigsten Protozoen (Einzeller) und Helminthen (Würmer) anzuführen.

2.6.3.3.1 Protozoen

Unter den Protozoen sind als die fleischhygienisch wichtigsten Vertreter die Sarkosporidien (Sarcocysten) und Toxoplasmen anzuführen.

Bei den Sarkosporidien handelt es sich um obligat zweiwirtige zystenbildende Kokzidien. Landwirtschaftliche Nutztiere (Rind, Schwein, Schaf, Ziege) dienen im Entwicklungszyklus als Zwischenwirte, Fleischfresser wie Hund, Katze und andere Feliden, aber auch der Mensch als Endwirte. Auf den Menschen übergehende Species sind *Sarcocystis* (*S.*) *bovihominis* (Rind) und *S. suihominis* (Schwein). Beim Schaf und der Ziege anzutreffende Arten *S. ovifelis* und *S. hircicanis* haben als Endwirte Katze bzw. Hund.

Die in der Muskulatur parasitierenden vegetativen Stadien der Sarkosporidien (Mieschersche Schläuche) sind bei der Fleischuntersuchung adspektorisch zumeist nur bei Schaf und Ziege, gelegentlich beim Schwein zu erkennen. Dabei werden bis ca. 1,5 cm große spindelförmige Zysten in der Muskulatur bzw. mehr eiförmige Zysten im Schlund festgestellt. Bei den anderen Tierarten sind die Zysten zumeist kleiner als 1mm und daher makroskopisch nicht zu erfassen. Bei erheblichen sinnfälligen Veränderungen wird das geschlachtete Tier als untauglich beurteilt.

Durch die Haltungsformen bedingt können Weiderinder und Schafe zu 90 bis 100 % positiv sein (5). Bei Mastschweinen werden zumeist geringe Befallsraten von weniger als 1 bis ca. 10 % festgestellt (4, 14). Eine Abtötung der Sarkosporidien ist gewährleistet bei –20 °C nach drei Tagen bzw. eine Erhitzung mit einer Kerntemperatur von 65 °C. Durch Pökeln werden Sarkosporidien nicht abgetötet.

Nach derzeitigem Kenntnisstand ist trotz teilweise hoher Kontaminationsraten zum Rohverzehr vorgesehener Hackfleischerzeugnisse die Gefährdung des Menschen als sehr gering einzustufen. Dieses wird darauf zurückgeführt, daß die geschlechtlichen Vermehrungsformen nur im Darm parasitieren. Bei einem sehr hohen Befall mit Sarkosporidien kann es ausnahmsweise zu Abdominalbeschwerden kommen, die dem klinischen Bild einer unspezifischen Enteritis entsprechen. Die Symptome klingen nach 24 bis 48 h ab, können aber erneut in der akuten Ausscheidungsphase ca. 4 bis 5 Wochen später kurzfristig noch einmal auftreten.

Der fleischhygienisch wichtigste Vertreter der zystenbildenden Kokzidien ist *Toxoplasma gondii.* Als Zwischenwirte kommen nahezu alle warmblütigen Tiere in Frage, als Endwirt nur die Katze und andere Feliden. Von diesen werden auch die am Ende einer geschlechtlichen Entwicklung gebildeten Oozysten mit dem Kot ausgeschieden. Diese Dauerformen können von Schlachttieren und auch vom Menschen aufgenommen werden. Sie entwickeln sich dann zu vegetativen Formen, die sich in der Muskulatur, aber auch im Gehirn ablagern können.

Unter den landwirtschaftlichen Nutztieren ist das Schwein häufiger als Träger dieser Parasiten ermittelt worden. Es infiziert sich über die Aufnahme mit Oozysten kontaminierten Futters (Katzenkot) oder durch Toxoplasmen-haltiges Fleisch (Nager). Es treten nur ausnahmsweise klinische Erscheinungen auf. Die Toxoplasmose ist daher bei der Schlachttier- und Fleischuntersuchung nicht festzustellen. Nicht vorbehandeltes Schweinefleisch spielt für die alimentäre Infektion des Menschen die größte Rolle. Erhitzen, Tiefgefrieren oder Pökeln tötet die Toxoplasmen mit Sicherheit ab. Der Mensch kann sich daher nur über den Verzehr rohen oder nicht ausreichend erhitzten Fleisches infizieren. Eine besondere Gefährdung ist für Feten bei einer Erstinfektion der Mutter gegeben. Lediglich eine zurückliegende, mütterlicherseits durchgemachte Toxoplasmose kann das ungeborene Kind schützen. Daher ist vom Verzehr rohen Schweinefleisches während der Schwangerschaft dringend abzuraten.

2.6.3.3.2 Helminthen

Unter den bei Nutz- und Wildtieren anzutreffendenden Wurmarten bzw. deren Zwischenstadien sind unter den Nematoden die Trichinen (*Trichinella spiralis*) und unter den Bandwürmern bestimmte Species der Gattungen *Taenia* und *Echinococcus* von besonderer fleischhygienischer Bedeutung.

Bei den Trichinen handelt es sich um Würmer, die bei allen fleischfressenden Tierarten vorkommen können. Die Wirtstiere infizieren sich durch trichinenhaltiges Fleisch (Mäuse, Ratten, Fleischabfälle). Nach der Begattung setzen die weiblichen Würmer die Larven an der Darmwand ab. Diese gelangen über das Blut- und Lymphsystem in die bevorzugten Absiedelungsstellen. Diese sind die gut durchblutete Muskulatur des Zwerchfells, der Zwischenrippen, des Kehlkopfes, der Zungen und der Augen.

Die im Fleischhygienegesetz aufgeführten fleischfressenden Tierarten unterliegen daher einer Untersuchungspflicht auf Trichinen („Trichinenschau"), wobei Proben eines jeden zur Schlachtung gelangten Tieres untersucht werden müssen. Dieses trifft für Hausschweine, Wildschweine, Bären, Dachse, Füchse, Sumpfbiber, aber auch für Pferde und andere Einhufer zu. Von dieser Untersuchungspflicht läßt der Gesetzgeber Ausnahmen bei Einhufern, Hausschweinen und Sumpfbibern zu, die statt dessen auf Antrag bei der zuständigen Behörde einem vorgeschriebenen amtlichen Gefrierverfahren unterzogen werden müssen.

Der Rückgang der Trichinosefälle in der Bundesrepublik ist entscheidend auf die Trichinenuntersuchungspflicht zurückzuführen. Immer wieder einmal auftretende Infektionen sind nahezu ausnahmslos auf eine nicht erfolgte bzw. nicht sachgemäß durchgeführte Trichinenuntersuchung zurückzuführen gewesen. Für Menschen sind Wildschweine, die gesetzeswidrig nicht einer Untersuchung auf Trichinen unterzogen werden, als Hauptinfektionsquelle anzusehen.

Unter den bei unseren schlachtbaren Haustieren vorkommenden Bandwürmern (Cestoden) des Menschen spielen die beim Schwein parasitierende Species *Taenia* (*T.*) *solium* und die beim Rind vorkommende Species *T. saginata* die größte Rolle. Die Muskulatur befallener Schlachttiere enthält jeweils Larvalstadien dieser Würmer, die als *Cysticercus* (*C.*) *inermis* oder *bovis* beim Rind und *C. cellulosae* beim Schwein adspektorisch bei der Fleischuntersuchung erkannt werden können.

In Europa können regional unterschiedlich etwa 0,3 bis 6 % der Rinder mit T. saginata befallen sein. Die Tiere infizieren sich über das mit Eiern dieses Bandwurms kontaminierte Futter insbesondere bei Weidehaltung. Die als Onkosphären bezeichneten, infektionstüchtigen Vorstadien siedeln sich in gut durchbluteter Muskulatur an. Daher sind bei der amtlich vorgeschriebenen Fleischuntersuchung bei jedem Tierkörper sog. Finnenschnitte in der Kau-, Herz-, Zungen- und Zwerchfellsmuskulatur anzulegen. Die Finnenblasen bzw. die nach Absterben vorhandenen verkalkten Stadien sind makroskopisch gut zu erfassen. Finnenfunde sind mit der häufigste Beanstandungsgrund bei Rindern (s. Tab. 2.6.3). Fleischhygienerechtlich wird zwischen schwach- und starkfinnigen Tierkörpern unterschieden, wobei die Grenze bei 10 Finnenblasen liegt. Während schwachfinnige Tiere einem Gefrierverfahren unterzogen werden und danach verkehrsfähig sind, werden starkfinnige Schlachttierkörper als untauglich beurteilt und unschädlich beseitigt.

Auch beim Schwein führt die Aufnahme des mit den Onkosphären von *T. solium* kontaminierten Futters zur Infektion des Schweines. Nach Durchbohren der Darmwand gelangen diese über die Blut- bzw. Lymphbahn in die Muskulatur, insbesondere des Zwerchfells und der Zunge. Bei einer massiven Infektion, die nur sehr selten vorkommt, können auch gelegentlich Leber, Lunge und Nieren befallen sein. Diese Erreger kommen bei Mastschweinen aufgrund der Haltungsbedingungen ausgesprochen selten vor. Sie sind nur bei Weidehaltung zu erwarten. Die Schlachttierkörper und die Nebenprodukte werden je nach Befallsgrad (unter/über 11 Finnen) als tauglich nach Brauchbarmachung bzw. als untauglich beurteilt.

Innerhalb der Familie der Bandwürmer ist aus fleischhygienischer Sicht neben der Gattung *Taenia* die Gattung *Echinococcus* von Bedeutung. Als Erreger kommen der dreigliedrige Bandwurm des Hundes, *Echinococcus* (*E.*) *granulosus*, der die zystische Ecchinokokkose verursacht, und der fünfgliedrige Bandwurm des Fuchses, *E. multilocularis*, der die alveoläre Echinokokkose verursacht auch in der Bundesrepublik vor.

Das als *E. hydatidosus* (= Finne) bezeichnete Entwicklungsstadium des dreigliedrigen Bandwurmes bildet sich insbesondere bei den Wiederkäuern sowie Pferd und Schwein aus. Bevorzugter Sitz der bekapselten Zyste ist die Leber, die nach Durchdringen der Darmschranke als erster Filter fungiert. Absiedlungen sind aber auch in die Lunge, seltener in andere Organe möglich. Dieses gilt auch bei einer Infektion des Menschen. Bei der amtlichen Fleischuntersuchung sind die entwickelten Zysten beim vorgeschriebenen Durchtasten sowohl der Leber als auch der Lunge zu palpieren.

In den mediterranen Ländern ist der Schaf-Hund-Zyklus bei *E. granulosus* epidemiologisch am bedeutsamsten. In Süddeutschland scheint der Hund-Rind-Zyklus von Bedeutung zu sein. Durch Hundekot kontaminiertes Futter stellt die Hauptinfektionsquelle für Rind und Schaf dar.

Die Finne (*E. alveolaris*) von *E. multilocularis* siedelt sich beim Menschen vor allem in der Lunge an und wächst, da sie nicht von einer Kapsel umgeben ist, infiltrativ. Diese Alveolarechinokokkose tritt auf der Schwäbischen Alb häufiger als in anderen Gebieten auf. Der Fuchs ist als Hauptträger dieses Bandwurmes anzusehen, gelegentlich auch Hund und Katze. Eine direkte Gefährdung des Menschen durch Lebensmittel tierischen Ursprungs ist nicht gegeben.

2.6.3.4 Virale Zoonose-Erreger

Einige Viren gehören zu den klassischen Zoonose-Erregern. Hierbei sind die Maul- und Klauenseuche (*Rhino*-Virus) sowie die Tollwut (*Rabies*-Virus) anzuführen. In den letzten Jahrzehnten haben dieses Erkrankungen aber keine nennenswerte Rolle bei unseren schlachtbaren Nutztieren gespielt. Erkrankte Tiere sind bei den amtlichen Untersuchungen nach dem Fleischhygienerecht zu erfassen. Eine Gefährdung des Menschen durch das Virus der Maul- und Klauenseuche beschränkt sich weitgehend auf das Personal, das in erkrankten Beständen tätig ist. Zwar ist die Tollwut trotz erfolgreicher Eindämmungsmaßnahmen, basierend auf Impfköderprogrammen für einheimische Fuchspopulationen, weiterhin ein Problem; unter den Schlachttieren fanden sich aber im Jahresdurchschnitt der letzten Jahre weniger als 10 positive Tiere. Diese werden bei der Schlachttieruntersuchung erkannt.

Andere Zoonose-Erreger wie das Virus der Infektiösen Anämie der Einhufer (*Retro*-Virus), der Kuhpocken (*Orthopox*-Virus) und der Newcastle Disease des Geflügels (*Paramyxo*-Virus) sind von deutlich untergeordneter Bedeutung und spielen im Rahmen der Zooanthroponosen, die von den Schlachttieren bzw. von ihnen stammenden Lebensmitteln ausgehen, kaum noch eine Rolle.

Recht wenig ist über das Vorkommen und die Bedeutung andere viraler Zoonose-Erreger bekannt, die über den Verzehr von Fleisch und Fleischprodukten übertragen werden könnten. Dieses hängt auch damit zusammen, daß die Nachweisverfahren für Viren sehr aufwendig und überwiegend klinisch-diagnostisch ausgerichtet sind. Sie sind entsprechend wenigen Laboren vorbehalten. Bekannt ist, daß insbesondere Enteroviren (*Polio-*, *Coxsackie-* und ECHO-Viren) sowie Rotaviren über Lebensmittel (überwiegend durch Wasser und Muscheln) auf den Menschen übertragbar sind. Die direkte Übertragung von Mensch zu Mensch insbesondere unter unhygienischen Lebensverhältnissen dürfte der Hauptinfektionsweg sein. Inwieweit die landwirtschaftlichen Nutztiere als primäre Kontaminationsquelle in Erscheinung treten können, bleibt zukünftigen Untersuchungen vorbehalten.

Auf über die im Grundlagenband hinausgehenden Ausführungen zum Erreger der Bovinen spongiformen Encephalopathie (BSE) soll hier nicht eingegangen werden. Nach derzeitigem Kenntnisstand ist er nicht als Zoonose-Erreger einzustufen.

Literatur

[1] Fleischhygienegesetz (FlHG) in der Bekanntm. v. 8. Juli 1993, BGBl. I Nr. 36, S. 1189, zuletzt geändert 19. Januar 1996, BGBl. I S. 59.
[2] Fleischhygiene-Verordnung (FlHV) v. 30. Oktober 1986, BGBl. I S. 1678, zuletzt geändert 15. März 1995, BGBl. I S. 327.
[3] Allgemeine Verwaltungsvorschrift zum Fleischhygienegesetz (VwVFlHG) v. 11. Dezember 1986.
[4] Bundesseuchengesetz (BSeuchG) v. 18. Dezember 1979, BGBl. I S. 2262.
[5] Tierseuchengesetz (TierSG) in der Bekanntm. v. 22. Februar 1991, BGBl. I S. 482.
[6] Lebensmittel- und Bedarfsgegenständegesetz (LMBG) in der Bekanntm. v. 8. Juli 1993, BGBl. I S. 1169, zuletzt geändert 25. Nov. 1994, BGBl S. 3538.
(1) Alber, G.: Prüfung bestehender *Campylobacter jejuni/coli*-Anreicherungsverfahren in Modellversuchen und Erprobung einer modifizierten Preston-Anreicherung bei der Untersuchung von Hackfleisch- und Innereienproben vom Schwein. Vet. med. Diss. FU Berlin (1995).
(2) Barnham, M.; Kerby, J.: Skin sepsis in meat handlers: observation of the cause of injury with special reference to bone. J. Hyg. Camb. **87** (1981) 465–467.
(3) Bornemann-Rohrig, M.: Vorkommen von *Campylobacter jejuni* und- *Campylobacter coli* bei Tierkörpern, Nebenprodukten und in der Umgebung des Schweineschlachtprozesses mit Modellversuchen über die Tenazität der Erreger. Vet. med. Diss. FU Berlin (1985).
Arbeitstagung Arbeitsgebiet „Lebensmittelhygiene" der Dtsch. Vet. Med. Ges., Eigenverlag der DVG Gießen (1984) 148–156.
(4) Bülte, M.: Die Impedanzmessung und das Biolumineszenzverfahren als anwendbare Schnellmethoden zur Bestimmung des Keimgehaltes auf Fleischoberflächen. Vet. med. Diss. FU Berlin (1983).

(5) BÜLTE, M.: Nachweis von verotoxinogenen *E. coli*-Stämmen (VTEC) im Koloniehybridisierungsverfahren mit Gensonden, die mit der Polymerase-Kettenreaktion hergestellt und Digoxigenin markiert wurden – gleichzeitig ein Beitrag zur Ökologie gesundheitlich bedenklicher *E. coli*-Stämme in der Bundesrepublik Deutschland. Habil-Schrft. FU Berlin (1992).
(6) BÜLTE, M.; KLEIN, G.; REUTER, G.: Schweineschlachtung-Kontamination des Fleisches durch menschenpathogene *Yersinia enterocolitica*-Stämme? Fleischwirtsch. **71** (1991) 1411–1416.
(7) EISGRUBER, G.: Prüfung von Verfahren zur Kultivierung und Schnellidentifizierung von Clostridien aus frischem Fleisch sowie aus anderen Lebensmitteln. Vet. med. Diss. FU Berlin (1986).
(8) ERDLE, E.: Zum Vorkommen von Listerien in Käse, Fleisch und Fleischwaren. Vet. med. Diss. München (1988).
(9) FUKUSHIMA, H.: Direct isolation of *Yersinia enterocolitica* and *Yersinia pseudotuberculosis* from meat. Appl. Environ. Microbiol. **50** (1986) 710–712.
(10) GEIER, D.: Untersuchungen zur Möglichkeit des Nachweises verotoxischer *E. coli* (VTEC-Stämme) über Enterohämolysin als epidemiologisches Merkmal bei verschiedenen Nutz- und Heimtieren sowie Hackfleisch in Berlin. Vet. med. Diss. FU Berlin (1992).
(11) GILL, O. C.; MCGINNIS, C.: Changes in the microflora on commercial beef trimmings during their collection, distribution and preparation for retail sale as ground beef. Int. J. Food Microbiol. **18** (1993) 321–332.
(12) HARTUNG, M.: pers. Mitteilung (1994).
(13) HECHELMANN, H.; BEM, Z.; UCHIDA, H.; LEISTNER, L.: Vorkommen des Tribus *Klebsielleae* bei kühlgelagertem Fleisch und Fleischwaren. Fleischwirtsch. **9** (1974) 1515–1517.
(14) INGRAM, M.; DAINTY, R. H.: Changes caused by microbes in spoilage of meats. J. Appl. Bact. **34** (1971) 21–39.
(15) JAMES, S. J.; BAILEY, C.: Chilling systems for foods. In: T. R. GORMLEY (Ed.), Chilled foods: The state of the art. Elsevier Applied Science, London (1990) 1–36.
(16) KARCHES, H.; P. TEUFEL, P.: *Listeria monocytogenes* – Vorkommen in Hackfleisch und Verhalten in frischer Zwiebelmettwurst. Fleischwirtsch. **68** (1988) 1388–1392.
(17) KLEEBERGER, A.: Untersuchungen zur Taxonomie von Enterobakterien und Pseudomonaden aus Hackfleisch. Arch. Lebensmittelhyg. **30** (1979) 130–137.
(18) KLEEBERGER, A.; BUSSE, M.: Keimzahl und Florazusammensetzung bei Hackfleisch. Ztschrft. Lebensm. Unters. **158** (1975) 321–331.
(19) KLEIN, G.; LOUWERS, J.: Mikrobiologische Qualität von frischem und gelagertem Hackfleisch aus industrieller Herstellung. Berl. Münch. Tierärztl. Wschrft. **107** (1994) 361–367.
(20) KLEINLEIN, N.; UNTERMANN, F.: Growth of pathogenic *Yersinia enterocolitica* strains in minced meat with and without protective gas with consideration of the competitive background flora. Int. J. Food Microbiol. **10** (1990) 65–72.
(21) KLEINLEIN, N.; UNTERMANN, F.; BEISSNER, H.: Zum Vorkommen von Salmonella- und *Yersinia*-Spezies sowie *Listeria monocytogenes* in Hackfleisch. Fleischwirtsch. **69** (1989) 1474–1476.
(22) OZARI, R.; STOLLE, F. A.: Zum Vorkommen von *Listeria monocytogenes* in Fleisch und Fleisch-Erzeugnissen einschließlich Geflügelfleisch des Handels. Arch. Lebensmittelhyg. **41** (1990) 47–50.
(23) PIETZSCH, O.; KAWERAU, H.: Salmonellen in Schweine-Schlacht- und -Zerlegebetrieben sowie Schweinehackfleisch. Vet. Med. Hefte Nr. 4 Bundesgesundheitsamt Berlin (West) (1984).

(24) REIDA, P.; WOLFF, M.; POHLS, H. W.; KUHLMANN, W.; LEHMACHER, A.; ALEKSIC, S.; KARCH, H.; BOCKEMÜHL, J.: An outbreak due to *Escherichia coli* O157 : H7 in a children day care centre characterized by person-to-person transmission and environmental contamination. Zbl. Bakt. **281** (1994) 534–543.

(25) REUTER, G.: Vorkommen und Bedeutung von psychrotrophen Mikroorganismen im Fleisch. Arch. Lebensmittelhyg. **23** (1972) 272–274.

(26) REUTER, G.: Die Problematik mikrobiologischer Normen bei Fleisch. Arch. Lebensmittelhyg. **35** (1984) 106–109.

(27) REUTER, G.: Hygiene der Fleischgewinnung und -verarbeitung Zbl. Bakt. Hyg. B **183** (1986) 1–22.

(28) REUTER, G.: Surface count on fresh meat – hazardous or technically controlled? Arch. Lebensmittelhyg. **45** (1994) 51–55.

(29) REUTER, G.; ÜLGEN, M. T.: Zusammensetzung und Umschichtung der Enterobacteriaceaeflora bei Schweineschlachttierkörpern im Verlaufe der Bearbeitung unter Berücksichtigung der Antibiotika- und Chemotherapeutikaresistenz. Arch. Lebensmittelhyg. **28** (1977) 211–214.

(30) ROBERTS, T. A.; BRITTON, C. R.; HUDSON, W. R.: The bacteriological quality of minced beef in the U. K. J. Hyg. (Cambridge) **85** (1980) 211–217.

(31) RÖDEL, W.: Einstufung von Fleischerzeugnissen in leicht verderbliche, verderbliche und lagerfähige Produkte aufgrund des pH-Wertes und des a_W-Wertes. Vet. med. Diss. FU Berlin (1975).

(32) SCHMIDT, U.: Vorkommen und Verhalten von Salmonellen im Hackfleisch vom Schwein. Fleischwirtsch. **68** (1988) 43–51.

(33) SCHMIDT, U.; SEELIGER, H. P. R.; GLENN, E.; LANGER, B.; LEISTNER, L.: Listerienfunde in rohen Fleischerzeugnissen. Fleischwirtsch. **68** (1988) 1313–1316.

(34) SINELL, H.-J.: Bewertung der hygienischen Qualität von Lebensmitteln nach mikrobiologischen Gesichtspunkten. Fleischwirtsch. **5** (1971) 767–772.

(35) SCRIVEN, F. M.; SINGH, R.: Comparison of the microbial populations of retail beef and pork. Meat Sci. **18** (1986) 173–180.

(36) STENGEL, G.: Ein Beitrag zum Vorkommen von *Yersinia enterocolitica*. Vet. med. Diss. FU Berlin (1984).

(37) TAMMINGA, S. K.; BEUMER, R. R.; KAMPELMACHER, E. H.: Bakteriologisch onderzoek van hamburgers, Voedingsmiddelentechnologie **21** (1980) 29–34.

(38) TEUFEL, P.; GÖTZ, G.; GROSSKLAUS, D.: Einfluß von Betriebshygiene und Ausgangsmaterial auf den mikrobiologischen Status von Hackfleisch. Fleischwirtsch. **61** (1981) 1849–1855.

(39) TURNBULL, P. C. B.; ROSE, P.: *Campylobacter jejuni* and *salmonellae* in raw red meats. J. Hyg. (Cambridge) **88** (1982) 29–37.

(40) WENDLAND, A.; BERGANN, T.: Zum Vorkommen von *Listeria monocytogenes*-Serotypen in den Produktionsstufen eines großen Fleischgewinnungs, -be und -verarbeitungsbetriebes. Proceed. 34. Arbeitstagung Arbeitsgebiet „Lebensmittelhygiene“ der Dtsch. Vet. Med. Ges., Eigenverlag der DVG (1993) 103–112.

(41) ZIMMERMANN, T.; SCHULZE K.: Salmonellen im Hackfleisch vom Schwein. Arch. Lebensmittelhyg. **37** (1986) 79–80.

3 Mikrobiologie der Fleischprodukte

3.1 Mikrobiologie der Kochpökelwaren

L. Böhmer und G. Hildebrandt

Nach der Begriffsbestimmung der Leitsätze für Fleisch und Fleischerzeugnisse [53] definieren sich Kochpökelwaren als umgerötete und gegarte, zum Teil geräucherte (zumeist stückige) Fleischerzeugnisse, denen kein Brät zugesetzt wird, soweit dieses nicht zur Bindung großer Fleischstücke dient (Bsp. Kaiserfleisch). Zum Pökeln ist nur die Verwendung von Nitritpökelsalz gestattet. Eine Ausnahme bilden Diätfleischwaren, für die z. B. auch Kaliumchlorid verwendet werden darf [39].

Der Zusatz von Salz, Rauchinhaltsstoffen, Nitrit, Zucker und anderen Pökelhilfsstoffen sowie die Erhitzung bestimmen das mikrobiologische Profil und damit auch die Haltbarkeit der Ware. Während des Herstellungsprozesses wird die Beschaffenheit des Fleisches durch originär-enzymatische und mikrobiell-enzymatische sowie chemische und physikalische Prozesse verändert. Allerdings wird von moderner Kochpökelware erwartet, daß sie im wesentlichen an unbehandeltes gegartes Fleisch erinnert, ein Höchstmaß an Faserstruktur und ein Mindestmaß an Elastizität aufweist sowie einen guten Scheibenzusammenhalt, eine gleichmäßige, kräftige und beständige Pökelfarbe sowie einen typischen, frischen Pökelgeschmack besitzt [38, 72].

3.1.1 Rohmaterial

Bei Kochpökelwaren nimmt das Rohmaterial entscheidenden Einfluß auf die Qualität des Endproduktes, weil zumeist ganze Muskelpartien verwendet werden und eine weitergehende Zerkleinerung und Vermischung, die Materialfehler ausgleichen können, unterbleiben. Für das Ausgangsmaterial sind dabei folgende Kriterien von wesentlicher Bedeutung:

3.1.1.1 postmortale Glykolyse (pH-Wert, Wasserbindung, Farbe, Pökelbereitschaft)
3.1.1.2 Ausgangskontamination
3.1.1.3 Herrichtung und Verarbeitungshygiene

Im allgemeinen werden 3–4 Tage alte oder länger gelagerte Schinken verwendet, denn zu Beginn der Totenstarre (ca. 1 Tag p. m.) gepökelte und erhitzte Kochschinken weisen einen höheren Kochverlust und Geleeabsatz auf als solche, die nach voller Ausbildung der Totenstarre produziert werden [72].

3.1.1.1 Postmortale Glykolyse

Neben der mikrobiologischen Beschaffenheit stellt der Ablauf der postmortalen Glykolyse das wichtigste Kriterium bei der Fleischauswahl dar, denn er beeinflußt über den pH-Wert folgende Qualitätsmerkmale des Endprodukts [92]:

- Wasserbindungsvermögen (Ausbeute)
- Pökelbereitschaft (Salzaufnahme, Farbbildung)
- Haltbarkeit (Vermehrungsmilieu für Bakterien)
- Geschmack (Fleischaroma), Verzehrsqualität (Saftigkeit, Scheibenzusammenhalt, Konsistenz) und Farbhelligkeit.

– Wasserbindungsvermögen (WBV): Zum fleischeigenen Wasser, dessen Anteil in schierem Muskelfleisch bei ca. 75 % liegt, wird der Ware zum Teil noch eine erhebliche Menge Wasser – in Form von Lake – zugesetzt. Die Bindung dieses Wassers wird durch das Fleischeiweiß bewirkt, wobei eine Abhängigkeit vom pH-Wert besteht: Mit der pH-Wertsenkung im Muskelfleisch nach der Schlachtung, die sich im allgemeinen auf pH 5,4 bis 6,0 einpendelt, nimmt auch die Wasserbindung stetig ab und erreicht am isoelektrischen Punkt der Fleischproteine (pH 5,0 bis 5,3) ihr Minimum [111].

Weitere Faktoren, die das WBV beeinflussen, sind Salzgehalt und ATP-Gehalt des Muskelfleisches [72]. Durch Zusätze, wie Kutterhilfsmittel (Phosphate, Salze der Genußsäuren) oder Hydrokolloide, läßt sich die Wasserbindung verbessern.

Am wenigsten für Kochschinken eignet sich PSE-Fleisch mit seiner schlechten Wasserbindung, denn gerade beim Erhitzen kommt es zu besonders hohen Kochverlusten, was zu einer geringeren Ausbeute, einer trockenen, harten Konsistenz sowie erhöhtem Geleeabsatz führt. Dagegen gilt DFD-Fleisch, welches keine Eiweißschädigung und zudem einen hohen pH-Wert aufweist (End-pH zwischen 6,2 und 7,0), zumindest in Bezug auf das Wasserbindungsvermögen als besonders vorteilhaft, wobei die Erhitzungsverluste geringer ausfallen [64].

– Pökelbereitschaft: Unter Pökelbereitschaft versteht man die Fähigkeit des Fleisches, Salze und Pökelstoffe aufzunehmen sowie eine stabile Pökelfarbe zu entwickeln. Die Pökelbereitschaft des Fleisches verläuft entgegengesetzt zur Zunahme des Wasserbindungsvermögens. Je niedriger der pH-Wert und damit das WBV ausfallen („offene Struktur“ des Fleisches), um so schneller erfolgt die Aufnahme (Diffusion) der Salze. Umso besser ist auch die Pökelfarbbildung, denn in einem tieferen pH-Bereich laufen die Umsetzungsprozesse von Nitrit zu Stickoxid und die Bildung von Stickoxidmyoglobin (Pökelrot) schneller und intensiver ab [63, 72].

Die geringere Pökelbereitschaft des DFD-Fleisches läßt sich durch Lakeinjektion und den Einsatz des Pökelhilfsstoffes Ascorbat (0,03–0,05 %ig) kompensieren.

– **Haltbarkeit:** DFD-Fleisch mit seinem hohen pH-Wert bietet den Fäulnisbakterien gute Entwicklungschancen, und schneller Verderb kann eintreten [72]. Über die unmittelbare Wirkung der Wasserstoffionenkonzentration hinaus erschweren hohe pH-Werte die Wasserabgabe während des Herstellungsprozesses. Dies führt zu höheren a_w-Werten und einer Begünstigung von Verderbserregern. Deren Wachstum findet v. a. in tieferen Schichten statt, weil sich dort durch die intensive Quellung der Muskelfasern das Eindringen der Salz/Pökelstoffmischung verzögert („geschlossene Struktur" des Fleisches) [111]. Ohnehin muß bei der Verwendung von DFD-Fleisch mit erhöhter Fäulnisbereitschaft gerechnet werden, da die unter aeroben Bedingungen vorherrschende Verderbnisflora infolge des Glukosemangels Aminosäuren unter Bildung von Ammoniak abbaut [9, 49, 66, 72].

– **Geschmack:** Der pH-Wert des Fleisches wirkt sich speziell auf die Haltbarkeit vorverpackter Ware aus. Im anaeroben Milieu weisen Kochschinken mit einem pH über 6,2 eine deutlich eingeschränkte Lagerfähigkeit auf. So zeigten vorverpackte Kochschinkenscheiben mit hohem pH-Wert, die bei +2 °C, +5 °C und +10 °C gelagert wurden, deutlich früher sensorisch wahrnehmbare Abweichungen und Verderb als solche mit normalem pH-Wert. Während bei hohem pH-Wert zu Beginn „Altgeschmack", später „Fäulnis" festgestellt wurde, trat bei normalem pH in der Regel „Säuerung" auf [111].

In PSE-Fleisch mit seinem niedrigen pH-Wert gewinnen zumeist Säuerungsbakterien von vornherein die Oberhand, so daß die Produkte – trotz der überhöhten Menge an ungebundenem Wasser – länger lagerfähig bleiben. Allerdings verursacht der schnelle pH-Wert-Abfall bei PSE-Fleisch keine wesentliche Keimhemmung. Weist PSE-Fleisch eine feuchte Oberfläche auf, was wegen des schlechteren WBV oft der Fall ist, so können sich die Bakterien sogar relativ gut vermehren [49].

In Abwägung aller Faktoren eignet sich für Kochpökelerzeugnisse Fleisch mit pH-Werten im Intervall von 5,8 und 6,2, was einem Kompromiß aus den Kriterien Wasserbindung, Pökelbereitschaft und Haltbarkeit entspricht [17, 61, 72]. Auch der Geschmack bildet sich in diesem Bereich am besten aus. Bei PSE-Fleisch dominiert meist eine milchsaure Komponente ohne eigentliche Aromabildung, während bei DFD-Muskulatur zwar das Fleischaroma vorherrscht, doch der Gesamteindruck manchmal zu flach ausfällt.

3.1.1.2 Ausgangskontamination

Als Rohmaterial gelangt bei der Kochpökelware überwiegend Fleisch und Fettgewebe zur Verarbeitung, das bei hygienischer Gewinnung – vor allem im Inneren – relativ keimarm sein kann. Die Flora besteht überwiegend aus gramnegativen Stäbchen und Mikrokokken (insbesondere *Micrococcus* und *Staphylococcus* – fäkale Streptokokken finden sich nur in sehr geringer Zahl). Als häufigste Saprophyten treten folgende Mikroorganismen auf: *Acinetobacter*, *Aeromonas*, *Alcaligenes*, *Flavobacterium*, *Moraxella*, coryneforme Bakterien und *Pseudomonas* sowie verschiedene Enterobakteriazeen [35]. Milchsäurebakterien, *B. thermosphacta* und *Bacillus species* sowie Hefen und Schimmelpilze kommen in frischem, sauber gewonnenem Fleisch anfangs nur in geringer Zahl vor. Desgleichen sind hier auch pathogene Keime (Salmonellen, *S. aureus*, *Y. enterocolitica*, *C. perfringens*, *C. botulinum*) kaum zu erwarten.

Äußerste Sauberkeit und Hygiene beim Schlachten sowie die Kontrolle der angelieferten Schinken beim Totversand sind für die Produktionssicherheit unerläßlich, denn frisches Muskelfleisch von normalem pH bietet selbst anspruchsvollen Mikroorganismen ausreichend Nährstoffe und enthält – mit Ausnahme der durch den Glykogenabbau entstandenden Milchsäure – keine „eingebauten" Hemmfaktoren [55]. Auch im Laufe der Verarbeitung finden keine Maßnahmen zur vollständigen Keimreduktion statt. So liegen die pH- und a_w-Werte der meisten Produkte relativ hoch, und die zumeist nur milde Erhitzung kann Fehlfabrikate durch überhöhte Ausgangskontamination nicht verhindern. Demgemäß führen starke Keimbelastungen im Rohmaterial zu mangelnder Farbstabilität, Vergrünung, Vergrauung, Geschmacksabweichungen und schlechtem Scheibenzusammenhalt [17, 55].

3.1.1.3 Entbeinen und Zuschneiden

Für die Pökelung und damit zur Kochschinkenherstellung eignen sich bindegewebsarme Muskelfleischteile oder -partien mit und ohne anhaftendem Fettgewebe (Speck). Kollagen wird durch den Pökelprozeß hart (Wasserentzug durch Salz) und kann zur Beeinträchtigung des Genußwertes führen. Zudem weist es einen relativ hohen pH-Wert auf und vermindert so die bakteriostatische Wirkung des Nitrits [72].

Weil Sehnen, Faszien, Aponeurosen und auch das Fettgewebe eine natürliche Barriere für das Eindringen von Keimen in die Tiefe der Muskulatur darstellen, führt ihre Entfernung und die Zerkleinerung des Fleisches zur gleichmäßigen Verteilung der vorhandenen Mikroorganismen auf den neuentstandenen Oberflächen. Darüber hinaus können an quergetroffenen Schnittflächen die Keime leicht in die Muskulatur eindringen [55]. Die Verwendung sauberer Gerätschaften und eine ausreichende Personalhygiene sind somit unabdinglich. Auch die möglichst schnelle und schonende Behandlung des Fleisches in kühlen Räumen hilft, das Kontaminationsrisiko gering zu halten [114].

3.1.2 Pökelprozeß

Abb.3.1.1 und 3.1.2 geben einen Überblick über die Prozeßschritte beim klassischen Pökelverfahren und über die verschiedenen Möglichkeiten der mechanischen Bearbeitung von Koch- und Formschinken.

Während rohe Pökelfleischerzeugnisse in der Regel „trocken gepökelt", d. h. mit einer Mischung aus Salz, Pökelstoffen, Zucker und gegebenenfalls Gewürzen eingerieben oder einem kombinierten Trocken-/Naßpökelverfahren unterzogen werden, findet bei Kochpökelwaren ausschließlich die

Abb. 3.1.1 Konventionelles Verfahren zur Herstellung von Vorder- bzw. Hinterschinken

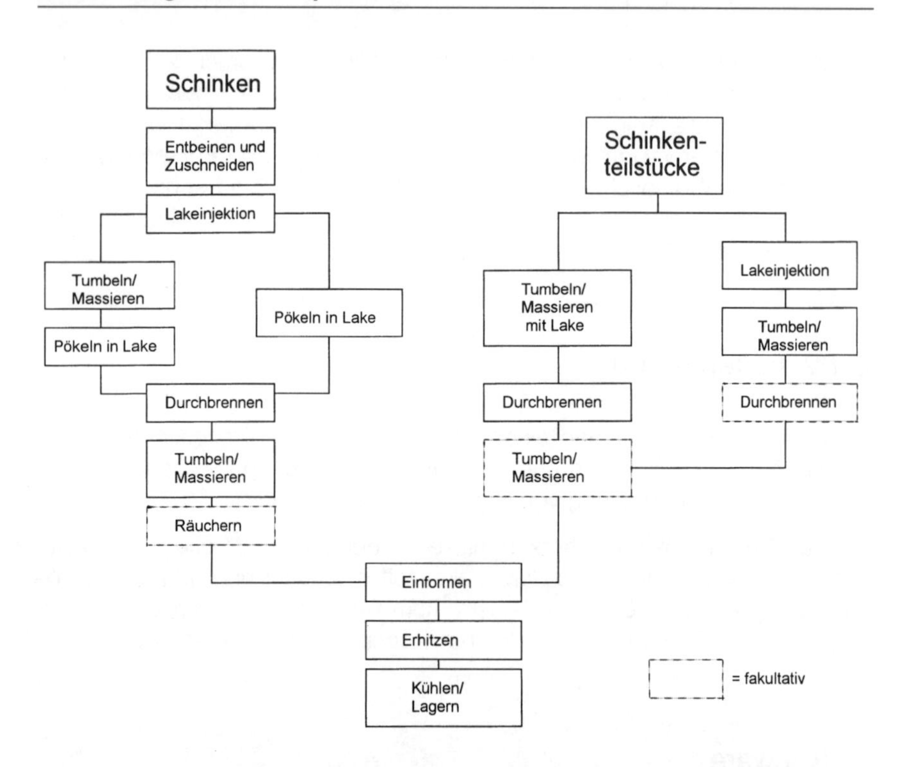

Abb. 3.1.2 Beschleunigtes Herstellungsverfahren – Verschiedene Möglichkeiten der mechanischen Bearbeitung (modifiziert nach FISCHER [16])

„Naß"-Pökelung statt. Hierbei wird die Muskulatur mit einer pökelstoffhaltigen Salzlösung behandelt, um anschließend durch Erhitzen haltbar gemacht zu werden [8].

Diese technologischen Unterschiede bedingen andere Schwerpunkte in der Mikrobiologie. So spielt bei der Rohpökelware die Flora der Pökellake wegen der wesentlich längeren Pökelzeit und der fehlenden Wärmebehandlung eine große Rolle für Umrötung, Aromabildung und Haltbarkeit. Es wird demgemäß besonderer Wert auf die Ausbildung einer ausgewogenen Reifungs- und Schutzflora gelegt. Teilweise wird dies durch den Einsatz von Starterkulturen und Beimpfung der Lake unterstützt. Bei der Kochpökelware verhindert dagegen die relativ kurze Pökelzeit und vor allem das Erhitzen die Ausbildung einer Schutzflora, so daß hier das Hauptziel in der Hemmung der (hitzeresistenten) Verderbserreger und Lebensmittelvergifter liegt.

3.1.2.1 Technologische/mikrobiologische Wechselwirkungen

Während des Pökelns wird die Fleischbeschaffenheit durch physikalische und chemische, in geringem Umfang auch durch mikrobiell-enzymatische und originär-enzymatische Vorgänge verändert. Diese Prozesse laufen sowohl neben- als auch nacheinander ab, wobei eine Reaktion mit der anderen korreliert. Auswirkungen auf das mikrobiologische Profil sind von folgenden Faktoren zu erwarten:

- **Nitritpökelsalz**
  Nitritwirkung, Salzwirkung
- **Lakeschärfe/Lake-Fleisch-Verhältnis**
- **Pökelhilfsstoffe und andere Lakezusätze**
  Ascorbat, Zucker, Glutamat, Phosphat, Lactat und Gewürze
- **Temperatur, Pökelzeit, Luftfeuchte**
- **pH-Wert**
- **a_w-Wert**
- **Redoxpotential**
- **Mikrobiologie der Lake**

– Nitritpökelsalz

In der Bundesrepublik Deutschland ist die Nitritanwendung derzeit durch die Fleisch-Verordnung vom 21. 1. 1982 geregelt. Diese sieht für die Herstellung von Kochpökelwaren die alleinige Anwendung von Nitritpökelsalz (NPS) vor, welches sich aus 99,5 bis 99,6 % Kochsalz und 0,4 bis 0,5 % Natriumnitrit zusammensetzt [72, 104, 110, 112, 113]. Die Vorschriften im Rahmen der EU werden mit Sicherheit großzügiger ausfallen.

Bei Kochpökelware liegt die Zusatzmenge in der Regel bei 1,8 bis 2,4 % NPS, so daß etwa 70 bis 90 ppm Nitrit zur Verfügung stehen [112]. Vor allem während der Erhitzung werden ca. 20–50 ppm des Nitrits in Nitrat umgewandelt. Aufgrund der erhitzungsbedingten weitgehenden Ausschaltung nitratreduzierender Mikroorganismen (Mikrokokken, Staphylokokken) steht dieses nicht für den Pökelprozeß und die mikrobiologische Stabilisierung der Erzeugnisse zur Verfügung [104].

Durch den Einsatz von Pökelhilfsstoffen (Natriumascorbat), Tumbeln, Vakuumbehandlung und intensivere Wärmeeinwirkung kann der Nitritanteil im Erzeugnis weiter gesenkt werden, und auch die fortschreitende Lagerung verringert den Nitritgehalt [57, 58, 68]. Der Nitratgehalt hingegen steigt unter dem Einfluß von Pökelhilfsstoffen meist etwas an und bleibt während der Aufbewahrung weitgehend konstant.

Beim Fertigerzeugnis darf der gesamte Restgehalt, der sich zu verschiedenen Teilen aus Nitrit und Nitrat zusammensetzt und als $NaNO_2$ berechnet wird, 100 ppm nicht übersteigen. In der Praxis liegt er bei erhitzten Produkten zumeist zwischen 40 und 70 ppm [110, 112, 113]. Die relativ großzügig bemessene Toleranzspanne erwies sich als notwendig, da v. a. über das zugesetzte Wasser nicht unerhebliche Mengen an Nitrat in die Produkte gelangen können [110, 112].

Nitritwirkung: Die Nitritzugabe bewirkt die für Pökelware charakteristischen Veränderungen, die sich nicht nur in der Ausbildung von Pökelrot und -aroma sowie antioxidativen Prozessen äußern, sondern es stellen sich auch konservierende Effekte ein. Insbesondere werden Lebensmittelvergifter (v. a. *Clostridium botulinum* und Salmonellen) bei Konzentrationen von ca. 80 bis 150 ppm Nitrit in ihrer Entwicklung eingeschränkt; aber erst oberhalb von 200 mg/l werden diese Keime nachhaltig inaktiviert [40, 112].

Laut SILLA und SIMONSEN zeigt Nitrit haltbarkeitsverbessernde Wirkung gerade bei Aufschnittfleischprodukten, denn eine signifikante Korrelation wurde zwischen der Nitritkonzentration zur Zeit des Aufschneidens und der Lagerfähigkeit der Erzeugnisse festgestellt [83, 87]. Der konservierende Effekt hängt jedoch immer von weiteren Einflußfaktoren ab (pH-Wert, a_w-Wert, Temperatur) [79, 99, 112]. Zudem läßt sich schwer entscheiden, inwieweit das Nitrit selbst oder seine Reaktionsprodukte beteiligt sind. Werden beispielsweise Kulturlösungen vor dem Beimpfen erhitzt, so entsteht eine Clostridien hemmende Substanz, die nach ihrem Entdecker **„Perigo-Faktor"** genannt wurde [4, 58, 70, 72, 79, 80]. Seine Natur bzw. chemische Zusammensetzung ist bis heute nicht bekannt; vielleicht handelt es sich um Reaktionsprodukte des Cystins, z. B. Bactin, welche sich unter dem Einfluß von Nitrit bilden [104].

LECHOWICH et al. [44] vermuten folgende antimikrobielle Mechanismen von Nitrit in Pökelfleisch:

- Nitrit verstärkt die Hitzeinaktivierung der Sporen.
- Nitrit erhöht die Auskeimungsrate der Sporen, die dann durch anschließende Erhitzung abgetötet werden.
- Nach der Wärmebehandlung hemmt Nitrit die Auskeimung von Sporen.
- Während der Erhitzung reagiert Nitrit mit anderen Komponenten, so daß neue antimikrobiell wirkende Stoffe im Fleisch entstehen (Perigo-Faktor).

ROBERTS und GARCIA [78] testeten die Wirkung von erhitztem Nitrit auf andere Keimarten (Bazillen, Staphylokokken), konnten für diese jedoch keine eindeutige inhibitorische Wirkung in pasteurisierter Pökelware nachweisen.

Insgesamt ist für den konservierenden Effekt eine weit höhere Nitritmenge erforderlich als für die Ausbildung von Pökelfarbe und -aroma (dort 50 ppm)

[110, 113], weshalb die gesetzlich zugelassene Höchstmenge für eine deutlich bakterizide Wirkung nicht genügt und zusätzliche Maßnahmen (Hürden) zur Erzielung einer ausreichenden Haltbarkeit notwendig werden (Erhitzen, Kühlen).

Salzwirkung: Nicht Nitrit, sondern Kochsalz gilt als der wichtigste mikrobiell stabilisierende Faktor von Fleischerzeugnissen, obgleich NaCl keine substanzspezifische antimikrobielle Wirkung aufweist [71, 72]. Während geringe Salzkonzentrationen mikrobielles Wachstum fördern, wirken hohe Konzentrationen bakteriostatisch bzw. bakterizid und zwar am stärksten auf die gramnegative stäbchenförmige Flora (Pseudomonaden, Enterobakteriazeen), weniger intensiv auf Mikrokokken, Streptokokken und Laktobazillen [33, 99].

Wegen der im allgemeinen sehr schonenden Erhitzung von +65 bis +68 °C und einem Kochsalzgehalt von im Mittel 2,1 %, gilt Kochpökelware als mikrobiell besonders labil. Durch Kochsalzentzug werden die Produkte noch anfälliger für einen schnellen Verderb, wobei niedrige Temperaturen und hohe pH-Werte die Salztoleranz der Mikroorganismen steigern.

– Lakeschärfe und Lake-Fleischverhältnis stellen die beiden Faktoren dar, welche die Salzkonzentration im Endprodukt weitgehend bestimmen. Angestrebt wird eine Kochsalzkonzentration von 1,7–2,1 % [8, 72, 92, 112].

– Pökelhilfsstoffe und andere Lakezusätze

Die Verwendung sogenannter Pökelhilfsstoffe ist für erhitzte Erzeugnisse unvermeidlich. Im Wirkungsmechanismus gegenüber Nitrit prinzipiell unterschiedlich ist hier einmal die Gruppe der pH-senkenden Genußsäuren und zum anderen die reduzierend wirkende Ascorbinsäure bzw. ihr Natrium-Salz zu sehen. Aus sensorischen Gründen sind von den Genußsäuren Zitronensäure und Milchsäure sowie die aus Glucono-delta-Lacton entstehende Glukonsäure anwendbar, jedoch derzeit in der Bundesrepublik nicht erlaubt. Beispielsweise in der Schweiz sind diese Stoffe für Kochpökelwaren zugelassen [34].

Ascorbinsäure bzw. ihr Natriumsalz, das **Natriumascorbat**, unterstützen aufgrund ihrer reduzierenden Eigenschaften die Bildung des Pökelfarbstoffes, indem sie u. a. die Umsetzung von Nitrit zu Stickoxid beschleunigen [72, 112]. Durch ihren Zusatz kann die Nitritmenge bis zu einem Drittel verringert werden [73], was zwar die toxikologische Situation verbessert, nicht jedoch die Haltbarkeit.

Zuckerstoffe, **Gewürze**, **Gewürzextrakte** und **Glutamat** werden kommerziellen Laken zur Verbesserung des Aromas zugesetzt. Als weiterer Grund für die Zuckerverwendung (Glukose, Maltose, Laktose, Saccharose, Trokkenstärkesirup) werden bessere Umrötung und höhere Ausbeute angegeben [73, 75].

Zu bedenken ist allerdings, daß Zucker bei der Lagerung fertiger Kochpökelwaren – v. a. in SB-Packungen – als Substrat für Laktobazillen zu einer schnelleren Säuerung der Produkte führt. Darüber hinaus begünstigen große Saccharosemengen auch das Schleimigwerden der Lake durch mikrobielle Aktivität [9, 11]. Diese **Schleimbildner** können weiterhin zum Entstehen einer hochviskosen, schleimigen Auflagerung bei vakuumverpackten Kochschinken führen, wobei sich der Geschmack der Ware kaum verändert.

Wie neuere Untersuchungen zeigen, läßt sich die Haltbarkeit von Fleischerzeugnissen durch den Zusatz von **Natrium-Lactat** (NaL) deutlich verlängern [30, 69, 90, 97, 105, 108, 115]. Im allgemeinen reagiert die grampositive Flora sensibler auf die Lactat-Anwendung als die gramnegative. Von besonderem Interesse ist dabei, daß auch pathogene und verderbsfördernde Keime, v. a. solche, die sich auch bei niedrigen a_w-Werten ($<0{,}95$) und in Anwesenheit von Kochsalz vermehren können, durch Lactat gehemmt werden (*S. aureus*, *L. monocytogenes*, *C. botulinum*, *Campylobacter*, Salmonellen, *B. thermosphacta*). Der bakteriostatische Effekt von NaL basiert auf zwei Prinzipien: Einerseits erfolgt die Hemmung über eine Senkung der Wasseraktivität im Produkt, andererseits wird vermutet, daß auch das Lactat-Ion selbst eine bakteriostatische Wirkung besitzt. Eine Modellstudie in Kulturmedien zeigte, daß u. a. *S. typhimurium* und *S. aureus* in ihrem Wachstum stärker gehemmt werden, wenn der a_w-Wert mit Hilfe von NaL vermindert wird, als wenn der selbe a_w-Wert durch NaCl-Zugabe erreicht wird [30, 105].

Auch dem **Phosphat**, welches in der Bundesrepublik bisher nicht für die Kochpökelwarenherstellung verwendet werden durfte, wird eine gewisse bakteriostatische Wirkung zugeschrieben. Sie beruht vermutlich darauf, daß katalytisch wirkende mehrwertige Metall-Ionen (Ca^{2+}, Mg^{2+}, Fe^{3+}) durch Polyphosphate in Komplexen gebunden werden und dem Bakterienstoffwechsel nicht mehr zur Verfügung stehen. Diese Wirkung der Phosphate richtet sich gegen *S. aureus* und *E. faecalis*, besonders aber gegen *B. subtilis* und Clostridien. Gramnegative, v. a. mesophile und psychrophile Mikroorganismen erwiesen sich als unempfindlicher. Die bei Kochpökelware übliche Dosierung der Phosphate dürfte jedoch für eine bakteriostatische Wirkung nicht ausreichen, zumal diese von weiteren Faktoren, wie der Konzentration an extrazellulären Proteinen, dem pH-Wert und der Zusammensetzung und Menge freier Metall-Ionen im Lebensmittel, abhängig ist [5].

Oft wird behauptet, daß mit den **Gewürzen**, insbesondere wenn sich diese in bereits geöffneten Behältnissen befinden, beträchtliche Mengen an Keimen, darunter v. a. Enterobakteriazeen und Sporenbildner, auf das herzustellende Lebensmittel übertragen werden. Da aber die aerobe mesophile Gesamtkeimzahl zumeist bei 10^4 bis 10^5 Keimen pro Gramm Gewürz liegt, kämen bei Verwendung von einem Gramm Gewürzen im Mittel weitere 10^2 Mikroorganismen auf ein Gramm des Fleischerzeugnisses zu [27]. Diese zusätzliche Kontamination – zumal sie vor dem Erhitzungsprozeß erfolgt – läßt sich in den meisten Fällen beherrschen [24]. Im übrigen wird die Verwendung von Gewürzextrakten empfohlen, die im allgemeinen keine bakterielle Belastung aufweisen [25].

– Temperatur/Zeit

Wie alle chemischen Prozesse ist die Reaktion zwischen Pökelstoff und Muskelfarbstoff temperatur- und zeitabhängig, wobei der Spielraum für die Temperaturwahl zum einen durch die bei höheren Temperaturen zunehmende Wachstumsbereitschaft der mesophilen Ausgangsflora (ab +5 °C) begrenzt wird. Zum anderen verlangsamen zu tiefe Pökeltemperaturen die Umsetzungsprozesse und verlängern die Einwirkungszeit. Technologisch sinnvoll sind daher Pökel- und Laketemperaturen von +6 bis +8 °C [9, 76, 92]. Die relative Luftfeuchte des Pökelraumes sollte dabei 80–85 % betragen. In den Vereinigten Staaten wird mitunter ein sogenanntes Warmpökelverfahren bei Temperaturen um +30 bis +35 °C angewendet [9, 16, 92], das sich in der Bundesrepublik wegen des gesteigerten mikrobiellen Risikos jedoch nicht durchsetzen konnte.

– pH-Wert

Mikrobiologisch ist ein niedriger pH-Wert wünschenswert, denn durch ihn werden pathogene und verderbserregende gramnegative Stäbchen gehemmt. Dies geschieht sowohl direkt durch die vorhandene Säure als auch indirekt durch eine verbesserte Wirkung des Nitrits bei niedrigeren pH-Werten (<5,7; Optimum: 5,3 bis 5,5) [50, 84, 99]. Zwar ist die Senkung des pH-Wertes durch Einsatz von Genußsäuren prinzipiell möglich, doch wirken sich die Maßnahmen negativ auf Geschmack und Wasserbindungsvermögen aus [71, 72, 112].

– a_w-Wert

Herkömmlicher Kochschinken besitzt einen a_w-Wert um 0,989 [47]. Weil die Wasseraktivität mikrobielle, enzymatische, chemische und physikalische Reaktionen beeinflußt, erscheint es wünschenswert, die Produkte auf einen optimalen a_w-Wert unter 0,95 einzustellen, da sich dann die meisten Mikroorganismen nicht mehr vermehren können. Eine a_w-Wertsenkung läßt sich mit folgenden, in absteigender Reihenfolge genannten Zusätzen bewerkstelligen: Kochsalz, Polyphosphat, Citrat, Ascorbinsäure, Glucono-delta-Lacton, Acetat, Tartrat, Glycerin, Laktose, Milcheiweiß und Fett [47]. Dabei findet man nur Summation, aber keine Wechselwirkungen zwischen den einzelnen Substanzen [23, 84].

Aus folgendem Grunde erscheint eine Verminderung der Wasseraktivität jedoch kontraindiziert: Weil die üblicherweise angewandte niedrige Erhitzungstemperatur (Kerntemperatur meist um 65 °C) nicht zur vollständigen Abtötung der hygienisch relevanten Enterokokken ausreicht, würde es sich als Nachteil erweisen, daß die Hitzeresistenz der Enterokokken mit fallendem a_w-Wert zunächst ansteigt. Wird die Wasseraktivität mit Kochsalz eingestellt, findet sich die höchste Hitzeresistenz bei einem a_w-Wert von 0,95 [52, 107].

Da sich die Vermehrung der Mikroorganismen v. a. auf der Oberfläche abspielt, besitzt der Oberflächen-a_w-Wert große Bedeutung, und es empfiehlt sich eine niedrige relative Luftfeuchte der Umgebungsluft.

– Redoxpotential

Frisch hergestellte Laken besitzen – wegen des eingebrachten Luftsauerstoffes – ein hohes Redoxpotential (meist über +350 mV) [9].

Durch die Keimvermehrung (O_2-Verbrauch) und den Übertritt reduzierender Stoffe (schwefelhaltige Aminosäuren, Ascorbinsäure, Na-Ascorbat, reduzierend wirkende Zucker) sinkt es allmählich ab. Das herabgesetzte Redoxpotential verschafft mikroaerophilen Keimen wie Laktobazillen und Streptokokken, aber auch Enterobakteriazeen einen Selektionsvorteil gegenüber aerob wachsenden Verderbskeimen [89].

Dagegen können strikt aerobe Mikroorganismen bei tiefen Redoxpotentialen nicht gedeihen. Im Inneren der Muskulatur finden deshalb manche sauerstoffempfindliche Keime (wie z. B. *C. botulinum*) gute Wachstumsbedingungen [9].

– Mikrobiologie

Auf die Entwicklung einer Pökelflora wird bei erhitzten Pökelerzeugnissen im allgemeinen und besonders bei den modernen beschleunigten Herstellungsverfahren kaum noch Wert gelegt. Insbesondere bei der Beimpfung von Spritzlaken ist besondere Vorsicht geboten, denn es können unerwünschte Keime bis in den Kern des Fleisches gelangen und Tiefenfäulnis auslösen [61, 71]. Darüber hinaus haben Versuche am American Meat Institute ergeben, daß bei Anwendung von Schnellverfahren Bakterien keine Bedeutung für die Veränderungen besitzen, die während der Pökelung von Kochschinken auftreten. Es wird eingeräumt, daß bei den früher üblichen Pökelmethoden Bakterien für die Nitratreduktion wichtig waren und wahrscheinlich auch den Geschmack der Schinken beeinflußten. Andererseits fand sich in den zur Schinkenpökelung benutzten Aufgußlaken und auf der Schinkenoberfläche nur ein mäßiger Keimgehalt, der alleine nicht ausreicht, um die Farbe und den Geschmack der verkaufsfähigen Schinken zu beeinflussen. Vor allem wurden im Schinkenkern wenig Keime nachgewiesen [45].

3.1.2.2 Beschleunigte Herstellungsverfahren – 1. Pökelverfahren

Das **Aderspritzverfahren** gewährleistet eine schnelle und gleichmäßige Lakeverteilung bis an die Knochen, wodurch v. a. auch eine bessere Konservierung des mikrobiologisch anfälligen Knochenmarks und der Knochenhaut erreicht wird. Zudem wird arterielles und venöses Restblut aus den Gefäßen herausgespült, was ebenfalls zur Haltbarkeitsverbesserung beiträgt. Technisch einfacher gestaltet sich das **Muskelspritzverfahren**. Hierbei ist auf die Sauberkeit des Injektors und der Verbindungsschläuche zu achten. Sind sie mit Gewebeteilchen und Präparateresten verklebt, kommt es zu ungenauen Einspritzmengen und – da die Ablagerungen einen guten Nährboden darstellen – zu unerwünschtem mikrobiellem Wachstum mit Fehlfabrikaten (Vergrünung, Porigkeit durch Gasbildung und mangelnde Haltbarkeit [61, 63]). Es wird daher empfohlen, die Lake mittels eines Filtersystems – vorzuziehen sind Rotationsfilter – von Gewebeteilchen zu befreien, auf die Verwendung gut löslicher Lakekomponenten (Spritzmittel, Pökelwürzungen) zu achten und die Durchgängigkeit der Injektionsnadeln regelmäßig zu kontrollieren. Eine weitere Kontaminationsquelle bilden unzureichend gereinigte Druckausgleichsbehälter [38]. Um das Risiko einer Verschleppung von Mikroorganismen – insbesondere von anaeroben Sporenbildnern – in die Tiefe der Muskulatur zu vermeiden, sollten die Injektoren nach jedem Gebrauch gereinigt und desinfiziert sowie korrodierte Nadeln ausgewechselt werden.

Andererseits dürfen Spritzlöcher, welche durch zu hohen Lakedruck entstehen, nicht fälschlicherweise als „**Gärlöcher**" interpretiert werden [6, 8].

Nach dem Spritzen wird die Ware meist in einer etwa gleichstarken Pökellake naß weitergepökelt, woran sich Durchbrennen und gegebenenfalls Räuchern anschließen [16].

3.1.2.3 Beschleunigte Herstellungsverfahren – 2. mechanische Bearbeitung

Die Nachteile konventioneller Kochschinkenherstellung – v. a. ungenügender Scheibenzusammenhalt und niedrige Ausbeute – können durch eine mechanische Behandlung des Fleisches behoben werden [75]. Hierfür werden das sogenannte **Polter- (Polder-, Tumbel-) verfahren** oder das **Massageverfahren** angewendet [61, 64, 83, 92].

Im allgemeinen werden +6 °C bis +8 °C als die **optimalen Tumbeltemperaturen** angesehen. Mit mikrobiell bedingten Pökelfehlern muß bei der Überschreitung von +12 °C gerechnet werden. Akzeptable Produkte können auch bei tieferen Temperaturen (+2 °C) durch längere Pökelzeiten erzielt werden, zumal bestimmte Mikroorganismen, die für das charakteristische Pökelaroma verantwortlich sind, sich bei diesen Temperaturen besser entwickeln [8].

Untersuchungen zur Keimzahl von getumbelten und ungetumbelten, mit *Lactobacillus plantarum* beimpften Schinken (ca. 5×10^8 KbE/ml) bei verschiedenen Behandlungstemperaturen (+3 °C, +23 °C) zeigten, daß die Keimdichte während des gesamten, 18 Stunden umfassenden Herstellungszeitraums relativ konstant blieb. Die höchste Keimzahl fand sich mit fast 10^8 KbE/cm^2 im Exsudat, gefolgt von 10^7 KbE/cm^2 auf der Oberfläche und $10^{5,5}$ KbE/cm^2 im Inneren des Schinkens. Tumbel- bzw. Durchbrenntemperaturen von 23 °C führten erst nach 12 Stunden Tumbeln bzw. Ruhen zu einer geringfügigen Keimzunahme. Im Inneren des getumbelten Schinkens war erst nach 15 Stunden ein deutlicher Anstieg um ca. eine Zehnerpotenz nachweisbar, während im ungetumbelten Schinken nur eine geringe Keimvermehrung stattfand. Somit führt das Tumbeln bei niedrigen Temperaturen zu keiner signifikanten Keimzunahme [68, 76].

Diese Ergebnisse bestätigen auch die Versuche von Reichert und Mitschke [76] sowie Mills et al. [57], die feststellten, daß weder Tumbeltemperatur noch Evakuieren und CO_2-Begasung einen signifikanten Einfluß auf Keimzahl und -zusammensetzung haben. Während der 400minütigen Bearbeitungszeit bei 0 bis +10 °C fand sich keine signifikante Keimvermehrung. Eine wesentlich höhere Behandlungstemperatur (oberhalb von +10 °C) sollte nach ihrer Meinung jedoch nicht über einen längeren Zeitraum als ca. 200 Minuten angewendet werden.

Neben der Tumbel- und Massagetechnik kommen als weitere mechanische Behandlungsverfahren **Entfließtechnik**, **Quetschen** und **Steaken** sowie das **Fleischpressen** und der Einsatz von **Polterigeln** zur Anwendung [18,

63, 64, 74, 75, 76, 82, 83]. Die so behandelten Fleischstücke werden vor dem Poltern anteilig dem unbehandelten Fleisch zugesetzt.

Die stärkere mechanische Behandlung bedingt ein erhöhtes mikrobiologisches Risiko, denn die vermehrt freigesetzten Muskelproteine bilden das Substrat für eine schnelle Bakterienvermehrung.

3.1.3 Räuchern und Einformen

Das Einformen der Ware in Kochformen, Därme oder Folien erfolgt vor oder nach dem Räuchern. Aus Gründen der Rationalisierung räuchert man Kochschinken heute meist nur dann, wenn sie in wasserdampf- und rauchdurchlässige Faserdärme eingezogen wurden. Folienschinken und Schinken in Kochschinkenformen werden üblicherweise nicht geräuchert [62].

Ziel der Räucherung ist vor allem die Ausbildung von Rauchfarbe und -aroma sowie die Intensivierung der Umrötungsvorgänge. Die haltbarmachende Wirkung der Rauchkomponenten ist dagegen als gering einzustufen und nimmt – da es sich um flüchtige Substanzen handelt – im Lagerungsverlauf ab. Die antimikrobiellen Effekte, die sich meist auf die Oberfläche beschränken, prägen sich gegenüber gramnegativen Stäbchen, Mikrokokken und Staphylokokken meist stärker aus als gegenüber Pediokokken, Leuconostoc, Streptokokken, Laktobazillenarten sowie Bakterien- und Pilzsporen. So kann es neben einer allgemeinen Keimhemmung zu einer konservierenden Wirkung durch die Verschiebung der Mikroflora von katalasepositiven Proteo- und Lipolyten hin zu katalase-negativen Bakterien kommen [34].

Die bei der Kochpökelwarenherstellung übliche Heißräucherung, die sich in Abhängigkeit von angewandter Temperatur (ca. +65 bis +85 °C, rel. Luftfeuchte >50 %) und Rauchintensität über 20–45 Minuten erstreckt, ist als ein Segment in den Erhitzungsprozeß eingebunden [16, 62]. Nach dem Räuchern schließt sich der eigentliche Erhitzungsschritt an, der den festgelegten $Fc_{70\,°C}$-Wert oder eine bestimmte Kerntemperatur erreichen läßt.

3.1.4 Erhitzen

Direkt vor der Kochung analysierten Reichert et al. [77] die Mikroflora von Kochschinken (n = 6). Danach schwankte die durchschnittliche Gesamtkeimzahl zwischen 10^4 KbE/g und 10^6 KbE/g; meist dominierten Laktobazillen. D-Streptokokken lagen in der Regel bei 10^3 KbE/g, in einer Probe jedoch bei $2{,}2 \times 10^5$ KbE/g; in einer anderen wurden sie nicht nachgewiesen. Mikrokokken wiesen meist ähnliche oder geringere Werte auf als die Laktobazillen. In drei Proben fanden sich 10^2 KbE/g sulfitreduzierende Clostridien. Ein größeres Probenkontingent untersuchte GARDNER [20]. Nach seinen Ergebnissen lag die Gesamtkeimzahl zwischen 2×10^3 und 10^7 KbE/g und die der säuretoleranten Laktobazillen zwischen $<5 \times 10^2$ und maximal 7×10^4 KbE/g. Die Bestimmung von *Brochothrix thermosphacta* ergab Werte zwischen $<5 \times 10^2$ und $1{,}8 \times 10^6$ KbE/g, die der Vibrionen $<5 \times 10^2$ bis $1{,}5 \times 10^6$ KbE/g und die der Enterokokken $<5 \times 10^2$ bis 6×10^3 KbE/g.

Es besteht keine Möglichkeit, durch Temperatureinfluß alle Bakterien und Sporen abzutöten, denn eine starke Hitzeeinwirkung bedingt qualitative und wirtschaftliche Einbußen bei Kochpökelware, wobei Geleeabsatz, verringerte Ausbeute und Denaturierung in den Randbezirken dominieren. Von +63 bis +64 °C an verbindet sich jede weitere Steigerung um ein Grad C mit zusätzlichen Kochverlusten von 1,5 bis 2 %. Eine Kerntemperatur von +69 °C stellt für konventionell hergestellte Schinken die Grenze dar, weil die Muskulatur andernfalls auseinanderfällt. Wegen des stabilisierenden Proteinschaums lassen sich Formschinken auf +70 bis +72 °C erhitzen [18]. Den Garungsprozeß vermögen vor allem Enterokokken, hitzeresistente Laktobazillen, Corynebakterien und gelegentlich Mikrokokken sowie die Sporen der Bazillen und Clostridien zu überstehen [20, 29, 36, 62]. Die meisten Probleme scheinen die Enterokokken zu bereiten.

Um ein ausreichend haltbares Produkt zu erzeugen, müssen die zu erwartende Zahl und Art der vegetativen Keime und Sporen im Ausgangsmaterial, die angestrebte Haltbarkeit bei einer definierten Temperatur und eventuell weitere Hürden berücksichtigt werden (pH, Nitrit- und Kochsalzkonzentration bzw. a_w-Wert, Eh). Demgemäß wurde eine Vielzahl von Erhitzungsverfahren erprobt, um einen Kompromiß zwischen mikrobiologischer Stabilität und Wirtschaftlichkeit zu finden [60, 75, 83]. Als besonders schonendes Verfahren erwies sich die **Delta-T-Erhitzung** [75].

Ihr Prinzip beruht darauf, daß während der Erhitzung zwischen der Temperatur des umgebenden Mediums (Wasser oder Dampf) und der Kerntemperatur im Gargut bis zum Erreichen der gewünschten Endtemperatur eine konstante Temperaturdifferenz (Delta-T) eingehalten wird. Mit Delta-T = 25 °C lassen sich bei Kochschinken auch hinsichtlich des Energieverbrauchs die besten Ergebnisse erzielen [60, 72, 83].

Die in der Praxis noch häufig übliche Angabe der Kerntemperatur gestattet – wegen der Abhängigkeit dieses Maßes vom Kaliber – keine exakte Aussage über die Höhe des gesamten Erhitzungseffektes. Aus diesem Grund hat sich die ***F*-Wert-Berechnung** für Brühwurst, Kochwurst und Kochschinken als geeigneter erwiesen.

Sie erfolgt nach demselben Prinzip wie die Botulinum-Kochung bei Vollkonserven, ist aber – bezüglich der Erhitzungstemperatur und relevanten Keimarten – auf die besonderen Gegebenheiten bei Kochpökelware ausgerichtet. So wird bei dieser Berechnung die Hitzeresistenz der technologisch besonders relevanten D-Streptokokken, mit einem $D_{70\,°C}$ = 2,95 min und einem *z*-Wert von 10 °C, zugrundegelegt.

Da es sich bei den D-Streptokokken nicht um Lebensmittelvergifter, sondern um Verderbserreger handelt, erachtet man eine statistische Sicherheit von 10^{-5} als ausreichend, d. h. es wird akzeptiert, daß eins von 100 000 Produkten mikrobiologisch instabil sein könnte.

Als Ausgangskeimgehalt werden 10^7 Bakterien pro Gramm Behältnisinhalt angenommen. Der erforderliche Erhitzungseffekt läßt sich nach folgender Gleichung berechnen, wobei die Hitzebehandlung F_s in min bei 70 °C ausgedrückt wird. Hierbei ist die Anfangskeimzahl a und die Keimzahl nach der Erhitzung (vorgegebene mikrobiologische Sicherheit) b:

$$F_s = D\,(\log a - \log b).$$

Für einen Schinken von 3 kg Gewicht ergäbe sich bei dem angenommenen Ausgangskeimgehalt an D-Streptokokken entsprechend [62]:

$$F_s = 2{,}95\,(\log 3\,000 \times 10^7 - \log 10^{-5})$$
$$F_s = 45{,}67.$$

Für Kochschinken ergeben sich, je nach Ausgangskeimgehalt und Sicherheit, $F_{70\,°C}$-Werte zwischen 30 und 50 [75, 77, 91].

Nach der Wärmebehandlung empfiehlt es sich, die Kochpökelware rasch abzukühlen, um die Entwicklung überlebender Mikroorganismen, besonders der Sporenbildner, zu hemmen. Die anschließende Temperatur beim Lagern sollte höchstens +5 °C betragen.

3.1.5 Mikrobiologie von Dosenschinken

Nach der Einteilung von Leistner et al. gehören Dosenschinken zu den sogenannten Halbkonserven (**Typ I, semi-conserve, „stable“**) [48, 51]. Solche Halbkonserven können wegen der nur geringen Erhitzung, die im Inneren Temperaturen von 60–70 °C meist nicht überschreitet, a priori nicht steril sein. Die Haltbarkeit der Ware wird – abgesehen von der sachgemäßen Lagerung (nicht länger als 6 Monate bei maximal +5 °C) – wesentlich durch die überlebenden Keime bestimmt, wobei nicht allein die absolute Anzahl der Mikroorganismen, sondern ganz besonders die vorhandenen Arten eine entscheidende Rolle spielen.

Wie bereits dargelegt, überleben oft **thermoresistente vegetative Keime** (Enterokokken, mitunter auch Laktobazillen, Mikrokokken und Corynebakterium-Mikrobakterium) [20]. Ebenso überstehen die Sporen der Bazillen und Clostridien meist unbeschädigt die Hitzebehandlung.

Für sämtliche Fleischkonserven stellen darüberhinaus **Rekontaminanten** nach der Erhitzung ein gewisses Risiko dar. Überwiegend tritt die Rekontamination während des Kühlvorgangs auf, sofern die Behältnisse undicht sind. Dabei handelt es sich häufig um eine Mischflora, die bei Kühlwasserrückgewinnung auch Bakteriensporen enthalten kann. Vorwiegend liegen jedoch gramnegative Fäulnisbakterien vor, die relativ schnell zum Verderb der Füllgüter, oft verbunden mit Bombagen, führen [25, 35].

In unversehrten Dosen spielen v. a. Fäkalstreptokokken wie *Enterococcus* (früher *Streptococcus*) *faecium* und *faecalis* eine entscheidende Rolle, denn sie sind die einzigen, den Erhitzungsprozeß überlebenden Keime, welche sich bei den üblichen Salz- und Nitritkonzentrationen in gekühlter Ware vermehren können.

– Häufigkeit von Enterokokken in Dosenschinken:
Nach einer Inkubationszeit von 5 Tagen bei 37 °C erwiesen sich 181 der 257 von Sinell [88] untersuchten Dosenschinkenproben als keimhaltig; 49,4 % davon enthielten Enterokokken. Überwiegend wurde *E. faecium* isoliert, lediglich in einem Fall *E. faecalis*. Geruchs- und Geschmacksabweichungen bestanden nur bei 18 % der keimhaltigen Dosen (lakig, etwas adstringierend, säuerlich), wobei diese häufiger in Proben mit Mischkulturen (mit anaeroben, vereinzelt auch aeroben Sporenbildnern) als bei Enterokokken-Reinkulturen auftraten.

Ingram und Barnes konnten bei 490 Dosenschinken in ca. 3 % der Fälle Streptokokken ermitteln. Ihre Anzahl betrug in 13 der Schinken mehr als 10^6 KbE/g [32, 88].

Labots lagerte Dosenschinken und Schinkenabschnitte bis zu 8 Monaten bei +5 °C. Dabei entwickelten sich im Dosenschinken lediglich Enterokokken, während in den Schinkenabschnitten oft auch sulfitreduzierende Clostridien wuchsen. Eine Lagerung bei +5 °C führte in 3 Monaten zu einer Vermehrung der Enterokokken um 0,5 log-Stufen, nach 6 Monaten um 3 log-Stufen. Bei Lagerungstemperaturen um 0 °C vermehrten sie sich hingegen kaum [29, 43].

Selbst hohe Enterokokkenzahlen müssen nicht zwangsläufig zu einem erkennbaren Verderb führen, ihre Vermehrung kann jedoch unerwünschte Veränderungen von Textur, Geruch, Geschmack sowie Grünverfärbungen bei Aufschnitt hervorrufen.

– Eigenschaften der in Dosenschinken vorkommenden Enterokokken
– Thermoresistenz

Insbesondere *E. faecium* besitzt eine hohe Thermoresistenz und kann Pasteurisierungsverfahren mit +69 °C überstehen. Untersuchungen ergaben, daß die Hitzetoleranz dieser Keime in der späten stationären Phase ihr Maximum besitzt und daß ihr Verhalten in Kulturmedien nur bedingt Rückschlüsse auf ihr Verhalten in Fleischerzeugnissen gestattet: So wurde in Nährmedien eine Abtötung dieser Mikroorganismen bei $F_{65,5\,°C}$ in 12 Minuten erzielt, während im Dosenschinken für den gleichen Effekt 24,5 Minuten erforderlich waren [28, 29].

– antagonistische Wirkung

Kafel und Ayres [37] isolierten aus 45,9 % der 4 241 von ihnen untersuchten Dosenschinken Enterokokken und stellten eine verderbshemmende Wirkung dieser Keime fest: Danach waren nur 1,9 % der mit Enterokokken kontaminierten Dosenschinken wahrnehmbar verdorben, während die Rate bei nicht mit Enterokokken kontaminierten Proben bei 3,7 % lag. Sie vermuten daher einen antagonistischen Effekt der Enterokokken gegenüber Clostridien, Bazillen und auch gegenüber *L. viridescens*. Neben der pH-senkenden und den Eh beeinflussenden Wirkung machen sie hierfür ein antagonistisches Agens verantwortlich, welches nicht filtrierbar ist und/oder durch Autoklavieren zerstört werden kann.

– Säuerung

Houben [29] gewann 67 Enterokokkenisolate aus pasteurisiertem Schinken und führte mit verschiedenen *E. faecium*-Stämmen Lagerungsversuche bei +8 °C durch. Nach 9 Monaten Lagerung sank der Anfangs-pH von 6,3 auf 5,8 bis 6,0 ab.

– Gelatinaseaktivität

S. faecalis var. liquefaciens kann in Dosenschinken zu zwei verwandten, aber in ihrer Ausprägung verschiedenen Verderbsformen führen. Beide Zustände sind das Ergebnis der starken Gelatinaseaktivität dieser Mikroorganismen, wobei Vermehrung im Gelee an der Schinkenoberfläche zu einer **Geleeverflüssigung** führt, während Wachstum im Schinkeninneren die sogenannte **„Kernerweichung" („soft core")** bedingt [10, 20, 21, 28].

Derartige Kernerweichungen werden auf zu geringe Kerntemperaturen während des Erhitzungsprozesses zurückgeführt, so daß die Keime im Schinkeninneren überleben und anschließend das interfibrilläre Bindegewebe enzymatisch verdauen. In beiden Fällen finden sich neben den ausgeprägten Konsistenzveränderungen keine weiteren Verderbsanzeichen.

– Vergrünen von Kochschinken

Das Vergrünen von Kochpökelware wird durch **Enterokokken**, jedoch auch durch andere Keime, v. a. durch *L. viridescens* [54, 56] hervorgerufen.

Bei aerobem Wachstum produzieren diese Mikroorganismen H_2O_2, das seinerseits die Haemfraktion des Nitrosohaemochroms angreift, indem es den Porphyrinring zu Choleomyoglobin, einem grünen Farbstoff, oxidiert. Werden hohe Peroxidkonzentrationen erreicht, so kann diese Oxidation gelbe Verfärbungen und schließlich farblose Bezirke hervorrufen. Beim Vergrünen von Kochschinken oder anderer Kochpökelware werden inneres Vergrünen und oberflächliches Vergrünen unterschieden:

Beim **inneren Vergrünen („centre" oder „core greening")** entfärben sich die Pigmente im Zentrum des Schinkens nach dem Aufschneiden und dem Zutritt von Luftsauerstoff innerhalb von 15 Minuten bis 2 Stunden. Die beschriebenen Verfärbungen finden sich sowohl in Dosenschinken als auch in Frischware und sind die Folge ungenügender Erhitzung. Sie beruhen auf der schnellen Peroxid-Synthese durch die im Schinkeninneren überlebenden Keime, welche nach dem Erhitzungsprozeß zu hoher Populationsdichte angewachsen sind. Meist zeigen sich neben dem Vergrünen keine weiteren Verderbssymptome.

Beim **oberflächlichen Vergrünen** kommt es zu einer grauen bis grünen Verfärbung der Schinkenoberfläche. Dieses Phänomen wird durch dieselben Keime verursacht, welche jedoch nicht den Erhitzungsprozeß überleben, sondern nachträglich als Rekontaminanten auf die Oberfläche gelangen [20, 21].

Nach Ansicht von NIVEN und EVANS kann jedes kochsalzresistente und Katalase-negative Bakterium, das sich bei niedriger Temperatur entwickelt und Peroxid bildet, mit Vergrünung verbundene Verderbserscheinungen bei Fleischwaren verursachen [54, 67].

Wie bereits dargelegt, kann auch *L. viridescens* in Dosenschinken und Frischware Vergrünungserscheinungen hervorrufen. Wie Untersuchungen zur Hitzeresistenz dieses Keimes ergaben, läßt sich seine Thermoresistenz durch nochmaliges Erhitzen verdoppeln. Ein besonderes Augenmerk ist daher auf die konsequente Reinigung und Desinfektion benutzter Kochformen zu richten [56, 83].

– Sporenbildner in Dosenschinken
Unter den Sporenbildnern weisen die thermophilen Spezies, welche sich optimal bei +50 bis +60 °C vermehren, die größte Hitzeresistenz auf. Da sie unterhalb von +40 °C jedoch nicht wachsen, besitzen sie für die kühlbedürftigen Halbkonserven keine Bedeutung [25, 46]. Wegen der Pökelstoffe und der tiefen Lagertemperaturen finden auch andere überlebende Sporen schlechte Bedingungen zum Auskeimen, weshalb Sporenbildner – zumindest bei industriell hergestellter und ordnungsgemäß gelagerter Ware – nur selten zu Verderb oder Intoxikationen führen [99].

– Mikrokokken in Dosenschinken
Mikrokokken weisen im allgemeinen eine relativ geringe Hitzeresistenz auf und gelangen daher zumeist nur als Rekontaminanten in Kochpökelprodukte. Ingram wies sie jedoch auch in unversehrten Halbkonserven nach und vermutete, daß die Anwesenheit von Fett ihre Hitzeresistenz erhöht [31, 40].

3.1.6 Mikrobiologie der Frischware und vakuumverpackter Kochpökelware

– Bedeutung der Rekontamination – Verpackungshygiene
Wenn man von den Sporenbildnern und vereinzelten thermoresistenten vegetativen Keimen absieht, besitzt Kochpökelware nach der Erhitzung keine ausgeprägte Eigenflora mehr. Deshalb fehlt diesen Lebensmitteln meist eine normale Verderbsflora und Bakterienkulturen (überlebende Keime oder Rekontaminanten), welche sich normalerweise nicht durchzusetzen vermögen, dominieren. In Abhängigkeit von der Ausgangsflora entwickeln sich sehr unterschiedliche Populationen, wobei speziell die Gefahr besteht, daß **Lebensmittelvergifter**, welche normalerweise durch psychrotrophe Verderbserreger kompetitiv gehemmt werden, beim **Fehlen dieser Konkurrenzflora** zur Vermehrung gelangen können. Gefährdet sind v. a. Produkte, in welchen die Verderbsflora durch die Verarbeitung stärker geschädigt ist als die Lebensmittelvergifter und die bei unzureichender Kühlung gelagert werden [85, 86].

Wegen möglicher Kreuzkontaminationen muß weiterhin der **Kontakt zwischen Frischware** und **Rohware grundsätzlich vermieden** werden. Insbesondere Rohwurst enthält als produkttypische Flora oft solche Keimarten, die bei Kochschinken und Brühwurst zu Farbveränderungen, Säuerung und Vergrünen führen. Aus dem gleichen Grunde sind Packungen mit „gemischtem Aufschnitt“ abzulehnen. Auch können über Rohwarenkontakt pathogene **Listerien** in das keimarme Produkt gelangen und sich in Abwesenheit der Konkurrenzflora selbst bei Kühltemperaturen anreichern [41, 85, 100].

Den Idealzustand bildet die vollständige räumliche Trennung zwischen Roh- und Kochpökelwarenproduktion. Eine Möglichkeit zur Verhinderung der Kontamination ist das Aufschneiden und Verpacken im „Reinen Raum". Mittels **Reinraumtechnik** soll der unmittelbar gefährdete Bereich abgeschirmt und durch stetige Kontrolle von Temperatur, Luftfeuchte, Luftgeschwindigkeit sowie durch chemische und mechanische Barrieren (Desinfektion, Schutzkleidung, Waren- und Personalschleusen) und Hygieneschulungen des Personals möglichst keimfrei gehalten werden [41, 42, 86] (siehe auch Grundlagenband Kapitel 4.10).

Besteht hierzu keine Möglichkeit, sollte Frischwarenaufschnitt zumindest vor der Rohware auf tags zuvor gereinigten und desinfizierten Anlagen geschnitten und verpackt werden.

Um den a_w-Wert der Oberfläche niedrig zu halten, muß das Produkt so trocken wie möglich in den Beutel eingebracht werden. Kondenswasserbildung läßt sich durch kühle Verpackungsräume (< 10 °C) und eine geringe relative Luftfeuchte minimieren. Im Rahmen des Verpackungsvorganges, welcher nach 30 Minuten abgeschlossen sein sollte, darf sich das auf

–1 bis –2 °C vorgekühlte Produkt nur wenig erwärmen, und zwar nicht über +5 °C [13, 93, 94].

Bei sehr safthaltiger Ware kann durch die Wirkung des Vakuumsoges Flüssigkeit in die Packung austreten, in welcher sich Mikroorganismen aufgrund des hohen Proteingehaltes besonders gut vermehren.

Durch eine **erneute Erhitzung nach dem Aufschneiden** läßt sich die Post-Pasteurisation-Kontamination senken, jedoch nicht vollständig neutralisieren. DELAQUIS et al. beimpften Schinken vor der Pasteurisation mit *C. sporogenes*-Sporen. Ein Erhitzen auf 121 °C für 10 Minuten nach dem Umpacken konnte eine Bombage zwar verzögern, jedoch den Verderb nicht völlig verhindern, wie aus der Senkung der Bombagerate bei Zimmertemperatur von 35 % auf 20 % in 30 Tagen hervorgeht [12, 93, 94].

– Ausgangskeimgehalte bei Frischware

Unter guten hygienischen Bedingungen können heute sehr niedrige Anfangskeimgehalte in den Fertigerzeugnissen erzielt werden. SURKIEWICZ et al. [98] analysierten mehrere Betriebe, die sich auf das Aufschneiden und Verpacken von Importschinken spezialisiert hatten. 38 Proben ungeschnittenen Schinkens besaßen Ausgangskeimgehalte von weniger als 10^3 KbE/g. Auch 174 von 180 aufgeschnittenen Proben wiesen Gesamtkeimzahlen unter 10^3 KbE/g auf, während 5 weitere Proben unter 2×10^3 KbE/g lagen. Coliforme fanden sich nur in 3 Proben; *E. coli*, *S. aureus* und Salmonellen wurden nicht nachgewiesen. Zwischen den vakuumverpackten Schinkenscheiben und nicht-vakuumverpackten Schinkenabschnitten bestanden während der Lagerung bei +3 °C keine Unterschiede. Demzufolge hat die leichte Kontamination beim konventionellen Öffnen der ursprünglichen Verpackung einen genauso großen Effekt auf die spätere Keimentwicklung wie die zusätzliche Kontamination während des Aufschneidens und Verpackens.

– Einfluß der Vakuumverpackung

Durch Vakuumverpackung läßt sich die Haltbarkeit um einige Tage verlängern und die mikrobiologische Zusammensetzung der Produkte beeinflussen [35]. Nach SILLA und SIMONSEN [87] erbringen Vakuum, reine Sauerstoffatmosphäre und ein Stickstoff-CO_2-Gemisch in etwa den gleichen Effekt.

Durch den Sauerstoffmangel und in Verbindung mit einem hohen Nitrit- und Salzgehalt wird vor allem die gramnegative Verderbsflora (Pseudomonaden, Enterobakteriazeen) gehemmt. Allerdings läßt sich eine bereits adaptierte und in der log-Phase befindliche Mikroflora nach den Beobachtungen von CERNY [7] auch im Vakuum nicht ausreichend im Wachstum hemmen. Darüberhinaus verhindern unzureichende Folienstärken, z. B. durch Überdehnungen beim Tiefziehprozeß, den Lufteintritt nicht völlig. In sauerstoffdurchlässigen Packungen kommt es zum raschen Anstieg der psychrotoleranten aeroben Flora (Pseudomonaden, Enterobakteriazeen, Bazillen) mit gesteigerter Fett- und Eiweißzersetzung. In Einzelfällen fand CERNY aerobe Bazillen als dominierene Flora, welche Schleim bildeten und als *Bacillus globisporus* identifiziert wurden. Auch Schimmelbildung ist in solchem Milieu möglich (*Cladosporium herbarum*, *Penicillium verrucosum*).

– Verderb vakuumverpackter Kochpökelware

– An das Mikroklima der Vakuumverpackung sind nach Meinung vieler Autoren **Laktobazillen** am besten adaptiert [1, 2, 87, 93]. Diese ubiquitär vorkommenden fakultativ anaeroben und verhältnismäßig salztoleranten Milchsäurestäbchen stellen einen unvermeidlichen Bestandteil aller vakuumverpackten Fleischwaren dar und bestimmen im Regelfall durch **Säuerung** die Haltbarkeitsgrenze. In einem verhältnismäßig breiten Temperaturbereich können sie sich zu Endkeimgehalten von 10^8 bis 10^9 KbE/g vermehren (bei +4 bis +6 °C in ca. 17 Tagen, bei +20 °C schon in 3 Tagen). Tests an vakuumverpacktem Kochschinken und Frühstücksfleisch zeigten, daß Verderbserscheinungen durch homofermentative Laktobazillen früher eintreten als durch heterofermentative Stämme. Allerdings ist eine hohe Laktobazillenzahl allein kein sicherer Indikator für Verderb [14, 35].

– ***Brochothrix thermosphacta*** (früher *Microbacterium thermosphactum*) führt noch rascher als homofermentative Laktobazillen und bei noch geringeren Keimzahlen zu sensorischen Abweichungen. Auch dieser Keim kann einen signifikanten Anteil der Kochschinken- und Brühwurstflora ausmachen und einen **käsigen**, **stechenden Geruch** verursachen [19, 21, 35]. Es besteht noch Unklarheit darüber, ob Laktobazillen in der Lage sind, *B. thermosphacta* antagonistisch zu hemmen, und wodurch diese Hemmung hervorgerufen wird [19, 21].

– Einen **süßlich-säuerlichen Geruch** ruft die Gruppe der **„atypischen“ Streptobakterien** hervor, welche den Laktobazillen nahesteht und bei einer weiten Spanne von pH-Werten und Pökelsalzkonzentrationen wächst. MOL fand sie als dominierende Florakomponente in gekühltem, vakuumverpacktem Aufschnitt. Streptobakterien überstehen die Erhitzung nicht, sondern gelangen als Rekontaminanten in die Packung [21, 59].

– **Andere Mikroorganismen**, die für den Verderb vakuumverpackter Pökelware verantwortlich sein können, sind Mikrokokken, Coryneforme, Streptokokken und *Leuconostoc* [20] sowie gramnegative Bakterien einschließlich *Achromobacter* [2], Enterobacteriaceae [59], *Acinetobacter* und *Vibrio* [20]. Gelegentlich tritt in ungekühlten Proben Verderb infolge Bildung **schwefelhaltiger Verbindungen** durch Enterobakteriazeen oder Vibrionen auf [22].

E. faecium sub-species casseliflavus vermag, sowohl bei aerober als auch bei anaerober Lagerung (+4,4 bis +10 °C) in Schinken **gelbe Pigmente** und auch Schleim zu bilden. Obwohl dieser Keim äußerst hitzeresistent ist und 20 Minuten bei 71,1 °C übersteht, tritt diese Verderbsform nur selten auf, und zwar als Ausdruck unterbrochener Kühllagerung [109].

– Amikrobieller Verderb

Neben den schon im Abschnitt „Dosenschinken“ beschriebenen Formen des Vergrünens gibt es auch amikrobielle **Verfärbungen** der Kochpökelware, welche sich in ihrer Ausprägung nicht von den durch Mikroorganismen verursachten Erscheinungsbildern unterscheiden. So sind graue Bezirke im Schinkeninneren, welche sich sofort nach dem Anschneiden zeigen, häufiger durch Nitritmangel bedingt [20].

– Folienschinken

Eine Zwischenstellung zwischen Dosenschinken und Frischware nimmt der Folienschinken ein, welcher zwar nicht so hoch erhitzt wird wie Dosenschinken, andererseits aber durch seine Umhüllung vor einer Rekontamination geschützt ist. Hieraus resultiert eine beträchtliche Verlängerung der Haltbarkeitsfristen, welche nach amerikanischen Erfahrungen bis zu 4 Monate erreichen [82].

Seine Herstellung stellt jedoch besondere Anforderungen an die Technologie: Einerseits bedingt eine zu starke Erhitzung Geleeabsatz, andererseits verhindert die wasser- und luftdichte Verpackung ein Abtrocknen der Ware. Ohne die Anwendung von Phosphat oder anderen wasserbindenden Zusatzstoffen erscheint die Herstellung von Folienschinken daher kaum möglich [61].

3.1.7 Gesundheitsrisiken

Die „Hürden“ pH-Wert, a_w-Wert und NPS sind in Kochpökelware verhältnismäßig schwach ausgeprägt [81]. Grundsätzlich können sich daher Toxinbildner (*S. aureus*, *C. botulinum*, *C. perfringens*) sowie Infektionserreger (*L. monocytogenes*, Salmonellen) in den Produkten vermehren, wobei die größte Gefahr besteht, wenn die Hürde „Kühlung“ nicht eingehalten wird und ebenfalls als Hemmfaktor wirkende andere Florakomponenten fehlen [20, 35, 55, 86, 95, 96].

Gerade in Vakuumverpackungen, in denen keine proteolytischen Keime wachsen, können höhere Pathogenenzahlen erreicht werden, lange bevor ein Verderb offensichtlich wird und den Verbraucher warnt. Rauch und Gewürze erhöhen dieses Risiko, indem sie Geruchsabweichungen überdekken [34, 103].

Jede Änderung im Herstellungsprozeß (Erhitzung) oder in der Rezeptur (Salz, Nitrit) erfordert eine Anpassung der anderen Hürden, damit die Sicherung gegen Verderb und Gesundheitsrisiken bestehen bleibt [24]. Insgesamt ist bei konsequenter Hygiene- und Temperaturkontrolle das Gesundheitsrisiko durch Kochpökelware eher als gering einzustufen.

3.1.8 Haltbarkeitsfristen, Richt- und Grenzwerte

Die variable Florazusammensetzung und auch die Vielzahl angewandter Analysenverfahren erschweren die Festlegung allgemeingültiger Richtwerte sowohl für den mikrobiologischen Status als auch für die Haltbarkeitsfristen [102].

Einigkeit besteht jedoch darin, daß sich das Ende der Lagerfähigkeit nicht allein aus der Gesamtkeimzahl oder der Dichte bestimmter Bakteriengruppen (z. B. Laktobazillen oder *B. thermosphacta*) ableiten läßt, sondern immer organoleptische Kriterien mitberücksichtigt werden müssen. So können zum Beispiel 10^8 oder 10^9 Laktobazillen Verderb hervorrufen, tun dies aber nicht notwendigerweise [21].

Trotz aller Unwägbarkeiten sind verschiedene mikrobiologische Grenzwerte erarbeitet worden. Eine entsprechende Zusammenstellung enthält Tab. 3.1.1. Derartige Vorschläge dürfen jedoch nur als Orientierung dienen, denn eine konkrete Lagerdauer verhält sich produkt- und herstellungsspezifisch. Zur Festlegung des Mindesthaltbarkeitsdatums sollten daher betriebsinterne Lagerversuche durchgeführt und eine ausreichende Sicherheitsspanne berücksichtigt werden [43].

Als Haltbarkeitstest für pasteurisierte Dosenschinken werden Belastungstests durch Inkubation bei relativ hohen Temperaturen (+20 bis +37 °C) vorgeschlagen [99]. Labots, der Inkubationen bei +37 °C (5 Tage) und +5 °C (6 Monate) verglich, hob jedoch hervor, daß die gefundenen Mikroorganismen bei beiden Verfahren stark differierten und sich die Vorinkubation bei hohen Temperaturen zur Beurteilung der Haltbarkeit als ungeeignet erwies. So vermehrten sich zwar die hitzegeschädigten Enterokokken bevorzugt bei höheren Lagertemperaturen, doch wurden Clostridien hauptsächlich aus langfristig kühlgelagerten Dosen isoliert [28, 35, 43].

Im Handel werden Produkte überwiegend mit einer Lagertemperatur von +4 bis +7 °C ausgezeichnet. Eine Temperatur von +7 °C eignet sich jedoch nicht, das Keimwachstum selbst bei sehr niedrigen Anfangskeimgehalten

Tab. 3.1.1 Mikrobiologische Richtwerte[1]) für verschiedene Keimgruppen in Brühwurst und Kochpökelware

		Gesamt-keimzahl	Lakto-bazillen	Entero-bakteriazeen	Hefen	aerobe Sporenb.	sulfitred. Clostridien	Mikro-kokken
Eisgruber et al. (1994)	Stückware	–	10^5	10^2	10^2	10^3	10^2	–
	Aufschnitt	–	10^7	10^3	10^3	10^3	10^2	–
ALTS (1991)	Stückware	–	10^5	10^2	10^2	10^3	10^2	–
	Aufschnitt	–	10^7	10^3	10^3	10^3	10^2	–
	Halbkons.	–	10^2	–	–	10^3	10^2	10^2
Hechelmann (1991)	Aufschnitt	10^3–10^6	–	10^5	–	–	–	–
	Halbkons.	10^2–10^3	–	n. n.[2])	–	–	–	–
VO Schweiz (1988)	Stückware	10^5	10^5	10^2	–	–	–	–
	Aufschnitt	10^6	10^6	10^3	–	–	–	–

[1]) Keimzahlwerte in KbE/g [Quellen: 3, 15, 26, 106]
[2]) nicht nachweisbar

hinreichend einzuschränken und bietet auch nur ungenügenden Schutz vor pathogenen Mikroorganismen. Empfindliche Frischwaren sollten daher so tief wie möglich, in jedem Fall unter +4 °C gelagert werden, zumal jedes Grad kälter bis –1 °C eine Verlängerung der Frischequalität um mehrere Tage bedeutet [101]. Letztlich wäre bei nacherhitzten Produkten (Halbkonserven) an psychrotrophe Clostridien zu denken, die sich aufgrund der fehlenden Konkurrenzflora (Laktobazillen) noch bei +5 °C vermehren [93].

Literatur

[1] ALLEN, J. R.; FOSTER, E. M.: Spoilage of Vacuum-packed Sliced Processed Meats during Refrigerated Storage. Food Research **25** (1960) 19–25.

[2] ALM, F.; ERICHSEN, I.; MOLIN, N.: The Effect of Vacuum Packaging on Some Sliced Processed Meat Products as Judged by Organoleptic and Bacteriologic Analysis. Food Technol. **15** (1961) 199–203.

[3] ALTS: Mikrobiologische Richtwerte. Proceedings der 44. Arbeitstagung des Arbeitskreises Lebensmittelhygienischer Tierärztlicher Sachverständiger (ALTS) 11.–13. 6. 1991, S. 23–28.

[4] ASHWORTH, J.; SPENCER, R.: The Perigo effect in pork. J. Food Technol. **7** (1972) 111–124.

[5] BALDAMUS, M.: Zur technologischen und mikrobiologischen Wirkung langkettiger Phosphate bei der Herstellung von Lebensmitteln, insbesondere bei der Herstellung von Schmelzkäse – Literaturstudie. Diplomarbeit 1994, Technische Fachhochschule Berlin.

[6] BRAUER, H.: Verhinderung der Porenbildung bei Kochschinken. Fleischwirtsch. **71** (1991) 731–737.

[7] CERNY, G.: Mikrobiologische Probleme bei der Folienverpackung von Fleisch und Fleischerzeugnissen. Schweiz. Arch. Tierheilk. **127** (1985) 99–108.

[8] CORETTI, K.: Rohwurst und Rohfleischwaren II.Teil: Rohfleischwaren. Fleischwirtsch. **55** (1975) 792–800.

[9] CORETTI, K.: Rohwurst und Rohfleischwaren II. Teil: Rohfleischwaren (Fortsetzung) Pökelprozeß und Pökelbakterien. Fleischwirtsch. **55** (1975) 1365–1376.

[10] CORETTI, K.; ENDERS, P.: Enterokokken als Ursache von Kernerweichungen bei Dosenfleischwaren. Fleischwirtsch. **44** (1964) 304–308.

[11] DEIBEL, R. H.; NIVEN, C. F.: Microbiology of Meat Curing. II. Characteristics of a *Lactobacillus* Occurring in Ham Curing Brines Which Synthesizes a Polysaccharide from Sucrose. Appl. Microbiol. **7** (1959) 138–141.

[12] DELAQUIS, P. J.; BAKER, R.; MCCURDY, A. R.: Microbiological Stability of Pasteurized Ham Subjected to a Secondary Treatment in Retort Pouches. J. Food Prot. **49** (1986) 42–26.

[13] DEMPSTER, J. F.; REID, S. N.; CODY, O.: Sources of contamination of cooked, ready-to-eat cured and uncured meats. J. Hyg. **71** (1973) 815–824.

[14] EGAN, A. F.; FORD, A. L.; SHAY, B. J.: A Comparison of *Microbacterium thermosphactum* and Lactobacilli as Spoilage Organisms of Vacuum-packaged Sliced Luncheon Meats. J. Food Sci. **45** (1980) 1745–1748.

[15] EISGRUBER, H.; ASCHER, I.; STOLLE, F. A.: Mikrobiologische Richt- und Warnwerte für Lebensmittel.In: Hygieneüberwachung in Fleischwaren-Produktionsbetrieben. Graz: Steierm. Landesdruckerei, 1994, S. 49–51.
[16] FISCHER, A.: Produktbezogene Technologie – Herstellung von Fleischerzeugnissen. Handbuch der Lebensmitteltechnologie – Fleisch – Stuttgart: Eugen Ulmer Verlag, 1988, S. 234–371.
[17] FREY, W.: Die sichere Fleischwarenherstellung – Kochpökelwaren, 1. Aufl. Bad Wörrishofen: H. Holzmann Verlag, 1983, S. 101–119.
[18] GALLERT, H.: Neue Erkenntnisse beim Pökeln und Garen von Schinken. Die Fleischerei **59** (1975) 15–16.
[19] GARDNER, G. A.: *Brochothrix thermosphacta* (*Microbacterium thermosphactum*) in the Spoilage of Meats: A Review. Aus Psychrotrophic Microorganisms in Spoilage and Pathogenicity, ed. ROBERTS, T. A.; HOBBS, G.; CHRISTIAN, J. H. B.; SKOVGAARD, N. London & New York: Academic Press, 1981, S. 139–173.
[20] GARDNER, G.A.: The Microbiology of Heat-Treated Cured Meats. In: Meat Microbiology: advances and prospects. ed. M.H. Brown. London: Applied Science Publishers, 1982, S. 163–178.
[21] GARDNER, G.A.: Microbial Spoilage of Cured Meats. Food Microbiology – Advances and Prospects. London: Academic Press 1983, S. 179–202.
[22] GARDNER, G. A.; PATTERSON, R. L. S.: A *Proteus inconstans* which Produces "Cabbage Odour" in the Spoilage of Vacuum-packed Sliced Bacon. J. Appl. Bacteriol. **39** (1975) 263–271.
[23] HAMMER, G. F.; WIRTH, F.: Wasseraktivitätsverminderung bei Leberwurst. Mittlbl. Bundesanst. Fleischforsch. Kulmbach **84** (1984) 890–893.
[24] HAUSCHILD, A. H. W.; SIMONSEN, B.: Safety of Shelf-Stable Canned Cured Meats. J. Food Prot. **48** (1985) 997–1009.
[25] HECHELMANN, H.; KASPROWIAK, R.: Mikrobiologische Kriterien für stabile Produkte. Kulmbacher Reihe Band 10, Bundesanst. Fleischforsch. Kulmbach, 1990, S. 68–90.
[26] HECHELMANN, H.; KASPROWIAK, R.: Anforderungen und Einrichtungen für ein mikrobiologisches Betriebslabor in der Fleischwirtschaft. Fleischwirtsch. **71** (1991) 860–872, 901.
[27] HENNER, S.; HARTGEN, H.; KLEIH, W.; SCHNEIDERHAN, M.: Mikrobiologischer Status von Gewürzen für Fleischerzeugnisse. Fleischwirtsch. **63** (1983) 1051–1053; 1060.
[28] HONIKEL, K. O.: Mikrobiologie, Gefrieren und Lagern von Fleischerzeugnissen. 21. Europäischer Fleischforscher Kongreß, Fleischwirtsch. **56** (1976) 204–207.
[29] HOUBEN, J. H.: Hitzeresistenz von *Streptococcus faecium* in pasteurisiertem Schinken. Fleischwirtsch. **62** (1982) 511–514.
[30] HOUTSMA, P. C.; DE WITT, J. C.; ROUMBOUTS, F. M.: Minimum inhibitory concentration (MIC) of sodium lactate for pathogens and spoilage organisms occurring in meat products. Int. J. Food Microbiol. **20** (1993) 247–257.
[31] INGRAM, M.: The heat resistance of a micrococcus. Ann. Inst. Pasteur, Lille, 7, 1955, S. 146. Zitiert in Kitchell 1962.
[32] INGRAM, M.; BARNES, E.: Streptococci in pasteurized canned hams. Ann. Inst. Pasteur, Lille 7, 1955, S. 101–114. Zitiert in HOUBEN 1982.
[33] INGRAM, M.; KITCHELL, A. G.: Salt as a preservative for foods. J. Food Technol. **2** (1967) 1–15.
[34] International Commission on Microbiological Specifications in Food (ICMSF): Microbial Ecology of Foods. Volume 1, Factors Affecting Life and Death of Microorganisms. London: Academic Press 1980.

[35] International Commission on Microbiological Specifications in Food (ICMSF): Microbial Ecology of Foods. Volume 2, Food commodities. London: Academic Press 1980.
[36] International Commission on Microbiological Specifications in Food (ICMSF); Microorganisms in foods 2: Sampling for microbiological Analysis; Principles and specific applications. 2. Aufl. University of Toronto Press, 1986.
[37] KAFEL, S.; AYRES, J. C.: The Antagonism of Enterococci on Other Bacteria in Canned Hams. J. Appl. Bacteriol. **32** (1969) 217–232.
[38] KARTHAUS, E.: Innovative Kochpökelwaren-Technologie. Die Fleischerei **42** (1991) 484–490.
[39] KARTHAUS, E.: Probleme und Chancen natriumreduzierter Kochpökelwaren. Die Fleischerei **43** (1992) 498–504.
[40] KITCHELL, A. G.: Micrococci and Coagulase negative Staphylococci in Cured Meats and Meat Products. J. Appl. Bacteriol. **25** (1962) 416–431.
[41] KRÖCKEL, L.; LEISTNER, L.: Rekontamination von Kochschinken und Brühwurst mit *Listeria monocytogenes* während der Vorverpackung. Proceedings der 31. Arbeitstagung des Arbeitsgebietes Lebensmittelhygiene der DVG. DVG Gießen, 1991, S. 130–133.
[42] KUTZNER, B.: Aufschneiden und Verpacken von Brühwurst unter Reinraumbedingungen. Diplomarbeit, Technische Fachhochschule Berlin, 1994.
[43] LABOTS, H. C.: Estimation of the refrigerated shelf life of pasteurized canned cured meat using an incubation procedure. Eur. Meet. Meat Res. Workers **21** (1975) 67–69. Zitiert in HOUBEN 1982.
[44] LECHOWICH, R. V.; BROWN, W. L.; DEIBEL, R. H.; SOMERS, I. I.: The Role of Nitrite in the Production of Canned Cured Meat Products. Food Technol. **32** (1978) 45–58.
[45] LEISTNER, L.: Bakterielle Vorgänge bei der Pökelung von Fleisch. II. Günstige Beeinflussung von Farbe, Aroma, und Konservierung des Pökelfleisches durch Mikroorganismen. Fleischwirtsch. **38** (1958) 226–233.
[46] LEISTNER, L.: Vorkommen und Bedeutung von Clostridien in Fleischkonserven. Arch. Lebensmittelhyg. **21** (1970) 145–148.
[47] LEISTNER, L.: Einfluß der Wasseraktivität von Fleischwaren auf die Vermehrungsfähigkeit und Resistenz von Mikroorganismen. Arch. Lebensmittelhyg. **21** (1970) 264–267.
[48] LEISTNER, L.: Mikrobiologische Einteilung von Fleischkonserven. Fleischwirtsch. **59** (1979) 1452–1455.
[49] LEISTNER, L.: Ursachen des mikrobiellen Verderbs. Die Fleischerei **32** (1981) 364–370.
[50] LEISTNER, L.; HECHELMANN, H.; UCHIDA, K.: Welche Konsequenzen hätte ein Verbot oder eine Reduzierung des Zusatzes von Nitrat und Nitritpökelsalz in Fleischerzeugnissen? – Aus mikrobiologischer Sicht. Fleischwirtsch. **53** (1973) 371–378.
[51] LEISTNER, L.; WIRTH, F.; TAKACS, J.: Einteilung der Fleischkonserven nach der Hitzebehandlung. Fleischwirtsch. **50** (1970) 216–217.
[52] LEISTNER, L.; WIRTH, F.: Bedeutung und Messung der Wasserakivität (a_w-Wert) von Fleisch und Fleischwaren. Fleischwirtsch. **52** (1972) 1335–1337.
[53] Leitsätze für Fleisch und Fleischerzeugnisse. Deutsches Lebensmittelbuch. 4. Aufl. Köln: Bundesanzeiger Verlagsges. mbH. 1994.
[54] LÖRINCZ, F.; INCZE, K.: Angaben über die Grünverfärbung von Fleisch und Fleischerzeugnissen hervorrufenden Laktobazillen. Fleischwirtsch. **41** (1961) 406–407.

[55] LÜCKE, F.-K.: Mikroorganismen auf Fleisch und ihre Eigenschaften. 11. Fleischwarenforum, Münster 13.–14. 9. 1993. (Behr's Seminare)
[56] MILBOURNE, K.: Thermal Tolerance of *Lactobacillus viridescens* in Ham. Meat Sci. **9** (1983) 113–119.
[57] MILLS, E. W.; PLIMPTON, R. F.; OCKERMAN, H. W.: Residual Nitrite and Total Microbial Plate Counts of Hams as Influenced by Tumbling and Four Ingoing Nitrite Levels. J. Food Sci. **45** (1980) 1297–1300.
[58] MIRNA, A.; CORETTI, K.: Möglichkeiten zur Verringerung des Zusatzes von Nitrit und Nitrat bei Fleischerzeugnissen. Fleischwirtsch. **57** (1977) 1121.
[59] MOL, J. H. H.; HIETBRINK, J. E. A.; MOLLEN, H. W. M.; VAN TINTEREN, J.: Observations on the Microflora of Vacuum Packed Sliced Cooked Meat Products. J. Appl. Bacteriol. **34** (1971) 377–397.
[60] MÜLLER, W.-D.; KATSARAS, K.: Die DeltaT-Erhitzung bei Kochschinken – Technologische und energetische Aspekte. Fleischwirtsch. **63** (1983) 10–19.
[61] MÜLLER, W.-D.: Technologie der Kochpökelwaren. Kulmbacher Reihe Band 8. Kulmbach: Institut für Technologie der Bundesanstalt für Fleischforschung, 1988, S. 74–90.
[62] MÜLLER, W.-D.: Erhitzen und Räuchern. Kulmbacher Reihe Band 8. Kulmbach: Institut für Technologie der Bundesanstalt für Fleischforschung, 1988, S. 144–164.
[63] MÜLLER, W.-D.: Technologie der Kochpökelwaren. Fleischwirtsch. **69** (1989) 164–172.
[64] MÜLLER, W.-D.: Kochpökelwaren – Einfluß der Herstellungstechnologie. Fleischwirtsch. **71** (1991) 8–18.
[65] NEUBER, A.: Mikrobiologisch kontrollierte Räume in der Fleischwarenindustrie. Fleischwirtsch. **73** (1993) 983–993.
[66] NEWTON, K. G.; GILL, C. O.: Storage Quality of Dark, Firm, Dry Meat. Appl. Environ. Microbiol. **36** (1978) 375–376.
[67] NIVEN, C. F.; EVANS, I. B.: *Lactobacillus viridescens* nov. spec. heterofermentative species that produces a green discoloration of cured meat pigments. J. Bacteriol. **73** (1956) 758–759. Zitiert in LÖRINCZ und INCZE 1961.
[68] OCKERMAN, H. W.; KWIATEK, K.: Effect of Tumbling and Tumbling Temperature on Surface and Subsurface Contamination of Lactobacillus Plantarum and Residual Nitrite in Cured Pork Shoulder. J. Food Sci. **49** (1984) 1634–1635.
[69] O'CONNOR, P. L.; BREWER, M. S.; MCKEITH, F. K.; NOVAKOFSKI, J. E.; CARR, T. R.: Sodium Lactate/Sodium Chloride Effects on Sensory Characteristics and Shelf-Life of Fresh Ground Pork. J. Food Sci. **58** (1993) 978–980.
[70] PERIGO, J. A.; ROBERTS, T. A.: Inhibition of clostridia by nitrite. J. Food Technol. **3** (1968) 91–94.
[71] POLYMENIDIS, A.: Salzen, Pökeln und Umröten von Fleisch und Fleischerzeugnissen. Fleischwirtsch. **58** (1978) 567–578, 601.
[72] PRÄNDL, O.: II. Grundlagen der Haltbarmachung. Handbuch der Lebensmitteltechnologie – Fleisch. Stuttgart: Eugen Ulmer Verlag 1988, S. 234–371.
[73] REICHERT, J. E.: Einflußparameter auf die Qualität und Ausbeute von Kochschinken Teil 1. Die Fleischerei **33** (1982) 212–217.
[74] REICHERT, J. E.: Einflußparameter auf die Qualität und Ausbeute von Kochschinken Teil 2. Die Fleischerei **33** (1982) 314–322.
[75] REICHERT, J. E.: Die Wärmebehandlung von Fleischwaren. Schriftenreihe Fleischforschung und Praxis. Band 13. Bad Wörrishofen: H. Holzmann Verlag, 1985, S. 133–150.
[76] REICHERT, J. E.; MITSCHKE, C.: Mikrobiologie beim Tumbeln von Kochschinken. Die Fleischerei **36** (1985) 455–457.

[77] REICHERT, J. E.; BREMKE, H.; BAUMGART, J.: Zur Ermittlung des Erhitzungseffektes für Kochschinken (*F*-Wert). Die Fleischerei **30** (1979) 624–633.

[78] ROBERTS, T. A; GARCIA, C. E.: A note on the resistance of Bacillus spp., faecal streptococci and *Salmonella typhimurium* to an inhibitor of *Clostridium spp.* formed by heating sodium nitrite. J. Food Technol. **8** (1973) 463–466.

[79] ROBERTS, T. A.; INGRAM, M.: Inhibition of growth of *Cl. botulinum* at different pH values by sodium chloride and sodium nitrite. J. Food Technol. **8** (1973) 467–475.

[80] ROBERTS, T. A.; SMART, J. L.: Inhibition of Spores of Clostridium spp. by Sodium Nitrite. J. Appl. Bacteriol. **37** (1974) 261–264.

[81] RÖDEL, W.; PONERT, H.; LEISTNER, L.: Einstufung von Fleischerzeugnissen in leicht verderbliche, verderbliche und lagerfähige Produkte. Fleischwirtsch. **56** (1976) 417–418.

[82] SCHEID, D.: Herstellung von Folienschinken. Fleischwirtsch. **64** (1984) 434–443.

[83] SCHEID, D.: Kochschinkenherstellung – Injektion, mechanische Bearbeitungsprozesse und Wärmebehandlung. Fleischwirtsch. **65** (1985) 436–449.

[84] SCHMEISSER, I.: Versuche zum Verhalten von *S. typhimurium* in frischer Mettwurst. Vet. med. Diss. Berlin 1988, Journal Nr.: 1413.

[85] SCHMIDT, U.; KAYA, M.: Verhalten von *Listeria monocytogenes* in vakuumverpacktem Brühwurstaufschnitt. Fleischwirtsch. **70** (1990) 236–240.

[86] SCHMIDT, U.; LEISTNER, L.: Verhalten von *Listeria monocytogenes* bei unverpacktem Brühwurstaufschnitt. Fleischwirtsch. **73** (1993) 733–740.

[87] SILLA, H.; SIMONSEN, B.: Haltbarkeit gepökelter, gekochter und aufgeschnittener Fleischprodukte. I. Einfluß der Zusammensetzung, der Vakuumverpackung und modifizierter Atmosphären. Fleischwirtsch. **65** (1985) 116–121.

[88] SINELL, H.-J.: Differenzierung der Streptokokken aus Dosenschinken. Arch. Lebensmittelhyg. **10** (1959) 224–229.

[89] SINELL, H.-J.: Verderb. in: Einführung in die Lebensmittelhygiene. 2. Aufl. Berlin und Hamburg: Verlag Paul Parey, 1985, S. 68–87.

[90] STEIN, F.: Die Auswirkungen von organischen Genußsäuren und deren Salzen auf die Haltbarkeitsverlängerung von Fleisch und Fleischwaren. Diplomarbeit 1994. Technische Fachhochschule Berlin.

[91] STIEBING, A.: Ermittlung von Erhitzungswerten für Fleischkonserven in der Praxis. Fleischwirtsch. **58** (1978) 1305–1312.

[92] STIEBING, A.: Herstellung von Kochpökelwaren. Die Fleischerei **30** (1979) 702–706.

[93] STIEBING, A: Vorverpackung und Konservenherstellung von Kochwurst und Kochpökelwaren. Fleischwirtsch. **69** (1989) 8–22.

[94] STIEBING, A.: Vorverpackung und Konservenherstellung. Kulmbacher Reihe Band 8. Kulmbach: Institut für Technologie der Bundesanstalt für Fleischforschung, 1988, S. 165–188.

[95] STILES, M. E.; NG, K. L.: Fate of Pathogens Inoculated onto Vacuum-Packaged Sliced Hams to Stimulate Contamination During Packaging. J. Food Prot. **42** (1979) 464–469.

[96] STILES, M. E.; NG, K. L.: Fate of Enteropathogens Inoculated onto Chopped Ham. J. Food Prot. **42** (1979) 624–630.

[97] STILLMUNKES, A. A.; PRABHU, G. A.; SEBRANEK, J. G.; MOLINS, R. A.: Microbiological Safety of Cooked Beef Roasts Treated with Lactate, Monolaurin or Gluconate. J. Food Sci. **58** (1993) 953–958.

[98] SURKIEWICZ, B. F.; HARRIS, M. E.; CAROSELLA, J. M.: Bacteriological Survey and Refrigerated Storage Test of Vacuum – Packed Sliced Imported Canned Ham. J. Food Prot. **40** (1977) 109–111.

[99] TAKACS, J.: Mikrobiologische Standards für Fleischerzeugnisse. Fleischwirtsch. **49** (1969) 193–200.

[100] TÄNDLER, K.: Qualitätserhaltung bei vakuumverpacktem Brühwurst-Aufschnitt. Fleischwirtsch. **53** (1973) 1417–1424.

[101] TÄNDLER, K.: Amtliche Haltbarkeitsfristen für vorverpackte Fleisch- und Wurstwaren. Fleischwirtsch. **55** (1975) 1394–1397.

[102] TÄNDLER, K.: Zur Mindesthaltbarkeit von vorverpacktem Frischfleisch und vorverpackten Fleischerzeugnissen. Fleischwirtsch. **66** (1986) 1564–1576.

[103] THATCHER, F. S.; ROBINSON, J.; ERDMAN, I.: The "Vacuum Pack" Method of Packaging Foods in Relation to the Formation of the Botulinum and Staphylococcal Toxins. J. Appl. Bacteriol. **25** (1962) 120–124.

[104] TOTH, L.: Reaktionen des Nitrits beim Pökeln von Fleischwaren. Fleischwirtsch. **62** (1982) 1256–1263.

[105] VAN BURIK, A. M. C.; DE KOOS, J. T.: Natriumlactat in Fleischprodukten: Fleischwirtsch. **70** (1990) 1266–1268.

[106] Verordnung über die hygienisch-mikrobiologischen Anforderungen an Lebensmittel, Gebrauchs- und Verbrauchsgegenstände. Schweiz, 1. 7. 1987, i. d. F. vom 25. 2. 1988.

[107] VRCHLABSKY, J.; LEISTNER, L.: Hitzeresistenz der Enterokokken bei unterschiedlichen a_w-Werten. Fleischwirtsch. **50** (1970) 1237–1238.

[108] WEBER, H.: Übersicht über die technologische Wirkung bisher nicht zugelassener Zusatzstoffe und Zutaten. Paper Frankfurter Forum der Fleischwirtschaft: „Neue Zutaten und Zusatzstoffe für Fleischerzeugnisse" Frankfurt 13. 6. 1994.

[109] WHITELEY, A. M.; D'SOUZA, M. D.: A Yellow Discoloration of Cooked Cured Meat Products – Isolation and Characterization of the Causative Organism. J. Food Prot. **52** (1989) 392–395.

[110] WIRTH, F.: Technologische Bewertung der neuen Pökelstoff-Regelung. Fleischwirtsch. **63** (1983) 532–542.

[111] WIRTH, F.: Technologie der Verarbeitung von Fleisch mit abweichender Beschaffenheit. Schweiz. Arch. Tierheilk. **127** (1985) 83–97.

[112] WIRTH, F.: Technologie der Kochpökelwaren. Kulmbacher Reihe Band 8. Kulmbach: Institut für Technologie der Bundesanstalt für Fleischforschung, 1988, S. 53–73.

[113] WIRTH, F.: Einschränkung und Verzicht bei Pökelstoffen in Fleischerzeugnissen. Fleischwirtsch. **71** (1991) 228–239.

[114] WIRTH, F.; LEISTNER, L.; RÖDEL, W.: Richtwerte der Fleischtechnologie. 1. Aufl. Frankfurt/M.: Verlagshaus Sponholz, 1976, S. 63–68.

[115] YANG, A.; HIGGS, G. M.; SHAY, B. J.: Effects of Sodium Lactate on the Microbiology of Vacuum-Packaged, Sliced Luncheon Meats. Paper, Internationaler Fleischforscherkongreß, Calgary 1993. Zitiert in WEBER 1994.

3.2 Mikrobiologie der Rohpökelstückwaren

K. H. GEHLEN

3.2.1 Einleitung

Die Rohschinken gehören neben den Blutwürsten zu den ältesten Fleischerzeugnissen, die bereits seit dem Altertum im Schrifttum überliefert sind. Die ersten Berichte über die Verwendung von Salz zur Herstellung von Fleischwaren reichen bis in die Zeit um 3000 v. Chr. zurück. Bereits im Reich der Sumerer waren Salzfleisch und Salzfisch ebenso Handelsartikel wie bei den Babyloniern [67]. Auch in China werden Rohschinken mindestens seit 2500 Jahren hergestellt und geschätzt [57].

Bei den Römern – so berichtet MARCUS CATO (234–149 v. Chr.) – gab es bereits einen besonderen Handwerkerstand, den der „salsamentarii“, dem der Handel und wahrscheinlich auch die Herstellung von Rohpökelwaren (der „salsamenta“) oblag [44]. CATO, der sich unter anderem auch durch Abhandlungen über die Landwirtschaft literarisch verdient machte („de re rustica“, „de re agricultura“), verfaßte schon eine Darstellung der Trockenpökelung von Schinken, die sich von der heutigen Technologie nur wenig unterscheidet [60]. In den Höchstpreisverordnungen des Diocletian wird bereits 301 n. Chr. zwischen dem stark gepökelten, geräucherten („perna fumosa“) und dem wertvolleren, mild gepökelten, luftgetrockneten („petaso“) Schinken unterschieden [73]. Das Pökeln dürfte durch die Römer in den germanischen Raum eingeführt worden sein [44].

Nach der Überlieferung verwendet der Mensch seit einigen Jahrhunderten, wahrscheinlich seit Jahrtausenden, auch Nitrat zur Pökelung von Fleisch [88]. Noch im vorigen Jahrhundert wurde als Pökelstoff nur Nitrat verwendet. Nachdem jedoch um die Jahrhundertwende erkannt worden war, daß das Nitrat erst nach bakterieller Reduktion zu Nitrit die erwünschten Wirkungen auf Farbe, Aroma und Konservierung von Fleischerzeugnissen ausüben kann, wurde zunehmend Nitrit – nach Erlaß des Nitritgesetzes vom 19. 06. 1934 nur noch in Form von Nitritpökelsalz – zur Herstellung von Pökelfleischerzeugnissen verwendet [55]. Heute ist der Zusatz von Nitrat – auch in Kombination mit Nitritpökelsalz – zur Vermeidung höherer Restmengen im Fertigprodukt nur noch bei Rohschinken zulässig, die aus mehr als einem Teilstück bestehen. An dieser Stelle sei darauf hingewiesen, daß es durchaus möglich ist, auch Rohschinken ohne die Verwendung der Pökelstoffe Nitrit und Nitrat herzustellen. Als Beispiel hierfür sei der luftgetrocknete San Daniele Schinken aus Oberitalien angeführt [25].

3.2.2 Produktsystematik

Um den Zusammenhang zwischen Technologie und Mikrobiologie zu verdeutlichen, gibt Tabelle 3.2.1 eine Zusammenstellung von einigen typischen Rohpökelstückwaren mit der Angabe der wichtigsten technologischen Merkmale (Räucherung, Lufttrocknung, Nitritpökelsalz, Kochsalz, Pökelverfahren, Zuschnitt, Tierart usw.). Die in Tabelle 3.2.1 aufgeführten Angaben wurden aus den Literaturstellen [55, 60, 23, 25, 26, 38, 76, 66 und 18] zusammengetragen.

Die a_w-Werte können bei den einzelnen Rohpökelstückwaren von Betrieb zu Betrieb erheblich schwanken. Dies ist in erster Linie auf die in verschiedenen Betrieben oft recht unterschiedliche Technologie zurückzuführen, die einen starken Einfluß auf den Salzgehalt und den Abtrocknungsgrad der Schinken ausübt. Grundsätzlich sind Rohschinken die Fleischwaren, die mit Abstand die höchsten Salzgehalte aufweisen. Salzgehalte bis 8 % sind durchaus nicht unüblich, und Rohschinken mit einem Salzgehalt von 7 % müssen nicht einmal salzig schmecken.

Die Rohschinken sind in der Bundesrepublik Deutschland durch die Erweiterung der Leitsätze des Deutschen Lebensmittelbuches 1989 erfaßt worden, in denen die Bezeichnungen und entsprechenden Zuschnitte der wichtigsten Schinkenarten beschrieben sind und Höchstwerte für den zulässigen Wassergehalt festgesetzt sind. Die Angaben der a_w-Werte decken sich nicht immer mit den Angaben der Wassergehalte, da die Daten z. T. aus verschiedenen Publikationen zusammengetragen wurden und Salz- und Fettgehalte keine Berücksichtigung fanden.

Tab. 3.2.1 Einige typische Rohpökelstückwaren mit technologischen und chemisch-physikalischen Merkmalen

	Rohmaterial			Pökelung					Reifung		a_w-Wert		Wassergehalt %
	Schwein	Rind	Schaf	Trocken	Naß	Nitritpökelsalz	Salpeter/Kochsalz	ohne Pökelstoffe	Räucherung	Lufttrockenen	Mittelwert	Bereich	
Knochenschinken, allgemein	X			X	X	X	X		X		0,93	0,889–0,963	≤65[1])
Westfälischer Knochenschinken, luftgetrocknet	X			X	X	X	X			X	0,89	0,874–0,910	–
Ammerländer Schinken	X			X	X	X	X		X		0,89	0,857–0,914	–
Holsteiner Katenschinken	X			X	X	X	X		X		0,92	0,916–0,929	≤68[1])
Spanischer Knochenschinken	X			X		X	X			X	0,89	0,880–0,890	40–60
Prosciutto di Parma	X			X			X	X		X	0,83	0,810–0,850	47–61
Fenalår			X					X	X		n. b.	<0,900	
Schwarzwälder Schinken	X			X	X	X	X		X		0,90	0,853–0,945	≤68[1])
Kern-/Rollschinken/Rohschneider	X			X	X	X	X		X		0,92	0,889–0,945	≤68[1])
Schinkenspeck	X			X	X	X			X		0,92	0,874–0,953	≤70[1])
Lachsschinken	X			X	X	X			X		0,95	0,876–0,978	≤72[1])
Bündner Fleisch		X		X		X	X			X	n. b.	0,791–0,918	–

[1]) Mindestanforderungen der Leitsätze des Deutschen Lebensmittelbuches (im zentralen Magerfleischanteil von Knochen, Schwarte und Fettgewebe befreit). n. b. = nicht bekannt

3.2.3 Technologie zur Herstellung von Rohpökelstückwaren und dazugehöriges Hürdenkonzept

Die Herstellung von Rophpökelwaren läßt sich in folgender Verfahrensübersicht darstellen:

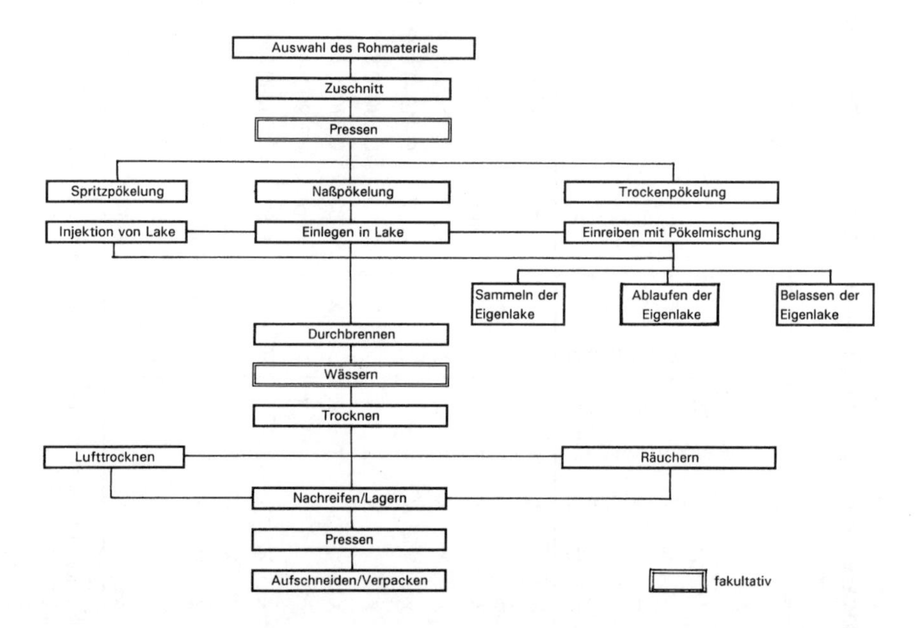

Abb. 3.2.1 Herstellungsverfahren für Rohpökelstückwaren (modifiziert nach [18])

3.2.3.1 Wichtigste mikrobiologische Hürden bei der Herstellung von Rohpökelstückwaren

Rohschinken werden primär über das Senken des a_w-Wertes durch Abtrocknen und Salzzugabe konserviert. Da bei den meisten Pökeltechniken für beide Vorgänge Zeit benötigt wird, insbesondere für die Diffusion des Salzes bei der Trocken- und Naßpökelung, ist es von entscheidender Wichtigkeit, Rohmaterial mit niedrigem Anfangskeimgehalt zu verwenden und Kühlbedingungen bis zur Stabilisierung des Rohschinkens strikt einzuhalten. Der pH-Wert- Senkung kommt bei der Konservierung der Rohschinken nur eine untergeordnete Bedeutung zu, jedoch darf der Ausgangs-pH-Wert des Rohmaterials keinesfalls über 6,0 (6,2) liegen. Nicht nur die Pökelphase, sondern auch die erste Phase des Durchbrennens sollte bei Kühltemperaturen durchgeführt werden, da sich der Rohschinken in dieser Phase i. d. R. bei a_w-Werten unterhalb 0,960 mikrobiologisch stabilisiert. Bei Erreichen von Kochsalzgehalten um 4,5 % im Innern des Schinkens kann die Temperatur beim Durchbrennen und beim Reifen angehoben werden, allerdings auch bei schnellgereiften Produkten am besten nicht über 25 °C.

Im folgenden wird auf die einzelnen Verfahrensschritte detaillierter eingegangen.

3.2.3.2 Rohmaterial

Beim Rohmaterial ist eine schnelle Durchkühlung der Schinken wichtig. Innerhalb von 24 Stunden soll möglichst eine Kerntemperatur von 0 °C erreicht sein [34]. Es gibt allerdings Produkte, die mit Schwarte gesalzen werden, bei denen die Temperatur der angelieferten Schinken im Verarbeitungsbetrieb wieder auf ca. 3 bis 4 °C angeglichen werden müssen, um eine bessere Verarbeitbarkeit auf den Salzungsmaschinen zu gewährleisten [26]. Die Schinken müssen glatt zugeschnitten sein und dürfen keine Zerklüftungen oder Einstiche durch Messer und Haken aufweisen [34]. Der Zuschnitt der Schinken beeinflußt entscheidend das Verhalten während der Pökelung. So spielt die dem nativen Schinken anhaftende subkutane Fettschicht mit Schwartenabdeckung offenbar eine große Rolle für die Verhinderung des Eindringens von Mikroorganismen [27], außerdem spielt der Zuschnitt eine entscheidende Rolle für das Diffusionsverhalten der Salze.

Hohe pH-Werte sind schon lange als Ursache für leimige oder verdorbene Rohschinken bekannt. Daher fehlt es nicht an Hinweisen in der Literatur, kein Fleisch mit DFD-Eigenschaften (Grenzwerte für pH 24 zwischen 5,8 und 6,4) oder ohne Angabe eines Meßzeitpunktes mit pH-Werten >6,0 zu verwenden. Für den Ausschluß von solchem Rohmaterial gibt es mehrere Gründe. So erschweren hohe pH-Werte die Wasserabgabe und damit die Trocknung und verlangsamen durch eine geschlossene Struktur der Muskelfasern die Salzaufnahme. Beide Eigenschaften neben dem hohen pH-Wert selbst begünstigen das Wachstum von Verderbniserregern [18]. Schinken mit Knochenbrüchen und Blutergüssen sind ebenfalls von der Verwendung für Rohschinken auszuschließen. Darüber hinaus sind an das Rohmaterial allgemein hohe hygienische Anforderungen wegen des erforderlichen niedrigen Ausgangskeimgehaltes zu stellen, die in der Praxis durch eine gute Schlacht- und Zerlegehygiene und eine nicht unterbrochene Kühlkette sichergestellt wird. Darüberhinaus ist die frische Verarbeitung des Rohmaterials von entscheidender Bedeutung wie Untersuchungen an amerikanischen Schinken ergeben haben [45].

3.2.3.3 Pökelung

Während der Pökelphase nimmt das Fleisch Kochsalz, Pökelstoffe und andere Bestandteile der Lake auf und gibt andererseits eigene Substanzen (Eiweiß, Salze, Vitamine, Wasser etc.) an das Umgebungsmedium ab [11].

In der Bundesrepublik Deutschland, in den skandinavischen Ländern und in Teilen Frankreichs sind die kombinierte Trocken-/Naßpökelung und die Naßpökelung die vorherrschenden Verfahren, während die luftgetrockneten Produkte in Spanien, Italien und im übrigen Frankreich fast ausschließlich trockengepökelt werden.

Von elementarer Wichtigkeit ist, daß die Pökelung bei kalten Temperaturen zwischen 0 und 5, höchstens 8 °C durchgeführt wird, um das Fleisch so lange durch Kühlung zu konservieren, bis das Salz das Fleisch auch im Innern durch a_w-Wert-Absenkung auf ca. 0,960 ausreichend stabilisiert hat [34]. Während der Herstellung der Rohschinken kommt es in der Regel zu einem leichten Abfallen des pH-Wertes innerhalb der ersten 2 Herstellungswochen. Dieser pH-Wert- Abfall ist in keinster Weise mit der pH-Wert-Absenkung bei der Rohwurstherstellung zu vergleichen. Die bisherigen Ergebnisse weisen darauf hin, daß der pH-Wert-Abfall bei den Schinken stärker ist, die am Beginn der Pökelung im pH-Wert höher liegen [23, 26]. An dieser Stelle sei darauf hingewiesen, daß in den einzelnen Muskeln bzw. Teilstükken der einzelnen Schinken erhebliche pH-Unterschiede auftreten. Das Teilstück, das sehr häufig hohe pH-Werte um 6,0 und höher aufweist, ist die Nuß. In Rohschinken einwandfreier sensorischer Beschaffenheit wurden pH-Werte zwischen 5,1 und 7,0 (!) gemessen, die im Durchschnitt bei 5,7 bis 5,9 lagen [55]. Bei langgereiften Schinken nimmt der pH-Wert während der Reifung langsam wieder zu (z. B. bei Parma-Schinken um 0,2 bis 0,5 pH-Einheiten). Generell stellt der pH-Wert nur zu Beginn der Herstellung eine wichtige mikrobiologische Hürde für Rohschinken dar.

Wenn man die technologische Vielfalt der Pökeltechnologie letztendlich auf die drei in Abb. 3.2.1 erläuterten Pökelverfahren zurückführen kann [88], die oft in Kombination miteinander angewendet werden [59], so gibt es doch eine Fülle veränderlicher Einflußfaktoren [88]. So ist die Diffusion der Salze (Kochsalz, Nitrit, Nitrat) z. B. abhängig von der Salzmenge, der Zusammensetzung der Salzmischung, der Lakekonzentration, vom Lake-/

Fleischverhältnis (bei der Naßpökelung), weiterhin von der Größe, dem Zuschnitt, der geweblichen Zusammensetzung und dem pH-Wert des Pökelgutes, der Pökeldauer und der Pökeltemperatur [88]. Auch der Zeitpunkt der Pökelung nach der Schlachtung spielt eine wichtige Rolle für die Salz- und Wasseraufnahme [23].

Die Pökelstoffmischungen enthalten neben Zuckerstoffen und Gewürzen als wichtigsten Inhaltsstoff Nitritpökelsalz und/oder Nitrat. Während dem Nitrit noch ein geringer antimikrobieller Effekt bei der Schinkenpökelung zugeschrieben wird, beeinflußt das Nitrat die mikrobiologische Stabilität nach heutiger Auffassung nicht positiv. Eine Ausnahme bilden bestimmte norwegische (Fenalår) und italienische Spezialitäten (San Daniele und Veneto-Schinken), die mit Kochsalz ohne Zusatz von Nitrit und Nitrat hergestellt werden [25].

Die **Trockenpökelung** ist dadurch gekennzeichnet, daß das zu pökelnde Fleisch ohne Verwendung einer Lake lediglich mit einem trockenen Pökelsalzgemisch eingerieben wird [10]. Eine Trockenpökelung im strengen Sinne liegt nur dann vor, wenn während der Pökelung der mit einer trockenen Pökelstoffmischung eingeriebenen Fleischstücke die sich bildende Eigenlake ständig abläuft und das Pökelgut so ständig ohne Lake gehalten wird. Die Pökeldauer beträgt mindestens 2 bis 2,5 Tage je kg Fleisch, die Pökelraumtemperatur soll zwischen 6 und 8 °C, keinesfalls über 10 °C liegen [10].

Bei der **Naßpökelung** wird eine Pökellake, eine hochkonzentrierte wäßrige Kochsalzlösung, in der sich – analog zur Trockenpökelung – die für die Umrötung erforderlichen Pökelstoffe, Pökelhilfsstoffe und evtl. Gewürze befinden, hergestellt [10]. Bei der üblichen „Tankpökelung" werden die zu pökelnden Fleischstücke in die Pökellake eingelegt, die sich in Industriebetrieben meist in Behältern aus Stahl oder Kunststoff befindet [67]. Der Kochsalzgehalt der Laken kann zwischen 8 % und 24 % liegen. Letzterer entspricht einer gesättigten Kochsalzlösung. Nicht selten finden bereits gebrauchte oder ältere Laken Verwendung, die sich durch besonders gute Pökel- und Aromaeigenschaften auszeichnen. Meistens werden frische Laken unter begrenzter Zugabe von Gebrauchtlake verwendet. Die Pökeldauer beträgt etwa 2 Tage pro kg Fleisch [10]. Die Konzentration an Nitrit und Nitrat nimmt während der Naßpökelung in der Lake ab. Neben der Absorption durch das Fleisch ist für das Sinken der Gehalte an Nitrit und Nitrat in der Lake auch die bakterielle Reduktion beider Pökelstoffe eine Erklärung. Nitrit kann durch Luftsauerstoff auch wieder zu Nitrat rückoxidiert werden.

Bei der **Spritzpökelung** wird die Pökellake in das Fleischinnere mit Nadeln injiziert. Die Spritzpökelung findet hauptsächlich bei Kochpökelwaren und schnellgereiften Rohpökelwaren Anwendung.

3.2.3.4 Durchbrennphase

Die „Durchbrennphase“, die Salzausgleich, Aromatisierung und zunehmende Mürbheit bezweckt, schließt sich an die Pökelung an. Die Schinken lagern zunächst mehrere Wochen bei 4 bis 8 °C. Sobald das Schinkeninnere mikrobiologisch durch die Salzdiffusion auf a_w-Werte von unter 0,960 stabilisiert ist, heben manche Hersteller die Temperatur bis auf 8 bis 12 °C an, um diese Vorgänge noch zu intensivieren. Häufig wird intensives Wachstum von Mikroorganismen an den Stellen der Schinken festgestellt, die dem Luftsauerstoff ausgesetzt sind. Bei höherer Luftfeuchtigkeit bildet sich ein leichter Mikroorganismenbelag auf der Oberfläche der Schinken aus, der von den einzelnen Herstellern unterschiedlich bewertet wird, und im Reiferaum ist ein frischer, hefiger Geruch festzustellen. Es gibt Betriebe, die die Bildung des Belages fördern, und es existieren Betriebe, die den Belag möglichst vermeiden wollen. Im Anschluß an die Durchbrennphase werden die Schinken in aller Regel gewaschen, um Beläge von Mikroorganismen und grobe Gewürzbestandteile zu entfernen und einem etwaigen Salzausschlag auf der Oberfläche bei der späteren Trocknung entgegenzuwirken.

3.2.3.5 Weitere Behandlung (Räucherung/Lufttrocknung/Nachreifung)

Nach dem Waschen werden die Schinken bei Temperaturen von 15 bis 30 °C getrocknet und geräuchert. Bei luftgetrockneten Produkten unterbleibt die Räucherung bis auf wenige Ausnahmen (z. B. Südtiroler Bauernspeck) völlig. Die Lufttrocknung erfolgt primär in Ländern wie Italien, Spanien, aber auch in bedeutendem Umfang in Frankreich und der Schweiz. In Skandinavien, der Bundesrepublik Deutschland und in Teilen Frankreichs wird überwiegend geräucherte Ware hergestellt.

Dann erfolgt die Nachreifung bei Temperaturen zwischen 15 und 18 °C. Der Schinken wird weiter bis zu dem gewünschten Abtrocknungsgrad abgetrocknet, und es findet ein weiterer, abschließender Reifevorgang statt, der wichtig für die Aromatisierung und die Zartheit des Schinkens ist. Danach erfolgt das Verpacken der Rohschinken entweder ganz oder in Teilstücken, bei SB-verpackter Ware auch in Scheiben.

3.2.3.6 Pökellaken – chemische und mikrobiologische Merkmale

Die Verwendung von Laken spielen in bakteriologischer Beziehung eine wichtige Rolle insbesondere bei der Spritz- und Naßpökelung sowie der kombinierten Trocken-/Naßpökelung. Pökellaken werden vorwiegend in Nord- und Mitteleuropa, z. T. auch in Frankreich zur Herstellung von Rohpökelwaren eingesetzt, während in Spanien und Italien die berühmten luftgetrockneten Rohschinken ausschließlich im Trockenpökelungsverfahren ohne Laken hergestellt werden. Laken sind sehr individuell zu betrachten, da sich bereits geringfügige Unterschiede in der „Historie" bzw. der Technologie stark auf die qualitative und quantitative mikrobiologische Komposition auswirken. Als Biotop sind alle Pökellaken gekennzeichnet durch einen hohen Salzgehalt, bei Aufgußlaken 8 bis 20 %, Eigenlaken können gesättigte Salzlösungen sein. Zumindest zu Beginn der Pökelung enthalten Laken Nitrit und Nitrat, es sei denn, es wird in einer reinen Kochsalzlake gepökelt. Eigen- und Aufgußlaken weisen darüber hinaus eine niedrige Temperatur von i. d. R. unter 5 °C auf und enthalten aus dem Fleisch ausgetretene Substanzen. Ferner können den Laken Zucker, Gewürze, Pökelhilfsstoffe und Geschmacksverstärker zugesetzt werden. Man unterscheidet folgende Typen von Laken:

- **Aufguß- oder auch Decklaken** sind Laken, die für eine Naßpökelung angesetzt werden,
- frisch angesetzte Laken ohne Altlakenanteil (häufig für Kochpökelwaren)
- einmalig gebrauchte Laken ohne Altlakenanteil
- Aufgußlaken, die unter Mitverwendung einer alten Stammlake hergestellt werden,
- Aufgußlaken, die unter Mitverwendung der Eigenlake hergestellt werden,
- Eigenlake von Rohschinken, einmalig gebraucht. Unter **Eigenlake** ist die Lake zu verstehen, die sich bei der Trockenpökelung von Rohschinken bildet. Die Flüssigkeit besteht ausschließlich aus der verwendeten Pökelstoffmischung und durch die Salzung dem Fleisch entzogenem Fleischsaft. Diese Lösung ist in aller Regel gesättigt und weist häufig einen Bodensatz auf.
- Aufgußlaken, die unter Mitverwendung der Eigenlake und der Mitverwendung einer alten Stammlake hergestellt werden,
- **Stammlaken**, die hauptsächlich aus Eigenlaken und einmalig gebrauchter Lake mit Altlakenanteil verschiedener Chargen gesammelt werden.

Die pH-Werte von Aufguß- und Stammlaken liegen im Bereich von 5,4 bis 6,1 [26]; pH-Werte, die Anlaß zu einem Verderbsverdacht geben, liegen höher als 7,0 bzw. niedriger als 5,5 [49]. Der pH der Aufgußlaken wird entscheidend vom pH-Wert des eingelegten Fleisches bestimmt. So nähert sich der pH-Wert einer frisch angesetzten Aufgußlake ohne Stammlakenanteil innerhalb weniger Stunden dem pH-Wert des eingelegten Fleisches an [26]. Es ist schwierig, „Indikatorkeime" als Verderbsanzeichen von Laken anzugeben, da diese Keime auch in Laken ohne Verderbniserscheinungen vorkommen können. Die häufigste und wichtigste Veränderung beim Verderb von Aufgußlaken ist die Fäulnis. Aufgußlaken mit dieser Abweichung riechen nach Schwefelwasserstoff oder Ammoniak, auch seifig, käsig oder urinös, sind meist stark getrübt, weisen häufig Schaumbildung auf, mitunter eine Kahmhaut und nicht selten eine hellrote Farbe. Der pH-Wert liegt meist über 6,8, häufig über 7,0, mitunter über 7,5. Die Fäulnis der Laken wird durch gramnegative Bakterien verursacht, und zwar durch die Familien *Pseudomonadaceae* und *Achromobacteriaceae*, insbesondere durch Keimarten der Gattungen *Vibrio*, *Achromobacter* und auch *Spirillum* [49].

Nur gelegentlich kommt es beim Umschlagen der Laken zur Säuerung. Aufgußlaken mit dieser Abweichung riechen stechend, streng, fade-säuerlich oder sauer. Die Trübung dieser Laken ist mäßig, jedoch findet sich meist eine starke Ausflockung (Bodensatz). Mitunter zeigt sich Schleimigkeit, selten Schaumbildung. Die Laken sind mißfarben und erscheinen grünlich. Saure Laken haben einen pH von unter 6,0, oft unter 5,5, mitunter sogar unter 4,9. Unter ungünstigen Pökelbedingungen können Keimarten der Gattung *Micrococcus* und *Lactobacillus*, unterstützt von Keimarten der Gattungen *Leuconostoc*, *Streptococcus* und *Pediococcus* zu einer Säuerung der Laken führen [49].

3.2.3.6.1 Mikroorganismen in Laken

In Laken kommen Hefen, *Micrococcaceae*, Milchsäurebakterien und halophile gramnegative Bakterien vor. Die umfassendsten Untersuchungen über die Mikroflora von Pökellaken stammen von Leistner [47, 48, 49, 50], der folgende Keimzahlen (KbE/ml) fand: wenig gebrauchte Aufgußlaken: unter 3×10^6, typische Laken 3×10^6 bis 2×10^7, unstabile Laken 2×10^7 bis 1×10^8 und faulige Laken über 1×10^8 [50].

Die Identifizierung von Lake-Isolaten, die unter Verwendung verschiedener Medien z. T. nach anaerober Bebrütung gewonnen wurden, wurde nach der 7. Auflage von Bergeyŝ Manual [7] durchgeführt und ist heute nur noch bedingt nachvollziehbar. Es wurden etwa 45 Keimarten aus 23 Gattungen häufiger nachgewiesen. „Sehr häufig" wurden die Gattungen *Micrococcus* (nach neuerer Taxonomie ist davon auszugehen, daß primär die Gattung *Staphylococcus* gemeint war), *Lactobacillus*, *Vibrio*, *Streptococcus*, *Achromobacter*, *Spirillum* und *Alcaligenes* gefunden, „häufig" Hefen, *Pseudomonas*, *Escherichia*, *Bacillus* und *Microbacterium*. Bezogen auf die Keimzahlen waren *Micrococcus* und *Vibrio* „sehr stark" vertreten, *Spirillum*, *Achromobacter* und *Lactobacillus* „stark" sowie *Alcaligenes*, *Pseudomo-*

nas, Pediococcus, Microbacterium, Corynebacterium und Hefen „reichlich" [50].

So sollen in Laken, in denen sich erst für kurze Zeit Fleisch befindet, *Micrococceae* vorherrschen (nach heutiger Auffassung dürfte es sich vorwiegend um koagulasenegative Staphylokokken handeln) oder *Achromobacteriaceae* (vorherrschend *Achromobacter* und *Alcaligenes*). Schon länger zum Pökeln benutzte, gereifte Laken mit guten Pökeleigenschaften, jedoch geringer Stabilität sind im allgemeinen *Spirillaceae*-Laken (vorwiegend *Vibrio* und *Spirillum*). Lange gebrauchte Stammlaken mit guter Stabilität, aber im allgemeinen geringeren Pökeleigenschaften, sind oft *Lactobacteriaceae*-Laken (vorherrschend *Lactobacillus*) [50]. Die Flora von Laken dieser Art kann auch einseitig von Hefen dominiert sein [26].

In einer neueren Arbeit wurden in fast allen untersuchten Laken Milchsäurebakterien ($<3\times10^3$ bis 3×10^6 KbE/ml), Staphylokokken ($<10^2$ bis 2×10^5 KbE/ml), Mikrokokken ($<10^2$ bis 2×10^5 KbE/ml) und Hefen ($<10^2$ bis 2×10^6 KbE/ml) nachgewiesen. Außerdem wurden auf Keimzählagar mit 15 % Kochsalz regelmäßig aerobe, oxidase-positive, mäßig halophile, gramnegative und in der Regel keine Säure aus Zucker bildende Bakterien gefunden, die der erst gegen Ende der achtziger Jahre errichteten Familie der *Halomonadaceae* zugeordnet wurden [65]. Diese Bakterien wurden auch auf ihre Eignung als Starterkultur für Pökellaken untersucht.

Es wurde vermutet, daß es sich um ähnliche Bakterien handelte, die von Leistner [47, 50] nach der damaligen Taxonomie nach der 7. Auflage von Bergeyś Manual [7] als *Achromobacteriaceae* angesprochen wurden [65].

Aus dänischen Aufgußlaken für die Baconherstellung wurden *Vibrio proteolyticus, Halomonas elongata* und *Staphylococcus carnosus* isoliert [35]. Die gleichen Autoren isolierten darüber hinaus *Vibrio nereis, Vibrio costicola, Vibrio logei, Vibrio vulnificus* und *Vibrio alginolyticus* aus dänischen Laken [1]. *Vibrio costicula* wurde bereits in Verbindung mit dem Verderb von gepökeltem Fleisch gebracht [22].

3.2.3.6.2 Herkunftsquellen der Mikroorganismen in der Lake

Die Mikroorganismen, die in Laken gefunden werden, können aus dem Rohstoff Fleisch, aus dem verwendeten Wasser, aus Rekontamination durch Personal und Gerätschaften oder auch aus der Luft herrühren. Eine wichtige Herkunftsquelle ist die Inkubation des Pökelgutes mit Stamm- oder Eigenlake. Zunehmende Bedeutung kommen kommerziell erhältlichen Starterkulturpräparaten zu. Auch über nicht raffiniertes Salz – in Spanien wird es z. T. für mehrere Pökelprozesse hintereinander benutzt – können Mikroorganismen Zugang zu den Laken und dem Pökelgut finden.

3.2.3.7 Wirkungsweise der Enzyme bei der Reifung von Rohschinken

Bei Rohschinken ist die Intensität der proteolytischen und lipolytischen Vorgänge schwächer ausgeprägt als bei Rohwürsten.

3.2.3.7.1 Proteolyse

Proteolyse wurde beobachtet in Parma-Schinken [5], Serrano-Schinken [2] und amerikanischem Country-Style Schinken [64]. Die Proteolyse, die unterschiedlich stark in den verschiedenen Regionen des Schinkens ist, wird von der Trocknung der Schinken beeinflußt [58].

Die Zunahme des Nicht-Eiweiß-Stickstoffes und der freien Aminosäuren werden einer proteolytischen Aktivität zugeschrieben, die hauptsächlich in der sarkoplasmatischen Eiweißfraktion stattfindet [62] und bei steigender Reifungstemperatur intensiver verläuft [20]. Besonders stark ist der Anstieg von Glutaminsäure, Arginin, Valin, Leucin und Lysin [2]. Da die Keimzahlen im Innern der Schinken häufig sehr gering sind [84, 55, 81], und fast alle bisher aus dem Schinkeninneren isolierten Mikroorganismen nicht oder allenfalls schwach proteolytisch sind [6] und auch bei weitgehender Abwesenheit von Mikroorganismen proteolytische Vorgänge ablaufen, die die Schinken mürbe und zart im Biß machen, führt man heute die Proteolyse hauptsächlich auf Muskelproteinasen zurück. Endopeptidasen wurden bei den bisherigen Isolaten nicht festgestellt [72]. Exopeptidase-Aktivität wurde bei einem aus Rohschinken isolierten *Pediococcus pentosaceus*-Stamm aufgrund einer starken Leucin- und Valin-Arylamidase-Aktivität festgestellt, während *Staphylococcus xylosus* nur eine sehr schwache Leucin-Arylamidase-Aktivität aufwies [72]. Relativ hohe Enzymaktivitäten der Kathepsine B, D, H und L [84] und der Muskel-Aminopeptidasen [86] wurden auch nach 8 Monaten der Herstellungszeit nachgewiesen. Dies weist auf eine gute Stabilität der Enzyme während langer Prozeß- und Lagerzeiten hin [85] und dürfte auch der Grund dafür sein, daß auch nach längerer Reifezeit immer noch eine Verbesserung des Aromas möglich ist. Auch Glycosidasen weisen nach 7 Monaten noch eine hohe Enzymaktivität auf, wenn auch ihre Rolle bei der Schinkenreifung nicht bekannt ist.

So hält man mittlerweile die proteolytische Aktivität der Kathepsine für die in Rohschinken zu beobachtende Tyrosinsynthese mit Auskristallisation für eine wahrscheinlichere Theorie als die Bildung der Tyrosine durch Hefen [3].

3.2.3.7.2 Lipolyse

Demgegenüber scheint die Lipolyse stärker von den Mikroorganismen beeinflußt zu werden, wenn auch der Anteil an freien Fettsäuren bei einem langgereiften Produkt wie dem Iberico-Schinken nur etwa 4 bis 7 % der Werte beträgt, die in Rohwürsten gefunden werden [58]. Dies hängt sicherlich auch damit zusammen, daß das subkutane Fettgewebe von der Oberfläche her für Mikroorganismen eher zugänglich ist. Als Untersuchungsparameter für die lipolytische Aktivität wird der Anstieg der flüchtigen und nichtflüchtigen Fettsäuren im Vergleich zu einer unbeimpften Kontrollcharge genommen [71] und die Fähigkeit der Isolate, Fette auf Nährböden abzubauen. Während von luftgetrockneten Rohschinken isolierte Hefen eine positive [39], wenn auch häufig geringe lipolytische Aktivität aufweisen [75], wird insbesondere den *Micrococcaceae* ein starker Einfluß auf die Lipolyse wegen ihrer dominanten Keimzahl und vieler lipolytisch aktiver Species zugeschrieben [71, 75, 83]. Aber auch von Schinken isolierte Milchsäurebakterien wie *Lactobacillus curvatus* und *Pediococcus pentosaceus* sind lipolytisch [71, 75], ebenso wie die meisten der von Rohschinken isolierten Aspergillus- und Penicillium- Stämme [37]. Neben Mikroorganismen sind beim subkutanen Fett zu einem geringeren Teil auch gewebseigene Lipasen an der Lipolyse beteiligt. Enzyme aus dem subcutanen Fett sollen weniger stabil während der Lagerung sein und ihre Wirkung primär in der ersten Phase des Herstellungsprozesses ausüben [85]. Die Lipolyse soll von der Trocknung der Schinken weitgehend unbeeinflußt sein [58].

3.2.4 Mikroorganismen in Rohpökelstückwaren mit normaler Beschaffenheit

Seit Anfang der 80er Jahre wurden mehrere umfangreiche Untersuchungen im deutschsprachigen Raum durchgeführt [81, 55, 31, 78] und auch im Ausland, wobei die neueren Publikationen gegen Ende der achtziger und Anfang der neunziger Jahre häufig aus Spanien kommen.

Der Keimgehalt sensorisch einwandfreier Rohschinken, die in verschiedenen Betrieben hergestellt werden, kann recht unterschiedlich sein und eine große Schwankungsbreite aufweisen, die von $<10^2$ bis 10^8 KbE/g reichen kann [78]. Etwa die Hälfte der Rohschinken weist überhaupt kein Keimwachstum auf [55]. Auch hier spielen Gewicht und Zuschnitt eine wichtige Rolle. Der Anteil an praktisch keimfreien Rohschinken ist bei Schinkenspeck (ca. 30 %) deutlich niedriger als bei Knochenschinken (ca. 60 %) [81]. Bei etwa zwei Drittel der sensorisch einwandfreien Rohschinken kann man Keimzahlen erwarten, die nicht höher als 10^3 bis 10^4 KbE/g liegen [81].

Auch für die Verteilung der Mikroorganismen sind Anatomie und der Zuschnitt der Rohpökelstückware ein bestimmender Einflußparameter. Dies gilt sowohl für die Oberfläche [8] als auch für das Schinkeninnere [13]. So wurde bei Parma-Schinken festgestellt, daß im Fettgewebe höhere Keimzahlen als im Magerfleischanteil auftraten. Andererseits soll die Penetration der Mikroorganismen ausschließlich von der Fleischseite aus erfolgen, da sie im Gegensatz zur Außenfläche bei vielen Schinkenarten nicht von der Schwarte und subkutanem Fett bedeckt ist, die wie eine undurchlässige Schicht wirken. Die Fettschicht soll das Eindringen von Mikroorganismen verhindern können [27]. In der Tiefe des Magerfleisches auf der Schwartenseite kann bei der Trockenpökelung spanischer Rohschinken Keimwachstum stattfinden, da in dieser Schinkenregion die Abtrocknung und der Salzanstieg langsamer vor sich gehen. Die Natur der Mikroorganismen, die in der Nähe des subcutanen Fetts wachsen, soll folglich mehr von der Innenflora des Fleisches beeinflußt sein, während die äußeren Probeentnahmestellen auch äußeren Einflüssen unterliegen [13].

Qualitativ und quantitativ kommen grampositive, nicht sporenbildende Stäbchen (überwiegend Laktobazillen) und Kokken der Familie *Micrococcaceae* am häufigsten vor. Weitere nachgewiesene Mikroorganismengruppen sind Vertreter der Familie *Streptococcaceae*, gramnegative Stäbchen, aerobe Sporenbildner und Hefen [78], und in der ersten Phase der Pökelung auch *Brochothrix thermosphacta* [40]. Die Entwicklung einer Pilzflora auf der Oberfläche von Schinken, die im Mittelmeerraum hergestellt werden, stellt eine normale Erscheinung dar, da diese Produkte nicht geräuchert werden [9]. Neben Schimmelpilzen kommen auch Hefen vor. Es existieren einige bewußt schimmelpilzgereifte Rohschinkenspezialitäten wie z. B. der Südtiroler Bauernspeck aus Norditalien und das Bündenfleisch aus der Schweiz [57].

Ca. 80 % [68] bis 90 % [78] der in Rohpökelstückwaren vorkommenden *Micrococcaceae* sind der Gattung *Staphylococcus* zuzuordnen. Der Gattung *Micrococcus* kommt eine untergeordnete Rolle zu. In diesem Zusammenhang sei darauf hingewiesen, daß in der älteren Literatur bis 1975 die in fermentierten Fleischwaren vorkommenden *Micrococcaceae* vor allem der Gattung *Micrococcus* und nur vereinzelt der Gattung *Staphylococcus* zugeordnet wurden. Da inzwischen modernere Methoden zur Abgrenzung der Gattungen *Micrococcus* und *Staphylococcus* zur Verfügung stehen [77,19, 79], müssen die in der älteren Literatur vorgenommenen diesbezüglichen Zuordnungen häufig als ungenau oder gar falsch betrachtet werden.

Tatsächlich aber wachsen aus Rohschinken isolierte Staphylokokken selbst bei NaCl-Konzentrationen von 15 % [68], was die Dominanz der Staphylokokken während der Schinkenpökelung erklärt [82]. Aus Rohschinken isolierte Staphylokokken wachsen in Schinken während der Pökelung vor allem deshalb, weil sie neben der Kochsalzresistenz fakultative Anaerobier und resistent gegenüber Temperaturen von 3 bis 5 °C sind. Eine Zunahme der Keimzahl der *Micrococcaceae* in der Salzausgleichsphase wurde bei spanischen [13], italienischen [27] und an amerikanischen Schinken [29] festgestellt. In der Außenschicht vermehren sich die *Micrococcaceae* wesentlich rascher als im Zentrum der Schinken [66], ihre Bedeutung und Rolle bei den biochemischen Vorgängen während der Schinkenpökelung bleiben jedoch weitgehend unbekannt [68].

Die am häufigsten in deutschen Rohpökelstückwaren vorkommenden *Micrococcaceae* sind *Staphylococcus saprophyticus*, *Staphylococcus carnosus* (wird z. T. als Starter eingesetzt), *Staphylococcus xylosus* und *Staphylococcus simulans*. Weiterhin kommen *Staphylococcus epidermis*, *Staphylococcus hominis*, *Staphylococcus sciuri*, *Staphylococcus warneri* und *Staphylococcus haemolyticus* vor. Aus der Gattung *Micrococcus* wurden *Micrococcus varians*, *Micrococcus luteus* und *Micrococcus kristinae* isoliert [78]. Bei Isolaten aus spanischem Rohschinken waren die Gattungen *Staphylococcus xylosus* und *Staphylococcus sciuri* bei der Auswertung dominant [68]. Somit zählen koagulase-negative Staphylokokken zur maßgeblichen Flora von Rohschinken.

Micrococcaceae stellen sowohl auf der Oberfläche als auch in der Tiefe der Schinken die vorherrschende Flora dar. Dies wurde bei spanischen Schinken sowohl bei schnellem als auch bei langsamem Pökelverfahren bewiesen [82]. Auf der Oberfläche von Bündner Fleisch [66] und italienischen Schinken [15] wurde *Staphylococcus xylosus* als dominante Spezies vorgefunden.

Die in Rohschinken vorkommenden Milchsäurebakterien können milchsäurebildende Kokken sowie homofermentative und heterofermentative Laktobazillen sein. Die Anzahl der Milchsäurebakterien wird durch die Technologie und der dabei angewandten Temperaturführung beeinflußt. Die Keimzahl nimmt während des Durchbrennens ab und kann während der letzten Reifungsstufe wieder zunehmen [82]. Die während des Pökelns vorliegenden Keimzahlen an Milchsäurebakterien im Innern des Schinkens liegen von nicht nachweisbar bis 10^2 KbE/g, was auf die niedrige Temperaturführung bei diesem Verfahrensschritt zurückzuführen ist [82]. Diese Werte werden von anderen Autoren bestätigt [14], liegen aber höher als die Keimzahlen einer anderen Arbeit [40]. Weiteren Autoren (z. B. [27]) gelang es nicht, während des Pökelvorgangs von Schinken Milchsäurebakterien in nennenswerten Mengen nachzuweisen. Die geringsten Anteile an der Gesamtpopulation treten auf der Stufe nach dem Salzen und im ersten Stadium der Trockenpökelung auf. Während der Reifung erhöht sich die Keimzahl an Milchsäurebakterien bis auf ca. 10^4 KbE/g wegen der höheren Temperatur [82]. Als homofermentative Milchsäurebakterien kommen *Lactobacillus alimentarius*, *Lactobacillus curvatus*, *Lactobacillus casei var. rhamnosus* und als heterofermentative Milchsäurebakterien *Lactobacillus divergens* vor [69]. Bei Bündner Fleisch wurde *Lactobacillus sake* isoliert [66].

Streptococcaceae kommen häufig in deutschen Rohpökelstückwaren vor, wobei die Nachweishäufigkeit bei Bauchspeck mit 83 % wesentlich höher liegt als z. B. bei Knochenschinken mit 17 % und bei Schinkenteilstücken mit 13 %. Fäkale Streptokokken sind gegenüber hohem NaCl-Gehalt und niedriger Temperatur resistent und kommen in luftgetrockneten Rohpökelstückwaren häufig in der Größenordnung von 10^3 bis 10^5 KbE/g vor [38], wobei *Enterococcus faecalis* und *Enterococcus faecium* ca. 20 % dieser Keimzahlen ausmachten. In italienischen Rohschinken lagen die Keimzahlen an D-Streptokokken in der Größenordnung zwischen <50 und 10^4 KbE/g [27]. Ältere Arbeiten berichten von niedrigeren Keimzahlen [43, 46]. *Pediococcus pentosaceus* wurde aus spanischen Rohschinken [69], *Leuconostoc paramesenteroides* aus Bündner Fleisch isoliert [66].

Im Gegensatz zu den Pökellaken scheinen gramnegative, halophile Stäbchen im Inneren sensorisch einwandfreier Schinken eine weniger wichtige Rolle zu spielen. In deutschen Rohpökelstückwaren beträgt die Nachweishäufigkeit gramnegativer Stäbchen bei Keimgehalten von $<10^2$ bis $4{,}0 \times 10^6$ KbE/g ca. 16 % [78]. Über die taxonomische Zusammensetzung der gramnegativen Bakterien in Rohpökelstückwaren wird in der Literatur indes sehr wenig berichtet. Dies liegt sicherlich auch darin begründet, daß ein Teil dieser Bakterien Salz auf Nährböden benötigt, um überhaupt zu wachsen. Zweifelsfrei kommen in Produkten normaler sensorischer Beschaffenheit neben Vibrionen [22] auch Enterobakterien in geringer Zahl vor. Im Innern der Schinken können die coliformen Bakterien sowie *Pseudomonadaceae* und Bazillen bei der Trocknung und Räucherung inaktiviert werden [28]. Es ist zu vermuten, daß auch Gattungen der erst kürzlich eingeführten Familie der *Halomonadaceae* [21], die häufig in Pökellaken vorkommen [65], auch in gepökeltem Fleisch vorkommen.

Hefen werden häufig in und auf Pökelfleischwaren gefunden [52]. Der Schwerpunkt bei bisherigen Untersuchungen lag bei Rohwürsten, wobei das Hauptaugenmerk der Isolierung und Idendifizierung der Oberflächenflora galt [70]. Der Einsatz von *Debaryomyces hansenii* als Starter und sein Einfluß auf die Reifung, die Mikrobiologie, die Hygiene und Sensorik von Rohwürsten wurde untersucht [65, 24]. Hefen, die sich während der Pökelung und Reifung im Innern von Rohschinken entwickeln, wurden bisher nur wenig erforscht. Einige Autoren (z. B. [40]) konnten überhaupt keine Hefen nachweisen. In anderen Untersuchungen waren die Keimzahlen sehr klein und konnten daher beim Pökelprozeß keine bedeutende Rolle spielen [27, 39]. Auf der Oberfläche und in der äußersten Schinkenschicht luftgetrockneter Rohschinken hingegen kommen Hefen häufig in der Größenordnung von bis zu 10^6 KBE/g in frühem Reifestadium vor, wobei die Keimzahlen nach längerer Reifung wieder um ca. 2 Zehnerpotenzen zurückgehen [39]. Während bei Country-style ham normalerweise Hefen assoziiert mit Schimmelpilzen auf der Oberfläche auftraten [4], wurden keine Schimmel auf San Daniele Schinken nachgewiesen, wo die Oberflächenflora ausschließlich aus der Species *Debaryomyces hansenii* und aus koagulase-negativen Staphylokokken der Species *Staphylococcus xylosus* bestand [15].

Obwohl die gefundenen Keimzahlen an Hefen i. d. R. im Schinkeninnern sehr niedrig sind, wird doch ein recht breites Spektrum an Gattungen und Arten gefunden. Tabelle 3.2.2 zeigt die taxonomische Verteilung von Hefen, die aus spanischem Rohschinken isoliert wurden. In Übereinstimmung mit anderen Autoren [52] wurde *Debaryomyces hansenii* am häufigsten gefunden, und zwar in allen Stadien des Herstellungsprozesses. Während der Salzungs- und Durchbrennphase bei kalten Temperaturen waren *Rhodotorula rubra* und *Rhodotorula pallida* am zweithäufigsten anzutreffen. Während der Trocknungsphase dominierte *Saccharomycopsis lipolytica* auf jedoch niedrigem Niveau in der Häufigkeit. *Candida versatilis* war während der Durchbrennphase nachzuweisen und hatte während der ersten Trocknungsphase eine steigende Häufigkeitsverteilung. Nach 8 Monaten jedoch war nur noch *Debaryomyces* präsent [39]. In einer weiteren Arbeit über spanische Rohschinken wird berichtet, daß die meisten Isolate zu der Gattung *Hansenula* zählten (*Hansenula sydowiorum*, *Hansenula holstii* und *Hansenula ciferrii*). Weiterhin wurden *Rhodotorula glutinis* und *Debaryomyces hansenii* isoliert [70]. Vom Vorkommen von *Cryptococcus albidus* [70, 6] und *Torulopsis candida* [3] wird ebenfalls berichtet. *Debaryomyces* und *Candida* wurden in geringen Keimzahlen bei „Country Cured Hams“ gefunden [17].

Tab. 3.2.2 Taxonomische Verteilung aus spanischem Rohschinken isolierter Hefen und deren physiologische Merkmale [39]

Identifikation	Anzahl der Stämme (120)	%	Proteo-lytische Stämme	Lipo-lytische Stämme	Toleranz gegenüber 8 % Kochsalz
Debaryomyces	59	49,15			
hansenii	39	32,50	–(39)	+(39)	+
kloeckeri	20	16,65	–(20)	+(20)	+
Rhodotorula		16	13,35		
rubra	11	9,15	–(11)	+(11)	+
pallida	5	4,20	–(5)	+(5)	+
Candida	16	13,35			+
versatilis	16	13,35	–(16)	+(16)	+
Cryptococcus	9	7,50			
albidus var. aeria	9	7,50	–(3)	+(9)	+
Saccharomycopsis	14	11,65			
lipolytica	14	11,65	–(14)	++(14)	+
Non identified	6	5,0	N. T.	N. T.	N. T.

+: positiv; ++: stark positiv; –: negativ; N. T.: nicht getestet

Beim Auftreten von **Schimmelpilzen** unterscheidet man zunächst, ob dieser Schimmelpilzbefall erwünscht oder nicht erwünscht ist. Im allgemeinen wird Schimmelpilzwachstum auf Schinken vom Verbraucher als Zeichen der Verderbnis gewertet und ist auf geräucherten Produkten deutscher Technologie grundsätzlich unerwünscht. Neben Rohwürsten italienischen Typs werden einige Rohpökelstückwaren wie Bündner Fleisch, Südtiroler Bauernspeck und Country Cured Ham zu den schimmelpilzgereiften Fleischerzeugnissen gezählt, wo Schimmelpilzwachstum vom Verbraucher toleriert oder gar als erwünscht angesehen wird. Jedoch wird auch bei diesen Produkten nur das Vorkommen bestimmter Schimmelpilzarten vom Verbraucher akzeptiert, die einen einheitlichen, weißen bis weiß-grauen oder elfenbeinfarbenen Belag hervorrufen. Hier sei angemerkt, daß Schimmelpilze im Innern von Rohschinken im allgemeinen nicht ohne Verderbserscheinungen anzutreffen sind. Die Schimmelpilze wandern in solchen Fällen über Risse und Bindegewebszüge in das Innere des Schinkens.

Die Häufigkeitsverteilung von Schimmelpilzgattungen einer repräsentativen Untersuchung zeigt Tabelle 3.2.3 [51].

Tab. 3.2.3 Schimmelpilze, die von 27 Rohwürsten und 40 Knochenschinken isoliert wurden [51]

Familie	Anzahl und Gattung % der Proben		Anzahl der Proben		
	Schinken		Rohwürste	Gesamt	
	Rhizopus	5	3	8	*Mucoraceae*
9 (13 %)	*Mucor*	0	1	1	*Mortierella- ceae*
2 (3 %)	*Mortierella*	1	1	2	*Cephalida- ceae*
1 (1 %)	*Syncephala- strum*	1	0	1	*Moniliaceae*
66 (99 %)	*Penicillium*	33	24	57	
	Aspergillus	36	9	45	
	Scopulariopsis	3	11	14	
	Peacilomyces	3	0	3	
	Oospora	3	0	3	*Dematiaceae*
14 (21 %)	*Cladosporium*	12	0	12	
	Alternaria	5	0	5	*Tubercularia- ceae*
3 (4 %)	*Epicoccum*	3	0	3	
	Fusarium	1	0	1	undifferen- ziert
4 (6 %)					

Auf Rohpökelwaren sind vorwiegend Schimmelpilze der Familie *Moniliaceae* anzutreffen, die vor allem durch Keimarten der Gattungen *Penicillium*, *Aspergillus* und *Scopulariopsis* vertreten ist. Auf Rohpökelstückwaren – insbesondere auf längere Zeit gereiften hochwertigen Produkten wie Knochenschinken – kommt den Gattungen *Aspergillus* und *Penicillium* eine herausragende Bedeutung zu. Auf Rohwürsten kommt neben der Gattung *Penicillium* auch der Gattung *Scopulariopsis* eine dominante Rolle zu, deren Arten meistens proteolytisch, lipolytisch und xerotolerant sind [51].

In der ersten Herstellungsstufe luftgetrockneter Rohschinken herrscht auf der Oberfläche die Gattung *Penicillium* vor, die während der späteren Produktionsstufen von der Gattung *Aspergillus* als vorherrschende Flora abgelöst wird [51, 37]. Neben dem Abfall der Wasseraktivität kann auch ein Anstieg der Temperatur, der während der Reifung von z. B. spanischen Rohschinken Anwendung findet, die Aspergillen gegenüber den Penicillien in Vorteil bringen. Andere Gattungen wie *Cladosporium*, *Alternaria*, *Fusarium*, *Geotrichum* und *Rhizopus* wurden lediglich in geringer Anzahl auf spanischem Rohschinken isoliert [37], während andere Gattungen (*Mucor* und *Paecilomyces*) nach der Nachsalzungsstufe nicht isoliert wurden [9].

Durch Schimmelpilzbefall können Farbabweichungen vielseitigster Art auf der Produktoberfläche hervorgerufen werden. So können durch Scopulariopsis-Kolonien auf der Schwartenoberfläche von Knochenschinken weiße Flecken auftreten. Von den *Dematiaceae* werden besonders die Gattungen *Cladosporium* und *Alternaria* angetroffen, die schwarze Pigmente bilden, die nicht nur oberflächlich auftreten, sondern so tief in das Produkt eindringen, daß sie nicht mehr abgewaschen werden können. Dunkelgrüne Farbabweichungen können durch *Aspergillus ruber* hervorgerufen werden. Eine ebenfalls unerwünschte Erscheinung sind „Bärte“, die durch *Mucorales* wie z. B. *Rhizopus* verursacht werden [51].

Schimmelpilze der Gattung *Eurotium* werden bei bestimmten lange gereiften Rohschinken mitunter als erwünscht angesehen. Dies gilt für Country Cured Hams der USA und auch für Jamon Serrano von Spanien [57].

3.2.5 Fehlprodukte

Der mikrobielle Verderb stellt bei Rohschinken nicht selten ein Problem dar. Sensorisch können sich diese Fehlprodukte durch zu weiche Konsistenz, schmierige Oberfläche und abweichenden Geruch und Geschmack äußern.

Ungeeigneter Rohstoff wie DFD-Fleisch, stark kontaminiertes oder zu lange gelagertes Fleisch, unsaubere Verarbeitung, unzureichende Kühlung und nicht sachgemäße Reifung sind die häufigsten Ursachen für den Verderb von Rohschinken neben einem zu geringen Salzgehalt insbesondere in Kombination mit einer zu frühen Anhebung der Temperatur zum Zwecke der Räucherung. Bei naßgepökelten Rohschinken kann die Qualität auch durch ein Umschlagen der Aufgußlake beeinträchtigt werden, und bei spritzgepökelten Rohschinken muß vor allem auf den Keimstatus der Lake geachtet werden, da mit der Lake keine verderbniserregenden Keime in das Fleisch injiziert werden sollen [32]. Darüberhinaus kann sich bei manchen Schinken das Fett während der Reifung verändern, d. h. das Fett wird weich und ranzig, was auf eine unzweckmäßige Fütterung der Schweine zurückzuführen ist [56].

Je kleiner der Durchmesser eines Rohschinkens und damit die Diffusionsstrecke der von außen eindringenden Pökelsalze ist, desto geringer ist die Wahrscheinlichkeit des Auftretens von Fehlfabrikaten [32]. So kommt es, daß insbesondere die dicken Knochenschinken verderbnisanfällig sind, bei denen der mikrobiell verursachte Verderb im Innern, meist entlang des Knochens oder nahe der großen Blutgefäße, auftritt. Meist sind in den verdorbenen Schinken die Keimzahlen in der kompakten Muskulatur wesentlich geringer als in den Bindegewebszügen und in der Nähe des Knochens [31]. Bei Knochenschinken kann es sogar zum ballonartigen Aufgasen kommen. In den aufgegasten Schinken wurden mehr proteolytische Bakterien sowie *Laktobazillen* und *Enterobacteriaceae* einschließlich der Coliformen im Vergleich zu nicht aufgegasten Schinken gefunden [63]. Dieses ballonartige Aufgasen von Knochenschinken wird auf *Enterobacteriaceae* zurückgeführt, die zusammen mit *Laktobazillen* die Gasbildung in den Hohlräumen der Schinken hervorrufen [63].

Grundsätzlich kann der innere Verderb von Knochenschinken in Richtung Fäulnis oder in Richtung Säuerung gehen [55]. Die Fäulnis ist der häufigste Verderbnistyp und tritt besonders bei DFD-Schinken (dry, firm, dark), also bei Schinken mit einem hohen pH-Wert auf [31]. So sollte Rohmaterial mit Ausgangs-pH-Werten $>5{,}8$ möglichst keine Anwendung für die Rohschinkenherstellung finden. Tendiert der Verderb im Inneren des Rohschinkens zur Säuerung, dann sind Milchsäurebakterien und apathogene Staphylokokken die Ursache. Dabei kann gleichzeitig Ranzigkeit auftreten, besonders wenn peroxidbildende Laktobazillen am Verderb beteiligt sind [32]. Bei der Untersuchung verdorbener Rohschinken wurde keine deutliche Beziehung zwischen dem pH-Wert und der Art der vorherrschenden Verderbnisflora festgestellt [55]. Verdorbene Rohschinken weisen hohe Keimgehalte auf ($<10^6$ bis 10^8 KbE/g). Bei verdorbenen Rohschinken, die voll ausgereift sind, können auch relativ niedrige Keimzahlen von 10^5 bis 10^6 KbE/g, besonders von *Enterobacteriaceae*, beobachtet werden, da in diesen Produkten die Verderbniserreger bereits teilweise abgestorben sein können. Zuweilen wurde aus verdorbenen Rohschinken auch *Staphylococcus aureus* isoliert [63].

Grundsätzlich gilt, daß Rohschinken durch die gleichen Keime verderben können, die auch in Rohschinken mit normaler Beschaffenheit vorkommen

[55, 63]. Im allgemeinen weisen jedoch verdorbene Rohschinken weitaus höhere Keimzahlen auf. So lag bei dem Vergleich zwischen normalen und verdorbenen italienischen Schinken der wesentliche Unterschied in höheren Keimzahlen bei der Gesamtkeimzahl (ca. Faktor 5–14), bei den *Micrococcaceae* (ca. Faktor 2 bis 10), bei den halophilen und halotoleranten Bakterien (Faktor 1,6 bis 5), bei den Laktobazillen (Faktor 7 bis 35) und bei den Hefen (Faktor 1 bis 80) [27].

Häufig wird der Verderb durch *Enterobacteriaceae* verursacht, die oft zusammen mit *Lactobacillaceae* und/oder apathogenen Staphylokokken nachweisbar sind. Die *Enterobacteriaceae* führen zur Fäulnis der Schinken. Tendiert der Verderb in Richtung Säuerung und Ranzigkeit, dann sind Laktobazillen und Staphylokokken die Ursache. Allgemein kann man davon ausgehen, daß in einem verdorbenen Rohschinken häufig eine Mischkultur verschiedener Mikroorganismen anzutreffen ist [31]. Clostridien werden offenbar relativ selten gefunden. Sind sie Verderbnisursache, dann kommt es zur Fäulnis [55].

Die kältetoleranten *Enterobacteriaceae* sind von größter Bedeutung für den Verderb von Rohschinken, wobei es sich vor allem um Vertreter der Gattungen *Serratia*, *Enterobacter*, *Proteus* und *Citrobacter* [31] und darüber hinaus um *Klebsiella* und *Hafnia* handelt [63]. Am häufigsten ist *Serratia liquefaciens* nachweisbar; diese Keimart ist anscheinend der wichtigste Verderbniserreger für Rohschinken [31]. Kältetolerante *Enterobacteriaceae* vermehren sich im Rohschinken zum Beginn des Salzens, denn wenn sich der a_w-Wert im Schinken durch das Eindringen des Salzes unter 0,96 vermindert hat, dann ist eine Vermehrung von *Enterobacteriaceae* nicht mehr möglich. Ein Fäulnisgeruch tritt auf, wenn die Keimzahl der Enterobacteriaceae im Produkt 10^6 KbE/g erreicht hat [55].

Auch Vibrionen wurden mit dem Verderb von Rohpökelstückwaren in Verbindung gebracht. So wurde vermutet, daß *Vibrio costicola* ein möglicher Verderbniskeim gepökelten Fleisches ist [22]. Andere Autoren neuerer Arbeiten vertreten die Meinung, daß die *Vibrio*-Stämme, die für den Verderb von z. B. Bacon verantwortlich sind, sich von den *Vibrio*-Stämmen unterscheiden, die den Geschmack von Bacon positiv beeinflussen können [1].

Während die unerwünschten Veränderungen im Innern von Rohschinken meist während des Salzens, Brennens und Reifens auftreten, werden unerwünschte Veränderungen auf der Oberfläche oft während der Nachreifung und Lagerung beobachtet. Häufig zeigt sich auf Schinken während der Lagerung ein unerwünschtes Schimmelpilz-Wachstum, das nicht nur das Aussehen der Produkte beeinträchtigt, sondern auch Mykotoxinrückstände in

Rohschinken verursachen kann [32]. So können durch *Cladosporium* und *Alternaria* schwarze Pigmentierungen hervorgerufen werden [51].

3.2.6 Starterkulturen für Rohpökelstückwaren

Die wichtigsten Anforderungen für Starterkulturen sind Wirksamkeit, gesundheitliche Unbedenklichkeit und Reinheit [54]. Die Starterkulturen, die für Rohpökelwaren angeboten werden, werden auch alle in Rohwürsten eingesetzt. Die wichtigsten Unterschiede zur Rohwurstfermentation sind:

- in Laken herrschen aerobe Verhältnisse,
- die Kochsalzkonzentration ist sehr hoch,
- in Laken findet im allgemeinen kein drastischer pH-Abfall statt,
- die Temperaturen sind bei der Pökelung für eine längere Zeit weitaus niedriger,
- das Fleischinnere – das Medium also, wo die Starter ihre eigentliche Wirkung entfalten sollen – ist mit Ausnahme der Spritzpökelung für die Mikroorganismen nur sehr bedingt erreichbar.

Viele Praktiker zweifeln die technologische Wirksamkeit der Starterkulturen bei Rohpökelstückwaren im Gegensatz zu Rohwürsten an [12, 25]. Von negativen Erfahrungen indes wird von der Praxis nicht berichtet.

In einer umfangreichen Untersuchung der auf dem deutschen Markt vorhandenen Starterkulturpräparate für Rohwurst wurde auch ein Präparat für die Herstellung von Rohschinken beschrieben [30], das *Staphylococcus carnosus* und *Lactobacillus plantarum* als Starterorganismen enthielt. Dieses Präparat ist derzeit noch auf dem Markt. Der Stamm *Staphylococcus carnosus* des gleichen Herstellers kann auch einzeln eingesetzt werden. Die Anwendungsempfehlung beschreibt entweder eine Zugabe zu der Salzmischung bei einem Trockenpökelungsverfahren oder aber die direkte Einspritzung über die Pökellake. Beide Präparate sollen neben dem Effekt der Farbbildung und Aromatisierung der Ranzidität entgegenwirken. Weitere Hersteller empfehlen *Staphylococcus xylosus* für die Spritzpökelung von Rohschinken.

Die als Starterkulturen angebotenen *Micrococcaceae* sowie *Lactobacillus plantarum* vermehren sich bei Temperaturen zwischen 5 und 8 °C nur langsam oder gar nicht und vertragen auch die anfänglich sehr hohen Salzkonzentrationen nur schlecht [61].

Die Weiterentwicklung von Starterkulturen verspricht bei Rohschinken eine Verbesserung der Produkte. Allerdings sollte man diesen Einflußparameter nicht überschätzen. Kochsalz sowie die Temperatur und Zeit der Pökelung und Reifung werden die entscheidenden Einflußparameter bleiben [57].

Eine andere Situation liegt vor, wenn Starterkulturen lediglich auf der Oberfläche von Pökelwaren eingesetzt werden. Hier können folgende Wirkungen erzielt werden:

- ein gleichmäßiger Oberflächenbelag
- die Verdrängung der Kontaminationsflora
- eine Steuerung der Entfeuchtung
- eine Verbesserung oder bessere Standardisierung von Geruch und Geschmack.

Für diesen Zweck werden Schimmelpilze der Gattung *Penicillium* und Hefen der Gattung *Debaryomyces* angeboten. Auch Mischkulturen aus beiden Gattungen werden zu diesem Zweck kommerziell vertrieben.

In den vergangenen Jahren fehlte es nicht an Versuchen, auf die Pökelung mit besser an das Milieu angepaßten gramnegativen Mikroorganismen, die aus Lake isoliert waren, positiv Einfluß zu nehmen. Es handelte sich hierbei um Bakterien der Gattungen *Vibrio* [35] und *Halomonas* [65]. Kommerziell erhältlich sind beide Bakterien als Starterkulturen nicht. Es ist unwahrscheinlich, daß jemals gramnegative Bakterien als Starterkulturen für Rohpökelwaren in den Handel gebracht werden: insbesondere die Vibrionen sind schlecht für die Gefriertrocknung geeignet, nahe verwandte Arten können Krankheiten verursachen und bei falscher Anwendung dieser Mikroorganismen können auch Verderbniserscheinungen auftreten [61].

3.2.7 Hygienische Aspekte bei Rohpökelstückwaren

Hygienisch wichtige Mikroorganismen bei Rohschinken sind Clostridien, *Staphylococcus aureus*, *Enterobacteriaceae* und Schimmelpilze. Für das Auftreten hygienischer Probleme sind insbesondere die Hygiene bei der Gewinnung und Lagerung des Rohmaterials und das Einhalten „sicherer" Prozeßparameter verantwortlich. Häufig treten hygienische Probleme vergesellschaftet mit Verderbserscheinungen – häufig durch kältetolerante *Enterobacteriaceae* verursacht – auf. Heimtückischer, da für den Verbraucher keine deutliche Fäulnis erkennbar, ist Botulismus, der bei Rohschinken, insbesondere bei Knochenschinken, von nicht proteolytischen Stämmen des Typs B von *Clostridium botulinum* verursacht wird. Bei experimentell provozierter Toxinbildung wurden nur ein leicht süßlicher Geruch und eine geringe Gasbildung entlang des Oberschenkelknochens beobachtet [31].

In Frankreich treten Botulismus-Fälle relativ häufig nach dem Verzehr von Knochenschinken aus Hausschlachtungen auf, die unter unzureichender Kühlung gesalzen und durchgebrannt wurden. Botulismus-Fälle, die auf den Verzehr von gewerbsmäßig hergestellten Rohschinken zurückzuführen wären, sind bisher in Frankreich noch nicht aufgetreten [56].

Weiterhin wurden *Clostridium butyricum* [74] aus deutschen und *Clostridium perfringens* und *Bacillus cereus* in der Größenordnung von 10^2 bis 10^3 KbE/g von spanischen Rohschinken isoliert [38].

Staphylococcus aureus-Intoxikationen kamen nach Genuß von Rohschinken in der Bundesrepublik bis zum Jahr 1985 offenbar selten vor [41]. In Experimenten wurde beobachtet, daß sich *Staphylococcus aureus* während des Pökelns, Räucherns und der Lagerung von experimentell beimpften Rohschinken nicht vermehrte [55]. Im Sommer 1988 kam es jedoch in Deutschland in 2 Fällen zum Auftreten von Lebensmittelvergiftungen nach dem Verzehr von Rohschinken durch das Enterotoxin A (SEA) von Staphylokokken. Der Einfluß des a_w-Wertes und der Temperatur auf die Fähigkeit von *Staphylococcus aureus*, in Rohschinken Enterotoxin zu bilden, wurde untersucht [87]. Der Beginn der Räucherung stellt eine riskante Phase im Hinblick auf *Staphylococcus aureus* bei der Herstellung von Rohschinken dar, wenn die angewandte Temperatur zu hoch liegt. Vielmehr soll der a_w-Wert der Schinken zunächst noch bei niedrigen Temperaturen unter 10 °C stabilisiert werden [87]. Wachstum von Staphylokokken auf der Oberfläche von ganzen Schinken tritt in der Regel nicht auf wegen der Rauchkomponenten und dem niedrigen a_w-Wert. Hygienisch sensiblere Produkte liegen vor, wenn der Schinken in Scheiben oder Stücke geschnitten wird. Für diese Produkte wird grundsätzlich Aufbewahrung in der Kühlung empfohlen [87]. In stark zerklüfteten Bereichen der Oberfläche von ganzen Schinken und in verpackter Aufschnittware wurden Keimgehalte an *Staphylococcus aureus* von über 10^6 KbE/g nachgewiesen [33].

Salmonellosen durch den Verzehr von Rohschinken sind bisher nicht bekannt [80].

Verschiedene Schimmelpilz-Arten bilden unterschiedliche Mykotoxine, sogar verschiedene Stämme der gleichen Schimmelpilz-Art können sich im Toxinbildungsvermögen unterscheiden. Mykotoxine sind in verschimmelten Rohpökelwaren zu erwarten, besonders gefährdet sind lange und ohne Kühlung gereifte bzw. aufbewahrte Fleischerzeugnisse. Verschimmelte Rohschinken stellen ein höheres Risiko als verschimmelte Rohwürste dar, da bei den letzteren die Hülle eine gewisse Barriere sein kann, obwohl auch durch die Wursthülle die Mykotoxine in das Brät eindringen. Die Mykotoxine, die bisher in Rohpökelwaren nachgewiesen worden sind, haben verschiedene pharmakologische bzw. toxikologische Eigenschaften. Einige sind nahezu ungiftig, andere hochtoxisch und wenige krebserregend; manche haben antibiotische oder antimykotische Eigenschaften [36]. Unter Berücksichtigung des chemischen und biologischen Mykotoxinnachweises erwiesen sich 78 % der von Fleischerzeugnissen isolierten Penicillien als toxinogen [55].

Literatur

[1] Andersen, H. J.; Hinrichsen, L. L.: Growth profiles of *Vibrio* species isolated from Danish curing brine. Proc. 37th Int. Congress of Meat Science and Technology, Kulmbach, 1991, 4 : 2, 528–533.

[2] Aristoy, M.-C.; Toldra, F.: Amino acid analysis in fresh pork and dry-cured ham by HPLC of phenylisothiocyanate derivates. Proc. 37th Int. Congress of Meat Science and Technology, Kulmbach, 1991, 6 : 2, 847–850.

[3] Arnau, J.; Hugas, M.; Garcia-Regueiro, J. A.; Monfort, J. M.: A study of the development of a white film on cut surfaces of Spanish cured hams. Proc. of the 32nd European Meeting of Meat Research Workers, Vol. II, 6 : 6, 1986, 313–317.

[4] Bartholomew, D. T.; Blumer, T. N.: The use of a commercial *Pediococcus cerevisiae* starter culture in the production of country-style hams. J. Food Sci. **42** (1977), 494–502.

[5] Bellatti, M.; Dazzi, G.; Chizzolini, R.; Palmia, F.; Parolari, G.: Physical and chemical changes occuring in proteins during the maturation of Parma ham. I. Biochemical and functional changes. Ind. Conserve **58** (1983), 143–146.

[6] Bermell, S.; Molina, I.; Miralles, M.; Flores, J.: Studie über die Keimflora trokkengepökelter Schinken. 6. Proteolytische Aktivität. Fleischwirtschaft **72** (1992), 1703–1705.

[7] Breed, R. S.; Murray, E. G. D.; Smith, N. R. (Hrsg.): Bergey's manual of determinative bacteriology (7. Aufl.). 1957. The Williams 6 Wilkins Co., Baltimore.

[8] Carrascosa, A. V.; Cornejo, I.; Marin, M. E.: Vorkommen und Verteilung von Mikroorganismen auf der Oberfläche trocken gepökelter spanischer Schinken. Fleischwirtschaft **72** (1992), 1035–1038.

[9] Casado, M. J.; Borraz, M.-A. D.; Aguilar, V.: Schimmelpilze auf der Oberfläche trocken gepökelter Rohschinken. Methodologische Studie zur Isolierung und Identifizierung von Schimmelpilzen. Fleischwirtschaft **71** (1991), 1333–1336.

[10] Coretti, K.: Rohwurst und Rohfleischwaren, II. Teil: Rohfleischwaren. Fleischwirtschaft **55** (1975 a), 792–800.

[11] Coretti, K.: Rohwurst und Rohfleischwaren, II. Teil: Rohfleischwaren (Fortsetzung). Fleischwirtschaft **55** (1975 b), 1365–1376.

[12] Coretti, K.: Starterkulturen in der Fleischwirtschaft. Fleischwirtschaft **57** (1977), 386–394.

[13] Cornejo, I.; Carrascosa, A. V.; Marin, M. E.; Martin, P. J.: Rohschinken. Untersuchungen über die Herkunft von Mikroorganismen, die sich bei der Herstellung trocken gepökelter Rohschinken in der Muskulatur vermehren. Fleischwirtschaft **72** (1992), 1422–1425.

[14] Dellaglio, F.; Torriani, S.; Sansidoni, A.; Goninelli, F.; Termini, D.: Caratterizzazione dei batteri lattici nelle prime fasi di stagionatura del prosciutto di San Daniele. Ind. Alimentari **23** (1984), 676–682.

[15] DELLAGLIO, F.; TORRIANI, S.; SIVILOTTI, L.: Investigation on the microflora associated with the ripening of San Daniele ham: Strains characterization. Microbiologie-Aliments-Nutrition **4** (1986), 25–33.
[16] DEUTSCHES LEBENSMITTELBUCH: Leitsätze /red. bearb. von Hans Hauser. – Ausgabe 1992. Bundesanzeiger Verlagsges. mbH, Köln.
[17] DRAUGHON, F. A.; MELTON, C. C.; MAXEDON, D.: Microbial profiles of country-cured hams aged in stockinettes, barrier bags and paraffin wax. Applied and Environmental Microbiology **41** (1988), 1078–1080.
[18] FISCHER, A.: Produktbezogene Technologie – Herstellung von Fleischerzeugnissen. In: Handbuch der Lebensmitteltechnologie. Fleisch. PRÄNDL, O.; FISCHER, A.; SCHMIDHOFER, T.; SINELL, H.-J. (Hrsg.). Verlag Eugen Ulmer, Stuttgart, 1988, 488–592.
[19] FISCHER, U.; SCHLEIFER, K.-H.: Vorkommen von Staphylokokken und Mikrokokken in Rohwurst. Fleischwirtschaft **60** (1980), 1046–1051.
[20] FLORES, J.; BERMELL, S.; NIETO, P.; COSTELL, E.: Cambios quimicos en las proteinas del jamon durante los procesos de curado lento y rapido y su relacion con la calidad. Rev. Agroquim. Tecnol. Aliment. **24** (1984), 503–509.
[21] FRANZMANN, P. D.; BURTON, H. R.; MC MEEKIN, T. A.: *Halomonas subglaciescola*, a new species of halotolerant bacteria isolated from Antarctica. Int. J. Syst. Bacteriol. **37** (1987), 27–34.
[22] GARDNER, G. A.: Identification and ecology of salt-requiring *Vibrio* associated with cured meats. Meat Science **5** (1980), 71–81.
[23] GEHLEN, K. H.; FISCHER, A.: Herstellung von Rohpökelwaren. Einfluß mechanischer Druckeinwirkung auf chemische, physikalische und sensorische Merkmale. Fleischwirtschaft **67** (1987), 992–1008.
[24] GEHLEN, K. H.; MEISEL, C.; FISCHER, A.; HAMMES, W. P.: Influence of the yeast *Debaryomyces hansenii* on dry sausage fermentation. Proc. 37th Int. Congress of Meat Science and Technology, Kulmbach, 1991, 6 : 8, 871–876.
[25] GEHLEN, K. H.: Fermentierte Fleischwaren in einigen europäischen Ländern. Fleischwirtschaft **73** (1993), 906–911.
[26] GEHLEN, K. H.: Unveröffentlichte Ergebnisse. 1994.
[27] GIOLITTI, G.; CANTONI, C. A.; BIANCHI, M. A.; RENON, P.: Microbiology and chemical changes in raw hams of Italian type. J. appl. Bact. **34** (1971), 51–61.
[28] GOTOH, M.: Mikroflora japanischer Rohschinken. Fleischwirtschaft **61** (1981), 50–1754.
[29] GRAHAM, P. P.; BLUMER, T. N.: Bacterial flora of prefrozen dry-cured ham at three processing time periods and its relationship to quality. J. Milk Food Technol. **34** (1971), 586–592.
[30] HAMMES, W. P.; RÖLZ, I.; BANTLEON, A.: Mikrobiologische Untersuchung der auf dem deutschen Markt vorhandenen Starterkulturpräparate für die Rohwurstbereitung. Fleischwirtschaft **65** (1985), 629–636.
[31] HECHELMANN, H.; LÜCKE F.-K.; LEISTNER, L.: Mikrobiologie der Rohschinken. Mitteilungsblatt Nr. 68 der BAFF Kulmbach, 1980, 4059–4064.
[32] HECHELMANN, H.: Mikrobiell verursachte Fehlfabrikate bei Rohwurst und Rohschinken. Fleischwirtschaft **66** (1986), 515–528.
[33] HECHELMANN, H.; LÜCKE F.-K.; SCHILLINGER, U.: Ursachen und Vermeidung von Staphylococcus aureus-Intoxikationen nach Verzehr von Rohwurst und Rohschinken. Mitteilungsblatt Nr. 100 der BAFF Kulmbach, 1988, 7956–7964.
[34] HECHELMANN, H.; KASPROWIAK, R.: Mikrobiologische Kriterien für stabile Produkte. Band 10 der Kulmbacher Reihe, 1990, 68–90.
[35] HINRICHSEN, L. L.; ANDERSEN, H. A.: Effects of three bacteria isolated from Danish

curing brines in a sterile meat model system. Proc. 38th Int. Congress of Meat Science and Technology, Clermont-Ferrand 1992, 7:06, 787–790.

[36] HOFMANN, G.: Mykotoxinbildende Schimmelpilze bei Rohwurst und Rohschinken. In: Mikrobiologie und Qualität von Rohwurst und Rohschinken. Band 5 der Kulmbacher Reihe, 1985, 173–193.

[37] HUERTA, T.; SANCHIS, V.; HERNANDEZ-HABA, J.; HERNANDEZ, E.: Enzymatic activities and antimicrobial effects of *Aspergillus* and *Penicillium* strains isolated from Spanish dry-cured ham. Microbiologie-Aliments-Nutrition **5** (1987), 289–294.

[38] HUERTA, T.; HERNANDEZ, J.; GUAMIS, B.; HERNANDEZ, E.: Microbiological and physico-chemical aspects in dry-salted Spanish ham. Zentralbl. Mikrobiol. **143** (1988 a), 475–482.

[39] HUERTA, T.; QUEROL, A.; HERNANDEZ, J.: Yeasts of dry-cured ham: quantitative and qualitative aspects. Microbiol. Aliment. Nutr. **6** (1988 b), 227–231.

[40] HUGAS, M.; MONFORT, J. M.: Microbial evolution during the curing of Spanish serrano hams. The influence of some preservatives on the microbial flora. Proc. 32nd European Meeting of the Meat Research Workers (1986), vol II, 6:4, 307–310.

[41] KATSARAS, K.; HECHELMANN, H.; LÜCKE, F.-K.: *Staphylococcus aureus* und *Clostridium botulinum*. Bedeutung bei Rohwurst und Rohschinken. In: Mikrobiologie und Qualität von von Rohwurst und Rohschinken. Band 5 der Kulmbacher Reihe, 1985, 152–172.

[42] KEMP, J. D.; LANGLOIS, B. E.; FOX, J. D.; VARNEY, W. Y.: Effects of curing ingredients and holding times and temperatures on organoleptic and microbiological properties of dry-cured sliced ham. J. Food Sci. **40** (1975), 634–636.

[43] KEMP, J.; ABIDOYE, D.; LANGOIS, B.; FRANKLIN, J.; FOX, J.: Effect of curing ingredients, skinning, and boning on yields, quality and microflora of Country hams. J. Food Sci. **45** (1980), 174–177.

[44] KOLLER, R.: Salz, Rauch und Fleisch. Verlag Das Bergland Buch 1941.

[45] LANGOIS, B.; KEMP, J. D.: Microflora of fresh and dry-cured hams as affected by fresh ham storage. J. Animal. Sci. **38** (1974), 525–531.

[46] LANGOIS, B.; KEMP, J.; FOX, J.: Microbiology and quality attributes of aged hams produced from frozen green hams. J. Food Sci. **44** (1979), 505–508.

[47] LEISTNER, L.: Bakterielle Vorgänge bei der Pökelung von Fleisch. I. Der Keimgehalt von Pökellaken. Fleischwirtschaft **10** (1958 a), 74–79.

[48] LEISTNER, L.: Bakterielle Vorgänge bei der Pökelung von Fleisch. II. Günstige Beeinflussung von Farbe, Aroma und Konservierung des Pökelfleisches durch Mikroorganismen. Fleischwirtschaft **10** (1958 b), 226–234.

[49] LEISTNER, L.: Bakterielle Vorgänge bei der Pökelung von Fleisch. III. Die Verderbnis von Pökellaken. Fleischwirtschaft **10** (1958 c), 530–536.

[50] LEISTNER, L.: Die Keimarten und Keimzahlen von Pökellaken. Fleischwirtschaft **11** (1959), 726–727.

[51] LEISTNER, L.; AYRES, J. C.: Schimmelpilze und Fleischwaren. Fleischwirtschaft **47** (1967), 1320–1325.

[52] LEISTNER, L.; BEM, Z.: Vorkommen und Bedeutung von Hefen bei Pökelfleischwaren. Fleischwirtschaft **50** (1970), 350–351.

[53] LEISTNER, L.; ECKHARDT, C.: Vorkommen toxinogener Penicillien bei Fleischwaren. Fleischwirtschaft **59** (1979), 1892–1896.

[54] LEISTNER, L.; LINKE, H.; ECKARDT, C.; LÜCKE, F.-K.; HECHELMANN, H.: Anforderungen an Starterkulturen. Abschlußbericht zum Forschungsvorhaben des Bundesministeriums für Jugend, Gesundheit und Familie: „Anforderungen an Starterkulturen für Lebensmittel tierischen Ursprungs", BAFF Kulmbach (Hrsg.) 1979.

[55] LEISTNER, L.; LÜCKE, F.-K.; HECHELMANN, H.; ALBERTZ, R.; HÜBNER, J.; DRESEL, J.: Verbot der Nitratpökelung bei Rohschinken. Abschlußbericht zum Forschungsvorhaben des Bundesministeriums für Jugend, Familie und Gesundheit: „Mikrobiologische Konsequenzen des Verbotes der Nitratpökelung bei Rohschinken", herausgegeben von der BAFF Kulmbach 1983, 228 Seiten.

[56] LEISTNER, L.; WIRTH, F.: Rohschinken in Frankreich. Mitteilungsblatt Nr. 85, BAFF Kulmbach 1984, 6057–6061.

[57] LEISTNER, L.: Allgemeines über Rohschinken. Fleischwirtschaft **66** (1986), 496–510.

[58] LEON CRESPO, F.; MARTINS, C.; MATA MORENO, C.; PENEDO, J. C.; BARRANCO, A.; CAMARGO, S.; VELLOSO, C.; MARTINEZ ARENAS, I.; MORENO ROJAS, R.: Aging indecex in "Iberico" ham. Proc. 33rd Int. Congress of Meat Science and Technology, Helsinki 1987, 7 : 8, 348–349.

[59] LIEPE, H.-U.; POROBIC, R.: Untersuchungen zur Schinkenpökelung. Fleischwirtschaft **64** (1984), 1296–1310.

[60] LINKE, H.; HILDEBRANDT, G.; RÖDEL, W.: Untersuchungen zur Qualitätsprüfung von Rohschinken. Abschlußbericht zu einem Forschungsvorhaben des Bundesministeriums für Jugend, Familie und Gesundheit, herausgegeben von der BAFF Kulmbach 1983, 154 Seiten.

[61] LÜCKE, F.-K.; HECHELMANN, H.: Starterkulturen für Rohwurst und Rohschinken. Zusammensetzung und Wirkung. Fleischwirtschaft **66** (1986), 154–166.

[62] MAGGI, E.; BRACCHI, R.; CHIZZOLINI, R.: Molecular weight distribution of soluble polypeptides from the Parma country ham before, during and after maturation. Meat Science **1** (1977), 129–134.

[63] MARIN, M. E.; DE LA ROSA, M. C.; CARRASCOSA, A.: Mikrobiologische und physikalisch-chemische Aspekte spanischer Schinken-Fehlfabrikate. Fleischwirtschaft **72** (1992), 1600–1605.

[64] MC CAIN, C. R.; BLUMER, T. N.; CRAIG, H. B.; STEEL, R. G.: Free amino acids in ham muscle during successive aging periods and their relation to flavor. J. Food Sci. **25** (1968), 142–145.

[65] MEISEL, C.: Mikrobiologische Aspekte der Entwicklung von nitratreduzierenden Starterkulturenfür die Herstellung von Rohwurst und Rohschinken. Diss. rer. nat., Universität Hohenheim 1989.

[66] MERCIER, G. P.; SCHMITT, R. E.; SCHMIDT-LORENZ, W.: Untersuchungen über die Reifung von Bündnerfleisch. Fleischwirtschaft **69** (1989), 1593–1598.

[67] MÖHLER, K.: Das Pökeln. Fleischforschung und Praxis. Schriftenreihe Heft 7 Verlag Rheinhessische Druckwerkstätte, Alzey 1980.

[68] MOLINA, I.; SILLA, H.; FLORES, J.; MONZO, J. L.: Studie über die Keimflora in trokken gepökelten Schinken. 2. Micrococcaceae. Fleischwirtschaft **69** (1989 a), 1488–1490.

[69] MOLINA, I.; SILLA, H.; FLORES, J.: Studie über die Keimflora trocken gepökelter Schinken. 3. Milchsäurebakterien. Fleischwirtschaft **69** (1989 b), 1754–1756.

[70] MOLINA, I.; SILLA, H.; FLORES, J.: Studie über die Keimflora trocken gepökelter Schinken. 4. Hefen. Fleischwirtschaft **70** (1990), 115–117.

[71] MOLINA, I.; NIETO, P.; FLORES, J.; SILLA, H.; BERMELL, S.: Study of the microbial flora in dry-cured ham. 5. Lipolytic activity. Fleischwirtschaft **71** (1991), 906–908.

[72] MOLINA, I.; TOLDRA, F.: Detection of proteolytic activity in microorganisms isolated from dry-cured ham. J. Food Sci. **57** (1992), 1308–1310.

[73] MOMMSEN, T.; BLÜMNER (1893): Der Maximaltarif des Diokletian. Zitiert nach KOLLER, 1941.

[74] MOSSEL, D. A. A.; STRUIJK, C. B.; JAISLI, F. K.; VAN DER ZEE; H.; VAN NETTEN, P.: Use

of 24 hours centrifugation/plating technique in a survey on the medical-microbiological condition of raw ham and hard, raw-milk cheese originating from authenticated GMPD manufacture. Archiv für Lebensmittelhygiene **43** (1992), 51–54.
[75] NIETO, P.; MOLINA, I.; FLORES, J.; SILLA, M. H.; BERMELL, S.: Lipolytic activity of microorganisms isolated from dry-cured ham. Proc. 35th Int. Congress of Meat Science and Technology, Vol. II, Copenhagen 1989, 323–329.
[76] REMMERS, J.; KOWITZ, J. (1981): Rohschneider. Qualität und Abtrocknung von Schinken. Fleischwirtschaft **61** (1981), 48.
[77] v. RHEINBABEN, K.; HADLOK, R.: Gattungsdifferenzierung von Mikroorganismen der Familie *Micrococcaceae* aus Rohwürsten. Fleischwirtschaft **59** (1979), 1321–1324.
[78] v. RHEINBABEN, K.; SEIPP, H.: Untersuchungen zur Mikroflora roher, stückiger Pökelfleischerzeugnisse unter besonderer Berücksichtigung der Familie Micrococcaceae. Chem. Mikrobiol. Technol. Lebensm. **9** (1986), 152–161.
[79] SCHLEIFER, K.-H.: *Micrococcaceae*. In: Bergeyȅs Manual of Systematic Bacteriology, 9. Aufl., Bd 2, The Williams & Wilkins Co., Baltimore 1986, 1003–1005.
[80] SCHMIDT, U.: Salmonellen. Bedeutung bei Rohwurst und Rohschinken. In: Mikrobiologie und Qualität von Rohwurst und Rohschinken. Band 5 der Kulmbacher Reihe, 1985, 128–152.
[81] SEIPP, H.: Die Mikroflora stückiger, gepökelter Rohfleischerzeugnisse unter besonderer Berücksichtigung von Arten der Familie Micrococcaceae. Inaugural-Dissertation Justus-Liebig-Universität Giessen 1982.
[82] SILLA, H.; MOLINA, I.; FLORES, J.; SIVESTRE, D.: Studie über die Keimflora trocken gepökelter Schinken. 1. Isolierung und Wachstum. Fleischwirtschaft **69** (1989), 1177–1183.
[83] TALON, R.; MONTEL, M. C.; CANTONNET, M.: Lipolytic activity of Micrococcaceae. Proc. 38th Int. Congress of Meat Science and Technology, Clermont-Ferrand (1992), 7 : 20, 843–845.
[84] TOLDRA, F.; ETHERINGTON, D. J.: Examination of cathepsins B, D, H and L activities in dry-cured hams. Meat Science **23** (1988), 1–7.
[85] TOLDRA, F.; MOTILVA, M.-J.; RICO, E.; FLORES, J.: Enzyme activities in the processing of dry-cured ham. Proc. 37th Int. Congress of Meat Science and Technology, Kulmbach 1991, 6 : 28, 954–957.
[86] TOLDRA, F.; RICO, E.; FLORES, J.: Activities of pork muscle proteinases in cured meats. Biochimie **74** (1992), 291–296.
[87] UNTERMANN, F.; MÜLLER, C.: Influence of a_w value and storage temperature on the multiplication and enterotoxin formation of staphylococci in dry-cured hams. Int. J. Food Microbiol. **16** (1992), 109–114.
[88] WIRTH, F.: Nitrit und Nitrat in Rohschinken. Mitteilungsblatt Nr. 68, BAFF Kulmbach 1980, 4055–4057.

3.3 Mikrobiologie der Rohwurst

H. WEBER

3.3.1 Allgemeines und Definitionen

Die Herstellung von Rohwürsten hat in Europa bereits eine sehr lange Tradition, deren Wurzeln zur Zeit der Römer im Mittelmeerraum zu suchen sind [19]. Nach einem Italienaufenthalt soll ein deutscher Metzger vor ca. 215 Jahren mit der Salamiproduktion in Deutschland begonnen haben. Vor ca. 160 Jahren soll dann von zwei italienischen Metzgern die Produktion der berühmten Ungarischen Salami in Budapest initiiert worden sein [17]. In China ist eine im rohen Zustand konservierte Wurst (Lup Cheong) bereits seit 2500 Jahren bekannt. Diese wird allerdings nicht fermentiert und gelangt nur im erhitzten Zustand zum Verzehr [16].

Heute ist insbesondere in Deutschland eine geradezu unübersehbare Vielfalt von Rohwurstvariationen auf dem Markt, die sich nach einem groben Raster in vier Gruppen einteilen läßt: Rohwurst luftgetrocknet, Rohwurst geräuchert, Semi-dry sausage und streichfähige Rohwurst (vergleiche Tab. 3.3.1).

Tab. 3.3.1 Klassifizierung fermentierter Rohwürste (nach LÜCKE, 1985)

Typ	Durchschnittlicher Gewichtsverlust durch Trocknung	Geräuchert	Wachstum von Hefen und Schimmelpilzen an der Oberfläche	Beispiele
Rohwurst luftgetrocknet	>30 %	nein	ja	Original Salami
Rohwurst geräuchert	>20 %	ja	nein	Katenrauchwurst
Semi-dry sausage	<20 %	ja	nein	Summersausage
Streichfähige Rohwurst	<10 %	normalerweise	nein	Teewurst, frische Mettwurst

In Deutschland wird der überwiegende Teil der Rohwürste einer Räucherung unterzogen. In den Mittelmeerländern, in Frankreich und Ungarn werden dagegen überwiegend luftgetrocknete Rohwürste produziert. Diese weisen dann meist einen ausgeprägten Schimmelpilzrasen auf der Oberfläche auf.

Rohwürste stellen in vielen Ländern sehr beliebte Lebensmittel dar. Die Gesamtproduktion betrug im Jahre 1988 in den in Tab. 3.3.2 aufgeführten Ländern mehr als 700 000 t. Dieser Tabelle kann zudem entnommen werden, daß der überwiegende Teil der Rohwürste in schnittfester Form (geräuchert oder nicht geräuchert) angeboten wird. Streichfähige Rohwürste sind nur in relativ wenigen Ländern bekannt, und sie spielen in Deutschland die größte Rolle.

Rohwürste werden bei der Herstellung einem Fermentationsprozeß unterzogen. Neben diesen mikrobiell-enzymatischen Vorgängen laufen nebeneinander und nacheinander auch rein physikalische und chemische Prozesse bei der Herstellung ab. Die Prozesse stehen untereinander in Wechselbeziehung. Eine Änderung im Ablauf des einen Prozesses hat auch eine Änderung im Ablauf anderer zur Folge. Im ordnungsgemäßen Ablauf der Prozesse gelingt es, Rohwurst mit ihren charakteristischen Eigenschaften herzustellen.

Mikroorganismen sind in bedeutendem Maße am Entstehen der Rohwurst beteiligt. Sie leisten wichtige Beiträge zur Haltbarkeit und zur Erzielung der Artspezifität. Diese Funktion erfüllen sie in Form einer nützlichen und erwünschten Rohwurstflora.

Drei Definitionen aus verschiedenen Epochen sollen den Ausführungen über die Mikrobiologie der Rohwurst vorangestellt werden:

- „Rohwürste sind umgerötete, ungekühlt (über +10 °C) lagerfähige, i. d. R. lagerfähige Wurstwaren, die streichfähig oder nach einer mit Austrocknung verbundenen Reifung schnittfest geworden sind. Zucker werden in einer Menge von nicht mehr als 2 % zugesetzt“ [12].
- „Rohwürste sind Erzeugnisse, die aus rohem zerkleinertem Fleisch, Speck, Salpeter und Salz (bzw. Nitritpökelsalz) und Gewürzen bestehen. Sie werden geräuchert und getrocknet oder auch nur gereift und getrocknet“ [13].
- „Bei Rohwürsten handelt es sich um zerkleinertes Fleisch und Fett, das unter Zusatz von Kochsalz, Umrötungsstoffen und Umrötungshilfsstoffen, Zuckern und Gewürzen in Därme gefüllt und darin einer mikrobiellen Fermentation unterzogen wird“ [2].

Tab. 3.3.2 Übersicht über die Rohwurstherstellung in einigen europäischen Ländern (Buckenhüskes 1994)

Land	Produktion Rohwurst 1988 (t)	hand-werklich (%)	streichfähige Rohwurst				schnittfeste Rohwurst, geräuchert					schnittfeste Rohwurst, ungeräuchert				
			% der Verwendung von				% der Verwendung von					% der Verwendung von				
			Prod.	GdL	LAB	Mic	Prod.	GdL	bs1	LAB	Mic	Prod.	bs1	LAB	Mic	Mo
A	10000	20					65	–	–	+	++	30	–	+	++	+
B	12000	< 10	10				90	R	+	+	++	10	R	R	+	++
CH	5000	50	5				30	–	–	++	++	70	–	+	+	++
CS	9000	0					> 80			R	R					
D	280000	15	30	+	+	++	60	R	–	++	++	10	–	+	++	++
DK	2000	0	0				100	+	–	+	+	0				
E	130000	30	10				20	–	++	R	R	80	++	R	R	R
F	95000	5	3				5	–	–	+	+	95	–	+	+	++
GB	0															
GR	9000	5	0				100	R	+	R	R					
I	141000	50	0				20	–	–	R	+	80	–	R	+	R
IRL	0															
N	7000	0					100	R	–	++	++					
NL	20000						> 80			++						
S	5000	0	0				100	R	R	++	+					
SF	6500	0	0				100	+	–	++	++					
YU							90	++	–	–	–	10	+	–	–	+

Zeichenerklärung: GDL: Glucono-delta Lacton, LAB: Milchsäurebakterien; bs1: „back-slopping" (Zugabe einer früheren Charge); Mic = Micrococcen/Staphylococcen; Mo: Oberflächenbehandlung mit einer Schimmelkultur; ++: überwiegend (> 50%); +: oftmals (25%–50%); R: vereinzelt (< 25%); –: nicht.

3.3.2 Verfahrensmikrobiologie

Die Herstellung von Rohwurst zählt auch heute noch ohne Zweifel zu den kompliziertesten Prozessen in der Fleischverarbeitung, und sie erfordert ein hohes Maß an Wissen, Erfahrung und Aufmerksamkeit. Die Einzelziele, die bei der Rohwurstreifung erreicht werden müssen, lassen sich wie folgt zusammenfassen:

- Ausschaltung pathogener und verderbniserregender Mikroorganismen,
- Ausbildung der typischen roten Farbe,
- Ausbildung der Schnittfestigkeit
- Erzielung der Haltbarkeit
- Ausbildung des typischen Fermentationsgeschmackes.

Die Qualität der Endprodukte wird durch eine Vielzahl von inneren (internen) und äußeren (externen) Faktoren beeinflußt (Abb. 3.3.1).

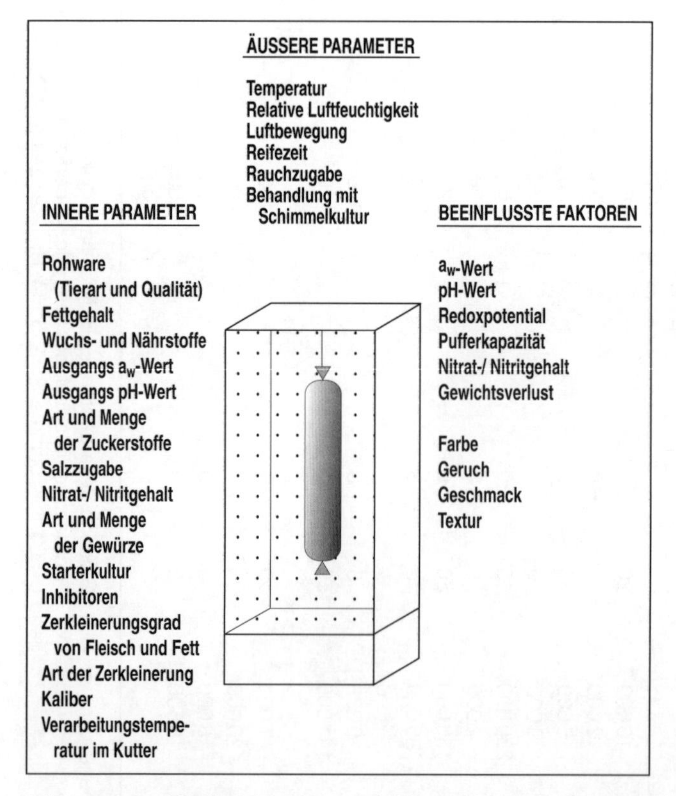

Abb. 3.3.1 Einflußfaktoren auf die Rohwurstfermentation (Buckenhüskes, 1994)

Für den einwandfreien Ablauf aller Vorgänge ist als erste Voraussetzung Fleisch mit einem niedrigen Ausgangskeimgehalt erforderlich. Dies ist deshalb wichtig, da bis heute keine erlaubte, gleichzeitig aber auch qualitativ sowie wirtschaftlich vertretbare Möglichkeit existiert, das Fermentationssubstrat der Rohwurst keimfrei zu machen. Unerwünschte Mikroorganismen müssen deshalb durch technologische Maßnahmen kontrolliert bzw. ausgeschaltet werden, ohne daß dabei die Fermentationsorganismen beeinträchtigt werden.

Neben dem niedrigen Ausgangskeimgehalt des Rohmaterials sind weitere unverzichtbare Forderungen bei der Herstellung von Rohwust eine ordnungsgemäße Betriebs- und Personalhygiene.

Das Fermentationssubstrat bildet zunächst ein halbfestes (semi solid-), spätestens ab dem Zeitpunkt der Gelbildung ein festes (solid state-) System, wodurch das Gut nach dem Füllen in die Därme nur noch über die äußeren Faktoren beeinflußt werden kann [2].

Die Haltbarkeit von Rohwurst wird bei sachgerechter Herstellung nicht alleine durch eine einzige Maßnahme, sondern durch das Zusammenspiel verschiedener Einzelprinzipien erzielt. Ein Erklärungsansatz bietet hierbei die 1976 von Leistner und Rödel formulierte Hürdentheorie [14]. Für die mikrobiologische Stabilität von Rohwurst während der Reifung und Lagerung sind folgende Faktoren von Bedeutung (geordnet entsprechend der zeitlichen Reihenfolge ihrer Wirksamkeit): Nitrit, Redoxpotential, Konkurrenzflora (Milchsäurebakterien), Säuregrad, Rauch, Wasseraktivität. Bei der Rohwurstherstellung liegt somit der Fall einer Hürdensequenz vor, d. h. alle Hürden sind nicht von Anfang an aktiv, sondern einzelne Hürden entwickeln sich erst während der Reifung. Abb. 3.3.2 zeigt, wie sich diese Situation bei der Rohwurstfermentation darstellt. Wie aus der Abbildung ersichtlich, können einzelne Hürden im Verlauf der Fermentation durchaus wieder an Bedeutung verlieren oder sogar abgebaut werden. Solange bis zu diesem Zeitpunkt bereits die nächste Hürde aufgebaut wurde, hat dies jedoch keinen Verlust an Sicherheit zur Folge. Dieser Abbildung ist zudem zu entnehmen, daß der a_w-Wert die einzige Hürde in einer Rohwurst ist, die ständig an Bedeutung zunimmt.

Tab. 3.3.3 enthält eine Auflistung einzelner Faktoren, durch die das Fermentationssubstrat „Rohwurstbrät" nach dem Füllen in Hüllen gekennzeichnet ist. Bei der dort genannten Temperatur handelt es sich um die Kutterendtemperatur bzw. um die Temperatur des Brätes nach dem Füllen. In Abhängigkeit vom Kaliber der Würste steigt diese Temperatur nach dem Füllen des Brätes mehr oder weniger schnell auf die in der Reifekammer eingestellte Temperatur an. Zudem enthält das Brät mehr oder weniger auch Luftsauerstoff, der beim Zerkleinerungsvorgang untergemischt wird, und der auch bei Verwendung von Vakuumfüllern nicht wieder vollständig entfernt werden kann.

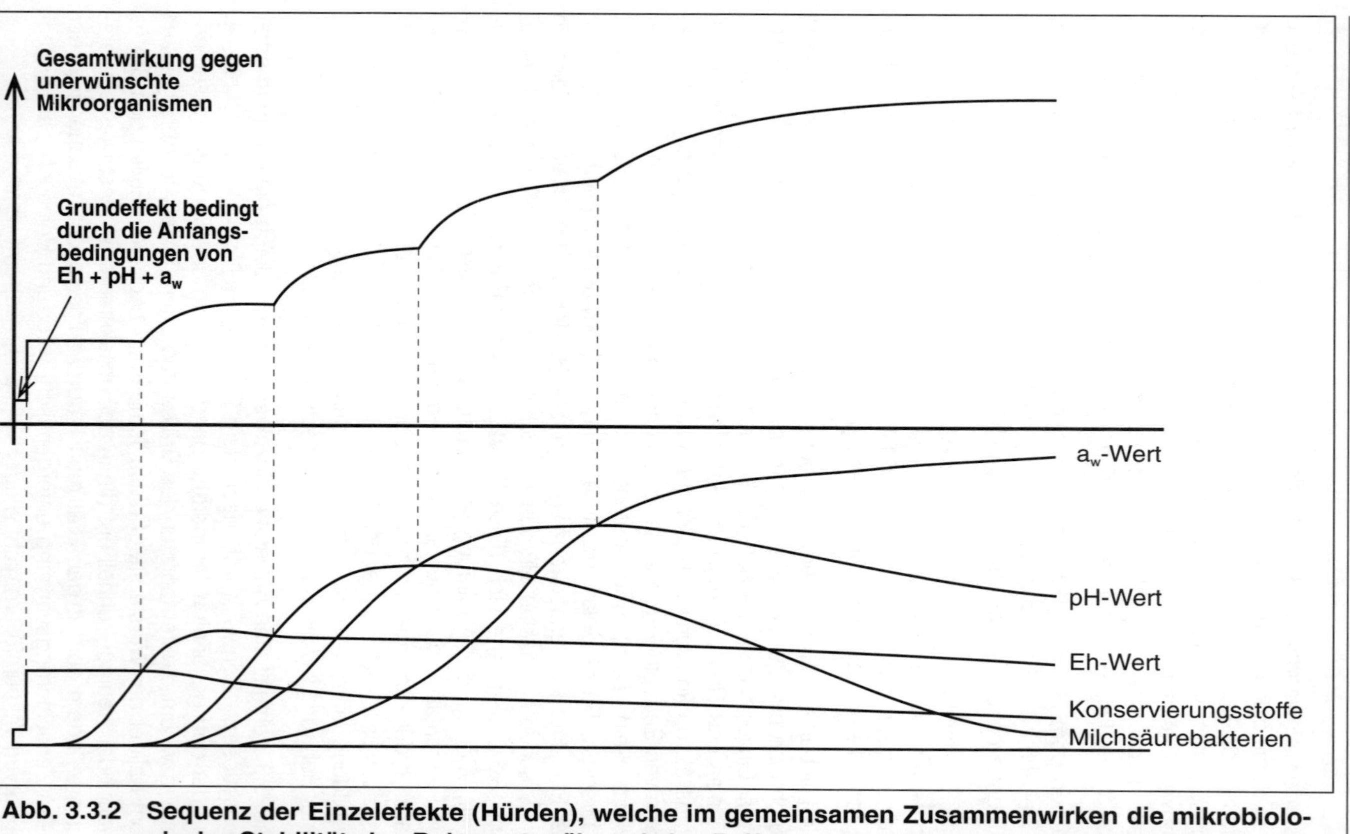

Abb. 3.3.2 Sequenz der Einzeleffekte (Hürden), welche im gemeinsamen Zusammenwirken die mikrobiologische Stabilität der Rohwurst während der Reifung und Lagerung bedingen (BUCKENHÜSKES, 1994)

Tab. 3.3.3 Fermentationssubstrat „Rohwurstbrät" nach dem Füllen in die Hüllen (nach Buckenhüskes, 1994)

- Halbfestes bis festes Substrat, so daß ein Stofftransport nur noch per Diffusion möglich ist
- Über das Fleisch sowie über die Zutaten/Zusatzstoffe eingebrachte Mikroorganismen sind durch den Zerkleinerungsprozeß im gesamten Brät verteilt worden
- Relativ hohe Wahrscheinlichkeit des Vorhandenseins von problematischen Mikroorganismen
- Wasseraktivität a_w = 0,96–0,97
- pH-Wert pH = 5,6–5,9
- Temperatur T = 0–2 °C
- Reich an Nährstoffen, Wachstumsfaktoren und Mineralstoffen
- Zuckergehalt 0,3–0,7 %
- Natriumgehalt 130–150 ppm
- Kochsalzgehalt 2,6–3,0 %

3.3.2.1 pH-Wert

Der pH-Wert ist eine sehr wichtige Hürde für die Stabilität vieler Rohwürste. Die Absenkung des pH-Wertes nach dem Einfüllen des Brätes in Hüllen wird normalerweise durch die enzymatische Aktivität der Milchsäurebakterien bewirkt. Der pH-Wert des Rohmaterials kann das Durchsetzungsvermögen der Milchsäurebakterien erschweren, z. B. wenn mehr als 20 % DFD-Fleisch verarbeitet wird. Entwickeln sich jedoch die Milchsäurebakterien, was normalerweise der Fall ist, dann fällt der pH-Wert ab. Wichtig ist diese Hürde besonders bei solchen Rohwürsten, die infolge kurzer Reifezeiten noch relativ viel Wasser enthalten und damit einen relativ hohen a_w-Wert aufweisen. Derartige Rohwürste besitzen zum Zeitpunkt des Inverkehrbringens pH-Werte von 5,2 und sind insbesondere in Deutschland, den Benelux-Ländern sowie in Skandinavien typisch. Im Gegensatz hierzu stehen Rohwürste, die langsam und bei niedrigen Temperaturen gereift werden. Hierzu zählt beispielsweise die traditionelle Ungarische Salami, die zu keinem Zeitpunkt pH-Werte von 5,5 unterschreitet und mit pH-Werten zwischen 5,8 und 6,0 in den Handel gelangt [18]. Die Stabilität derartiger Würste wird praktisch ausschließlich über den a_w-Wert gewährleistet.

Der Abfall des pH-Wertes kann auf verschiedene Weise bewirkt werden: über den gezielten und dosierten Zusatz von Glucono-delta-Lacton (GdL, Formel siehe Abb. 3.3.3), die kombinierte Anwendung von GdL und Fermentation oder ausschließlich mit Hilfe der Fermentation. Welche Möglichkeit zum Einsatz kommt, hängt von der technischen Ausrüstung des Betriebes und von den Vorstellungen ab, die an die Qualität der Endprodukte gestellt werden. Unter sensorischen Gesichtspunkten hat sich die Fermentation als die Methode der Wahl erwiesen.

Wie schnell und stark der pH-Wert in einer Rohwurst abfällt, kann durch die Art und Menge der zugesetzten Zuckerstoffe, die eingesetzte Starterkultur und die Höhe der Reifetemperatur beeinflußt werden. Es hat sich zudem als sinnvoll erwiesen, den Ausgangs-pH-Wert des verwendeten Fleisches zu kontrollieren.

Fleisch mit hohem pH-Wert (DFD beim Schwein, DCB beim Rind) kann bei Rohwurst die gewünschte pH-Wert-Senkung verzögern und damit das Wachstum von Verderbnisbakterien fördern. Bei zu hohen Anteilen von Fleisch mit hohen pH-Werten können die Vorgänge der mikrobiellen Reifung, der Bindung und der Trocknung gestört werden, und es kann zu Fehlfabrikaten kommen.

Während der pH-Wert des Fleisches normalerweise zwischen 5,7 bis 5,9 liegt, sind durchaus auch Werte von bis zu 6,2 bekannt geworden. Um auch bei derartigem Fleisch eine ausreichende Säuerung zu erzielen, muß die Menge des zugesetzten Zuckers entsprechend angepaßt werden [2].

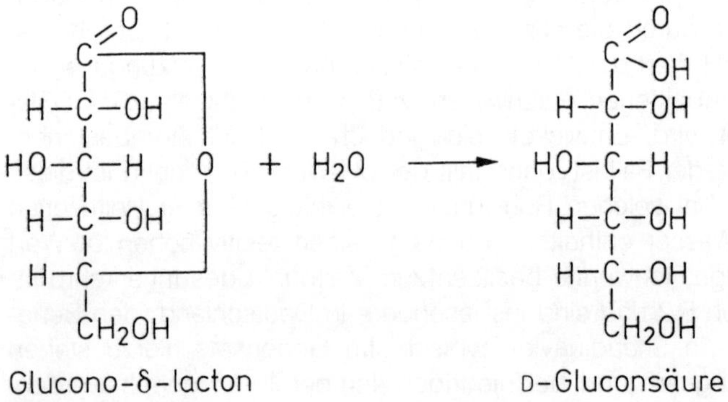

```
      O                                  O
     //                                 //
    C ──────┐                          C
    |       |                          | \ OH
 H─C─OH     |                       H─C─OH
    |       |                          |
HO─C─H      O   +  H2O  ──────►   HO─C─H
    |       |                          |
 H─C─OH     |                       H─C─OH
    |       |                          |
 H─C ───────┘                       H─C─OH
    |                                  |
   CH2OH                              CH2OH
Glucono-δ-lacton                  D-Gluconsäure
```

Abb. 3.3.3 Glucono-δ-Lacton (GdL)

Welche Säuremengen konkret notwendig sind, um einen bestimmten pH-Wert zu erreichen, kann nur bedingt vorausgesagt werden, da die Pufferkapazität des Brätes der Säuerung entgegenwirkt.

Durch die pH-Wert-Senkung werden insbesondere gramnegative Bakterien gehemmt, hauptsächlich Bakterien der Familie *Enterobacteriaceae*. Verschiedene Stämme erweisen sich jedoch als pH-unempfindlich, so daß nicht alle Species dieser Familie gehemmt oder abgetötet werden. Bei manchen Stämmen werden nur Teilwirkungen erzielt. Auch die psychrotrophen Bakterien der Gattung *Pseudomonas* werden in größerem Umfang durch die pH-Wert-Senkung gehemmt oder abgetötet. Grampositive Bakterien einschließlich der Sporenbildner sind weniger empfindlich. Die meisten Hefe- und Schimmelpilzstämme werden durch den pH-Wert nicht beeinflußt.

Insgesamt kommt es durch die pH-Wert-Senkung zu einer Reduzierung und Abtötung von unerwünschten Bakterien.

Mit sinkendem pH-Wert nimmt auch das Wasserbindevermögen des Fleischeiweißes ab, wodurch es zu einer Wasserabgabe der Würste kommt. Wird dieses freiwerdende Wasser zuverlässig abgeführt, trocknet die Wurst langsam ab, wodurch der a_w-Wert gesenkt und die Festigkeit der Wurst erhöht wird. Mit dem Übergang der Proteine vom Sol- in den Gelzustand sowie dem voranschreitenden Abtrocknungsprozeß ist auch der Übergang vom semi solid – in den solid state-Zustand verbunden, und bezüglich der rheologischen Eigenschaften sollte nicht mehr von Konsistenz, sondern von Textur gesprochen werden [2].

Die zuverlässige und dem pH-Wert-Verlauf angepaßte Abführung des Wassers ist über eine entsprechende Einstellung der Reifeparameter Temperatur, relative Luftfeuchtigkeit und Luftbewegung zu garantieren.

3.3.2.2 Redoxpotential

Beim Zerkleinern wird dem Rohwurstbrät mehr oder weniger Luftsauerstoff untergemischt, der zu einem hohen Eh-Wert führt. Durch den Zusatz von Ascorbinsäure bzw. von Ascorbat und Zucker wird der Eh-Wert vermindert. Nach dem Abfüllen in Wursthüllen kommt es vor allem durch die Keimvermehrung, die zu Beginn der Rohwurstreifung einsetzt, zu einer Verminderung des Eh-Wertes, denn viele Keimarten verbrauchen Sauerstoff. Diese Eh-Wert-Verminderung wirkt sich in verschiedener Hinsicht als Hürde, also positiv für die Stabilisierung des Produktes aus. Die Folge ist ein Absterben von Mikroorganismen, die auf Sauerstoff angewiesen sind. Zu ihnen gehören vornehmlich gramnegative Bakterien der Familie *Pseudomonadaceae* sowie Schimmelpilze und z. T. auch Hefen. Sie vermehren sich nur dort, wo ihnen genügend Sauerstoff zur Verfügung steht. Besonders deutlich kann man das am Wachstum der Hefen erkennen, die ringförmig unmittelbar unter der Wursthülle noch während der weiteren Tage nachzuweisen sind.

Besonders wichtig ist, daß bei vermindertem Redoxpotential die erwünschten Milchsäurebakterien einen Selektionsvorteil haben, sich also gegenüber anderen Mikroorganismen durchsetzen können. In Rohwürsten mit langer Reifezeit steigt der Eh-Wert in der Tendenz wieder etwas an, die Hürde Redoxpotential wird also schwächer. Das ist jedoch nicht nachteilig, da sich inzwischen andere Hürden in der Rohwurst aufgebaut haben [18].

3.3.2.3 Kochsalzwirkung

Gewerbeüblich wird Rohwürsten 24 bis etwa 30 g Kochsalz pro kg Brät zugesetzt, streichfähigen ca. 26 g pro kg, bei schnittfesten ca. 28 g pro kg. Damit ist die alleinige Wirkung des Kochsalzes nicht erheblich.

Salz zur Geschmacksbeeinflussung: Besonders intensiv ist der Salzgeschmack, wenn in der Wurst viel freies Wasser vorliegt. Gut getrocknete Rohwürste weisen im Vergleich zu frischen Rohwürsten einen weniger starken Salzgeschmack auf, da das Chloridion stärker an die Fleischoberfläche gebunden ist. Salz unterstützt zudem das Pökelaroma.

Salz zur Konservierung: Kochsalz schränkt das Wachstum schädlicher Bakterien ein, da es das für sie notwendige Wasser bindet. Der a_w-Wert wird dadurch deutlich gesenkt. Im Vergleich zu der Wirkung von Salz ist die Beeinflussung der Wasseraktivität durch andere Zutaten (Zuckerstoffe, Eiweiß usw.) unbedeutend.

Salz zum Eiweißaufschluß: Salz erhöht das Inlösunggehen von Muskeleiweiß, was für die Bindung von Fett- und Magerfleischteilen im Brät wichtig ist. Optimale Verhältnisse sind jedoch erst bei einer Salzkonzentration von 5 % gegeben [5].

3.3.2.4 Nitrat/Nitritwirkung

Bei der Rohwurstherstellung dürfen entweder Nitritpökelsalz (NPS) oder, sofern die Rohwürste mindestens vier Wochen gereift werden, Salpeter

(E 252) als Rötemittel verwendet werden. Bei Verwendung von NPS darf der Gesamtgehalt an Nitrit und Nitrat im Fertigerzeugnis, berechnet als Natriumnitrit, 100 mg pro kg Fleisch- und Fettmenge nicht übersteigen. Kommt Salpeter zum Einsatz, so ist die Zugabemenge auf 300 mg pro kg Fleisch- und Fettmenge begrenzt. Bei der Rohwurstherstellung dürfen Salpeter und NPS nicht kombiniert werden.

Die wirksame Substanz in den Pökelstoffen ist das Nitrit, das im NPS frei als Natriumnitrit vorliegt, während es aus dem Salpeter erst durch den Einfluß von Mikroorganismen gebildet werden muß. Erforderlich für die Nitratreduktion ist das Enzym Nitratreduktase und ein pH-Wert über 5,5. Der Nitratabbau wird durch den Einsatz von Starterkulturen beschleunigt. Das freigesetzte Nitrit wird in der Folge chemisch zu Stickoxid umgesetzt, das mit dem Muskelfarbstoff zum stabilen Nitrosomyoglobin reagiert. Ausreichend für eine stabile Farbe sind 50 ppm Nitrit. Für das Pökelaroma werden 40 ppm benötigt.

NPS enthält mindestens 4, höchstens 5 g Natriumnitrit pro kg Salz. Die homogene Verteilung des Nitrits muß gewährleistet sein, und die Mischung muß trocken und kühl gelagert werden. Bei Dosierung von 30 g NPS pro kg Brät gelangen maximal 150 ppm Nitrit in die Wurstmasse. Ascorbinsäure reduziert den Nitritgehalt im Endprodukt, die auch die Bildung von Nitrosaminen unterdrückt.

Das dem Rohwurstbrät mit dem Nitritpökelsalz zugesetzte **Nitrit** ist besonders zu Beginn der Reifung für die mikrobiologische Stabilität des Produktes maßgebend (vergleiche Abb. 3.3.2). Andere hemmende Faktoren sind zu diesem Zeitpunkt noch nicht ausgeprägt. In Kombination mit dem durch die verwendeten Zutaten und Zusatzstoffe bereits gegenüber dem Frischfleisch abgesenkten a_w-Wert und dem normalerweise vorliegenden pH-Wert, wird die Vermehrung gramnegativer Mikroorganismen, vor allem eventuell vorhandener Salmonellen, wirkungsvoll verhindert. Erforderlich sind hierfür mindestens 125 ppm Natriumnitrit [16]. Bei Zusatz von mindestens 25 g Nitritpökelsalz ist diese Konzentration pro Kilogramm Wurstmasse gewährleistet [15].

Dagegen begünstigt der Zusatz von **Nitrat** (Salpeter) sogar das Salmonellen-Wachstum in Rohwurst [6]. So wie das Nitrat wird auch das keimhemmende Nitrit im Verlauf der Rohwurstreifung abgebaut. Daher ist der hemmende Effekt der Pökelstoffe nur zu Beginn der Reifung in Rohwurst wirksam.

3.3.2.5 Gewürze und Aromen

Bei der Herstellung von Rohwurst werden gewerbeüblich schwarzer und weißer Pfeffer (2 bis 4 g pro kg Brät), Paprika, Cardamom, Muskatblüte, Muskatnuß, Ingwer und Senfkörner verwendet. Von den zuletzt genannten Gewürzen reichen jeweils etwa 0,5 g pro kg aus. Zum Teil wird auch gerne Knoblauch eingesetzt. Die gesamte Zugabemenge an Gewürzen liegt zwischen 5 und 10 g pro kg, zum Teil auch darüber, wenn ein kräftiger Geschmack gewünscht ist.

Gewürze haben antimikrobielle Eigenschaften, wobei einzelne Mikroorganismenarten unterschiedlich beeinflußt werden. Gramnegative Bakterien sind normalerweise empfindlicher als grampositive, unter denen wiederum die kokkenförmigen am wenigsten empfindlich sind. Gewürzextrakte erwiesen sich allerdings besonders wirksam gegen Clostridien und Staphylokokken, während die Hemmung von Pseudomonaden und Salmonellen am geringsten war [29]. Diese Wirkungen sind auf die Anwesenheit von Phytoziden zurückzuführen. Nachgewiesen wurden diese Inhaltstoffe u. a. in Piment, Zimt, Nelken, Knoblauch, Ingwer, Koriander, Kümmel, Paprika, Pfeffer und Rosmarin. Es ist davon auszugehen, daß auch bei Rohwurst antimikrobielle Wirkungen der Gewürze wirksam werden.

Gewürze besitzen zudem zum Teil antioxidative Eigenschaften. Infolge der geringen Zugabemengen kommen diese aber nicht voll zur Entfaltung. Zu den antioxidativ wirkenden Inhaltstoffen gehören u. a. Phenole, Flavonoide, Carnolsäuren und Rosmarinsäure. Ein natürliches Antioxidans ist Rosmarinextrakt. Sind diesem Extrakt jedoch die Geschmacksstoffe entzogen, kann nicht mehr von einem Gewürzerzeugnis gesprochen werden.

Bei Verwendung von getrockneten Gewürzen zum Brät wird freies Wasser gebunden (Senkung des a_w-Wertes). Sie quellen auf und beeinflussen die Konsistenz des Brätes. Gleichzeitig ist Senfmehl ein guter Stickstofflieferant [5].

Andererseits darf nicht übersehen werden, daß Gewürze selbst hohe Mikroorganismengehalte aufweisen können. Diese sind unterschiedlich nach Gewürzart, Anbau- und Gewinnungsweise, Herkunft und Behandlung. Den größten Anteil der Mikroflora von Gewürzen können aerobe Sporenbildner ausmachen. Alternativ zum Einsatz von Rohgewürzen entwickelten die Gewürzfirmen Verfahren zur Herstellung von Aroma-Extrakten (Oleoresine, ätherische Öle). Diese enthalten alle erwünschten wertgebenden Bestandteile. Zur Verwendung werden diese Erzeugnisse auf Trägerstoffe aufgetragen und in den Handel gebracht. Eine Entkeimung von Gewürzen für die Rohwurstherstellung wird nicht für notwendig erachtet [23]. Weitere Informationen über die Mikrobiologie der Gewürze sind dem Band Mikrobiologie pflanzlicher Lebensmittel zu entnehmen.

3.3.2.6 Kohlenhydrate

Kohlenhydrate werden bei der Rohwurstherstellung in Form von Zuckerstoffen und Stärkesirup hinzugefügt. Die Zuckerstoffe umfassen Einfachzucker (Dextrose, Fruktose), Zweifachzucker (Rohrzucker, Saccharose, Lactose, Malzzucker) und Mehrfachzucker (Oligosaccharide). Hinzu kommen Gemische aus Glucose, Oligosacchariden und höhermolekularen Sacchariden mit einem Dextroseäquivalent von mindestens 20 %, die durch Hydrolyse von Stärke gewonnen werden. Diese Stärkesirupe dürfen keine Stärke und keine hochmolekularen Saccharide mehr enthalten.

Der Zusatz von Zuckerstoffen ist bei der Rohwurstherstellung erforderlich, da diese als Energiespender für Mikroorganismen dienen. Die zugesetzten Kohlenhydrate dienen somit weniger der Süßung des Produktes. In Abhängigkeit von den vorhandenen Mikroorganismen entstehen durch den Zuckerabbau sowohl erwünschte (z. B. Milchsäure) als auch unerwünschte Säuren (z. B. Essig-, Butter- und Brenztraubensäure), mitunter auch Alkohol und nicht selten Gas. Durch Einsatz von Starterkulturen (siehe Kapitel 3.4) kann der Abbau der Kohlenhydrate in die erwünschte Richtung gelenkt werden.

Der mikrobielle Abbau der Zuckerstoffe erfolgt umso schneller, je einfacher der Zucker aufgebaut ist. Schnell abgebaut wird zum Beispiel Dextrose. Lactose dagegen wird langsamer abgebaut, und sie wird zudem nicht von allen Bakterien verstoffwechselt. Der Einsatz von Zuckerstoffen erfordert Sachkenntnis, denn die Zuckermischung und -konzentration wirkt sich auf die Säurebildung und den pH-Wert aus.

Die Zugabemenge an Zuckerstoffen ist nach den Leitsätzen auf eine Obergrenze von 2 % begrenzt. Gewerbeüblich wird meist nicht mehr als 1 % Zucker eingesetzt. Bei Überdosierung, insbesondere an Monosacchariden, besteht die Gefahr der Übersäuerung.

3.3.2.7 Temperatur

Die Endtemperatur des Rohwurstbrätes sollte beim Kuttern zwischen –5 °C bis –2 °C und beim Wolfen <4 °C liegen. Nach dem Füllen des Brätes in Hüllen folgt die sogenannte „Angleichzeit“. Die Würste werden dabei 5 bis 10 Stunden „trocken“ (ohne Befeuchtung) temperiert. Die Zeit ist abhängig vom Kaliber und der Fülltemperatur.

Während der Rohwurstreifung macht sich eine Erhöhung der Temperatur in der Reifekammer durch eine Erhöhung der Fermentationsgeschwindigkeit bemerkbar. Wegen des Risikos der Vermehrung von Salmonellen und *Staphylococcus aureus* sollte die Reifungstemperatur jedoch nicht über 23 °C liegen.

In Abhängigkeit von der Temperatur wird zwischen folgenden Reifungsverfahren unterschieden:

- **Schnelle Reifung: Reifungstemperaturen bis maximal 25 °C** (Säuerung bakteriell und/oder durch Einsatz von GdL auf pH 5,3 innerhalb von drei Tagen, Verwendung von Nitritpökelsalz),
- **Mittlere Reifung: Reifungstemperaturen zwischen 20 und ca. 23 °C** (Säuerung bakteriell, Verwendung von Nitritpökelsalz), Absenkung der Temperatur mit zunehmender Reifung auf 12 bis 15 °C.
- **Langsame Reifung: Reifungstemperatur 15 °C und 18 °C** (Säuerung bakteriell, Verwendung von Nitrat).

Mit diesen Temperaturen wird die Reifung begonnen. Im Verlauf der Reifung und zur Nachreifung werden die Temperaturen erniedrigt.

Bei schimmelpilzgereiften Rohwürsten ist bei Temperaturen $>$ 18 °C aus mikrobiologischer Sicht eine rasche pH-Wert-Senkung auf $\leq$ 5,3 erforderlich. Bei Reifungstemperaturen $<$ 18 °C ist eine normale Säuerung ausreichend.

3.3.2.8 Relative Luftfeuchte

Über die relative Luftfeuchte soll die Feuchtigkeit des Brätes abgeführt werden. Dadurch verlangsamen sich im Brät die Vermehrung und Entwicklung von Mikroorganismen sowie deren enzymatische Aktivitäten.

Damit Feuchtigkeit abgegeben werden kann, ist ein Feuchtigkeitsgefälle zwischen Brät und Umgebung erforderlich. Die relative Luftfeuchtigkeit in der Raumluft muß etwas niedriger sein als der a_w-Wert der Wurst $\times$ 100. Das Wasserdampfpartialdruckgefälle zwischen Rohwurst und Raumluft sollte jedoch ca. 5 % nicht übersteigen, um die Bildung eines Trockenrandes und damit ein Fehlfabrikat zu vermeiden [28]. Beispielsweise sollte die relative Luftfeuchtigkeit in der Kammer auf ca. 90 % eingestellt werden, sofern der a_w-Wert des Wurstbrätes 0,95 beträgt. Bei zu kleiner Differenz kommt es zu einer zu geringen Wasserabgabe, und der Reifungsprozeß wird unnötig verlängert. Als geeigneter Meßwert für die Beurteilung von Reifungsvorgängen kann neben dem Gewichtsverlust der a_w-Wert herangezogen werden.

Entsprechend der a_w-Wert-Erniedrigung muß die relative Luftfeuchtigkeit im Verlauf der Reifung erniedrigt werden, um das Wasserdampfpartialdruckgefälle aufrecht zu erhalten.

3.3.2.9 a_w-Wert

Die Höhe des a_w-Wertes des Brätes kann bei dessen Herstellung durch die Rezeptur (z. B. Fettgehalt) sowie durch verschiedene Zusätze (u. a. Zucker, Kochsalz, Gewürze) beeinflußt werden. Daneben könnte die Wasseraktivität des Brätes über den Zusatz von Sojaisolaten, Trockenfleisch, Stärke, Phosphat oder durch Gelatineprodukte [34] gesenkt werden. Neuerdings wird auch über den Zusatz von Laktat, insbesondere bei streichfähigen Rohwürsten, berichtet. Generell ist bei derartigen Zutaten darauf zu achten, daß der a_w-Wert durch diese Zusätze nicht zu stark gesenkt wird, denn dann könnten wesentliche mikrobiologische und enzymatische Vorgänge nicht mehr ordnungsgemäß ablaufen. Als Grenzwert, der möglichst nicht unterschritten werden sollte, wird ein a_w-Wert von 0,96 genannt [35].

Die entscheidende a_w-Wert-Veränderung findet jedoch während des Abtrocknungsprozesses statt. Durch die Wasserabführung während der Reifung kommt es zu einer Verringerung des für die Vermehrung von Mikroorganismen verfügbaren Wassers im Brät. Wie schnell der a_w-Wert der Rohwurst abgesenkt wird, kann, neben der relativen Luftfeuchtigkeit, auch durch das Kaliber [11] und den Zerkleinerungsgrad der Würste sowie die Luftgeschwindigkeit in der Kammer beeinflußt werden [32]. Im ersten Abschnitt der Rohwurstreifung werden Luftgeschwindigkeiten von 0,5 bis 0,8 m/s vorgeschlagen. Mit zunehmender Luftbewegung sollte die Luftgeschwindigkeit auf ca. 0,1 m/s gesenkt werden.

Die mikrobiologische Stabilität langgereifter Rohwurst ist primär vom a_w-Wert abhängig, da sich der pH-Wert wieder erhöht und der Restnitritgehalt gering ist sowie die Keimzahl der Konkurrenzflora abgenommen hat.

3.3.3 Anteilige mikrobiologische Verfahrensbeiträge

Die erwünschten Mikroorganismen leisten während der Rohwurstreifung Beiträge zur Haltbarkeit, zur Aroma- und Farbbildung und zur Konsistenzentwicklung. Hochwertige und sichere Produkte können erzeugt werden, sofern die beteiligten Mikroorganismen in geordneter Weise zusammenarbeiten. Die Mikroorganismen erfüllen ihre Aufgaben somit in einer spezifischen Flora. Diese muß sich im Brät entwickeln, oder sie kann in Form von Starterkulturen zugegeben werden. Stellt man Rohwurst ohne Starterkultur-Zusatz her und verläuft die Reifung normal, wird die Säuerung im wesentlichen von Laktobazillen der Untergattung „Streptobacterium“ verursacht, wobei die Arten *Lactobacillus sake* und *Lactobacillus curvatus* überwiegen [10].

Durch die sachgerechte Steuerung des Reifeklimas und der weiteren Einflußgrößen kann die Zusammensetzung und Aktivität der Mikroflora beeinflußt werden.

3.3.3.1 Beiträge zur Haltbarkeit

Die Haltbarkeit von Rohwurst wird durch Mikroorganismen günstig beeinflußt. Laktobazillen bilden aus Zuckerstoffen Milchsäure und tragen dadurch zur Hemmung unerwünschter Bakterien (z. B. Salmonellen, Listerien, Staphylokokken) bei. Die Geschwindigkeit der Säurebildung ist umso höher, je mehr aktive Milchsäurebakterien am Anfang vorhanden sind, je höher die Temperatur ist und je schneller die Milchsäurebakterien den angebotenen Zucker vergären können. Der End-pH-Wert hängt insbesondere von der Menge, aber auch von der Art der zugesetzten Zuckerstoffe ab.

Nicht ohne Einfluß auf die Hemmung der unerwünschten Mikroorganismen sowie auf die anteilige artenmäßige Zusammensetzung der Mikroorganismenflora sind die insbesondere von Laktobazillen ausgehenden antagonistischen Wirkungen. Diese sind seit langem bekannt. Insbesondere Lebensmittelvergifter und Lebensmittelverderber werden dadurch gehemmt. Milchsäurebakterien scheinen aufgrund ihrer gesundheitlichen Unbedenklichkeit besonders als Schutzkulturen geeignet zu sein. In den meisten Fällen beruht die antagonistische Wirkung auf der Bildung von organischen Säuren (z. B. Milchsäure) und der damit verbundenen pH-Wertabsenkung. Andere bakterielle Stoffwechselprodukte wie z. B. Bacteriocine können zu dem antagonistischen Effekt beitragen. Bekannt ist, daß insbesondere homofermentative Laktobazillen die (unerwünschte) Begleitflora hemmen können, sofern sie sich auf Werte $>10^8$/g entwickelt haben. Weitere Information über die antagonistischen Wirkungen von Milchsäurebakterien, auch im Zusammenhang mit sog. Schutzkulturen, siehe [25, 26, 33].

3.3.3.2 Beiträge zur Entwicklung der Artspezifität

Mit Beginn der Säuerung laufen zugleich mikrobiell bedingte Veränderungen an den Kohlenhydraten, Fetten und Eiweißen der Wurstmasse ab. Zeitlicher Beginn, Intensität und Dauer der Vorgänge sind dabei verschieden.

Die **Aromabildung** wird als eine sehr wichtige mikrobielle Leistung betrachtet. Etwa 300 verschiedene chemische Verbindungen sind an der Aromabildung beteiligt. Sehr wichtig sind dabei die relativ schnell entstehenden Stoffe aus dem Kohlenhydratstoffwechsel der Mikroorganismen. Die dabei überwiegend gebildeten Säuren treten auch geschmacklich in Erscheinung. Gleichzeitig wird dadurch der Geschmack typisch verändert.

Es handelt sich dabei hauptsächlich um Milchsäure. Daneben werden auch Brenztraubensäure, Weinsäure, Essigsäure, Ethylalkohol, Aceton, Acetaldehyd, Kohlendioxid und andere Stoffe gebildet. Sie geben der Rohwurst nachhaltig die Geschmacksrichtung.

Zu den beim Kohlenhydratabbau sehr aktiven Mikroorganismen gehören insbesondere Laktobazillen. Die Herausbildung der säuerlichen Geschmacksnote durch Laktobazillen ist unterschiedlich, je nachdem ob diese homofermentativ oder heterofermentativ sind. Für die haltbarmachende Funktion der Laktobazillen sind homofermentative Species zu bevorzugen.

3.3.3.3 Mikroorganismen als Rohwurstflora

Betrachtet man die Rohwurstflora nach Keimarten, so ist in Grundzügen eine Einteilung in erwünschte und unerwünschte Mikroorganismen möglich. Es lassen sich aber keine starren Grenzen ziehen. Die Übergänge zwischen diesen beiden Gruppen sind fließend. Auch ist eine Einstufung vom zeitlichen Auftreten der betreffenden Mikroorganismen abhängig. Zwischen den Mikroorganismen bestehen wechselseitige, zum Teil schwer überschaubare Beziehungen, die auch antagonistischer und synergistischer Art sein können.

Unter den sowohl für die Haltbarmachung als auch für die Entwicklung der Artspezifität verantwortlichen Mikroorganismen befinden sich in der Hauptsache grampositive Bakterien.

Die für die normale Rohwurstreifung wichtigsten Mikroorganismen gehören zu den Gattungen *Lactobacillus* und *Staphylococcus*. Weiterhin sind Mikrokokken, Hefen und Schimmelpilze von Bedeutung. Folgende Keimarten sind für die „normale" Reifung von Rohwurst wesentlich: *Lactobacillus sake*, *L. curvatus* und *L. plantarum*; *Staphylococcus xylosus*, *S. carnosus* und *S. saprophyticus*; *Micrococcus varians*; *Debaryomyces hansenii* sowie *Penicillium nalgiovense* [19, 20].

In Abb. 3.3.4 ist das Vorkommen verschiedener Gruppen von Mikroorganismen in Rohwurst in Abhängigkeit von der Reifezeit dargestellt. Zweifellos kommt den Milchsäurebakterien, insbesondere den Laktobazillen, bei der Rohwurstreifung die größte Bedeutung zu. Sie vermehren sich in den ersten

Reifetagen bis auf 10^8/g und sind auch in den ausgereiften Produkten noch vorherrschend nachweisbar, obwohl ihre Keimzahl im Verlauf der Reifung zurückgeht. Es läßt sich sagen, daß ohne Milchsäurebakterien eine Rohwurstreifung nicht möglich sein würde, denn sie tragen nicht nur zur Kon-

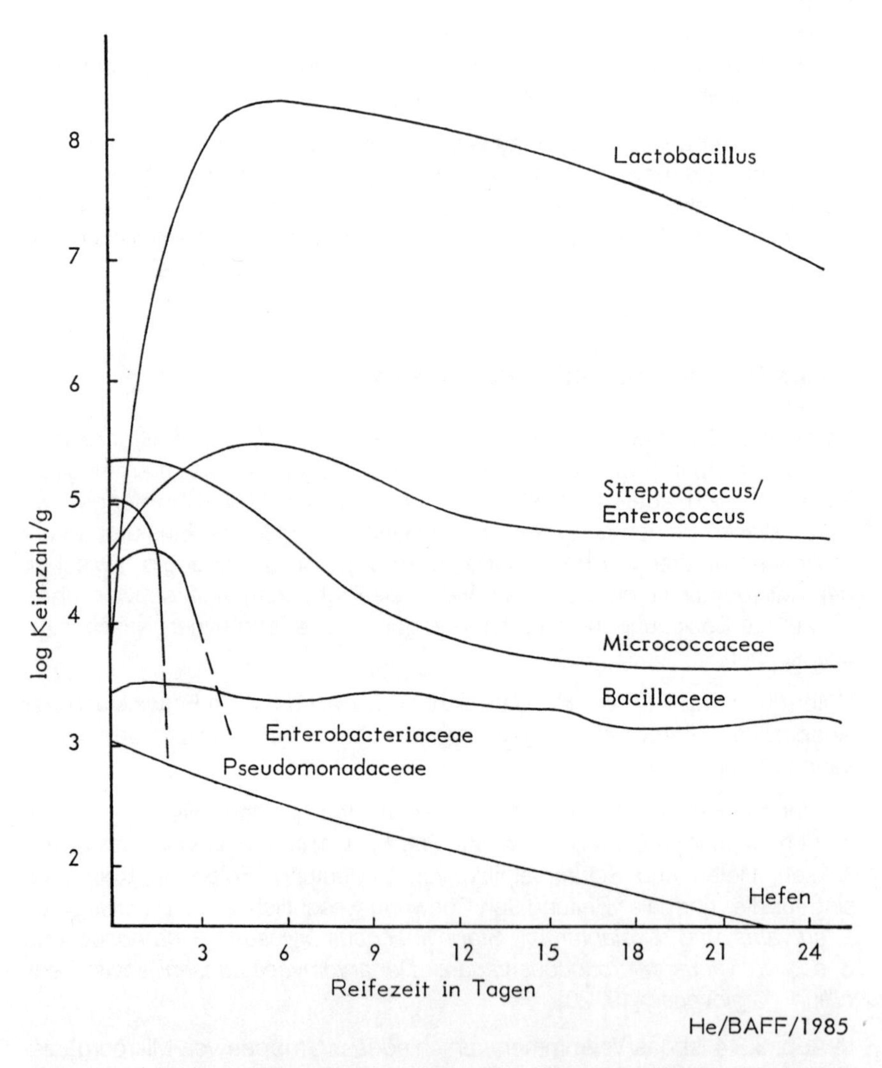

Abb. 3.3.4 Vorkommen verschiedener Gruppen von Mikroorganismen in Rohwurst, in Abhängigkeit von der Reifezeit (HECHELMANN, 1985).

servierung, sondern auch zur Aromatisierung maßgebend bei. Allerdings können Laktobazillen unter bestimmten Bedingungen auch Fehlfabrikate verursachen [3]. Ähnlich wie die Laktobazillen verhalten sich Vertreter der Gattungen *Pediococcus* und auch andere Milchsäurebakterien, nämlich *Streptococcus*, *Enterococcus* und *Leuconostoc*. Sie kommen häufig, wenn auch in geringeren Keimzahlen als Laktobazillen vor [7].

Vertreter der Familie *Micrococcaceae*, insbesondere der Gattung *Staphylococcus*, aber auch der Gattung *Micrococcus*, sind wichtig für die Aromatisierung der Rohwurst. Diese Bakterien verfügen über das Enzym Katalase und können daher dem Ranzigwerden von Rohwurst entgegenwirken. Durch ihre Eigenschaft der Nitratreduktion tragen sie positiv zur Farbbildung und Farbhaltung von Rohwurst bei.

Hohe Gehalte an Sporenbildnern, also Vertreter der Gattungen *Bacillus* und *Clostridium*, sind für die Qualität und Haltbarkeit von Rohwürsten als ungünstig einzuschätzen. Sporenbildner beeinflussen jedoch normalerweise die Rohwurstreifung kaum [22] und kommen auch nur in relativ geringen Keimzahlen in einwandfreier Rohwurst vor.

Auch gramnegative Bakterien gehören zu den unerwünschten und schädlichen Mikroorganismen in Rohwürsten. Ihr Vorkommen darf nur zu Beginn der Reifung toleriert werden. Pseudomonaden und Enterobakteriazeen sind zu Beginn der Reifung regelmäßig im Rohwurstbrät nachzuweisen. Im Verlauf der Rohwurstreifung nehmen sie jedoch innerhalb von Stunden oder Tagen stark in der Keimzahl ab, während Milchsäurebakterien deutlich zunehmen.

Hefen sind ebenfalls zu Beginn der Rohwurstreifung regelmäßig nachweisbar. In ausgereiften Rohwürsten können sie jedoch nur noch in den Randpartien nachgewiesen werden, da sie zur Vermehrung viel Sauerstoff benötigen [7].

3.3.3.4 Keimdynamik während der Herstellung

Während der Herstellung von Rohwurst kommt es in Abhängigkeit von den jeweiligen Fertigungsstufen zu charakteristischen Veränderungen hinsichtlich der Keimarten als auch hinsichtlich der Keimzahlen. Bei Keimzahlzunahmen kann unterschieden werden zwischen Zunahme erwünschter und unerwünschter Mikroorganismen. Vor allem zu Beginn der Rohwurstherstellung ist die Vermehrung unerwünschter Mikroorganismen zu verhindern.

3.3.3.4.1 Rohstoffauswahl, Fleischvorbereitung

Hohe Keimzahlen von eiweißspaltenden (proteolytischen) und fettspaltenden (lipolytischen) Keimarten im Rohmaterial sind risikoreich. Diese Mikroorganismen, aber auch die von ihnen gebildeten Enzyme, können die Rohwurstreifung negativ beeinflussen.

In Abhängigkeit von der Fleischgewinnung, den Transportbedingungen, der Lagerzeit und der Lagertemperatur können die Anfangskeimgehalte beim Rohmaterial schwanken. Zu lange unter Kühllagerung gelagertes Fleisch weist beispielsweise eine typische Kühlhausflora auf, also Vertreter der Gattung *Pseudomonas* sowie kältetolerante Enterobakteriazeen. Diese können bei zu hohen Keimzahlen die Rohwurstreifung ungünstig beeinflussen. Auch das unsachgemäße Auftauen von Gefrierfleisch birgt Risiken. Es kann zu einem starken Keimzahlanstieg im Fleisch kommen, wenn das Fleisch unsachgemäß aufgetaut wird. Gefrierfleisch sollte deshalb möglichst im gefrorenen Zustand verarbeitet werden.

3.3.3.4.2 Zerkleinern, Mengen, Abfüllen

Durch die Zerkleinerung wird die Oberfläche des Fleisches vergrößert. Sehnen- und Fasciengewebe, die einen Schutz gegen Mikroorganismen bewirken, werden zerstört. Es sollte deshalb zügig gearbeitet werden. Scharfe Messer bei der Zerkleinerung verhindern eine unnötige Erwärmung des Brätes und damit eine Begünstigung der Keimvermehrung. Die Temperatur des Brätes beim Abfüllen in Hüllen sollte um 0 °C liegen. Dies fördert ein klares Schnittbild.

Rohwurst wird meist straff in Hüllen gefüllt, dafür stehen Kunstdärme (Faserdärme, Kollagendärme, Leinendärme usw.) oder Naturdärme zur Verfügung. Das Kaliber der Hüllen kann sehr unterschiedlich sein. Für streichfähige Rohwürste werden meist dünnere Kaliber, z. B. Kaliber 35 mm, eingesetzt. Schnittfeste Rohwurst wird in Deutschland meist in Kaliber 60–90 abgefüllt.

Das verwendete Darmmaterial beeinflußt die mikrobiologischen Vorgänge bei der Rohwurstreifung.

Allgemein ist die hygienische Beschaffenheit der Kunstdärme besser als die der Naturdärme. Insbesondere Spitzenqualitäten von Rohwürsten werden häufig in Naturdärme gefüllt. Bei der Herrichtung und Lagerung von

Naturdärmen muß streng auf Hygiene geachtet werden. Naturdärme sind eiweißreich, wasserhaltig und zeigen oft Fetteinlagerungen. Der sorgfältigen Säuberung und Entfettung der Därme kommt eine besondere Bedeutung zu. Vor dem Füllen müssen die gut gewässerten Naturdärme gründlich ausgestreift werden, damit nicht zuviel Wasser in dem Hüllenmaterial bleibt. Wurden Naturdärme nicht gründlich gesäubert, können sie auch zahlreiche Fäulniserreger enthalten, besonders der Gattungen *Proteus* und *Clostridium* [7].

3.3.3.4.3 Reifen, Trocknen, Räuchern

Besonders die ersten Stunden und Tage sind bei der Rohwurstreifung kritisch. In dem insgesamt leicht verderblichen Brät hat noch keine pH-Wert-Absenkung stattgefunden, und die Wasseraktivität ist hoch. Es laufen zu diesem Zeitpunkt komplexe mikrobiologische Vorgänge ab. Sofern diese in der erwünschten Weise ablaufen, ist ein mikrobieller Verderb bei ausgereiften und abgetrockneten Rohwürsten unwahrscheinlich.

Die Reifungstemperatur, die relative Luftfeuchtigkeit und die Luftbewegung sind während der Reifung wichtige Parameter für das Gelingen der Rohwurst.

Insbesondere die Temperaturführung während der Rohwurstreifung hat einen großen Einfluß auf den Reifungsverlauf. Die geringsten mikrobiologischen Risiken ergeben sich, wenn bei niedrigen Temperaturen gereift wird. Empirisch kam dies früher zur Anwendung, da damals Rohwürste in der kalten Jahreszeit, also in den Monaten mit einem „r" hergestellt worden sind.

Die beiden Klimafaktoren relative Luftfeuchtigkeit und Luftbewegung sollen eine möglichst gleichmäßige Abtrocknung der Produkte gewährleisten und müssen daher auf das jeweilige Erzeugnis und untereinander abgestimmt werden, damit der in Hüllen gefüllten Masse kontinuierlich Feuchtigkeit entzogen werden kann.

Wird das Wasser infolge falscher Parametereinstellungen zu langsam abgeführt, werden die Würste schmierig, und es können Verfärbungserscheinungen sowie andere Rohwurstfehler auftreten.

Eine zu schnelle Abführung des Wassers kann dagegen zu einer Beeinträchtigung des bakteriellen Stoffwechsels sowie zur Ausbildung eines

Trockenrandes führen. Dieser Fehler kann besonders bei großkalibrigen Rohwürsten beobachtet werden. Während die äußeren Bereiche der Rohwürste sehr zügig abtrocknen, kann das Wasser nicht schnell genug aus dem Innern an die Oberfläche gelangen. Die Außenschichten trocknen aus und bilden für das nachkommende Wasser eine fast undurchlässige Schicht. Im Extremfall kann es zum sogenannten Ersticken, d. h. zum inneren Verfaulen der Würste kommen.

Die Räucherung von Rohwürsten dient primär der Geschmacks- und Farbgebung. Das in der Praxis übliche Kalträuchern beeinflußt den Mikroorganismengehalt nur unwesentlich. Die erwünschte Zunahme der Reifungsflora wird durch das Kalträuchern nicht unterbrochen. Die Entwicklung von Hefen und Schimmelpilzen an der Oberfläche kann durch Kalträuchern verlangsamt werden.

3.3.3.4.4 Lagern

Sachgerecht hergestellte Rohwürste sind aus mikrobiolologischer Sicht stabil, und eine Kühllagerung ist nicht erforderlich. Der Keimgehalt setzt sich aus grampositiven Bakterien – Laktobazillen, Staphylokokken, Bazillen – und manchmal Hefen zusammen. Der limitierende Faktor für die Haltbarkeit von Rohwurst ist der Fettverderb.

3.3.3.5 Mikrobiell bedingte Fehlfabrikate

Mikrobieller Verderb von Rohwurst ist im Vergleich mit anderen Verderbnisarten relativ häufig. Meist handelt es sich um Ursachen, die in der Produktion, vor allem Fehler zu Beginn der Reifung, begründet sind. Die ersten Stunden und Tage für die Rohwurstreifung sind besonders kritisch. In diesem Zeitraum laufen in der Rohwurst die bereits beschriebenen komplexen mikrobiologischen Vorgänge ab, die unter ungünstigen Bedingungen auch zu Fehlfabrikaten führen können. Bei gut ausgereiften und abgetrockneten Rohwürsten tritt mikrobieller Verderb dagegen nur noch selten auf. Tab. 3.3.4 gibt einen Überblick über Fehlfabrikate von Rohwürsten. Weitere Informationen siehe [3, 4, 7].

Tab. 3.3.4 Mikroorganismen, die an Fehlfabrikaten von Rohwürsten beteiligt sind (HECHELMANN, 1985)

Mikroorganismen	Sensorische Veränderungen der Rohwürste
Milchsäurebakterien	
homofermentative Arten	Übersäuerung
heterofermentative Arten	Gasbildung, Geruchs- u. Geschmacksabweichungen
peroxidbildende Arten	Zerstörung der Pökelfarbe, Farbfehler
Leuconostoc-Arten	Fadenziehen
Enterobacteriaceae	Kernfäulnis, Gasbildung
Micrococcus- und *Staphylococcus*-Arten	Schmierbelag, Randvergrauung (nach Abwaschen)
Clostridium-Arten	Randfäulnis, insbesondere bei Naturdärmen
Hefen	Schmierbelag, gäriger Geruch und Geschmack
Schimmelpilze	Hüllendefekte, dumpfiger Geruch und Geschmack

3.3.3.6 Pathogene Bakterien mit besonderer Bedeutung für Rohwurst

Salmonellen: Während einer typischen Rohwurstreifung wird die Salmonellenvermehrung zunächst durch Salz und Nitrit in Kombination mit dem für sie relativ ungünstigen pH-Wert des rohen Fleisches und der für sie suboptimalen Temperatur um 22 ° C unterbunden. Dann übernimmt die mikrobiell gebildete Milchsäure diese Aufgabe, und schließlich wird durch die Trocknung die für die Salmonellenvermehrung minimale Wasseraktivität unterschritten.

Nach den Ergebnissen verschiedener Autoren [8, 31] minimiert die Kombination folgender Bedingungen das Risiko:

- anfänglicher pH-Wert unter 5,8;
- anfängliche Wasseraktivität unter 0,965;
- Nitritzusatz (mit NPS) 100–125 mg $NaNO_2$/kg;
- Säuerung auf pH <5,3 innerhalb von ca. 3 Tagen (erreichbar durch Zusatz von etwa 0,3 % eines rasch vergärbaren Zuckers und Milchsäurebakterien);
- Fermentationstemperatur in den ersten 3 Tagen nie über 25 °C.

Staphylococcus aureus: Sofern *Staphylococcus aureus* die Möglichkeit erhält, sich im Verlauf der Rohwurstreifung bis auf über 10^7 Zellen/g zu vermehren, besteht die Gefahr einer Lebensmittelvergiftung. Hervorgerufen wird dieses durch Enterotoxine, die durch Einwirken auf die Darmschleimhaut Brechdurchfall auslösen. Die Toxine sind relativ stabil und werden auch durch die proteolytischen Vorgänge während der Rohwurstreifung nicht inaktiviert. Ausbrüche von *Staph. aureus*-Lebensmittelintoxikationen sind bei folgenden Risikofaktoren zu befürchten:

- zu hohe Anfangskeimzahlen von *Staph. aureus*,
- zu hohe anfängliche pH-Werte,
- zu hohe Reifetemperaturen,
- eine zu langsame Absenkung des pH-Wertes.

Um die Gefahr einer *Staph. aureus*-Lebensmittelintoxikation nach Verzehr von Rohwurst auszuschließen, gelten folgende Empfehlungen [21, 22]:

- das Brät muß einen pH-Wert unter 5,8 und einen a_w-Wert zwischen 0,955 und 0,965 aufweisen sowie weniger als 10^4 *Staph. aureus*/g enthalten;
- die Reifetemperatur darf nie über 23 °C liegen und muß bei Beginn einer Beschimmelung auf höchstens 15 °C abgesenkt werden;
- bei Reifetemperaturen über 18 °C muß eine rasche Senkung des pH-Wertes auf 5,3 durch Zugabe von 0,2 % eines leicht vergärbaren Zuckers und von rasch säuernden Milchsäurebakterien gewährleistet sein;
- eine Temperatur von 15°C darf bei der Reifung und Lagerung der Würste erst dann überschritten werden, wenn ihr a_w-Wert unter 0,90 liegt.

Listeria monocytogenes: Erst in den achtziger Jahren ist bekannt geworden, daß die Listeriose durch Lebensmittel übertragen werden kann. Es handelt sich dabei um eine Infektion mit hoher Sterblichkeit. Bislang konnte noch kein Ausbruch auf den Verzehr von Rohwurst zurückgeführt werden.

Ein Vermehrungsrisiko von *Listeria monocytogenes* in Rohwürsten besteht, wenn zu schwach gesäuerte Rohwürste ohne Kühlung gelagert werden [24]. Bei korrektem anfänglichem pH-Wert (unter 5,8) ist das Vermehrungspotential von *Listeria monocytogenes* in Rohwürsten jedoch gering. Um das Wachstum zuverlässig zu unterbinden, sind zudem mindestens 2,5 % Nitritpökelsalz erforderlich, und es ist für eine Säuerung des Brätes zu sorgen [30]. Bei der Herstellung schimmelgereifter Rohwürste wird empfohlen, sofort nach Erreichen des pH-Wertes von 5,3, die Reifetemperatur auf 8–10 °C abzusenken [27].

Mykotoxinbildende Schimmelpilze: Wächst auf Rohwurst unerwünschter Schimmel, dann ist eine Mykotoxinbildung nicht auszuschließen. Schimmelpilze der Gattung *Penicillium* sind vorherrschend bei Fleischerzeugnissen mit unerwünschtem Schimmelpilz-Wachstum. Es wird empfohlen, durch Einsatz nachgewiesenermaßen nichttoxischer Stämme dieses Risiko auszuschließen. Als toxikologisch „ohne erkennbares Risiko" konnten sieben Stämme von *Penicillium chrysogenum* und zwei von *Penicillium nalgiovense* bewertet werden [9]. Sie wiesen auch kein Potential zur Antibiotikabildung auf.

Unerwünschtes Schimmelpilz-Wachstum auf Rohwürsten kann vermieden werden durch Räucherung, Behandlung mit Kaliumsorbat, a_w-Wert-Verminderung und Vakuumverpackung. Allgemein gilt zudem, daß Mykotoxinbildung in Fleischerzeugnissen bei Kühllagerung oder bei Reifung unter Kühlbedingungen nur in geringen Mengen oder langsam synthetisiert wird.

Literatur

[1] Buckenhüskes, H. : Starterkulturen für die Rohwurstproduktion – eine Standortbestimmung. Fleisch **45** (1991), 163–167.

[2] Buckenhüskes, H.: Grundlagen der Rohwurstherstellung. In: 1. Stuttgarter Rohwurstforum (Hrsg. H. Buckenhüskes), Stuttgart, 1994, S. 21.

[3] Coretti, K.: Rohwurstreifung und Fehlerzeugnisse bei der Rohwurstherstellung. Verlag der Rheinhessischen Druckwerkstätte. Dietel u. Co., Alzey, 1971.

[4] Frey, W.: Die sichere Fleischwarenherstellung, Leitfaden für den Praktiker. H. Holzmann GmbH u. Co. KG, Bad Wörrishofen, 1983.

[5] Gerhardt, U.: Zutaten und Zusatzstoffe für die Herstellung von schnittfester und streichfähiger Rohwurst. In: 1. Stuttgarter Rohwurstforum (Hrsg. H. Buckenhüskes), Stuttgart, 1994, S. 99–114.

[6] Hechelmann, H.; Bem, Z.; Leistner, L.: Mikrobiologie der Nitrat/Nitritminderung bei Rohwurst. Mitteilungsblatt der Bundesanstalt für Fleischforschung Nr. 46 (1974), 2282–2286.

[7] Hechelmann, H.: Mikrobiell verursachte Fehlfabrikate bei Rohwurst und Rohschinken. Herausgegeben vom Institut für Mikrobiologie, Toxikologie und Histologie der Bundesanstalt für Fleischforschung, Kulmbach, 103–127, 1985.

[8] Hechelmann, H.; Kasprowiak, R.: Mikrobiologische Kriterien für stabile Produkte. Fleischwirtschaft **71** (1991), 379–389.

[9] Hwang, H.-J.; Vogel, R. F.; Hammes, W. P.: Entwicklung von Schimmelpilzkulturen für die Rohwurstherstellung. Fleischwirtschaft **73** (1993), 88–93.

[10] Kagermeier, A.: Taxonomie und Vorkommen von Milchsäurebakterien in Fleischprodukten. Dissertation, Fakultät Biologie, Ludwig-Maximilian-Universität München, 1981.

[11] Klettner, P.-G., Rödel, W.: Überprüfung und Steuerung wichtiger Parameter bei der Rohwurstreifung. Fleischwirtschaft **58** (1978), 57–66.

[12] Leitsätze für Fleisch und Fleischerzeugnisse. Deutsches Lebensmittelbuch. 4. Aufl. Köln: Bundesanzeiger Verlagsges. mbH. 1994.

[13] Lerche, M.: Laktobazillen in schnittfester Rohwurst. Arch. Lebensmittelhyg. **7** (1956), 1.

[14] Leistner, L., Rödel, W.: The Stability of Intermediate Moisture Foods with respect to micro-organisms. In: Davis, R.; Birch, G. G.; Parker, K. J. (Hrsg.), Intermediate Moisture Foods. Applied Science Publishers, London, 1976.

[15] Leistner, L.: Neue Nitrit-Verordnung der Bundesrepublik Deutschland. Fleischwirtschaft **61** (1981), 341–346.

[16] LEISTNER, L.: Schimmelpilz-gereifte Lebensmittel. Fleischwirtschaft **66** (1986), 168–173.

[17] LEISTNER, L.: Allgemeines über Rohwurst. Fleischwirtschaft **66** (1986), 290–300.

[18] LEISTNER, L.: Stabilität und Sicherheit von Rohwurst. Die Fleischerei **40** (1990), 570–582.

[19] LÜCKE, F.-K.: Fermented sausages – In: Microbiology of Fermented Foods. Edited by B. J. B. WOOD. Elsevier Applied Science, London and New York (1985).

[20] LÜCKE, F.-K.: Mikrobiologische Vorgänge bei der Herstellung von Rohwurst und Rohschinken. Herausgegeben vom Institut für Mikrobiologie, Toxikologie und Histologie der Bundesanstalt für Fleischforschung, Kulmbach, S. 85–102, 1985.

[21] LÜCKE, F.-K.: Pathogene Mikroorganismen und Hygiene bei der Rohwurstherstellung. In: 1. Stuttgarter Rohwurstforum (Hrsg.: H. BUCKENHÜSKES), Stuttgart, 1994, S. 65–75.

[22] NEUMAYR, L.: Untersuchungen zur Entkeimung von Gewürzen und zur Notwendigkeit der Verwendung entkeimter Gewürze für die Rohwurstherstellung. Dissertation, Technische Universität München, Fakultät für Chemie, Biologie und Geowissenschaften, 1983.

[23] NEUMAYR, L.; LÜCKE, F.-K.; LEISTNER, L.: Fate of *Bacillus spp.* from spices in fermented sausage. Proceedings, 29. European Congress of Meat Research Workers, Salsomaggiore, Italien, Vol. I, C/2.5, S. 418–424, 1983.

[24] Ozari, R.: Untersuchungen zur Wirkung von Starterkulturen des Handels auf das Wachstum von *Listeria monocytogenes.* Fleischwirtschaft **71** (1991), 1450–1454.

[25] REUTER, G.: Laktobazillen und eng verwandte Mikroorganismen in Fleisch und Fleischwaren. Fleischwirtsch. **51** (1971), 1237–1245.

[26] REUTER, G.: Untersuchungen zur antagonistischen Wirkung der Milchsäurebakterien auf andere Keimgruppen der Lebensmittelflora. Zbl. Vet. Med. B, **19** (1972), 320–334.

[27] RÖDEL, W.; STIEBING, A.; KRÖCKEL, L.: Reifeparameter für traditionelle Rohwurst mit Schimmelbelag. Fleischwirtschaft **72** (1992), 1375–1385.

[28] RÖDEL, W.: Messung der Wasseraktivität unter Praxisbedingungen. Fleischwirtschaft **53** (1973), 27–31.

[29] SALZER, U.-J.: Antimikrobielle Wirkung einiger Gewürzextrakte und Würzmischungen. Fleischwirtschaft **57** (1977), 885–887.

[30] SCHILLINGER, U.; LÜCKE, F.-K.: Einsatz von Milchsäurebakterien als Schutzkulturen bei Fleischerzeugnissen. Fleischwirtschaft **69** (1989), 1581–1585.

[31] SCHMIDT, U.: Verminderung des Salmonellen-Risikos durch technologische Maßnahmen bei der Rohwurstherstellung. Mitteilungsblatt der BAFF, Kulmbach, Nr. I 99, S. 7791–7793, 1988.

[32] STIEBING, A.; RÖDEL, W.: Einfluß unterschiedlicher Klimate auf den Reifungsverlauf bei Rohwurst. Mitteilungsblatt der BAFF, Kulmbach, Nr. 88, S. 6494–6398, 1985.

[33] WEBER, H.: Spezielle Anwendungen am Beispiel Rohwurst. In: Die biologische Konservierung von Lebensmitteln (Hrsg.: DEHNE, L. I.; BÖGL, K. W.) SozEp Heft 4/1992. Bundesgesundheitsamt Berlin, 1992.

[34] WEBER, H.; FISCHER, R.; MARGGRANDER, K.; KOCHINKE, F.: Spreadable dry sausage. The influence of hydrolyzed collagen proteins. Fleischwirtschaft **75** (1995), 45–46.

[35] WIRTH, F.; RÖDEL, W.: Richtwerte der Fleischtechnologie. Frankfurt: Deutscher Fachverlag 1990.

3.4 Starterkulturen für fermentierte Fleischerzeugnisse

H. KNAUF

3.4.1 Entwicklung kommerzieller Starterkulturen für die Fleischindustrie

Die Entwicklung von Starterkulturen für fermentierte Lebensmittel verlief prinzipiell bei allen Lebensmitteln gleich. Grundlegend war die Erkenntnis, daß Mikroorganismen entscheidend den Reifungsprozeß beeinflussen, dies sowohl bezüglich guter sensorischer und technischer Parameter als auch im Falle von Fehlfermentationen hinsichtlich Fehlprodukten. So war der erste Schritt zur gezielten Beeinflusssung der Produktion auch die Verwendung von Teilen guter Chargen zur Beimpfung der nächsten Chargen („back slopping"), wie es auch teilweise heute noch im Falle von Sauerteig bei der Brotherstellung praktiziert wird. Nachdem es schließlich möglich war, die beteiligten Mikroorganismen zu identifizieren, war es naheliegend, solche, die aus guter Ware isoliert worden waren, zu züchten und sie bewußt zuzusetzen, um den Fermentationsverlauf in die „richtige Richtung" zu lenken.

Die Anwendung von „Starterkulturen" fand zuerst Eingang in der Brau- und Milchindustrie mit gleichzeitiger intensiver wissenschaftlicher Forschung und Weiterentwicklung. In der Fleischindustrie begründeten traditionsbehaftete Herstellungspraktiken und unzureichendes Wissen über die mikrobiellen Zusammenhänge die skeptische Einstellung gegenüber dem nützlichen Effekt der Verwendung von Mikroorganismen, zumal im Unterschied zu dem Rohmaterial „Milch", bei dem mittels Hitzebehandlung die Ausgangsflora weitestgehend beseitigt wird, die natürliche Ausgangsflora in der Rohwurstmasse erhalten bleibt und kaum steuerbar ist. Heutzutage gehört jedoch die Verwendung von Starterkulturen zumindest im Bereich der Rohwurstproduktion zum Stand der Technik und findet ebenfalls Anwendung bei der Herstellung von Rohpökelwaren. Die Entwicklung von Starterkulturpräparaten für die Fleischindustrie wurde in umfassender Weise von LIEPE [1] dargestellt. In der Tab. 3.4.1 sind aus dieser Übersicht die wichtigsten Meilensteine zusammengefaßt.

Tab. 3.4.1 Meilensteine für die Entwicklung von Starterkulturpräparaten für Rohwurst und Rohschinken[1])

I.	Rohwurst
1919	Untersuchung von Hefen („fleur du saucisson“)
1921	Patent auf Pökelverfahren unter Zuhilfenahme eines nitratreduzierenden Mikrokokken-Stammes
1935–1940	12 Patente auf die Verwendung von 14 Laktobazillen-Stämmen als Einzel- oder Mischkultur
1955	Niinivaara empfiehlt *Micrococcus* Stamm M53 für fermentierte Rohwürste
1956	Empfehlung von *Pediococcus cerevisiae* [2]) für die Herstellung von amerikanischer „Summer sausage“
1960	Isolierung von 171 Mikrokokken-Stämmen von Fleisch und Untersuchung ihrer fermentativen Aktivität
1966	Empfehlung von Mischungen aus Mikrokokken und Laktobazillen durch Nurmi, Beginn der ersten kommerziellen Herstellung von Fleischstarterkulturen in Europa
1972	Einführung eines nicht-toxinogenen *Penicillium nalgiovense* für die Oberflächenbeimpfung
1977	Einführung von Streptomyceten
II.	Rohschinken
1957	Isolierung eines nitratreduzierenden *Vibrio*-Stammes für die Herstellung von Rohschinken (keine kommerzielle Herstellung aufgrund von Züchtungsschwierigkeiten)
1977	Einführung von *Staphylococcus simulans*[3]) und Mischungen aus *S. simulans* und *Lactobacillus plantarum*

[1]) Literatur, s. [1]
[2]) *P. damnosus* nach int. Nomenklatur, später reklassifiziert als *P. acidilactici*
[3]) 1982 reklassifiziert als *S. carnosus*

3.4.2 Einsatzgebiete

Heutzutage werden Starterkulturen in der Fleischindustrie bei einer Vielzahl von Produkten verwendet, wobei jedoch dem Einsatz bei der Herstellung von Rohwurst die größte Bedeutung zukommt (s. auch Tab. 3.4.2). Während in den mittel- und nordeuropäischen Ländern (z. B. Bundesrepublik Deutschland, Benelux-Länder, Frankreich, Dänemark, Finnland) etwa 80 % (Deutschland) – 100 % (Skandinavien) aller industriell hergestellten Rohwürste mit Starterkulturen hergestellt werden, ist die Verbreitung des Einsatzes in südeuropäischen Ländern (z. B. Italien, Spanien) noch nicht in diesem Maße fortgeschritten (etwa 20 %). In diesen Ländern wird auch heute noch in den meisten Fällen eine Reifung mittels der Spontanflora durchgeführt. Dies trifft insbesondere auf die Schimmelflora zu (etwa 70–95 % der Rohwürste sind schimmelgereift, im Gegensatz zu etwa 5–30 % in mitteleuropäischen Ländern [2]).

Mengenmäßig an zweiter Stelle steht der Einsatz von Starterkulturen bei Rohschinken, jedoch wird bei diesem Produkt der größte Teil (etwa 95 %) mit Hilfe der Spontanflora fermentiert.

Vereinzelte kommerzielle Anwendungen von Starterkulturen findet man ebenfalls bei Kochschinken und Fischpräserven, doch dürfte es sich dabei um Nischenprodukte handeln.

3.4.2.1 Rohwurst

Gemäß den Leitsätzen für Fleisch und Fleischerzeugnisse sind Rohwürste „umgerötete, ungekühlt (über +10 °C) lagerfähige, i. d. R. roh zum Verzehr gelangende Wurstwaren, die streichfähig oder nach einer mit Austrocknung verbundenen Reifung schnittfest geworden sind. Zucker werden in einer Menge von nicht mehr als 2 % zugesetzt".

Während der Zusatz von Zusatzstoffen über eine Positivliste streng reglementiert ist (Anlage 1 zu § 1 Abs. 1 und § 2 der FleischVO), werden Starterkulturen gesetzmäßig in der Bundesrepublik Deutschland nicht erfaßt. Ihr Zusatz unterliegt keinen gesetzlichen Auflagen (Unbedenklichkeit der enthaltenen Mikroorganismen vorausgesetzt).

Bakterielle Stoffwechselleistungen sind insbesondere bei Rohwurst entscheidend für den Umwandlungsprozeß Rohwurstmasse → schnitt- oder streichfähige Rohwurst. Die mikrobiellen Vorgänge bei der Rohwurstreifung werden ausführlich in Kapitel 3.3 dieses Buches beschrieben. Die wichtigsten Stoffwechselleistungen können wie folgt zusammengefaßt werden:

- die durch Milchsäurebakterien verursachte pH-Wertabsenkung (Bildung von überwiegend Milchsäure aus fleischeigenen bzw. zugesetzten Zuckerstoffen) bewirkt das Schnittfestwerden der Wurst.
- die gebildete Säure bewirkt weiterhin, daß zugesetztes Nitrit bzw. über bakterielle Nitratreduktion (Staphylokokken/Mikrokokken) aus Nitrat gebildetes Nitrit zu Nitrat und Stickstoffmonoxid disproportioniert.
  [Da wegen der Disproportionierung auch bei alleiniger Verwendung von Nitrit in der Form von Nitritpökelsalz Nitrat entsteht, ist die Verwendung von Nitrat-reduzierenden Mikroorganismen auch in diesem Fall angebracht, um die notwendige Zusatzmenge an Nitrit so gering wie notwendig zu halten].
- die Beinflussung des Aromas ist auf komplexere Reaktionen zurückzuführen. Neben den Reaktionen des Nitrits mit Fleischinhaltsstoffen (Pökelaroma) werden zwar in erster Linie Protease- und Lipaseaktivitäten der Mikroorganismen (insbesondere die der Staphylokokken/Mikrokokken und, wenn verwendet, die der Schimmelpilze) dafür verantwortlich gemacht, doch dürften auch Säure-bedingte Hydrolysen von Fleischinhaltsstoffen und nichtenzymatische Folgereaktionen an der Aromabildung beteiligt sein.

Die Auswahl der geeigneten Starterkultur(mischung) hängt von dem Rohwursttyp und den angewandten Reifebedingungen ab. So ist die Verwendung von Milchsäurebakterien insbesondere dann erforderlich, wenn „schnellgereifte" Rohwürste produziert werden sollen (Reifungszeit bis 14 Tage). Diese Produkte sind durch alleinige Verwendung von Nitritpökelsalz und hohe Reifungstemperaturen (22–24 °C am Anfang) gekennzeichnet. Bei diesen Temperaturen und dem hohen Wassergehalt ist es unbedingt erforderlich, eine schnelle pH-Wertabsenkung zu erzielen, um dem Wachstum von unerwünschten Mikroorganismen wie z. B. Salmonellen und *Staphylococcus aureus* entgegenzuwirken. Eine schnelle Säurebildung zeigen z. B. *Lactobacillus curvatus* und *Pediococcus pentosaceus*, während *P. acidilactici* deutlich langsamer ist [3]. Zur Unterstützung der Umrötung ist die zusätzliche Verwendung von Stämmen der Gattungen *Staphylococcus/ Micrococcus* sinnvoll. Bei „normal" gereiften Rohwürsten (Reifungszeit etwa 20–28 Tage) finden in der Regel *L. plantarum* und *P. acidilactici* Verwendung in Kombination mit Nitrat-reduzierenden Staphylokokken/Mikrokokken-Stämmen. Mit der längeren Reifungszeit ist ein abgerundeteres Aroma verbunden, welches wie oben erwähnt auf enzymatischen (mikrobielle und fleischeigene Enzyme) und chemischen Reaktionen beruht, die eine gewisse Zeit benötigen. Bei „langsam" gereiften Rohwürsten (Reifungszeit >4 Wochen) tritt die pH-Wert-Absenkung in den Hintergrund. Die Stabilität dieser Würste, die unter Verwendung von Nitrat hergestellt werden, wird in erster Linie über den niedrigen Wassergehalt des Endproduktes bestimmt. Hier ist insbesondere die Verwendung von „Aromabildnern" (Nitrat-reduzierende Staphylokokken/Mikrokokken) von Bedeutung.

Für streichfähige Rohwürste werden Kulturen angeboten, die entweder nur Nitrat-reduzierende Organismen, in der Regel Staphylokokken, enthalten und in Verbindung mit GdL verwendet werden, oder aus Staphylokokken und einem gegenüber Produkten für schnittfeste Rohwurst reduziertem Anteil an Milchsäurebakterien bestehen, so daß ein End-pH-Wert von 5,3 nicht unterschritten wird.

3.4.2.2 Rohpökelwaren

Rohe Pökelfleischwaren oder Rohpökelwaren sind gemäß den Leitsätzen für Fleisch und Fleischerzeugnisse „durch Pökeln (Salzen mit oder ohne Nitritpökelsalz und/oder Salpeter) haltbar gemachte, rohe, abgetrocknete, geräucherte oder ungeräucherte Fleischstücke von stabiler Farbe, typischem Aroma und von einer Konsistenz, die das Anfertigen dünner Scheiben ermöglicht."

Auch bei diesen Produkten steht die Bildung einer stabilen Pökelfarbe im Vordergrund. Bei Rohpökelwaren finden daher vornehmlich Starterkulturen Anwendung, die Nitrat-reduzierende Staphylokokken bzw. Mikrokokken enthalten. Diese Organismen weisen in der Regel gegenüber solchen, die für Rohwürste geeignet sind, eine erhöhte Salztoleranz auf, insbesondere bei den relativ tiefen Temperaturen (4–10 °C), die bei der Schinkenpökelung zumindest in den ersten Wochen der Herstellung verwendet werden. Außer an der Farbbildung sind die Starterkulturen auch an der Bildung von Aroma beteiligt, entweder direkt durch Proteasen bzw. Lipasen (Proteinabbau bzw. Fettabbau und Folgeprodukte) oder indirekt, indem sie allein durch ihre Präsenz andere, das Aroma negativ beeinflussende, Organismen am Wachstum hemmen („competitive exclusion"), und das Aroma somit „reiner" ausgeprägt ist.

3.4.2.3 Kochpökelwaren

Bei Kochpökelwaren werden Starterkulturen nur vereinzelt angewandt. Dies liegt hauptsächlich in den kurzen Pökelzeiten (8–12 h) und den tiefen Temperaturen, bei denen diese Pökelung erfolgt (ca. 4–6 °C), begründet. Unter diesen Bedingungen ist kaum mit einer nennenswerten Stoffwechselaktivität von Starterorganismen zu rechnen. Andererseits können bei Anwendung von höheren Temperaturen und längeren Pökelzeiten (ca. 72 h) dieselben Vorteile wie bei der Rohschinkenpökelung erzielt werden, nämlich Verbesserung von Farbe und Aroma.

3.4.2.4 Fischpräserven

Die Struktur von Fischfleisch steht im deutlichen Gegensatz zum Fleisch warmblütiger Tiere. Die Verderbnisanfälligkeit ist noch größer. Es ist in frischem Zustand viel heller gefärbt und neigt andererseits beim Altern zum kräftigen Nachdunkeln. Das Fischfleisch enthält fast nur ungesättigte Fettsäuren, die einer beschleunigten Oxidation unterliegen. Für die Verbesserung der Farbe von Salzheringen und Anchosen wurde ein Verfahren ausgearbeitet, welches im Prinzip auf der starken Katalaseaktivität von *S. carnosus* beruht, zusammen mit einer milden Säuerung durch ebenfalls zugesetzte Laktobazillen. Der Zusatz dieser Organismen vermindert sowohl die Bildung von Oxidationsprodukten als auch die Bildung von biogenen Aminen [4]. Außerdem läßt sich durch die Ausnutzung der Nitrat- und Nitritreduktase von *S. carnosus* die Farbe des Fischfleisches positiv beeinflussen.

3.4.2.5 Tierfutter

Eine interessante neue Anwendungsmöglichkeit wurde von BIJKER und URLINGS [5] beschrieben, die Fleischnebenprodukte (Eingeweide, Köpfe, Füße von Geflügel, Fischnebenprodukte) mittels *Enterococcus faecium* fermentierten und als Tierfutter für Nerze verwendeten. Sie konnten zeigen, daß über die gezielte Fermentation die Nerze vor einer Infektion mit pathogenen Organismen wie Salmonellen und *Pseudomonas aeruginosa* geschützt, und die Darmflora der Tiere stabilisiert werden konnte.

3.4.3 Zusammensetzung der Starterkulturpräparate

In den vergangenen 6 Jahrzehnten wurden verschiedene Mikroorganismen auf ihre Tauglichkeit als Starterkulturen für die Fleischwarenindustrie in Experimenten bzw. in der Praxis getestet (s. [1]). Für die kommerzielle Anwendung kommt aufgrund ihrer technologischen Eignung nach heutigem Wissensstand jedoch nur eine beschränkte Anzahl verschiedener Spezies in Frage. In Tab. 3.4.2 sind in kommerziellen Starterkulturpräparaten enthaltene Mikroorganismen-Spezies zusammengefaßt.

3.4.3.1 Bakterien

Micrococcus/Staphylococcus

Bei Rohwurst begann die Verwendung von bakteriellen Starterkulturen mit der Einführung von *Micrococcus* M53 durch NIINIVAARA [6], der die Effekte des Starterorganismus wie folgt beschreibt:

- erhöhte Geschwindigkeit der
  - Farbbildung
  - pH-Wertabsenkung
  - Erzielung der gewünschten Textur
  - Gesamtherstellungsdauer
- Verbesserung der
  - Ökonomie des Prozesses
  - Kontrolle des Wachstums von Pathogenen und Verderbsorganismen.

Aufgrund seiner Empfindlichkeit gegenüber Bakteriophagen wurde *Micrococcus* M53 durch andere Organismen ersetzt [7], unter denen ein fermentativer Stamm zunächst als *Staphylococcus simulans* identifiziert wurde, der

Tab. 3.4.2 Mikroorganismen, die in kommerziellen Starterkulturpräparaten für die Fleischindustrie eingesetzt werden

Spezies	Verwendungszweck
Bakterien	
Staphylococcus carnosus	Rohwurst, Rohschinken, Matjes-Hering
S. xylosus	Rohwurst, Rohschinken
Micrococcus varians	Rohwurst
Lactobacillus plantarum	Rohwurst, Rohschinken, Matjes
L. pentosus	Rohwurst
L. curvatus	Rohwurst
L. sake	Rohwurst
L. casei	Rohwurst
L. alimentarius	Rohwurst
Lactococcus lactis biovar *diacetylactis*	Kochschinken
Pediococcus acidilactici	Rohwurst
P. pentosaceus	Rohwurst
Aeromonas	Rohwurst
Hefen	
Debaryomyces hansenii	Rohwurst
Candida famata	Rohwurst
Streptomyceten	
Streptomyces griseus	Rohwurst
Schimmelpilze	
Penicillium nalgiovense	Rohwurst
P. chrysogenum	Rohwurst
P. camembertii/candidum	Rohwurst

jedoch später als *Staphylococcus carnosus* reklassifiziert wurde [8]. Weitere Staphylokokken- und Mikrokokkenstämme wurden in der Folge als Starterkulturen eingesetzt (*M. varians*, *S. xylosus* Stämme).

Den Gattungen *Staphylococcus* und *Micrococcus* ist gemeinsam, daß sie eine Nitratreduktase-Aktivität besitzen, jedoch kein oder nur in geringem Maße (Staphylokokken) Nitrit reduzieren. Nitrit kann entweder das Produkt der bakteriellen Nitratreduktion oder direkt in Form von Nitritpökelsalz (Kochsalz mit 0,4–0,5 % Natrium-Nitrit (Deutschland)) zugesetzt sein. Während der Fermentation unterliegt das Nitrit chemischen Reaktionen, unter denen der säurekatalysierten Disproportionierung die größte Bedeutung zukommt. Während dieser Reaktion entsteht Stickstoffmonoxid. Stickstoffmonoxid reagiert mit Myoglobin zu Nitrosomyoglobin, welches die stabile, charakteristische rote Pökelfarbe darstellt (bzw. nach Denaturierung in der Form von Nitrosomyochromogen). Aufgrund des bei der Disproportionierung entstehenden Nitrats ist die Anwesenheit von nitratreduzierenden Mikroorganismen auch bei alleiniger Verwendung von Nitritpökelsalz notwendig, um den Zusatz von Nitrit so gering wie nötig zu bemessen.

Weitere wichtige Enzyme der beiden Gattungen sind Katalase, Lipasen und Proteasen, wobei letztere wesentlich an der Aromabildung beteiligt sind. Katalase dient dem Abbau von Wasserstoffperoxid, welches durch Milchsäurebakterien gebildet werden kann und mittels Oxidation des Muskel- bzw. Pökelfarbstoffes und ungesättigter Fettsäuren zu Farbfehlern und Ranzigkeit führen kann. Lipasen und Proteasen bauen Fette bzw. Proteine ab. Die daraus entstehenden Stoffwechselprodukte bzw. deren Folgeprodukte sind wesentliche Komponenten des Rohwurstaromas, insbesondere von luftgetrockneten Rohwürsten und Rohschinken.

Anzumerken ist, daß Staphylokokken und Mikrokokken nur eine geringe Verwandtschaft aufweisen, jedoch in denselben ökologischen Nischen vorkommen wie z. B. Haut und Schleimhäute von Mensch und Tier. Außerdem bewirken sie ähnliche technologische Effekte während der Rohwurstreifung. Eingesetzt als Starterkultur wird aus der Gattung *Micrococcus* nur *M. varians*. Dieser Organismus ist schwach fermentativ und wächst daher kaum in dem anaeroben Milieu im Innern von Rohwürsten und -schinken, im Gegensatz zu Staphylokokken, die fakultativ anaerob sind und damit auch im Innern der Rohwürste bzw. Rohschinken ausreichend hohe Stoffwechselleistungen erbringen. Ein gewisser Vorteil von *M. varians* gegenüber Vertretern der Gattung *Staphylococcus* ist jedoch die relative Temperaturunabhängigkeit der Nitratreduktase. Während *M. varians* auch bei 15 °C noch etwa 25 % seiner maximalen Nitratreduktaseaktivität besitzt, sinkt sie bei *S. carnosus* stammabhängig bei dieser Temperatur auf etwa 5–10 %

seiner maximalen Aktivität [9]. Von *S. xylosus* wurden in letzter Zeit jedoch auch Stämme isoliert, die bei 5–10 °C noch eine gute Nitratreduktaseaktivität aufweisen. Ihre Eignung als Starterkulturen insbesondere für die Rohpökelwarenherstellung muß jedoch noch erbracht werden.

M. varians und *S. carnosus* können als sicher in Bezug auf toxinogenes oder pathogenes Potential betrachtet werden, während hingegen *S. xylosus*, ebenfalls als Starterorganismus eingesetzt, in einigen wenigen Fällen von kranken Personen isoliert worden ist [10]. Ob dieser Organismus jedoch das kausative Agens war oder nur als sekundärer Keim auftrat, konnte nicht festgestellt werden.

Milchsäurebakterien

Die Verwendung von Milchsäurebakterien bei der Fermentation von Fleisch ist von überragender Bedeutung für den Erfolg des Fermentationsprozesses. Diese Organismen finden Anwendung bei allen Arten von Rohwürsten und tragen zu allen Zielen der Fermentation bei [11]. Die Einführung von Milchsäurebakterien als Starterorganismen erfolgte etwa gleichzeitig und unabhängig voneinander in den USA und in Europa. In den USA wurde *P. cerevisiae* (später reklassifiziert als *Pediococcus acidilactici*) durch Niven et al. [12] eingeführt. Mit diesem Organismus war eine Starterkultur auf dem Markt, die erfolgreich bei der Herstellung von „summer sausage" verwendet werden konnte. Hohe Fermentationstemperaturen (37 °C und höher), die Verwendung von Nitritpökelsalz und kurze Reifungszeiten sind charakteristisch für diese Art von Rohwurst. *P. acidilactici* ist aufgrund seiner optimalen Wachstumstemperatur von 42 °C in der Lage, sich unter diesen Bedingungen durchzusetzen und den gesamten Prozeß zu kontrollieren. Für Würste, die bei niedrigeren Temperaturen reifen, wurde *P. pentosaceus* mit einem Temperaturoptimum von 35 °C eingeführt. In Europa hingegen wurde zuerst *Lactobacillus plantarum* in Kombination mit Mikrokokken (Staphylokokken) eingesetzt [13]. Verschiedene andere Milchsäurebakterien wurden in der Folgezeit ebenfalls für die Rohwurstreifung empfohlen (z. B. Stämme von *Streptococcus lactis*, *Streptococcus diacetylactis*[1]), *Pediococcus acidilactici*, *Pediococcus pentosaceus* [1]), doch fanden nur die beiden Pediokokken-Spezies auch in Europa in kommerziellen Starterkulturpräparaten Anwendung. Erst seit wenigen Jahren werden als weitere Spezies *L. curvatus* und *L. sake* in kommerziellen Starterkulturpräparaten

---

[1]) nach heutiger Nomenklatur *Lactococcus lactis* subsp. *lactis* bzw. *Lactococcus lactis* subsp. *lactis* biovar *diacetylactis*

eingesetzt. Ihre dominierende Rolle bei der spontanen Rohwurstreifung, aber auch beim Verderb von Fleischprodukten, wurde schon von REUTER [14, 15] beschrieben, der diese Laktobazillen aufgrund ihrer Befähigung zum Wachstum bei 2–4 °C als „atypische Streptobakterien" bezeichnete. Sie sind sehr wettbewerbsstark und gut an dieses spezielle Milieu angepaßt. Bezüglich ihrem physiologischen Potential sind diese Organismen jedoch sehr heterogen [16]. Stammspezifisch können Protease-, Peptidase und Lipase-Aktivitäten vorhanden sein, die sowohl zu erwünschtem als auch unerwünschtem Aroma (z. B. sauerkrautartig, fruchtig) von Rohwürsten führen können. Daneben sind viele Stämme in der Lage, größere Mengen an Wasserstoffperoxid [15] und biogenen Aminen (s. 3.4.4.2) zu bilden. Dies bedeutet, daß vor einem Einsatz als Starterkultur eine kritische Vorabuntersuchung hinsichtlich des physiologischen Potentials des in Frage kommenden Stammes erfolgen muß, zumal diese Organismen bei Einsatz als Starterkultur den Fermentationsprozeß vom Beginn der Beimpfung bis hin zum Fertigprodukt dominieren [11].

Welche Milchsäurebakterien für die jeweilige Anwendung am besten geeignet sind, hängt von vielen Faktoren ab. Neben der Art des Produktes, der gewünschten Schnelligkeit der Säuerung und dem hygienischen Status des Rohmaterials sind insbesondere die klimatischen Bedingungen des Betriebes und die sensorischen Erwartungen zu berücksichtigen.

Streptomycetes

Streptomyces griseus wird in Kombination mit *S. carnosus* bzw. *S. carnosus* und *L. plantarum* von einem Starterkulturproduzenten für die Herstellung von Rohwurst mit luftgetrocknetem Aroma angeboten. Obwohl in der Rohwurstmasse kein Wachstum stattfindet und der Organismus während der Reifung langsam abstirbt, soll dieser Organismus deutliche Effekte bzgl. Aroma und verbesserte Farbe/Farbhaltung bewirken. Auch in Würsten, die ohne Zusatz von Starterkulturen gereift werden, können Streptomyceten in geringer Anzahl nachgewiesen werden, wobei beachtet werden muß, daß aufgrund des Absterbeverhaltens Endprodukte nur geringe Aussagen über die Bedeutung zu Beginn der Reifung zulassen.

Enterobacteriaceae

Enterobacteriaceae kommen häufig in der Kontaminationsflora von Fleisch vor und können daher auch regelmäßig in fermentierten Produkten nachgewiesen werden, wobei die Anzahl von der ursprünglichen Belastung des Rohmaterials, dem Rohwursttyp und dem Reifestadium abhängig ist. Bei

Zusatz von Nitrit und der gleichzeitigen Anwendung von Laktobazillen (schnelle pH-Wert-Absenkung) nimmt ihre Zahl während der Reifung ständig ab, weshalb diese Reifungstechnologie auch als unabdingbar für die Hemmung von pathogenen Organismen wie z. B. Salmonellen, Shigellen und bestimmten *E. coli*-Stämmen angesehen wird. Bei der Verwendung von Nitrat als alleinigem Pökelhilfsstoff besteht andererseits sogar die Gefahr der anfänglichen Wachstumsförderung der genannten Organismen [17].

Petäja [18] isolierte Aeromonas-Stämme ohne nachweisbare pathogene oder toxinogene Eigenschaften und empfahl diese Organismen aufgrund ihrer positiven Effekte auf das Aroma für die Rohwurstfermentation. Nach Niinivaara [6] werden *Aeromonas*-Stämme in einem spanischen Betrieb eingesetzt. Einer weiten Verbreitung von gram-negativen Mikroorganismen wie *Aeromonas* oder *Vibrio* stehen jedoch einige Gründe entgegen: (1) schwere und nicht reproduzierbare Anzüchtung, (2) Freisetzung von Endotoxinen während der Reifung, (3) Schwierigkeit des Ausschlusses von Kontaminationen mit pathogenen Stämmen der gleichen Art und (4) schlechte Konservierbarkeit.

Halomonas

In einem neueren Patent [19] wird die Verwendung von *Halomonas elongata* allein oder in Kombination z. B. mit *S. carnosus* und *L. plantarum* für die Schinkenpökelung beschrieben. Bei diesem Organismus handelt es sich um ein salztolerantes, zumeist stäbchenförmiges gram-negatives Bakterium, welches Nitrat zu Nitrit zu reduzieren vermag. Die mit *H. elongata* hergestellten Produkte sollen sich durch eine bessere Schnittfestigkeit, besseres Pökelaroma sowie stabilere Pökelfarbe auszeichnen.

3.4.3.2 Hefen

Von Rossmanith und Leistner [20] wird die Verwendung von *Debaryomyces hansenii* in Starterkulturpräparaten empfohlen. Sie beobachteten positive Effekte bezüglich der Entwicklung eines typischen Hefearomas und einer Stabilisierung der roten Pökelfarbe, wobei letztere insbesondere auf die Sauerstoffzehrung zurückzuführen ist. *D. hansenii* und seine imperfekte Form *Candida famata* werden seitdem als Starterkulturpräparate eingesetzt und sollten der Rohwurstmasse mit etwa 10^6 Keimen/g zugesetzt werden. Für beide Formen ist eine hohe Salztoleranz (Wachstum bei Wasseraktivitäten >0,87) und aerober oder schwach fermentativer Stoffwechsel charakteristisch. Aus diesem Grund wachsen diese Hefen hauptsächlich an der Oberfläche und den äußeren Zonen der Rohwurst. Nitrat wird von diesen Hefen nicht reduziert.

3.4.3.3 Schimmelpilze

Schimmelpilzgereifte Lebensmittel finden sich in vielen menschlichen Kulturen. In asiatischen Ländern basieren diese Produkte auf pflanzlichem Rohmaterial, während in Europa Substrate tierischen Ursprungs fermentiert werden, wie z. B. Käse, Rohwürste und Rohschinken. In Nordeuropa werden Rohwürste in der Regel geräuchert, jedoch haben schimmelpilzgereifte Rohwürste eine längere Tradition und werden in Südost- und Südeuropa bevorzugt [2]. Schimmelpilze verursachen ein charakteristisches Aussehen und Aroma. Das letztere resultiert hauptsächlich aus der proteolytischen und lipolytischen Aktivität der Schimmelpilze. Ein weiterer Effekt des Schimmelpilzwachstums ist die Reduzierung des schädlichen Effekts von Sauerstoff und somit von Ranzigkeit und Farbfehlern [21]. Außerdem erfolgt der Trocknungsprozeß gleichmäßiger.

Traditionell werden die Würste über die unmittelbare Umgebung am Herstellungsort beimpft, weshalb auch viele verschiedene Spezies auf diesen Würsten gefunden werden können. Eine detaillierte Übersicht über von Rohwürsten isolierte Schimmelpilz-Spezies findet sich bei Leistner und Ayres [22]. Daraus geht hervor, daß die meisten Isolate den Gattungen *Penicillium* und *Scopulariopsis* angehören. Einwände gegen die Beimpfung „per Zufall" resultieren aus der Tatsache, daß viele *Penicillium*-Spezies Mykotoxinbildner sind, und *Scopulariopsis*-Spezies Haut- und Nagelinfektionen hervorrufen können. Leistner und Eckart [23] wiesen nach, daß etwa 80 % aller *Penicillium*-Isolate von Rohwurst auf künstlichen Substraten Mykotoxine bildeten, und 11 von 17 untersuchten Mykotoxinen konnten ebenfalls in Fleischprodukten nachgewiesen werden [24]. Aus diesem Grund wurde eine Schimmelpilz-Starterkultur entwickelt, die kein Potential zur Mykotoxinbildung mehr aufwies (Nachweis durch chemische und biologische Methoden). Mintzlaff und Leistner [25] selektierten einen nicht-toxinogenen Stamm von *P. nalgiovense* mit guten technologischen Eigenschaften, welcher später als Starterkultur verwendet wurde und noch heute unter dem Namen „Edelschimmel Kulmbach 72" im Handel ist. Die verschiedenen toxikologischen Untersuchungen, die für die Selektion eines nicht-toxinogenen Stammes notwendig sind, werden durch Fink-Gremmels et al. [26] beschrieben.

Basierend auf den Experimenten mit Schimmelpilz-Starterkulturen können die notwendigen Eigenschaften eines technologisch geeigneten Stammes wie folgt zusammengefaßt werden:

- kein toxinogenes oder pathogenes Potential
- wettbewerbsstark gegenüber anderen auf der Wurstoberfläche wachsenden Mikroorganismen
- festes und dauerhaftes Oberflächenmyzel von weißer, gelblicher oder gelbbräunlicher Farbe
  (In Frankreich wird ein nicht-toxinogener Stamm von *P. chrysogenum* angewandt, der hinsichtlich seiner Befähigung zur Ausbildung einer charakteristischen bernsteinartigen Farbe selektiert wurde, im Gegensatz zu der grünen Farbe, die für den Wildtyp typisch ist. Weiterhin finden sich heutzutage *P. candidum* und *P. camembertii*-Stämme auf dem Markt, die ursprünglich für den Einsatz bei schimmelgereiftem Käse selektiert wurden und sich durch eine weiße Farbe auszeichnen.)
- ausgeglichene proteolytische und lipolytische Aktivität
  (Zu beachten ist, daß aufgrund der proteolytischen Aktivität und der damit verbundenen Bildung von Ammoniak der pH-Wert in den äußeren Bereichen der Rohwurst auf über 6,0 ansteigt. Dadurch können Bedingungen entstehen, die das Wachstum von *S. aureus* ermöglichen. Es sollte daher darauf geachtet werden, daß das Schimmelpilzwachstum nicht zu schnell erfolgt, sondern erst nachdem auch in den Randbereichen eine ausreichende Säuerung stattgefunden hat [27].)
- charakteristischer Schimmelpilzgeruch.

3.4.4 Physiologie

Das physiologische Potential der eingesetzten Starterorganismen bestimmt entscheidend zusammen mit den technologischen Parametern wie Temperatur, Luftfeuchtigkeit und -geschwindigkeit sowie Rezeptur die Eigenschaften des Endproduktes hinsichtlich Textur, Aroma und hygienischer Stabilität. Dies gilt sowohl für erwünschte als auch für unerwünschte Eigenschaften, wobei letztere möglichst nicht vorhanden oder aber durch Steuerung externer oder interner Parameter in ihrer Exprimierung unterdrückt werden sollten. Potentielle Stoffwechselleistungen können nie getrennt betrachtet werden, sondern immer nur im Zusammenhang mit den sich ändernden Milieufaktoren, wie z. B. Wasseraktivität, Temperatur und pH-Wert, die bestimmend dafür sind, ob eine Stoffwechselleistung erfolgt oder gehemmt ist.

3.4.4.1 Erwünschte Eigenschaften

Durchsetzungsvermögen

Wichtigste Voraussetzung für die Eignung als Starterorganismus ist das Durchsetzungsvermögen bzw. die anhaltende Präsenz und Exprimierung gewünschter Stoffwechselleistungen. Das gute Durchsetzungsvermögen einzelner Stämme setzt sich aus mehreren Komponenten zusammen:

1. Eine schnelle Verwertung der vorhandenen Substrate (hauptsächlich der Zuckerkomponenten) entzieht konkurrierenden Mikroorganismen die Wachstumsgrundlagen
2. Eine hohe Toleranz gegenüber Säure, niedriger Wasseraktivität, Nitrit/Nitrat und Kochsalz bedingt ihre Dominanz auch am Ende des Fermentationsprozesses
3. Schnelles Wachstum bzw. Stoffwechselaktivität bei den vorliegenden Temperaturen, die in der Regel unter den für die jeweiligen Organismen optimalen Temperaturen liegen (Reifungstemperaturen bei Rohwurst nach einer Woche, z. B. 16–18 °C)
4. Die Bildung von direkt antagonistisch wirkenden Stoffwechselprodukten kann die Entwicklung von Nichtstarterorganismen hemmen.

In der Regel erfüllen die eingesetzten Starterorganismen nicht alle Voraussetzungen gleichzeitig, so daß Kompromisse notwendig sind. Eine Dominanz und Durchsetzung muß jedoch zumindest am Anfang der Fermentation gewährleistet sein, weil hier die entscheidenden Weichen für die Gesamtentwicklung des Produktes gestellt werden. Bei Staphylokokken findet in der Regel aufgrund ihrer bedingten Säuretoleranz kein oder nur ein geringes Wachstum während der Fermentation statt, wohingegen sich Milchsäurebakterien noch um eine oder zwei Zehnerpotenzen vermehren. Am Ende des Reifungsprozesses liegen die Keimzahlen für Staphylokokken/Mikrokokken somit zwischen 10^5 und 10^7 Keimen/g und für Milchsäurebakterien zwischen 10^6 und 10^8 Keimen/g (die Inokulationsdichte beträgt in der Regel etwa 5×10^6 Keime/g Fleisch bzw. Rohwurstmasse). Wie schon im Abschnitt 3.4.3.1 erwähnt, sind insbesondere *L. curvatus* und *L. sake*-Stämme in der Lage, bis zum Ende der Fermentation die dominierende Flora zu stellen, was durch ihre Säuretoleranz und insbesondere durch ihr Wachstumsvermögen auch bei niedrigen Temperaturen (16–18 °C) begründet ist. Die Bedeutung einer guten Durchsetzungsfähigkeit wird unterstrichen durch die Tatsache, daß viele Rohmaterialien heute eine natürliche Ausgangsflora von bis zu 10^7 Keimen/g aufweisen können (u. a. Laktobazillen, *Leuconostoc* sp., Pseudomonaden, *E. coli* und Coliforme, *Brochotrix* sp. (eigene Untersuchungen)).

Nitratreduktion

Die wichtigste Stoffwechselleistung in allen Rohwürsten (langsame und schnelle Reifung) und bei Rohpökelwaren stellt die Nitratreduktion durch Stämme der Gattungen *Staphylococcus* bzw. *Micrococcus* dar (s. Abschnitt 3.4.3.1). Entscheidend für eine ausreichende Nitratreduktion sind günstige pH-Wert- und Temperaturbedingungen. So zeigen Staphylokokken und Mikrokokken bei pH-Werten unter 5,0 keine oder nur noch geringe Nitratreduktase-Aktivität. Es muß daher für eine ausreichende Umrötung gewährleistet sein, daß der pH-Wert-Bereich von 5,8 (normaler Anfangs-pH-Wert bei Rohwurst) bis 5,0 nicht zu schnell durchschritten wird (Steuerung über Art und Menge der zugesetzten Zuckerstoffe, Anfangstemperatur bei der Reifung). Bezüglich der Temperatur verhalten sich die Nitratreduktase-Aktivitäten von Staphylokokken und Mikrokokken unterschiedlich. Die Nitratreduktase von Staphylokokken ist stark von der Temperatur abhängig, während die der Mikrokokken gegenüber diesem Parameter unempfindlicher ist. So zeigen Staphylokokken (*S. carnosus*) in der Regel unter 15 °C eine geringere Nitratreduktase-Aktivität als Mikrokokken (*M. varians*), s. Abschnitt 3.4.3.1.

Da es sich bei der Nitratreduktase um ein durch ihr Substrat induzierbares Enzym handelt, läßt sich die Anfangsaktivität durch gezielte Züchtung in Nitrat-haltigen Medien beeinflussen.

Säurebildung

Für die Rohwurstreifung ist eine ausreichende Säurebildung und ein damit verbundener Abfall des pH-Wertes unbedingt erforderlich. Durch Absenkung des pH-Wertes wird der isoelektrische Bereich des gelösten Eiweißes erreicht (pH 5,4–5,2), in dem die Wasserbindung am geringsten ist. Durch Entzug von Wasser geht das gelöste Eiweiß vom Sol- in den Gelzustand über, die Wurst wird schnittfest. Ausreichende Säurebildung ist ebenfalls für die säurekatalysierte Disproportionierung des Nitrits in Stickstoffmonoxid und Nitrat notwendig, und nicht zuletzt stellt die pH-Wert-Absenkung eine wichtige Hürde für das Wachstum bzw. das Überleben von Pathogenen oder Verderbniserregern dar.

Die Säurebildung erfolgt durch die in den Starterpräparaten enthaltenen Milchsäurebakterien (geringe Mengen Säure werden allerdings auch von Staphylokokken/Mikrokokken gebildet). Die in Starterpräparaten enthaltenen Milchsäurebakterien (Laktobazillen/Pediokokken) sind fakultativ heterofermentativ, d. h. Milchsäure stellt praktisch das einzige Endprodukt der

Vergärung von Hexosen (z. B. Glukose) dar. Die Säurebildung ist von einer Vielzahl von internen und externen Parametern abhängig [28], wie

- Temperatur
- Art und Menge des verwendeten Kohlenhydrates
- Salzkonzentration
- pH-Wert
- Wurstkaliber
- Sauerstoffverfügbarkeit
- Art und Menge der Gewürze
- Nitritkonzentration
- Anfangskeimzahl der originären Flora des Rohmaterials
- Anfangskeimgehalt der Starterkultur
- Aktivität der Starterkultur.

Die Geschwindigkeit der Säurebildung hängt aber auch von den verwendeten Stämmen ab (bei ansonsten gleichen Ausgangsbedingungen). So zeichnen sich insbesondere Stämme von *P. pentosaceus*, *L. sake*, *L. pentosus* und *L. curvatus* durch schnelle Säurebildung aus (Schnellreifung).

Bildung von Aromakomponenten und Aromapräkursoren

Neben der Bildung von Milchsäure können Milchsäurebakterien unter bestimmten Umständen aber auch andere Stoffwechselprodukte bilden, wie z. B. Kohlendioxid, Essigsäure, Ameisensäure, Bernsteinsäure und Acetoin, die ein fremdartiges und unerwünschtes Aroma hervorrufen können. Es ist daher notwendig, das Potential der verwendeten Starter-Milchsäurebakterien zu kennen, um solche Entwicklungen zu vermeiden.

Den größten Beitrag zum erwünschten Aroma fermentierter Fleischerzeugnisse liefern jedoch Staphylokokken/Mikrokokken und bei schimmelpilzgereiften Erzeugnissen die verwendeten Schimmelpilzstarter. Obgleich hierfür primär lipolytische und proteolytische Aktivitäten verantwortlich gemacht werden, kann aufgrund der Vielzahl an Komponenten, die letztendlich das Aroma bestimmen, keine spezifische Zuordnung zu bestimmten Enzymaktivitäten gemacht werden. So ist eine mögliche Rolle von Peptidasen noch nicht erforscht. Erschwerend kommt hinzu, daß die meisten Aromakomponenten sekundär aus Präkursoren gebildete Substanzen darstellen.

Bildung von antagonistischen Substanzen

Die Bildung von antagonistischen Substanzen, die gegen im Produkt unerwünschte Mikroorganismen wirken, trägt wesentlich zum gewünschten Verlauf der Fermentation bei. Dies beinhaltet sowohl die Unterdrückung von Pathogenen und Verderbsorganismen als auch die Unterdrückung von Nicht-Startermilchsäurebakterien, die den Säuerungsverlauf und die Aromaausbildung negativ beeinflussen können. Auf die einzelnen antagonistischen Substanzen wird in Kap. 3.4.6.1 näher eingegangen.

3.4.4.2 Unerwünschte Eigenschaften

Neben den o. a. gewünschten Eigenschaften können die Starterkulturorganismen prinzipiell auch unerwünschte Eigenschaften aufweisen. Bei der Selektion von geeigneten Starterkulturen sollte daher darauf geachtet werden, daß diese Eigenschaften nicht vorhanden sind oder aber unter den zur Anwendung kommenden Bedingungen nicht exprimiert werden.

Bildung von biogenen Aminen

Bei der Auswahl von geeigneten Starterkulturen sollte ihr Potential zur Bildung von biogenen Aminen bekannt sein bzw. ein solches sollte nicht vorhanden sein. Biogene Amine haben vasoaktive Eigenschaften und können u. a. zu Histaminvergiftung und Migräne führen, insbesondere in Verbindung mit Aminooxidase-hemmenden Arzneimitteln oder Alkohol. Laktobazillen können bestimmte Aminosäuren dekarboxylieren und Tyramin, Phenylethylamin oder Histamin aus den entsprechenden Aminosäuren bilden. Putrescin und Cadaverin können ebenfalls gebildet werden und die Effekte der vorher genannten Amine verstärken. Niedriger pH-Wert und niedrige Wasseraktivität, wie sie in fermentierten Fleischerzeugnissen vorliegen, erhöhen die Bildung von biogenen Aminen ebenso wie das Vorliegen von Precursor-Aminosäuren oder -Peptiden [29]. Durch Wahl von Starterkulturen ohne Potential zur Bildung von biogenen Aminen kann das damit verbundene Risiko minimiert werden. So untersuchte Maijala [30] verschiedene Laktobazillen und Pediokokken aus kommerziellen Starterkulturpräparaten, ohne die Bildung von biogenen Aminen festzustellen. *L. sake*, *L. pentosus* und *L. plantarum* gelten allgemein als nicht problematisch, während hingegen bei *L. curvatus* das Potential je nach Stamm vorhanden oder nicht vorhanden sein kann [31, 32].

Bildung von anderen Säuren außer Milchsäure

Milchsäure ergibt im fertigen Produkt eine rein säuerliche, milde Geschmacksnote. Andere Säuren hingegen, wie z. B. Essigsäure, Ameisensäure oder Bernsteinsäure, verleihen dem Produkt eine kratzige, beißige

Säurenote. Diese Säuren können als Stoffwechselendprodukte auftreten, wenn z. B. GdL (Glucono-delta- Lacton) als Säuerungsmittel verwendet wird und dieses von Mikroorganismen zu Milchsäure und Essigsäure abgebaut wird [33]. Bei der Auswahl von Starterkulturen sollte deshalb darauf geachtet werden, daß GdL nicht oder nur gering verwertet wird.

Die o. a. Säuren können ebenfalls gebildet werden, wenn im zu fermentierenden Substrat anaerobe Verhältnisse vorherrschen und geringe Zuckerkonzentrationen und Zitronensäure vorhanden sind. So zeigten CSELOVSKY et al. [34], daß die gebildete Milchsäure unter diesen Bedingungen von *L. pentosus* mittels des Enzyms Pyruvat-Formiat-Lyase in Formiat und Acetat gespalten wird, wenn gleichzeitig ein Elektronenakzeptor (z. B. Citrat, aus dem über Fumarat Bernsteinsäure gebildet wird) vorhanden ist. Die Autoren konnten aber auch zeigen, daß Nitrat bzw. Nitrit sowie höhere Glukosekonzentrationen die Pyruvat-Formiat-Lyase hemmen und somit der Bildung unerwünschter Säuren entgegenwirken. Problematisch sind demnach Produkte, die mit geringen Zuckermengen bei gleichzeitig reduzierter Nitrit-/Nitratzugabe hergestellt werden. Hier müssen Starterkulturen verwendet werden, denen der o. a. Stoffwechselweg fehlt.

Bildung von Mykotoxinen

Schimmelpilzstarterkulturen sollten, wie schon erwähnt, frei sein von toxinogenem Potential. Bedingt zulässig sind auch solche Stämme, die zwar auf künstlichen Substraten Mykotoxine bilden können, dies aber auf den in Frage stehenden Produkten nicht der Fall ist.

3.4.4.3 Zusammenfassung der Selektionskriterien

In Tab. 3.4.3 sind die Selektionskriterien für Starterkulturen für die Fleischindustrie zusammengefaßt.

3.4.5 Bakteriophagen

Sowohl bei *S. carnosus* als auch bei verschiedenen Starter-Laktobazillen konnten temperente Phagen nachgewiesen werden [35], und Phagentypisierung kann sogar zur Stammidentifizierung herangezogen werden. Es kann jedoch davon ausgegangen werden, daß in dem Substrat Rohwurst die feste Matrix mit der damit verbundenen verminderten Diffusionsmöglichkeit der schädlichen Wirkung von freien Phagen entgegenwirkt. Den-

Tab. 3.4.3 Selektionskriterien für Starterkulturen für die Fleischindustrie

Merkmal	Milchsäure-bakterien	Mikro-kokken/ Staphylo-kokken	Hefen	Schimmel-pilze
Konkurrenzfähigkeit	+++	++	++	+++
Säuretoleranz	++	++	–	–
Aroma	+	++	++	++
Nitratreduktion	(+)	+++	–	–
Katalaseaktivität	(+)	+++	+	+
Salztoleranz	++	+++	++	++
Homofermentativ	+++	–	–	–
Verdrängung unerwünschter Keime	+++	–	–	+++
Kompatibilität mit anderen Starterorganismen	++	++	+	+
Anzüchtbarkeit	++	++	++	++
Lagerfähigkeit im Endprodukt	++	++	++	++
H_2O_2-Bildung	neg. (bedingt tolerierbar)	–	–	–
Schleimbildung	neg.	–	–	–
Bildung biogener Amine	neg.	–	–	–
Mykotoxinbildung	–	–	–	neg.

+++: sehr wichtig ++: wichtig
+: von geringerer Bedeutung
–: bei diesen Organismen nicht beschrieben bzw. ohne Bedeutung
neg.: nicht tolerierbar

noch sollte sicherheitshalber bei der Selektion von neuen Starterkulturen auf Abwesenheit von temperenten Phagen getestet werden, um die Möglichkeit auszuschließen, daß aufgrund von induzierter Lyse ein Überwachsen der Starterkultur durch die originäre Flora erfolgt [36].

3.4.6 Schutzkulturen

Der Grund für die Verwendung von Starterkulturen ist in erster Linie in der Gewährleistung einer gesicherten und reproduzierbaren Herstellung zu sehen. Zusätzlich zu der Erzielung einer gewünschten Textur und des gewünschten Aromas ist insbesondere die erreichbare hygienische Stabilität von Bedeutung. Diese ergibt sich indirekt aus den resultierenden Produkteigenschaften wie niedrigere Wasseraktivität, niedriger pH-Wert, Anwesenheit von Nitrit usw. sowie aus der Präsenz einer hohen Anzahl an unbedenklichen Keimen („competitive exclusion"). Daneben sind Starterkulturen und hier insbesondere die Milchsäurebakterien in der Lage, Stoffwechselprodukte zu bilden, die direkt antagonistische Wirkungen auf unerwünschte Mikroorganismen besitzen. Somit kann den Milchsäurebakterien eine Schutzfunktion in dem fermentierten Produkt gegenüber unerwünschten Mikroorganismen zugeordnet werden. Unerwünschte Organismen schließen dabei sowohl Pathogene und Verderbniserreger ein, wobei Verderb sowohl Verderb im normalen Sprachgebrauch (= für den menschlichen Genuß ungeeignet) als auch abweichende Produkteigenschaft beinhaltet.

3.4.6.1 Bildung antagonistischer Substanzen außer Bakteriozinen

Milchsäurebakterien sind in der Lage, eine Vielzahl von Stoffwechselprodukten zu bilden, die auf andere Mikroorganismen hemmend wirken. Dies sind in erster Linie die aus der Verstoffwechslung von Glukose resultierenden organischen Säuren wie Milchsäure und Essigsäure. Weitere antagonistische Substanzen, die in Rohwurst eine Bedeutung haben können, sind Wasserstoffperoxid, Diacetyl und Kohlendioxid. Bis auf Milchsäure haben aber alle diese Substanzen mehr oder weniger negative Auswirkungen auf das Produkt. So bewirkt Essigsäure eine sensorisch als kratzig empfundene Säurenote, Diacetyl verursacht in wirksamen Konzentrationen eine mehr oder weniger ausgeprägte schweißartige Geruchsnote, Kohlendioxid (als Endprodukt des heterofermentativen Abbaus von Hexosen oder Pentosen) kann Lochbildung verursachen, und Wasserstoffperoxid beeinflußt in negativer Weise die Farbe und Farbhaltung sowie die Fettstabilität (Ranzigkeit).

Aus letztgenanntem Grund ist die Bildung des eigentlich wünschenswerten Stoffwechselproduktes „Wasserstoffperoxid" kritisch zu betrachten. Wasserstoffperoxid kann bei Verfügbarkeit von Sauerstoff von fast allen Laktobazillen gebildet werden, jedoch in sehr unterschiedlicher Quantität, wobei insbesondere *L. curvatus* und *L. sake*-Stämme hohe Mengen bilden können. Sauerstoff ist jedoch nur in den ersten 24–48 h im Innern einer Rohwurst nachweisbar [37], so daß durch Wasserstoffperoxid bedingte Farb- und Fettveränderungen meist in den Randbereichen von Rohwürsten zu beobachten sind. Zur Vermeidung von durch Wasserstoffperoxid verursachten Produktfehlern werden Katalase-positive Starterkomponenten (Staphylokokken/Mikrokokken) verwendet, die gebildetes Wasserstoffperoxid zersetzen. Es muß jedoch geklärt werden, ob nicht gerade der bei der Spaltung von Wasserstoffperoxid gebildete sehr reaktive Sauerstoff mitverantwortlich für die angesprochenen Fehler ist. Bei der Auswahl von Starterkulturen sollten somit präventiv nur solche Milchsäurebakterien berücksichtigt werden, die unter den im entsprechenden Substrat vorliegenden Bedingungen kein oder nur wenig Wasserstoffperoxid bilden.

3.4.6.2 Bildung von Bakteriozinen

Einige Milchsäurebakterien bilden neben den im vorigen Abschnitt erwähnten antagonistischen Substanzen auch sogenannte Bakteriozine. Bakteriozine sind Substanzen mit Peptid- oder Proteinstruktur, die nah verwandte Organismen abtöten (bakterizide Wirkung) oder in ihrem Wachstum hemmen (bakteriostatische Wirkung). Im Gegensatz zu der Situation bei gramnegativen Bakterien haben Bakteriozine von gram-positiven Organismen in der Regel ein breiteres Wirkungsspektrum, welches auch pathogene Organismen wie insbesondere *Listeria* spp. einschließt. Gerade dieser Umstand hat in den letzten Jahren zu einer intensiven Untersuchung von Milchsäurebakterien auf ihr bakteriozinbildendes Potential geführt. Die Tab. 3.4.4 gibt einen Überblick über bekannte Bakteriozine, die von Milchsäurebakterien gebildet werden. Durch Reinigung der Bakteriozine und nachfolgender Sequenzierung der Aminosäuresequenz sowie durch Isolierung und Sequenzierung der entsprechenden Gene konnte festgestellt werden, daß sich viele dieser Bakteriozine nur geringfügig voneinander unterscheiden.

Auf der Basis der Proteinstruktur lassen sich die Bakteriozine von Milchsäurebakterien nach Tichaczek et al. [38] in 5 Gruppen einteilen:

a nicht modifizierte Peptide wie z. B. Pediocin PA-1, Curvacin A und Sakazin P

Tab. 3.4.4 Übersicht über bekannte, von Milchsäurebakterien gebildete Bakteriozine

Bakteriozin	Organismus
Acidophilucin A	*Lactobacillus acidophilus*
Lactacin F	*L. acidophilus*
Bavaricin A	*L. bavaricus*
Caseicin 80	*L. casei*
Curvacin A	*L. curvatus*
Curvaticin 13	*L. curvatus*
Helveticin J	*L. helveticus*
Helveticin V-1829	*L. helveticus*
Plantaricin A	*L. plantarum*
Plantaricin S	*L. plantarum*
Plantaricin T	*L. plantarum*
Plantaricin SIK-83	*L. plantarum*
Reutericin 6	*L. reuteri*
Sakacin P	*L. sake*
Lactocin S	*L. sake*
Nisin A	*Lactococcus lactis subsp. lactis* *Lactococcus lactis subsp. cremoris*
Nisin Z	*L. lactis*
Lactococcin A	*L. lactis subsp. lactis* *L. lactis subsp. cremoris* *L. lactis subsp. lactis biovar diacetylactis*
Lactococcin B	*L. lactis*
Lacticin 481	*L. lactis subsp. lactis*
Leucocin A-UAL 187	*Leuconostoc gelidum*
Mesenterocin 5	*L. mesenteroides*
Mesenterocin 52	*L. mesenteroides* subsp. *mesenteroides*
Leuconocin S	*L. paramesenteroides*
Pediocin SH-1	*Pediococcus acidilactici*
Pediocin AcH	*P. acidilactici*
Pediocin PA-1	*P. acidilactici*
Pediocin Np5	*P. pentosaceus*

b Lantibiotika, die Lanthioninbrücken enthalten, wie z. B. Nisin und Lactocin S
c Bakteriozine, die aus zwei Komponenten bestehen, und deren Aktivität auf der komplementären Wirkung von zwei verschiedenen Peptiden beruht, wie z. B. Plantaricin A
d Protein-Bakteriozine, wie z. B. Helveticin J
e Bakteriozine mit Glykoproteinstruktur, wie z. B. Leuconocin S.

Die Wirkung der Bakteriozine von Milchsäurebakterien unterliegt einem gemeinsamen Prinzip [39]. Der Protonengradient der Zellmembran („proton motive force") wird zerstört. Dies führt zu einem „Ausbluten" an bestimmten Ionen (z. B. Kalium), und die Aufnahme von lebenswichtigen Substanzen (z. B. Aminosäuren) wird unterbrochen.

Trotz der Vielzahl von charakterisierten Bakteriozinen und deren Produzenten werden bisher keine Bakteriozinbildner in Starterkulturpräparaten eingesetzt [31]. Dies ist in erster Linie darauf zurückzuführen, daß bei einigen Milchsäurebakterien eine reproduzierbare Bildung von Bakteriozinen nur auf künstlichen Substraten erfolgt. SCHILLINGER und LÜCKE [40] konnten zeigen, daß auch in Hackfleisch eine Hemmung von *Listeria monocytogenes* durch einen Bakteriozin-bildenden *L. sake*-Stamm stattfindet, jedoch konnte die Anzahl an Listerien nur um eine Zehnerpotenz gesenkt werden (im Vergleich zu Chargen, die mit einer Bakteriozin-negativen Variante von *L. sake* hergestellt wurden). Außer der Bildung des entsprechenden Bakteriozins im Substrat Lebensmittel muß gewährleistet sein, daß sich die Produzentenstämme gegenüber der Spontanflora durchsetzen, ihre technologische „Aufgabe" erfüllen und ein sensorisch akzeptables Produkt entsteht. Nachfolgend sind einige Kriterien aufgeführt, die darüber hinaus vor einer Anwendung von Bakteriozinbildnern als Starterkultur untersucht werden müssen:

- Toxikologische Unbedenklichkeit des Bakteriozins für den Menschen
- Reduzierung der Wirkung durch Bindung der Bakteriozine an Lebensmittelbestandteile
- Inaktivierung durch andere Lebensmittelzusatzstoffe
- Schutz der Zielorganismen durch Fettfilm
- Unwirksamkeit bei vorliegenden pH-Werten
- Löslichkeit
- Wirkspektrum bzgl. Zielorganismen
- Wirkspektrum bzgl. pH-Wert
- Beeinflussung durch Schwermetallspuren
- Eignung des Milieus für Wachstum des Produzenten
- Möglichkeit des spontanen Verlustes der Fähigkeit, Bakteriozin zu bilden

- Phageninfektion
- antagonistische Effekte durch Begleitflora
- Ausbildung einer resistenten Flora.

Gerade der letzte Punkt verdient besondere Beachtung, denn die Problematik von Resistenzbildung bei Krankheitserregern gegen Antibiotika bei übermäßigem Gebrauch derselben ist bekannt.

Wie die oben aufgeführten Aspekte zeigen, kann die Verwendung von bakteriozinbildenden Starterkulturen kein Ersatz für ausreichende Hygiene sein. Dies schließt sowohl die sorgfältige Auswahl des Rohmaterials als auch die hygienisch einwandfreie Betriebsgestaltung sowie Herstellungspraxis ein.

3.4.7 Genetik

Die heutzutage verwendeten Starterkulturen wurden aufgrund ihrer natürlichen Ausstattung mit nützlichen Eigenschaften und entsprechend den Erfordernissen der Technologie selektiert. Gemessen an ihrer ökologischen Bedeutung war, im Vergleich zum hohen Kenntnisstand bei der Gattung *Lactococcus*, die Kenntnis der Biochemie, Physiologie, Ökologie und insbesondere der Genetik und technischen Handhabbarkeit bei den Gattungen *Lactobacillus* und *Pediococcus* lange Zeit relativ gering. Bei Staphylokokken standen primär das Verhalten und die Physiologie der pathogenen Spezies und die Aufklärung der Toxinbildung und der Virulenz im Mittelpunkt des Interesses. Während bis heute über die Genetik von Mikrokokken noch fast nichts bekannt ist, ist der Wissensstand bei *S. carnosus* vergleichbar hoch. Die Erforschung der Genetik von Pediokokken und insbesondere von Laktobazillen hat aufgrund ihrer großen Bedeutung für fast alle Lebensmittelfermentationen in den letzten 5–10 Jahren stark zugenommen. Einen Überblick über den Kenntnisstand der Genetik von Laktobazillen geben KNAUF et al. [41]. Die Fortschritte in der Genetik von Laktobazillen und Pediokokken umfaßten folgende Stufen:

- Nachweis von Plasmiden (extrachromosomale DNA-Elemente)
- Nachweis natürlicher Transfermechanismen für Plasmide
- Entwicklung von „künstlichen" Transfermechanismen (z. B. Elektroporation) und Konstruktion von Plasmid-Vektoren für die Übertragung genetischen Materials
- Klonierung und Sequenzierung von *Lactobacillus*- und *Pediococcus*-Genen (z. B. Gene des Zuckermetabolismus und Gene für Bakteriozinbildung)

- Entwicklung von DNA-Sonden zum spezifischen Nachweis von Milchsäurebakterien
- Übertragung von heterologen Genen (nicht aus Empfänger-Stamm oder -Gattung isoliert), z. B. Amylase-Gen, Lipase-Gen und Katalase-Gen

Auch Schimmelpilze sind heutzutage gentechnischen Methoden zugänglich. So konnte z. B. für *P. nalgiovense* eine Methode entwickelt werden, die die Übertragung von heterologen Genen ermöglicht. Mit dieser Methode konnte das Lysostaphin-Gen von *S. staphylolyticus* in *P. nalgiovense* übertragen werden [42]. Der transformierte Stamm war anschließend in der Lage, Zellen von *S. aureus* zu lysieren.

Das Verständnis der Genetik von Starterkulturorganismen kann dazu dienen, den hygienischen und nutritiven Wert fermentierter Lebensmittel zu erhöhen. Dies muß nicht zwangsweise durch eine gentechnische Veränderung der eingesetzten Organismen erzielt werden. Denkbar ist vielmehr, daß eine verbesserte Kenntnis der Regulation ihres Stoffwechsels zur Auswahl geeigneter Prozeßparameter von Lebensmittelfermentationen führt. Damit kann die Physiologie dahingehend beeinflußt werden, daß neue oder verbesserte Leistungen erhalten werden. Ferner bietet die Ausnutzung der natürlichen DNA-Austauschmechanismen (z. B. Mobilisation) Möglichkeiten, in die natürlich ablaufenden Veränderungen der Organismen lenkend einzugreifen, ohne gentechnische Veränderungen vorzunehmen, denn eine Akzeptanz gentechnisch veränderter Organismen bei dem Verbraucher wird in naher Zukunft kaum zu erreichen sein.

3.4.8 Herstellung der Starterkulturpräparate

Die Herstellung (Züchtung) von Starterkulturen erfolgt prinzipiell bei allen Organismen (außer Schimmelpilzen) gleich und ist in Abb. 3.4.1 schematisch (nach [43]) dargestellt.

Ausgehend von mehreren Einzelkolonien bzw. standardisiertem Impfmaterial werden im Labor 100–300 ml Impfsuspension hergestellt. Diese dient zur Beimpfung des ersten Produktionsfermenters (30–100 l). Ist in diesem die optimale Wachstumsphase erreicht, wird (werden) hiermit der (die) große(n) Produktionsfermenter beimpft. Nach Beendigung der Züchtung erfolgt die Ernte der Zellen mittels Separatoren. Das gewonnene Konzentrat kann entweder zu Bakterienfeuchtmasse oder Lyophilisat weiterverarbeitet werden. Zur Herstellung von Bakterienfeuchtmasse wird das Zentrifugat gegebenenfalls noch mit sterilem Leitungswasser oder Zentrifugat ver-

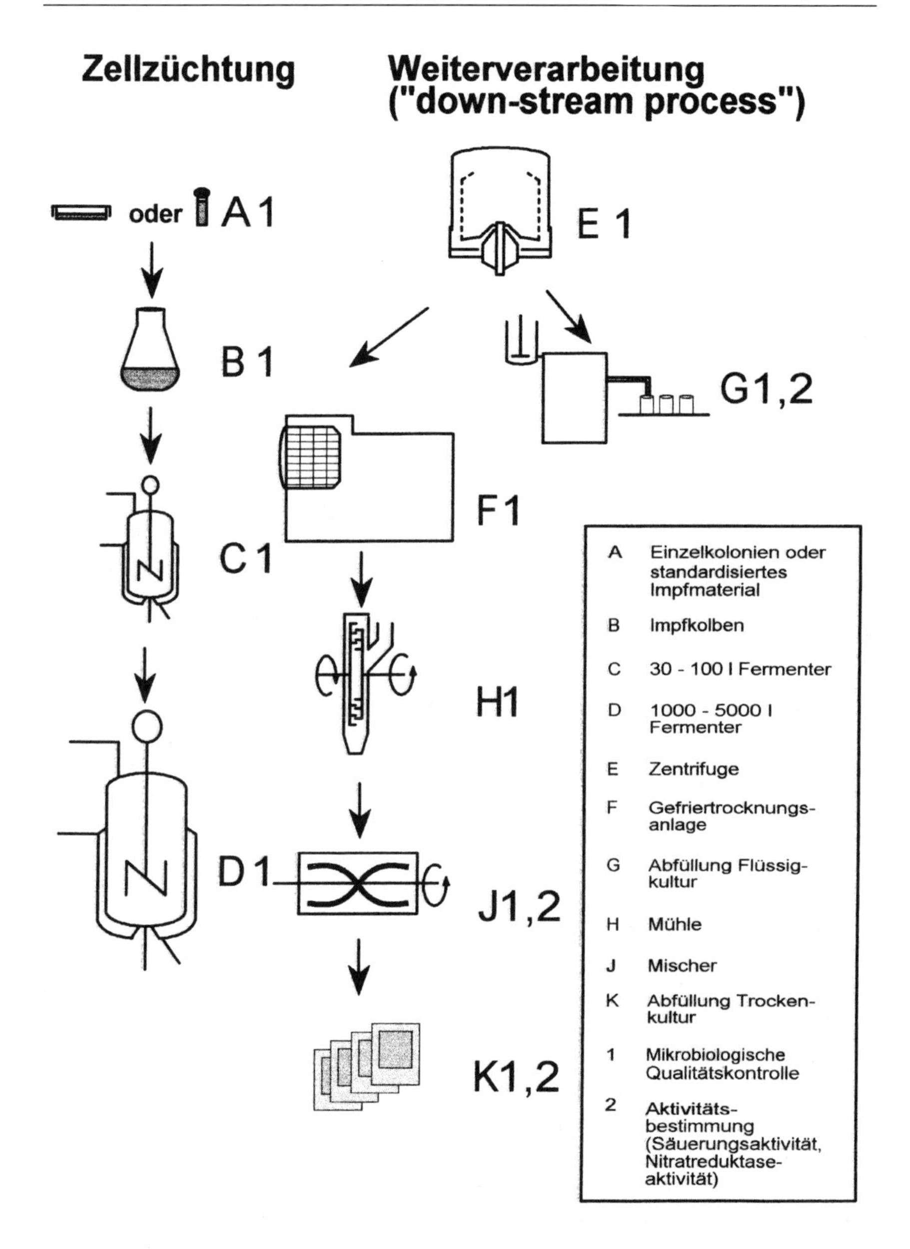

Abb. 3.4.1 Industrielle Herstellung von Starterkulturen für die Fleischindustrie (nach [43])

dünnt, in Dosen abgefüllt und bis zur Verwendung bei dem Kunden bei –18 bis –40 °C gelagert. Soll Lyophilisat hergestellt werden, wird das Zentrifugat in einer Gefriertrocknungsanlage gefriergetrocknet. Anschließend erfolgt die Vermahlung der getrockneten Mikroorganismenmasse. Die gemahlenen Mikroorganismen werden dann mit einem Trägerstoff (in der Regel Laktose) vermischt (die Dosierung für Milchsäurebakterien und Staphylokokken/Mikrokokken wird so gewählt, daß etwa $3–5 \times 10^6$ Keime/g Rohwurstmasse inokuliert werden). Nach der abschließenden Abpackung werden die Produkte bis zur Verwendung beim Kunden bei ≤ -18 °C gelagert.

Unterschiede bei den verschiedenen Mikroorganismen ergeben sich lediglich durch die Fermentationsbedingungen wie Nährsubstratzusammensetzung, aerobes/anaerobes Milieu und Erntezeitpunkt, die für jeden Stamm optimiert werden müssen.

Die gesamte Herstellung unterliegt einer mikrobiologischen Kontrolle, um die Identität und Reinheit des produzierten Mikroorganismus zu gewährleisten. So erfolgt die Überprüfung der Stämme auf Identität mittels makroskopischer Beurteilung der Koloniemorphologie, mikroskopischer Beurteilung der Zellform, Überprüfung der Zuckerverwertung sowie mittels Plasmidprofilanalyse.

Die Herstellung von Schimmelpilzstarterkulturpräparaten erfolgt in der Regel über Anzucht der Schimmelpilzstämme auf halbfesten bzw. festen Nährsubstraten. Nach Versporung werden die Sporen und Teile des Pilzmyzels geerntet und in eine wäßrige Suspension überführt. In dieser erfolgt dann eine Homogenisierung (z. B. mittels eines UltraTurrax-Gerätes). Die erhaltene Sporensuspension kann dann entweder nach Standardisierung als Flüssigkultur (Kühllagerung bei 4 °C) oder nach Lyophilisation und Vermischung mit dem Trägerstoff Kochsalz als Trockenkultur verwendet werden.

3.4.9 Ausblick

Die Anwendung von Starterkulturen bei der Herstellung von Rohwurst ist heute Stand der Technik. Auf dem Markt befindet sich eine Vielzahl verschiedener Kulturen, mit denen die unterschiedlichen Erwartungen der Hersteller hinsichtlich technologischer Eigenschaften, aber auch hinsichtlich Aroma erfüllt werden. Aber die Entwicklung neuer Technolgien, neuer Rezepturen und Wünsche nach unterscheidbaren Aromaprofilen bedingen insbesondere im Falle von Rohschinken, daß auch neue Kulturen entwickelt werden, die diesen Anforderungen gerecht werden. Zukünftig werden inviduelle Beratung und speziell auf einzelne Kunden zugeschnittene Starterkulturpräparate immer mehr in den Vordergrund treten.

Weitere Einsatzgebiete für Starterkulturen sind möglich, doch muß hier entweder eine Umstellung der Herstellungspraktiken erfolgen (z. B. eine Verlängerung der Fermentationszeit bei Kochschinken), oder aber der gesamte Herstellungsprozeß muß wissenschaftlich gründlicher erforscht werden, um die gewünschten Stoffwechselleistungen besser kennenzulernen und gezielt auf die speziellen Anforderungen mittels Starterkulturen reagieren zu können.

Literatur

[1] LIEPE, H.-U.: Starter cultures in meat production. In: REHM, H.-J.; REED, G. (Hrsg.): Biotechnology, Vol. 5, Verlag Chemie, Weinheim, 1983, 399–424.
[2] LEISTNER, L.: Schimmelpilz-gereifte Lebensmittel. Fleischwirtsch., **66** (1986), 168–173.
[3] LÜCKE, F.-K.; HECHELMANN, H.: Starterkulturen für Rohwurst und Rohschinken. Fleischwirtsch. **66** (1986) 1545–1566.
[4] LIEPE, H.-U.: Starterkulturen für die Lebensmitteltechnologie. Ernährungswirtschaft/Lebensmitteltechnik **1978**, H. **4** , 26–30.
[5] BIJKER, P. G. H.; URLINGS, H. A. P.: Effect of feeding fermented meat byproducts on the gut flora of some carnivores. In: Les bactéries lactiques. Centre de Publications de L'Université de Caen (1992), 189.
[6] NIINIVAARA, F. P.: Starter cultures in the processing of meat by fermentation and dehydration. Vortrag anläßlich der Verleihung des „International Award of the American Meat Science Association" (1991).
[7] POHJA, M.: Micrococci in fermented meat products. Acta Agralica Fennica **96** (1960).
[8] SCHLEIFER, K.-H.; FISCHER, U.: Description of a new species of the genus *Staphylococcus*: *Staphylococcus carnosus*. Int. J. Syst. Bacteriol. **32** (1982) 153–156.
[9] HAMMES, W. P.; FISCHER, A.; BANTLEON, A.; KNEISSLER, A.; MAURER, M.; MEISEI, C.; GEHLEN, H.: Starterkulturen für die Rohwurstherstellung. Vortrag 44. Diskussionstagung Forschungskreis der Ernährungsindustrie e. V. (1986), 17.–18. März, Berlin, 51–79.
[10] GEMMEL, C. G.: *Staphylococcus* – new features 100 years after its discovery. J. Infect. **4** (1982) 5–15.
[11] HAMMES, W. P.; BANTLEON, A.; MIN, S.: Lactic acid bacteria in meat fermentation. FEMS Microbiol. Rev. **87** (1990) 165–174.
[12] NIVEN, C. F.; DEEIBEL, R. H.; WILSON, G. D.: The use of pure culture starters in the manufacture of summer sausages. Am. Meeting Amer. Meat. Inst. (1955) 5.
[13] NURMI, E.: Effect of bacterial inoculations on characteristics and microbial flora of dry sausages. Acta Agralica Fennica **108** (1966) 7–73.
[14] REUTER, G.: Atypische Streptobakterien als dominierende Flora in reifender und gelagerter Rohwurst. Fleischwirtsch. **47** (1967) 397–402.
[15] REUTER, G.: Laktobazillen und eng verwandte Mikroorganismen in Fleisch und Fleischerzeugnissen. Fleischwirtsch. **50** (1970) 954–962.

[16] REUTER, G.: The heterogenicity of the *Lactobacillus sake-curvatus* group. Vortrag auf der „Conference on taxonomy and automated identification of bacteria", Prag, 20. 07.–24. 07. 1992.

[17] HECHELMANN, H.; BEM, Z.; LEISTNER, L.: Einfluß der Nitritminderung auf Staphylokokken und Clostridien in Fleischerzeugnissen. Mitteilungsblatt der BAFF Nr. **50** (1974) 2605–2619.

[18] PETÄJÄ, E.: The effect of gram-negative bacteria on the ripening and quality of dry sausage. J. Scientific Society of Finland **49** (1977) 107–166.

[19] HUNGER, W.: Verwendung einer *Halomonas elongata* enthaltenden Starterkultur-Mischung bei der Schinkenreifung. DBP, C 12 N, 1/20. PS 4 035 835 (1992).

[20] ROSSMANITH, F.; LEISTNER, L.: Hefen als Starterkulturen für Rohwürste. Mitteilungsblatt der BAFF Nr. **38** (1972) 1705–1709.

[21] GEISEN, R.; LÜCKE, K.-F.; KRÖCKEL, L.: Starter- und Schutzkulturen für Fleisch und Fleischerzeugnisse. In: Sichere Produkte bei Fleisch und Fleischerzeugnissen. Kulmbacher Reihe, Bd. 10 (1990), S. 90–111. Institut f. Mikrobiologie, Toxikologie und Histologie der Bundesanstalt f. Fleischforschung, Kulmbach.

[22] LEISTNER, L.; AYRES, J. C.: Schimmelpilze und Fleischwaren, Fleischwirtsch. **47** (1967) 1320–1325

[23] LEISTNER, L.; ECKART, C.: Schimmelpilze und Mykotoxine in Fleisch und Fleischerzeugnissen. In: Mykotoxine in Lebensmitteln. REISS, J. (Hrsg.), Gustav Fischer Verlag, Stuttgart (1981), 297–341.

[24] LEISTNER, L.: Toxinogenic Penicillia occuring in feeds and foods: a review. Food Technol. Aust. **36** (1984) 404–406, 413.

[25] MINTZLAFF, H.-J.; LEISTNER, L.: Untersuchungen zur Selektion eines technologisch geeigneten und toxikologisch unbedenklichen Schimmelpilzstammes für die Rohwurstherstellung. Zbl. Vet.-Med. B. **19** (1972) 291–300.

[26] FINK-GREMMELS, J.; EL-BANNA, A. A.; LEISTNER, L.: Entwicklung von Schimmelpilz-Starterkulturen für Fleischerzeugnisse. Fleischwirtsch. **68** (1988) 24–26.

[27] RÖDEL, W.; STISBING, A.; KRÖCKEL, L.: Reifeparameter für traditionelle Rohwurst mit Schimmelbelag. Fleischwirtsch. **73** (1992) 1375–1385.

[28] INCZE, K.: Roh fermentierte, getrocknete Fleischerzeugnisse. Fleischwirtsch. **72** (1992) 8–19.

[29] STRAUB, B. W.; TICHACZEK, P.; KICHERER, M.; HAMMES, W. P.: Formation of tyramine by *Lactobacillus curvatus* LTH972. Book of abstracts: 43. Tagung der deutschen Gesellschaft für Hygiene und Mikrobiologie (1991), Münster, S. 317 (Na 118).

[30] MAIJALA, R. L.: Formation of histamine and tyramine by some lactic acid bacteria in MRS-broth and modified decarboxylation agar. Lett. Appl. Microbiol. **17** (1993) 1–4.

[31] HAMMES, W. P.; KNAUF, H. J.: Starters in the processing of meat products. Meat Sci. **36** (1994) 155–168.

[32] MAIJALA, R.; EEROLA, S.: Contaminant lactic acid bacteria of dry sausages produce histamine and tyramine. Meat Sci. **35** (1993) 387–395.

[33] KNEISSLER, A.; BANTLEON, A.; KUHNIMHOF, B.; FISCHER, A.; HAMMES, W. P.: Die wechselweise Beeinflussung von Glucono-delta-Lacton (GdL) und Starterkulturen bei der Rohwurstreifung. Chem. Mikrobiol. Technol. Lebensm. **10** (1986) 82–85.

[34] CSELOVSZKY, J.; WOLF, G.; HAMMES, W. P.: Production of formate, acetate, and succinate by anaerobic fermentation of *Lactobacillus pentosus* in the presence of citrate. Appl. Microbiol. Biotechnol. **37** (1992) 94–97.

[35] BRUTTIN, A.; MARCHESINI, B.; MORETON, R. S.; SOZZI, T.: *Staphylococcus carnosus* bacteriophages isolated from salami factories in Germany and Spain. J. Appl. Bacteriol. **73** (1992) 401–406.

[36] MARCHESINI, B.; GAIER, W.; MORETON, R.: Bacteriophages in fermented meat products. 38th Int. Congress Meat Sci. Technol. (1992), Clermont-Ferrand, France, 803–805.

[37] RÖDEL, W.; SCHEUER, R.; STIEBING, A.; KLETTNER, P.-G.: Messung des Sauerstoffgehaltes in Fleischerzeugnissen. Fleischwirtsch. **72** (1992) 966–970.

[38] TICHACZEK, P. S.; VOGEL, R. F.; HAMMES, W. P.: Cloning and sequencing of *cur*A encoding curvacin A, the bacteriocin produced by *Lactobacillus curvatus* LTH1 174. Arch. Microbiol. **160** (1993) 279–283.

[39] BRUNO, M. E. C.; MONTVILLE, T. J.: Common mechanistic action of bacteriocins from lactic acid bacteria. Appl. Environ. Microbiol. **59** (1993) 3003–3010.

[40] SCHILLINGER, U.; LÜCKE, K.-F.: Antibacterial activity of *Lactobacillus sake* isolated from meat. Appl. Environ. Microbiol. **55** (1989) 1901–1906.

[41] KNAUF, H. J.; VOGEL, R. F.; HAMMES, W. P.: Genetik von Laktobazillen – Grundlagen und potentielle Anwendung. BioEng. **1992**, H. 2, 58–64.

[42] GEISEN, R.; STÄNDER, L.; LEISTNER, L.: New mould starter cultures by genetic modification. Food Biotechnol. **4** (1990) 497–504.

[43] KNAUF, H.: Starterkulturen für die Herstellung von Rohwurst und Rohschinken. Fleischerei-Technik **10** (1994) 22–27.

3.5 Mikrobiologie erhitzter Erzeugnisse

R. FRIES

3.5.1 Brühwursterzeugnisse

3.5.1.1 Begriffsbestimmung und Systematik

Brühwürste sind durch Brühen, Backen, Braten oder auf andere Weise hitzebehandelte Wurstwaren, bei denen zerkleinertes rohes Fleisch mit Kochsalz (auch in Form von NPS) und ggf. anderen Kuttersalzen meist unter Zusatz von Trinkwasser oder Eis ganz oder teilweise aufgeschlossen wurde, und deren Muskeleiweiß bei der Hitzebehandlung mehr oder weniger zusammenhängend koaguliert ist, so daß die Erzeugnisse bei etwaigem erneutem Erhitzen schnittfest bleiben [8].

Herstellungstechnisch wird unterschieden zwischen grauer (nicht gepökelt) und der roten, gepökelten Ware.

3.5.1.2 Technologie

3.5.1.2.1 Zutaten

Das zur Herstellung eingesetzte Fleisch soll Schnittfestigkeit bewirken und das zugesetzte Wasser halten („Bindigkeit"). Dem entspricht das Fleisch junger Tiere, vor allem Fleisch aus Vordervierteln. Bindegewebsreiche Fettgewebe fördern die Erhaltung einer stabilen Emulsion. Gesättigte Fettsäuren, wie sie in festem Fettgewebe auftreten, verhindern eine zu schnelle Verflüssigung des Fettes. Wasser dient als Quell- und Lösungsmittel für die Eiweiße von Muskulatur und Bindegewebe. Als Umhüllungen werden neben synthetischen Hüllen, Gläsern und Dosen auch Oesophagus, Dünn- und Dickdarmabschnitte von Rind, Schwein und Schaf verwendet.

3.5.1.2.2 Herstellungsgang

Durch „Vorsalzen" der Muskulatur (zerkleinertes, grob vorgewolftes Magerfleisch bei Temperaturen zwischen 0 und 2 °C) kommt es zur Extraktion des fibrillären Eiweißes [64].

Kuttern führt zur Wärmeentwicklung im Brät. Die Zugabe von Trinkwasser in Form von Eis fängt die Wärme ab, die Endtemperatur des Brätes soll 13 °C nicht überschreiten [27].

Nach Abfüllung des Brätes in die Hülle erfolgt sofort die Stabilisierung durch Hitzedenaturierung. Je nach Produkt wird bei 70–80 °C über 20 min bis 2 h gegart, angestrebt werden Kerntemperaturen über 72 °C bis zur gleichmäßigen Koagulation des Brätes. Die Gerinnung bewirkt die erwünschte Biß- und Schnittfestigkeit sowie die prallelastische Konsistenz des Erzeugnisses. Die (ggf. produkttypische) Umrötung wird durch die Hitze beschleunigt.

Faustzahlenmäßig besteht die Rezeptur aus 50 % Fleisch, 30 % Fettgewebe und 20 % Wasser.

Endprodukt und Lagerung

Zur Verpackung von Brühwursterzeugnissen werden Verbundfolien eingesetzt. Die Sauerstoffdurchlässigkeit (cm^3/m^2/Tag) liegt zwischen 0,1 (Polyvinylalkohol/Polyethylen, beidseitig beschichtet mit Polyvinylidenchlorid) und 30–50 (Polyamid/ Polyethylen) [59]. Mit zunehmender Stärke nimmt die Sauerstoffdurchlässigkeit der Folie ab [53].

3.5.1.3 Mikrobiologische Sukzessionen

3.5.1.3.1 Ausgangsstoffe

Vorderviertel von Rindern sind nach Untersuchungen an Jungbullen [58] oberflächlich stärker belastet als die Hinterviertel. Die Kontamination lag meist bei lg 4–5, an bestimmten Stellen des Vorderviertels auch darüber. Gefunden wurden primär Mikrokokken und Pseudomonaden, erst in untergeordneter Rangfolge Hefen, Laktobazillen, Enterobakteriazeen und Enterokokken. In anderen Untersuchungen [20] lag die Oberflächenbelastung sogar um lg 6,0 und höher, auf Vordervierteln nach der Kühlung dagegen wurden Keimzahlen um lg 3,4/cm^2 festgestellt [14].

Beim Fettgewebe beruhen Veränderungen vor allem auf chemischen Prozessen, Lipolyten spielen im Fettverderb eine eher untergeordnete Rolle. Die Gesamtkeimzahl (GKZ) von Fettgewebeoberflächen hängt von der Vorbehandlung ab: in frisch gewonnenem Fettgewebe (1 h p.m.) von Schwein und Rind wurden GKZ-Werte zwischen lg 3 und 4 gefunden [38]; der größere Teil hiervon besaß lipolytische Eigenschaften. Taxonomisch ist zu rechnen mit *Pseudomonas*, *Bacillus*, *Staphylococcus*, Schimmelpilzen und Hefen.

Bei der Wasserzugabe ist Trinkwasserbeschaffenheit vorauszusetzen. Die RL 80/778/EWG [45] schreibt Grenz- und Richtwerte vor:

– Grenzwerte:	Coliforme	: in 100 ml: negativ
	E. coli	: in 100 ml: negativ
	Fäkalstreptokokken	: in 100 ml: negativ
	Sulfitreduz. Clostridien	: in 20 ml: negativ
– Richtwert:	GKZ bei 37 °C: in 1 ml:	10 KbE (in Behältern: 5)
	bei 22 °C: in 1 ml:	100 KbE (in Behältern: 20)

Gewürze: verwendet werden u. a. Pfeffer, Macisblüte, Senfkörner und Kardamom. Auf Gewürzen [25] treten vor allem grampositive Keime auf (aerobe Sporenbildner und Micrococcaceae), auch Coliforme wurden nachgewiesen [15]. Weitere Daten finden sich in Tab. 3.5.1.

Mykotoxine: in Muskatnuß und Cayenne- Pfeffer war u. a. Aflatoxin B_1 nachweisbar [32]. Dies entsprach auch den Ergebnissen der dort aufgeführten Literatur.

Die DGHM [7] hat 1988 für *Salmonella*, *St. aureus*, *B. cereus*, *E. coli*, sulfitreduzierende Clostridien und Schimmelpilze Richt- und Warnwerte aufgestellt. Danach liegen die Richtwerte pro Gramm bei lg 4, für St. aureus bei lg 2 und für Schimmelpilze bei lg 5; Salmonellen dürfen in 25 g nicht nachweisbar sein.

Der Zusatz von Kochsalz (ca. 2 %) dürfte das Brät zwar stabilisieren, jedoch ohne größere mikrobiologische Effekte bleiben. In den verwendeten Mengen senkt Kochsalz den a_w nur geringfügig ab: einer Konzentration von 1,74 % NaCl entspricht ein a_w-Wert von 0,99, einer NaCl-Lösung von 3,43 % ein a_w-Wert von 0,98 [46].

Tab. 3.5.1 Bakteriologische Daten von Gewürzen

Pfeffer	zwischen $x_{(0,5)} = 9 \times 10^4$ (grün) und $x_{(0,5)} = 3 \times 10^7$ (schwarz)	[15]
Gemahlener Paprika, Pfeffer (schwarz u. grün) Zimtrinde, getrocknete Petersilie	$> 10^6$/g	[47]
Gewürzzubereitungen	75 % d. Proben: $> 10^5$/g	[47]
Gewürzaromen	50 % d. Proben: 10^4–10^5/g	[47]

Der hygienische Status von Naturdärmen wird durch die in Anl. 2, Kap. IX FlHV [12] vorgeschriebene Kühlung (+3 °C) und die Salzung stabil gehalten. Der Status der Därme hängt stark von der Vorverarbeitung der Rohware ab. Ungesalzene Häute, sofern sie für die Herstellung von Lebensmitteln bestimmt sind, müssen bei +7 °C gelagert werden (Anl. 2, Kap. IX FlHV).

3.5.1.3.2 Herstellungsablauf

Der Gesamtkeimgehalt von Brühwurstbrät lag in schwedischen Untersuchungen bei lg 5 (lg 5,4; lg 4,9; lg 5,1) pro Gramm Brät [3]. Gefunden wurden (in selektiven Ansätzen) *Enterobactericeae*, *B. thermosphacta* und Milchsäurebakterien.

Der pH-Wert der Muskulatur im schwach sauren Bereich hat keine stabilisierenden Auswirkungen. Wegen ihrer pH-Wert steigernden Wirkung sind die zugelassenen Diphosphate auf einen pH von 7,3 (in einer 0,5 %igen Lösung) begrenzt; Polyphosphate (nach Anl. 1 der Fleischverordnung nicht zugelassen) können den pH um weitere 0,3 Einheiten erhöhen [23].

Die bei der Verwendung von Milcheiweiß vorgeschriebenen Temperaturen von 80 °C sowie die angelegten Kerntemperaturen können im Sinne einer Pasteurisierung als sicher bezeichnet werden (Tab. 3.5.2).

Nach dem Garen lag die GKZ um lg 2,8, lg 1,3–2,1 und lg 1,7–2,0 pro Gramm [3]. In den anschließenden Stationen bis zum Verpacken änderte sich die Keimbelastung nicht mehr. Für adäquat erhitztes Brät werden Werte zwischen lg 0 und lg 3 angegeben [23].

In Untersuchungen nach dem Erhitzen wies Brät Werte auf um lg 1,7/g [2]. Bemerkenswert hier war der hohe Anteil an *Bacillus* und grampositiven unregelmäßigen Stäbchen.

Tab. 3.5.2 Zeit-Temperatur-Kombinationen in der Pasteurisierung und D-Werte ausgewählter Keime [26, 34]

Effektiver Hitzeeinfluß (Angaben in Anlehnung an die Milch-Verordnung)	D-Werte bei a_w = 0,99 und pH = 6,5–7,0		
		60 °C in min	70 °C in s
62–65 °C: 30–32 min	*Salmonella* spp.	0,1–2,3	0,2–0,3
72–75 °C: 15–30 s	*St. aureus*	0,8–10	0,1–1
85 °C: 4 s	*L. monocytogenes*	1–3	0,9–5
	Enterococcus	3–37	120–300

Die Erhitzung tötet vegetative Zellen ausreichend sicher ab. Dies gilt nicht für Sporen: in Brühwurstbrät waren von ursprünglich $2{,}6 \times 10^4$/g bei einer Behandlung von 100 °C über 5 min (Kerntemperatur) noch 10^2 Bacillussporen/g enthalten [19].

L. monocytogenes (L. m.) müßte bei Zugrundelegung einer Kerntemperatur von 160 °F (72 °C) auszuschließen sein [66]. In gegarten Endprodukten (Brüh-, Kochwurst u. a.) wurden in 14,6 % (4,2 %) der Fälle noch *Listeria* spp. (L. m.) gefunden [37]. In anderen Untersuchungen fanden sich in 22 Proben keine L. m. mehr, dagegen in 0,6 % der Proben noch *Listeria* spp. [40].

Bei einer in ca. 70 min erreichten Temperatur von 71 °C kann der Gehalt von L. m. um 3 logarithmische Stufen gesenkt werden [66]. Auf der Grundlage einer allgemein als niedrig eingeschätzten Besiedlung mit L.m. wurden diese Werte als sicher bezeichnet.

Zur Inaktivierung von Viren wird allgemein eine Behandlung von 100 °C empfohlen [33, 61]. Diese Temperatur wird bei der Herstellung von Brüh- und Kochwürsten nicht erreicht. Bei Kerntemperaturen um 65–70 °C und einer genügend langen Einwirkzeit wird davon ausgegangen, daß Viren abgetötet sind [23].

Auch das Räuchern hat eine antimikrobielle Wirkung durch die auf die Oberfläche aufgebrachten Substanzen (Phenole, Kresole, Aldehyde, Essigsäure, Ameisensäure) und durch die Verringerung des a_w- Wertes. Die Senkung des a_w-Wertes beeinflußt die entstandene mikrobielle Assoziation allerdings nur wenig: der letztendliche a_w-Wert der Brühwurst liegt i. a. bei 0,97 (niedrigere Werte sind möglich). Die durch die Erhitzung zu erwartende subletale Schädigung der Keime einmal nicht berücksichtigt, liegen die a_w- Grenzwerte für die in Frage kommenden überlebenden Taxa bei:

Bacillus : 0,95
Streptococcus : 0,91
Lactobacillus : 0,94

3.5.1.3.3 Endprodukt

Zusammenfassend beeinflußt die Herstellungsphase am Endprodukt Eigenschaften und Inhaltsstoffe, die für die mikrobiologische Bewertung des Erzeugnisses von Belang sind:

- Restnitritgehalt : max. 100 mg/kg Fleischbrät
- pH-Wert : 6,0 bis 6,4
- a_w- Wert : 0,97 (0,92–0,98)
- E_h- Wert : +20 mV bis –100 mV [56]

In der Initialflora von frisch hergestellten Frankfurter-ähnlichen Erzeugnissen dominierten zu 79 % grampositive Keime [2]. Die Daten in Tab. 3.5.3 stammen aus Markterhebungen und aus experimentellen Untersuchungen.

Tab. 3.5.3 Bakteriologische Assoziationen in Brüherzeugnissen – Felduntersuchungen und experimentelle Daten (Werte/g logarithmiert bzw. Nachweise in Prozent der Proben)

Quelle	GKZ	EB	g+St.	Bac.	EK	Staph	Hefen	Psdm	Lb	n
[62]		17 % d. Proben		L. m.	+					82
[10]		Cf		2–5	<3	<4	5	5		
	2–9	12×		31×	10×			23×		46
[60]	2	<2							2	
[44]	>90 % bis lg 4	4 % [1])	73 % + [2])	95 % +	3 % + Str[3])	58 % + Mccae				180
[13]	3–5 2–3									
[2]			42 %[4])	34 %				11 %		

L *Listeria*
EK Enterokokken
Cf Coliforme
Mccae *Micrococcaceae*
Psdm *Pseudomonas*
Lb *Lactobacillus*

[1]) Gramnegative Stäbchen
[2]) *Lactobacillus* und Coryneforme
[3]) *Streptococcaceae*
[4]) 34 % Coryneforme, 8 % *Microbacterium* spp.

3.5.1.3.4 Verpackung

Der Verpackungsvorgang bewirkt eine Rekontamination mit *Lactobacillus*, ggf. auch *Leuconostoc*, faecalen Streptokokken und *Enterobacteriaceae*. Darüber hinaus ändert sich die Atmosphäre, was Einfluß auf die Mikroflora nimmt. Dies gilt auch für die Verwendung von CO_2 [6, 23, 53]. Hefen, Schimmelpilze, Gramnegative und *St. aureus* werden gehemmt, Keime, die 30–50 % CO_2 überstehen, wie *Lactobacillus*, *Leuconostoc* (als CO_2-Bildner), *Pediococcus* oder *B. thermosphacta*, erfahren eine Förderung. Mit steigender Konzentration und sinkender Temperatur verstärkt sich die keimhemmende Wirkung von CO_2 [59]. Das Gas bewirkt eine deutlich verbesserte Haltbarkeit vor N_2 und (an dritter Stelle) Vakuum [2]:

Einfluß verschiedener Verpackungen auf die Gesamtkeimzahl bei Brüherzeugnissen (Daten nach [2]):

Begasung	nach 98 Tagen	nach 140 Tagen
- Vakuum	lg 9,0/g	
- N_2		lg 4,8/g
- CO_2		lg 2,4/g

Direkt vom Menschen können *Micrococcaceae* (*St. aureus*) als Hautbewohner, *Enterobacteriaceae*, *Lactobacillus* und Streptokokken als Darminhabitanten auf das Erzeugnis übertragen werden. Dies weist auf die Notwendigkeit der personellen Trennung von Rohbrät und gekochter Brühwurst hin [1].

3.5.1.3.5 Lagerung und Haltbarkeit

Zu Beginn der Lagerung kann der Anteil Milchsäure produzierender Bakterien unterhalb der Nachweisgrenze liegen: die Entfaltung dieser Flora erfolgt erst im weiteren Verlauf [3, 36]. *Enterobacteriaceae*, *Br. thermosphacta*, Hefen und Schimmelpilze wiesen in diesen Untersuchungen nach dem Ende der überprüften Lagerungsphase Werte auf von meist < 10/g. In Vakuum- und Schutzgaspackungen stiegen Laktobazillen zur dominierenden Flora auf [2].

Unter den Bedingungen der Lagerung von kontaminierten Frankfurter Würstchen ist die Vermehrung von L. m. in Brühwurst möglich [4]. Dabei spielt auch der relativ hohe pH dieses Wursttypes eine Rolle [13].

Die Lagerung von Brühwursterzeugnissen kann zwischen 4 und 7 °C erfolgen (für vakuumverpackte Ware [22]), höhere Lagerungstemperaturen (bis 7 °C) sollten auf nicht aufgeschnittene Stückware beschränkt bleiben [59]. Diese im allgemeinen akzeptierte Lagerungstemperatur von 4–7 °C muß seit der Erkennung von L. m. als Verursacher Lebensmittel-bedingter Infektionen vorsichtiger gesehen werden. Der Kühllagerungsraum ist als kritischer Punkt hinsichtlich einer Rekontamination mit Milchsäurebakterien einzuschätzen [36].

In der Literatur finden sich für die unterschiedlichen Lagerungstemperaturen sehr unterschiedliche Mindesthaltbarkeitsangaben [63]. Auch der Erzeugnistyp spielte eine Rolle:

0 bis 4 °C: 3 Tage bis 1 Monat
5 °C: 4 Tage bis 10 Tage
7 °C: 1 Tag bis 14 Tage

Für vakuumverpackte Stückware wird in einer Übereinkunft eine Mindesthaltbarkeit von 28 Tagen angegeben [22], für Aufschnitt 21 Tage (Umgebungstemperatur von 4–7 °C für beide Gruppen).

Auch der Anfangskeimgehalt ist bei der Festlegung des Mindesthaltbarkeitsdatums (MHD) zu berücksichtigen: bei vakuumverpackter Brühwurst wurden bei unterschiedlichen Anfangskeimgehalten bei einer Lagerung von 4 °C unterschiedlich lange Haltbarkeiten ermittelt [60]:

- lg 2: keine sensorische Beeinträchtigung nach 28 Tagen
- lg 4: sensorische Beeinträchtigungen nach ca. 3 Wochen
- lg 6: sensorische Beeinträchtigungen nach ca. 1 Woche

Bei vakuumverpacktem, großkalibrigem Brühwurstaufschnitt wurden nach dreitägiger Lagerung (22 °C) bzw. nach 8–10 Tagen bei 7 °C Qualitätsverluste gefunden, wenn die GKZ bei Werten um lg 8/g (i. w. *Lactobacillus*) lag [54].

3.5.1.4 Verderb

3.5.1.4.1 Sensorische und mikrobiologische Parameter

Die Beschaffenheit von Brühwurst ist objektivierbar durch die Erhebung von GKZ und *Lactobacillus*-Flora, pH-Wert und die allgemeinen Parameter der Sensorik [10].

Als sensorisch abweichende Sachverhalte und zugeordnete mikrobiologische Ursachen werden angesehen:

- oberflächliche Schleimbildung durch Hefen, *Lactobacillus*, *Leuconostoc*, *Streptococcus*, *Br. thermosphacta*
- Übersäuerung durch Milchsäurebildner
- Grünverfärbung durch Laktobazillen
- CO_2-bedingte Aufblähung der Schutzhülle durch *Leuconostoc* [23]
- Altgeschmack.

Als Verursacher von Vergrünungen gilt vor allem *L. viridescens* auf Grund seiner Fähigkeit zur Peroxidbildung. Laktobazillen sind i. d. R. katalasenegativ.

Katalase bildet aus H_2O_2 den inaktiven molekularen Sauerstoff O_2 und wirkt so der Peroxidbildung entgegen. Das Enzym ist jedoch nur bei Temperaturen unterhalb 36 °C stabil und erfährt eine komplette Inaktivierung bei Temperaturen >80 °C [52]. In Eiweiß vom Ei wird für Katalase ein Destruktionswert von D_{57} = 12,9 min angegeben [24]. In Modellversuchen zur Brühwurstherstellung überlebten hitzetolerante *L. viridescens* Temperaturen von 68 °C über 40 min [3].

Katalase-positive Keime mildern die beschriebene Entwicklung ab [42].

Für vakuumverpackte Aufschnittware nach Ablauf des MHD werden Keimzahlen von lg 3–6 und ein Gehalt an *Enterobacteriacae* von <lg 5 als Richtwert angegeben [18].

Tab. 3.5.4 Als Richtwerte zu verstehende bakteriologische Daten zur Brühwurst (Werte/g logarithmiert bzw. Nachweise in Prozent der Proben)

Quelle	GKZ	EB	*St. aureus*	EK	Clostr. sulfit-reduz.	*Bacillus*	*LB*	Hefen	
[49]	4–5	1	1	1	1				1)
[18]	2–4	nn.							
[44]	bis 5	nn.	nn.			bis 4			
[43]	4	<1	St: <1 Mc: 3	1	1	3			1)
	8	4	St: 1 Mc: 4	4 Str: 5		2		3	2)
[21]	(Milchsäurebildner)						m = 5 m = 7		1) 2)

1) Stückware; 2) Aufschnitt
EB: *Enterobacteriaceae*; EK: Enterokokken; Mc: *Micrococcus*; LB: *Lactobacillus*
Str: *Streptococcus*; nn: nicht nachzuweisen;
m: Obergrenze d. Guten Herstellungspraxis nach ALTS [21]

In einer Fallstudie [1] war der Verderb (schleimige Auflagerungen) von vakuumverpackten Wiener Erzeugnissen nach technischen Eingriffen folgender Art behoben:

- Duschen der gekochten Erzeugnisse noch im Kochschrank
- Verkürzung der Zeit zwischen Kochen und Vakuumverpacken von 24 h auf 6 h (3 h Kühlen und 3 h Verpacken).

3.5.1.4.2 Laktat als Hygieneparameter

D(–)-Lactat ist mikrobieller Herkunft [54] als Ergebnis einer homofermentativen oder heterofermentativen Gärung zur ATP-Regeneration (in Anlehnung an [50]):

Gärungstyp	Produkte	Vertreter
homofermentativ	reines oder beinahe reines Lactat	*Streptococcus* *Pediococcus* *Lactobacillus*
heterofermentativ	Lactat Ethanol CO_2 oder Acetat	*Leuconostoc* *Lactobacillus* *Bifidobacterium*

L-Lactat fällt auch in der Verstoffwechselung von Glycogen des Muskels an. In Versuchsreihen zu vakuumverpacktem Brühwurstaufschnitt wurde L-Lactat in einer Menge von 3,21–7,21 mg/kg gefunden [51]. Dagegen wird das linksdrehende Lactat der D-Reihe, bezeichnet als D(–)-Lactat nur von glycolytischer Flora gebildet und akkumuliert als Ergebnis des mikrobiellen Kohlenhydratstoffwechsels im Erzeugnis. Die Bildung weist einen zeitabhängigen Verlauf auf. D-Lactat kann somit als aussagekräftiger Parameter für die mikrobielle Belastung der Brühwurst gelten und damit als Parameter für die noch vorhandene Haltbarkeitsreserve [51, 54]:

$<0{,}5$ mg/g : einwandfrei
$>1{,}0$ mg/g : beginnender Verderb
1,0–1,5 mg/g : geringfügige Beeinträchtigungen.

In vakuumverpackter, aufgeschnittener Mortadella [51] lagen am Verpackungstag Werte um 0,10 mg/kg, am 25. Tag dagegen 4,22 mg/kg D-Lactat vor ($x_{0,50}$-Wert).

Tab. 3.5.5 Bakteriologische Befunde (Werte/g logarithmiert) und Verderbsassoziationen

Quelle	sensor. Befunde	GKZ	EB	Pseud.	LB
[62]	Altgeschmack	5,7–7,6 (6,7)	n. n. – 3,9 (1,7)	n. n. – 5,7 (3,2)	4,8–7,2 (5,7)
[54]		>5 nicht unbedingt kausal für Verderb			
[13]	sichtbare Abweichungen	$3,7 \times 10^7$			

3.5.2 Kochwursterzeugnisse

3.5.2.1 Begriffsbestimmung und Systematik

Kochwürste sind hitzebehandelte Wurstwaren, die vorwiegend aus gekochten Ausgangsmaterialien hergestellt werden. Bei Überwiegen von Blut, Leber oder Fettgewebe kann der Anteil aus rohem Ausgangsmaterial vorherrschen. Kochwürste sind in der Regel nur in erkaltetem Zustand schnittfähig [8].

Unterschieden wird zwischen Leberwurst-, Blutwurst- und Sülzerzeugnissen [8]:

Leberwürste und Leberpasteten sind Kochstreichwürste mit einem Leberanteil zwischen 10 und 30 %. Bei Kochstreichwurst wird die Konsistenz in erkaltetem Zustand von erstarrtem Fett oder zusammenhängend koaguliertem Lebereiweiß bestimmt.

Blutwurst ist Kochwurst, deren Schnittfähigkeit in erkaltetem Zustand durch mit Blut versetzte, erstarrte Gallertmasse entsteht oder auf zusammenhängender Koagulation von Bluteiweiß beruht.

Unter Sülzwurst wird Kochwurst verstanden, deren Schnittfähigkeit in erkaltetem Zustand durch erstarrte Gallertmasse (Aspik oder Schwartenbrei) zustande kommt.

3.5.2.2 Technologie

Bei der Herstellung von Kocherzeugnisse werden Naturhüllen (Blase, Magen, Dünn- und Dickdarmabschnitte von Rind, Schwein, Schaf) sowie Kunstdärme, Glas- und Blechbehälter eingesetzt.

Die Organe müssen nach der Gewinnung sofort auf +3 °C heruntergekühlt werden (Anl. 2, Kap. IX FlHV [12]).

Die Erhitzung der Ausgangsmaterialien (außer Blut und Leber) hat einen stabilisierenden Effekt durch Inaktivierung von Keimen und gewebeeigenen bzw. mikrobiellen Enzymen.

Für die Einschätzung der bei der letztmaligen Erhitzung zu erreichenden Kerntemperaturen wird als Referenzkeim für Brüh- und Kochwürste die Hitzeresistenz von D-Streptokokken zugrundegelegt. Der entsprechende Wert beträgt D_{70} = 2,95 min. Bei der Berechnung der Kerntemperatur wird von einem zu durchschreitenden Intervall von 12 logarithmischen Stufen (10^7 auf 10^{-5}) ausgegangen [35].

Der Keimgehalt von Kochwurst liegt bei lg 4/g und darunter [18, 30, 43]. Kochwürste sollen optimalerweise bei –1 bis –2 °C gelagert werden [64]. Die Mindesthaltbarkeit von vakuumverpackter Kochwurst wird bei 4–7 °C mit 28 Tagen für Stückware und mit 21 Tagen für Aufschnitt angegeben [22].

Als Verderbserscheinungen zu beachten bei Kochwursterzeugnissen sind Säuerung, Konsistenzveränderungen, Verfärbungen und Geruchabweichungen bei Rot- und bestimmten Sülzerzeugnissen.

In Anbetracht der unterschiedlichen Technologie und der unterschiedlichen Rohstoffe der Kocherzeugnisse erfolgt die weitere Darstellung produktspezifisch.

3.5.2.2.1 Leberwursterzeugnisse

3.5.2.2.1.1 Zutaten und Herstellungsgang

Muskulatur und Fettgewebe (schlachtfrisch, überwiegend vom Schwein) werden zur Vermeidung von Geschmacksverlusten schonend bei Kerntemperaturen um 65 °C gegart [35].

Leber (vorzugsweise roh) wird zu Geschmackszwecken und zur Emulgierung zugesetzt. Hierfür sind 20 % ausreichend. Die Leber ist schlachtfrisch, die sachgerechte Bearbeitung beinhaltet das Ausschneiden der Gallengänge und das Entfernen des Lymphgewebes. Bei schneller und hygienischer Kühlung kann Leber bis zu 5 Tagen stabil gehalten werden. Auch rasches Tiefgefrieren bei –18 °C ist möglich (< 1 Monat).

Eingesetzt werden weiterhin Innereien, Schwarte und Gewürze (Pfeffer, Zwiebel, Ingwer, Muskat, Majoran) sowie geschmorte Zwiebeln.

Fleisch und Fettgewebe werden mit Zwiebeln noch heiß gekuttert. Die Zugabe der Leber erfolgt, wenn die Temperatur des Gemenges unter 60 °C gesunken ist [16].

Nach Zugabe der Gewürze wird bis zur Homogenisierung der Masse gekuttert und damit die Emulsion erstellt. Das Abfüllen erfolgt bei Temperaturen oberhalb 35–40 °C.

Die Temperatur bei der sich sofort anschließenden Erhitzung wird so gewählt, daß die Kesselflüssigkeit bei Zugabe der abgefüllten Würste nicht unter 75 °C absinkt, die Kerntemperaturen sollen über 70 °C, eher bei 75 °C liegen. Zum Zwecke der geschmacklichen Abrundung und Verbesserung der Haltbarkeit wird bei 16–18 °C über 1–2 h geräuchert [9].

Gekühlt wird anschließend in Wasser. Nach Auskühlen wird das Erzeugnis aufgehängt und bei Temperaturen <2 °C gelagert. Die Lagerzeit kann bei Temperaturen um 0 °C 6 Wochen erreichen [16].

3.5.2.2.1.2 Mikrobiologische Sukzessionen

Zum mikrobiologischen Status frischgewonnener Leber wurden Werte um lg 2,00 bis 2,81/cm^2 (Rind) und um lg 2,30 bis 3,92/cm^2 (Schwein) gefunden [17].

Hiernach hatte *Bacillus* direkt nach der Gewinnung keine Bedeutung, Coryneforme und *Micrococcaceae* wurden unter allen Bedingungen der Studie häufig gefunden, in der Kühllagerung stieg *Pseudomonas* an.

In anderen Untersuchungen [5] lag der Keimgehalt frischer, roher Schweineleber bei $2{,}8 \times 10^4$/cm^2, gefunden wurden Enterokokken, *Lactobacillus*, *Pediococcus*, *Bacillus*, *Micrococcus* und Coryneforme. In gebrühter Schweineleber lag der Keimgehalt bei <50/cm^2.

Die Gewürzmischung wies Keimgehalte auf um $1{,}5 \times 10^5$/g. Alle Isolate waren *Bacillus* spp. (nach anaerober Inkubation) [5].

In Leberwurst-Rohbrät vor der Gewürzzugabe (0,8 %, Mischgewürz) lag ein *Bacillus*-Sporengehalt von $< 10^2$/g, nach der Zugabe eine Sporenzahl von $2{,}6 \times 10^4$/g Brät vor [19].

Die rohe Emulsion wies Werte auf zwischen $1{,}5 \times 10^4$ bis $7{,}2 \times 10^4$/g [5]. In diesem Falle waren 156 ppm Na-Nitrit zugegeben worden, diese Werte liegen oberhalb der Grenzwerte der Fleischverordnung.

Bei der Kochung (28–30 min bei 68 °C Kerntemperatur) wurde eine Reduktion der Keimzahl von Werten um $7{,}2 \times 10^4$ auf $1{,}5 \times 10^3$/g beobachtet [5].

Die verbleibende Flora bestand zur Hauptsache aus *Bacillus*. Die gerade bei Leber- und Blutwürsten gefundenen z. T. hohen Anteile an *Bacillus* (> lg 5) wurden als Gefahr für das Auftreten von Lebensmittel-bedingten Intoxikationen bezeichnet [44].

Bei einer Kerntemperatur von 155 °F (68,3 °C) wurden Vertreter der inokulierten 10^9 L. m./g nicht mehr festgestellt, bei 140 °F (60 °C) ergaben sich keine Verringerungen [41].

Bei zu niedriger Kerntemperatur kann es durch Milchsäurebakterien auch zum Verderb kommen [9]. Mikrobiologische Daten zum Endprodukt sind aus Tab. 3.5.6 ersichtlich.

Charakteristische technologische Produktbeschreibungen:
pH = 6,0 bis 6,5 (Leber: 6,0 bis 6,1, nach [17])
a_w = 0,96 (0,95–0,97)
Nitritgehalt = max. 100 mg/kg.

Tab. 3.5.6 Mikrobiologische Daten an Leberwursterzeugnissen (Werte/g logarithmiert bzw. Nachweise in Prozent der Proben)

Quelle	GKZ	Bac.	g + St	*Micrococcaceae*	Hfn	MS-Bild.	sulfit-reduz. Anaer.	gramneg. Stäbchen
[44] n = 132	> 90 % bis zu lg 5	98 % +	49 % +	18 % +	5 % +			4 % +
[5]	$1,5 \times 10^3$							
[21][1])		m = lg 2				m = lg 2	m = lg 3	

[1]) Kochstreichwürste, Richtwerte, Stückware
m = Obergrenze der Guten Herstellungspraxis nach ALTS [21]
Hfn: Hefen g + St: *Lactobacillus* und Coryneforme
MS-Bild.: Milchsäurebildner

3.5.2.2.2 Rotwursterzeugnisse

3.5.2.2.2.1 Zutaten und Herstellungsgang

Rohstoffe

Die Rohstoffe für die stückigen Einlagen (gekochtes, mageres Schweinefleisch, ggf. Zungen, Fettgewebe und je nach Qualitätsstufe Innereien) werden geschnitten, gepökelt und gegart (die angegebenen Temperaturen schwanken zwischen 75 und 90 °C). Zur Bindung von Einlagen und Grundmasse wird anschließend mit Wasser abgespült.

Gewürzt wird mit Pfeffer, Majoran, Nelken, Piment. Diverse Erzeugnisse beinhalten auch Zutaten pflanzlichen Ursprunges wie Grütze oder Weißbrot.

Schwartenbrei

Die Grundmasse besteht aus Schwarten oder Aspik und gepökeltem Blut. Die Schwartenmasse setzt sich z. B. zusammen aus 72 % gekochter Schwarte, 10 % rohen Zwiebeln und 18 % Kesselbrühe [9]. Schwarten werden gründlich entborstet und gereinigt [57]. Verwendet werden nur frische Schwarten, die bei 80 bis 90 °C gebrüht und heiß zerkleinert werden.

Die Blutgewinnung erfolgt im geschlossenen System, verwendet wird frisches Blut. Die Fleischhygiene-Verordnung schreibt sofortiges Kühlen auf Temperaturen unter 3 °C vor (Anl.2, Kap. X FlHV [12]).

Das Blut wird bei Temperaturen zwischen 40–60 °C in die Grundmasse eingemischt, die Einmischung der vorerhitzten Stücke erfolgt bei Temperaturen, bei denen die Grundmasse noch nicht geliert (> 40 °C), anschließend wird sofort über 1–2 h je nach Kaliber bei Temperaturen um 85 °C erhitzt (75 °C im Kern). Abgekühlt wird in Wasser, ggf.im Kaltrauch geräuchert. Zur Kühlung werden Temperaturen zwischen –1 und 2 °C empfohlen [64].

3.5.2.2.2.2 Mikrobiologische Sukzessionen

In geschlossenen Systemen gewonnenes Blut weist einen günstigeren Anfangskeimgehalt auf ($5{,}0 \times 10^1$ bis $3{,}4 \times 10^4$) als Blut aus offenen Systemen (Daten entnommen bei [39]).

Durch die konsequente Reinigung des gesamten Blutgewinnungsystemes wurde es möglich, den Keimgehalt des Blutes unter lg 4/ml zu halten, bei einer Temperatur um 3 °C über 4 Tage blieb Blut auch bei höherem Anfangskeimgehalt mikrobiologisch stabil [57]. Blut besitzt einen hohen a_w-Wert (0,99) und einen hohen pH-Wert (7,3–7,5).

Schlachtfrisches Rohmaterial gilt als sensorisch und mikrobiologisch vertretbarer als ältere Rohstoffe, auch Schwarten sind verderbsanfällig [9]. Der Keimgehalt der Schwarten enthäuteter Schweine lag in einem Vergleich [48] an Schinken und Schulter signifikant niedriger (lg 2–2,5/cm^2) als in Proben aus gebrühter Haut.

Die Belastung mit Bacillussporen im Erzeugnis stammt vor allem aus Mischgewürzen [19], Clostridiensporen wurden häufiger in Schwarte, Blut und Leber nachgewiesen [31]. Unter 10 °C sind die wichtigsten Sporenbildner nicht mehr vermehrungsfähig; nicht proteolytische *Cl. botulinum*-Sporen können zwar ab 5 °C wachsen, haben jedoch eine geringe Hitzeresistenz [19].

Hygienisch relevante Merkmale aus der Technologie des Erzeugnisses sind:

pH : 6,5 bis 6,8
a_w : 0,96 (0,95–0,97)
Nitrit : max. 100 mg/kg

Bei Rotwursterzeugnissen (n = 132) lag die GKZ in >90 % der Fälle unterhalb log 5, in 92 % der Fälle wurde *Bacillus* festgestellt [44]. In 25 % der Proben fanden sich *Micrococcaceae*, in 20 % grampositive, nicht sporenbildende Stäbchen, in 5 % gramnegative Stäbchen und in je 2 % der Fälle Streptokokken und Hefen.

In Unterlagen der ALTS werden für m als obere Grenze der Guten Herstellungspraxis unterschiedliche Richtwerte für Stück- und Aufschnittware angegeben [21]:

Richtwerte der ALTS, zitiert aus [21]	Stückware	Aufschnitt
Milchsäurebildner	lg 4	lg 6
Enterobacteriaceae	lg 2	lg 3
Bacillus	lg 4	lg 4
sulfitreduzierende Anaerobier	lg 3	lg 3
Hefen	lg 2	lg 3

3.5.2.2.3 Sülzerzeugnisse

3.5.2.2.3.1 Zutaten und Herstellungsgang

Verwendung findet vorgegartes, gepökeltes Fleisch und Fettgewebe von Schwein, Rind, Kalb, Geflügel; der Anteil an Binde- und Fettgewebe hängt ab vom Erzeugnis. Bei der Erhitzung der Festbestandteile sollen zur Verhinderung von Kochverlust und Schmalzigwerden fetter Fleischteile 65 °C erreicht werden [35].

Zutaten wie Gemüse (Paprika, Gurken, Oliven, Champignons) werden in Form pasteurisierter Konservenprodukte zugesetzt [29], an Gewürzen sind Pfeffer, Zwiebel, Muskat, Ingwer oder Kümmel üblich.

Die Grundmasse besteht aus Gelatine. Ausgangsmaterialien hierfür sind leimgebende Bestandteile wie Köpfe und Füße vom Kalb oder Schwarten und Spitzbeine vom Schwein. Unter mehrstündigem Ziehen bei 85 °C nimmt das Kollagen Wasser auf, quillt und geht unter Bildung von Gelatine in Lösung.

Alternativ wird Aspik in Pulverform angeboten, Verwendung findet auch Speisegelatine. Die Ausgangsmaterialien hierfür sind kollagenes Bindegewebe von Haut und Knochen. Die Gewinnung erfolgt durch sauren oder basischen Aufschluß. Zur Verarbeitung quillt das Pulver in kaltem Wasser vor und wird bei 40–50 °C gelöst [28].

Der Grundmasse wird Essig, Wein oder Milch zugesetzt, es folgt die Zugabe von Gewürzen und der stückigen Einlagen. Abgefüllt wird in Natur- und Kunstdärme, Glas und Dosen. Eine Nacherhitzung erfolgt wahlweise. Die Erhitzung beeinflußt die Festigkeit der Grundmasse. Bei Temperaturen um 60 °C findet jedoch nur eine geringe Abnahme der Festigkeit statt [28].

Nach Abfüllung geliert die Grundmasse, ggf. unter Formung in Pressen.

Ein niedriger pH erniedrigt die spätere Festigkeit der Grundmasse. Die Festigkeit leidet auch bei längerer Heißhaltung der Gelatinelösung [28]. In geschmacklicher Hinsicht wurden die besten Ergebnisse bei pH-Werten zwischen 4,8 und 5,0 festgestellt [29]. Die Haltbarkeit wird bei einer Lagerung bei 2 °C mit ca. 6–8 Wochen (vakuumverpackt) angegeben [55].

3.5.2.2.3.2 Mikrobiologische Sukzessionen

Die mit sinkender Temperatur zunehmende Festigkeit der Gallertflüssigkeit dürfte einen indirekten Einfluß auf die Einhaltung der Temperaturanforderungen haben. Auch der pH (Essigzugabe), die Anwesenheit von *Lactobacillus* und ggf. die Verwendung von Kunstdarm sowie generell der Einsatz vorgekochter bzw. pasteurisierter Ausgangsmaterialien wirken stabilisierend.

Im Einzelfall hygienisch schwer einschätzbar ist die Verwendung von Organen und der Einsatz von Naturdarm. Bakteriologische Daten zum Endprodukt sind in Tab. 3.5.7 niedergelegt. In entsprechenden Untersuchungen lag die GKZ von Gelatine (pH 4,7) um lg 4 [65] und um lg 3,90 ($n = 15$, $8 \times$ Werte $<$ lg 4) [11].

Auf der Grundlage der technischen Abläufe ergeben sich für Sülzerzeugnisse folgende mikrobiologisch relevante Kenndaten:

pH : 4,8 bis 5,0
a_w : 0,96 bis 0,97
Nitrit : max. 100 mg/kg.

Tab. 3.5.7 Mikrobiologische Daten für Sülzerzeugnisse (Werte/g logarithmiert bzw. Nachweise in Prozent der Proben)

Quellen		GKZ	EB	*Micrococcaceae*	Hefen	Enterokokken	grampos. Stäbchen	*Bacillus*
[49]		7	3	2[1])		4		
[44]	Sülzwurst n = 39	>90 % bis lg 5	23 % + [4])	56 % +	–	15 % + Str.	51 % + [2])	90 % +
	Sülze n = 25	>lg 5 32%	32% +	72% +	12% +	16% Str.	92% + [2])	40% +
[43]		5	2	3[3])	1	4		2
[11]	stück. Einl. n = 15	lg 3,55						
	Gelatine	lg 3,90	–	–	–	–	9×Lb 7×URS	5×

Str.: *Streptococcaceae*; Lb: *Lactobacillus*; URS: Unregelmäßige Stäbchen; EB: Enterobacteriaceae
[1]) *St.aureus*;
[2]) grampos.St.: *Lactobacillus* u. Coryneforme. Bei Sülzen: *Lactobacillus*
[3]) *Micrococcus*

Literatur

[1] AL-DAGAL, M.; MO, O.; FUNG, D. Y. C.; KASTNER, C. (1992): A Case Study of the Influence of Microbial Quality of Air on Product Shelf Life in a Meat Processing Plant. Dair. Food Environm. Sanit. **12** (1992) 69–70.

[2] BLICKSTAD, E.; MOLIN, G.: The Microbial Flora of Smoked Pork Loin and Frankfurter Sausage Stored in Different Gas Atmospheres at 4 °C. J. Appl. Bact. **54** (1983) 45–56.

[3] BORCH, E.; NERBRINK, E.; SVENSSON, P.: Identification of Major Contamination Sources during Processing of Emulsion Sausage. Int. J. Food Microbiol. **7** (1988) 317–330.

[4] BUNCIC, S.; PAUNOVIC, L.; RADISIC, D.: The Fate of Listeria Monocytogenes in Fermented Sausages and in Vacuum-Packaged Frankfurters. J. Fd. Prot. **54** (1991) 413–417.

[5] CHYR, C.-Y.; WALKER, H. W.; SEBRANEK, J. G.: Influence of Raw Ingredients, Nitrite Levels, and Cooking Temperatures on the Microbiological Quality of Braunschweiger. J. Fd. Sci. **45** (1980) 1732–1735.

[6] CLARK, D. S.; TAKACS, J.: Gases as Preservatives in SILLIKER (Chairman): Microbial Ecology of Foods. Vol I, Factors affecting Life and Death of Microorganisms. Academic Press, New York, London (1980), p. 172.

[7] Deutsche Gesellschaft für Hygiene und Mikrobiologie (DGHM): Mikrobiologische Richt- und Warnwerte zur Beurteilung von Lebensmitteln. Bundesgesundheitsbl. **31** (1988) 93–94.

[8] Deutsches Lebensmittelbuch: Leitsätze 1992, Leitsätze für Fleisch und Fleischerzeugnisse, I, 2.22 (S. 54), I, 2.231–2.2233 (S. 55), II, 2.2231 (S. 87). Verlag Bundesanzeiger, Bonn 1992.

[9] FISCHER, A.: Produktbezogene Technologie – Herstellung von Fleischerzeugnissen in: O. Prändl, A. Fischer, Th. Schmidhofer, H.-J. Sinell: Fleisch. Verlag E. Ulmer, Stuttgart 1988, S. 550, 555–557, 561, 563–567.

[10] FLEMMING, R.; STOJANOVIC, V.: Untersuchungen an vorverpacktem Brühwurstaufschnitt aus dem Handel. Fleischwirtsch. **66** (1966) 994–998.

[11] FRIES, R.: unpubl. Daten aus 1985.

[12] Fleischhygiene-Verordnung: Verordnung über die hygienischen Anforderungen und amtlichen Untersuchungen beim Verkehr mit Fleisch (Fleischhygiene-Verordnung – FlHV) vom 30. 10. 1986 i. d. F. vom 7. 11. 1991, BGBl. I, 2066.

[13] GLASS, K. A.; DOYLE, M. P.: Fate of *Listeria monocytogenes* in Processed Meat Products during Refrigerated Storage. Appl. Environm. Microbiol. **55** (1989) 1565–1569.

[14] GUSTAVSSON, P.; BORCH, E.: Contamination of Beef Carcasses by Psychrotrophic Pseudomonas and Enterobacteriaceae at Different Stages along the Processing Line. Int. J. Fd. Microbiol. **20** (1989) 67–83.

[15] GRUNDMANN, U.: Kontrollanalysen von Rohwareneingängen 1989–1991. zit. in: Oberdieck, R. (1992): Pfeffer. Fleischwirtsch. **72** (1992) 695–708.

[16] HAMMER, G. F.: Technologie der Leberwurst in: Technologie der Kochwurst und Kochpökelware, Bundesanstalt für Fleischforschung, Kulmbacher Reihe, Band 8, (1988) 91–109.

[17] HANNA, M. O.; SMITH, G. C.; SAVELL, J. W.; MCKEITH, F. K.; VANDERZANT, C.: Microbial Flora of Livers, Kidneys and Hearts from Beef, Pork and Lamb: Effects of Refrigeration, Freezing and Thawing. J. Fd. Prot. **45** (1982) 63–73.

[18] HECHELMANN, H.; KASPAROWIAK, R.: Anforderungen und Einrichtungen für ein mikrobiologisches Betriebslabor in der Fleischwirtschaft. Fleischwirtsch. **71** (1991) 860–872.

[19] HECHELMANN, H.; LEISTNER, L.: Sporenbelastung bei Rohstoffen und Fleischerzeugnissen. Mitt.Bl. Bundesanst. Fleischforsch. **95–98** (1991) 7455–7463.

[20] HESSE, S.: Mikrobiologische Prozeßkontrolle am Rinderschlachtband unter besonderer Berücksichtigung technologisch bedingter Hygieneschwachstellen. Vet. med. Diss., FU Berlin (1991), J.-Nr. 1592.

[21] HILDEBRANDT, G.: Probenahmepläne und Richtwerte auf: 11. Fleischwarenforum, Seminar a, 13./14. Sept. 1993 in Münster, Behr's Verlag, Hamburg 1993.

[22] HILSE, G.: Empfohlene Mindesthaltbarkeitsfristen für Fleischwaren. Fleischwirtsch. **64** (1984) 1288–1295.

[23] INGRAM, M.; SIMONSEN, B.: Meats and Meat Products, in: ICMSF (Ed.): Microbial

Ecology of Foods, Vol. II: Food Commodities, Academic Press, New York, London 1980, pp. 402–404.

[24] JÄCKLE, M.: Hitzeinaktivierung von Enzymen, Salmonellen und anderen Bakterien bei der Pasteurisierung von Eiprodukten. Diss. ETH Nr. 8579, Zürich 1988.

[25] KAMMER, I.: Über die besonderen Eigenschaften der aeroben Bazillen in Gewürzen unter besonderer Berücksichtigung der Eiweißzersetzer. Diss. Hannover, Tierärztliche Hochschule 1961.

[26] KAMPELMACHER, E. H.; MOSSEL, D. A. A.: Listeria monocytogenes: Attributes and Prevention of Transmission by Food. Oxoid Culture, **10**, No. 1 (1989).

[27] KLETTNER, P.-G.: Zerkleinerungstechnik in: Technologie der Brühwurst, Bundesanstalt für Fleischforschung, Kulmbacher Reihe, Band 4 (1984) 103–122.

[28] KLETTNER, P.-G.: Technologie der Sülzprodukte in: Technologie der Kochwurst und Kochpökelware, Bundesanstalt für Fleischforschung, Kulmbacher Reihe, Band 8 (1988) 127–143.

[29] KLETTNER, P.-G.: Technologie der Sülzprodukte. Fleischwirtsch. **69** (1989) 1641–1648.

[30] LEISTNER, L.; BEM, Z.; DRESEL, J.; PROMEUSCHEL, S.: Mikrobiologische Standards für Fleisch. Bundesanstalt für Fleischforschung, Kulmbach (1981), S. 129.

[31] LÜCKE, F.-K.; HECHELMANN, H.; LEISTNER, L.: Clostridium botulinum in Rohwurst und Kochwurst. Mitt.Bl. Bundesanst. Fleischf., Kulmbach (1981), S. 4597–4599.

[32] MAJERUS, P.; WOLLER, R.; LEEVIVAT, P.; KLINTRIMAS, T.: Gewürze. Schimmelpilzbefall und Gehalt an Aflatoxinen, Ochratoxin A und Sterigmatocystin. Fleischwirtsch. **65** (1985) 1155–1158.

[33] MAYR, A.: Tatsachen und Spekulationen über Viren in Lebensmitteln. Zbl. bakt. Hyg. I, Abt. Orig. B 168 (1979) 109–133.

[34] Milch-Verordnung: Verordnung über Hygiene- und Qualitätsanforderungen an das Gewinnen, Behandeln und Inverkehrbringen von Milch (Milchverordnung) vom 23. 6. 1989 i. d. F. vom 24. 3. 1993, BGBl. I, S. 409.

[35] MÜLLER, W.-D.: Erhitzen und Räuchern in: Technologie der Kochwurst und Kochpökelware, Bundesanstalt für Fleischforschung, Kulmbacher Reihe Band 8, (1988) 144–164.

[36] NERBRINK, E.; BORCH, E.: Evaluation of Bacterial Contamination at Separate Processing Stages in Emulsion Sausage Production. Int. J. Fd. Microbiol. **20** (1993) 37–44.

[37] NOACK, D. H.; JÖCKEL, J.: Vorkommen und hygienische Bedeutung von Listerien: Felduntersuchungen in Fleischbe- und verarbeitenden Betrieben auf: 3rd. World Congr. Foodb. Infect. Intox., Berlin, Proceed. Vol. I, pp. (1992) 490–495.

[38] ODIC, R.: Die postmortalen Abläufe in Fettgewebe beim Rind und Schwein unmittelbar nach der Schlachtung. Vet. Diss. Hannover, Tierärztliche Hochschule (1987).

[39] OTTO, R.: Bakteriologische Stufenkontrollen in Blutplasmagewinnungsanlagen zur Erkennung von Hygienerisiken. Vet. Diss. Hannover, Tierärztliche Hochschule (1983).

[40] OZARI, R.; STOLLE, A.: Zum Vorkommen von L. monocytogenes in Fleisch und Fleischerzeugnissen einschließlich Geflügelfleisch des Handels. Arch. Lebensmittelhyg. **41** (1990) 47–50.

[41] PALUMBO, S. A.; SMITH, J. L.; MARMER, B. S.; ZAIKA, L. L.; BHADURI, S.; TURNER-JONES, C.; WILLIAMS, A. C.: Thermal destruction of Listeria monocytogenes during Liver Sausage Processing. Fd. Microbiol. **10** (1993) 243–247.

[42] REUTER, G.: Laktobazillen und eng verwandte Mikroorganismen in Fleisch und

Fleischerzeugnissen. 2. Mitt.: Die Charakterisierung der isolierten Laktobazillenstämme. Fleischwirtsch. **50**, (1970) 954–962.

[43] REUTER, G.: Hygiene in der Fleischwirtschaft – der Einfluß der Betriebshygiene auf die Haltbarkeit. Auf: 3. Fortbildungstagung für Hygiene in der Fleischwirtschaft. Fink-Chemie GmbH, Hamm, 27. 3. 1987 (1987).

[44] v. RHEINBABEN, K. E.; HADLOK, R. M.: Produktgebundene Mikroflora verschiedener Fleischerzeugnisse. Fleischwirtsch. **64** (1984) 1483–1486.

[45] Richtlinie des Rates über die Qualität von Wasser für den menschlichen Gebrauch (RL 80/778/EWG) vom 15. 7. 1980, Abl. d. EG Nr. L229/11.

[46] ROBINSON, R. A.; STOKES, R. H.: Electrolyte Solutions, 2nd Ed., Academic Press, New York 1959. Zit. in: CHRISTIAN, J. H. B.: Reduced Water Activity. in: ICMSF, Vol. 1 (1980) p.72

[47] ROSENBERGER, A.; WEBER, H.: Keimbelastung von Gewürzproben. Mikrobiologischer Status im Hinblick auf Richt- und Warnwerte. Fleischwirtsch. **73** (1993) 830–833.

[48] SCHAEFER-SEIDLER, C. E.; JUDGE, M. D.; COUSIN, M. A.; ABERLE, E. D.: Microbiological Contamination and Primal Cut Yields of Skinned and Scalded Pork Carcasses. J. Fd. Sci. **49** (1984) 356–358.

[49] SCHELLHAAS, G.: Hygienische und mikrobiologische Aspekte bei der Beurteilung von Lebensmitteln. SVZ – Schlachten und Vermarkten **78** (1978) 114–120.

[50] SCHLEGEL, H. G.: Allgemeine Mikrobiologie. Verlag Thieme, Stuttgart (1981) 265–268.

[51] SCHNEIDER, W.: Parameter des Frischezustandes bei vakuumverpackten Aufschnittwaren in: Proc. DVG, 23. Arbeitstagung des Arbeitsgebietes Lebensmittelhygiene, 28. 9.–1. 10. 1982 in Garmisch-Partenkirchen (1982) 37–46.

[52] SCHWIMMER, S.: Source Book of Food Enzymology. The Avi Publishing Company, Westport, Conn., USA (1981) p.210.

[53] SINELL, H. -J.: Packaging. In SILLIKER (Chairman): Microbial Ecology of Foods. Vol. I, Factors affecting Life and Death of Microorganisms. Academic Press, New York, London (1980) pp. 196, 201.

[54] SINELL, H. -J.; LUKE, K.: D(–)-Lactat als Parameter für die mikrobielle Belastung von vakuumverpacktem Brühwurstaufschnitt. Fleischwirtsch. **59** (1979) 547–550.

[55] STADE, V; HAASEN, E.: Sülzwurst – eine Besonderheit unter den Fleischprodukten. AID-Verbraucherdienst **35**, (1990) 80–83.

[56] STIEBING, A.: Erhitzen – Haltbarkeit. In: Technologie der Brühwurst, Bundesanstalt für Fleischforschung, Kulmbacher Reihe Band 4, Kulmbach (1984) 165–186.

[57] STIEBING, A.: Technologie der Blutwurst. Fleischwirtsch. **69** (1989) 1101–1108.

[58] STOLLE, A.: Die Problematik der Probenentnahme für die Bestimmung des Oberflächenkeimgehaltes von Schlachttierkörpern. Habilitationsschrift FU Berlin (1985) 207.

[59] TÄNDLER, K.: Frischware und Vorverpackung. In: Technologie der Brühwurst, Bundesanstalt für Fleischforschung, Kulmbacher Reihe Band 4 (1984) 187–205.

[60] TÄNDLER, K.: Zur Mindesthaltbarkeit von vorverpacktem Frischfleisch und verpackten Fleischerzeugnissen. Fleischwirtsch. **66** (1986) 1564–1576.

[61] WALLHÄUSSER, K. H.: Praxis der Sterilisation, Desinfektion, Konservierung. Verlag Thieme Stuttgart (1988) 71.

[62] WELLHÄUSER, R.; KRABISCH, P.; GEHRA; SCHMIDT, H.: Shelf Life of Sliced, not Packaged Bologna Type Sausage and Sliced Cooked Ham In: 3rd World Congr. Food Infect. Intox., 16–19 June 1992, Berlin, Vol. I (1992) 237–241.

[63] WIEGNER, J.; HILDEBRANDT, G.: Zur Mindesthaltbarkeit von vakuumverpacktem Brühwurstaufschnitt. Fleischwirtsch. **66** (1986) 316–322.

[64] WIRTH, F.: Salzen und Pökeln. In: Technologie der Kochwurst und Kochpökelware, Bundesanstalt für Fleischforschung, Kulmbacher Reihe Band 8 (1988) 53–73.
[65] YETERIAN, M.; CHUGG, L.; SMITH, W.; COLES, C.: Are Microbiological Quality Standards Workable? Food Technol. **28**, Oct. (1974) 23–32.
[66] ZAIKA, L. L.; PALUMBO, S. A.; SMITH, J. L.; CORRAL, F. del; BHADURI, S. JONES, C. O.; KIM, A. H.: Destruction of Listeria monocytogenes during Frankfurter Processing. J. Fd. Prot. **53** (1990) 18–21.

3.6 Mikrobiologie verpackter Fleischerzeugnisse und verpackten Fleisches

W. HOLZAPFEL

3.6.1 Zweck der Verpackung

Die Verpackung von Fleischerzeugnissen, einschließlich der Rohware, erfüllt im wesentlichen eine Schutzfunktion zur Erhaltung bzw. Gewährleistung einer bestimmten Produktqualität innerhalb einer zeitlich begrenzten Zeitspanne. Somit werden die Möglichkeiten für den Transport, die Lagerung und den Vertrieb verbessert. Trotz des erheblichen Beitrags (und des negativen Rufs) der Packstoffe zum Müllaufkommen, bringt diese Technologie bedeutende Vorteile zum Schutz des Produktes [11] vor:

- mechanischer Beschädigung
- Wasseraufnahme bzw. Austrocknung
- Lichteinflüssen
- Oxidation
- Aromaverlusten
- Staubbelastung
- manueller Berührung
- Mikroorganismen
- Vorratsschädlingen.

Die Art der erforderlichen Schutzfunktion wird bestimmt durch die Beschaffenheit und Zusammensetzung des Produktes, während Anforderungen der Haltbarkeit und Verbrauchervorstellungen eine weitere Rolle spielen. Eine Reihe von Packstoffen, insbes. Kunststoffolien, steht für die Fleischverpakkung zur Auswahl; eine Übersicht über Materialien, die für Fleisch und Fleischerzeugnisse eingesetzt werden können, gibt die Tab. 3.6.1.

Als einfachstes Beispiel kann das Einschlagen von portioniertem Frischfleisch beim Verkauf an der Theke aufgeführt werden. Darüber hinaus dienen Zellstoffvliese als Saugeinlagen für Fleischsaft aus Frischfleisch in Muldenpackungen, während Holzschliff als Verkaufsschalen ebenfalls für Frischfleisch Verwendung findet [1]. Da diese Verpackungsart eine geringere hygienische Schutzfunktion ausübt und in der Regel nur der kurzzeitigen Aufbewahrung von Frischfleisch dient, wird für weitere Informationen in diesem Zusammenhang auf Kap. 1 (Mikrobiologie des Fleisches) hingewiesen.

Tab. 3.6.1 Materialien für die Fleischverpackung (modifiziert nach Cerny, (1991)

Stoffklasse	Packstoffe	Beispiele
Zellulosefasern, Zellstoff u. ä.	Papiere (auch Pergamin, Pergamentersatz und Echtpergament), Kartons, Pappen	Blattzuschnitte (Pergamin) für portioniertes Frischfleich, Faltschachteln
Kunststoffe	Polyethylen (PE)	Schrumpfverpackung
	Polypropylen (PP)	Beutel u. Folien
	Polyvinylchlorid (PVC) (Hart- und Weich-PVC)	Becher, Dosen u. Folien
	Zellglas	Beutel u. Folienverpackung für bestimmte Fleischerzeugnisse
Kunststoffe in Verbundfolien	PE[1]) in Verbund mit anderen Materialien: Polyester (PET) Polyamid (PA) Polyvinylidenchlorid (PVDC) Ethylenvinyalkohol (EVOH) Acrylnitril-Copolymere Aluminiumfolie Karton u. Papier Zellglas, lackiert	allgemein: Vakuumverpackung für Fleisch, Fisch und Geflügel; Schutzgasverpackung für Frischfleisch

[1]) als Heißsiegelschicht; auch zur Verleihung bestimmter Sperreigenschaften und einer gewissen Standfestigkeit an der Packung

Betrachtet man das Fleisch bzw. Fleischerzeugnis als Ökosystem, so kommt eine Reihe von Einflußfaktoren (pH, a_w, Temperatur, Eh, usw.) in Betracht, die den Umfang und die Zusammensetzung der mikrobiellen Population entscheidend bestimmen. Auf die Bedeutung von Faktoren wie Nitritpökelsalz, Kochsalz, thermische Behandlung (Kochen, Brühen) wird, je nach Produktgruppe, in anderen Kapiteln dieses Buches eingegangen.

Die Bedeutung der Vakuumverpackung für Fleischerzeugnisse wird u. a. belegt durch den Anteil von 24 % für Aufschnitt in Selbstbedienungspakkungen (SB) am Fleischwarenangebot [76].

3.6.2 Keimbelastung und Anforderungen an Verpackungsfolien

Art und Umfang der Kontamination auf Packstoffoberflächen hängen eng zusammen mit der Keimbelastung und dem Staub der Raumluft (‚Sekundärverkeimung'), der Maschinenkontaktflächen und evtl. manueller Berührung. Wegen der begrenzten Haltbarkeit und der typischen Kontaminationsdichte von portioniertem Frischfleisch, Hackfleisch und anderen Produkten wird Packungsmaterial wie Zellulosefasern und Zellstoff in der Regel keine quantitativ zusätzliche mikrobielle Belastung bei diesen Produkten verursachen. Trotzdem sollte die Keimbelastung des Packstoffs in einer vernünftigen Relation zur Keimzahl des Produktes stehen, in der Regel 2 Größenordnungen niedriger [10]. Faktoren wie Staub, Luftbewegung, Einhaltung der Kühlkette und Lagerungsdauer, sowie die strikte Handhabung hygienischer Prinzipien, spielen eine entscheidend wichtigere Rolle. Eine Freiheit von pathogenen Keimen muß immer vorausgesetzt werden.

Wenn auch in der Regel kein direkter Kontakt zum Produkt besteht, dürfte bei Packstoffen wie Papiere, Kartons und Pappen eine „Primärverkeimung" über den Produktionsprozeß (insbes. bedingt durch das Brauchwasser und Rohstoffe wie Altpapier) jedoch nicht ausgeschlossen werden. Feuchtnasse Bedingungen können das Wachstum der Oberflächenmikroben begünstigen, so daß u. U. Schleimbekämpfungsmittel zur Sicherung des hygienischen Produktionsablaufs eingesetzt werden müssen [8; 48]. Bei den üblichen Herstellungsverfahren reichen die thermischen Prozesse jedoch völlig aus, um vegetative Mikroorganismen, einschließlich Pathogene wie Salmonellen, Staphylokokken und pathogene Pseudomonaden, auch aus hochkontaminiertem Müllaltpapier abzutöten [8]. Bakterien-Endosporen überleben den Pappenherstellungsprozeß praktisch vollständig und liegen in einer Keimzahl von 10^5 bis 10^6/g Trockensubstanz vor. Bei günstigen Bedingungen können Clostridien- und Schimmelpilzsporen (z. B. Chlamydosporen von *Humicola fuscoatra*) auskeimen und das Packmaterial durch ihr Wachstum für eine Verwendung ungeeignet machen. Insbesondere eingeschrumpfte Paletten von Pappen oder Faltschachteln dürfen daher nicht in feuchten Räumen oder im Freien gelagert werden [8; 48].

Bedingt durch thermische Verfahrensschritte sind Brüh- und Kochwürste nach der Herstellung praktisch keimfrei, und eine Rekontamination soll unbedingt durch effektive Kontrollmaßnahmen vermieden werden. Auf Maßnahmen zum aseptischen Abpacken des Füllguts wird unter 3.6.5 eingegangen. An dieser Stelle soll jedoch auf die Notwendigkeit keimarmer Packstoffoberflächen, die mit dem Füllgut in Berührung kommen, hingewiesen werden; dies ist um so mehr notwendig, da die Heißabfüllung, im Gegensatz zu Flüssigprodukten, nicht bei Fleischerzeugnissen, und erst recht nicht bei Aufschnittwaren, praktiziert wird. Die Entkeimung (z. B. mit einer 30 %igen Wasserstoffperoxidlösung) von Packstoffoberflächen wird für die Fleischverpackung in der Regel nicht vorgenommen, da die physikalischen Produktionsbedingungen dieser Folien einer mikrobiellen Kontamination entgegenwirken [8]. Kunststoffolien werden im Extruder bei einer Temperatur von 200 °C und darüber (Kontaktzeit 3–7 Minuten) aus Kunststoffgranulat hergestellt, wobei in der Regel alle Mikroorganismen abgetötet werden; dies gilt auch für den Spritzguß von Kunststoffen [8; 72].

Für Packstoffe bestehen derzeit noch keine amtlich festgelegten Höchstkeimzahlen für Deutschland; bilaterale Vereinbarungen werden jedoch von Fall zu Fall zwischen Packstofflieferant und -abnehmer getroffen [11]. Auf Grund empirisch gewonnener Erkenntnisse erscheinen Oberflächengesamtkeimzahlen $< 10/100\ cm^2$ für Versandschachteln aus Pappe erstrebenswert [8]. Im Durchschnitt liegen die Oberflächenkeimzahlen bei Kunststoffolien zwischen 0 und 5 Zellen/100 cm^2.

Die Sperr- bzw. Barriereeigenschaften der Packfolien gegenüber Gasen, Wasserdampf und Aromastoffen haben aus hygienischer Sicht zwar zweitrangige Bedeutung, sind aber für die Qualitätserhaltung des Produktes entscheidend. Bei dem Einsatz von Schutzgasen wie CO_2 sind hohe Sperreigenschaften wichtig für die Erhaltung einer nachhaltigen Schutz- bzw. antimikrobiellen Wirkung. Im Vergleich zu Stickstoff hat Kohlendioxid eine relativ große und Sauerstoff eine mittlere Permeationsgeschwindigkeit durch Kunststoffolien. Bei Vakuumverpackung bleiben in der Regel noch Spuren von Sauerstoff zurück, die jedoch rasch von vorhandenen Keimen zu CO_2 veratmet werden; auch die sonstigen Stoffwechselaktivitäten tragen zu einer Reduzierung des Redoxpotentials bei.

Die sauerstoffabhängige, hellrote Oberflächenfarbe (Oxymyoglobin) bei portioniertem Frischfleisch kann, temperaturbedingt, mit sauerstoffdurchlässigen Verpackungsfolien (bei mittlerer Wasserdampfdurchlässigkeit) gewährleistet werden. Dahingegen wird portioniertes, tiefgefrorenes Fleisch durch wasserdampfdichte Folien (Schutz gegen „Gefrierbrand") mit ausreichender Festigkeit entsprechend geschützt.

Für die Vakuumverpackung von gepökelten und gesalzenen Fleischerzeugnissen sind äußerst undurchlässige Verbunde mit strengen Sauerstoffbarriereeigenschaften, wie z. B. PA/PVDC/ oder PA/PVAL/PA/EVA, erforderlich. Für Frischgeflügel kommt außerdem eine niedrige Wasserdampfdurchlässigkeit hinzu, während die Folien möglichst Dehn- bzw. Schrumpfeigenschaften aufweisen sollten [11].

Beispiele für die Wassserdampf- und Sauerstoffdurchlässigkeit von Kunststoffolien werden in Tab. 3.6.2 aufgeführt.

Tab. 3.6.2 Wasserdampf- und Sauerstoffdurchlässigkeit von Kunststoffen bei 20 °C, bezogen auf eine Dicke von 100 µm (nach CERNY, 1991) [11]

Kunststoff	Durchlässigkeit für Wasserdampf (85–0 % rF) g/(m²d)	Sauerstoff (trockenes Gas) cm³/(m²d bar)
LDPE	0,7–1,2	1000–1800
HDPE	0,2–0,3	510–650
PP	0,2–0,9	500–650
PVC	1,5–3,0	20–30
PS	10–13	1000–1300
PET	1,5–2,0	9–15
PA 6	10–30	6–18
PVDC	0,05–0,3	0,5–3,0
EVOH	–	0,03–0,07

3.6.3 Mikrobiologische Anfälligkeit von Fleisch und Fleischerzeugnissen

Auf Grund seiner chemischen und physikalischen Beschaffenheit bietet Fleisch nahezu ideale Bedingungen für das Wachstum einer Vielzahl von Mikroorganismen. Bedingt durch die verfügbaren, niedermolekularen Stickstoffverbindungen, Kohlenhydrate, B-Vitamine und den hohen a_w-Wert (0,99) ist es leicht verderblich, und steht es auch häufig mittelbar oder unmittelbar im Zusammenhang mit Lebensmittelvergiftungen.

Bis auf die Oberflächen ist das Muskelfleisch gesunder, ausgeruhter Tiere in der Regel frei von Mikroorganismen; demgegenüber werden Fleischoberflächen während der Fleischgewinnung und Lagerung mehr oder weniger stark mit Mikroorganismen kontaminiert. Psychrotrophe Vertreter der Pseudomonaden (*Pseudomonas fluorescens* und *Ps. fragi*) und der Enterobacteriaceae (*Enterobacter*, *Citrobacter*, *Serratia*, *Proteus*) sind am Substrat adaptiert und vermehren sich rasch, und zum Teil sukzessiv, bei Kühlhaustemperaturen. Eine Vergrößerung der Fleischoberfläche – wie bei portioniertem, zerkleinertem und gehacktem Fleisch – begünstigt die Wachstumsbedingungen erheblich. Als Maßnahme wurde bereits 1936 die Deutsche Hackfleischverordnung in Kraft gesetzt, wonach der Vertrieb von stark zerkleinertem Fleisch geregelt wird. Demnach müssen Hackfleisch, Geschnetzeltes und Frikadellen noch am Tage der Herstellung verkauft werden; eine Vorratslagerung darf nur unter +4 °C bzw. +7 °C in der Verkaufstheke erfolgen. Eine EG-Verordnung enthält eine detaillierte Beschreibung der Herstellungs- und Lagerungsbedingungen für Hackfleisch, (rohe) Fleischzubereitungen und zerkleinertes Fleisch.

Maßnahmen zur Verlängerung der Haltbarkeit bzw. zur Verbesserung der mikrobiologischen Beschaffenheit von Fleisch zielen vor allem auf eine weitgehende Vermeidung der Ausgangskontamination und eine Reduzierung der Keimbelastung und/oder der mikrobiellen Stoffwechselaktivität. Neben Kühlung und der strengen Einhaltung von Hygieneprinzipien, dienen auch die Verarbeitung, Trocknung, Fermentation und nicht zuletzt die Verpackung dazu, dieses Ziel zu erreichen. Sowohl die Vakuum- als auch die Schutzgasverpackung lassen bei strenger Hygiene und der Einhaltung der Kühlkette eine wesentliche Haltbarkeitsverlängerung von Fleisch und Fleischerzeugnissen zu; die Schutzgasverpackung wird fast ausschließlich bei Frischfleisch eingesetzt. Auf die Mehrzahl der anderen Aspekte wird auch in Kapitel 1 dieses Buches eingegangen.

Betrachtet man das Fleisch als Ökosystem, so erklärt sich, warum jede flankierende Maßnahme einen Einfluß auf die Zusammensetzung und den Umfang der mikrobiologischen Population haben muß. Durch thermische Verfahrensschritte werden bei der Herstellung von Brüh- und Kochwürsten die vegetativen Bakterien weitgehend abgetötet; Nitritpökelsalz unterdrückt u. a. das Auskeimen von Bakteriensporen und wirkt hemmend insbes. gegen Gram-negative Bakterien; Kühlung bedingt eine Selektion zugunsten der psychrotrophen Kontaminationskeime. Kommt die Vakuum- oder Schutzgasverpackung hinzu, so erklären sich die Unterschiede in der mikrobiologischen Population und somit in der Verderbsassoziation und dem Verderbsmuster zwischen (z. B.) Frischfleisch und einer vakuumverpackten Brühwurst.

Am Beispiel vakuumverpackten Hackfleisches konnte eine Verschiebung der Mikrobenpopulation zugunsten der Grampositiven und insbes. der Milchsäurebakterien während Kühllagerung bei sowohl 0 °C als 7 °C belegt werden (Tab. 3.6.3) [67]. In einem dritten Ansatz dienten 0,5 % Ascorbinsäure als zusätzlicher Faktor zur Vakuumverpackung, und bedingte eine weitere Reduzierung des Gram-negativen Anteils. Bei der Vakuumverpackung und Lagerung von Frischfleisch bei 1 °C konnte für die Dauer von 10 Tagen die aerobe Gesamtkeimzahl bei 10^4/g gehalten werden [30]; da-

Tab. 3.6.3 Prozentualer Anteil verschiedener Bakteriengruppen an der Gesamtpopulation in kühlgelagertem (0 °C und 7 °C) Hackfleisch. Ansätze: 1 = Verpackung in sauerstoffdurchlässige Folie (Resinit-RMF-S); 2 = Vakuumverpackung in SCX- LDPE-Verbundfolie; 3 = wie 2, aber mit Zusatz von 0,5 % Ascorbinsäure. (Modifiziert nach VON HOLY u. HOLZAPFEL, 1988) [67]

Mikroorganismen	Ansatz 1	Ansatz 2	Ansatz 3
Pseudomonas spp.	85	27	37
Lactobacillus spp.	0	39	37
Enterobacter spp.	4	19	0
Hafnia spp.	0	4	5
Coryneformen	0	4	5
Kurthia sp.	2	0	0
Achromobacter sp.	6	0	0
Acinetobacter sp.	0	4	0
Enterococcus spp.	0	0	11
Micrococcus spp.	0	4	5
Aeromonas sp.	2	0	0
grampositive Bakterien	2	46	58
gramnegative Bakterien	98	54	42
Gesamtzahl der Isolate	48	26	19

bei wurden die aeroben Pseudomonaden vollständig gehemmt, die Enterobakterien teilweise und die Laktobazillen nur geringfügig. Bei der für die Milchsäurebakterien typischen schwach proteolytischen Aktivität tritt in der Regel eine Säuerung bei vakuumverpackten Erzeugnissen auf, im Gegensatz zu Fäulnisentwicklungen bei aerob gelagerten Produkten.

Innerhalb der Milchsäurebakterien sind Arten wie *Lactobacillus curvatus* (Abb. 3.6.1) und *Lactobacillus sake* (Abb. 3.6.2) besonders gut an das Fleischmilieu adaptiert; sie vertreten häufig den dominanten Anteil an den Milchsäurebakterien und sogar der Gesamtpopulation bei einer Reihe von Fleischprodukten. Bei Rohwurst führen sie während der Reifung erwünschte Veränderungen herbei, sind aber die Hauptverderbniserreger vakuumverpackter Fleischerzeugnisse. Weiterhin werden sie gegenüber anderen Milchsäurebakterien durch Vakuumverpackung von Frischfleisch begünstigt, dabei bewirkt die Gamma-Bestrahlung einen zusätzlich selektiven Einfluß zugunsten des strahlungsresistenteren *Lb. sake*. Eine vergleichende

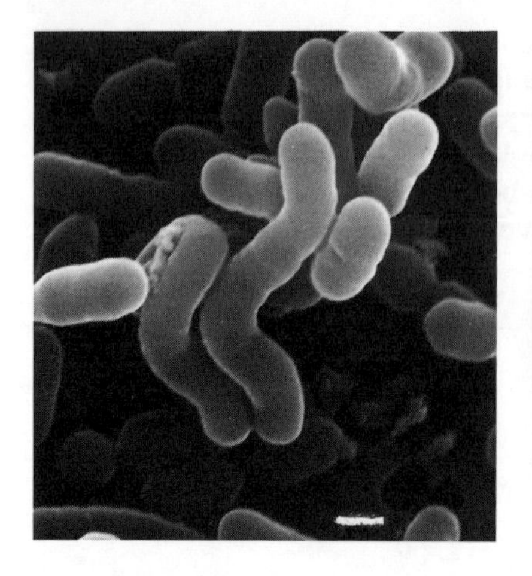

Abb. 3.6.1

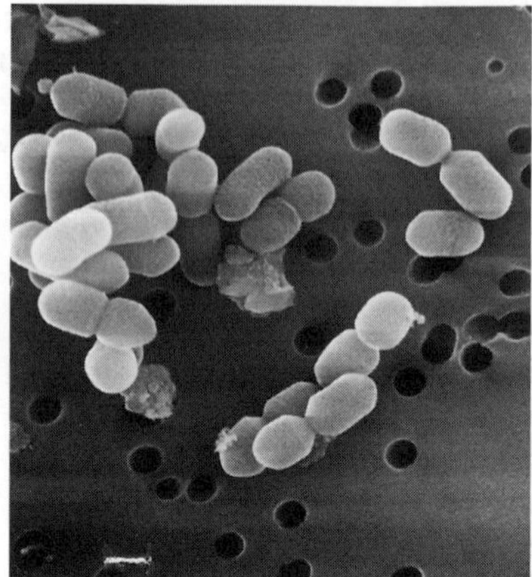

Abb. 3.6.2

Abb. 3.6.1 Elektronenmikrographie eines aus verdorbener, vakuumverpackter Brühwurst isolierten Stammes von *Lactobacillus curvatus*; die typisch gekürzten Zellen sind deutlich wahrnehmbar. Strich = 0,5 μm

Abb. 3.6.2 *Lactobacillus sake*; die kurzen Stäbchen bis Kokkobazillen sind typisch für diese Art. Strich = 0,5 μm

Darstellung dieses Phänomens bietet die Tab. 3.6.4, in der Daten aus verschiedenen Projekten zusammengetragen worden sind. Ein Vergleich zu (zum Teil fermentierten) pflanzlichen Lebensmitteln belegt die Dominanz von *Lb. plantarum* in diesen Substraten und seine relativ geringfügige Bedeutung in Fleischerzeugnissen.

Auch die Zusammensetzung einer Schutzgasatmosphäre kann die Mikrobenpopulation entscheidend beeinflussen, wobei reiner Stickstoff eher eine neutrale bis „schützende" Wirkung auf die fakultativen bis anaeroben Bakterien des verpackten Fleisches hat; demgegenüber wirkt CO_2 toxisch auf die Mehrzahl der Bakterien, insbesondere auf aerobe bis fakultativ-anaerobe, psychrotrophe Gram-negative. Am Beispiel strahlungsresistenter *Lb. sake*-Stämme und authentischer Referenzstämme wird die unterschiedliche Wirkung der Gammabestrahlung (Abtötungswerte yD_{10} in kGy) in drei verschiedenen Gasatmosphären und unter Vakuumverpackung in der Tab. 3.6.5 dargestellt [26].

Tab. 3.6.4 Anteil verschiedener Spezies an der Milchsäurepopulation in Fleisch und Fleischerzeugnissen im Vergleich zu Pflanzenökosystemen (in % der Stämme)

Art	Frisches Fleisch		Rohwurst	Vak.-Verp. Fl. Erzeugn.	Pflanzen
	Vak.-Verp.	γ(5 kGy)			
Anzahl der Stämme	71	114	421	473	139
Betabacterium	2,8	0	5,2	0,9	–
Lb. alimentarius	9,9	0	2,6	0	0
Lb. amylophilus	0	0	0	0	0
Lb. bavaricus	21,1	0	0	5,9	5,8
Lb. casei ssp. *casei*	0	0	2,1	0	3,6
Lb. casei ssp. rhamnosus	0	0	0,9	0,2	4,3
Lb. curvatus	22,5	3,5	22,6	16,9	13,0
Lb. coryniformis	0	0	0	0	0,7
Lb. farciminis	4,2	1,8	4,8	0	3,6
Lb. homohiochii	0	0	0	1,1	3,6
Lb.plantarum	0	0	6,0	3,8	52,5
Lb. sake	33,8	94,7	50,8	68,0	3,6
Lb. xylosus	0	0	0	0	0,7
Lb. yamanashiensis	0	0	0	0	7,2
Leuconostoc spp.	2,8	0	3,3	3,2	–
Streptokokken	0	0	1,7	0	0
Lb. bavaricus *Lb. sake* u. *Lb. curvatus*	76,4	98,2	73,4	90,8	22,4

Tab. 3.6.5 Durchschnittliche D_{10}-Werte ermittelt für 4 strahlungsresistente *Lb. sake*-Stämme und 3 authentische Laktobazillen (*Lb. sake* DSM 20017; *Lb. curvatus* DSM 20010; *Lb. alimentarius* DSM 20249) in folienverpacktem Hackfleisch unter Luft, Stickstoff, Kohlendioxid und Vakuum (Hastings et al., 1986) [26]

Stamm und Atmosphäre	Durchschn. D_{10} (kGy)
Isolate in:	
Luft	1,47
Vakuumverpackung	1,34
CO_2	1,08
N_2	1,95
Referenzstämme in:	
Luft	1,00
Vakuum	1,18
CO_2	0,87
N_2	1,15

3.6.4 Frischfleisch

Die sauerstoffabhängige, hellrote Oberflächenfarbe (Oxymyoglobin) bei portioniertem Frischfleisch kann, temperaturbedingt, mit sauerstoffdurchlässigen Verpackungsfolien (bei mittlerer Wasserdampfdurchlässigkeit) gewährleistet werden. Verpackungsformen mit hoher Sauerstoffdurchlässigkeit gestatten jedoch nur eine kurze Vertriebsdauer (je nach Lagerungstemperatur bis zu 3 Tagen); sie dienen in erster Linie dem mechanischen und hygienischen Schutz von portioniertem und gehacktem Fleisch, welches unter Kühllagerung bei 4 °C für alsbaldigen Verbrauch bestimmt ist. Psychrotrophe, aerobe und fakultativ-anaerobe Gram-negative Bakterien der Gattungen *Pseudomonas*, *Enterobacter* und *Klebsiella* überwiegen, und rufen bei Keimzahlen $>10^7$/g sensorische Defekte wie Geruch- und Schleimbildung hervor. Der Abbau von Fleischproteinen wird vor allem auf extrazelluläre Proteasen mancher Vertreter der Gattungen *Proteus*, *Bacillus* und *Clostridium* zurückgeführt, obwohl sie in der Regel einen kleineren Anteil der Population darstellen. Die entstehenden Peptide und Aminosäuren werden von anderen Mikroorganismen zu typischen Fäulnisprodukten wie Ammoniak, Schwefelwasserstoffverbindungen, Aminen usw. abgebaut. Die Entstehung von biogenen Aminen steht eng in Zusammenhang mit der Stoffwechselaktivität der Enterobacteriaceae, bei denen die Aminosäurendecarboxylaseaktivität recht ausgeprägt ist. Diese Gruppe wird in geringerem Maße als die Pseudomonaden durch Anaerobiose beeinflußt und stellt u. U. einen wichtigen Teil der Population auch nach der Vakuumverpackung dar.

Portioniertes, tiefgefrorenes Fleisch wird durch wasserdampfdichte Folien (Schutz gegen Gefrierbrand) mit ausreichender Festigkeit entsprechend mechanisch und hygienisch geschützt. Bei unverpacktem gefrorenem Fleisch besteht, bei längerer Lagerung und unzureichender Gefriertemperatur, die Gefahr einer Schimmelpilzvermehrung, insbesondere von *Cladosporium herbarum* (schwarze Punkte), *Sporotrichum carnis* (weiße Punkte) und *Penicillum* spp. (blaugrüne Punkte).

Für längere Haltbarkeiten von gekühltem (0 °–4 °C) Frischfleisch sind Verbundpackungen mit niedriger Gasdurchlässigkeit (z. B. aus PA/PVDC/PA/PE oder PA/PVAL/PA/EVA) erforderlich; somit kann sowohl bei Vakuum- als auch Schutzgasverpackungen die Einhaltung eines niedrigen Redoxpotentials während der gesamten Lagerzeit gewährleistet werden. Dabei müssen aber nachteilige Wirkungen mit Bezug auf die dunklere Oberflächenfarbe, Deformierung und Verluste durch Ausscheidung von Muskelflüssigkeit in Kauf genommen werden.

Die antimikrobiellen Eigenschaften von Kohlendioxid, z. B. auf psychrotrophe Verderbniserreger des Fleisches, wurden schon im vorigen Jahrhundert erkannt [34] und kamen bereits während der ersten Hälfte dieses Jahrhunderts zur erfolgreichen Anwendung bei einem 10 %igen Atmosphärenanteil in gekühlten Schiffsräumen für den Fleischtransport aus Australien und Neu-Seeland nach Europa [33]. Rinderviertel konnten somit in Kühlschiffen bei –1 °C unter 10 bis 20 % CO_2 50 Tage frischgehalten werden. Umfangreiche Versuche zum Einsatz von Verpackungsfolien für die Haltbarkeitsverlängerung von gekühltem Fleisch wurden erst im Laufe der 50er Jahre unternommen [24], und es wurde alsbald erkannt, daß Lagerungstemperatur und -zeit, das Verpackungsmaterial und Ausgangskeimzahlen dabei die entscheidenden Faktoren sind. Eine Verschiebung der Mikrobenpopulation von Fäulnisbakterien (hauptsächlich Pseudomonaden) in sauerstoffdurchlässigen Folien zugunsten von „säuernden" Gruppen (Milchsäurebakterien) in gasdichten Folien wurde ebenfalls beobachtet.

CO_2 beeinflußt das Wachstum und die Vermehrung aerober, psychrotropher gramnegativer Bakterien, u. a. durch die Unterdrückung der Decarboxylaseaktivität, insbes. Isocitrat- und Malat-Dehydrogenasen, während funktionelle Eigenschaften wie Permeabilität und Transport auch benachteiligt werden [17]. Im Vergleich zu vakuumverpackten Fleischproben wurden *Pseudomonas* spp. effektiver in Gasgemischen von CO_2/N_2 unterdrückt [12; 5]; die Vermehrung der CO_2-resistenten Milchsäurebakterien trägt daraufhin unmittelbar zur Hemmung anderer resistenter Verderbsbakterien wie *Brochothrix thermosphacta* bei [13].

Die effektivste Haltbarkeitsverlängerung von Fleisch wäre mit einer Schutzbegasung aus reinem Kohlendioxid zu erzielen; da niedrige Sauerstoffpartialdrucke eine ungewünschte Verfärbung infolge Metmyoglobinbildung hervorrufen, und eine absolut sauerstofffreie Schutzgaspackung in der Praxis nicht möglich ist, werden Schutzgasverpackungen heute allgemein mit einem ca. 80 %igen Sauerstoffanteil und 20 % CO_2 zur Vermeidung der Verfärbung von Frischfleisch eingesetzt [9; 30; 74]. Ein Nachteil wäre, daß die ansprechende Farbe auch bei bakteriologischem Verderb noch eine gute optische Qualität vortäuschen kann [63]. Dieses Gasgemisch hat aber auch gegenüber aeroben Fleischbakterien eine hohe Wirksamkeit und führte sogar bei Hackfleisch zu einer dramatischen Verlängerung der Haltbarkeit unter Kühlung [30]. Für die Kühllagerung von Hacksteak (ground beef patties) über 14 Tage bei 2,5 °C zeigte die Vakuumverpackung eine ähnliche antimikrobielle Wirkung wie ein Schutzgasgemisch von 80 % N_2 und 20 % CO_2, jedoch mit den Nachteilen eines Farb- und Gewichtsverlustes wegen Feuchtigkeitsausscheidung [41]. Die bakterizide Wirkung von CO_2-Gas verstärkt sich mit steigender Konzentration und mit sinkender

Temperatur im Bereich -1 °C bis +2 °C. Außerdem geht ein Teil des CO_2-Gases auf den feuchten Oberflächen als Kohlensäure in Lösung, bewirkt eine pH-Senkung und trägt somit zum Hemmeffekt bei [64].

Aufgrund der Veratmung des Restsauerstoffs durch Fleischgewebe und Mikroorganismen zu CO_2 entwickelt sich bald eine annähernd anaerobe Situation bei vakuumverpacktem Fleisch. Im Laufe dieser Veränderungen des Redoxpotentials vollzieht sich eine allmähliche Verschiebung der Mikrobenpopulation von der *Pseudomonas-Acinetobacter-Moraxella*-Gruppe über die Enterobacteriaceae und *Br. thermosphacta* bis hin zu den Milchsäurebakterien. Dominante Vertreter dieser Milchsäurebakterien sind vor allem die früher als „atypische Streptobakterien" [50] bezeichneten Arten *Lb. sake* und *Lb. curvatus*, aber auch *Carnobacterium divergens* und *Cb. piscicola*, und, besonders bei Lagerungstemperaturen um +1 °C, auch *Leuconostoc* spp. [25].

Für vakuumverpacktes Fleisch von guter hygienischer Qualität und pH um 5,7 läßt sich eine Haltbarkeit bei 0 °C - 1 °C Kühllagerung von ca. 8–10 Wochen erwarten, wonach leicht säuerliche und (bedingt durch kurzkettige Fettsäuren) käseartige Geruchsabweichungen - bei Gesamtkeimzahlen um 10^7 bis $10^8/cm^2$ - wahrnehmbar werden. Sensorische „Defekte" dieser Art sind oft kaum wahrnehmbar und werden u. U. als nicht abstoßend beurteilt. Dabei ist die Glucose bzw. das Glycogen in den Oberflächenschichten recht bald ausgeschöpft und wirkt so limitierend auf die weitere Entwicklung der Mikrobenpopulation [21]. Bei vakuumverpacktem DFD-Fleisch machen sich sensorische, fäulnisartige Defekte bereits nach 3–6 Wochen bemerkbar mit einer Verderbsassoziation, die typisch von *Alteromonas putrefaciens* dominiert wird, weiterhin auch von Milchsäurebakterien, Enterobacteriaceae und *Br. thermosphacta*. Bei pH-Werten >6 produziert *Alt. putrefaciens* Schwefelwasserstoff, der zu einer Vergrünung des Fleisches führen kann.

3.6.5 Brühwurst

Brühwürste sind Wurstwaren, die aus rohem, zerkleinertem Fleisch und Speck unter Zusatz von entweder Kochsalz (Weißwurst, Gelbwurst und auch gewisse Bratwurstsorten, Leberkäse und Pasteten) oder Nitritpökelsalz (Wiener oder Frankfurter Würstchen, Fleischwurst usw.) in Hüllen (Natur- oder Kunstoffdärme) gefüllt und bei 72–78 °C gebrüht werden. Je nach Sorte kann das Erzeugnis vor dem Brühen bei ca. 75 °C geräuchert werden. Besonders gramnegative Bakterien werden durch die Hitzebehandlung abgetötet, während Enterokokken und Laktobazillen, aber auch Mikrokokken und gelegentlich *Br. thermosphacta* (auch bedingt durch die Ausgangskeimbelastung der Rohware) diesen Prozeß überleben können. Endosporen der Gattungen *Bacillus* und *Clostridium* überleben zwar diese Temperaturen, sind aber unter Kühllagerung und insbes. in Gegenwart von Nitritpökelsalz nicht auskeimungs- bzw. vermehrungsfähig. Besonders die psychrotrophen Stämme der Milchsäurebakterien bringen gewisse Verderbsrisiken mit sich; das größte Risiko geht jedoch von einer Rekontamination nach Ablauf der Herstellung aus. Im Gegensatz zu Halbdauerwaren wie Mortadella, Krakauer und Bierwurst sind die Mehrzahl dieser Produkte, auf Grund einer hohen Wasseraktivität (>0,97), stark verderbsanfällig und sogar bei sachgemäßer Kühllagerung höchstens 10 Tage haltbar.

Zur Vereinfachung des Vertriebs und der Ausstelllung in Kühltheken, können diese Erzeugnisse in gasdichten Verbundfolien vakuumverpackt werden. Dazu eignen sie sich jedoch nur, wenn mäßige Wasserschüttung und gute Wasserbindung vorliegen [75]. Während eine geringe Flüssigkeitsansammlung in der Packung toleriert werden kann, würde eine verstärkte Flüssigkeitsseparierung die mikrobielle Anfälligkeit solcher Produkte erhöhen. Bedingt durch das reiche Nährstoffangebot und die mikroaerophilen Bedingungen vermehren sich vor allem psychrotrophe Milchsäurebakterien (insbes. Laktobazillen, aber auch *Leuconostoc* spp. und *Enterococcus* spp.) und *Brochothrix thermosphacta* auf der Wurstoberfäche und besonders rasch in der Flüssigkeit, mit dem Ergebnis einer zum Verderb führenden Säurebildung. Die Abb. 3.6.3 zeigt, wie ausgeprägt die Flüssigkeitsseparierung in einer 500 g-Packung Wiener Würstchen sein kann.

Bei der Herstelllung werden die Hüllen der in Kunststoffdärmen abgefüllten Würstchen (z. B. Wiener und Frankfurter) nach dem Brühen entfernt, wonach eine Oberflächenkontamination über die Luft, Utensilien oder die Hände des Personals möglich ist. Neben Milchsäurebakterien sind auch kältetolerante gramnegative Bakterien der Gruppe *Klebsiella-Enterobacter* hier von Bedeutung. Diese Gruppen kommen allgemein in fleischverarbeitenden Betrieben vor und werden vor allem beim Aufschneiden und Abpakken auf die Wurstoberfläche übertragen. Voraussetzung für eine Verringerung der Kontamination während der Verpackung ist die Handhabung einer strengen Verpackungshygiene und die häufige Reinigung der Verpakkungsmaschinen.

Verderbssymptome wie Vergrünung und Fäulnisgeruch sind eher typisch für aerob gelagerte Würste; im Vergleich dazu führt der bakterielle Verderb von vakuumverpackten Brühwürsten zur Bildung von Säuren, insbes. Milchsäure, aber auch flüchtiger Aromen sowie Gas und Schleim [4; 31; 36; 49;

Abb. 3.6.3 Ausgeprägte Flüssigkeitsseparierung bei vakuumverpackten Wiener Würstchen (Aufnahme: Alex v. HOLY)

69; 70]. Die heterofermentativen Laktobazillen und *Leuconostoc* spp. sind maßgeblich für Gasbildung und daraus entstehende Bombagen verantwortlich (Beispiel: Abb. 3.6.4).

In Südafrika durchgeführte Untersuchungen an vakuumverpackten, verdorbenen Wiener und Frankfurter Würstchen sowie Krakauer, „Country" Wurst und Rauchwurst ergaben Gesamtkeimzahlen um 10^7 bis 10^9/g mit einem Anteil von >99 % Milchsäurebakterien und *Br. thermosphacta* um 0,002 % an der Gesamtpopulation. Eine systematische Untersuchung von 455 Milchsäurebakterienisolaten ergab folgende Verteilung nach phänotypischen Merkmalen [20; 31]:

- *Leuconostoc* spp.: 15 Stämme (davon 11 *Leuc. mesenteroides*, 1 *Leuc. amelibiosum*, 2 *Leuc. „lactophilum"* und 1 *Leuc. paramesenteroides*);
- heterofermentative Laktobazillen: 6 Stämme (davon 4 *Lb. brevis*, 1 *Lb. cellobiosus* und 1 *Lb. fermentum*);
- *Lb. plantarum*: 18 Stämme
- *Lb. bavaricus*: 28 Stämme
- *Lb. casei*: 1 Stamm

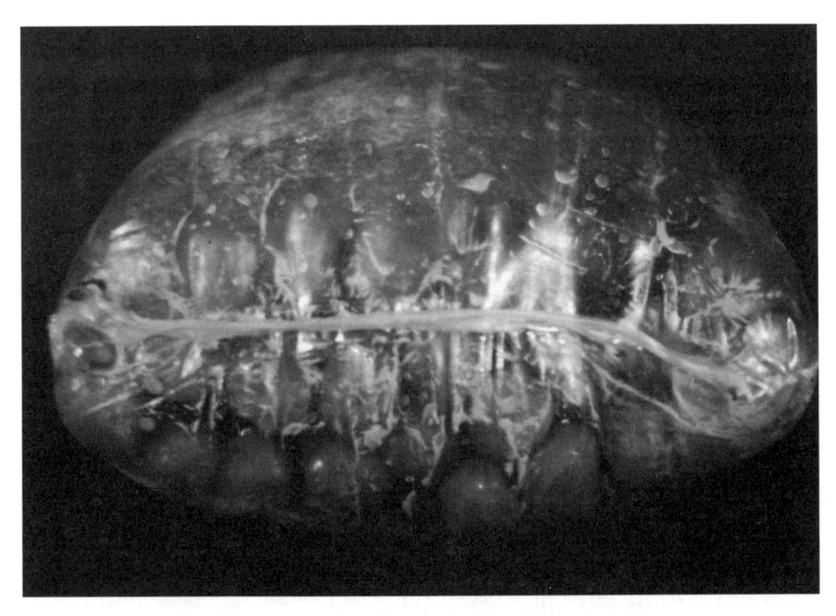

Abb. 3.6.4 Starke, durch *Leuconostoc* spp. verursachte Gasbildung bei vakuumverpackten Wiener Würstchen (Aufnahme: Alex v. Holy)

- *Lb. homohiochii*: 5 Stämme
- *Lb. curvatus*: 80 Stämme
- *Lb. sake*: 302 Stämme.

Die Problematik der Unterscheidung zwischen *Lb. curvatus* und *Lb. sake*, früher mehrfach von Reuter [49; 50] als „atypische" Streptobakterien ausgewiesen, wurde auch durch diese Arbeit unterstrichen; darüberhinaus zeigte sich auch *Lb. bavaricus* – bis auf die Bildung von L(+)-Milchsäure aus Glucose – phänotypisch identisch mit *Lb. sake*. Spätere Erkenntnisse haben die Homologie mit *Lb. sake* bestätigt [25].

Umfassende Untersuchungen an verdorbenen, vakuumverpackten Wiener Würstchen in Südafrika zeigten, daß homofermentative Laktobazillen (mit 58 %) und *Leuconostoc* spp. (mit 36 %) praktisch die gesamte Mikrobenpopulation von 10^7 bis 10^8/g bzw. 10^9/ml des Exudats dominierten; dabei handelte es sich um Defekte wie Blähungen (Bombagen) (Abb. 3.6.4), Säurebildung und vermehrte Flüssigkeitsausscheidung (Abb. 3.6.3) [69; 70]. Für Pastrami wurde sowohl für Vakuumverpackung als auch N_2-Verpackung eine starke Zunahme des Laktobazillen-Anteils an der Mikrobenpopulation von anfangs ca. 40 % bis auf 80- 92 % nach 49 Tagen bei 7 °C beobachtet [37].

Sensorische Defekte bei vakuumverpackten, finnischen Ringwürsten wurden bei einer Laktobazillenpopulation ab ca. 10^7/g wahrgenommen. Ein Anstieg in dieser Population bis 10^8/g machte sich u. a. in zunehmender Säuerung und einer pH-Senkung von 6,3 auf 5,4 bemerkbar, während die CO_2-Konzentration bei Zahlen über $6{,}4 \times 10^6$/g von < 10 % auf 40–60 % anstieg [35]. Das in der finnischen Fleischindustrie weit verbreitete Problem der Schleimbildung (ropy slime) kann auf die Stoffwechselaktivität gewisser Stämme von *Lb. sake, Leuc. mesenteroides* und *Leuc. amelibiosum* zurückgeführt werden [39]. Der Schleim mit einem Molekulargewicht von 70 000 bis 30 000 ist ein Polymer von Glucose und Galactose im Verhältnis 10 : 1–10 : 2 [36].

Unverdorbene, vakuumverpackte Wiener Würstchen enthalten maximal 10^3 bis 10^4 Milchsäurebakterien/g, während andere Gruppen wie Enterobacteriaceae, Hefen, Enterokokken und Staphylokokken in keinem dieser Produkte Zahlen > 10^3/g erreichten [69]. Aufgrund einer umfassenden Untersuchung an 419 Proben vakuumverpackter Brühwurst (Bologna) wurde eine aerobe Gesamtkeimzahl von 5×10^5/g als realistische Obergrenze für den Vertrieb dieser Produkte im Kleinhandel vorgeschlagen [19]. Eine Haltbarkeit von 42 d/2 °C bzw. 28 d/7 °C wurde für Frankfurter Würstchen, verpackt in „Cryovac“-Verbundfolie, ermittelt bei einer pH-Absenkung von 6,3 auf 5,5 [78]. Die Anwendung modifizierter Atmosphären (100 % N_2 bzw. 30 % CO_2 + 70 % N_2) erzielte gegenüber Vakuumverpackung bei Brühwurst eine Haltbarkeitsverlängerung von 17 auf 27 Tagen bei 4 °C [3].

Auch wenn Milchsäurebakterien in Zahlen > 10^7/g gewisse sensorische Defekte durch Säure- und (bedingte) Geruchs- und Gasbildung in verpackten Fleischerzeugnissen verursachen, stellen sie in der Regel kein gesundheitliches Risiko dar; die Geschmacksdefekte sind im Vergleich zu Fäulniserregern meist geringfügig. Hinzu kommt, daß diese Milchsäurebakterien hemmend gegen Fäulnisbakterien und eine Reihe von Pathogenen wirken, so z. B. bei Kühltemperaturen gegen *Staphylococcus aureus, Bacillus cereus, Clostridium perfringens* und *Yersinia enterocolitica* [44]. Auf Grund der Bildung von Bacteriocinen konnte eine hoch spezifische, letale Wirkung von fleischassoziierten Milchsäurebakterien wie *Lb. sake* [54] und *Leuc. carnosum* [66] gegen *Listeria monocytogenes* nachgewiesen werden.

3.6.6 Brühwurstaufschnitt einschließlich Kochschinkenaufschnitt

Brühwürste größeren Kalibers (z. B. Fleischkäse bzw. Fleischwurst, Jagdwurst, Schinkenwurst, Mortadella sowie auch Kochschinken) werden häufig für den Zweck der Aufschnittware hergestellt, die dann üblicherweise in SB-Packungen vertrieben und in Kühltheken bei maximal 8 °C angeboten werden. Durch das Aufschneiden werden sehr große Reaktionsflächen geschaffen, bei denen nicht nur das feinzerkleinerte Fett (bei Brühwurst) durch Sauerstoff- und Lichteinfluß gefährdet ist, sondern das gesamte Produkt besonders anfällig für mikrobielle Kontamination wird. Da sowohl Brühwurst als auch Kochschinken in der Regel unter Einsatz von Nitritpökelsalz hergestellt werden, herrscht nach dem Aufschneiden eine annähernd vergleichbare Situation bzgl. der typischen Keimbelastung und des Verderbspotentials. Typische Bakterien sind z. B. an den Aufschneidemaschinen, Waagen und Transportbändern nachzuweisen [28] und sind in der Regel an das Wurstsubstrat adaptiert. Eine aerobe Keimzahlbestimmung an Wurstoberflächen unmittelbar nach dem Aufschneiden gibt Auskunft über die Hygiene beim Schneidevorgang [52].

Während Milchsäurebakterien auch bei diesen Produkten in der Regel die dominante Bakteriengruppe darstellen, haben andere Mikroben wie *Br. thermosphactum*, *Staphylococcus aureus*, *Enterococcus* spp. und Hefen häufig einen größeren Anteil an der Gesamtpopulation. Bedingt durch die großen Kontaminationsflächen haben diese Erzeugnisse auch bei sachgemäßer Kühllagerung eine geringere Haltbarkeit als intakte, vorverpackte Brühwürste. Sensorische Geschmacks- und Geruchsfehler sind bereits nach 10 Tagen Lagerung bei 5 °C wahrnehmbar, und eine maximale Haltbarkeit von ca. 2 Wochen wurde für diese Temperatur vorgeschlagen [57]. Die Problematik wird u. a. durch die hohen durchschnittlichen Gesamtkeimzahlen um $2{,}5 \times 10^7$/g für aus dem Handel bezogene Proben belegt, wobei 44 % der Produkte eine Keimzahl $> 10^8$/g aufwiesen [57]. Vergleichsweise konnten für vorverpackten Schinkenaufschnitt nach 68 Tagen Lagerung bei 3 °C keine sensorischen Mängel wahrgenommen werden, obwohl bereits nach 48 Tagen die Gesamtkeimzahl 10^8/g erreicht hatte [62].

In der Regel überwiegen Milchsäurebakterien auch in vorverpackter Aufschnittware ähnlich wie in vakuumverpackter Brühwurst, wobei auch hier die „atypischen Streptobakterien" den größten Anteil ausmachen; außerdem *Lb. rhamnosus* (mit 17 % der Streptobakterien) und mit *Lb. viridescens* und *Lb. buchneri* als die dominanten Vertreter der heterofermentativen Laktobazillen [58].

In Abwesenheit konkurrierender Milchsäurebakterien besteht die Gefahr, daß Verderbskeime wie *Br. thermosphacta* oder aber auch *Listeria monocytogenes* sich insbes. bei vorverpackten Aufschnittwaren, auch bei Kühltemperaturen <7 °C, durchsetzen können. Bei einer Populationsdichte von 10^8/g treten, im Vergleich zu homofermentativen Milchsäurebakterien, bei *Br. thermosphacta* relativ früh Aromadefekte auf. Heterofermentative Milchsäurebakterien beziehen dabei eine „Mittelstellung", und eine Gesamtkeimzahlbestimmung würde demnach nur eine geringe Aussagekraft bzgl. der zu erwartenden sensorischen Beschaffenheit haben [57]. Im Falle von *Br. thermosphacta* sind sensorische Mängel vor allem Diacetyl und Acetoin zuzuschreiben [59].

In 17 % der aus dem Handel bezogenen Packungen ist *L. monocytogenes* in Zahlen zwischen <100 bis 200/g nachgewiesen worden; in Abwesenheit von Konkurrenzkeimen können die Listerien sich auch unter 7 °C rasch vermehren. Ein MHD, das auf 3–4 Wochen angesetzt ist, würde eine Vermehrung bei 2 °C um eine Zehnerpotenz und bei 4 °C um 2 bis 4 Zehnerpotenzen erlauben. *Yersinia enterocolitica* vermehrte sich bei 5 °C innerhalb von 2 Wochen auf 10^6/g, *Staphylococcus aureus* und *B. cereus* bei 8 °C, und *Salmonella typhimurium* und *Salmonella enteritidis* bei 12 °C [55].

Bei der Aufschnittverpackung sind Frischwaren grundsätzlich vor den Rohwaren abzupacken, da letztere von Laktobazillen fermentiert werden, die auch die dominanten Verderbsbakterien der Frischwaren darstellen (s. Tabelle 3.6.4).

3.6.7 Kochwurst

Kochwürste wie Leberwurst, Blutwurst, Preßsack, Zungenwurst, Schwartenmagen, Corned Beef sowie Sülzwürste und Sülzen werden aus vorgekochtem Ausgangsmaterial (überwiegend Schweinefleisch, Innereien und Fettgewebe) hergestellt, wobei die Wurstmasse bei höheren Temperaturen (80–90 °C) als Brühwurst gegart wird. Je nach Wurstsorte wird auch Nitritpökelsalz bei der Herstellung zugesetzt und kann auch (heiß oder kalt) geräuchert werden. Bei einer Kerntemperatur von 65–75 °C und ausreichender Kochzeit können manche dieser Wurstsorten als Halbkonserven (siehe SSP unter 3.6.9), mit Haltbarkeit bis zu 6 Monaten bei 5 °C, bezeichnet werden. Überlebende *Bacillus*- und *Clostridium*-Sporen können bei dieser Temperatur und einem a_w-Wert <0,96 nicht auskeimen. Die Wurstmasse wird meist in stabilen, sauerstoff- und wasserundurchlässigen Kunsthüllen abgefüllt, eine nochmalige Verpackung in Folien wird selten praktiziert.

Mikrobiologischer Verderb nach Verpackung in gasundurchlässigen Verbundfolien kann entweder auf eine Rekontamination der Wurstoberfläche, oder aber das Überleben vegetativer Bakterien bei hochbelastetem Rohmaterial oder unzureichender Kochtemperatur zurückgeführt werden. Eine Säuerung durch Milchsäurebakterien kann als typischer Defekt bei Leberwurst auftreten, während Fäulniserreger wie Enterobacteriaceae auf der Wurstoberfläche und Endosporenbildner im Kern unangehme Geruchsfehler, Verfärbungen und Konsistenzveränderungen hervorrufen können.

Bei einer Schüttung von <25 % und einer Kerntemperatur von 70 °C kann für vakuumverpackte Leberpastete eine Mindesthaltbarkeit von 1 Monat bei 4 °C Lagerung erwartet werden [38]. Höherer Wassergehalt begünstigt das Wachstum von Laktobazillen, insbes. *Lb. viridescens*, mit Säuerung und Vergrünung als häufigste sensorische Defekte; dabei würde jedoch eine Reduzierung des pH-Wertes auf ca. 5,8 durch Zusatz von 0,5 % GdL das Produkt wieder weitgehend stabilisieren.

Die Haltbarkeit von Sülzen beruht im wesentlichen auf einem reduzierten pH-Wert, der unter Zusatz von Essigsäure auf ca. 5,0 eingestellt wird; diese Produkte sind ohne Kühlung lagerfähig, wenn eine Rekontamination nach der Erhitzung vermieden wird. Geldersche Rauchwurst wird eher als Brühwurst hergestellt; durch Zusatz von 0,5 % Glucono-delta- Lacton (GdL) wird der pH-Wert auf 5,4–5,6 eingestellt, und das Produkt bleibt mehrere Wochen ohne Kühlung stabil, wenn es nach der Vakuumverpackung eine Stunde bei 80 °C erhitzt wird [29] (s. auch Halbkonserven unter 3.6.11).

3.6.8 Kochpökelware

Kochpökelwaren werden nach einer meist milden Naßpökelung (a_w 0,96 bis 0,98) bei einer Kerntemperatur von mindestens 68 °C schonend gegart. Neben dem üblichen Spritzpökelverfahren hatten sich seit einiger Zeit mehrere Arten der mechanischen Verarbeitung wie „Tumbeln", Poltern oder Massieren durchgesetzt. Bei der Verwendung wasserdampfdurchlässiger Zellulosefaserdärme wird in der Regel geräuchert, bei Folienverpackung jedoch nicht.

Durch die Erhitzung auf 68 °C Kerntemperatur werden Pathogene vollständig abgetötet; eine Rekontamination der Oberfläche führt in der Regel zu einer starken Vermehrung von Milchsäurebakterien, insbesondere bei vorverpackten Erzeugnissen. Salztolerante Keime wie Staphylokokken – besonders bei fehlenden Konkurrenzbakterien – können sich eher unter aeroben Bedingungen durchsetzen.

Die Oberflächen vorgekochter Fleischerzeugnisse wie Kassler werden vor der Vakuumverpackung, ähnlich wie bei aufgeschnittenen Brühwürsten, mit Mikroorganismen aus der Luft und über die Utensilien kontaminiert. Im Vergleich zu 37 Tagen Haltbarkeit bei Vakuumverpackung und 4 °C Lagerung, wurde für geräuchertes Kassler eine Haltbarkeitsverlängerung durch Gasverpackung auf 43 Tage mit N_2 und 49 Tage mit CO_2 erzielt [2]. Bei allen Behandlungen vermehrten sich die Laktobazillen während der Lagerung zur dominanten Gruppe, mit *Lb. viridescens* und einer bis dahin nicht identifizierbaren Art, vermutlich *Carnobacterium* sp., als typischen Vertretern.

Bei der Herstellung von Folienschinken, auch als Kochschinken in Weichfolien, „cook-in ham" oder „uncanny ham" bezeichnet, entfällt das Problem der Oberflächenrekontamination. Einer der wesentlichsten Vorteile der Folienschinkenherstellung ist die Haltbarkeitsverlängerung, die bei Lagerung um 2 °C eine Verbesserung um bis zu 2 Monaten betragen kann. Bei diesem in Europa zunehmend angewandten Verfahren werden Einflußfaktoren berücksichtigt, die die Herstellung eines geleefreien Folienschinkens unter Vakuum erlauben; erschwerend wirkte dabei die Tatsache, daß bis Ende 1995 in Deutschland keine Phosphate für die Schinkenfabrikation zugelassen waren. Eine Änderung dieser Situation erfolgte im Rahmen der EU-weiten Harmonisierung.

3.6.9 Rohpökelware

Rohpökelware wird entweder unter Trocken- oder Naßpökelung hergestellt (siehe Kap. 3.2), wobei das trockene Einreibeverfahren, z. B. bei Knochenschinken, bis zu 2 Monaten dauern kann. Bei Temperaturen um 5 °C bis 8 °C herrschen günstige Bedingungen für die Vermehrung von salztoleranten Stämmen der Gattungen *Micrococcus*, *Staphylococcus*, *Lactobacillus* und *Enterococcus* sowie Vibrionen und Hefen in der sich bildenden Lake. Diese, mit der Pökelware assozierten Mikroorganismen, bestimmen in entscheidendem Maße die Haltbarkeit vorverpackter Schinken, insbesondere Aufschnittware in SB-Packungen. Für Schinken werden häufig coextrudierte Barrierefolien mit gleicher Folienkonstruktion, jedoch unterschiedlicher Dicke, bei sowohl Mulde als auch Deckel eingesetzt. Diese aus PA und PE bestehenden Verbundfolien enthalten ein Höchstmaß an mechanischer Sicherheit und optimalem Tiefziehverhalten [15]. Eine vergleichende Untersuchung zeigte, daß strenge Barriereeigenschaften in Kombination mit einem hohem Vakuum das Wachstum mesophiler, psychrotropher und lipolytisch aktiver Bakterien am stärksten bei 5 °C beeinflussen. Durch Zusatz von Sorbat wurde ein zusätzlicher Hemmeffekt in Kombination mit Nitrit erzielt [73]. Verpackung unter Vakuum begünstigte die Dominanz von Mikrokokken im Fettbereich von Wiltshire Bacon; Nitrit wurde insgesamt als entscheidender Faktor für eine Verringerung der Säurebildung durch Milchsäurebakterien in verpacktem Bacon hervorgehoben [56]. Der Zusatz von 750 IU Nisin (in Kombination mit 50 ppm Nitrit) zu vakuumverpacktem Bacon bewirkte eine Haltbarkeitsverlängerung von 1 Woche bei 5 °C, wobei die Milchsäurebakterienpopulation ca. 1,5 $\log_{10}$ KBE/g tiefer lag als die der Kontrollen [7]. Der direkte Zusatz von Nisin für die Lebensmittelherstellung ist aber bisher in Deutschland verboten.

Die relative mikrobiologische Stabilität hängt von einer Kombination von Faktoren ab, wobei der a_w-Wert (in der Regel $<0{,}95$), der Nitritgehalt, der Eh-Wert und die Intensität der Räucherung eine besondere Bedeutung haben.

Während der Lagerung von Rohschinken gehen sensorische Fehler selten von den Milchsäurebakterien alleine aus, obwohl sie eine der dominanten Gruppen darstellen. Besonders während längerer Lagerzeiten kann es zu Schimmelpilzbefall auf den Oberflächen kommen. Die Gefahr der Mykotoxinbildung dürfte in einem solchen Fall nicht ausgeschlossen werden und durch Behandlung mit Sorbatlösung kann dem Verschimmeln vorgebeugt werden. Anaerober Verderb im Knochenbereich kann von *Enterobacteriaceae*, wie *Serratia*, *Enterobacter* und *Proteus*, aber auch von *Clostridium* verursacht werden. Clostridien sind häufig anwesend und wurden z. B. in 234 aus 263 Proben von verpacktem „Collar bacon“ nachgewiesen; bei Einhaltung sonstiger Prozeßparameter konnte eine Vermehrung von *Cl. perfringens* und *Cl. botulinum* jedoch nicht beobachtet werden [51]. Das Vakuumverpacken begünstigt zwar die Bedingungen für anaerobe Bakterien wie *Clostridium*, jedoch erst bei zu geringer Pökelsalzkonzentration und Temperaturen von $> +5$ °C sind nicht-proteolytische Stämme von *Clostridium botulinum* Typ B und auch Typ E vermehrungsfähig und können auf Grund evtl. Toxinbildung eine gewisse gesundheitliche Gefahr darstellen. Bei höheren Temperaturen um 30 °C können Staphylokokken Keimzahlen um 10^6/g erreichen; dagegen sind sie bei <20 °C gegenüber Mikrokokken und Laktobazillen kaum konkurrenzfähig.

Bedingt durch den Effekt des Pökelsalzes und der Abtrockung werden a_w-Werte auf der Oberfläche bald erzielt, die eine längere Lagerung des intakten Schinkens in kühler, luftiger Atmosphäre auch ohne Schutzverpackung erlauben; hinzu kommt auch der antimikrobielle Effekt des Rauches. Ein extremes Beispiel stellt der Parmaschinken dar, der nicht geräuchert wird und der die Haltbarkeit durch eine ca. 2 Monate lange Trockensalzung (bei

0–4 °C und 80–90 % r. F.) und eine einmonatige Durchbrennzeit bei 1–4 °C und ca. 80 % r. F. mit anschließender Trocknungsperiode erreicht. Bei Produkten wie Bündner Fleisch (a_w <0,88) dient die Verpackung dem Schutz sowohl vor Schimmelpilzbefall als auch vor Austrocknung.

Produkte wie Rohschinken, „Bacon" und „Backbacon" werden in der Regel aufgeschnitten und häufig in verbrauchergerechten Beuteln (SB-Packungen) für den Vertrieb im Kleinhandel unter Vakuum abgepackt. Dafür eignet sich aus sensorischen Gründen nur die mäßig geräucherte Ware; eine vorherige oberflächliche Abtrocknung während der Reifung begünstigt weiterhin die Verpackungseigenschaften. Beim Aufschneiden werden Kontaktoberflächen (Reaktionsflächen), wie bei Brühwurstaufschnitt, mit Mikroorganismen wie Mikrokokken, Enterokokken, Milchsäurebakterien, *Br. thermosphacta* und Hefen, die z. T. an die im Betrieb herrschenden Bedingungen adaptiert sind, kontaminiert. Bei gasundurchlässigen Folien reduziert sich der Restsauerstoffgehalt allmählich unter Zunahme des CO_2-Gehaltes; dabei vermehren sich besonders salztolerante, „atypische Streptobakterien" wie *Lb. sake* und *Lb. curvatus* und mitunter auch heterofermentative Laktobazillen [6] zur dominanten Population. Verderb durch Säure- und Geruchsbildung macht sich häufig erst bei Keimzahlen >10^7/g bemerkbar und wird bei Temperaturen >5 °C beschleunigt. Eine Lagerungstemperatur von 5 °C sollte daher generell nicht überschritten werden. Für Backbacon (a_w um 0,90; pH 6,0 bis 6,3) ergab sich bei 6 °C eine Haltbarkeit von 12 Wochen [27]. Bei pH-Werten <5,8 können auch Hefen zu vermehrtem Wachstum kommen und erreichen Zahlen von 10^4 bis 10^6/g. Bei vakuumverpacktem, geschnittenem San Daniele-Schinken begünstigte der Temperaturanstieg während der Lagerung die relativ starke Vermehrung der Enterokokken gegenüber anderen Bakterien [14].

Ein als „Krautgeruch" beschriebener sensorischer Defekt bei vakuumverpacktem, aufgeschnittenem „Bacon" wird vermutlich von *Pseudomonas inconstans* verursacht, einem Bakterium, das über einem Temperaturbereich von 4 °C bis 37 °C wächst [22]. Begünstigt wird die Synthese des für diesen Fehler verantwortlichen Methantiols im Produkt durch pH >6,0, <4 % NaCl und Temperaturen um 20 °C.

Bei guter Herstellungspraxis und Einhaltung der Kühlkette (<5 °C) stellen besonders gramnegative Pathogenbakterien kein Risiko in vakuumverpacktem Schinkenaufschnitt (sliced ham, bacon, backbacon, usw.) dar; ihre Zahlen liegen beim Fertigprodukt in der Regel unterhalb der Nachweisgrenze. Hinzu kommt eine Schutzwirkung, ausgehend vom pH-Wert und den am Produkt adaptierten Milchsäurebakterien [27; 60; 32]. Bedingt durch diese Faktoren nehmen auch die Zahlen von *Staph. aureus* und der Listerien meist ab, wobei am Ende des MHD *Listeria monocytogenes* in 8,4 % der untersuchten, vakuumverpackten Fleischerzeugnisse nachgewiesen werden konnte [65; 55].

3.6.10 Rohwurst

Eine ungekühlte (> +10 °C) Lagerfähigkeit kann bei Rohwürsten nur für unangeschnittene Produkte gefordert werden (Ziff. 2.21 der Leitsätze für Fleisch und Fleischerzeugnisse). Zum Erhalten des zum Ende der Reifung erreichten Genußwertes von Rohwürsten eignet sich die Lagerung in einer Verbundfolie unter Vakuum. Bei der Sauerstoff- und Wasserdampfdurchlässigkeit der typischen Wursthüllen werden zur Verbesserung ihrer Lagerfähigkeit häufig auch ungeschnittene Rohwürste unter Vakuum verpackt [23]. Dafür eignen sich nur Produkte, die ausreichend gereift und getrocknet sind. Auch für die Qualität der aufgeschnittenen Scheiben nach der Verpackung ist eine relativ feste Konsistenz der Rohwurst entscheidend [75]. Ein genereller Hinweis für eine zu frühe Verpackung liefert der Absatz von Flüssigkeit in der Packung. Zur Begrenzung der von den für die Rohwurst typischen Laktobazillen ausgehenden, zusätzlichen Säuerung in der Pakkung, wird eine Reduzierung der Zuckerzugabemenge auf 0,5 bis 0,7 % empfohlen; außerdem eignen sich auch bei höheren Temperaturen (< 22 °C) gereifte Rohwürste (darunter auch „Summer Sausages") weniger für eine Verpackung. Auch schimmelgereifte Rohwürste erscheinen auf Grund der Herausbildung eines untypischen und „schlechten" Schimmelgeschmacks für eine Verpackung unter Vakuum weniger geeignet. Demgegenüber lassen sich luftgetrocknete (und u. U. langsam gereifte), ungeräucherte Rohwürste unter Erhaltung ihrer typischen Eigenschaften gut verpacken und lagern [75].

Beim Aufschneiden der Rohwurst entstehen große Reaktionsflächen, wobei besonders das feinzerkleinerte Fett durch Sauerstoff- und Lichteinfluß gefährdet ist. Zum Schutz gegen die Entwicklung von Ranzigkeit werden Verbundfolien aus PE/PVDC/PA, PVC/PE und PA/PE, in der Regel mit PVDC-Zwischenschicht als Sauerstoffsperre, eingesetzt [23; 61]. Das zu Beginn der Verpackung herrschende mikroaerophile Milieu erlaubt zunächst das Überleben und die begrenzte Entwicklung der fakultativen Anaerobier und Aerobier; bei Verringerung des Restsauerstoffs durch chemische Bindung und mikrobielle Veratmung verringert sich das Redoxpotential. Dadurch, und bedingt durch die kompetitiven, biologischen Hemmechanismen sowie auch CO_2, homo- und heterofermentative Milchsäurebildung, werden gramnegative und auch Katalase-positive, grampositive Bakterien zunehmend im Produkt ausgeschaltet. Am besten adaptiert sind die für die Rohwurst typischen Milchsäurebakterien, insbes. *Lb. sake* und *Lb. curvatus* sowie u. U. auch *Staphylococcus carnosus*. Die Stoffwechselaktivität dieser Bakterien kann auch bei kühler Lagerung bestenfalls begrenzt werden; dabei erscheint die Einhaltung von Temperaturen <5 °C für die Verlängerung der Haltbarkeit entscheidender als das Vakuum [23].

3.6.11 In der Packung pasteurisierte Fleischwaren

Pasteurisierte Fleischwaren sind in flexiblen, hermetisch verschlossenen Verpackungen (Verbundmaterialien) meist unter Vakuum bei Temperaturen unter 100 °C erhitzte Produkte, die gekühlt eine verlängerte Haltbarkeit aufweisen; dafür wird heute eine Fülle neuer Materialkombinationen für die Herstellung von auf das Produkt abgestimmten Verbundfolien herangezogen [18]. Eine Übersicht über die derzeit angebotenen in der Packung pasteurisierten Fleischwaren gibt die Tab. 3.6.6.

Vorgeschriebene Aufbewahrungshinweise wie „In der Packung pasteurisiert – Gekühlt aufbewahren – Zum sofortigen Verbrauch bestimmt“ erwecken zu Unrecht den Verdacht eines extrem verderblichen Erzeugnisses; die Vorteile einer längeren Verkaufsfrist für den Handel und der verbesserten Kühllagerungsmöglichkeiten (der intakten Packung) für den Verbraucher sind jedoch offensichtlich [18]. Zum Erreichen der angestrebten Haltbarkeit ist es notwendig, eine Reihe technischer Bedingungen einzuhalten; dabei erfordern die folgenden Kontrollpunkte besondere Beachtung bei der Herstellung von Fleischkonserven [29]:

- Das Rohmaterial soll keimarm sein, und deshalb muß das Fleisch schnell abgekühlt und unter 7 °C transportiert und gelagert werden.
- Bei der Rezeptur muß der Sporengehalt von Gewürzen und anderen Zusätzen beachtet werden.
- Behältnisse müssen hermetisch verschlossen werden und sind regelmäßig auf Dichtigkeit zu prüfen.
- Erhitzung muß ausreichend und überprüfbar sein; *F*-Werte sollten daher protokolliert werden.
- Kühlung soll schnell und hygienisch erfolgen; Abkühlzeit und Qualität des Kühlwassers müssen dabei beachtet werden.
- Lagerung soll in dem der Erhitzung angepaßten Temperaturbereich erfolgen. Eine Stabilitätskontrolle kann durch Bebrütung für 10 Tage bei 30 °C vorgenommen werden.

Tab. 3.6.6 Gruppen handelsüblicher pasteurisierter Fleischwaren nach Fritschi [18]

Gruppe	Beispiel
Brühwurst in Selbstbedienungs-packungen	
– gepökelte Brühwurst	Würste nach Frankfurter oder Wiener Art in Verbundfolien
– ungepökelte Brühwurst	Kalbsbratwurst und Thüringer Rostbratwurst in Verbundfolien
Fertiggerichte und Fleisch-erzeugnisse in Selbst-bedienungspackungen	
– Kochpökelwaren in ganzen Stücken	Rollschinken in Aluminiumverbund-beuteln
– ungepökelte Fleischwaren in ganzen Stücken	Braten in Aluminiumverbundbeuteln
– Fleischgerichte und fleischhaltige Saucengerichte	Gulasch, Wildpfeffer usw. in Aluminiumverbundbeuteln, tiefgefroren
Großhandelspackungen	
– Kochschinken	Kochschinken in Verbundfolienbeuteln oder tiefgezogenen Verbundmaterialien (sogenannter Cook-in-Ham oder Folienschinken)
– Fertiggerichte	Saucengerichte, Braten usw. in Verbundmaterialien pasteurisiert als Produkte für den Bedienungsverkauf oder als Küchenvorfabrikat

In der Packung pasteurisierte Fleischwaren werden in Deutschland als Fleischkonserven eingruppiert und, mit Bezug auf die Haltbarkeit, als Halbkonserven eingestuft [18; 29]. Diese Einstufung ergibt sich aus der angewandten Hitzeeinwirkung und der dadurch erreichten Abtötung von Mikroorganismen (und somit hervorgehenden Lagerfähigkeit), wobei sechs Typen von Fleischkonserven unterschieden werden: Halbkonserven, Kesselkonserven, Dreiviertelkonserven, Vollkonserven, Tropenkonserven und

„Shelf Stable Products“ (SSP, siehe Kap. 3.10) [29; 77]. Aus der Tab. 3.6.7 ist ersichtlich, daß Halbkonserven, Dreiviertelkonserven und Kesselkonserven nur bei Kühllagerung stabil und sicher sind. Diese Betrachtung begrenzt sich auf in der Packung pasteurisierte Fleischwaren, die nach der o. g. Gruppierung auch als Dreiviertelkonserven eingestuft werden können. Je nach zusätzlichen „Hürden“ (a_w-Wert <0,97; pH <0,62) sind diese Produkte bei 5 °C bis zu 6 Monaten lagerfähig; das Auskeimen von Bakteriensporen wird weiterhin durch Faktoren wie Eh und Nitrit unterdrückt.

Für die bakteriologische Beurteilung von pasteurisierten Fleischwaren sind folgende Richtlinien vorgeschlagen worden [18]:

- Bebrütung fünf bis sechs Tage bei 31 °C;
- Gesamtkeimzahl $< 10^4$/g;
- aerobe Sporen $< 10^3$/g;
- *Enterobacteriaceae* nicht nachweisbar;
- sulfitreduzierende Clostridien nicht nachweisbar.

Tab. 3.6.7 Einteilung der Fleischkonserven nach der Hitzebehandlung und der daraus resultierenden Lagerfähigkeit nach Hechelmann und Kasprowiak [29]

Typ	Bezeichnung und Lagerfähigkeit	Hitzeeinwirkung und andere Hürden	Inaktivierung von Mikroorganismen
I	**Halbkonserven** 6 Monate unter 5 °C	68 bis 75 °C erreicht	nicht-sporenbildende Mikroorganismen
II	**Kesselkonserven** 1 Jahr unter 10 °C	F_c = 0,4	wie I und psychrotrophe Sporenbildner
III	**Dreiviertelkonserven** 1 Jahr unter 10 °C (15 °C)	F_c = 0,6 bis 0,8	wie II und mesophile *Bacillus*-Arten
IV	**Vollkonserven** 4 Jahre bei 25 °C	F_c = 4,0 bis 5,5	wie III und mesophile *Clostridium*-Arten
V	**Tropenkonserven** 1 Jahr bei 40 °C	F_c = 12,0 bis 15,0	wie IV und thermophile Sporenbildner
VI	**Shelf-Stable Products** 1 Jahr unter 25 °C	Erhitzung, a_w, pH, Eh, Nitrit in Kombination	wie I und die überlebenden Sporenbildner werden gehemmt

Bei der Nichteinhaltung einer Temperaturgrenze von maximal 5 °C in handelsüblichen Kühltheken reduziert sich die Haltbarkeit vakuumverpackter Wiener Würstchen, je nach Temperatur im Bereich 8–10 °C, auf ca. 1–3 Wochen; erhebliche Verluste, die bis zu 3,5 % des Gesamtumsatzes betragen können, sind dabei hinzunehmen [68]. Eine 20-minütige Hitzebehandlung der vakuumverpackten Würstchen bei 80 °C, mit anschließender Kühlung bei 4 °C und Lagerung bei 7 °C, ergab eine vierfache Haltbarkeitsverlängerung im Vergleich zu den unpasteurisierten Kontrollen [69; 71]. Ein beschleunigter Haltbarkeitstest bei 25 °C zeigte sich dabei als wenig zuverlässig im Hinblick auf die Zusammensetzung der sich dabei entwickelnden Mikrobenpopulation und des Voraussagewertes der ermittelten Daten.

Pasteurisationstemperaturen > 80 °C scheinen die sensorische Qualität von Brühwürsten zu beeinträchtigen [69]. Während eine Behandlung bei 60 °C nur eine ungenügende Verbesserung der Haltbarkeit bewirkte, wurde eine wesentliche Verlängerung der Haltbarkeit (auf > 10 Wochen bei Kühllagerung) bei einer Kerntemperatur von 70 °C erzielt [1].

3.6.12 Strahlungsbehandlung vakuumverpackter Fleischerzeugnisse

Ähnlich wie die Hitzepasteurisation bietet auch eine „pasteurisierende" Strahlungsbehandlung (bis zu 10 kGy: Radurisierung) die Möglichkeit einer Haltbarkeitsverlängerung vakuumverpackter Fleischerzeugnisse. Kontrollmaßnahmen einschließlich der Eigenschaften der Verbundfolien (hier jedoch unter Ausschluß aller PVC oder sonstiger polychlorierter Materialien) gelten wie für die Pasteurisation von Fleischerzeugnissen.

Im Vergleich zu den Kontrollen wurde eine mehrfache Verlängerung der Haltbarkeit blanchierter Fleischschnitte und anderer Fleischerzeugnisse, einschließlich Brühwürste, durch die kombinierte Behandlung vakuumverpackter Produkte mit Hitze und einer Bestrahlungsdosis bis zu 8 kGy erzielt [46; 47]. Bedingt durch den selektiven Einfluß der Vakuumverpackung, Blanchieren und Radurisierung ergibt sich eine starke Selektion zugunsten der in der Regel strahlungsresistenteren Milchsäurebakterien, und insbes. *Lb. sake*, der – an das Fleischmilieu adaptiert – sich je nach Kühltemperatur relativ rasch in den Packungen vermehren kann (vergl. Tab. 3.6.4) [45; 26].

Ein besonderes Phänomen stellt im Gegensatz zu anderen Bakterien und den bekannten Abtötungsprinzipien die höhere Strahlungsresistenz der aus

Fleisch isolierten, logarithmisch wachsenden *Lb. sake*-Zellen gegenüber stationären Kulturen dar [26]. Wie die Tab. 3.6.8 zeigt, haben authentische Kulturen zum Vergleich eine erwartungsgemäß höhere Resistenz in der stationären Wachstumsphase.

Tab. 3.6.8 D_{10}-Werte ausgewählter Laktobazillen aus bestrahltem Fleisch und (zum Vergleich) einiger authentischer Stämme in einem semisynthetischen Medium in den logarithmischen und stationären Wachstumsphasen [26]

Organismen	D_{10} (kGy) in:	
	Log-Phase	Stationäre Phase
ausgewählte Isolate[1])		
L. sake 1420	0,78	0,58
L. sake 4424	0,89	0,58
L. sake 4430	0,59	0,51
L. sake 1428	1,02	0,81
L. sake 1432	0,73	0,61
L. sake 4434	0,76	0,59
L. sake 1103	0,75	0,63
L. sake 4421	1,05	0,79
L. curvatus 1423	0,67	1,47
L. farciminis 3702	1,06	0,72
authentische Stämme[2])		
L. plantarum DSM 20174	0,47	0,69
L. farciminis DSM 20184	0,55	0,47
L. alimentarius DSM 20249	0,41	0,59
L. coryniformis DSM 20007	0,76	0,81
L. sake DSM 20017	0,63	0,38
L. casei DSM 20008	0,47	0,45
L. curvatus DSM 20010	0,64	0,53
Staphylococcus aureus 799	0,22	0,29
Salmonella typhimurium 712	0,28	0,56

[1]) Durchschnitt der Werte für *L. sake*: Log-Phase 0,82 kGy; stationäre Phase 0,64 kGy
[2]) Durchschnittswerte für authentische Laktobazillenstämme: Log-Phase 0,53 kGy; stationäre Phase 0,56 kGy.

3.6.13 Maßnahmen bei der Vorverpackung von Fleischerzeugnissen

Allgemeine, technische Kontrollmaßnahmen, einschließlich der Einhaltung der Lagertemperatur, Art und Beschaffenheit der (Verbund-)Folien, Verfahrensparameter usw. sind mit Bezug auf die jeweiligen Erzeugnisse im oberen Abschnitt angesprochen worden.

Generell ist außerdem bei allen Verpackungsvorgängen auf folgende zwei Aspekte streng zu achten:

- Undichtigkeit der Packungen (auf die nachfolgend kurz eingegangen wird);
- Einhaltung hygienischer Grundprinzipien im Verpackungsbereich.

Undichtigkeit bei Packungen

Eine Undichtigkeit in der Packung kann alle sonstigen, noch so vorsorglichen Maßnahmen zunichte machen. Eine Kontamination kann nicht nur den verderblichen Inhalt gefährden, sondern stellt auch ein für den Verbraucher erhöhtes und u. U. schwerwiegendes Risiko dar. Beispiele sind undichte Siegelnähte bei Weichpackungen und Knickstellen bei Aluminium-Leichtbehältern. Außerdem erweist sich eine nasse Packung als erheblich kontaminationsanfälliger als eine trockene Packung.

Ein Kontaminationsrisiko besteht z. B., wenn Packungen, die auch nur kleinste Undichtigkeiten aufweisen, nach der Pasteurisation bzw. Sterilisation mit kontaminiertem Kühlwasser abgekühlt werden; ein so entstehender Unterdruck würde dieses Risiko erhöhen. Dieses Risiko kann durch Chlorierung mit 5 µg Aktivchlor/l vermindert, jedoch nicht ganz verhindert werden [8]. Die Gefahr einer Rekontamination mit beweglichen Bakterienarten ist erheblich größer als mit unbeweglichen Bakterien. Im Gegensatz zu der allgemeinen Erwartung sind auch Bombagen bei rekontaminierten Packungen möglich.

Da das Risiko einer Rekontamination durch undichte Verpackungen nur schwer kalkulierbar ist, muß es oberstes Ziel des Abpackens sein, unter allen Umständen dichte Packungen herzustellen. Da sich undichte Packungen technisch nicht völlig vermeiden lassen, ist man bestrebt, den Anteil undichter Einheiten so niedrig wie möglich zu halten [8].

Literatur

[1] ASTROEM, A.; RASK, OE: Pasteurisation and quality retention in cold-stored sausages (Sw.). SIK Rapport, No. **525** (1984) 38 pp.
[2] BLICKSTADT, E.; MOLIN, G.: The microbial flora of smoked pork loin and frankfurter sausage stored in different gas atmospheres at 4 °C. J. appl. Bacteriol. **54** (1983) 45–56.
[3] BORCH, E.; NERBRINK, E.: Shelf-life of emulsion sausage stored in vacuum or modified atmospheres. Proc. 35th Int. Congr. of Meat Science and Technology. Aug. 20–25, 1989, Kopenhagen, Vol. II, (1989) 470–477.
[4] BORCH, E.; NERBRINK, E.; SVENSSON, P.: Identification of major contamination sources during processing of emulsion sausage. Int. J. Food Microbiol. **7**, (1988) 317–330.
[5] BRANDT, M. J.; LEDFORD, R. A: Influence of milk aeration on growth of psychrotrophic pseudomonads. J. Food Prot. **45** (1982) 132–134.
[6] BORELAND, P. C.: A study of the lactobacilli in Wiltshire-cured packed bacon. Dissertation, Univ. of Ulster, Londonderry, UK. (1988)
[7] CALDERSON, C.; COLLINS-THOMPSON, D. L.; USBORNE, W. R.: Shelf-life studies of vacuum-packaged bacon treated with nisin. J. Food Prot. **48** (1985) 330–333.
[8] CERNY, G.: Mikrobiologische Probleme bei der Lebensmittelverpackung. Verpakkungs-Rundschau **33** (1982) 65–69.
[9] CERNY, G.: Mikrobiologische Probleme bei der Folienverpackung von Fleisch und Fleischerzeugnissen. Schweiz. Arch. Tierheilk. **127** (1985) 99–108.
[10] CERNY, G.: Anforderungen an die Packstoffe zur Lebensmittelverpackung aus mikrobiologischer Sicht. In: Verpackung von Nahrungs- und Genußmitteln. Arbeitsmappe für den Verpackungspraktiker. Prof. D. Berndt, Berlin: (1987) Grundlagen der Mikrobiologie. pp. B 201–B 202.
[11] CERNY, G.: Verpackung von Lebensmitteln tierischer Herkunft: Verpackungsmaterialien und -systeme. Verpackungs-Rundschau **42** (1991) 41–45.
[12] CHRISTOPHER, F. M.; SMITH, G. C.; DILL, C. W.; CARPENTER, Z. L.; VANDERZANT, C.: Effect of CO_2–N_2 atmospheres on the microbial flora of pork. J. Food Prot. **43** (1980) 268–271.
[13] COLLINS-THOMPSON, D. L.; LOPEZ, G. R.: Influence of sodium nitrite, temperature and lactic acid bacteria on the growth of *Brochothrix thermosphacta* growing on meat surfaces and in laboratory media. Can. J.Microbiol. **26** (1980) 1416–1421.
[14] DELLAGLIO, F.; TORRIANI, S.; GOLINELLI, F.; TERMINI, D.; SENSIDONI, A.: Presence of lactic acid bacteria in sliced vacuum-packaged San Daniele ham (It.). Industrie Alimentari **23** (1984) 781—788.
[15] DELVENTHAL, J.: Eigenschaften und Anwendungsbereiche coextrudierter Barrierefolien für die Verpackung. Verpackungs-Rdsch. **42** Nr. 1 (Techn.-Wiss. Beilage), (1991) 1–3.
[16] EGAN, A. F.; FORD, A. L.; SHAY, B. J.: A comparison of *Microbacterium thermosphactum* and lactobacilli as spoilage organisms of vacuum-packaged sliced luncheon meats. J. Food Sci. **45** (1980) 1745–1748.
[17] ENFORS, S. O.; MOLIN, G.; TERNSTRÖM, A.: Effect of packaging under carbon dioxide, nitrogen or air on the microbial flora of port stored at 4 °C. J. appl. Bact. **47** (1979) 197–208.
[18] FRITSCHI, A. R.: Die Pasteurisation von Fleischwaren in der Packung. Die Praxis heute – eine Übersicht. Swiss Food **10** (1988) 14–16.

[19] FRUIN, J. T.; FOSTER, J. F.; FOWLER, J. L.: Survey of the bacterial populations of bologna products. J. Food Prot. **41** (1987) 692–695.

[20] GERBER, E. S.: Taksonomie van melksuubakterieë geassosieer met vakuumverpakte vleisprodukte. M.Sc.(agric.)-Arbeit, Universität Pretoria, (1984).

[21] GILL, C. O.: Substrate limitation of bacterial growth at meat surfaces. J. appl. Bact. **41** (1976) 401–410.

[22] GARDNER, G. A.; PATTERSON, R. L. S.: A *Proteus inconstans* which produces "cabbage odour" in the spoilage of vacuum-packed sliced bacon. J. appl. Bacteriol. **39** (1975) 263–271.

[23] GOSSLING, U.; HÖPKE, H.-U.; GERIGK, K.: Einfluß der Vakuumverpackung auf die Qualität und Haltbarkeit von Rohwürsten. Fleischwirtsch. **62** (1982) 1090–1096.

[24] HALLECK, F. E.; BALL, C. O.; STIER, E. F.: Factors affecting quality of prepackaged meat. IV. Microbiological studies. B. Effect of package characteristics and of atmospheric pressure in package upon bacterial flora of meat. Food Technol. **121** (1958) 301–310.

[25] HAMMES, W. P.; WEISS, N.; HOLZAPFEL, W. H.: *Lactobacillus* and *Carnobacterium*. In: The Prokaryotes (2nd. ed.). Eds BALOWS, A., TRÜPER, H. G., DWORKIN, M., HARDER, W., SCHLEIFER, K.-H. Berlin: Springer Verlag, 1991.

[26] HASTINGS, J. W.; HOLZAPFEL, W. H.; NIEMAND, J. G.: Radiation resistance of lactobacilli isolated from radurized meat relative to growth and environment. Appl. Environ. Microbiol. **52** (1986) 898–901.

[27] HAVAS, F.: Beurteilung von in Beuteln verpacktem Backbacon. Fleischwirtsch. **67** (1987) 1010–1018.

[28] HECHELMANN, H.-G.; BEM, Z.: Haltbarkeit von vorverpackter Brühwurst. Mitteilungsblatt der BAFF Nr. 42, (1973) S. 1994.

[29] HECHELMANN, H.-G.; KASPROWIAK, R.: Mikrobiologische Kriterien für stabile Produkte. In: Sichere Produkte bei Fleisch und Fleischerzeugnissen. Bundesanstalt für Fleischforschung, Kulmbacher Reihe Band **10** (1990) 68–90.

[30] HESS, E.; RUOSCH, W.; BREER, C.: Verfahren zur Verlängerung der Haltbarkeit von verpacktem Fleisch. Fleischwirtsch. **60** (1980) 1448–1461.

[31] HOLZAPFEL, W. H.; GERBER, E. S.: Predominance of *Lactobacillus curvatus* and *Lactobacillus sake* in the spoilage association of vacuum-packaged meat products. In: Proc. 32nd Europ. Meat Res. Workers, Gent, Belgien, (1986) p. 26.

[32] HOLZAPFEL, W. H.; GEISEN, R.; SCHILLINGER, U.: Biological preservation of foods with reference to protective cultures, bacteriocins and food-grade enzymes: Int. J. Food Microbiol. **23**, (1995) 343-362.

[33] JENSEN, L. B.: Microbiology of Meats. 2nd. Ed. Champaign, Illinois: The Garrard Press, 1945.

[34] KOLBE, H. J. prakt. Chem. (N.F.) **26** (1881) 249

[35] KORKEALA, H.; LINDROTH, S.; AHVENAINEN, R.; ALANKO, T.: Interrelationship between microbial numbers and other parameters in the spoilage of vacuum-packed cooked ring sausages. Int. J. Food Microbiol. **5**, (1987) 311–321.

[36] KORKEALA, H.; SUORTTI, T.; MÄKELÄ, P.: Ropy slime formation in vacuum-packed cooked meat products caused by homofermentative lactobacilli and a *Leuconostoc* species. Int. J. Food Microbiol. **7** (1988) 339–347.

[37] LALEYE, L. C.; LEE, B. H.; SIMARD, R. E.; CARMICHAEL, L.; HOLLEY, R. A.: Shelf life of vacuum- or nitrogen-packed pastrami: effects fof packaging atmospheres, temperature and duration of storage on microflora changes. J. Food Sci. **49** (1984) 827–831.

[38] MADDEN, R. H.: Extending the shelf-life of vacuum-packaged pork liver pate. J. Food Prot. **52** (1989) 881–885.

[39] MÄKELÄ, P.; SCHILLINGER, U.; KORKEALA, H.; HOLZAPFEL, W. H.: Classification of ropy slime-producing lactic acid bacteria based on DNA-homology, and identification of *Lactobacillus sake* and *Leuconostoc amelibiosum* as dominant spoilage organisms in meat products. Int. J. Food Microbiol. **16** (1992) 167–172.
[40] MARRIOTT, N. G.: Grundlagen der Lebensmittelhygiene. Hamburg: Behr's Verlag, 1992.
[41] MCMILLIN, K. W.; BIDNER, T. D.; WELLS, J. H.; KOH, K. C.; INGHAM, S. C.: Increasing shelf life of ground beef with modified atmosphere. Louisiana Agric. **33** (1990) 3–4.
[42] NIELSEN, H.-J. S.: Influence of temperature and gas permeability of packaging film on development and composition of microbial flora of vacuum-packed bologna-type sausage. J. Food Prot. **46** (1983) 693–698
[43] NIELSEN, H.-J. S.; ZEUTHEN, P.: Growth of pathogenic bacteria in sliced vacuum-packed Bologna-type sausage as influenced by temperature and gas permeability of packaging film. Food Microbiol. **1**, (1984) 229–243.
[44] NIELSEN, H.-J. S.; ZEUTHEN, P.: Influence of lactic acid bacteria and the overall flora on the development of pathogenic bacteria in vacuum-packed, cooked emulsion-style sausage. J. Food Prot. **48** (1985) 28–34.
[45] NIEMAND, J. G.; HOLZAPFEL, W. H.: Characteristics of lactobacilli isolated from radurized meat. Int. J. Food Microbiol. **1**, (1984) 99–110.
[46] NIEMAND, J. G.; VAN DER LINDE, H. J.; HOLZAPFEL, W. H.: Radurization of prime beef cuts. J. Food Prot. **44** (1981) 677–681.
[47] NIEMAND, J. G.; VAN DER LINDE, H. J.; HOLZAPFEL, W. H.: Shelf-life extension of minced beef through combined treatments involving radurization. J. Food Prot. **46** (1983) 791–796.
[48] PETERMANN, E. P.: Mikrobiologie der Packstoffe aus Zellstoff. ZFL **30** (1979) 209– 211.
[49] REUTER, G.: Untersuchungen zur Mikroflora von verpackten, aufgeschnittenen Brüh- und Kochwürsten. Arch. Lebensmittelhyg. **21**, (1970) 257–264.
[50] REUTER, G.: Psychrophilic lactobacilli in meat products. In: Psychrotrophic Microorganisms in Spoilage and Pathogenicity. (Eds.: ROBERTS, T. A.; HOBBS, G.; CHRISTIAN, J. H. B.; SKOVGAARD, N.), London: Academic Press, 1981, pp. 253–258.
[51] ROBERTS, T. A.; SMART, J. L.: The occurrence and growth of *Clostridium* spp. in vacuum-packed bacon with particular reference to *Cl. perfringens* (welchii) and *Cl. botulinum.* J. Food Technol. **11** (1976) 229–244.
[52] QVIST, S.: Microbiology of sliced vacuum-packed meat products. 22nd Meat Res. Congr., Malmö, 1976.
[53] SCHEID, D.: Herstellung von Folienschinken. Fleischwirtsch. **64** (1984) 434–443.
[54] SCHILLINGER, U.; LÜCKE, F.-K.: Antibacterial activity of *Lactobacillus sake* isolated from meat. Appl. Environ. Microbiol. **55**, (1989) 1901–1906.
[55] SCHMIDT, U.; KAYA, M.: Verhalten von Listerien bei Fleisch und Fleischerzeugnissen in Vakuumverpackung. Mitt.-Bl. der BFA für Fleischforschung, Nr. 108, (1990) 214–218.
[56] SHAW, B. G.; HARDING, C. D.: The effect of nitrate and nitrite on the microbial flora of Wiltshire bacon after maturation and vacuum packaged storage. J. Appl. Bacteriol. **45** (1987) 39–47.
[57] SHAY, B. J.; GRAU, F. H.; FORD, A. L.; EGAN, A. F.; RATCLIFF, D.: Microbiological quality and storage life of sliced vacuum-packed smallgoods. Food Technol. Austr. Febr. 1978, pp. 48–54.
[58] SILLA, H.: Shelf-life of cured, cooked and sliced meat products. II. Influence of *Lactobacillus.* Fleischwirtschaft **65** (1985) 181–183; 205–207.

[59] STANLEY, G.; SHAW, K. J.; EGAN, A. F.: Volatile compounds associated with spoilage of vacuum-packaged sliced luncheon meat by *Brochothrix thermosphacta*. Appl. Environ. Microbiol. **41** (1981) 816–818.
[60] STEELE, J. E.; STILES, M. E.: Microbial quality of vacuum-packaged sliced ham. J. Food Prot. **44** (1981) 435–439.
[61] STUKE, T.; HILDEBRANDT, G.: Zur Haltbarkeit von vakuumverpacktem Rohwurstaufschnitt. Fleischwirtsch. **68** (1988) 424-430.
[62] SURKIEWICZ, B. F.; HARRIS, M. E.; CAROSELLA, J. M: Bacteriological survey and refrigerated storage test of vacuum-packed sliced imported canned ham. J. Food Prot. **40** (1977) 109.
[63] TÄNDLER, K.: Frischfleischverpackungen für SB-verpacktes, portioniertes Fleisch. Fleischwirtsch. **57** (1977) 550–554.
[64] TÄNDLER, K.: Brühwurst: Haltbarkeit und Vorverpackung von Frischware. Fleischwirtsch. **65**, (1985) 561–571.
[65] TALON, R.; MONTEL, M. C.: Microbial growth on fat and lean tissues of vacuum-packaged chilled pork. Proc. Europ. Meeting Meat Res. Workers, No. **32** (Vol. I), **4** (1986) 8, 203–204.
[66] VAN LAACK; R. L. J. M.; SCHILLINGER, U.; HOLZAPFEL, W. H.: Characterisation and partial purification of a bacteriocin produced by *Leuconostoc carnosum* LA44A. Int. J. Food Microbiol. **16** (1992) 141–151.
[67] VON HOLY, A.; HOLZAPFEL, W.: The influence of extrinsic factors on the microbiological spoilage pattern of ground beef. Int. J. Food Microbiol. **6** (1988) 269–280.
[68] VON HOLY, A.; HOLZAPFEL, W. H.: Spoilage of vacuum-packaged processed meats by lactic acid bacteria, and economic consequences. Proc. Xth WAVFH International Symposium, Stockholm, Schweden, 6.–9. Juli 1989, pp. 185–189.
[69] VON HOLY, A.; HOLZAPFEL, W. H.: Shelf life extension of vacuum-packaged Vienna sausages by in-package pasteurisation. Proc.: 37th Int. Congr. of Meat Science and Technology, Kulmbach, Sept. 1–6, 1991, pp. 563–566.
[70] VON HOLY, A.; MEISSNER, D.; HOLZAPFEL, W. H.: Effects of pasteurization and storage temperature on vacuum-packaged vienna sausage shelf life. S. A. J. of Science **87** (1991) 387–390.
[71] VON HOLY, A.; CLOETE, T. E.; HOLZAPFEL, W. H.: Quantification and characterisation of microbial populations associated with spoiled, vacuum-packed Vienna sausages. Food Microbiol. **8**, (1991) 95–104.
[72] VOSS, E.; MOLTZEN, B.: Untersuchungen über die Oberflächenkeimzahl extrudierter Kunststoffe für die Lebensmittelverpackung. Milchwiss. **28** (1973) 479–486.
[73] WAGNER, M. K.; KRAFT, A. A.; SEBRANEK, J. G.; RUST, R. E.; AMUNDSON, C. M.: Effect of different packaging films and vacuum on the microbiology of bacon cured with or without potassium sorbate. J. Food Prot. **45** (1982) 854–858.
[74] WIRTH, F.: Fleischerzeugnisse in SB-Folien-Packungen. Fleischwirtsch. **63** (1983) 693–702.
[75] WIRTH, F.: Fleischerzeugnisse in SB-Folien-Packungen. Fleischwirtsch. **67** (1987) 494.
[76] WIRTH, F.; LEISTNER, L.; RÖDEL, W.: Richtwerte der Fleischtechnologie. 2. Auflage. Frankfurt/Main: Deutscher Fachverlag, 1990, 180 Seiten.
[77] ZURERA-COSANO, G.; RINCON-LEON, F.; MORENO-ROJAS, R.; POZO-LORA, R.: Microbial growth in vacuum packaged Frankfurters produced in Spain. Food Microbiol. **5** (1988) 213–218.

3.7 Mikrobiologie von Fleisch- und Wurstkonserven

F.-K. Lücke

3.7.1 Einleitung

Konserven sind Lebensmittel, die in verschlossenen Behältern erhitzt und in diesen Behältern auch in den Verkehr gebracht werden. Bei sachgemäßem Verschluß und richtiger Behandlung nach dem Erhitzen sind die Behälter für Mikroorganismen undurchlässig. Die Erhitzungsintensität kann je nach Art der Konserve unterschiedlich sein, reicht jedoch mindestens für die Inaktivierung aller unversporten Mikroorganismen aus.

Konserven werden eingeteilt

- nach ihrer Lagerfähigkeit (mit und ohne Kühlung);
- nach den Faktoren, die außer der Erhitzung ihre Haltbarkeit bestimmen (insbesondere der pH-Wert und die Wasseraktivität);
- nach ihrem Behältermaterial (Dose, Glas, Folie).

Die ‚klassischen' Fleisch- und Wurstkonserven in Dose oder Glas werden – häuslich und kommerziell – seit etwa 150 Jahren hergestellt. Zunehmende Bedeutung haben längerfristig lagerfähige fleischhaltige Fertiggerichte und andere „Convenience"-Produkte. Manche von diesen werden nur mild erhitzt und bedürfen ständiger Kühlung. Derzeit werden in der Bundesrepublik Deutschland etwa 8 % des Fleisches in Form von Konserven verzehrt.

3.7.2 Grundsätzliches zur Hitzeinaktivierung von Mikroorganismen

Die Kinetik der Hitzeabtötung von Mikroorganismen entspricht annähernd einer Reaktion 1. Ordnung, wie man sie auch bei der Denaturierung von Proteinen und Inaktivierung von Enzymen beobachtet. Trägt man daher den Logarithmus der Zahl N der überlebenden Mikroorganismen gegen die Einwirkungszeit t auf, erhält man eine Gerade der Gleichung

$$^{10}\log N = {}^{10}\log N_0 - [(1/D) * t],$$

wobei N_0 die Anfangskeimzahl und D die dezimale Reduktionszeit (D-Wert) darstellt. Der D-Wert gibt somit die Zeit in Minuten an, die erforderlich ist, um die Ausgangskeimzahl des jeweiligen Mikroorganismus um eine Zehnerpotenz zu verringern (d. h. um 90 % der Zellen abzutöten).

Wie aufgrund der ARRHENIUS-Gleichung zu erwarten, steigt der Logarithmus der Abtötungsrate mit der Temperatur. Der z-Wert ist definiert als die Erhöhung der Temperatur, die erforderlich ist, um den D-Wert um eine Zehnerpotenz herabzusetzen (also die Abtötungsgeschwindigkeit um das Zehnfache zu beschleunigen). Mit Hilfe des z-Werts kann man somit die schädigende Wirkung verschiedener Erhitzungsprozesse auf Mikroorganismen vergleichen.

Ein Maß für die ‚Gesamtmenge' an Hitze mit schädigender Wirkung auf Mikroorganismen ist der F-Wert. Der erzielte F-Wert wird berechnet, indem man für jede Minute, während der eine den Bezugs-Mikroorganismus schädigende Hitze eingewirkt hat, mit Hilfe des z-Werts den „Teil-F-Wert" (auch L-Wert genannt) berechnet und die Teil-F-Werte aufsummiert. Allgemein gilt

$$F = \sum_i t_i * 10^{(T_i - T_0)/z}$$

wobei T_0 die Bezugstemperatur und T_i diejenige Temperatur darstellt, die zur Zeit t_i eingewirkt hat.

Bei der Abtötung von Bakteriensporen in nicht sauren Lebensmitteln (also auch in fast allen Fleisch- und Wurstkonserven) nimmt man üblicherweise 121 °C als Bezugstemperatur und 10° als z-Wert und spricht vom F_0 -Wert statt vom F_{121}-Wert. Eine Erhitzung auf einen F_0-Wert von 1' bedeutet also, daß die Bakteriensporen durch die Erhitzung genauso geschädigt wurden wie sie geschädigt worden wären, hätte man sie eine Minute lang einer Temperatur von 121 °C ausgesetzt. Einen F_0-Wert von 1 kann man somit auch durch 10 Minuten Einwirkung von 111 °C oder 100 Minuten Einwirkung von 101 °C erzielen.

Welcher F-Wert zu erzielen ist, hängt davon ab, welcher Mikroorganismus um wieviele Zehnerpotenzen in seiner Keimzahl verringert werden soll. Für Konserven mit schwach sauren Füllgütern (pH > 4.5) legt man Sporen von *Clostridium botulinum* (proteolytische Stämme) zugrunde (D-Wert bei 121 °C = 0,204) und verlangt für längerfristig ohne Kühlung lagerfähige Produkte eine Minderung der Sporenzahl um 12 Zehnerpotenzen. Der mindestens zu erzielende F_0-Wert beträgt somit 0,204 * 12 = 2,45, also rund 2,5 (‚botulinum cook'). Sind die abzutötenden Mikroorganismen weniger gefährlich als der Botulismus-Erreger, kann eine Keimreduktion um weniger als 12 Zehnerpotenzen ausreichen. Ähnliches gilt dann, wenn das Risiko der mikrobiellen Vermehrung in der Konserve auf andere Weise gesenkt wird (z. B. durch besonders ungünstige Vermehrungsbedingungen im Produkt). Die Leitkeime und die zu erzielenden *F*-Werte sind in Tab. 3.7.1 aufgeführt.

Tab. 3.7.1 Leitkeime für verschiedene Typen von Fleisch- und Wurstkonserven (pH > 4.5)

Konserventyp	maximale Lagertemperatur	Leitkeim für die Erhitzung	zugrundegelegte Hitzeresistenz			zu erzielen	
			bei Temperatur °C	*D*-Wert (Minuten)	*z*-Wert (°C)	Keimverminderung	*F*-Wert
Tropenkonserven	über 40 °C	Sporen von *Bacillus stearothermophilus*	121	4	10	4 · D	$F_0 = 16$
Vollkonserven	30 °C	Sporen von *Clostridium botulinum* (proteolytische Stämme)	121	0,2	10	12 · D	$F_0 = 2{,}5$
Vollkonserven	30 °C	Sporen von *Clostridium sporogenes*	121	1	10	4 · D	$F_0 = 4$
Halbkonserven	5 °C	*Enterococcus faecalis*	70	3	10	4 · D	$F_{70} = 30$[1]

[1] aus [21]

Die vorgestellten Gesetzmäßigkeiten für die Inaktivierung von Mikroorganismen und ihre Abhängigkeit von der Temperatur gelten nur annähernd; insbesondere bei der Abtötung relativ hitzelabiler Mikroorganismen traten Abweichungen von der log-linearen Beziehung auf, die auf Veränderungen innerhalb der Zelle bzw. der Spore während der Erhitzung zurückgeführt wurden. Ein weiteres Problem ist, daß die Hitzeresistenz einer Mikroorganismen-Art von Stamm zu Stamm variieren kann und beeinflußt wird von dem Medium, in dem die Zellen kultiviert und die Sporen erzeugt wurden. Glücklicherweise wurde die Hitzeresistenz der Sporen der proteolytischen *Clostridium botulinum*-Stämme besonders intensiv und umfassend untersucht [19], und die nunmehr über 70jährige Erfahrung bestätigt, daß das vorgestellte Konzept zur Inaktivierung dieser *C. botulinum*-Stämme in Konserven sicher und praktikabel ist.

In der Literatur [4, 5, 21, 23, 24, 25, 27] finden sich ausführliche Darstellungen der Gesetzmäßigkeiten der Abtötung von Mikroorganismen sowie Informationen zur Umsetzung der Theorie in die Praxis der Konservenherstellung.

3.7.3 Einfluß des Milieus auf die Hitzeresistenz von Mikroorganismen und auf ihre Vermehrung

Tendenziell steigt die Hitzeresistenz von Mikroorganismen mit sinkender Wasseraktivität an. In Fleisch- und Wurstkonserven scheint dieser Effekt jedoch nur eine geringe Rolle zu spielen, da der a_w-Wert fast immer über 0,95 liegt. Zwar sind Mikroorganismen, die sich während der Erhitzung in der Fettphase befinden, deutlich resistenter [1, 16], scheinen sich jedoch, solange sie dort verbleiben, nach der Erhitzung nicht zu vermehren. Ebenfalls gering ist der Effekt des pH-Werts: bei dessen Absenkung von 6,2 auf 5,5 sinkt die Hitzeresistenz nur um etwa 30 % [28]. Nitrit hat keine Wirkung auf die Hitzeresistenz.

Hingegen beeinflussen die Milieufaktoren pH-Wert, Wasseraktivität (a_w-Wert) und Luftsauerstoff die Wahrscheinlichkeit der Vermehrung überlebender Mikroorganismen ganz erheblich. Auch der Gehalt an antimikrobiell aktiver salpetriger Säure (aus zugesetztem Nitrit) kann eine Rolle spielen. Je intensiver die Hitzebehandlung, desto höher der Anteil derjenigen Mikroorganismen an den Überlebenden, die empfindlich sind gegenüber hemmenden Faktoren (z. B. Pökelsalzen) im Produkt [22]. Man bezeichnet diese Mikroorganismen als ‚subletal geschädigt'.

3.7.4 Sporenbildende Bakterien mit Bedeutung für Fleisch- und Wurstkonserven

Bei Fleisch- und Wurstkonserven kommt es insbesondere darauf an, das Überleben und/oder die Entwicklung der Sporen der Bakteriengattungen *Bacillus* und *Clostridium* zu verhindern. *Bacillus*- und *Clostridium*-Sporen zeichnen sich durch besondere Resistenz gegenüber Hitze, Trockenheit, Strahlung und Desinfektionsmittel aus. Strukturelle Basis dafür ist, daß sich die normalerweise hitzeempfindlichen Zellbestandteile (Proteine, Nucleinsäuren) in der Spore in einem wasserarmen Milieu und in einem quasi-kristallinen Zustand befinden, und daß die Sporen von einer größtenteils aus einem keratin-ähnlichen Protein bestehender Hülle umgeben sind. Die Sporen werden in einer speziellen Form der Zellteilung gebildet, also in einem relativ langsamen Prozeß. Die Sporenbildung wird in einer noch nicht genau verstandenen Weise durch Mangel an Nährstoffen im Medium ausgelöst, keineswegs aber durch Hitze oder Trockenheit.

Für die Sporenkeimung ist neben günstiger Milieubedingungen (Wasseraktivität, Temperatur) auch das Vorhandensein bestimmter Nährstoffe erforderlich. Generell ist der erste Schritt der Sporenkeimung (Wasseraufnahme, Verlust der Hitzeresistenz) weniger empfindlich gegenüber ungünstigen Milieubedingungen als das Erscheinen der vegetativen Zelle aus der Sporenhülle (‚outgrowth'). Die meisten Sporen keimen besser nach einer kurzen ‚Hitze-Aktivierung' aus. Leider kann man sich nicht darauf verlassen, daß alle vorhandenen Sporen innerhalb etwa eines Tages auskeimen, erst recht nicht in Fleischerzeugnissen mit ihren für die Bakteriensporen suboptimalen Vermehrungsbedingungen. Mit der im Handwerk gelegentlich angewandten Zweifach-Erhitzung lassen sich daher keine zuverlässig ohne Kühlung lagerfähige Konserven herstellen [27].

Die Bedingungen für die Vermehrung sporenbildender Bakterien sind von Art zu Art unterschiedlich (Tab. 3.7.2); allgemein kann man sagen, daß *Bacillus*-Arten durch die in Fleisch und Wurstbräten herrschenden anaeroben Verhältnisse deutlich in ihrer Vermehrung eingeschränkt werden, daß *Clostridium*-Arten bei a_w-Werten unter 0,95 (eingestellt mit Kochsalz) nicht

Tab. 3.7.2 Technologisch wichtige Eigenschaften sporenbildender Bakterien mit Bedeutung für Fleisch- und Wurstkonserven (nach [6] und [25], ergänzt)

Bakterienart (B. = *Bacillus*, C. = *Clostridium*)	Hitzeresistenz der Sporen		Vermehrung (unter sonst optimalen Bedingungen) bei		
	Einwirkungstemperatur °C	*D*-Wert (Minuten)	pH > 4.6¹)	a_W < 0.95²)	Temperatur
B. stearothermophilus	120	4	–	–	> 30 °C
C. thermosaccharolyticum	120	4	–	–	> 30 °C
C. sporogenes	120	1	–	–	> 10 °C
C. botulinum, proteolytisch	120	0,2	–	–	> 10 °C
B. coagulans	120	0,1	+	–	> 20 °C
C. perfringens	100	20	–	–	> 15 °C
B. subtilis, B. licheniformis	100	10	–	+	> 10 °C
B. cereus	100	5	–	–	> 0 °C
B. polymyxa, B. macerans	100	0,5	+	–	> 7 °C
C. butyricum-Gruppe	100	0,5	+	–	> 7 °C
C. botulinum, nicht-proteolytisch	80	1–50³)	–	–⁴)	> 3,3 °C

¹) eingestellt mit Milchsäure
²) eingestellt mit Kochsalz
³) je nach Stamm; D-Werte mit Lysozym im Kulturmedium erheblich länger
⁴) minimale Wasseraktivität für die Vermehrung: 0,97

mehr vermehrungsfähig sind, und daß eine konsequente Kühlung die Vermehrung der meisten sporenbildenden Bakterien in Fleischerzeugnissen unterbindet.

Tab. 3.7.2 gibt einen Überblick über technologisch wichtige Eigenschaften sporenbildender Bakterien mit Bedeutung für Fleisch- und Wurstkonserven. Als weitere, in Tab. 3.7.2 nicht aufgeführte, Arten wurden *Clostridium bifermentans, Bacillus pumilus* sowie *Bacillus circulans* aus verdorbenen Wurstkonserven isoliert ([15]; eigene, unveröffentlichte Beobachtungen). Zu beachten ist ferner, daß die Hitzeresistenz der meisten für Fleischerzeugnisse relevanten Bakterien bzw. ihrer Sporen auch nicht annähernd so intensiv untersucht wurde wie diejenige der Sporen der proteolytischen Stämme von *C. botulinum* und von *C. sporogenes*. Die Hitzeresistenz der nicht-proteolytischen Stämme von *C. botulinum* hängt stark von dem verwendeten Stamm und dem Milieu ab und steigt dramatisch, wenn das Medium bzw. Produkt, in dem sie sich nach der Erhitzung befinden, geringe Mengen von Lysozym enthält [14].

Sporenbildende Bakterien sind insbesondere an das Leben im Boden mit seinen ständig wechselnden Lebensbedingungen (Nährstoffe, Wasseraktivität, Sauerstoffgehalt usw.) angepaßt. Von den lebensmittelhygienisch bedeutsamen Sporenbildnern gehört nur *Clostridium perfringens* zur normalen Mikroflora des Dickdarms. Das Fleisch wird also in der Regel sekundär über Verschmutzungen der Tierkörper kontaminiert; eine gewisse Rolle spielt offenbar auch das ‚Einmassieren' von verschmutztem Brühwasser in das Gefäßsystem von Schlachtschweinen, wenn die Enthaarung nicht getrennt vom Brühen vorgenommen wird [26]. Eine Infektion des Fleisches und der Innereien lebender Tiere (Primärkontamination) ist demgegenüber selten, und diese Tiere werden bei der Schlachttier- und Fleischuntersuchung in der Regel erkannt und ausgesondert.

Fleisch ist im allgemeinen mit etwa 100 *Bacillus*-Sporen und mit etwa einer *Clostridium*-Spore pro Gramm kontaminiert [3, 15]; die Kontamination mit Sporen von *Clostridium botulinum* wird mit etwa 1 Spore/kg angenommen [13]. In Wurstbräten kann die Kontaminationsrate höher sein, da Schwarten, Blut, Innereien und Naturgewürze vielfach erhöhte Mengen von Bakteriensporen enthalten [3, 15]. Dies ist bei der Auswahl des Rohmaterials und der Zutaten zu berücksichtigen.

Die Herstellung von Fleisch- und Wurstkonserven muß vor allem auf die zuverlässige Unterdrückung von *C. botulinum* abzielen. Bei langfristig ungekühlt lagerfähigen Produkten sollte die Wahrscheinlichkeit P, mit der eine *C. botulinum*-Spore den Prozeß überlebt und anschließend zur Toxinbildung führt, unter 10^{-12} liegen, wie auch im ‚12-D-Konzept' festgelegt. Produkte, bei denen von einer kürzeren Lagerungszeit (maximal 1 Jahr) bei mäßigen Temperaturen (20–25 °C) auszugehen ist, gilt eine Wahrscheinlichkeit $P < 10^{-8}$ als ausreichend [2]. Wegen der verbreiteten Unzulänglichkeiten bei der Einhaltung der Kühlkette ist weiterhin zu fordern, daß Produkte, deren Wasseraktivität (über 0,97) und pH-Wert die Vermehrung nicht-proteolytischer, psychrotropher Stämme von *C. botulinum* noch zulassen, so intensiv erhitzt werden, daß die Zahl der Sporen dieser Stämme zumindest um 6 Zehnerpotenzen vermindert wird ($F_{90} > 10$). Die Produkte sollten außerdem nur mit kurzen Haltbarkeitsfristen in den Verkehr gebracht werden [14].

3.7.5 Arten von Fleisch- und Wurstkonserven und ihre mikrobiologische Sicherheit

Tab. 3.7.3 gibt eine Übersicht über die Arten von Fleisch- und Wurstkonserven. Fleischkonserven (z. B. Gulaschkonserven und fleischhaltige Fertiggerichte) werden meist als Vollkonserven hergestellt. Die Herstellung von Wurst-Vollkonserven ist schwierig, da aufgrund der halbfesten bis festen Konsistenz und der schlechten Wärmeleitung der Produkte eine halbwegs produktschonende Erhitzung auf den (aus hygienischer Sicht erwünschten) F_0-Wert über 2,5 im allgemeinen nur bei kleinen Behältern mit günstiger Geometrie (großes Oberflächen-Volumen-Verhältnis) möglich ist [21]. Hinzu kommt, daß ein Autoklav mit Einrichtung zur kontinuierlichen Messung der Kerntemperatur der Produkte keineswegs in allen fleischverarbeitenden Betrieben vorhanden ist. Vielfach wird daher weniger intensiv erhitzt, so daß die Hemmung eventuell überlebender Sporen durch andere Faktoren zu gewährleisten ist.

Bei einer (handwerksüblichen) zweistündigen Erhitzung von Wurstkonserven gängiger Rezeptur in kochendem Wasser werden Kerntemperaturen von 98–99 °C und je nach Behälterformat, -material und Füllgut nur F_0-Werte zwischen 0,2 und 0,5 erzielt. Diese „Kesselkonserven" müssen daher unterhalb von 10 °C gelagert werden.

Bei den ungekühlt lagerfähigen „Shelf Stable Products" (SSP) kann eine ausreichende Sicherheit durch die Kombination der Hitzebehandlung mit einer Verminderung der Wasseraktivität (wasserarme, dafür fett- und salzreiche Rezepturen) und/oder des pH-Werts (Essigsäure oder Glucono-*delta*-Lacton) erreicht werden. Will man nur mild ($F_{70} > 30$) erhitzen, ist der

Tab. 3.7.3 Einteilung von Fleisch- und Wurstkonserven aus mikrobiologischer Sicht (pH-Wert unter 6,5; nach [24] und [27], verändert)

Typ	Art	Hitzebehandlung (z-Wert = 10)	dadurch abgetötet	Hemmung überlebender Sporen durch
I	Halbkonserven, z. B. Dosenschinken, in der Packung nachpasteurisierte Wurstwaren	$F_{70} > 30$	unversporte Mikroorganismen	Lagerung unter 5 °C
II	gekühlte fleischhaltige Fertiggerichte	$F_{90} > 10$	wie (I), zuzüglich Sporen psychrotropher C. botulinum-Stämme	Lagerung unter 5 °C
III	„Kesselkonserven"	$F_0 > 0{,}4$	wie (II), zuzüglich Sporen psychrotropher Bakterien	Lagerung unter 10 °C
	„Dreiviertelkonserven"	$F_0 > 0{,}6 - 0{,}8$	wie (II), zuzüglich Sporen psychrotropher Bakterien	Lagerung unter 10 °C, sofern keine F-SSP
IV	„Shelf Stable Products" (SSP):			Lagerung unter 25 °C, pH < 6.5, zuzüglich:
IVa	a_w-SSP	Kerntemp. 78 °C	wie (I)	a_w-Wert < 0,95
IVb	pH-SSP	[2]	wie (I)	[2]
IVc	F-SSP[1]: Brühwurst mit Nitritpökelsalz	$F_0 > 0{,}4$ $F_0 > 1{,}0$	wie (III) wie (III), zuzüglich der meisten Sporen mesophiler Bakterien	a_w-Wert < 0,97 a_w-Wert < 0,97
	Kochwurst sowie Brühwurst ohne Nitritpökelsalz	$F_0 > 0{,}4$ $F_0 > 1{,}5$	wie (III) wie (III), zuzüglich der meisten Sporen mesophiler Bakterien	a_w-Wert < 0,96 a_w-Wert < 0,98
V	Vollkonserven[3])	$F_0 > 4$	wie (III), zuzüglich der meisten Sporen mesophiler Bakterien	Lagerung unter 30 °C
VI	Tropenkonserven	$F_0 > 15$	wie (IV), zuzüglich der meisten Sporen thermophiler Bakterien	nicht erforderlich

[1]) F-SSP werden in der englischsprachigen Literatur als „Shelf Stable Canned Cured Meats" (SSCCM) bezeichnet.

[2]) Brühwurst, bei 25 °C etwa 6 Wochen haltbar durch Kombination aus Absenkung von pH und Wasseraktivität, Verwendung von Nitritpökelsalz und Nacherhitzung in der Packung (siehe Text und [3, 15]).

[3]) nach Anlage 2 a zur Fleischhygiene-VO: $F_0 > 3{,}0$.

a_w-Wert auf unter 0,95 zu senken (a_w-SSP), wie es traditionell bei italienischer Mortadella geschieht: Clostridien werden gehemmt, und salztolerante *Bacillus*-Arten erreichen im allgemeinen nur Keimdichten von höchstens 10^5/g [11]. Eine deutliche Hemmung von Sporenbildnern ist auch zu erzielen, wenn man – wie bei der Herstellung von Sülzen – mit Essigsäure den pH-Wert des Produktes auf unter 5,0 absenkt. Auch die Kombination aus einem a_w-Wert unter 0,97 (bei Verwendung von Nitritpökelsalz), einem pH-Wert von unter 5,5 und einer milden Erhitzung in der Packung ergibt erfahrungsgemäß ein zumindest einige Wochen ohne Kühlung lagerfähiges Brühwurstprodukt [3, 15]. Da diese niedrigen pH- und a_w-Werte nur bei wenigen Produkten vom Verbraucher akzeptiert werden, kombiniert man in der Praxis meist eine intensivere Erhitzung (im Autoklaven) mit gängigen Rezepturen. Aus den vorliegenden experimentellen Daten [2, 13] ist zu folgern, daß für eine Lagerung für 1 Jahr bei 20 – 25 °C erst ein F_0-Wert über 1,5 ausreichende Sicherheit bietet. Für Brühwurstkonserven, die mit Nitritpökelsalz hergestellt wurden, reicht nach [2] ein F_0-Wert über 1,0, nach [21] ein F_0-Wert von 0,6 bis 0,8 aus. Bei Kochwurst- und nitritfreien Brühwurstkonserven muß ein Unterschreiten des F_0-Wertes von 1,5 durch Wahl von Rezepturen mit niedriger Wasseraktivität kompensiert werden (Tab. 3.7.3); anderenfalls handelt es sich um „Dreiviertelkonserven", die längerfristig sicher nur unter 10 °C zu lagern sind [12, 13, 24, 27].

3.7.6 Identifizierung der Verderbsursache bei Fleisch- und Wurstkonserven

Konserven können infolge Untersterilisation oder Undichtigkeit des Behälters mikrobiell verdorben werden. Eine Erhebung an bombierten Vollkonserven in den USA ergab, daß Behälterundichtigkeiten weitaus häufiger die Ursache waren als unzureichende Erhitzung [18]. Bei ‚Kesselkonserven' und in Weichpackungen autoklavierten SSP's deutscher Herstellung überwogen hingegen *Bacillus*- und *Clostridium*-Arten als Verderbsursache (Tab. 3.7.4).

Art und Ausmaß des durch sporenbildende Bakterien hervorgerufenen Verderbs von Fleisch- und Wurstkonserven hängen entscheidend von der Zusammensetzung ihrer Gärprodukte ab. Wenn *Bacillus*-Arten Zuckerstoffe zu Alkoholen, Essigsäure und/oder nicht flüchtigen Säuren vergären, sind die Verderbserscheinungen weniger dramatisch als bei der Vergärung von Zuckern durch Clostridien zu flüchtigen Fettsäuren (Essigsäure, Buttersäure

Tab. 3.7.4 Haltbarkeit von Kesselkonserven[1] und autoklavierten Würsten in Folie[2] bei 25 °C (Bebrütung 4 Wochen; Daten aus [12])

Produkt	Zahl der Proben	Anteil der Proben in %				
		stabil	nahezu stabil[3]	mit Verderb durch		
				Bacillus	*Clostridium* (allein oder mit *Bacillus*)	Rekontaminanten
Brühwurst, Kesselkonserve	60	80	10	2	5	3
Brühwurst, Folie	38	42	24	13	8	13
Kochwurst, Kesselkonserve	96	44	16	25	7	8
Kochwurst, in Folie	116	74	13	7	3	3
Insgesamt	310	62	14	12	6	6

[1]) handwerklich hergestellte, als „auch bei Kühlung nur begrenzt lagerfähig“ gekennzeichnete Konserven in Dosen und Gläsern, die im offenen Kessel erhitzt wurden (erzielte F_0-Werte etwa 0,2 bis 0,5)
[2]) industriell in hitzestabilem Kunstdarm autoklavierte Würste, gemäß Deklaration 6–8 Wochen ohne Kühlung haltbar
[3]) Anstieg des aeroben Keimgehalts ohne Verderbserscheinungen

u. a.). Zu ausgeprägter Fäulnis (Bildung flüchtiger verzweigtkettiger Fettsäuren sowie von flüchtigen schwefel- und stickstoffhaltigen Verbindungen) führen diejenigen Clostridienarten, die Aminosäuren vergären können (*C. sporogenes, C. bifermentans*). Auch proteolytische Stämme von *C. botulinum* verursachen Fäulnis. Leider wird diese häufig erst nach der Toxinbildung deutlich, so daß die Verbraucher nicht immer vor dem Verzehr des Produkts gewarnt werden.
Die Vermehrung von *Bacillus*-Arten ist mit keiner oder nur geringer Gasbildung verbunden, während Clostridien meistens größere Mengen an Wasserstoff und Kohlendioxid bilden und im allgemeinen (nicht immer!) deutliche Bombagen verursachen.

Bei verdächtigen Konserven werden vor allem die folgenden Merkmale erfaßt:
- Gasbildung (Bombage), evtl. Analyse des gebildeten Gases;
- Säuerung;

- Abweichungen in Geruch und Konsistenz;
- Zustand, insbesondere Dichtigkeit des Behältnisses.

Im Verdachtsfall kann sich die mikroskopische Untersuchung des Füllguts nach Färbung sowie der (meist nur qualitative) Nachweis von Mikroorganismen (aerobe und anaerobe sporenbildende Bakterien, Rekontaminationskeime) anschließen.

Eine ausführliche Übersicht über die verschiedenen Verderbsursachen und deren Symptome finden sich in der Literatur [5, 10, 17]. Tab. 3.7.5 infor-

Tab. 3.7.5 Schlüssel zur Ermittlung der wichtigsten Verderbsursachen bei schwach sauren Fleisch- und Wurstkonserven, die bei Temperaturen unter 30 °C gelagert wurden

Nr.	Merkmal	Ergebnis / weiter bei
1.	Kokken und/oder gramnegative Stäbchen kulturell nachgewiesen	Undichtigkeit
	nur mikroskopisch nachgewiesen	Erhitzung verdorbener Rohstoffe
	nicht nachgewiesen	2
2.	Starke Bombage, aerobe Kultur schwach oder negativ	3
	keine oder schwache Bombage	5
3.	pH-Wert deutlich erniedrigt, Geruch säuerlich bis käsig	saccharolytische Clostridien
	pH-Wert wenig verändert, Geruch anranzig bis käsig/nach Erbrochenem	4
	pH-Wert wenig verändert, Geruch anfaulig bis faulig	*Clostridium sporogenes, C. bifermentans, C. botulinum* (proteolytische Stämme)
4.	Konsistenz normal	saccharolytische Clostridien, einschließlich nicht-proteolytischer Stämme von *C. botulinum*
	weiche Konsistenz, große plumpe Stäbchen im mikroskopischen Bild	*Clostridium perfringens*
5.	Geruch einwandfrei	6
	Geruch säuerlich, aerobe Kultur positiv	*Bacillus*-Arten
	Geruch käsig oder faulig	3
6.	pH-Wert normal	Füllfehler (zu hohes Füllgewicht oder keine Entgasung vor dem Füllen)
	pH-Wert erniedrigt	*Bacillus*-Arten

miert über die Symptome der häufigsten Verderbsursachen. Während bei undichten Behältnissen meist eine Mischflora auftritt, die auch gramnegative Bakterien umfaßt, sind bei untererhitzten Konserven nur Sporenbildner nachzuweisen. Vor allem Clostridien sind jedoch in den von ihnen verdorbenen Konserven oft nicht mehr vermehrungsfähig, so daß eine mikroskopische Untersuchung des verdorbenen Behälterinhalts wichtig ist.

3.7.7 Kritische Punkte bei der Herstellung von Fleisch- und Wurstkonserven

Entscheidend für die Herstellung sicherer Fleisch- und Wurstkonserven ist die Prozeßbeherrschung im Sinne des Hazard Analysis Critical Control Point (HACCP-) Konzepts [8, 20]. Die Einführung einer auf dem HACCP-Konzept basierenden mikrobiologischen Qualitätssicherung wird zunehmend auch amtlich gefordert (vgl. die Richtlinie 93/43 (EWG) über die Lebensmittelhygiene).

Eine Übersicht über die kritischen Punkte gibt Tab. 3.7.6. Besonders wichtig ist eine genaue Überwachung der Erhitzung (Temperatur, Zeit), der Behälter und der Verschließmaschinen sowie der Sauberkeit bei der Kühlung und Handhabung der erhitzten Behältnisse. Für jeden kritischen Punkt sind die zu erfassenden Merkmale und Meßgrößen und ihre Richt- und Grenzwerte festzulegen. Ebenfalls festgelegt werden muß, wer wie oft mit welcher Methodik kontrolliert, und was bei Nichteinhaltung von Richt- oder Grenzwerten zu tun ist. Beispielsweise sollten derartige Prüfpläne und Arbeitsanweisungen für den besonders kritischen Erhitzungsprozeß nicht nur den zu erzielenden *F*-Wert festlegen, sondern u. a. Angaben machen über

- die Eingangstemperatur der Ware;
- den Verlauf von Temperatur und Druck im Autoklaven;
- die Art und Positionierung der Temperaturfühler und die mit ihnen ausgestatteten Prüfbehältnisse (im „Kältepol" des Behältnisses bzw. des Autoklaven);
- die Haltezeit bis zum Beginn der Kühlung

sowie über Frequenz und Methode der Prüfmittelkontrolle (z. B. Eichung der Temperaturfühler).

Undichtigkeiten können bedingt sein durch
- fehlerhafte Behältnisse;
- Fehler beim Verschluß;

Tab. 3.7.6 Kritische Punkte bei der Herstellung von Wurstkonserven

Prozeßschritte	Kritische Parameter
Schlachtung ↓	Verunreinigung der Schlachtkörper und des Blutes
Kühlung der Schlachtkörper ↓	
Zerlegung ↓	
Materialauswahl ↓	Mikrobielle Belastung des Fleisches und der Zutaten; bei Dosenwürstchen und Fertigerichten auch Menge und Viskosität des flüssigen Anteils
ggf. Vorgaren (Kochwurst) / ggf. Einlagen Vorpökeln / Wolfen ↓ Kuttern (← Salz, Pökelstoffe, Gewürze usw.) ↓	
Mischen ↓	pH-Wert; Wasseraktivität
← Behältnisse	Zustand und Sauberkeit der Behältnisse
Füllen ↓	Sauberkeit des Gefäßrands bzw. der Siegelnähte; Füllmenge; bei Dosenwürstchen und Fertiggerichten auch Kopfraum
Verschließen ↓	Dichtigkeit des Verschlusses
Erhitzen ↓	*F*-Wert; mechanische Belastung der Behältnisse
Kühlen ↓	Sauberkeit des Kühlwassers und der Gerätschaften; Kühlgeschwindigkeit
Lagerung und Distribution	Kühlung

- fehlerhaftes Verschweißen der Siegelnähte (z. B. infolge Verunreinigung mit dem Füllgut);
- stark kontaminiertes Kühlwasser;
- Kontakt der noch warmen und feuchten Behältnisse mit unsauberen Händen oder Geräten (Gefahr des ‚Hineinsaugens' von Kontaminanten).

Diese möglichen Schwachstellen sind dementsprechend bei der Erstellung von Prüfplänen und Arbeitsanweisungen zu beachten. Eine ausführliche Darstellung der Prüfverfahren für Konservendosen und ihre Verschlüsse findet sich in [9].

Eine Endproduktkontrolle hat vor allem die Aufgabe, das Funktionieren der Prozeßkontrollen nach dem HACCP-Konzept zu überprüfen. Vielfach wird eine Stichprobe bebrütet (bei Vollkonserven meist 14 Tage bei 30 – 35 °C) und anschließend, wie in Abschnitt 3.7.6 dargelegt, untersucht auf Verderb und ggf. dessen Ursache. Die Empfehlungen der ICMSF [7] für die Prüfung von Konserven, über deren Herstellung keine ausreichenden Daten vorliegen, sind in Tab. 3.7.7 aufgeführt. Es muß jedoch nochmals betont werden, daß die Endproduktkontrolle die Prozeßkontrolle nach dem HACCP-Konzept keinesfalls ersetzen kann. Dies wird bei der Herstellung von Fleisch-Vollkonserven besonders deutlich: Die Gegenwart von Clostridien in einem von 1000 Behältnissen ist durch Endproduktkontrolle nicht zu erfassen, stellt aber ein viel zu hohes Risiko dar.

Tab. 3.7.7 Prüfplan der ICMSF für Vollkonserven [7]

Stufe	Zahl der zu untersuchenden Packungen	Prüfung	Anzahl defekter Packungen	Entscheidung
1	200	äußerlich auf Bombagen und Falzdefekte	0 1–2 3 oder mehr	Annahme Stufe 2 Ablehnung
2	ganze Partie	äußerlich auf Bombagen und Falzdefekte	weniger als 1 % 1 % oder mehr	Stufe 3 Ablehnung
3	200 Packungen aus Stufe 2	Bebrütung 10 Tage bei 30 °C	0 1 oder mehr	Stufe 4 Ablehnung
4	200 Packungen aus Stufe 3	Kontrolle auf Falzdefekte und pH-Änderungen des Füllguts	0 1 oder mehr	Annahme Ablehnung

Literatur

[1] Ababouch, L.; Busta, F. F.: Effect of thermal treatments in oil on bacterial spore survival. Journal of Applied Bacteriology **62** (1987), 491–502

[2] Hauschild, A. H. W.; Simonsen, B.: Safety of shelf-stable canned cured meats. Journal of Food Protection **48** (1985), 997–1009

[3] Hechelmann, H., Kasprowiak, R.: Mikrobiologische Kriterien für stabile Produkte. Fleischwirtschaft **71** (1991), 374, 379–380, 382–386, 388–389

[4] Heiss, R.; Eichner, K.: Haltbarmachen von Lebensmitteln, 2. Aufl. Berlin: Springer-Verlag, 1990

[5] Hersom, A. C.; Hulland, E. D.: Canned foods – Thermal processing and microbiology. Edinburgh: Churchill Livingstone, 1980

[6] International Commission on Microbiological Specifications for Foods (ICMSF): Microbial ecology of foods Vol. 1: Factors affecting life and death of microorganisms. New York: Academic Press, 1980

[7] International Commission on Microbiological Specifications for Foods (ICMSF):

Microorganisms in Foods 2: Sampling for microbiological analysis: Principles and specific applications. Oxford: Blackwell Scientific Publ., 1986
[8] International Commission on Microbiological Specifications for Foods (ICMSF): Microorganisms in Foods 4: Application of the Hazard Analysis Critical Control Point (HACCP) system to ensure microbiological quality and safety. Oxford: Blackwell Scientific Publ., 1988
[9] Kolb, H.: Herstellung und Prüfung von Konservendosen. Fleischwirtschaft **63** (1983), 1363–1374, 1377–1382
[10] Lange, H.-J.: Untersuchungsmethoden in der Konservenindustrie. Hamburg: Parey-Verlag, 1972
[11] Leistner, L.: Hurdle technology applied to meat products of the shelf stable product and intermediate moisture food types. In: Properties of Water in Food (D. Simatos, J. L. Multon, eds.), Dordrecht: Nijhoff, 1985, S. 309-329
[12] Lücke, F.-K.; Hechelmann, H.: Abschätzung des Botulismus-Risikos bei ohne Kühlung gelagerten erhitzten Fleischerzeugnissen. Mitteilungsblatt der Bundesanstalt für Fleischforschung Kulmbach Nr. 94 (1986), 7186–7190
[13] Lücke, F.-K.; Roberts, T. A.: Control in meat and meat products. In: *Clostridium botulinum*: Ecology and control in foods (A. H. W. Hauschild, K. Dodds, eds.). New York: Dekker, 1993, S. 177–207
[14] Lund, B. M.; Notermans, S. H. W.: Potential hazards associated with REPFEDs. In: *Clostridium botulinum*: Ecology and control in foods (A. H. W. Hauschild, K. Dodds, eds.). New York: Dekker, 1993, S. 279–303
[15] Mol, J. H. H.; Timmers, C. A.: Assessment of the stability of pasteurized comminuted meat products. Journal of Applied Bacteriology **33** (1970), 233–247
[16] Molin, N.; Snygg, B. G.: Effect of lipid materials on heat resistance of bacterial spores. Applied Microbiology **15** (1967), 1422–1426
[17] National Canners Association: Laboratory manual for food canners and processors, Vol. 1 & 2. Westport: AVI Publ. Comp., 1980
[18] Pflug, I. J.; Davidson, P. M.; Holcomb, R. G.: Incidence of canned food spoilage at the retail level. Journal of Food Protection **44** (1981), 682–685
[19] Pflug, I. J.; Odlaug, T. E.: A review of z and F values used to ensure safety of low-acid canned food. Food Technology **32** (1978), H. 6, S. 63–70
[20] Pierson, M. D.; Corlett, D. A. (Hrsg.): HACCP – Grundlagen der produkt- und prozeßspezifischen Risikoanalyse. Hamburg: Behr's Verlag, 1992
[21] Reichert, J. E.: Die Wärmebehandlung von Fleischwaren. Grundlagen der Berechnung und Anwendung. Bad Wörrishofen: Hans Holzmann-Verlag, 1985
[22] Roberts, T. A.; Ingram, M.: The effects of NaCl, KNO_3 and $NaNO_2$ on recovery of heated bacterial spores. Journal of Food Technology **1** (1966), 147–163
[23] Sielaff, H.; Andrae, W.; Oelker, P.: Herstellung von Fleischkonserven und industrielle Speisenproduktion. Leipzig: Fachbuchverlag, 1982
[24] Stiebing, A.: Vorverpackung und Konservenherstellung von Kochwurst und Kochpökelwaren. Fleischwirtschaft **69** (1989), 8, 10–14, 16, 21–22
[25] Stumbo, C. R.: Thermobacteriology in food processing. 2. ed., New York: Academic Press, 1973
[26] Troeger, K.: Brüh- und Enthaarungstechnik – Einfluß auf den Keimgehalt von Schweineschlachtkörpern. Fleischwirtschaft **73** (1993), 128–133
[27] Wirth, F.; Leistner, L.; Rödel, W.: Richtwerte der Fleischtechnologie, 2. Auflage. Frankfurt: Deutscher Fachverlag, 1990
[28] Xezones, H.; Hutchings, I. J.: Thermal resistance of *Clostridium botulinum* (62A) spores as affected by fundamental food constituents. Food Technology **19** (1965), H. 6, S. 113–115

3.8 Mikrobiologie von gekühlten fleischhaltigen Gerichten[1])

J. Krämer

3.8.1 Einleitung

Unter Kühlgerichten werden in diesem Abschnitt Produkte verstanden, die bei konsequenter Kühllagerung mehr als 10 Tage lang lagerfähig sind. Im englischsprachigen Raum werden diese Gerichte auch als **„Refrigerated, Processed Foods of Extended Durability“ (REPFED)** bezeichnet. Die unter großküchentechnischen bzw. industriellen Bedingungen produzierten Gerichte dieser Art werden vor oder nach dem Verpacken einer Pasteurisation oder einer anderen küchentechnischen Hitzebehandlung unterzogen. Die Produkte werden häufig in Vakuumverpackungen oder in Verpackungen mit modifizierter Atmosphäre (MAP = Modified Atmosphere Packaging) vermarktet [2, 10, 14, 24, 39].

3.8.2 Kühlkostsysteme

Kühlgerichte können entsprechend ihrer Herstellung und Verpackung in verschiedene Kategorien eingeteilt werden:

- Die rohen, gekochten oder teilweise gekochten Komponenten werden in mikrobiologisch dichten Folien oder anderen Behältnissen verpackt und anschließend gekocht, schnell abgekühlt und im gleichen Behältnis kühl gelagert und transportiert. Die Verpackung kann unter Vakuum oder in einer modifizierten Atmosphäre erfolgen.
- Die rohen Einzelkomponenten werden erst in offenen Kesseln gegart, anschließend in Beutel oder andere Behältnisse abgefüllt, mikrobiologisch dicht verschlossen, schnell abgekühlt und bei entsprechender Kühltemperatur gelagert und transportiert.
- Nach dem Garen und dem Verpacken werden die Gerichte einem zusätzlichen Erhitzungsprozeß unterzogen.
- Größere Fleischstücke werden in Vakuumverpackungen oder Metallformen gekocht, gekühlt, aus der Verpackung entnommen und nach dem

[1]) Unter Mitarbeit von A. von Petersen [14]

Portionieren wieder unter Vakuum oder in einer modifizierten Atmosphäre verpackt, gekühlt und unter den entsprechenden Kühltemperaturen gelagert und vertrieben.

Das älteste Verfahren zur Herstellung von Kühlkost ist das Nacka-Verfahren, das einen Pasteurisationsschritt beinhaltet: Nach dem üblichen Garen, bei dem in jedem Teil des Gerichtes mindestens 80 °C erreicht werden sollen, werden die Speisen heiß in Kunststoffschläuche abgefüllt. Die Schläuche werden evakuiert und dicht verschlossen. Nach der anschließenden Pasteurisation im Wasserbad bei mindestens 80 °C Kerntemperatur für mindestens 3 bis 10 Min. erfolgt eine rasche Abkühlung und eine anschließende Kühllagerung für zwei bis höchstens drei Wochen bei maximal 3 °C. Die Wiedererwärmung erfolgt für 20 bis 30 Min. im kochenden Wasserbad.

Im Laufe der Zeit wurde das Nacka-Verfahren mehrmals modifiziert. Eines dieser Verfahren ist das in Abb. 3.8.1 schematisch dargestellte Sous-Vide-System, das folgende Schritte beinhaltet [15, 16, 25, 27]:

- Zubereiten der Lebensmittel und Vakuumverpacken in hitzebeständigen Kunststoffbeuteln,
- Garen der vakuumverpackten Gerichte bei Ofentemperaturen zwischen 75 °C und 100 °C und Kerntemperaturen zwischen 60 °C und 95 °C,
- anschließende schnelle Kühlung auf Temperaturen unter +10 ° C
- und Lagerung bei 0 °C bis +2 °C bzw. bei 0 °C bis +8 °C, wenn die Kerntemperatur in allen Teilkomponenten des Gerichtes mindestens 90 °C für 10 Min. betragen hat.

Ein weiteres Verfahren ist das in Frankreich entwickelte Regethermic-System, das in der Schweiz und in Deutschland auch als Multimet-System bekannt ist: Im Anschluß an das Garen werden die Speisen in großen Portionsschalen oder – wie beim Nacka-Verfahren – heiß in Plastikbeutel gefüllt, die dann evakuiert werden. Nach dem Verschließen und der raschen Abkühlung erfolgt die Kühllagerung, der Kühltransport und der Verbrauch innerhalb weniger Tage. Bei der Anwendung dieses Systems bei der Außer-Haus-Verpflegung werden die Speisen direkt auf einen Teller gegeben, der mit Plastikfolien oder Glocken abgedeckt wird. Das Aufwärmen der Speisen erfolgt auf dem Teller in einem Regethermic-Ofen durch ca. 15minütige Infrarot-Bestrahlung.

Die ordnungsgemäße Durchführung des Nacka- und des Sous-Vide-Verfahrens schließen sekundäre Kontaminationen nach dem Garprozeß weitgehend dadurch aus, daß der Gar- bzw. Pasteurisationsprozeß in einer mikroorganismendichten Verpackung durchgeführt wird.

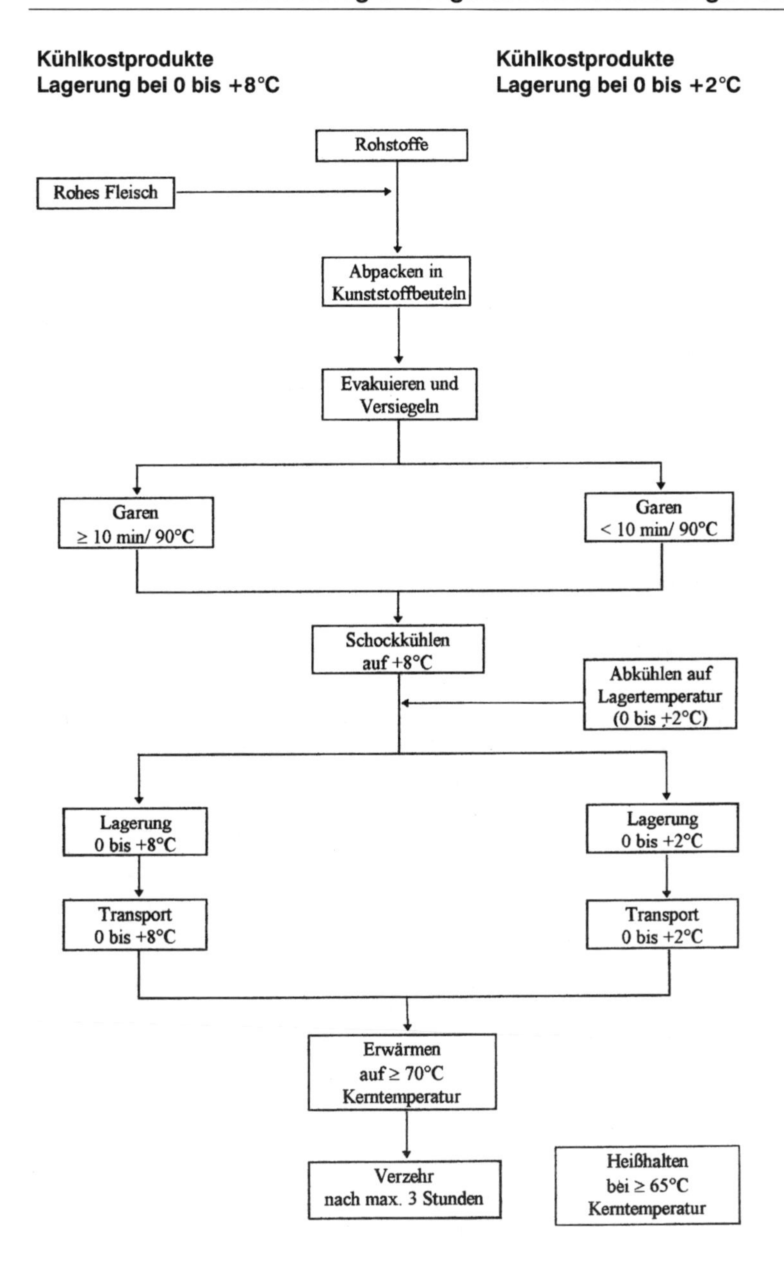

Abb. 3.8.1 Fließdiagramm für die Herstellung längerfristig lagerfähiger Sous-Vide-Kühlkostprodukte

3.8.3 Mikrobiologische Risiken

Ziel des Erhitzungsschrittes bei der Herstellung der Kühlkostgerichte ist es, vegetative Mikroorganismen und hitzeempfindliche Endosporen von Bakterien abzutöten. Die Vermehrung überlebender potentieller Krankheitserreger soll durch die konsequente Kühlung verhindert werden. Bei einer Kühltemperatur unter 10 °C wird die Vermehrung und Toxinbildung der meisten lebensmittelvergiftenden Mikroorganismen sicher gehemmt. Psychrotolerante pathogene Mikroorganismen können sich dagegen auch bei Kühlschranktemperaturen noch vermehren. Allerdings verlängern sich bei diesen tiefen Temperaturen die Zeiten bis zum Beginn der Vermehrung (Lag-Zeit) und die Generationszeiten der Erreger beträchtlich. In der Regel sind die Lebensmittel während dieser Zeit durch nicht pathogene psychrotrophe Verderbniserreger und durch nichtmikrobielle Vorgänge verdorben, bevor eine gesundheitsgefährdende Vermehrung pathogener Erreger stattfinden kann.

Vegetative Bakterien. Mögliche psychrotrophe Bakterien, die sich auch bei Kühllagerung in den Produkten vermehren und zu einer Gesundheitsgefährdung des Verbrauchers führen können, sind in Tab. 3.8.1 zusam-

Tab. 3.8.1 Wachstumsansprüche/Überlebensfähigkeit pathogener psychrotropher Mikroorganismen [2, 22, 23, 31]

Mikroorganismus	Temperatur Minimum (°C)	pH-Wert Minimum	a_w-Wert Minimum
C. botulinum Typ II	3,3	4,8–5,0	0,97
C. botulinum Typ I	10	4,5	0,95
E. coli (ETEC)[1]	1–4	4,4	0,95
L. monocytogenes	0	4,3–5,0	0,93
Yersinia enterocolitica	–2	4,2	0,96
Aeromonas hydrophila	0–5	4,8	0,94
Vibrio parahaemolyticus	5	4,8	0,94
Bacillus cereus[1]	1–5	4,3–4,9	0,91–0,95
Hepatitis A-Viren	widerstandsfähig gegen Einfrieren	widerstandsfähig gegen schwaches Ansäuren (pH 4,0)	Inaktivierung durch Trocknen

[1] psychrothrophe Stämme der sonst mesophilen Art

mengestellt. Bei üblicherweise angewendeten Pasteurisationstemperaturen von 70 bis 80 °C werden die vegetativen Mikroorganismen wie *Listeria monocytogenes, Yersinia enterocolitica, Aeromonas hydrophila und Escherichia coli* sicher abgetötet [19]. Zum Beispiel liegt der D_{71}-Wert für *Listeria monocytogenes* bei 1 bis 4 Sek. und der *z*-Wert bei etwa 6 bis 8 Sek. Eine 2 Min. lange Erhitzung der Produkte auf 70 °C oder ein äquivalenter Erhitzungsprozeß reicht deshalb aus, *Listeria monocytogenes* auch in höherer Konzentration sicher abzutöten. Eine Gefährdung der Produkte hinsichtlich der genannten vegetativen Krankheitserreger besteht nur dann, wenn nach dem Erhitzungsschritt eine Sekundärkontamination stattfindet. In diesen Fällen ist das Produkt besonders gefährdet, weil die Erreger sich wegen der fehlenden kompetitiven Flora ungehemmt vermehren können.

Bacillus cereus. *B. cereus-Sporen* können den Pasteurisationsschritt überleben. Theoretisch könnten psychrotrophe toxinogene Stämme von *B. cereus* bei längerfristiger Lagerung der Kühlgerichte gesundheitsgefährdende Konzentrationen an Diarrhoe- oder an Erbrechenstoxin produzieren. Obwohl derartige Lebensmittelvergiftungen bisher noch nicht bekannt geworden sind, sollte durch eine konsequente Rohstoffüberwachung hinsichtlich des Auftretens psychrotropher *Bacillus cereus*-Stämme dieses Risiko minimiert werden.

Clostridium botulinum Typ II. Die größte Gefährdung geht eindeutig von den nicht-proteolytischen Stämmen von *Clostridium botulinum* (*C.botulinum* Typ II) aus. Nicht-proteolytische Stämme von C.botulinum sind psychrotroph und können noch bei Minimaltemperaturen von 3 °C wachsen. Allerdings vermindert sich die Generationszeit auch für diesen Erreger bei derartig niedrigen Temperaturen beträchtlich. So benötigt *Clostridium botulinum* Typ II für den 10 000fachen Anstieg der Keimzahl bei einer Lagertemperatur von 5 °C bereits 26 Tage [31].

Die Herstellungsbedingungen längerfristig lagerfähiger Kühlgerichte müssen darauf ausgerichtet sein, die vegetativen bakteriellen Krankheitserreger sowie die Sporen von *Clostridium botulinum* Typ II sicher durch Hitze abzutöten und eine Sekundärkontamination nach der Erhitzung durch eine konsequente Betriebshygiene zu vermeiden. Sollte der Hitzeprozeß zur Abtötung der *C. botulinum* Typ II-Sporen nicht ausreichen, muß durch eine konsequente Kühlung unter +3 °C eine Vermehrung der Erreger ausgeschlossen werden. In jedem Fall muß die Kühltemperatur unter der minimalen Vermehrungstemperatur von *Clostridium botulinum* Typ I (10 °C) liegen. Die Sporen dieser proteolytischen *C. botulinum*-Stämme werden durch die Gar- oder Pasteurisationstemperaturen nicht abgetötet [9, 13, 22, 23, 24, 29, 40].

Viren. Viren können über eine fäkale Verunreinigung in die Lebensmittel gelangen. Mit Lebensmitteln übertragbare Viren wie die Hepatitis A-Viren werden durch höhere küchentechnische Erhitzungsprozesse in der Regel abgetötet. Der D_{90}-Wert für Hepatitis A-Viren beträgt z. B. 0,2 Min. Das angestrebte Zeit/Kerntemperaturverhältnis von 10 Min./90 °C reicht deshalb in der Regel aus, auch höhere Konzentrationen der Viren sicher abzutöten [2].

Parasiten. In der Muskulatur und damit im rohen Fleisch vieler Tiere können Parasiten vorhanden sein. Besonders häufig lassen sich Sarkosporidien nachweisen. Die Sarkosporidien werden bereits ab Temperaturen von 65 °C abgetötet. Werden diese Kerntemperaturen während des Garprozesses nicht erreicht – z. B. bei der schonenden Zubereitung von Roastbeef –, muß das rohe Fleisch vor der Verarbeitung zur Abtötung der Parasiten mindestens 3 Tage lang bei –20 °C eingefroren werden [16, 38].

3.8.4 Einfluß einzelner Arbeitsschritte auf den mikrobiologischen Status

Länger lagerfähige Kühlgerichte sind hygienisch äußerst sensible Produkte. Die Einhaltung einer guten Betriebshygiene ist deshalb bei Herstellung, Lagerung und Vertrieb der Produkte von besonderer Bedeutung. Voraussetzung für die Aufnahme der Produktion ist die Erstellung eines spezifischen Hygienekodex. Die einzelnen Elemente, zu denen die Personalhygiene, die Raum- und Maschinenhygiene, die Produkt- und Produktionshygiene sowie die Reinigung und Desinfektion gehören, sind den besonderen Gegebenheiten des Produktes anzupassen. Dabei ist insbesondere durch eine geeignete Rohwarenauswahl und -kontrolle sowie durch entsprechende Pasteurisations- und Kühlbedingungen dem Botulismusrisiko Rechnung zu tragen. Ein besonderes Augenmerk erfordert eine mögliche Rekontamination nach der Erhitzung mit pathogenen Erregern wie *Listeria monocytogenes*. Spezielle Hygienevorschriften für Räume (Abgrenzung von Hygienerisikobereichen), Einrichtungen, Maschinen und Mitarbeiter müssen eine derartige sekundäre Kontamination verhindern [7, 8, 10, 11, 17, 18, 26, 28, 30, 32, 33, 37].

Nach Festlegung detaillierter Hygienevorschriften kann der Produktions- und Distributionsablauf einer HACCP-Studie unterzogen werden. Die Identifizierung und die Festlegung von Lenkungsbedingungen der identifizierten kritischen Kontrollpunkte (CCPs) ist eine wichtige vorbeugende Maßnahme zur Verhinderung der Produktion gesundheitlich bedenklicher Gerichte [20, 24, 34, 35].

3.8.4.1 Produktentwicklung

Die Fähigkeit und Geschwindigkeit des Wachstums lebensmittelverderbender und lebensmittelvergiftender Mikroorganismen in einem Produkt ergeben sich aus der Kombination zahlreicher Faktoren, die bereits bei der Produktentwicklung berücksichtigt werden können. Dazu gehören Faktoren wie die Art und Zusammensetzung des Lebensmittels (pH-Wert, a_w-*Wert*, Inhaltsstoffe, Zusatzstoffe), die Lagerbedingungen (Temperatur und Gasatmosphäre) sowie die Art und Anzahl der kompetitiven Mikroorganismen [4, 5] (Tab. 3.8.1).

Um *Clostridium botulinum* Typ II sicher zu hemmen, müßte ein Fertiggericht in allen Teilkomponenten eine der folgenden Eigenschaften besitzen:

- pH-Wert $\leq$ 5,0,
- Salzkonzentration (NaCl) in der wäßrigen Phase mindestens 3,5 %,
- a_w-Wert $\leq$ 0,97 oder
- Zusatz von Konservierungsstoffen (z. B. Nitrit).

Entsprechend dem Hürdenkonzept, kann die Kombination mehrerer dieser Faktoren auch dann zu einer Wachstumshemmung von *Clostridium botulinum* führen, wenn die einzelnen Faktoren unter den angegebenen Grenzwerten liegen.

Der überwiegende Anteil der Kühlkostgerichte besitzt weder einen das mikrobielle Wachstum limitierenden a_w-Wert noch einen entsprechenden pH-Wert. Zum Beispiel liegen die pH-Werte fleischhaltiger, gekühlter Gerichte in der Regel in einem Bereich von pH 5,5 bis 6,5. Darüber hinaus fordert der Verbraucher gerade von diesen als frisch und gesund angesehenen Produkten einen geringen Zusatz an Salz, Zucker, Fett oder anderen den a_W-Wert senkenden Substanzen. Aus demselben Grund werden auch keine Konservierungsstoffe eingesetzt. Der Produktentwicklung hinsichtlich der mikrobiologischen Stabilisierung gekühlter Gerichte sind deshalb enge Grenzen gesetzt.

3.8.4.2 Rohstoffauswahl und Rohstoffverarbeitung

Rohstoffe und Halberzeugnisse können primäre Kontaminationsquellen für zahlreiche fakultativ und obligat pathogene Mikroorganismen darstellen. Rohes Fleisch und Geflügel kann u. a. mit *Salmonella, Staphylococcus aureus, Listeria monocytogenes* und *Clostridium perfringens* kontaminiert sein. Auch andere Zutaten wie Gemüse und Fisch können mit zahlreichen potentiellen Krankheitserregern behaftet sein. Eine besondere Beachtung erfordern insbesondere die importierten Gewürze, z. B. schwarzer Pfeffer, die mit Salmonellen und mit hohen Konzentrationen an bakteriellen Sporen und Sporenbildnern belastet sein können. Eine weitere Quelle für Salmonellen können rohe Eier und Eiprodukte sein. Haupteintragsquelle für *Clostridium botulinum* und andere toxinogene Sporenbildner wie *Bacillus cereus* und *Clostridium perfringens* sind der Erdboden und der Staub. Eine höhere Belastung der Rohprodukte mit Erde würde sich bei der Rohwarenkontrolle an einer erhöhten Anzahl an aeroben Bakterien (aerobe Gesamtkeimzahl), Clostridien (sulfitreduzierende Clostridien) und Schimmelpilzen zeigen.

Grundsätzlich ist eine möglichst geringe mikrobiologische Primärkontamination der Rohstoffe unter zwei Aspekten zu fordern. Durch hochkontaminierte Rohstoffe werden Mikroorganismen in die Produktionsstätte eingeschleppt und können über diesen Weg Zwischen- und Endprodukte gefährden. Darüberhinaus sind bei mikrobiell hochbelasteten Rohprodukten längere Erhitzungszeiten notwendig, um den erwünschten mikrobiologischen Status zu erreichen. Das gilt insbesondere für solche Pasteurisationsverfahren, bei denen zur Schonung des Produktes nur sehr niedrige Gartemperaturen eingesetzt werden.

Die Lagerbedingungen für die einzelnen Rohstoffe sollten so gewählt werden, daß ein Keimanstieg in der Zeit von der Beschaffung bis zur Verarbeitung vermieden wird. Dabei sind grundsätzliche hygienische Anforderungen, wie sie auch für Küchen gelten, zu beachten. Dazu gehört z. B. die Trennung von Gemüse einerseits und Fleisch und Fisch andererseits. Um eine Kontamination von Zwischen- und Enderzeugnissen durch den Kontakt mit den Rohstoffen auszuschließen, ist eine strenge räumliche Trennung zwischen dem Verarbeitungsbereich (z. B. die Bereiche, in denen pflanzliche Produkte gewaschen, geschnitten und zerkleinert werden) und dem Produktionsbereich einzuhalten.

Um einer chemischen, mikrobiologischen oder physikalischen (z. B. Fremdkörper) Kontamination vorzubeugen, müssen die Rohstoffe ordnungsgemäß verpackt sein. Bei Rohstoffen, deren Haltbarkeit weniger als ein Jahr beträgt, müssen vom Lieferanten ein Haltbarkeitsdatum und ein Hinweis auf die Lagerbedingungen auf der Verpackung angebracht werden.

Die Wareneingangskontrolle ist ein wichtiges Instrument, um die festgelegten Spezifikationen und die Qualität des Lieferanten zu überprüfen. Ergänzt werden müssen diese Kontrollen durch Überprüfung des Qualitätssicherungssystems der Lieferanten (Lieferantenaudit). Darüberhinaus kann die Wareneingangskontrolle ein kritischer Kontrollpunkt (CCP) im Sinne des HACCP-Konzeptes sein. Als Lenkungsbedingung für diesen CCP eignen sich mikrobiologische und chemische Untersuchungen allerdings nur dann, wenn die Ware bis zur Bekanntgabe des Untersuchungsergebnisses gesperrt bleibt.

3.8.4.3 Garprozeß

Jeder Erhitzungsprozeß über 60 °C führt zu einer Verminderung des Keimgehaltes. Durch die Steuerung des Zeit/Temperatur-Verhältnisses bei der Erhitzung kann deshalb der mikrobiologisch-hygienische Status des späteren Gerichtes maßgeblich beeinflußt werden. Zur Verhinderung von Rekontaminationen nach dem Erhitzungsschritt ist es am sichersten, den Garprozeß in einer mikroorganismendichten, versiegelten Verpackung durchzuführen. Nach diesem System arbeitet z. B. das Sous-Vide-Verfahren (Abb. 3.8.1). Durch den Garprozeß sollen insbesondere bei gekühlten Fertiggerichten, die keiner anschließenden Pasteurisation mehr unterworfen werden, alle obligat und potentiell pathogenen vegetativen Mikroorganismen abgetötet werden. Von besonderer Bedeutung ist die Abtötung psychrotropher Krankheitserreger, die sich bei der längerfristigen Kühllagerung der Gerichte vermehren könnten. Art und Umfang der Erhitzung wirken sich damit direkt auf den Keimgehalt des gegarten Fertiggerichtes und somit auf dessen Lagerfähigkeit aus. Weiterhin werden durch die Garbehandlung die natürlichen Enzyme pflanzlicher und tierischer Rohstoffe inaktiviert. Dadurch werden nachteilige enzymatische Abbauprozesse bei der Kühllagerung unterbunden. Begrenzt wird die Intensität des Erhitzungsprozesses durch die Bildung unerwünschter Geschmacksstoffe sowie Konsistenz- und Nährstoffveränderungen. Zum Beispiel wird bei bestimmten schonenden Sous-Vide-Verfahren lediglich mit einer Kerntemperatur von 63 °C gegart [16].

In Abhängigkeit von ihrer stammspezifischen Eigenschaft (Tab. 3.8.2), vom Wachstumsstadium und vom physiologischen Zustand der Zellen zeigen Bakterien große Unterschiede in der Hitzeempfindlichkeit. Zum Beispiel steigt die Hitzeresistenz von Bakterien und Sporen mit ihrem Alter deutlich an. Auch die chemische und physikalische Beschaffenheit des Produktes wirkt sich auf die Hitzeempfindlichkeit der Keime aus: Fette, Kohlenhydrate und Proteine bilden Schutzkolloide um die Mikroorganismen, die sie wesentlich resistenter gegen die Einwirkung von Hitze machen.

Tab. 3.8.2 Hitzeresistenz von pathogenen psychrotrophen Mikroorganismen [2, 22, 23, 31]

Mikroorganismus	*D*-Wert (Minuten)		
	D 70 °C	D 90 °C	D 121 °C
Clostridium botulinum Typ II	–	1,5	–
Clostridium botulinum Typ I	–	–	0,1–0,2
Bacillus cereus	–	10[1]–50	–
Listeria monocytogenes	0,3	–	–
Yersinia enterocolitica	0,01	–	–
Vibrio parahaemolyticus	0,001	–	–
Escherichia coli	0,001	–	–
Hepatitis A-Viren	–	0,2	–

[1]) unter optimalen Bedingungen

Es ist davon auszugehen, daß bei üblichen Gartemperaturen vegetative Krankheitserreger einschließlich psychrotropher Verderbniserreger abgetötet werden. Hitzeresistente Sporen der meisten mesophilen und thermophilen bakteriellen Sporenbildner überleben dagegen in der Regel den Garprozeß. Dazu gehören die Sporen von *Clostridium perfringens* und *Bacillus cereus* sowie die Sporen der proteolytischen Stämme von *Clostridium botulinum*. Auch bei längeren thermischen Einwirkungszeiten unter 100 °C sind deshalb die Lebensmittel unter 10 °C zu lagern, um das Wachstum und die Toxinbildung der genannten Erreger zu verhindern.

Das größte mikrobiologische Risiko geht von nicht abgetöteten Sporen der nicht-proteolytischen Stämme von *Clostridium botulinum* aus. Berechnungen zur notwendigen Zeit/Temperatur-Korrelation der Erhitzung müssen sich deshalb vorrangig darauf konzentrieren, hypothetisch vorhandene höhere Konzentrationen an diesen Sporen sicher abzutöten.

Sporen von psychrotrophen *Clostridium botulinum*-Stämmen haben in der Regel D_{100}-Werte unter 0,1 Minuten. Sporen von Typ B-Stämmen zeigen häufig die höchste Hitzeresistenz unter den psychrotrophen Stämmen von *C. botulinum*. In Abhängigkeit von dem Stamm und der Art des Produktes variieren die in der Literatur angegebenen D-Werte ganz erheblich. Die höchsten D-Werte wurden in Lebensmitteln mit hohem Fett- und Eiweißgehalt gemessen. In der Regel werden in Kühlgerichten notwendige Zeit/Temperatur-Kombinationen bestimmt, die eine Reduktion der vorhandenen

Mikroorganismen um den Faktor 10^6 (6-D-Konzept) bewirken. Umfangreiche Untersuchungen haben gezeigt, daß der 6-D-Wert für psychrotrophe *Clostridium botulinum*-Sporen des Typs B bei 7 Min./90 °C liegt. In Nudeln, die künstlich mit *Clostridium botulinum* Typ II-Sporen kontaminiert waren, wurde für eine 6-D-Abtötung eine Erhitzung von 4 Min. auf 90 °C Kerntemperatur bzw. 20 Min. auf 80 °C Kerntemperatur benötigt [29].

Unter Berücksichtigung möglicher hitzeresistenterer Vertreter und den schützenden Einflüssen bestimmter Lebensmittelinhaltsstoffe wird der minimale Erhitzungswert allgemein auf 10 Min./90 °C festgesetzt. In der Tab. 3.8.3 werden äquivalente Zeit/Temperatur-Verhältnisse beim Garprozeß gegenübergestellt. Sollten bei bestimmten Herstellungsverfahren niedrigere Temperaturen als in der Tabelle angegebene eingesetzt werden, müssen entsprechend längere Erhitzungszeiten mit Hilfe mikrobiologischer Belastungstests ermittelt werden.

Mikrobiologische Probleme können sich dann ergeben, wenn beim Garprozeß nicht in allen Teilkomponenten des Gerichts die angestrebten Kerntemperaturen erreicht werden. Zu berücksichtigen ist bei der Erstellung von Risikoanalysen für ein bestimmtes Verfahren, daß die thermische Abtötung von Mikroorganismen in stückigen Lebensmitteln eine andere Kinetik aufweist als in Flüssigkeiten, und die Mikroorganismen in stückigen Komponenten sehr ungleich verteilt sind. Weiterhin muß in Belastungstests geklärt werden, welche Erhitzungsbedingungen für stückige Lebensmittel mit Fettanteil erforderlich sind, wenn sich die Mikroorganismen in der Fettphase befinden [6].

Die Wahl der Referenzmikroorganismen, die zur Berechnung der notwendigen Pasteurisationswerte eingesetzt werden können, ist abhängig von dem angestrebten Mindesthaltbarkeitsdatum (MHD) des Produktes (z.B):

- Produkte mit einem kurzen MHD: *Listeria monocytogenes* (z = 7,5 °C; D_{70} = 0,33 Min.)
- Produkte mit einem mittleren MHD: *Enterococcus faecalis* (z = 10 °C; D_{70} = 2,95 Min.).
- Produkte mit einem langen MHD: *Clostridium botulinum* Typ E (z = 7,5 °C unter 90 °C und z = 10 °C über 90 °C Kerntemperatur; D_{90} = 1,6 Min.).

Das Garen bzw. Pasteurisieren ist ein kritischer Kontrollpunkt (CCP) im Sinne des HACCP-Konzeptes. Lenkungsbedingung für diesen CCP ist die Messung der Pasteurisationstemperatur und die Pasteurisationszeit, gegebenenfalls auch des Druckes der Anlage. Bei Unterschreitung des vorgegebenen Temperatur/Zeit-Verhältnisses sind entsprechende Maßnahmen festzulegen. Eine Überprüfung (Verifizierung) der Lenkungsbedingungen kann durch ent-

Tab. 3.8.3 Äquivalente 6D Zeit/Temperatur-Kombinationen zur Abtötung von Sporen psychrotropher *Clostridium botulinum*-Stämme [2]

Temperatur (°C)	L-Wert[1]	Zeit (Min.)
70	0,077	1 675
71	0,100	1 290
72	0,129	1 000
73	0,167	773
74	0,215	600
75	0,278	464
76	0,359	359
77	0,464	278
78	0,599	215
79	0,774	167
80	1,000	129
81	1,292	100
82	1,668	77
83	2,154	60
84	2,783	46
85	3,594	36
86	4,642	28
87	5,995	22
88	7,743	17
89	10,000	13
90	12,915	10

[1]) Der Letalitätswert (L-Wert) wurde entsprechend der Beziehung $L = \log^{-1} T - T_x/z$ mit T_x (Referenztemperatur) = 80 °C und z (z-Wert) = 9 °C berechnet [36]

sprechende Kerntemperaturmessungen erfolgen. Die Erhitzungsvorschrift für jedes Gericht muß alle relevanten Parameter wie das Gewicht, die Größe der Bestandteile, die minimale Anfangstemperatur, die Schichtdicke, den Unterdruck, die Erhitzungstemperatur und die Zeit beinhalten.

3.8.4.4 Abkühlung

Um ein Mikroorganismenwachstum zu verhindern, sollte der Kühlvorgang spätestens dreißig Minuten nach Beendigung des letzten Erhitzungsschrittes begonnen werden. Der mikrobiologisch kritische Bereich zwischen 60 °C und 10 °C Kerntemperatur (besser +8 °C) sollte innerhalb von zwei Std. und die endgültige Lagertemperatur unterhalb von 3 °C in weniger als 6 Std. nach Ende des Garprozesses erreicht sein. Für eine Schockkühlung können flüssiger Stickstoff oder Kohlendioxid eingesetzt werden. Eine schnelle Kühlung wird auch durch die Verwendung von zirkulierendem Eiswasser – mit und ohne Salz – erreicht.

Die Abkühlgeschwindigkeit hängt von zahlreichen äußeren und inneren Faktoren des Produktes ab. Zu den äußeren Faktoren gehören:

- die Art und Temperatur des Kühlmittels,
- die Temperaturdifferenz zwischen Kühlmittel und Produkt,
- die Strömungsgeschwindigkeit des Kühlmittels (z. B. Luftgeschwindigkeit),
- die geometrische Form der Packung,
- die Füllhöhe des Produktes in der Packung,
- die Kopfraumhöhe in der Verpackung,
- die der Kühlung ausgesetzte Fläche und
- die Art der Kühlung (z. B. Rühren beim Kühlen).

Zu den inneren Faktoren gehören die physikalischen Gegebenheiten des Produktes – z. B. die Wärmeleitfähigkeit, die durch die Dichte und den Flüssigkeitsgehalt der Speise bestimmt wird.

Schwierigkeiten, die angestrebten Abkühlzeiten einzuhalten, bereiten insbesondere Produkte mit einer hohen Dichte und verschiedenen Zusammenstellungen, wie z. B. Fleischgerichte.

Die Abkühlung ist ein kritischer Kontrollpunkt (CCP) im Sinne des HACCP-Konzeptes. Der CCP ist über die Messung und Registrierung der Temperatur, der Zirkulationsgeschwindigkeit des Kühlmediums und der Abkühlzeit zu lenken. Bei Unterschreitung der vorgegebenen Toleranzen (Abkühlung innerhalb von 2 Std. unter +8 °C bzw. innerhalb von 6 Std. auf < 4 °C) müssen entsprechende Maßnahmen festgelegt werden. Überprüft werden kann die Richtigkeit der Lenkungsbedingungen durch stichprobenartige Kerntemperaturmessungen der Produktkomponenten.

3.8.4.5 Verpackung

Durch die Verpackung soll das Produkt vor nachteiligen Einflüssen durch die Umgebung bei Lagerung und Vertrieb geschützt werden. Je nach Produktions- und Vertriebssystem werden flexible, halbstarre oder starre Folien sowie Behältnisse aus Aluminium oder Kunststoff, Schalen aus kunststoffbeschichtetem Karton sowie Edelstahlbehälter verwendet.

Die Lagerung unter Vakuum oder unter einer Schutzgasatmosphäre kann die Produktsicherheit erhöhen und die Haltbarkeit verlängern. Bei der Verwendung von Vakuumverpackungen muß ein Verpackungsmaterial mit einer sehr geringen Sauerstoffdurchlässigkeit und einer niedrigen Wasserdampfdurchdringungsrate gewählt werden. Ein wichtiges Anwendungsgebiet der Vakuumverpackung ist das Sous-Vide-Verfahren [2, 9]. Für fleischhaltige Fertiggerichte ist die Vakuumverpackung häufig nicht geeignet, da die Ware zu stark zusammengepreßt wird, Scheiben von gekochtem oder gepökeltem Fleisch aufgrund des Druckes nur schwer wieder zu trennen sind, und frisches Fleisch seine rote Farbe verliert.

Bei der Verpackung unter Schutzgas (Modified Atmosphere Packaging, MAP) wird eine Kombination von Stickstoff, Sauerstoff und Kohlendioxid in unterschiedlichen Konzentrationen zur Umspülung der Lebensmittel in der Verpackung eingesetzt. In vielen Schutzgasverpackungssystemen ist die Sauerstoffkonzentration so eingestellt, daß *Clostridium botulinum* am Wachstum gehindert wird. Das Verpackungsmaterial muß so gasundurchlässig sein, daß eine Veränderung der Atmosphäre innerhalb der Verpackung während der vorgesehenen Lagerzeit ausgeschlossen ist.

Um Rekontaminationen zu vermeiden, müssen die Verpackungen mikrobiologisch dicht versiegelt werden. Der Siegelvorgang ist deshalb ein kritischer Kontrollpunkt (CCP). Lenkungsbedingung für den CCP ist die Überwachung der Siegeltemperatur und des Siegeldrucks. Die Parameter sind kontinuierlich aufzuzeichnen. Maßnahmen bei Überschreitung der Toleranzen sind festzulegen. Überprüft (verifiziert) werden können die Lenkungsbedingungen durch Überprüfung der Siegelnahtdichtigkeit zum Beispiel durch eine Berstdruckprüfung, durch einen Farbkriechtest (Sichtbarmachen von kleinsten Undichtigkeiten) oder mit Hilfe eines Biotests. Beim Biotest werden verpackte Produkte in ein Bakterienbad (z. B. *E.coli* oder andere *Enterobacteriaceae*) eingetaucht, bebrütet und anschließend auf eingedrungene Mikroorganismen kulturell überprüft [3].

3.8.4.6 Zusätzliche Pasteurisation

Nach dem Garen, Portionieren und Verpacken werden bei bestimmten Verfahren die Gerichte nochmals pasteurisiert. Durch diese Nacherhitzung sollen vegetative Keime, die nach dem Garprozeß in die Speisen gelangt sind, abgetötet werden. In Abhängigkeit von der Verpackungsart kann die Pasteurisation im Wasserbad, im Heißluftofen, im Wasserdampf oder im Mikrowellengerät durchgeführt werden.

3.8.4.7 Kühllagerung

Aufgrund der geschilderten mikrobiologischen Zusammenhänge kann ein Gericht, das auf mindestens 90 °C Kerntemperatur 10 Min. lang erhitzt wurde, auch über einen längeren Zeitraum bei einer Temperatur bis maximal 10 °C gelagert werden. In bereits bestehenden Vorschriften (z. B. in Großbritannien) sowie in Empfehlungen (z. B. in den Niederlanden) wurde die maximale Lagertemperatur für derartige Kühlkostprodukte auf +8 °C festgelegt.

Gerichte, die mit Temperatur/Zeit-Äquivalenten unter 90 °C/10 Min. erhitzt wurden, müssen lückenlos bei einer Temperatur zwischen 0 und +2 °C gelagert werden. Nur diese Lagerbedingungen schließen ein Wachstum und eine Toxinbildung von nichtproteolytischen Stämmen von *Clostridium botulinum* aus. Bei einem schonenden Sous-Vide-Verfahren, das im Flug-Catering eingesetzt wird, wird die Rohware im Kunststoffbeutel evakuiert und anschließend je nach Art der Lebensmittel bei 70 bis 95 °C Ofentemperatur und einer Kerntemperatur von mindestens 63 °C im Heißluftdämpfer gegart. Nach dem Garprozeß kommen die Lebensmittel direkt in den Schockkühler und werden auf eine Kerntemperatur von mindestens +8 °C abgekühlt. Danach haben die derartig schonend zubereiteten Lebensmittel bei einer Lagertemperatur von 0 bis +2 °C eine Lagerfähigkeit von 21 Tagen [16, 38].

Die Lagerräume für gekühlte und pasteurisierte Fertiggerichte müssen speziell für diesen Zweck ausgestattet sein. Mit Hilfe einer genauen Klimasteuerung muß Kondensbildung in den Kühlräumen vermieden werden. Die Lufttemperatur sollte an mindestens zwei Stellen gemessen und registriert werden, die hinsichtlich des Temperaturausgleichs sehr ungünstig liegen. Bei Lufttemperaturen über der maximalen Lagertemperatur sollte eine Alarmanlage die Abweichung signalisieren. Die Meßgeräte müssen regelmäßig auf ihre Genauigkeit überprüft werden. Die Kühlkapazität der Anlage muß derart konzipiert sein, daß auch zeitweilige höhere Umgebungstemperaturen, z. B. beim Öffnen der Türen, keine Erhöhung der Kerntemperatur im Produkt über den Toleranzwerten bewirkt. Erhalten die Gerichte später eine Rundumverpackung, ist dieser Arbeitsschritt innerhalb kurzer Zeit (maximal 1 Std.) in einem klimatisierten Raum (maximal 15 °C) durchzuführen.

Die Kühllagerung ist ein kritischer Kontrollpunkt (CCP) im Sinne des HACCP-Konzeptes. Der CCP wird durch die Überwachung der Temperatur in den Kühlräumen gelenkt. Die Richtigkeit der Lenkungsbedingung kann durch stichprobenartige Kerntemperaturmessungen der Gerichte bestätigt werden.

3.8.4.8 Transport und Vertrieb

Der Transport zu den Verteilungs- und Verkaufsstellen gekühlter und pasteurisierter Fertiggerichte muß so erfolgen, daß die Kerntemperatur der Produkte +2 °C bzw. +8 °C nicht überschreitet [21]. Die Temperaturen der Transportwagen sind durch Loggersysteme, die über entsprechende EDV-Software ausgewertet werden können, permanent zu überwachen. Ist die Transportzeit kurz, und werden die Produkte unmittelbar nach der Anlieferung erhitzt, reichen in der Regel vorgekühlte, isolierte Container oder vorgekühlte Schaumstoffkisten zum Transport aus. Längere Transportwege oder eine anschließende längerfristige Lagerung am Verkaufs- oder Verbrauchsort bedingen einen konsequenten Kühltransport. Dieser Transport kann zum Beispiel in Flocken- oder Scherbeneis erfolgen. Eine weitere Möglichkeit bieten Kühltransporter, die durch Kaltluft, durch die Verdampfung von flüssigem Stickstoff oder Trockeneis oder durch eine Ausstattung mit vorgekühlten eutektischen Platten gekühlt werden können. Bei Abgabe der Produkte im Distributionszentrum darf der Toleranzbereich der Produktkerntemperatur nicht überschritten sein.

Während die Temperaturen der Lagerräume und der Produkte in zentralen Distributionseinheiten gut überwacht werden können, ist dies in Einzelhandelsgeschäften sehr viel schwieriger. Da eine Lagertemperatur von 0 bis +2 °C im Einzelhandel nicht gewährleistet werden kann, dürfen nur Produkte vermarktet werden, die mindestens 10 Min. lang auf 90 °C erhitzt wurden.

Aber auch die für diese Ware notwendige Kühlhaltung auf Werte bis maximal +8 °C ist in den derzeitigen Kühlvitrinen des Einzelhandels häufig nicht einzuhalten. In derartigen Fällen muß zum Schutz des Verbrauchers auf eine Verteilung des Produktes über die Einzelhandelsschiene verzichtet werden.

3.8.4.9 Handhabung durch den Verbraucher

Alle kühlfrischen Gerichte müssen mit einem deutlich sichtbaren Mindesthaltbarkeitsdatum und mit dem Aufdruck „gekühlt aufbewahren bei 0 bis

+8 °C“ versehen sein. Weiterhin sind die Gerichte mit einer deutlich sichtbaren Zubereitungsvorschrift zu versehen, in der erklärt wird, wie die Mahlzeiten aufgewärmt und warmgehalten werden müssen. Für große Versorgungseinrichtungen empfiehlt es sich, die Gerichte als zusätzliche Sicherheit so zu erwärmen, daß im Kern der Produkte 70 °C erreicht werden (Abb. 3.8.1). Die dafür notwendigen Erhitzungszeiten können für stückige Produkte sehr lang sein. Zum Beispiel werden zur Erhitzung von einer 2 kg Portion Gulasch von +2 °C auf 70 °C Kerntemperatur bei einer Ofentemperatur von 130 °C ca. 70 Min. und bei einer Ofentemperatur von 150 bis 180 °C ca. 50 Min. benötigt [14].

Bei längeren Zeiträumen zwischen dem Erwärmen und dem Verzehr – maximal 3 Std. – müssen die Gerichte zur Vermeidung mikrobiellen Wachstums bei mindestens 65 °C Kerntemperatur aufbewahrt oder transportiert werden.

Aufgrund der nicht vorhersehbaren Durchführung durch den Endverbraucher kann die Erwärmung nicht als kalkulierbarer mikrobiologischer Kontrollpunkt angesehen werden. Das gilt nicht nur für die Reduzierung der Anzahl an Mikroorganismen und der Abtötung vegetativer pathogener Bakterien, sondern auch für die Inaktivierung von möglicherweise bereits gebildetem Botulismustoxin. Auch bei vorschriftsmäßiger Erwärmung ist nicht sichergestellt, daß das relativ hitzeempfindliche Toxin vollständig inaktiviert wird. Zum Beispiel wurde bei einer Mikrowellenerhitzung (700 Watt) von künstlich mit Botulismustoxin belasteten Nudelgerichten nur 50–80 % des zugesetzten Toxins innerhalb der vorgeschriebenen Zeit inaktiviert [29].

3.8.5 Kritische Kontrollpunkte (CCPs) im Sinne des HACCP-Konzeptes

Als kritische Kontrollpunkte (Critical Points, auch Critical Control Points – CCP) gelten alle Punkte, Stufen oder Verfahrensschritte im Herstellungsprozeß, die die gesundheitliche Unbedenklichkeit eines Lebensmittels und damit die Gesundheit des Endverbrauchers gefährden können und an denen die Gefährdung durch gezielte Überwachungsmaßnahmen verhindert, beseitigt oder auf ein annehmbares Niveau vermindert werden kann. Die Identifizierung eines CCP erzwingt eine Lenkungsmaßnahme zur Beherrschung des erkannten Risikos. Als Lenkungsmaßnahme dienen nur solche Verfahren, die während des Prozeßablaufs direkt gemessen oder beobachtet werden können. Zu den Lenkungsbedingungen gehört auch die Festlegung tolerierbarer Grenzen, in denen der Prozeß ablaufen darf [20].

Bei der Herstellung von gekühlten Fertiggerichten sind wie oben bereits ausführlich dargestellt wurde, zahlreiche produktspezifische Hygienevorschriften zu beachten und entsprechende Kontrollen durchzuführen. Darüber hinaus gehört die Lenkung der CCPs zu einer wichtigen vorbeugenden Maßnahme zur Verhinderung der Produktion gesundheitlich bedenklicher Kühlkostgerichte. Bei dem Sous-Vide-Verfahren (siehe Abb. 3.8.1) müssen im Sinne des HACCP-Konzeptes folgende Prozeßschritte gelenkt werden:

- Verarbeitung von rohem Fleisch
  - Risiko: Vorkommen von Parasiten, insbesondere Sarkosporidien
  - Maßnahmen: Einfrieren des Fleisches (3 Tage/–20 °C) oder Garen > 65 °C Kerntemperatur

- Verpackungssiegelung
  - Risiko: Sekundäre Kontaminationen bei Undichtigkeiten
  - Maßnahmen: Überwachung der Siegeltemperatur und des Siegeldrucks

- Garen > 10 Min/90 °C Kerntemperatur
  - Risiko: Überleben von *Clostridium botulinum* Typ II Sporen
  - Maßnahmen: Überwachung der Gartemperatur und der Garzeit

- Garen < 10 Min/90 °C Kerntemperatur
  - Risiko: Überleben von psychrotrophen vegetativen Bakterien – Maßnahmen: Überwachung der Gartemperatur und der Garzeit

- Abkühlen auf < +8 °C
  - Risiko: Vermehrung pathogener (toxinogener) Sporenbildner
  - Maßnahmen: Überwachung der Kühlmitteltemperatur und der Abkühlzeit (Erreichen von +8 °C Kerntemperatur innerhalb von 120 Min. nach dem Garen)

- Abkühlen auf 0 bis +2 °C
  - Risiko: Vermehrung von *Clostridium botulinum Typ II*
  - Maßnahmen: Überwachung der Kühlmitteltemperatur und der Abkühlzeit (Erreichen von < 3 °C Kerntemperatur innerhalb von 6 Std. nach dem Garen)

- Kühllagern und Kühltransport
  - Risiko: Bei Temperaturen über dem Toleranzwert Vermehrung pathogener (toxinogener) Sporenbildner
  - Maßnahmen: Überwachung der Temperatur und der Lager- bzw. Transportzeit.

3.8.6 Mikrobiologische Kriterien

Die mikrobiologische Endproduktkontrolle ist nur der letzte Schritt in einer langen Kette von einzelnen Hygienemaßnahmen zur Gewährleistung eines gesundheitlich unbedenklichen Produktes.

In Produkten, die in der Verpackung erhitzt wurden und längerfristig lagerfähig sein sollen, dürfen direkt nach der Herstellung keine vegetativen pathogenen oder toxinogenen Bakterien nachweisbar sein. Die aerobe mesophile Gesamtkeimzahl sollte den Wert von 10^4/g Produkt nicht überschreiten.

Die geforderten mikrobiologischen Werte am Ende des Mindesthaltbarkeitsdatums müssen so festgelegt werden, daß auch eine mögliche Keimvermehrung während des Transportes und während der Handhabung durch den Endverbraucher zu keiner gesundheitlichen Gefährdung des Konsumenten führt.

Tab 3.8.4 Mikrobiologische Richt- und Warnwerte für feuchte, verpackte Teigwaren am Ende des Mindesthaltbarkeitsdatums – Eine Empfehlung der DGHM (12)
Die Werte gelten für verpackte Produkte, die gefüllt oder nicht gefüllt sein können (z. B. Tortellini/ Tortelloni, Ravioli, Conchiglie, Agnolotti, Grantortelli, Maultaschen, Spätzle u. a.).

Keimgruppe	Richtwert (KBE/g)	Warnwert (KBE/g)
Aerobe mesophile Gesamtkeimzahl (einschl. Milchsäurebakterien)	10^6	–
Enterobacteriaceae	10^2	10^4
Escherichia coli[2])	10^1	10^2
Salmonella	–	n. n.[1]) in 25 g
Staphylococcus aureus	10^2	10^3
Bacilus cereus	10^2	10^3

[1]) n. n. = nicht nachweisbar
[2]) Beim Nachweis von *E. coli* sollte der Kontaminationsquelle nachgegangen werden.

Exemplarisch seien hier die mikrobiologischen Kriterien wiedergegeben, die von der Kommission Lebensmittel-Mikrobiologie und -Hygiene der Deutschen Gesellschaft für Hygiene und Mikrobiologie für gekühlte Teigwaren mit und ohne Füllung bei Abgabe an den Verbraucher empfohlen werden [12] (Tab. 3.8.4).

Literatur

[1] Adams, C. E.: Applying HACCP to sous vide products, Food Technology (1991), 148–151.

[2] Advisory Committee on the Microbiological Safety of Food:Report on vacuum packaging and associated processes. London, (1993).

[3] Anema, P. J.: Mikrobiologisch-hygienische Probleme bei neuen Behältertypen. Schriftenreihe der Schweizerischen Gesellschaft für Lebensmittelhygiene **3** (1973), 35–40.

[4] Campden Food and Drink Research Association: Evaluation of shelf life for chilled foods, CFDRA Technical Manual No. 29 (2nd ed.). CFDRA Shelf Life Working Party, CFDRA, (1991).

[5] Campden Food and Drink Research Association: Recommendations for the design of pasteurisation processes. CFDRA Technical Manual No. 27, Part II, CFDRA, (1992).

[6] Cerny, G.: Mikrobiologische Aufgabenstellung beim aseptischen Abpacken von Lebensmitteln. Lebensmitteltechnologie **22** (1989), 232.

[7] Chilled Food Association: Guidelines for good hygienic practice in the manufacture of chilled foods. Chilled Food Association, London (1989).

[8] Codex Alimentarius Commission: Hygienic Practice for refrigerated packaged foods with extended shelflife. Alinorm 95/13 (1995).

[9] Conner, D. E.; Scott, V. N.; Bernard, D. R.; Dautter, D. A.: Potential *Clostridium botulinum* hazards associated with extended shelf-life refrigerated foods: A review. J. Food Safety **10** (1989), 131.

[10] Day, B. P. F.: Guidelines for the manufacture and handling of modified atmosphere packaged food products. Campden Food and Drink Research Association. Technical Manual 34, Chipping Campden (UK) (1992).

[11] Department of Health: Chilled and frozen. Guidelines on cook-chill and cook-freeze catering systems. Her Majesty's Stationery Office, London (1989).

[12] Deutsche Gesellschaft für Hygiene und Mikrobiologie, DGHM: Mikrobiologische Richt- und Warnwerte. Kommission Lebensmittel-Mikrobiologie und -Hygiene. Lebensmitteltechnik **7–8**, 45–46 (1996).

[13] Doyle, M. P.: Evaluating the potential risk from extended- shelf life refrigerated foods by *Clostridium botulinum* inoculation studies. Food Technology (1991), 154–156.

[14] von Petersen, A.: Gekühlte Fertiggerichte. Mikrobiologische Aspekte bei der Herstellung, Lagerung und Vertrieb. Diplomarbeit, Universität Bonn (1990).

[15] Gehrig, B. J.: Prinzip und Einsatzmöglichkeiten des Sous-Vide-Verfahrens. Mitt. Gebiete Lebensm. Hyg. **81** (1990), 593–601.

[16] Gehrig, B. J.: Herstellung von Sous-Vide-Produkten. Referat an der ETH-Zürich (persönliche Mitteilung). Gate Gourmet, Zürich, (1993).

[17] GIAVEDONI, P.; ROEDEL, W.; DRESEL, J.: Beitrag zur Sicherheit und Haltbarkeit von frischen gefüllten Teigwaren, abgepackt in modifizierter und in einer Aethanol-Gas-Atmosphäre. Fleischw. **54** (6) (1994), 639–646.

[18] GLEW, G.: Precooked chilled foods in catering. In: P. ZEUTHEN; J. C. C. CHEFTEL; C. ERIKSSON; T. R. GOMLEY; P. LINKO, and K. PAULUS (eds.): Processing and quality of foods, Vol 3, Chilled Food: The revolution in freshness. Elsevier Applied Science, London, (1990).

[19] GRAU F. H.; VANDERLINDE, P. B.: Occurence, numbers, and growth of *Listeria monocytogenes* on some vacuum-packaged processed meats, J. Food Protection **55** (1992) 4–7.

[20] ILSI Europe (International Life Science Institute): Anleitung zum HACCP-Konzept. ILSI-Press, Washington, (1994).

[21] JAMES, S., EVANS, J.: Temperatures in the retail and domestic chilled chain. In: P. ZEUTHEN; J. C. C. CHEFTEL; C. ERIKSSON; T. R. GOMLEY; P. LINKO, and K. PAULUS (eds.): Processing and quality of foods, Vol. 3, Chilled Foods: The revolution in freshness. Elsevier Applied Science, London, (1990).

[22] JAY, M. J.: Modern Food Microbiology. Chapman & Hall, New York, London, (1992).

[23] KRÄMER, J.: Lebensmittel-Mikrobiologie. UTB Ulmer, Stuttgart, (1992).

[24] LUND, B. M and NOTERMANS, S. H. W.: Potential hazards associated with REPFEDS. In: A. W. HAUSCHILD, and L. DODDS (eds.): *Clostridium botulinum*, Ecology and control in foods, Marcel Dekker, Inc. New York, (1992).

[25] LEADBETTER, S.: Sous-vide – A technology guide. Food Focus. The British Food Manufacturing Industries Research Association. Leatherhead, Surrey (UK) (1989).

[26] Microbiology and Food Safety Committee of the National Food Processors Association: Guidelines for the development, production and handling of refrigerated foods. National Food Processors Association, Washington D. C.(1989).

[27] MOSSEL, D. A. A.; STRUIJK, C. B.: Public health implication of refrigerated pasteurized ("sous-vide") foods. Int. J. Food Microbiol. **13** (1991), 187–206.

[28] NACMCF (National Advisory Committee on Microbiological Criteria for Foods): Recommendations for refrigerated foods containing cooked, uncured meat or poultry products that are packaged for extended refrigerated shelf life and that are ready-to-eat or prepared with little or no additional heat treatment. Adopted by the Committee: 31. 01. 90. Washington, D. C. (1990).

[29] NOTERMANS, S.; DUFRENNE, J.; LUND, B. M.: Botulism risk of refrigerated, processed foods of extended durability. J. Food Protect. **53** (1990), 1020.

[30] RHODEHAMEL, E. J.: FDA's concerns with sous-vide processing. Food Technology **46** (1992), 73–76.

[31] SCHMIDT-LORENZ, W.: Ist die Kühlschrank-Lagerung von Lebensmitteln noch ausreichend sicher? Mitteilungen aus dem Gebiet der Lebensmitteluntersuchungen und Hygiene, **81** (1990), 233–286.

[32] SINELL, H.-J.: Hygiene von gekühlten und tiefgekühlten Lebensmitteln. Zbl. Bakt. Hyg. B **187** (1989), 533–545.

[33] SINELL, H.-J.: Hygienische Risiken bei einigen neueren Produkten und Verfahren: Prinzipielle Überlegungen. Mitt. Gebiete Lebensm. Hyg. **81** (1990), 578–592.

[34] SMITH, J. P.; TOUPIN, C.; GAGNON, B.; VOYER, R.; FISET P. P.; SIMPSON, V.: A Hazard Analysis Critical Control Point Approach (HACCP) to ensure the microbiological safety of sous vide processed meat/pasta product. Food Microbiol. **7** (1990), 177–198.

[35] SNYDER, O. P.: The Application of HACCP procedures for sous vide and vacuum packaged prepared foods, (1991).

[36] Stumbo, C. R.: Thermobacteriology in food processing, 2nd ed. Academic Press, New York, (1973).
[37] SVAC (Sous Vide Advisory Committee): Code of Practice for sous vide catering systems. SVAC, Tetbury, Glos. United Kingdom, (1991).
[38] Teuber, M.: Assesment of the microbiological safety of „sous-vide“ pasteurized food. ETH Zürich (persönliche Mitteilung), (1993).
[39] Wilkonson, P.: Cook-chill in perspective. British Food J. **92** (4), (1990), 37.
[40] Whiting, R. C.; Naftulin, K. A.: Effect on headspace oxygen concentration on growth and toxin production by proteolytic strains of *Clostridium botulinum*. J. Food Protection **55** (1) (1992) 23–27.

3.9 Mikrobiologie von tiefgefrorenen fleischhaltigen Gerichten[1])

J. Krämer

Der Verbrauch an Tiefkühlkost hat in Deutschland in den letzten Jahren ständig zugenommen. Von 1983 bis 1993 ist der Gesamtkonsum von 879 729 Tonnen (zusätzlich 373 000 Tonnen Geflügel) auf insgesamt 1 453.289 Tonnen (zusätzlich 446 000 Tonnen Geflügel) angestiegen [3]. Der Konsum an tiefgekühlten fleischhaltigen Gerichten erhöhte sich innerhalb dieses Gesamtanstiegs von 103 277 Tonnen (ohne Gemüse- und Fischgerichte) auf 321 525 Tonnen (Tab. 3.9.1). Der überwiegende Anteil der Gerichte wird vorgegart angeboten. Ein typischer Herstellungsgang derartig vorgegarter Tiefkühlgerichte ist schematisch in Abb. 3.9.1 wiedergegeben.

Tab. 3.9.1 Absatz von fleischhaltigen tiefgekühlten Gerichten einschließlich Teilgerichte in Deutschland 1993 (ohne Gemüse- und Fischgerichte) [3]

Art der Gerichte	Haushaltspackungen (in Tonnen)	Großverbraucherpackungen (in Tonnen)	Insgesamt
Komplettgerichte	43 300	48 235	91 535
Teilgerichte	35 000	39 830	74 830
Eintöpfe und Suppen	7 300	5 300	12 600
Pizzas	97 900	3 875	101 775
Baguettes	21 000	925	21 925
Sonstiges	12 300	6 560	18 860

3.9.1 Rechtliche Grundlagen

Mit der Verordnung über tiefgefrorene Lebensmittel (TLMV) vom 29. Oktober 1991 wurde die EU-Richtlinie zur Angleichung der Rechtsvorschriften

[1]) Unter Mitarbeit von M. Rees [22]

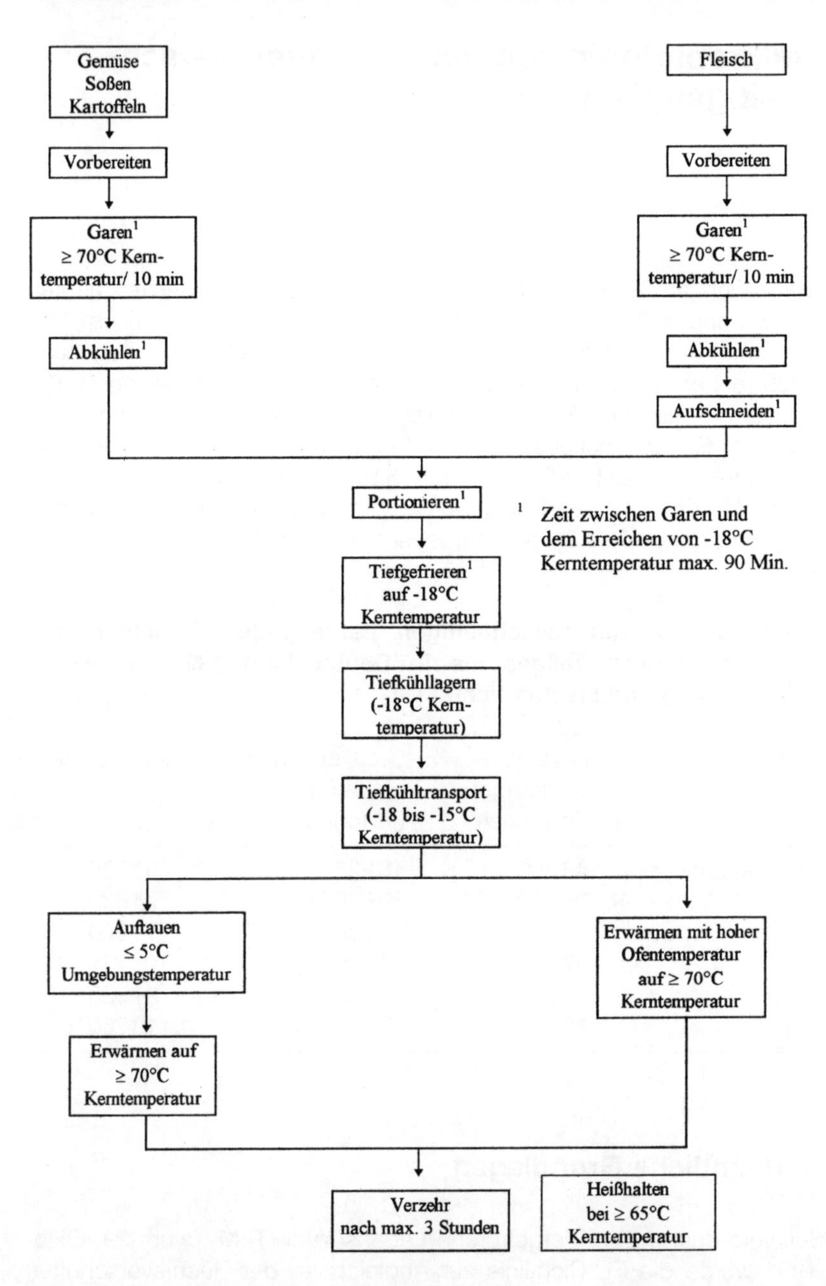

Abb. 3.9.1 Fließdiagramm zur Herstellung von fleischhaltigen vorgegarten Tiefkühlgerichten

der Mitgliedsstaaten über tiefgefrorene Lebensmittel (89/108/EWG) in nationales Recht umgesetzt [33, 5]. Ergänzt werden diese Rechtsnormen durch die EU-RL 92/1/EWG zur Überwachung der Temperaturen (Umsetzung in nationales Recht: Änderung der TLMV vom 16. 11. 1995) und durch die Leitsätze für tiefgefrorene Lebensmittel des Deutschen Lebensmittelbuches [2, 6]. Diese Vorschriften und Empfehlungen regeln u. a. folgende Bereiche:

Geräte. Nach der TLMV müssen die Zubereitung und das Tiefgefrieren unverzüglich mit geeigneten Geräten ausgeführt werden.

Produkttemperatur. Nach dem Tiefgefrieren muß die Temperatur bis zur Abgabe an den Verbraucher an allen Punkten des Erzeugnisses ständig bei −18 °C gehalten werden. Beim Versand sind kurzfristige, beim örtlichen Vertrieb und in den Tiefkühlgeräten des Einzelhandels generelle Abweichungen von dieser Temperatur bis −15 °C zulässig. Bei Bestimmung der Kerntemperatur muß, entsprechend den Ausführungen in den Leitsätzen für tiefgefrorene Lebensmittel, die Temperatur an dem Punkt einer Packung gemessen werden, der „am Ende des Gefrierprozesses am wärmsten ist und damit am langsamsten gefriert (thermischer Mittelpunkt)".

Art und Menge der zu untersuchenden Packungen sollten so beschaffen sein, daß ihre Temperatur für die wärmsten Stellen der kontrollierten Sendung repräsentativ ist [6]:

- In Gefrierlagerräumen müssen Proben an mehreren kritischen Stellen entnommen werden – z. B. aus der Mitte des Gefrierraumes oder in der Nähe der Luftrückführung des Kühlaggregates.
- Während des Transportes oder beim Entladen müssen die Proben von der Ober- und Unterseite der Sendung und an den Öffnungskanten der Türen entnommen werden. Zusätzlich sollten beim Entladevorgang noch Proben u. a. von einer Stelle gezogen werden, die möglichst weit vom Kühlaggregat entfernt liegt.
- Die Probe aus einer Tiefkühltruhe des Einzelhandels sollte ebenfalls von der wärmsten Stelle der Truhe entnommen werden.

Verpackung. Tiefgefrorene Lebensmittel, die zur Abgabe an den Verbraucher bestimmt sind, dürfen nur in Fertigpackungen in den Verkehr gebracht werden. Das Packmaterial muß das Produkt vor Austrocknung, vor atmosphärischen Einflüssen, vor mikrobieller Rekontamination und anderen nachteiligen Beeinflussungen von außen schützen.

Kennzeichnung. Nur wenn ein Produkt den genannten Anforderungen entspricht, darf es als „tiefgefroren", „tiefgekühlt", „Tiefkühlkost" oder „gefrostet" gewerbsmäßig in den Verkehr gebracht werden.

Auf der Packung tiefgefrorener Lebensmittel muß ein Hinweis auf das Mindesthaltbarkeitsdatum und auf die Aufbewahrungstemperatur oder auf die zur Aufbewahrung erforderliche Anlage vorhanden sein. Ferner muß auf der Packung der Hinweis aufgebracht sein, daß das Produkt nach dem Auftauen nicht wieder eingefroren werden darf.

3.9.2 Gefrierverfahren

In Abhängigkeit von der Art des Gutes (stückig, flüssig, pastös, verpackt, unverpackt, zerkleinert), den geometrischen Abmessungen des Produktes, der erforderlichen Einfriergeschwindigkeit und der Wirtschaftlichkeit werden sehr unterschiedliche Apparate und Verfahren zum Tiefgefrieren eingesetzt [1, 14, 31]. Technologische Unterschiede gibt es zum Beispiel hinsichtlich

- des Arbeitsablaufes (kontinuierliche und diskontinuierliche Verfahren),
- der Wärmeübertragung (Konvektion, Leitung, Verdampfen) und
- der Art des verwendeten Kühlmediums (Luft, Flüssigkeit, verdampfende Kältemittel).

Zur Erhaltung einer optimalen Qualität und Struktur der Lebensmittel muß die Temperaturabsenkung auf –18 °C schnell erfolgen. Darum werden heute fast ausschließlich Schnell- bzw. Schockgefrierverfahren angewandt, die eine Gefriergeschwindigkeit von mehr als 1,0 cm/h aufweisen. Die Gefriergeschwindigkeit ist das Tempo der Temperaturabsenkung im Lebensmittel zwischen Oberfläche und thermischem Mittelpunkt und wird in Zentimetern pro Stunde gemessen. Sie kann durch die Variablen Temperaturdifferenz, Wärmeübergangskoeffizient und der am Wärmeübergang beteiligten Oberfläche gemessen werden.

Durch das Schnellgefrieren werden im Produkt sehr viele kleine Eiskristalle gebildet. Diese sind gleichmäßig im Extra- und Intrazellularraum verteilt. Beim langsamen Gefrieren (0,1 bis 1,0 cm/h) bilden sich besonders im kritischen Temperaturbereich zwischen –0,5 °C und –5 °C große Eiskristalle vor allem zwischen den Zellen des Produktes. Diese Kristalle erhöhen die Osmolarität des interzellulären, nicht ausgefrorenen Wassers und verursachen damit über eine Plasmolyse ein Schrumpfen und Brüchigwerden der Zellen des Gefriergutes. Auch zu schnelles Gefrieren (>5cm/h) kann besonders bei großen Lebensmittelstücken die Qualität negativ beeinflussen und z. B. zu Zerreißungen führen.

Luftgefrierverfahren. Unverpackte und unregelmäßig geformte Güter können in Luftgefrierapparaten in einem –30 °C bis –40 °C kalten Luftstrom mit einer Luftgeschwindigkeit von 3–10 m/s gefroren werden. Das Gefriergut wird in Schalen, auf Förderbändern oder in Hordenwagen im Gegenstrom durch den Tunnel des Gefrierapparates transportiert.

Kleinstückige Produkte können in Fließbett- oder Wirbelbettgefrieranlagen eingefroren werden. Die Produkte werden ständig gewendet und bewegt, um eine gleichmäßige Kühlung zu gewährleisten. Die kalte Luft wird von unten durch das flach ausgebreitete Gut geleitet. Dadurch werden die einzelnen Produktteile in der Schwebe gehalten, weitertransportiert und durch die sie umspülende kalte Luft schnell tiefgefroren. Es erfolgt eine gleichmäßige Kühlung, vorausgesetzt das Gefriergut hat eine homogene Teilchengröße und die zu kühlenden Stücke gefrieren nicht aneinander. Bei schweren Produkten wird der Transport und die Bewegung der Teile durch Fließbänder und durch Rotationstrommeln unterstützt. Diese Art des Tiefgefrierens wird auch „lose rollendes Frosten" oder „IQF-Frosten" (Individually Quick Frozen) genannt. Das IQF-Frosten eignet sich z. B. für kleinstückiges Fleisch, das mit Soßen oder Marinaden ummantelt sein kann. Es kommt auch dort zum Einsatz, wo Hersteller einzelne Komponenten durch Schüttgutdosierer zusteuern können. Bei der Herstellung von Tiefkühlpizza wird z. B. der Teig der Pizza automatisch mit den IQF-tiefgefrorenen Zutaten belegt [32].

Da Fertiggerichte und Convenience-Produkte einen immer größeren Stellenwert in der Tiefkühlbranche einnehmen, kommt dem IQF-Frosten eine besondere Bedeutung zu. Alle Zutaten für ein Fertigprodukt können einzeln tiefgefroren und anschließend zusammen verpackt werden. Da das Gefriergut schüttfähig bleibt, kann der Endverbraucher aus der Verpackung Portionen entnehmen, ohne das gesamte Gebinde auftauen zu müssen.

Kontaktgefrierverfahren. Beim Kontaktgefrierverfahren wird die Kälte nicht durch Konvektion, sondern durch Leitung über tiefgekühlte Metallplatten übertragen. Die Tiefgefrierprodukte werden zwischen Metallplatten gepreßt, die mit einem Kältemittel gefüllt sind. Dieses Gefrierverfahren ist in besonderem Maße für Lebensmittel geeignet, die in einer einheitlichen Form verpackt sind. Die Produkte sollten nicht höher als 7 cm sein und eine möglichst feste Konsistenz aufweisen, damit sie dem Druck des Zusammenpressens (0,1 kg/cm^2) standhalten. Die Verpackungen sollten möglichst wenig Luft enthalten, um die Wärmeübertragung nicht zu beeinträchtigen. Das Verfahren wird vorzugsweise für das Gefrieren von Fischfiletblöcken auf See und zum Gefrieren von Fleischstücken eingesetzt.

Gefrieren in tiefgekühlten Flüssigkeiten. Da die Gefriergüter bei diesem Verfahren in direktem Kontakt mit dem Kälteträger stehen, wird ein guter Wärmeübergang auch bei ungleich geformten Gefriergütern erzielt. Bei unverpackter Ware dürfen nach der Verordnung über tiefgefrorene Lebensmittel nur Luft, Stickstoff und Kohlendioxid angewandt werden. Bei der Anwendung von Schrumpffolien können jedoch auch andere Gefriermittel wie NaCl- und $CaCl_2$-Lösungen oder Propylenglykol eingesetzt werden. Diese Verfahren werden z. B. für das Tiefgefrieren von Geflügel (Puten, Enten und Hähnchen) eingesetzt, da durch die schnelle Gefrierleistung die helle Hautfarbe erhalten bleibt.

Kryogene Tiefgefrierverfahren. Die Verfahren setzen flüssigen Stickstoff (N_{2liq}-Siedetemperatur bei 1 bar: –195,8 °C) oder flüssiges Kohlendioxid (Sublimationstemperatur: –78,5 °C) als Kältemittel ein. Das flüssige Kältemittel nimmt beim Verdampfen bzw. Sublimieren und Erwärmen auf Abgastemperatur die Wärme von dem zu gefrierenden Produkt auf und kühlt dieses dadurch ab. Es werden Tunnelgefrieranlagen, Spiralgefrierer, Tauchgefrierer, Drehrohrfroster und Gefrierzellen eingesetzt [15, 34].

Kryogene Verfahren werden für das Tiefgefrieren zahlreicher Produkte eingesetzt. Dazu gehören vor allem Fleischerzeugnisse wie Wurstwaren, Hackfleisch, Frikadellen, Hamburger, Schaschlik und Geflügelteile. Vorteil der kryogenen Verfahren ist vor allem der relativ einfache Aufbau der Anlagen und eine schnelle Abkühlung der Produkte. Der Wärmeübergang (charakterisiert durch die Wärmeübergangszahl a [W/m_2K]) beträgt z. B. bei freier Konvektion 6 bis 8, beim Kontaktgefrieren 35 bis 60, bei Einsatz von sublimierendem CO_2 25 bis 70 und bei Verwendung von verdampfendem flüssigem Stickstoff bis 2300 [30]. Der Wärmeübergang und damit die Einfriergeschwindigkeit kann durch die Umwälzung der Kaltgase noch wesentlich gesteigert werden.

3.9.3 Mikrobiologische Risiken

Grundsätzlich können in den verwendeten Rohprodukten und damit auch in den ungegarten Tiefkühlgerichten alle bereits bei den Kühlgerichten aufgeführten pathogenen Mikroorganismen vorkommen (Kap. 3.8). Dazu gehören u. a. die Salmonellen, *Listeria monocytogenes, Staphylococcus aureus,* Viren und die Parasiten. *Listeria monocytogenes,* Salmonellen und *Staphylococcus aureus* sind z. B. in rohem Fleisch und in rohen Fleischprodukten wie Hackfleisch relativ häufig anzutreffen. Auch in Tiefkühlkost, die dem Handel entnommen wurde, konnte z. B. *L.monocytogenes* in einem hohen

Prozentsatz nachgewiesen werden [18, 27]. Durch die längere Tiefkühllagerung ist davon auszugehen, daß möglicherweise vorhandene Parasiten wie die Sarkosporidien abgetötet werden. Da die überwiegende Anzahl an fleischhaltigen Gerichten vor dem Einfrieren gegart wird, werden die vegetativen pathogenen Mikroorganismen und die überwiegende Anzahl der Verderbniserreger bei Beachtung geeigneter Temperatur/Zeit-Verhältnisse beim Erhitzen sicher abgetötet (siehe Kap. 3.8). Nach dem Garen können die Produkte bei unzureichender Betriebshygiene während des Abkühlens, der Zubereitung (z. B. Aufschneiden des Fleisches), der Portionierung, des Frostens, des Auftauens und anderer Arbeitsschritte rekontaminiert werden. Besonders risikoreich ist eine Rekontamination mit pathogenen Mikroorganismen, da sie sich in den Gerichten während des Auftauens und der Zubereitung ohne Konkurrenzflora vermehren können.

3.9.4 Einfluß einzelner Arbeitsschritte auf den mikrobiologischen Status

Die überwiegende Anzahl fleischhaltiger Tiefkühlgerichte wird vorgegart angeboten (Abb. 3.9.1). Die Bedingungen für eine gute Herstellungspraxis (GMP) und für eine gute Betriebshygiene entsprechen damit bis zum Garprozeß weitgehend den für die Herstellung von Kühlgerichten bereits beschriebenen Anforderungen (siehe Kap. 3.8). Im Rahmen dieses Kapitels sollen deshalb nur einige tiefkühlspezifische Aspekte hinzugefügt werden [11, 12, 17, 28].

3.9.4.1 Rohstoffauswahl

Da das Tiefgefrieren den mikrobiologischen Status eines Fertiggerichtes, das nicht mehr erhitzt wird, nicht wesentlich verändert (s.u.), ist die mikrobiologische Belastung des Endproduktes weitgehend identisch mit dem Hygienestatus der Rohprodukte. Auch bei der Herstellung von Fertiggerichten, die einem Erhitzungsschritt unterzogen werden, kann eine erhöhte mikrobielle Belastung der Rohprodukte zu einer Verschlechterung des mikrobiellen Status des Endproduktes führen: Bei einer signifikanten Erhöhung der Keimzahl der Rohprodukte besteht die Gefahr, daß die für den Garprozeß verwendeten Temperatur/Zeit-Verhältnisse zur Abtötung der hygienisch-relevanten Keime nicht mehr ausreichen. Besonders problematisch ist eine erhöhte Belastung mit *Clostridium*- und *Bacillus*-Arten, da

die Sporen dieser Bakterien die Koch- und Brattemperaturen überstehen können.
Vor der Herstellung der Tiefkühlprodukte ist es deshalb notwendig, alle eingesetzten Rohprodukte einer mikrobiologischen Risikoanalyse hinsichtlich der Gefährdung des Endproduktes zu unterziehen und entsprechende mikrobiologische Spezifikationen zu erstellen. Gewürze und andere mit Erde und Staub belastete pflanzliche Produkte können z. B. hoch mit bakteriellen Sporenbildnern (*Bacillus cereus* und *Clostridium perfringens*) und Schimmelpilzsporen, bestimmte importierte Gewürze wie schwarzer Pfeffer auch mit Salmonellen kontaminiert sein. Salmonellen können auch mit Geflügel oder anderem rohen Fleisch in den Betrieb eingetragen werden.

Die mikrobiologischen Spezifikationen sollten mit dem Lieferanten abgesprochen und stichprobenartig vom Hersteller der Fertiggerichte selbst überprüft werden. Ergänzt wird diese Absicherung durch die Bewertung des Qualitätssicherungssystems des Lieferanten vor allem unter hygienischen Aspekten. In allen Zweifelsfällen sollten die Betriebe direkt vor Ort beurteilt werden. Unterstrichen werden diese Hygieneforderungen durch die Verordnung über tiefgefrorene Lebensmittel, in der es heißt, daß „zum Tiefgefrieren Lebensmittel von einwandfreier handelsüblicher Qualität verwendet werden müssen, die den notwendigen Frischegrad besitzen".

3.9.4.2 Gefriervorgang

Hemmung des mikrobiellen Wachstums. Während des Gefrierens von Lebensmitteln bildet sich inter- und intrazellulär Eis. Auch bei Temperaturen unter 0 °C bleibt jedoch immer eine Restmenge an Wasser vorhanden. In Rindfleisch ist z. B. bei −10 °C noch 20 %, bei −20 °C noch über 10 % des an Proteinen und Kohlenhydraten gebundenen Wassers noch nicht ausgefroren. Durch die Eisbildung konzentriert sich die Restlösung, und der a_W-Wert wird erniedrigt. Bereits reines Wasser hat bei −10 °C nur noch einen a_W-Wert von 0,90. In Lebensmitteln liegt dieser Wert noch wesentlich tiefer. Die Hemmung des mikrobiellen Wachstums erfolgt damit sowohl über die Absenkung der Temperatur als auch durch die Erniedrigung des a_W-Wertes in dem noch nicht ausgefrorenen Teil des Lebensmittels. Nicht ausgefrorenes Wasser stellt deshalb in der Regel bei der Lagerung von Tiefkühlprodukten kein mikrobiologisches Risiko dar [23].

Veränderung der Mikroflora. Jeder Gefrierprozeß bewirkt durch die letale oder subletale Schädigung bestimmter Mikroorganismengruppen eine Veränderung der Mikroflora im Produkt. Die Mechanismen, die diese Schädigung verursachen, sind sehr vielfältig. Die Bildung extrazellulärer Eiskristalle bewirkt z. B. intrazelluläre Dehydratationen und eine stärkere Konzentration an gelösten Stoffen innerhalb der Zelle. Diese intrazellulären Veränderungen führen über die Strukturveränderung von Makromolekülen (z. B. der Proteine) und der Zellmembran zu irreversiblen Schädigungen.

Umfang und Art der Schädigung der Mikroorganismen während des Einfrierens sind abhängig von zahlreichen Faktoren. Dazu gehören art- und stammspezifische Eigenschaften der Mikroorganismen, die Art und Zusammensetzung des Produktes und das Einfrierverfahren [16, 24, 25, 26]. Trotz dieser vielfältigen Einflüsse lassen sich aus mikrobiologischer Sicht folgende allgemeine Angaben für den Tiefgerfrierprozeß machen, die auch für die Tiefkühllagerung gelten:

- *Bacillus*- und *Clostridium*-Endosporen sind weitgehend unempfindlich gegenüber dem Gefrieren.
- Grampositive Bakterien (z. B. Milchsäurebakterien, Enterokokken und Mikrokokken) sind gefrierresistenter als gramnegative Bakterien (z. B. Pseudomonaden und Vertreter der Enterobacteriaceae).
- Durch Temperaturen im oberen Gefrierbereich zwischen 0 °C und –10 °C werden Bakterien in der Regel erheblich stärker als bei Gefriertemperaturen um –18 °C geschädigt oder abgetötet.
- Die Virulenz überlebender pathogener Bakterien wird durch das Einfrieren offenbar nicht beeinflußt.
- Mikroorganismen, die sich in der exponentiellen Wachstumsphase befinden, sind wesentlich empfindlicher gegenüber dem Einfrieren als ruhende Zellen in der stationären Phase.
- Hefen und Schimmelpilze zeigen sehr ausgeprägte artspezifische Unterschiede in der Resistenz gegenüber tiefen Temperaturen, sind aber generell gefrierresistenter als Bakterien.
- Enteroviren (z. B. Hepatitis-A-Viren) und Bakteriophagen sind sehr gefrierresistent.
- Die Toxizität bereits gebildeter mikrobieller Toxine wird durch das Einfrieren nicht wesentlich beeinflußt.
- Parasiten wie die Sarkosporidien werden bereits durch das Tiefgefrieren geschädigt und durch längere Tiefkühllagerung (mind. 3 Tage bei –18 °C) sicher abgetötet.
- Besonders empfindlich reagieren die Bakterien auf langsames Gefrieren und schnelles Auftauen.

Einen großen Einfluß auf die Art und den Umfang der letalen und subletalen Schädigung sowie auf den Schutz der Mikroorganismen haben die verschiedenen Lebensmittelinhaltsstoffe sowie die Wasseraktivität, der pH-Wert, das Redoxpotential und die Festigkeit (Textur) des Gefriergutes.

Durch eine Absenkung des pH-Wertes werden die schädigenden Prozesse verstärkt. Im Gegensatz dazu mildern hochmolekulare Schutzstoffe wie Gelatine, Fleischextrakt und Serum, aber auch niedermolekulare Substanzen wie Glycerol, mehrwertige Alkohole oder Ascorbinsäure den schädigenden Effekt. Zu den Protektoren im Fleisch zählen vor allem Proteine, Kohlenhydrate, Fette und der relativ hohe pH-Wert. Diese Schutzfaktoren können in fleischhaltigen Gerichten bewirken, daß der Gefriervorgang nur eine sehr schwache mikrobizide Wirkung ausübt.

3.9.4.3 Tiefkühllagerung

Chemische Veränderungen. Während der Tiefgefrierlagerung werden chemische und enzymatische Prozesse zwar verlangsamt aber nicht vollständig gehemmt. Dadurch kann es zu Farb- und Geschmacksabweichungen sowie zum Abbau von Vitaminen und von anderen ernährungsphysiologisch wichtigen Inhaltsstoffen des Produktes kommen. Zum Beispiel können Lipasen, die noch bei –20 °C eine deutliche Aktivität aufweisen, durch die Spaltung von Lipiden freie Fettsäuren bilden. In Gegenwart von Sauerstoff kann in Fleischprodukten auch während des Einfrierens und der Tiefgefrierlagerung dunkelrotes Myoglobin in das unansehnliche braune Metmyoglobin oxidiert werden, das seine braune Farbe auch nach dem Auftauen behält.

Durch den auch bei der Tiefkühllagerung ablaufenden abiotischen Verderb, muß für jedes Tiefkühlgericht in Abhängigkeit von der sensibelsten Komponente eine Mindesthaltbarkeitsfrist festgelegt werden. Nur wenige Monate können Gerichte gelagert werden, die fettreiches Fleisch enthalten. Gemüse, Rindfleisch, Geflügel und die meisten fleischhaltigen Gerichte haben in der Regel eine Lagerfähigkeit von 6 bis 12 Monaten. Durch Lagertemperaturen unter –18 °C oder durch den Zusatz bestimmter Soßen kann der Qualitätserhalt der Tiefkühlgerichte verbessert und die Lagerzeit verlängert werden.

Mikrobieller Verderb. Mikroorganismen können sich bei den Tiefgefriertemperaturen nicht mehr vermehren. Ein mikrobieller Verderb von Tiefkühlkost ist deshalb nur bei Unterbrechung der Kühlkette möglich. Da auch unterhalb des Gefrierpunktes noch flüssiges Wasser im Lebensmittel vorhanden ist (s.o.), können sich bestimmte Bakterien noch bis –5 °C (–7 °C), Hefen bis –10 °C (–12 °C) und Schimmelpilze bis –15 °C (–18 °C) vermehren. Aufgrund der stark verlängerten Generationszeit und Lag-Phase sowie des abgesenkten a_W-Wertes kann ein wahrnehmbarer mikrobieller Verderb (z. B.

durch psychrophile bzw. xerophile Schimmelpilze) nur bei Lagertemperaturen über −12 °C bis −10 °C auftreten (24, 25, 26). Schwarzfleckigkeit oder anderere sichtbare Schimmelpilzbildung bei Gefrierfleisch und Gefriergeflügel (z. B. durch *Cladosporium herbarum*) bildet sich offenbar nur dann aus, wenn die Lagertemperatur bis –5 °C ansteigt [10].

Veränderung der Mikroflora. Entsprechend den Verhältnissen beim Eingefrieren wirken die tiefen Temperaturen während der Tiefkühl-Lagerung je nach Zusammensetzung des Substrates und der art- und stammspezifischen Widerstandsfähigkeit sehr unterschiedlich auf die verschiedenen Mikroorganismen ein [12,16, 26]. In den ersten Tagen der Gefrierlagerung ist die Keimreduktion am höchsten und nimmt dann während der länger andauernden Gefrierlagerung langsam ab. Besonders resistent auch gegenüber langer Tiefkühllagerung sind Bakteriensporen und Viren. Eine Ausnahme sind die vegetativen Zellen von *Clostridium perfringens*, die bei der Tiefkühllagerung relativ schnell absterben. Die Abtötungsrate dieser Mikroorganismen ist u. a. abhängig von stammspezifischen Eigenschaften und der Anwesenheit von Sauerstoff [9].

Innerhalb der Bakterien sind grampositive Bakterien deutlich widerstandsfähiger gegenüber Tiefkühltemperaturen als gramnegative Bakterien (s.o.). Nach Lagerversuchen mit Geflügel bestand z. B. die Bakterienflora in Geflügel nach zwei Wochen Gefrierlagerung zu 30 % aus grampositiven und zu 70 % aus gramnegativen Bakterienarten. Nach einem Jahr Gefrierlagerung hatte sich das Verhältnis von gramnegativen zu grampositiven Bakterien umgekehrt. Die Gesamtzahl an aeroben Mikroorganismen wurde in diesem Zeitraum lediglich um 60% vermindert [24].

Entsprechend den anderen gramnegativen Stäbchenbakterien ist *Escherichia coli* gegenüber der Gefrierlagerung sehr empfindlich. Aus der Abwesenheit von *E. coli* in einem Tiefkühlprodukt ist deshalb nicht in jedem Fall zu schließen, daß keine fäkale Verunreinigung vorliegt. Andererseits gibt es zu *E. coli* als Fäkalindikator keine Alternativen. Die häufig als Fäkalindikatoren bei tiefgefrorenen Lebensmitteln vorgeschlagenen Enterokokken sind für fleischhaltige Gerichte wenig brauchbar, da sie zur natürlichen Flora von zahlreichen Produkten wie Kochschinken, den meisten Rohpökelwaren, Rohwürsten und darüber hinaus auch vielen Käsesorten gehören. Eine Untersuchung auf Enterokokken ist deshalb bei derartigen Fertiggerichten nur sinnvoll, wenn die Produkte einer Erhitzungsbehandlung unterzogen wurden und der Nachweis dieser Mikroorganismen einen Hinweis auf eine sekundäre mikrobiologische Kontamination geben kann.

Während bestimmte Stämme der *Enterobacteriaceae* sehr schnell absterben, werden andere – auch viele *Salmonella*-Serovare – während der Tiefkühllagerung von Fleischprodukten sehr viel langsamer inaktiviert [1]. Offensichtlich sind psychrotrophe Keime resistenter gegen tiefe Temperaturen als mesophile.

Zu den widerstandsfähigeren Keimen in nichtsauren Produkten gehört auch *Listeria monocytogenes. L. monocytogenes* ist psychrotroph und kann sich bereits ab 0 °C im Produkt vermehren. Experimentell mit *Listeria monocytogenes* beimpftes Hackfleisch von Rind, Schwein oder Truthahn sowie Brühwurst zeigte auch nach längerfristiger Gefrierlagerung keine signifikante Reduktion der Listerienzahl [20]. Deutlicher wird *Listeria monocytogenes* in Tiefkühlkost mit abgesenktem pH-Wert (z. B. in Tomatensuppe, pH 4,7) inaktiviert. Besonders riskant ist eine Rekontamination mit *Listeria monocytogenes* von Gerichten nach dem Erhitzungsprozeß, da in diesen Produkten die konkurrierende Begleitflora weitgehend inaktiviert wurde und sich die Listerien damit in dem Produkt ungehemmt vermehren können. Viele Listerien werden offensichtlich durch die Gefrierlagerung nur subletal geschädigt und können sich unter entsprechenden Bedingungen wieder regenerieren und in dem Produkt vermehren.

Insgesamt findet während der Gefrierlagerung nur eine relativ geringe Abtötung der Mikroorganismen statt. Die ICMSF geht bei Lagertemperaturen von –20 °C von einer Keimreduktion von ca. 5 % pro Monat aus. Die durch die Tiefkühllagerung verursachte Keimzahlverminderung verbessert damit in der Regel die Verderbnisanfälligkeit des aufgetauten Produktes nicht wesentlich.

Überwachung der Lagertemperatur. Die Temperatur muß an einer Stelle des Tiefkühlraums gemessen werden, die hinsichtlich der Kühlwirkung am ungünstigsten liegt. Die Messungen müssen über Temperaturschreiber aufgezeichnet und regelmäßig überwacht werden.

3.9.4.4 Auftauen und Zubereiten

Schädigung der Mikroorganismen. Während des Auftauens enthält das bereits gebildete Wasser hohe Konzentrationen an Salzen und Ionen und kann dadurch schädigend auf die mikrobielle Zelle einwirken. Das langsame Auftauen schädigt die Zellen deshalb stärker als das schnelle Auftauen. Grundsätzlich kann aber davon ausgegangen werden, daß die Schädigungen der Mikroorganismen während des Auftauens insgesamt relativ gering sind.

Vermehrung von Mikroorganismen. Durch Hygienefehler beim Auftauen und beim Erwärmen kann sich die mikrobielle Belastung erheblich erhöhen. Besonders gefährdet ist die Oberfläche des Produktes, da sie sich am schnellsten erwärmt. Ob es während des Auftauens zu einer mikrobiellen Vermehrung kommt, ist von zahlreichen äußeren Faktoren (vor allem von der Auftautemperatur) und inneren lebensmittelbedingten Faktoren (wie dem a_w-Wert) abhängig. Durch die Vielzahl der Einflüsse sind quantitative Aussagen über den Verlauf der Vermehrung der Mikroorganismen während des Auftauprozesses nur sehr schwer möglich. Es kann aber davon ausgegangen werden, daß sich die Mikroorganismen, die die Gefrierlagerung überlebt haben, in der stationären Wachstumsphase befinden und damit der Vermehrung eine mehr oder weniger lange Lag-Phase vorausgeht. Die Dauer der Lag-Phase hängt dabei von der Auftautemperatur, von der Art des Produktes, von der Zusammensetzung der Mikroflora – vor allem auf der Produktoberfläche – sowie vom Ausmaß der subletalen Schädigung der Mikroorganismen ab.

Auftautemperaturen in einem Bereich von 5 °C beeinflussen den mikrobiellen Status in der Regel nur unwesentlich. Während einer 72stündigen Auftauphase von Fleischerzeugnissen blieben z. B. die mesophile aerobe Gesamtkeimzahl und die Sensorik des Produktes weitgehend unbeeinflußt. Bei einer Auftautemperatur von 25 °C kann exponentielles Wachstum der Mikroorganismen dagegen bereits nach wenigen Stunden beginnen, da vor allem auf der Oberfläche des Produktes schnell die mikrobiologisch kritische Temperatur von 10 °C überschritten wird [19].

Tiefgefrorenes Fleisch und fleischhaltige Erzeugnisse sollten deshalb möglichst bei Kühlschranktemperaturen (maximal 5 °C) aufgetaut werden, insbesondere wenn die Auftauzeit acht Stunden überschreitet. Die aufgetauten Produkte können anschließend schnell auf die vorgesehene Verzehrstemperatur erhitzt werden. Als Alternative kann das tiefgefrorene Produkt bei hohen Umgebungstemperaturen (z. B. im vorgeheizten Heißluftherd) aufgetaut und direkt gegart werden. Auch unter diesen Bedingungen wird der kritische Temperaturbereich von 10 °C bis 60 °C schnell durchschritten. Werden die Produkte bei Zimmertemperatur aufgetaut, sollten sie anschließend umgehend einer keimreduzierenden Hitzebehandlung unterzogen werden.

Bei rohem Fleisch setzt sich nach dem Auftauen eine typische Verderbnisflora durch, die sehr rasch zu sensorisch wahrnehmbaren Veränderungen führt. Pathogene Mikroorganismen werden in der Regel durch die starke Konkurrenz der Verderbnisflora in ihrem Wachstum gehemmt. Bei Teil- und Fertiggerichten entfällt dieser Effekt jedoch, da die Verderbnisflora während des Zubereitungsprozesses durch die Hitzeeinwirkung zerstört wurde. In diesen Produkten können sich die wenig verbleibenden Bakterienarten bei einer mangelhaften Auftauhygiene ungehindert vermehren.

Abtötungseffekt beim Erwärmen. Für das Auftauen und Aufwärmen von tiefgefrorenen Fertiggerichten werden unterschiedliche küchentechnische Prozesse, wie das direkte Erhitzen in der Pfanne, im Heißluftofen, im strömenden Dampf oder in einem Mikrowellenofen eingesetzt. Diese in der Großküche oder im Haushalt durchgeführten Erhitzungsprozesse können nicht als Hygienehürde angesehen werden, weil die bestimmungsgemäße Durchführung nicht kontrollierbar ist. Darüber hinaus erwärmen sich die verschiedenen Teilkomponenten der Gerichte sehr unterschiedlich, so daß Kerntemperaturen, die einen mikrobiziden Effekt haben könnten, häufig nicht gewährleistet werden können. Das Auftauen und Garen mit Hilfe von Mikrowellengeräten erfolgt sehr rasch. Nachteilig wirkt sich aus, daß Wasser die Mikrowellenstrahlen wesentlich stärker absorbiert als der Eisanteil in dem Tiefgefriergut. Dadurch erwärmt sich das Gut sehr ungleichmäßig. Beim Auftauen und Erwärmen von Fleisch wird dieser Effekt dadurch verstärkt, daß wasser- und fetthaltige Teile die Mikrowellenenergie sehr unterschiedlich absorbieren.

Zubereitung. In Großküchen sollten die Gerichte aus mikrobiologischer Sicherheit möglichst schnell auf eine Kerntemperatur von mindestens 70 °C erwärmt und bis zum Verzehr bei einer Kerntemperatur von mindestens 65 °C heißgehalten werden. Die Zeit zwischen dem Erwärmen und dem Verzehr sollte 3 Stunden nicht überschreiten.

3.9.5 Leitlinien für eine gute Hygienepraxis und Festlegung von kritischen Kontrollpunkten (CCPs) im Sinne des HACCP-Konzeptes

Für jedes spezifische Tiefkühlprodukt muß entsprechend der Forderung der EU-Richtlinie über Lebensmittelhygiene ein produkt- und betriebsspezifischer Hygieneplan (Hygienecodex) ausgearbeitet werden [7, 8, 28]. Er sollte alle wesentlichen Bereiche wie Personal, Gebäude, Räume, Reinigung und Desinfektion, Wareneingang, Produktion und Schulung abdekken. Darüber hinaus müssen Lenkungsbedingungen für die hygienisch besonders kritischen Prozeßschritte im Sinne des HACCP-Konzeptes festgelegt werden. Dazu zählen für den in Abb. 3.9.1 wiedergegebenen Ablauf der Herstellung und des Zubereitens eines vorgegarten Tiefkühlgerichtes in einer Großkücheneinrichtung vor allem

- die Überwachung der Gartemperatur und der Garzeit,
- die Überwachung der Zeit (max. 90 Min.) zwischen dem Garprozeß und dem Erreichen der Kerntemperatur von −18 °C,
- die Überwachung der Zeit und der Temperatur beim Auftauen,
- die Überwachung der Zeit und der Temperatur beim Erwärmen auf mind. 70 °C Kerntemperatur sowie die
- Überwachung der Zeit (max. 3 Sd.) und der Produkttemperatur (mind. 65 °C) bis zum Verzehr der Gerichte.

3.9.6 Mikrobiologische Kriterien

Offizielle mikrobiologische Kriterien existieren für Tiefkühlprodukte nicht. Exemplarisch seien deshalb hier die mikrobiologischen Richt- und Warnwerte wiedergegeben, die von der Deutschen Gesellschaft für Hygiene und Mikrobiologie für Tiefkühl-Fertiggerichte bei Abgabe an den Verbraucher empfohlen werden (Tab. 3.9.2 und 3.9.3) [4].

Tab. 3.9.2 Richt- und Warnwerte für rohe oder teilgegarte TK-Fertiggerichte bzw. Teile davon, die vor dem Verzehr gegart werden müssen
(Eine Empfehlung der Deutschen Gesellschaft für Hygiene und Mikrobiologie) [84].

	Richtwert (KBE/g)	Warnwert (KBE/g)
Escherichia coli	10^3	10^4
Staphylococcus aureus	10^2	10^3
Bacillus cereus	10^3	10^4

Als Probe für die Untersuchung ist die kleinste Verkaufseinheit, mindestens aber 50 g einzusetzen.
Salmonellen sollen in 25 g nicht nachweisbar sein. Wegen der verbreiteten Belastung von Geflügel und von anderen Tieren können die Proben bei Verwendung von rohem Fleisch auch bei guter Betriebshygiene jedoch relativ häufig Salmonella-positiv sein. Bei positivem Befund ist der Kontaminationsquelle nachzugehen. Den Herstellern wird empfohlen, für derartige Produkte nur gegartes Fleisch einzusetzen. Geschieht dies nicht, besteht bei Nichtanbringen eines Hinweises „Durchgaren erforderlich“ und der genauen Angabe der Garungsbedingungen die Gefahr einer Gesundheitsgefährdung des Verbrauchers; ein Anbringen dieser Hinweise ist sowohl auf Haushaltspackungen als auch auf Großverbraucherpackungen notwendig.

Tab. 3.9.3 Richt- und Warnwert für gegarte TK-Fertiggerichte bzw. Teile davon, die nur noch auf Verzehrstemperatur erhitzt werden müssen
Eine Empfehlung der Deutschen Gesellschaft für Hygiene und Mikrobiologie [4].

	Richtwert (KBE/g)	Warnwert (KBE/g)
Aerobe mesophile Kolonienzahl[1])	10^6	–
Salmonellen	–	n. n. in 25 g
Escherichia coli	10^2	10^3
Staphylococcus aureus	10^2	10^3
Bacillus cereus	10^3	10^4

[1]) Die Keimzahl kann überschritten werden, wenn rohe Produkte wie Käse, Petersilie etc. mitverwendet werden.

Als Probe für die Untersuchung ist die kleinste Verkaufseinheit, mindestens aber 50 g einzusetzen.

Beachtet werden muß bei der mikrobiologischen Untersuchung von tiefgekühlten Produkten, daß eine bestimmte Anzahl auch pathogener Mikroorganismen durch das Einfrieren und durch die Tiefkühllagerung nicht abgetötet, sondern lediglich subletal geschädigt werden können. Derartig geschädigte Mikroorganismen werden häufig bei der Routineuntersuchung nicht erfaßt, können sich aber unter günstigen Bedingungen – z. B. beim Auftauvorgang oder während der Zubereitung im Haushalt – wieder regenerieren. Der Nachweis von Listerien, Salmonellen und anderen Mikroorganismen gelingt häufig deshalb nur nach einer Voranreicherung in einem hemmstofffreien Medium [21, 27].

Literatur

[1] Barrell, R. A. E.: The survival and recovery of *Salmonella typhimurium* phage type U 285 in frozen meats and tryptone soya yeast extract broth. International Journal of Food Microbiology (1988), 309–316.

[2] Deutsches Lebensmittelbuch: Leitsätze 1992. Leitsätze für tiefgefrorene Lebensmittel (1992), 195–96.

[3] Deutsches Tiefkühlinstitut: Verbrauch an Tiefkühlkost 1990 bis 1993 in Deutschland. Köln-Riehl (1994).

[4] Deutsche Gesellschaft für Hygiene und Mikrobiologie: Mikrobiologische Richt- und Warnwerte für Tiefkühl- Fertiggerichte. Öffentliches Gesundheitswesen **54** (1992), 209.
[5] Europäische Union: Richtlinie zur Angleichung der Rechtsvorschriften über tiefgefrorene Lebensmittel (89/108/EWG), (1989).
[6] Europäische Union: Richtlinie zur Überwachung der Temperaturen von tiefgefrorenen Lebensmitteln in Beförderungsmitteln sowie Einlagerungs- und Lagereinrichtungen (92/1/EWG), (1992).
[7] Europäische Union: Richtlinie über Lebensmittelhyiene (93/43/EWG), (1993).
[8] Food and Drink Manufacture: Frozen Foods. In: Good Manufacturing Practice, S. 29–31, Institute of Food Science & Technology London (UK), (1987).
[9] FRUIN, J. T., BABEL, F. J.:Changes in the population of *Clostridium perfringens* Type A frozen in a meat medium. Journal of Food Protection **40** (1977), 622–625.
[10] GILL, C. O.; LOERY, P. D.: Growth at sub-zero temperature of black spot fungi from meat. J.appl.Bact. **52** (1982), 245–250.
[11] GOMBOS, J.: Tiefkühlung in bakteriologischer Sicht. Ernährung/Nutrition **14** (1990), 618-624.
[12] GREER, G. G.; MURRAY, A. C.: Freezing effects on quality, bacteriology and retail-case life of pork. Journal of Food Science **56** (1991), 891–894.
[13] HEISS, R.; EICHNER, K.: Haltbarmachung von Lebensmitteln. Springer Verlag, Berlin, Heidelberg, New York (1990).
[14] HEISS, R.: Lebensmitteltechnologie. Springer Verlag. Berlin, Heidelberg, New York (1990).
[15] HOFFMANNS, W.: Kühlen, Frosten und Transportieren. Fleischwirtschaft **74** (1994), 688–690.
[16] KRAFT, A. A.; REDDY, K. V.; SEBRANEK, J. G.; RUST, R. E., HOTCHKISS, D. K.: Effect of composition and method of freezing on microbial flora of ground beef patties. Journal of Food Science **44** (1979), 350–354.
[17] KRÄMER, J.: Lebensmittel-Mikrobiologie. Verlag Eugen Ulmer, Stuttgart, (1992).
[18] MANGOLD, S.; WEISE, E.; HILDEBRANDT, G.: Zum Vorkommen von Listerien in Tiefkühlkost. Archiv für Lebensmittelhygiene **42** (1991), 101–132.
[19] MARROIT, N. G., GARCIA, J. A., PULLEN, J. H., LEE, D. R.: Effect of thaw conditions on ground beef. Journal of Food Protection, **43** (1980), 180–184 und 185–189.
[20] PALUMBA, S. A., WILLIAMS, A. C.: Resistance of *Listeria monocytogenes* in foods. Food Microbiology **8** (1991), 63–68.
[21] RAY, B.: Injured index and pathogenic bacteria: occurence and detection in foods, water and feeds. Boca Raton, FL, CRC Press Inc, (1989).
[22] REES, M.: Mikrobiologische Beschaffenheit von tiefgekühltem Fleisch und Fleischprodukten. Diplomarbeit, Universität Bonn, (1994).
[23] RIEDEL, L.: Kalorimetrische Untersuchungen über das Gefrieren von Fleisch. Kältetechnik **9**, **38** (1957), 342–345.
[24] SCHMIDT-LORENZ, W.; GUTSCHMIDT, J.: Mikrobielle und sensorische Veränderungen gefrorener Lebensmittel bei Lagerung im Temperaturbereich von –2,5 °C bis –10 °C. Lebensmittel-Wissenschaft und -Technologie **1** (1968), 26–43.
[25] SCHMIDT-LORENZ, W.: Mikrobiologische Probleme bei tiefgefrorenen und gefriergetrockneten Lebensmitteln. Alimenta **6** (1970), 245–252.
[26] SCHMIDT-LORENZ, W.: Über die Bedeutung der Anwesenheit von Mikroorganismen in gefrorenen und tiefgefrorenen Lebensmitteln. Lebensmittel-Wissenschaft und -Technologie **9** (1976), 263–273.
[27] SHERIDAN, J. J.; DUFFRY, G.; MCDOWELL; D. A., BLAIR, I. S.: The occurence and initial

numbers of Listeria in Irish meat and fish products and the recovery of injured cells from frozen products. International Journal of Food Microbiology, (1994), 105–113.
[28] SINELL, H.-J.: Hygiene von gekühlten und tiefgekühlten Lebensmitteln. Zbl. Bakt. Hyg. B **187** (1989), 533–545.
[29] SINELL, H.-J.: Einführung in die Lebensmittelhygiene, Verlag Paul Parey, Berlin, Hamburg, (1992).
[30] SONNENTAG, M., ZIEMANN, G.: Kryogenes Frosten auf dem Vormarsch. ZFL **45** (1994), 8–12.
[31] SPIESS, W. E. L.; GRÜNEWALD, Th.; WOLF, W.: Möglichkeiten der Haltbarmachung von Lebensmitteln durch physikalische Verfahren. In Osteroth, D. (Hrsg.): Taschenbuch für Lebensmittelchemiker und -technologen Bd. 2 (1991), 39–60.
[32] THUMEL, H.; GAMM, D.: Lose rollendes Frosten. Fleischwirtschaft **73** (1993), 502–503.
[33] Verordnung über tiefgefrorene Lebensmittel (TLMV) (1991).
[34] WEBER, W.: Übersicht über kryogene Gefrierverfahren und -anlagen. Lebensmitteltechnik **2** (1989), 34–36.

3.10 Mikrobiologie von Shelf Stable Products (SSP)

H. HECHELMANN

Mikrobiell verursachte Lebensmittelvergiftungen zeigen weltweit eine zunehmende Tendenz. Aufgrund dieser Situation wird nach neuen Konzepten für die Produktsicherung bei Lebensmitteln gesucht. Für die Verbesserung und die Kontrolle der Stabilität (Schutz vor Verderb) und Sicherheit (Schutz vor Lebensmittelvergiftungen) sind bei Fleischerzeugnissen SSP-Produkte (SSP) aktuell.

Die Hürden-Technologie, die bei der Herstellung von SSP Anwendung findet, verhilft daher zu einem besseren Verständnis der Konservierung von traditionellen Lebensmitteln und kann auch erfolgreich bei der Entwicklung von neuen Lebensmitteln eingesetzt werden. Zur Veranschaulichung des Vorgehens bei der Optimierung und Entwicklung von Fleischerzeugnissen soll zunächst grundsätzliches über die Hürden-Technologie berichtet werden [5, 8].

Aus dem Hürden-Effekt ist die Hürden-Technologie (HT) abgeleitet worden, die für die Produktentwicklung (Food Design) z. B. im Zusammenhang mit einer Energieeinsparung (Produkte, die ohne Kühlung haltbar sind) oder zur Verminderung des Zusatzes von Konservierungsmitteln (z. B. Nitrit bei Fleischerzeugnissen) verwendet wird [13]. Die Hürden-Technologie kann weiterhin bei der Stabilitätsbewertung (Food Control) eingesetzt werden, indem die chemisch-physikalischen Eigenschaften eines Produktes ausgemessen werden und das Ergebnis nach Computer-Auswertung anzeigt, welche Mikroorganismen in dem betreffenden Produkt vermehrungsfähig sind [10, 11].

Zahlreiche Konservierungsverfahren (Erhitzen, Kühlen, Gefrieren, Gefriertrocknen, Trocknen, Pökeln, Salzen, Zuckern, Säuern, Fermentieren, Räuchern, Evakuieren und Bestrahlen) werden bei Lebensmitteln bereits verwendet. Dabei beruhen die verschiedenen Verfahren nur auf relativ wenigen Faktoren oder Hürden (*F*-Wert, *t*-Wert, a_w-Wert, pH-Wert, Eh-Wert, Konservierungsstoffe, Konkurrenzflora oder Hygienestatus repräsentiert durch den Anfangskeimgehalt), die meist in Kombination eingesetzt werden (Tab. 3.10.1) [2].

Werden Fleischerzeugnisse auf der Grundlage der SSP-Hürden-Technologie optimiert oder entwickelt, dann können trotz einer „milden Konservierung", die auf mehreren Hürden beruht, stabile und sichere Produkte erzielt werden, die sensorisch und ernährungsphysiologisch hochwertig sind. Beim Einsatz mehrerer und verschiedener Hürden, die eine Störung der Homeostase der unerwünschten Mikroorganismen auf unterschiedliche Weise herbeiführen, kann ein synergistischer Effekt der Konservierungsmaßnahmen erreicht werden [5, 6, 11].

Bei den SSP handelt es sich um Lebensmittel, die ungekühlt lagerfähig sind, deren Stabilität und Sicherheit jedoch nicht nur auf der angewandten Erhitzung beruht, sondern vor allem durch zusätzliche Hürden gewährleistet wird. Durch die Hitzebehandlung werden die vegetativen Mikroorganismen abgetötet, die Bakteriensporen werden jedoch durch die relativ milde Erhitzung nur teilweise inaktiviert oder nur subletal geschädigt. Die Vermehrung der überlebenden Sporenbildner wird sodann im Produkt durch den a_w-Wert, den pH-Wert, den Eh-Wert, den Nitritgehalt oder eine Kombination dieser Hürden gehemmt [9].

Aus der geringen Erhitzung der SSP im Vergleich zu Voll- oder Tropenkonserven, resultiert ein hoher Genußwert sowie ein höherer ernährungsphysiologischer Wert. Die nicht erforderliche Kühlung vereinfacht die Distribution der Produkte und spart Energie (Kosten) während der Lagerung [3, 6, 9, 13].

Tab. 3.10.1 Fleischerzeugnisse, die ohne Kühlung lagerfähig sind und die Hürden, die für die mikrobiologische Stabilität und Sicherheit der Produkte maßgeblich sind

Produktgruppe	Wichtige Hürden bei der Herstellung
Rohe Erzeugnisse	
Rohschinken	H, t, pH, a_w, K
Rohwurst	H, K, Eh, S, pH, a_w
Erhitzte Erzeugnisse	
Konserven	H, F
SSP-Produkte	H, F, a_w, pH, Eh, K

H: Hygienestatus (Anfangskeimgehalt), K: Konservierungsmittel (Nitrit oder Rauch), S: Starter- und/oder Schutzkulturen, F: Erhitzung, t: Kühltemperatur, pH: Säuregrad, a_w: Wasseraktivität, Eh: Redoxpotential

Zu den traditionellen SSP zählen aber auch solche Produkte, die nicht erhitzt werden, wie Rohwurst und Rohschinken.

SSP-Fleischerzeugnisse werden zunehmend wegen ihrer Vorteile hergestellt. Zu dieser Produktgruppe zählen traditionelle Erzeugnisse wie die italienische Mortadella, die deutsche Brühdauerwurst und die Geldersche Rauchwurst der Niederlande, aber auch neu entwickelte Produkte wie die autoklavierte Darmware und Minisalamis oder frisch fermentierte Rohwürste. Nach der Hürde, die für die Stabilität der Produkte am wichtigsten ist, lassen sich *F*-SSP, a_w-SSP, pH-SSP und neuerdings auch Combi-SSP unterscheiden, die nachstehend diskutiert werden [13].

F-SSP

Beispiele für diese Produktgruppe sind Brüh-, Leber- und Blutwurst, die als autoklavierte Darmware hergestellt werden. Derartige Produkte werden in Mengen von 100–500 g in PVDC-Kunstdärmen (30–45 mm Durchmesser) abgefüllt und sodann für 20–40 Min. bei 103–108 °C unter exakt kontrolliertem Gegendruck erhitzt (1,8–2,0 bar während der Erhitzung und 2,0–2,2 bar während der Kühlung). F-SSP befinden sich in der Bundesrepublik seit Anfang der 80er Jahre auf dem Markt und werden vor allem von großen Supermarkt-Ketten vertrieben [1].

Durch die angewandte Erhitzung (F_C-Wert größer als 0,4) werden die im Produkt enthaltenen Bakteriensporen inaktiviert oder wenigstens subletal geschädigt. Überlebende Sporenbildner werden über die Hürden a_w, pH, Eh und Nitrit gehemmt. Der a_w-Wert der Produkte muß bei Leberwurst unter 0,96 abgesenkt werden, für Brühwurst reicht wegen des noch wirksamen Nitrits eine Absenkung unter 0,97 aus. Die a_w-Verminderung ist über die Zugabe von Kochsalz und Fett sowie eine geringere Schüttung möglich; auch durch trockene Substanzen (Trockenblutplasma, Milcheiweiß) kann der a_w-Wert herabgesetzt werden. Bei Blutwurst ist der hohe pH-Wert kritisch und muß unter 6,5 eingestellt werden.

Richtwerte für sichere F-SSP

Unter Berücksichtigung der aufgeführten Ergebnisse lassen sich die Voraussetzungen für die Herstellung stabiler und sicherer *F*-SSP in folgenden Richtwerten zusammenfassen:

1. Die Sporenzahl von Vertretern der Gattungen *Bacillus* und *Clostridium* sollte in den erhitzten Produkten unter 100/g liegen, da eine geringe Anzahl von Sporenbildnern durch die vorhandenen Hürden leichter gehemmt werden kann.

2. Das Produkt muß im Autoklaven auf einen F_C-Wert über 0,4 erhitzt werden, denn dadurch kann zumindest eine subletale Schädigung der Bakteriensporen erreicht werden.

3. Das Füllgut muß auf einen a_w-Wert unter 0,97 (Brühwurst) oder unter 0,96 (Blut- und Leberwurst) eingestellt werden, um überlebende Sporen zu hemmen. Bei der Brühwurst trägt der Nitritzusatz etwas zur Hemmung bei, aber nicht bei Blut- und Leberwurst; folglich kann der a_w-Wert bei Brühwurst höher liegen.

4. Der Eh-Wert (Redoxpotential) des Füllgutes sollte niedrig sein, das ist bei Verwendung von weitgehend sauerstoffdichten Kunststoffhüllen der Fall, denn dadurch wird das Wachstum von einigen a_w-toleranten Bazillen eingeschränkt.

5. Der pH-Wert des Füllgutes soll bei Blutwurst unter 6,5 eingestellt werden; Brüh- und Leberwurst erfüllen bereits generell diese Voraussetzung.

6. Sorgfalt beim Clipverschluß und bei der Abkühlung der Würste nach der Erhitzung muß gewährleistet sein. Vorzugsweise sollten sich *F*-SSP in geklippten Kunstdärmen und nicht in Dosen befinden; werden Dosen verwendet, darf kein Kopfraum vorhanden sein.

7. Als Mindesthaltbarkeit für *F*-SSP sollten ohne Kühlung nicht mehr als 4 bis 6 Wochen veranschlagt werden.

a_w-SSP

Zu den traditionellen Fleischerzeugnissen vom a_w-SSP-Typ, die seit vielen Jahren bekannt sind und vom Konsumenten geschätzt werden, gehören die italienische Mortadella und die deutsche Brühdauerwurst. Bei der italienischen Mortadella wird die a_w-Wert-Verminderung vor allem über die Rezeptur (wenig Schüttung, Zusatz von Milcheiweiß oder Magermilchpulver und relativ viel Kochsalz) und durch eine Trocknung während der Erhitzung (in einer Art ‚Sauna') erzielt, dagegen wird bei Brühdauerwurst (‚Kabanos' ‚Tiroler' ‚Göttinger' u. a.) der erforderliche a_w-Wert überwiegend durch eine Trocknung des Fertigproduktes erreicht. Beide Produktgruppen werden seit langem empirisch hergestellt und weisen dennoch generell den erforderlichen a_w-Wert unter 0,95 auf [2, 4, 9].

Derartige Erzeugnisse sind, auch bei milder Erhitzung (Kerntemperatur 75 °C) ohne Kühlung lagerfähig, da sich die darin enthaltenen Sporenbildner der Gattungen *Bacillus* und *Clostridium* bei diesem a_w-Wert nicht vermehren können. Unter Einhaltung der folgenden Richtwerte können stabile und sichere a_w-SSP kontrolliert hergestellt werden:

Richtwerte für sichere a_w-SSP

1. a_w-SSP sollen auf eine Kerntemperatur über 75 °C erhitzt werden, um vegetative Mikroorganismen sicher zu inaktivieren.
2. a_w-SSP sollten in verschlossenen Behältnissen (vorzugsweise in Wursthüllen) erhitzt werden, um eine Rekontamination nach der Erhitzung zu vermeiden.
3. Der a_w-Wert der Produkte muß auf unter 0,95 eingestellt werden. Folglich soll der a_w-Wert von SSP niedriger als bei *F*-SSP liegen, da bei der geringeren Erhitzung von a_w-SSP eine subletale Schädigung von Bakteriensporen kaum zu erwarten ist.
4. Der Eh-Wert sollte relativ niedrig sein, da bei einem verminderten Redoxpotential das Wachstum von einigen a_w-toleranten Bazillen in den Produkten eingeschränkt wird.
5. Das Wachstum von Schimmelpilzen auf der Oberfläche von a_w-SSP in wasserdampfdurchlässigen Hüllen kann durch eine Räucherung, Kaliumsorbatbehandlung, heute auch durch Natamycin (Delvocid) oder die Vakuumverpackung der Produkte vermieden werden.

pH-SSP

Frucht- und Gemüsekonserven mit einem pH-Wert unter 4,5 sind mikrobiologisch stabil, auch wenn sie nur mild erhitzt werden. In diesen Produkten sind die vegetativen Zellen durch die Hitze inaktiviert, und die Vermehrung der in Sporenform überlebenden Bazillen und Clostridien wird durch den niedrigen pH-Wert gehemmt. Solch niedrige pH-Werte sind aus sensorischen Gründen bei Fleischerzeugnissen nicht zu erreichen; eine gewisse pH-Senkung wirkt jedoch auch bei Fleischerzeugnissen mikrobiell stabilisierend. Derartige Produkte werden pH-SSP genannt, denn ihre Stabilität beruht primär auf der pH-Hürde. Fleischerzeugnisse vom pH-SSP-Typ sind hauptsächlich Sülzen und bei deutlicher Säuerung wird auch die Geldersche Rauchwurst dieser Kategorie zugeordnet.

Die Geldersche Rauchwurst ist eine Brühwurst, deren pH-Wert durch Zusatz von 0,5 % Glucono-delta-Lacton auf 5,4–5,6 eingestellt werden kann. Dieses Produkt bleibt mehrere Wochen ohne Kühlung stabil, wenn es vakuumverpackt und in der Packung für eine Stunde bei 80 °C nacherhitzt wird. Diese Behandlung inaktiviert die vegetativen Bakterien. Die Bakteriensporen sind offenbar bei diesem Produkt nicht so riskant, da ihre Zahl beim Erhitzungsprozeß abnimmt und die überlebenden Sporen durch den niedrigen pH-Wert und andere Hürden gehemmt werden. Geldersche Rauchwurst wird in den Niederlanden in großen Mengen hergestellt und ist anscheinend bei Beachtung folgender Richtwerte ein stabiles und sicheres Produkt:

Richtwerte für Geldersche Rauchwurst

1. Der pH-Wert der Gelderschen Rauchwurst soll durch Zusatz von bis zu 0,5% Glucono-delta-Lacton auf 5,4–5,6 eingestellt werden. Durch diesen pH-Wert kann die Vermehrung von Clostridien und Bazillen gehemmt werden, wenn nur geringe Sporenzahlen vorhanden sind.

2. Das Produkt soll vakuumverpackt und eine Stunde auf eine Kerntemperatur von 80 °C nacherhitzt werden. Dadurch werden die vegetativen Zellen auf der Oberfläche und im Innern des Produktes inaktiviert, die Sporenzahl wird vermindert und eine Rekontamination nach der Erhitzung wird verhindert.

3. Die mikrobiologische Stabilität der Gelderschen Rauchwurst läßt sich erhöhen, wenn neben der pH-Hürde (5,6) noch eine a_w-Hürde (0,97) in das Produkt eingeführt wird; auch läßt sich dadurch die sensorische Qualität der Produkte verbessern, da der pH-Wert durch Zusatz von 0,25% GdL nur mäßig vermindert wird.

Die Hitzeresistenz der Bakteriensporen nimmt mit abnehmendem a_w-Wert zu, während sie sich mit abnehmendem pH-Wert vermindert. Daher ist bei pH-SSP zur Inaktivierung der Mikroorganismen eine geringere Hitzebehandlung erforderlich als bei a_w-SSP und *F*-SSP. Weiterhin hat praktische Bedeutung, daß die Sporen von Bazillen und Clostridien bei niedrigeren a_w- und pH-Werten auskeimen, als für die Vermehrung der vegetativen Zellen erforderlich sind. Daher nimmt die Anzahl der Bakteriensporen in den *F*-SSP, a_w-SSP und pH-SSP während der Lagerung der Produkte ab, denn anscheinend keimen Sporen im Verlauf der Lagerung aus, und da die entstehenden vegetativen Zellen sich nicht vermehren können, sterben sie ab [9].

Combi-SSP

Ziel weiterer Untersuchungen war es, neben den schon gesicherten Ergebnissen der klassischen SSP-Produkte, also Fleischerzeugnisse mit noch unbekannter und unsicherer Technologie, näher zu definieren bzw. die für die Stabilität der Fleischerzeugnisse erforderlichen Hürden des bisherigen Konzeptes zu modifizieren. Bei diesen Fleischerzeugnissen handelt es sich meistens um geräucherte Brühwursterzeugnisse, die aufgrund ihrer Herstellung über den a_w-Wert und pH-Wert stabilisiert und nach erfolgter Herstel-

lung nachpasteurisiert werden. Ein niedriger Anfangskeimgehalt und die Verarbeitung von Nitritpökelsalz verbessern die Haltbarkeit dieser Fleischerzeugnisse. In diese Gruppierung können aber auch ‚weiße Ware', wie nachpasteurisierte Rostbratwürste, aber auch frisch fermentierte Rohwürste eingeordnet werden, wenn der a_w-Wert und der pH-Wert dieser Produkte dementsprechend abgesenkt wird [11].
Bei der Herstellung der aufgeführten Produkte ist jedoch die exakte Kontrolle von Temperatur und Zeit sowie des pH-Wertes und a_w-Wertes unabdingbar. Die Kontrolle des a_w-Wertes, sogar „on-line", ist durch die Entwicklung eines Gerätes möglich geworden, mit dem der a_w-Wert in wenigen Minuten exakt und reproduzierbar gemessen werden kann [12].

Richtwerte für stabile Combi-SSP

Am Beispiel eines Brühwursterzeugnisses nach Art der „Gelderschen Rauchwurst' läßt sich das Prinzip der kombinierten SSP also der Combi-SSP verdeutlichen. Das Brühwurstbrät wird dabei über die Rezeptur auf einen a_w-Wert $<0{,}965$ abgesenkt und durch den Zusatz von GdL und/oder anderen Säuerungsmitteln in der letzten Kutterphase auf einen pH-Wert von etwa 5,6 eingestellt. Während des Trocknens und der Räucherung erfolgt eine weitere Absenkung des a_w-Wertes und der Räucherrauch wirkt sich mikrobiologisch stabilisierend, also hemmend auf die Auskeimung der überlebenden Sporenbildner aus. Das Erreichen einer Kerntemperatur von $>75\,°C$ ist notwendig, um zum einen die vegetativen Mikroorganismen mit Sicherheit abzutöten und zum anderen die noch verbleibenden Sporenbildner möglichst zu schädigen. Ein weiterer zusätzlicher Stabilisierungsfaktor ist in der Nachpasteurisation der vakuumverpackten Erzeugnisse zu sehen. Durch diese Nacherhitzung, die bei 85 °C bis zu 45 Min. vorgenommen wird, werden die Rekontaminanten auf der Wurstoberfläche abgetötet und die verbleibenden Sporenbildner nochmals subletal geschädigt.

Die Combi-SSP weisen folgende Vorteile auf:

Geringere Erhitzung im Vergleich zu Vollkonserven; daraus resultiert ein hoher Genußwert sowie ein höherer ernährungsphysiologischer Nährwert und der „Frischprodukt-Charakter" der Erzeugnisse wird weitgehend bewahrt.

Schnellgereifte Rohwurst

Zu den schnellgereiften Rohwürsten zählen solche Produkte, die fermentiert und umgerötet, jedoch nur gering abgetrocknet sind, und folglich primär über die Absenkung des pH-Wertes stabilisiert werden müssen. Solche Produkte sind zwar nicht für eine längere Lagerung bestimmt, aber bei richtiger Anwendung der Herstellungstechnologie auch ohne Kühlung lagerfähig. Gerade bei derartigen Produkten sind die ersten Stunden und Tage bei der Rohwurstreifung kritisch, besonders dann, wenn aufgrund einer starken mikrobiologischen Belastung des Rohmaterials eine Vermehrung von Verderbniserregern oder sogar von Lebensmittelvergiftern möglich wird. Zu diesen riskanten Produkten gehören die frische Mettwurst (Zwiebelmettwurst), die Rohpolnische, und zu den kritischen Produkten gehören nicht zuletzt Erzeugnisse mit einem verminderten Zusatz von Kochsalz, Nitrit und Fett, die in großkalibrige Därme abgefüllt und bei relativ hohen Temperaturen gereift worden sind. Häufige Ursache für Verderbniserscheinungen und Lebensmittelvergiftungen bei derartigen Produkten ist die fehlerhafte Rohstoffauswahl, vor allem dann, wenn die Produkte hohe a_w-Werte und pH-Werte aufweisen und bei zu hohen Temperaturen umgerötet, gereift und ohne Kühlung gelagert werden.

Bei den schnellgereiften Rohwürsten ist eine rasche Senkung des pH-Wertes, insbesondere in den ersten Reifetagen, entscheidend zur Hemmung von Salmonellen und *Staphylococcus aureus* sowie zur Inaktivierung von *Listeria monocytogenes*. Eine schnelle Säuerung der Rohwürste mittels Glucose und Starterkulturen auf einen pH-Wert $<5{,}4$ erwies sich als vorteilhaft für die mikrobiologische Stabilität und Sicherheit. Es ist dabei zu beachten, daß das Verarbeitungsfleisch oft einen anfänglichen pH-Wert $<5{,}8$ und einen normalen natürlichen Gehalt an vergärbaren Kohlenhydraten aufweist. Ist das der Fall, dann läßt sich die Senkung des pH-Wertes auf $<5{,}4$ sogar mit minimalem Zuckerzusatz erzielen. Andererseits sollte DFD-Fleisch nicht zur Herstellung von schnellgereiften Rohwürsten verwendet werden, obwohl, wie unsere Untersuchungen gezeigt haben, bei einer exakten Steuerung des pH-Wertes und des a_w-Wertes auch in diesem Fall ein sicheres und stabiles Produkt erzielt werden kann [2].

Bei Beachtung der folgenden Richtwerte ist die Herstellung von stabilen und sicheren, schnellgereiften Rohwürsten, die auch ohne Kühlung lagerfähig sind, möglich.

Richtwerte für die Herstellung schnellgereifter Rohwürste

1. Beim verwendeten Fleisch soll der Keimgehalt möglichst niedrig sein und der pH-Wert unter 5,8 liegen.
2. An Zusätzen sind mindestens 2,4 % NPS, Zucker (0,2–0,5 %) oder GdL (0,3 %) sowie Milchsäurebakterien als Starterkulturen erforderlich.
3. Die Reifetemperatur soll nicht über 22 °C liegen. Das schnellgereifte Produkt kann jedoch ohne Kühlung gelagert werden.

4. Bei fertigen Produkten müssen der pH-Wert unter 5,4 und der a_w-Wert unter 0,95 liegen.
5. Rauch ist förderlich für die mikrobiologische Stabilisierung der Produkte.
6. Es empfiehlt sich, die Produkte vakuumverpackt oder in Schutzgasverpackungen zu vertreiben.

Werden SSP-Fleischerzeugnisse nach den gegebenen Empfehlungen auf der Basis des HACCP-Konzeptes verknüpft mit der Hürden-Technologie hergestellt, sind sie stabil, sicher und wohlschmeckend.

Vorgehensweise bei der Produktentwicklung nach der SSP-Hürden-Technologie:

Soll ein SSP unter Anwendung der Hürden-Technologie optimiert oder neu entwickelt werden, empfiehlt sich das folgende stufenweise Vorgehen:

1. Zunächst müssen die gewünschten sensorischen Charakteristika sowie die angestrebte Haltbarkeit (Zeit und Temperatur) definiert werden.
2. Die Technologie der Herstellung des bearbeiteten Produktes muß in den Grundzügen bekannt sein, wobei die sensorischen Merkmale prioritär sind.
3. Das bearbeitete Produkt wird sodann nach der vorläufigen Technologie hergestellt und mikrobiologisch, chemisch-physikalisch sowie sensorisch beurteilt. Wenn das Produkt noch nicht die gewünschten Charakteristika aufweist, werden weitere Chargen hergestellt, die der Zielsetzung möglichst nahe kommen.
4. Die der ausreichenden Konservierung des Produktes zugrundeliegenden Faktoren (Hürden) werden exakt gemessen und auch im Hinblick auf die tolerierbaren Streubereiche festgelegt. Dabei können die erforderlichen Hürden unter Berücksichtigung der gewünschten Sensorik modifiziert werden, wobei anzustreben ist, möglichst mehrere und dafür sensorisch und ernährungsphysiologisch vertretbare Hürden einzusetzen. Unter Ausnützung der Homeostase der Mikroorganismen sollte ein synergistischer Effekt der Hürden für die Stabilität und Sicherheit des Produktes ermöglicht werden.
5. Das modifizierte Produkt wird nunmehr mit relevanten verderbniserregenden und lebensmittelvergiftenden Mikroorganismen in relativ hoher Keimzahl beimpft und danach unter Berücksichtigung der angestrebten Haltbarkeit unter bestimmten Bedingungen (Zeit, Temperatur, Verpackung etc.) bebrütet. Ergibt das Bebrütungsergebnis noch nicht die gewünschte Stabilität und Sicherheit, müssen die eingesetzten Hürden entsprechend verändert werden.

6. Danach wird das optimierte Produkt nicht nur unter Pilot-Plant-Bedingungen, sondern auch unter industriellen Bedingungen hergestellt, damit die Praktikabilität der vorgesehenen Technologie unter Praxisbedingungen überprüft werden kann.

7. Hat das entwickelte Produkt die dargestellten Stufen erfolgreich passiert, dann wird die Prozeßkontrolle auf der Grundlage des HACCP-Konzeptes beschrieben. Dabei muß auch festgelegt werden, welche Meßmethoden zum Monitoring der Richtwerte zum Einsatz kommen sollen und welche Streuung der gemessenen Werte tolerierbar ist.

Nach dieser skizzierten Vorgehensweise kann das Food-Design unter Anwendung der SSP-Hürden-Technologie vorgenommen und unter Einsatz des HACCP-Konzeptes abgesichert werden [10, 11].

Literatur

[1] HECHELMANN, H.; LEISTNER, L.: Mikrobiologische Stabilität autoklavierter Darmware. Mitteilungsblatt der Bundesanstalt für Fleischforschung Nr. 84, (1984) 5894.

[2] HECHELMANN, H.; KASPROWIAK, R.: Mikrobiologische Kriterien für stabile Produkte. In: Band 10 der Kulmbacher Reihe, Sichere Produkte bei Fleisch und Fleischerzeugnissen 1990, S. 68.

[3] LEISTNER, L.; WIRTH, F.; VUKOVIC, I.: SSP (Shelf Stable Products) – Fleischerzeugnisse mit Zukunft. Fleischwirtschaft **59**, (1979) 1313.

[4] LEISTNER, L.; RÖDEL, W.; KRISPIEN, K.: Microbiology of meat and meat products in high- and intermediate-moisture ranges. In: Water Activity: Influences on Food Quality. (B. L. ROCKLAND and G. F. STEWART, eds.), Academic Press, New York, 1981, S. 855.

[5] LEISTNER, L.: Hürden-Technologie für die Herstellung stabiler Fleischerzeugnisse. Mitteilungsblatt der Bundesanstalt für Fleischforschung, Nr. **84**, (1984) 5882.

[6] LEISTNER, L.: Hurdle technology applied to meat products of the shelf stable product and intermediate moisture food types. In: Properties of Water in Foods in Relation to Quality and Stability (D. SIMATOS and J. L. MULTON, eds.), Martinus Nijhoff Publishers, Dordrecht, 1985 a, S. 309.

[7] LEISTNER, L.: Empfehlungen für sichere Produkte. In: Band 5 der Kulmbacher Reihe, Mikrobiologie und Qualität von Rohwurst und Rohschinken 1985 b, S. 219.

[8] LEISTNER, L.: Hürden-Technologie für die Herstellung stabiler Fleischerzeugnisse. Fleischwirtschaft **66**, (1986) 10.

[9] LEISTNER, L.: Shelf stable products and intermediate moisture foods based on meat. In: Water Activity: Theory and Applications to Food (L. B. ROCKLAND and L. R. BEUCHAT, eds.), Marcel Dekker, New York, 1987, S. 295.

[10] LEISTNER, L.: Produktsicherheit durch Anwendung des HACCP-Konzeptes und der Voraussagenden Mikrobiologie. In: Band 10 der Kulmbacher Reihe, Sichere Produkte bei Fleisch und Fleischerzeugnissen 1990, S. 201.

[11] LEISTNER, L.; HECHELMANN, H.: Food Preservation by Hurdle-Technology. Proceedings Food Preservation 2000 Conference, Held 19–21 Oct. 1993 at the U.S. Army Natick Research, Development and Engineering Center, Natick, Massachusetts, USA, in print.
[12] RÖDEL, W.; SCHEUER, R.; WAGNER, H.: Neues Verfahren zur Bestimmung der Wasseraktivität bei Fleischerzeugnissen. Fleischwirtschaft **69**, (1989) 1396.
[13] WIRTH, F.; LEISTNER, L.; RÖDEL, W.: Richtwerte der Fleischtechnologie. 2. Auflage. Deutscher Fachverlag, Frankfurt/Main, 1990.

3.11 Mikrobiologie von Feinkosterzeugnissen

J. Baumgart

3.11.1 Einleitung

Ursprünglich waren Feinkosterzeugnisse Delikatessen oder Leckerbissen, die nach Art, Beschaffenheit, Geschmack und Qualität dazu bestimmt waren, besonderen Ansprüchen bzw. verfeinerten Eßgewohnheiten zu dienen. Heute sind Feinkosterzeugnisse Convenience-Produkte und ein Sammelbegriff für Mayonnaisen, Ketchup, Salate auf der Grundlage von Mayonnaise oder Ketchup, Saucen, Dressings, Salatcremes, Krusten- und Schalentieren, Wurst- und Fleischspezialitäten, Pasteten usw.. Hauptsächlich werden jedoch unter dem Begriff Feinkosterzeugnis folgende Produktgruppen verstanden: Mayonnaise, Salatmayonnaise, Salatcreme, Ketchup, Salat auf Mayonnaise- oder Ketchupgrundlage, Remoulade und Salat- bzw. Würzsauce. In der Bundesrepublik Deutschland wurden 1994 306 609 t Feinkostsaucen und 169 358 t Feinkostsalate hergestellt. Die prozentualen Anteile bezogen auf Feinkostsaucen betrugen: Tomaten- und Gewürzketchup 30,2, Salatmayonnaise und Remoulade u. ä. 36,1, Salatsoße 18,4, Mayonnaise 7,6, Würzsoße 7,7. Bei den Feinkostsalaten ergab sich folgende Reihenfolge: Fleischsalat 35,8 %, sonstige Feinkostsalate (mit Obst oder Gemüse) 30,1 %, Kartoffelsalat 18,3 %, Fischsalat 9,6 %, Erzeugnisse aus Krebs- und Weichtieren 6,1 % [7].

Aufgrund ihrer wirtschaftlichen Bedeutung werden nur folgende Feinkosterzeugnisse besprochen: Mayonnaise und Salatmayonnaise, Ketchup, Feinkostsalat und Salatsoße.

3.11.2 Mayonnaisen und Salatmayonnaisen

3.11.2.1 Begriffsbestimmungen

Mayonnaise besteht aus Hühnereigelb und Speiseöl pflanzlicher Herkunft. Außerdem kann sie Kochsalz, Zuckerarten, Gewürze, andere Würzstoffe, Essig und Genußsäuren enthalten. Sie enthält Eigelb, jedoch keine Verdickungsmittel. Der Mindestfettgehalt beträgt 80 %. Eigelb wird auch in Form von Eiprodukten verwendet. Salatmayonnaise besteht aus Speiseöl pflanzlicher Herkunft und aus Hühnereigelb. Außerdem kann sie Hühnereiklar, Milcheiweiß, Pflanzeneiweiß oder Vermengungen dieser Stoffe, Kochsalz, Zuckerarten, Gewürze, andere Würzstoffe, Essig, Genußsäure und Verdikkungsmittel enthalten. Der Mindestfettgehalt beträgt 50 %. Als Verdickungsmittel werden unterschiedliche Stärkearten oder die zugelassenen Verdickungsmittel verwendet [1].

3.11.2.2 Herstellung

Mayonnaisen sind Emulsionen vom Typ Öl in Wasser. Da dieses Flüssigkeitspaar eine Grenzflächenspannung von etwa 23 Dyn/cm aufweist und nur Flüssigkeiten mit einer Grenzflächenspannung von Null mischbar sind, muß durch den Zusatz eines Emulgators (z. B. Eigelb oder Milcheiweiß) die Grenzflächenspannung herabgesetzt werden. Ausgehend von dem Emulsionskern Eigelb wird die Öl- und Wasserphase (verdünnter Essig) verrührt. Dabei ist auf eine möglichst gleiche Temperatur der Zutaten zu achten, da sonst Probleme bei der Emulsionsbildung auftreten können. Bei der handwerklichen oder industriellen Herstellung entsteht die Mayonnaise diskontinuierlich (Batch-Verfahren) oder kontinuierlich in ähnlicher Weise.

– **Diskontinuierliche Herstellung**

Mayonnaisen und Dressings werden unterschiedlich hergestellt. Für kleine Batchgrößen von 100 kg bis 800 kg werden vielfach Anlagen, wie z. B. Koruma, Fryma oder Stephan, eingesetzt. Diese Anlagen produzieren bis zu 4 Batches pro Stunde. Prinzipiell erfolgt die Herstellung folgendermaßen:

Herstellung einer Mayonnaise (80 % Fettgehalt)

- Eigelb, Gewürze und Wasser vorlegen und vermischen
- Öl langsam einziehen und emulgieren
- Essig zum Schluß einziehen und vermischen
- Vakuum brechen, ablassen und unter Vakuum abfüllen

Herstellung einer Mayonnaise ohne Couli (50 % bis 65 % Fettgehalt) oder einer Salatcreme (z. B. 25 % Fettgehalt)

- Wasser und Gewürze vorlegen
- Dispersionsphase (Öl + Stärke + Stabilisator) einziehen, vermischen und quellen lassen
- Emulgator einziehen

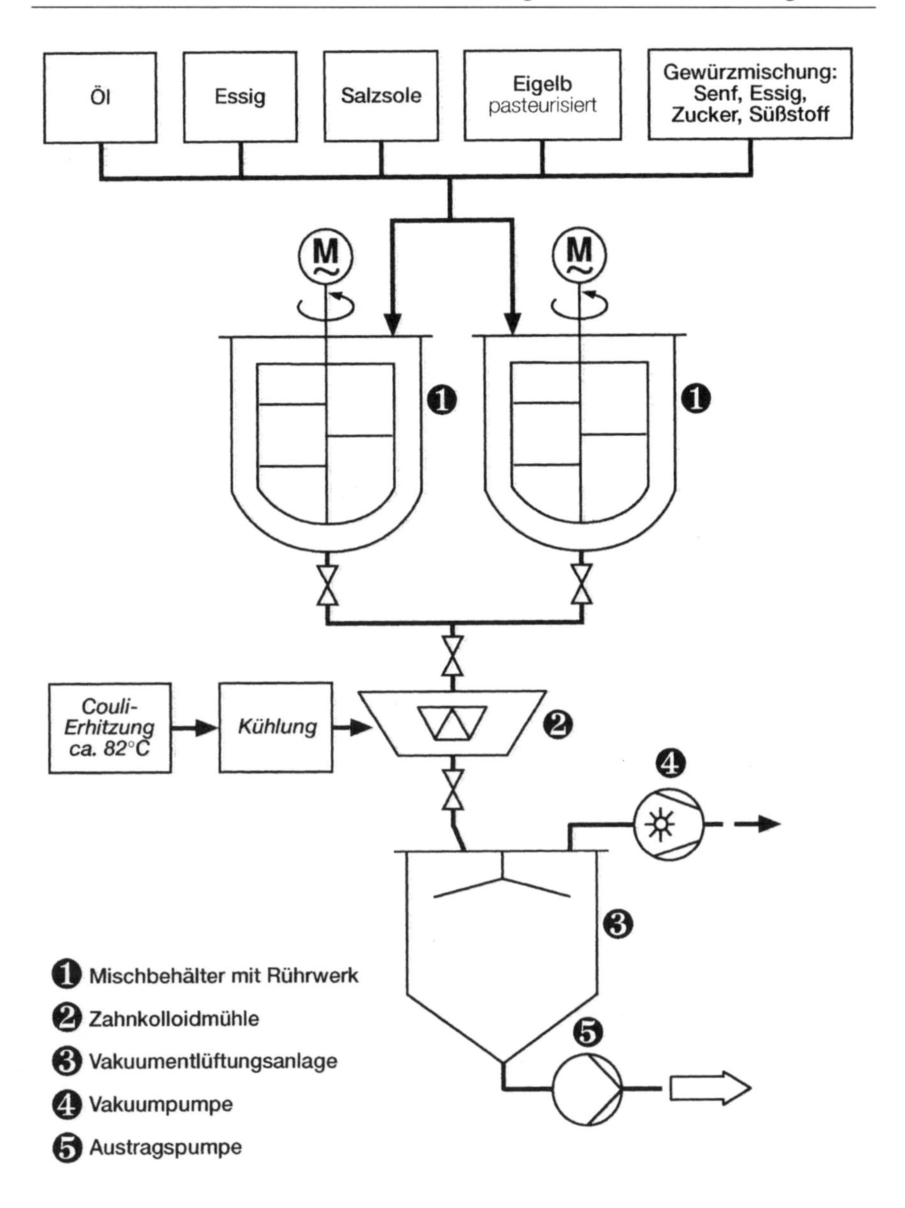

Abb. 3.11.1 Halbkontinuierliche Herstellung von Mayonnaisen und Saucen

- Öl langsam einziehen und emulgieren
- Essig zum Schluß einziehen und vermischen
- Vakuum brechen, ablassen und unter Vakuum abfüllen

Verdickungsmittel: Kaltquellende Stärken
Stabilisatoren: Johannisbrotkernmehl, Guarkernmehl, Xanthan, Alginat
Emulgator: Eigelb, Milcheiweiß

Herstellung einer Salatmayonnaise mit Couli (Abb. 3.11.1)

Bei der Herstellung von Salatmayonnaise, die als Dickungsmittel keine kaltquellende Stärke enthält, wird diese vor dem Einmischen in die Mayonnaise durch Kochen aufgeschlossen. In den meisten Fällen wird der Stärkebrei (Couli oder Kuli) in geschlossenen Behältern gekocht, anschließend gekühlt und im geschlossenen System über ein Puffergefäß der Salatmayonnaiseproduktion zugeführt. Vielfach wird der Stärkebrei, besonders in kleineren Betrieben, nach dem Kochen in offene Behälter abgefüllt, die Oberfläche mit einer Folie abgedeckt und nach dem Auskühlen der Voremulsion zugesetzt. Diese Voremulsion wird in einem Mischbehälter mit Hilfe eines geeigneten Rührwerkes oder Schnellmischers gebildet. Sie besitzt die Konsistenz einer flüssigen Creme. Anschließend erfolgt die Emulgierung in einer Zahnradkolloidmühle, wobei die typische Mayonnaisekonsistenz erreicht wird. Sofern Mayonnaisen hergestellt werden, die nicht für den unmittelbaren Verzehr bestimmt sind, schließt sich eine Entlüftung auf der Vakuumentlüftungsanlage an, oder die Herstellung der Voremulsion ist unter Vakuum vorzunehmen. Vom mikrobiologischen Standpunkt aus hat diese diskontinuierliche Mayonnaise-Herstellung folgende Nachteile:

- Möglichkeit der Verunreinigung durch Herstellung im offenen Behälter
- Aufwendige Reinigung der verschiedenen Apparate, Rohrleitungen und Dichtungen.

- **Kontinuierliche Herstellung** (Abb. 3.11.2)

Mayonnaisen und emulgierte Saucen werden vielfach kontinuierlich hergestellt, da alle Bestandteile flüssig sind oder (wie z. B. Salz, Zucker, Süßstoff, Gewürze, Milcheiweiß, Spezialstärken und Stabilisatoren) in flüssiger Form dispergiert oder gelöst dargeboten werden können. Ob eine Mayonnaise kontinuierlich oder diskontinuierlich hergestellt wird, ist eine wirtschaftliche Entscheidung. Das diskontinuierliche Verfahren wird allerdings häufig bevorzugt, da es flexibler ist bei einer größeren Rezepturvielfalt und kleineren Produktionsgrößen. Bei der kontinuierlichen Herstellung einer reinen Mayonnaise mit einem Ölgehalt von 76–85 %, z.B. mit dem von der Fa. Schröder & Co. in Lübeck entwickelten Verfahren, werden die drei Phasen Öl, Eigelb

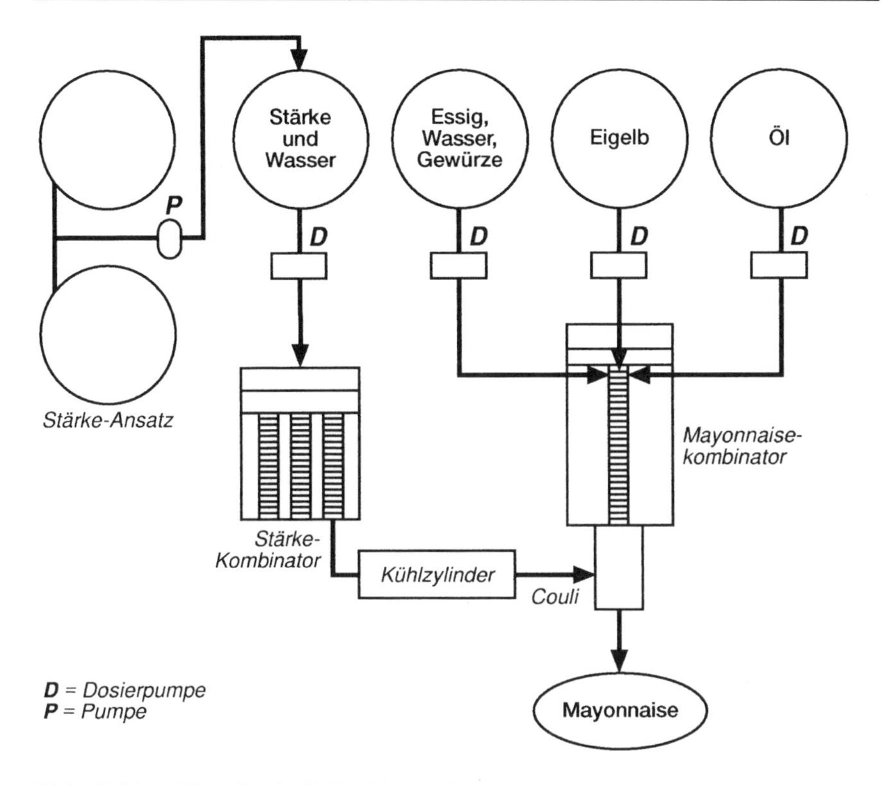

Abb. 3.11.2 Kontinuierliche Herstellung von Mayonnaisen

und Gewürzmischung entweder im Vormischbehälter zusammengerührt oder sie werden separat dosiert. Die einzelnen Komponenten werden von einer Dosierkolbenpumpe dem Emulgierzylinder zugeführt. Der Emulgierzylinder ist mit drei Reihen feststehender Stifte versehen. In ihm rotiert eine ebenfalls mit Stiften besetzte Welle. In diesem Zylinder wird eine grobe Voremulsion hergestellt. Aus dem Emulgierzylinder wird diese Voremulsion in den Visco-Rotor gedrückt. Dieser dient der Verfeinerung der groben Voremulsion auf eine gleichmäßige Ölverteilung (90 % der Tröpfchen 1–10 µm Durchmesser), wobei die endgültige Viskosität erreicht wird. Der Visco-Rotor besteht aus dem Stator und Rotor, die mit unterschiedlichen Verzahnungen ausgerüstet sind. Das Produkt wird durch den einstellbaren Spalt zwischen Rotor und Stator gedrückt und dabei Scherkräften unterworfen. Die hohe mechanische Bearbeitung ergibt die feine Ölverteilung. Bei der kontinuierlichen Herstellung von Salatmayonnaisen (Ölgehalt 50 %) und Saucen (10–45 % Öl) werden zur Emulsionsbildung zusätzlich Stärke oder andere Dickungsmittel eingesetzt. Die Wasser-/Stärke-Suspension muß dabei erhitzt werden, damit das Stärkekorn aufgeschlossen wird. Durch eine Dosierkolbenpumpe wird die Wasser-/Stärkesuspension in den Stärke-Kombinator befördert. In diesem erfolgen die Erhitzung auf Temperaturen von 80 bis 88 °C für 1–2 min und eine Abkühlung auf 20° bis 28 °C. Das Produkt wird mittels des Stärkepumpenkopfes der Dosierpumpe durch die Zylinder gedrückt und kontinuierlich dem reinen Salat-Mayonnaisestamm im Emulgierzylinder zugeführt. Im Visco-Rotor erfolgt anschließend eine Vermischung bis zur endgültigen Viskosität.

3.11.2.3 Zur Mikrobiologie von Mayonnaisen und Salatmayonnaisen

– **Ausgangsprodukte:**

Eigelb als Emulgator wird als pasteurisiertes Produkt eingesetzt. Zur Stabilisierung enthält es außerdem Kochsalz (Verringerung der Wasseraktivität). Die Mikroflora der rohen Flüssigeiprodukte ist durch ein weites Spektrum verschiedenster Keimgruppen charakterisiert: Arten der Genera *Micrococcus* und *Staphylococcus, Bacillus, Pseudomonas, Aeromonas, Acinetobacter, Alcaligenes, Flavobacterium, Lactobacillus, Enterococcus*, verschiedene Gattungen der Familie *Enterobacteriaceae* sowie Hefen und Schimmelpilze. Durch einzelne Eier können auch pathogene Bakterien in die Eimasse eingebracht werden, wie z. B. Salmonellen, *Campylobacter jejuni, Listeria monocytogenes, Yersinia enterocolitica.* Der Gehalt aerob anzüchtbarer Bakterien liegt in unpasteurisierter Eimasse etwa zwischen 1 000/ml und 10 Mill./ml. Durch die Pasteurisierung wird eine Reduzierung auf etwa 1 % des Ausgangswertes erreicht, wobei dieser Keimgehalt abhängig ist von der erreichten Temperatur und Zeit. Bei einer heute möglichen Hochtemperatur-Pasteurisierung (z. B. Ovotherm-Verfahren) bei 70 °C und einer Heißhaltezeit von 90 s ist ein Restkeimgehalt von unter 100/g zu erzielen, so daß eine aseptisch abgefüllte Ware bei einer Lagerungstemperatur von 4 °C mehrere Wochen haltbar ist und die Anforderungen der Eiprodukte-Verordnung erfüllt [6]. Öle stellen für die Entwicklung von Mikroorganismen ein ungeeignetes Milieu dar, da die erforderliche Wasserphase fehlt. Jedoch besitzen Mikroorganismen im Öl eine gewisse Überlebenszeit. Die mikrobiologische Qualität der Feinkosterzeugnisse wird durch das Öl allerdings nicht nachteilig beeinflußt. Dies gilt auch für den Essig (mit mindestens 10 % Säure) sowie für die Zusätze Sorbit, Saccharin, Salz, Wasser, modifizierte Stärken, Stabilisatoren (z. B. Xanthan, Johannisbrotkernmehl, Guarkernmehl, Alginat), Salze der organischen Säuren und für die Salze der Konservierungsstoffe. Obwohl die aufgeführten Stoffe meist mikrobiologisch unkritisch sind, sollte dennoch eine Kontrolle erfolgen, da bei Temperaturschwankungen während des Transports oder der Lagerung sich Kondenswasser auf der Oberfläche bildet und eine Vermehrung der Mikroorganismen einsetzen kann. Auch Senf ist kein Risikoprodukt. Aus Senf wurden besonders Bazillen , Clostridien und Laktobazillen isoliert. Eine wesentlich größere Bedeutung als der Senf haben die Gewürze. Gewerblich eingesetzt werden Naturgewürze, Gewürzmischungen und Gewürzextrakte. Hinsichtlich ihres mikrobiologischen Status sind diese verschiedenen Produktgruppen unterschiedlich zu beurteilen. Unbehandelte Gewürze und Gewürzmischungen enthalten eine hohe Anzahl von Mikroorganismen, Verderbsorganismen von Feinkosterzeugnissen (Laktobazillen, Hefen und Schimmelpilze) sowie auch häufiger pathogene Bakterien (Salmonellen und *Listeria monocytogenes).* Zur Herstellung von Feinkosterzeugnissen sollten deshalb Gewürzextrakte eingesetzt werden, die praktisch keimfrei sind. Der gewerbliche Einsatz von Gewürzen, die den empfohlenen Richt- und Warnwerten der Deutschen Gesellschaft für Hygiene und Mikrobiologie entsprechen (u. a. Schimmelpilze unter 10^6/g), ist zur Herstellung von Mayonnaisen und Salatmayonnaisen nicht empfehlenswert, es sei denn, der Keimgehalt wird durch Essigsäure vermindert, wobei der Essigsud mitverarbeitet werden kann.

– **Mikrobieller Verderb**

Mayonnaisen mit einem Mindestfettgehalt von 80 % sind infolge der niedrigen Wasseraktivität mehrere Monate auch ohne Kühlung stabil, wenn bei hygienischer Herstellung bestimmte Bedingungen eingehalten werden (Tab. 3.11.1).

Tab. 3.11.1 Mikrobiologische Haltbarkeit von Mayonnaisen und Salatmayonnaisen

Produkt	Ölgehalt in %	a_w-Wert	pH-Wert	Essigsäure in wäßriger Phase	Konservierungsstoffe	Keimgehalt des Frischproduktes	Haltbarkeit
Mayonnaise	über 80	0,92–0,93 (0,928–0,935 bei 78–79 % Fett)[1])	unter 4,1	2,0 %	ohne	unter 100/g	5 bis 12 Monate ohne Kühlung
Salatmayonnaise	50	0,95–0,96 (0,95 bei 41 % Fett)[1])	unter 4,3	0,5–1,3 %	ohne	unter 100/g	etwa 6 Monate bei Kühlung

[1]) CHIRIFE et al., 1989

Besonders wichtig sind hygienische Verhältnisse bei der Abfüllung, damit Sekundärverunreinigungen vermieden werden. Bei Abfüllungen in Eimer oder 1 kg-Becher, die in kleineren Betrieben per Hand erfolgen, müssen neben den Packungen auch die Folien, die auf die Oberfläche der Mayonnaisen gelegt werden, frei von Schimmelpilzen sein (Hefen und Schimmelpilze negativ/20 cm^2). Sonst sind eine Schimmelbildung auf der Oberfläche und ein vorzeitiger Verderb unvermeidlich. Auch sollte der Schimmelpilzgehalt in der Luft im Bereich der Abfüllung gering sein (keine Hefe- und Schimmelpilzkolonie; Sedimentationsmethode, 30 Min.). Werden Abdeckpapiere mit der Hand aufgelegt (häufiger in Kleinbetrieben), muß auf eine besonders intensive Händedesinfektion (Gummi-Handschuhe) geachtet werden. Bei Abfüllung von Mayonnaisen in Gläser wird der Kopfraum in der Regel vakuumiert. Die Haltbarkeit dieser Produkte beträgt ohne Kühlung etwa 5 bis 12 Monate.

Salatmayonnaisen sind aufgrund ihrer Zusammensetzung mikrobiologisch anfälliger als Mayonnaisen, obgleich bei hygienischer Herstellung und unter Beachtung der optimalen Säurekonzentration Haltbarkeitszeiten zu erzielen sind, die denen der reinen Mayonnaisen entsprechen. Durch den Einsatz keimarmer Rohstoffe (Gehalt an Verderbsorganismen unter 100/g oder ml) ist bei hygienischer Herstellung ein Endprodukt zu erreichen, das einen Keimgehalt von unter 100/g aufweist. Ein Verderb von Salatmayonnaisen tritt meist durch Schimmelpilze auf. Besonders bei größeren Packungen kommt es durch die Folienauflage oder durch die Luft zur Verunreinigung. Das Produkt verschimmelt auf der Oberfläche im Randbereich, da die Folie die Oberfläche nicht voll abdecken kann. Auch dort, wo die Folie der Mayonnaise nicht fest anliegt und Luftinseln entstehen, vermehren sich Schimmelpilze. Neben den Schimmelpilzen können in den saueren Erzeugnissen (pH-Werte unterhalb von 4,5) Hefen und Milchsäurebakterien zum Verderb führen. Ein Verderb durch Hefen äußert sich in Gärungserscheinungen (Bombage, meist große Gasblasen) oder oberflächlichen Hautbildungen durch Filmhefen (*Pichia membranaefaciens*). Milchsäurebakterien führen zur Säuerung, obligat heterofermentative Arten (*Lactobacillus buchneri*, *Lactobacillus brevis*) und Arten des Genus *Leuconostoc* auch zur Gasbildung. Im Gegensatz zu den Hefen sind die durch den Gärungsprozeß der Laktobazillen entstehenden Gasblasen sehr klein. Nicht immer ist bei einer Mischflora (Hefen und Laktobazillen) der pH-Wert gegenüber der Kontrolle erniedrigt, da Hefen vielfach Essigsäure verstoffwechseln und somit eine „Säurezehrung“ auftritt. Ob in Mayonnaisen Amylase-positive, d. h. Stärke verflüssigende Laktobazillen vorkommen, wie *L. amylophilus, L. amylovorus, L. cellobiosus* oder Stämme von *L. plantarum,* ist bisher nicht untersucht worden.

– **Mikrobiologische Sicherheit**

Als mikrobiologisch sicher gilt ein Erzeugnis, wenn es keine Mikroorganismen enthält, die zur Erkrankung führen, oder wenn diese Mikroorganismen nur in geringer Zahl vorhanden sind, so daß die Entstehung einer „Lebensmittel-Vergiftung" ausgeschlossen ist. Kommen geringe Keimzahlen pathogener oder toxinogener Mikroorganismen vor, muß sichergestellt sein, daß diese sich im Produkt nicht vermehren können. Von den zahlreichen Mikroorganismen, die über das Lebensmittel zur Erkrankung führen können, spielen nur wenige bei Feinkosterzeugnissen eine Rolle: Salmonellen, *Staphylococcus aureus, Bacillus cereus* , *Listeria monocytogenes* und enterohaemorrhagische *E. coli,* wie z. B. *E. coli* 0157 : H7. Eine aktuelle Bedeutung haben Salmonellen und *Staphylococcus aureus.* Wenn Salatmayonnaisen als Ursache von Erkrankungen aufgeführt werden, sind es ausschließlich im Haushalt oder Restaurant hergestellte Produkte, bei denen rohe Hühnereier verwendet wurden. Isoliert wurden *S. enteritidis* PT 4 und PT 8 [49]. Im Jahre 1992 waren bei 94 Ausbrüchen in der Bundesrepublik Deutschland mit 3 464 Erkrankungen Feinkostsalate und Mayonnaisen mit 11 Ausbrüchen und 329 Erkrankungen beteiligt [63]. Stärker zu beachten ist in Zukunft aufgrund der hohen Säuretoleranz auch *E. coli* 0157 : H7 [17, 50, 62]. In den USA traten durch verunreinigte Mayonnaisen und Dressings bereits mehrere Erkrankungsfälle auf [61].

3.11.3 Salatcremes und andere fettreduzierte Produkte sowie emulgierte Saucen

3.11.3.1 Herstellung

Die Herstellung der Salatcremes u.a. fettreduzierter mayonnaiseähnlicher Produkte sowie der emulgierten weißen Saucen (Fettgehalte meist zwischen 15 % und 35 %) erfolgt prinzipiell wie die der Salatmayonnaisen. Die Basis ist eine Mayonnaise, oder es werden dem Produkt Joghurt oder Buttermilch zugesetzt. Durch den niedrigen Fettgehalt steht eine relativ kleine Ölphase einer großen Wasserphase gegenüber, so daß Emulgatoren und Dickungsmittel hinzugegeben werden müssen (z. B. Molkeneiweiß, modifizierte Spezialstärken, Guarkernmehl, Johannisbrotkernmehl, Xanthan). Die Produkte werden kalt oder heiß (ca. 82 °C), diskontinuierlich (z. B. Koruma-Anlage) oder kontinuierlich (z. B. Kombinator) hergestellt. Bei der diskontinuierlichen Herstellung im Batch-Konti-Verfahren werden die einzelnen Phasen getrennt angesetzt und nach ihrer Zusammenführung kontinuierlich durch den Röhrenerhitzer geführt. Auch werden Verfahren verwendet, bei denen alle Zutaten vermischt und danach durch Direktdampf erhitzt werden. Die meisten Salatsaucen werden heiß hergestellt und heiß abgefüllt. Nach US-Standard haben die Produkte einen pH-Wert zwischen 3,2 und 3,9 und einen Essigsäuregehalt von 0,9–1,2 % bezogen auf das Gesamtprodukt. Der a_w-Wert sollte unterhalb von 0,93 liegen [55]. In der Bundesrepublik hergestellte Produkte weisen ähnliche Essigsäurekonzentrationen (etwa 1 % bezogen auf das Gesamtprodukt, pH-Wert 4,2) auf [47, 48]. Jedoch sind die a_w-Werte höher (Salatcreme mit 20 % Fett = 0,96–0,97, gemessen mit Kryometer, Fa. Nagy).

3.11.3.2 Mikrobielle Belastung

Viele Hersteller verzichten auf eine chemische Konservierung von Salatcremes, anderer fettreduzierter Produkte und emulgierter Saucen. Eine ausreichende Haltbarkeit (ca. 9 Monate) und Sicherheit wird bei hygienischer Herstellung durch den Zusatz von Essigsäure, Essigsäure und Puffersalzen oder Natriumacetat erzielt (Essigsäuregehalt ca. 0,8 bis 1,0 % bezogen auf das Gesamtprodukt). Zu den Verderbsorganismen von Salatsaucen zählen Laktobazillen (z. B. *Lactobacillus fructivorans*) und Hefen (*Zygosaccharomyces bailii, Torulopsis* sp., *Rhodotorula* sp., *Debaryomyces* sp.). Die Verderbsorganismen *Lactobacillus fructivorans* und Zygosaccharomyces bailii wurden in Salatsaucen erst bei einem pH-Wert von 3,6 (Einstellung mit Essigsäure) und einer Wasseraktivität von 0,89 (*Z. bailii*) bzw. 0,91 (*L. fructivorans*) gehemmt [41].

3.11.4 Nichtemulgierte Saucen und Dressings

3.11.4.1 Herstellung

Die Erzeugnisse können diskontinuierlich oder kontinuierlich wie emulgierte Saucen hergestellt werden.

3.11.4.2 Mikrobielle Belastung

Durch den Essigsäureanteil (ca. 0,8–1,2 % bezogen auf das Gesamtprodukt) haben die Saucen und Dressings pH-Werte von meist unter 4,0 bis 2,8, so daß sie besonders bei Erhitzung der Wasserphase oder einer Heißherstellung ohne Kühlung bei Abfüllung in Gläsern ca. 9 Monate, bei Heißherstellung und Heißabfüllung in Eimern etwa 4–6 Monate haltbar und sicher sind.

3.11.5 Tomatenketchup und Würzketchup

3.11.5.1 Begriffsbestimmungen

Zu den Würzketchups sind u. a. zu rechnen: Curry-Ketchup, Grill-Sauce, Barbecue-Sauce, Zigeuner-Sauce, Schaschlik-Sauce (= Rote Saucen). Rechtlich geregelt ist die Zusammensetzung von Tomatenketchup und Tomatenkonzentrat. Die Würzketchups unterliegen nur den allgemeinen lebensmittelrechtlichen Bestimmungen. Nach der Richtlinie zur Beurteilung von Tomatenketchup [3] ist Tomatenketchup eine Würzsauce aus dem Mark und/oder dem Saft reifer Tomaten ohne Schalen und Kerne, mehr oder weniger konzentriert. Tomatenketchup wird gewürzt mit Kochsalz, Essig, Gewürzen und anderen Zutaten, wie z. B. Zwiebeln und/oder Knoblauch. Tomatenketchup ist gesüßt mit Saccharose, einer Mischung aus Saccharose und anderen Zuckerarten oder mit süßstoffgesüßtem Essig. Ein Zusatz von Dickungsmitteln, Stärken und Konservierungsstoffen ist verkehrsüblich. Die Tomatentrockenmasse des Endprodukts ist nicht geringer als 7 % [43]. Weitere Anforderungen für Tomatenkonzentrat sind in der Verordnung der EU [4] enthalten. Danach darf der Schimmeltest (Howard Mould Count, HMC) nach dem Aufgießen mit Wasser (= erreichter Trockenstoffgehalt von 8 %) höchstens 70 % an positiven Feldern ergeben.

3.11.5.2 Herstellung (Abb. 3.11.3)

Die Herstellung von Tomatenketchup erfolgt diskontinuierlich kalt unter Vakuum in der Kolloidmühle (meist aus pasteurisiertem Tomatenmark, Essig und Compounds in Pulverform aus Zucker, Salz, modifizierter Stärke, Natriumglutamat, Verdickungsmittel, Guarkernmehl, Xanthan, Johannisbrotkernmehl und Säureregulatoren) oder heiß in der Kolloidmühle (z. B. Koruma, Beheizung mit Dampf im Kern auf ca. 82 °C). Vielfach werden auch Röhrenerhitzer eingesetzt. Bei den Saucen werden die Zutaten (z. B. Gemüse für Zigeuner-Sauce) in einem der Kolloidmühle nachgeschalteten Puffergefäß mit Rührwerk mit dem Ketchup vermischt und unter Vakuum kalt oder heiß abgefüllt. Die kalt hergestellten Produkte werden häufiger mit Sorbin- und Benzoesäure konserviert. Die kontinuierliche Herstellung erfolgt in der Kombinatoranlage, wobei eine Erhitzung auf 90 bis 95 °C durchgeführt wird. Nach der Erhitzung durchläuft das Produkt eine Vakuumentlüftungsanlage und wird in Gläser heiß (90 °C) oder nach Kühlung auf etwa 70 °C in Eimer abgefüllt.

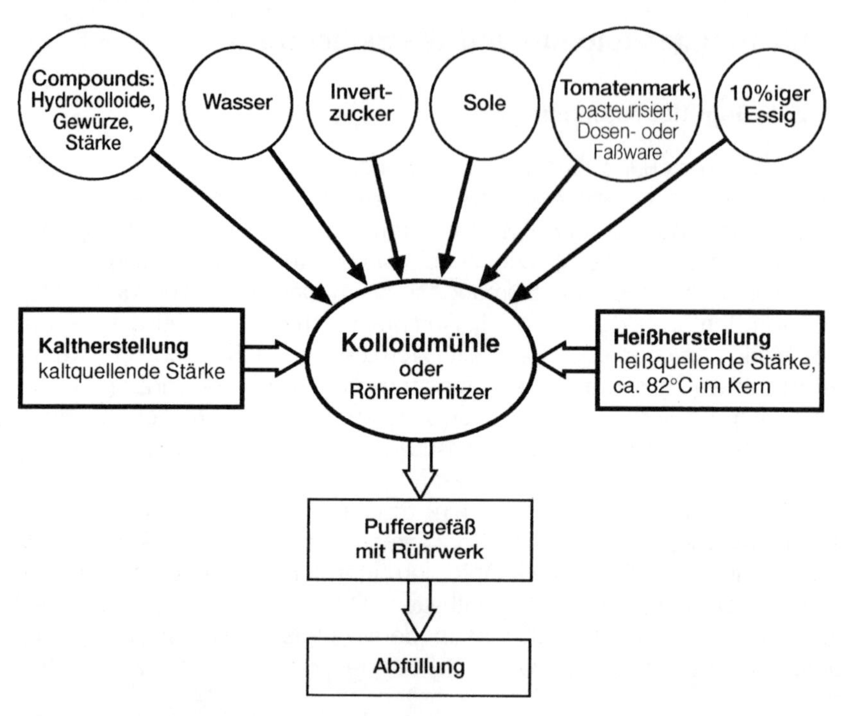

Abb. 3.11.3 Herstellung von Ketchup

3.11.5.3 Mikrobielle Belastung

Ein Verderb der sauren Ketchup-Produkte (pH-Werte ca. 3,8–4,0, Essigsäuregehalt etwa 0,9 %, Citronensäure ca. 0,2 %) ist selten, wenn auch nicht ausgeschlossen. Zum Verderb der kalt hergestellten Erzeugnisse können führen: Essigsäurebakterien der Genera *Acetobacter* und *Gluconobacter*, Milchsäurebakterien der Genera *Lactobacillus* und *Leuconostoc* sowie Hefen und Schimmelpilze. Die Vermehrung der Essigsäurebakterien des Genus *Acetobacter* kann besonders bei Abfüllung in Kunststoffflaschen Bombagen verursachen. Bei gasdurchlässigen Kunststoffen entweicht jedoch das Kohlendioxid nach einer gewissen Standzeit, und das Produkt ist sensorisch nicht wahrnehmbar verändert. Ein Verderb durch heterofermentative Milchsäurebakterien äußert sich ebenfalls durch Gasbildung. Beobachtet wurde auch bei sehr starker Vermehrung von homofermentativen Laktobazillen (*L. plantarum*) eine Koloniebildung im Produkt (weiße, nadelkopfgroße Partikel). Bei kalt abgefüllter Eimerware tritt gelegentlich eine Deckenbildung durch Schimmelpilze oder eine Verhefung auf (Kahmhefen auf der Oberfläche oder Gärungserscheinungen). Bei heiß hergestellten und heiß abgefüllten Erzeugnissen ist ein Verderb möglich durch das Überleben hitzeresistenter Sporen von Bakterien oder Konidien von Schimmelpilzen. Ein bakterieller Verderb kann vorkommen durch *Bacillus coagulans* und *Bacillus stearothermophilus* („flat sour"-Verderb). Dieser äußert sich in einer milden Säuerung, wobei der pH-Wert um etwa eine halbe Einheit gegenüber dem Frischprodukt während der Lagerung abfällt. Es gibt jedoch auch einen Stamm von *Bacillus stearothermophilus* , der unter anaeroben Verhältnissen und bei Temperaturen zwischen +40 °C und +54 °C Nitrat reduzieren und Gas bilden kann. Die Endosporen von *Bacillus coagulans* keimen bei pH-Werten oberhalb von 4,0 und die von *Bacillus stearothermophilus* bei pH-Werten über 4,6 aus. Die minimale Vermehrungstemperatur von *Bacillus coagulans* liegt bei 25 °C und die von *Bacillus stearothermophilus* bei 40 °C. Bei warmer Lagerung über 40 °C kann es auch bei sehr niedrigem pH-Wert (über 3,0) zum Verderb durch *Alicyclobacillus acidoterrestris* kommen. Ein solcher Verderb ist gekennzeichnet durch Geruchs- und Geschmacksabweichungen. Möglich ist auch ein Verderb von Ketchup durch Amylasen (Verflüssigung durch Stärkeabbau). Nachgewiesen wurden solche Amylasen in Gewürzen [28]. Wird der Ketchup unterhalb einer Temperatur von 85 °C pasteurisiert, ist mit Restenzymaktivität zu rechnen. Entscheidend für ein einwandfreies Endprodukt Tomatenketchup ist auch die mikrobiologische Ausgangsqualität des verwendeten Tomatenmarks. So wiesen Produkte aus Italien, Portugal, Griechenland und der Türkei eine geringe Schimmelpilzbelastung auf. Nur in 4–40 % der Felder (HMC 4–40 %, Mittelwert 18,8 %) wurden Schimmelpilzhyphen ausgezählt [64], so daß der in der EG-VO 1764/86 [4] angegebene Grenzwert von 70 % positiven Feldern weit unterschritten wurde. Der Ergosterolgehalt der gleichen Proben (n = 20) schwankte zwischen 0,82 µg/g und 4,24 µg/g bzw. 2,72 und 12,92 µg pro Gramm Trockensubstanz. Frische Tomaten hatten einen Ergosterolgehalt von 0,04 µg/g bis 0,13 µg/g [64].

Pathogene und toxinogene Bakterien können sich in den stark sauren Erzeugnissen nicht mehr vermehren. Nur bei verschimmelter Ware entsteht neben einer möglichen Mykotoxinbildung auch die Gefahr der Vermehrung von *Clostridium botulinum.* Durch Nutzung der organischen Säuren im Stoffwechsel (Säurezehrung) kommt es durch Schimmelpilze zur Erhöhung des pH-Wertes [52]. Nach Beimpfung von Tomatensaft mit Schimmelpilzen der Genera *Cladosporium* und *Penicillium* stieg z. B. der pH-Wert von 4,2 unterhalb der Schimmelpilzdecke nach 6 Tagen auf pH 5,8 und nach 9 Tagen auf 7,0 [34]. Bereits bei einem pH-Wert von 5,0 konnte in Tomatensaft nach Beimpfung mit *Cl. botulinum* A Toxin nachgewiesen werden [45]. In der ehemaligen UdSSR kam es 1972 zu 9 Botulinusfällen (2 Todesfälle) durch Tomatensaft [34].

3.11.6 Feinkostsalate auf Mayonnaise- und Ketchupbasis

3.11.6.1 Begriffsbestimmungen

„Zu den Feinkostsalaten gehören verzehrsfertige Zubereitungen von Fleisch- und Fischteilen, von Ei, ferner von Gemüse-, Pilz- und Obstzubereitungen, einschließlich Kartoffelsalat, die mit Mayonnaise oder Salat-Mayonnaise oder einer anderen würzenden Sauce oder mit Öl und/oder Essig und würzenden Zutaten angemacht sind" [2]. Nach den enthaltenen wertbestimmenden Bestandteilen können die zahlreichen Feinkostsalate eingeteilt werden in: Salate auf Fleischgrundlage (z.B. Fleischsalat, Geflügelsalat, Wildsalat, Ochsenmaulsalat und sonstige Salate mit mind. 10 % Fleisch- oder Brätanteil), Salate auf Fisch-, Weichtier- (Schnecken-, Muschel- u. ä.), Krustentiergrundlage (z. B. Fischsalat, Heringssalat, Matjessalat, Krabbensalat), Fischmarinaden als Zubereitung in Salatsoßen (z. B. Heringsstipp), Salate auf Gemüsegrundlage (z. B. Gemüsesalat, Kartoffelsalat, Waldorfsalat, Pilzsalat), Salate auf Obstgrundlage (z. B. Frucht-Cocktailsalat).

3.11.6.2 Herstellung

Die Salatherstellung erfolgt chargenweise im Mischer (Abb. 3.11.4), wobei die Salatmayonnaise auch unter Zugabe von Joghurt oder Creme fraiche oder einer würzenden Soße mit den tierischen und/oder pflanzlichen Zutaten vermengt wird. Bei der Herstellung unkonservierter Salate werden Zusätze, soweit dies möglich ist, als pasteurisierte oder sterilisierte Ware zugesetzt (z. B. gekochte und geschnittene Kartoffeln oder Geflügelfleisch, pasteurisiert im Folienbeutel; Schnitzelgurken und Champignons als Dosenware). Bei konservierten Salaten, teilweise auch bei unkonservierten Produkten, werden dagegen aus Kostengründen meist Schnitzelgurken aus dem Faß oder gekochte, geschnittene Kartoffeln verwendet, die im Transport-Behältnis nur mit Folie eingeschlagen, aber nicht in geschlossener Folie pasteurisiert wurden. Teilweise werden die Zutaten in ein Säurebad getaucht und nach dem Abtropfen in den Mischer gegeben. Die Abfüllung erfolgt maschinell, bei Großpackungen auch vielfach von Hand. Seltener wird unter Vakuum abgefüllt, oder der Kopfraum wird mit Stickstoff und Kohlendioxid begast. Bei entsprechender Auslegung der Kombinatoranlage können Salate auch pasteurisiert und sterilisiert werden.

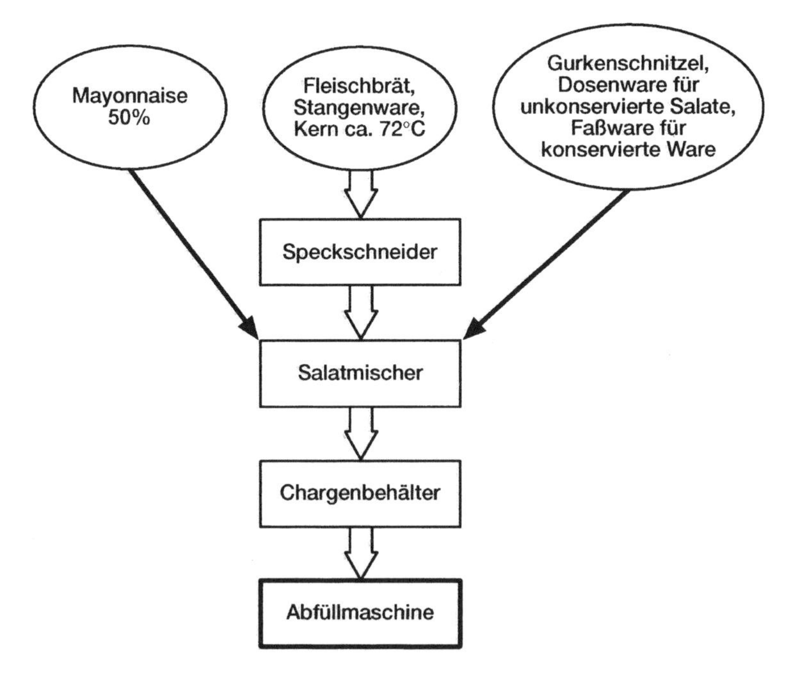

Abb. 3.11.4 Herstellung von Fleischsalat

3.11.6.3 Zur Mikrobiologie von Feinkostsalaten

– **Mikrobiologische Haltbarkeit**

Die Haltbarkeit der Feinkostsalate ist besonders von der hygienischen Herstellung, der Zusammensetzung (Säuregehalt, pH-Wert), dem Anfangskeimgehalt, der Lagerungstemperatur und der Art der Mikroorganismen abhängig. Die dominierenden und die Haltbarkeit beeinflussenden Mikroorganismen sind aufgrund des Säuregehaltes der Salate die Milchsäurebakterien der Genera *Lactobacillus, Leuconostoc* und *Pediococcus* sowie Hefen und Schimmelpilze (Tab. 3.11.2).

Allerdings ist bei nicht ausreichender Säuredosierung zur Salatmayonnaise oder Salatsoße daran zu denken, daß es während der Lagerung zur Säurediffusion in die zugesetzten Fleisch- oder Gemüsebestandteile kommt und der Säuregehalt in der Salatmayonnaise sinkt. So veränderte sich z. B. der Essigsäuregehalt der Mayonnaise von 0,34 % im frischen Kartoffelsalat bei 10 °C nach einem Tag bereits auf 0,08 % und erreichte nach 14 Tagen einen Wert von 0,09 % [13]. Bei nicht ausreichender Säuerung (pH-Werte über 4,6) oder noch fehlender Säuerung, z. B. an der Grenzphase Mayonnaise/

Tab. 3.11.2 Verderbsorganismen in Feinkostsalaten

Milchsäurebakterien	Hefen	Quellen
Lactobacillus (L.) plantarum, L. buchneri, L. casei, L. leichmannii, L. brevis, L. delbrueckii, L. lactis, L. fructivorans, L. confusus (= *Weissella confusa*), *Leuconostoc (L. c.) mesenteroides, L. c. dextranicum, Pediococcus damnosus*	*Saccharomyces (S.) cerevisiae, S. exiguus, Pichia membranaefaciens, Geotrichum candidum, Candida (C.) lipolytica, C. sake, C. lambica, Zygosaccharomyces (Z.) rouxii, Z. bailii, Trichosporon beigelii, Yarrowia lipolytica, Torulaspora delbrueckii*	BAUMGART, 1965, TERRY und OVERCAST, 1976, BAUMGART, et al., 1983, BROCKLEHURST und LUND, 1984, ERICKSON et al., 1993

Kartoffeln oder Brätfleisch oder bei anderen Zusätzen, können bei frischen Produkten neben Milchsäurebakterien und Hefen auch andere Mikroorganismen, wie gramnegative Bakterien, Mikrokokken und Staphylokokken, nachgewiesen werden. Für die Haltbarkeit sind sie jedoch nicht entscheidend. Gleiches gilt für coryneforme Bakterien in Gemüsesalaten, in denen häufiger hohe Zahlen dieser Bakterien nachweisbar sind.

Auf die mikrobiologische Haltbarkeit bei kühler Lagerung hat der Zusatz von Sorbin- und Benzoesäure nur einen geringen Einfluß. Während diese Konservierungsstoffe die Vermehrung einiger Hefearten und Schimmelpilze hemmen, bleiben sie bei Milchsäurebakterien ohne jeden Effekt. Bei guter hygienischer Herstellung und Anfangskeimzahlen unter 100/g lassen sich bei kühler Lagerung auch bei unkonservierten Produkten Haltbarkeiten von 21–28 Tagen erzielen (bei sehr guter Hygiene sogar 40–42 Tage). Dennoch ist aus der Höhe der Keimzahl nicht auf die Haltbarkeitsfrist zu schließen, da die Stabilität von der Stoffwechselaktivität abhängt. Diese ist bei den einzelnen Species sehr unterschiedlich. So sind bei einzelnen Hefearten trotz einer Keimzahl von 10^5/g keine merkbaren Verderbserscheinungen wahrnehmbar, während bei anderen Species (z. B. *Zygosaccharomyces bailii*) Gärungserscheinungen schon bei 10^3/g auftreten können. Auch bei den übrigen Verderbsorganismen korreliert die Keimzahl nicht mit dem Zeitpunkt des Verderbs. Besonders häufig treten sehr hohe Keimzahlen an Pediokokken und obligat homofermentativen und fakultativ heterofermentativen Laktobazillen (keine Gasbildung) auf, ohne daß es zu sensorisch erkennbaren Veränderungen kommt. Andererseits ist es nicht selten, daß trotz sehr niedriger Keimzahlen im Salat (z.B. 10^3/g) das Produkt muffig, sauer oder alt schmeckt. Neben der mikrobiologischen Analytik kommt deshalb der sensorischen eine besondere Bedeutung zu.

– **Mikrobiologische Sicherheit**

Von den zahlreichen pathogenen und toxinogenen Mikroorganismen haben in Feinkost-Salaten nur wenige eine aktuelle Bedeutung: Salmonellen, *Staphylococcus aureus* und *Listeria monocytogenes*. Wenn auch bisher keine Erkrankungsfälle bekannt geworden sind, so sind dennoch in Zukunft besonders die enteropathogenen *E. coli* zu beachten, wie *E. coli* 0157 : H7. Die Ursachen der Verunreinigung mit diesen pathogenen Mikroorganismen sind unterschiedlich. Bei den Salmonellen sind es meist unpasteurisierte Eiprodukte oder im Restaurant bzw. Haushalt eingesetzte Frischeier. Dagegen gelangt *Staphylococcus aureus* vornehmlich durch das Personal (Hand, Nasenrachenraum) in die Produkte, während eine Verunreinigung durch *Listeria monocytogenes* besonders durch den Einsatz nicht pasteurisierter oder nicht blanchierter Gemüseprodukte erfolgt. Die pathogenen Bakterien werden bei ausreichendem Säuregehalt abgetötet. Zu berücksichtigen ist allerdings, daß dieser Abtötungsprozeß nicht schlagartig erfolgt. In einem Kartoffelsalat, der mit einer Salatmayonnaise angemacht war (pH-Wert 4,3, Einstellung mit Branntweinessig), wurde *Listeria monocytogenes* bei einer Lagerungstemperatur von 10 °C erst nach 10 Tagen abgetötet (Verminderung um 6 Zehnerpotenzen). Besonders säuretolerant erwies sich auch *E. coli* 0157 : H7 [40, 50, 62]. In einer Mayonnaise mit einem pH-Wert von 3,7 (Einstellung mit Essigsäure) war bei einer Ausgangsverunreinigung von 10^7/g und einer Lagerungstemperatur von 7 °C nach 20 Tagen noch eine Keimzahl von 10^4/g nachweisbar [61]. Aus Sicherheitsgründen sollte die zur Herstellung von Salaten eingesetzte Mayonnaise oder Salatsauce einen pH-Wert unter 4,1 bis $<$4,4 haben und mindestens einen Essigsäuregehalt von 0,25% bezogen auf das Gesamtprodukt (Soße bzw. Mayonnaise) aufweisen [26, 30, 49]. Bei Fischsalaten oder Fischfeinkost sind neben den pathogenen und toxinogenen Mikroorganismen auch die biogenen Amine zu beachten. Bereits der Rohstoff Fisch kann biogene Amine enthalten (vorwiegende Bildung durch gramnegative Bakterien im Frischfisch), oder es kommt im Salat zur Decarboxylierung von Aminosäuren durch Laktobazillen, z. B. *Lactobacillus (L.) buchneri, L. brevis , L. plantarum oder Pediococcus damnosus* [31].

– **Mikrobiologische Anforderungen an Feinkostsalate** (Tab. 3.11.3)

Von der Deutschen Gesellschaft für Hygiene und Mikrobiologie wurden Richt- und Warnwerte empfohlen [5, 20].

Tab. 3.11.3 Richt- und Warnwerte für Feinkostsalate

	Richtwert	Warnwert
Aerobe mesophile Keimzahl	10^6/g[1])	–
Milchsäurebakterien	10^6/g[1])	–
Staphylococcus aureus	10^2/g[2])	10^3/g[2])
Bacillus cereus	10^3/g	10^4/g
Escherichia coli	10^2/g)	10^3/g
Sulfitreduzierende Clostridien[3])	10^3/g	10^4/g
Salmonellen		n. n. in 25 g

Erklärungen: [1]) Mikroorganismen, die als Starterkulturen zugesetzt werden, bleiben unberücksichtigt. [2]) Bei Salaten aus Krebstieren ist der Richtwert 10^3/g und der Warnwert 10^4/g. [3]) Gültigkeit nur für pasteurisierte Salate.

3.11.7 Beeinflussung der Haltbarkeit und Sicherheit durch äußere und innere Faktoren

Die Haltbarkeit und Sicherheit von Feinkostprodukten wird durch verschiedene Faktoren beeinflußt: hygienische, physikalische und chemische.

3.11.7.1 Hygienische Faktoren

Wesentlich sind: Verwendung mikrobiologisch einwandfreier Rohstoffe mit geringem Keimgehalt (wichtig ist eine gute Prozeßhygiene, damit die Rohstoffe ohne zusätzliche Verunreinigung in den Mischbehälter kommen) oder Verminderung des Ausgangskeimgehaltes durch Erhitzung der Wasserphase, Einsatz von keimarmen oder keimfreien Gewürzextrakten, gründliche Reinigung und Desinfektion der Anlagen. Bei Abfüllmaschinen, die im CIP-Verfahren gereinigt und desinfiziert werden können, sollte das letzte Spülwasser bei Wochenendreinigungen eine Temperatur von ca. 90 °C aufweisen. Meist wird jedoch folgendes Programm gefahren:

- Warmes Vorspülen, ca. 40 °C
- Heiße Laugenreinigung, über 85 °C
- Mehrstufiges Zwischenspülen, dabei Abkühlung
- Kaltdesinfektion, z. B. mit Peressigsäure
- Kaltes Nachspülen.

Das mikrobiologisch einwandfreie Produkt muß in keimfreie (frei von Mikroorganismen, die sich im Produkt vermehren können) Behältnisse abgefüllt werden. Die Folienauflagen bei größeren Bechern oder Eimern dürfen pro 20 cm^2 keine Schimmelpilze oder Hefen enthalten. Im Abfüllbereich soll der Luftkeimgehalt gering sein. So sollten nach einer 30minütigen Standzeit mit der Sedimentationsmethode (Malzextrakt-, Bierwürze- oder MRS-Agar, Bebrütung bei 25 °C 72 Std.) keine Schimmelpilze oder Hefen nachweisbar sein. Unerläßlich ist eine gute Personalhygiene (Kopfschutz, Handschuhe). Eine besondere Bedeutung kommt dabei den Handschuhen zu. Bewährt haben sich lange, über das Handgelenk hinausgehende, innen angerauhte Gummihandschuhe, die nach wechselnden und eine Verunreinigung ermöglichenden Handgriffen desinfiziert werden müssen. Dazu sollten an den Maschinen oder in unmittelbarer, gut erreichbarer Distanz zum Arbeitsplatz Desinfektionsmöglichkeiten vorhanden sein (Spender oder Eimer mit einem schnell und gut wirkenden Desinfektionsmittel, z. B. Mittel auf Peressigsäurebasis). Voraussetzung für eine gute Personalhygiene und eine konsequente Umsetzung der notwendigen Hygieneanweisungen für das Personal ist eine ständige Hygieneschulung.

3.11.7.2 Physikalische Faktoren

– **Temperatur:** Mayonnaisen werden ohne Kühlung aufbewahrt. Bei Salatmayonnaisen sind je nach Herstellung ungekühlte wie auch gekühlte Produkte auf dem Markt. Im Haushalt angebrochene Erzeugnisse sind jedoch prinzipiell zu kühlen. Kann durch die Herstellung eine Verunreinigung mit Verderbsorganismen (Milchsäurebakterien, Hefen und Schimmelpilze) nicht sicher ausgeschlossen werden, sollten die Salatmayonnaisen gekühlt gelagert werden, d. h. bei Temperaturen unter 7 °C. Bei dieser Temperatur wird zwar der Verderb nicht verhindert, jedoch durch Verlängerung der Generationszeit der Mikroorganismen verzögert, so daß die deklarierte Mindesthaltbarkeit eingehalten werden kann.

Einige Feinkost-Salate werden auch pasteurisiert (tiefgezogene Alu-Becher oder Dosen, Kerntemperatur ca. 85 °C). Auch besteht die Möglichkeit, kalt vermischte Salate mit Direktdampf zu pasteurisieren und heiß abzufüllen (versiegelte Kunststoffbecher). Wenn die Salateinlagen (z. B. Geflügelfleisch oder Kartoffeln) vor der Vermischung mit der Mayonnaise nicht in ein Genußsäurebad kurz getaucht werden, kann es zum Verderb durch Clostridien kommen, obwohl der pH-Wert der Mayonnaise unterhalb von 4,5 liegt. Der an der Grenzphase Mayonnaise/Einlage höhere pH-Wert kann dazu führen, daß Sporen auskeimen und sich die Clostridien vermehren. So wurden aus bombierten pasteurisierten Geflügel- und Kartoffelsalaten *Cl. felsinum, Cl. scatologenes* und *Cl. tyrobutyricum* isoliert [12].

– **Emulsionsaufbau:** Bei Mayonnaisen, Salatmayonnaisen und Salatcremes sowie den emulgierten Saucen ist das Öl in Tropfenform in der Wasserphase emulgiert. Bei der 80 %igen Mayonnaise liegen die Öltröpfchen in dichter Kugelpackung vor (Öltröpfchen überwiegend ca. 1–2 µm). In den kleinen Zwischenräumen zwischen den Tröpfchen befindet sich die Wasserphase. Hieraus ergeben sich sehr schlechte Vermehrungsmöglichkeiten für Mikroorganismen. Wenn der Fettgehalt sinkt, d. h. der Anteil der Wasserphase in den Salatmayonnaisen, Salatcremes und Salatsaucen zunimmt, können sich Mikroorganismen besser vermehren.

– **Wasseraktivität:** Durch den Anteil an Kochsalz, Zucker, Stärke, modifizierter Stärke, Xanthan oder anderen Inhaltsstoffen kommt es zur Verminderung der Wasseraktivität. Die von Smittle (1977) und Smittle und Flowers (1982) für Mayonnaisen angegebenen a_w-Werte von 0,925 konnten in eigenen Messungen mit dem Kryometer (Fa. Nagy) bestätigt werden. Folgende Wasseraktivitäten wurden gemessen:

Mayonnaisen mit 80 % Öl: 0,92
Mayonnaisen mit 65 % Öl: 0,94
Salatmayonnaisen mit 50 % Öl: 0,96–0,97
Salatcreme mit 17 % Öl: 0,97.

Die verschiedenen a_w-Werte sind auf die unterschiedliche Zusammensetzung (Ölgehalt), aber auch auf variierende Kochsalzkonzentrationen in den Produkten verschiedener Herstellerfirmen zurückzuführen.

– **Druck:** Die Hochdruck-Sterilisation mit bis zu 1 000 MPa führt zur Inaktivierung der Enzyme und zur Abtötung von Mikroorganismen [32]. In Japan wird sie u. a. zur Haltbarmachung von Feinkost-Saucen und Dressings eingesetzt. Der diskontinuierliche Gebrauch schränkt die Anwendung z. Zt. jedoch ein.

3.11.7.3 Chemische Faktoren

Feinkosterzeugnisse sind sauer, d. h. sie haben vielfach pH-Werte unterhalb von 4,5. Dadurch kommt es zur Selektion der Mikroorganismenflora, da sich nur noch wenige Mikroorganismen vermehren können, wie Milchsäurebakterien, Essigsäurebakterien, Hefen und Schimmelpilze. Entscheidend für die Haltbarkeit und Sicherheit ist allerdings die Auswahl der richtigen Säure oder Säurekombination. Nicht nur der pH-Wert entscheidet über die Vermehrung von Mikroorganismen, sondern auch die Art der organischen Säure, mit der ein niedriger pH-Wert erzielt wird.

Einfluß organischer Säuren auf Mikroorganismen

Essigsäure und Acetate

Die Hemmung bzw. Abtötung von Mikroorganismen durch organische Säuren hängt ab von der Konzentration der Wasserstoffionen (H^+), d. h. dem pH-Wert, der Art und der Konzentration der Säure und von ihrem Anion. Die in Feinkosterzeugnissen eingesetzten organischen Genußsäuren (Essig-, Wein-, Milch-, Äpfel- und Citronensäure) sind schwache Säuren. Ihre pK-Werte (pH-Wert, bei dem 50 % der Säure in der wirksameren undissoziierten Form vorliegen) bewegen sich im Bereich zwischen 4,7 und 2,98 (Tab. 3.11.4).

Tab. 3.11.4 pK-Werte für einige organische Säuren (Doores, 1993)

Säuren	pK-Wert
Essigsäure	4,75
Citronensäure	3,14
Milchsäure	3,08
Äpfelsäure	3,40
Weinsäure	2,98

Die Wirksamkeit der organischen Säuren beruht nicht nur auf der H-Ionenkonzentration, sondern auch auf dem Anteil an undissoziierter Säure. In undissoziierter Form sind die Säuren lipophil und dringen so besser und schneller durch die Zellmembran. Dadurch erniedrigt sich der interne pH-Wert der Zelle, es kommt zu Enzymhemmungen und Stoffwechselbeeinflussungen, die Vermehrung wird gehemmt, oder die Mikroorganismen sterben ab. Die stärkste antimikrobielle Wirkung hat die Essigsäure (Tab. 3.11.5).

Tab. 3.11.5 Antimikrobielle Wirkung organischer Säuren bei verschiedenen pH-Werten

Mikroorganismen	Essigsäure	Milchsäure	Äpfelsäure	Citronensäure	Quelle
Staph. aureus	5,0–5,2	4,6–4,9	o. A.	4,5–4,7	Minor und Marth, 1970
Listeria monocytogenes	4,8–5,0	4,4–4,6	4,4	4,4	Sorrells et al., 1989

Erklärungen: o. A. = ohne Angabe; die Zahlen geben die entsprechenden pH-Werte an.

Wenn auch die in der Literatur angegebenen Werte für eine Hemmung bzw. Abtötung der Mikroorganismen durch organische Säuren schwer zu vergleichen sind (Abhängigkeit der Wirkung von Medium, Temperatur, Stamm, Keimzahl), so ergab sich dennoch in nahezu allen Prüfungen, daß die Essigsäure die stärkste Wirkung hat [16, 19, 22, 38, 51]. In der Wirksamkeitsabstufung der übrigen Säuren sind die Berichte dagegen unterschiedlich. So fanden Nunheimer und Fabian (1940) gegenüber *Staph. aureus* eine Abstufung in der Wirksamkeit: Essigsäure > Citronensäure > Milchsäure > Äpfelsäure > Weinsäure, während Minor und Marth (1970) für den gleichen Organismus die Reihenfolge Essigsäure > Milchsäure > Citronensäure angeben. Bezogen auf den gleichen pH-Wert war die Abstufung in der Hemmwirkung gegenüber *Listeria monocytogenes* in einer Tryptonbouillon: Essigsäure > Milchsäure > Citronensäure. Basierend auf gleicher Molarität wurde folgende Abstufung ermittelt: Essigsäure > Milchsäure > Citronensäure > Äpfelsäure [56].

Sichere unkonservierte Mayonnaisen, Salatmayonnaisen und Salatcremes müssen einen bestimmten Mindestessigsäureanteil enthalten. Dies ist besonders dann erforderlich, wenn diese Produkte als Grundlage für die Salatherstellung dienen (Tab. 3.11.6).

Tab. 3.11.6 Notwendige Essigsäurekonzentrationen für sichere Mayonnaisen, Salatmayonnaisen und fettreduzierte Produkte

Essigsäure in %	pH-Wert	Quelle
Mayonnaisen und Salatmayonnaisen		
0,25 (bezogen auf Gesamtprodukt)	4,1 oder niedriger	ICMSF, 1980 Smittle, 1977
0,46 (bezogen auf Gesamtprodukt)	4,2 oder niedriger	Collins, 1985
0,7 (bezogen auf wäßrige Phase)	unter 4,1	Radford und Board, 1993
0,8–1,0 (bezogen auf wäßrige Phase)	unter 4,1	Zschaler, 1976
Fettreduzierte Produkte		
0,7 (bezogen auf Gesamtprodukte)	unter 4,1	Radford und Board, 1993

Bei einem Essigsäuregehalt oberhalb von 1,4 % in der wäßrigen Phase und bei einem pH-Wert unterhalb von 4,1, wie dies die Food and Drug Administration [27] bei der Verwendung unpasteurisierten Eigelbs fordert, schmeckt das Produkt allerdings stark essigsauer.

Eine Gesundheitsgefährdung des Konsumenten ist auszuschließen, wenn folgende Bedingungen erfüllt werden:

Frischeimayonnaisen, Mayonnaisen, Salatmayonnaisen, Salatcremes u. a. fettreduzierte Produkte, die mit unpasteurisiertem Eigelb hergestellt werden, sollten einen Mindestessigsäuregehalt von 0,7 % (bezogen auf das Gesamtprodukt = 1,4 % in der wäßrigen Phase bei einer 50 %igen Salatmayonnaise) aufweisen, und der pH-Wert sollte 4,1 nicht übersteigen [27, 38]. Da gewerblich hergestellte Produkte ausschließlich mit pasteurisiertem Eigelb und auch unter Verwendung von Gewürzextrakten oder behandelten Gewürzen (erhitzte oder mit Dampf behandelte Gewürze) hergestellt werden, kann der Essigsäureanteil geringer sein:

Mayonnaisen, Salatmayonnaisen, Salatcremes u.a. fettreduzierte Produkte, hergestellt mit pasteurisiertem Eigelb und Gewürzextrakten oder behandelten Gewürzen, sollten einen Gesamtsäuregehalt von mindestens 0,45 % und einen Essigsäureanteil von mindestens 0,2 % bezogen auf das Gesamtprodukt aufweisen, wobei der pH-Wert unterhalb von 4,2 liegen sollte. Die zur Hemmung oder Abtötung von Verderbsorganismen notwendigen Säurekonzentrationen sind wesentlich höher als die für die pathogenen Bakterien (Tab. 3.11.7).

Tab. 3.11.7 Hemmung von Verderbsorganismen durch Essigsäure (Eklund, 1989)

Mikroorganismen	Hemmender pH-Wert	Minimale Hemmkonzentration Gesamtessigsäure in %
Saccharomyces cerevisiae	3,9	0,59
Saccharomyces ellipsoides	3,5	1,0
Saccharomyces uvarum	4,5	2,4
Geotrichum candidum	4,5	2,4
Aspergillus fumigatus	5,0	0,2
Aspergillus parasiticus	4,5	1,0
Aspergillus niger	4,1	0,27
Penicillium glaucum	3,5	1,0

Verderbsorganismen wie *Zygosaccharomyces bailii* und *Lactobacillus fructivorans* vermehrten sich in emulgierten Salatsaucen noch bei pH-Werten von 3,6 [41]. Ein Verderb durch Hefen, Schimmelpilze und Milchsäurebakterien ist, eine Verunreinigung vorausgesetzt, auch bei Kühltemperaturen durchaus möglich.

Die Salze der Essigsäure (z. B. Natriumacetat) haben die gleiche Wirkung wie die Esssigsäure. Die Pufferung hat den Vorteil, daß die Essigsäurekonzentration erhöht werden kann, ohne daß sich geschmackliche Nachteile ergeben. So konnte einer unkonservierten Salatmayonnaise bis 1,4 % Essigsäure zugesetzt werden, ohne daß das Erzeugnis einen zu spitzen Essigsäuregeschmack aufwies. Außerdem wird der undissoziierte, antimikrobiell wirksamere Säureanteil durch den Einsatz von Natriumacetat erhöht [57]. Während *Yarrowia lipolytica* sich bei pH 4,5 bei einer Essigsäurekonzentration von 1 % vermehrte, trat eine deutliche Hemmung durch eine Pufferung mit NaOH ein. Dieser Einfluß war jedoch gegenüber *Lactobacillus brevis* unter gleichen Bedingungen nicht festzustellen [18].

Milchsäure und Lactate

In Mayonnaisen und anderen Feinkosterzeugnissen werden Milchsäure oder Na-Lactat in Kombination mit Essigsäure eingesetzt. Die Angaben über die Wirksamkeit im Vergleich zur Essigsäure sind unterschiedlich [22]. In einem Geflügelsalat, der mit einer 50%igen Mayonnaise (2 % Essigsäure, 2 % Milchsäure, 50 : 50, Pufferung mit 10 N NaOH) hergestellt wurde (pH-Wert des Salates 4,95), kam es zur Hemmung von Hefen bei einer Lagerung von 6 °C, nicht jedoch im ungepufferten Milieu [18]. Sensorisch akzeptable Konzentrationen von 0,4 % Milchsäure und 0,75 % Essigsäure (Branntweinessig) in Fleischsalaten (pH-Wert 4,3) oder 0,75 % Milchsäure und 1,6 % Essigsäure in Geflügelsalaten (pH-Wert 4,3) führten bei einer Anfangsbelastung von 500 Hefen/g (*Zygosaccharomyces bailii* und *Saccharomyces exiguus)* nach 14tägiger Lagerung bei 7° und 10 °C zum Verderb [37]. Gegenüber Milchsäurebakterien (*Lactobacillus brevis*) kam es bei einer Anfangsverunreinigung von 10^3/g zu einer Verzögerung der Vermehrung. In einer Bouillon bei pH 6,5 und 20 °C lagen die minimalen Hemmkonzentrationen von Na-Lactat gegenüber Milchsäurebakterien zwischen 268 und 1 161 mM und die gegenüber *Zygosaccharomyces sp.* bei 1 339 mM [33]. Auf keinen Fall sollte Essigsäure durch Milchsäure ersetzt werden. Kombinierte Einsätze sind möglich, jedoch in mikrobieller Hinsicht nicht besser als optimale Kombinationen von Essigsäure mit anderen Genußsäuren wie Wein-, Äpfel- oder Citronensäure.

Weinsäure, Äpfelsäure, Citronensäure und ihre Salze

Diese Säuren werden häufiger als Säureregulatoren (Erniedrigung des pH-Wertes) und zur Geschmacksabrundung eingesetzt. Salzmischungen dieser Säuren sind auch in Handelsmischungen enthalten, z. B. Bioserval, ACS-Fruchtsäurekombinationen. Eine antimikrobielle Wirkung wird durch die Erniedrigung des pH-Wertes erzielt. Die Verderbsorganismen Hefen werden jedoch nicht gehemmt. Bei einer sensorisch nicht mehr akzeptablen Weinsäurekonzentration von 1 % kam es in einem Waldorfsalat bei 8 °C noch zum Verderb durch *Pichia membranaefaciens* [10].

Konservierungsstoffe

Nach der Zusatzstoff-Zulassungs-VO vom 22. 12. 1981 [66] dürfen Mayonnaisen und mayonnaiseartigen Erzeugnissen 2,5 g Sorbin- oder Benzoesäure pro kg Endprodukt und 1,2 g PHB-Ester zugesetzt werden, Feinkostsalaten 1,5 g Sorbin- oder Benzoesäure sowie 0,6 g PHB-Ester. Üblicherweise werden jedoch nur Sorbin- und Benzoesäure bzw. ihre Salze eingesetzt. Da sich die Vermehrung der Mikroorganismen in der Wasserphase abspielt, muß das Konservierungsmittel in der Wasserphase konzentriert werden. Sorbin- und Benzoesäure sind mit ihrem geringen Verteilungsquotienten (Sorbinsäure 3,0 und Benzoesäure 6,1) sehr günstig für die Konservierung von Feinkosterzeugnissen, weil sie sich vorwiegend in der Wasserphase lösen (Verteilungsquotient 3,0 : Von 100 Teilen Konservierungsstoff lösen sich 3 Teile in der Fettphase). Da auch bei den Konservierungsstoffen Sorbin- und Benzoesäure vorwiegend nur die undissoziierte Säure antimikrobiell wirksam ist, muß durch Ansäuern mit einer Genußsäure (Essigsäure , Milch-, Wein-, Äpfelsäure) der Dissoziationsgrad vermindert werden. Damit steigen der undissozierte Anteil und die konservierende Wirkung.

Sorbin- und Benzoesäure haben eine unterschiedliche Wirkung auf Mikroorganismen (Tab. 3.11.8). Die Sorbinsäure wirkt besonders gegenüber Hefen und Schimmelpilzen, Benzoesäure hemmt Milchsäurebakterien stärker als Sorbinsäure. Dies ist der Grund für eine Kombination beider Stoffe in Feinkosterzeugnissen. Die Wirksamkeit der Konservierungsstoffe hängt jedoch nicht nur von der Konzentration, der Temperatur und dem pH-Wert ab, sondern auch vom Keimgehalt im Produkt. Er sollte möglichst gering sein. Den Verderb durch Konservierungsstoffe zu verhindern, ist jedoch nicht möglich, allenfalls ihn zu hemmen. Teilweise liegen die minimalen Hemmkonzentrationen sogar höher als die in der Zusatzstoff-Zulassungs-Verordnung [66] erlaubten Konzentrationen. Eine vollständige Haltbarkeit von Feinkosterzeugnissen ist durch Konservierungsstoffe also nicht erreichbar, jedoch eine Verzögerung des Verderbs bei kühler Lagerung. Gehemmt werden Hefen und Schimmelpilze, Milchsäurebakterien bleiben nahezu unbeeinflußt [53]. Auch gegenüber pathogenen Bakterien ist die Wirkung von Sorbin- und Benzoesäure unterschiedlich. So wurde *Listeria monocytogenes* durch 0,15 % Sorbat (pH 5,0, eingestellt mit Essigsäure) bei 13 °C gehemmt [25], *Salmonella blockley, E. coli* und *Staph. aureus* bereits durch 0,05% Sorbin- und Benzoesäure (pH 4,8, eingestellt mit Essigsäure) bei 22 °C [19]. In mit Sorbin- und Benzoesäure konservierten Feinkosterzeugnissen werden pathogene Bakterien gehemmt, wenn der pH-Wert unterhalb von 4,8 liegt und mit Essigsäure eingestellt wird.

Tab. 3.11.8 Wirkung von Sorbin- und Benzoesäure gegenüber Verderbsorganismen in Feinkosterzeugnissen

Mikroorganismen	pH-Wert	Sorbinsäure MHK	Benzoesäure MHK	Quelle
Lactobacillus sp.	4,3	n. a.	300–1 800 ppm	CHIPLEY, 1993
Lactobacillus plantarum und *Lactobacillus buchneri*	3,5	> 1 000 ppm	n. a.	EDINGER und SPLITTSTOESSER, 1986
Lactobacillus buchneri in 50 %iger Salatmayonnaise mit 0,5 % Essigsäure	4,6	3 500 ppm	4 000 ppm	BAUMGART und LIBUDA, 1977
Zygosaccharomyces bailii	4,8	n. a.	5 000 ppm	JERMINI und SCHMIDT-LORENZ, 1987
Zygosaccharomyces bailii	3,5	6 mM	6 mM	WARTH, 1985
Saccharomyces cerevisiae	3,5	3 mM	3 mM	WARTH, 1985
Rhizopus sp.	3,6	120 ppm	n. a.	EKLUND, 1989
Geotrichum candidum	4,8	1 000 ppm	n. a.	EKLUND, 1989
Aspergillus sp.	3,9	n. a.	20–300 ppm	CHIPLEY, 1993

Erklärung: n. a. = Nicht angegeben; MHK = Minimale Hemmkonzentration

3.11.7.4 Biologische Faktoren

Biologischen Schutzkonzepten mit Hilfe des Einsatzes von Enzymen oder Schutzkulturen stehen noch lebensmittelrechtliche Einschränkungen entgegen. Ebenso fehlen noch abgesicherte Untersuchungen über die Wirkungen im Produkt. Dennoch sollte auch der biologischen Konservierung von Feinkosterzeugnissen in Zukunft Aufmerksamkeit gewidmet werden.

Lysozym: Das Lysozym (Murmidase) wird aus Hühnereiweiß oder biotechnologisch, z.B. mit Streptomyceten gewonnen. Das Weißeilysozym hat folgende Nachteile: Das Wirkungsoptimum liegt im pH-Bereich von 6,0–6,5 und im sauren Bereich erfolgt ein starker Abfall der Aktivität. Eine antibakterielle Wirkung besteht gegenüber grampositiven Bakterien und in Kombination mit EDTA (Ethylendiamintetraessigsäure) auch gegenüber gramnegativen Bakterien [46]. Die antimikrobielle Wirkung von Hühnereilysozym und Cellosyl (Murmidase von *Streptomyces sp.*), die in Bouillonversuchen gegenüber Laktobazillen nachweisbar war, konnte in Salaten (Geflügel- und Thunfischsalat) nicht bestätigt werden [29].

Glucoseoxidase: Die meist aus Schimmelpilzen des Genus *Aspergillus* oder *Penicillium* gewonnenen Glucoseoxidasen führen über die Oxidation der Glucose zur Bildung von Wasserstoffperoxid und somit zur Konservierung [39]. In Thunfisch- und Geflügelsalaten war eine Wirkung zwar nachweisbar, jedoch war diese nicht ausreichend, um die Haltbarkeit entscheidend zu verlängern [59]. Dagegen konnte die Haltbarkeit von Shrimps bei 2 °C durch ein Tauchbad aus 4 % Glucose, Oxidase und Katalase verlängert werden [21].

Schutzkulturen: Durch den Zusatz einer Schutzkultur (meist Milchsäurebakterien) sollen die Stabilität und die mikrobiologische Sicherheit erhöht werden. Die von Schutzkulturen gebildeten Bacteriocine hemmen pathogene Bakterien. An einen Einsatz wäre zu denken bei Feinkosterzeugnissen mit höheren pH-Werten.

Literatur

[1] Anon.: Leitsätze für Mayonnaise, Salatmayonnaise und Remoulade. Die Feinkostwirtschaft **5** (1968) 147–150.

[2] Anon.: Leitsätze für Feinkostsalate. Die Feinkostwirtschaft **9** (1972) 4–7.

[3] Anon.: Richtlinie für Tomatenketchup, ZFL **31** (1980) 52.

[4] Anon.: Verordnung (EWG) Nr. 1764/86 der Kommission vom 27. 5. 1986 über Mindestqualitätsanforderungen an Verarbeitungserzeugnisse aus Tomaten, die für eine Produktionsbeihilfe in Betracht kommen. Amtsblatt der Europäischen Gemeinschaften Nr. L **153**/1–17 (1986).

[5] Anon.: Mikrobiologische Richt- und Warnwerte zur Beurteilung von Feinkost-Salaten. Lebensmitteltechnik **24** (1992) 12.

[6] Anon.: Verordnung über die hygienischen Anforderungen an Eiprodukte (Eiprodukte-Verordnung), Bundesgesetzblatt Teil I, Nr. 71, (1993) 288–230.

[7] Anon.: Tätigkeitsbereicht des Bundesverbandes der Deutschen Feinkostindustrie e. V., Bonn (1995).

[8] Baumgart, J.: Zur Mikroflora von Mayonnaisen und mayonnaisehaltigen Zubereitungen. Fleischw. **45** (1965) 1437–1442, 1445.

[9] Baumgart, J.; Libuda, H.: Haltbarkeit von Mayonnaisen und Feinkostsalaten in Abhängigkeit vom Konservierungsstoff- und Essigsäureanteil. Intern. Zeitschr. für Lebensmittel-Technologie und -Verfahrenstechnik **28** (1977) 181–182.

[10] Baumgart, J.; Hauschild, G.: Einfluß von Weinsäure auf die Haltbarkeit von Feinkost-Salaten. Fleischw. **60** (1980) 1052, 1055.

[11] Baumgart, J.; Weber, B.; Hanekamp, B.: Mikrobiologische Stabilität von Feinkosterzeugnissen. Fleischw. **63** (1983) 93–94.

[12] Baumgart, J.; Hippe, H.; Weber, B.: Verderb pasteurisierter Feinkostsalate durch Clostridien. Chem. Mikrobiol. Technol. Lebensm. **8** (1984) 109–114.

[13] Brocklehurst, T. F.; Lund, B. M.: Microbiological changes in mayonnaise-based salads during storage. Food Microbiol. **1** (1984) 5–12.

[14] CHIPLEY, J. R.: Sodium benzoate and benzoic acid, in: Antimicrobials in Foods, ed. by P. M. DAVIDSON and A. L. BRANEN, Marcel Dekker Inc., New York, (1993) 11–48.
[15] CHIRIFE, J.; VIGO, M. S.; GOMEZ, R. G.; FAVETTO, G. J.: Water activity and chemical composition of mayonnaises. J. Food Sci. **54** (1989) 1658-1659.
[16] COLLINS, M. A.: Effect of pH and acidulant type on the survival of some food poisoning bacteria in mayonnaise. Mikrobiologie-Aliments-Nutrition **3** (1985) 215–221.
[17] CONNER, D. E.; KOTROLA, J. S.: Growth and survival of *Escherichia coli* O157 : H7 under acidic conditions. Appl. Environ. Microbiol. **61** (1995) 282–285.
[18] DEBEVERE, J. M.: The use of buffered acidulant systems to improve the microbiological stability of acid foods. Food Microbiol. **4** (1987) 105–114.
[19] DEBEVERE, J. M.: Effect of buffered acidulant systems on the survival of some food poisoning bacteria in medium acid media. Food Microbiol. **5** (1988) 135–139.
[20] DGHM: Mikrobiologische Richt-und Warnwerte zur Beurteilung von Lebensmitteln. Eine Empfehlung der Arbeitsgruppe der Kommission Lebensmittel-Mikrobiologie und -Hygiene der Deutschen Gesellschaft für Hygiene und Mikrobiologie. Bundesgesundheitsblatt **31** (1988) 93–94.
[21] DONDERO, M.; EGANA, W.; TARKY, W.; CIFUENTES, A.; TORRES, J. A.: Glucose Oxidase/Catalase improves preservation of shrimp (Heterocarps reedi). J. Food Sci. **58** (1993) 774–779.
[22] DOORES, ST.: Organic acids, in: Antimicrobials in Foods, sec. ed., ed. by P. M. DAVIDSON and A. L. BRANEN, Marcel Dekker, New York, (1993) 95–136.
[23] EDINGER, W. D.; SPLITTSTOESSER, D. F.: Sorbate tolerance by lactic acid bacteria associated with grapes and wine. J. Food Sci. **51** (1986) 1077–1078.
[24] EKLUND, T.: Organic acid and esters, in: Mechanisms of Action of Food Preservation Procedures, ed. by G. W. GOULD, Elsevier Appl. Sci., London, (1989) 161–200.
[25] EL-SHENAWY, M. A.; MARTH, E. H.: Organic acids enhance the antilisterial activity of potassium sorbate. J. Food Protection **54** (1991) 593–597.
[26] ERICKSON, J. P.; MCKENNA, D. N.; WOODRUFF, M. A.; BLOOM, J. S.: Fate of *Salmonella* spp., *Listeria monocytogenes*, and indigenous spoilage microorganisms in home-style salads prepared with commercial real mayonnaise or reduced calorie mayonnaise dressings. J. Food Protection **56** (1993) 1015–1021.
[27] FDA, US Food and Drug Administration: Code of Federal Regulations, Title 21, Parts 101 100 and 169 140. US Government Printing Office, Washington D. C., USA (1990).
[28] FELDMANN, K.: Amylaseaktivität von Mikroorganismen in Feinkostprodukten. Dipl.-Arbeit, Fachbereich Lebensmitteltechnologie, FH Lippe, Lemgo (1985).
[29] FRINS, P.: Einfluß von Cellosyl auf Milchsäurebakterien. Dipl.-Arbeit, Fachbereich Lebensmitteltechnologie, FH Lippe, Lemgo (1989).
[30] GLASS, K. A.; DOYLE, M. P.: Fate of *Salmonella* and *Listeria monocytogenes* in commercial reduced calorie mayonnaise. J. Food Protection **54** (1991) 691–695.
[31] HALASZ, A.; BARATH, A.; SIMON-SARKADI, L.; HOLZAPFEL, W.: Biogenic amines and their production by microorganisms in food. Trends in Food Sci. & Technol. **5** (1994) 42-49.
[32] HAYAKAWA, I.; KANNO, T.; TOMITO, M.; FUJIO, Y.: Application of high pressure for spore inactivation and protein denaturation. J. Food Sci. **59** (1994) 159–163.
[33] HOUTSMA, P. C.; DE WIT, J. C.; ROMBOUTS, F. M.: Minimum inhibitory concentration (MIC) of sodium lactate for pathogens and spoilage organisms occuring in meat products. Int. J. Food Microbiol. **20**, (1993) 247-257.

[34] HUHTANEN, C. N.; NAGHSKI, J.; CUSTER, C. S.; RUSSEL, R. W.: Growth and toxin production by *Clostridium botulinum* in moldy tomato juice. Appl. Environ. Microbiol. **32** (1976) 711–715.
[35] ICMSF (International Commission on Microbiological Specifications for Foods: Fats and oils, in: Microbial Ecology of Foods, Vol. II, Food Commodities, (1980): 752–777, Academic Press, London.
[36] JERMINI, M. F. G.; SCHMIDT-LORENZ, W.: Activity of Na-benzoat and ethyl-paraben against osmotolerant yeasts at different water activity values. J. Food Protection **50** (1987) 920-927.
[37] LEHR, S.: Einfluß von Milchsäure auf Feinkosterzeugnisse. Dipl.-Arbeit Fachbereich Lebensmitteltechnologie, FH Lippe, Lemgo (1993).
[38] LOCK, J. L.; BOARD, R. G.: The fate of *Salmonella enteritidis* PT4 in home-made mayonnaise prepared from artificially inoculated eggs. Food Microbiol. **12** (1995) 181–186.
[39] LÖSCHE, K.: Spezielle Enzymanwendungen am Beispiel von Glucoseoxidase, in: Die biologische Konservierung von Lebensmitteln. SozEp-Hefte **4**, Bundesgesundheitsamt Berlin, (1992) 137–161.
[40] MENG, J.; DOYLE, M. P.; ZHAO, T.; ZHAO, S.: Detection and control of *Escherichia coli* 0157 : H7 in foods. Trends in Food Sci. & Technol. **5** (1994) 179–185.
[41] MEYER, R. S.; GRANT, M. A.; LUEDECKE, L. O.; LEUNG, H. K.: Effects of pH and water activity on microbiological stability of salad dressing. J. Food Protection **52** (1989) 477–479.
[42] MINOR, T. E.; MARTH, E. H.: Growth of *Staphylococcus aureus* in acidified pasteurized milk. J. Milk Food Technol. **33** (1970) 516-520.
[43] MÜRAU, H. J.: Richtlinie für Tomatenketchup. Intern. Zeitschrift für Lebensmittel-Technologie und -Verfahrenstechnik **31** (1980) 52.
[44] NUNHEIMER, T. D.; FABIAN, F. W.: Influence of organic acids, sugars, and sodium chloride upon strains of food poisoning *staphylococci*. Am. J. Public Health **30** (1940) 1040, zit. nach Eklund, 1989.
[45] ODLAUG, Th. E.; PFLUG, I.: *Clostridium botulinum* growth and toxin production in tomato juice containing *Aspergillus gracilis*. Appl. Environ. Microbiol. **37** (1979) 496–504.
[46] PELLEGRINI, A.; THOMAS, U.; VON FELLENBERG, R.; WILD, P.: Bactericidal activities of lysozyme and aprotinin against gram-negative and gram-positive bacteria related to their basic character. J. appl. Bact. **72** (1992) 180–187.
[47] PHILIPP, G. D.: Technologische und praktische Aspekte bei der Herstellung von würzenden Saucen. Lebensmitteltechnik **17** (1985 a) 158–163.
[48] PHILIPP, G. D.: Technologische und praktische Aspekte bei der Herstellung von würzenden Saucen. Teil II: Tomaten-Ketchup und Würz-Ketchup („Rote Saucen"). Lebensmitteltechnik **17** (1985 b) 222–226.
[49] RADFORD, S. A.; BOARD, R. G.: Review: Fate of pathogens in home-made mayonnaise and related products. Food Microbiology **10** (1993) 269–278.
[50] RAGHUBEER, E. V.; KE, J. S.; CAMPBELL, M. L.; MEYER, R. S.: Fate of *Escherichia coli* O157 : H7 and other coliforms in commercial mayonnaise and refrigerated salad dressing. J. Food Protection **58** (1995) 13–18.
[51] RICHARDS, R. M. E.; XING, D. K. L.; KING, T. P.: Activity of p-aminobenzoic acid prepared with other organic acids against selected bacteria. J. appl. Bact.**78** (1995) 209-215.
[52] ROBINSON, T. P.; WIMPENNY, J. W. T.; EARNSHAW, R. C.: Modelling the growth of *Clostridium sporogenes* in tomato juice contaminated with mould. Letters in appl. Microbiol. **19** (1994) 129-133.

[53] SINELL, H.-J.; BAUMGART, J.: Über die Wirksamkeit von Sorbin-und Benzoesäure gegenüber Hefen in Mayonnaisen. Die Feinkostwirtschaft **3** (1966) 79–82.

[54] SMITTLE, R. B.: Microbiology of mayonnaise and salad dressing: A review. J. Food Protection **40** (1977) 415–422.

[55] SMITTLE, R. B.; FLOWERS, R. S.: Acid tolerant microorganisms involved in the spoilage of salad dressings. J. Food Protection **45** (1982) 977–983.

[56] SORRELLS, K. M.; ENIGL, D. C.; HATFIELD, J. R.: Effect of pH, acidulant, time, and temperature on the growth of *Listeria monocytogenes*. J. Food Protection **52** (1989) 571–573.

[57] STÖLTZING, U.: Einfluß von Essigsäure und Puffersubstanzen auf die Haltbarkeit und die sensorischen Eigenschaften unkonservierter Salatmayonnaise. Lebensmitteltechnik **19** (1987) 96–99.

[58] TERRY, R. C.; OVERCAST, W. W.: A microbiological profile of commercially prepared salads. J. Food Sci. **41** (1976) 211–213.

[59] THEIßEN, U.: Einfluß von Enzymen auf Hefen in Feinkostsalaten. Dipl.-Arbeit, Fachbereich Lebensmitteltechnologie, FH Lippe, Lemgo (1989).

[60] WARTH, A. D.: Resistance of yeast species to benzoic and sorbic acids and to sulfur dioxide. J. Food Protection **48** (1985) 564–569.

[61] WEAGANT, ST. D.; BRYANT, J. L.; BARK, D. H.: Survival of *Escherichia coli* 0157 : H7 in mayonnaise and mayonnaise-based sauces at room and refrigerated temperatures. J. Food Protection **57**, (1994) 629–631.

[62] ZHAO, T.; DOYLE, M. P.: Fate of enterohemorrhagic *Escherichia coli* O157: H7 in commercial mayonnaise. J. Food Protection **57**, (1994) 780–783.

[63] ZASTROW, K.-D.; SCHÖNBERG, I.: Ausbrüche lebensmittelbedingter und mikrobiell bedingter Intoxikationen in der Bundesrepublik Deutschland 1991. Gesundh.-Wes. **55** (1993) 250–253.

[64] ZIMMER, E.: Vergleich verschiedener Verfahren zum Nachweis und zur Beurteilung von Schimmelpilzkontaminationen in Tomatenmark. Dipl.-Arbeit Fachbereich Lebensmitteltechnologie, FH Lippe, Lemgo (1993).

[65] ZSCHALER, R.: Einfluß von physikalischen und chemischen Faktoren auf die Haltbarkeit von Feinkost-Erzeugnissen. Alimenta **15** (1976) 185–188.

[66] ZZulV: Zusatzstoff-Zulassungsverordnung vom 22. 12. 1981. BGBl. I (1981) 1633.

Für die zahlreichen Anregungen und Hinweise danke ich Herrn K. SCHMIDT, Wiss. Leiter in der Fa. Homann Lebensmittelwerke Dissen, Herrn E. FÜNGERS und Herrn Dipl.-Ing. D. SCHILLER, Fa. Füngers-Feinkost, Wuppertal sowie Herrn Dipl.-Ing. H. BÖDDEKER, Le Picant Feinkost, Schloß Holte-Stukenbrock.

4 Mikrobiologie des Wildes

4.1 Allgemeine Bedeutung
4.2 Wildarten
4.3 Eigenschaften des Wildbrets
4.4 Spektrum der Mikroorganismen beim lebenden Wild
4.5 Keimflora des Wildbrets
4.6 Beeinflussung der Keimflora des Wildbrets
4.7 Postmortale Veränderungen
4.8 Lagerung von Wildbret
4.9 Gatterwild

4 Mikrobiologie des Wildes

G. SCHIEFER

4.1 Allgemeine Bedeutung

Das Fleisch jagdbarer Tiere wird als Wildfleisch oder Wildbret bezeichnet. In der Frühgeschichte der Menschheit stellte es eine Hauptnahrungsquelle dar. Mit der Haltung und Züchtung von landwirtschaftlichen Nutztieren ging die Bedeutung des Wildbrets für die menschliche Ernährung zurück.

In der Bundesrepublik Deutschland liegt der Verbrauch von Wildfleisch und Kaninchen seit 1982 konstant zwischen 1,4 und 1,5 kg je Einwohner und Jahr.

Der Anteil dieses Fleisches am Gesamtfleischverzehr beträgt damit nahezu 1,6 % (Gesamtfleischverzehr 1992: 95,6 kg je Einwohner und Jahr) [87].

Die Entwicklung der Jagdstrecke ist aus der Tab. 4.1 ersichtlich.

4.2 Wildarten

Das Wild wird unter jagdlichen Gesichtspunkten in verschiedene Gruppen eingeteilt:

Haarwild:	jagdbare Säugetiere
Federwild:	jagdbare Vogelarten
Wasserwild:	jagdbare Wasservögel
Schalenwild:	Wildarten, die zu Klauentieren gehören
Niederwild:	Hasen, Wildkaninchen, Wildenten und -gänse, Fasane, Feldhühner, Birk- und Auerwild usw.
Raubwild:	Füchse, Dachse, Marder, Waschbären, Marderhunde u. a.

Eine Übersicht über die jagdbaren Tiere gibt die Tab. 4.2

Tab. 4.1 Jagdstrecke [87]

Jagdjahr	Rotwild	Damwild	Muffelwild	Schwarzwild	Rehwild	Hasen	Kaninchen	Fasanen	Rebhühner	Wildenten	Wildtauben	Füchse	Marder
Früheres Bundesgebiet													
1980/81	31 699	11 092	1 742	34 585	675 237	720 488	702 855	484 263	33 483	506 845	601 429	191 599	52 455
1985/86	31 396	12 669	1 974	70 119	717 927	808 183	603 540	413 563	27 164	552 112	601 470	186 469	56 454
1990/91	31 089	15 148	2 179	152 315	765 263	593 426	846 548	362 892	29 328	559 726	772 241	319 457	48 187
1991/92	29 517	15 576	2 052	175 469	801 840	511 782	720 487	278 286	18 283	528 930	916 549	293 924	43 747
Neue Länder													
1985....	18 929	11 458	2 165	118 050	160 369	16 851	12 131	12 920	–	34 966	1 357	85 856	38 721
1990....	32 461	19 761	4 080	153 425	144 332	14 408	13 828	4 262	–	11 514	1 055	54 365	13 727
1991/92	28 870	19 559	3 581	137 299	150 556	19 714	20 763	/	/	/	/	/	/

Zur Wildbretgewinnung wird hauptsächlich folgendes Wild herangezogen:

- Elch, Rot-, Dam-, Muffel-, Reh- und Schwarzwild
- Hasen und Wildkaninchen
- Fasanen und Rebhühner
- Wildgänse, Wildenten
- Ringel- und Türkentauben, Bleßrallen, Graureiher, Kormorane, Waldschnepfen

Tab. 4.2 Jagdbare Tiere [19]

Tierart	Zoologischer Name	Tierart	Zoologischer Name
Wisente	*Bison bonasus*	Ringeltauben	*Columba palumbus*
Elchwild	*Alces alces*	Türkentauben	*Streptopelia decaocto*
Rotwild	*Cervus elaphus*	Biber	*Castor fiber*
Damwild	*Dama dama*	Steinwild	*Capra ibex*
Rehwild	*Capreolus capreolus*	Sikawild	*Cervus nippon*
Muffelwild	*Ovis ammon musimon*	Graugänse	*Anser anser*
Schwarzwild	*Sus scrofa*	Saatgänse	*Anser fabalis*
Gamswild	*Rupicapra rupicapra*	Kanadagänse	*Branta canadensis*
Hasen	*Lepus europaeus*	Bleßgänse	*Anser albifrons*
Schneehasen	*Lepus timidus*	Waldschnepfen	*Scolopax rusticola*
Wildkaninchen	*Oryctolagus cuniculus*	Graureiher	*Ardea cinerea*
Murmeltiere	*Marmota marmota*	Bleßrallen	*Fulica atra*
Wölfe	*Canis lupus*	Haubentaucher	*Prodiceps cristatus*
Wildkatzen	*Felis silvestris*	Höckerschwäne	*Cygnus olor*
Luchse	*Lynx lynx*	Auerwild	*Tetrao urogallus*
Dachse	*Meles meles*	Birkwild	*Lyrurus tetrix*
Füchse	*Vulpes vulpes*	Steinhühner	*Alectoris graeca*
Baummarder	*Martes martes*	Truthühner	*Meleagris gallopavo*
Steinmarder	*Martes foina*	Haselhühner	*Tetrastes bonasia*
Minke	*Mustela vision*	Trappen	*Otis tarda*
Fischotter	*Lutra lutra*	Wachteln	*Coturnix coturnix*
Iltisse	*Putorius putorius*	Kraniche	*Grus grus*
Hermeline	*Mustela erminea*	Habichte	*Accipiter gentilis*
Mauswiesel	*Mustela nivalis*	Mäusebussarde	*Buteo buteo*
Eichhörnchen	*Sciurus vulgaris*	Kolkraben	*Corvus corax*
Waschbären	*Procyon lotor*	Rabenkrähen	*Corvus corone corone*
Marderhunde	*Nycteriutes procyonoides*	Nebelkrähen	*Corvus corone cornix*
Seehunde	*Phoca vitulina*	Saatkrähen	*Corvus frugilegus*
Fasanen	*Phasianus colchicus*	Elstern	*Pica pica*
Rebhühner	*Perdix perdix*	Eichelhäher	*Garrulus glandarius*
Stockenten	*Anas platyrhynchos*	Silbermöwen	*Larus argentatus*
Tafelenten	*Aythya ferina*	Sturmmöwen	*Larus canus*
Krickenten	*Anas crecca*	Lachmöwen	*Larus ridibundus*
Reiherenten	*Aythya fuligula*	Kormorane	*Phalacrocorax carbo*

4.3 Eigenschaften des Wildbrets

Das Wildbret der einzelnen jagdbaren Tiere weist unterschiedliche sensorische Eigenschaften auf. Wildbret hat eine festere Konsistenz als das Fleisch der Schlachttiere. Dies wird bedingt durch den geringeren Fettgewebs- und Bindegewebsanteil des Wildfleisches. Die Farbe des Wildbrets ist aufgrund der geringen Ausblutung dunkel bis braunrot. Nach Beendigung der Fleischreifung geht dieselbe ins Schwarzrote über. Geschmack und Geruch des Wildbrets sind artenspezifisch und von folgenden Faktoren abhängig:

Nahrung

- Fleischfressende Wildtiere: raubtierartiger Geruch
- Omnivoren (Wildschwein): aromatisches Wildbret
- Fischfressende Wildtiere: mitunter traniger Geschmack

Jahreszeit

Wildbret ist im Winter im allgemeinen schmackhafter als im Sommer.

Geschlechtstätigkeit

Während der Brunstzeit hat Haarwild streng schmeckendes Fleisch.

Jagdmethode

Bei nicht ausgeweideten Tieren und stark gehetztem Wild kommt es häufig zu Geschmacksbeeinträchtigungen.

Alter der Tiere

Das Fleisch jüngerer Tiere hat größere Zartheit als das Fleisch älterer Tiere [1, 29].

Sehr zartes Wildbret weisen auf:

- Fasane bis zu einem Jahr,
- Hasen zwischen 3 und 8 Monaten,
- Frischlinge zwischen 4 und 10 Monaten,
- Wildschweine zwischen 20 und 22 Monaten
- Rehwild bis zu 3 Jahren.

Der ernährungsphysiologische Wert des Wildbrets wird durch seinen hohen Gehalt an Eiweißen und Mineralstoffen sowie an Kreatin und anderen Fleischbasen bei geringem Fett- und Bindegewebsanteil begründet [63].

Die chemische Zusammensetzung des Wildbrets verschiedener Wildarten ist aus Tab. 4.3 ersichtlich.

Tab. 4.3 Chemische Zusammensetzung von Wildbret ausgewählter Wildarten [56]

Wildart	Wasser in %	Protein in %	Fett in %	Stickstofffreie Extraktstoffe in %	Asche in %
Reh	75,8	19,8	1,9	1,42	1,13
Hase	74,2	23,3	1,1	0,2	1,2
Wildschweinkeule	74,5	21,6	2,4	–	1,2
Fasan, Brust	73,5	26,2	0,9	–	1,2
Krammetsvogel	73,1	22,2	1,8	1,4	1,5

4.4 Spektrum der Mikroorganismen beim lebenden Wild

In der Tab. 4.4 sind die wichtigsten bakteriellen Wildkrankheiten und ihre Bedeutung für den Menschen zusammengestellt [10, 12, 15, 20, 26, 30, 32, 34, 41, 43, 50, 55, 65, 67, 92, 97, 98, 99].

4.5 Keimflora des Wildbrets

Zur natürlichen Keimflora des Wildbrets gehört eine Vielzahl von Mikroorganismen. Diese Flora wird durch Lagerung und Verarbeitung des Wildfleisches ständig qualitativ und quantitativ verändert. Entscheidend für die quantitativen Veränderungen ist der Anfangskeimgehalt. Hinsichtlich Haltbarkeit und lebensmittelhygienischer Unbedenklichkeit des Wildbrets hat vor allen Dingen die postmortale Keimkontamination eine große Bedeutung.

Tab. 4.4 Wichtigste bakterielle Wildkrankheiten

Krankheit	Erreger	Vorkommen	Bedeutung für den Menschen
Milzbrand	*Bacillus anthracis*	Reh, Hirsch, Elch, Dam- und Schwarzwild, Hase, Fuchs, Dachs	auf den Menschen übertragbar, Wildbret genußuntauglich
Pseudotuberkulose	*Yersinia pseudotuberculosis*	Hasen, Wildkaninchen, selten Rehe, Fasane	auf den Menschen übertragbar, Wildbret genußuntauglich
Pasteurellosen Wild- und Rinderseuche	*Pasteurella multocida* Typ B	Rot-, Dam-, Schwarz- und Rehwild, Hirsch, Elch	Wildbret genußuntauglich
Hasenseuche (hämorrhagische Septikämie)	*Pasteurella multocida* Typ A	Hasen, Wildkaninchen	Wildbret genußuntauglich
Geflügelcholera	*Pasteurella multocida* Typ A, selten D	Fasane	Wildbret genußuntauglich
Staphylokokkose	*Staphylococcus pyogeneses var. albus* und *var. aureus*	Hasen, Wildkaninchen	auf den Menschen übertragbar, Wildbret genußuntauglich
Brucellose	*Brucella arbortus, Brucella suis, Brucella mellitensis*	Hasen, Reh- und Schwarzwild, Elch, Rotwild, Damwild, Wildgeflügel	auf den Menschen übertragbar, Wildbret mit sinnfälligen Veränderungen genußuntauglich
Salmonellose	Salmonellen unterschiedlichster Typen	Hasen, Fasane, Reh, Rothirsch	auf den Menschen übertragbar, Wildbret je nach Erscheinungsbild unterschiedlich beurteilt
Tularämie	*Pastereulla tularensis*	Hasen, Wildkaninchen, Fasane	auf den Menschen übertragbar, Wildbret genußuntauglich
Tuberkulose	*Mycobacterium tuberculosis, M. bovis, M. avium*	Reh-, Rot-, Dam- und Schwarzwild, Hasen, Federwild	auf den Menschen übertragbar, unterschiedliche Beurteilungsmöglichkeiten des Wildbrets
Aktinomykose	*Actinomyces bovis, A. israeli, A. suis, A. bandetii*	Rehwild, Rot-, Dam- und Schwarzwild, Hasen	Wildbret abgekommener Tiere genußuntauglich

Tab. 4.4 (Fortsetzung)

Krankheit	Erreger	Vorkommen	Bedeutung für den Menschen
Leptospirose	*Leptospira interrogans, L. grippotyphosa*	Hasen, Wildschweine, Dam- und Rothirsche, Rehe	auf den Menschen übertragbar, Wildbret bei erheblichen sinnfälligen Veränderungen genußuntauglich
Nekrobazillose	*Sphaerophorus necropherus*	Schwarzwild, Rot-, Dam- und Rehwild	Wildbret genußuntauglich
Rotlauf	*Erysipelothrix rhysiopathiae*	Hasen, Rehe	auf den Menschen übertragbar, Wildbret unterschiedlich beurteilt
Q-Fieber	*Coxiella burneli*	Hirsch, Hase, Wildkaninchen	auf den Menschen übertragbar, bei erheblichen sinnfälligen Veränderungen Wildbret genußuntauglich
Ornithose	*Chlamydia ornithosis*	Wildvögel	auf den Menschen übertragbar, Wildbret von erkrankten Tieren genußuntauglich
Clostridien-Infektionen und -Intoxikationen			
Rauschbrand	*Clostridium chauvoei*	Hirsch	Wildbret genußuntauglich
Pararauschbrand	*C. cepticum*	Mufflon	Wildbret genußuntauglich
Enterotoxämie	*C.-perfringens*-Typen	Reh, Fasane	Wildbret genußuntauglich
Tetanus	*C. tetani*	selten bei Wildtieren	Wildbret genußuntauglich
Botulismius	*C. botulinum*	Fasane	Wildbret genußuntauglich

Beim Wildbret, wie auch beim Fleisch der Schlachttiere, kommen vor allem Mikroorganismen folgender Familien vor: Enterobacteriaceae, Pseudomonadaceae, Micrococcaceae, Streptococcaceae und Bacillaceae.

Nach der Bedeutung dieser Keime für den Menschen läßt sich folgende Einteilung (Tab. 4.5), bei der natürlich fließende Übergänge bestehen, durchführen [17].

Bakteriologische Untersuchungen an Muskelfleisch von Rot- und Rehwild 24 h nach Abschuß ergaben, daß 52 % der Wildbretproben bei einer

Tab. 4.5 Bedeutung der Mikroorganismen, die bei Schlachttieren und Wild vorkommen, für den Menschen

Bedeutung	Mikroorganismen
Indikator-Organismen	coliforme Keime, Enterokokken
Lebensmittel-Verderber	*Micrococcaceae*, *Enterobacteriaceae*, *Pseudomonadaceae*, *Bacillaceae*, *Lactobacillaceae*, Hefen, Schimmelpilze
Erreger von Lebensmittelvergiftungen und -intoxikationen	Salmonellen, *Staphylococcus aureus*, *Clostridium perfringens*, *C. botulinum*, *Bacillus cereus*, *Escherichia coli*

unteren Nachweisgrenze von 10^2 Keimen g^{-1} negativ ausfielen. Keimgehalte zwischen 10^2 bis 10^3 Keimen g^{-1} wiesen 43 % der positiven Wildfleischproben auf. Keimgehalte von 10^4 bis 10^6 Keimen g^{-1} wurden bei 20 % der Proben ermittelt [68]. Andere Untersucher erzielten ähnliche Ergebnisse [55]. Sie wiesen bei 30 % des Wildbrets Keimfreiheit und bei über 60 % einen geringen Keimgehalt nach; $> 10^6$ Keime g^{-1} wurden selten ermittelt.

Die Zusammensetzung der Keimflora wies folgendes Bild auf: Bei den Enterobacteriaceae standen *Escherichia coli* und *Enterobacter* im Vordergrund. Es wurden weiterhin *Citrobacter*, *Klebsiella*, *Serratia* und *Proteus* gefunden.

Bei den übrigen Keimgruppen standen vor allem die Mikrokokken im Vordergrund. Es konnten aber auch Streptokokken, Pseudomonaden, Laktobazillen, Hefen und Bazillen ermittelt werden.

Salmonellen und Staphylokokken wurden in keinem Fall nachgewiesen.

Kniewallner [46] ermittelte am Wildbret von Reh, Hirsch, Hase und Wildschwein die in Tab. 4.6 angegebenen Keimgehalte. Es zeigte sich die Tendenz, daß bei einem aeroben Keimgehalt um 10^8 Keime g^{-1} die Zahl der coliformen Keime bei 10^6 und die der Enterokokken bei 10^5 lag. Dabei wurden für Clostridien Keimgehalte von 10^3 bis 10^4 gefunden.

Tab. 4.6 Keimgehalt in der Muskulatur von Reh, Hirsch, Hase und Wildschwein

Keimart	Keime g^{-1} Muskulatur Oberfläche	Muskulatur Tiefe
Aerobe Keimzahl	$2,15 \times 10^7$	$1,9 \times 10^4$
coliforme Keime	$3,0 \times 10^5$	$1,0 \times 10^4$
Enterokokken	$7,0 \times 10^4$	$3,6 \times 10^2$
Koagulasepositive Staphylokokken	$7,8 \times 10^3$	$1,0 \times 10^2$
Sulfitreduzierende Anaerobier	$1,4 \times 10^3$	$0,6 \times 10^1$

Für die Keimzahl und -art war auch die Körperregion der Wildbretproben von großer Bedeutung [36, 42]. Wildbret von der Bauch- oder Lendengegend weist einen höheren Gehalt an coliformen Keimen, Enterokokken, koagulasepositiven Staphylokokken und Clostridien auf. Bei Wildbret von anderen Stellen des Tierkörpers wurden geringere Keimzahlen ermittelt [11]. Diese Tatsache deutet auf eine oft unsachgemäße Behandlung des Wildbrets hin (z. B. Auswischen der Körperhöhlen mit alten Tüchern, Gras, Heu usw.).

Ähnliche Untersuchungsergebnisse ermittelte auch KOCKELKE [48] bei Schwarzwild, wie aus Tab. 4.7 ersichtlich ist.

In der Tiefe der Muskulatur wird in der Regel Keimfreiheit festgestellt [12, 72, 90, 91].

Salmonellen und sulfitreduzierende Clostridien fanden sich in keiner Wildbretprobe. Bei Schwarzwild wurden ebenfalls Einflüsse der Körperregion auf die Höhe der Keimzahl festgestellt.

Tab. 4.7 Keimgehalt von Wildbret [48]

Keimart	Keime g^{-1}
Aerobe Keimzahl	$4,2 \times 10^7$
coliforme Keime	$1,9 \times 10^6$
Enterobacteriaceae	$4,6 \times 10^6$
Enterokokken	$4,3 \times 10^5$
Laktobazillen	$8,0 \times 10^5$
Pseudomonaden	$2,7 \times 10^7$

Proben von *Musculus gracilis* und *M. iliopsoas* sowie *M. transversus* wiesen signifikant höhere Keimgehalte auf als Proben aus der *Regio lumbalis* und *Regio omobrachialis*. Im Vergleich zum Fleisch der Schlachttiere wies Wildbret einen geringfügig höheren Keimgehalt auf.

Bei Wildbret von Hasen wurden in der Muskulatur folgende Keimarten ermittelt [58, 59]:

coliforme Keime, Streptokokken, Staphylokokken, Pseudomonaden, Mikrokokken, *Escherichia coli* und Clostridien.

Bei Hasenrücken lag die aerobe Gesamtkeimzahl bei 10^5 Keimen g^{-1}. Enthäutete Hasen hatten eine Keimzahl von 10^6 Keimen g^{-1}.

Auf der Keulenmuskulatur ist ein geringerer Keimgehalt als bei der Rückenmuskulatur feststellbar. Dies wird bedingt durch die festere durchgehende Fascienabdeckung der Keule, die die Vermehrungsmöglichkeiten der Mikroorganismen einschränkt. Bei Beseitigung dieser Fascien fällt der natürliche Schutz gegenüber Kontaminationskeimen weg. Die sich auf der Fleischoberfläche befindenden Keime können sich uneingeschränkt vermehren, und damit kann ein hygienisches Risiko beim Verzehr von Wildbret auftreten.

4.6 Beeinflussung der Keimflora des Wildbrets

Die weidgerechte Versorgung des erlegten Wildes sowie eine ordnungsgemäße Behandlung des Wildbrets, insbesondere die Kühlung, sind Voraussetzungen, um eine hohe Qualität und Haltbarkeit des Fleisches zu erreichen. Ein niedriger Anfangskeimgehalt des Wildbrets ist dafür eine Grundvoraussetzung. Es kann als gesicherte Erkenntnis gelten, daß der originäre Keimgehalt des Wildbrets relativ gering ist [35, 72]. In der Tiefe der Muskulatur frisch erlegten Wildes wird in der Regel Keimfreiheit festgestellt [72, 90].

4.6.1 Erlegen des Wildes

Die Jagdmethoden üben einen großen Einfluß auf die Qualität des Wildbrets sowohl in sensorischer als auch bakteriologischer Hinsicht aus [100]. Das Treiben bzw. die Verfolgung des Wildes vor dem Erlegen wirkt sich bereits negativ auf die Qualität des Wildbrets aus. Das Wildbret blutet schlechter aus und kann aufgrund bakterieller Prozesse schnell in Fäulnis übergehen.

Schalenwild wird mit der Kugel geschossen, während das meiste Haar- und Federwild mit Schrot erlegt wird. Es besteht aber auch die Möglichkeit, daß das Wild schlecht getroffen wird und fliehen kann. Diese Tiere können aus jagdlichen Gründen oft erst mehrere Stunden nach dem Schuß gefunden werden. Der damit zwischen Schuß und Verenden liegende lange Zeitraum kann eine stickige Reifung bzw. auch Fäulnis mit sich bringen. Untersuchungen ergaben, daß Wild, welches erst 4...6 h nach dem Schuß aufgebrochen wurde, verderbgefährdet ist [23]. Hinzu kommt noch die Möglichkeit des Auftretens hoher Keimzahlen, wenn beim Schuß die Eingeweide verletzt wurden und Darminhalt in die Bauchhöhle austreten konnte. Eine starke Vermehrung, insbesondere coliformer Keime, ist dann die Folge [13].

Die Anzahl der Schußwunden übt ebenfalls einen Einfluß auf den Keimgehalt des Wildbrets und somit auf die Haltbarkeit aus. Durch die Einschußlöcher ist ein verstärktes Eindringen von Keimen möglich [18]. Anzeichen vom Verderb des Wildbrets treten meist an den Teilen des Wildkörpers auf, an denen sich Schußwunden befinden.

Schüsse auf dicke Wildbretteile (Keule) können ebenfalls negative Auswirkungen hervorrufen. Treffen die Geschosse dabei auf Knochen, kommt es zu einer starken Zerstörung der Muskulatur. Schmutz und Bakterien dringen aufgrund der meist ungünstigen Umweltbedingungen ins Wildbret ein und können zu Verderb desselben führen.

Bei frisch erlegtem Rehwild sowie Unfall- und Fallwild wurden folgende Mikroorganismen in Muskulatur und Innereien, wie aus Tab. 4.8 ersichtlich, ermittelt.

Aus diesen Untersuchungen wird deutlich, daß bei weidgerechter Behandlung des Wildes in der Tiefe der Muskulatur kaum Keime zu erwarten sind. Das Auftreten von obligat anaerob wachsenden grampositiven Stäbchen deutet auf die bereits dargelegte Abhängigkeit der Keimbesiedlung vom Sitz der Kugel hin.

Aus der Tab. 4.8 ist weiterhin abzuleiten, daß bei Fall- und Unfallwild mit einer starken Keimbelastung zu rechnen ist. Dadurch können, wenn auch noch eine unsachgemäße küchentechnische Behandlung hinzukommt, Gefährdungen der menschlichen Gesundheit hervorgerufen werden. Um dieser Gefahr vorzubeugen, sollte zumindest das Fallwild als untauglich beurteilt werden [35].

Tab. 4.8 Auftreten von Mikroorganismen bei Rehwild, frisch erlegt (N), Unfallwild (U) und Fallwild (F) [69]

Mikroorganismen	Muskulatur			Innereien		
	N	U	F	N	U	F
gram – Darmbakterien	–	–	3	2	2	5
E. coli	–	–	1	2	2	1
Salmonellen	–	–	–	–	–	–
Staphylococcus aureus	–	–	–	–	–	1
gram + Stäbchen						
obligat anaerob	5	3	10	6	3	12
Cl. perfringens	–	1	4	–	–	2

4.6.2 Aufbrechen des Wildbrets

Um lebensmittelhygienisch unbedenkliches Wildbret zu erhalten, muß das erlegte Wild bestimmten Behandlungsverfahren unterworfen werden [7, 8, 25, 53, 62].

Das Schalenwild ist aufzubrechen (Herausnahme der inneren Organe, Lüftung der Blätter, d. h. Trennung der muskulösen Verbindung zwischen Schulterblatt und Brustkorb im Brustbeinbereich usw.). Hasen und Kaninchen sind auszuwerfen (Entleerung der Blase, Herausnahme der Organe aus der Bauchhöhle). Federwild muß ausgezogen werden (Herausziehen des Darmes). Dabei werden oft Fehler gemacht, die sich negativ auf die Höhe und Zusammensetzung des Keimgehaltes des Wildbrets auswirken.

Ein nicht weidgerechtes Aufbrechen kann eine Erhöhung des Keimgehaltes des Wildbrets an coliformen Keimen, Streptokokken, Staphylokokken und sulfitreduzierenden Anaerobiern mit sich bringen [45].

Beim Aufbrechen an einem ungeeigneten Aufbruchort kann eine Verschmutzung des Wildbrets mit Erde und Sand eintreten und zu einer Keimanreicherung führen. Ähnliche Folgen bringt auch eine Beschmutzung des Wildbrets mit Eingeweideinhalt bzw. Speiseröhreninhalt mit sich. Häufig werden diese Verunreinigungen mit Laub, Stroh oder Gras entfernt und damit die Keimkontamination noch verstärkt [52].

Die Behandlung des Wildbrets mit Wasser ist ebenfalls ungünstig, weil dadurch die vorhandenen Mikroorganismen in die Muskulatur eingewaschen werden.

Das ungenügende Auskühlen, insbesondere von dicken Wildbretpartien, führt ebenfalls zu Verschlechterungen des mikrobiellen Status von Wildbret. So konnten bei nicht gelüfteten Schultern von Wildschweinen deutlich höhere Keimzahlen im Wildbret gefunden werden als bei ordnungsgemäß behandeltem. Sie lagen außer bei der Gesamtkeimzahl (aerobe Keimzahl) und bei Enterokokken um eine Zehnerpotenz höher [48]. Der Anstieg trat bei coliformen Keimen, *Enterobacteriaceae*, Laktobazillen und Pseudomonaden auf.

Zur Behandlung der Hasen und Wildkaninchen nach dem Erlegen gibt es im wesentlichen zwei unterschiedliche Auffassungen [37, 64].

Sofortiges Aufbrechen und Auswerfen

Dadurch soll eine gute sensorische Qualität des Wildbrets erreicht werden. Bei unausgenommenen Hasen und Wildkaninchen kann es sehr schnell zu Fäulniserscheinungen kommen, die auf bakterielle Ursachen mit zurückzuführen sind. Nach längerer Lagerung kann ein Geschmack nach Gescheide (Darm) auftreten.

Die erlegten Tiere sind nicht zu behandeln

Beim Aufbrechen und Auswerfen gelangen Mikrorganismen in die Bauchhöhle, die sich anschließend unter Luftzutritt gut vermehren können. Bei unbehandelten Hasen und Wildkaninchen können sich demgegenüber die möglicherweise eingedrungenen Keime unter Sauerstoffabschluß kaum vermehren. Umfangreiche Untersuchungen ergaben, daß der Oberflächenkeimgehalt bei ausgeworfenen Tieren, vor allem bei längerer Lagerung, deutlich höher ist als der unbehandelter Hasen und Wildkaninchen [60, 64]. Es wurden bei unbehandelten Hasen signifikant geringere Keimzahlen an aeroben Verderberregern, wie Bazillen, Colibakterien, Kokken, Pseudomonaden und anaeroben Bazillen (z. B. Clostridien), in der Tiefe der Muskulatur gefunden.

Beim Federwild, insbesondere bei Enten, hat sich das Ausziehen nach dem Erlegen (Herausziehen des Darmes durch die Kloake) als ungünstig erwiesen. Beim Abreißen des Darmes tritt Darminhalt in die Bauchhöhle und kann zu Beeinträchtigungen des Geschmacks sowie zu Keimanreicherungen führen. Aus diesem Grund erweist es sich als günstiger, die Bauchhöhle aufzuschneiden und den gesamten Inhalt zu entfernen. Diese Maßnahme ist um so mehr zu empfehlen, da vor allem beim Weidwundschuß der Darm zerreißen kann und die beschriebenen Auswirkungen auftreten können.

4.6.3 Transport des Wildbrets

Um negative Einwirkungen auf Qualität und Keimflora des Wildbrets zu vermeiden, ist das erlegte Wild unverzüglich unter Beachtung lebensmittelhygienischer Erfordernisse in eine Wildsammelstelle zu transportieren. Der oft praktizierte Transport von Wildbret in Rucksäcken der Jäger birgt die Gefahr des Auftretens einer stickigen Reifung in sich. Dasselbe trifft auf den Transport von Wildbret in mehreren Lagen übereinander zu. Keimkontaminationen und Keimanreicherungen können ebenfalls als Folgen unsachgemäßer Transporthygiene auftreten.

Beim Transport von Schwarz-, Rot- oder Damwild werden oft ungeeignete Fahrzeuge verwendet, die die Möglichkeit der Kontamination des Wildbrets mit sich bringen. Landwirtschaftliche Fahrzeuge sollten aus diesem Grunde zumindest mit Lattenrosten versehen sein. Dadurch wird auch ein Auskühlen des Wildbrets von der Unterseite her erreicht.

4.7 Postmortale Veränderungen

Reifung

Die postmortalen Umwandlungen des Wildfleisches verlaufen ähnlich wie beim Fleisch schlachtbarer Haustiere. Nach Beendigung des Rigor mortis (Totenstarre) kommt es durch Enzymwirkungen zu einer Reifung des Wildbrets. Sie ist beim Wildfleisch später wahrnehmbar als beim Fleisch anderer Schlachttiere.

Hautgout

Mit diesem Begriff wurde der Höhepunkt der Fleischreifung bezeichnet, bei dem sich der typisch aromatische Wildgeruch und -geschmack ausgebildet haben. Gegenwärtig wird mit Hautgout ein wertmindernder Zustand bezeichnet, der auf verdorbenes Wildfleisch hinweist. Bei diesem Reifungszustand ist beim Wildbret bereits ein fauliger Beigeschmack festzustellen, der auf Verderbprozesse unter Mitwirkung von Mikroorganismen hindeutet.

Stickige Reifung

Es handelt sich dabei um eine enzymatisch bedingte und schnell verlaufende Säuerung des Wildbrets. Sie ist zurückzuführen auf mangelhafte Auskühlung und Lüftung durch unsachgemäße oder verspätete Ausweidung, warme Witterung oder fehlerhaften Transport. An der Oberfläche des Wildbrets können die unterschiedlichsten Mikroorganismen nachgewiesen werden. In der Tiefe der Muskulatur sind aber keine Fäulnisbakterien nachweisbar, d. h., die stickige Reifung verläuft abakteriell.

Fäulnis

Die Fäulnis des Wildbrets ist auf verschiedene Ursachen zurückzuführen, z. B. Gesundheitszustand des Wildes, Behandlung beim Ausweiden, Aufbewahrungstemperatur und ungenügendes Auskühlen.

Beim Wildbret tritt die Fäulnis als Oberflächen- oder Tiefenfäulnis auf.

Oberflächenfäulnis

Die Oberflächenfäulnis wird durch aerobe Bakterien verursacht, vor allem durch *Pseudomonas*, *Aeromonas* und *Achromobacter*. Bei dieser Art der Fäulnis entwickeln sich auf der Muskulatur, der Bauchdecke sowie in Bauch- und Brusthöhle ein schmieriger, mißfarbener Belag und ein dumpfer Geruch. Außerdem treten Grünverfärbungen der Bindegewebsteile auf. Oft bieten die Faszien dem Vordringen der Fäulniskeime einen starken Widerstand, so daß die Muskulatur in der Tiefe des Wildbrets unverändert ist. Nach Entfernen der veränderten oberflächlichen Wildbretteile ist die restliche Muskulatur noch für die menschliche Ernährung einsetzbar.

Tiefenfäulnis

Diese Art der Fäulnis kommt bei gesundem und weidgerecht behandeltem Wild nur sehr selten vor. Dabei rufen anaerobe, vorwiegend sporenbildende Bakterien Zersetzungsprozesse an der Muskulatur hervor. Die Tiefenfäulnis kann als Folge einer fortschreitenden Oberflächenfäulnis auftreten. Sie kann aber auch vom Magen-Darm-Kanal, von großen Blutgefäßen und von Schußverletzungen ausgehen.

Die Muskulatur wird bei der Tiefenfäulnis weich schmierig, graubraun-grünlich sowie übelriechend. Das intramuskuläre Bindegewebe verfärbt sich grünlich. In der Unterhaut und im Bindegewebe können Gasblasen vorhanden sein.

Bei verdorbenen Proben von Wildbret konnte eine aerobe Keimzahl von 2,5 bis 3×10^5 Clostridien g^{-1} festgestellt werden. Außerdem wurden Milchsäurebakterien ermittelt. Des öfteren traten bei verdorbenem Wildbret bis zu 10^5 Hefen g^{-1} auf.

Vereinzelt konnten auch Schimmelpilze nachgewiesen werden [46].

Beim Federwild sind typische Kennzeichen einer Fäulnis die Verklebung der Federn an Hals, Brust und Weidlochgegend, Schmierigkeit unter den Flügeln, Verfärbung der Bauchorgane und fauliger Geruch.

Diese Prozesse werden durch eine große Anzahl von Fäulniskeimen hervorgerufen.

Wildbret mit Tiefenfäulnis ist genußuntauglich.

4.8 Lagerung von Wildbret

Um Keimanreicherungen und damit negative Auswirkungen auf die hygienische Qualität von Wildbret zu vermeiden, ist es notwendig, dieses während kurzen Aufbewahrungszeiten zu kühlen. Längere Lagerungszeiten von Wildbret sind nur nach einem Gefrierprozeß und anschließender Lagerung bei −18 °C möglich.

Kühllagerung

Die Kühllagerung von Wildbret soll bei einer Temperatur zwischen −2 °C und +4 °C und einer relativen Luftfeuchte von 80...85 % erfolgen. Eine ausreichende Durchkühlung des Wildbrets ist für die Qualitätserhaltung eine unabdingbare Voraussetzung.

Die Kühlung ist vor allem bei unausgeweideten und nicht gelüfteten Wildtieren (Hasen, Federwild) besonders wichtig, da hier die Gefahr einer starken Keimvermehrung besteht. Diese Keimanreicherungen können zur Oberflächen- oder Tiefenfäulnis und damit zur Genußuntauglichkeit des Wildbrets führen.

Durch den Kühlprozeß werden die meso- und thermophilen Keime des Wildbrets in ihren Wachstumsmöglichkeiten eingeschränkt bzw. sterben ab. Die Zahl der psychrophilen Mikroorganismen vergrößert sich demgegenüber während der Kühllagerung des Wildbrets. Zu der psychrophilen Keimflora gehören vor allem *Pseudomonas*, *Aeromonas*, *Streptococcus* und *Lactobacillus*.

Neben diesen Mikroorganismen können sich auch Hefen und Schimmelpilze während der Kühllagerung an bestimmten Stellen des Wildbrets ansiedeln und vermehren.

Bei längerer Kühllagerung bilden die Pseudomonaden den hauptsächlichsten Anteil der Flora und sind maßgeblich an Verderbprozessen des Wildbrets beteiligt. Um diese Prozesse vermeiden zu können, kommt es darauf an, den Anfangskeimgehalt im Wildbret durch Beachtung hygienischer Erfordernisse so gering wie möglich zu halten. Da das Wildbret aufgrund seiner Gewinnung immer mehr oder weniger mit Zersetzungskeimen kontaminiert ist, werden auch unterschiedliche Lagerzeiten angegeben. Im Durchschnitt ist es möglich, Wildbret bei den angegebenen Temperaturen etwa 5 Wochen zu lagern. Wildgeflügel kann etwa 4 Tage bei Kühlraumtemperaturen gelagert werden. Eine längere Lagerung ist nur möglich, wenn das Wildgeflügel vor der Einlagerung ausgenommen wurde. Mit dieser Maßnahme wird einem mikrobiellen Verderb des Wildgeflügels vorgebeugt.

Hasen und Wildkaninchen sollten nicht länger als 3 Wochen gelagert werden. Unbehandelte Wildkörper zeigen bei der Lagerung einen niedrigeren Keimgehalt als aufgebrochene und ausgeworfene. Der Oberflächenkeimgehalt ist ebenfalls bei aufgebrochenen und ausgeworfenen Tieren höher je länger die Lagerung dauert [59].

In der Keimflora waren vor allem coliforme Keime, Kokken, Pseudomonaden und Clostridien vertreten. Diese Mikroorganismen steigen in gleicher Weise mit zunehmender Lagerdauer an.

Kühlgelagertes Wildbret (Hirsch und Reh) wies nach Untersuchungen von STRASSER [88] einen Keimgehalt von 10^4 bis 10^9 Keimen cm^{-2} Fleischoberfläche auf.

Psychrophile und psychrotrophe Mikroorganismen waren am häufigsten in der Mikroflora vertreten.

Gefrierlagerung

Um Wildbret ganzjährig im Handel anbieten zu können, muß es kältekonserviert werden. Durch das Gefrieren wird den Mikroorganismen das zum Stoffwechsel und zur Vermehrung notwendige Wasser entzogen. Das für die Mikroorganismen verfügbare Wasser ist bereits bei Temperaturen von –20 °C ausgefroren, so daß Stoffwechsel und Vermehrung derselben vollständig gehemmt sind. Nach dem Auftauen und bei Temperaturen unterhalb des Gefrierpunktes setzt die Vermehrung der Mikroorganismen wieder ein. Eine Vermehrung ist noch möglich bei Temperaturen von

–5. . .10 °C für Bakterien
–10. . .–12 °C für Hefen und
–15. . .–18 °C für Pilze.

Neben der Inaktivierung wird auch eine partielle Abtötung der Mikroorganismen beim Gefrieren erreicht.

30...70 % der Mikroorganismen des Anfangskeimgehaltes überleben die Gefrierlagerung.

Für die Keimflora des gefrorenen Wildbrets sind folgende Faktoren ausschlaggebend [77]:

- Keimgehalt vor dem Gefrieren,
- Abtötung von Mikroorganismen durch die Kältebehandlung,
- Vermehrung von kältetoleranten Mikroorganismen bei schwankenden Lagertemperaturen oberhalb von –10 °C
- Vermehrung überlebender Mikroorganismen nach dem Auftauen.

Es ist bekannt, daß sich Mikroorganismen gegenüber dem Gefrieren und einer Gefrierlagerung unterschiedlich verhalten [77]:

- Grampositive Bakterien sind relativ resistent gegenüber beiden Prozessen.
- Gramnegative Bakterien sind wenig resistent gegenüber dem Gefrierprozeß und längerer Gefrierlagerung.
- Eine große Zahl pathogener Keime ist außerordentlich empfindlich.
- Bacillus- und Clostridium-Endosporen sind nahezu unempfindlich gegenüber dem Gefrierprozeß.
- Die größte abtötende Wirkung wird bei Mikroorganismen durch langsames Gefrieren und rasches Auftauen erreicht. Diese Art der Behandlung bringt aber ungünstige Auswirkungen auf die sensorische Qualität des Wildbrets mit sich.

Beim Auftauen können sich viele Mikroorganismen wieder vermehren. Eine Hemmung dieses Prozesses wird erreicht, wenn Wildbret bei Temperaturen um +5 °C aufgetaut wird. Durch diese Maßnahme kommt es zu einem verzögerten Wachstum der Keime auf der Oberfläche des Wildbrets. Es muß aber festgestellt werden, daß aufgetautes Wildbret, wie auch das Fleisch schlachtbarer Tiere, eine höhere Oberflächenkeimzahl aufweist als gefrorenes.

Während einer Gefrierlagerung bei –18 °C konnten die in Tab. 4.9 aufgeführten Keimentwicklungen bei Wildbret festgestellt werden [91].

Eine Aussage über Überlebensmöglichkeiten von Mikroorganismen ist auch an Hand der Wasseraktivität möglich.

Gramnegative Stäbchen (Salmonellen, *Escherichia*), Pseudomonaden, Bazillen und Clostridien wachsen bei einem Wasseraktivitätswert von 1,00 bis

Tab. 4.9 Keimentwicklung während der Gefrierlagerung von Wildbret

Zeit in Wochen	Coliforme Keime g^{-1}	*Escheria coli* g^{-1}	*Clostridium perfringens* g^{-1}
Vor dem Gefrieren	600 000	3 600	110
1	78 000	930	150
8	100 000	160	12
12	100 000	11	< 10
16	13 000	11	< 10
52	39 000	< 3	< 10

0,95, die meisten Kokken, Laktobazillen bei 0,95...0,91; Hefen wachsen bei 0,91...0,88; Schimmelpilze bei 0,88...0,80. Halophile Bakterien, xerophile und osmophile Schimmelpilze können bei noch niedrigeren Wasseraktivitätswerten wachsen [27].

Bei Wild wurden die in Tab. 4.10 ausgewiesenen Werte für die Wasseraktivität ermittelt [4].

Einen Einfluß auf den Keimgehalt des gefrorenen Wildbrets übt auch der Bearbeitungszustand aus. Die Decke des Wildes wurde früher als „natürliche" Verpackung angesehen. Es hat sich aber als günstig erwiesen, das Fell abzuziehen, das Wildbret zu verpacken und einzufrieren. Durch diese Maßnahme werden der Keimgehalt niedrig gehalten und Keimkontaminationen vermieden. Die Nachteile der Gefrierlagerung des Wildbrets in Decke sind folgende [37]:

- an unbedeckten Stellen können Austrocknung und Gefrierbrand auftreten,
- während Lagerung und Transport sowie beim Auftauen besteht die Gefahr der bakteriellen Kontamination des Wildbrets durch das anhaftende Fell.

Tab. 4.10 Wasseraktivität in Wildbret

Wildart	Zustand	Wasseraktivität
Hasen	gefroren	0,940...0,992
Hirsch	gefroren	0,978
Reh	frisch	0,911...0,965
Wildschwein	frisch	0,939

Demgegenüber zeigten Untersuchungen an etwa 50 Tage gelagerten, tiefgefrorenen Hasen Unterschiede in der Keimbelastung, die auf verschiedene Behandlungsverfahren zurückzuführen waren [64]. Küchenfertig zubereitete und in Plastikbeuteln verpackte Hasen wiesen einen deutlich höheren Gehalt an aeroben und anaeroben Bakterien auf als Hasen, die im Balg gelagert wurden.

Bei vakuumverpackten gefrorenen Hasenrücken wurde nach Lagerung bei –18 °C ein hoher Keimgehalt sowohl an der Oberfläche als auch in der Tiefe des Wildbrets gefunden [4]. Die Keimflora setzte sich zusammen aus coliformen Keimen, Kokken sowie aeroben und anaeroben Fäulniskeimen. Salmonellen, Clostridien und Proteus konnten nicht nachgewiesen werden.

Schiefer und Schöne [73, 74] führten bakteriologische Untersuchungen an gefrorenen Wildkörpern in Decke von Reh, Hirsch und Schwarzwild durch. Das Wild wurde nach dem Auftauen um +4 °C aus der Decke geschlagen (enthäutet). Die Ermittlung des Keimgehaltes erfolgte über Abstriche aus der Bauchhöhle, da bei der bakteriologischen Untersuchung der Muskulatur keine aussagekräftigen Ergebnisse ermittelt wurden.

In Tab. 4.11 ist das Vorkommen verschiedener Keime in Prozent dargestellt. Die Auswertung bezieht sich auf die Untersuchung von 105 Wildbretproben.

Die gefundenen Keime wiesen eine lebensmittelhygienische Relevanz auf, da sie zu Qualitätsminderungen des Wildbrets, aber auch zu Lebensmittelvergiftungen beim Menschen führen können. Beim Hirsch dominieren coliforme Keime, grampositive Kokken und aerobe Sporenbildner. Rehwildbret wies ähnliche Keime in einem etwas geringeren Anteil auf. Grampositive Kokken sind die Hauptvertreter in der Keimflora des Wildschweines. Lebensmittelhygienisch bedeutungsvoll ist der Nachweis von Proteus und Salmonellen (*S. anatum*) beim Wildschwein.

Der Behandlung des Wildbrets nach dem Auftauen kommt auch nach diesen Untersuchungen größte Bedeutung zu, um Keimanreicherungen zu vermeiden. Ausgangspunkt für Keimanreicherungen und -kontaminationen sind die immer offene Leibeshöhle, der Schußkanal und bei größeren Wildbretteilen die Entlüftungsschnitte.

Untersuchungen der Qualität von Wildbret im Handel führten Kobe und Ring [47] durch. Die Oberflächenkeimzahl lag bei log 6,9, die Zahl der *Micrococcaceae* bei log 4,2 und die der *Enterobacteriaceae* bei log 4,4 pro Gramm Wildbret. Die Oberflächenkeimzahl untersuchter Wildbretproben wurde auch von Leistner et al. mit $10^7/cm^2$ angegeben [54].

Tab. 4.11 Vorkommen von Mikroorganismen bei Wildbret

Keimart	Vorkommen in % bei		
	Hirsch	Reh	Wildschwein
Coliforme Keime	100	95,6	45,7
Grampositive Kokken	63,6	46,7	76,7
Aerobe Sporenbildner	18,2	6,6	23,3
Proteus	–	–	16,7
Anaerobe Sporenbildner	27,3	11,1	20,0
Salmonellen	–	–	3,3

In der Tiefe der Muskulatur wurden folgende Werte ermittelt. (log 10/g):

Gesamtkeimzahl	4,7
Micrococcaceae	1,1
Enterobacteriaceae	1,5

Ermittlungen an sensorisch auffälligem und normal beurteiltem Wildfleisch ergaben für die erstere Gruppe höhere Keimzahlen auf der Oberfläche aber auch in der Tiefe der Muskulatur [47]. Aus der Tab. 4.12 ist dieser Sachverhalt ersichtlich.

Gleichzeitig wurde festgestellt, daß die gefundenen Keimzahlen in der Tiefe des Wildbrets deutlich höher lagen als bei Fleisch schlachtbarer Haustiere [47].

Für Wildbret wurde eine Keimzahl von log 4,8/g festgestellt. Bei Fleisch schlachtbarer Haustiere betrug dieser Wert log 3,0/g.

Schlußfolgernd aus diesen Ergebnissen kann festgestellt werden, daß von verändertem Wildfleisch ein höheres mikrobiologisches Risiko ausgehen kann. Dies trifft auch auf stark riechendes Wildfleisch zu, welches unter den Tatbestand des „hautgout" fällt.

Die Ergebnisse zeigen, daß beim Handel mit Wildbret auf die Einhaltung hygienischer Forderungen, z. B. getrennte Bearbeitung, Lagerung und Verkauf, geachtet werden muß [44].

Ein Handel mit Hackfleisch und Wildbret in einem Verkaufsobjekt verbietet sich ebenfalls aus diesen Gründen.

Tab. 4.12 Keimgehalte ($log_{10/g}$) von normalen und sensorisch auffälligem Wildbret [47]
GKZ = Gesamtkeimzahl; M = *Micrococcaceae*;
E = Enterokokken

Tierart/Gruppen	Oberfläche			Tiefe		
	GKZ	M	E	GKZ	M	E
sensorisch auffällig						
Reh	7,07	4,67	4,74	5,48	2,24	2,46
Wildschwein	7,11	4,50	4,35	5,58	1,95	2,11
Hirsch	8,12	4,40	5,02	6,47	1,20	2,26
gesamt	7,30	4,56	4,67	5,72	1,93	2,31
normal						
Reh	6,49	3,86	4,23	4,07	0,77	0,98
Wildschwein	6,89	4,12	4,41	4,47	0,88	1,29
Hirsch	6,83	4,18	4,41	4,34	0,29	1,26
gesamt	6,68	4,01	4,32	4,25	0,71	1,13

4.9 Gatterwild

Das jagdmäßig durch Erlegen gewonnene Wildbret deckt nicht mehr den Bedarf der Bevölkerung an diesem hochwertigen Lebensmittel. Aus diesem Grunde werden auf dem Gebiet der Wildfleischerzeugung neue Wege beschritten, indem Wildtiere in Gehegen oder größeren Arealen nutztierartig gehalten werden.

An Haarwildarten eignen sich für diese Art der Haltung insbesondere Damwild, Rotwild, Schwarzwild, Rentiere und Wildbüffel [9, 38, 39, 40, 80, 81, 82]. In Afrika werden Antilopenarten in größeren Gattern gehalten [61]. Bei Federwildarten, z. B. Fasan, Rebhuhn und Wildente, ist ebenfalls eine nutztierartige Haltung möglich. In Brutanstalten werden diese Federwildarten gezogen und mit etwa 12 Wochen in bestimmten Gebieten freigesetzt und später gejagt [38].

Das Gatterwild wird zur Gewinnung von Wildbret geschlachtet. Die Betäubung erfolgt teils durch Kugelwaffe, teils durch Bolzenschuß [38, 80]. Durch das Abschießen des Haarwildes mit einer Kugelwaffe wird eine sehr gute hygienische Qualität des Wildbrets erreicht. Diese ist in der Regel besser als bei Wildbret, das auf traditionelle Weise gewonnen wurde. Durch die

Möglichkeit des genauen Anbringen des Schusses bei Gatterwild werden mikrobielle Kontaminationen der Muskulatur, wie sie z. B. durch Verletzung der Eingeweide entstehen können, vermieden. Nach der Betäubung erfolgt die Ausblutung und danach die Ausschlachtung in entsprechenden Räumlichkeiten, analog wie bei den schlachtbaren Haustieren. Diese Verfahrensweise bringt ebenfalls eine Verminderung der Keimkontamination mit sich. Untersuchungen an Damwild ergaben, daß zwischen Wild aus Gatterhaltung und aus freier Wildbahn keine meßbaren Unterschiede in der Fleischqualität auftreten [83, 84].

Die sensorische Fleischqualität von erlegtem und geschlachtetem Wild unterscheidet sich nur gering. Bedingt durch die mangelhafte Ausblutung nach dem Erlegen sowie einen verzögerten Beginn der Kühlung kommt es bei so gewonnenem Wildbret zu einer stärkeren Ausbildung des typischen Wildgeruches und -geschmackes als bei Wildbret von Gatterwild.

Die nutztierartige Haltung von Wild schließt den Kontakt dieser Tierbestände mit der frei lebenden Wildpopulation nicht aus. Ebenso können Kontakte zwischen Haus- und Wildtieren bestehen. Dies bedeutet, daß verstärkt auf Tierseuchen und Erkrankungen, die beim freilebenden Wild selten oder nicht vorkommen, geachtet werden muß [34, 89].

Schlußfolgernd aus dem Dargelegten ergibt es sich, daß die mikrobielle Situation des Wildbrets von Gatterwild der von erjagtem Wild gleicht und die Ausführungen unter 4.5 zutreffen. Die verbesserte hygienische Gewinnung und Behandlung des Wildbrets von nutztierartig gehaltenem Wild läßt einen noch günstigeren mikrobiologischen Status erwarten.

Literatur

[1] Autorenkollektiv: Lebensmittellexikon, 2. Aufl. Leipzig: Fachbuchverlag 1981.

[2] Autorenkollektiv: Ernährungs- und Lebensmittellehre, 6. Aufl. Leipzig: Fachbuchverlag 1980.

[3] Bachmann, C.: Die Beanstandungen bei der Wildkontrolle auf dem Fleischgroßmarkt Berlin im Jahre 1957. Mh. Vet. Med. **14** (1959) 305.

[4] Baur, E.; Reiff, F.: Ein Beitrag zur Untersuchung von Wildbret (Haarwild). Fleischwirtschaft **56** (1976) 1, 61–62.

[5] Behr, C.; Greuel, E.: Lebensmittelhygienische Aspekte bei der Wildbretgewinnung. Z. Jagdwissenschaft **23** (1971) 41–50.

[6] Behr, C.: Lebensmittelhygienische Anforderungen an Wildbret und ihre Berücksichtigung in der in- und ausländischen Gesetzgebung. Diss., Bonn 1976.

[7] Beert, F.: Haarwilduntersuchung. Die Einbindung des Haarwildes in die nationale und EG-Gesetzgebung. Fleischwirtschaft **74** (1994) H. 7, 700–713.

[8] Bert, F.: Haarwilduntersuchung. Die Einbindung des Haarwildes in die nationale und EG-Gesetzgebung. Fleischwirtschaft **74** (1994) H. 8, 835–837.

[9] Brüggemann, J.; Schwark, H. J.: Die Lebendmasseentwicklung des Damwildes. Mh. Vet. Med. **44** (1989) 15, 523–527.

[10] BRÖMEL, J.; ZETTL, K.: Untersuchung von Wild im Regierungsbezirk Kassel. Dtsch. Tierärztl. Wschr. **80** (1973) 41–45.
[11] CORD, U.: Zur Entwicklung der Wildbrethygiene mit besonderer Berücksichtigung der Lymphknoten des Rehwildes. Vet. med. Diss.; Gießen 1981.
[12] DEDEK, J.; THEODORA STEINECK: Wildhygiene. Gustav Fischer Verlag, Jena – Stuttgart 1994.
[13] DECKELMANN, W.: Fleischhygienemaßnahmen bei Gehegewild und erlegtem Wild. Rundschau für Fleischhygiene und Lebensmittelüberwachung **44** (1994) H. 10, 223–225.
[14] DEILSCHNEIDER, U.: Untersuchungen zur pH-Wert-Entwicklung und ihrer möglichen Beeinflussung zum Ausblutungsgrad bei Rehfleisch. Vet. med. Diss., Gießen 1986.
[15] ENGLERT, K.-H.: Wildkrankheiten und Wildbretverwertung. Wild und Hund **76** (1973) 271–273.
[16] ENGLERT, H.-K.; SCHMIDT, G.; KATZENMEIER, PH.: Gedanken über ein Wildbretgesetz und seine Durchführung. Arch. Lebensmittelhyg. **16** (1965) 137, 147–150.
[17] ESCHMANN, K.-H.: Die Schaffung von Referenzmethoden und die Erstellung mikrobiologischer Beurteilungsnormen für das Schweizerische Lebensmittelbuch. Arch. Lebensmittelhyg. **19** (1968) 1, 4–7.
[18] FARCHMIN, G.; SCHEIBNER, G.: Tierärztliche Lebensmittelhygiene. Jena: Gustav Fischer Verlag 1973.
[19] FEHLHABER, K.; JANETSCHKE, P.: Veterinärmedizinische Lebensmittelhygiene. Gustav Fischer Verlag, Jena – Stuttgart 1992.
[20] FENSKE, G.; PULST, H.: Die epizootiologische Bedeutung der Hasen- und Schweinebrucellose. – Mh. Vet. Med. **28** (1973) 537–541.
[21] FINK, H.-G.: Die Behandlung und tierärztliche Beurteilung des Wildbrets. Unsere Jagd **22** (1972) 8, 242–243.
[22] FINK, H.-G.: Die Behandlung und tierärztliche Beurteilung des Wildbrets. Unsere Jagd **22** (1972) 10, 308–309.
[23] FINK, H.-G.: Die lebensmittelhygienische Versorgung des Schalenwildes. Unsere Jagd **25** (1975) 4, 104–105.
[24] FINK, H.-G.: Probleme der Untersuchung von Wildbret. Vortrag, Berlin 1977.
[25] FINK, H.-G.: Die ordnungsgemäße Behandlung des erlegten Wildes. Unsere Jagd **33** (1983) 300.
[26] FINK, H.-G.; WOLF, D.: Wildkrankheiten. – Jagdinformationen 1–2, Institut für Forstwissenschaften, Eberswalde 1984.
[27] FRANZKE, H. J.: Hygienische Probleme bei der Erfassung, der Lagerung und des Transportes von Wild. Mh. Vet. Med. **30** (1975) 24, 955–958.
[28] GIERIG, W.: Ein Beitrag zur veterinär-hygienischen Überwachung von Wildbret. Vet. med. Diss., Leipzig 1963.
[29] GINSBERG, A.: Veterinär-Hygiene-Gesetze für Neuseeland. Fleischwirtschaft **47** (1967) 10, 113–116.
[30] GRÄFNER, G.: Wildkrankheiten. Jena: Gustav Fischer Verlag 1986.
[31] GREUEL, E.; SCHMIDT-SCHOPEN, T.: Wissenswertes über Wild. Verbraucherdienst, Ausg. B. **20** (1975) 29–35.
[32] GROHMANN, INA: Aktuelle Fragen der lebensmittelhygienischen Überwachung von Wild aus der Sicht der Rückstandsproblematik und der Tierseuchensituation. Vet. med. Diss., Leipzig 1983.
[33] GROSSKLAUS, S.; LEVETZOW, R.: Sterben Salmonellenbakterien im Fleisch von Hasen und Hähnchen beim Braten bzw. Grillen ab? Fleischwirtschaft **47** (1967) 1, 114–115.
[34] GUTHENKE, D.; KOKLES, R.: Serologische Untersuchungen an Hasenblutproben

auf Leptospiren, Brucellose-, Aujezky- und Mucosa-Disease-Antikörper. Mh. Vet. Med. **27** (1972) 12, 465–468.
[35] HADLOK, R. M.; BERT, F.: Wildbretgewinnung unter Berücksichtigung fleischhygienischer Vorschriften. Deutscher Jagdschutz-Verband e. V., Bonn 1987.
[36] HEINZ, G.; WINKLER, H.; HECHELMANN, H.: Fleischhygiene und Verzehrqualität von importiertem Hasenwildbret nach unterschiedlicher Vorbehandlung. Fleischwirtschaft **57** (1977) 4, 624–628.
[37] HEINZ, G.; WINTER, H.: Versorgung mit Wildfleisch und gesetzliche Bestimmungen für Produktion und Einfuhr. Fleischwirtschaft **63** (1983) 5, 850–858.
[38] HEINZ, G.; WINTER, H.: Produktion von Wildfleisch durch Einflußnahme auf Zucht und Haltung. Fleischwirtschaft **63** (1983) 11, 1691–1698.
[39] HERZOG, ROSWITHA: Fleischerzeugung mit Gehegewild und Kaninchen. Fleischwirtschaft **74** (1994) H. 2, 150–153.
[40] HERZOG, ROSWITHA: Fleischerzeugung mit Gehegewild und Kaninchen. Fleischwirtschaft **74** (1994) H. 4, 257–262.
[41] HORSCH, F.; KLOCKMANN, J.; JANETZKY, B.; DRECHSLER, H.: Untersuchungen von Wildtieren auf Leptospirose. Mh. Vet. Med. **25** (1970) 16, 634–639.
[42] HOPPE, P.: Zur Einfuhr von Hasenteilstücken aus Übersee. Arch. Lebensmittelhyg. **32** (1981) 3, 70–76.
[43] HÜBNER, A.; HORSCH, F.: Untersuchungen zum Leptospirosegeschehen unter einheimischen Wildtieren. – Mh. Vet. Med. **32** (1977) 5, 175–177.
[44] JANETSCHKE, P.: Die lebensmittelhygienische Überwachung der Verarbeitung von Wildbret unter besonderer Berücksichtigung des Delikatprogramms. III. Wiss. Kolloquium „Wildbiologie und Wildbewirtschaftung" Leipzig, Dresden 1985, Proceedings S. 152.
[45] KNIEWALLNER, K.: Über den Keimgehalt von handelsüblichem Wild. Fleischwirtschaft **48** (1968) 11, 1440.
[46] KNIEWALLNER, K.: Über den Keimgehalt von handelsüblichem Wildfleisch. Arch. Lebensmittelhyg. **20** (1969) 3, 64–65.
[47] KOBE, ANNETTE; RING, CH.: Zum Hygienestatus von Wildbret aus dem Handel. **33.** Arbeitstagung DVG Garmisch-Partenkirchen 1992, Proceedings S. 434–441.
[48] KOCKELKE, B.: Untersuchungen zur hygienischen Beschaffenheit von importiertem Schwarzwild. Diss. Bonn 1979.
[49] KOTTER, L.; SCHELS, H.; TERPLAN, G.: Zum Vorkommen von Salmonellen in Fleisch und Fleischerzeugnissen sowie anderen Lebensmitteln tierischer Herkunft. Arch. Lebensmittelhyg. **15** (1964) 8, 172–176.
[50] KÖTSCHKE, W; GOTTSCHALK, C.: Krankheiten der Kaninchen und Hasen. Jena: Gustav Fischer Verlag 1990.
[51] KRELL, A.: Warenkunde Lebensmittel, 10. Aufl. Leipzig: Fachbuchverlag 1971.
[52] KUJAWSKI, Graf O. E. J.: Wildbrethygiene. Fleischuntersuchung. Bayrischer Landwirtschaftsverlag, Verlagsgesellschaft m.b.H., München 1992.
[53] KUJAWSKI, Graf O. E. J.: Wild – eine gastronomische Herausforderung. Carl Gerber Verlag, München 1987.
[54] LEISTNER, L.; BERN, L.; DRESSEL, J.; PROMEUSCHEL, S.: Keimgehalt von Wildfleisch. Mikrobiologische Standards für Fleisch, Bundesanstalt für Fleischforschung Kulmbach 1981, S. 174–188.
[55] LENZE, W.: Fleischhygienische Untersuchungen an Rehwild (Einfluß von Gesundheitszustand, Herkunft, Erlegungs- und Versorgungsmodalitäten auf Keimgehalt und pH-Wert). Vet. med. Diss., München 1977.
[56] LERCHE, M.; RIEVEL, H.; GOERTTLER, V.: Lehrbuch der tierärztlichen Lebensmittelüberwachung. Jena: Gustav Fischer Verlag 1957.

[57] MATZKE, P.: Gesundheitsvorsorge in Dam- und Rotwildgehegen zur Fleischproduktion. Wien. Tierärztl. M. schrift **78** (1991) 366–369.
[58] MEYER-RAVENSTEIN, H. J.; OLDIGS, B.; SCHMIDT, D.; MOHME, H.; SCUPIN, E.: Untersuchungen über die Fleischqualität von Hasen in Abhängigkeit von Behandlung und Lagerung. Fleischwirtschaft **56** (1976) 6, 875–880.
[59] MEYER-RAVENSTEIN, H. J.: Körperzusammensetzung und Fleischqualität von Hasen, Wild- und Hauskaninchen in Abhängigkeit von verschiedenen Behandlungen und Lagerbedingungen. Diss. Göttingen 1979.
[60] MEYER-RAVENSTEIN, H. J.; KALLWEIT, E.; OLDIGS, B.; SCUPIN, E.: Körperzusammensetzung und Fleischqualität von Hasen, Wild- und Hauskaninchen in Abhängigkeit von verschiedenen Behandlungen und Lagerungsbedingungen. I. Mitteilung. Fleischwirtschaft **60** (1980) 3, 474–481.
[61] MITCHEL, J. R.: Das Erlegen von Wild in Afrika zwecks Ausfuhr von Wildbret nach Europa. Fleischwirtschaft **61** (1981) 5, 746–748.
[62] NITSCH, P.: Amtliche Fleischuntersuchung bei Wild. Fleischwirtschaft **72** (1992) H. 7, 1951–1954.
[63] NOTHNAGEL, D.: Kulinarisches aus Geflügel, Kaninchen und Wild. Fachbuchverlag, Leipzig 1989.
[64] OLDIGS, B.; MEYER-RAVENSTEIN, H. J.; KALLWEIT, E.; SCUPIN, E.: Körperzusammensetzung und Fleischqualität von Hasen, Wild- und Hauskaninchen in Abhängigkeit von verschiedenen Behandlungen und Lagerungsbedingungen. 2. Mitteilung. Fleischwirtschaft **60** (1989) 4, 744–750.
[65] OEHSEN, F. v.: Jäger-Einmaleins – Landbuch-Verlag GmbH, Hannover 1988.
[66] RASCHKE, E.: Hygiene in Wildexportbetrieben. – Arch. Lebensmittelhyg. **27** (1976) 112–113.
[67] REUSS, G. U.: Bakteriell- und virusbedingte Anthropozoonosen unter besonderer Berücksichtigung des heimischen jagdbaren Wildes als Infektionsquelle für den Menschen. Prakt. Tierarzt **57** (1976) 835–840.
[68] RIEMER, R.; REUTER, G.: Untersuchungen über die Notwendigkeit und Durchführbarkeit einer Wildfleischuntersuchung bei im Inland erlegtem Rot- und Rehwild – zugleich eine Erhebung über die substantielle Beschaffenheit und die Mikroflora von frischem Rotwild. Fleischwirtschaft **59** (1979) 6, 857–864.
[69] RING, C.; HÄUSLE, R.; STÖPPLER, H.: Zum Hygienestatus von Rehwild. Archiv Lebensmittelhygiene **39** (1988) 40–43.
[70] RING, D.; HÄUSLE, R.; STÖPPLER, H.: Zum Hygienestatus von Rehwild. Archiv Lebensmittelhygiene **39** (1988) H. 2, 40–43.
[71] SCHEIBNER, G.: Lebensmittelhygienische Produktionskontrolle. Jena: Gustav Fischer Verlag 1976.
[72] SCHERING, L.; RING, C.: Zum Hygienestatus von Haarwildbret aus dem Staatsrevier Forstenried. Fleischwirtschaft **69** (1989) H. 12, 1889.
[73] SCHIEFER, G.; SCHÖNE, R.: Zum Handel mit Wildbret. Fleisch **32** (1978) 19, 189–190.
[74] SCHÖNE, R.: Bakteriologische Untersuchungen von Wildbret und sich daraus ergebende Forderungen für den Handel im Veterinärhygiene-Bereich Leipzig-Land. Fachtierarztarbeit, Berlin 1978.
[75] SCHEUNEMANN, H.: Lebensmittelrechtliche Folgerungen aus Salmonellen-Funden bei Wild und Geflügel. Fleischwirtschaft **53** (1973) 1696–1697.
[76] SCHENK, G.; MOSCHELL, J.: Ein Beitrag zur fleischbeschaulichen Untersuchung von Wildschweinen. Mh. Vet. Med. **12** (1957) 648–651.
[77] SCHMIDT-LORENZ, W.: Über die Bedeutung der Anwesenheit von Mikroorganismen in gefrorenen und tiefgelagerten Lebensmitteln. Lebensm. – Wiss. u. Techn. **9** (1976) 263.

[78] SCHORMÜLLER, J.: Lehrbuch der Lebensmittelchemie. Berlin, Heidelberg, New York: Springer 1974.
[79] SCHRÖDER, H. D.: Verbreitung von Salmonellen bei in Gefangenschaft gehaltenen Wildtieren; 1. Mitteilung: Zum Vorkommen bei Säugern und Vögeln. Mh. Vet. Med. **25** (1970) 8, 341–346.
[80] SCHWARK, H. J., BRÜGGEMANN, J.: Die nutztierartige Damwildhaltung, ein neues Verfahren landwirtschaftlicher Produktion. Mh. Vet. Med. **44** (1989) 15, 515–518.
[81] SCHWARK, H. J.; BRÜGGEMANN, J.; ROSIGKEIT, H.: Das Fortpflanzungsgeschehen beim Damwild. Mh. Vet. Med. **44** (1989) 15, 519–521.
[82] SCHWARK, H. J.; BRÜGGEMANN, J.; ROSIGKEIT, H.: Die Ernährung des Damwildes im Gatter. Mh. Vet. Med. **144** (1989) 15, 521–523.
[83] SCHWARK, H.; BRÜGGEMANN, J.; GOLZE, M.: Der Schlachtkörper des Damwildes und seine Zusammensetzung. Mh. Vet. Med. **45** (1990) 504–506.
[84] SCHWARK, H.; BRÜGGEMANN, J.; GOLZE, M.: Untersuchungen zur Wildbretqualität des Damwildes. Mh. Vet. Med. **45** (1990) 507–510.
[85] SEIDL, G.; MUSCHTER, W.: Die bakteriellen Lebensmittelvergiftungen. Berlin: Akademie-Verlag 1967.
[86] SLOWAK, M.: Ein Beitrag zur Wildbrethygiene von Reh-, Schwarz- und Damwild. Vet. med. Diss., Wien 1986.
[87] Statistisches Jahrbuch 1993 für Bundesrepublik Deutschland, Wiesbaden 1993.
[88] STRASSER, L.: Prüfung ausgewählter Schnellverfahren zur Bestimmung des Oberflächenkeimgehaltes von Rinderschlachtkörpern und Wild (Reh und Hirsch) – zugleich Angaben über die Höhe und Zusammensetzung dieser Mikroflora. Vet. med. Diss., Berlin West 1979.
[89] STRUWE, R.; LÖTSCH, D.: Rechtsprobleme der nutztierarteigenen Gatterhaltung von Tieren jagdbarer Tierarten. Mh. Vet. Med. **44** (1989) 15, 527–529.
[90] STÖPPLER, H.; HÄUSLE, R.: Hygienestatus von Rehwildbret im nordöstlichen Landkreis Ravensburg. Fleischwirtschaft **67** (1987) 2, 187.
[91] SUMMER, J. L.; PERRY, I. R.; REAY, HHR. A.: Mikrobiologie von in Neuseeland gehaltenem und erlegtem Wildbret. J. sci. Food and Agric: **28** (1977) 1105–1108.
[92] TAKACS, I.; HÖNISCH, M.; TAKACS, J.: Beziehungen zwischen Behandlungsweise und mikrobiologischem Zustand von frischgekühltem Wildfleisch. Magyar allatarvosok Lapja, Budapest **34** (1979) 5, 299–302.
[93] THROM, W.: Moderne Wildbearbeitung im VEB Fleischkombinat Berlin. Fleisch **25** (1971) 11, 241–242.
[94] WAURISCH, S.: Die weidgerechte Versorgung des Wildgeflügels. Unsere Jagd **25** (1975) 4, 106–107.
[95] WEBER, A.; PAULSEN, J.; KRAUSS, H.: Seroepidemiologische Untersuchungen zum Vorkommen von Infektionskrankheiten bei einheimischem Schalenwild. Prakt. Tierarzt **59** (1978) 353–358.
[96] WEIDENMÜLLER, H.: Fibel der Wildkrankheiten. Stuttgart: Verlag Eugen Ulmer 1964.
[97] WEIDENMÜLLER, H.: Pseudotuberkulose bei Wildtieren. Tierärztl. Umschau **21** (1966) 447–448.
[98] WETZEL, R.; RIECK, W.: Krankheiten des Wildes. 2., neubearb. Aufl. Hamburg und Berlin: Parey 1972.
[99] WIEGAND, D.: Die zunehmende Bedeutung der Wildbrethygiene und ihre Problematik. Schlachten und Vermarkten **78** (1978) 226–229.
[100] ZITENKO, P.: Probleme der Qualitätserhaltung von Wildfleisch. Fleisch **25** (1971) 2, 48.

5 Mikrobiologie des Geflügels

5 Mikrobiologie des Geflügels

E. WEISE

5.1 Geflügel als Träger und Überträger von Mikroorganismen

Eine Beschäftigung mit den mikrobiologischen Vorgängen während der Gewinnung und der weiteren Behandlung von Geflügelfleisch ist unvollständig, wenn nicht das lebende Tier, seine Haltungsbedingungen und das Umfeld, in dem es aufwächst, in die Betrachtungen einbezogen werden. Wie jeder Makroorganismus, der einem mit Mikroorganismen verschiedener Arten besiedelten Milieu ausgesetzt ist, nimmt auch das Geflügel spätestens nach dem Schlüpfen aus dem Ei Keime aus der Umgebung auf. Finden diese günstige Wachstumsbedingungen vor, können sie vorübergehend oder dauerhaft das Wirtstier besiedeln. Dabei bildet sich in der Regel zwischen den Mikroorganismen und dem Wirt ein Gleichgewicht aus, das eine ungebremste Keimvermehrung verhindert. Besonders augenfällig ist dies im Verdauungstrakt, wo die Darmflora zum Bestandteil eines stabilen, hochkomplexen Ökosystems wird [145]. Dies gilt bis zu einem gewissen Grad sogar für Keime, die beim Geflügel unter ungünstigen Bedingungen Infektionen hervorrufen können. Wenn sie auf eine stabile Immunitätslage des Wirtstieres stoßen oder wenn es sich um schwachvirulente Erreger handelt, können sie sich in begrenzten Bereichen des Organismus ansiedeln, ohne beim Tier Krankheitssymptome auszulösen oder seine Leistung zu beeinträchtigen. Haben sich die Erreger im Darmtrakt festgesetzt, kann das Tier zum Dauerausscheider werden. Bevorzugter Ort für Pathogene mit anaeroben oder mikroaeroben Wachstumseigenschaften sind beim Geflügel die paarig angelegten Blinddärme (Caeca).

Die einzelnen Darmabschnitte sind unterschiedlich dicht besiedelt und besitzen jeweils eine in Teilen spezifische Flora. Während der Dünndarm verhältnismäßig keimarm ist, finden sich in den Blinddärmen Keimzahlen bis zu 10^{11}/g Darminhalt [145]. Neben strikt anaeroben Spezies wie *Bacteroides* spp., *Bifidobacterium* spp., *Coprococcus* spp., *Eubacterium* spp., *Fusobacterium* spp., *Peptostreptococcus* spp., *Propionibacterium* spp. und *Streptococcus* spp. sowie Clostridien sind hier auch fakultativ anaerob wachsende coliforme Keime, besonders *Escherichia coli*, sowie Laktobazillen und Enterokokken vertreten [15]. Insgesamt überwiegt im gesamten

Verdauungstrakt deutlich eine gramnegative Flora mit geringen Sauerstoffbedürfnissen. Das Keimspektrum kann allerdings je nach Art des verabreichten Futters, dem Einsatz von Zusatzstoffen, dem Alter der Tiere und der individuellen Konstitution erheblich variieren.

Demgegenüber ist die äußere Oberfläche (Gefieder, Haut) vornehmlich mit grampositiven Keimen (Mikrokokken, aeroben Sporenbildnern) behaftet [147]. Mit der Zunahme fäkaler Verunreinigungen und einer Feuchtigkeitsaufnahme des Gefieders steigt allerdings der Anteil der sauerstofftoleranten Keime aus der Darmflora an. Daher werden bei Schlachtgeflügel, das unter hygienisch bedenklichen Bedingungen (Transportkäfige mit perforierten Deckeln und Böden, Stapelung der belegten Käfige in mehreren Lagen übereinander, mangelnde Nüchterungszeit für das Geflügel vor der Schlachtung) zum Schlachtbetrieb befördert worden ist, im Federkleid massenhaft Fäkalkeime gefunden.

Für die späteren mikrobiologischen Vorgänge im Geflügelfleisch bei Lagerung unter Kühlbedingungen (ca. +4 °C) haben die meisten der genannten Keimarten allerdings nur eine untergeordnete Bedeutung, wohingegen die für den mikrobiellen Verderb hauptsächlich verantwortlichen Keimarten wie *Pseudomonas* spp. und *Brochothrix thermosphacta* im lebenden Tier zunächst nur in geringen Mengen vorkommen.

Von erheblichem gesundheitlichen Interesse sind dagegen Mikroorganismen, die beim lebenden Geflügel vorkommen, über das Geflügelfleisch direkt oder indirekt (z. B. durch unsachgemäßen Umgang mit Geflügelfleisch im Küchenbereich) auf den Menschen übertragen werden und zu Erkrankungen führen können. Auch Keime, die im Geflügelfleisch Toxine bilden und auf diese Weise Intoxikationen auslösen können, sind hier zu beachten.

Die wichtigsten Infektionskrankheiten des Geflügels werden durch tierartspezifische Viren (z. B. Newcastle-Krankheit, infektiöse Bronchitis, infektiöse Bursitis), Mykoplasmen oder Kokzidien hervorgerufen und haben für den Menschen keine große gesundheitliche Bedeutung. Unter den bakteriellen Erregern, für die auch der Mensch empfänglich ist, sind Salmonellen und *Campylobacter* an vorderster Stelle zu nennen. Andere Risikokeime für den Menschen (*Clostridium perfringens*, *Staphylococcus aureus*, *Bacillus cereus*, *Listeria monocytogenes*, *Mycobacterium avium*, *Escherichia coli*, *Yersinia enterocolitica*, *Aeromonas hydrophila*) rufen entweder nur sporadisch Erkrankungen hervor, oder die pathogenetische Rolle der beim Geflügel vorkommenden Biovare für den Menschen ist noch unklar; zum Teil liegen nur mangelhafte Hinweise darauf vor, daß die im Geflügelfleisch nachgewiesenen Erreger aus dem landwirtschaftlichen Bereich stammen.

5.1.1 Zoonoseerreger und Verursacher von Lebensmittelinfektionen und -intoxikationen

Salmonellen

Das weltweite Vorkommen von Salmonellen bei allen unter der Obhut des Menschen gehaltenen Geflügelarten sowie bei Wildvögeln ist durch eine reichhaltige Literatur belegt. Dabei zählen Hühner, Puten, Enten und Gänse (Hausgeflügel) zu den wichtigsten Reservoirs für lebensmittelbedingte Salmonellosen des Menschen [42, 118, 229, 249]. Intensive Haltungsformen mit hoher Besatzdichte der Ställe begünstigen eine rasche Ausbreitung der Erreger von Tier zu Tier. Insbesondere Jungtiere weisen eine hohe Empfänglichkeit auf. Bei solchen für das Salmonellosegeschehen beim Geflügel typischen Frühinfektionen sind nur geringe Erregerzahlen erforderlich. Die Salmonellen siedeln sich bevorzugt in den Blinddärmen des Tieres an und können hier schnell Keimzahlen bis zu 10^8/g Darminhalt erreichen [145]. Da die Erreger auch mit dem Kot ausgeschieden werden, breiten sie sich meist rasch im gesamten Bestand aus.

Dennoch kam es – abgesehen von Erkrankungen durch das weitgehend geflügelspezifische Serovar *S. gallinarum/pullorum* – in der Vergangenheit meist nicht zu erkennbaren Verlusten in Form erhöhter Todesraten, dramatisch verminderter Gewichtszunahmen oder herabgesetzter Legeleistung. Daher waren über viele Jahre nur mäßige Anstrengungen der Geflügelwirtschaft erkennbar, die sich ständig erweiternden Erkenntnisse über die epidemiologischen Zusammenhänge in praktische Maßnahmen zum Aufbau salmonellenfreier Bestände umzusetzen.

Diese Zurückhaltung wurde begünstigt durch die bis heute anhaltende Ratlosigkeit der Lebensmittelüberwachungsbehörden in den meisten Staaten, welche Folgerungen aus positiven Befunden bei der bakteriologischen Untersuchung frischen Geflügelfleisches abgeleitet werden sollten.

Da Geflügelfleisch in der Regel nur gut durchgegart verzehrt wird, wurde das Problem des hohen Kontaminationsgrades der Rohware als nicht so gravierend angesehen.

In den letzten Jahren traten jedoch hochvirulente Stämme von *S. enteritidis* in das Blickfeld, die nicht nur die Anzahl gastrointestinaler Erkrankungen bei der Bevölkerung in Mittel- und Westeuropa in die Höhe trieben, sondern seither auch in den ursächlich hierfür hauptverantwortlich gemachten Hühnerbeständen für Ausfälle sorgen.

Hochgradig gefährdet sind Masthähnchen in den ersten Lebenstagen, doch haftet die Infektion auch bei älteren Tieren, z. B. bei Legehennen, die den Erreger dann über Kot und Eier ausscheiden [64, 152]. Eine besonders ausgeprägte Invasivität bei Küken besitzt offenbar der in Europa verbreitete und beim Geflügel zumindest in Deutschland dominierende [196] Phagentyp 4 [84].

Die verschärfte Seuchenlage sowie andere ökonomische Herausforderungen (– Staaten mit geringer belasteten Tierbeständen drängen mit „salmonellenfreiem" Geflügelfleisch auf den mitteleuropäischen Markt und fordern ihrerseits bei der Einfuhr von Geflügel und frischem Geflügelfleisch Garantieerklärungen für dessen Salmonellenfreiheit –) haben nun zur Intensivierung der Bemühungen um eine Reduzierung des Erregervorkommens in der Geflügelhaltung geführt. Eine erste Maßnahme der Europäischen Gemeinschaft (heute: Europäische Union) war die Verabschiedung der Richtlinie 92/117/EWG („Zoonosen-Richtlinie" [1 A]), die allerdings zunächst nur für Zuchtbestände Kontrollen und Sanierungsprogramme vorschreibt.

Die Erzeugung salmonellenfreien oder zumindest salmonellenarmen Geflügelfleisches ist ohne die Aufzucht salmonellenfreien Mastgeflügels nicht möglich. Dabei sind die Elternbestände und die Brütereien zwar besonders häufige Eintragsquellen [9], doch können die Erreger neben dieser vertikalen Übertragung auf vielfältigen anderen Wegen in Mastbetriebe gelangen und dort persistieren. Schon 1984 kamen Experten auf einem WHO-Treffen in Berlin [172] zu dem Ergebnis, daß die seinerzeit besonders verdächtigten Futtermittel aufgrund der verbesserten Aufbereitungs- und Behandlungsmethoden (Pelletierung von Mastfutter, verbesserter Rekontaminationsschutz) jedenfalls im mitteleuropäischen Raum nicht als Hauptursache für Infektionen angesehen werden können.

Bei der Sanierung sind Umweltfaktoren wie Eintragsmöglichkeiten über Wildvögel [179], kleine Nagetiere [64, 83, 102] sowie Schaben und andere Insekten [6, 102, 121] zu beachten. Schaben können überdies in infizierten Beständen den Erreger aufnehmen, sich nach Räumung der Ställe während der Reinigungs- und Desinfektionsmaßnahmen in ihre Schlupflöcher zurückziehen und bei der Neubelegung die Tiere des nächsten Mastdurchgangs infizieren. Auch das Tränkwasser ist – besonders bei eigenen Brunnenanlagen des landwirtschaftlichen Betriebes – als potentielle Infektionsquelle in Betracht zu ziehen.

Über den derzeitigen Verseuchungsgrad der Geflügelbestände liegen bislang keine verläßlichen Informationen vor. Auch nach Umsetzung der Zoonosen-Richtlinie in nationales Recht der Mitgliedstaaten (in Deutschland durch die Hühner-Salmonellen-Verordnung [2 A]) wird eine Übersicht sich zunächst im wesentlichen auf die Zuchtbestände beschränken. Eine Jahreserhebung des ehemaligen Bundesgesundheitsamtes (BGA; heute: Bundesinstitut für gesundheitlichen Verbraucherschutz und Veterinärmedizin – BgVV –) über Salmonellenbefunde im Jahr 1993 bei Geflügel in Deutschland (diagnostische Untersuchungen verschiedener Institutionen an etwa 80000 vorwiegend unverdächtigen Tieren) ergab einen mittleren Befallsgrad (*Salmonella* spp.) von 4,4 %, wobei Hühner mit 4,6 % nur knapp über dem Durchschnitt lagen, während Gänse mit 12,5 % und Enten mit 7,8 % deutlich stärker befallen waren [80]. *S. enteritidis* allerdings war beim Huhn (49,5 % der positiven Befunde) und noch ausgeprägter beim Hühnerküken (67,3 % d. pos. Bef.) am stärksten vertreten (Enten: 19,7 %, Gänse: 7,9 % d. pos. Bef.).

Die Zahlen geben nur ein pauschales Bild der Seuchensituation wieder und berücksichtigen nicht die unterschiedlichen Haltungsformen sowie die Altersstruktur der untersuchten Tiere. Jedenfalls aber ergibt sich aus einem Vergleich mit ebenfalls untersuchten Säugetierarten (schlachtbare Haustiere und Haarwild), daß das Geflügel beim Salmonellenbefall an der Spitze liegt und das gehäufte Auftreten von *S. enteritidis* sich vornehmlich auf das Huhn konzentriert.

Ob Enten und Gänse generell stärker befallen sind als andere Hausgeflügelarten, steht nicht fest. So gibt es Hinweise, daß bei weniger intensiven Haltungsformen bei diesem Geflügel sogar niedrigere Befallsquoten erreichbar sind [23]. Die wesentlichen Hygienekriterien sind allerdings wohl die Qualität des Tränk- und Badewassers im Auslauf sowie ein Schutz gegenüber dem Eintrag der Erreger über das Auslaufgelände.

Weitaus dramatischer als in den Beständen stellt sich die Situation bei geschlachtetem Geflügel dar. In der oben genannten BGA-Erhebung, die auch Lebensmitteluntersuchungen umfaßte, waren Geflügelfleisch und daraus hergestellte Produkte (über 7000 Proben) mit 16,3 % deutlich stärker mit Salmonellen behaftet als andere Lebensmittel (im Durchschnitt 1,4 %). Bei 18,4 % der positiven Geflügelfleischproben wurde *S. enteritidis* isoliert.

Durch den Transport des Geflügels, den Schlachtprozeß und die nachfolgende Behandlung des Geflügelfleisches kommt es, wie später (Abschnitt 5.2.2) ausgeführt wird, zu einer oberflächlichen Verbreitung der Keime auf zuvor unbelastete Teile. Am stärksten sind von dieser Kreuzkontamination die Haut und die Körperhöhle des ausgeschlachteten Tierkörpers betroffen. Daher ist die Salmonellenausbeute durchweg höher, wenn Hautteile (besonders die beidseitig kontaminierte Halshaut) oder Spülflüssigkeit vom ganzen Tierkörper (Ganzkörper-Spülmethode) entnommen werden. Aus der unterschiedlichen Probenahmetechnik erklären sich zu einem wesentlichen Teil die in der Literatur beschriebenen weit voneinander abweichenden Befallsraten innerhalb einer Region.

Eine Übersicht über die in den letzten 15 Jahren in Deutschland veröffentlichten Befunde bei rohem Geflügelfleisch (Tierkörper und -teile, frisch oder gefroren) gibt Tab. 5.1. Danach liegt der mittlere Befallsgrad bei annähernd 50 %.

Frisches und gefrorenes Geflügel ist gleichermaßen betroffen (Tab. 5.2). Die noch aus Zeiten der Spinchiller-Kühlung (siehe Abschnitt 5.2.1 – Kühlung) stammende Auffassung, daß gefrorene Ware höher mit Salmonellen belastet sei, trifft für den mitteleuropäischen Markt offenbar nicht zu.

Tab. 5.1 Salmonellen bei geschlachtetem Geflügel

Autor(en)	Jahr	unters. Proben n	pos. Proben n	%	Probenart, Herkunft
Henner u. a. [82]	1980	48	23	47,9	Tk[1]) (Schlachtbetrieb)
		206	28	13,6	Tk, gefroren (Handel)
Weise u. a. [237]	1980	325	246	75,7	Tk (Schlachtbetrieb), Halshaut-Proben
		177	150	84,7	Tk (Schlachtbetrieb), Rinsing-Proben
Siems u. a. [203]	1981	330	107	32,4	Tk, gefr. (Handel)
		150	48	32,0	Brustfilets, gefr. (Handel)
Krabisch u. Dorn [123]	1986	400	263	65,8	Tk (Schlachtbetrieb), Kloakenhaut-Proben
Fries u. a. [59]	1988	380	29	7,9	Tk (Schlachtbetrieb)
Beutel [26]	1989	280	109	38,6	Tk, gefr. (Handel)
Eisgruber u. a. [54]	1991	113	107	94,7	Tk, gefr. (Handel)
Moll u. Hildebrandt [148]	1991	133	71	53,4	Hühnerklein, gefr. (Handel)
Jöckel u. a. [99]	1992	131	70	53,4	Tk, frisch (Handel)
		148	35	23,6	Tk, gefr. (Handel)
		72	9	12,5	Geflügelteile (Handel)

[1]) Tk = Tierkörper

Tab. 5.2 Salmonellen auf Schlachtkörpern von Masthähnchen
(Auswertung der in Tab. 5.1 genannten Publikationen)

Kategorie	Untersucht	Salmonella-positiv	
	n	n	%
frisch	1 478	746	50,5
gefroren/tiefgefr.	780	312	40,0
Σ	2 258	1 058	46,9

Die Belastung von Geflügelfleisch und Geflügelfleischerzeugnissen mit Salmonellen stellt ein weltweites Problem dar und ist durch eine umfangreiche Literatur belegt. Dabei wird die Salmonellenzahl auf frisch gewonnenem und sachgerecht (bei höchstens +4 °C) kühlgelagertem Geflügelfleisch durchweg als gering (meist < 1 Zelle/g bzw. cm^2 Haut oder ml Spülflüssigkeit) angegeben [59, 70, 97, 151, 230].

Gegenüber dem lebenden Geflügel, bei dem die Serovarietäten *S. enteritidis* und *S. typhimurium* klar im Vordergrund stehen [80], ist die Serovarverteilung beim Geflügelfleisch vielfältiger und wird nicht so eindeutig von wenigen Serovaren dominiert. So werden neben den genannten [19, 35, 99] auch die Serovare *S. virchow* [5, 35, 99, 148], *S. infantis* [19] und *S. hadar* [5] an vorderer Stelle genannt.

Die Gefahren einer Lebensmittelinfektion durch Salmonellen liegen beim Geflügelfleisch hauptsächlich in der Küchenhygiene (Gefahr der Kontamination verzehrsfertiger Speisen, Vermehrungsmöglichkeiten für die Erreger bei Lagerungstemperaturen oberhalb von +6 °C). Einhaltung der Kühlkette, Durchgaren des Fleisches und Vorkehrungen gegen eine Rekontamination verhindern einen Ausbruch der Krankheit. Auf Speisen aus rohem, nicht haltbar gemachtem Geflügelfleisch, z. B. Carpaccio aus Entenbrust, sollte unbedingt verzichtet werden! Die Herstellung von Hackfleisch, auch zubereitetem Hackfleisch, aus Geflügelfleisch zur Abgabe an Verbraucher ist in Deutschland untersagt (§ 2 Abs. 2 Hackfleisch-Verordnung [3 A]). Erzeugnisse, die nach Art bestimmter Rotfleischerzeugnisse (Zwiebelmettwurst, Salami, Rohpökelstücke) aus Geflügelfleisch hergestellt werden, verdienen wegen des gegenüber rotem Fleisch höheren Ausgangskeimgehalts (*Salmonella* spp.) eine kritische Überprüfung, obwohl eine Vermehrung der Erreger im fertigen Produkt meist nicht mehr stattfindet.

Daß Geflügelfleisch trotz hoher Salmonellen-Befallsraten in einer im Rahmen des deutschen ZEVALI-Programms (Zentrales Überwachungsprogramm für Lebensmittelinfektionen und -intoxikationen beim Menschen) erhobenen Statistik für das Jahr 1992 mit 2,6 % der Ausbrüche und 2,7 % der Erkrankungsfälle eine eher unbedeutende Rolle unter den verursachenden Lebensmitteln einnimmt [249] und auch in anderen Ländern nicht an vorderster Stelle genannt wird [229], ist sicherlich in der Hauptsache der üblichen Form der Zubereitung (Durchgaren) zuzuschreiben, zum Teil auch der nach wie vor hohen Anzahl ätiologisch nicht aufgeklärter Fälle. Eine erste interne Auswertung der ZEVALI-Befunde für 1993 ergab im übrigen, daß 26 % der auf Fleisch und Fleischprodukte zurückgeführten Erkrankungen (447 Fälle, 16 Ausbrüche) auf Geflügelfleisch entfielen [81]. Langfristig ist eine befriedigende Lösung der Salmonellen-Problematik nur über die Sanierung der Geflügelbestände erreichbar. Vorsichtsmaßregeln für die Behandlung von Geflügelfleisch sind jedoch ungeachtet der künftigen Entwicklungen aufrecht zu erhalten.

Campylobacter

Campylobacterinfektionen des Menschen gehen, wie in Abschnitt 2.6 bereits erwähnt, sehr häufig von Geflügel und Geflügelfleisch aus [31, 32, 107, 185]. Beim Geflügel kommt *Campylobacter* (meist *C. jejuni*, seltener *C. coli*) im Intestinaltrakt vor, ohne daß die Tiere klinisch erkranken. In den Blinddärmen, dem bevorzugten Aufenthaltsort der Erreger, werden *Campylobacter*-Zahlen von 10^5 bis über 10^6 pro Gramm Darminhalt gefunden [72, 248]. Auch in Kloakenproben werden sie häufig nachgewiesen [18, 101]. Durch fäkale Verunreinigungen gelangen sie auch in das Gefieder und auf die Haut [91], können dort aber nur dann eine Weile überleben, wenn das Gefieder feucht ist.

Im Unterschied zum Infektionsweg der Salmonellen spielt die vertikale Übertragung, d. h. eine Einschleppung der Erreger über Elternbestände und Brütereien, bei *Campylobacter* offenbar keine bedeutende Rolle [94]. Auch Futtermittel (Futtermehle, Pelletfutter) kommen wegen ihres geringen Feuchtigkeitsgehalts als Überträger für den sehr gegen Austrocknung empfindlichen Keim kaum in Betracht. Mögliche Eintragsquellen sind infizierte Wildvögel [179, 205] – besonders bei Freilandhaltung des Hausgeflügels –, Schaben und andere Insekten [101], unzureichend gereinigte und desinfizierte Transportkäfige für Geflügel [18], vor allem aber kontaminiertes Tränkwasser [94, 106, 184]. Auch der Mensch kann für die Verschleppung von Erregern aus einem infizierten bzw. kontaminierten Bereich in campylobacterfreie Ställe oder Abteilungen verantwortlich sein, wenn Reinigungs- und Desinfektionsmaßnahmen sowie notwendiger Wechsel der Kleidung vernachlässigt werden [4].

Typisch für Campylobacterinfektionen ist die horizontale Übertragung.

Der Durchseuchungsgrad der Bestände unterliegt jahreszeitlichen Schwankungen und ist in den Sommermonaten besonders hoch [93, 94]. Generell muß aber – zumindest in Deutschland und den Niederlanden – mit Infektionen in der Mehrzahl der Mast- und Legehennenbestände gerechnet werden, wie Einzelfalluntersuchungen belegen [18, 68, 93]. Die Problematik ist allerdings keineswegs auf diese Länder beschränkt, sondern weltweit verbreitet. Auch Federwild kann mit *Campylobacter* infiziert sein [45]. Obwohl *Campylobacter* ein Keim mit geringer Tenazität gegenüber Austrocknung, Erhitzen, hoher Sauerstoffspannung des Milieus und Chlorung von Wasser ist und sich außerhalb des Tierkörpers (< +30 °C) praktisch nicht vermehrt, wird er sowohl bei der Schlachtung als auch auf dem verkaufsfertigen Geflügelfleisch sehr häufig angetroffen [18, 25, 36, 58, 62, 101, 127, 161, 211]. Nur kurze Zeit und in geringen Mengen ist er im Brühwasser nachweisbar, besser überlebt er in Kühlwasser und auf feuchten Arbeitsflächen [91]. Auf Geflügelfleisch und eßbaren Nebenprodukten der Schlachtung (Lebern, Mägen) kommt *Campylobacter* in Zahlen um 10^2/g, gelegentlich jedoch bis $>10^5$/g vor ([18]; siehe Abb. 5.1). Infolge des hohen Feuchtigkeitsgehalts dieser Produkte kann *Campylobacter* gut überleben und zum Verbraucher gelangen. Die meisten Infektionen sind auf mangelndes Durcherhitzen des Geflügelfleisches oder der Innereien zurückzuführen [159]. Dabei stellt Geflügelleber ein besonderes Gefährdungspotential dar, da sie besonders oft hochgradig mit *Campylobacter* kontaminiert ist [20, 161] und häufig nicht gründlich durchgebraten wird [20]. Das Schweizer Bundesamt für Gesundheitswesen (BAG) bewertet dieses Risiko allerdings als eher gering und zufällig, da nach seinen eigenen Untersuchungen bereits eine „restaurant-übliche“, d.h. schonende Erhitzung von Hühnerleber bei Erhaltung des kulinarischen Wertes eine ausreichend hohe Elimination etwa vorhandener Campylobacterkeime gewährleistet [33].

Ein Umweg über die Kontamination anderer Lebensmittel (wie bei Salmonellen) ist praktisch nur bei unmittelbarer, massiver Erregerübertragung denkbar. Auf Arbeitsflächen überlebt der Keim nur, solange auf ihnen ein Feuchtigkeitsfilm erhalten bleibt.

Listeria monocytogenes

Listerioseerkrankungen sind beim Hausgeflügel selten [208]. Am ehesten sind sie noch bei Frühinfektionen frisch eingestallter Küken zu erwarten. Hier haftet die Infektion mit größerer Wahrscheinlichkeit als bei Tieren in höherem Alter [8]. Ebenso wie *Campylobacter* werden auch die Listerien meist aus der Umgebung in die Ställe eingeschleppt (horizontale Übertragung). Bei Wildvögeln sind sie ebenfalls weit verbreitet [57].

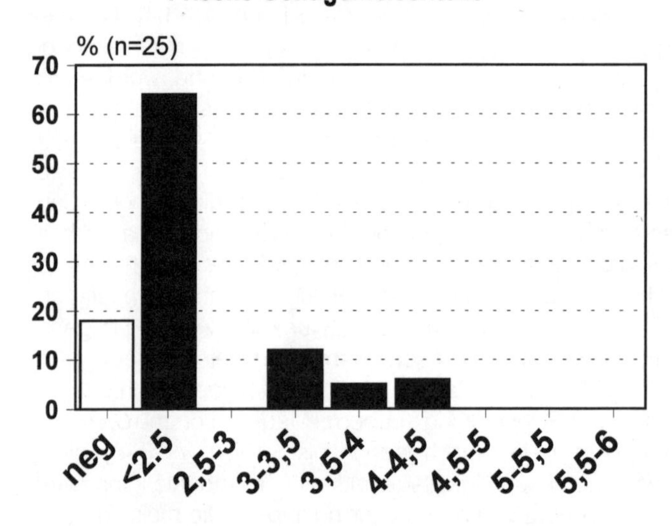

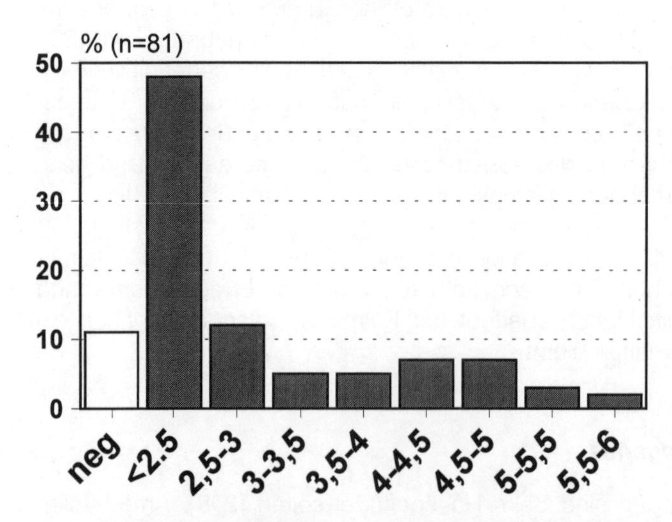

Abb. 5.1 Campylobacter in Geflügelfleisch – quantitative Befunde (log KBE/g)

Die Erreger siedeln sich bevorzugt in den Blinddärmen an, sind aber auch in den anderen Darmabschnitten zu finden und werden zum Teil mit dem Kot ausgeschieden. Auch ältere Tiere sind des öfteren Ausscheider [209].

Geschlachtetes Geflügel und rohes Geflügelfleisch sind weltweit zu einem hohen Anteil mit *L. monocytogenes* kontaminiert; die von verschiedenen Autoren [7, 90, 163, 173, 188, 197, 209, 238] mitgeteilten Nachweisraten liegen durchschnittlich bei 46 % (15–85 %). Eine ebenso weite Verbreitung hat die apathogene Spezies *L. innocua*. Ihr Nachweis in Lebensmitteln ist aber nur insoweit von Interesse, als ihre Anwesenheit wegen gleicher Lebens- und Überlebensbedingungen auf die Möglichkeit eines gleichzeitigen Vorhandenseins der pathogenen Variante *L. monocytogenes* hinweist.

In großem Umfang werden Listerien aber auch im Bereich der Geflügelfleischgewinnung und -bearbeitung gefunden. Auf Geräten und Arbeitsflächen (in Geflügel- wie in Rotfleischbetrieben) sind sie ebenso nachweisbar wie in Brüh- und Kühlwasser für Geflügel, in Gullies und Abwässern [53, 195, 209, 242]. Angesichts dieser weiten Verbreitung, die sich auch in den Verarbeitungsbereich und in Einrichtungen des Einzelhandels ausdehnt, ist es fraglich, ob das Schlachttier überhaupt als die bedeutendste Quelle für die Kontamination der Lebensmittel anzusehen ist. Vieles spricht dafür, daß einmal eingeschleppte Keime in den Betrieben persistieren und nur durch sehr gründliche, allumfassende Reinigungs- und Desinfektionsmaßnahmen zu eliminieren sind. Anhaltspunkt hierfür ist die Tatsache, daß nicht nur Rohware, sondern in beachtlichem Umfang auch gegarte Geflügelprodukte *L. monocytogenes* enthalten [66, 87, 140, 243]. In den meisten Fällen dürfte es sich um eine Rekontamination der durch den Erhitzungsprozeß zunächst listerienfreien Erzeugnisse handeln. Dieser Verdacht konnte nach einem Listerioseausbruch im Rahmen von Verfolgsuntersuchungen durch Stufenkontrollen in einem Herstellerbetrieb für Putenwürstchen erhärtet werden [243]. Es sind allerdings auch Infektionen nach dem Verzehr kurz zuvor tischfertig gegarten, wahrscheinlich unterpasteurisierten Geflügelfleisches bekannt geworden [105]. Mangelhaft erhitztes Geflügelfleisch scheint im übrigen eine der Hauptursachen für lebensmittelbedingte Listerieninfektionen zu sein [198]. Bei der Listeriose des Menschen eine überwiegend geflügelfleisch-assoziierte Infektkette zu vermuten, würde allerdings den bisherigen epidemiologischen Erkenntnissen nicht gerecht.

Listerien sind in der Lage, sich in dem für die Lagerung frischen Geflügelfleisches üblichen Temperaturbereich (+2 bis +4 °C) zu vermehren. So wurde auf geschlachteten Hähnchen im Lauf einer 10tägigen Kühllagerung (+4 °C) ein Anstieg um 3 $\log_{10}$ (*Listeria* spp.) festgestellt ([239]; siehe Abb. 5.2). Auch die relativ hohe Toleranz der Listerien gegenüber mäßigen

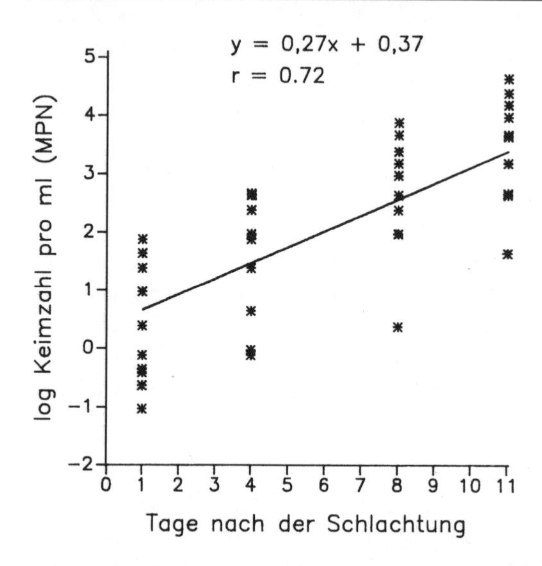

Stichprobenumfang je Untersuchungstag n = 14

Abb. 5.2 Wachstum von *Listeria monocytogenes* auf Hähnchenschlachtkörpern bei Kühllagerung (+4 °C)

pH-Abweichungen vom neutralen Milieu sowie gegenüber Salzung und Pökelung, überdies ihre Fähigkeit, gleichermaßen unter aeroben wie mikroaeroben Verhältnissen sich zu vermehren, erschweren eine Beherrschung des gesundheitlichen Risikos.

Im Jahr 1991 hat das Bundesgesundheitsamt in Deutschland einen Plan für die Untersuchung von Lebensmitteln auf *L. monocytogenes* sowie einen Maßnahmen- und Beurteilungskatalog für die amtliche Lebensmittelüberwachung veröffentlicht [34]. Darin wird berücksichtigt, daß das von verschiedenen Lebensmittelkategorien ausgehende gesundheitliche Risiko je nach Verwendungszweck und späterer Behandlung unterschiedlich zu bewerten ist und daß eine Nulltoleranz schon aus Gründen der Praktikabilität nicht in jedem Fall gefordert werden kann. Keimzahlen von $>10^4$ *L. monocytogenes*/g Lebensmittel sollten nach diesem Katalog in jedem Fall zur Beanstandung führen. Nachdem erste Erfahrungen mit dieser Vorgehensweise gesammelt worden waren, wurde 1994 von einem Sachverständigengremium (ALTS) eine Absenkung dieses Grenzwertes auf 10^3 *L.m.*/g empfohlen [252]. Erregerzahlen in dieser Größenordnung können gelegentlich auch schon bei gesunden Menschen mit intaktem Immunsystem zu Erkrankungen führen. Daher ist eine Listerienbelastung knapp unterhalb des

Grenzwertes nur bei solchen Lebensmitteln hinnehmbar, die vor dem Verzehr noch gegart werden müssen (z. B. rohes Geflügelfleisch).

Aeromonas

Obwohl *A. hydrophila* bei zahlreichen gastrointestinalen Erkrankungen des Menschen vermehrt auftritt und bei den meisten Stämmen Enterotoxine nachgewiesen wurden, ist seine Bedeutung als Infektionserreger noch umstritten [213]. Fest scheint immerhin zu stehen, daß er an Diarrhöen zumindest maßgeblich beteiligt ist [47].

Der Keim hält sich bevorzugt in aquatischen Bereichen auf. Bei Geflügel kommt er ebenfalls vor und tritt dort, besonders bei Wassergeflügel (Enten, Gänsen u. a.), gelegentlich als Krankheitserreger in Erscheinung (Aeromonas-Septikämie). Auch bei klinisch gesundem Geflügel läßt er sich häufig aus dem Darminhalt isolieren [215, 219].

Fast regelmäßig wird er im Schlachtbereich sowohl vor als auch nach der Eviszeration auf dem Geflügelfleisch, besonders auf der Haut, nachgewiesen ([17, 219, 222]; siehe auch Tab. 5.3). Bei quantitativen Untersuchungen wurden Keimzahlen (*A. hydrophila*) bis zu 10^3/g Halshaut ermittelt [219]. Auf eßbaren Schlachtnebenprodukten (Muskelmägen, Herzen) war er ebenfalls zu finden. Auch in Geflügelschlachtbetrieben entnommene Trinkwasserproben erwiesen sich als aeromonadenhaltig – selbst dann, wenn sie an unverdächtigen (vor dem Schlachtbereich liegenden) Zapfstellen entnommen wurden [219].

Tab. 5.3 *Aeromonas hydrophila* (A. h.) in geschlachteten Hähnchen

Probenart	Untersucht	A. h. positiv	
	n	n	%
Halshaut	180	90	50,0
Muskelmagen[1])	60	43	71,7
Darminhalt (Colon)	50	6	12,0
Kloakenabstrich	20	0	0

[1]) nach Reinigung und Entfernung der Schleimhaut

Diese Befunde belegen, daß das Geflügel jedenfalls nicht die einzige Eintragsquelle im Schlachtgeschehen ist.

Im Handel angebotenes rohes Geflügelfleisch ist ebenfalls in hohem Maße mit *A. hydrophila* belastet [69, 125, 154, 160, 165]. Während der Kühllagerung (+4 bis +5 °C) steigt der Gehalt an *A. hydrophila* stetig an und erreicht

Tab. 5.4 Verhalten von *Aeromonas hydrophila* (A. h.) in Geflügelfleisch (Brusthaut) bei +4 °C

Lagerdauer	A. h.-Keimzahl (log): $\bar{x}$; s (n = 10) Versuch 1	Versuch 2
0 Tage[1])	0,27 ± 0,48	0,77 ± 0,45
3 Tage	1,38 ± 0,75	2,37 ± 0,69
6 Tage	1,65 ± 0,53	4,45 ± 0,54
9 Tage	4,08 ± 1,28	4,93 ± 0,75

[1]) Schlachttag

zum Ablauf der Haltbarkeit des Geflügelfleisches Keimzahlen von 10^5/g ([165, 220]; siehe auch Tab. 5.4).
Der überwiegende Teil der auf Geflügelfleisch vorkommenden Stämme bildet Hämolysine und Enterotoxine [125, 154, 160]. Hierzu sind die meisten Stämme von *A. hydrophila* auch bei Temperaturen von +4 bis +5 °C fähig [124, 139], ebenso Vertreter von *A. sobria*, einer Spezies, die wie *A. hydrophila* mit Diarrhöen beim Menschen in Verbindung gebracht wird, hier jedoch seltener in Erscheinung tritt und im angesprochenen Temperaturbereich offenbar auch etwas verzögert Toxine bildet [124]. *A. hydrophila* wurde auch in gegarten Geflügelfleischerzeugnissen (Huhn, Pute) nachgewiesen [87]. Unter Kühlung aufbewahrtes rohes Geflügelfleisch an der Grenze der Aufbrauchfrist stellt bei der Handhabung im Küchenbereich als Quelle für die Kontamination anderer Lebensmittel ein potentielles Risiko dar. Nach dem Durcherhitzen kann Geflügelfleisch ohne Gefahr verzehrt werden, da fast alle bislang isolierten Toxine hitzelabil sind [213]. Höher zu bewerten ist die Gefährdung des Verbrauchers durch verzehrsfertige Gerichte, in denen sich *Aeromonas* vermehren und Toxine bilden konnten.

Yersinia

Bei Geflügel sind Erkrankungen durch *Y. pseudotuberculosis* verbreitet und haben besonders in Putenbeständen oft enzootischen Charakter [122]. Der Erreger kommt auch bei Wildvögeln aller Arten vor und ist häufig aus dem Kot der Tiere zu isolieren [170, 236]. Obwohl der Mensch ebenfalls an Pseudotuberkulose erkranken kann, sind Infektionen im Zusammenhang mit dem Verzehr von Geflügelfleisch nicht bekannt.

Bestimmte Serotypen von *Y. enterocolitica* rufen beim Menschen gastrointestinale Komplikationen, Septikämien, Arthritiden u. a. hervor (siehe Abschnitt 2.6). Für das Geflügel hat diese Spezies keine pathogenetische Bedeutung [244]. *Y. enterocolitica* wurde aber des öfteren im Darminhalt nachgewiesen [38, 45, 170]. Menschenpathogene Serovare wurden hierbei nicht ermittelt [38].

Wiederholt wurde rohes Geflügelfleisch in den letzten Jahren mit Erfolg auf Yersinien, insbesondere *Y. enterocolitica*, untersucht, wobei die Nachweisraten (*Y. e.*) mit 5–50 % allerdings recht unterschiedlich ausfielen [30, 40, 46, 59, 108, 132, 222]. Auch in eßbaren Schlachtnebenprodukten (Lebern, Muskelmägen) wurden Vertreter dieser Spezies gefunden [44, 111]. Übereinstimmend wurde jedoch, soweit eine serologische Differenzierung vorgenommen wurde, auch hier festgestellt, daß Serotypen, die mit Erkrankungen des Menschen in Verbindung gebracht werden, beim Geflügel kaum vorkommen [30, 46, 59, 62, 108, 132].

Escherichia coli

Die beim Geflügel am häufigsten vorkommenden Vertreter von *E. coli* sind (ebenso wie auch bei anderen Warmblütern) gewöhnliche Kommensalen der hinteren Darmabschnitte und bilden dort einen wesentlichen Teil der Intestinalflora. Daneben gibt es eine Reihe geflügelpathogener Varianten, die aber für den Menschen nach heutiger Kenntnis keine große gesundheitliche Bedeutung haben.

Spontane Erkrankungen durch menschenpathogene Stämme, insbesondere *E. coli* O 157 : H7, sind bei Geflügel bislang nicht bekannt geworden. Infektionsversuche mit einer hohen Keimzahl (10^9 *E. coli* O 157 : H7) an Eintagsküken führten nicht zum Ausbruch klinischer Erscheinungen, doch siedelte sich der Erreger in den Blinddärmen sowie im Kolon an und persistierte bis zu 90 Tagen nach der Infektion [22]. Geflügel kommt demnach als Reservoir für den Erreger in Betracht, hat aber gegenwärtig offenbar keine epidemiologische Bedeutung.

E. coli O 157 : H7 wurde in den USA unter anderem auch in frischem Geflügelfleisch (1,5 % der Proben positiv) nachgewiesen [51]. Obwohl auch die Kontaminationsraten bei Fleisch anderer Tierarten (Rind 3,7 %; Schwein 1,5 %; Lamm 2,0 %) kaum höher lagen, gilt das Rind als das zur Zeit vorrangig beachtenswerte Reservoir.

Nach einem Ausbruch in einer norddeutschen Kindertagesstätte mit 41 Erkrankten wurde *E. coli* O 157 : H7 außer aus dem Stuhl der Patienten zwar unter anderem auch aus Putenfleisch (im Teigmantel) isoliert [176]. Doch ist es sehr gut möglich, daß hier eine sekundäre Kontamination vorlag. Bei dem geschilderten Krankheitsausbruch hat wahrscheinlich im Küchenbereich eine Ausbreitung der Erreger stattgefunden; die Kontaminationsquelle war letztendlich nicht eindeutig zu ermitteln.

Mycobacterium avium

Die Tuberkulose des Geflügels kommt in den intensivgehaltenen Mast- und Legehennenbeständen kaum noch vor, ist aber in kleinbäuerlichen Freilandherden durchaus noch verbreitet [96, 192]. Auch bei Federwild und anderen Wildvögeln muß mit Infektionen durch diesen Erreger gerechnet werden [153]. Über die Häufigkeit positiver Befunde anläßlich der Schlachtgeflügel- und Geflügelfleischuntersuchung ist nichts bekannt, da die Tuberkulose wegen ihres seltenen Vorkommens beim Geflügel statistisch nicht gesondert erfaßt wird. Als Risikogruppen sind Kleinbestände in Freilandhaltung und Federwild anzusehen. Ein Großteil dieser Tiere ist durch Ausnahmen im Geflügelfleischhygienerecht von der Untersuchungspflicht befreit und könnte daher unbeanstandet in den Haushalt des Verbrauchers gelangen. Doch haben molekularbiologische Untersuchungen in der Schweiz [96] jüngst ergeben, daß zwischen den geflügelpathogenen Stämmen und den Erregern, die im Krankheitsgeschehen beim Menschen zunehmende Probleme bereiten, wahrscheinlich gar keine epidemiologische Verbindung besteht.

Chlamydien

Auf Infektionen mit *Chlamydia psittaci* (Ornithosen) soll hier nicht näher eingegangen werden, obwohl sie beim Nutzgeflügel steigende Beachtung finden und die Erreger beim Menschen nach wie vor Erkrankungsfälle auslösen. In den meisten Fällen werden Vögel als Infektionsquelle vermutet. Zwar kann der Erreger auch auf Geflügelfleisch, jedenfalls bei Gefrierlagerung, lange Zeit überleben [164]. Doch finden Infektionen offenbar fast ausschließlich durch direkten Kontakt mit erkrankten Tieren oder Ausscheidern sowie durch aerogene Übertragung statt [217]. Zu dieser Einschätzung passen auch Meldungen über Erkrankungen von Arbeitern in Geflügelschlachtbetrieben, in denen infizierte Putenherden geschlachtet wurden [3]. Über Erkrankungen nach dem Verzehr dieses Fleisches wurde nichts bekannt.

Eine Vermehrung des Erregers auf kontaminiertem Fleisch ist nicht möglich.

Staphylococcus aureus

Die Staphylokokkose des Geflügels, hervorgerufen durch *S. aureus*, kann in Hühner- und Putenbeständen erhebliche Verluste verursachen. Begünstigend für den Ausbruch der Erkrankung wirken neben der Virulenz der Erreger das bei intensiv gehaltenem Geflügel verbreitete Federpicken, andere Grundkrankheiten sowie belastende Umweltfaktoren [85].

Doch auch in gesunden Beständen ist *S. aureus* fast überall zu finden. Bevorzugt hält der Erreger sich in der Nasenhöhle, auf der Haut und im Gefieder der Tiere auf. Untersuchungsbefunde weisen darauf hin, daß etwa die Hälfte des Hausgeflügels Träger von *S. aureus* ist [78]. Nur ein geringer Teil der Stämme (2–4 %) bildet Enterotoxine [201].

Mit dem Schlachtgeflügel gelangen die Staphylokokken in den Schlachtbetrieb, wo es im Verlauf des Schlachtprozesses zu einer Verbreitung der Keime kommt. Untersuchungsbefunde, die einen Anstieg von *S. aureus* auf der Haut des Geflügels von der Anlieferung bis zum verpackungsfertigen Tierkörper konstatieren [158], sind ein Hinweis auf mögliche betriebsinterne Kontaminationsquellen. In dieser Hinsicht ist der Rupfvorgang ein besonders risikoreicher Prozeßschritt, bei dem es während der Betriebszeit infolge der Feuchtigkeit, der Wärme und der Ablagerung organischen Materials in der Rupfmaschine zur Vermehrung der Keime kommen kann [147, 204]. Daneben kann aber auch die unterschiedliche Vorbelastung der einzelnen Herden bei der Anlieferung sich durchaus in entsprechenden Kontaminationsraten und einer korrespondierenden Anzahl von Staphylokokken auf dem frischen Endprodukt niederschlagen. So wurde bei Hautproben von 384 Masthähnchen aus 16 Herden am Ende der Schlachtung eine durchschnittliche Befallsrate (*S. aureus*) von 44,3 % ermittelt, wobei die einzelnen Herden zwischen 12,5 und 84 % belastet waren [59]. Keimzahlen ($\log_{10}$ *S. aureus*/g Halshaut) lagen im Mittel bei 2,5 (2,05–3,12). Enterotoxinbildende Stämme wurden nicht gefunden. Andere Autoren fanden >70 % staphylokokkenpositive Tierkörper [222] und mittlere Keimzahlen von $>10^3$/g Haut [158].

Auch die im Schlachtbereich isolierten Staphylokokken sind nur zum geringen Teil Enterotoxinbildner [2, 222]. Nachgewiesen wurden Toxine der Typen A, B, C und D.

Bislang ist die Bedeutung von Staphylokokken tierischer Herkunft als Ursache für Lebensmittelintoxikationen des Menschen umstritten. Da *S. aureus* erst bei Temperaturen oberhalb von +10 °C wächst und Toxine bildet und überdies gegenüber einer starken kompetitiven Flora sensibel reagiert, geht von frischem, vorschriftsmäßig gelagertem Geflügelfleisch kaum eine Gefahr aus [24, 247]. Die meisten Staphylokokkenintoxikationen werden durch erhitzte, anschließend rekontaminierte und nicht ausreichend kühlgelagerte Lebensmittel hervorgerufen. Meist stammen die Erreger aus dem Humanbereich (fleischbearbeitendes Personal, Kontamination durch Nasen- oder Wundsekret [24]).

Clostridien

C. perfringens ist im Darmtrakt und im Kot von Geflügel fast regelmäßig anzutreffen [71, 207, 221]. In den Blinddärmen und im Kolon kommt der Keim in unterschiedlichen Mengen vor, wobei Anzahlen von $>10^5$/g Darminhalt zu den Ausnahmen zählen [14, 207]. Dominierend ist hier der Typ A vertreten [71, 207, 221], der auch für die meisten Perfringens-Lebensmittelvergiftungen in Nordamerika und Europa verantwortlich ist. Diesen Keim aus Geflügelstallungen fernzuhalten, ist außerordentlich schwierig, da er bereits in gewöhnlichen Erdbodenproben, in Einstreu und Futtermitteln enthalten ist [71, 221]. In größeren Mengen aufgenommen, kann er in Geflügelbeständen, insbesondere bei der Bodenintensivhaltung von Broilern, bedeutende Verluste verursachen, ruft aber auch bei Wachteln, Fasanen und Rebhühnern Enteritiden hervor [202].

C. perfringens Typ A kommt in 2 Varianten vor, von denen die eine hämolytisch und relativ hitzelabil, die andere nicht hämolytisch und hitzeresistent ist [147]. Hauptsächlich letztere kommt als Erreger von Lebensmittelintoxikationen in Betracht, da Erkrankungen fast nur nach dem Verzehr erhitzter und anschließend bei moderaten Temperaturen (zwischen +15 und +50 °C) aufbewahrter Lebensmittel auftreten. Bei den für frisches Geflügelfleisch üblichen Lagerungstemperaturen (< +4 °C) vermehrt sich der Keim nicht. Im übrigen ist nur ein geringer Prozentsatz der hitzeresistenten Typ A-Stämme in der Lage, ohne vorhergehende Erhitzung des Lebensmittels auf +75 bis +80(+100) °C („Hitzeaktivierung" der Keime) zu wachsen [181].

Auf und in rohem Geflügelfleisch wurden unterschiedliche *C. perfringens*-Zahlen gefunden. Sie reichen von negativen Befunden [59, 222] über 10^2/g bei 11 % positiven Befunden [62] und 58 % (ohne Keimzahlbestimmung; [75]) bis zu $>10^3$/g und 100 %iger Nachweisrate [1]. Es konnte aber auch gezeigt werden, daß Tierkörper im Verlauf des Schlachtprozesses sehr unterschiedlich belastet sind. So sanken bei Versuchen die nach der Evisszeration und Sprühwäsche noch hohen *C. perfringens*-Zahlen (10^2 bis $>10^3$/g Halshaut) im Verlauf der nachfolgenden Tauchkühlung in gechlortem (20 ppm) Wasser auf Werte von <10/g [1]. Eine Gefrierbehandlung mit anschließendem Wiederauftauen der Tierkörper hatte hier keinen erkennbaren Effekt mehr. Ansonsten führen aber Einfrieren und Gefrierlagerung von Lebensmitteln mit einem hohen Ausgangskeimgehalt (10^4–10^7 *C. perfringens*/g) offenbar zu einer deutlichen Reduktion (um 2 bis 4 $\log_{10}$) lebensfähiger Keime [77]. So sind im allgemeinen auch bei tiefgefroren im Handel befindlichen Geflügelfleischerzeugnissen nur geringe *C. perfringens*-Gehalte ($<10^2$/g) beschrieben worden [1]. Bei Produkten dagegen, die – gleich, ob durchgegart oder nicht – nach dem Herstellungs- oder Zubereitungsprozeß längere Zeit ungekühlt aufbewahrt werden, muß mit Keimzahlen gerechnet werden, die eine Intoxikation auslösen können. In Lebensmitteln, die mit Erkrankungen in Verbindung gebracht wurden (neben Rotfleischerzeugnissen und pflanzlichen Lebensmitteln auch gebackene Hähnchen und Geflügelsalat), wurden meist Zahlen von mindestens 10^6 *C. perfringens*/g ermittelt [77, 109]. Perfringens-Intoxikationen können nach dem Verzehr aller Arten von Lebensmitteln auftreten, in denen der Keim zuvor günstige Vermehrungsbedingungen gefunden hat. Dabei spielt die tierische Herkunft offenbar eine untergeordnete Rolle.

Sehr viel seltener, allerdings meist mit fatalen Folgen, treten Lebensmittelintoxikationen durch *C. botulinum* auf [56, 229, 249]. Meist handelt es sich um Einzelerkrankungen nach dem Verzehr erhitzter, aber nicht sterilisierter, und anschließend ungekühlt gelagerter Lebensmittel. Wirksam sind die im Lebensmittel von *C. botulinum* gebildeten Neurotoxine.

Der Keim kommt im Erdboden sowie in Sedimenten von Wasserläufen vor und findet sich in geringen Mengen auch im Verdauungstrakt von Tieren. Bei Hausgeflügel, besonders bei Tieren in Intensivbodenhaltung, ruft er gelegentlich Erkrankungen hervor [182]. Zum Massensterben kommt es mitunter bei Wassergeflügel, vornehmlich Enten, in trockenen Sommermonaten [74].

Trotz der sporadischen Erkrankungsfälle wird die Gefahr eines Eintrags größerer Mengen von *C. botulinum* über Schlachtgeflügel in die Nahrungskette als gering eingeschätzt, da sich die Erreger zu Lebzeiten der Tiere im Darm kaum vermehren [183]. Nach der Schlachtung verhindern die niedrigen Temperaturen bei ordnungsgemäßer Behandlung und Lagerung ein Wachstum der Keime; im übrigen würde das hitzelabile Toxin, selbst wenn es im frischen Geflügelfleisch gebildet würde, durch den Erhitzungsprozeß bei der Zubereitung zerstört [183].

5.1.2 Verderbnisflora

Die für die postmortalen mikrobiellen Ab- und Umbauprozesse im Fleisch und in den Organen verantwortliche Keimflora ist je nach den Milieubedingungen unterschiedlich zusammengesetzt. Dabei bieten die hohe Wasseraktivität der eßbaren Gewebe und die nur geringfügige postmortale pH-Absenkung in der Muskulatur, besonders in den Schenkeln, in jedem Fall gute Voraussetzungen für das Wachstum der meisten Keimarten. Variable Einflußfaktoren sind der Temperaturverlauf nach dem Tod des Tieres und, in engerem Rahmen, die O_2-Spannung im Gewebe und der umgebenden Atmosphäre. Letztere ist bei geschlachtetem, ausgenommenem und nicht unter Schutzgas gelagertem Geflügel wegen der geringen Körpermasse (bei Hühnern, Perlhühnern, Enten und jungen Puten) so hoch, daß aerob wachsende Keimarten die Flora beherrschen. Lediglich bei sehr schweren Tieren können in der Tiefe der fleischreichen Partien anaerobe Verhältnisse herrschen. Geflügelfleisch ist im gewerblichen Handel bei einer Temperatur von höchstens +4 °C zu lagern und zu behandeln. Der unter diesen Bedingungen stattfindende Verderb ist für die Abschätzung der Lagerfähigkeit von besonderem Interesse. Die hierfür verantworliche psychrotrophe Keimflora setzt sich zusammen aus psychrophilen Mikroorganismen, deren Wachstumsoptimum aber meist deutlich höher (bei +15 bis +20 °C) liegt, und denjenigen mesophilen Keimen, deren Temperaturspektrum für die Vermehrung bis nahe an 0 °C herabreicht. Bei der Bestimmung des sog. Gesamtkeimgehalts (+30 °C) werden die Angehörigen der ersten Gruppe nur teilweise erfaßt, da einige sich bei +30 °C nicht mehr vermehren [13, 63].

Auf frisch geschlachteten Hähnchen gewinnen unter aeroben Verhältnissen bei einer Lagerungstemperatur von +4 °C schnell Angehörige der *Pseudomonadaceae* (hauptsächlich *P. fragi*, daneben auch *P. fluorescens* und *P. putida*), *Alteromonas* spp. und *Brochothrix thermosphacta* die Oberhand [63]; bei 0 °C treten außerdem *Acinetobacter* spp. und *Moraxella* spp. stärker in Erscheinung [175], bei reduzierter O_2-Spannung (gasdichte Polyethylenfolien-Umhüllung) und +4 °C auch *Aeromonas* spp., *Vibrio* spp., *Lactobacillus* spp. und *Enterobacteriaceae* [218]. Am Rande werden noch Coryneforme und *Flavobacter* spp. erwähnt [175, 218]. Auch *Psychrobacter immobilis*, *Cytophaga* spp., Hefen und Schimmelpilze wurden nachgewiesen [12, 104, 237].

Nicht alle der genannten Spezies sind starke Proteolyten und damit maßgeblich am Verderb des Geflügelfleisches beteiligt. Bei kühl gelagertem Geflügelfleisch dominieren die Pseudomonaden; sie sind hauptverantwortlich für den Eiweißabbau [13, 63, 175, 237].

Der größte Teil dieser Keimarten ist im Verdauungstrakt des lebenden Geflügels kaum anzutreffen. Einige Spezies werden im Gefieder und auf der Haut mitgetragen, ohne mengenmäßig eine große Bedeutung zu erlangen. Sie reichen aber für eine Kontamination des Schlachtbereichs aus, und obwohl der größte Teil von ihnen durch den Brühprozeß abgetötet wird, sind sie anschließend wieder auf der Haut der gerupften Tiere nachzuweisen [147]. Vermutlich hält sich im Schlachtbetrieb eine Flora, die Reinigungs- und Desinfektionsmaßnahmen übersteht und später wieder zur Kontamination der Tierkörper beiträgt. Kritische Punkte im Schlachtprozeß sind in dieser Hinsicht besonders die Gummifinger der Rupfmaschinen, die Luft-Sprüh-Kühlräume und sonstige Dauer-Feuchtbereiche.

Bei nicht oder nur teilweise ausgenommenem Geflügel (Poulét effilé, New York dressed-Geflügel, Federwild) hält sich in den Eingeweiden (Kropf, Magen, ggf. Darm) eine anaerob bis mikroaerob wachsende Flora. Sie entspricht, da eine postmortale Kontamination der Innereien in der Regel nicht stattfindet, zunächst der eingangs beschriebenen Darmflora des lebenden Tieres (siehe Abschnitt 5.1). Bei Temperaturen über +15 °C sind es hauptsächlich Clostridien und *Enterobacteriaceae*, die durch eine starke Gasbildung (H_2S) auffallen [141]; diese Aktivität ist bei Temperaturen um +10 °C auf *Enterobacteriaceae* beschränkt und kommt bei Kühlung unter +5 °C nahezu zum Erliegen [16]. Das gebildete H_2S diffundiert in die umliegenden Gewebe, ruft hier durch Reaktionsprozesse (Bildung von Sulfhämoglobin) eine Grünfärbung hervor und führt so zum (chemischen) Verderb. Die Keime selbst dringen zunächst nicht in die Muskulatur vor, diese bleibt über einen längeren Zeitraum keimfrei [143].

5.2 Mikrobiologie des Geflügelfleisches

Die mikrobiologischen Vorgänge auf und in Geflügelfleisch ähneln in vieler Hinsicht denen bei rotem, d. h. von Säugetieren stammendem Fleisch. Eine Reihe von Besonderheiten des Körperbaus, der geweblichen Struktur, der bereits erwähnten Haltungsbedingungen des Geflügels, der Schlacht- und Bearbeitungstechniken sowie der Vermarktungsformen bei frischem Geflügelfleisch rechtfertigt jedoch eine eigenständige Behandlung dieses Themas. Ihre Kenntnis ist für den Umgang mit Geflügelfleisch unentbehrlich.

Geflügelfleisch ist ein außerordentlich guter Nährboden für Mikroorganismen: Die lockere, nach dem Rupfen des Tieres zerklüftete und von feingeweblichen Zusammenhangstrennungen gezeichnete Haut bietet gute Anheftungsmöglichkeiten für die Keime, ebenso die Körperhöhle des ausgenommenen Vogels, in der wegen der anatomischen Besonderheiten der Organe (Verästelungen in die Zwischenrippenspalten) beim Ausnehmen zwangsläufig Lungen- und Nierenreste zurückbleiben. Diese Gewebsreste der Innereien und die Haut sind es auch, die einen Teil des beim Schlachtvorgang reichlich eingesetzten Wassers adsorbieren, so daß die Wasseraktivität an der Oberfläche des Tierkörpers meist im gesamten Zeitraum bis zur Zubereitung sehr hoch bleibt ($a_w > 0{,}99$). Das hohe Proteinangebot bei gleichzeitig niedrigem Fettgehalt und die bei Geflügel nur schwach verlaufende postmortale Glykolyse begünstigen eine schnelle Keimvermehrung der proteolytisch aktiven Flora. Lediglich in der Brustmuskulatur erreicht der pH_1-Wert (45 min nach der Schlachtung) bei Hähnchen, Puten, Gänsen und Enten im Mittel den Wert von 6,0 und sinkt auch später nicht wesentlich unter diese Marke (pH 5,7–5,9). In der Schenkelmuskulatur hingegen tritt nur eine schwache Säuerung auf durchschnittlich pH 6,3 bis 6,5 ein.

Hinzu kommt die große Körperoberfläche im Verhältnis zur Fleischmasse. Hierdurch werden den Mikroorganismen von allen Seiten gute Angriffsmöglichkeiten geboten. Schließlich sorgt auch die Schlachttechnik dafür, daß die Keime über die gesamte Oberfläche verteilt und durch einige Prozeßschritte, insbesondere durch das Rupfen, in die tieferen Schichten regelrecht einmassiert werden.

Die Folge ist eine hohe Anfälligkeit des Geflügelfleisches gegenüber frühzeitigem Verderb. Dieser kann nur verhindert werden durch strikte Einhaltung der hygienischen Anforderungen, besonders aber durch eine lückenlose Kühlkette (möglichst ±0 bis +2 °C) bis zur Abgabe an den Verbraucher. Dennoch ist der Zeitraum von der Schlachtung bis zum Ablauf der Haltbarkeit eng begrenzt. Aus diesem Grund wurde Geflügelfleisch in früheren Jahren, zumindest in Mitteleuropa, überwiegend gefroren oder tiefgefroren angeboten. Diese Angebotsform ist heute aus geschmacklichen Erwägungen und Gründen der umständlicheren Handhabung im Haushalt (Auftauen vor der Zubereitung), aber auch wegen der Fortschritte in der Logistik der Frischgeflügelvermarktung rückläufig.

5.2.1 Hygienische Anforderungen an das Gewinnen, Behandeln und Inverkehrbringen von Geflügelfleisch

Schon vor einigen Jahrzehnten hat sich in der Geflügelproduktion und Geflügelfleischvermarktung ein tiefgreifender Wandel vollzogen. Kleinbäuerliche Haltungsformen und Direktabgabe des Geflügelfleisches an den Verbraucher spielen heute mengenmäßig eine untergeordnete Rolle. Die inzwischen klar dominierende industriemäßig betriebene Mast mit großen Tierzahlen auf engem Raum (Masthähnchen: bis ca. 30 000 Tiere pro Stall oder Abteilung), die nahezu vollmechanisierte Schlachtung mit einer Stundenkapazität pro Schlachtlinie von mittlerweile 8 000 Tieren (Masthähnchen; in den USA sind bereits Schlachtleistungen von 10 000 Tieren üblich), verstärkte Auslastung der Einrichtungen und Maschinen durch Mehrschichtbetrieb, automatische Zerlegelinien und eine überregionale Frischgeflügelvermarktung haben das Angebot vergrößert und zum steigenden Geflügelfleischverzehr (in Deutschland 1995 pro Kopf der Bevölkerung: 13,3 kg) beigetragen. Hierdurch sind jedoch auch die Risiken großräumiger Fehlentwicklungen auf dem Hygienesektor gestiegen.

Daher wurden im Jahr 1971 in Europa (EG) erstmals harmonisierte Rechtsvorschriften für das Gewinnen, Behandeln und Inverkehrbringen von frischem Geflügelfleisch verabschiedet. Die seinerzeit in Kraft getretene Richtlinie 71/118/EWG (Richtlinie „Frisches Geflügelfleisch" [4 A]), die zuletzt im Jahr 1992 einschneidende Änderungen erfuhr, ist großenteils an den für rotes Fleisch (Fleisch von schlachtbaren Säugetieren) geltenden Vorschriften (Richtlinie 64/433/EWG [5 A]) orientiert, berücksichtigt aber die spezifischen Belange der Geflügelschlachtung und der weiteren Behandlung des Geflügelfleisches. Nur auf sie wird an dieser Stelle eingegangen – und nur insoweit, als hygienische Aspekte unmittelbar betroffen sind. (In Deutschland wurden die Vorschriften in das Geflügelfleischhygienegesetz – GFlHG –[6 A] und seine Folgeverordnungen übernommen.)

Räumliche Anforderungen, Betriebshygiene

Die Schlachtung großer Tierzahlen innerhalb kurzer Zeit (bis 150 000 Hähnchen pro Tag) ist nur an einem kontinuierlich arbeitenden Fördersystem mit automatisierten Bearbeitungsschritten möglich. In solchen Anlagen ist eine nach hygienischen Belangen geordnete Abfolge der einzelnen Prozeßschritte von der unreinen (Anlieferung des Geflügels, Einhängen in die Schlachtkette) zur reinen Seite (Behandlung des bratfertigen Tierkörpers) organisatorisch lösbar. Individuelle Hygienefehler des Personals, der größte Risikofaktor bei der Rotfleischgewinnung, sind hier nur an wenigen Positionen der Schlachtlinie möglich. Auf der anderen Seite sind Verunreinigungen und sonstige gesundheitlich bedeutsame Mängel an den Tierkörpern und Organen aufgrund ihrer geringen Größe schwerer erkennbar, die Hemmschwelle für ein Eingreifen in die automatischen Abläufe ist höher, und Hygienemängel lassen sich durch hohen Wassereinsatz scheinbar besser kompensieren als im Rotfleischbereich.

Die Rechtsvorschriften können diese Gefahren zwar nur teilweise berücksichtigen. Sie sind gleichwohl erforderlich, damit wenigstens die Voraussetzungen für einen hygienischen Umgang mit Geflügelfleisch geschaffen werden.

Festgelegt ist zunächst eine räumliche Unterteilung des Schlachtprozesses in mindestens drei Einheiten (s. Abb. 5.3):

1. Anlieferungs- und Untersuchungsbereich: räumliche Trennung zum Schlachtraum; der Bereich muß aber kein allseitig abgeschlossener Raum sein; ein überdachter Platz ist ausreichend.

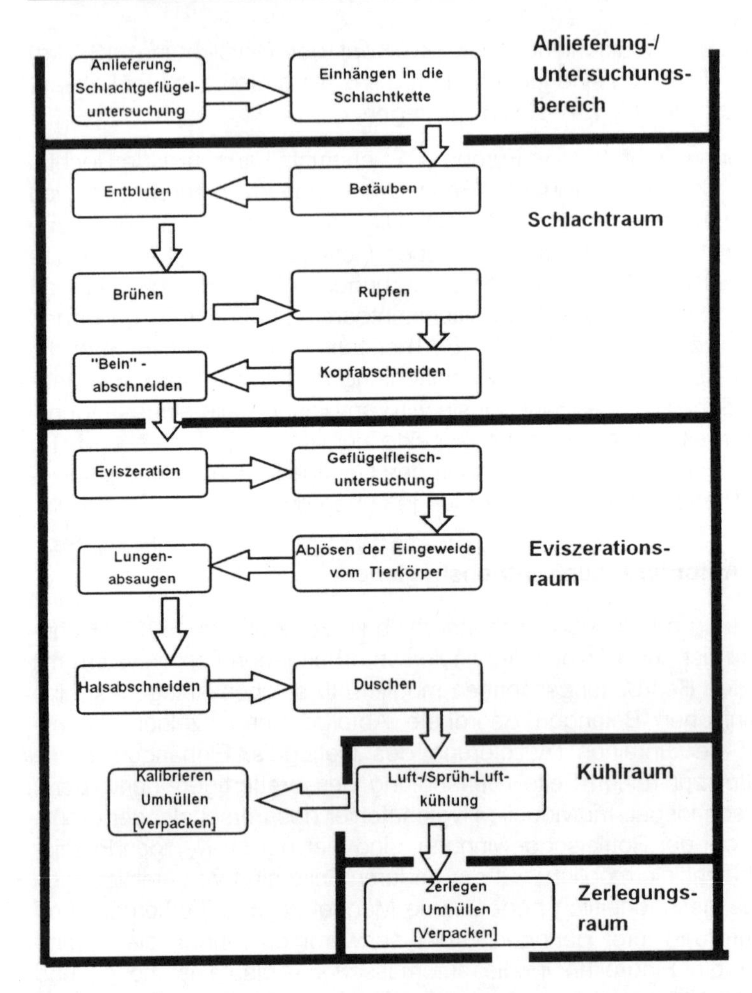

Abb. 5.3 Geflügelschlachtung (Fließschema, räumliche Anforderungen)

2. Schlachtraum: räumliche Trennung zum Anlieferungsbereich sowie zum Eviszerations- und Zurichtungsraum; Arbeitsbereiche für Betäuben und Entbluten sind von denen für Brühen und Rupfen zu trennen.
3. Eviszerations- und Zurichtungsraum: räumliche Trennung zum Schlachtraum; Eviszerationsbereich ist von übrigen Bereichen abzusondern.
   Für die Kühlung (Luftkühlung, Luft-Sprüh-Kühlung) ist schon aus Gründen der Energie-Einsparung ebenfalls ein eigener Raum erforderlich. (Dies gilt nicht für die Tauchkühlung.)

Durch die Gliederung in mehrere Räume, die nur durch eine Durchreiche miteinander in offener Verbindung stehen dürfen, soll eine Kontamination der bereits zu „reineren" Prozeßstufen vorgerückten Tierkörper verhindert werden. Als Vektoren für eine mögliche Keimverschleppung fungieren

- Staub aus den Außenbereichen, besonders aus dem Anlieferungsbereich, in dem die Luft durch Flügelschlagen der aufgeregten Tiere beim Einhängen in die Schlachtkette stark keimbelastet ist,
- Blut, das durch Eintrag in den Brühtank die Überlebenschancen für Mikroorganismen verbessert,
- verunreinigtes Spritzwasser und Aerosole, die besonders beim Brühen und Rupfen der Tiere anfallen und
- fäkal belastetes Spritzwasser, das bei den einzelnen Eviszerationsschritten entsteht.

Schlachtgeflügel- und Geflügelfleischuntersuchung

Ausgehend von der Erkenntnis, daß die auf den Schlachtbetrieb beschränkte Untersuchung des angelieferten Geflügels und der Tierkörper sowie der Organe nach der Schlachtung die Anforderungen an einen umfassenden Verbraucherschutz nicht erfüllen kann, wurden die Untersuchungsvorschriften neuerdings insofern verschärft, als künftig eine erweiterte Schlachtgeflügeluntersuchung in allen großen Mast- oder sonstigen Haltungsbetrieben vor der Ausstallung zur Schlachtung vorgeschrieben ist. Im Schlachtbetrieb sind zusätzlich zur Stück-für-Stück-Untersuchung jedes geschlachteten Tieres Stichprobenuntersuchungen mit einer eingehenderen pathologisch-anatomischen Untersuchung durch den amtlichen Tierarzt vorgesehen.

Zur Erkennung einer Infektion mit Zoonoseerregern sind diese zusätzlichen Untersuchungsschritte allerdings ebenso ungeeignet wie die vorher angewandte Untersuchungstechnik – jedenfalls bei klinisch und pathologisch inapparentem Verlauf der Infektion. Erst durch Einbeziehung labordiagnostischer Tests und nachfolgende Bestandssanierung bei positiven Befunden kann hier eine Verbesserung erreicht werden.

Fäkale Verunreinigungen sind im Rahmen der Geflügelfleischuntersuchung am Band feststellbar und führen zur Beanstandung des Fleisches. Der Untersucher kann (und muß) darüber hinaus eine umgehende Behebung der Ursachen (z. B. Fehljustierung des automatischen Kloakenbohrers) erwirken.

Kühlung

Geflügelfleisch ist wegen seiner hohen Verderbsanfälligkeit unmittelbar am Ende des Schlachtprozesses auf eine Fleischtemperatur von höchstens +4 °C zu kühlen. Hierzu wurde früher (in den USA noch heute) bevorzugt ein mit Scherbeneis gekühltes Wasserbad eingesetzt, in dem die Tierkörper durch eine Förderschnecke von einem zum anderen Ende bewegt werden, bevor sie zum Abtropfen erneut aufgehängt werden. Dieser sogenannte „Spin-chiller", der oft aus zwei, gelegentlich sogar mehreren hintereinandergeschalteten Tauchbädern besteht, hatte einige hygienische Nachteile, solange seine Verwendung keinen besonderen hygienischen Anforderungen unterlag. Aus Gründen der Energie- und Wassereinsparung wurde in einigen Betrieben das Kühlwasser im wesentlichen nur durch Nachschütten von Scherbeneis zur Aufrechterhaltung der Kühltemperatur von etwa +2 °C erneuert, so daß im Laufe eines Schlachttages die Keimzahl schnell anstieg und auf einem hohen Niveau verharrte. Insbesondere bestand die Gefahr einer Übertragung pathogener Keime von einem Tierkörper auf den anderen (Kreuzkontamination). Dabei konnte eine hochbelastete Herde nachfolgend geschlachtete, zuvor erregerfreie Partien kontaminieren [171]. Seit 1979 sind in der EWG/EG/EU nur noch Tauchkühlverfahren erlaubt, die nach dem Gegenstromprinzip ablaufen und einen auf das Geflügelgewicht bezogenen Mindestwasserverbrauch gewährleisten. Bei dieser Form der Tauchkühlung werden die Tierkörper mechanisch und kontinuierlich entgegen der Kühlwasserströmung transportiert, die Wassertemperatur (beim Eintauchen der Tierkörper in das Bad nicht über +16 °C, beim Verlassen der Tierkörper – also an der Wassereinlaßseite – nicht über +4 °C) und die Verweilzeiten der Tierkörper (im ersten Becken höchstens 30 Minuten, in den restlichen nicht länger als erforderlich) sind begrenzt.

Der Wasserverbrauch ist bei diesem Kühlverfahren sehr hoch – zumal, da Tierkörper, die tauchgekühlt werden sollen, zuvor mit einer festgesetzten Wassermenge abgebraust werden müssen. Für Hähnchen beläuft sich allein die für das Abbrausen und Kühlen zu verwendende Wassermenge auf 4 Liter pro Tierkörper.

Obwohl auch die hygienisch verbesserte Tauchkühlung die prinzipielle Gefahr einer Kreuzkontamination nicht beseitigen kann, ist wenigstens ein deutlicher Wascheffekt unverkennbar.

Tauchkühlanlagen sind in der EU mit mikrobiologischen Methoden darauf zu überprüfen, ob sie hygienisch einwandfrei funktionieren. Hierzu sind Tierkörper vor und nach der Kühlung auf ihren Gesamtkeimgehalt (GKZ) und den Gehalt an Enterobakteriazeen (EB) zu untersuchen. Methodik und Richt- oder Grenzwerte wurden bislang nicht EU-einheitlich festgelegt.

In Deutschland sind die Keimgehalte nach einer Empfehlung des Bundesgesundheitsamtes (heute: BgVV) aus dem Jahr 1978 durch Untersuchung der Halshaut zu ermitteln. Als Grenzwerte wurden für Geflügel nach der Kühlung $1{,}0 \times 10^6$ (GKZ)/g bzw. $1{,}0 \times 10^5$ (EB)/g festgelegt. In der Praxis werden diese Werte zumeist deutlich unterschritten.

In Europa haben sich inzwischen andere Kühlverfahren (Luftkühlung, Luft-Sprüh-Kühlung) durchgesetzt, die ebenfalls mit Hygienerisiken (Aerosolbildung, mangelnde Reinigungs- und Desinfektionsmöglichkeiten der Kühlräume bei Mehrschichtbetrieb) verbunden sind. Hygiene-Spezialvorschriften für ihren Einsatz sind allerdings bislang nicht festgelegt worden.

Nach der Kühlung ist frisches Geflügelfleisch kontinuierlich bei einer Temperatur von höchstens +4 °C zu lagern und zu befördern. Bei gefrorenem Geflügelfleisch darf die Temperatur höchstens −12 °C, bei tiefgefrorenem höchstens −18 °C (Richtlinie 89/108/EWG über tiefgefrorene Lebensmittel [7a]) betragen.

Gesonderte Temperaturanforderungen für Schlachtnebenprodukte (Lebern, Mägen, Herzen, Hälse) gibt es, abweichend von der Regelung beim roten Fleisch (+3 °C für Schlachtnebenprodukte), beim Geflügelfleisch nicht. Hier ist der Temperatursprung (von +3 °C nach +4 °C) so gering, daß der Mehraufwand für separate Kühlräume nicht gerechtfertigt wäre. Im übrigen ist festzustellen, daß zumindest auf der Großhandelsstufe das gesetzliche Limit von +4 °C in der Regel deutlich unterschritten wird (±0 bis +2 °C).

Nicht ausgenommenes Geflügel

In der Europäischen Union sind neuerdings zwei Herrichtungs- bzw. Angebotsformen für Geflügelfleisch zugelassen, die bis vor kurzem nur in einigen Mitgliedstaaten gebräuchlich und aufgrund nationaler Regelungen erlaubt waren: das Poulét effilé und das New York dressed-Geflügel.

Poulét effilé, in den Mittelmeer-Anrainerstaaten als hochwertiges Produkt sehr geschätzt, stammt von Tieren aus besonders zugelassenen Mastbetrieben, die einer intensiven tierärztlichen Überwachung unterstehen. Durch schonende Haltungsbedingungen (Freilandhaltung, geringe Besatzdichte, verzögerte Mast, dadurch verlängerte Haltungsphase bis zur Schlachtreife) soll im Zusammenwirken mit der tierärztlichen Betreuung ein hohes Gesundheitsniveau erreicht werden, das bei der Schlachtung ein Abrücken von der ansonsten vorgeschriebenen Stück-für-Stück-Untersuchung rechtfertigt. Poulét effilé wird nach der Tötung nicht ausgenommen, sondern nur „entdarmt". Hierbei wird der Darm mit einem durch die Kloakenöffnung eingeführten Haken erfaßt, herausgezogen und an der Verbindungsstelle zum Magen abgerissen. Nur 5 % der geschlachteten Tiere müssen ausgenommen und gründlich untersucht werden. Zeigen sich hierbei an den Organen oder in den Körperhöhlen mehrerer Tiere Veränderungen, ist die ganze Partie auszunehmen und Stück für Stück zu untersuchen.

New York dressed-Geflügel wird bei der Schlachtung gar nicht ausgenommen, sondern nach dem Rupfen und Herrichten mitsamt den in der Körperhöhle verbliebenen Innereien gekühlt und bei höchstens +4 °C bis zu 15 Tagen gelagert. Erst danach erfolgen Eviszeration und Geflügelfleischuntersuchung. Durch die zeitliche Verzögerung bekommt das Geflügelfleisch einen wildartigen Geschmack. Für die Eviszeration, die auch in einem Zerlegungsbetrieb vorgenommen werden kann, muß in diesem Fall ein gesonderter Raum zur Verfügung stehen.

Zuchtfederwild

Die bislang abgehandelten Vorschriften betreffen im wesentlichen Hausgeflügel (Hühner, Puten, Perlhühner, Enten und Gänse). Hygienische Anforderungen sind aber auch bei der Schlachtung von Wildgeflügel, das unter der Obhut des Menschen gehalten wurde (z. B. Fasanen in Volierenhaltung, Zuchttauben) zu beachten. Die in der EU verabschiedete Richtlinie 91/495/EWG („Zuchtwild-Richtlinie“ [12 A]) zielt zwar hauptsächlich auf den Umgang mit (Zucht-)Haarwild ab, gilt jedoch auch für Geflügel.

Zuchtfederwild wird darin dem Hausgeflügel gleichgestellt, d. h. bei der Gewinnung, Behandlung, Zubereitung und dem Inverkehrbringen des Fleisches dieser Tiere müssen die Anforderungen der Richtlinie Frisches Geflügelfleisch (71/118/EWG) erfüllt werden.

Wie beim Hausgeflügel sind Betriebe, die nur geringe Mengen an Tieren halten und nur einzelne geschlachtete Tiere an Verbraucher abgeben, von diesen Regelungen ausgenommen.

Federwild

Für jagdbares Wild, das in größeren Mengen erlegt und an andere abgegeben wird, wurden ebenfalls Rechtsvorschriften verabschiedet (Richtlinie 92/45/EWG, „Wild-Richtlinie“ [13 A]). Bei diesen Tieren kann nur eine Geflügelfleischuntersuchung im Anlieferungsbetrieb durchgeführt werden. Ansonsten sind hier dieselben Hygieneregeln zu beachten wie bei geschlachtetem Geflügel. Vor allem ist auch hier eine Lagerungstemperatur von höchstens +4 °C einzuhalten.

Der größte Teil des Federwildes wird, da dieses jeweils nur in geringen Mengen anfällt, vom Jäger direkt an Endverbraucher oder Gaststätten abgegeben, ohne daß es zuvor amtlich untersucht werden muß (siehe auch Abschnitt 5.2.3).

Zerlegung

Während für Zerlegungsräume in Rotfleischbetrieben eine Raumtemperatur von höchstens +12 °C vorgeschrieben ist, hat man bei Geflügelfleisch von einer solchen Regelung abgesehen. Statt dessen muß gewährleistet sein, daß das Geflügelfleisch beim Beginn des Zerlegens eine Temperatur von höchstens +4 °C aufweist und nur entsprechend den Arbeitserfordernissen in den Zerlegungsraum sowie nach dem Zerlegen umgehend wieder in einen Kühlraum verbracht wird.

Diese Regelung wurde zu einem Zeitpunkt getroffen, als die Zerlegung von Geflügelfleisch ein gradliniger Prozeß zur Gewinnung von Edelteilstücken (Brust, Schenkel) war und die Verweilzeiten des Fleisches im Zerlegungsraum nur ausnahmsweise über 30 Minuten lagen. Heute wird in den Zerlegungsräumen eine ganze Reihe von Herrichtungs- und Zubereitungsverfahren (z. B. Würzen) durchgeführt, und die Verweilzeiten wurden erheblich ausgedehnt. Unter diesen Bedingungen ist es ausgeschlossen, daß eine Fleischtemperatur von höchstens +4 °C während des gesamten Bearbeitungsprozesses eingehalten werden kann. Daher scheint eine Anpassung der Vorschriften an den Rotfleischbereich (Raumtemperatur von höchstens +12 °C) angezeigt.

Neben der Zerlegung des auf +4 °C gekühlten Geflügelfleisches ist auch die Warmfleischzerlegung zugelassen – allerdings nur unter der Voraussetzung, daß die Tierkörper aus dem Schlachtraum unmittelbar in den Zerlegungsraum verbracht werden. Erlaubt ist weder eine Beförderung des schlachtwarmen Fleisches von einem Betrieb zu einem anderen, sofern dieser sich nicht in demselben Gebäudekomplex befindet, noch eine Zerlegung „vorgekühlten", d. h. auf eine Temperatur oberhalb von +4 °C gekühlten Fleisches. Mikrobiologische Gründe für diese Regelung sind nicht erkennbar. Vielmehr soll hierdurch ein Unterlaufen des strikten Kühlgebots verhindert werden.

Zerkleinerung

Die Anfälligkeit von Geflügelfleisch gegenüber mikrobiellen Zersetzungsvorgängen gilt in noch viel stärkerem Maße für zerkleinertes Fleisch. Hinzu kommt der verhältnismäßig hohe Keimgehalt des Ausgangsmaterials. Wegen des erheblichen gesundheitlichen Risikos ist daher in der Europäischen Union (EU) das Inverkehrbringen von Hackfleisch und Faschiertem aus Geflügelfleisch, soweit es unter die Richtlinie 94/65/EG („Hackfleisch-Richtlinie“ [8 A]) fällt, nicht zugelassen. Die Mitgliedstaaten dürfen allerdings auf ihr eigenes Hoheitsgebiet beschränkte Ausnahmeregelungen treffen. Von dieser Möglichkeit hat Deutschland keinen Gebrauch gemacht. Dem Einzelhandel ist die Abgabe von Hackfleisch aus Geflügelfleisch ausdrücklich untersagt (Hackfleisch-Verordnung [3 A]).

Erlaubt sind dagegen **Zubereitungen** aus Geflügelfleisch. Eine Abgabe von Zubereitungen aus zerkleinertem Geflügelfleisch an den Verbraucher ist in Deutschland allerdings nur dann zulässig, wenn die Erzeugnisse dazu bestimmt sind, vor dem Verzehr erhitzt zu werden (z. B. Fleischbällchen, Bratwürste u. a.) und wenn sie in tiefgefrorenem Zustand abgegeben werden [3 A]. Bei der Herstellung von Erzeugnissen, die der EG-Hackfleisch-Richtlinie [8 A] unterliegen (industrielle Herstellung), müssen festgelegte strenge Hygienenormen und mikrobiologische Kriterien eingehalten werden. Diese entsprechen den Anforderungen für rotes Fleisch. Zubereitungen aus Geflügelfleisch müssen binnen kürzester Frist nach der Herstellung eine Kerntemperatur von weniger als +4 °C, solche aus Schlachtnebenprodukten von weniger als +3 °C und solche aus Hackfleisch oder Faschiertem von weniger als +2 °C erreicht haben (in Deutschland bislang nicht zugelassen) oder unverzüglich tiefgefroren werden (–18 °C).

Bei den mikrobiologischen Kriterien, die erst im Jahr 1994 gesondert für Fleisch- (einschließlich Geflügelfleisch-) Zubereitungen festgelegt wurden [8 A], ist der erforderliche Nachweis des Freiseins von Salmonellen trotz der vorgeschriebenen geringen Probengröße (1 g) für Geflügelfleisch zur Zeit noch eine hohe Hürde.

Für die Gewinnung und Verwendung von **Separatorenfleisch** steht eine längst überfällige Regelung auf EU-Ebene noch immer aus; die Beratungen hierzu sollen jedoch in Kürze abgeschlossen werden (Stand: Juli 1996). Als Separatorenfleisch wird der durch Abpressen von Knochen mit hohem Restfleischgehalt (besonders Knochen des Stammes, also der Wirbelsäule, der Rippen und des Beckengürtels) gewonnene Gewebsbrei bezeichnet, der neben Muskulatur auch Fett- und Bindegewebe sowie Fremdwasser enthält. Die hygienischen Probleme entstehen weniger beim Gewinnungsvorgang, bei dem es weder zu einer Keimvermehrung [130] noch zu einer Temperaturerhöhung kommen muß [166]. Vielmehr liegen die Gefahren in einer zu langen Lagerung der Karkassen bis zur Bearbeitung und unter Umständen einem Transport unter unhygienischen Bedingungen zum Gewinnungsbetrieb. Daher sollten die Modalitäten der Restfleischgewinnung und der Verwendung des Produkts möglichst bald geregelt werden.

Bislang ist nur das Verbringen von Separatorenfleisch aus Geflügelfleisch von einem Mitgliedstaat in einen anderen insofern eingeschränkt, als es entweder in dem Betrieb, aus dem es stammt, oder in einem eigens hierfür bestimmten Verarbeitungsbetrieb wärmebehandelt worden sein muß (Artikel 5 Absatz 3 der Richtlinie 71/118/EWG [4 A]).

Betriebliche Eigenkontrollen, Hygieneschulung

Ebenso wie zugelassene Rotfleischbetriebe haben auch Geflügelfleischlieferbetriebe (Schlacht-, Zerlegungs-, Hackfleisch- und Verarbeitungsbetriebe) ihre Produktionsbedingungen durch regelmäßige Hygienekontrollen zu überprüfen. Diese schließen auch mikrobiologische Untersuchungen ein. Die Kontrollen müssen sich auf die Einrichtungsgegenstände, Arbeitsgeräte, Maschinen und sonstigen Geräte auf allen Produktionsstufen erstrecken und erforderlichenfalls auch das Erzeugnis einbeziehen. Solange die Art der Kontrollen, ihre Häufigkeit sowie die Methoden der Probenahme und der mikrobiologischen Tests noch nicht rechtlich festgelegt sind, muß der Betrieb oder ein von ihm beauftragtes Labor die Untersuchungsmodalitäten so wählen, daß die geforderte Produktionskontrolle auch tatsächlich gewährleistet ist.

Für die bakteriologischen Untersuchungen fester Oberflächen haben sich Tupfer- und Abspülproben, für das Geflügel Hautproben bewährt. Im allgemeinen reicht die Untersuchung auf aeroben Gesamtkeimgehalt und Enterobacteriaceae aus, jedoch sind für Wasseruntersuchungen, Kontrollen in Kühlräumen sowie die Untersuchung von Geflügelfleischzubereitungen und -erzeugnissen auch andere Keimgruppen zu beachten.

Die Überwachungsbehörden können die Untersuchungsprotokolle einsehen und Nachkontrollen vornehmen.

Schließlich sind zugelassene Betriebe auch verpflichtet, ihr Personal hygienisch zu schulen. Das Schulungsprogramm wird unter Beratung und Mithilfe des amtlichen Tierarztes durchgeführt.

Verbrauchsdatum

Frisches Geflügelfleisch muß, wenn es sich in einer Endverbraucherverpackung befindet, wegen seiner hohen Anfälligkeit für mikrobiellen Verderb mit einem Verbrauchsdatum gekennzeichnet sein (Richtlinie 79/112/EWG – „Kennzeichnungs-Richtlinie" [9 A] – in Verbindung mit Verordnung (EWG) Nr. 1 906/90 [10 A]; in Deutschland wurden die Richtlinien-Vorschriften in die Lebensmittel-Kennzeichnungsverordnung [11 A] umgesetzt). Das Verbrauchsdatum wird vom Hersteller (Schlacht-, Zerlegungs- oder Hackfleischbetrieb) in eigener Verantwortlichkeit festgelegt und bezeichnet den Zeitpunkt, bis zu dem das Erzeugnis in den Verkehr gebracht werden darf. Insofern unterscheidet es sich vom Mindesthaltbarkeitsdatum, nach dessen Ablauf ein Erzeugnis noch handelsfähig ist. Zusammen mit dem Verbrauchsdatum müssen auch die Aufbewahrungsbedingungen angegeben werden, die eine Haltbarkeit bis zum angegebenen Zeitpunkt gewährleisten. Dies betrifft vor allem die Lagerungstemperatur, die im allgemeinen mit ± 0 bis $+4$ °C angegeben wird.

Für die Verbrauchsfrist werden bei Hähnchen und Hähnchenteilstücken in der Regel 6 bis höchstens 8 Tage (gerechnet vom Tag der Verpackung) veranschlagt.

Gemeinsames Inverkehrbringen mit rotem Fleisch

Frisches Geflügelfleisch, das die amtlichen Untersuchungen unbeanstandet passiert hat, ist als „verzehrstauglich" zu kennzeichnen und danach frei handelbar. Daran ändert auch die Kenntnis eines verbreiteten Salmonellenbefalls dieses Lebensmittels zunächst nichts. Solange Krankheitserreger nicht im konkreten Fall nachgewiesen werden, ist eine Sendung oder ein Einzelstück im Sinn einer „Unschuldsvermutung" als unbelastet anzusehen. Die Europäische Kommission hat daher vor einigen Jahren diejenigen Mitgliedstaaten, die im Rahmen nationaler Regelungen den Gesundheitsschutz der Bevölkerung durch Verkehrsbeschränkungen für frisches Geflügelfleisch verbessern wollten, zur Zurücknahme derartiger Vorschriften aufgefordert. Von dieser Forderung waren hauptsächlich einige deutsche Bundesländer betroffen, die in Kenntnis der sehr unterschiedlichen Salmonellen-Kontaminationsraten bei Rotfleisch auf der einen und Geflügelfleisch auf der anderen Seite ein gemeinsames Anbieten nicht umhüllten Fleisches beider Kategorien aus hygienischen Gründen untersagt hatten. Die entsprechenden Passagen sind inzwischen aus den Lebensmittelhygiene-Verordnungen aller Länder gestrichen worden, obwohl in der Zwischenzeit weder bezüglich der Seuchenlage noch der Kontaminationsrate bei Geflügelfleisch eine nennenswerte Besserung eingetreten ist. Eine im Jahr 1992 durchgeführte Untersuchung von Lebensmitteln in Berlin [99] ergab für Rotfleisch einen Salmonellenbefall von 2,4 % der Proben, für Geflügelfleisch hingegen mehr als das Zehnfache (25,6 %). Die Untersucher ziehen aus ihren Befunden den Schluß, daß künftig an die Stelle gesetzlicher Regelungen die Eigenverantwortlichkeit der Gewerbetreibenden im Sinn einer Produkthaftung treten müsse.

Das von frischem, nicht vorverpacktem Geflügelfleisch ausgehende gesundheitliche Risiko ist deshalb so hoch, weil das kontaminationsgefährdete Rotfleisch teilweise roh verzehrt wird.

Auf der Ebene der Zerlegung ist im übrigen eine zeitgleiche Bearbeitung von Rot- und Geflügelfleisch in demselben Raum verboten (Anhang I Kapitel V Nr. 19 der Richtlinie 64/433/EWG [5 A] bzw. Anlage 2 Kapitel II Nr. 2 der Fleischhygiene-Verordnung [14 A].

5.2.2 Geflügelschlachtung

Mit der rasanten Entwicklung der Geflügelschlachtung in Großbetrieben zu einer industriellen Form der Geflügelfleischerzeugung haben hygienische Anforderungen nicht überall Schritt halten können. Zwar ist der Mensch als Risikofaktor für eine Kontamination des Fleisches durch den hohen Technisierungsgrad der meisten Prozeßschritte weitgehend ausgeschaltet worden. Doch können sich die eingesetzten Maschinen an Normabweichungen (z. B. Größenunterschiede bei Tieren einer Herde) nur beschränkt anpassen, es kommt zu Fehlschnitten oder -griffen und in deren Folge nicht selten zu Verunreinigungen. Der hohe Arbeitstakt und die volle Integration aller Bearbeitungsschritte (vom Einhängen der Tiere in die Schlachtkette bis zur Kalibrierung der Tierkörper) in einen kontinuierlichen Arbeitsablauf verhindern aber eine gründliche Reinigung oder gar Desinfektion während der Schlachtzeit.

Zwei von der Schlachtung der Haussäugetiere her bekannte Hygiene-Prinzipien, deren Ziel zum einen die möglichst keimarme Fleischgewinnung und zum anderen die Vermeidung einer Erregerübertragung von einem Tier auf andere ist, daß nämlich

- jedes Tier bis zum Ergebnis der amtlichen Untersuchungen so zu behandeln ist, als könnte es Träger pathogener Keime sein, und
- eine Verunreinigung des Fleisches unbedingt verhindert werden muß und im Notfall nicht durch späteres Abspülen, sondern nur durch Abtragen der verunreinigten Fleischteile zu entfernen ist,

werden bei der industriellen Geflügelschlachtung nicht beachtet. Selbst unterstellt, daß Geflügel einer Herde aufgrund der einheitlichen Haltungsbedingungen zusammen als ein „Individuum" aufgefaßt werden kann, werden auch zwischen den Schlachtungen verschiedener Herden in der Regel keine Reinigungs- und Desinfektionsmaßnahmen durchgeführt. Verunreinigungen an Tierkörpern und Schlachtnebenprodukten werden, soweit dies möglich ist, unter hohem Wassereinsatz abgespült.

Der Mechanismus der **Haftung von Mikroorganismen an Oberflächen** ist ein komplexer Vorgang, der nicht allein durch physikalische Gesetzmäßigkeiten erklärbar ist. Er ist abhängig von der Art der Keime, der Umgebungstemperatur, der verfügbaren Zeit, der Benetzung der Oberflächen mit Wasser und natürlich der Struktur und den reaktiven Eigenschaften dieser Flächen.

Der gebrühte und gerupfte Geflügelkörper bietet beste Voraussetzungen für eine dauerhafte Besiedlung von Keimen, da die Haut sehr locker strukturiert und durch die freigelegten Federfollikel sowie mechanische Schäden infolge des Rupfprozesses stark zerklüftet ist. Dieses Bild ist durch elektronenmikroskopische Aufnahmen eindrucksvoll belegt [114, 226]. Beim Hochbrühen (ca. +59 °C) kommt die Schädigung und partielle Ablösung der Epidermis hinzu. Außerdem bleiben bei der Eviszeration abgerissene Organreste (Nieren, Lunge) in der Körperhöhle zurück; diese bieten ebenfalls gute Anheftungsmöglichkeiten für Keime.

Bakterien besitzen die Fähigkeit der aktiven Ankopplung an Oberflächen. Die meisten grampositiven und einige gramnegative Keime können adhäsive Eiweißkörper (Adhäsine) bilden, die mit bestimmten an den Oberflächen von Gewebszellen haftenden Kohlenhydraten Glykokonjugate eingehen können; andere koppeln sich mit Hilfe bestimmter Fettsäuren oder Polysaccharide an [103]. Hydrophobe Gruppen der Zellwand sorgen offenbar zunächst für eine Annäherung an Haftflächen. Einige Mikroorganismen sind darüber hinaus in der Lage, Adhäsions-Organellen, sog. Fimbrien, auszubilden, mit denen eine Anheftung vollzogen wird.

Diese Adhäsionskräfte sind jedoch nicht von vornherein voll ausgeprägt, sondern werden teilweise erst bei Annäherung an Haftflächen ausgebildet. Daher spielt für den Abspüleffekt bei kontaminiertem Geflügelfleisch die Zeitspanne zwischen Verunreinigung und Reinigungsmaßnahme eine entscheidende Rolle. In einem Modellversuch wurde für Salmonellen eine Anheftungszeit von weniger als einer Minute nach Inkubationsbeginn registriert [235]. Notermans und van Schothorst [156] stellten fest, daß der während des Schlachtprozesses auf der Tierkörperoberfläche befindliche Wasserfilm („Biofilm") möglichst schnell und oft ausgewechselt werden muß, da anderenfalls die darin noch frei schwimmenden Keime sich irreversibel festsetzen. Durch höhere Temperaturen (> +51 °C) wird der Fixationsprozeß wesentlich beschleunigt.

Bei der Probenahme für mikrobiologische Untersuchungen sind diese Phänomene zu beachten. Bei einem hohen Anteil fest haftender Keime täuschen Abspülproben nämlich einen günstigeren Keimstatus des Geflügelfleisches vor. Der tatsächliche Keimgehalt ist mit destruktiven Methoden besser erfaßbar. Eine Übersicht über die bei der mikrobiologischen Untersuchung von Geflügelfleisch gebräuchlichen Probenahmetechniken und Verfahren der kulturellen Keimzahlbestimmung gibt eine Studie der EG-Kommission [120].

Auf die hygienisch besonders kritisch zu bewertenden Stationen des Geflügelschlachtprozesses soll im folgenden eingegangen werden. Einen Überblick über den Schlachtablauf gibt Abb. 5.3.

Anlieferung des Schlachtgeflügels

Eine mangelhafte Ausnüchterung der Tiere vor der Schlachtung und ungeeignete Transportkäfige (perforierter Deckel und Fußboden) tragen wesentlich zur Verunreinigung des Gefieders und im weiteren Verlauf der Schlachtung auch des Fleisches bei. Auf dem Transportfahrzeug kann Kot auf die Tiere der unteren Etagen fallen, bei geschlossenen Böden kontaminieren die Tiere eines Käfigs einander. Es kommt zu einem hohen fäkalen Eintrag in den Schlachtprozeß [92].

Für die Tiere bedeuten der Transport und der Aufenthalt in den engen Kästen eine hohe Belastung, die nicht nur in erhöhten Keimzahlen auf dem geschlachteten Tierkörper zum Ausdruck kommt [177], sondern auch zu einer verstärkten Ausscheidung pathogener Mikroorganismen (z. B. Salmonellen) über den Kot führt [178]. Dies erklärt auch, warum bei Untersuchungen im Schlachtbereich fast immer höhere Kontaminationsraten durch bestimmte Darmbewohner nachgewiesen werden als in den Herkunftsbetrieben.

Des öfteren werden mangelhaft gereinigte Transportkäfige als Ursache für positive Erregerbefunde angelieferten Schlachtgeflügels genannt. Obwohl sich in ihnen nach dem zumeist nachlässig durchgeführten Waschgang mühelos Salmonellen, *Campylobacter* spp., Aeromonaden, Listerien u. a. nachweisen lassen [18, 29, 220], haben sie angesichts des derzeitig hohen Durchseuchungsgrades der Geflügelbestände in Mitteleuropa als Kontaminationsquelle nur eine untergeordnete Bedeutung. Dies wird sich ändern, sobald vermehrt erregerfreie Herden angeliefert und entsprechende bakteriologische Befunde honoriert werden.

Im Schlachtbetrieb wird das Geflügel aus den Transportkäfigen oder -containern direkt in die Schlachtkette eingehängt. Hierbei und bei der nachfolgenden Betäubung, bei der die Tiere mit den Köpfen in ein unter elektrischer Spannung stehendes Wasserbad eintauchen, sind Änderungen im mikrobiologischen Status nicht zu erwarten. Auch der anschließende Entblutungsschnitt, durch den Keime in die Blutbahn gelangen könnten, ist bislang nicht als Kontaminationsquelle in Erscheinung getreten [147].

Brühen

Hühnergeflügel wird meist durch Eintauchen in ein erhitztes Wasserbad gebrüht. Tiere für den Frischgeflügelmarkt werden bei +50 bis +52 °C gebrüht (Niedrigbrühen). Das Hochbrühen (+58 bis +60 °C) garantiert einen besseren Rupferfolg, führt aber zur Zerstörung und Ablösung der oberen Hautschicht (Epidermis), beeinträchtigt hierdurch das Aussehen der Tierkörper und ist daher nur für Frosterware geeignet.

Durch den Brühvorgang wird ein Großteil der auf der Haut sitzenden Keime abgetötet. Von einer Dekontamination kann dennoch nicht die Rede sein, da die Hitze nur oberflächlich wirkt, während im Unterhautbindegewebe selbst beim Hochbrühen nur noch knapp +42 °C herrschen [194]. Dies könnte der Hauptgrund dafür sein, daß *Campylobacter jejuni* auf Tierkörpern den Brühprozeß nahezu schadlos übersteht [161, 241]. In stark verunreinigtem Brühwasser überlebt er bei +50 °C mehrere Minuten, wird aber bei +60 °C schnell abgetötet [88]. Eine hohe organische Belastung des Brühwassers verlängert auch die Überlebenszeit der ansonsten sehr thermosensiblen Salmonellen [89].

Mit der Zerstörung der Epidermis beim Hochbrühen verliert die Körperoberfläche eine Schutzschicht, so daß sich Keime nun leichter anheften und in tiefere Gewebsschichten dringen können [112, 113, 115]. Der Keimgehalt des Brühwassers variiert je nach der Wassertemperatur, liegt aber fast immer über 10^4/ml, wobei Sporenbildner einen wesentlichen Teil der Flora ausmachen [60]. Diese Keime, darunter auch *C. perfringens*, dringen in Atmungsorgane sowie Blutgefäße ein und tragen auf diesem Weg zur Kontamination der Innereien bei [135, 136, 228]. Zur Verbesserung der Hygiene werden seit Jahren Heißwasser/Wasserdampf-Sprühsysteme vorgeschlagen [110, 128], die sich allerdings bislang nicht durchsetzen konnten. Sie sollen im übrigen den Nachteil haben, daß infolge einer Gewebsauflockerung durch die hohe Wassertemperatur (> +60 °C) Keime noch leichter in das Fleisch eindringen [113]. Andererseits verhindern diese Brühsysteme weitgehend das Einschwemmen von Keimen in die Lungen und Luftsäcke [136].

Rupfen

Der Rupfvorgang ist als einer der kritischsten Schritte im Schlachtprozeß anzusehen. In dem feucht-warmen Klima kann sich während der Betriebszeit schnell eine Keimflora aufbauen, die von einem Tierkörper auf den nächsten übertragen wird. Die flexiblen Rupffinger der Maschine werden mechanisch stark beansprucht, bekommen schnell Risse und können so ein Keimreservoir bilden, das auch durch Reinigungs- und Desinfektionsmaßnahmen am Ende eines Betriebstages nicht auszuschalten ist. Besonders Staphylokokken können hier über Monate persistieren und sich vermehren [147, 204]. Der aerobe Keimgehalt (GKZ) auf der Haut der Tierkörper liegt nach dem Rupfen bei (log_{10}) 3,6 bis 4,0/cm^2 [157, 194], wobei ein Absprühen mit kaltem Wasser, wenn es ausschließlich nach dem Rupfen erfolgt, offenbar nur einen geringen Reinigungseffekt hat [157, 177].

Bedeutsamer ist die Gefahr einer Kreuzkontamination mit pathogenen Mikroorganismen. Sie ist experimentell u. a. belegt für *C. jejuni* [161, 241, 248], Salmonellen [149], *E. coli* [206] und *L. monocytogenes* [53]. Bei Untersuchungen mit Marker-Mikroorganismen konnte gezeigt werden, daß ein experimentell kontaminierter Tierkörper durch den Rupfvorgang bis zu 200 nachfolgende Tierkörper kontaminieren kann [142, 232].

In der Hauptsache werden die Keime durch mechanische Einwirkung während des Rupfens übertragen. Es wurden jedoch auch in den aus der Rupfmaschine entweichenden Aerosolen Keime nachgewiesen, die eindeutig aus dem Rupftunnel stammten [142]. Daher besteht die Forderung nach einer separaten Position dieses Gerätes innerhalb des Schlachtraums zu Recht.

Eviszeration und Sprühwäsche

Das Ausnehmen der Tiere vollzieht sich in mehreren Schritten, von denen die ersten (Aufbohren der Kloakenregion, Herausheben der Innereien) in Großbetrieben automatisch, die letzten (Abtrennen der Innereien vom Tierkörper, Gewinnung der eßbaren Organe) überwiegend noch manuell betrieben werden. Dazwischen findet die Geflügelfleischuntersuchung statt. Seit in der EU die getrennte Präsentation von Tierkörper und Innereien zur Untersuchung zugelassen ist (Änderung der Richtlinie 71/118/EWG durch Richtlinie 92/116/EWG [4 A]), werden vermehrt vollautomatische Eviszerationslinien eingesetzt.

Bei der Schlachtung homogener Herden und korrekter Einstellung der Maschinen ist eine früher häufiger beobachtete eviszerationsbedingte Zunahme der Keimzahlen auf den Tierkörpern [157] durchaus vermeidbar. So ergab eine Studie in der EG schon im Jahr 1976, daß nur in 5 von 11 untersuchten Schlachtbetrieben beim Ausnehmen ein signifikanter Anstieg des aeroben Keimgehalts und der coliformen Keime auftrat [118]. Andere Arbeitsgruppen stellten ebenfalls ein gleichbleibendes oder sogar ein fallendes Niveau in der oberflächlichen Keimbelastung fest [95, 194]. In einem Fall [194] lagen die Keimzahlen für hochgebrühtes Geflügel vor bzw. nach der Eviszeration bei (log_{10}) 4,0 (aerober Keimgehalt GKZ/cm^2 Brusthaut) und 3,8 bzw. 3,6 (Enterobakteriazeen EB/cm^2 Brusthaut); für niedriggebrühtes Geflügel wurde ein Anstieg der GKZ ($\log_{10} = 3{,}9 \rightarrow 5{,}0$/cm^2) bei gleichzeitigem Abfall der EB ($\log_{10} = 3{,}9 \rightarrow 3{,}0$/cm^2) festgestellt. In einem anderen Fall [95] wurde bei beiden Keimgruppen eine Reduktion (GKZ: $\log_{10} = 4{,}1 \rightarrow 3{,}4$; EB: $\log_{10} = 3{,}1 \rightarrow 2{,}3$, jeweils bezogen auf den ganzen Tierkörper!) ermittelt.

Eine individuelle Streuung in Tierkörpergewicht und -größe ist bei den angelieferten Herden allerdings nur selten vermeidbar, so daß es wiederholt zu unvollständiger Eviszeration und Zerreißungen von Därmen kommt [61]. Verunreinigungen dieser Art lassen sich in der Schlachtlinie, wenn überhaupt, dann nur durch fest installierte Duschen mit permanentem Kaltwasserstrom notdürftig beseitigen. In manchen Betrieben wird auch versucht, kontaminierte Tierkörper durch wiederholte Passage der Duschstation („reprocessing") zu dekontaminieren [225].

Desinfektionsmaßnahmen während des Betriebs sind nicht vorgesehen und ohne Unterbrechung des gesamten Schlachtprozesses auch kaum möglich. Daher treten hier immer wieder Kreuzkontaminationen mit Salmonellen [149], *Campylobacter* [161] und anderen Erregern auf [142].

Wieviele Keime sich nach einer Kontamination aus der Körperhöhle und von der Haut wieder abspülen lassen, hängt nicht allein von der Wassermenge, sondern mehr noch vom Zeitpunkt der Spülung ab. Den besten Effekt hat ein permanentes Berieseln der Tierkörper schon während der Eviszeration [157]. Bei isolierter Betrachtung des Nach-Eviszerations-Wäschers zeigt sich im Keimstatus des Tierkörpers oft keine Veränderung [194], oder die Ergebnisse sind uneinheitlich [118]. Wascheffekte sind offenbar am ehesten dann zu erzielen, wenn der Kontaminationsgrad zuvor hoch (GKZ $> 10^5$/ml Tierkörper-Spülflüssigkeit, entspricht etwa $> 10^6$/g Halshaut) war. Dabei macht es keinen Unterschied, ob ein Sprühwäscher oder ein Innen-Außen-Wäscher installiert ist [150].

Kühlung

Unter den zahlreichen Varianten der Kühlverfahren für Schlachtgeflügel haben sich drei Verfahren durchgesetzt, die Tauchkühlung, die Luftkühlung und die Luft-Sprühkühlung. Von diesen wird die Tauchkühlung in Deutschland heute nicht mehr verwendet, obwohl sie bei Einhaltung der EG-Anforderungen eine keimreduzierende Wirkung haben kann. In einer EG-Studie zur Vorbereitung der entsprechenden Vorschriften konnte zwar nur in einem von 4 Betrieben eine Keimzahlverminderung (GKZ: $5{,}1 \rightarrow 4{,}6$; Coliforme: $4{,}2 \rightarrow 3{,}4$ [$\log_{10}$/g Halshaut]) nachgewiesen werden, wobei die gleichzeitig überprüfte Luftkühlung überdies ebenso erfolgreich war [119]. In einer anderen Arbeit wird dem Verfahren aber ein guter Wascheffekt bescheinigt [194]. Bei einem weiteren, in Abb. 5.4 dargestellten Vergleich zwischen Tauch- und Luftkühlung (in einem Betrieb) wurde bei keinem der beiden Verfahren eine kühlungsbezogene Keimzahlveränderung festgestellt [237].

Möglicherweise sind mit dem Luft-Sprühkühlverfahren geringfügig bessere Werte zu erzielen [73, 180].

Die Rolle des Tauchkühlverfahrens als Quelle für Kreuzkontaminationen mit pathogenen Keimen ist durch zahlreiche ältere Untersuchungen belegt; die Aussagen haben aber durch die neuen Verfahrensvorschriften etwas an Aktualität verloren. Sie werden im übrigen relativiert durch Untersuchungsergebnisse, die bestätigen, daß auch bei den anderen Kühlverfahren eine Keimübertragung von einem Tierkörper auf den anderen möglich ist [155, 214]. Die ermittelten Luftkeimgehalte in den Luft- und Luft-Sprüh-Kühlräumen [55] sind ebenso wie die an den Wänden und auf Einrichtungsgegenständen dieser Räume nachzuweisenden Spuren des Wachtums psychrophiler Keime (Schleimbildung) Zeichen für eine permanente Kontaminationsgefahr.

Behandlung nach der Kühlung

Am Ende des Kühlprozesses soll das Geflügelfleisch auf eine Temperatur von höchstens +4 °C abgekühlt sein. Dieses Ziel wird unter Praxisbedingungen in der Tiefe der kompakten Muskelpartien (tiefer Brustmuskel, Oberschenkel) jedoch nur annähernd erreicht. Umso wichtiger ist es, die Zeitspanne zwischen dem Verlassen der Kühlvorrichtung und dem Beginn der Kühllagerung möglichst kurz zu halten. In diesem Zeitraum müssen die Tierkörper bei vorangegangener Tauchkühlung noch abtropfen, ansonsten nach Gewicht sortiert und umhüllt, im Bedarfsfall auch noch verpackt werden. Hierbei und beim Einlegen umhüllter eßbarer Schlachtnebenprodukte in die Körperhöhle (nur bei Geflügel üblich, das als gefrorene oder tiefgefrorene Ware in den Verkehr gebracht wird,) ist eine manuelle Behandlung des Fleisches erforderlich.

Über die mikrobiologischen Auswirkungen dieser Bearbeitungsschritte liegen unterschiedliche Angaben vor. Teils wurde ein Anstieg des aeroben Keimgehalts festgestellt [131], teils blieb der Keimstatus unverändert [119, 194, 237]. Die Gefahr von Kreuzkontaminationen ist aber in jedem Fall gegeben, da die Tierkörper, abgesehen von der Berührung durch das Personal, nach dem Ausklinken aus dem Bratfertigband auch direkten Kontakt zueinander haben und beim Einlegen von Schlachtnebenprodukten in die Körperhöhle mit Organen anderer Tiere in Berührung kommen.

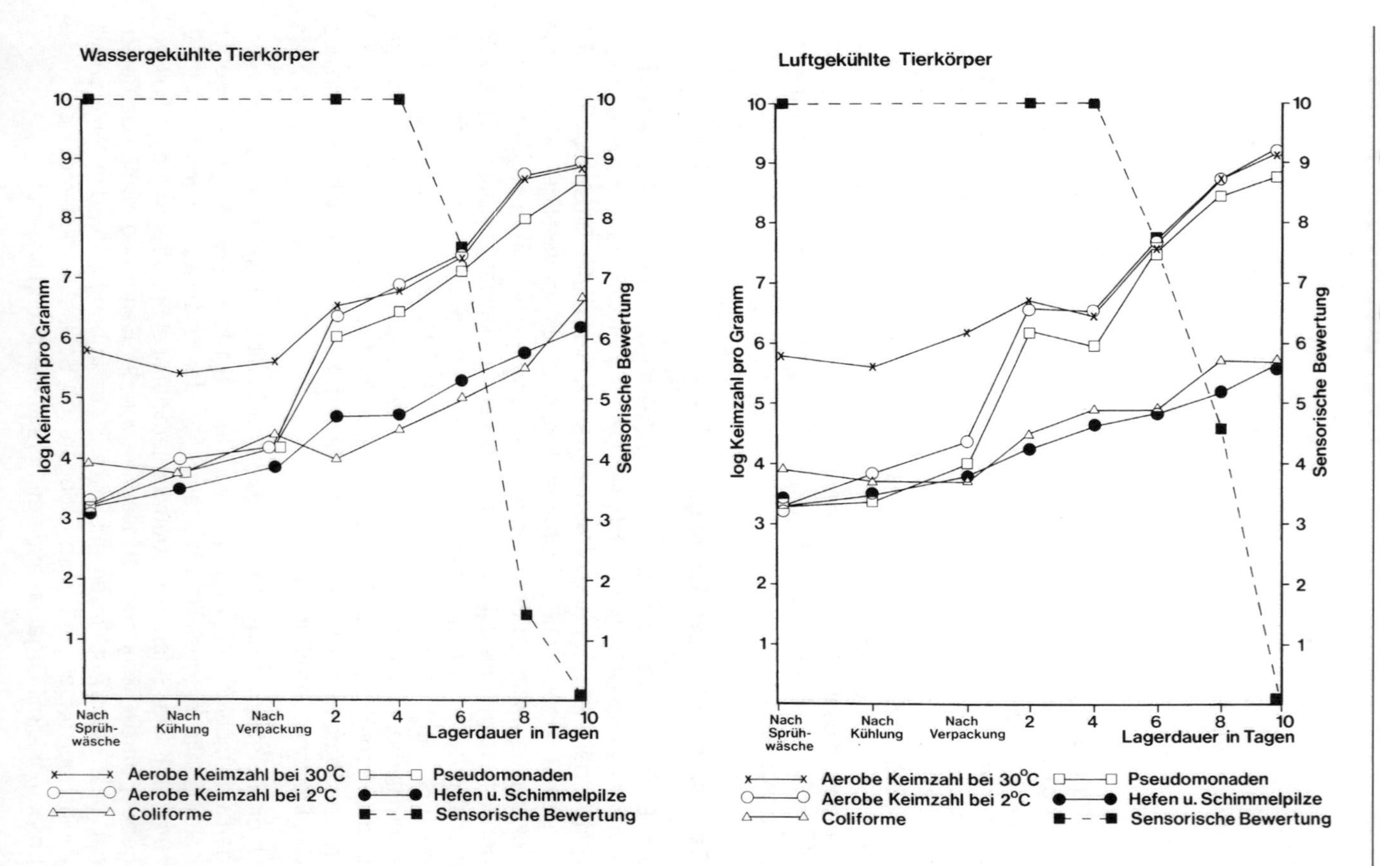

Abb. 5.4 Veränderungen des Keimgehalts (Halshaut) und der sensorischen Wertigkeit von Hähnchenschlachtkörpern bei Kühllagerung (+2 °C)

Gewinnung eßbarer Schlachtnebenprodukte

Als eßbare Schlachtnebenprodukte werden bestimmte bei der Schlachtung anfallende innere Organe (Herz, Leber, Muskelmagen) und Tierkörperteile (Hals) bezeichnet. Während die Hälse an der Schlachtlinie automatisch abgetrennt werden, müssen die Organe noch überwiegend von Hand gesammelt und bearbeitet werden. Die Lebern sind durch einen Griff so von den Eingeweiden zu lösen, daß möglichst zugleich die Gallenblase abgetrennt wird. Nach einer Wasserspülung und kurzem Abtropfen in einem Lochsieb werden die Lebern auf unter +4 °C gekühlt und anschließend meist in Portionsschalen abgefüllt. Herzen werden zunächst aus dem Herzbeutel befreit, danach ebenfalls gekühlt und portionsweise abgepackt. Mägen werden zusammen mit dem Darmtrakt in einer Wasserrinne zum „Magenschäler" geschwemmt, wo sie mechanisch vom Darm getrennt und von der Schleimhaut befreit („geschält") werden.

Diese Vorgänge führen zu einer hohen Keimbelastung, die je nach Wassereinsatz und sonstigen hygienischen Bedingungen zwischen 10^3 und 10^6 (GKZ/g; entspricht einem Oberflächenkeimgehalt von etwa 10^2–10^5/cm^2) bzw. 10^1 und 10^4 (EB/g) liegen kann [37, 189, 220].

Bei Hälsen ist insbesondere die Haut stark keimhaltig. Hierdurch ist die Haltbarkeit sehr begrenzt. Frisch angebotene Hälse sollten daher vor dem Abpacken enthäutet werden.

Eßbare Schlachtnebenprodukte sind großenteils mit Salmonellen [82], *Campylobacter* [18, 20], *Aeromonas* [220] und anderen Risikokeimen kontaminiert.

Schlachtung von Enten und Gänsen

Wassergeflügel wird auf ähnliche Weise geschlachtet wie Hühnervögel (Hühner, Puten, Perlhühner). Größere Schwierigkeiten bereitet hier jedoch das Rupfen. Daher werden Enten und Gänse bevorzugt hochgebrüht (+60 °C). Schwungfedern müssen nach dem mechanischen Rupfprozeß teilweise manuell entfernt werden. Zur Beseitigung noch verbliebener Daunenfedern werden die Tierkörper anschließend häufig in ein Wachsbad (+80 bis +87 °C) getaucht. Nach dem Erkalten des Wachsmantels wird dieser zusammen mit den eingeschlossenen Federn von der Tierkörperoberfläche gelöst, das Wachs wird erneut geschmolzen und nach grober Filtration wiederverwendet.

Ob dieser zusätzliche Arbeitsgang auf den Keimstatus des Geflügels einen Einfluß hat, ist umstritten. Teils wurde ein keimreduzierender Effekt festgestellt [76], teils blieb der Keimgehalt trotz der Hitzeeinwirkung auf gleichem Niveau [70].

Bei Gänsen wurden während des gesamten Schlachtprozesses Keimzahlen (GKZ) von über 10^5/g Halshaut mit Spitzenwerten nach dem Rupfen und nach der Eviszeration ermittelt [28]. *Enterobacteriaceae*, Hefen, Schimmelpilze, Pseudomonaden und Enterokokken lagen um etwa 1,5–2 Zehnerpotenzen darunter.

5.2.3 Erlegen und nachfolgende Behandlung von Federwild

Die für die Gewinnung von Geflügelfleisch geltenden Hygieneregeln sind auf Federwild, zumindest im ersten Teil des Gewinnungsprozesses, nur beschränkt anwendbar. Schon der Vorgang des Erlegens (meist durch Schrotschuß) stellt eine schwere hygienische Belastung dar, da es häufig zu Perforationen des Kropfes oder des Magen-Darmtrakts und damit zu einer Kontamination des Fleisches mit der Intestinalflora kommt. Oft ist das Revier unwegsam und unübersichtlich, Wassergeflügel (Wildenten und -gänse) kann nach dem Treffer ins Wasser oder auf morastigen Grund fallen, nicht selten ist ein Nachsuchen erforderlich. Bis die Tierkörper ordnungsgemäß gekühlt werden können, vergehen oft mehrere Stunden. Unter diesen Umständen können ungünstige Witterungsbedingungen (hohe Temperaturen, hohe Luftfeuchtigkeit) bereits eine Vermehrung der Keime im Fleisch einleiten. Begünstigt werden diese Vorgänge durch eine bei Jägern noch verbreitete Praxis, den Darm des Wildkörpers durch „Aushakeln" aus der Kloake zu entfernen. Hierbei reißt der Darm am Magenausgang ab, so daß Magen- und Darminhalt in der Körperhöhle verbreitet werden können. Als hygienisch günstiger wird eine Methode angesehen, bei der durch einen Schnitt die Kloakenöffnung erweitert und von hier aus der gesamte Magen-Darmtrakt sowie Lunge und Leber mit den Fingern aus der Körperhöhle entnommen werden [126]. Empfohlen wird auch – besonders bei Tauben – eine unverzügliche Herausnahme des Kropfes, da die durch postmortal verstärkt einsetzende Gärungsprozesse des Kropfinhalts entstehenden Stoffwechselprodukte schnell in das umliegende Gewebe dringen und zu Geschmacksbeeinträchtigungen führen. Der Kropf kann durch einen separaten Brustschnitt aus dem Tierkörper entnommen werden.

Die im Federkleid und auf der Haut haftenden Mikroorganismen, hauptsächlich grampositive Keime (Sporenbildner, Mikrokokken, Streptokokken), Hefen und Schimmelpilze, können sich bei trockenem Gefieder und trokkener Haut zunächst kaum vermehren, sie werden aber durch direkten Kontakt, Staubentwicklung sowie durch Milben und Federlinge, die meist in großer Zahl vorhanden sind, auf ungeschützte Fleischteile übertragen. Daher ist ein möglichst frühzeitiges Rupfen oder Abbalgen der Tierkörper (Entfernen des Federkleides mitsamt der Haut) erforderlich [126]; es sollte spätestens 36 Stunden nach dem Erlegen erfolgen. Noch wichtiger als der Zeitpunkt sind allerdings die Bedingungen, unter denen eine Bearbeitung des Federwildes stattfindet. Im Jagdrevier jedenfalls ist ein hygienisches Freilegen von Fleischteilen nicht möglich.

Nur ein geringer Anteil der in Mitteleuropa anfallenden Jagdstrecke wird über Wildkammern und Wildverarbeitungsbetriebe in den Verkehr gebracht und unterliegt damit den Vorschriften des Geflügelfleischhygienerechts. Wichtigste Elemente zur Vermeidung eines vorzeitigen mikrobiellen Verderbs sind in diesen Vorschriften eine frühzeitige Kühlung des erlegten Wildes auf eine Fleischtemperatur von höchstens +4 °C und eine durchgehende Kühlhaltung bei dieser Temperatur bis zur Abgabe an den Verbraucher. Hierdurch wird bei nicht ausgenommenen Tieren eine Vermehrung von Clostridien im Verdauungstrakt verhindert und die Bildung von Schwefelwasserstoff (H_2S) im wesentlichen auf die Stoffwechselleistungen der Enterobakteriazeen beschränkt [16]. H_2S diffundiert in das umliegende Gewebe und ist für dessen Grünverfärbung verantwortlich (Bildung von Sulfhämoglobin). Dieser Prozeß, der in gleicher Form übrigens auch bei nicht ausgenommenem Schlachtgeflügel zu beobachten ist [11], kann bei rechtzeitiger Kühlung und durchgehender Kühllagerung bei der vorgeschriebenen Temperatur um mehrere Tage hinausgezögert werden.

Von der in früheren Jahren allgemein geübten Praxis des mehrtägigen Abhängenlassens von nicht ausgenommenem Federwild im Federkleid wird heute aus Gründen der Hygiene abgeraten, da der hierbei entstehende „typische" Wildgeschmack (Hautgoût) bereits Zeichen eines beginnenden Verderbs ist.

5.2.4 Zerlegung, weitere Be- und Verarbeitung

Die Zerlegung von Geflügelfleisch ist – wie die meisten Verfahrensabläufe – heute weitgehend automatisiert. Dies trifft insbesondere für Hähnchenfleisch zu, während große Tiere (Puten, Gänse) und Geflügel aus gewichtsmäßig uneinheitlichen Partien meist manuell zerlegt werden.

Auf die Mikrobiologie des Fleisches hat die Art der Zerlegung keinen systembedingten Einfluß. Entscheidend sind die Einhaltung der hygienischen

Anforderungen, insbesondere regelmäßige Reinigung und Desinfektion, kurze Verweilzeiten im Zerlegungsraum und durchgehende Kühlung (bei Warmfleischzerlegung: rasche Kühlung nach der Bearbeitung). Unter diesen Bedingungen ist nicht mit einer nennenswerten Vermehrung, sondern lediglich mit einer Ausbreitung der Keime auf die frischen Schnittflächen zu rechnen. Ein verhältnismäßig hoher Ausgangskeimgehalt (GKZ: 10^3–10^5/cm^2, entspr. 10^4–10^6/g) ist auf Hautpartien sowie auf den körperhöhlenseitigen Oberflächen zu erwarten [63, 194, 220]. Daher treten beispielsweise bei Geflügelbrust mit Haut früher Geruchsabweichungen auf als bei enthäuteter Brust.

Der nach dem Abtrennen der Brust, der Schenkel und im Bedarfsfall der Flügel zurückbleibende Rest des Tierkörpers wird häufig zur Gewinnung von Separatorenfleisch verwendet (s. auch Abschnitt 5.2.1). Separatorenfleisch kann bei der Herstellung bestimmter Fleisch- und Geflügelfleischerzeugnisse (Brühwursterzeugnisse) verwendet werden. Im Umgang mit diesem Rohstoff ist zum Erhalt einer hygienisch befriedigenden Qualität eine besonders sorgfältige Behandlung erforderlich. Da der Keimgehalt bereits auf dem Ausgangsmaterial relativ hoch ist, sollte ein weiterer Keimanstieg vermieden und die Restfleischgewinnung möglichst umgehend an die Zerlegung angeschlossen werden. Wo dies nicht möglich ist, sind die Karkassen einzufrieren oder bei ±0 °C höchstens 24 Stunden zu lagern. Trotzdem wird ein aerober Keimgehalt von $< 10^4$/g Separatorenfleisch nur schwer erreichbar sein. Unter bislang praxisüblichen Bedingungen liegen die Keimzahlen (GKZ) für Separatorenfleisch aus Geflügelfleisch bei etwa 10^5/g [162]. Werden hierbei Karkassen verwendet, die bereits einige Tage unter Kühlhaltung gelagert wurden, wird die Flora von psychrotrophen Keimen, insbesondere *Pseudomonas* spp., beherrscht.

In jüngerer Zeit werden in Zerlegungsräumen vermehrt Bearbeitungsschritte vorgenommen, die nicht mehr der Zerlegung zuzurechnen sind und daher eigentlich in separaten Räumen durchgeführt werden müßten. Insbesondere das Würzen von Tierkörpern und Teilstücken durch Wälzen in trockenen Gewürzmischungen ist hier wegen des oft hohen Keimgehalts von Trockengewürzen (hauptsächlich Sporenbildner) als kritisch anzusehen. Es wird aber von den Überwachungsbehörden unter der Voraussetzung geduldet, daß es in geschlossenen Trommeln durchgeführt und eine nachteilige Beeinflussung des nicht zum Würzen bestimmten Geflügelfleisches vermieden wird.

Die Würzmischungen sollten von der Betriebsleitung laufend mikrobiologisch kontrolliert werden. Bei der Festlegung des Verbrauchsdatums, das auch für frisches gewürztes Geflügelfleisch verbindlich ist, muß der Keimgehalt der Gewürze berücksichtigt werden, wenngleich die Sporenbildner, die den Hauptbestandteil der Gewürzflora stellen, bei vorschriftsgemäßer Kühllagerung nicht am Fleischverderb beteiligt sind.

Ein seit Jahren ständig wachsendes Käuferinteresse finden Erzeugnisse, die im englischen Sprachraum als „enrobed (coated) products" bezeichnet werden. Es handelt sich dabei um rohe oder vorgegarte Teile oder Gemenge, die von einer Panade umgeben sind. Geflügelerzeugnisse dieser Art (z. B. panierte Hähnchenbrustfilets, Hähnchen-Nuggets, Hähnchentaler „Wiener Art" aus zerkleinertem Geflügelfleisch) werden in ihrer mikrobiologischen Beschaffenheit durch drei Einflußgrößen bestimmt, nämlich den Keimgehalt der Ingredienzien für die Panade, den Keimstatus des Fleisches und die hygienischen Bedingungen bei der Herstellung der Erzeugnisse [41]. Demzufolge kann der Keimgehalt des fertigen Erzeugnisses stark variieren. Durch Mehl, andere Zerealien und Gewürze können hohe Anteile von Sporenbildnern, Mikrokokken, Hefen und Schimmelpilzen, daneben (insbesondere bei feucht gelagerter Ware) auch gramnegative Keime auf das Fleisch gelangen. Ist das Geflügelfleisch vorgegart, trägt dieses selbst nur wenig zur mikrobiellen Gesamtbelastung bei.

Gründliche Reinigungs- und Desinfektionsmaßnahmen des gesamten Herstellungsbereichs können den Eintrag einer „Betriebsflora" in das Produkt und eine Kreuzkontamination mit pathogenen Mikroorganismen verhindern.

Auch für panierte Erzeugnisse aus rohem Geflügelfleisch gelten, sofern sie industriell hergestellt werden, die mikrobiologischen Kriterien der Hackfleisch-Richtlinie [8 A], und zwar für Erzeugnisse aus zerkleinertem Fleisch die Kriterien eines Drei-Klassen-Plans für Hackfleisch (GKZ: $n = 5$, $c = 2$, $m = 5 \times 10^5$/g, $M = 5 \times 10^6$/g; *E. coli*: $n = 5$, $c = 2$, $m = 50$/g, $M = 5 \times 10^2$/g; *S. aureus*: $n = 5$, $c = 2$, $m = 10^2$/g, $M = 10^3$/g; Salmonellen: $n = 5$, $c = 0$, nicht feststellbar in 10 g), ansonsten die für Fleischzubereitungen (*E. coli*: $n = 5$, $c = 2$, $m = 5 \times 10^2$/g, $M = 5 \times 10^3$/g; *S. aureus*: $n = 5$, $c = 1$, $m = 5 \times 10^2$/g, $M = 5 \times 10^3$/g; Salmonellen: $n = 5$, $c = 0$, nicht feststellbar in 1 g).

Erzeugnisse, die durch Pökeln, Räuchern, Marinieren, Trocknen oder durch Hitzebehandlung haltbar gemacht wurden, sind aus mikrobiologischer Sicht ähnlich zu bewerten wie entsprechende Rotfleischerzeugnisse. Dies gilt nur mit Abstrichen für frische Mettwurst (auch im Rotfleischbereich ein sehr sensibles Erzeugnis), da hier ein höherer Befallsgrad mit Salmonellen zu vermuten ist, und für mild gepökelte und geräucherte Produkte wie gepökelte und geräucherte Gänsebrust. Das letztgenannte Erzeugnis hat nur eine begrenzte Haltbarkeit, die bei +4 °C unter Folienverpackung immerhin noch 40–55 Tage, bei +20 °C jedoch nur 8–12 Tage beträgt [10]. Hierbei beherrschen Laktobazillen, besonders bei vakuumverpackten Erzeugnissen, neben Hefen das mikrobiologische Profil.

5.2.5 Lagerung und Verderb frischen Geflügelfleisches

Faktoren, die Haltbarkeit und Verderb von frischem Geflügelfleisch beeinflussen, werden von PATTERSON [167] in fünf Kategorien unterteilt:

1. solche, die auf die mikrobielle Ausgangsbelastung und die Art der Mikroorganismen auf dem geschlachteten und für die Lagerung hergerichteten Geflügel(fleisch) Einfluß nehmen,
2. die Lagerungstemperatur, die nicht nur die Wachstumsgeschwindigkeit der Mikroorganismen beeinflußt, sondern auch eine Selektion bestimmter Keime bewirkt,
3. die Art des Geflügels (Wassergeflügel, Masthähnchen, Legehennen o. a.),
4. die Art der Umhüllung bzw. Verpackung (Gasdurchlässigkeit der verwendeten Folien),
5. Lagerung in modifizierter Gasatmosphäre.

Unter diesen Einflußgrößen kommt der Lagerungstemperatur sicherlich die größte Bedeutung zu.

Geflügelfleisch ist im gewerblichen Handel bei einer Temperatur von höchstens +4 °C zu halten. Auf der Großhandelsstufe wird überdies versucht, durch Kühlhaltung des Geflügelfleisches bei ±0 °C eine Verlängerung der Haltbarkeit und damit eine Verschiebung des Verbrauchsdatums zu erreichen. Die Haltbarkeit endet, wenn erste Geruchsabweichungen (ab etwa 10^7 GKZ/cm^2 Haut) und Schleimbildung (ab etwa 10^8 GKZ/cm^2) einsetzen [175]. Dieser Zeitpunkt ist bei Geflügelkörpern, die unverpackt oder mit gasdurchlässiger Folie umhüllt sind, bei einer Lagerungstemperatur von +4 °C nach 6 bis 10 Tagen erreicht [63, 175, 194].

Der Verderb setzt nicht an allen Stellen des Geflügelkörpers zugleich ein. So ist die Muskulatur, abgesehen von den freigelegten Schnittflächen, anfangs nahezu keimfrei. Erst im Lauf der Lagerung kommt es zu einer Penetration der Keime von den Oberflächen in die Tiefe, wobei *Pseudomonas* spp. offenbar besonders aktiv sind, während unbewegliche Bakterien ungeachtet ihrer proteolytischen Eigenschaften zunächst in den oberflächlichen Gewebsschichten zurückbleiben [227].

In hohem Maß durch frühzeitigen Verderb gefährdet sind die am Ende des Schlachtprozesses besonders stark kontaminierten Bezirke, nämlich die in der Körperhöhle verbliebenen Gewebsreste und die beidseitig kontaminierte Halshaut. Bei Versuchen, in denen Halshaut zur Ermittlung des mikrobiologischen Status von Hähnchen herangezogen wurde, kam es trotz einer Lagerungstemperatur von +2 °C schon nach 7–9 Tagen zu Überschreitungen des fiktiven Richtwertes für den aeroben Keimgehalt (10^7 GKZ/cm^2, entspr. 10^8 GKZ/g); dabei hatte offenbar das Kühlverfahren am Ende der Schlachtung (Tauchkühlung, Luftkühlung oder Wasser-Luft-Kühlung) keinen bedeutenden Einfluß auf die Lagerfähigkeit der mit gasdurchlässiger Folie umhüllten Tierkörper ([119, 237]; siehe auch Abb. 5.4).

Mit einer kontinuierlichen Lagerungstemperatur von 0 °C kann eine über 14 Tage hinausgehende Haltbarkeit erreicht werden [175]. Diese Bedingungen sind allerdings in der Praxis der Geflügelfleischvermarktung kaum durchgehend einzuhalten.

Unterbrechungen der Kühlkette führen zu einem raschen Verderb des Geflügelfleisches. Bei +20 °C tritt dieser bereits nach wenigen Stunden ein, bei +15 °C nach weniger als 48 Stunden, bei +10 °C nach 2–2,5 Tagen – vorausgesetzt, der Keimgehalt (GKZ) lag zuvor bei $< 10^4/cm^2$ Haut [175].

Auf die für den Verderb verantwortliche Mikroflora wurde bereits in Abschnitt 5.1.2 eingegangen. Unter aeroben Bedingungen, d. h. bei unverpacktem, nicht oder mit gasdurchlässiger Folie umhülltem Geflügel, verschiebt sich das Keimspektrum bei einer Lagerungstemperatur von +4 °C schon nach wenigen Tagen sehr weitgehend [63]. Von den bei Lagerungsbeginn dominierenden Keimgruppen (Mikrokokken 34 %, Coryneforme 24 %, *Enterobacteriaceae* 16 %, Laktobazillen 16 %) sind nach 4 Tagen nur noch die Coryneformen mit etwa 12 % vertreten (Flavobakterien 40 %, Pseudomonaden 22 %, *Brochothrix thermosphacta* 12 %); bereits nach 6 Tagen beherrschen die Pseudomonaden das Spektrum (63 %, davon *P. fragi* 33 %, *P. fluorescens/P. putida* 27 %, *Alteromonas* spp. 3 %), gefolgt von *B. thermosphacta* (22 %); nach 12 Tagen stellen Pseudomonaden über 80 % der aeroben Gesamtflora, davon 70 % *P. fragi*. Während der gesamten Lagerdauer sind auch *Acinetobacter* spp. und *Moraxella* spp. nachzuweisen. Ihr Anteil an der Gesamtflora geht jedoch erst gegen Ende der Haltbarkeit des Geflügelfleisches gelegentlich über 10 % hinaus [63].

Auch bei höheren Temperaturen (um +10 °C) bleiben Pseudomonaden dominierend [175]. Hier finden allerdings auch *Enterobacteriaceae*, insbesondere psychrotrophe Arten wie *Serratia liquefaciens*, *Enterobacter* spp., *Hafnia* spp. und *Citrobacter* spp., die bereits in frisch geschlachtetem Geflügel stärker vertreten sind [144], gute Entwicklungsmöglichkeiten [167, 175].

Bei +20 °C stehen nach eintägiger Lagerdauer *Acinetobacter* spp. und *Moraxella* spp. [58 %] sowie Enterobakteriazeen (22 %) im Vordergrund [175]. Zu deutlichen Veränderungen im Keimspektrum kommt es, wenn Geflügelfleisch in einem von der gewöhnlichen Erdatmosphäre abweichenden Gasgemisch aufbewahrt wird. Allein eine Verpackung in einer weitgehend gasdichten Hülle, mehr noch eine Evakuierung der Packung, bewirkt im Lauf der Lagerung bereits eine Veränderung der Massenanteile der Luftkomponenten durch Zunahme der CO_2-Spannung bei gleichzeitiger Abnahme des O_2-Partialdrucks. Hierbei führt weniger das sich vermindernde Sauerstoffangebot (bei +4 °C-Lagerung von Geflügelkörpern in gasdichter Hülle, aber ohne vorangegangene Evakuierung, nach 20 Tagen immerhin noch 12 %!) als vielmehr der steigende CO_2-Gehalt (unter denselben Bedingungen nach 20 Tagen etwa 8 %) nach einiger Zeit zu einer generellen Verzögerung des Bakterienwachstums und zum Verschwinden bestimmter Keimarten [218]. Zwar wird ein auf beginnenden Verderb hinweisender Keimgehalt (GKZ) von $10^7/cm^2$ Haut auch hierbei schon nach 8 Tagen erreicht; die Geruchsabweichungen sind aber weniger ausgeprägt als bei konventionell gelagertem Geflügel. Hieraus soll eine um 30 % verlängerte Haltbarkeit resultieren [218].

Eine von den aeroben Lagerungsbedingungen her bekannte Dominanz der Pseudomonaden bei Kühllagerung wird durch eine gasdichte Umhüllung des Geflügelfleisches allein nicht verhindert. Im Gegenteil scheint diese im ersten Abschnitt der Lagerhaltung den Anteil dieser Keimgruppe an der Gesamtflora sogar zu beschleunigen (68 % nach 4 Tagen, 86 % nach 8 Tagen, 68 % nach 12 Tagen, 50 % nach 16 Tagen). Erst nach 20 Tagen, also bei fortgeschrittenem Verderb des Fleisches, erreichen andere Keimarten wie *Aeromonas* spp., *Vibrio* spp. und Laktobazillen annähernd das Niveau der Pseudomonaden [218].

Bei Lagerung unter Vakuum kann mit einer gegenüber konventioneller Lagerung um die Hälfte verlängerten Haltbarkeit gerechnet werden [67]. Ein weitgehender Austausch der Atmosphäre durch CO_2 bewirkt eine Verlängerung der Verbrauchsfrist auf das Doppelte [27] bis Dreifache [190], eine gleichzeitige Erniedrigung der Rest-O_2-Spannung auf $<0,05\,\%$ sogar eine Verlängerung auf das Fünffache gegenüber den nicht unter Schutzgas gelagerten Tierkörpern [67]. Durch Absenkung der Lagerungstemperatur auf –1,5 °C wird schließlich eine Haltbarkeit bis zu 10 Wochen erreicht. Hierbei spielen *Enterobacteriaceae* nur bis zu einem Gesamtkeimgehalt von 10^5/Tierkörper (Ganzkörper-Spülmethode mit 100 ml Peptonwasser) eine dominierende Rolle; später wird die Flora von Laktobazillen beherrscht [27, 67]. *L. monocytogenes* kann sich unter der hohen CO_2-Spannung in Verbindung mit der niedrigen Temperatur nicht vermehren [79].

Für Endverbraucherpackungen ist die CO_2-Begasung weniger geeignet, da das Geflügelfleisch hierbei eine außerordentlich blasse Farbe annimmt [27].

Da die Farbveränderungen unter Luftzutritt reversibel sind, könnte sich das Verfahren für die Lagerung und den Transport zur Verarbeitung eignen.

Eine bessere Farbhaltung bei gleichzeitiger bakterienhemmender Wirkung ist mit einem Schutzgas-Gemisch aus 90 % CO_2 und 10 % O_2 zu erreichen [250]. Die Haltbarkeit wird hiermit gegenüber konventionell gelagertem Geflügelfleisch um das 2- bis 2,5fache gesteigert.

Beim mikrobiellen Verderb des Geflügelfleisches entstehen neben anderen Stoffwechselprodukten auch biogene Amine. Einige von ihnen (Cadaverin, Putrescin) korrelieren offenbar gut mit dem Gesamtkeimgehalt (GKZ) des Geflügelfleisches während der Kühllagerung (+4 °C) und eignen sich daher als Leitsubstanzen zur schnellen Ermittlung der Keimzahl und des einsetzenden Verderbs [193].

5.2.6 Gefrieren und Auftauen

Eine wesentliche Verlängerung der Haltbarkeit frischen Geflügelfleisches kann durch Gefrier- (<–2 °C) oder Tiefgefrierlagerung (<–18 °C) erzielt werden. Bei tiefen Gefriertemperaturen kommen sämtliche mikrobiell verursachten Prozesse zum Erliegen, da nicht nur die unteren Temperaturgrenzen für die Vermehrung der meisten Mikroorganismen deutlich unterschritten werden, sondern auch durch Kristallisation des im Fleisch vorhandenen ungebundenen Wassers die Wasseraktivität stark abnimmt. Als praktische Minimaltemperatur für das Wachstum der psychrotolerantesten Keime, bestimmter Schimmelpilzarten wie *Cladosporium herbarum*, *C. cla*dosporidioides, *Penicillium hirsutum*, *Chrysosporium pannorum* und *Thamnidium elegans*, wird unter den Bedingungen eines reduzierten a_w-Wertes derzeit eine Temperatur zwischen –5 °C und –6 °C angesehen [138]. Werden Lagerungstemperaturen unterhalb dieses Grenzbereichs eingehalten, kann es nicht zu den durch Schimmelpilze hervorgerufenen Veränderungen wie Schwarz- oder Weißfleckigkeit kommen. Die für diese Verderbserscheinungen verantwortlichen Keime gehören teils zu den oben genannten Spezies, teils handelt es sich um Arten mit weniger ausgeprägter Psychrotoleranz (Temperaturminimum für Wachstum auf gefrorenem Fleisch: –1 °C bis –2 °C). Schimmelpilzbefall von Geflügelfleisch kann demnach nur bei erheblichen und längerwährenden Temperaturmängeln während der Gefrierlagerung auftreten.

Mit dem Einfrieren, das sich bei Tierkörpern in der Regel unmittelbar an den Schlachtprozeß anschließt und bei Teilstücken sowie Zubereitungen unverzüglich nach der Zerlegung bzw. Herstellung durchzuführen ist, geht ein Teil der auf dem Geflügelfleisch haftenden Mikroorganismen zugrunde. Während der Gefrierlagerung nimmt die Keimzahl weiter ab, wird aber selten um mehr als 2 Zehnerpotenzen reduziert.

Dabei wird das Keimspektrum zugunsten der kältetoleranteren Psychrotrophen verschoben [186, 187].

Pathogene Keime (*L. monocytogenes*, *Salmonella* spp., *C. perfringens*) überleben die Gefrierlagerung ebenfalls, wie an den gegenüber frischen Proben kaum reduzierten Nachweisraten bei gefrorenem Geflügelfleisch erkennbar ist ([1, 173, 238]; siehe auch Tab. 5.2).

Mit einem erhöhten hygienischen Risiko ist das **Auftauen** gefrorenen Geflügelfleisches verbunden. Da ein Großteil der Tierkörper, Teilstücke und Schlachtnebenprodukte mit Salmonellen behaftet ist (siehe Abschnitt 5.1.1 – Salmonellen), besteht die Gefahr einer Kontamination anderer Lebensmittel sowie der Geräte und Arbeitsflächen im Küchenbereich. Daher ist beim Entfernen der Schutzhülle um das Gefriergut und beim Umgang mit dem Geflügelfleisch sowie mit der Auftauflüssigkeit besondere Sorgfalt geboten. Für die Vermehrung der Mikroorganismen auf dem Geflügelfleisch und in der Auftauflüssigkeit ist die Auftautemperatur offenbar ohne Belang, wenn der Auftauprozeß mit dem Erreichen einer Kerntemperatur des Fleisches von ±0 °C bis +10 °C beendet wird [240]. Weder bei einer Auftautemperatur von +5 °C noch bei solchen von +15 °C, +20 °C oder +28 °C wurde eine Vermehrung des aeroben Keimgehalts (GKZ) oder der vor dem Tiefgefrieren aufgebrachten Testkeime (*E. coli*, *S. enteritidis*, *L. innocua*) festgestellt. Ein Bakterienwachstum wurde erst mehrere Stunden nach dem Auftauen des Geflügelfleisches beobachtet [240].

5.2.7 Mikrobielle Dekontamination von Geflügelfleisch

Die hohe mikrobielle Belastung frischen Geflügelfleisches und das Ausmaß der Kontamination mit pathogenen Erregern (Salmonellen, *Campylobacter* u. a.) haben frühzeitig zu Überlegungen und Versuchsansätzen geführt, eine Qualitätsverbesserung durch den Einsatz von Stoffen mit keimhemmender Wirkung oder durch andere Behandlungsverfahren zu erreichen. Allerdings ist die Einführung solcher Verfahren in die Praxis an bestimmte Anforderungen geknüpft, die eine allgemeine Verbreitung bei der Geflügelfleischgewinnung bislang verhindert haben:

1. Das Verfahren muß einen deutlich erkennbaren Nutzeffekt haben.
2. Das Geflügelfleisch darf durch die Behandlung nicht nachteilig (gesundheitlich, sensorisch, ernährungsphysiologisch, technologisch) beeinflußt werden; der Frischezustand des Geflügelfleisches muß erhalten bleiben.
3. Auf oder in dem Geflügelfleisch dürfen keine Rückstände verbleiben.
4. Das Verfahren darf nicht zu unzumutbaren Umweltbelastungen führen und muß gesundheitspolitisch akzeptiert sein.
5. Das Verfahren muß im Einklang mit den Rechtsvorschriften stehen.

Die bislang diskutierten und in einigen Staaten bereits zugelassenen und eingesetzten Verfahren lassen sich nach ihrer Wirkungsweise in zwei Gruppen unterteilen:

1. Chemische Verfahren

   Hierbei werden Stoffe mit keimhemmender Wirkung entweder dem für die Behandlung des Geflügelfleisches verwendeten Trinkwasser oder eigens zur Dekontamination des Fleisches bestimmten Bädern zugesetzt. Im einzelnen werden verwendet:

   - Chlor und Chlorverbindungen
   - Ozon
   - Genußsäuren (Essigsäure, Milchsäure, Zitronensäure)
   - andere Stoffe (Trinatriumphosphat, quaternäre Ammoniumverbindungen u. a.)

2. Physikalische Verfahren:

   - Behandlung mit ionisierenden oder ultravioletten Strahlen
   - Elektrostimulation
   - Wasserdampfbehandlung

Die **Chlorung** des für den Schlachtprozeß verwendeten Trinkwassers ist das bei der Gewinnung von Geflügelfleisch bislang am weitesten verbreitete Verfahren. Dem Brüh-, Wasch- und Kühlwasser wird eine über die sonst bei Trinkwasser zugelassene Dosierung (Grenzwert nach Aufbereitung, berechnet als freies Chlor, in Deutschland 0,3 mg/l [15 A]) hinausgehende Chlor-Konzentration (bis 200 mg Hypochlorit bzw. Hypochlorsäure pro Liter) zugesetzt [50]. Die keimabtötende Wirkung steigt außerdem mit der Dauer der

Einwirkung und der Temperatur am Wirkungsort. Reichern sich organische Stoffe (Blut, Futterreste, Darminhalt, tierische Gewebe) im Wasser an, sinkt der Wirkungsgrad durch Bindung des Chlors („Chlorzehrung").

Bei ausreichender Einwirkungszeit (im Brühbad und während der Tauchkühlung) ist eine Keimreduktion um eine bis zwei Zehnerpotenzen erreichbar [50, 95, 191, 231]. In Betrieben, die auf die Tauchkühlung verzichten, ist die Effizienz der Chlorbehandlung jedoch umstritten. Abgesehen hiervon kommt es bei der Chlor-Anwendung zu Geruchsabweichungen und Farbveränderungen beim Geflügelfleisch und zur Geruchsbelästigung im Betrieb. Einige Keimarten, besonders Staphylokokken, entwickeln bei längerer Anwendung zudem eine Chlorresistenz [146]. In der Europäischen Union ist die Chlorung („hyperchlorination") von Wasser, das bei der Fleisch- und Geflügelfleischgewinnung verwendet wird, nicht zugelassen, da „nur Wasser von Trinkwasserqualität" benutzt werden darf.

Einen keimreduzierenden Effekt hat auch die Behandlung des Geflügelfleisches mit **Ozon** (O_3). Bei ausreichender Konzentration (>2 %, m/m) im Kühl- oder Waschwasser und einer Einwirkzeit von mindestens 30 Sekunden ist eine Verminderung der Salmonellenzahl auf Geflügelhaut um das 4- bis 10fache erreichbar [174]. Allerdings ist die Wirkung gegenüber den auf dem Geflügelfleisch haftenden Mikroorganismen deutlich geringer als gegenüber frei im Kühlwasser schwimmenden Keimen [200].

Die Haltbarkeit ozonbehandelten Geflügelfleisches soll um 1–2 Tage verlängert sein [98].

Aus Kostengründen und wegen der Umweltbelastung sowie der ungeklärten Frage der Zulässigkeit hat sich die Ozonbehandlung von Frischgeflügel bislang nicht durchgesetzt.

Eine Behandlung von Geflügelfleisch mit **Genußsäuren** führt ebenfalls zu einer Verminderung des Oberflächenkeimgehalts. Durch Eintauchen (10 Sekunden) in ein 3 %iges Säuregemisch (Essigsäure, Milchsäure, Zitronensäure, Ascorbinsäure) wird sowohl der Gesamtkeimgehalt (GKZ) als auch die Zahl der Salmonellen um etwa eine Zehnerpotenz reduziert; die Differenz zu unbehandeltem Geflügelfleisch bleibt während der Kühllagerung (+10 °C) erhalten [52]. In anderen Publikationen [48, 49] wird die Wirkung (0,6 % Essigsäure, 10 min Einwirkzeit) auf *Enterobacteriaceae* bestätigt, der Gesamtkeimgehalt wird den Ergebnissen zufolge jedoch kaum beeinflußt.

Der keimreduzierende Effekt wird offenbar durch Einblasen von Luft („air injection") in das Säurebad verstärkt [49].

In jüngster Zeit wurde in einer Reihe von Publikationen eine Tauch- oder Spraybehandlung des Geflügelfleisches mit einer 10 %igen **Trinatriumphosphat** (Na_3PO_4)-Lösung empfohlen. Hierbei kommt es zu einer Reduzierung gramnegativer Keime auf der Fleischoberfläche. Besondere Beachtung wurde in den bislang veröffentlichten Untersuchungen dem Verhalten von Salmonellen und *Campylobacter* gewidmet. Beide Keimarten werden – je nach Anwendungsart und Einwirkzeit der Lösung – um eine bis zwei Zehnerpotenzen reduziert [65, 116, 117, 137, 210]. Zu einer Beeinträchtigung sensorischer Eigenschaften soll es durch dieses Verfahren nicht kommen [86].

Bei allen genannten Behandlungsverfahren ist zu beachten, daß eine nachhaltige Wirkung auf den Keimstatus des Geflügelfleisches nur dann erzielt werden kann, wenn eine Rekontamination nach der Behandlung vermieden wird.

Unter den physikalischen Dekontaminationsverfahren, die das Geflügelfleisch in seinem Frischezustand belassen, hat sicherlich die **Bestrahlung** mit ionisierenden Strahlen die größte Bedeutung. Von der WHO und der FAO wird das Verfahren seit dem Jahr 1980 bis zu einer Bestrahlungsdosis von 10 kGy (KiloGray) auch für Geflügelfleisch uneingeschränkt empfohlen [245]. Auch das wissenschaftliche Veterinärkomitee der EG-Kommission vertrat schon 1986 die Auffassung, daß das Verfahren effektiv und sicher sei, und hielt weitere Untersuchungen zur Absicherung nicht für erforderlich [199].

Die Bestrahlung bewirkt eine deutliche Reduktion aller Mikroorganismen einschließlich Protozoen und mehrzelliger Parasiten, wobei einige gramnegative Bakterien besonders sensibel reagieren. Auf Geflügelfleisch wurden bei Fleischtemperaturen von +10 °C bis +12 °C für einige Keimarten folgende D_{10}-Werte (Strahlendosen, die für eine Keimreduktion um 90 % erforderlich sind) ermittelt [168, 169]:

P. putida	0,08 kGy
E. coli	0,39 kGy
S. aureus	0,42 kGy
L. monocytogenes	0,49 kGy
S. typhimurium	0,50 kGy
Moraxella phenylpyruvica	0,86 kGy

Eine erheblich höhere Strahlenresistenz (1,9 kGy bei +5 °C in Putenbrust) besitzen Endosporen von *B. cereus* [224].

Als vertretbarer Kompromiß zwischen erwünschter Keimreduktion und Erhaltung der sensorischen Eigenschaften von Geflügelfleisch wird weithin eine Bestrahlungsdosis von 2,5 kGy angesehen [129, 151, 223, 233]. Diese Behandlung garantiert zwar kein salmonellenfreies Produkt [151], doch werden pathogene Keime und Verderbniserreger so weitgehend reduziert, daß das Gesundheitsrisiko wesentlich gemindert und die Haltbarkeit auf einen 2- bis 3fachen Zeitraum verlängert wird [129, 133].

Versuche einer Keimreduzierung mit Hilfe von Ultraviolett-Bestrahlung sind weniger erfolgreich. Salmonellen werden hierdurch nur unerheblich geschädigt [234].

Innerhalb der Europäischen Union ist die Bestrahlung von Geflügel nur in Frankreich, Großbritannien und den Niederlanden erlaubt. In Deutschland ist die Strahlenbehandlung von Lebensmitteln bislang nicht zugelassen. Von der Möglichkeit, eine Ausnahmegenehmigung nach § 47 a des Lebensmittel- und Bedarfsgegenständegesetzes [16 A] zu beantragen, wurde bislang nicht Gebrauch gemacht.

Auch durch **Elektrostimulation** kann der Oberflächenkeimgehalt reduziert werden [21, 134]. Hierzu sind allerdings längere Einwirkzeiten erforderlich als zur Beschleunigung der postmortalen Glykolyse, für die das Verfahren sonst verwendet wird. Eine keimabtötende Wirkung (Reduktion vermehrungsfähiger GKZ, Coliformer und *S. typhimurium* um 80–85 %) war bei Rindersteaks erst bei einer Stimulation mit 620 V über 60 Sekunden oder durch mehrfache Impulse zu erreichen [21]. Bei Geflügel liegen lediglich Ergebnisse von Untersuchungen an isolierter Haut vor [134].

Versuche einer Dekontamination von Geflügelfleisch mit **Wasserdampf** (20 Sekunden bei +180 bis +200 °C) führten zwar zu einer Reduktion des Oberflächenkeimgehalts (GKZ) um eine bis drei (im Mittel zwei) Zehnerpotenzen, bewirkten aber bei ganzen Tierkörpern keine Verminderung des Anteils salmonellenbehafteter Proben [43]. Außerdem nahmen die dem Dampf ausgesetzten Partien das Aussehen leicht angekochten Fleisches an. Für frisches Geflügelfleisch ist das Verfahren daher ungeeignet.

5.3 Prozeßkontrolle, HACCP

Grundsätze der Qualitätssicherung durch gute Herstellungspraxis (GHP, GMP – Good Manufacturing Practice) und Anwendung des HACCP (Hazard Analysis Critical Control Point)-Konzeptes wurden an anderer Stelle näher beschrieben. Im folgenden wird auf Möglichkeiten und Erfordernisse von Kontrollmaßnahmen im Bereich der Geflügelhaltung sowie der Gewinnung und Behandlung von Geflügelfleisch eingegangen.

Eine sinnvolle Prozeßkontrolle setzt überschaubare, wiederkehrende und möglichst standardisierte Verfahrensabläufe voraus. Nur so können aus festgestellten Fehlern gezielte Maßnahmen zur Mängelbeseitigung abgeleitet werden.

In der **Tierhaltung** sind diese Voraussetzungen nur teilweise zu erlangen, da neben den vom Menschen steuerbaren Prozessen (Haltungsmanagement) eine individuelle Komponente, nämlich die Wechselbeziehung zwischen Tier und Umwelt, tritt. Beim Nutzgeflügel, insbesondere bei der Hähnchen- und Putenmast, ist das Ziel eines planmäßigen, von außergewöhnlichen Ereignissen unbeeinflußten Mastablaufs noch am ehesten zu erreichen.

Der für den mikrobiologischen Status des Schlachtgeflügels bedeutsame Abschnitt beginnt nicht erst mit der Aufstallung im Mastbetrieb, sondern bereits in den Elternbeständen. Kontrollmaßnahmen müssen daher die Bereiche

- Zuchtbetriebe (Elternbestände)
- Brütereien
- Mastbetriebe (oder Legehennenbetriebe)

umfassen.

Hygienisches Ziel ist die Aufzucht von Geflügel, das frei von pathogenen Mikroorganismen ist. Die derzeitigen Bemühungen konzentrieren sich – abgesehen von reinen Tierseuchenerregern – auf die Freiheit der Bestände von Salmonellen und *Campylobacter*.

Für die Einschleppung pathogener Keime in einen Betrieb, ihr Persistieren und ihre Verbreitung von einem Bereich des Betriebes in andere Bereiche kommt eine Reihe von Vektoren in Betracht:

- Geflügel bei der Einstallung
- Einstreu
- Futtermittel und Tränkwasser
- Personal und Besucher
- Nagetiere und Insekten, Wildvögel
- Frischluft

Bei der Einstallung von Geflügel hat sich das „All in – all out“-Konzept bewährt, bei dem alle Tiere eines Bestandes oder abgeschlossenen Bereiches zugleich eingestallt und später zur Schlachtung abgegeben werden. Hierdurch wird das Risiko einer Keimeinschleppung auf eine Sendung beschränkt und die Rückverfolgung bei tatsächlich eingetretenen Infektionen erleichtert. Für die Neubelegung sollten nur Tiere aus kontrollierten Beständen und Brütereien akzeptiert werden. Gelegentliche Stichprobenuntersuchungen von Tieren sollten vor der Belegung der Ställe auch dann durchgeführt werden, wenn bis dahin noch keine Einschleppung von Erregern auf diesem Weg erfolgt ist.

Die Einstreu muß frei von pathogenen Keimen sein. Eine an sich zu fordernde Sterilisation oder zumindest eine Pasteurisation des Streumaterials wird aus Kostengründen zur Zeit noch abgelehnt. In dieser Situation sollte zumindest sichergestellt sein, daß die Einstreu vorher keinen Kontakt mit tierischen Ausscheidungen haben konnte. Hierfür sollte der Lieferant eine Garantie geben. Dennoch sollte auf gelegentliche Stichprobenuntersuchungen durch den Abnehmer nicht verzichtet werden.

Futtermittel sollten nur von zuverlässigen Herstellern und nur bei entsprechenden Garantien des Herstellers bezogen werden. Sie sind bei Einlagerung vor Kontamination durch Nagetiere, Insekten und Wildvögel zu schützen. Gelegentliche Stichprobenkontrollen (mikrobiologische Untersuchungen) sind anzuraten.

Wird Tränkwasser aus dem Trinkwassernetz entnommen, sind die Leitungen gegen Kontamination zu schützen. Wasser aus eigenen Brunnen sollte regelmäßig mikrobiologisch untersucht werden – besonders, wenn es in der Nähe des Betriebes gewonnen wird (Gefahr der Grundwasserverunreinigung). Auf die Verwendung nicht vorbehandelten Oberflächenwassers sollte verzichtet werden!

Personalhygiene ist ein wichtiger Faktor für eine pathogenfreie Aufzucht von Geflügel. Personen (Betriebspersonal, Tierarzt, Handwerker) sollten den belegten Stall nur über eine Hygieneschleuse betreten, in der komplette Schutzkleidung anzulegen ist. Die Schutzkleidung darf nicht in anderen Bereichen, erst recht nicht in anderen Stallungen benutzt werden. Der Kleiderwechsel ist zu kontrollieren, die Zweckbestimmung der Schutzkleidung kann durch bestimmte Farbgebung der Textilien erkennbar gemacht werden.

Nagetiere, Insekten und Wildvögel können nur bei Tierhaltung in geschlossenen Systemen ferngehalten werden. Außerdem sind eine fugenlose Bauweise bei der Errichtung der Stallungen, weiterhin Zu- und Abluftfilter, abgedeckte Abflüsse sowie geschlossene Futter- und Tränkwasserbevorratung und -zuführung erforderlich. Das Freisein der Ställe und Nebenräume von Nagetieren sollte regelmäßig überprüft werden, permanente Bekämpfungsmaßnahmen (auch prophylaktisch) sind anzuraten.

Frischluft sollte bodenfern und nicht aus dem Einflußbereich der Abluft anderer Stallungen entnommen werden. Eine Filtration vor dem Einblasen in den Stall ist ratsam. Die Filter sind regelmäßig auf Funktionsfähigkeit zu überprüfen und zu reinigen.

Von außerordentlicher Bedeutung sind Reinigungs- und Desinfektionsmaßnahmen. Im Bereich der Tierhaltungseinrichtungen sind diese nur nach der Räumung eines Bestandes und vor der Neubelegung durchzuführen. Ein im Jahr 1993 von der WHO in Bakum/Vechta durchgeführter Workshop [246] lieferte wesentliche Anregungen für die Planung, Ausführung und Kontrolle der notwendigen Maßnahmen. Die Vorschläge schließen auch Nagerbekämpfungsprogramme ein. Zwar sind die vorgelegten Strategien hauptsächlich auf die Bekämpfung von *S. enteritidis* ausgerichtet, sie gelten jedoch weitgehend auch für andere Erreger.

Durch Erfassung aller bei der Tierhaltung in Betracht kommenden kritischen Momente in einer Checkliste, regelmäßige Überprüfung auf Einhaltung und Wirksamkeit der auf die Vermeidung von Infektionen ausgerichteten Sicherheitsvorkehrungen und Maßnahmen sowie eine Dokumentation der Kontrollen können Mängelursachen aufgeklärt, Korrekturen vorgenommen und hierdurch Gefahren gemindert werden. Obwohl die Tierhaltung sich von Prozeßabläufen bei der Lebensmittelherstellung erheblich unterscheidet, sind die Prinzipien des HACCP auch hier anwendbar. Als mikrobiologische Grenzwerte sind für pathogene Keime (spezifiziert auf bestimmte Erreger) Nulltoleranzen zu fordern.

In Deutschland und den meisten anderen Staaten ist man von der Aufzucht von Nutzgeflügel unter annähernd spezifisch pathogenfreien Bedingungen noch weit entfernt. Von Teilen der Geflügelwirtschaft wird überdies bezweifelt, ob Mastgeflügel überhaupt salmonellen- und campylobacterfrei aufgezogen werden kann. Fest steht jedoch, daß einige skandinavische Staaten unter Anwendung radikaler Bekämpfungsprogramme diesem Ziel wesentlich näher gekommen sind und daß hierzulande bisher längst nicht alle Kontroll- und Bekämpfungsmöglichkeiten genutzt wurden. Ob Immunisierungsprogramme (z. B. gegen *S. typhimurium* und *S. enteritidis*) und Prämuninierungsmaßnahmen (kompetitiver Infektionsausschluß durch Verabreichung definierter Bakterienkulturen [39] oder einer Darmflora erwachsener Tiere – „Nurmi-Konzept" [212]) ohne unterstützende Prophylaxe gegen einen Erregereintrag in die Stallungen mittelfristig zum Erfolg führen werden, muß sich noch erweisen.

Im **Schlacht-, Zerlegungs- und Verarbeitungsbereich** sind Prozeßkontrollen für zugelassene Betriebe schon jetzt vorgeschrieben. Nach der auf den 31. Dezember 1995 determinierten Umsetzung der Richtlinie 93/43/EWG über Lebensmittelhygiene [17 A] haben alle Lebensmittelbetriebe, ungeachtet ihrer Struktur und Größe, ihre Prozeßabläufe nach dem HACCP-Konzept zu überprüfen. In deutsches Recht sind diese Regelungen bislang nicht übernommen worden. Ob sie die Rechtsbereiche Rotfleisch und Geflügelfleisch, in denen bereits eigenständige Regelungen existieren, überhaupt berühren, ist bislang strittig.

Im Verlauf der Schlachtung wird das Geflügel einer Reihe von Bearbeitungsschritten unterworfen, die im Sinne der HACCP-Philosophie der jüngsten Codex Alimentarius-Dokumente [251] ausnahmslos nicht mehr als kritische Kontrollpunkte (CCPs) aufzufassen sind, da keiner dieser Schritte geeignet ist, eine potentiell vom Geflügel oder Geflügelfleisch ausgehende Gefahr zu verhindern, zu beseitigen oder auf ein akzeptables Maß zu reduzieren. Legt man die Prinzipien des HACCP bei der betrieblichen Eigenkontrolle während der Geflügelschlachtung zugrunde, lassen sich aber einige Hygiene-Kontrollpunkte (HCPs) und technische Kontrollpunkte (TCPs) festlegen, die in Abb. 5.5 als „Kontrollpunkte" (CPs) zusammengefaßt sind.

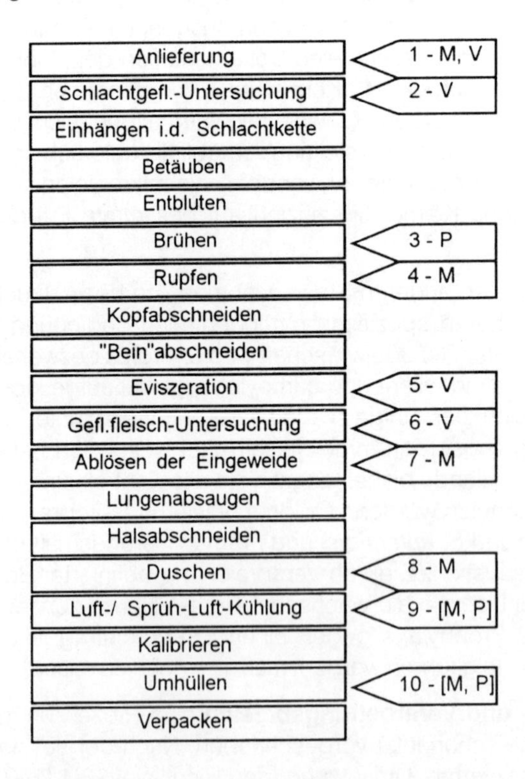

(M = mikrobiologische, P = physikalische, V = visuelle Kontrolle
Erläuterungen zu den einzelnen Punkten im Text)

Abb. 5.5 Kontrollpunkte (CPs) bei der Geflügelschlachtung

Die Punkte sind teils mikrobiologisch (quantitative Keimgehaltsbestimmung, Überprüfung auf pathogene Keime), teils physikalisch (Temperaturmessung) oder visuell (Untersuchung auf gesundheitlich bedenkliche Veränderungen) zu kontrollieren.
(Das graphische Design ist orientiert an einem Vorschlag von Stier [216]).

1-M, V: Untersuchung auf pathogene Keime im Vorfeld der Anlieferung (Herdenkontrolle im Herkunftsbestand);
Untersuchung auf Merkmale von Infektionskrankheiten, besonders Zoonosen, im Vorfeld der Anlieferung (Schlachtgeflügeluntersuchung im Herkunftsbestand).
Maßnahmen im Krisenfall (M. i. K.): Bei amtlicher Feststellung Verbot der Abgabe des Geflügels zur Schlachtung oder Zulassung zur Sonderschlachtung (Schlachtung unter Sicherheitsvorkehrungen);
Schlachtbetriebsseitige Vorkehrungen: Annahmeverweigerung oder zeitlich getrennte Schlachtung am Ende eines Schlachttags.

2-V: Untersuchung auf Merkmale von Infektionskrankheiten, besonders Zoonosen.
M. i. K.: Schlachtverbot oder Anordnung der Sonderschlachtung.
(Anmerkung: Amtliche Untersuchungen können nicht Teil des betriebsseitig durchzuführenden Eigenkontrollsystems sein. Die Ergebnisse können aber in Maßnahmen des Betriebes einfließen, sofern diese nicht ohnehin amtlich angeordnet werden.)

3-P: Temperaturkontrolle. Zu niedrige Brühtemperaturen erhöhen nicht nur die mikrobielle Kontamination, sondern erschweren auch den Rupferfolg; zu hohe Temperaturen bewirken eine Gewebsschädigung (im Lauf der weiteren Bearbeitung des Geflügels erhöhte Kontaminationsgefahr!).
M. i. K.: Temperaturregulierung.

4-M: Untersuchung auf GKZ, Enterobacteriaceae und koagulasepositive Staphylokokken.
M. i.K.: Überprüfung der Rupftechnik, evtl. Auswechseln der Rupffinger, Intensivierung der Reinigungs- und Desinfektionsmaßnahmen.

5-V: Überprüfung des Eviszerationsvorgangs, Feststellung der Anzahl von Zerreißungen der Därme und sonstigen Verunreinigungen.
M. i. K.: Aussonderung verunreinigter Tierkörper durch Betriebspersonal, gegebenenfalls Reparatur oder Justierung der Eviszerationsmaschinen.

6-V: Untersuchung auf Merkmale infektiöser Prozesse.
M. i. K.: Aussonderung veränderter Tierkörper, u. U. Verbot der Fortführung der Schlachtung, gegebenenfalls Beurteilung des unveränderten Geflügelfleisches als „tauglich nach Brauchbarmachung". (Zum Verhältnis amtlicher Untersuchungen und Maßnahmen gegenüber dem betrieblichen Eigenkontrollsystem siehe Anmerkung unter 2-V!)

7-M: Untersuchung auf GKZ und Enterobacteriaceae.
M. i. K.: Verbesserung der Eviszerationstechnik.

8-M: Untersuchung auf GKZ und *Enterobacteriaceae*.
M. i. K. (bei mangelndem Wascherfolg): Justierung des Wäschers, vermehrter Einsatz von Wasser schon während der Eviszeration.

9-M, P: Bei Verdacht mangelhafter Reinigung und Desinfektion, besonders in Luft-Sprühkühlanlagen (Feststellung schleimiger Beläge auf Einrichtungsgegenständen): Untersuchung auf psychrotrophe Keime.
Temperaturkontrolle (Raumtemperatur, Fleischtemperatur am Ende des Kühlprozesses).
M. i. K.: Umgebend gründliche Reinigung und Desinfektion der gesamten Anlage, bei zu hoher Fleischtemperatur nach der Kühlung Intensivierung des Kühlprozesses.

10-M, P: Bei Feststellung verzögerter Arbeitsabläufe bei der Umhüllung und Verpackung (verlängerte Liegezeiten für Tierkörper ohne ausreichende Kühlung).
M. i. K.: Untersuchung auf GKZ und *Enterobacteriaceae*, Temperaturkontrolle des Fleisches und organisatorische Maßnahmen zur Beschleunigung des Betriebsablaufs in diesem Abschnitt.

Bei Verwendung der Tauchkühlung sind mikrobiologische Untersuchungen der Tierkörper vor und nach der Kühlung vorgeschrieben. Für diese Kontrollen wurden in Deutschland auch Grenzwerte festgelegt (s. Abschnitt 5.2.1).

Für die übrigen Kontrollpunkte liegen weder Grenz- noch allgemeingültige Richtwerte vor. Sie sind von den Betrieben unter Zugrundelegung einer GMP individuell festzulegen.

Die Betriebsabläufe im Zerlegungs- und Verarbeitungsbereich ähneln denen bei der Rotfleischbearbeitung. Daher sind auch die Prozeßkontrollen in ähnlicher Form vorzunehmen.Sie sind der individuellen Betriebsstruktur anzupassen.

Literatur

[1] ADAMS, B. W.; MEAD, G. C.: Comparison of media and methods for counting *Clostridium perfringens* in poultry meat and further-processed products. J. Hyg., Cambridge **84** (1980) 151–158.

[2] ADAMS, B. W.; MEAD, G. C.: Incidence and properties of *Staphylococcus aureus* associated with turkeys during processing and further processing operations. J. Hyg., Cambridge, Jg. **91** (1983) 479–490.

[3] ANDERSON, D. C.; STOESZ, P. A.; KAUFMANN, A. F.: Psittacosis outbreak in employees of a turkey-processing plant. Amer. J. Epidemiol. **107** (1978) 140–148.

[4] ANNAN-PRAH, A.; JANC, M.: The mode of spread of *Campylobacter jejuni/coli* to broiler flocks. J. Vet. Med. **B 35** (1988) 11–18.

[5] ATANASSOVA, V.; BERTRAM, J.; WENZEL, S.: Molekularbiologische Charakterisierung von Salmonellaisolaten aus Hähnchenprodukten. Arch. Lebensmittelhyg. **45** (1994) 3–5.

[6] AUER, B.; ASPERGER, H.; BAUER, J.: Zur Bedeutung der Schaben als Vektoren pathogener Bakterien. Arch. Lebensmittelhyg. **45** (1994) 89–93.

[7] BAILEY, J. S.; FLETCHER, D. L.; COX, N. A.: Recovery and serotype distribution of *Listeria monocytogenes* from broiler chickens in the southeastern United States. J. Food Prot., **52** (1989) 148–150.

[8] BAILEY, J. S.; FLETCHER, D. L.; COX, N. A.: *Listeria monocytogenes* colonization of broiler chickens. Poultry Sci. **69** (1990) 457–461.

[9] BAILEY, J. S.: Control of *Salmonella* and *Campylobacter* in poultry production. A summary of work at Russell Research Center. Poultry Sci. **72** (1993) 1169–1173.

[10] BAKR, A. A.-A.: Untersuchungen zur Technologie von gepökelten und geräucherten Geflügelfleischprodukten unter dem Aspekt ihrer möglichen Bedeutung für subtropische und tropische Länder. Vet. med. Diss., Freie Univ. Berlin 1987.

[11] BARNES, E. M.; SHRIMPTON, D. H.: Causes of greening of uneviscerated poultry carcasses during storage. J. appl. Bact. **20** (1957) 273–285.

[12] BARNES, E. M.: Microbiological problems of poultry at refrigerator temperatures – a review. J. Sci. Food Agric. **27** (1976) 777–782.

[13] BARNES, E. M.; IMPEY, C. S.: Psychrophilic spoilage bacteria of poultry. J. appl. Bact., **31** (1968) 97–107.

[14] BARNES, E. M.; MEAD, G. C.: Clostridia and salmonellae in poultry processing. In: GORDON, R. F., FREEMAN, B. M. (Hrsg.), Poultry disease and world economy, Brit. Poultry Sci., Edinburgh (Schottland) 1971, S. 47–63.

[15] BARNES, E. M.; MEAD, G. C.; IMPEY, C. S., ADAMS, B. W.: Analysis of the avian intestinal microflora. In: LOVELOCK, D. W., DAVIS, R. (Hrsg.), Techniques for the study of mixed populations, Academic Press, London 1978, S. 89–105.

[16] BARNES, E. M.: The hung game bird. In: MEAD, G. C., FREEMAN, B. M. (Hrsg.), Meat quality in poultry and game birds, Brit. Poultry Sci. Ltd., Edinburgh 1980, S. 219–226.

[17] BARNHART, H. M.; PANCORBO, O. C.; DREESEN, D. W.; SHOTTS jr., E. B.: Recovery of *Aeromonas hydrophila* from carcasses and processing water in a broiler processing operation. J. Food Prot. **52** (1989) 646–649.

[18] BARTELT, E.; VOLLMER, H.; CHIUEH, L.-C.; WEISE, E.: *Campylobacter* im Geflügelfleischbereich. 35. DVG-Tagung Lebensmittelhyg., Garmisch-Partenkirchen 1994, Bericht Teil I, S. 124–128.

[19] BAUMGARTNER, A.; HEIMANN, P.; SCHMID, H.; LINIGER, M.; SIMMEN, A.: *Salmonella* contamination of poultry carcasses and human salmonellosis. Arch. Lebensmittelhyg. **43** (1992) 123–124.

[20] BAUMGARTNER, A.; GRAND, M.; LINIGER, M., SIMMEN; A.: *Campylobacter* contaminations of poultry liver-consequences for food handlers and consumers. Arch. Lebensmittelhyg. **46** (1995), 11–12.

[21] BAWCOM, D. W.; THOMPSON, L. D.; MILLER, M. F.; RAMSEY, C. B.: Reduction of microorganisms on beef surfaces utilising electricity. J. Food Prot. **58** (1995) 35–38.

[22] BEERY, J. T.; DOYLE, M. P.; SCHOENI, J. L.: Colonization of chicken cecae by *Escherichia coli* associated with hemorrhagic colitis. Appl. Environ. Microbiol. **49** (1985) 310–315.

[23] BENARD, G.; ECKERMANN, A.; HEURTELOUP, F.; LABIE, C.: Oberflächenkontamination des Brustfleisches von Mastenten mit Salmonellen. Arch. Lebensmittelhyg. **45** (1994) 46–47.

[24] BERGDOLL, M. S.: *Staphylococcus aureus*. In: DOYLE, M. P. (Hrsg.), Foodborne bacterial pathogens, Verlag M. Dekker, Inc., New York, Basel 1989, S. 463–523.

[25] BERNDTSON, E.; TIVEMO, M.; ENGVALL, A.: Distribution and numbers of *Campylobacter* in newly slaughtered broiler chickens and hens. Int. J. Food Microbiol. **15** (1992) 45–50.

[26] BEUTEL, H.: Verbot des gemeinsamen Inverkehrbringens von frischem Geflügel- und anderem Fleisch. Mitt. Bayer. Staatsmin. d. Innern (1989), 14. 3. 1989.

[27] BOHNSACK, U.; KNIPPEL, G.; HÖPKE, H. U.: Der Einfluß einer CO_2-Atmosphäre auf die Haltbarkeit von frischem Geflügel. Fleischwirtschaft; **67** (1987) 1131–1136.

[28] BOLDER, N. M.; MULDER, R. W. A. W.: Microbiology of slaughtered geese. In: MEAD, G. C.; FREEMAN, B. M. (Hrsg.); Meat quality in poultry and game birds, Brit. Poultry Sci. Ltd., Edinburgh (Schottland) 1980, S. 207–209.

[29] BOLDER, N. M.; MULDER, R. W. A. W.: Faecal materials in transport crates as source of *Salmonella* contamination of broiler carcasses. 6. Sympos. Quality of Poultry Meat, Ploufragan (Frankreich) 1989, Proc. S. 170–175.

[30] BREUER, J.: *Campylobacter jejuni* und *Campylobacter coli* sowie *Yersinia* spez. in Fleisch und Geflügel. Hyg. Med. **11** (1986) 294–296.

[31] BRIESEMAN, M. A.: A further study of the epidemiology of *Campylobacter jejuni* infections. New Zealand Med. J. **103** (1990) 207–209.

[32] Bundesamt für Gesundheitswesen (Schweiz): Deutlicher Rückgang gemeldeter Salmonellose – *Campylobacter* weiter zunehmend. Bulletin Nr. 37 (1994), S. 632–633.

[33] Bundesamt für Gesundheitswesen (Schweiz): Hühnerleberverzehr und Campylobacteriose. Lebensmittel-Info, Bulletin Nr. 10 (1995).

[34] Bundesgesundheitsamt (Deutschland): Empfehlungen zum Nachweis und zur Bewertung von *Listeria monocytogenes* in Lebensmitteln. Bundesgesundhbl. **34** (1991) 227–229.

[35] BUROW, H.: Dominanz von *Salmonella enteritidis* bei Isolierungen aus Lebensmitteln tierischer Herkunft in Bayern. Fleischwirtschaft **72** (1992) 1045–1050.

[36] CASTILLO-AYALA, A.: Comparison of selective enrichment broths for isolation of *Campylobacter jejuni/coli* from freshly deboned market chicken. J. Food Prot. **55** (1992) 333–336.

[37] CHAROENPONG, C.; CHEN, T. C.: Microbiological quality of refrigerated chicken gizzards from different sources as related to their shelf-lives. Poultry Sci. **58** (1979) 824–829.

[38] CHRISTENSEN, S. V.: The *Yersinia enterocolitica* situation in Denmark. Contr. Microbiol. Immunol. **9** (1987) 93–97.

[39] Corrier, D. E.; Nisbet, D. J.; Hollister, A. G.; Scanlan, C. M.; Hargis, B. M.; DeLoach, J. R.: Development of defined cultures of indigenous cecal bacteria to control salmonellosis in broiler chicks. Poultry Sci. **72** (1993) 1164–1168.

[40] Cox, N. A.; Del Corral, F.; Bailey, J. S.; Shotts, E. B.; Papa, C. M.: Research note: The presence of *Yersinia enterocolitica* and other *Yersinia* species on the carcasses of market broilers. Poultry Sci.; **69** (1990) 482–485.

[41] Cunningham, F. E.: Developments in enrobed products. In: Mead, G. C. (Hrsg.), Processing of poultry, Elsevier Appl. Sci., London, New York 1989, S. 325–359.

[42] D'Aoust, J.-Y.: Salmonella. In: Doyle, M. P. (Hrsg.), Foodborne bacterial pathogens, Verlag M. Dekker, Inc., New York, Basel 1989, S. 327–445.

[43] Davidson, C. M.; D'Aoust, J.-Y.; Allewell, W.: Steam decontamination of whole and cut-up raw chicken. Poultry Sci. **64** (1985) 765–767.

[44] De Boer, E.; Hartog, B. J.: Occurrence of *Yersinia enterocolitica* in poultry products. In: Mulder, R. W. A. W., Scheele, C. W., Veerkamp, C. H. (Hrsg.), Quality of Poultry Meat, Spelderholt Inst. Poultry Res., Beekbergen (Niederlande), 1981, S. 440–446.

[45] De Boer, E.; Seldam, W. M.; Stigter, H. H.: *Campylobacter jejuni*, *Yersinia enterocolitica* and Salmonella in game and poultry. Tschr. diergeneesk. **108** (1983) 831–836.

[46] De Boer, E.: Vorkommen von *Yersinia*-Arten in Geflügelprodukten. Fleischwirtschaft **74** (1994) 329–330.

[47] Deodhar, L. P.; Saraswathi, K.; Varudkar, A.: *Aeromonas* spp. and their association with human diarrheal disease. J. Clin. Microbiol. **29** (1991) 853–856.

[48] Dickens, J. A.; Lyon, B. G.; Whittemore, A. D.; Lyon, C. E.: The effect of an acetic acid dip on carcass appearance, microbiological quality, and cooked breast meat texture and flavour. Poultry Sci. **73** (1994) 576–581.

[49] Dickens, J. A.; Whittemore, A. D.: The effect of acetic acid and air injection on appearance, moisture pick-up, microbiological quality, and salmonella incidence on processed poultry carcasses. Poultry Sci., **73** (1994) 582–586.

[50] Dickson, J. S.; Anderson, M. E.: Microbiological decontamination of food animal carcasses by washing and sanitizing systems: A review. J. Food Prot. **55** (1992) 133–140.

[51] Doyle, M. P.; Schoeni, J. L.: Isolation of *Escherichia coli* O 157 : H 7 from retail fresh meats and poultry. Appl. Environ. Microbiol., **53** (1987) 2394–2396.

[52] Dresel, J.; Leistner, L.: Hemmung von Salmonellen bei Schlachttierkörpern von Hähnchen nach Genußsäurebehandlung. Mitt.bl. BAFF, Kulmbach, Nr. 85 (1984) 6040–6046.

[53] Dykes, G. A.; Georgnaras, I.; Papathanasopoulos, M. A.; Von Holy, A.: Plasmid profiles of *Listeria* species associated with poultry processing. Food Microbiol. **11** (1994) 519–523.

[54] Eisgruber, H.; Stolle, F. A.; Hiepe, T.: Salmonellen bei luft-sprüh-gekühlten Hähnchen aus dem Handel. 28. Wiss. Kongr. DGE, Kiel 1991.

[55] Ellerbroek, L.: Airborne contamination of chilling rooms in poultry meat processing plants. 40. Int. Congr. Meat Sci. Techn., Den Haag 1994, S. II B. 46.

[56] FAO/WHO collaborating centre for research and training in food hygiene and zoonoses des Bundesinstituts für gesundheitlichen Verbraucherschutz und Veterinärmedizin: WHO Surveillance Program for Control of Foodborne Infections and Intoxications in Europe. Sixth Report 1990–1992. Berlin 1995.

[57] Fenlon, D. R.: Wild birds and silage as reservoirs of *Listeria* in the agricultural environment. J. Appl. Bact., **59** (1985) 537–543.

[58] FLYNN, O. M. J.; BLAIR, I. S.; McDOWELL, D. A.: Prevalence of *Campylobacter* species on fresh retail chicken wings in Northern Ireland. J. Food Prot., **57** (1994) 334–336.
[59] FRIES, R.; MÜLLER-HOHE, E.; NEUMANN-FUHRMANN, D.; WIEDEMANN-KÖNIG E.: Pilotstudie Geflügelfleischhygiene – Fleischhygienischer Teil. Abschluß-Bericht Tierärztl. Hochschule, Hannover 1988.
[60] FRIES, R.: An approach to hygienic-technological surveillance in poultry meat production. 3. Weltkongreß Lebensmittelinfektionen u. -intoxikationen, Berlin 1992, Proceedings Vol. II, S. 1336–1340.
[61] FRIES, R.; KOBE, A.: Herdenbezogene Befunderhebungen im Geflügelschlachtbetrieb (Broiler). Dtsch. tierärztl. Wschr. **99** (1992) 500–504.
[62] FUKUSHIMA, H.; HOSHINA, K.; NAKAMURA, R.; ITO, Y.: Raw beef, pork and chicken in Japan contaminated with *Salmonella* sp., *Campylobacter* sp., *Yersinia enterocolitica* and *Clostridium perfringens* a comparative study. Zbl. Bakt. **B. 184** (1987) 60–70.
[63] GALLO, L.; SCHMITT, R. E.; SCHMIDT-LORENZ, W.: Microbial spoilage of refrigerated fresh broilers. I. Bacterial flora and growth during storage. Lebensm. Wiss. Technol. **21** (1988) 216–223.
[64] GAST, R. K.; BEARD, C. W.: Research to understand and control *Salmonella enteritidis* in chickens and eggs. Poultry Sci. **72** (1993) 1157–1163.
[65] GIESE, J.: Experimental process reduces *Salmonella* on poultry. Food Technol., **46** (1992) 112.
[66] GILBERT, R. J.; MILLER, K. L.; ROBERTS, D.: *Listeria monocytogenes* and chilled foods. Lancet (1989), i, S. 383–384.
[67] GILL, C. O.; HARRISON, J. C. L.; PENNEY, N.: The storage life of chicken carcasses packaged under carbon dioxide. Int. J. Food Microbiol. **11** (1990) 151–158.
[68] GLÜNDER, G.; HAAS, B., SPIERING, N.: On the infectivity and persistance of *Campylobacter* spp. in chickens, the effect of vaccination with an inactivated vaccine and antibody response after oral and subcutaneous application of the organism. In: Notermans, S. (Hrsg.), Report on a WHO consultation on epidemiology and control of campylobacteriosis, Bilthoven (Niederlande) 1994, S. 97–102.
[69] GOBAT, P.-F.; JEMMI, T.: Distribution of mesophilic *Aeromonas* species in raw and ready-to-eat fish and meat products in Switzerland. Int. J. Food Microbiol. **20** (1993) 117–120.
[70] GOODERHAM, K.: Duck processing: microbiological and other aspects. In: MEAD, G. C.; FREEMAN, B. M. (Hrsg.), Meat quality in poultry and game birds, Brit. Poultry Sci. Ltd., Edinburgh (Schottland) 1980, S. 175–179.
[71] GÖTZE, U.: Vorkommen von *Clostridium perfringens* bei lebenden Masthähnchen und Möglichkeiten der Kontamination beim Schlachten. Fleischwirtschaft **56** (1976) 231–235.
[72] GRANT, I. H.; RICHARDSON, J. J.; BOKKENHEUSER, V. D.: Broiler chickens as potential source of *Campylobacter* infections in humans. J. Clin. Microbiol. **11** (1980) 508–510.
[73] GRAW, C.: Luftkühlung und Luft-Sprüh-Kühlung in der Geflügelfleischgewinnung – ein mikrobiologischer Vergleich. Vet. med. Diss., Tierärztl. Hochschule Hannover 1994.
[74] HAAGSMA, J.; OVER, H. J.; SMIT, T.; HOEKSTRA, J.: Een onderzoek naar aanleiding van het optreten van botulismus bij watervogels in 1970 in Nederland. Tschr. diergeneesk. **96** (1971) 1072–1094.
[75] HALL, H. E.; ANGELOTTI, R.: *Clostridium perfringens* in meat and meat products. Appl. Microbiol. **13** (1965) 352–357.

[76] HALL, M. A.; MAURER, A. J.: The microbiological aspects of a duck processing plant. Poultry Sci. **59** (1980) 1795–1799.

[77] HARMON, S. M.; KAUTTER, D. A.: Estimating population levels of *Clostridium perfringens* in foods based on alpha-toxin. J. Milk Food Technol., **39** (1976) 107–110.

[78] HARRY, E. G.: Some characteristics of *Staphylococcus aureus* isolated from the skin and upper respiratory tract of domesticated and wild (feral) birds. Res. Vet. Sci. **8** (1967) 490–499.

[79] HART, C. D.; MEAD, G. C.; NORRIS, A. P.: Effects of gaseous environment and temperature on the storage behaviour of *Listeria monocytogenes* on chicken breast meat. J. appl. Bact. **70** (1991) 40–46.

[80] HARTUNG, M.: Ergebnisse der Jahreserhebung 1993 über Salmonellenbefunde. 47. Arbeitstgg. ALTS, Berlin 1994, Bericht S. 39–43.

[81] HARTUNG, M.: persönl. Mitteilung (1995).

[82] HENNER, S.; SCHNEIDERHAN, M.; KLEIH, W.: Salmonellenbefall bei Geflügel unter Berücksichtigung von Probenplänen. Fleischwirtschaft **60** (1980) 1889–1893.

[83] HENZLER, D. J.; OPITZ, H. M.: The role of mice in the epizootiology of *Salmonella enteritidis* infection on chicken layer farms. Avian Dis. **36** (1992) 625–631.

[84] HINTON, M.; THRELFAL, E. J.; ROWE, B.: The invasive potential of *Salmonella enteritidis* phage type 4 infection of broiler chickens: A hazard to public health. Letters Appl. Microbiol. **10** (1990) 237–239.

[85] HINZ, K.-H.: Staphylokokkose. In: SIEGMANN, O. (Hrsg.), Kompendium der Geflügelkrankheiten, 5. Auflage, Verlag P. Parey, Berlin, Hamburg 1993, S. 189–192.

[86] HOLLENDER, R.; BENDER, F. G.; JENKINS, R. K.; BLACK, C. L.: Consumer evaluation of chicken treated with a trisodium phosphate application during processing. Poultry Sci. **72** (1993) 755–759.

[87] HUDSON, J. A.; MOTT, S. J.; DELACY, K. M.; EDRIDGE, A. L.: Incidence and coincidence of *Listeria* spp., motile aeromonads and *Yersinia enterocolitica* on ready-to-eat fleshfoods. Int. J. Food Microbiol. **16** (1992) 99–108.

[88] HUDSON, W. R.; MEAD, G. C.: Factors affecting the survival of *Campylobacter jejuni* in relation to immersion scalding of poultry. Vet. Rec. **121** (1987) 225–227.

[89] HUMPHREY, T. J.: The effects of pH and levels of organic matter on the death rates of salmonellas in chicken scald-tank water. J. appl. Bact. **51** (1981) 27–39.

[90] HUSU, J.; JOHANSSON, T.; OIVANEN, L.; HIRN, J.: *Listeria monocytogenes* in poultry and poultry meat in Finland. In: NURMI, E., COLIN, P., MULDER, R. W. A. W. (Hrsg.), Prevention and control of potentially pathogenic microorganisms in poultry and poultry meat processing. 8. Other pathogens of concern (no *Salmonella* and *Campylobacter*), Helsinki 1992, Proceedings, S. 85–91.

[91] IZAT, A. L.; GARDNER, F. A.; DENTON, J. H.; GOLAN, F. A.: Incidence and level of *Campylobacter jejuni* in broiler processing. Poultry Sci. **67** (1988) 1568–1572.

[92] IZAT, A. L.; COLBERG, M.; DRIGGERS, C. D.; THOMAS, R. A.: Effects of sampling method and feed withdrawal period on recovery of microorganisms from poultry carcasses. J. Food Prot. **52** (1989) 480–483.

[93] JACOBS-REITSMA, W. F.; BOLDER, N. M., MULDER, R. W. A. W.: Cecal carriage of *Campylobacter* and *Salmonella* in Dutch broiler flocks at slaughter: a one-year study. Poultry Sci. **73** (1994) 1260–1266.

[94] JACOBS-REITSMA, W. F.; BOLDER, N. M.; MULDER, R. W. A. W.: Epidemiological studies on *Campylobacter* spp. in Dutch poultry. In: Notermans, S. (Hrsg.), Report on a WHO consultation on epidemiology and control of campylobacteriosis, RIVM Bilthoven (Niederlande) 1994, S. 169–173.

[95] JAMES, W. O.; PRUCHA, J. C.; BREWER, R. L.: Cost effective techniques to control human enteropathogens on fresh poultry. Poultry Sci. **72** (1993) 1174–1176.

[96] JEMMI, T.; BONO, M.; TELENTI, A.; BODMER, T.: Lebensmittelhygienische Bedeutung von *Mycobacterium avium subsp. avium*. 35. DVG-Tagung Lebensmittelhyg., Garmisch-Partenkirchen 1994, Bericht Teil I, S. 245–251.

[97] JETTON, P. J.; BILGILI, S. F.; CONNER, D. E.; KOTROLA, J. S.; REIBER, M. A.: Recovery of salmonellae from chilled broiler carcasses as affected by rinse media and enumeration method. J. Food Prot. **55** (1992) 329–332.

[98] JINDAL, V.; WALDROUP, A.; MILLER, M.: Effects of ozonation during immersion chilling on the shelflife of broiler drumsticks. Poultry Sci., **73** (1994) Suppl. 1, S. 22.

[99] JÖCKEL, J.; EISGRUBER, H.; KLARE, H.-J.: Geflügelfleisch in der Fleischtheke – Ein Beitrag zur Einschätzung des Salmonellenrisikos. Fleischwirtschaft, **72** (1992) 1135–1139.

[100] JONAS, D.; POLLMANN, H.; BUGL, G.: Salmonella-Isolierungen aus Lebensmitteln tierischer Herkunft. Arch. Lebensmittelhyg. **37** (1986) 65–66.

[101] JONES, F. T.; AXTELL, R. C.; RIVES, D. V.; SCHEIDELER, S. E.; TRAVER jr., F. R.; WALKER, R. L.; WINELAND, M. J.: A survey of *Campylobacter jejuni* contamination in modern broiler production and processing systems. J. Food Prot. **54** (1991) 259–262.

[102] JONES, F. T.; AXTELL, R. C.; RIVES, D. V.; SCHEIDELER, S. E.; TARVER jr., F. R.; WALKER, R. L.; WINELAND, M. J.: A survey of *Salmonella* contamination in modern broiler production. J. Food Prot. **54** (1991) 502–507.

[103] JONES, G. W.: Adhesion to animal surfaces. In: MARSHALL, K. C. (Hrsg.), Microbial adhesion and aggregation, Dahlem Konferenzen 1984, Springer-Verlag, Berlin, Heidelberg, New York, Tokyo.

[104] JUNI, E.; HEYM, G. A.: *Psychrobacter immobilis gen. nov. sp. nov.:* genospecies composed of Gram-negative, aerobic, oxidase-positive coccobacilli. Int. J. System. Bact. **36** (1986) 388–391.

[105] KACZMARSKI, E. B.; JONES, D. M.: Listeriosis and ready-cooked chicken. Lancet (1989), i, S. 549.

[106] KAPPERUD, G.; SKJERVE, E.; VIK, L.; HAUGE, K.; LYSAKER, A.; AALMEN, I.; OSTROFF, S. M.; POTTER, M.: Epidemiological investigation of risk factors for *Campylobacter* colonization in Norwegian broiler flocks. Epidemiol. Infect. **111** (1993) 245–255.

[107] KAPPERUD, G.: Risk factors for sporadic *Campylobacter* infections in Norway: a case control study. In: Notermans, S. (Hrsg.), Report on a WHO consultation on epidemiology and control of campylobacteriosis, RIVM Bilthoven (Niederlande) 1994, S. 57–60.

[108] KARIB, H.; SEEGER, H.: Vorkommen von Yersinien- und Campylobacter-Arten in Lebensmitteln. Fleischwirtschaft **74** (1994) 1104–1106.

[109] KATSARAS, K.; SIEMS, H.: Enterotoxin-Nachweis bei hitzeresistenten Stämmen von *Clostridium perfringens* Typ A aus einer Lebensmittelvergiftung. Zbl. Bakt. I. Orig. A, **229** (1974) 409–420.

[110] KAUFMAN, V. F.; KLOSE, A. A.; BAYNE, H. G.; POOL, M. F.; LINEWEAVER, H.: Plant processing of sub-atmospheric steam scalded poultry. Poultry Sci. **51** (1972) 1188–1194.

[111] KHALAFALLA, F. A.: *Yersinia enterocolitica* bei verarbeitetem Geflügel. Fleischwirtschaft **70** (1990) 351–352.

[112] KIM, J.-W.; DOORES, S.: Influence of three defeathering systems on microtopography of turkey skin and adhesion of *Salmonella typhimurium*. J. Food Prot. **56** (1993) 286–291, 305.

[113] KIM, J.-W.; KNABEL, S. J.; DOORES, S.: Penetration of *Salmonella typhimurium* into turkey skin. J. Food Prot. **56** (1993) 292–296.
[114] KIM, J.-W.; DOORES, S.: Attachment of *Salmonella typhimurium* to skins of turkey that had been defeathered through three different systems: scanning electron microscopic examination. J. Food Prot. **56** (1993) 395–400.
[115] KIM, J.-W.; SLAVIK, M. F.; GRIFFIS, C. L.; WALKER, J. T.: Attachment of *Salmonella typhimurium* to skins of chicken scalded at various temperatures. J. Food Prot. **56** (1993) 661–665, 671.
[116] KIM, J.-W.; SLAVIK, M. F.; PHARR, M. D.; RABEN, D. P.; LOBSINGER, C. M.; TSAI, S.: Reduction of *Salmonella* on post-chill chicken carcasses by trisodium phosphate (Na_3PO_4) treatment. J. Food Safety **14** (1994) 9–17.
[117] KIM, J.-W.; SLAVIK, F.; BENDER, F. G.: Removal of *Salmonella typhimurium* attached to chicken skin by rinsing with trisodium phosphate solution: scanning electron microscopic examination. J. Food Safety **14** (1994) 77–84.
[118] Kommission der Europäischen Gemeinschaften (Hrsg.): Evaluation of the hygienic problems related to the chilling of poultry carcasses. Inform. Agric. No. 22, Brüssel 1976.
[119] Kommission der Europäischen Gemeinschaften (Hrsg.): Microbiology and shelf-life of chilled poultry carcasses. Inform. Agric. No. 61, Brüssel 1978.
[120] Kommission der Europäischen Gemeinschaften (Hrsg.): Microbiological methods for control of poultry meat. Inform. Agric., Study P. 203, Brüssel 1979.
[121] KOPANIC jr., R. J.; SHELDON, B. W.; WRIGHT, C. G.: Cockroaches as vectors of *Salmonella*: Laboratory and field trials. J. Food Prot. **57** (1994) 125–132.
[122] KÖSTERS, J.: Yersiniose. In: SIEGMANN, O. (Hrsg.), Kompendium der Geflügelkrankheiten, 5. Aufl., Verlag P. Parey, Berlin, Hamburg 1993, S. 194–195.
[123] KRABISCH, P.; DORN, P.: Zum qualitativen und quantitativen Vorkommen von Salmonellen beim Masthähnchen (Broiler). Arch. Lebensmittelhyg. **37** (1986) 9–12.
[124] KROVACEK, K.; FARIS, A.; MANSSON, I.: Growth of and toxin production by *Aeromonas hydrophila* and *Aeromonas sobria* at low temperatures. Int. J. Food Microbiol. **13** (1991) 165–176.
[125] KROVACEK, K.; FARIS, A.; BALODA, S. B.; PETERZ, M.; LINDBERG, T.; MANSSON, I.: Prevalence and characterization of *Aeromonas* spp. isolated from foods in Uppsala, Sweden. Food Microbiol. **9** (1992) 29–36.
[126] KUJAWSKI, O. E. J. Graf; HEINTGES, F.: Wildbrethygiene – Fleischbeschau. BLV Verlagsgesellsch., München, Wien, Zürich, 1984.
[127] KWIATEK, K.; WOJTON, B.; STERN, N. J.: Prevalence and distribution of *Campylobacter* spp. on poultry and selected red meat carcasses in Poland. J. Food Prot. **53** (1990) 127–130.
[128] LAHELLEC, C.; COLIN, P.; VIGOUROUX, D.; PHILIP, P.: Influence de l'utilisation d'un systeme d'echaudage des dindes par aspersion sur l'hygiene de l'environnement d'un abattoir et la qualité des carcasses. Bull. Inform. Stat. Exper. Avicult., Ploufragan, Frankreich **17** (1977) 47–69.
[129] LAMUKA, P. O.; SUNKI, G. R.; CHAWAN, C. B.; RAO, D. R.; SHACKELFORD, L. A.: Bacterial quality of freshly processed broiler chickens as affected by carcass pretreatment and gamma irradiation. J. Food Sci. **57** (1992) 330–332.
[130] LEISTNER, L.; BEM, Z.; DRESEL, J.; PROMEUSCHEL, S.: Mikrobiologische Standards für Fleisch. Forschungsbericht BAFF, Kulmbach 1981.
[131] LENZ, F.-C.; FRIES, R.: Stufenkontrollen in einem Geflügelschlachtbetrieb (Broiler). 2. Mitteilung: Quantitative Erhebungen. Fleischwirtschaft, **63** (1983) 1076–1079.

[132] LEVETZOW, R.; WEISE, E.; TROMMER, E.: Vorkommen von *Yersinia enterocolitica* bei Schlachtgeflügel des Handels. In: BGA-Tätigkeitsbericht 1988, S. 299.
[133] LEWIS, S. J.; CORRY, E. L.: Survey of the incidence of *Listeria monocytogenes* and other *Listeria* spp. in experimentally irradiated and matched unirradiated raw chickens. Int. J. Food Microbiol. **12** (1991) 257–262.
[134] LI, Y.; KIM, J.-W.; SLAVIK, M. F.; GRIFFIS, C. L.; WALKER, J. T.; WANG, H.: *Salmonella typhimurium* attached to chicken skin reduced using electrical stimulation and inorganic salts. J. Food Sci. **59** (1994) 23–24, 29.
[135] LILLARD, H. S.: Contamination of blood system and edible parts of poultry with *Clostridium perfringens* during water scalding. J. Food Sci. **38** (1973) 151–154.
[136] LILLARD, H. S.; KLOSE, A. A.; HEGGE, R. I.; CHEW, V.: Microbiological comparison of steam (at sub-atmospheric pressure) and immersion-scalded broilers. J. Food Sci. **38** (1973) 903–904.
[137] LILLARD, H. S.: Effect of trisodium phosphate on salmonellae attached to chikken skin. J. Food Prot. **57** (1994) 465–469.
[138] LOWRIE, P. D.; GILL, C. O.: Microbiology of frozen meat and meat products. In: ROBINSON, R. K. (Hrsg.), Microbiology of frozen foods, Elsevier Appl. Sci. Publishers, London, New York 1985, S. 109–168.
[139] MAJEED, K. N.; EGAN, A. F.; MACRAE, I. C.: Production of enterotoxins by *Aeromonas* spp. at 5 °C. J. appl. Bact. **69** (1990) 332–337.
[140] MANGOLD, S.; WEISE, E.; HILDEBRANDT, G.: Zum Vorkommen von Listerien in Tiefkühlkost. Arch. Lebensmittelhyg. **42** (1991) 121–124.
[141] MEAD, G. C.; CHAMBERLAIN, A. M.; BORLAND, E. D.: Microbial changes leading to the spoilage of hung pheasants with special reference to the clostridia. J. appl. Bact. **36** (1973) 279–287.
[142] MEAD, G. C.; ADAMS, B. W.; PARRY, R. T.: The effectiveness of in-plant chlorination in poultry processing. Brit. Poultry Sci. **16** (1975) 517–526.
[143] MEAD, G. C.: Microbiology of poultry and game birds. In: BROWN, M. H. (Hrsg.), Meat microbiology, Appl. Sci. Publ. Ltd., London, New York 1982, S. 67–101.
[144] MEAD, G. C., ADAMS, B. W.; HAQUE, Z.: Vorkommen, Ursprung und Verderbspotential psychrotropher *Enterobacteriaceae* auf verarbeitetem Geflügel. Fleischwirtschaft **62** (1982) 1173–1177.
[145] MEAD, G. C.: Significance of the intestinal microflora in relation to meat quality in poultry. 6. Sympos. Quality of Poultry Meat, Ploufragan (Frankreich) 1983, S. 107–122.
[146] MEAD, G. C.; ADAMS, B. W.: Chlorine resistance of *Staphylococcus aureus* isolated from turkeys and turkey products. Letters Appl. Microbiol. **3** (1986) 131–133.
[147] MEAD, G. C.: Hygiene problems and control of process contamination. In: MEAD, G. C. (Hrsg.), Processing of poultry, Elsevier Appl. Sci., London, New York 1989, S. 183–220.
[148] MOLL, A.; HILDEBRANDT, G.: Quantitativer Nachweis von Salmonellen in Hühnerklein und -innereien. Arch. Lebensmittelhyg. **42** (1991) 140–144.
[149] MORRIS, G. K.; WELLS, J. G.: Salmonella contamination in a poultry processing plant. Appl. Microbiol. **19** (1970) 795–799.
[150] MULDER, R. W. A. W.; BOLDER, N. M.: The effect of different bird washers on the microbiological quality of broiler carcasses. In: MULDER, R. W. A. W., SCHEELE, C. W., VEERKAMP, C. H. (Hrsg.), Quality of poultry meat, Spelderholt Inst. Poultry Res., Beekbergen (Niederlande) 1981, S. 306–313.
[151] MULDER, R. W. A. W.: Salmonella radicidation of poultry carcasses. Thesis, Agr. Univ. Wageningen (Niederlande) 1982.

[152] MÜLLER, C.; HABERTHÜR, F.; HOOP, R. K.: Beobachtungen über das Auftreten von *Salmonella enteritidis* in Eiern einer natürlich infizierten Freilandlegehennenherde. Mitt. Gebiete Lebensm. Hyg. **85** (1994) 235–244.
[153] MÜLLER, H.; TÜRK, H.; BERGMANN, V.: Tuberkulose bei Fasanen. Mh. Vet. Med. **38** (1983) 147–151.
[154] NISHIKAWA, Y.; KISHI, T.: Isolation and characterization of motile *Aeromonas* from human, food and environmental specimens. Epidemiol. Infect. **101** (1988) 213–223.
[155] NOTERMANS, S.; JEUNINK, J.; VAN SCHOTHORST, M.; KAMPELMACHER, E. H.: Vergleichende Untersuchungen über die Möglichkeit von Kreuzkontaminationen im Spinchiller und bei der Sprüh-Kühlung. Fleischwirtschaft **53** (1973) 1450–1452.
[156] NOTERMANS, S.; VAN SCHOTHORST, M.: Die Geflügelverarbeitung: Ein besonderes Problem der Betriebshygiene. Fleischwirtschaft **57** (1977) 248–252.
[157] NOTERMANS, S.; TERBIJHE, R. J.; VAN SCHOTHORST, M.: Removing faecal contamination of broilers by spray-cleaning during evisceration. Brit. Poultry Sci. **21** (1980) 115–121.
[158] NOTERMANS, S.; DUFRENNE, J.; VAN LEEUWEN, W. J.: Contamination of broiler chickens by *Staphylococcus aureus* during processing: incidence and origin. J. appl. Bact. **52** (1982) 275–280.
[159] NOTERMANS, S.: Epidemiology and surveillance of *Campylobacter* infections. In: NOTERMANS, S. (Hrsg.), Report on a WHO consultation on epidemiology and control of campylobacteriosis, RIVM Bilthoven (Niederlande) 1994, S. 35–44.
[160] OKREND, A. J. G.; ROSE, B. E.; BENNETT, B.: Incidence and toxigenicity of *Aeromonas* species in retail poultry, beef and pork. J. Food Prot. **50** (1987) 509–513.
[161] OOSTEROM, J.; NOTERMANS, S.; KARMAN, H.; ENGELS, G. B.: Origin and prevalence of *Campylobacter jejuni* in poultry processing. J. Food Prot. **46** (1983) 339–344.
[162] OSTOVAR, K.; MACNEIL, J. H.; O'DONNEL, K.: Poultry product quality. 5. Microbiological evaluation of mechanically deboned poultry meat. J. Food Sci. **36** (1971) 1005–1007.
[163] OZARI, R.; STOLLE, F. A.: Zum Vorkommen von *Listeria monocytogenes* in Fleisch und Fleischerzeugnissen einschließlich Geflügelfleisch des Handels. Arch. Lebensmittelhyg. **41** (1990) 47–50.
[164] PAGE, L. A.: Experimental ornithosis in turkeys. Avian Dis., **3** (1959) 51–66.
[165] PALUMBO, S. A.; MAXINO, F.; WILLIAMS, A. C.; BUCHANAN, R. L.; THAYER, D. W.: Starch ampicillin agar for the quantitative detection of *Aeromonas hydrophila*. Appl. Environ. Microbiol. **50** (1985) 1027–1030.
[166] PARRY, R. T.: Technological developments in pre-slaughter handling and processing. In: MEAD, G. C. (Hrsg.), Processing of poultry. Elsevier Appl. Sci., London, New York (1989), S. 65–101.
[167] PATTERSON, J. T.: Factors affecting the shelf-life and spoilage flora of chilled eviscerated poultry. In: MEAD, G. C., FREEMAN, B. M. (Hrsg.), Meat quality in poultry and game birds, Brit. Poultry Sci. Ltd., Edinburgh (Schottland) 1980, S. 227–237.
[168] PATTERSON, M. F.: Sensitivity of bacteria to irradiation on poultry meat under various atmospheres. Letters in Appl. Microbiol. **7** (1988) 55–58.
[169] PATTERSON, M. F.: Sensitivity of *Listeria monocytogenes* to irradiation on poultry meat and in phosphate-buffered saline. Letters Appl. Microbiol. **8** (1989) 181–184.

[170] PFEIFFER, J.: Untersuchungen über das Vorkommen latenter *Salmonella-*, *Yersinia-* und *Campylobacter*-Infektionen bei freifliegenden Vögeln im Bereich des zoologischen Gartens Hannover. Vet. med. Diss., Tierärztl. Hochschule Hannover 1991.

[171] PIETZSCH, O.; LEVETZOW, R.: Das Problem der Geflügel-Salmonellose in Beziehung zur Geflügel-Kühlung. Fleischwirtschaft **54** (1974) 76–78.

[172] PIETZSCH, O. (Hrsg.): Prevention and control of salmonellosis. WHO Meeting of experts, Berlin 1984, VetMed Hefte (BGA, Berlin, Nr. 2/1985)..

[173] PINI, P. N.; GILBERT, R. J.: The occurrence in the U. K. of *Listeria* species in raw chickens and soft cheeses. Int. J. Food Microbiol. **6** (1988) 317–326.

[174] RAMIREZ, G. A.; YEZAK jr., C. R.; JEFFREY, J. S.; ROGERS, T. D.; HITCHENS, G. D.; HARGIS, B. M.: Potential efficacy of ozonation as a *Salmonella* decontamination method in broiler carcasses. Poultry Sci. **73** (1994) Suppl. 1, S. 21.

[175] REGEZ, P.; GALLO, L.; SCHMITT, R. E.; SCHMIDT-LORENZ, W.: Microbial spoilage of refrigerated fresh broilers. III. Effect of storage temperature on the microbial association of poultry carcasses. Lebensm. Wiss. Technol. **21** (1988) 229–233.

[176] REIDA, P.; WOLFF, M.; PÖHLS, H.-W.; KUHLMANN, W.; LEHMACHER, A.; ALEKSIC, S.; KARCH, H.; BOCKEMÜHL, J.: An outbreak due to enterohaemorrhagic *E. coli* O157:H7 in a children day care centre characterized by person-to-person transmission and environmental contamination. Zbl. Bakt. **281** (1994) 534–543.

[177] RENWICK, S. A.; MCNAB, W. B.; LOWMAN, H. R.; CLARKE, R. C.: Variability and determinants of carcass bacterial load at a poultry abattoir. J. Food Prot. **56** (1993) 694–699.

[178] RIGBY, C. E.; PETTIT, J. R.: Effect of "transport stress" on *Salmonella typhimurium* carriage by broiler chickens. Canad. J. Publ. Hlth. **70** (1979) 61.

[179] RING, C.; WOERLEN, F.: Hygienerisiken durch Stadttauben und Möwen auf einem Schlachtbetriebsgelände. Fleischwirtschaft **71** (1991) 881–883.

[180] RISTIC, M.: Luft-Sprüh-Kühlung und Einfluß auf den Schlachtkörperwert von Broilern. Rdschau Fleischhyg. Lebensm.überw. (RFL) **44** (1992) 147–149.

[181] ROBERTS, T. A.: Heat and radiation resistance and activation of spores of *Clostridium welchii.* J. appl. Bact. **31** (1968) 133–144.

[182] ROBERTS, T. A.; THOMAS, A. I.; GILBERT, R. J.: A third outbreak of Type C botulism in broiler chickens. Vet. Rec. **92** (1973) 107–109.

[183] ROBERTS, T. A.; GIBSON, A. M.: The relevance of *Clostridium botulinum* type C in public health and food processing. J. Food Technol. **14** (1979) 211–226.

[184] ROLLINS, D. M.: Potential for reduction in colonization of poultry by *Campylobacter* from environmental sources. In: BLANKENSHIP, L. C. (Hrsg.), Colonization control of human bacterial enteropathogens in poultry, Academic Press Inc., San Diego, New York, Boston, London, Sydney, Tokyo, Toronto 1991, S. 47–56.

[185] ROSENFIELD, J. A.; ARNOLD, G. J.; DAVEY, G. R.; ARCHER, R. S.; WOODS, W. H.: Serotyping of *Campylobacter jejuni* from an outbreak of enteritis implicating chicken. J. Infect. **11** (1985) 159–165.

[186] RUSSEL, S. M.; FLETCHER, D. L.; COX, N. A.: Effect of freezing on the recovery of mesophilic bacteria from temperature-abused broiler chicken carcasses. Poultry Sci. **73** (1994) 739–743.

[187] RUSSEL, S. M.; FLETCHER, D. L.; COX, N. A.: The effect of incubation temperature on recovery of mesophilic bacteria from broiler chicken carcasses subjected to temperature abuse. Poultry Sci. **73** (1994) 1144–1148.

[188] RYU, C.-H.; IGIMI, S.; INOUE, S.; KUMAGAI, S.: The incidence of *Listeria* species in retail foods in Japan. Int. J. Food Microbiol. **16** (1992) 157–160.

[189] SALZER, R. H.; KRAFT, A. A.; AYRES, J. C.: Effect of processing on bacteria associated with turkey giblets. Poultry Sci. **44** (1965) 952–956.
[190] SANDER, E. H.; SOO, H. M.: Increasing shelf life by carbon dioxide treatment and low temperature storage of bulk pack fresh chickens packaged in nylon/surlyn film. J. Food Sci. **43** (1978) 1519–1527.
[191] SANDERS, D. H.; BLACKSHEAR, C. D.: Effect of chlorination in the final washer on bacterial counts of broiler chicken carcasses. Poultry Sci. **50** (1971) 215–219.
[192] SCHLIESSER, T.: *Mycobacterium*. In: BLOBEL, H.; SCHLIESSER, T. (Hrsg.), Handbuch der bakteriellen Infektionen bei Tieren, Band V, Verlag G. Fischer, Stuttgart 1985, S. 155–280.
[193] SCHMITT, R. E.; HAAS, J.; AMADO, R.: Bestimmung von biogenen Aminen mit RP-HPLC zur Erfassung des mikrobiellen Verderbs von Schlachtgeflügel. Lebensm. Unters. Forsch. **187** (1988) 121–124.
[194] SCHMITT, R. E.; GALLO, L.; SCHMIDT-LORENZ, W.: Microbial spoilage of refrigerated broilers. IV. Effect of slaughtering procedures on the microbial association of poultry carcasses. Lebensm. Wiss. Technol., **21** (1988) 234–238.
[195] SCHÖNBERG, A.; GERIGK, K.: Listeria in effluents from the food processing industry. Rev. sci. tech. Off. int. Epiz. **10** (1991) 787–797.
[196] SCHROETER, A.; PIETZSCH, O.; STEINBECK, S.; BUNGE, C.; BÖTTCHER, U.; WARD, L. R.; HELMUTH, R.: Epidemiologische Untersuchungen zum Salmonella-enteritidis-Geschehen in der Bundesrepublik Deutschland 1990. Bundesgesundhbl. **34** (1991) 147–151.
[197] SCHULLERUS, F. R.; STÖPPLER, H.: Listerienbelastung bei Lebensmitteln tierischen Ursprungs unter besonderer Berücksichtigung von Umgebungsuntersuchungen. Tierärztl. Umschau **47** (1992) 27–36.
[198] SCHWARTZ, B.; CIESIELSKI, C. A.; BROOME, C. V.; GAVENTA, S.; BROWN, G. R.; GELLIN, B. G.; HIGHTOWER, A. W.; MASCOLA, L.: Association of sporadic listeriosis with consumption of uncooked hot dogs and undercooked chicken. Lancet (1988) ii, S. 779–782.
[199] Scientific Veterinary Committee of the Commission for the European Communities: Unpublished data (1986). zitiert in: WHO (Hrsg.), Food irradiation – a technique for preserving and improving the safety of food, Geneva 1988.
[200] SHELDON, B. W.; BROWN, A. L.: Efficacy of ozone as a disinfectant for poultry carcasses and chill water. J. Food Sci. **51** (1986) 305–309.
[201] SHIOZAWA, K.; KATO, E.; SHIMIZU, A.: Enterotoxigenicity of *Staphylococcus aureus* strains isolated from chickens. J. Food Prot. **43** (1980) 683–685.
[202] SIEGMANN, O. (Hrsg.): Kompendium der Geflügelkrankheiten, 5. Auflage, Kapitel 2.9.3: Nekrotisierende (NE) und ulzerative Enteritis (UE). Verlag P. Parey, Berlin, Hamburg 1993, S. 218–221.
[203] SIEMS, H.; HILDEBRANDT, G.; WEISS, H.: Einsatz der Most Probable Number – Technik zum quantitativen Salmonellen-Nachweis. III. Quantitative Bestimmung von Salmonellen im Auftauwasser gefrorener Brathähnchen und Hähnchenbrustfilets. Fleischwirtschaft **61** (1981) 1741–1745.
[204] SIMONSEN, B.: Microbiological criteria for poultry products. In: MEAD, G. C. (Hrsg.), Processing of poultry, Elsevier Appl. Sci., London, New York (1989), S. 221–250.
[205] SIMPSON, V. R.; EUDEN, P. R.: Birds, milk, and *Campylobacter*. Lancet **337** (1991) 975.
[206] SIMS, C. M.; DODD, C. E. R.; WAITES, C. M.: The identification of sites of cross contamination in a poultry processing unit using molecular typing of *Enterobacteriaceae*. 62nd Ann. Meet. Soc. Appl. Bact., Univ. Nottingham 1993.

[207] SINHA, M.; WILLINGER, H.; TRCKA, J.: Untersuchungen über das Auftreten von *Clostridium perfringens* bei Haustieren (Pferde, Rinder, Schweine, Hunde, Katzen und Hühner). Wien. tierärztl. Mschr. **62** (1975) 163–169.
[208] SKOVGAARD, N.: *Listeria*: Food of animal origin. In: SCHÖNBERG, A. (Hrsg.), Listeriosis – Joint WHO/ROI consultation on prevention and control. VetMed Hefte BGA, Berlin, Nr. 5/1987, Verlag D. Reimer, Berlin 1987, S. 110–121.
[209] SKOVGAARD, N.; MORGEN, C. A.: Detection of *Listeria* spp. in faeces from animals, in feeds, and in raw foods of animal origin. Int. J. Food Microbiol. **6** (1988) 229–242.
[210] SLAVIK, M. F.; KIM, J.-W.; PHARR, M. D.; RABEN, D. P.; TSAI, S.; LOBSINGER, C. M.: Effect of trisodium phosphate on *Campylobacter* attached to post-chill chicken carcasses. J. Food Prot. **57** (1994) 324–326.
[211] SMELTZER, T. I.: Isolation of *Campylobacter jejuni* from poultry carcasses. Austral. Vet. J. **57** (1981) 511–512.
[212] STAVRIC, S.; DÁOUST, J.-Y.: Undefined and defined bacterial preparations for the competitive exclusion of *Salmonella* in poultry – A review. J. Food Prot. **56** (1993) 173–180.
[213] STELMA jr., G. N.: *Aeromonas hydrophila*. In: DOYLE, M. P. (Hrsg.), Foodborne bacterial pathogens, Verlag M. Dekker, New York, Basel 1989, S. 1–19.
[214] STEPHAN, F.; FEHLHABER, K.: Geflügelfleischgewinnung – Untersuchungen zur Hygiene des Luft-Sprüh-Kühlverfahrens. Fleischwirtschaft **74** (1994) 870–873.
[215] STERN, N. J.; DRAZEK, E. S.; JOSEPH, S. W.: Low incidence of *Aeromonas* spp. in livestock feces. J. Food Prot. **50** (1987) 66–69.
[216] STIER, R.: Praktische Anwendung von HACCP. In: PIERSON, M. D.; CORLETT jr., D. (Hrsg.), HACCP – Grundlagen der produkt- und prozeßspezifischen Risikoanalyse, Behr's Verlag, Hamburg 1993.
[217] STORZ, J.; KRAUSS, H.: *Chlamydia*. In: BLOBEL, H., SCHLIESSER, T. (Hrsg.), Handbuch der bakteriellen Infektionen bei Tieren, Band V, Verlag G. Fischer, Stuttgart 1985, S. 447–531.
[218] STUDER, P.; SCHMITT, R. E.; GALLO, L.; SCHMIDT-LORENZ, W.: Microbial spoilage of refrigerated fresh broilers. II. Effect of packaging on microbial association of poultry carcasses. Lebensm. Wiss. Technol. **21** (1988) 224–228.
[219] SU, I.-M.; TROMMER, E.; WEISE, E.: Vorkommen von *Aeromonas hydrophila* bei Schlachtgeflügel, im Schlachtbetrieb und auf vorverpacktem Geflügelfleisch im Einzelhandel. BgVV-Jahresbericht 1994, 93–95.
[220] SU, I.-M.; TROMMER, E.; WEISE, E.: Unveröffentlichte Daten (1995).
[221] TAYLOR, W.; GORDON, W. S.: A survey of the types of *Cl. welchii* present in soil and the intestinal contents of animals and man. J. Path. Bact. **50** (1940) 271–277.
[222] TERNSTRÖM, A.; MOLIN, G.: Incidence of potential pathogens on raw pork, beef and chicken in Sweden, with special reference to *Erysipelothrix rhusiopathiae*. J. Food Prot. **50** (1987) 141–146.
[223] THAYER, D. W.: Extending shelf life of poultry and red meat by irradiation processing. J. Food Prot. **56** (1993) 831–833, 846.
[224] THAYER, D. W.; BOYD, G.: Control of enterotoxic *Bacillus cereus* on poultry or red meats and in beef gravy by gamma irradiation. J. Food Prot. **57** (1994) 758–764.
[225] THAYER, S. G.; WALSH jr, J. L.: Evaluation of cross-contamination on automatic viscera removal equipment. Poultry Sci. **72** (1993) 741–746.
[226] THOMAS, C. J.; MCMEEKIN, T. A.: Contamination of broiler carcass skin during commercial processing procedures: an electron microscopic study. Appl. Environ. Microbiol. **40** (1980) 133–144.

[227] Thomas, C. J.; O'Rourke, R. D.; McMeekin, T. A.: Bacterial penetration of chicken breast muscle. Food Microbiol. **4** (1987) 87–95.
[228] Thomson, J. E.; Kotula, A. W.: Contamination of the air sac areas of chicken carcasses and its relationship to scalding and method of killing. Poultry Sci. **28** (1959) 1433–1437.
[229] Todd, E. C. D.: Foodborne disease in Canada – a 10-year summary from 1975 to 1984. J. Food Prot. **55** (1992) 123–132.
[230] Tokumaru, M.; Konuma, H.; Umesako, M.; Konno, S.; Shinagawa, K.: Rates of detection of *Salmonella* and *Campylobacter* in meats in response to the sample size and the infection level of each species. Int. J. Food Microbiol. **13** (1990) 41–46.
[231] Tsai, L.-S.; Schade, J. E.; Molyneux, B. T.: Chlorination of poultry chiller water: chlorine demand and disinfection efficiency. Poultry Sci. **71** (1992) 188–196.
[232] Van Schothorst, M.; Notermans, S.; Kampelmacher, E. H.: Einige hygienische Aspekte der Geflügelschlachtung. Fleischwirtschaft **52** (1972) 749–752.
[233] Varabioff, Y.; Mitchell, G. E.; Nottingham, S. M.: Effects of irradiation on bacterial load and *Listeria monocytogenes* in raw chicken. J. Food Prot. **55** (1992) 389–391.
[234] Wallner-Pendleton, E. A.; Sumner, S. S.; Froning, G. W.; Stetson, L. E.: The use of ultraviolet radiation to reduce *Salmonella* and psychrotrophic bacterial contamination on poultry carcasses. Poultry Sci. **73** (1994) 1327–1333.
[235] Walls, I.; Cooke, P. H.; Benedict, R. C.; Buchanan, R. L.: Sausage casings as a model for attachment of Salmonella to meat. J. Food Prot. **56** (1993) 390–394.
[236] Weber, A.; Glünder, G.; Hinz, K.-H.: Biochemische und serologische Identifizierung von Yersinien aus Vögeln. J. Vet. Med. **B 34** (1987) 148–154.
[237] Weise, E.; Levetzow, R.; Pietzsch, O.; Hoppe, P.-P.; Schlägel, E.: Mikrobiologie und Haltbarkeit frischen Geflügelfleisches bei Kühllagerung. VetMed Berichte BGA, Berlin, Nr. 1/1980, Verlag D. Reimer, Berlin 1980.
[238] Weise, E.: Zum Vorkommen von Listerien in geschlachtetem Geflügel des Einzelhandels. 28. DVG-Tagung Lebensmittelhyg., Garmisch-Partenkirchen 1987.
[239] Weise, E.; Teufel, P.: Listerien in Lebensmitteln – ein ungelöstes Problem. Ärztl. Lab. **35** (1989) 205–208.
[240] Wellauer-Weber, B.; Weise, Z.; Schuler, U.; Geiges, O.; Schmidt-Lorenz, W.: Hygienische Risiken beim Auftauen von tiefgefrorenem Fleisch und Schlachtgeflügel. Mitt. Gebiete Lebensm. Hyg. **81** (1990) 655–683.
[241] Wempe, J. M.; Genigeorgis, C. A.; Farver, T. B.; Yusufu, H. I.: Prevalence of *Campylobacter jejuni* in two California chicken processing plants. Appl. Environ. Microbiol. **45** (1983) 355–359.
[242] Wendlandt, A.; Bergann, T.: *Listeria monocytogenes* – Zum Vorkommen in einem Schlacht-, Zerlege- und Verarbeitungsbetrieb. Fleischwirtschaft **74** (1994) 1329–1331.
[243] Wenger, J. D.; Swaminathan, B.; Hayes, P. S.; Green, S. S.; Pratt, M.; Pinner, R. W.; Schuchat, A.; Broome, C. V.: *Listeria monocytogenes* contamination of turkey franks: Evaluation of a production facility. J. Food Prot. **53** (1990) 1015–1019.
[244] Winblad, S.: *Yersinia enterocolitica*. In: Blobel, H., Schliesser, T. (Hrsg.), Handbuch der bakteriellen Infektionen bei Tieren, Band IV, Verlag G. Fischer, Stuttgart 1982, S. 519–535.
[245] World Health Organization: Whole Someness of irradiated food: Report of a Joint FAO/IAEA/WHO Expert Committee. WHO Techn. Report Ser. No. 659, Genf 1980.

[246] World Health Organization: Guidelines on cleaning, disinfection and vector control in *Salmonella enteritidis* infected poultry farms. Report of a workshop in Bakum/Vechta (Deutschland) 1993. WHO – Veterinary Public Health Unit **94**. (1994) 172.

[247] YANG, X.; BOARD, R. G.; MEAD, G. C.: Influence of spoilage flora and temperature on growth of *Staphylococcus aureus* in turkey meat. J. Food Prot. **51** (1988) 303–309.

[248] YUSUFU, H. I.; GENIGEORGIS, C.; FARVER, T. B.; WEMPE, J. M.: Prevalence of *Campylobacter jejuni* at different sampling sites in two California turkey processing plants. J. Food Prot. **46** (1983) 868–872.

[249] ZASTROW, K.-D.; SCHÖNEBERG, I.: Lebensmittelbedingte Infektionen und Intoxikationen in der Bundesrepublik Deutschland – Ausbrüche 1992. Bundesgesd.bl. **37** (1994) 247–251.

[250] ZEITOUN, A. A. M.; DEBEVERE, J. M.: Verpackung von Geflügelfleisch – Einfluß einer modifizierten Atmosphäre auf die Haltbarkeit frischen Geflügelfleisches. Fleischwirtschaft **72** (1992) 1698–1703.

[251] FAO/WHO Codex Alimentarius Commission (1996): Risk analysis in Codex work. Working paper CX/EXEC 96/43/6, 21 May, 1996.

[252] TEUFEL, P.: Änderungsvorschlag zur Untersuchung und Bewertung von *Listeria monocytogenes* in der amtlichen Lebensmittelüberwachung, 47. ALTS-Tagung 21.–23. Juni 1994, Berlin.

Zitierte Rechtsvorschriften

[1 A] Richtlinie 92/117/EWG des Rates über Maßnahmen zum Schutz gegen bestimmte Zoonosen bzw. ihre Erreger bei Tieren und Erzeugnissen tierischen Ursprungs zur Verhütung lebensmittelbedingter Infektionen und Vergiftungen
Vom 17. Dezember 1992 (Amtsbl. EG Nr. L 62, S. 38)

[2 A] Verordnung zum Schutz gegen bestimmte Salmonelleninfektionen beim Haushuhn (Hühner-Salmonellen-Verordnung)
Vom 11. April 1994 (BGBl. I S. 770)

[3 A] Verordnung über Hackfleisch, Schabefleisch und anderes zerkleinertes rohes Fleisch (Hackfleisch-Verordnung – HFlV)
Vom 10. Mai 1976 (BGBl. I S. 1186), zuletzt geändert durch VO vom 24. 7. 1992 (BGBl. I S. 1412)

[4 A] Richtlinie 71/118/EWG des Rates zur Regelung gesundheitlicher Fragen bei der Gewinnung und dem Inverkehrbringen von frischem Geflügelfleisch
In der Fassung des Anhangs B der Richtlinie Nr. 92/116/EWG des Rates vom 17. Dezember 1992 (Amtsbl. EG Nr. L 62 vom 15. März 1993, S. 1), zuletzt geändert durch Beschluß 95/1/EG (Amtsbl. EG Nr. L 1, S. 1).

[5 A] Richtlinie 64/433/EWG des Rates über die gesundheitlichen Bedingungen für die Gewinnung und das Inverkehrbringen von frischem Fleisch
In der Fassung der Richtlinie 91/497/EWG des Rates vom 29. Juli 1991 (Amtsbl. EG Nr. L 268, S. 69), zuletzt geändert durch Richtlinie 95/23/EG (Amtsbl. EG Nr. L 243, S. 7).

[6 A] Geflügelfleischhygienegesetz – GFlHG –
In der Fassung der Bekanntmachung vom 15. Juli 1982 (BGBl. I S. 993), zuletzt geändert durch Art. 2 des Gesetzes vom 20. Dez. 1993 (BGBl. I,

S. 2170), seit 1. August 1996 abgelöst durch das Geflügelfleischhygienegesetz vom 17. Juli 1996 (BGBl. I S. 991)
Folgeverordnungen:
1) Geflügelfleischmindestanforderungen-Verordnung
2) Geflügelfleischuntersuchungs-Verordnung

[7 A] Richtlinie 89/101/EWG des Rates zur Angleichung der Rechtsvorschriften der Mitgliedstaaten über tiefgefrorene Lebensmittel
Vom 21. Dezember 1988 (Amtsbl. EG Nr. L 40, S. 34)

[8 A] Richtlinie 94/65/EG des Rates zur Festlegung von Vorschriften für die Herstellung und das Inverkehrbringen von Hackfleisch/Faschiertem und Fleischzubereitungen
Vom 14. Dezember 1994 (Amtsbl. EG Nr. L 368, S. 10)

[9 A] Richtlinie 79/112/EWG des Rates zur Angleichung der Rechtsvorschriften der Mitgliedstaaten über die Etikettierung und Aufmachung von Lebensmitteln sowie die Werbung hierfür
Vom 18. Dezember 1978 (Amtsbl. EG Nr. L 33, S. 1), zuletzt geändert durch Richtlinie 93/102/EG vom 16. Nov. 1993 (Amtsbl. EG Nr. L 291, S. 14)

[10 A] Verordnung (EWG) Nr. 1 906/90 des Rates über Vermarktungsnormen für Geflügelfleisch
Vom 26. Juni 1990 (Amtsbl. EG Nr. L 173, S. 1), zuletzt geändert durch VO (EWG) Nr. 3 204/93 vom 16. Nov. 1993 (Amtsbl. EG Nr. L 289, S. 3)

[11 A] Verordnung über die Kennzeichnung von Lebensmitteln (Lebensmittel-Kennzeichnungsverordnung – LMKV) in der Fassung der Bek. der Neufassung vom 6. Sept. 1984 (BGBl. I S. 1221), zuletzt geändert durch Verordnung vom 8. März 1996 (BGBl. I S. 460).

[12 A] Richtlinie 91/495/EWG des Rates zur Regelung der gesundheitlichen und tierseuchenrechtlichen Fragen bei der Herstellung und Vermarktung von Kaninchenfleisch und Fleisch von Zuchtwild Vom 27. November 1990 (Amtsbl. EG Nr. L 268, S. 41), zuletzt geändert durch Beschluß 95/1/EG (Amtsbl. EG Nr. L 1, S. 1).

[13 A] Richtlinie 92/45/EWG des Rates zur Regelung der gesundheitlichen und tierseuchenrechtlichen Fragen beim Erlegen von Wild und bei der Vermarktung von Wildfleisch
Vom 16. Juni 1992 (Amtsbl. EG Nr. L 268 v. 14. 9. 1992, S. 35), zuletzt geändert durch Beschluß 95/1/EG (Amtsbl. EG Nr. L 1, S. 1).

[14 A] Verordnung über die hygienischen Anforderungen und amtlichen Untersuchungen beim Verkehr mit Fleisch (Fleischhygiene-Verordnung-FlHV)
Vom 30. Oktober 1986 (BGBl. I S. 1678), zuletzt geändert durch Verordnung vom 15. März 1995 (BGBl. I S. 327).

[15 A] Verordnung über Trinkwasser und über Wasser für Lebensmittelbetriebe (Trinkwasserverordnung-TrinkwV)
Vom 5. Dezember 1990 (BGBl. I S. 2612), zuletzt geändert durch Verordnung vom 26. Febr. 1993 (BGBl. I S. 278).

[16 A] Gesetz über den Verkehr mit Lebensmitteln, Tabakerzeugnissen, kosmetischen Mitteln und sonstigen Bedarfsgegenständen (Lebensmittel- und Bedarfsgegenständegesetz i. d. Bek. vom 8. Juli 1993 (BGBl. I S. 1169), zuletzt geändert durch Gesetz vom 25. Nov. 1994 (BGBl. I S. 3538).

[17 A] Richtlinie 93/43/EWG des Rates vom 14. Juni 1993 über Lebensmittelhygiene (Amtsbl. EG Nr. L 175, S. 1).

6 Mikrobiologie von Eiern und Eiprodukten

Loseblattsammlung
mit Ergänzungslieferungen
(gegen Berechnung, bis auf Widerruf)
Grundwerk 1994 · DIN A5 · ca. 1000 Seiten
DM 198,50 inkl. MwSt., zzgl. Vertriebskosten
DM 259,– ohne Ergänzungslieferungen
ISBN 3-86022-178-7

Bedeutung der Hygiene

Die hygienische Qualität der Lebensmittel wird vom Konsumenten immer wieder kritisch in Frage gestellt. Daher kommt dem Erkennen, Bewerten und Vermindern von Risiken für die Gesundheit des Menschen durch unerwünschte Mikroorganismen und unerwünschte Stoffe in der Nahrung eine besondere Bedeutung zu.

Qualitätssicherung

Lebensmittelhygienische Maßnahmen müssen eine einwandfreie Urproduktion sichern und die Umstände und Bedingungen, die zu hygienischen Gefährdungen bzw. zu Qualitätsbeeinträchtigungen führen, erforschen. Weiterhin müssen sie Verfahren angeben, die zur Kontrolle bei der Gewinnung, Herstellung, Behandlung, Verarbeitung, Lagerung, Verpackung, dem Transport und der Verteilung von Lebensmitteln eingesetzt werden können.

Das Prinzip einer produktionsbegleitenden Qualitätssicherung ist dabei von besonderer Wichtigkeit. Das Ziel ist die Gewährleistung eines gesundheitlich unbedenklichen, qualitativ hochwertigen und bekömmlichen Erzeugnisses, das für den menschlichen Genuß tauglich und für den freien Warenverkehr geeignet ist.

Aktualisiert wurde dieses Standardwerk durch Rechtsvorschriften mit Kommentierung.

Durch regelmäßige Ergänzungslieferungen wird das Werk erweitert und auf den neuesten Stand gebracht.

Interessenten

Das Handbuch Lebensmittelhygiene als umfassendes Kompendium des aktuellen Fachwissens ist ein praxisnahes Nachschlagewerk für alle im Lebensmittelbereich Tätigen: Führungskräfte und Praktiker aus den Bereichen Lebensmittelgewinnung und -verarbeitung · Überwachungsbehörden und Untersuchungsämter · Verantwortliche in der Qualitätssicherung · Lebensmittelmikrobiologen · Lebensmitteltechnologen · Rückstandsforscher und Toxikologen · Auszubildende und Studierende im Bereich der Lebensmittelwissenschaften.

Herausgeber und Autoren

Herausgeber und Autor des Werkes ist Prof. Dr. W. Heeschen, Leiter des Instituts für Hygiene der Bundesanstalt für Milchforschung in Kiel.

Weitere Autoren:

Prof. Dr. J. Baumgart, Dr. A. Blüthgen, RA D. Gorny, Prof. Dr. G. Hahn, Dr. P. Hammer, Prof. Dr. H.-J. Hapke, Prof. Dr. R. Kroker, Prof. Dr. H. Mrozek, Prof. Dr. Dr. h.c. E. Schlimme, Prof. Dr. H.-J. Sinell, Prof. Dr. A. Wiechen, Dipl.-Biol. R. Zschaler.

Aus dem Inhalt

Verderbnis- und Krankheitserreger · Mikrobieller Verderb · Durch Lebensmittel übertragbare Infektions- und Intoxikationskrankheiten und Parasitosen · Hefen und Schimmelpilze als Verderbniserreger · Rückstände und Verunreinigungen · Agrochemikalien · Tierarzneimittelrückstände · Bedeutung von Rückständen der Reinigungs- und Desinfektionsmittel · Radionuklide

BEHR'S...VERLAG

B. Behr's Verlag GmbH & Co. · Averhoffstraße 10 · D-22085 Hamburg
Telefon (040) 227008/18-19 · Telefax (040) 2201091
E-Mail: Behrs@Behrs.com · Homepage: http://www.Behrs.com

6 Mikrobiologie von Eiern und Eiprodukten

R. STROH

6.1 Einleitung

Obwohl Hühnereier – insbesondere ihre Dotter – aufgrund des hohen Nährstoffgehaltes gegenüber einem Befall durch Mikroorganismen äußerst empfindlich sind, fällt auf, daß sie im Vergleich zu anderen nährstoffreichen Lebensmitteln tierischer Herkunft (wie z. B. Milch oder Fleisch) verhältnismäßig lange haltbar sind, ohne daß hierfür aufwendige technische Maßnahmen (wie z. B. Kühllagerung) ergriffen werden müßten.

Als Erklärung für diesen Sachverhalt bietet sich in augenfälliger Weise die klare Abgrenzung des Eiinhaltes gegenüber seiner Umwelt durch die Eischale an. Es ist aber allgemein bekannt, daß nicht nur Eier mit beschädigten Schalen, sondern auch Eier mit intakten Schalen durch die Tätigkeit von Mikroorganismen verderben können. Deren Wirkung zeigt sich in unterschiedlichen Veränderungen der sensorischen Beschaffenheit (Konsistenz, Farbe und Geruch) der Eiinhalte. Ein solcher Verderb ist meist am äußerlich unbeschädigten Ei ohne Hilfsmittel nicht zu erkennen, sondern zeigt sich erst beim Aufbrechen der Eischale. Diese weitverbreitete Erfahrung spiegelt sich im Gebrauch der Redewendung vom „faulen Ei“ als einem bildhaften Ausdruck für eine mit einem verborgenen oder nur schwer erkennbaren Mangel behaftete Sache wider.

Darüber hinaus können Bakterien im Eiinneren vorhanden sein, die keine sensorischen Veränderungen des Eiinhaltes bewirken und deren Anwesenheit auch beim geöffneten Ei nicht durch abweichende Beschaffenheit erkennbar ist. Hierzu gehören Krankheitserreger wie z. B. Salmonellen, die bei unsachgemäßem oder unvorsichtigem Umgang mit Eiern zu Erkrankungen bei den Konsumenten führen, wie es in den vergangenen Jahren sehr häufig durch Verwendung von Hühnereiern vorkam, die mit Salmonellen kontaminiert waren.

Dieses Hygienerisiko muß sowohl beim Umgang mit Hühnereiern im Handel und bei ihrer Verwendung im Haushalt als auch bei der Gewinnung und Verarbeitung von Eiprodukten im handwerklichen oder industriellen Maßstab berücksichtigt werden. Um den Verbraucher vor solchen Salmonellen-erkrankungen zu schützen, wurden für den gewerblichen Bereich Rechtsvorschriften erlassen, in denen der sachgerechte Umgang mit Hühnereiern und roheihaltigen Speisen [89] sowie die hygienischen Anforderungen an Eiprodukte und deren Herstellung [88] geregelt sind.

6.2 Der Aufbau des Hühnereies: physikalische und chemische Barrieren zum Schutz vor eindringenden Mikroorganismen

Die Wechselwirkung zwischen Hühnereiern und Mikroorganismen wird wesentlich vom Aufbau und von der Zusammensetzung der Eier beeinflußt. Sind andere Lebensmittel tierischer Herkunft (wie Fleisch und Milch) sofort nach ihrer Gewinnung schutzlos dem Befall mit Mikroorganismen und dem daraus folgenden Verderb ausgesetzt, finden sich beim Hühnerei Strukturen, deren Aufgabe darin besteht, den sich im Eiinneren entwickelnden Embryo vor mechanischen Einwirkungen und vor Infektionen mit Mikroorganismen zu schützen. Der Schutz vor Mikroorganismen erstreckt sich gleichzeitig auf die vom Embryo benötigten und im Dotter sowie im Eiklar gespeicherten Nährstoffe.

Die Hauptbestandteile des Hühnereies sind Eidotter, Eiklar und Eischale, wobei jeder dieser Teile wiederum aus weiteren unterschiedlichen Strukturelementen besteht (Abb. 6.1).

6.2.1 Die Eischale

Die auf der Außenseite der Eischale liegende **Cuticula (Schalenhaut)** stellt für die auf die Eioberfläche gelangten Mikroorganismen die erste Hürde dar, die sie daran hindert, in das Ei einzudringen.

Die Cuticula ist eine aus Proteinen, Polysacchariden und Lipiden bestehende, etwa 10 µm dicke Schicht, die das Eindringen von Mikroorganismen durch Verschließen der in der Kristallitschicht der Eischale vorhandenen Poren sehr stark behindert [40]. Zum Zeitpunkt der Eiablage besteht die Schutzwirkung der Cuticula allerdings noch nicht in vollem Umfang, sondern sie entwickelt sich in den ersten Minuten nach dem Ablegen des Eies: die zuerst noch körnig strukturierte Cuticula verbreitet sich gleichmäßig auf der Schale, bildet dadurch eine glatte Oberfläche und trocknet gleichzeitig aus. Dabei füllt und verschließt sie die Poren der Kalkschale [77].

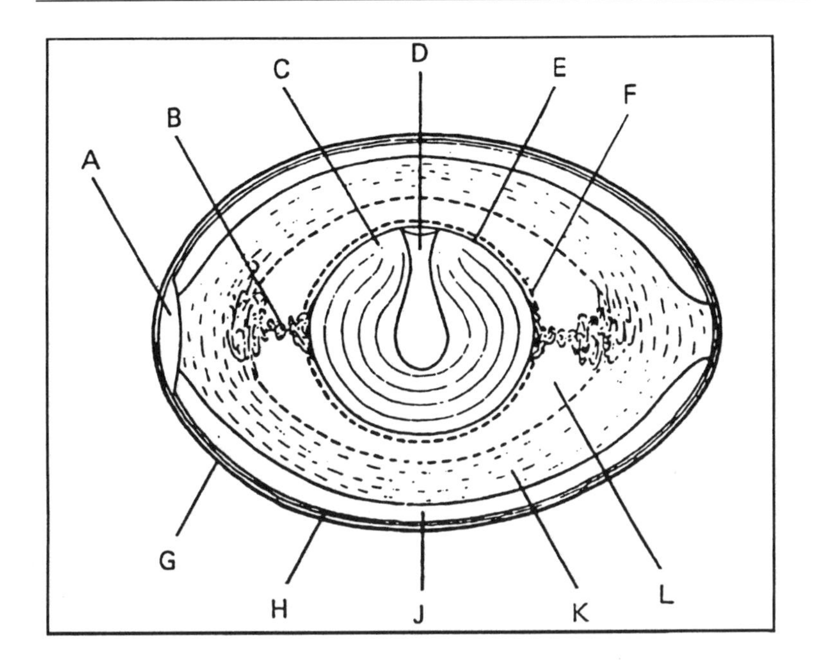

Abb. 6.1 Der Aufbau des Hühnereies (Längsschnitt, nach Brooks, 1960)
A Luftkammer; B Hagelschnüre; C Dotter; D weißer Dotter (mit Latebra, Latebrahals und Keimscheibe); E Dottermembran mit äußerer Membranschicht F; G Kalkschale mit darüberliegender Cuticula; H Schalenmembranen; J äußere dünnflüssige Eiklarschicht; K dickflüssige Eiklarschicht; L innere dünnflüssige Eiklarschicht

Die volle Schutzwirkung der Cuticula bleibt für eine Zeitspanne von etwa vier Tagen bestehen, läßt dann aber allmählich nach, da durch weiteres Austrocknen Risse in ihr entstehen, durch die dann wiederum Mikroorganismen in die Poren der Schale eindringen können [2, 31]. Fehlt die Cuticula bei der Eiablage oder wird sie durch äußere Einflüsse beschädigt, wird ein rasches Eindringen von Mikroorganismen in das Ei durch die Poren der Eischale begünstigt [61].

Die **Kristallitschicht der Eischale** stellt für Mikroorganismen beim Eindringen in das Ei ein nur wenig wirksames Hindernis dar, da sie eine große Zahl von Poren aufweist, die dem Austausch von Sauerstoff, Kohlendioxid und Wassserdampf mit der Umgebung dienen. Diese Poren, deren Zahl zwischen 7×10^3 und 17×10^3 pro Ei liegt, sind ungleichmäßig über die Schale verteilt, ihre größte Dichte liegt an den beiden Eipolen. Sie haben Durchmesser zwischen 15 und 65 µm auf der Außenseite sowie zwischen 6 und 23 µm auf der Innenseite der Kristallitschicht, sind also so groß, daß Bakterien und andere Mikroorganismen sie ohne weiteres durchdringen können. Der Einfluß verschiedener Faktoren der Schalenqualität (wie z. B. Schalendicke und Zahl der Poren) auf die Geschwindigkeit, mit der Mikroorganismen in Eier eindringen, wird von verschiedenen Autoren unterschiedlich bewertet [31].

Unter der Kristallitschicht der Eischale liegen die beiden **Schalenmembranen**, die – außer im Bereich der nach der Eiablage entstehenden Luftkammer – fest aneinander haften. Sie bestehen aus mattenähnlichen, schichtförmig übereinander angeordneten Fasergeflechten unterschiedlicher Dichte. In den Räumen zwischen den Fasern sind eiweißartige Substanzen eingelagert [63]. Die äußere Schalenmembran ist direkt mit der Kristallitschicht der Schale verbunden, während die innere Schalenmembran durch eine dichtfaserige Grenzmembran zum Eiklar hin abgeschlossen wird. Die Schalenmembranen und hier insbesondere die Grenzmembran zum Eiklar sind im Bereich der Schale die letzte und gleichzeitig wirkungsvollste Barriere gegen das Eindringen von Bakterien in das Eiinnere [75]. Sie wirken nach Beobachtungen verschiedener Autoren als „Bakterienfilter“. Es wurde festgestellt, daß die Geschwindigkeit, mit der die Schalenmembranen von Bakterien durchdrungen werden können, von der jeweiligen Species abhängig ist und zwischen einem und vier Tagen liegen kann [37, 33]. Beim Eindringen von Mikroorganismen in die Schalenmembranen sind keine Veränderungen der Faserstruktur zu beobachten, sondern es werden die Faserzwischenräume besiedelt [63].

6.2.2 Das Eiklar

Das **Eiklar** kann als ein Proteingebilde aus **Ovomucinfasern** in einer wäßrigen Lösung zahlreicher globulärer Proteine aufgefaßt werden [86].

Es besteht aus mehreren Schichten unterschiedlicher Viskosität, die – mit Ausnahme der Hagelschnüre – den Dotter umschließen (Abb. 6.1). Die Aufgaben des Eiklars liegen einerseits in der Bereitstellung von Nährstoffen und Wasser für den Embryo, andererseits in der Abwehr von Mikroorganismen, die den Bereich der Eischale durchdrungen haben. Die letztgenannte Aufgabenstellung wird durch das Zusammenwirken einer Reihe verschiedener, sich in ihrer Wirkung gegenseitig ergänzender Eigenschaften, Strukturen und Inhaltsstoffe erfüllt, die eine wachstums- und vermehrungshemmende bzw. keimabtötende Wirkung gegenüber Mikroorganismen zeigen:

Der **pH-Wert** des Eiklars beträgt beim frisch gelegten Ei etwa 7,4–7,6. Durch Abgabe von CO_2 steigt dieser Wert aber innerhalb von 4 bis 5 Tagen auf Werte von 9,5–9,6 an [56, 65, 81] und liegt damit in einem für das Wachstum und die Vermehrung der meisten Bakterien ungünstigen Bereich. Außerdem verstärkt der im alkalischen Bereich liegende pH-Wert des Eiklars auch die bakteriostatischen bzw. bakteriziden Wirkungen anderer Eiklarkomponenten, insbesondere bei Temperaturen von 37 °C und darüber [84].

Ein auffälliger Bestandteil des Eiklars sind die **Hagelschnüre (Chalazae).** Es handelt sich um elastische Fasern, die auf der einen Seite mit der Dottermembran und auf der anderen Seite mit der inneren Schalenmembran verbunden sind. Sie gestatten dem Dotter eine begrenzte Drehung, lassen aber kaum eine seitliche Lageänderung zu. Ihre Aufgabe besteht darin, den Dotter in der Eimitte zu halten, um ihn vor direktem Kontakt mit der Eischale und so vor einer sich daraus ergebenden Kontaminationsgefahr zu schützen [40].

Außer den Hagelschnüren trägt auch die Wirkung besonderer mechanischer Eigenschaften des Eiklars, d. h. die in verschiedenen Eiklarschichten (chalazifere Eiklarschicht und mittlere zähe Eiklarschicht) zu beobachtende hohe Viskosität, zur Stabilisierung der Lage des Dotters im Eizentrum bei. Die hohe Viskosität dieser Eiklarschichten geht auf das **Ovomucin** zurück. Dieses Glykoprotein bildet – auch durch Bildung eines Komplexes mit Lysozym – hochviskose Gelstrukturen und liegt in den dickflüssigen Eiklarschichten in einem gegenüber dem dünnflüssigen Eiklar erhöhten Anteil vor; die Hagelschnüre enthalten ebenfalls Ovomucin als wesentlichen Baustein. Die bei längerer Lagerung von Eiern allmählich eintretende Verflüssigung des Eiklars wird auf chemische und physikalisch-chemische Veränderungen des Ovomucins zurückgeführt [1].

Unter den zahlreichen Proteinfraktionen des Eiklars gibt es einige, die aufgrund ihrer chemischen Eigenschaften bakteriostatische oder bakterizide Wirkungen zeigen: **Conalbumin (Ovotransferrin)** ist ein Glykoprotein, das mit Ionen verschiedener Metalle (wie z. B. Eisen, Kupfer und Zink) Komplexe bildet. Der mit dreiwertigem Eisen entstehende Komplex ist sehr stabil, besonders bei pH-Werten im alkalischen Bereich, wie sie im Eiklar vorliegen. Das durch Conalbumin gebundene Eisen ist für Mikroorganismen nicht verfügbar, so daß Conalbumin bei zahlreichen Mikroorganismen wachstumshemmend wirkt. Diese Wachstumshemmung drückt sich in verlängerten Lag-Phasen (siehe „Mikrobiologie der Lebensmittel-Grundlagen“)

und verringerten Vermehrungsraten der Mikroorganismen aus. Es wurde festgestellt, daß der von Conalbumin verursachte bakteriostatische Effekt bei verschiedenen Organismen unterschiedlich stark ist [29]. Mikrokokken zeigen sich empfindlicher als verschiedene Species der Gattung *Bacillus*, die wiederum empfindlicher sind als gramnegative Bakterien. Ein indirekter Beweis dafür, daß der von Conalbumin ausgehende bakteriostatische Effekt auf Störungen des mikrobiellen Eisenstoffwechsels zurückgeführt werden kann, ergab sich aus den Beobachtungen, daß Conalbumin die Pigmentproduktion bei Pseudomonaden steigert [29, 35]. Dies ist eine typische Reaktion dieser Organismen bei Wachstum auf Medien mit vermindertem Eisengehalt.

Lysozym ist ein Enzym, das den chemischen Aufbau der Mureinschicht, einem wichtigen Strukturelement im Zellwandaufbau der Bakterien (siehe „Mikrobiologie der Lebensmittel-Grundlagen“) angreift und dadurch insbesondere gegenüber grampositiven Bakterien eine antibiotische Wirkung entfaltet. Die unterschiedliche Empfindlichkeit verschiedener Bakterienspecies gegenüber Lysozym ist u. a. auf die Angreifbarkeit bestimmter chemischer Strukturen innerhalb der Mureinschicht in Abhängigkeit ihrer räumlichen Exposition zurückzuführen. Als besonders empfindlich gegenüber der Wirkung des Lysozyms haben sich verschiedene Stämme von *Micrococcus lysodeikticus* und *Bacillus megaterium* erwiesen. Relativ unempfindlich gegenüber Lysozym sind aber z. B. *Listeria monocytogenes* und verschiedene Stämme von *Staphylococcus aureus*, wobei hier als Grund wohl Abweichungen im chemischen Aufbau des Mureins zu suchen sind. Die geringere Empfindlichkeit gramnegativer Bakterien gegenüber Lysozym ist darauf zurückzuführen, daß bei diesen Mikroorganismen die Mureinschicht nur einen geringen Anteil (zwischen 5 und 10 %) am Zellwandmaterial hat und – außer bei sehr jungen Zellen – zwischen Ketten von Lipoproteiden und Lipopolysacchariden gelagert ist, wodurch das Lysozym sein Substrat nicht erreichen kann [10].

Es wird angenommen, daß das Lysozym durch Bildung eines unlöslichen Komplexes mit Ovomucin am Zustandekommen der Gelstruktur der zähflüssigen Eiklarfraktionen beteiligt ist und so einen weiteren Beitrag zur Abwehr der in das Eiklar eingedrungenen Mikroorganismen leistet [1].

6.2.3 Der Dotter

Der Dotter besitzt im Gegensatz zum Eiklar keine Inhaltsstoffe mit bakteriostatischen oder bakteriziden Wirkungen, sondern enthält zahlreiche für das

Wachstum von Mikroorganismen erforderliche Nährstoffe und Spurenelemente und ist daher ein sehr gutes Nährmedium.

Er wird gegenüber dem umgebenden Eiklar von der aus drei Schichten bestehenden **Dottermembran (Vittelinmembran)** abgegrenzt. Ein wichtiger Bestandteil der Dottermembran ist Lysozym mit einem Anteil von 37 % der in der Membran enthaltenen Proteine [25]; zusammen mit Ovomucin bildet es auch in der Dottermembran eine netzartig aufgebaute komplexe Verbindung [26].

Die Dottermembran ist die letzte Barriere für Bakterien vor dem Eindringen in den Dotter. Neben diesem Beitrag zur Abwehr eindringender Mikroorganismen liegt eine weitere Funktion dieser Grenzschicht darin, den Übertritt von Dotterinhaltsstoffen wie z. B. Eisenionen in das Eiklar zu verhindern und damit die Wirkung der Schutzfunktionen des Eiklars zu unterstützen [2].

6.3 Das Eindringen von Mikroorganismen in Hühnereier

Hühnereier sind trotz ihrer zahlreichen, als Barrieren gegen das Eindringen und die Vermehrung von Mikroorganismen gerichteten Strukturen in mehrfacher Hinsicht gegen mikrobielle Angriffe empfindlich: Dotter oder Eiklar können einerseits bereits vor der Eiablage kontaminiert werden (**primäre Kontamination**), andererseits besteht die Möglichkeit, daß Mikroorganismen nach der Eiablage durch die Schale in das Ei eindringen (**sekundäre Kontamination**) [61, 31]. Dieser Kontaminationsweg ist von entscheidender Bedeutung beim mikrobiellen Verderb von Eiern.

Aus Untersuchungsergebnissen verschiedener Autoren geht hervor, daß der größte Teil (>99 %) der Hühnereier zum Zeitpunkt der Eiablage keine Bakterien enthält [31] und sie erst nach dem Legen von Mikroorganismen besiedelt werden. Die Ermittlung des tatsächlichen Anteils primär kontaminierter Eier gestaltet sich schwierig, da auch unter optimalen Untersuchungsbedingungen gelegentliche Kontaminationen nicht völlig auszuschließen sind [11].

6.3.1 Primäre Kontamination

Eine primäre Kontamination des Eiinhaltes kann bereits im Eierstock, noch vor der Ovulation, durch Übertragung von Keimen aus infiziertem Eierstockgewebe in den Dotter erfolgen (transovarielle Übertragung). Dieser Übertragungsweg konnte für Mikrokokken, Salmonellen und Mycobakterien nachgewiesen werden [9, 34] und hat in den letzten Jahren besondere Beachtung durch das gehäufte Auftreten von Salmonellen-Erkrankungen gefunden, bei denen ein Zusammenhang mit kontaminierten Eiern nachweisbar war [44]. Die primäre Kontamination von Eiern kann aber auch nach der Ovulation bei der weiteren Ausbildung des Eies im Eileiter durch solche Keime erfolgen, die von der Kloake her durch den Legeapparat des Huhnes bis zum Eileiter vorgedrungen sind und dann die Oberfläche des Dotters, das Eiklar, die Schalenmembranen oder die Innenseite der Eischale besiedeln. Auch die Ovarien können auf diesem Wege infiziert werden [59, 31].

6.3.2 Sekundäre Kontamination

Vom Moment der Eiablage an und dem dabei erfolgten Übertritt in die Außenwelt sind Eier einer ungehinderten Besiedlung durch Mikroorganismen ausgesetzt. Diese gelangen mit Schmutz und Kotteilen von den Nestern oder den Käfigteilen, mit Staub aus der Luft sowie durch den Kontakt mit Geräten und Materialien beim Transport ständig auf die Eischalen. Das Ausmaß der sekundären Kontamination wird entscheidend von der Keimbelastung in der unmittelbaren Umgebung der Eier beeinflußt und hängt somit auch in sehr starkem Maße von der Sauberkeit in den Ställen und bei der Weiterbehandlung ab [42, 56, 68]. Auf den Oberflächen von Eischalen wurden von verschiedenen Autoren durchschnittliche Belastungen zwischen 10^3 und 10^6 lebensfähigen Mikroorganismen pro Ei festgestellt. Die Schalen sauberer oder nur leicht verschmutzter Eier sind überwiegend von grampositiven Bakterien besiedelt, wobei fast immer Bakterien der Gattung *Micrococcus* vorherrschen, begleitet von *Staphylococcus*, *Arthrobacter*, *Bacillus*, *Pseudomonas*, *Alcaligenes*, *Flavobacterium*, *Enterobacter* u. a.. Die Dominanz der Mikrokokken ist zurückzuführen auf die Toleranz dieser Gattung gegenüber trockenen Umgebungsbedingungen, wie sie in Hühnerställen üblicherweise vorliegen. Auf stark mit Kot verschmutzten Eiern sind dagegen hauptsächlich gramnegative Keime zu finden [9, 83].

Da die Schalen frisch gelegter Eier kurz nach der Ablage noch feucht sind und die Poren in der Kristallitschicht erst nach einigen Minuten durch die sich glättende Cuticula vollständig verschlossen werden, können in dieser Phase Mikroorganismen leicht in die Poren der Eischalen eindringen [77].

Begünstigt wird eine solche Invasion von Bakterien dadurch, daß sich beim Abkühlen von Eiern im Eiinneren ein Unterdruck aufbaut, der zu einer Sogwirkung in den Poren der Eischalen führt. Neben der sich ausbreitenden Cuticula werden so auch Bakterien in die Poren gezogen. Dies geschieht insbesondere dann, wenn sich frisch gelegte Eier in feuchter oder nasser Umgebung befinden [42, 15]. Feuchtigkeit in der Umgebung von Eiern leistet darüber hinaus dem Wachstum von Mikroorganismen Vorschub und erhöht so die Wahrscheinlichkeit, daß Bakterien in Eier eindringen können [56].

6.4 Der Verderb von Hühnereiern durch Mikroorganismen

Mikroorganismen, welche die Poren der Eischalen passiert haben, treffen auf die Schalenmembranen, auf denen ihre weitere Verbreitung im Ei durch das Zusammenwirken der bereits beschriebenen Abwehrmechanismen zunächst unterbrochen wird. Nach einer in ihrer Dauer offenbar auch von der Umgebungstemperatur abhängigen Latenzzeit von etwa 10 bis 20 Tagen beginnt plötzlich eine intensive Vermehrung der eingedrungenen Mikroorganismen, die sich dann rasch im gesamten Eiinhalt ausbreiten, wodurch es zum Verderb der betroffenen Eier kommt [12, 9]. Über die Mechanismen, die den Mikroorganismen das Durchdringen der Schalenmembranen ermöglichen, liegen derzeit keine gesicherten Erkenntnisse vor. Für das plötzliche Einsetzen des Bakterienwachstums werden verschiedene, sich in ihrer Wirkung möglicherweise ergänzende Ursachen vermutet und auch kontrovers diskutiert [59]:

Im Verlauf der Lagerung von Eiern kommt es zu einer Auflösung der Gelstrukturen des Ovomucin-Lysozym-Komplexes und dadurch zu einer Abnahme der Viskosität des Eiklars sowie zu einer Erschlaffung der Hagelschnüre. Dies führt zu einer Zunahme der Bewegungsfreiheit für den Dotter. Da dessen Dichte mit zunehmender Lagerdauer durch Abgabe von Wasser an das umgebende Eiklar geringer wird, erhält er Auftrieb und kommt mit der inneren Schalenmembran in Kontakt. Es wird angenommen, daß an diesen Kontaktstellen Bereiche entstehen, aus denen das Eiklar mit seinen antimikrobiell wirkenden Bestandteilen verdrängt wird und in denen dadurch ein ungehemmtes Wachstum von Mikroorganismen möglich ist [8]. Zahlreiche Mikroorganismen sind in der Lage, den Mangel an essentiell benötigten Eisen-III-Ionen durch Anpassung ihrer Stoffwechselvorgänge auszugleichen. So bildet eine große Zahl von Mikroorganismen Substanzen mit sehr hohem Komplexbildungsvermögen gegenüber Eisen-III-Ionen, mit denen sie in der Lage sind, sich auch in Medien mit extrem niedrigem Eisen-III-Gehalt diese für die Stoffwechseltätigkeit zwingend benötigten Ionen zu beschaffen [70]. Auch Salmonellen und zahlreiche andere gramnegative Bakterien bilden solche Siderophore (Eisenüberträger) und besitzen damit die Fähigkeit, die wachstumshemmende Wirkung des Conalbumins aufzuheben [36, 84].

Außerdem wird angenommen, daß mit zunehmender Lagerdauer Eisen-III-Ionen vom Dotter in das Eiklar diffundieren und so die Bindungskapazität des Conalbumins erschöpft wird. Die nach der Sättigung des Conalbumins noch frei vorliegenden Eisen-III-Ionen stehen dann eingedrungenen Bakterien zur Verfügung und unterstützen deren Wachstum [51].

6.4.1 Am Verderb von Hühnereiern beteiligte Mikroorganismen

Bei den in verdorbenen Eiern anzutreffenden Mikroorganismen handelt es sich – wie der Vergleich zahlreicher Untersuchungen zeigt – um überwiegend aus gramnegativen Bakterien bestehende Mischpopulationen, in denen hauptsächlich die Gattungen *Pseudomonas*, *Proteus*, *Acinetobacter*, *Alcaligenes* und *Escherichia* sowie *Aeromonas*, *Citrobacter* und *Hafnia* vorkommen. Gelegentlich sind auch grampositive Bakterien aus den Gattungen *Bacillus*, *Micrococcus* und *Streptococcus* zu finden [3, 11, 31]. Die Zusammensetzung des sich beim Verderb im Eiinneren entwickelnden Keimspektrums hängt stark von der jeweils herrschenden Temperatur ab: liegt diese unter 30 °C, entwickelt sich eine Flora, die hauptsächlich aus Pseudomonaden besteht. Bei Temperaturen um 37 °C entwickelt sich eine Flora, in der coliforme Keime überwiegen [76].

Es fällt auf, daß sich die Zusammensetzung des Keimspektrums der typischerweise auf Eierschalen anzutreffenden Mikroorganismen völlig von dem Spektrum der Bakterienfloren unterscheidet, die als charakteristische Populationen verdorbener Hühnereier in Erscheinung treten: während auf den Eischalen überwiegend grampositive Bakterien zu finden sind, sind aus dem Inhalt verdorbener Eier fast ausschließlich gramnegative Bakterien zu isolieren [76]. Dieser Sachverhalt ist mit der selektiven Wirkung der hauptsächlich gegen grampositive Bakterien wirksamen antimikrobiellen Schutzeinrichtungen des Hühnereies zu erklären [11].

Tab. 6.1 Erscheinungsformen mikrobiellen Verderbs bei Hühnereiern (nach Fehlhaber, 1994)

Bezeichnung	Merkmale bei der Durchleuchtung	Merkmale des Eiinhaltes	verursachende Mikroorganismen
Heuei	schwach verändert, verschleiert, grünlich	dünnflüssiges Eiklar, Dotter zunächst unverändert, später vermischt mit Eiklar; heuartiger Geruch	verschiedene psychrotrophe Bakterien, aerobe Sporenbildner
Käseei	Dotter und Eiklar vermengt, verschieden große feste Stücke	gelblich-schmierig; unangenehm käsiger Geruch; keine Schwefelwasserstoff-Bildung	*E. coli* und andere gramnegative Bakterien, aerobe Sporenbildner
rotfaules Ei	deutlich und meist gleichmäßig rot gefärbt; im fortgeschrittenen Stadium: dunkle, feste Teile darin sichtbar	Dotter und Eiklar vermischt, zunächst flüssig, später pastös; gelb-braun bis rot; Schwefelwasserstoff-Geruch	*Proteus*, *E. coli*, *Pseudomonas*, *Serratia*
weißfaules Ei	dunkler, beweglicher Dotter; bewegliche feste Teile im Eiklar	flüssig, weißgraue Trübung u. Koagula, Dotter oft unregelmäßig koaguliert; süßlich-fauliger, auch säuerlicher Geruch	*Pseudomonas* und andere psychrotrophe Bakterien
grünfaules Ei	grün, grünblau	Eiklar gründlich fluoreszierend, Trübungen, Dotter z. T. koaguliert; fischiger, unangenehmer Geruch	*Ps. fluorescens* *Pseudomonas aeruginosa*
schwarzfaules Ei	völlig oder größtenteils schwarz, Luftkammer sichtbar	Dotter dunkelgrün oder schwarz; wäßriges, weißtrübes Eiklar mit Koagula; starker Fäulnisgeruch	*Proteus* und andere Eiweißzersetzer

6.4.2 Verderbserscheinungen bei Hühnereiern

Der von Mikroorganismen verursachte Verderb von Hühnereiern zeigt sich häufig durch vielfältige Veränderungen von Aussehen und Geruch des Eiinhaltes. Die unterschiedlichen Verderbserscheinungen sind meistens nach ihren charakteristischen Merkmalen benannt: z. B. Heueier, Käseeier, rot-, grün- oder schwarzfaule Eier (Tab. 6.1). Sie sind das Ergebnis unterschiedlicher Stoffwechselleistungen der jeweils maßgeblich am Verderb beteiligten Mikroorganismen (Tab. 6.2) und kommen hauptsächlich durch enzymatischen Abbau der Eiklar-Proteine, aber auch durch den Abbau von Fetten und Kohlenhydraten zustande. Neben verschiedenfarbigen Pigmenten treten Abbauprodukte, wie z. B. Schwefelwasserstoff, Aldehyde, Ketone und Peroxide, durch ihren intensiven Geruch auffallend in Erscheinung. Daneben werden von zahlreichen Bakterien aber auch Stoffwechselprodukte gebildet, die im Ei keine Veränderungen des Aussehens oder des Geruches bewirken, wie z. B. D- und L-Milchsäure sowie Bernsteinsäure [62, 52].

Tab. 6.2 Stoffwechselaktivitäten verschiedener Mikroorganismen in Hühnereiern (nach Board, 1967)

Mikroorganismen	Bildung wasserlöslicher Pigmente	Bildung wasserunlöslicher Pigmente	Lecithin-Spaltung	Eiweißzersetzung	Schwefelwasserstoff-Bildung
Achromobacter	–	–	–	–	–
Aeromonas	–	–	+	++	++
Alcaligenes	–	–	–	–	–
Citrobacter	–	–	–	–	–
Flavobacterium	+	–	–	–	–
Proteus	–	–	–	++	++
Pseudomonas putida	+	–	–	–	–
Ps. aeruginosa	+	+	k.A.	k.A.	k.A.
Ps. fluorescens	+	–	+	+	–
Ps. maltophilia	–	+	–	+	+
Salmonella	–	–	–	–	–
Serratia marcescens	–	+	+	+	–

Zeichenerklärung: –: keine Reaktion; +: schwache Reaktion; ++: starke Reaktion; k.A.: keine Angaben

6.5 Pathogene Keime in Hühnereiern

Eine Reihe von Bakterien ist in der Lage, sich im Eiklar und im Dotter zu vermehren, ohne daß dies durch Abweichungen in Aussehen oder Geruch auffallend zu erkennen ist. Hierzu gehören neben *Achromobacter*, *Alcaligenes* und *Citrobacter* auch Krankheitserreger aus den Gattungen *Listeria*, *Staphylococcus* und insbesondere *Salmonella*. Während Listerien und Staphylokokken im Zusammenhang mit Hühnereiern keine Bedeutung haben, ergeben sich durch das Vorkommen von Salmonellen in Hühnereiern schwerwiegende Hygieneprobleme.

6.5.1 Salmonellen in Hühnereiern: epidemiologische Situation

Seit Mitte der 80er Jahre wurde weltweit, besonders aber in Nordamerika, Nord- und Westeuropa sowie in einigen Ländern Südamerikas eine sehr starke Zunahme der den Gesundheitsbehörden gemeldeten Erkrankungen durch Salmonella-Infektionen beobachtet. Gleichzeitig wurde in den meisten dieser Länder festgestellt, daß die Häufigkeit des Nachweises der Serovarietät *Salmonella* (*S.*) *enteritidis* stark angestiegen war, wobei in Nordamerika hauptsächlich der Phagentyp 8 (PT8) und in Europa der Phagentyp 4 (PT4) dieses Serovars in Erscheinung traten [71, 4, 5, 72, 80, 39, 43].

Epidemiologische Untersuchungen zeigten, daß in den meisten Fällen von Infektionen mit *S. enteritidis* Hühnereier sowie damit hergestellte Lebensmittel eine entscheidende Rolle bei der Übertragung auf den Menschen spielten [23, 47, 20, 16, 17, 53, 87, 7, 55, 90, 44] und daß somit durch die Verwendung von Hühnereiern bei der Zubereitung von Lebensmitteln ein nicht unbeträchtliches Risiko für die Gesundheit der Verbraucher besteht.

Es war allerdings bereits vor diesen Ereignissen bekannt, daß mit Salmonellen kontaminierte Hühnereier als Vektoren für die Übertragung von Salmonellen auf Menschen in Frage kommen. In zahlreichen seit den 30er Jahren beobachteten Fällen war *Salmonella typhimurium* als Auslöser von *Salmonella*-Ausbrüchen identifiziert worden. Die Beobachtung, daß etwa 1 % der im Rahmen von Untersuchungen auf Befall mit Salmonellen geprüften Hühnereier auf den Schalen mit den Krankheitserregern befallen waren, wurde darauf zurückgeführt, daß es bei Verwendung von mit Salmonellen kontaminierten Futtermitteln zum Befall der Tiere kommen kann und daß dadurch eine Kontaminations- und Infektionskette Futtermittel–Huhn–Ei–Mensch entsteht [28].

Die starke Zunahme der durch Hühnereier übertragenen *Salmonella*-Erkrankungen ist im Zusammenhang zu sehen mit der im gleichen Zeitraum zu beobachtenden, annähernd weltweiten Ausbreitung von *S. enteritidis* in Hühnerbeständen. Für diese Ausbreitung gibt es bislang noch keine Erklärung [30], es traten dabei aber einige neuartige Sachverhalte in Erscheinung. So sind bei den allermeisten der mit diesem *Salmonella*-Serovar infizierten Legehennen keine äußerlich erkennbaren Krankheitssymptome und auch kein Nachlassen der Legeleistung festzustellen [82, 47]. Außerdem zeigte sich, daß von solchen Hühnern Eier gelegt werden, die mit *S. enteritidis* kontaminiert sind. Die Krankheitserreger befinden sich aber bei diesen Eiern nicht – wie bisher meistens angenommen – ausschließlich auf der Eischale, sondern wurden auch im Inhalt (Dotter und Eiklar) von Eiern mit sauberen und unbeschädigten Schalen nachgewiesen [45, 82, 67].

6.5.2 Salmonellen in Hühnereiern: Kontaminationswege und Entwicklung

Neben der in den meisten Fällen stattfindenden sekundären Kontamination der Eier, d. h. dem Eindringen der Bakterien durch die Schale in das Innere, gelangt *S. enteritidis* auch auf dem Weg der primären Kontamination, d. h. bereits vor der Eiablage in den Dotter oder das Eiklar.

In der Regel geht der primären Kontamination eine Infektion der Hühner voraus. Diese erfolgt z. B. durch die Aufnahme von Futter, das mit Salmonellen kontaminiert ist. Bei Versuchen mit Legehennen, die auf oralem Weg künstlich mit *S. enteritidis* infiziert wurden, konnte beobachtet werden, daß von einem Teil dieser Hühner Eier gelegt wurden, deren Dotter mit *S. enteritidis* kontaminiert waren [48, 66]. Nach Schlachtung dieser Tiere wurden in verschiedenen inneren Organen (Leber, Ovarien, Eileiter) Salmonellen gefunden. Außerdem wird angenommen, daß auch von den Ovarien infizierter Muttertiere die zur Aufzucht von Legehennen bestimmten Eier kontaminiert werden [48], so daß zukünftige Zucht- oder Legehennen bereits im embryonalen Stadium infiziert sein können.

Es wurde festgestellt, daß auch in Herden, in denen die meisten der Tiere mit *S. enteritidis* infiziert waren, nur ein verhältnismäßig geringer Anteil der von diesen Herden stammenden Eiern Salmonellen enthielt; der durchschnittliche Anteil der Eier mit kontaminiertem Inhalt wird von verschiedenen Autoren auf Werte zwischen 0,1 und 3 % der insgesamt von infizierten Hühnern gelegten Eier beziffert [47, 38]. In diesem Zusammenhang wurde außerdem beobachtet, daß primär kontaminierte Eier nur in unregelmäßigen Abständen (intermittierend) gelegt werden. Dies erklärt auch, warum bei Untersuchungen von Eiern auf Salmonellenkontamination meist negative Resultate erhalten wurden, insbesondere wenn es sich dabei um Stichproben handelte, die im Groß- oder Einzelhandel gezogen worden waren [47].

Untersuchungen an frisch gelegten, kontaminierten Eiern auf ihre Belastung mit Salmonellakeimen zeigten, daß diese im Inneren meistens nur wenige vermehrungsfähige Salmonellen enthalten: es wurden Keimzahlen festgestellt, die zwischen weniger als 10 und ca. 200 Salmonellen pro Ei lagen. Nur sehr selten fanden sich im Inneren von frisch gelegten kontaminierten Eiern höhere Keimzahlen [45, 38]. Lagerversuche mit Eiern, die auf natürlichem oder künstlichem Wege mit *S. enteritidis* und anderen *Salmonella*-Serovaren kontaminiert wurden, zeigten, daß sich Salmonellen im Eidotter bei geeigneten Temperaturen ungehindert vermehren können, da der Dotter (siehe Abschnitt 6.2.3) keine antimikrobiell wirksamen Bestandteile enthält. Außerdem zeigte sich bei diesen Versuchen, daß Salmonellen, insbesondere aber *S. enteritidis*, gegenüber den antimikrobiellen Wirkungen des Eiklars oft nur wenig empfindlich sind und sich auch hier vermehren können, wobei die Vermehrung der Salmonellen im Eiklar deutlich langsamer erfolgt als im Dotter. Es wurde festgestellt, daß sich Salmonellen im Eidotter bei Temperaturen von 8 °C und niedriger nicht vermehren, während bereits bei 10 °C eine langsame Vermehrung stattfindet [13, 46, 41]. Die Generationszeiten verschiedener *Salmonella*-Serovare liegen bei 10 °C zwischen 18,5 und 23 Stunden, bei 15,5 °C zwischen 2,5 und 5,5 Stunden; sie betragen bei 37 °C nur noch 25 bis 35 Minuten. Bei mit 1 *Salmonella*/g beimpften Eidottern wurden nach 12stündiger Lagerung bei 37 °C bereits Keimdichten von etwa 10^8 Salmonellen/g festgestellt, bei einer Lagertemperatur von 16 °C wurden in Eidottern nach 4 Tagen Keimdichten von $> 10^7$ Salmonellen/g Dotter erreicht [13]. Aus diesen Beobachtungen geht hervor, daß der entscheidende, von außen auf die Entwicklung der Salmonellen im Eidotter einwirkende Faktor die Temperatur ist.

Im Eiklar kommen Salmonellen bei Temperaturen von 10 °C und darunter nicht zur Vermehrung, die Zahl der vermehrungsfähigen Keime nimmt unter diesen Bedingungen sogar langsam ab [46, 21, 69]. Bei Temperaturen von 20 °C und höher verhalten sich verschiedene Stämme von *S. enteritidis* und andere *Salmonella*-Serovare sehr unterschiedlich: neben starker Abnahme der Zahl vermehrungsfähiger Salmonellakeime bei 25 °C [13] sowie einer Stagnation ihrer Anzahl [46, 58, 69] wurde mehrfach auch die Vermehrung von Salmonellen im Eiklar (Zunahme der Keimzahl um ca. 5 bis 7 Log-Stufen in 21 bis 35 Tagen) beobachtet [21, 69]. Neben der Temperatur ist auch das Alter von Eiern ein Faktor, der die Entwicklung von Salmonellen im Eiklar beeinflußt: bei Eiern, die vier Wochen lang bei Raumtemperatur gelagert wurden, war eine verringerte bakteriostatische Wirkung des Eiklars auf Salmonellen im Vergleich zu Eiklar aus frischen Eiern festzustellen [69]; mit zunehmendem Alter von Eiern kommt es auch häufiger zum Übertritt von Salmonellen aus dem Eiklar in den Dotter [50].

Darüber hinaus fördern von außen zugeführte Eisen-III-Ionen (z. B. aus dem Wasser zum Reinigen verschmutzter Eischalen) sowie bisher nicht identifizierte Bestandteile im Hühnerkot das Eindringen von Salmonellen in das Eiklar sowie ihre starke Vermehrung in diesem Bereich [22].

6.5.3 Salmonellen in Hühnereiern: Hygieneprobleme

Die epidemiologischen Untersuchungen zahlreicher mit Hühnereiern im Zusammenhang stehenden *Salmonella*-Ausbrüche zeigten, daß ein großer Teil dieser Massenerkrankungen von Einrichtungen zur Gemeinschaftsverpflegung (Kantinen, Küchen von Krankenhäusern, Altersheimen und Schulen) und Gaststättenbetrieben ausging, wobei in den meisten Fällen einer oder mehrere der nachfolgend aufgeführten Faktoren eine entscheidende Rolle spielte [39]:

- Verwendung roher Eier bei der Zubereitung von Speisen, die danach gar nicht oder nur ungenügend erhitzt wurden,
- Lagerung solcher Speisen bei Raumtemperatur oder ungenügender Kühlung,
- Übertragung von Salmonellen durch unsaubere Arbeitsweise auf andere, bereits fertig zubereitete Speisen (Kreuzkontamination),
- Gewinnung größerer Mengen von Eimasse und deren mehrstündige Lagerung bei ungenügender Kühlung,
- Verwendung alter, bereits mehrere Wochen bei Raumtemperatur gelagerter Eier [74].

Außerdem wurde festgestellt, daß bei Eiern, in denen nach primärer oder sekundärer Kontamination die eingedrungenen Salmonellen während der Lagerung Gelegenheit zur Vermehrung hatten, die gängigen Verfahren der Zubereitung durch Kochen oder Braten nicht ausreichten, um die vorhandenen Salmonellen vollständig abzutöten und daß es somit beim Verzehr solcher Eier oder damit zubereiteter Speisen ebenfalls zum Ausbruch von Salmonellosen kommen kann [49, 32].

6.5.4 Sachgerechter Umgang mit Hühnereiern

Um den Verbraucher vor Gesundheitsgefährdung durch unsachgemäßen Umgang mit Hühnereiern zu schützen, wurde in der Bundesrepublik Deutschland der sachgerechte Umgang mit Hühnereiern durch die Verordnung über die hygienischen Anforderungen an das Inverkehrbringen von Hühnereiern und roheihaltigen Lebensmitteln, kurz „**Hühnereier-Verordnung**" genannt, geregelt [89]. In dieser Verordnung wurden die bereits erläuterten, eine Vermehrung von Salmonellen in Hühnereiern begünstigenden Einflußfaktoren (Abschnitt 6.5.2) berücksichtigt.

Die Verordnung schreibt für den Bereich des gewerbsmäßigen Handels mit Hühnereiern vor, daß Eier innerhalb von 21 Tagen nach dem Legen an den Endverbraucher abgegeben werden müssen. Die Eier müssen vor nachteiliger Beeinflussung (z. B. durch Verunreinigungen, Feuchtigkeit und Witterungseinflüsse, insbesondere Sonneneinwirkung) geschützt und vorzugsweise bei gleichbleibender Temperatur gelagert werden; ab dem 18. Tag nach dem Legen ist die Kühllagerung der Eier (bei Temperaturen von +5 °C bis +8 °C) gefordert. Die Verordnung schreibt weiter vor, daß auf der Verpackung ein Mindesthaltbarkeitsdatum angegeben werden muß, das die Frist von 28 Tagen nach dem Legen nicht überschreiten darf. Im Zusammenhang mit der Angabe des Mindesthaltbarkeitsdatums muß folgender Text stehen: „Verbraucherhinweis: bei Kühlschranktemperatur aufzubewahren – nach Ablauf des Mindesthaltbarkeitsdatums durcherhitzen".

Die Verordnung regelt darüber hinaus auch den Umgang mit roheihaltigen Lebensmitteln: in Gastronomiebetrieben und Einrichtungen zur Gemeinschaftsverpflegung – ausgenommen sind Einrichtungen zur Gemeinschaftsverpflegung für alte oder kranke Menschen oder Kinder – dürfen Speisen, bei deren Herstellung rohe Hühnereier oder Bestandteile davon verwendet werden und bei denen keine abschließende, die Abtötung von Salmonellen gewährleistende Hitzebehandlung stattfindet, nur zum unmittelbaren Verzehr vor Ort abgegeben werden. Dabei muß beachtet werden, daß solche Speisen, wenn sie erwärmt verzehrt werden, nicht später als zwei Stunden nach der Herstellung abgegeben werden dürfen. Handelt es sich um kalt zu verzehrende Lebensmittel, müssen diese innerhalb von 2 Stunden nach der Zubereitung auf eine Temperatur von +7 °C oder darunter abgekühlt und gelagert werden. Die Abgabe solcher Speisen an den Verbraucher ist auf eine Zeitspanne von 24 Stunden nach der Herstellung begrenzt. Diese Vorschriften über Kühlung sowie befristete Lagerung und Abgabe gelten auch für Lebensmittel, die in Gewerbebetrieben (wie z. B. Konditoreien oder Metzgereien) unter Verwendung von rohen Hühnereiern hergestellt werden. In Einrichtungen zur Gemeinschaftsverpflegung für alte oder kranke Menschen oder Kinder müssen Lebensmittel, die dort unter Verwendung von rohen Hühnereiern oder Bestandteilen davon hergestellt werden, so erhitzt werden, daß die Abtötung von Salmonellen gewährleistet ist. Darüber hinaus schreibt die Verordnung vor, daß Gastronomiebetriebe und Einrichtungen zur Gemeinschaftsverpflegung von allen unter Verwendung roher Eier zubereiteten und nicht abschließend erhitzten Lebensmitteln, deren Menge 30 Portionen übersteigt, Rückstellproben entnehmen und diese 96 Stunden lang – gerechnet vom Zeitpunkt der Abgabe an den Verbraucher – bei einer Temperatur von höchstens +4 °C aufbewahren. Diese Proben müssen mit Datum und Uhrzeit der Herstellung gekennzeichnet sein und zuständigen Behörden auf Verlangen ausgehändigt werden.

6.6 Eiprodukte

Im Rahmen handwerklicher oder industrieller Herstellung von Lebensmitteln, bei der häufig große Mengen an Eiern benötigt werden, ergeben sich aus den zuvor geschilderten Problemen im Umgang mit Hühnereiern und rohen Eiprodukten und den daher zwingend erforderlichen Hygienemaßnahmen für die betroffenen Betriebe erhebliche technische und organisatorische Schwierigkeiten, deren Lösung im Zukauf vorbehandelter Eiprodukte liegt. Bei diesen handelt es sich um flüssige, eingedickte (konzentrierte), getrocknete oder tiefgefrorene Erzeugnisse aus Eiern (Vollei), ihren verschiedenen Bestandteilen (Eiklar, Eigelb) oder Mischungen dieser Bestandteile, die nach ihrer Gewinnung einer Behandlung zur Abtötung pathogener Keime unterzogen werden müssen.

Die Herstellung solcher Eiprodukte erfolgt in Betrieben, die auf den sachgerechten und vorschriftsmäßigen Umgang mit diesen Erzeugnissen spezialisiert sind. Die Voraussetzungen, die solche Betriebe hinsichtlich ihrer räumlichen und technischen Ausstattung erfüllen müssen sowie die Anforderungen an die mikrobiologische Beschaffenheit von Eiprodukten sind in der Verordnung über die hygienischen Anforderungen an Eiprodukte, kurz „**Eiprodukte-Verordnung**“ (EPVO) genannt, festgelegt [88].

Das Hauptziel bei der Herstellung von Eiprodukten ist es, durch Vorbehandlung der Eimasse ein Erzeugnis von einwandfreier hygienisch-mikrobiologischer Beschaffenheit zu erhalten, das – im Rahmen eines festgelegten Untersuchungsumfanges – frei ist von pathogenen Keimen wie Salmonellen und *Staphylococcus aureus.* Gleichzeitig sollen die für die Weiterverarbeitung wichtigen funktionellen Eigenschaften des Eies (wie z. B. Lockerungsfähigkeit, Schaumbildungsvermögen oder Emulgierfähigkeit) so wenig wie möglich beeinträchtigt werden.

6.6.1 Herstellung von Eiprodukten

Die **Gewinnung der Eiprodukte** erfolgt durch die Trennung von Eiinhalt und Eischale. Durch das Entfernen der Schale und die Vermischung von Dotter und Eiklar werden die Barrieren zerstört, die beim intakten Ei den Inhalt vor dem Befall mit Mikroorganismen schützen. Das Eiprodukt ist daher gegenüber einem Befall und Verderb durch Mikroorganismen äußerst empfindlich.

Die Entnahme der Eier aus den Transportbehältnissen zur Beschickung der Aufschlagmaschine über ein Transportband muß in einem Raum erfolgen, der von dem Raum getrennt ist, in dem die Eier aufgeschlagen werden (unreine Seite). Kommen verunreinigte Eier zur Verarbeitung, müssen diese vor dem Aufschlagen gereinigt und getrocknet werden. Dieser Bearbeitungsschritt muß ebenfalls außerhalb des Aufschlagraumes, d. h. im Bereich der unreinen Seite, erfolgen.

Die Trennung in einen reinen und einen unreinen Bereich bezweckt den Schutz der Eiinhalte vor Kontaminationen bei ihrer Gewinnung und Weiterverarbeitung. Auch beim Aufschlagen oder Aufbrechen der Eier muß so vorgegangen werden, daß eine Kontamination der Eimasse vermieden wird. Daher ist die Gewinnung von Eiprodukten durch Zerdrücken oder Zentrifugieren von Eiern nicht zulässig. Die in den Bearbeitungsbetrieben bevorzugt eingesetzten Maschinen schlagen die Schalen der quer liegenden Eier von unten her mit Messern auf und drücken gleichzeitig die beiden Eipole nach oben, so daß die Eiinhalte auslaufen können, ohne dabei über die Außenseiten der Schalen zu fließen. Mit solchen Maschinen kann auch die Trennung von Eiweiß und Eigelb vorgenommen werden; außerdem machen diese Maschinen das Entfernen von mangelhaften und verdorbenen Eiern durch Kontrollpersonen möglich.

Bevor das rohe Eiprodukt zum wichtigsten Bearbeitungsschritt, der Vorbehandlung, gelangt, wird es von evtl. vorhandenen Schalen- und Membranresten durch Filtrieren oder Zentrifugieren/Separieren befreit, homogenisiert und – sofern die Vorbehandlung nicht unverzüglich durchgeführt wird – auf eine Temperatur von 4 °C oder niedriger abgekühlt und gelagert. Diese Lagerung des rohen, gekühlten Eiproduktes darf höchstens 24 Stunden dauern.

Für die **Vorbehandlung der Eiprodukte** zur Abtötung pathogener Mikroorganismen sind in der Eiprodukte-Verordnung (EPVO) keine bestimmten Verfahren festgelegt; in Deutschland wird nur die Pasteurisation (einschließlich der Pasteurisation durch Heißlagerung von Trockenprodukten) eingesetzt, da andere Verfahren zur Abtötung pathogener Keime in Eiprodukten – wie z. B. Behandlung mit γ-Strahlen [60] oder der kombinierte Einsatz von γ-Strahlen und Wärmebehandlung [73] – nicht zugelassen sind.

Die EPVO enthält auch keine Angaben über einzuhaltende Mindestwerte bestimmter Prozeßparameter, wie sie z. B. im „Egg Pasteurization Manual" des U.S. Department of Agriculture [85] für die Pasteurisation verschiedener Eiprodukte vorgeschrieben sind (Tab. 6.3), sondern in ihr sind Anforderungen an die mikrobiologische Beschaffenheit der vorbehandelten Eiprodukte festgelegt (Tab. 6.4), deren Einhaltung zur Kontrolle der erfolgreichen Vorbehandlung bei jeder Partie überprüft werden muß. Darüber hinaus schreiben die Bestimmungen der EPVO vor, daß Vorbehandlungsanlagen mit automatischen Temperaturreglern, Registrierthermometern, automatischen Sicherheitssystemen, die unzureichende Erhitzung verhindern sowie mit Schutzvorrichtungen gegen die Vermischung von nicht pasteurisierten Eiprodukten mit pasteurisierten Eiprodukten ausgestattet sein müssen.

Bei den heute gebräuchlichen kontinuierlichen Pasteurisationsverfahren in Röhren- oder Plattenerhitzern werden Vollei und Eigelb auf 64–66 °C erhitzt.

Tab. 6.3 Mindestanforderung an die Erhitzungstemperaturen und -zeiten bei der Wärmebehandlung von Eiprodukten (nach: USDA Pasteurization Manual)

Erhitzungsdauer	3,50 Min.	3,75 Min.
Vollei	60,0 °C	
Eigelb	61,1 °C	
gezuckertes Eigelb		63,0 °C
Salzeigelb		73,0 °C
unbehandeltes Eiklar (pH 9)	57,0 °C	
behandeltes Eiklar (pH 7)	60,0 °C	

Tab. 6.4 Anforderungen an die mikrobiologische Beschaffenheit von Eiprodukten (Eiprodukte-Verordnung, 1993)

Keimart oder Keimgruppe	n	c	m	M	Bezugsgröße
Salmonella	10	0	0		25 g oder ml
Aerobe mesophile Keimzahl	5	2	10^4	10^5	1 g oder ml
Enterobacteriaceae	5	2	10	10^2	1 g oder ml
Staphylococcus aureus	5	0	0		1 g oder ml

Definitionen:

n Anzahl der zu untersuchenden Proben;

c kennzeichnet bei der Untersuchung auf *Salmonella* und *Staphylococcus aureus* die Anzahl der Proben, die nicht über dem Wert m liegen dürfen; bei der Feststellung der aeroben mesophilen Keimzahl und der *Enterobacteriaceae* ist c die Anzahl der Proben, die zwischen den Grenzwerten m und M liegen dürfen;

m ist bei der Untersuchung auf *Salmonella* und *Staphylococcus aureus* der obere Grenzwert, der von keiner Probe überschritten werden darf; bei der Bestimmung der aeroben mesophilen Keimzahl und der Untersuchung auf *Enterobacteriaceae* ist es der untere Grenzwert, über dem nur die unter c genannte Zahl von Proben liegen darf;

M ist bei der Bestimmung der aeroben mesophilen Keimzahl und der Untersuchung auf *Enterobacteriaceae* der obere Grenzwert, der von keiner Probe überschritten werden darf.

Eine 3,5 Minuten dauernde Erhitzung einer Eimasse auf diese Temperatur bewirkt eine Verminderung der Keimbelastung des Materials um mindestens 99 % [27]. Dies bedeutet, daß die mittlere dezimale Reduktionszeit (D-Wert, siehe „Mikrobiologie der Lebensmittel – Grundlagen") der in rohen Eimassen vorkommenden Mischpopulationen verschiedener Mikroorganismen unter diesen Bedingungen bei ca. 100–110 Sekunden liegt. Durch Heißhaltestrecken, die der Pasteurisation nachgeschaltet werden können, ist es möglich, den mit der Hitzebehandlung zu erzielenden Abtötungseffekt noch zu verbessern, die mikrobiologische Beschaffenheit des Endproduktes ist aber grundsätzlich von der Keimbelastung des rohen Ausgangsmaterials abhängig. Das bedeutet, daß bei steigender Keimbelastung im rohen Eiprodukt auch im behandelten Eiprodukt mit einer höheren Zahl überlebender Mikroorganismen zu rechnen ist.

Die Wirksamkeit der Pasteurisation von Eiprodukten hinsichtlich der Abtötung von Salmonella-Keimen liegt deutlich über dem o. g. Durchschnittswert: Versuche mit besonders hitzeresistenten *Salmonella*-Stämmen (*S.* Senftenberg 775W u. a.) zeigten, daß mit den im USDA-Egg Pasteurization Manual genannten Anforderungen für die Pasteurisation von Vollei eine Verminderung der Salmonellenbelastung um 9 Dezimalstufen erreicht wird; bei einer 2,5 Minuten andauernden Erhitzung auf 64 °C ergibt sich eine Verminderung der Salmonellenbelastung um ca. 60 Dezimalstufen [24]. Somit bieten auch die bereits genannten Verfahrensbedingungen (64–66 °C, 3,5 Minuten) eine mehr als nur ausreichende Sicherheit bei der Abtötung von Salmonellen.

Die Pasteurisation von Eiklar gestaltet sich durch die höhere Hitzeempfindlichkeit dieses Materials wesentlich schwieriger als die Wärmebehandlung von Vollei oder Eigelb: ab 57 °C treten deutliche Schädigungen des nativen Eiklars in Erscheinung [24]. Es ist jedoch möglich, Eiklar durch Einstellen des pH-Wertes auf 7,0 (z. B. mit Milchsäure) und durch Zugabe von Aluminiumsulfat so zu stabilisieren, daß eine Wärmebehandlung bei 60 °C für die Dauer von 3,5 Minuten ohne nennenswerte Schädigung der Eiklarproteine verläuft [6].

Eine andere Form der Pasteurisation findet bei fermentativ entzuckerten, getrockneten Eiprodukten Anwendung: Heißlagerung der Erzeugnisse bei Temperaturen zwischen 55 °C und 70 °C für eine Dauer von bis zu 20 Tagen. Ein nach diesem Verfahren behandeltes Produkt sollte mindestens 7 Tage lang bei der Mindesttemperatur von 55 °C gelagert werden, um einen ausreichenden Abtötungseffekt zu erzielen [24].

Nach Abschluß der Hitzebehandlung erfolgt die rasche **Abkühlung** der Eiprodukte auf Temperaturen von 4 °C oder niedriger sowie das **Abfüllen** in Transportgebinde oder – im Falle einer weiteren Bearbeitung (z. B. bei der Herstellung von Trockeneiprodukten) – in Lagertanks.

In dieser Phase der Bearbeitung besteht wiederum die Gefahr, daß die Erzeugnisse mit Verderbsorganismen und Krankheitserregern kontaminiert werden, insbesondere durch Kreuzkontaminationen aus anderen Betriebsbereichen. Es muß daher strengstens auf die Einhaltung hygienischer Bedingungen geachtet werden, um Kontaminationen so weit wie möglich zu verhindern.

Bei der Lagerung und beim Transport der Eiprodukte dürfen nach den Bestimmungen der Eiprodukte-Verordnung folgende Temperaturen nicht überschritten werden:

tiefgefrorene Produkte: −18 °C
gefrorene Produkte: −12 °C
gekühlte Produkte: +4 °C.

6.6.2 Mikroorganismenflora in wärmebehandelten Eiprodukten

Da es sich bei den in rohen Eiprodukten vorliegenden Mikroorganismenpopulationen um Mischfloren aus verschiedenen Gattungen handelt, die gegenüber Hitzeeinwirkungen unterschiedlich empfindlich sind (d. h. die bei gleichen Temperatur-/Zeit-Beziehungen unterschiedliche D-Werte aufweisen), erfolgt durch die Pasteurisation eine Selektion hitzeresistenter Mikroorganismen. Zu diesen zählen neben anderen Bakterien auch *Enterococcus faecalis* und *Bacillus cereus*, die beim Verderb vorbehandelter Eiprodukte in Erscheinung treten [27]. *Bacillus cereus* ist darüber hinaus auch als Erreger von Lebensmittelvergiftungen von Bedeutung; er kann bei Eiprodukten, die in kleineren Packungen zur Abgabe an Endverbraucher abgefüllt werden, im Falle einer Unterbrechung der Kühlkette zu einem Hygienerisiko werden.

6.6.3 Qualitätsprüfung von Eiprodukten

Außer den bereits genannten Untersuchungen der Eiprodukte auf ihre mikrobiologische Beschaffenheit nach der Wärmebehandlung (Tabelle 6.4) ist in der Eiprodukte-Verordnung noch die Untersuchung jeder Eiprodukte-Partie auf ihre Gehalte an Milch- und Bernsteinsäure sowie auf β-Hydroxybuttersäure vorgeschrieben [88].

Das Ziel dieser Untersuchungen ist es, die hygienisch-mikrobiologische Qualität der zur Herstellung von Eiprodukten verwendeten Rohware zu überprüfen. Bei Milch- und Bernsteinsäure handelt es sich um Stoffwechselprodukte der Kontaminationsflora in rohen und erhitzten Eiprodukten, die dann in erhöhtem Maße vorliegen, wenn die Mikroorganismen ausreichend Gelegenheit zu Wachstum und Vermehrung hatten [62, 52]. Sie erfahren durch die Erhitzung im Verlauf der Pasteurisation keine Veränderung und können somit als Indikatoren für die Verwendung von Rohprodukten schlechter oder unzulässiger Beschaffenheit herangezogen werden. Die darüber hinaus zu bestimmende β-Hydroxybuttersäure weist auf die unzulässige Verwendung befruchteter und bebrüteter Eier hin [78]. Die Untersuchung dieser Parameter erfolgt nach den in der amtlichen Sammlung von Untersuchungsverfahren nach § 35 LMBG aufgeführten Methoden [18].

Neben diesen Methoden gibt es noch ein weiteres Untersuchungsverfahren, das es möglich macht, die mikrobiologische Beschaffenheit der zur Herstellung von Eiprodukten verwendeten Rohware zu überprüfen: mit dem

Limulus-Mikrotiter-Test kann das Ausmaß der Belastung von Eiprodukten mit den aus den Zellwänden gramnegativer Bakterien stammenden Lipopolysacchariden vergleichsweise einfach und sehr schnell festgestellt werden. Da Lipopolysaccharide durch die Pasteurisation keine wesentliche Veränderung hinsichtlich ihrer Endotoxin-Aktivität erfahren, ist es mit Hilfe des Limulus-Testes auch möglich, die hygienisch-mikrobiologische Qualität der zur Herstellung von vorbehandelten Eiprodukten eingesetzten Roheimassen noch am wärmebehandelten Endprodukt festzustellen [54, 79]. Auch diese Methode ist mittlerweile in die amtliche Sammlung von Untersuchungsverfahren nach § 35 LMBG aufgenommen worden [19].

Literatur

[1] Acker, L.; Ternes, W.: Chemische Zusammensetzung des Eies. In: Ternes, W.; Acker, L.; Scholtyssek, S: (Hrsg.): Ei und Eiprodukte. Parey, Berlin und Hamburg, S. 90–196, 1994.

[2] Baker, R. C.: Microbiology of Eggs. Milk and Food Technology **37** (1974) 265–268.

[3] Barnes, E. M.; Corry, J. L.: Microbial Flora of Raw and Pasteurized Egg Albumen. Journal of Applied Bacteriology **32** (1969) 193–205.

[4] Baumgartner, A.: *Salmonella enteritidis* in Schaleneiern – Situation in der Schweiz und im Ausland. Mitt. Gebiete Lebensm. Hygiene **81** (1990) 180–193.

[5] Bean, N. H.; Griffin, P. M.: Foodborne Desease Outbreaks in the United States, 1973–1987: Pathogens, Vehicles, and Trends. Journal of Food Protection **53** (1990) 804–817.

[6] Bergquist, D. H.: Sanitary Processing of Egg Products. Journal of Food Protection **42** (1979) 591–595.

[7] Binkin et al.: Egg-related *Salmonella enteritidis*, Italy, 1991. Epidemiology and Infection **110** (1993) 227–237.

[8] Board, R. G.: The Course of Microbial Infection of the Hen's Egg. Journal of Applied Bacteriology **29** (1966) 319–341.

[9] Board, R. G.: Microbiology of the Egg: A Review. In: Carter, T. C. (Ed.): Egg Quality, A Study of the Hen's Egg. 4th Symposium on Egg Quality. Oliver & Boyd, Edinburgh, S. 133–162, 1967.

[10] Board, R. G.: The Microbiology of the Hen's Egg. Advances in applied Microbiology **11** (1969) 245–281.

[11] Board, R. G.: The Microbiology of eggs. In: Stadelman, W. J.; Cotterill, O. J. (ed.): Egg Science and Technology. Avi Publishing Company Inc., Westport, S. 49–64, 1977.

[12] Board, R. G.; Ayres, J. C.: Influence of Temperature on Bacterial Infection of the Hen's Egg. Applied Microbiology **13** (1965) 358–364.

[13] Bradshaw, J. G., Dhirendar, B. S., Forney, E.; Madden, J. M.: Growth of *Salmonella enteritidis* in Yolk of Shell Eggs from Normal and Seropositive Hens. Journal of Food Protection **53** (1990) 1033–1036.

[14] Brooks, J.: Mechanism of the multiplication of Pseudomonas in the hen's egg. Journal of applied Bacteriology **23** (1960) 499–509.

[15] Brown, W. E., Baker, R. C.; Naylor, H. B.: The Microbiology of Cracked Eggs. Poultry Science **45** (1966) 284–287.

[16] Buchner, L.; Wermter, S.; HenkelS.: Zum Nachweis von Salmonellen in Hühnereiern unter Berücksichtigung eines Stichprobenplanes. Archiv für Lebensmittelhygiene **42** (1991) 86–89.
[17] Buchner, L.; Wermter, S.; Henkel, S.; Ahne, B.: Zum Nachweis von Salmonellen in Hühnereiern unter Berücksichtigung eines Stichprobenplanes im Jahr 1991. Archiv für Lebensmittelhygiene **43** (1992) 99–100.
[18] Bundesgesundheitsamt (Hrsg.): Bestimmung von L-Milchsäure, Bernsteinsäure und D-3-Hydroxybuttersäure in Ei und Eiprodukten; Enzymatisches Verfahren, Methode L 05.00-2. Amtliche Sammlung von Untersuchungsverfahren nach § 35 LMBG, Band I/1a. Berlin: Beuth 1987.
[19] Bundesgesundheitsamt (Hrsg.): Bestimmung von Lipopolysacchariden gramnegativer Bakterien in rohem und wärmebehandeltem Flüssigei sowie Eiprodukten, Methode L 05.00-3. Amtliche Sammlung von Untersuchungsverfahren nach § 35 LMBG, Band I/1a. Berlin: Beuth 1990.
[20] Burow, H.: Nachweis von *Salmonella enteritidis* bei gewerblich und privat erzeugten Hühnereiern. Archiv für Lebensmittelhygiene **42** (1991) 39–41.
[21] Clay, C. E.; Board, R. G.: Growth of *Salmonella enteritidis* in artificially contaminated hens' shell eggs. Epidemiology and Infection **106** (1991) 271–281.
[22] Clay, C. E.; Board, R. G.: Effect of faecal extract on the growth of *Salmonella enteritidis* in artificially contaminated hens' eggs. British Poultry Science **33** (1992) 755–760.
[23] Coyle, E. F.; Palmer, S. R.; Ribeiro, C. D.; Jones, H. I.; Howard, A. J.; Ward, L.; Rowe, B.: *Salmonella enteritidis* phage type 4 infection: association with hen's eggs. The Lancet II, 8623 (3. Dezember 1988), 1295–1296.
[24] Cunningham, F. E.: Egg Product Pasteurization. In: Stadelman, W. J.; Cotterill, O. J. (ed.): Egg Science and Technology. Avi Publishing Company Inc., Westport, S. 161–186, 1977.
[25] De Boeck, St.; Stockx, J.: Egg white lysozyme is the major protein of the hen's egg vitelline membrane. International Journal of Biochemistry **18** (1986) 617–622.
[26] De Boeck, St.; Stockx, J.: Mode of interaction between lysozyme and the other proteins of the hen's egg vitelline membrane. International Journal of Biochemistry **18** (1986) 623–628.
[27] Delves-Broughton, J.; Williams, G. C.; Wilkinson, S.: The use of the bacteriocin, nisin, as a preservative in pasteurized liquid whole egg. Letters in Applied Microbiology **15** (1992) 133–136.
[28] Dräger, H.: Salmonellosen; ihre Entstehung und Verhütung. 1. Auflage, Berlin 1971, S. 331–335.
[29] Feeney, R. E.; Nagy, D. A.: Journal of Bacteriology Jg. **64** (1952) 629–643. Zitiert bei: Board, R. G.: The Microbiology of the Hen's Egg. Advances in applied Microbiology **11** (1969) 245–281.
[30] Feflhaber, K.: Übertragungswege der Salmonellen durch Hühnereier. Rundschau für Fleischhygiene und Lebensmittelüberwachung **45** (1993) 264–266.
[31] Fehlhaber, K.: Mikrobiologie von Eiern und Eiprodukten. In: Ternes, W.; Akker, L.; Scholtyssek, S. (Hrsg.): Ei und Eiprodukte. Parey, Berlin und Hamburg, S. 274–311, 1994.
[32] Fehlhaber, K.; Braun, P.: Untersuchungen zum Eindringen von *Salmonella enteritidis* aus dem Eiklar in das Dotter von Hühnereiern und zur Hitzeinaktivierung beim Kochen und Braten. Archiv für Lebensmittelhygiene **44** (1993) 59–63.
[33] Florian, M. L. E.; Trussel, P. C.: Bacterial spoilage of eggs. IV. Identification of

spoilage organisms. Food Technology **11** (1957) 56–60. Zitiert bei: MAYES, F. J.; TAKEBALLI, M. A.: Microbial Contamination of the Hen's Egg: A Review. Journal of Food Protection **46** (1983) 1092–1098.

[34] FRITZSCHE, K.; ALLAM, M. S. A. M.: Ein Beitrag zur Frage der Kontamination der Hühnereier mit Mycobakterien. Archiv für Lebensmittelhygiene **16** (1965) 248–250. Zitiert bei: KIEFER, H.: Mikrobiologie der Eier und Eiprodukte. Archiv für Lebensmittelhygiene **27** (1976) 218–223.

[35] GARIBALDI, J. A.: Journal of Bacteriology **94** (1967) 1296–1299. Zitiert bei: BOARD, R. G.: The Microbiology of the Hen's Egg. Advances in applied Microbiology **11** (1969) 245–281.

[36] GARIBALDI, J. A.: Role of Microbial Iron Transport Compounds in the Bacterial Spoilage of Eggs. Applied Microbiology **20** (1970) 558–560.

[37] GARIBALDI, J. A.; STOKES, J. L.: Protective role of shell membranes in bacterial spoilage of eggs. Food Research **23** (1958) 283–290. Zitiert bei: MAYES, F. J.; TAKEBALLI, M. A.: Microbial Contamination of the Hen's Egg: A Review. Journal of Food Protection **46** (1983) 1092–1098.

[38] GAST, R. K.; BEARD, C. W.: Detection and Enumeration of *Salmonella enteritidis* in Fresh and Stored Eggs Laid by Experimentally Infected Hens. Journal of Food Protection **55** (1992) 152–156.

[39] GERIGK, K.: Epidemiologische Aspekte der Salmonellose in Europa und in der Schweiz. Mitt. Gebiete Lebensm. Hygiene **85** (1994) 163–172.

[40] GERKEN, M.; KRAMPITZ, G.; PETERSEN, J.: Morphologischer Aufbau des Eies. In: TERNES, W.; ACKER, L.; SCHOLTYSSEK (Hrsg.): Ei und Eiprodukte. Parey, Berlin und Hamburg, S. 50–81, 1994.

[41] HAMMACK, T. S., SHERROD, P. S., VERNEAL, R. B.; JUNE, G. A.; SATCHELL, F. B.; ANDREWS, W. H.: Research Note: Growth of *Salmonella enteritidis* in Grade A Eggs During Prolonged Storage. Poultry Science **72** (1993) 373–377.

[42] HARRY, E. G.: The relationship between egg spoilage and the environment of the egg when laid. British Poultry Science **4** (1963) 91–100.

[43] HEIMANN, P.: *Salmonella enteritidis* und humane Salmonellosen. Mitt. Gebiete Lebensm. Hygiene **85** (1994) 187–204.

[44] HOOP, R. K.: *Salmonella enteritidis*: Ansätze zur Überwachung und Bekämpfung in der Eierproduktion. Mitt. Gebiete Lebensm. Hygiene **85** (1994) 173–186.

[45] HUMPHREY, T. J.: The contamination of the contents of intact shell eggs with *Salmonella enteritidis*: prevalence studies with naturally infected hens. IIIrd European WPSA Symposium on Egg Quality, Hohenheimer Geflügelsymposium, Ulmer, Stuttgart, 1989.

[46] HUMPHREY, T. J.: Growth of salmonellas in intact shell eggs: Influence of storage temperature. The Veterinary Record **126** (1990) 292.

[47] HUMPHREY, T. J.: Public health implications of the infection of egg-laying hens with *Salmonella enteritidis* phage type 4. World's Poultry Science Journal **46** (1990) 5–13.

[48] HUMPHREY, T. J.; BASKERVILLE, A.; CHART, H.; ROWE, B.: Infection of egg-laying hens with *Salmonella enteritidis* PT4 by oral inoculation. The Veterinary Record **125** (1989) 531–532.

[49] HUMPHREY, T. J.; GREENWOOD, M.; GILBERT, R. J.; ROWE, B.; CHAPMAN, P. A.: The survival of salmonellas in shell eggs cooked under simulated domestic conditions. Epidemiology and Infection **103** (1989) 35–45.

[50] HUMPHREY, T. J.; WHITEHEAD, A.: Egg age and the growth of *Salmonella enteritidis* PT4 in egg contents. Epidemiology and Infection **111** (1993) 209–219.

[51] HUMPHREY, T. J.; WHITEHEAD, A.; GAWLER, A. H. L., HENLEY, A.; ROWE, B.: Numbers of

Salmonella enteritidis in the contents of naturally contaminated hen's eggs. Epidemiology and Infection **106** (1991) 489–496.

[52] JÄGGI, N.; EDELMANN, U.; KELLER, B.; HUNZIKER, H. R.: Milchsäure- und Bernsteinsäurebildung durch verderbsspezifische Bakterien in pasteurisiertem Flüssig-Vollei bei 22 °C. Mitteilungen aus dem Gebiete der Lebensmitteluntersuchung und Hygiene **81** (1990) 449–460.

[53] JÄGGI, N.; HUNZIKER, H. R.; BAUMGARTNER, A.: Einzel-und Gruppenerkrankungen mit *Salmonella enteritidis* ausgehend von einem verseuchten Legebetrieb. Bulletin des Bundesamtes für Gesundheitswesen **40** (1992) 660–663.

[54] JAKSCH, P.; TERPLAN, G.: Der Limulus-Test zur Untersuchung von Ei und Eiprodukten: Grundlagen, Untersuchungen von Handelsproben und produktionsbegleitende Untersuchungen. Archiv für Lebensmittelhygiene **38** (1987) 47–55.

[55] JERMINI, M.; JÄGGLI, M.; BAUMGARTNER, A.: *Salmonella enteritidis*-kontaminierte Eier als Ausgangspunkt von Einzel- und Gruppenerkrankungen. Bulletin des Bundesamtes für Gesundheitswesen, **41** (1993) 100–103.

[56] KIEFER, H.: Mikrobiologie der Eier und Eiprodukte. Archiv für Lebensmittelhygiene **27** (1976) 218–223.

[57] KNORR, R.: Qualitätsbeurteilung von Eiprodukten. Hohenheimer Arbeiten. E. Ulmer, Stuttgart 1991.

[58] LOCK, J. L.; BOARD, R. G.: Persistence of contamination of hens' egg albumen in vitro with *Salmonella* serotypes. Epidemiology and Infection **108** (1992) 389–396.

[59] LOCK, J. L.; DOLMAN, J.; BOARD, R. G.: Observation on the mode of bacterial infection of hen's eggs. FEMS Microbiology Letters **100** (1992) 71–74.

[60] MATIC, ST.; MIHOKOVIC, V.; KATUSIN-RAZEM, B.; RAZEM, D.: The Eradication of *Salmonella* in Egg Powder by Gamma Irradiation. Journal of Food Protection **53** (1990) 111–114.

[61] MAYES, F. J.; TAKEBALLI, M. A.: Microbial Contamination of the Hen's Egg: A Review. Journal of Food Protection **46** (1983) 1092–1098.

[62] MULDER, R. W. A. W.; BOLDER, N. M.; STEVERINK, A. T. G.; MUUSE, B. G.; DEN HARTOG, J. M. P.: Production of succinic and lactic acid by selected pure cultures of microorganisms in whole egg products. Archiv für Geflügelkunde **52** (1988) 255–261.

[63] NEURAND, K.; SCHWARZ, R.: Die Barrierefunktion der Hühnerei-Schalenhaut bei der Salmonellenabwehr. Gesundheitswesen und Desinfektion **65** (1973) 34–36.

[64] POPPE, C.; IRWIN, R. J.; FORSBERG, C. M.; CLARKE, R. C.; OGGEL, J.: The prevalence of *Salmonella enteritidis* and other *Salmonella spp.* among Canadian registered commercial layer flocks. Epidemiology and Infection **106** (1991) 259–270.

[65] POWRIE, W. D.: Chemistry of eggs and egg products. In: STADELMAN, W. J.; COTTERILL, O. J. (ed.): Egg Science and Technology. Avi Publishing Company Inc., Westport 1977, S. 65–91.

[66] PROTAIS, J.; LAHELLEC, C.: Contamination of laying hens by *Salmonella enteritidis*: experimental results. IIIrd European WPSA Symposium on Egg Quality, Discussions and Conclusions, Hohenheimer Geflügelsymposium, Ulmer, Stuttgart, S. 45–47, 1989.

[67] PROTAIS, J.; LAHELLEC, C.; BENNEJEAN, G.; MORIN, Y.; QUINTIN, E.: Transmission verticale des Salmonelles chez la poule: Exemple de *Salmonella enteritidis.* Bulletin d' Information, Station Experimentale d' Aviculture de Ploufragan **29** (1989) 37–43.

[68] PROTAIS, J.; LAHELLEC, C.; MICHEL, Y.: Étude de la contamination bactérienne des oeufs en coquille. Bulletin d' Information, Station Expérimentale d'Aviculture de Ploufragan **29** (1989) 31–32.

[69] REGLICH, K.; FEHLHABER, K.: Experimentelle Untersuchungen zum Verhalten von *Salmonella enteritidis* in Eiklar. Archiv für Lebensmittelhygiene **43** (1992) 101–104.

[70] REISSBRODT, R.: Iron and Micro-organisms. Culture **15** (1994) 5–8.

[71] RIETHMÜLLER, V.: Zunahme des Nachweises von *Salmonella enteritidis* in Stuhlproben und Lebensmitteln. Öffentliches Gesundheitswesen **51** (1989) 166–167.

[72] RODRIGUE, D. C.; TAUXE, R. V.; ROWE, B.: International increase in *Salmonella enteritidis*: A new pandemic? Epidemiology and Infection **105** (1990) 21–27.

[73] SCHAFFNER, D. F.; HAMDY, M. K., TOLEDO, R. T.; TIFT, M. L.: *Salmonella* Inactivation in Liquid Whole Egg by Thermoradiation. Journal of Food Science **54** (1989) 902–905.

[74] SCHIEFER, G.; MÖLLER, B.: Zur Vermeidung von Salmonelleninfektionen durch unsachgemäßen Umgang mit Eiern. Fleisch **47** (1993) 364–365.

[75] SCHWARZ, R.; NEURAND, K.: Die Bedeutung der Schalenhautmorphologie im Entenei für eine Besiedlung mit Salmonellen. Deutsche Tierärztliche Wochenschrift **79** (1972) 431–433.

[76] SEVIOUR, E. M.; BOARD, R. G.: The behaviour of mixed bacterial infections in the shell membranes of the hen's egg. British Poultry Science **13** (1972) 33–43.

[77] SPARKS, N. H. C.; BOARD, R. G.: Bacterial penetration of recently oviposited shell of hens eggs. Australian Veterinary Journal **62** (1985) 169–170.

[78] STROH, R.: Die qualitative Beurteilung von Eiprodukten. Eier, Eiprodukte, Teigwaren. Hohenheimer Arbeiten, S. 57–62. E. Ulmer, Stuttgart 1987.

[79] STROH, R.: Zur Anwendung und Beurteilung des Limulus-Tests bei Eiprodukten: Erfahrungen aus der Routine-Analytik. Proc. 34. Arbeitstagung Arbeitsgebiet Lebensmittelhygiene, Teil II, Poster, DVG (1993), S. 211–218.

[80] TAUXE, R. V.: *Salmonella*: A postmodern pathogen. Journal of Food Protection **54** (1991) 563–568.

[81] TERNES, W.; ACKER, L.: Physikalisch-chemische Eigenschaften. In: TERNES, W.; AKKER, L.; SCHOLTYSSEK, S. (Hrsg.): Ei und Eiprodukte. Parey, Berlin und Hamburg, S. 197–205, 1994.

[82] TIMONEY, J. F.; SHIVAPRASAD, H. L.; BAKER, R. C.: Egg transmission after infection of hens with *Salmonella enteritidis* phage type 4. The Veterinary Record **125** (1989) 600–601.

[83] TORGES, H. G.; MATTHES, S.; HARNISCH, S.: Vergleichende Qualitätsuntersuchungen an Eiern aus kommerziellen Legehennenbeständen in Freiland-, Boden- und Käfighaltung. Archiv für Lebensmittelhygiene **27** (1976) 107–112.

[84] TRANTER, H. S.; BOARD, R. G.: The influence of incubation temperature and pH on the antimicrobial properties of hen egg albumen. Journal of Applied Bacteriology **56** (1984) 53–61.

[85] U.S. Department of Agriculture: Egg pasteurization manual. Agricultural research service. Western utilisation research and development division. Albany, California 1967. Zitiert bei: KIEFER, H.: Mikrobiologie der Eier und Eiprodukte. Archiv für Lebensmittelhygiene **27** (1976) 218–223.

[86] VADEHRA, D. V.; NATH, K. R.: Eggs as a source of protein. Critical Reviews in Food Technology **4** (1973) 193–309. Zitiert bei: KNORR, R.: Qualitätsbeurteilung von Eiprodukten. Hohenheimer Arbeiten. E. Ulmer, Stuttgart 1991.

[87] VAN DE GIESSEN, A. W.; DUFRENNE, J. B.; RITMEESTER, W. S.; VAN LEEUWEN, W. J.; NOTERMANS, S. H. W.: The identification of *Salmonella enteritidis*-infected poultry flocks associated with an outbreak of human salmonellosis. Epidemiology and Infection **109** (1992) 405–411.

[88] Verordnung über die hygienischen Anforderungen an Eiprodukte (Eiprodukte-Verordnung) vom 17. Dezember 1993. Bundesgesetzblatt I, 2288–2302.

[89] Verordnung über die hygienischen Anforderungen an das Behandeln und Inverkehrbringen von Hühnereiern und roheihaltigen Lebensmitteln (Hühnereier-Verordnung) vom 5. Juli 1994. Bundesanzeiger Nr. 124 v. 6. 7. 94, 6973, in der Fassung der Änderung vom 16. Dezember 1994, Bundesgesetzblatt I, 3837.
[90] Vugia, D. J.; Mishu, B.; Smith, M.; Tavris, D. R.; Hickman-Brenner, F. W.; Tauxe, R. V.: *Salmonella enteritidis* outbreak in a restaurant chain: the continuing challenges of prevention. Epidemiology and Infection **110** (1993) 49–61.

7 Mikrobiologie der Fische, Weich- und Krebstiere

7 Mikrobiologie der Fische, Weich- und Krebstiere

7.1 Mikrobiologie der Fische und Fischwaren

CHR. SAUPE

In vielen Ländern spielt der Fisch als Nahrungsmittel eine wichtige Rolle. In Deutschland ist der Fischverbrauch im Vergleich zu anderen Lebensmitteln, wie Fleisch, Milch usw. nicht von so großer Bedeutung. Das gilt auch für andere im Wasser lebende Tiere (Muscheln, Krebse, Kopffüßler usw.), obwohl in letzter Zeit die Nachfrage nach Krebs- und Weichtierprodukten im Steigen begriffen ist.

Der Fischbedarf wird in Deutschland wie in vielen anderen europäischen Ländern überwiegend von der Küsten- und Hochseefischerei gedeckt. In zunehmendem Maße erlangt jedoch auch die Aquakultur Bedeutung, die im Süß-, Brack- oder Seewasser betrieben werden kann.

7.1.1 Mikrobiologie der frischen Fische

7.1.1.1 Einfluß des Wassers auf die Mikroflora der Fische

Da der Fisch ein wechselwarmes Tier ist, wird seine Körpertemperatur von der Umgebung bestimmt. Deshalb ist auch die Hautflora der Fische vom umgebenden Wasser abhängig [246]. Sie enthält in wärmeren Gewässern neben gramnegativen Keimen, wie *Pseudomonas*, *Alteromonas*, *Aeromonas*, *Flavobacterium*, *Acinetobacter*, *Moraxella*, *Photobacterium*, *Vibrio* usw. [29], einen hohen Prozentsatz mesophiler grampositiver Bakterien (*Micrococcus*, *Bacillus*, *Corynebacterium* usw.) [29, 75, 246]. In den gemäßigten bzw. kälteren Gebieten besteht sie dagegen überwiegend aus gramnegativen Psychrophilen [246, 263], die sich jedoch in ihrem biochemischen Verhalten erheblich von den terrestrischen Keimen unterscheiden [263].

Im **Fluß-** und **Seewasser** fand man Keimzahlen im Bereich von 10^2 bis 10^4 Psychrophile je 1 cm^3. Sie stellen einen beträchtlichen Teil der Gesamtflora dar [212]. Dabei verringert sich der Keimgehalt bei größerer Entfernung von der Küste [212] bzw. in tieferen Regionen, so daß in der Ostsee bei 86 m Tiefe nur noch zwei Keime cm^{-3} gefunden wurden [128].

Da die traditionellen Fischgründe unserer Fischerei in der gemäßigten und kälteren Zone der Erde liegen, herrschen die psychrophilen Keime vor.

Zur Mikroflora des Seewassers gehören auch verschiedene **Pilzarten**, die in allen Weltmeeren nachgewiesen wurden. In den Fischfanggebieten bei Island, Grönland und Färöern gelang in bodennahen Wasserschichten der Nachweis von *Debariomyces*-, *Torulopsis*-, *Trichosporon*-, *Rhodotorula*- und weiteren Arten [255]. Die Keimflora des Seewassers eines Gebietes wird von verschiedenen Faktoren beeinflußt. So kann durch eine starke Vermehrung des Planktons wegen seiner antibiotischen Wirkung die Keimzahl des Wassers vermindert werden. Weiterhin hat die jahreszeitliche Temperaturschwankung einen Einfluß auf die qualitative und quantitative Zusammensetzung der Keimflora.

Im Sommer steigt der Anteil der mesophilen Keime an der Gesamtflora erheblich an. Im Winter herrschen dagegen die Bakterienarten vor, die sich noch bei 0 °C oder darunter vermehren können [75, 246]. Beachtet werden muß weiterhin, daß die hohe Besatzdichte, wie sie in den Anlagen der industriemäßigen Fischproduktion üblich ist, auch den Mikroorganismengehalt des Wassers stark beeinflußt.

Für den Menschen **pathogene Keime** können sich vor allem in Binnen- und Küstengewässern befinden. Die Ursache hierfür ist häufig das Einleiten ungeklärter Abwässer in Flüsse und Seen. Damit können neben Kolibakterien und Enterokokken auch Salmonellen und Shigellen ins Wasser gelangen. Die Dauer ihrer Lebensfähigkeit ist im Seewasser jedoch begrenzt. Deshalb sollten Fischzuchtanlagen nicht in der Nähe von städtischen oder landwirtschaftlichen Abwassereinläufen angelegt werden [148].

Ein anderer im Wasser vorkommender pathogener Keim ist *Clostridium botulinum*. Beim Fisch dominiert der Typ E, der besonders in Küsten- und Binnengewässern weltweit verbreitet ist. Intensive fischereiliche Nutzung kann zu erhöhter Konzentration dieser Keime führen. Dies gilt vor allem für die Netzkäfighaltung, bei der die Ansammlung von Schlamm unterhalb der Käfige die Vermehrung der Anaerobier begünstigt [148, 218]. Sporadisch werden auch die Typen A, B, C, D und F gefunden, wobei der Typ C in den wärmeren Gewässern Lateinamerikas und Indonesiens vorherrscht [102]. Weiterhin ist in verschmutzten Küstengewässern mit *C. perfringens* zu rechnen [28].

Zu den in See- und Binnengewässern weitverbreiteten Vibrionen gehören die hygienisch bedeutenden Arten *Vibrio anguillarum*, *V. parahaemolyticus* und *V. cholerae*. *V. parahaemolyticus*, der vergesellschaftet mit *V. alginolyticus* vorkommt, wurde bisher weltweit nachgewiesen. Hohe Keimzahlen treten vor allem im Sommer auf [263]. Von *V. cholerae* sind in küstennahem Wasser sowie in Flüssen die NAG-Stämme ubiquitär verbreitet [46].

Auch gelang es den lebensmittelhygienisch bedeutsamen Keim *Yersinia enterocolitica* im Seewasser z. B. des Öresundes und vor Kopenhagen nachzuweisen [263].

In küstennahen Bereichen muß sowohl im Wasser als auch im Sediment mit dem Vorkommen von **Viren** gerechnet werden, die fischpathogen, aber auch von lebensmittelhygienischer Bedeutung sein können [137, 262].

7.1.1.2 Mikroflora des frisch gefangenen Fisches

7.1.1.2.1 Physiologische Mikroflora der Fische

Körperflüssigkeit und **Fleisch** des frischgefangenen, gesunden Fisches werden als keimfrei betrachtet [117, 159, 248], obwohl es einzelne Untersucher gibt, die im Muskel frischer Fische Keime gefunden haben [246].

Erhebliche Bakterienzahlen wurden jedoch im **Hautschleim**, auf den **Kiemen** und im **Magen-Darm-Kanal** ermittelt. Auf 1 cm^2 der äußeren Haut können je nach Umweltbedingungen 200 bis 10^4 Mikroorganismen [117], bei ungünstigen Verhältnissen bis 10^8 vorkommen [113, 263], dabei liegt die Zahl der für den Fischverderb wichtigen Proteolyten zwischen 10^2 und 10^5 cm^{-2} [119].

Der Darminhalt enthält 10^3 bis 10^8 Keime je 1 cm^3 [246].

Der Keimbefall hängt außer von der Umwelt auch von der Fangmethode ab. Mit dem Schleppnetz gefangene Fische haben einen 10- bis 100fach höheren Anfangskeimgehalt als solche, die geangelt wurden. Die Ursache dafür ist das Aufwirbeln des Meeresbodens (Schlamm, Schlick) beim Schleppen [246]. Obwohl die Flora des Fisches mit der des ihn umgebenden Wassers im direkten Zusammenhang steht, bestehen Unterschiede im Vorkommen einzelner Keime bei den verschiedenen Fischarten des gleichen Fanggebietes. Nicht jede Mikroorganismenart tritt im Wasser und bei den im jeweiligen Bereich vorkommenden Fischarten in gleicher Häufigkeit auf. Einige im Wasser oft vorkommende Bakterienarten fehlen z. B. auf der Haut bzw. den Kiemen bestimmter Fische ganz. SHEWAN führt diese Erscheinung auf die unterschiedliche Zusammensetzung des Hautschleimes bei den einzelnen Fischarten zurück [246].

Die Darmflora ist relativ konstant und weniger von der Umgebung abhängig. Schwierigkeiten bereitet immer noch das Einordnen der von den Fischen isolierten Bakterien, da sie in den einzelnen Tests erheblich von den terrestrischen Formen abweichen. Deshalb benutzen noch viele Autoren [119, 120, 123, 124] die von SHEWAN und Mitarb. [249] aufgestellte Gruppeneinteilung bei den Pseudomonaden. Eine genauere Differenzierung der Haut- und Kiemenflora ergab bei Fischen der gemäßigten Zone vor allem Bakterien der Gattungen *Moraxella*, *Acinetobacter*, *Pseudomonas*, *Alteromonas*, *Flavobacterium*, *Cytophaga*, *Vibrio*, *Photobacterium*, *Lucibacterium*, *Brevibacterium*, *Coryneforme* und *Micrococcus* [97, 123, 124, 159, 248, 263]. Obligat anaerobe Keime fehlen auf der äußeren Haut [246, 263].

Von den zur Gattung *Pseudomonas* gehörenden Bakterien waren die Arten *P. pelliculosa*, *P. geniculata*, *P. parconacea*, *P. nigrifaciens*, *P. schuylkilliensis* und *P. fluorescens* vertreten. Vereinzelt wurden auch *P. ovalis*, *P. fragi* und *P. multistriata* gefunden [246].

Nach Untersuchungen von HOBBS und LEY [97] beträgt der Anteil der Pseudomonaden und der ihnen nahe stehenden Alteromonaden (*A. putrefaciens*) je nach Fanggebiet sowie Fischart 18,0 bis 60,3 % an der Gesamtflora. Wegen ihrer Beweglichkeit und ihrer proteolytischen Eigenschaften spielen sie jedoch beim Fischverderb eine herausragende Rolle [119]. Deshalb nimmt ihr Anteil an der Gesamtflora bei der Lagerung schnell zu.

Der frisch gefangene Fisch enthält weiterhin Bakterien der *Moraxella-Acinetobacter*-Gruppe. Sie können 18,8 bis >60 % der Gesamtflora stellen [97, 123, 124]. Diese Bakteriengruppe tritt dann während der Lagerung mehr und mehr zurück [123], obwohl sie zu spezifischen Verderbserscheinungen führen kann [124].

Die zu den *Vibrionaceae* gehörende Gattung *Photobacterium* (*P. phosphorum* u. a.) kann ebenfalls in relativ hohen Konzentrationen (bis zu 30 % der Gesamtflora) im Fischschleim vorhanden sein [18].

Mit meist weniger als 10 % sind an der physiologischen Hautflora folgende Gattungen vertreten [18, 97, 103, 120, 246]:

Cytophaga
Flavobacterium (*F. aquatite*, *F. pectinovorum* usw. [248])
Brevibacterium
Aeromonas

Micrococcus	(*M. candidus* usw.)
Vibrio	(*V. vulnificus, V. damsela, V. fluvialis* usw. [221])
Corynebacterium	
Arthrobacter	
Bacillus	

Die Bedeutung dieser Bakterienarten ist für den Eiweißabbau des Fischfleisches während der Lagerung entsprechend ihrem Anteil gering. Einige Autoren schreiben jedoch den Gattungen *Moraxella*, *Acinetobacter*, *Flavobacterium*, *Micrococcus*, *Aeromonas* und *Vibrio* eine primäre Rolle beim Fischverderb zu [77, 79, 140, 246], wobei die beiden zuletzt genannten Gattungen vor allem beim mesophilen Verderb von Bedeutung sein sollen. Zur Fischflora gehören weiterhin einzelne aus dem Meerwasser stammende Kokken, die in der Lage sind, Farbstoffe zu bilden [227], sowie Bakterien der Gattungen *Klebsiella*, *Escherichia*, *Enterobacter*, *Citrobacter*, *Erwinia*, *Hafnia*, *Proteus* und *Serratia* [128, 216]. Letztere treten besonders in küstennahen Gewässern auf.

Die Keimflora der Fische, die in wärmeren Gewässern gefangen werden, weicht erheblich von der in unserer Klimazone ab. ALUR und LEWIS [5] ermittelten bei indischen Makrelen eine Flora, die zu 70 % aus Mikrokokken, zu 18 % aus Pseudomonaden, zu 7 % aus Bazillen und zu 5 % aus Enterobakterien bestand. Bei kühler Lagerung (< 10 °C) setzten sich dann auch wieder die Pseudomonaden durch.

Weniger bekannt ist das Vorhandensein von **Hefen** auf der Haut, den Kiemen, der Maulschleimhaut und in den Faeces der Fische, da sie bei der Lagerung von den Bakterien überwuchert werden. Es ist jedoch bei Fischen aus verschiedenen Gewässern eine größere Anzahl von Arten isoliert worden. Sie gehören zu den Gattungen *Debaryomyces*, *Torulopsis*, *Candida*, *Rhodotorula*, *Pichia*, *Trichosporon*, *Hansenula*, *Pullularia* und *Cryptococcus* [37, 215, 255].

Im Magen-Darm-Kanal kommen auch die Mikroorganismen vor, die im Hautschleim bzw. auf den Kiemen gefunden werden. Von ihnen wären besonders die Gattungen *Pseudomonas*, *Aeromonas*, *Vibrio*, *Moraxella*, *Acinetobacter*, *Flavobacterium*, *Corynebacterium*, *Bacillus*, *Micrococcus* sowie Vertreter der *Enterobacteriaceae* zu nennen [8, 219]. Beim frischen Fisch sind die anaeoroben Sporenbildner vor allem im Darm vorhanden. Folgende Arten wurden bisher gefunden: *Clostridium sporogenes*, *C. lentoputrescens*, *C. tertium*, *C. perfringens*, *C. bifermentans* und *C. tetanoides A* [28, 243, 246].

Auch die Keimflora der **Süßwasserfische** setzt sich unter unseren klimatischen Bedingungen in erster Linie aus psychrophilen Mikroorganismen zusammen. Ihre Zahl ist von verschiedenen Bedingungen abhängig, z. B.

- Art und Zustand des Gewässers,
- Jahreszeit,
- Art der Fangmethode sowie
- Art und Lebensweise der untersuchten Fische usw.

Keimzahlbestimmungen ergaben auf der Haut frisch gefangener Fische $< 10^4$ cm^{-2} [103, 226]. In Gebieten mit höheren Wassertemperaturen wurden Bakterienzahlen bis $4{,}6 \times 10^7$ cm^{-2} ermittelt [1]. Die Muskulatur ist keimfrei oder enthält nur wenige Bakterien (maximal 4×10^3 g^{-1}) [226].

Von den Untersuchern werden die Keime den Gattungen *Pseudomonas* (*P. fluorescens*, *P. putida* usw.), *Aeromonas* (*A. hydrophila* usw.), *Achromobacter-Acinetobacter-Moraxella*, *Flavobacterium*, *Micrococcus*, *Corynebacterium*, *Lactobacillus* und *Bacillus* zugeordnet [1, 103, 226]. Auch hier verdrängen die Pseudomonaden während der Lagerung die anderen Arten [226].

Da Binnengewässer oft durch Abwasser verunreinigt werden, können Süßwasserfische insbesondere in ihrem Magen-Darm-Kanal neben den genannten Bakterien *Enterobacteriaceae* (coliforme Keime, *Enterobacter*, *Citrobacter*, *Proteus* usw.) sowie *Clostridium perfringens* beherbergen (1, 191, 219, 272, 274].

Als dominierende Anaerobier fanden japanische Untersucher im Magen-Darm-Kanal von mit Pellets gefütterten Farmfischen Vertreter der *Bacteroidaceae* [274].

Wie bei den Seefischen gehören auch bei den Süßwasserfischen **Hefen** zur Mikroorganismenflora [103, 191].

7.1.1.2.2 Vorkommen fischpathogener Keime

Auf diesem Gebiet gibt es eine umfangreiche Spezialliteratur [6, 222], so daß die wichtigsten Bakterien, Viren und Pilze, die als Erreger von Fischkrankheiten Bedeutung haben, hier nur in Tabelle 7.1 als kurze Information zusammengestellt wurden. Es muß bei der Betrachtung von Fischkrankheiten darauf hingewiesen werden, daß einzelne Mikroorganismen an der Entstehung unterschiedlicher Symptomenkomplexe beteiligt sind bzw. daß bei einzelnen Erkrankungen mehrere z. T. zu verschiedenen Gattungen gehörende Mikroorganismen vorkommen. Für den Menschen sind diese Keime in der Regel nicht pathogen, obwohl einige der fischpathogenen Bakterien, wie *Aeromonas hydrophila*, *Edwardsiella tarda*, *Plesiomonas shigelloides*, *Providencia rettgeri*, *Streptococcus* spp. usw., schon im Zusammenhang mit menschlichen Erkrankungen isoliert werden konnten [2, 59, 61, 218, 219]. Der erkrankte Fisch ist vom lebensmittelhygienischen Standpunkt insofern interessant, als seine Organe in der Regel einen mehr oder weniger starken Befall mit unterschiedlichen Keimarten, wie *V. anguillarum*, *Aeromonas punctata*, *Pseudomonaden* (*P. fluorescens* usw.), *Enterobacteriaceae*, Mykobakterien, coryneforme Keime, gramnegative Diplokokken usw., aufweisen [76].

Außer den in Tab. 7.1 aufgeführten Infektionserregern verursachen beim Fisch vor allem Parasiten eine große Zahl krankhafter Veränderungen [6, 222], die auch lebensmittelhygienisch von Bedeutung sein können. Im Meer findet man jedoch kaum einzelne durch Krankheiten geschwächte Fische, da sie leicht die Beute der immer anwesenden Raubfische werden.

7.1.1.2.3 Vorkommen von menschenpathogenen Keimen beim Fisch

Fische können Träger einer Reihe menschenpathogener Keime sein. Nicht selten erkranken Personen, die mit Fischen umgehen, an **Rotlauf**. Der Erreger dieser Krankheit, *Erysipelotrix rhusiopathiae*, kommt im Schleim vieler Fische vor [113]. Ungeklärt ist, wie der Fisch sich mit diesem Erreger kontaminiert. Es muß jedoch angenommen werden, daß es sich um eine Sekundärkontamination an Bord der Fangschiffe [231] bzw. bei der Verarbeitung an Land handelt. Der Befall der Fische mit Rotlaufkeimen steht in direkter Korrelation zur Außentemperatur. So nimmt die Kontaminationshäufigkeit zu, wenn die durchschnittliche Lufttemperatur über 11,5 °C liegt. Die Befallsstärke bei den im Handel befindlichen Fischen hat abgenommen [232].

Salmonellen- und **Shigellenkontaminationen** können ebenfalls bei frischen Fischen vorkommen. In den wärmeren Gebieten der Erde, in denen eine intensive Verunreinigung der Umwelt mit menschlichen und tierischen Ausscheidungen besteht, ist das Risiko besonders groß [175]. Süßwasserfische beherbergen aufgenommene Salmonellen längere Zeit in ihrem Organismus. Werden sie auf engem Raum gehalten, ist eine Salmonellenübertragung von Fisch zu Fisch möglich. Massive orale Infektionen mit *Salmonella enteritidis* oder *S. typhimurium* führen bei Fischen sogar zu pseudomembranösen Darmentzündungen [94].

Tab. 7.1 Zusammenstellung der wichtigsten fischpathogenen Keime

Mikroorganismenart	Erkrankungen, bei denen diese nachgewiesen wurden
Vibrio anguillarum	Vibriose der Fische (z. B. Salzwasseraalseuche, Ulkussyndrom des Kabeljaus [263])
V. parahaemolyticus	vereinzelt bei der Fisch-Vibriose nachgewiesen [6]
Aeromonas	bakterielle Schwimmblasenentzündung (Karpfen); bakterielle Flossenfäule (bes. Jungfische, Salmoniden, Seefische [6])
A. punctata	Fleckenseuche der Süßwasserfische; septikämisches dermoviscerales Syndrom (infektiöse Bauchwassersucht der Karpfen) [6]
A. salmonicida (3 Unterarten)	Furunkulose der Salmoniden [6]
A. hydrophila	Rotflossenkrankheit der Aale [217]
Pseudomonas (*P. fluorescens*, *P. putida*)	Süßwasseraalseuche, septikämisches dermoviscerales Syndrom, bakterielle Schwimmblasenentzündung und bakterielle Flossenfäule [6]
P. anguilliseptica	Rote Fleckenkrankheit des Aals [57]
Corynebacterium	Corynebakteriose der Nieren (Salmoniden) [6]
Haemophilus piscium	Geschwür-Hämophilose der Forellen und Saiblinge [6]
Mycobacterium (*M. piscium*, *M. ranae*, *M. fortuitum*, *M. salmoniphilum*)	Mycobacteriosen der Fische (Fischtuberkulose) [6, 49]
Flexibacter columnaris	Columnaris-Myxobakteriose der Salmoniden (im See-, Brack- und Süßwasser); Erythrodermatitis der Karpfen [6]
Cytophaga psychrophila	Kaltwasserkrankheit der Salmoniden [300]
Renibacterium salmonarum	bakterielle Nierenkrankheit der Salmoniden [12]
Yersinia ruckeri	Rotmaulkrankheit der Salmoniden [219]
Edwardsiella tarda	Septikämie verschiedener Fischarten [59, 219]

Tab. 7.1 (Fortsetzung)

Mikroorganismenart	Erkrankungen, bei denen diese nachgewiesen wurden
Plesiomonas shigelloides	bakterielle hämorrhagische Septikämie [66]
Providencia rettgeri	Massensterben geschlechtsreifer besonders weiblicher Nil-Tilapien [59]
beta-hämolytische Streptokokken	Streptokokkenkrankheit der Flundern [167]
Viren	virale hämorrhagische Septikämie der Forellen (Rhabdovirus); infektiöse Pankreasnekrose der Salmoniden, infektiöse hämatopoetische Nekrose der Salmoniden, Frühjahrsvirämie der Karpfen, virale Schwimmblasenentzündung (Karpfen, Schleie, Hecht usw.), Rhabdovirose der Hechtbrut, septikämisches dermoviscerales Syndrom (Karpfen) [6], Erdbeerkrankheit der Regenbogenforelle [182], infektiöse Anämie der Salmoniden
Ichthyosporidium	Ichthyosporidium-Krankheit (weit verbreitet, See-, z. B. Hering, und Süßwasserfische) [6]
Branchiomyces sanguinis	Kiemenfäule (Karpfen, Hecht, Forelle usw.) [6]
Saprolegnia	Pilzbeläge (weit verbreitet, besonders bei Hälterfischen) [6]
Exophiala spp.	Granulome in den Nieren der Lachse [58]

Auch die in Küsten- bzw. Binnengewässern [191] Europas gefangenen Fische können mit Salmonellen kontaminiert sein. Auf offener See erfolgt keine Kontamination der Fische mit Salmonellen oder Shigellen. Lebensmittelhygienisch bedeutsam ist die sekundäre Kontamination der Fische nach dem Fang. Mögliche Überträger sind die Möwen, die an allen Fischanlandestellen in unterschiedlich großer Zahl vorkommen, verunreinigte Geräte, Behälter usw.

Weiterhin kommen **Staphylokokken** als Ursache für Lebensmittelvergiftungen durch Fische vor. Mikrokokken gehören zur physiologischen Flora verschiedener Meerestiere [97]. Bei im Sommer gefangenen Nordsee- [244] und Ostseefischen [123] kann man auch gelegentlich Staphylokokken finden. *Staphylococcus aureus* ist besonders in solchen Meeresgebieten anzutreffen, die viel von Fangschiffen befahren werden. Das Vorhandensein von *S. aureus* bei fangfrischen Fischen ist jedoch selten [244].

Wichtiger sind die Verunreinigungen mit Staphylokokken bei der Verarbeitung [175], da über 35 % der Bevölkerung diese Mikroorganismen im Respirations- bzw. Intestinaltrakt beherbergen [51, 286]. Etwa 18 % der bei den Untersuchungen isolierten Keime bildeten Enterotoxin [286]. Um eine Vermehrung der Staphylokokken zu verhindern, muß die Lagertemperatur unter 5,6 °C liegen [26].

Im Darm bzw. auf den Kiemen der Fische können außer den normal vorkommenden anaeroben Sporenbildnern auch *Clostridium-tetani-* und *C.-botulinum*-Sporen gefunden werden [40, 99, 246]. Die Fische kontaminieren sich mit diesen Keimen dann, wenn sie im jeweiligen Seegebiet zur Bodenflora gehören. Durch sofortiges Ausnehmen nach dem Fang kann ihr Kontaminationsgrad bedeutend verringert werden.

Bei im Wasser lebenden Tieren kommt vor allem der Typ E von *C. botulinum*, der weltweit verbreitet ist, vor. Hohe Kontaminationsraten treten in küstennahen Bereichen und Binnenseen auf [102, 112, 175]. Das hat nach 1974 wiederholt zu Botulismusausbrüchen in Fischzuchtbetrieben der USA, Dänemarks und Großbritanniens mit z. T. hohen Verlusten geführt. Die Erkrankung wird durch direkte Toxinaufnahme (z. B. Fressen verendeter toxinhaltiger Fischkadaver) ausgelöst. Eine eventuelle Verarbeitung der aus erkrankten Beständen stammenden Fische muß unter strengen Vorsichtsmaßnahmen erfolgen [30, 56].

Es können aber auch die Typen A, B, C, D und F beim Fisch gefunden werden [40, 112, 195, 263, 280]. Sie sind allerdings selten. Der Typ C ist in den wärmeren Gewässern Lateinamerikas, Indonesiens und Thailands jedoch vorherrschend [102, 280]. Unter den klimatischen Bedingungen Mitteleuropas kann mit diesem Typ vor allem in flachen Binnengewässern bei hohen Wassertemperaturen gerechnet werden [130, 301]. Die Toxinbildung erfolgt unter optimalen Bedingungen bei den nicht proteolytischen, hitzeempfindlichen Typen B, E und F ab 3,3 °C sowie bei den proteolytischen hitzestabilen Typen A, B und F erst ab 10 °C [54, 266].

Aus Fischen, die in verschmutzten, küstennahen Gewässern gefangen wurden, konnte auch *C. perfringens* isoliert werden [28].

Die Vibrionen sind beim Fisch von großer Bedeutung. Während über *V.-cholerae*-Infektionen nach Fischgenuß nur wenige Fälle bekannt sind, kam es nach dem Verzehr roher Muscheln wiederholt zu Choleraausbrüchen [26, 46, 175]. Trotzdem können auch aus Fischen Choleravibrionen isoliert werden [101].

V. parahaemolyticus kann beim Menschen Gastroenteritiden verursachen. In China und in Japan sollen 70...80 % der Lebensmittelvergiftungen durch

V. parahaemolyticus ausgelöst werden. Die zahlreich durchgeführten Untersuchungen ergaben, daß dieser Keim ubiquitär verbreitet ist [84]. Das gilt auch für die europäischen Gewässer [90, 166, 263]. Seine Verbreitung hängt vom Salzgehalt des Wassers und der Temperatur ab, wobei ein typisches Sommermaximum auftritt [84, 263]. Meist wird *V. parahaemolyticus* vergesellschaftet mit *V. alginolyticus* gefunden, so daß der letztere als Indikatorkeim gilt [166]. Da *V. parahaemolyticus* sehr empfindlich ist, treten von ihm verursachte Lebensmittelvergiftungen wahrscheinlich nur in solchen Ländern auf, wo rohe Meeresprodukte verzehrt werden, denn das Kochen führt zu seiner völligen Inaktivierung [26]. Während das Kühlen (< 7 °C) eine Wachstumshemmung dieses Keims zur Folge hat [26], stirbt er beim Gefrieren zum großen Teil ab [90, 136].

Von lebensmittelhygienischem Interesse sind weiterhin *V. caspii* [294], ein aus Fischen des Kaspischen Meeres isolierter und für Warmblüter pathogener Mikroorganismus, sowie *V. vulnificus*. Letzterer kann auch bei Meerestieren (z. B. Muscheln, Fischen usw.) vorkommen und zu schweren septikämischen Erkrankungen des Menschen führen [221, 283].

In letzter Zeit wurde auf das Vorkommen von *Yersinia enterocolitica* bei See- und Süßwasserfischen sowie daraus hergestellten Produkten hingewiesen. Dieser Keim verdient deshalb eine gewisse Beachtung, weil er sich noch bei Temperaturen um 4 °C vermehren kann [144, 263].

Es konnten auch noch weitere Bakterienarten mit hygienischer Bedeutung bei Meerestieren und daraus hergestellten Produkten gefunden werden, wie *Bacillus cereus*, *Streptokokken*, *Listerien* (einschließlich *Listeria monocytogenes*) usw. [26, 218, 298].

Abschließend ist noch die Möglichkeit einer Kontamination der Fische mit **menschenpathogenen Viren** (z. B. Polio- oder Hepatitis-A-Viren) zu nennen. Sie tritt in Seegebieten auf, die durch Abwässer verunreinigt sind [151].

7.1.1.3 Veränderung der Mikroflora während der Lagerung und Fischverderb

Sind die Fische an Bord der Schiffe gelangt, erfolgt ihre Lagerung in Bunkern, Hocken oder Kisten. Eine weitere Möglichkeit ist das sofortige Gefrieren oder Verarbeiten an Bord.

Die Bakterienflora des Fisches, die neben den enzymatischen Vorgängen den Hauptanteil am Fischverderb hat, entwickelt sich bei Temperaturen zwischen 15 °C und 25 °C sehr schnell. Bei Temperaturen >37 °C stellt sie das Wachstum ein oder wird sogar abgetötet.

Die den **Verderb** des Fisches verursachende Flora setzt sich aus den zur normalen Besiedlung gehörenden proteolytisch wirksamen Keimen sowie den nach dem Fang auf ihn gelangenden Bakterien zusammen. Wichtig ist hierbei die Besiedlung des Lagerraumes der Schiffe und der Fischkisten, sofern ein Aufbewahren in Eis erfolgen soll. Holzkisten dürfen heute in Deutschland nicht mehr benutzt werden, denn sie sind, da sich Holz wegen seiner Porosität nur schwer desinfizieren läßt, nach 1- bis 2maligem Gebrauch von einer erheblichen Keimflora (3×10^6 bis 10^8 Keime cm^{-2}) besiedelt. An erster Stelle stehen hierbei *Corynebacteriaceae*. Weiterhin findet man Bakterien der Gattungen *Acinetobacter*, *Moraxella*, *Flavobacterium*, *Pseudomonas*, *Micrococcus* sowie bei stark verunreinigten Kisten *Escherichia coli* und fäkale Streptokokken [113, 194]. Auf feucht gelagerten Kisten sind häufig Schimmelpilze vorhanden. Eine Verringerung der Keimbesiedlung wird durch Waschen und anschließende Desinfektion erreicht.

Jetzt benutzt man in der Fischwirtschaft nur noch Plastikbehälter. Diese sind gut reinigungs- und desinfektionsfähig. Auf ihrer Oberfläche bildet sich nicht eine so beständige Flora aus. Allerdings sind einige Mikroorganismenarten in der Lage, auch Kunststoff anzugreifen [159]. Saubere Innenwände der Kisten können zu einer 30 % längeren Qualitätserhaltung der gefangenen Fische führen [113].

Die Wände der Lagerräume auf Fischereifahrzeugen können auch von einer starken Keimflora besiedelt werden. Um das zu verhindern, müssen sie nach jeder Fangreise gründlich gereinigt werden. Der Verderb der Seefische kann durch den Eiweiß-, Fett- und Kohlehydratabbau durch körpereigene Enzyme (Autolyse) erfolgen. Besonders tritt sie bei solchen Fischen in Erscheinung, die wegen starker Futteraufnahme erhebliche Mengen von Verdauungsenzymen im Darm bilden. Von dort dringen diese nach dem Tode in das umliegende Gewebe und lösen es langsam auf. Der Vorgang wird noch von den in jeder Zelle vorhandenen Proteinasen unterstützt. Mit steigender Temperatur nimmt die Enzymaktivität zu, so daß sie bei Temperaturen um 40 °C, bei der sich die Fäulnisflora der Fische nicht mehr entwikkelt, die beherrschende Form der Zersetzung ist. Durch körpereigene Enzyme zersetzte Fische haben eine weiche bis musige Konsistenz, aber keine Geruchs- und Geschmacksabweichung [305].

Unter normalen Verhältnissen wird die Autolyse durch den bakteriellen Verderb überdeckt. Die Autolyse begünstigt das Vordringen der Keime aus dem Darm bzw. von der Haut und den Kiemen in das Muskelgewebe. Vor allem die proteolytisch wirksamen Bakterien der Gattungen Pseudomonas und *Alteromonas* nehmen während des Verderbs stark zu. Sie verdrängen die anderen Arten [97, 248]. Allerdings wurden auch schon Vibrionen als dominierende Verderbserreger beschrieben [33]. Die Bakterienbesiedlung des Fischfleisches erfolgt von der Haut aus über die Schuppentaschen, von den Kiemen durch das Blutgefäßsystem oder vom Darm durch dessen Wandung und das Bauchfell in die Muskulatur [60]. Dabei setzt die unverletzte Lederhaut den durchdringenden Bakterien einen relativ großen Widerstand entgegen. Fische mit einer derben Haut sind deshalb länger haltbar [159]. Somit beginnt erst nach dem Tod die Besiedlung der Muskulatur mit Keimen. Werden die Fische ausgeschlachtet, gelangen die Mikroorganismen auch über die Schnittstellen in das Fleisch.

Die Haut wird besonders von den beweglichen und proteolytisch wirksamen Pseudomonaden und Alteromonaden durchdrungen. Sie besiedeln dann zuerst das Bindegewebe zwischen den Myosepten, anschließend das interfibrilläre Gewebe und letztlich die Muskelfibrillen [117, 120]. Entsprechend der sich immer mehr verstärkenden proteolytischen Vorgänge steigt der Gehalt an Eiweißabbauprodukten im Fischfleisch, der durch den **flüchtigen basischen Stickstoff** repräsentiert wird. Durch die Eiweißzersetzung entstehen eine Reihe von Substanzen, z. B. Monoethylamin, Schwefelwasserstoff, Indol und niedere Fettsäuren (Ameisen-, Essig-, Buttersäure usw.) [246]. Weiterhin reduzieren die Proteolyten Trimethylaminoxid zu Trimethylamin, Dimethylamin und Ammoniak [60].

Der flüchtige basische Stickstoff gilt als wichtigster chemischer Parameter für den Frischezustand der Fische. Seine Bestimmung sowie die Ermittlung des **Trimethylamingehaltes** und des **K-Wertes**, der das Verhältnis von Inosin und Hypoxanthin zu den Gesamtadenosinphosphaten mit seinen Abbauprodukten darstellt, werden als Hilfsuntersuchungen zur Qualitätsbeurteilung von See- und Süßwasserfischen genutzt [138, 281, 285, 296]. Außerdem soll der Ethanolgehalt des Muskelgewebes bei verschiedenen Fischarten einen brauchbaren Verderbsindikator darstellen [125, 208].

Erhebliche sensorische Veränderungen können auch dann entstehen, wenn die Muskulatur nur geringgradig von Bakterien besiedelt wurde. In diesem Falle diffundieren von den proteolytisch wirksamen Hautbakterien (z. B. Flavobakterien, Corynebakterien, Mikrokokken usw.) gebildete Stoffwechselprodukte in das Fischfleisch hinein [120]. Entsprechend führt die Wachstumshemmung der Oberflächenflora fangfrischer Fische (Kabeljau) durch die Zugabe von 2 % Kochsalz, 0,2 % Citronen- und 0,08 % Sorbinsäure, wie Modellversuche zeigten, zu einer kurzfristigen Haltbarkeitsverlängerung auch ohne Kühlung [184].

Die sensorischen Veränderungen, die beim mesophilen Verderb (~30 °C) auftreten, unterscheiden sich deutlich von den beschriebenen. Sie werden durch einen säuerlichen Geruch, den vor allem *Aeromonas hydrophila* verursachen soll, charakterisiert [77, 140]. Da der Fischverderb ein komplexer Vorgang ist, hat die Keimzahlbestimmung als Hilfsmethode zur Beurteilung des Frischegrades auch nur einen begrenzten Wert. Als Grenze für die Genußtauglichkeit werden 8×10^5 bis 10^6 Keime je 1 g Muskulatur angegeben [26, 116, 303]. Andere Untersuchungsmethoden, wie die Ermittlung der Proteolytenzahl, brachten auch keine aussagekräftigeren Ergebnisse als die Gesamtkeimzahlbestimmung. Für Rohfischfleisch vorgeschlagene mikrobielle Grenzwerte sind aus den Tab. 7.10 und 7.11 zu entnehmen.

Außerdem können indirekte Methoden zur Einschätzung des Keimgehaltes, z. B. die Resazurinprobe [11], eingesetzt werden. Ihre Aussagekraft ist jedoch gering.

7.1.1.4 Durch Fische verursachte Intoxikationen

Wiederholt kam es zu Intoxikationen durch biogene Amine, von denen Histamin schon zu Lebensmittelvergiftungen größeren Ausmaßes führte [111, 153]. Derartige Erkrankungen traten vor allem nach dem Genuß von Thunfisch- [26, 111, 153], Sardinen- [236] und Makrelenerzeugnissen [65] auf.

Histaminintoxikationen können bei Erzeugnissen aus den Fischarten vorkommen, die größere Mengen freies Histidin enthalten bzw. deren Eiweiß einen relativ hohen Histidingehalt aufweist. Beides trifft auf Makrelen und Thunfische zu. In Thunfischproben wurden bis zu 1,0 % freies Histidin gefunden. Auch das Eiweiß dieser Art hat mit 1,23 % den höchsten Histidinanteil aller wirtschaftlich genutzten Fische. Makrelen enthalten mit 0,89 % im Vergleich zum Hering, bei dem nur 0,42 % gefunden wurden, noch relativ hohe Histidinmengen [65]. Weiterhin weist das Körpereiweiß von Sardinen, Schildmakrelen, aber auch von Süßwasserfischen, wie Lachs, Karpfen, Schleie, Aal usw. [50, 65, 236], einen größeren Histidinanteil auf. Infolge des enzymatischen Abbaus der Proteine entstehen freie Aminosäuren und damit auch freies Histidin.

Das Histidin kann durch bakteriellen Abbau zu Histamin decarboxyliert werden. Zur großen Gruppe der histaminbildenden Keime, die sowohl mesophile als auch psychrophile Bakterien umfaßt, gehören Vertreter der Gattungen *Escherichia*, *Klebsiella*, *Salmonella*, *Shigella*, *Citrobacter*, *Entero-*

bacter, Serratia, Hafnia, Proteus (*P. morganii*), *Vibrio* (*V. alginolyticus*), *Pseudomonas* (*P. aeruginosa, P. repilivora*), *Aerobacter* (*A. aerogenes*), *Bacillus* (*B. cereus*), *Clostridium* (*C. perfringens*) und *Enterococcus* (*E. faecalis* und *E. faecium*) [26, 65, 308].

Aber auch halo- (bes. *Pediococcus halophilus*) oder säuretolerante Mikroorganismen, z. B. *Lactobacillus buchneri* und *L. brevis* können Histidin decarboxylieren [122, 158, 275]. Letzteres hat eine große Bedeutung für das Entstehen von Intoxikationen nach dem Genuß saurer Fischerzeugnisse, z. B. Bratmarinaden.

HAVELKA [89] fand bei der Untersuchung der Flora von Thunfischfleisch, daß von 173 isolierten Stämmen, von denen 84,4 % psychrotolerant waren, nur 12 Histidin decarboxylierten. Dadurch läßt sich das nicht allzu häufige Vorkommen der Histaminintoxikationen erklären. Obwohl keine direkte Korrelation zwischen dem Gesamtkeimgehalt und der Konzentration biogener Amine nachgewiesen wurde, muß bei großen Bakterienzahlen im Fischfleisch mit erhöhtem Amingehalt gerechnet werden [237].

Von praktischem Interesse ist der Einfluß der Lagertemperatur auf die Histaminbildung. Die Geschwindigkeit des Decarboxylierungsprozesses nimmt mit steigender Temperatur immer mehr zu, dabei können höhere Temperaturen innerhalb kurzer Zeit zu einem sprunghaften Ansteigen des Histamingehaltes führen. So weist kühl gelagerter (< 5 °C) Frischfisch erst nach dem Verderb höhere Histaminkonzentrationen auf. Liegen die Lagertemperaturen dagegen über 15 °C, besteht die Möglichkeit, daß schon vor dem Verderb größere Histaminmengen vorhanden sind [237].

Über die zur Erkrankung nötigen Histaminkonzentrationen bestehen in der Literatur unterschiedliche Angaben. In der Regel kommt es dann zu Intoxikationen, wenn das Fischfleisch mehr als 600 bis 900 mg kg^{-1} enthält [65, 153]. Da die Histaminwirkung von der Empfindlichkeit der betroffenen Personen und verschiedenen anderen Faktoren (z. B. Verstärkung der Histaminwirkung durch Saponine der Kartoffeln [65]) abhängt, sind Fische sowie Fischprodukte, die Konzentrationen > 200 mg kg^{-1} Histamin enthalten, als genußuntauglich zu betrachten [291]. Einzelne Autoren empfehlen jedoch auch, Fische, die weitaus darunter liegende Konzentrationen (z. B. 90 mg kg^{-1}) aufweisen, nicht mehr zu verzehren [10].

Außerdem werden im Fleisch verschiedener Fischarten auch noch andere biogene Amine, wie Tyramin, Putrescin, Cadaverin und Spermin nachgewiesen [108, 169, 188]. Der hohe Cadaveringehalt des Makrelenfleisches soll nach NIELS und LUND [167] die Ursache sein, daß es nach dessen Genuß wiederholt zu Intoxikationen gekommen ist. Denn der Histamingehalt war in den bei 10 °C durchgeführten Lagerversuchen in Hering und Makrele gleich groß.

Der Verzehr von Fischen, die in tropischen Meeresgebieten zwischen 35° Nord und 34° Süd gefangen wurden, kann zu gastrointestinalen Symptomen und gleichzeitig oder erst später zu neurologischen Erscheinungen, in Einzelfällen auch zu einer grippeähnlichen Erkrankung führen. Todesfälle sind dabei sehr selten [152, 200]. Diese als **Ciguatera-Toxikose** bezeichnete Erkrankung wird durch 2 hitzestabile Toxine, das Ciguatoxin und das Maitotoxin, verursacht. Bei den giftigen Fischen handelt es sich vor allem um Bewohner ozeanischer Korallenriffe, die Dinoflagellaten aufnehmen, also Pflanzenfresser und um Raubfische. Als Toxinbildner wird die Dinoflagellatenart Gambierdiscus toxicus beschrieben [26, 200].

Ein weiteres Toxin konnte aus dem Fleisch der Papageienfische isoliert werden. Das als *Scaritoxin* bezeichnete Gift ist lipophil und verursacht ähnliche Erkrankungen wie die Ciguatera-Toxikose [200]. Weitere toxinbildende Dinoflagellaten sind Arten der Gattungen *Prorocentrum*, *Amphidinium*, *Coolia*, *Osteopsis* und *Peridinium*, die zu regional unterschiedlichen Vergiftungen nach Fischgenuß führen können [200].

Die Fischhygiene-Verordnung [291] verbietet, daß Fische der Familien *Tetraodontidae*, *Diodontidae*, *Molidae* und *Canthigasteridae* in den Lebensmittelverkehr gebracht werden.

Etwa 50 Fischarten der Tetraodontoidei können die gefährlichen **Tetraodon-Vergiftungen** (Kugelfischvergiftungen) verursachen. Das auslösende Gift ist das *Tetrodotoxin*. Wie es zur Ansammlung dieser giftigen Substanzen in den Fischen kommt, konnte noch nicht sicher aufgeklärt werden. Es gibt aber eine Reihe von Bakterien, die auch bei den Kugelfischen vorkommen, die Tetrodotoxin bilden. Dazu gehören die für Fische typischen Arten der Gattungen *Pseudomonas*, *Alteromonas*, *Vibrio*, *Photobacterium* und *Plesiomonas* [305, 200].

7.1.2 Möglichkeiten der Konservierung von Fischen bzw. Halbfertigprodukten

7.1.2.1 Lagerung der Fische unter Eis

Das Eis als Grundlage für die Kühlung des frischen Fisches spielt auch heute noch eine große Rolle. Es wird dann verwendet, wenn die Fangreisen nicht zu lange dauern. Die Temperatur des in Eis gelagerten Fisches liegt knapp über 0 °C. Sie kann bei langen Transporten bis auf 6 °C ansteigen [246].

Zur Verbesserung der Kühlwirkung wird dem Eis häufig Kochsalz zugesetzt. Das führt jedoch zu einem geringen Ansteigen des Salzgehaltes im Fischfleisch.

Da im Lebensmittel- und Bedarfsgegenständegesetz das Herstellen des Eises aus Trinkwasser gefordert wird, ist der Anfangskeimgehalt in ihm sehr gering ($< 10^2$ bis 10^3 Bakterien je 1 g [123, 171]). Während der Lagerung an Bord der Fangschiffe steigt der Keimgehalt auf $10^4 \ldots 10^6$ Keime g^{-1} an. Dabei erhöht sich vor allem der Anteil der *Pseudomonas*- und *Alteromonas*-Arten. Da die Bakterien der genannten Gattungen einen großen Anteil am Fischverderb haben, wirkt sich das negativ auf die Haltbarkeit des beeisten Fisches aus. Sehr hoch ist der Keimgehalt des Eises, das die Schiffe nach Rückkehr von der Fangreise noch an Bord haben. Hier liegt er oft 100-...1 000mal höher als beim frischen Eis. Die Ursache dafür ist die Verschmutzung des Eises mit Schleim und Eiweißpartikeln bei der Lagerung im Fischraum [73].

Während des Transportes taut das auf den Kisten befindliche Eis. Das Schmelzwasser füllt die Hohlräume zwischen den Fischen aus, befeuchtet die Fischhaut und schwemmt, wenn gute Abflußmöglichkeiten bestehen, Schleim sowie Bakterien ab [159].

Werden Fische unter optimalen Bedingungen gelagert, d. h. so, daß die Temperatur nie über 0 °C ansteigt, dann wird das Bakterienwachstum in den ersten 24 bis 48 h verzögert [246]. Trotz der Kühlung vermehrt sich danach die psychrophile Flora weiter [263]. So stieg auf Dorschen die Keimzahl je 1 cm^2 Körperoberfläche von $1{,}46 \times 10^2$ unmittelbar nach dem Fang auf $6{,}1 \times 10^3$ nach 9 Tagen und auf $7{,}17 \times 10^5$ nach 16 Tagen an [123]. Dabei sind es wiederum die *Pseudomonas*- und *Alteromonas*-Arten, die sich während der Eislagerung durchsetzen [97, 123, 124]. Ihr Anteil beträgt nach 10 Tagen 50 % der Gesamtflora. Er steigt schließlich nach 18 Tagen auf 96% an [97, 247]. Der Rest gehört zu den Gattungen *Moraxella*, *Acinetobacter*, *Flavobacterium*, *Cytophaga*, *Coryneforme* und *Micrococcus* [97]. Entsprechend dem Bakterienwachstum verringert sich die Qualität der Fische.

Die einzelnen Fischarten bleiben, wenn sie in Eis aufbewahrt werden, unterschiedlich lange genußtauglich. Wichtig ist auch der physiologische Zustand des gefangenen Fisches. So kann z. B. Blauer Wittling vor dem Laichen nur 6 Tage, nach dem Laichen aber 12 Tage gelagert werden [100]. Bei Kabeljau und Schellfisch treten nach 10 bis 12 Tagen deutliche

Alterungserscheinungen auf. Innerhalb der nächsten 2 bis 4 Tage sind sie ungenießbar [117, 120]. Süßwasserfische, wie Forelle, Blaufelchen, Wels usw., sind bei Eislagerung eine Woche bis maximal 10 Tage genußtauglich [100, 207, 226]. Die wichtigsten zum Verderb führenden Bakterien gehören zu den Gattungen *Pseudomonas* (*P. fluorescens*, *P. putida* usw.) und *Aeromonas* (*A. hydrophila*) [226].

Wird vor der Aufbewahrung in einer Eis-Kochsalz-Mischung der Fisch 5 s in 90 °C heißes Wasser getaucht und damit seine psychrophile Hautflora stark reduziert, sind Lagerungszeiten bis zu 5 Wochen möglich [179].

Können sich bei der Lagerung unter gewissen Bedingungen anaerobe Verhältnisse einstellen, so entwickelt sich eine ganz spezielle Flora. Die Folge ist das sogenannte Stinkigwerden der Fische [246].

Das Lagern unter Eis hat eine ganze Reihe von Nachteilen. Die Fische kühlen relativ langsam ab und werden vor allem beim Zusammenfrieren des Eises stark gedrückt und beschädigt. Weiterhin muß wegen des Abtauens das Eis nach einer gewissen Zeit erneuert werden.

7.1.2.2 Lagerung der Fische in gekühltem Seewasser

Die Lagerung kann in gekühltem Seewasser (Refrigerated Sea Water – **RSW**) oder in einem Seewasser-Eis-Gemisch (Cold Sea Water – **CSW**) bei Temperaturen um 0 °C erfolgen. Diese Verfahren finden z. B. bei der Lagerung des Fanges an Bord der Schiffe Anwendung [295]. Die Vorteile dieser Art der Lagerung sind ein schnelles Abkühlen sowie eine geringe mechanische Belastung der Fische [86]. Nachteilig wirkt sich dagegen das Quellen des Fischfleisches aus.

Über die Entwicklung der Mikroflora im Vergleich zur Eislagerung werden von den Untersuchern unterschiedliche Standpunkte vertreten. Während nach den Angaben einiger Autoren die Keimzahl bei den im Seewasser gekühlten Fischen niedriger sein soll [86, 247], haben andere keine statistisch auswertbaren Unterschiede zur Eislagerung festgestellt [14, 41]. In Tab. 7.2 ist die Entwicklung der Keimzahl auf der Haut von Sardinen bei der Lagerung in einem Seewasser-Eis-Gemisch und unter Eis gegenübergestellt. Der Temperaturunterschied zwischen beiden Lagerungsarten betrug dabei nie mehr als 1 °C [14].

Die Ausgangsflora besteht bei der Seewasserkühlung aus den Keimen der Behälteroberfläche sowie denen, die der Fisch und das aufgenommene

Tab. 7.2 Gesamtkeimzahl auf der Haut von Sardinen bei der Lagerung in einem Seewasser-Eis-Gemisch und in Eis (je 1 g Fischhaut) [14]

Lagerzeit in Tagen	Seewasser-Eis-Gemisch	Eis-Abdeckung
1	$1{,}5 \times 10^4$	$1{,}0 \times 10^4$
2	$2{,}5 \times 10^5$	$1{,}6 \times 10^5$
3	$2{,}6 \times 10^4$	$3{,}2 \times 10^4$
4	$2{,}5 \times 10^5$	$2{,}4 \times 10^5$
5	$3{,}0 \times 10^5$	$2{,}4 \times 10^5$
6	$6{,}0 \times 10^5$	$1{,}4 \times 10^6$
7	$3{,}8 \times 10^6$	$1{,}8 \times 10^6$

Seewasser enthalten. Da sich im weiteren Verlaufe semianaerobe Verhältnisse herausbilden, die zum Stagnieren der aeroben Bakterienflora führen, vergrößert sich der Anteil der fakultativ anaeroben oder mikroaerophilen Keime [173].

Bei einer 10tägigen Seewasserlagerung beträgt der Anteil der *Pseudomonas*-Arten 50 % an der Gesamtflora. Er sinkt bis zum 18. Tag auf 40 % ab, wobei dann die Bakterien der *Moraxella-Acinetobacter*-Gruppe überwiegen. Weiterhin ist die Gattung *Micrococcus* vertreten [247].

In der Regel bestehen keine größeren Unterschiede in der Haltbarkeitsdauer der Fische zwischen der Lagerung unter Eis und in gekühltem Seewasser [41, 86]. Zu beachten ist jedoch, daß infolge der veränderten Mikroflora bei der Seewasserlagerung anaerobe Formen des Fischverderbs mit einer Schwefelwasserstoffbildung möglich sind [86].

Wichtig ist das Sauberhalten der Tanks und Rohrsysteme, in denen sich die Fische befinden, da sonst eine den Gegebenheiten angepaßte Flora entsteht, die zu einer schnellen Keimzunahme führt.

Man hat deshalb versucht, das zirkulierende Kühlwasser der Tanks mit ultraviolettem Licht kontinuierlich oder intermittierend zu bestrahlen. In stark verunreinigtem Seewasser wurde auch ein hoher Prozentsatz der anfänglichen Bakterienpopulation abgetötet. Die Bestrahlung bewirkt jedoch einen abweichenden Geruch des Seewassers und des darin lagernden Fisches [24], so daß diese Methode keine praktische Bedeutung hat.

7.1.2.3 Lagerung der Fische in gekühltem Seewasser bzw. unter Eis mit antimikrobiellen Zusätzen

Wie bereits beschrieben, kann durch eine Kühlung auf Temperaturen um den Gefrierpunkt das Keimwachstum zwar gehemmt, aber nicht verhindert werden. Man versuchte deshalb, durch antibiotische Stoffe die Vermehrung der Bakterien auf dem Fisch zu verhindern.

In der EU ist die Anwendung von Antibiotika zur Haltbarkeitsverlängerung von Lebensmitteln nicht gestattet.

Ein Antibiotikum, das in der Fischwirtschaft angewendet werden soll, muß gegen die zum größten Teil gramnegative psychrophile Fäulnisflora voll wirksam sein. Eine weitere Voraussetzung für den Gebrauch von Antibiotika ist die Unschädlichkeit des Präparates für den Menschen und seine schnelle Zersetzung beim Zubereitungsprozeß. Versuche wurden bisher u. a. mit Chlortetracyclin, Oxytetracyclin, Neomycin, Bacitracin, Chloramphenicol, Streptomycin, Penicillin, Tylosin und Nisin durchgeführt [205, 245].

Tab. 7.3 Einfluß von Chlor- und Oxytetracyclin auf die Haltbarkeit von Rohfisch

Präparat	Anwendungsart	Dosis	Behandlungsdauer in min	Haltbarkeitsverlängerung im Vergleich zu nicht behandelten Proben	Literatur
Chlortetracyclin (CTC)	Eintauchen von Fisch und Filet	30–100 mg l^{-1}	1–5	5–10 Tage	[205]
	Zusatz zum Kühleis	3–5 mg kg^{-1}		7–10 Tage	[205, 245]
	Zwischenlagerung in Seewasser	10 mg l^{-1}	90–120	Haltbarkeit verlängert	[205]
Oxytetracyclin (OTC)	Eintauchen von Fisch und Filet	10 mg l^{-1}	0,5	7 Tage	[185]
		50 mg l^{-1}	0,5	20 Tage	[185]
	Besprühen der Fische und Filets	100–200 mg l^{-1}		Haltbarkeit erheblich verlängert	[185]

Tab. 7.3 enthält einige Beispiele des Einsatzes von Antibiotika bei der Frischfischkonservierung. Die gebräuchlichen Antibiotika zeigen keine Wirkung gegen Hefen und Schimmelpilze.

Es wurden günstige Ergebnisse in Versuchen zur Haltbarkeitsverlängerung von Filet durch Tauchen in Kaliumsorbatlösung erzielt [251]. Zur Inaktivierung der Verderbsflora des Fisches soll sich eine Ozonbehandlung und der Einsatz von ozonhaltigem Eis [177] bzw. der Zusatz von Enzymsystemen (Glucoseoxidase/Katalase) zu Tauchlösungen und zum Kühleis eignen [178].

7.1.2.4 Lagerung der gekühlten Fische unter modifizierter Atmosphäre

Die Genußtauglichkeit frischer Fische bzw. Filets kann bei Kühllagerung, wie zahlreiche Untersuchungen zeigen, durch gezielte Veränderung des sie umgebenden Gases, d. h. durch ein Schutzgas, deutlich verlängert werden. Im praktischen Einsatz sind hierzu Kohlendioxid und Stickstoff, die einzeln, kombiniert, mit oder ohne Anteil von Sauerstoff angewendet werden [13, 67, 68, 160, 240, 270].

Die verbesserte Haltbarkeit ist auf Veränderungen in der Mikroorganismenflora zurückzuführen, die sich in einer Verlängerung der Lag-Phase, einer verlangsamten Vermehrung und einer Verschiebung in ihrer Zusammensetzung zeigen [270]. So hemmt das Kohlendioxid die psychrophilen aeroben gramnegativen Bakterien [139]. Das gilt insbesondere für die Pseudomonaden. *Alteromonas putrefaciens*, als einer der wichtigsten Verderbsverursacher, wird mit steigendem Kohlendioxidgehalt in seinem Wachstum unterdrückt. Dabei ist die Kohlendioxid-Sauerstoff-Kombination wirksamer als die Kohlendioxid-Stickstoff-Kombination. Allerdings wurden im Dorschfilet auch bei 100%iger Kohlendioxidatmosphäre einzelne Alteromonaden gefunden [270]. Die beherrschenden Mikroorganismen sind unter den beschriebenen Bedingungen grampositive Bakterien, wie *Lactobacillus*, *Micrococcus* und Coryneforme. Dabei kann der Anteil der Laktobazillen >80 % an der Gesamtflora betragen [68, 268, 270, 299]. Es wurden bisher besonders homoenzymatische (z. B. *Lactobacillus xylosus*) aber auch heteroenzymatische Arten gefunden. Die Zusammensetzung der Laktobazillenflora soll von verschiedenen Faktoren, wie der Fischart, der Beschaffenheit des Wassers im Fanggebiet, der Art des benutzten Gases oder Gasgemisches usw. abhängen. Vereinzelt können noch Vibrionen, *Enterobacteriaceae* sowie *Brochothrix thermosphacta* vorhanden sein. Die Entwicklung einer Mikroflora, in der die Laktobazillen dominieren, führt erst nach viel längerer Zeit zum Verderb als eine, die starke Proteolyten enthält [270].

Die Haltbarkeitsverlängerung, die mit der Unterdrückung der normalen aeroben gramnegativen Flora verbunden ist, kann dazu führen, daß nicht proteolytische Typen von *Clostridium botulinum* (einschließlich Typ E) vor dem sensorisch feststellbaren Verderb Toxin bilden. Das gilt insbesondere für ungünstige Lagerungsbedingungen (Temperaturen ~ 10 °C). Wird eine solche modifizierte Atmosphäre (z. B. Kohlendioxid) in der Praxis eingesetzt, dürfen zur Sicherung der gesundheitlichen Unbedenklichkeit der Frischfischprodukte die Temperaturen in keiner Phase 4 °C übersteigen [67, 68].

7.1.2.5 Gefrieren der Fische

Das Gefrieren der Lebensmittel bekommt eine immer größere Bedeutung. In der Fischwirtschaft ist es besonders wichtig, weil man dadurch weit entfernt gelegene Fischgründe nutzen kann bzw. ein kontinuierliches Angebot erreicht.

Das Einfrieren muß möglichst schnell erfolgen, um die Eiskristalle in den Zellen kleinzuhalten. Langsames Einfrieren führt zur Bildung großer Eiskristalle, die dann die Muskelzellen sprengen. Solches Fischfleisch gibt nach dem Auftauen Gewebeflüssigkeit ab, was zu hohen Dripverlusten führt. Deshalb darf die Zeit, die nötig ist, um von 0° C auf die Gefrierendtemperatur zu kommen, nur so viele Stunden betragen, wie die jeweilige Packeinheit in cm gemessen dick ist. Bei Filets sollte die Zeit von 4 h nicht überschritten werden.

Die Haltbarkeit kann durch Verhindern des Luftzutrittes (z. B. Glasieren, Tauchen in eine Alginatlösung) und durch Behandlung mit antioxydativen Stoffen (z. B. Ascorbinsäure) verlängert werden [60, 100]. Der **Verderb** gefrorener Fische wird durch physikalische, chemische und enzymatische Prozesse verursacht [60]. Besonders wichtig ist die Vertranung. Fette werden bei Temperaturen <0 °C noch gespalten. Zwar nimmt dieser Vorgang mit sinkender Temperatur an Geschwindigkeit ab, doch findet noch bei –23 °C ein Fettabbau beim Heilbutt statt. Gleichzeitig mit der Fettsäurebildung wird Aktomyosin abgebaut. Dies alles führt zu einer Geschmacksverschlechterung der Gefrierfische. Die Zersetzung des Fettes erfolgt durch die Lipase des Muskels, jedoch sollen auch von Bakterien stammende Lipasen eine Rolle spielen [265].

Proteolytische Enzyme der Fische und der Bakterien können ebenfalls noch bei niederen Lagertemperaturen, vor allem aber während des Auftauprozesses, eine Zersetzung der Muskulatur verursachen.

Es ist also besonders ungünstig, wenn vor dem Gefrierprozeß eine starke Autolyse oder Vermehrung der Keimflora stattfand, weil dabei eine Anreicherung von Enzymen eintritt.

Das Abkühlen hat einen erheblichen Einfluß auf die lebende Mikroflora der Fische. Zunächst beginnt die Wachstumsverzögerung. Bei 5 °C hört die Vermehrung der mesophilen Bakterien auf. Sinkt die Temperatur weiter, beginnen die psychrophilen Keime ihr Wachstum einzustellen. In Versuchen fand man, daß bei –7,5 °C nur noch einzelne *Micrococcus*-, *Moraxella*- bzw. *Acinetobacter*-Arten unter besonderen Bedingungen ein geringes Wachstum zeigten [246]. Die Gattungen *Serratia* und *Flavobacterium* stellen bei Temperaturen unter –5 °C ihr Wachstum ein.

Hefen und Schimmelpilze sind relativ unempfindlich. Sie wachsen noch auf gefrorenen Nährböden bei Temperaturen <–7,5 °C [246].

Im allgemeinen gilt die Regel, daß das Mikroorganismenwachstum bei –10 °C unterdrückt wird. Das ist auf die Temperatur und die Austrocknung des Materials, d. h. die Senkung des a_w-Wertes, zurückzuführen [214]. Man hat jedoch auf Fischen, die bei –11 °C gelagert wurden, nach 16 Monaten noch Keimwachstum festgestellt. Eine blaßrot gefärbte Hefeart, die nicht näher bestimmt wurde, soll auf gefrorenen Austern noch bei –19 °C gewachsen sein [71].

Normalerweise stirbt 60 bis 90 % der Frischfischflora durch das Gefrieren ab [71]. Während der Lagerung bei Temperaturen <–18 °C vermindert sich die Zahl der lebenden Keime weiter, wobei die meisten in der ersten Phase der Lagerzeit abgetötet werden.

Pseudomonas-, *Moraxella*- bzw. *Acinetobacter*-Arten sterben bei einer Temperatur von –12 °C innerhalb von 3 Monaten zum größten Teil ab. Im Gegensatz dazu nimmt der Anteil der Flavobakterien an der Gesamtflora erheblich zu. Bei der Untersuchung von Gefrierfischproben wurden außerdem in 87 % der Fälle Aeromonaden gefunden [80].

Mikrokokken, Laktobazillen und fäkale Streptokokken sind gegen den Gefrierprozeß resistenter [246]. Bakteriensporen, Hefen und Schimmelpilze überleben das Gefrieren gut.

Man fand in Versuchen, daß die überlebende Flora um so weniger die Fähigkeit hat, Trimethylaminoxid zu reduzieren je tiefer die Gefriertemperatur war [246].

Um eine gute Qualität der Erzeugnisse zu garantieren, werden folgende Keimzahlstandards für gefrorene Seeprodukte vorgeschlagen:

Nach RAY und LISTON [206]

Fisch vor dem Gefrieren: maximal 10^5 Mikroorganismen g^{-1}
gefrorener Fisch: maximal 10^4 Mikroorganismen g^{-1}

Nach SURKIEWICZ [276]

gefrorene Fische:
maximal 10^5 Mikroorganismen g^{-1}
maximal 10^2 *Staphylococcus aureus* g^{-1}
maximal 10^2 coliforme Keime g^{-1}.

Für das **Auftauen** gefrorener Fische sind die unterschiedlichsten Verfahren im Gebrauch, z. B. mittels feuchter Luft, Wassers, elektrischen Stroms, Mikrowellen, Ultraschalls usw.. Am häufigsten wird mit Wasser bzw. mit Wasser gesättigter Luft aufgetaut [269].

Der Einfluß dieser Verfahren auf die Mikroflora des Fisches ist unterschiedlich. Um eine schnelle Keimanreicherung im Auftaugut zu verhindern, sind die Geräte und Anlagen regelmäßig zu reinigen und zu desinfizieren. Wird Wasser zum Auftauen eingesetzt, muß es Trinkwasserqualität haben. Weiterhin ist der Fisch sofort nach dem Auftauen (maximale Temperatur: 5 °C) aus der Anlage herauszunehmen. Der Keimgehalt sollte zur Sicherung einer hygienisch einwandfreien Beschaffenheit, die in den Tab. 7.10 und 7.11 unter Rohfischfleisch genannten Werte nicht überschreiten.

Pathogene Keime, die auf den Fisch gelangt sind, werden durch das Gefrieren nicht abgetötet. In gefrorenen Filets wurden schon coliforme Keime, fäkale Streptokokken und koagulasepositive Staphylokokken [256] gefunden. Salmonellen gelten allgemein als relativ empfindlich gegenüber dem Gefrierprozeß [47]. In Untersuchungen mit Salmonellen wurde jedoch festgestellt, daß sich ihre Zahl während einer längeren Lagerzeit bei –20 °C kaum verringerte.

Um ein bakteriologisch unbedenkliches Produkt beim Gefrieren zu erhalten, müssen frische Rohstoffe verwendet werden, die unter hygienisch einwandfreien Bedingungen bearbeitet wurden.

7.1.2.6 Küchenfertige Fischgerichte, gefroren

Küchenfertige Fischgerichte, gefroren, sind portionierte vorbereitete Fischteile oder vorgefertigte Fischzubereitungen, deren Bestandteile im Rohzustand nicht erhitzt vorbereitet wurden und deren Haltbarkeit durch Gefrieren verlängert ist. Zu dieser Erzeugnisgruppe gehören z. B. aus portionierten

Fischfiletteilen hergestellte Filetten, Würzschnitten, die aus zerkleinertem Seefischfilet mit verschiedenen Zusatzstoffen und Beigaben sowie einem gewürztem Belag bestehen, und Fischstäbchen. Bei der Produktion verwendet man grundsätzlich tiefgefrorene Fische oder Filets. Die Panierung der Portionsstücke oder Stäbchen erfolgt mit einer Trocken- und einer Naßpanade. Anschließend können die genannten Produkte angebraten werden. Das erfolgt jedoch nicht in jedem Falle. Am Schluß des Produktionsprozesses werden die Erzeugnisse gefroren.

Für die Herstellung der Trockenpanade wird Semmelmehl verwendet, das verschiedene Gattungen von Schimmelpilzen, Kokken und aeroben Sporenbildnern enthalten kann [60]. Naßpanade wird aus entrahmter Frischmilch, Eipulver, Weizenmehl, Salz, Pfeffer und Wasser zubereitet. Entsprechend dieser Zusammensetzung enthält sie eine umfangreiche Keimflora, die aus Laktobazillen, Hefen, Kokken und vereinzelt *Proteus vulgaris* besteht. Für den Keimgehalt des Fertigproduktes sind weiterhin die Fische bzw. Filets von Bedeutung, da sie eine umfangreiche Flora verschiedener psychrotoleranter Bakterien aufweisen [60].

Fischteile, wie Fischfilets, Fischmasse usw., die zur Herstellung von küchenfertigen Fischgerichten verarbeitet werden, sollten zur Sicherung eines hygienisch einwandfreien Erzeugnisses folgende mikrobiologische Parameter nicht überschreiten:

Salmonellen	in 25 g nicht nachweisbar
Shigellen	in 25 g nicht nachweisbar
koagulasepositive Staphylokokken	in 0,1 g nicht nachweisbar
sulfitreduzierende Clostridien	in 0,01 g nicht nachweisbar.

Die Herstellung von solchen Tiefkühlfertiggerichten sollte unter regelmäßiger mikrobiologischer Kontrolle erfolgen. Dabei sind die im Kap. 7.1.5 Tab. 7.12 angegebenen **Richtwerte** Gesamtkeimzahl, *Escherichia coli*-, *Staphylococcus aureus*- und *Bacillus cereus*-Zahl anzustreben. Werden die als **Warnwerte** bezeichneten Keimzahlen überschritten, weisen die Rohstoffe bzw. die Produktionstechnologie hygienische Mängel auf, die umgehend abgestellt werden sollten.

Bei Fischstäbchen ermittelte JUNGNITZ [60] folgende Keimzahlen:

frisch hergestellte Stäbchen	10^5 bis 7×10^5 Keime g^{-1}
verderbgefährdete Stäbchen	10^6 bis $1{,}6 \times 10^6$ Keime g^{-1}.

Gefrorene, thermisch vorbehandelte Erzeugnisse sollten die in den Tab. 7.10 und 7.11 angegebenen Grenzwerte während der Lagerung und des Handels nicht überschreiten.

Da diese Erzeugnisse keine konservierenden Substanzen enthalten, muß eine geschlossene Gefrierkette vom Erzeuger bis zum Verbraucher vorhanden sein. Entsprechend sollen küchenfertige Fischgerichte während des Transports und der Lagerung im Groß- bzw. Einzelhandel eine Kerntemperatur von höchstens –12 °C haben.

Auf das Verhalten pathogener Keime während des Gefrierens wurde unter 7.1.2.5 eingegangen.

7.1.2.7 Fischfarce, Surimi

Fischfarce oder **Fischmus** ist auf mechanischem Weg weitestgehend von Haut und Gräten getrenntes und destrukturiertes Fischfleisch, das aus geköpften und entweideten Fischen hergestellt wird. Als Rohstoff werden auch Fischfleischteile (z. B. Stehgrätenstücke der Filets) eingesetzt, die sich nicht direkt zur Abgabe an den Verbraucher eignen.

Der **Herstellungsprozeß** besteht aus der Bearbeitung der Rohware (z. B. Ausnehmen usw.), dem Waschen mit Trinkwasser und dem Passieren. Anschließend wird die Farce gefroren oder weiterverarbeitet. Nicht gefrorene Fischmasse sollte innerhalb von 90 min verarbeitet werden, dabei darf die Temperatur 10 °C nicht überschreiten. Der Fisch soll möglichst fein zerkleinert werden, so daß die Farce eine homogene Beschaffenheit aufweist und keine Grätenreste festzustellen sind. Um das sicher zu garantieren, wird das Verarbeiten von grätenfreiem Fischfleisch empfohlen [22]. Der Verlust an Gewebeflüssigkeit ist dabei möglichst gering zu halten. Zur Qualitätsverbesserung gibt es folgende Möglichkeiten:

- Die Farce kann ein- oder mehrfach gewaschen werden, um verschiedene anorganische Salze, wasserlösliche Eiweißbestandteile, Fette und Blutreste zu entfernen [22],
- der Farce können Stabilisatoren bzw. Stabilisatorengemische, z. B. Zukker, Kochsalz, Natriumcitrat, Polyphosphat oder Pyrophosphat, zugesetzt werden [22, 48],
- Farce mit einer trockenen Konsistenz kann mit einem proteolytischen Enzym, z. B. Terrisin, behandelt werden [48],
- es können Antioxydantien zugegeben werden [48].

Im allgemeinen wird die Lagerfähigkeit der gefrorenen Farce je nach Fischart und Bearbeitungszustand mit 2 bis 4,5 Monaten angegeben [22].

Surimi ist ein weißes fast geruchs- und geschmacksloses Fischprotein, das aus der Muskulatur von Seefischen (besonders Alaska Pollack) durch wiederholtes Waschen, Zerkleinern sowie unter Zusatz von Zuckerarten (Rohrzucker, Sorbit) und Phosphaten hergestellt wird [164, 307, 92]. Surimi kann bei –20 °C bis zu 1 Jahr gelagert werden.

7.1.2.7.1 Mikroflora der Fischfarce

Bei der Zerkleinerung wird die homogene Fischmasse gleichmäßig mit den vor allem auf der Oberfläche angesiedelten Mikroorganismen beimpft. Dabei können alle unter 7.1.1.2 beschriebenen Arten vorkommen. Die aus kleinen Fischen hergestellte Farce hat einen besonders hohen Keimgehalt. Die Keimzahl wird außerdem durch die beim Produktionsprozeß auftretende Erwärmung vermehrt [22].

Infolge der starken Zerkleinerung und des hohen Wassergehaltes stellt die Farce einen sehr guten Bakteriennährboden dar. Deshalb ist die Fischmasse während der Bearbeitung laufend zu kühlen und nach beendetem Produktionsprozeß sofort zu gefrieren. In Ausnahmefällen kann die Farce zur Reduzierung des Keimgehaltes vor dem Gefrieren gekocht werden [4].

Produktion und Lagerung von Fischfarce sollten so erfolgen, daß die folgenden mikrobiologischen Merkmale garantiert werden können:

Salmonellen	in 25 g nicht nachweisbar
Shigellen	in 25 g nicht nachweisbar
koagulasepositive Staphylokokken	in 0,1 g nicht nachweisbar
sulfitreduzierende Clostridien	in 0,01 g nicht nachweisbar.

Die Gesamtkeimzahl der Fischfarce wird von der verarbeiteten Fischart bzw. den zum Einsatz kommenden Muskelbereichen (z. B. Bauchlappen, Stehgrätenstücke) sowie von den hygienischen Verhältnissen im Produktionsbetrieb bestimmt, und sie liegt in der Regel über der der Ausgangsprodukte [196]. Der aerobe Keimgehalt kann sich zwischen 10 und $3 \times 10^6\ g^{-1}$ bewegen [142]. Farce aus Alaska Pollack hatte dabei die niedrigsten (10 bis $10^5\ g^{-1}$) und aus Kabeljau die höchsten Werte (3×10^4 bis $3 \times 10^6\ g^{-1}$). Besonders hohe Keimzahlen ($> 10^7\ g^{-1}$) weist der Fischmus, der aus Bauchlappen oder Kragenknochen gewonnen wird, auf. Beim **Gefrieren** verringert sich die Zahl der bei 20 ... 25 °C wachsenden Bakterien [168, 199]. Die aus diesem Produkt isolierten Mikroorganismen gehören zu folgenden Gattungen: *Moraxella-Acinetobacter*, *Pseudomonas*, *Alteromonas*, *Flavobacterium*, coryneforme Bakterien, *Lactobacillus*, *Aeromonas*, *Micrococcus* u. a. [168].

Fäkalkolikeime konnten in Farce, die aus Seefischen hergestellt wurde, nur in einzelnen Proben nachgewiesen werden und dann in Zahlen $< 7\,g^{-1}$ [142].

SCHKOLNIKOVA [228] fand in der von ihr untersuchten Farce, die aus zerkleinertem, gefrorenem Alaska Pollack gewonnen wurde, 10^5 Keime g^{-1} und einen Colititer von 4,3 g. Bei einer Lagerung zwischen 0 °C und –2 °C fiel die Keimzahl auf 10^4. Entsprechend betrug der Colititer 11,1 g. Die Flora setzte sich aus Kokken (70 %), grampositiven (25 %) und gramnegativen Stäbchen (5 %) zusammen.

Farce wird auch aus **Süßwasserfischen** hergestellt [191]. Das betrifft besonders solche Arten, die sich in anderen Angebotsformen nur schwer handeln lassen. Ihr Gesamtkeimgehalt liegt zwischen 10^3 und 10^6 koloniebildenden Einheiten g^{-1} [191, 204]. Coliforme Keime und Salmonellen wurden dabei nicht gefunden. In einzelnen Proben gelang jedoch der Nachweis plasmakoagulasepositiver Staphylokokken [204].

Das Verhalten der in gefrorenen Fischerzeugnissen vorkommenden Mikroorganismen wurde unter 7.1.2.5 und 7.1.2.6 beschrieben.

7.1.2.7.2 Mikroflora der aus Fischfarce bzw. Surimi hergestellten Erzeugnisse

Fischfarce kann als Rohstoff für die Bearbeitung von Fischbuletten oder für die Konservenindustrie, z. B. für Fischklößchen bzw. -pasten, dienen [261]. Letzteres gilt vor allem für Süßwasserfischfarce, weil hier die Gefahr einer Kontamination mit menschenpathogenen Keimen besteht.

Als weitere wichtige Verarbeitungsmöglichkeit für Fischfarce ist die in Deutschland wenig bekannte Fischwurst zu nennen. Die in Därmen gefüllte Wurst kann gekocht oder geräuchert werden. Gekochte Fischwurst hat eine Lagerfähigkeit von 3 Tagen, und geräucherte Fischwurst ist 1 bis 3 Monate haltbar [22].

Der Verderb dieses Erzeugnisses wird vor allem durch Schimmelpilze verursacht. Daneben sind noch aerobe Sporenbildner (*Bacillus coagulans*, *B. sphaericus* und *B. firmus*) von Bedeutung. Sie können Fäulniserscheinungen an der Oberfläche und Gasbildung in der Wurst hervorrufen [257].

Außerdem können aus Fischfarce küchenfertige Fischgerichte, gefroren, entsprechend Abschnitt 7.1.2.6 hergestellt werden.

Einen anderen Weg der Verarbeitung von Fischfarce stellt die Produktion fermentierter bzw. unter Einwirkung von Bakterienkulturen hergestellter Erzeugnisse dar [23, 35, 233], die neue, oft vom Ausgangsmaterial völlig verschiedene sensorische Eigenschaften haben. Erste Versuche des Einsatzes von **Starterkulturen** erfolgten schon 1978 mit *Pediococcus cerevisiae* [233].

In weiteren Untersuchungen wurden zum Erreichen schnittfester Produkte aus Kabeljaufarce Milchsäurebakterien in Form von **Ein-** (z. B. *Lactobacillus xylosus*, *L. plantarum*) und **Mehrstammkulturen**, die aus *Streptococcus*- und *Leuconostoc*-Arten bestanden, mit Erfolg eingesetzt [23, 62]. Als besonders geeignet erwies sich *Lactobacillus xylosus*, weil bei dieser Mikroorganismenart der Reifungsprozeß nur zu geringen geschmacklichen Veränderungen führte, d. h., daß der typische Fischgeschmack weitgehend erhalten blieb. Der Fermentationsprozeß, der unmittelbar nach Bereitung der Farce sowie der Zugabe von 2 % Kochsalz, 1,3 bis 2 % Glucose und der Starterkultur begann, gliederte sich in folgende drei Phasen:

- Der *Säuerungsphase*, die bei 30 °C bis zu einem pH-Wert von 5,8 erfolgte,
- der *Abkühlphase*, in der das Produkt auf 10 °C abgekühlt, und
- der *Reifungsphase*, in der das Produkt getrocknet wurde. Der Einsatz von *L. xylosus* führte auch in dieser Phase zum weiteren Absinken des pH-Wertes.

Derartige Erzeugnisse erreichten einen durchschittlichen End-pH-Wert von 5,05 und einen a_w-Wert von 0,949. Die bakteriellen Reifevorgänge hatten den Anstieg der flüchtigen Stickstoffverbindungen, besonders des Ammoniaks, zur Folge, deshalb kann ein erhöhter Gehalt dieser Verbindungen in fermentierter Fischfarce nicht als Qualitätsindikator herangezogen werden.

Die ordnungsgemäße bakterielle Säuerung verhindert weitgehend die Vermehrung von *Staphylococcus aureus*, *Escherichia coli*, *Vibrio parahaemolyticus* und die der saprophytären Fischflora (*Pseudomonas* usw.), so daß diese Produkte relativ stabil sind [62, 96].

Zur Unterstützung der bakteriellen Säuerung während des Reifeprozesses können der Fischfarce außerdem Genußsäuren sowie zur Beeinflussung der Geschmacksrichtung Gewürze zugegeben werden [35].

Der versuchsweise Zusatz von **Pilzkulturen** (*Penicillium candidum*) und Butter zu Fischfarce ergab ein neues Produkt mit eigenständigem Geschmack [35].

Eine weitgefächerte Erzeugnispalette hat als Grundlage das zunächst nur in Japan bekannte jetzt aber weitverbreitete **Surimi**. Hierzu gehören **Kama-**

boko-Zubereitungen, die unter Zugabe von Gewürzen, Salz, Stärke, Eiklar usw. aus Surimi hergestellt werden [164, 307, 92]. Krabbenfleischimitationen, Surimistäbchen, Surimischeiben und weitere Produkte unterliegen am Ende des Herstellungsprozesses einer thermischen Behandlung (etwa 15 Min. bei 88 °C) [307, 92]. Dadurch weist diese Erzeugnisgruppe unmittelbar nach dem Herstellungsprozeß nur sehr geringe Keimzahlen auf ($\leq 10^2 g^{-1}$).

Bei Lagertemperaturen > 10 °C wird der Verderb vor allem durch *Bacillus* spp. und bei niedrigeren Temperaturen durch gramnegative Arten (*Pseudomonas*, *Acinetobacter* und *Moraxella*) verursacht [307, 92]. Nach einer 18tägigen Lagerzeit bei 5 °C erreicht die Gesamtkeimzahl Werte um $10^5 g^{-1}$ [307].

Durch den Erhitzungsprozeß erfolgt eine weitgehende Inaktivierung der autochthonen Keime, so daß bei einer Kontamination dieser Produkte mit pathogenen Mikroorganismen die Konkurrenzflora weitgehend fehlt und somit deren schnelle Vermehrung möglich ist. Diese Vorgänge hängen allerdings von einer Reihe Faktoren, wie Salz- bzw. Säuregehalt der Erzeugnisse, Lagertemperatur usw. ab [92].

7.1.2.8 Trocknung der Fische

Trocknen ist eine sehr alte Konservierungsmethode. Als Beispiel sei der **Stockfisch** genannt, der aus Magerfischen (Kabeljau, Lengfisch, Schellfisch, Seelachs oder Lumb) durch Trocknung an offener Luft bis zur Endfeuchte von maximal 18 % Wasser hergestellt wird [288].

Der Keimgehalt liegt im getrockneten Fisch je nach Produkt zwischen $< 10^2$ und $> 10^7$ koloniebildenden Einheiten g^{-1} [181, 288]. Während nach VALDIMARSSON und GUDBJOERNSDOTTIR [288] die Bakterienflora des Stockfisches hauptsächlich aus *Moraxella-Acinetobacter-Arten* und *Lactobacillus plantarum* besteht, isolierten OGIHARA und Mitarb. [181] aus japanischen Trockenfischerzeugnissen vor allem Vertreter der Gattungen *Bacillus* (*B. licheniformis*, *B. subtilis*, *B. megaterium*, *B. cereus* usw.), *Micrococcus*, *Streptococcus* sowie *Staphylococcus*. Dazu kamen in einzelnen Proben *Corynebacterium*, *Microbacterium*, *Flavobacterium*, *Lactobacillus* und *Enterobacteriaceae*. Infolge des Wasserentzuges sinkt der a_w-Wert soweit ab, daß sich die Fäulnisflora nicht mehr entwickeln kann. Bei ungünstigen Lagerungsverhältnissen (z. B. zu hohe Luftfeuchtigkeit) ist eine Schimmelbildung auf der Oberfläche möglich, da verschiedene Schimmelpilzstämme schon bei einem a_w-Wert ab 0,62 (*Monascus* und *Eurotium*) zu wachsen beginnen [214].

Eine moderne Methode ist die **Gefriertrocknung**. Sie wurde auch schon für die Fischwirtschaft in Betracht gezogen [7].

Der Keimgehalt gefriergetrockneter Lebensmittel sollte weniger als $5 \times 10^5 g^{-1}$ betragen, dabei dürfen Typhus-, Paratyphus- und Enteritiskeime nicht vorhanden sein [83]. Den Mikroben ist bei gefriergetrockneten Erzeugnissen durch die geringe Restfeuchte von 3 % die Grundlage ihrer Entwicklung genommen. Während der Lagerung erfolgt sogar eine ständige Abnahme der Keimzahl [83].

Werden die Erzeugnisse mit Wasser rekonstituiert, so sind sie mit aufgetauten Lebensmitteln vergleichbar [186].

7.1.2.9 Behandlung der Fische mit ionisierender Strahlung

Diese Methode der Keimzahlreduzierung ist in Deutschland derzeit grundsätzlich verboten. Ausnahmen bedürfen der Zustimmung der zuständigen Ministerien und des Bundesrates [74].

Die Bestrahlung wird in der Fischwirtschaft aus folgenden Gründen in Erwägung gezogen [97, 282]:

- Inaktivierung der vegetativen pathogenen Bakterien (z. B. Salmonellen, Vibrionen),
- Reduzierung des Gesamtkeimgehaltes und dadurch Verlängerung der Haltbarkeit. Hierbei ist zu beachten, daß die vorhandenen Enzymsysteme weitgehend erhalten bleiben.

Nachteile der Strahlenbehandlung sind das Auftreten von sensorischen Veränderungen der Lebensmittel sowie Verluste an Vitaminen und Nährstoffen [97, 114]. Das gilt insbesondere für hohe Dosen, wie sie in der Fischverarbeitung kaum angewendet werden [97].

Ein erfolgreicher Einsatz der Bestrahlung verlangt in der Fischwirtschaft die nachstehend genannten Voraussetzungen:

- Die radioaktive Bestrahlung muß an Bord der Fangschiffe erfolgen, damit die Anfangskeimbelastung so klein wie möglich ist. Dies ist die Voraussetzung für möglichst niedrige Strahlendosen.
- Die Sekundärkontamination bestrahlter Produkte muß verhindert werden. Ideal wäre das Bestrahlen in der Verkaufsverpackung [97].
- An Land ist eine geschlossene Kühlkette nötig.

Die Haltbarkeitsverlängerung, die durch die Bestrahlung des frischen Fisches erreicht werden kann, wird mit etwa 10 bis 15 Tagen angegeben [211, 290]. Andere Autoren fanden bei mit 0,5 bis 1,5 kGy bestrahlten ganzen Fischen, die anschließend offen unter Eis gelagert wurden, in der Regel keine verlängerte Genußfähigkeit, da nach der Bestrahlung viele mikrobielle Kontaminationsmöglichkeiten, z. B. durch das Eis, die Lagerkisten, den Fischraum der Schiffe usw., gegeben sind [117].

Es gibt verschiedene Arten des Einsatzes radioaktiver Bestrahlung. Eine Keimverminderung wird schon mit relativ niedrigen Dosen erreicht, z. B. reduziert der Einsatz von 3 kGy den Gesamtkeimgehalt im Fischfleisch um den Faktor 10^3. Soll jedoch ein Produkt sterilisiert werden, sind erheblich höhere nötig (40 bis 60 kGy) [97].

Um die Strahlenresistenz der Mikroorganismen charakterisieren zu können, wurde in Anlehnung an die Hitzeabtötung der *D_{10}-Wert* eingeführt. Er gibt in diesem Falle die Strahlendosis an, die nötig ist, um 90 % einer Mikroorganismenpopulation zu zerstören [162]. In Tab. 7.4 sind die D_{10}-Werte für einige wichtige Keimarten zusammengestellt. Die Strahlenresistenz hängt dabei außer von der Mikroorganismenart noch von der Wachstumsphase des jeweiligen Keimes, der Bestrahlungstemperatur, dem Medium usw. ab [87, 161, 165].

Tab. 7.4 Strahlenresistenz einiger wichtiger Mikroorganismenarten

Mikroorganismenart	D_{10}-Wert in kGy	Literatur
Bacillus mesentericus	5	[162]
Clostridium botulinum		
Typ A	1,2–7,12	[132]
Typ B	1,1–4,18	[132]
Typ E	0,8–1,6	[132]
Typ F	2,5	[132]
C. perfringens	1,2–3,45	[132]
C. sporogenes	1,6–2,2	[132]
C. putrefaciens	1,8	[132]
Lactobacillus sp.	0,38–1,47	[87]
Pseudomonas sp.	0,04	[162]
Salmonella typhimurium	0,7	[162]
Hefen und Hyphomyceten	1,0–10,0	[162]

Während die Pseudomonaden und Alteromonaden als wichtigste Proteolyten beim Fischverderb relativ strahlenempfindlich sind, weist die *Moraxella-Acinetobacter*-Gruppe eine etwas höhere Resistenz auf [97]. Zwar liegt der D_{10}-Wert des überwiegenden Teils der Vertreter dieser Gruppe $< 0,7$ kGy, aber es gibt auch Stämme, die in der logarithmischen Wachstumsphase einen D_{10}-Wert von 0,75 bis 1,6 kGy und in der stationären Phase einen von 0,95 bis 1,9 kGy haben [165]. Da in der Fischwirtschaft meist nur mit niedrigen Dosen zur Keimzahlreduzierung bestrahlt wird, kann dies von Bedeutung sein. Weiterhin gilt, daß grampositive, wie Laktobazillen, Mikrokokken, Corynebakterien usw., strahlenresistenter als gramnegative Bakterien sind [162].

Bei der Bestrahlung kommt es einerseits zur Verringerung der Gesamtkeimzahl, z. B. reduziert sich die aerobe Hautflora vom Rotbarsch bei einer Dosis von 1 kGy auf 10 % des Ausgangswertes [97, 114], und andererseits verändert sich die Zusammensetzung der Mikroflora. Die *Moraxella-Acinetobacter*-Gruppe wird zur vorherrschenden Keimart. Dazu können noch Mikrokokken, Staphylokokken, einzelne weitere grampositive Keime und die strahlenresistenten Hefen kommen [97, 123, 124]. Wird eine Rekontamination mit Pseudomonaden und Alteromonaden verhindert, hat diese Mikroorganismenpopulation nur geringe proteolytische Eigenschaften [97, 123, 124]. Moraxellen führen zu einem spezifischen Fischverderb, der auf dem Abbau des Cystins beruht. Die in diesem Prozeß entstehenden flüchtigen Verbindungen werden bei der Bestimmung des flüchtigen basischen Stickstoffs nicht erfaßt [124].

Wichtig ist bei der Lagerung das Verhalten von *Clostridium botulinum*, dessen Sporenzahl mit den zur Anwendung kommenden Strahlendosen kaum verringert wird. Wie Versuche mit kontaminierten, anschließend bestrahlten (1 bis 2 kGy) und vakuumverpackten Proben zeigten, verhindern Temperaturen zwischen 0 °C und 5 °C die Toxinbildung vor dem Verderb des Fischfleisches [97, 104].

Von Bedeutung ist außerdem noch die Kombination der Bestrahlung mit anderen konservierenden Maßnahmen, wie Blanchieren, Salzen, Trocknen oder Räuchern [97, 114]. So führt das Bestrahlen mildgesalzener Fische mit 2 bis 4 kGy zu einer Qualitätsverbesserung des Erzeugnisses, weil die den Verderb verursachende Flora gehemmt wird, aber die Reifeprozesse normal ablaufen [227]. Bakteriensporen kann man z. B. durch Bestrahlen und Erhitzen auf sonst subletale Dosen zerstören [109].

7.1.3 Mikrobiologie der Fischprodukte

7.1.3.1 Konserven

Konserven sind Erzeugnisse, die durch Hitzebehandlung sterilisiert wurden und für die eine längere Haltbarkeit garantiert wird.

Als Verpackungsmaterial kommen Weißblech- oder Aluminiumdosen in Frage. Weiterhin kann man Glasdosen mit Metalldeckel verwenden. Zur Zeit sind auch schon sterilisierfähige Kunststoffverpackungen im Gebrauch.

Der Fisch wird in der Regel einer Vorbehandlung unterzogen. Je nach Produkt handelt es sich dabei um Räuchern, Braten, Pökeln oder Dämpfen. Dieser Prozeß soll dem Fisch Wasser entziehen. Er trägt auch zur Geschmacksbildung der Fischkonserven bei. Anschließend wird das Fischfleisch in die Dosen gepackt. Diese werden mit einer entsprechenden Tunke bzw. Öl versehen und verschlossen. Auf ein dichtes Verschließen muß großer Wert gelegt werden, da undichte Dosen eine Sekundärkontamination nach der Sterilisation ermöglichen.

Die Mikroflora des in der Dose verpackten Materials besteht

aus der Mikroflora des Fischfleisches,
aus der Mikroflora der Beigaben und Gewürze und
aus den Keimen, die bei der Verarbeitung auf das Material gelangen.

Die Sterilisation soll möglichst schnell nach dem Verschließen der Dosen erfolgen, da sonst mikrobielle Vorgänge einen Qualitätsabfall verursachen.

7.1.3.1.1 Hitzesterilisation der Konserven

Die Sterilisation erfolgt in Autoklaven, wobei sich die Temperatur nach dem Produkt richtet, da eine Reihe von Tunken gegen höheres Erhitzen empfindlich ist. Allgemein kann allerdings festgestellt werden, daß eine hohe Erhitzung bei möglichst kurzer Dauer die schonendste Art der Sterilisation darstellt.

Die vegetativen Keime werden während der Wärmebehandlung relativ leicht abgetötet. Schwierigkeiten verursachen dagegen die Bakteriensporen, da sie eine hohe Hitzeresistenz aufweisen [162].

Die **Hitzeresistenz der Mikroorganismen** hängt von vielen Faktoren ab, die größtenteils auch für die praktische Sterilisation wichtig sind. Da ist zunächst das Medium, in dem der Keim versport, von Bedeutung. Calciummangel führt z. B. zu hitzeempfindlichen Sporen [162]. Auch das die Sporen während der Hitzebehandlung umgebende Medium hat einen großen Einfluß. So nimmt die Hitzeresistenz mit sinkendem pH-Wert ab. In nichtdissoziierten Medien (z. B. Öl) ist sie größer als in dissoziierten (z. B. Wasserdampf) [241, 254]. Der a_w-Wert wirkt sich dahingehend aus, daß bei 0 und 0,7 bis 0,9 die Sporen am hitzeempfindlichsten sind. Während zwischen den a_w-Werten 0,1 und 0,6 eine erhöhte Hitzestabilität festgestellt wurde [3]. Allerdings können die Sporen bei gleichem a_w- bzw. pH-Wert, aber in unterschiedlich zusammengesetzten Substraten erhebliche Differenzen in der Hitzeresistenz aufweisen [31]. Prinzipiell gilt natürlich, daß mit steigenden Temperaturen die Mikroorganismen immer schneller abgetötet werden.

Soll kontrolliert werden, ob Sporen den Sterilisationsprozeß überlebt haben, so ist oft eine Bebrütungszeit von 20 bis 30 Tagen nötig, ehe sie auskeimen. Das ist auf eine Erschöpfung der Sporen durch die Hitze zurückzuführen. Solche hitzegeschädigten Sporen können auch in der Dose unter besonderen Bedingungen zum Verderb führen. Ein sicheres Sterilisationsregime muß solche Mikroorganismen und deren Sporen ausschalten, die während der Lagerung der Konserve Toxine bilden und damit die menschliche Gesundheit gefährden können (z. B. *Clostridium botulinum*). Außerdem sollen die Mikroorganismen sowie ihre Sporen zerstört werden, deren Entwicklung zum Verderb des Konservengutes führt (z. B. *C. sporogenes* [278]). Das sterilisierte Produkt soll auch gar sein, d. h., bei Fischkonserven müssen die Gräten eßbar sein.

In Tab. 7.5 sind die ***D*-Werte**[1]) einiger lebensmittelhygienisch wichtiger Mikroorganismen zusammengestellt.

In der Fachliteratur werden für Fisch-, Muschel- und Krebsfleischkonserven folgende Sterilisationsregime empfohlen [53, 210]:

Produkt	*F*-Wert
Fisch in Salzlake	5,6–8,0
Thunfisch	2,7–7,8
Hering in Öl	5,0–10,0
Makrele in Tomate	5,0–14,0
Karpfen in Tomatensoße (mit Gräten)	28,0–33,0
Austern, atlantisch	5,9–6,0
Austern, pazifisch	2,7–6,0
Muscheln	4,0
Langusten, Hummer	3,6–7,2
Krabben	1,4–4,5
Krabben in Salzlake	3,5–3,9

[1]) D-Wert ist die Zeit, die bei einer Temperatur nötig ist, um 90 % der Mikroorganismen-Population zu zerstören.

Tab. 7.5 *D*-Werte von aeroben und anaeroben Sporenbildnern

Konservengruppen mit wichtigen Mikroorganismen	*D*-Wert		*z*-Wert	Literatur
	Bezugstemperatur in °C	Zeit in min	in °C	
Schwachsaure Lebensmittel (pH > 4,5)				
Thermophile Bakterien				
Bacillus stearothermophilus	121,1	4,0–5,0	7	[271]
Clostridium thermosaccharolyticum	121,1	3,0–4,0	12–18	[271]
C. nigrificans	121,1	2,0–3,0		[271]
Mesophile Bakterien				
C. sporogenes	121,1	0,1–1,5	9–13	[271]
C. botulinum Typ A und B	121,1	0,1–0,26	10	[149]
C. botulinum Typ F	110,0	1,45–1,82	11,1–11,9	[149]
C. histolyticum	100,0	1,0	10	[271]
C. perfringens	100,0	0,3–20,0	10	[271]
B. subtilis	100,0	11,0	7	[271]
B. cereus	100,0	5,0	10	[271]
B. megaterium	100,0	1,0	9	[271]
Saure Lebensmittel (pH < 4,5)				
B. coagulans (fakultativ mesophil)	121,1	0,01–0,07		[278]

Das Umrechnen der auf 121 °C bezogenen Sterilisationszeit in Minuten (*F*-Wert) ist mit Tabellen für jede Temperatur möglich, z. B. Cheftel und Thomas [34].

7.1.3.1.2 Verderb der Konserven

Während der Lagerung kann es zum Verderb des Konserveninhaltes kommen. Ist der Prozeß mit Gasbildung verbunden, wird die Dose aufgebeult. Man spricht von einer **Bombage**. Diesen Vorgang verursachen zum überwiegenden Teil Mikroorganismen [42]. Dem bakteriellen Verderb kommt somit eine große Bedeutung zu.

Neben einer sekundären Kontamination bei Undichtigkeit der Dose sind die dem Sterilisationsprozeß überlebenden Bakterien wichtig. Ein ungenügendes Sterilisationsregime kann das Überleben eines Teils der Sporen zur Folge haben. Sie vermehren sich allerdings nur in seltenen Fällen, da die Sporen erheblich hitzegeschädigt sind. Der pH-Wert des Füllgutes spielt ebenfalls eine Rolle. So können sich z. B. Botulinumsporen bei einem pH-Wert $< 4,6$ nur in Ausnahmefällen unter besonders günstigen Bedingungen vermehren [180, 279]. Bei Vollkonserven sollte der in den Tab. 7.10 und 7.11 angegebene Keimzahlstandard eingehalten werden.

Zur praktischen **Stabilitätsprüfung** sind stichprobenweise einzelne Dosen 10 Tage bei 35 °C zu bebrüten. Die Testung auf Tropenfestigkeit erfolgt durch eine weitere 3tägige Lagerung der Konserven bei 55 °C. Anschließend untersucht man die Dosen auf Bombageerscheinungen oder sonstige Fehler, wie Auslaufen des Konservengutes. Die bombierten Dosen sowie stichprobenweise entnommene, unveränderte Konserven werden einer kulturellen bakteriologischen Prüfung unterzogen.

Wenn ein Auskeimen der Sporen erfolgt, wird der Inhalt der Dose zersetzt, dabei entstehen Kohlendioxid und Schwefelwasserstoff.

Die wichtigsten Bombageerreger gehören zur Gattung *Clostridium* (*C. sporogenes* [259], *C. roseum*). Die Gattung *Bacillus* (*B. subtilis*, *B. coagulans*, *B. cereus* usw.) kann auch im bakteriell zersetzten Konservengut vorkommen. Werden die Konserven bei hohen Temperaturen gelagert (z. B. in tropischen Gebieten), können die obligat thermophilen Bakterien, die vor allem mit Vegetabilien in das Erzeugnis gelangen, den Verderb herbeiführen. Hierzu zählen *C. nigrificans*, *C. thermosaccharolyticum* sowie *B. stearothermophilus*.

Bei der **bakterioskopischen Untersuchung** des Konserveninhaltes können die während der Sterilisation abgestorbenen Keime nachgewiesen werden. Dadurch ist es möglich, etwas über die ursprüngliche Flora auszusagen. Der Wert dieser Untersuchungsmethode wird jedoch dadurch eingeschränkt, daß

- ein großer Teil der Mikroorganismen durch den Doseninhalt verdeckt wird,
- etwa 90 % der Bakterien ihre Färbbarkeit während der Sterilisation verlieren und
- sich die Zahl der färbbaren Mikroorganismen weiter während einer Langzeit-Lagerung der Konserven infolge autolytischer Prozesse vermindern kann [259].

Lebensmittelvergiftungen durch Fischkonserven können durch *C. botulinum* und *C. perfringens* hervorgerufen werden. Beide sind anaerobe Sporenbildner, die schwere Erkrankungen auszulösen vermögen. Die Vermehrung von *C. botulinum* führt nicht in jedem Fall zu einer Bombagebildung.

C.-perfringens-Sporen haben jedoch nur eine geringe Hitzestabilität. Sie dürften deshalb nur in Ausnahmefällen den Sterilisationsprozeß überstehen [271].

7.1.3.2 Pasteurisierte Fischerzeugnisse

Pasteurisierte Fischerzeugnisse sind Produkte aus frischen oder gefrorenen See- oder Süßwasserfischen bzw. deren Teilen, die nach geeigneter Vorbehandlung, wie Dämpfen, Kochen oder Braten, oder naturell mit Aufgüssen, tunkenähnlichen Aufgüssen, Tunken, Krems oder Aspik kombiniert und durch Hitzebehandlung (Pasteurisation) in luftdicht verschlossenen Behältnissen begrenzt haltbar gemacht werden.

Als Verpackungsmaterialien können lackierte Weißblech- bzw. Aluminiumdosen, Glas- oder Kunststoffbehältnisse verwendet werden. Da bei der Pasteurisation nur die vegetativen Keime abgetötet werden, die Dauerformen jedoch erhalten bleiben, muß sie mit einer weiteren Konservierungsmethode (z. B. Zusatz von Essig) gekoppelt werden.

7.1.3.2.1 Pasteurisation der Fischerzeugnisse

Die Pasteurisation erfolgt unter solchen Bedingungen, daß die Temperatur im Innern der Dose 100 °C nicht überschreitet. Dabei sollen die Keime, die sich in dem Milieu der Präserve vermehren können, weitestgehend abgetötet werden.

In Tab 7.6 sind die ***D*-Werte** einiger für den Verderb von pasteurisierten Erzeugnissen wichtigen Mikroorganismengruppen aufgezählt. Die Hitzeresistenz hängt auch bei den vegetativen Bakterien von dem ihnen umgebenden Medium, seinem a_w- und pH-Wert sowie seiner Viskosität ab [31].

In neuerer Zeit werden zur Pasteurisation auch *Mikrowellen* genutzt. Dabei ist zu beachten, daß es einerseits Mikroorganismen gibt, bei denen die Wirkung der Mikrowellenbehandlung der der konventionellen Erhitzung entspricht (z. B. *Staphylococcus aureus*, *Listeria monocytogenes*, Salmonellen, coliforme Keime), und andererseits bei einigen Bakterienarten die Mikrowel-

Tab. 7.6 *D*-Werte von Mikroorganismen, die für den Pasteurisationsprozeß von Bedeutung sind

Mikroorganismenart	pH-Wert des Mediums	*D*-Wert Bezugstemperatur in °C	Zeit in min	*z*-Wert in °C	Literatur
Clostridium botulinum Typ E (Sporen)		82,0	0,10–3,00	5,0–8,9	[52]
Bacillus polymyxa, *B. macerans* und *C. pasteurianum*	4,0–4,5	100,0	0,10–0,50		[278]
Salmonella sp.		65,5	0,02–0,25	4,4–5,5	[52]
S. senftenberg		65,5	0,80–1,00	4,4–6,7	[52]
Staphylococcus aureus und *S. pyogenes*		65,5	0,20–2,00	4,4–6,7	[52]
Nichtsporenbildende Bakterien, Hefen und Schimmelpilze		65,5	0,50–3,00	4,4–6,7	[52]
Nichtsporenbildende Bakterien (wie *Lactobacillus*- u. *Leuconostoc*-Arten), Hefen und Schimmelpilze	< 4,0	65,5	0,50–1,00		[278]
Listeria monocytogenes		62,0	1,01–7,06		[27]
Vibrio parahaemolyticus		55,0	0,03–0,24	5,6–12,4	[45]
V. cholerae		60	2,65		[252]

lenbehandlung weniger wirksam ist (z. B. Enterokokken, bestimmte Laktobazillen) [220].

Um Letalwerte für die in der Praxis mit unterschiedlichen Temperaturen durchgeführten Pasteurisationsprozesse aufstellen zu können, ist eine Bezugsgröße ähnlich dem *F*-Wert bei der Sterilisation nötig. Diese Größe wird auch als *P*-Wert bezeichnet. Da der Bezeichnung des *P*-Wertes von den einzelnen Autoren verschiedene Temperaturen zugrunde gelegt werden [52, 253], empfiehlt Eisner [52], die Bezugstemperatur in °C als Index anzugeben (z. B. P_{71}-Wert).

In der Fischwirtschaft sollten die Pasteurisationsregime so berechnet werden, daß der bei Fisch häufige Typ E von *Clostridium botulinum* inaktiviert wird. Weiterhin ist eine gute sensorische Beschaffenheit verbunden mit einer ausreichenden Sicherheit gegenüber dem bakteriellen und enzymatischen Verderb zu garantieren [190].

7.1.3.2.2 Mikroflora und Verderb der pasteurisierten Fischerzeugnisse

Die Pasteurisation wird in der Regel von den Sporen der Gattungen *Clostridium* und *Bacillus* sowie von einigen hitzefesten Kokken-, Laktobazillen-, Hefe- und Schimmelpilz-Arten überlebt. Der Keimgehalt (s. auch Tab. 7.10 und 7.11) dieser Erzeugnisse liegt in der Regel unter $10^4\ g^{-1}$. Das Wachstum der Mikroben ist durch geeignete Maßnahmen, z. B. den Zusatz von mindestens 0,9 % Essigsäure oder Senkung des a_w-Wertes zu hemmen. Nichtsporenbildende Lebensmittelvergifter sterben in der Regel während der Pasteurisation ab. Dieser Vorgang wird durch den Zusatz von Essigsäure noch beschleunigt, denn in stark sauren Medien bewirken häufig schon relativ niedrige Temperaturen das Absterben der Keime [273].

Eine große Bedeutung hat das Verhalten von *C. botulinum* im Produktionsprozeß und während der Lagerung. Da die Sporen des Typs E bei der Pasteurisation zerstört werden sollten, wäre nur mit den proteolytisch wirksamen Typen A und B, die auch schon im Fisch gefunden wurden [244], zu rechnen. Diese können außerdem mit dem Gemüse oder den Gewürzen in das Produkt gelangen. In versuchsweise mit *C. botulinum* Typ A und B beimpften pasteurisierten Präserven, die 0,9 % Essigsäure enthielten, konnte nach einer Lagerzeit von 11 Wochen bei 28 °C im Tierversuch Toxinbildung nachgewiesen werden.

Der Essiggehalt der Präserven sollte an der oberen Grenze, die noch einen guten Geschmack garantiert, liegen. Außerdem müssen vor der Produktionsaufnahme solcher Erzeugnisse, deren Haltbarkeit und deren Hemmwirkung auf das Wachstum von toxinbildenden hitzeresistenten Bakterienstämmen geprüft werden, um entsprechende Haltbarkeitsfristen sowie Lagerbedingungen festzulegen.

Der **Verderb** erfolgt durch die den Pasteurisationsprozeß überlebenden Keime und eventuell durch eine Sekundärkontamination des Inhaltes bei Undichtigkeit des Dosenmaterials. Die Produkte unterliegen dann einer sauren bis faulig-sauren Gärung, die durch Laktobazillen sowie aerobe und anaerobe Sporenbildner verursacht wird. Äußerlich weisen derartig veränderte Präserven in der Regel Bombageerscheinungen auf.

7.1.3.3 Marinaden

Marinaden sind Fischwaren aus frischen, gefrorenen oder gesalzenen Fischen, Fischteilen oder anderen Meeresprodukten, die durch ein Essig-

Salz-Bad (Garbad) oder durch Salzen gar und für kurze Zeit haltbar gemacht und mit verzehrbaren oder nicht verzehrbaren (Gewürzaufguß) Beigaben versehen sind. Verzehrbare Beigaben sind Tunken, tunkenähnliche Aufgüsse, Cremes, Remouladen, Mayonnaisen usw. Diese Beigaben können mit Öl, Gemüse sowie weiteren Zusatzstoffen kombiniert werden.

Die Rohfische – meist heringsartige – werden zunächst geköpft, entweidet und evtl. entgrätet. Das Garbad, in das die Fische bzw. Filets oder Lappen dann einige Zeit gelegt werden, gibt ihnen die gewünschten Eigenschaften und eine befristete Haltbarkeit.

7.1.3.3.1 Einfluß des Garbades auf die Mikroflora der Fische

Das frisch angesetzte Garbad enthält je nach Verfahren 3,5 bis 7,5 % Essigsäure und 7,8 bis 14,0 % Kochsalz. Damit wird ein pH-Wert $<3,1$ erreicht. Das Verhältnis Fisch zu Garbadflüssigkeit soll 2 : 1 (geschlossene Garung) oder 1 : 1 bzw. 1,5 : 1 (offene und geschlossene Garung) betragen. Das Garsein erkennt man am getrübten Aussehen des Fischfleisches [60].

Der Fisch ist, wenn er ins Garbad gelegt wird, von einer zahlreichen Keimflora besiedelt. Da der Marinierprozeß in der Regel an Land erfolgt, kommen zur normalen Flora der frischen bzw. gefrorenen Fische noch die Keime hinzu, die durch spätere Kontaminationsmöglichkeiten auf ihn gelangen. So konnten auf 17 % der angelandeten Heringe Laktobazillen gefunden werden [196].

Gleichzeitig stellte Priebe Unterschiede in der Befallstärke fest. Besonders stark waren die Heringe kontaminiert, die von Fischereifahrzeugen mit ungünstigen hygienischen Bedingungen angelandet wurden. Durch das Vorkommen der Laktobazillen auf den Epithelien des Respirations-, Digestions- und Urogenitaltraktes von Mensch und Haustier kann der Fisch während seiner Behandlung laufend mit ihnen verunreinigt werden. Frisch gefangene Fische enthalten nur in Ausnahmefällen (z. B. wenn sie aus Küstengewässern stammen) Laktobazillen [103, 196].

Der Keimgehalt der Rohstoffe wird während des Garbades um das 10- bis 1 000fache verringert [107]. Es sind vor allem die gramnegativen, psychrophilen Keime, die im Garbad abgetötet werden [155]. Salmonellen und *Staphylococcus aureus* überleben das Garbad ebenfalls nicht. Sie werden in einer Essigsäure-Lösung mit einem pH-Wert von 4,0 innerhalb 24 h abgetötet [239].

Auf Laktobazillen wirkt das Garbad nur entwicklungshemmend. Außerdem können auch Bakteriensporen das Garbad überdauern. Die bakterienhemmende Wirkung der Säuren beruht weniger auf dem pH-Wert, sondern mehr auf einer spezifischen Hemmwirkung der betreffenden Säure. Unter praktischen Verhältnissen hat sich die Essigsäure als am wirksamsten erwiesen. Sie hemmt das Wachstum der Laktobazillen bei einer Konzentration von 2,0 bis 2,5 %, für besonders säurefeste Stämme sind bis 3,0 % nötig [198]. Allerdings gibt es auch Hefestämme (*Pichia membranaefaciens*, *Zygosaccharomyces bailii* und *Candida globiformis*), die einen derartigen Säuregehalt tolerieren [17]. Die Vorteile der Essigsäure bestehen darin, daß sie bei einer Konzentration >2 % schnell in den Muskel vordringt. Im Gegensatz zur Essigsäure werden Säuren mit einem niedrigen prozentualen *Val*[2])-Gehalt bei der Decarboxylierung der Aminosäuren schnell durch die entstehenden Amine abgestumpft [157].

Eine große Bedeutung hat auch die Qualität der Rohstoffe für die Haltbarkeit des Endproduktes. Je stärker der Eiweißabbau vor der Garbadlagerung fortgeschritten ist, desto schneller setzt die Bakterientätigkeit nach dem Garbad wieder ein [107]. Wenn die Zellwände zerstört sind, können die im Fisch enthaltenen proteolytischen Enzyme gut wirksam werden und den Bakterien einen idealen Nährboden bereiten [147]. Allerdings enthält schon das Serum des frisch geschlachteten Fisches geringe Mengen freier Aminosäuren. Die wichtigsten Bestandteile der Garbadflüssigkeit sind, wie schon beschrieben, das Kochsalz und die Essigsäure. Das Kochsalz hat dabei eine verfestigende Wirkung auf das Fischfleisch, während die Säure in Verbindung mit den körpereigenen Enzymen des Fisches (Kathepsine) die Eiweißhydrolyse fördert. Dieser Vorgang findet noch bei einem pH-Wert von 3,0 statt. Ein so niedriger Wert wird im Muskel bei der Garbadlagerung nicht erreicht. Der Gehalt von >0,3 % freier Aminosäuren kann dann zu einer sichtbaren Gasbildung durch Decarboxylierung in der Marinade führen. Gehemmt werden diese Prozesse durch hohe Essigsäurekonzentrationen im Fertigprodukt oder durch Kühlung. Beides verhindert die Entwicklung der säuretoleranten Mikroorganismen [155, 156].

Die vollständige Hemmung des Eiweißabbaus wäre auch nicht wünschenswert, weil dies ein wichtiger Faktor für den Reifevorgang und damit für die Geschmacksbildung der Marinade ist.

---

[2]) Val: Es ist die durch die Wertigkeit geteilte Masse eines Grammoleküls bzw. Grammatoms eines Stoffes

Wenn der Fisch aus dem Garbad genommen wird, sollte er neben einem Essiggehalt von 1,8 bis 2,0 % und einem Salzgehalt von etwa 3 % folgende Keimzahlen nicht überschreiten [134]:

Laktobazillen	500 g^{-1}	Schimmelpilze	50 g^{-1}
Hefen	100 g^{-1}		

Zur Verbesserung der Qualität des Fertigerzeugnisses ist es empfehlenswert, wenn sich an das Garbad ein Veredlungsbad anschließt.

7.1.3.3.2 Mikroflora der Marinaden

Die aus dem Gar- bzw. Veredlungsbad kommenden Fischteile werden mit Gewürz- und Gemüsebeilagen (z. B. Rollmops) in Glasdosen oder lackierten Aluminiumdosen gepackt und mit einem milden Aufguß bzw. Tunken oder ähnlichem versehen.

Marinaden sollten folgenden Essig- und Salzgehalt haben:

Kochsalz im Fischfleisch

für marinierte Erzeugnisse	1,0–3,0 %
Erzeugnisse nach Hausfrauenart	1,0–5,0 %

Essigsäure im Fischfleisch

für marinierte Erzeugnisse	0,7–2,0 %
Erzeugnisse nach Hausfrauenart	0,5–2,0 %
pH-Wert	<4,8

Da ein steigender Essiggehalt den Geschmack der Marinaden nachteilig beeinflußt (einseitig saure Note), ist sorgfältig zwischen der zur Haltbarkeit nötigen Konzentration und den sensorischen Eigenschaften des Produktes abzuwägen. Tab. 7.7 enthält die Konzentrationen einiger wichtiger Genußsäuren, die nötig sind, um das Wachstum verschiedener säurefester Bakterien in Nährbouillon zu hemmen. Werden diese Säuren kombiniert, erreicht man häufig mit einem niedrigeren Gesamtsäuregehalt die Hemmung des Keimwachstums und gleichzeitig eine Geschmacksverbesserung (mildsaure Note). So kann z. B. ein *Lactobacillus-buchneri*-Stamm, dessen Grenzhemmkonzentration durch Essigsäure bei 2,0 % liegt, durch folgende Säurekombinationen gehemmt werden [198]:

Essigsäure	0,5 % und	Milchsäure	0,5 %
Essigsäure	0,5 % und	Citronensäure	1,0 %, sowie
Essigsäure	0,5 % und	Weinsäure	1,5 %.

Tab. 7.7 Konzentrationen von Genußsäuren, bei denen das Wachstum säuretoleranter Bakterien gehemmt wird (nach Priebe [198])

Bakterienart	Hemmkonzentration der Genußsäuren in %				
	Essigsäure	Milchsäure	Citronensäure	Weinsäure	Äpfelsäure
Lactobacillus buchneri	2,0	2,5–3,0	>3,0	1,5–2,0	3,0
L. plantarum	1,5–2,5	1,75–3,0	>3,0	2,0–2,5	2,5–3,0
L. alimentarius	1,25	2,5	>3,0	3,0	1,5
L. leichmanii	3,0	>3,0	>3,0	2,0	2,5
Leuconostoc mesentericus	1,25	1,25	0,5	0,5	
Pediococcus cerevisiae	0,5	1,0	1,25	1,5	2,0
Streptococcus sp.	1,0	1,75	1,5		

Die **Keimflora** der Marinaden in Gewürzaufguß besteht aus Laktobazillen bzw. Hefen, die das Garbad überstanden haben. Dazu kommen noch die aus Gemüse und Gewürzen stammenden Keime. Faßgurken sowie Zwiebeln bringen erhebliche Mengen ($4{,}8 \times 10^3$ bis $6{,}3 \times 10^7 g^{-1}$) Laktobazillen (einschließlich *L. buchneri*), Streptokokken, Leuconostoc und Hefen in die Marinade [43, 69]. Es sind deshalb hitzekonservierte Gemüsekonserven als Beilage zu empfehlen.

Mit den Gewürzen (Pfeffer, Senfkörner usw.) gelangen ebenfalls große Bakterienzahlen (10^3 bis $8 \times 10^9 g^{-1}$) in das Erzeugnis. Dabei handelt es sich vor allem um aerobe Sporenbildner (Bazillen) und Schimmelpilzsporen, aber auch um andere Bakterien, z. B. Laktobazillen. Eine Reduzierung des z. T. sehr hohen Keimgehaltes kann durch ionisierende Strahlen erreicht werden [39, 282].

Außerdem besteht in den Marinierbetrieben eine Flora säureunempfindlicher Keime, die ebenfalls zur Kontamination der Marinaden beitragen. Die beherrschenden Mikroorganismen sind in Marinaden entsprechend ihrem Säuregehalt *Lactobacillus-*, *Leuconostoc-*, *Pediococcus-* und Hefe-Arten [17, 198]. Fäulnisbakterien und coliforme Keime vermehren sich in diesem sauren Milieu nicht, deshalb spielen sie beim Verderb keine Rolle [126].

Für frisch hergestellte Marinaden ist der folgende *Keimzahlstandard* anzustreben [134]:

Laktobazillen	maximal $10^4 g^{-1}$;	Hefen	maximal $200\ g^{-1}$
Schimmelpilze	maximal $50\ g^{-1}$;	coliforme Keime	maximal $10\ g^{-1}$ (Colititer 0,1 negativ)

Die **Hauptschadorganismen der Marinaden** sind die heterofermentativen Laktobazillen. Dazu gehören *Lactobacillus buchneri* und *L. brevis*. Da sie Kohlenhydrate bis zu Kohlendioxid abbauen können, soll man Marinaden nicht mit Zucker, sondern mit Süßstoff würzen. Allerdings konnte durch Versuche nachgewiesen werden, daß diese Organismen auch eine Reihe von Aminosäuren abbauen können. Es handelt sich dabei um Glutaminsäure, Lysin, Tyrosin, Histidin, Arginin und Ornithin. Durch die katheptische Peptidhydrolyse werden diese Aminosäuren aus dem Eiweiß freigesetzt. Erst dies ist die Voraussetzung für die Decarboxylierungsaktivität der Laktobazillen und damit für das Entstehen von CO_2-Bombagen. Neben Kohlendioxid erscheinen als Endprodukte auch Amine, vor allem γ-Aminobuttersäure (GABA) durch Decarboxylierung von Glutaminsäure, die den pH-Wert der Marinaden in den alkalischen Bereich verschieben [158]. Die Decarboxylierung der Aminosäuren durch säuretolerante Mikroorganismen ist somit die Grundlage des Verderbs zuckerfreier Marinaden [158, 155, 154].

Die Bakterientätigkeit äußert sich durch kleine, im Aufguß aufsteigende Gasblasen. Hermetisch verschlossene Dosen bombieren dann. Laktobazillen lassen sich kulturell nachweisen. Steigt der pH-Wert durch die Stoffwechselprodukte der Laktobazillen genügend hoch an, so können auch die aeroben Sporenbildner mit dem Wachstum beginnen. Das führt dann zu normalen Fäulnisprozessen.

Die Haltbarkeit der Marinaden hängt von der Rohfischqualität und der Lagerungstemperatur ab. Bei maximal 7 °C kann sich die Mikroflora dieser Erzeugnisse (Laktobazillen, Hefen usw.) innerhalb von 12 Wochen nur geringfügig vermehren. Aber schon die Steigerung auf 8 °C führte zu einem 5mal höheren Keimgehalt. Auch wiederholte Unterbrechungen der Kühlkette haben eine bedeutende Verkürzung der Lagerfähigkeit zur Folge [170].

Marinaden können auch mit Tunken, Mayonnaisen usw. als verzehrbare Beigaben hergestellt werden. Mayonnaise ist eine Emulsion aus Eigelb, Speiseöl, Salz, Zucker, Essig, Gewürzen, Speisegelantine, Mehl und Stärkeerzeugnissen. Remoulade ist eine mit Kräutern versetzte Mayonnaise.

Tunken und Cremes sollten folgende Kochsalz- und Essigmengen enthalten:

Kochsalzgehalt in Tunken	1,0–2,5 %
Essigsäuregehalt in Tunken	0,7–2,0 %

In den Sommermonaten kann sowohl der Essig- als auch der Salzgehalt der Marinaden etwas höher liegen, um bei den ungünstigen Temperaturverhältnissen eine bessere Haltbarkeit zu erreichen. Dabei sind die geforderten sensorischen Merkmale (abgerundeter Geschmack) einzuhalten.

In mayonnaisehaltigen Produkten kommen als wichtigste Mikroorganismen Laktobazillen, Pediokokken, *Leuconostoc*, Schimmelpilze und Hefen vor [17, 19, 64]. Weiterhin wurden auch Essigsäurebakterien (*Gluconobacter*) gefunden [19]. Während die Mayonnaise unmittelbar nach der Produktion nur wenige Laktobazillen enthält, steigt ihre Zahl während der Lagerung an [260]. Der Verderb derartiger Produkte wird durch Laktobazillen und Hefen verursacht [19]. Das gilt auch für mikrobielle Veränderungen in Salattunken [264]. Die Hefen gehören vor allem zu folgenden Arten: *Pichia membranaefaciens*, *Zygosaccharomyces bailii*, *Z. rouxii*, *Candida globiformis*, *C. vini*, *Saccharomyces exiguus* und *Debaryomyces* sp. Interessant ist hierbei, daß Hefen schon mit geringen Zahlen ($< 1\,000\ g^{-1}$) zum Verderb von Feinkosterzeugnissen führen können [17, 19].

In den Tab. 7.10 und 7.11 sind die für die Auswertung von Stichprobenuntersuchungen bei Marinaden empfohlenen Keimzahlen zusammengestellt.

Da Mayonnaise aus Eiern bzw. Eiprodukten hergestellt wird, besteht die Gefahr einer Kontamination mit Salmonellen. Der Gehalt von 0,4 bis 0,7 % Essig tötet Salmonellen bei einer Lagertemperatur von 15 °C innerhalb eines Tages ab [38].

Im Haushalt ohne ordnungsgemäße Behandlung (fehlendes Garbad, unzureichende Lagerung usw.) zubereitete Marinaden haben schon zu Botulismusausbrüchen (Typ E) geführt. Meist wurde hierbei der Fisch in einen relativ milden Aufguß gelegt, so daß die Essigsäure im Gegensatz zur Garbadlagerung nur langsam in das Fischfleisch eindringen kann. In der Regel verhindert eine ausreichende und schnelle Säuerung (pH-Wert < 4,5, Essigsäuregehalt > 1,0 %) sowie eine durchgängige Kühlung die Toxinanreicherung [218, 235, 266].

Außerdem kann Aflatoxin durch *Aspergillus flavus* in Mayonnaise gebildet werden. Dazu sind jedoch sehr ungünstige Lagerungsbedingungen nötig (Temperaturen zwischen 20 °C und 30 °C [15]), die zu einem schnellen Verderb, d. h. zu sensorischen Veränderungen der Erzeugnisse führen.

7.1.3.3.3 Möglichkeiten der Haltbarkeitsverlängerung von Marinaden

Die Haltbarkeit von Marinaden kann durch die Kombination von Essigsäure mit anderen Genußsäuren (z. B. Milch- und Citronensäure) bei Einhaltung einer guten sensorischen Qualität erheblich verbessert werden [126, 193]. Auf diese Problematik wurde schon unter 7.1.3.3.2 eingegangen.

Benzoesäure hat nur im sauren Bereich (pH-Wert <5,3) einen konservierenden Effekt, weil ausschließlich ihr undissoziierter Anteil wirksam ist. Einzelne Hefearten (z. B. *Zygosaccharomyces bailii*) und besonders Laktobazillen werden erst von 2 g kg^{-1} Nährsubstrat und darüber gehemmt [17, 209]. Allerdings verstärkt sich bei Temperaturen zwischen 8 °C und 12 °C ihre Hemmwirkung gegenüber Laktobazillen [225]. Der Zusatz von Benzoesäure verzögerte z. B. bei Rollmops, der mit Essigsäure konserviert war, das Entstehen einer Bombage um 4 Wochen, wenn die Lagertemperatur 10 °C betrug [198].

Die **PHB-Ester** sind gegenüber den Milchsäurebakterien nur von geringer Wirksamkeit. Es müßten deshalb erheblich größere Mengen, als die Zusatzstoff-Zulassungsverordnung zuläßt, eingesetzt werden, um die heteroenzymatischen Laktobazillen in ihrer Entwicklung zu hemmen. Von *L. buchneri* wurden Stämme beschrieben, die bei einem pH-Wert von 4,3 eine Konzentration von 4,5 g kg^{-1} des Ethylesters tolerieren [209].

Die **Sorbinsäure** ist im nichtdissoziierten Zustand wirksam, deshalb liegt die obere Grenze für die antimikrobielle Aktivität bei pH-Werten von 6,0 bis 6,5, d. h. im sauren Bereich [143]. Sie hemmt bzw. unterbindet vor allem die Vermehrung der Hefe- und Schimmelpilze, obwohl es Hefestämme (z. B. *Zygosaccharomyces bailii*) gibt, die gegenüber diesem Präparat sehr resistent sind [17]. Auf die einzelnen Bakterienarten hat die Sorbinsäure eine unterschiedliche Wirkung. Einerseits ist sie in der Lage, verschiedene Verderbserreger zu hemmen, andererseits kann sie für bestimmte Arten (z. B. *Lactobacillus plantarum*) als Kohlenstoffquelle dienen. Auch ist die Kombination der Sorbinsäure mit anderen Konservierungsmitteln möglich. Damit sind je nach Keimart synergistische, additive oder antagonistische Wirkungen verbunden, deshalb sollten Konservierungsmittelkombinationen nur gezielt zum Einsatz kommen [143].

Die **Ameisensäure** hat gegenüber säurefesten Bakterien nur geringe Hemmwirkung [209, 224]. Auch für viele Hefe- und Schimmelpilzstämme liegt die Hemmgrenze bei einem pH-Wert <5,0 über 1 g kg^{-1} [209], so daß ihr Einsatz in Marinaden wenig erfolgversprechend ist [174].

Zur Verbesserung der Lagerfähigkeit mayonnaisehaltiger Produkte wurde mit Erfolg die schonende **Pasteurisation** von Mayonnaise, die nur Eigelb als Emulgator enthielt, erprobt. Eine Erhitzung auf 50 bis 80 °C führte zur deutlichen Reduzierung des Keimgehaltes. Dieser Effekt wurde noch durch den Zusatz von Natrium- oder Kaliumsorbat verstärkt [32].

7.1.3.4 Kochfischwaren

Die Fische werden zunächst vorgesalzen. Daran schließt sich das Kochen oder Ziehen bei 80 bis 85 °C an. Dieser Prozeß erfolgt in einer Lösung, die 6 bis 8 % Kochsalz, 4 % Essig und Gemüse enthält. Das Fischfleisch ist dann gar, wenn es sich leicht von der Gräte lösen läßt.

7.1.3.4.1 Kochvorgang

Beim Kochen werden die körpereigenen Enzyme der Fischmuskulatur inaktiviert, so daß autolytische Prozesse nicht mehr stattfinden [133].

Durch den Kochprozeß sterben die psychrophilen Keime, die zur physiologischen Fischflora gehören, ab. Erhitzt man z. B. Seewasser auf 80 °C, so überleben nur 3 % der ursprünglich vorhandenen Bakterien [133]. Mit den Gewürzen gelangen jedoch auch Bazillen in das Kochbad, deren hitzeresistente Sporen den Kochprozeß überleben.

7.1.3.4.2 Mikroflora der Kochfischwaren und Möglichkeiten ihrer Haltbarkeitsverlängerung

Das Fischfleisch sollte bis 2,5 % Kochsalz und 0,5 bis 1,5 % Essigsäure enthalten. Die aspikhaltige Grundsubstanz kann bis 3,0 % Kochsalz und 1,0 bis 2,5 % Essigsäure aufweisen.

Das vorbehandelte Fischfleisch wird z. B. in Kunststoffbecher gepackt, mit Geleeaufguß übergossen und verschlossen.

Durch das saure Milieu keimen die Sporenbildner nicht aus. Allerdings kann der Fisch und besonders das Gelee sekundär kontaminiert werden. Dabei spielen die weitverbreiteten Laktobazillen eine bedeutende Rolle. Außer Kokken können auch Schimmelpilze und Hefen zum Verderb führen. In den Tab. 7.10 und 7.11 sind die für Stichprobenuntersuchungen des Fertigprodukts empfohlenen Grenzkeimzahlen zusammengestellt.

In der Aspikmasse kann man bei verdorbener Ware die Kolonien der genannten Erreger feststellen. Meist beginnt der Verderb mit dem Wachstum von punktförmigen Schimmelpilzkolonien, die sich langsam über die gesamte Oberfläche ausbreiten. In diesem Stadium kann im Innern noch kein abweichender Geschmack bemerkt werden. Die Kochmarinade muß jedoch als genußuntauglich beurteilt werden, da sie in diesem Zustand nicht mehr handelsfähig ist.

Die im Handel befindlichen Kochmarinaden haben im Fischfleisch häufig einen unter 1,0 % liegenden Essiggehalt. Daher ist es möglich, daß anaerobe Sporenbildner auskeimen. Wenn das Fischfleisch oder die Gemüsebeilagen mit Sporen von *Clostridium botulinum* kontaminiert sind, so können sich diese vermehren und zu einer **Lebensmittelvergiftung** führen. Um dieser Gefahr zu begegnen, sollte ein möglichst hoher Essigsäuregehalt angestrebt werden. Bei >1 % Essigsäure im Fertigerzeugnis ist keine Vermehrung von *C. botulinum* zu erwarten.

Zur **Haltbarkeitsverlängerung** können diesen Produkten ebenfalls Konservierungsmittel zugegeben werden.

7.1.3.5 Bratfischwaren

Die Fische bzw. Fischteile werden in der Regel zuerst leicht gepökelt. Man bringt sie dazu etwa 8 bis 15 min in eine 16 %ige Salzlösung. Danach werden sie mit Mehl paniert. Das Braten erfolgt in Speiseöl oder Fetten bei 165 bis 185 °C. Während des Bratens wird dem Fischfleisch Wasser entzogen. Die im Fisch erreichten Temperaturen liegen bei 90 bis 95 °C. Das führt zum Absterben der vegetativen Keime und Inaktivierung der enzymatischen Aktivität. Prinzipiell sind die Bratzeiten und -temperaturen so festzulegen, daß auch die Sporen von *C. botulinum* Typ E abgetötet werden (s. Tab. 7.6).

Nach dem Abkühlen legt man die Fische in einen Gewürzaufguß, der bis 2,5 % Essig und 4 % Kochsalz enthält. Essig und Salz diffundieren langsam ins Muskelgewebe ein. Das Fischfleisch sollte 1,0 bis 2,5 % Kochsalz und 1,0 bis 2,0 % Essigsäure enthalten.

In der Regel weisen Bratmarinaden nur einen sehr geringen Bakterienbefall auf. Er liegt bei 100 bis 250 Keimen je 1 g Fischfleisch (s. auch Tab. 7.10 und 7.11). Die wenigen nachweisbaren Sporenbildner gelangen meist mit den Gewürzen hinein. In den Packungen müssen die Fische vollständig mit Aufgußflüssigkeit bedeckt sein, da sich sonst auf der oberen Lage sehr leicht Schimmelpilze ansiedeln können.

Weiterhin ist der **bakterielle Verderb**, bei dem der Aufguß eine schleimige, fadenziehende Beschaffenheit hat, möglich. Früher wurde diese Erscheinung auf eine Besiedlung der Bratmarinaden mit Bazillen (besonders *B. mesentericus*) zurückgeführt [141]. Dagegen spricht der wachtumshemmende Einfluß des Essigs gegenüber den Bazillen. Spätere Untersuchungen ergaben, daß das Fadenziehen Laktobazillen und Streptokokken verursachen [197, 198].

Verdorbene Bratmarinaden riechen muffig-beißig, und das Aussehen ist unappetitlich grau. Der Keimgehalt steigt erheblich an ($> 10^6$ Bakterien g^{-1}) [230]. Bratfischwaren, auf denen sich eine Kahmschicht befindet, sollten wegen einer möglichen Histaminbildung nicht gegessen werden. Auf die Problematik der Histaminintoxikationen wird unter 7.1.1.4 eingegangen.

7.1.3.6 Salzfische

7.1.3.6.1 Naßsalzung

Es werden Magerfische (Seelachs, Kabeljau) und Fettfische (Hering, Sardelle, Lachs, Schwarzer Heilbutt) durch Salz konserviert. Eine besondere Tradition hat der Salzhering, der nicht ausgenommen, genobbt (Abtrennen des Kopfes und Entfernen des Magens und Teilen des Darmkanals) oder gekehlt (Entfernen der Kiemen und des Vorderdarms außer den Pylorusanhängen) verarbeitet wird, erlangt.

In der Fischwirtschaft unterscheidet man zwei verschiedene Methoden des Salzens, die milde und die harte Salzung.

Milde Salzung. Der Salzgehalt soll in 100 g Fischgewebewasser 6 bis 20 g betragen. Diese Warenart, die immer mehr an Bedeutung gewinnt, muß wegen des geringen Kochsalzgehaltes kühl gelagert werden. Neben dem lange Zeit üblichen Herstellungsverfahren (langsames Reifen im Faß) sind jetzt Schnellreifungsmethoden, bei denen speziell zusammengesetzte Beiz- oder Reifebäder, die u. a. Wein- oder Citronensäure, Glutaminsäure, Zuckerstoffe sowie Kochsalz enthalten, bzw. proteolytische Enzyme angewendet werden, im Gebrauch. Sie verkürzen in Abhängigkeit von der Lagertemperatur die Produktionszeit für mildgesalzene Erzeugnisse auf 2 bis 7 Tage [115, 121, 198, 312]. Wird außer dem Kochsalz noch Zucker zugesetzt, spricht man auch von einer Zuckersalzung.

Harte Salzung. Derartige Produkte müssen in 100 g Fischgewebewasser über 20 g Kochsalz enthalten. Dadurch weist diese Ware bei kühler Lagerung (< 15 °C) eine Haltbarkeitsdauer von 6 Monaten auf.

Weiterhin teilt man den Salzhering nach Größe, Fettgehalt und Entwicklungsstadium der Gonaden ein.

7.1.3.6.2 Trockensalzung

Das Trockensalzen der Magerfische (Kabeljau, Seelachs, Leng usw.) wird in Deutschland nur in kleinerem Rahmen durchgeführt.

Ein typisches Erzeugnis ist der **Klippfisch**, der aus geköpftem, ausgenommenem Kabeljau, Schellfisch, Seelachs, Lengfisch oder Lumb hergestellt wird. Die Magerfische werden dazu trocken oder naß gesalzen und nach dem Erreichen der Salzgare getrocknet, so daß das Endprodukt einen Wassergehalt von bis zu 42 % (1/1 trocken) bzw. bis zu 48 % (3/4 trocken) hat.

Bei einem anderen Verfahren der Trockensalzung erreicht man im Fischfleisch neben 35 % Wasser einen Kochsalzgehalt von 25 %. Dabei wird der gesalzene Fisch so gelagert, daß das Wasser, das dem Fisch durch das Salz entzogen wird, abfließen kann. Auch erfolgt hierbei eine mehrere Monate dauernde Salzlagerung, ehe der Fisch getrocknet wird. Die Keimentwicklung wird hierbei durch den hohen Salzgehalt und die Trocknung gehemmt.

7.1.3.6.3 Verhalten der Bakterien gegenüber Kochsalz

Die konservierende Wirkung des Kochsalzes hat folgende Ursachen [20, 60, 162]:

- Kochsalz entzieht durch Erhöhung des extrazellulären osmotischen Drucks der Bakterienzelle Wasser,
- es kommt dann zu einer Erhöhung des osmotischen Drucks in der Zelle,
- höhere Kochsalzkonzentrationen verändern die Permeabilität der Zellwände,
- Natrium- und besonders Chlorionen sind in bestimmten Konzentrationen für viele Bakterien toxisch,
- in starken Salzlösungen ist der für viele Keime notwendige Sauerstoff unlöslich,
- die Enzymaktivität wird durch höhere Salzkonzentrationen gehemmt.

Der Austrocknungseffekt (Senkung des a_w-Wertes) kann auch durch andere lösliche Stoffe, z. B. Saccharose, erzielt werden. Allerdings hemmen dann die einzelnen gelösten Substanzen den jeweiligen Mikroorganismus mit z. T. unterschiedlichen a_w-Werten [283]. Das gleichzeitige Senken des pH-Wertes verstärkt die Hemmwirkung des Kochsalzes bzw. verhindert das

Wachstum halotoleranter und halophiler Keime [20, 283]. Die Kombination beider antimikrobieller Maßnahmen ist für die Lebensmittelkonservierung von großer Bedeutung.

Die einzelnen Mikroorganismenarten zeigen gegenüber dem Kochsalz ein unterschiedliches Verhalten. Viele **salzempfindliche Bakterien** (halophobe Keime) werden schon durch Kochsalzkonzentrationen >2 % gehemmt. Zu dieser Gruppe gehört der größte Teil der pathogenen Keime. Auch die meisten Bakterien, die die Fischfäulnis verursachen, sind salzempfindlich. So vermehren sich *Pseudomonas*-, *Alteromonas*-, *Moraxella*- und *Acinetobacter*-Arten nicht mehr, wenn der a_w-Wert unter 0,95 liegt. Allerdings werden sie bei diesen Konzentrationen nicht abgetötet. Das Wachstum der Gattungen *Salmonella* und *Escherichia* wird bei einem a_w-Wert von <0,95 bis 0,94, der einer Kochsalzkonzentration >8 % in der wäßrigen Phase entspricht, gehemmt. Das Abtöten der Salmonellen erfolgt in einer konzentrierten Kochsalzlösung bei 20 °C in 5 Tagen [214, 227, 239, 283].

Eine weitere Gruppe umfaßt die mehr oder weniger **halotoleranten Keime**. Zu ihr gehören vor allem sporenbildende Bakterien, Mikrokokken und Staphylokokken. Diese Mikroorganismen wachsen auf Nährmedien, die mehr als 6 bis 8 % Kochsalz enthalten. Viele von ihnen entwickeln sich noch in konzentrierten Kochsalzlösungen. Allerdings nimmt die Wachstumsgeschwindigkeit mit steigender Konzentration ab. So tritt eine völlige Wachstumshemmung der meisten Bazillen-Stämme (einschließlich *Bacillus cereus*) bei 10 bis 15 % Kochsalz im Nährmedium ein [20, 21]. *Clostridium sporogenes*, *C. putrefaciens*, *C. perfringens* und *C. botulinum* Typ A und B weisen dagegen eine geringere Kochsalztoleranz auf. Sie können sich nur bis zu einem a_w-Wert von 0,94 (etwa 10 % Kochsalz) entwickeln. Der Typ E ist sogar sehr empfindlich. Seine Wachstumsgrenze liegt bei einem a_w-Wert <0,97 (>5 % Kochsalz) [265, 283]. Die Sporen werden auch in konzentrierter Salzlösung nicht abgetötet. Ihre Fähigkeit auszukeimen und sich zu vermehren, wird durch eine Anzahl von Bedingungen beeinflußt. Dazu gehören neben dem Kochsalzgehalt des umgebenden Mediums auch seine Temperatur und sein pH-Wert sowie eine evtl. Vorbehandlung der Sporen (z. B. Strahlenbehandlung, Erhitzen usw.) [54, 227, 266, 283].

Auch die in Fischprodukten vorkommenden Vibrionen haben meist eine erhöhte Salzresistenz. Während *Vibrio parahaemolyticus* schon von einem Kochsalzgehalt >9 % (a_w-Wert <0,94) in seinem Wachstum gehemmt wird, sind dafür bei *V. alginolyticus* >11 % (a_w-Wert <0,93) und bei *V. costicola* >12 % (a_w-Wert <0,926) nötig [213]. Einzelne Stämme der Vibrionen entwikkeln sich sogar noch bei einem a_w-Wert von 0,90 [214].

Mikrokokken, Pediokokken sowie Staphylokokken weisen ebenfalls eine hohe Kochsalzresistenz auf. Die Hemmkonzentration beträgt für letztere >18 % Kochsalz (a_w-Wert <0,83) [214, 283]. Verschiedene Schimmelpilze sind ebenfalls gegenüber Kochsalz resistent. Die zur Wachstumshemmung von *Aspergillus niger* nötige Konzentration liegt bei 17 % und die für *Penicillium glaucum* bei 19 bis 20 % [227].

Zum Wachstum der ausgesprochen **halophilen Keime** ist gewöhnlich eine Kochsalzkonzentration von >2 % nötig. Viele dieser Bakterien wachsen nicht auf gewöhnlichem Nähragar. Ihr Wachstumsoptimum liegt bei Konzentrationen von 3 bis 20 % [248]. Sie vermehren sich auch in Nährmedien, die eine gesättigte Kochsalzlösung darstellen (bis zu einem a_w-Wert >0,7) [162, 289]. Der Wirkungsmechanismus des Kochsalzes auf das Wachstum der halophilen und halotoleranten Mikroorganismen ist noch nicht vollständig geklärt. Da das Kochsalz durch verschiedene andere Salze bei gleichem Verhalten der Bakterien ersetzt werden kann, wird allgemein angenommen, daß der erhöhte osmotische Druck bzw. die verminderte Wasseraktivität (a_w-Wert) im Nährmedium die Entwicklung der Keime stimuliert. Andererseits wachsen verschiedene halophile und halotolerante Mikroorganismen nicht in höherprozentigen Lösungen von Kaliumchlorid [183], Glycerol oder Polyethylenglycol [227].

Alle halophilen Bakterien sind aerob und mesophil, daher entwickeln sie sich nicht in sauerstofffreien Medien und bei entsprechender Kühlung (<10 °C) [289]. Zu dieser Gruppe gehört die Familie der *Halobacteriaceae*, von denen die roten halophilen Bakterien, die *Halobacterium salinarium* nahe stehen, eine besondere Bedeutung für den Verderb hartgesalzener Fische haben. Auch verschiedene Pilze, wie die *Sporendonema*-Arten, sind gegenüber Kochsalz außerordentlich resistent [289].

7.1.3.6.4 Mikroflora des naßgesalzenen Fisches

Die ursprüngliche Flora des Fisches wird während des Salzungsprozesses unterschiedlich stark verändert. Die Keimbesiedlung der einzelnen Erzeugnisse hängt von deren Kochsalzgehalt in der wäßrigen Phase ab. Liegt die **Kochsalzkonzentration** <6 % (vorgesalzene Produkte), so ähnelt die Mikroorganismenflora dieser Erzeugnisse der des Frischfisches. Solche Produkte sind ohne Kühlung oder Gefrieren nur sehr kurze Zeit haltbar.

Während der Bearbeitung kommt der Fisch mit den verschiedenen Geräten, den Händen usw. in Berührung. Besonders das aus Meerwasser gewonnene Salz kann mit verschiedenen Bakterien verunreinigt sein [183]. Die wichtigsten im Salz vorkommenden Keime gehören zu den *Halobacteriaceae*. Eine besondere Bedeutung hat für die Flora des Salzfisches die Art des Salzens [175].

Der Fisch verliert während seiner Lagerung Wasser und nimmt Salz auf. Damit kommt es zu Veränderungen sowohl im Fisch als auch in der Lake. Innerhalb der ersten 10 bis 15 Tage steigt der Bakteriengehalt der Lake an. Während der folgenden Zeit vermindert sich bei der harten Salzung die Keimzahl in der Lake, so daß nach 2 bis 3 Monaten nur noch etwa 10 % des Anfangskeimgehaltes vorhanden sind. Für die weitere Lagerzeit bleibt der Keimgehalt der Lake konstant (10^2 Keime cm^{-3}). Ihre Flora besteht vor allem aus halotoleranten und halophilen Mikrokokken. Dazu kommen halophile Hefen, Sporenbildner, Schimmelpilze und gelegentlich gramnegative Stäbchen. Die psychrophilen *Pseudomonas*-, *Moraxella*- und *Acinetobacter*-Arten fehlen oder sind nur in geringer Zahl vorhanden. Vereinzelt werden in Heringslake auch Corynebakterien und Flavobakterien gefunden [246].

Im Fleisch **hartgesalzener Fische** verringert sich sofort der Keimgehalt. Die Muskulatur ist deshalb in wenigen Monaten steril. Allerdings fanden verschiedene Untersucher in Fleischproben zum Teil größere Zahlen halophiler Bakterien (z. B. in Salzsardellen bis $>10^6\ g^{-1}$). Als wichtigste Gattungen waren dann *Micrococcus*, *Bacillus*, *Lactobacillus* und *Pediococcus* (*P. halophilus*) vertreten [122, 227, 293].

Der während der Lagerung stattfindende **Reifeprozeß** erfolgt in erster Linie durch enzymatische Vorgänge. Neben den Muskelenzymen sind die Verdauungsenzyme des Fisches an der Herausbildung des typischen Geschmackes von Salzheringen beteiligt.

Die **milde Salzung** läßt wegen des geringeren Kochsalzgehaltes die Entwicklung einer umfangreichen Keimflora zu. So werden im Fleisch mildgesalzener Heringe (z. B. Matjes) Gesamtkeimzahlen zwischen 10^3 und mehr als $10^7\ g^{-1}$ bzw. bis $10^8\ cm^{-2}$ auf der Haut gefunden [121, 227]. Die Mikroorganismenflora ist je nach Herstellungsart unterschiedlich, aber im allgemeinen komplex zusammengesetzt. Neben grampositiven Bakterien (*Micrococcus*, *Lactobacillus*, *Brevibacterium*, *Corynebacterium* und *Staphylococcus*) und Hefen dominieren vor allem *Moraxella*-, *Acinetobacter*-, *Flavobacterium*- sowie *Vibrio*-Arten. Auch *Enterobacteriaceae*, *Alteromonas* und *Pseudomonas* wurden nachgewiesen [121]. Die in solchen Produkten erreichten a_w-Werte verhindern weiterhin in der Regel nicht das Wachstum der anaeroben und besonders der aeroben Sporenbildner. In den Tab. 7.10 und 7.11 sind die Grenzwerte für die mikrobielle Stichprobenkontrolle dieser Erzeugnisse angegeben.

Bei den mildgesalzenen Erzeugnissen sollen zur Erreichung eines abgerundeten Aromas außer den fischeigenen bzw. den zugesetzten Enzymen (Reifesalze, mikrobielle Proteasen usw.) die Mikroorganismen Bedeutung haben [121, 246, 312]. Karnop [121] fand in echtem Matjeshering eine Bakterienflora, die regelmäßig zu >16 % aus *Vibrio costicola* bestand. Deshalb maß er dieser Art eine gewisse Rolle bei der Entstehung des typischen Aromas zu. Entsprechend der Wichtigkeit mikrobieller Reifevorgänge im Herstellungsprozeß mildgesalzener Erzeugnisse wäre an den Einsatz bestimmter Bakterienkulturen zur Verbesserung oder zur Beschleunigung der Aromabildung zu denken (z. B. *Vibrio costicola* [85, 121], Kokken-, Laktobazillen-Stämme usw.).

Aus Matjeshering isolierte *Vibrio-costicola*-Stämme wurden auch schon in Versuchen als Starterkultur zur Reifung aufgetauter Heringsfilets eingesetzt. Die dazu verwendete Lake (Lake : Fisch-Verhältnis = 1 : 1,6) enthielt 11 % Kochsalz, 1 % Glucose, 0,3 % Kaliumnitrat sowie 10^6 bis 10^7 Vibrionen ml^{-1}. So gereifte Filets erreichten bessere sensorische Eigenschaften als solche, die nur ein Beiz- oder Reifebad durchlaufen hatten [63].

In Südostasien sind **fermentierte Fischprodukte** mit einem relativ hohen Kochsalzgehalt verbreitet, entsprechend besteht ihre Mikroflora weitgehend aus halotoleranten Mikroorganismen. Dazu gehören Fischsoßen, die unter verschiedenen Bezeichnungen (z. B. in Japan als Kaomi oder Ounago) gehandelt und durch Fermentierungsprozesse, bei denen am Beginn *Bacillus pumilus* sowie *B. licheniformis* und im weiteren Verlauf *Micrococcus* spp. vorherrschen, hergestellt werden. Die auf den Philippinen übliche fermentierte Fischpaste (Burong Dalag) enthält vor allem Säurebildner, wie *Leuconostoc mesenteroides*, *Pediococcus cerevisiae* und *Lactobacillus plantarum* [135].

Außer der Kühllagerung können zur Stabilisierung von Salzheringserzeugnissen oder Fischpasten, die <10 % Kochsalz enthalten, Konservierungsmittel (Benzoe-, Sorbin-, Ameisensäure und PHB-Ester) eingesetzt werden [292].

7.1.3.6.5 Mikroflora des trockengesalzenen Fisches

90 % der Flora bestehen bei den im Faß gesalzenen und anschließend getrockneten Fischen aus Mikrokokken. Die restlichen 10 % setzen sich aus *Flavobacterium*-, *Pseudomonas*-, *Moraxella*- und *Acinetobacter*-Arten zusammen [246].

Bei der harten Trockensalzung besteht die Fischflora größtenteils aus Mikrokokken [246]. Das gilt auch für Klippfisch, der $6{,}5 \times 10^3$ bis $3{,}2 \times 10^6$ halophile Keime cm^{-2} Oberfläche enthalten kann [227].

Die proteolytischen Eigenschaften der Mikrokokken sind bei einem Kochsalzgehalt von 2 % am größten. Danach nimmt diese Fähigkeit ab, und bei 12 % Kochsalz wird von ihnen kein Eiweiß mehr abgebaut. Der Einfluß des Kochsalzes auf die proteolytische Aktivität der Mikrokokken ist im Bild 7.1 anhand der Trimethylaminbildung dargestellt.

Man schreibt deshalb dieser Gattung nur bei der milden Salzung eine aromabildende Wirkung zu [246].

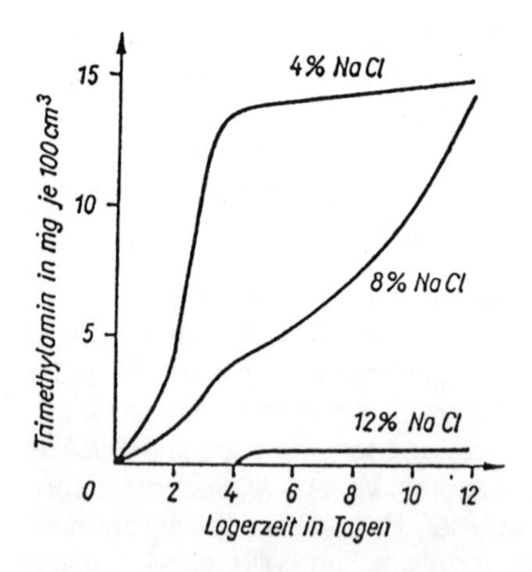

Abb. 7.1 Einfluß des Kochsalzes auf die Trimethylaminbildung durch Mikrokokken [227]

7.1.3.6.6 Verderb des Salzfisches

Im Gegensatz zum Frischfisch besteht die Flora des Salzfisches zu einem hohen Prozentsatz aus mesophilen Keimen. Ihr Wachstum setzt erst bei Temperaturen $>5\,°C$ ein.

Der Verderb hartgesalzener Fettfische (Heringe usw.) wird besonders durch chemische Prozesse verursacht. Obwohl hohe Salzkonzentrationen auch die Enzymaktivität hemmen, kann es während einer längeren Lagerung zur **Fettoxidation** kommen. Das unter der Haut gelegene Fett färbt sich gelb, und der Geschmack wird tranig.

Ein **bakterieller Verderb** von gesalzenen Fischen ist auch möglich. Vor allem trockengesalzene oder nicht mit Lake bedeckte Fische werden von Keimen befallen, die eine rosarote Verfärbung hervorrufen. Da diese Verfärbung meist an den Außenseiten der aufgeschichteten Fische beginnt, kann man sie mit fließendem Wasser entfernen. Treten jedoch Verfärbungen im Inneren der Muskulatur auf, kommt es zu sensorischen Veränderungen der Fische (saurer Geruch) [246]. Die Bakterien, die die rosarote Verfärbung der Salzfische verursachen, gehören morphologisch keiner einheitlichen Gruppe an. Es sind sowohl stäbchenförmige Keime als auch Kokken. Auf Nährböden wachsen sie in roten und rötlich-braunen Kolonien. Je nach Zusammensetzung des Nährmediums ändern sich ihre Zellformen (kokoid bis stäbchenförmig). Die optimale Wachstumstemperatur liegt bei 37 bis 40 °C. Außerdem sind es streng aerobe Keime, so daß sie sich nicht auf Fischen vermehren können, die von der Salzlake bedeckt werden. Ihr Wachstum wird außerdem durch Senkung des pH-Wertes auf 5,1 bis 5,5 durch den Zusatz von 0,01 % Citronen- oder Weinsäure bzw. 0,3 % Sorbinsäure gehemmt [227, 289]. Für den Menschen sind diese Bakterien nicht pathogen. Systematisch werden sie der Familie der *Halobacteriaceae* zugeordnet, wobei die stäbchenförmigen zu den *Halobakterien* und die kugelförmigen Keime zu den Halokokken gehören [162, 248].

Auf Salzfischen können sich auch kleine braune bis schwarze Stellen bilden. Ein Proteinabbau erfolgt hierbei nicht. Als Verursacher werden einerseits die *Micrococcus*-Gruppe [284] und andererseits halophile Pilze der Gattungen *Sporendonema* oder *Geotrichum* [175] genannt. Auf Salzfischen wurde auch schon das Vorkommen von *Scopulariopsis*-, *Aspergillus*-, *Penicillium*- und *Alternaria*-Arten beschrieben [141, 289]. Durch Abwaschen mit Wasser kann man den Schimmelpilzbefall nicht beseitigen. Die Sporen werden vielmehr auf der Fischoberfläche verteilt.

Eine bakterielle Zersetzung (z. B. Fäulnis) hat nur bei mildgesalzenen Erzeugnissen Bedeutung. In hartgesalzenen Fischen können sich die üblichen Fäulniserreger nicht vermehren. Allerdings besteht die Möglichkeit, daß sich durch ungleichmäßiges Mischen der Heringe mit dem Salz Fäulnisherde in den Fässern bilden, die den gesamten Inhalt geschmacklich beeinflussen [60].

7.1.3.7 Salzfischerzeugnisse

Salzfischerzeugnisse sind begrenzt haltbar gemachte Erzeugnisse aus gesalzenen reifen Fischen oder Fischteilen. Sie können mit Zusatz von Zucker, Enzymen, Aromen oder Gewürzkombinationen mit verzehrbaren (z. B. Öl,

Mayonnaise, Remoulade usw.) oder nicht verzehrbaren (Aufgüsse und Lake) Beigaben hergestellt werden.

Bei den einzelnen Produkten, die zu dieser Warengruppe gehören, werden die unterschiedlichsten Salzfischarten eingesetzt sowie mit Öl, Aufgüssen usw. versehen, damit ein sofortiger Verzehr ohne weitere Behandlung möglich ist.

Ein wichtiges Erzeugnis sind die **Seelachsschnitzel** bzw. **-scheiben**. Dazu werden naß- oder trockengesalzene Gadidaefilets verwendet. Diese werden geschnitten, gefärbt, kaltgeräuchert und kochsalzreduziert in Öl eingelegt. Das Färbebad enthält neben dem Farbstoff noch Salz, Essigsäure und ggf. ein Konservierungsmittel [9].

Die erzeugnisspezifische Haltbarkeit erreicht man in erster Linie durch den Kochsalzgehalt, der jedoch in den einzelnen Produkten sehr unterschiedlich ist. Bei Seelachsschnitzel bzw. -scheiben sollte er allerdings 8 % in der wäßrigen Phase der verzehrsfertigen Produkte aus Gründen des Gesundheitsschutzes nicht unterschreiten [202].

7.1.3.7.1 Mikroflora der Salzfischerzeugnisse

Entsprechend des unterschiedlichen Kochsalzgehaltes ist auch die Mikroflora der einzelnen Salzfischprodukte sehr verschieden. Das Kalträuchern der Seelachserzeugnisse hat ebenfalls eine gewisse keimvermindernde Wirkung.

Wäßrige Lösungen von Lebensmittelfarbstoffen, die u. a. die Grundlage für das Färbebad bilden, sollten möglichst keimarm sein.

Der Gehalt an halophilen Mikroben darf bei den zur Seelachsproduktion verwendeten Salzfischen $2 \times 10^4 g^{-1}$ nicht überschreiten. Für das Fertigerzeugnis wäre eine maximale Keimzahl von $4 \times 10^4 g^{-1}$ günstig [134]. Allerdings liegt der Anfangskeimgehalt der Ölpräserven häufig erheblich darüber [81] und übersteigt oft $10^6 g^{-1}$. Die Tab. 7.10 und 7.11 enthalten weiterhin Grenzkeimzahlempfehlungen für wichtige Mikroorganismengruppen, die zur Kontrolle der hygienischen Behandlung der Salzfischerzeugnisse dienen.

GROSSKLAUS [81] isolierte aus Lachsersatz Laktobazillen, Bazillen, Kokken, Hefen sowie vereinzelt coliforme und fluoreszierende Keime.

Laktobazillen können sich bei dem relativ hohen Salzgehalt des Seelachses noch vermehren. Die zu den heteroenzymatischen Laktobazillen gehörenden Species *L. buchneri* und *L. brevis* zeigen bei 7 % Kochsalz und einem pH-Wert von 4,5 noch eine optimale Vermehrung und Gasbildung. Die bakteriostatische Wirkung des Salzes wird durch eine Verminderung des Wassergehaltes im jeweiligen Erzeugnis verstärkt. Außerdem hemmt eine Lagertemperatur < 10 °C die Keimvermehrung erheblich [133].

Bazillen kommen in Salzfischerzeugnissen häufig vor. Sie können sich auch infolge ihrer hohen Kochsalztoleranz [20] in Seelachserzeugnissen und anderen Produkten unter bestimmten Bedingungen vermehren.

Halophile Pilze spielen beim Verderb des Seelachses eine wichtige Rolle. Es handelt sich dabei um halophile Hefen, die zur Veränderung der roten Farbe des Seelachses führen können. Den Hauptanteil der Flora stellen halophile Mikrokokken. In eigenen Untersuchungen konnten die Arten *M. luteus*, *M. candidus*, *M. flavus* und *M. roseus* ermittelt werden.

Die vereinzelt auftretenden coliformen Keime vermehren sich in den meisten dieser Erzeugnisse nicht, da ein 6 bis 8 %iger Kochsalzgehalt bakteriostatisch wirkt. Eine Ausnahme bildet lediglich *Proteus vulgaris*, das erst durch 7,5 bis 10% Kochsalz gehemmt wird [227]. Abgetötet werden die *Enterobacteriaceae* nur durch das Einwirken einer konzentrierten Kochsalzlösung über mehrere Tage [239].

Die Fischfäulniserreger (z. B. *Pseudomonas*-Arten) entwickeln sich unter den in diesen Produkten vorhandenen Bedingungen in der Regel nicht, allerdings können sie längere Zeit am Leben bleiben [246]. Deshalb ist ihr Nachweis auch in Salzfischerzeugnissen möglich.

7.1.3.7.2 Verderb der Salzfischerzeugnisse

Die Geschwindigkeit der Keimvermehrung ist von der Lagertemperatur abhängig. Es kann jedoch nicht immer eine Abhängigkeit zwischen der Höhe des Keimgehaltes und dem Aussehen des Produktes bzw. seiner Haltbarkeit gefunden werden [81].

Bei Seelachs ist die **Reduktion des Farbstoffes** ein Indikator für den beginnenden Verderb. Dem Verblassen der roten Farbe folgt nach kurzer Zeit eine Geruchs- und Geschmacksabweichung [81]. Seelachs, der nicht konserviert wurde, hält sich bei 22 °C 4 bis 6 Tage [81]. Kühlschranktemperatur (5 °C) verlängert die Haltbarkeit auf etwa 4 Wochen. Die bakterielle Zersetzung wird in erster Linie durch halophile Mikrokokken verursacht, da diese in der Lage sind, Eiweiß abzubauen. Ihre proteolytische Wirkung ist noch bis zu einem Kochsalzgehalt von 12 % im Nährmedium nachweisbar [246]. Wird der Seelachs in Dosen verpackt, so kommen nicht selten nach einiger Zeit Bombagen vor. Sie treten in angesäuerten Lachsersatz-Erzeugnissen infolge der Decarboxylierung freier Aminosäuren durch heteroenzymatische Laktobazillen auf.

Halophile Hefen reduzieren den roten Farbstoff ebenfalls und bilden dann auf der Oberfläche der Erzeugnisse einen grauen Belag. Salzliebende Schimmelpilze (*Geotrichum*- und *Sporendonema*-Arten) entwickeln sich nur unter aeroben Verhältnissen [246]. Sie wachsen also nicht unter einer Ölschicht.

Die Salzfischerzeugnisse, die aus mildgesalzener oder schnellgereifter Ware hergestellt werden, haben eine Bakterienflora, die der unter 7.1.3.6.4 beschriebenen entspricht. Ein Teil der dort genannten Mikroorganismen ist in der Lage, Verderbsprozesse (z. B. Fäulnis, säuerliche Geschmacksnote durch Laktobazillen usw.) zu verursachen.

7.1.3.7.3 Vorkommen von menschenpathogenen Keimen in Salzfischerzeugnissen

Da der Kochsalzgehalt in den einzelnen Erzeugnissen sehr unterschiedlich ist, können sich vor allem in den mildgesalzenen Produkten unter ungünstigen Lagerbedingungen (> 10 °C) pathogene Keime entwickeln und eine Gefahr für die menschliche Gesundheit darstellen. Neben Salmonellen dürfte das besonders auf *Clostridium botulinum* zutreffen [91]. Auf diese Problematik wird ausführlich im Kapitel 7.1.3.8.3 eingegangen.

Aus schnell gereiften Erzeugnissen nach Matjesart wurden auch schon Listerien (u. a. *Listeria monocytogenes*), allerdings in sehr geringen Zahlen ($<10^2$ g^{-1}), isoliert.

Für Salzfischerzeugnisse haben die enterotoxinbildenden Staphylokokken eine besondere Bedeutung, da sie in diesen Produkten wiederholt nachgewiesen wurden [82]. Der Staphylokokkengehalt von nachweislich toxischen Lebensmittelproben lag bei mehr als 4×10^6 g^{-1} [72]. Im Lachsersatz wurden von einzelnen Untersuchern hohe Zahlen pathogener Stämme gefunden [82]. Andere ermittelten < 10 g^{-1} koagulasepositive Staphylokokken [82]. Da diese Keimart weit verbreitet ist, besteht immer die Möglichkeit einer Kontamination während des Verarbeitungsprozesses. *S. aureus* hat außerdem eine hohe Salzresistenz und wird selbst von einer konzentrierten Salzlösung nicht abgetötet. Über den Einfluß, den ein steigender Kochsalzgehalt bzw. ein sinkender pH-Wert sowie die Kühlung auf die Enterotoxinbildung durch *S. aureus* haben, wird unter 7.1.3.8.3 eingegangen.

Um die Toxinproduktion durch *S. aureus* zu hemmen, ist außer dem erzeugnistypischen Kochsalzgehalt eine geschlossene Kühlkette vom Erzeuger bis zum Verbraucher nötig.

7.1.3.7.4 Möglichkeiten der Haltbarkeitsverlängerung von Salzfischerzeugnissen

Zur Verbesserung der Haltbarkeit können dem gefärbten Lachsersatz, wenn dessen Kochsalzgehalt < 10 % liegt, außer der Essigsäure noch andere Genußsäuren, z. B. Weinsäure, zugesetzt werden. Dies führt zur Senkung des pH-Wertes und damit auch zu einer besseren bakteriostatischen Wirkung der Benzoe- bzw. Sorbinsäure [143, 198].

Benzoe- und Sorbinsäure haben in Konzentrationen < 2,5 g kg^{-1} nur geringe konservierende Eigenschaften. Einige Untersucher fanden jedoch, daß Sorbinsäure die Hemmwirkung des Kochsalzes auf das Staphylokokkenwachstum verstärkt [143, 283]. In Tab. 7.8 sind die in eigenen Versuchen gefundenen Benzoe-, Sorbinsäure- und PHB-Ester-Konzentrationen, die das Wachstum von aus verdorbenem Lachsersatz isolierten Mikroorganismen auf Nähragar verhindern, zusammengestellt.

Tab. 7.8 Konzentrationen von Benzoe-, Sorbinsäure und PHB-Ester, die das Wachstum von Mikrokokken- und Hefestämmen (isoliert aus verdorbenem Lachsersatz) auf Nähragar bei verschiedenen Kochsalzkonzentrationen verhindern

Mikroorganismen	Grenzhemmkonzentration (in g kg^{-1})								
	Benzoesäure			Sorbinsäure			PHB-Ester		
	6 %	8 %	10 %	6 %	8 %	10 %	6 %	8 %	10 %
	Kochsalz			Kochsalz			Kochsalz		
Mikrokokken	3,0	3,0	2,5	2,5	2,5	2,5	1,5	1,5	1,0
Hefen	2,5	2,5	2,0	1,5	1,5	1,5	0,5	0,5	0,5

Da **PHB-Ester** sehr leicht öl- und schwer wasserlöslich ist, liegt diese Substanz bei ölhaltigen Erzeugnissen weitgehend in der Ölphase vor und beeinflußt somit kaum die bakteriellen Vorgänge im Fischfleisch [174].

Früher wurde auch **Methenamin** zur Konservierung verwendet [81]. Kombiniert mit Ameisensäure wirkt es gegenüber den Gattungen *Micrococcus* und *Staphylococcus* bakteriostatisch.

7.1.3.8 Anchosen

Anchosen sind Erzeugnisse, die mit einer Salz-, Zucker- und Gewürz-Kräuter-Mischung haltbar gemacht werden. Das Fischfleisch ausgereifter Produkte sollte 8,0 bis 14,0 % Kochsalz und 2,0 bis 10,0 % Zucker enthalten. Als Fertigerzeugnisse sind Anchosen im eigenen Saft, mit speziellen Tunken bzw. Aufgüssen oder in Öl im Handel.

7.1.3.8.1 Reifeprozeß

Da die Verdauungsenzyme beim Reifeprozeß eine bedeutende Rolle spielen können, muß über das Entfernen der Eingeweide von Fall zu Fall entschieden werden. Besteht der Darminhalt der Heringe aus kleinen Flügelschnecken oder bestimmten Krebsarten (z. B. Ruderfußkrebse), so sind die Eingeweide möglichst zu entfernen, da es sonst leicht zu bauchweichen Kräuterheringen kommt [36].

Die Rohstoffe, die zur Verarbeitung gelangen, sollen möglichst frisch sein. Bei nicht mehr frischen Heringen oder Sprotten hat schon ein bakterieller Eiweißabbau eingesetzt, der den Verderb der Anchosen begünstigt. Deshalb sollte das Kräutern unmittelbar nach dem Fang an Bord der Schiffe erfolgen.

Bei dem eigentlichen Reifeprozeß laufen physikalische, chemische und bakteriologische Vorgänge ab. Zunächst wird dem Fisch durch die Zucker-Salz-Mischung Zellwasser entzogen, und es bildet sich die Lake aus. Während der Lagerung gleicht sich dann der Salz- und Zuckergehalt in der Lake und im Fischfleisch aus. Die in den Kräutern enthaltenen Geschmacksstoffe diffundieren zuerst in die Lake und dringen dann ebenfalls ins Fischfleisch ein.

Der Rohfisch verändert langsam seinen Charakter. Der Salzzusatz führt zu einer Koagulation der Eiweißverbindungen. Mit dem Eindringen des Salzes in den Fisch wird gleichzeitig die proteolytische Aktivität der Fischenzyme gehemmt. Der Zuckerzusatz macht das Fleisch weich und geschmeidig [9].

Während des Reifeprozesses entwickelt sich in der Lake eine halophile Mikroflora, die großen Anteil an der Ausbildung des typischen Geschmacks hat. Die proteolytischen Enzyme der Bakterien sind in erster Linie für den Abbau des Fischeiweißes verantwortlich.

ASCHEHOUG [9] fand in der Kräuterlake etwa 350 verschiedene Keimarten, die einerseits zur physiologischen Flora der lebenden Fische gehören und andererseits nach dem Fang durch die Netze und Verarbeitungsgeräte auf ihn gelangen. Die von ihm differenzierten Arten gehören zu folgenden Gattungen: *Micrococcus*, *Pseudomonas*, *Leuconostoc*, *Microbacterium*, *Achromobacter-Alcaligenes* (jetzt z. T. den Gattungen *Moraxella-Acinetobacter* zugeordnet [165]), *Flavobacterium* und *Escherichia*. Die Vertreter der *Enterobacteriaceae* kommen wahrscheinlich beim Verarbeitungsprozeß hinzu. Bei eigenen Untersuchungen wurden in Anchosen salzresistente Hefen sowie Bazillen gefunden. IVANOVA [105] stellte eine Bakterienart fest, die beim Reifeprozeß von entscheidender Bedeutung sein soll. Es handelt sich dabei um den Aromabildner *Leuconostoc citrovorum*. *L. citrovorum* bildet als Stoffwechselendprodukte neben Milchsäure noch einige flüchtige Säuren. Außerdem entwickelt er sich auf Nährböden, die bis zu 16 % Kochsalz enthalten. Die hohe Salzresistenz entsteht durch wachstumsfördernde Stoffe, die in der Lake enthalten sind. Sie stammen aus dem enzymatischen Eiweißabbau. Deshalb beginnt die Entwicklung von *L. citrovorum* erst, wenn sich genügend flüchtige Stickstoffverbindungen in der Lake bilden. Mit der starken Vermehrung dieses salzresistenten Keimes beginnt die Reifung.

Erfolgt die Lagerung der Anchosen bei niedrigen Temperaturen, so bildet sich eine salztolerante Flora aus, die vor allem durch Mikrokokken charakterisiert wird. Der größte Teil der nachweisbaren Mikrokokkken gehört zur Art *M. aurantiens*. *M. aurantiens* bedingt durch seinen Stoffwechsel ebenfalls den Reifeprozeß. Dieser Keim ist proteolytisch wirksam, wobei kein Fäulniszerfall des Eiweißes stattfindet [106].

Der Titer der anaerob gasbildenden Bakterien liegt zwischen 1,0 cm^3 und 0,1 cm^3 Lake. Dabei hat die Lagerungstemperatur keinen Einfluß. Es finden sowohl bei –2 °C als auch bei 10 °C keine Veränderungen des Titers während der Lagerung statt. Der wichtigste in Anchosen vorkommende anaerobe Keim ist *Clostridium perfringens* [106].

Da die Reifung mit dem enzymatischen Abbau von Eiweiß einhergeht, hat man versucht, die Proteolyse künstlich auszulösen, um den Prozeß zu beschleunigen. Dazu verwendet man die Enzyme verschiedener Pflanzen- und Bakterienarten. Sie spalten Eiweiß unter Bildung von niedermolekularen Stoffen, die einen günstigen Nährboden für die aromabildenden Bakterien (Kokken und Laktobazillen) darstellen. Zur Produktion von Anchosen nach nordischer Art ist weiterhin die Anwendung spezieller Bakterienkulturen (z. B. *Vibrio costicola*) möglich [85]. Durch die schnelle Ausbildung der Flora, die die endgültige Reifung bewirkt, wird die Entwicklung der Fäulnisbakterien gehemmt, so daß die Fermentierung einen gewissen konservierenden Effekt hat [131]. Die Geschwindigkeit, mit der die Reifung der Anchosen erfolgt, ist temperaturabhängig. So reifen Kräuterheringe bei 10 °C in 35 bis 37 Tagen, während die Reifung bei einer Lagertemperatur von 0 bis 2 °C etwa 300 bis 330 Tage dauert [105].

Die Temperaturabhängigkeit der Reifung hat mehrere Ursachen. Einmal laufen chemische Prozesse bei höheren Temperaturen schneller ab als bei niedrigeren, und zum anderen entwickeln sich die halophilen Bakterien bei 10 °C erheblich besser als bei 0 bis 2 °C. Aus Tab. 7.9 ist die quantitative Entwicklung der Keimflora in der Lake unter verschiedenen Lagerbedingungen ersichtlich.

Tab. 7.9 Entwicklung der Keimzahl in der Kräuterlake während der Lagerung bei 10 °C und 0 °C (nach Ivanova [106])

Lagertage	Keimzahl in 1 000 Bakterien je 1 cm^3 Lake	
	Lagertemperatur 10 °C	Lagertemperatur 0 °C
7–9	130	190
35–37	7 342	–
45–49	–	140
120	331 200	195
168–178	147 600	90

7.1.3.8.2 Verderb der Anchosen

Enthalten Anchosen die unter 7.1.3.8 angegebenen Kochsalzmengen, so wird das Wachstum der Fäulnisbakterien weitgehend gehemmt. Die Fäulnis spielt als Ursache für den Verderb nur dann eine Rolle, wenn eine Fehlfabrikation (z. B. zu wenig Salz und ungenügendes Mischen) vorliegt oder wenn alter, verdorbener Fisch als Ausgangsmaterial verwendet wurde.

Trotzdem ist der **bakterielle Verderb** der Kräuterheringe von großer Bedeutung, da sich der Zusatz von Zucker zur Kräutermischung begünstigend auf das Bakteriumwachstum auswirkt. Die wichtigsten Arten des bakteriellen Verderbs werden im folgenden beschrieben.

Schleimbildung in der Lake. Hierbei kommt es zu einer Viskositätsänderung in der Lake; diese wird zu einer zähflüssigen bis halbfesten Masse. Ursache dafür ist eine Polymerisation der Saccharose zur optisch linksdrehenden Verbindung, dem Levan, oder zur optisch rechtsdrehenden Verbindung, dem Dextran. Der Schleim besteht vor allem aus Levan.

Das levanbildende Enzym ist an die Bakterienzelle gebunden. Es wird von ihr auch dann gebildet, wenn Saccharose im Nährmedium fehlt. Zur Bildung des Polysaccharids ist neben dem Enzym auch die Anwesenheit von Natriumionen nötig (mindestens 6 bis 8 % Kochsalz). Bei der Untersuchung der Bakterien auf ihre Fähigkeit, Levan zu bilden, stellte man fest, daß gramnegative Keime intrazellulär Levansucrase enthalten. Grampositive Keime bilden Levansucrase nur, wenn sie durch ihre Umwelt dazu veranlaßt werden. Von den von Aschehoug aus Anchosen isolierten 350 Bakterienarten können 124 unter entsprechenden Bedingungen Levan bilden [9].

Das Auftreten der Schleimbildung hängt von verschiedenen Faktoren ab. Neben dem Fangplatz spielt auch die Temperatur des Seewassers im Fanggebiet eine Rolle. Durch die Verwendung einer anderen Zuckerart könnte die Schleimbildung verhindert werden [9].

Tyrosinbildung bei Anchosen. Bei sehr weit fortgeschrittener Reifung treten an der Oberfläche der Fische oder Filets weiße Körner auf, die zu ganzen Flächen zusammenfließen können. Es handelt sich dabei um Tyrosin, das bei fortgeschrittener Eiweißhydrolyse frei wird. Es beeinträchtigt zwar den Geschmack des Erzeugnisses nicht, wirkt aber abstoßend auf den Käufer.

Gasbildung bei Anchosen. In den Fässern und Kleinabpackungen (Glas- oder Aluminiumdosen) ist häufig Gasbildung als Ursache des Verderbs festzustellen. Da die Aromabildner neben Milchsäure auch Kohlendioxid bilden, sind sie die wichtigsten Erreger für diese Art des Verderbs. Die Stoffwechselprodukte der Milchsäurebakterien bewirken das Reifen des Fisches. Damit endet jedoch nicht die bakterielle Tätigkeit, sondern sie geht weiter, wobei die Temperatur für die Geschwindigkeit des Eiweiß- und Zuckerabbaus verantwortlich ist. Zunächst senken die salzresistenten Mikroben durch Säurebildung den pH-Wert und hemmen dadurch die Fäulnisflora. Bei weiterem Abbau kann es dann zum Sauerwerden der Anchosen kommen [105].

Die gesteigerte Kohlendioxidbildung durch *Leuconostoc citrovorum* verursacht eine Überdruckbildung in den Fässern bzw. ein Bombieren der Dosen. Im Gegensatz zur Bombagebildung bei Vollkonserven ist hierbei der Inhalt nicht vollständig zersetzt.

Werden die Kräuterfische nicht völlig von Lake bedeckt, kann es zur **Schimmelbildung** an der Oberfläche kommen.

Bei **vakuumverpackten Erzeugnissen** wird der Verderb der Anchosen auch durch fakultativ und obligat anaerobe Keime hervorgerufen. So fand SCHEER [223] z. B. in vakuumverpackter Ware eine sehr schnelle Keimvermehrung. In vakuumverschlossenen Präserven, die bei 20 °C gelagert wurden, vermehrten sich die Keime in 5 Tagen von $1{,}15 \times 10^6\ g^{-1}$ auf $12{,}86 \times 10^6\ g^{-1}$. In normal verschlossenen Präserven stieg die Keimzahl im gleichen Zeitraum nur auf $3{,}27 \times 10^6\ g^{-1}$ an.

7.1.3.8.3 Vorkommen von menschenpathogenen Keimen in Anchosen

Da Kräuterheringe relativ mild gesalzen werden, können sich in den daraus hergestellten Präserven unter für sie günstigen Bedingungen pathogene Keime entwickeln. *Clostridium botulinum* vermehrt sich noch bei einem Kochsalzgehalt bis 10 % bzw. einem pH-Wert bis 4,6, in einzelnen Fällen auch noch darunter [279]. Der in Anchosen vorhandene Salzgehalt entspricht etwa der Grenze der Vermehrungsfähigkeit von *C. botulinum* Typ A und B. Außerdem kommt es während des Reifeprozesses zu einer Säuerung der Produkte. Das Absinken des pH-Wertes verstärkt die Hemmwirkung des Kochsalzes, insbesondere wenn der pH-Wert $< 5{,}5$ ist [266], so daß eine Vermehrung von *C. botulinum* sehr selten sein dürfte. Die Kontamination der Anchosen ist nicht ausgeschlossen, da sehr oft verschiedene Gemüsearten als Beilage zum Fertigprodukt benutzt werden. Weiterhin kann der zur Verarbeitung gelangende Fisch mit *C. botulinum* Typ E kontaminiert sein. Die Toxinbildung durch diesen Typ wird jedoch schon bei einem a_w-Wert $< 0{,}97$ (etwa 5 % Kochsalz) gehemmt [266].

Lebensmittelvergiftungen durch **Salmonellen** haben bei Anchosen in der Regel keine Bedeutung. Liegt der Kochsalz- und Zuckergehalt jedoch so niedrig, daß der a_w-Wert $\geq 0{,}94$ ist, besteht die Gefahr der Salmonellenanreicherung und damit die Möglichkeit einer Gesundheitsgefährdung des Verbrauchers [283].

Staphylococcus aureus weist eine hohe Salzresistenz auf und ist deshalb für die Anchosenherstellung von Bedeutung. Die Kontamination der Fische erfolgt vor allem während des Verarbeitungsprozesses durch den Menschen. Untersucher fanden bei über 35 % der Bevölkerung im Respirations- und Intestinaltrakt Staphylokokken [51, 286]. Von den isolierten Stämmen bildeten etwa 18 % Enterotoxin [286]. Die Entwicklung der Staphylokokken führt nicht zu sensorischen Veränderungen des Lebensmittels. Mit der stärksten Enterotoxinbildung ist bei optimalen Wachstumsbedingungen, d. h. bei 39,4 °C und einem pH-Wert von 7,0 zu rechnen. Temperaturen >45 °C und <20 °C wie auch ein pH-Wert <4,5 führen zur Hemmung der Toxinbildung [189]. Bei 5,6 °C hört sie dann vollständig auf [26]. Über den Einfluß des Kochsalzes gehen die Meinungen in der Literatur auseinander. So soll ab 3 % nach anderen Autoren ab 12 % Kochsalz im Nährmedium die Toxinbildung gehemmt werden [163, 189]. Es gibt aber auch Hinweise, daß es bei a_w-Werten <0,90 noch zur Produktion der Toxine A und C kommen kann [283]. In der Fischwirtschaft gilt es, die sich ergänzende Wirkung der a_w- und pH-Wert-Senkung [283] mit anderen konservierenden Maßnahmen, wie Kühlung, Konkurrenzflora usw., zu kombinieren, um ein sicheres Erzeugnis zu produzieren.

7.1.3.8.4 Möglichkeiten der Haltbarkeitsverlängerung bei Anchosen

Eine große Bedeutung hat die **Benzoesäure**. Ihre Wirkung ist vom pH-Wert abhängig. Mit zunehmender Säuerung verstärkt sich ihr konservierender Effekt. Die Benzoesäure hemmt nicht alle in den Anchosen vorkommenden Keime, doch verhindert sie über eine gewisse Zeit die Säuerung bzw. Gasbildung. In höheren Konzentrationen (~0,25 g je 100 g) beeinflußt die Benzoesäure die Qualität der Anchosen [9]. Voraussetzung für den Einsatz der **Sorbinsäure** ist auch ein saurer pH-Wert (<6,5 bis 6,0). Sie verstärkt dann die Hemmwirkung des Kochsalzes, insbesondere gegenüber *Staphylococcus aureus* sowie gegen Hefen und Schimmelpilze [283]. Der **PHB-Ester** zeigt keinen besseren konservierenden Effekt als die genannten Präparate.

Methenamin ist in Deutschland nicht als Konservierungsmittel zugelassen.

7.1.3.9 Räucherfischwaren

7.1.3.9.1 Heißräuchern

Die frischen oder aufgetauten Fische werden gesäubert und dann in eine Salzlake eingelegt. Anschließend steckt man sie auf Spieße. Es gibt weiterhin noch einige Spezialitäten, die vor oder nach dem Räuchern einer besonderen Behandlung unterzogen werden. Als Beispiel sei der Räucherrollmops angeführt. Ihn legt man vor dem Räuchern in ein Essig-Salz-Bad und rollt ihn mit einer Gemüseeinlage.

Im Räucherofen erfolgt zunächst durch die Hitzeeinwirkung (85 bis 95 °C) der Garprozeß. Geräuchert wird mit den Spänen von Laubhölzern.

Da die **Vorbehandlung** der Fische in der Lake nur kurze Zeit dauert, ist ihr Einfluß auf die Keimflora des Rohstoffes gering. Allerdings kann eine alte häufig benutzte Salzlake sich negativ auswirken, da bei den eingelegten Fischen oder Fischteilen eine erhebliche Vermehrung der Oberflächenflora stattfindet. Untersuchungen an aufgetauten, mit Lake behandelten Heilbuttstücken ergaben einen Keimgehalt im Fleisch zwischen 10^3 und 10^5 g^{-1} sowie auf der Oberfläche zwischen 10^4 und 10^6, in Einzelfällen bis 10^7 cm^{-2}. Am häufigsten wurden Bakterien der Gattungen *Acinetobacter*, *Moraxella*, *Alteromonas*, *Staphylococcus* und *Brevibacterium* gefunden, dazu kamen einzelne Vertreter von *Flavobacterium*, *Pseudomonas*, *Aeromonas*, *Micrococcus* sowie heteroenzymatische Laktobazillen [118]. Fische, die frisch und unzerteilt zum Räuchern gelangen (z. B. Aal), weisen in der Muskulatur nur einen geringen Mikroorganismengehalt auf. Nach dem Pökeln müssen die Fische sofort geräuchert werden. Das Trocknen bei Zimmertemperatur über mehrere Stunden führt zu einer bedeutenden Vermehrung der im Fisch vorhandenen mesophilen Keime.

Durch das **Garen** verringert sich der Wassergehalt des Fischfleisches um 25 bis 35 % [141]. Der konservierende Effekt des Heißräucherns hängt in starkem Maße von der im Inneren der Fische erreichten Temperatur und der Dauer ihrer Einwirkung ab. Einerseits wird gefordert, daß das Heißräuchern des Fisches zur Inaktivierung von *Clostridium botulinum* Typ E entsprechend dem 12-D-Konzept (s. Tab. 7.6) führt [176]. Andererseits ergeben sich daraus Qualitätsprobleme wie oberflächliches Austrocknen, zu starke Bräunung, Deformationen usw., bzw. um dem vorzubeugen, zusätzliche Arbeiten wie Einschneiden in die dicken Muskelstränge [176]. Die Sporen von *C. botulinum* Typ E werden erst in einer Zeit von >30 min bei Fischinnentemperaturen von >82, 0 °C zerstört [52, 176, 277]. Die zur Zeit üblichen Räuchertechnologien erfüllen in der Regel diese Bedingungen nicht [44, 234].

Entsprechend der unterschiedlichen Wärmeeinwirkung in den verschiedenen Räuchereien und der unterschiedlichen Keimbelastung der Rohware schwankt die Mikroorganismenzahl bei frisch hergestellten Erzeugnissen in weiten Grenzen. Während im Fleisch des Räucheraals <20 Mikroorganismen g^{-1} gefunden wurden, enthielten Heilbuttstücke bis zu 10^6 g^{-1} [118, 234]. Ähnlich unterschiedlich ist auch die Zusammensetzung der Flora.

Temperaturen von >82 °C im Fischfleisch überstehen vor allem Bakteriensporen. Wird dieser Wert nicht erreicht, so kommen noch grampositive Keime (besonders Kokken, Laktobazillen usw.) und dann die relativ hitzeempfindlichen gramnegativen Stäbchen (*Pseudomonas*, *Alteromonas*, *Acinetobacter*, *Enterobacteriaceae* usw.) hinzu [118, 234].

Die Prüfung der aus dem Räucherfisch isolierten Flora ergab, daß fast alle Stämme lipolytische und je nach Herstellungschargen 0 bis 83 % proteolytische Eigenschaften besaßen [118].

Der **Rauch** enthält eine Reihe von Substanzen, die vor allem geschmacksbildend, aber auch bakteriostatisch sowie verzögernd auf die Aflatoxinbildung durch Schimmelpilze wirken [82, 287]. LOVE und BRATZLER [145] fanden mittels Gaschromatographie 16 Carbonylverbindungen, von denen das Formaldehyd und die Phenole für die konservierenden Eigenschaften Bedeutung haben [82, 277].

Formaldehyd kann in Mengen von 0,5 bis 100 mg je 100 g Lebensmittel nach dem Räuchern festgestellt werden. Es hat eine stark desinfizierende Wirkung [82]. Die chemischen Substanzen des Rauches gelangen jedoch nicht in die Tiefe des Fischfleisches [141].

7.1.3.9.2 Kalträuchern

Das Kalträuchern erfolgt mit Rauch von unter 30 °C, der längere Zeit (z. T. 2 bis 4 Tage) auf das Fischfleisch einwirkt. Die Temperatur darf nicht so hoch sein, daß das Protein denaturiert. Der Rauch entsteht durch Schwelen von Holzmehl.

Zum Räuchern gelangen vorgesalzene Fische. Während der Salzlagerung soll dem Fischfleisch Wasser entzogen werden. Weiterhin treten erhebliche Veränderungen in der Mikroorganismenflora auf. Die für den Fischverderb wichtigen Bakterien (*Pseudomonas*-, *Alteromonas*-, *Moraxella*-Arten usw.) sind salzempfindlich. Ihre Zahl nimmt während der Lagerung ab. *Micrococcus*- und *Bacillus*-Arten vergrößern dagegen ihren Anteil an der Gesamtflora [246]. Beim Räuchern wird dem Fisch weiter Wasser entzogen. Durch die intensive Rauchentwicklung kommt es zu einem guten Durchdringen des Fischfleisches mit den Bestandteilen des Holzrauches. Man schreibt dabei den phenolsauren Substanzen (Guajakol, Catechol, Cresol und Pyrogallol) eine starke bakterizide Wirkung zu. Formaldehyd spielt nur eine untergeordnete Rolle. Die Phenolabkömmlinge zeigen vor allem gegen

Salmonella typhi und *Staphylococcus* eine gute desinfizierende Wirkung [246].

In ihrer prozentualen Zusammensetzung soll sich die Flora des Fisches während des Räucherprozesses nicht verändern. Kaltgeräucherte Heringe enthalten 10^2 bis 10^4, in Einzelfällen bis 10^6 Keime g^{-1} [203, 227].

Beim Lachs führen Trockensalzung und anschließendes Räuchern zu einem vermehrten Mikrokokkenanteil an der Mikroorganismenflora, dagegen verringert sich der Anteil der ursprünglich dominierenden Pseudomonaden [229].

Bei Lagerversuchen mit kaltgeräuchertem Schellfisch konnte nach 3 Tagen eine Zunahme der den Räucherprozeß überlebenden *Pseudomonas*-Arten festgestellt werden. Die Flora der Lachsheringe, die unter gleichen Bedingungen gelagert wurden, bestand hingegen zu 70 % aus Mikrokokken [246].

Eine andere Methode ist das Anwenden von **flüssigem Rauch**. Die anderen Fischprodukte werden mit einer solchen Lösung besprüht oder in sie hineingetaucht. Der flüssige Rauch hat besonders in Verbindung mit Kochsalz eine bakteriostatische Wirkung, die bei Alkalisierung der wirksamen Bestandteile verlorengeht [55, 129].

7.1.3.9.3 Mikroflora geräucherter Fischprodukte und Verderb

Das Fleisch **heißgeräucherter Fische** hat, wenn frischer Rohstoff verarbeitet und die entsprechend hohe Temperatur eingehalten wurde, nur einen sehr geringen Keimgehalt. Häufig werden die Produkte nicht einer ausreichenden Erhitzung unterzogen, d. h., die im Räucherofen herrschende Temperatur ist zu niedrig, oder die Zeit der Hitzeeinwirkung ist entsprechend zum Format des Fisches zu kurz. Dann kann eine Reihe mesophiler und eventuell auch psychrophiler Keime überleben.

Nach dem Räuchern können die Fische durch die weitere Behandlung, z. B. beim Abpacken, Transportieren usw., mit verschiedenen Mikroorganismen kontaminiert werden.

Räucherfische sind mittelgradig bis leicht verderbliche Lebensmittel. Sie haben je nach Erzeugnisart einen pH-Wert zwischen 5,4 und 6,9 sowie einen a_w-Wert zwischen 0,920 und 0,985 [127, 234]. Wahrscheinlich bildet die Haut ähnlich dem Frischfisch eine Barriere gegen das Eindringen von Mikroorganismen [203].

Während der Lagerung steigt der Keimgehalt bei in Stücken geräucherten Fischen schneller an als in ganzen. Im Fleisch des Räucheraals konnten z. B. bis zum Ende seiner Genußtauglichkeit nur geringe Bakterienzahlen (meist $< 100\ g^{-1}$) festgestellt werden [118].

Entsprechend problematisch ist das Festlegen von Grenzkeimzahlen für die Genußtauglichkeit. Kleickmann und Schellhaas [127] schätzen den Gesamtkeimgehalt von $> 10^6\ g^{-1}$ und den *Enterobacteriaceae*-Gehalt $> 10^5\ g^{-1}$ als hygienisch bedenklich ein. Andere Autoren [118, 238] bestätigen diese Ergebnisse zumindest für eine gewisse Gruppe von Räucherfischerzeugnissen (Heilbutt in Stücken, Räuchermakrelen, Forellenfilets usw.). Diese Produkte enthielten in der Regel $< 10^6$ Keime g^{-1}, wenn sie keine sensorischen Veränderungen aufweisen. Erzeugnisse, die erheblich höhere Keimzahlen enthielten, waren zum großen Teil genußuntauglich. Eine Ausnahme bildeten hierbei Räucheraal und Bückling, die ihre Genußtauglichkeitsgrenze schon bei deutlich niedrigerem Mikroorganismengehalt erreichten [118, 238].

In den Tab. 7.10 und 7.11 sind mikrobiologische Richtwerte, deren Einhaltung empfohlen wird, zusammengestellt.

Die Flora heißgeräucherter Fischerzeugnisse ist dabei breit gefächert. Sie besteht aus den unterschiedlichsten Mikroorganismenarten (aerobe Sporenbildner, *Brochothrix*, Karnobakterien, Enterobakterien, Enterokokken, Laktobazillen, Moraxellen, Mikrokokken, Staphylokokken, *Pseudomonas*, *Aeromonas*, Hefen usw.) [311].

Die psychrophilen Fäulniserreger (*Pseudomonas*-, *Aeromonas*- u. a. Arten) können erhebliche Veränderungen in der Muskulatur der Räucherfische verursachen. Sie wird feucht, schmierig und riecht stechend-fischig [118]. Diesen Vorgang bezeichnet man als **feuchte Fäulnis**.

Genügend durchgeräucherte Fischprodukte werden bei einer längeren bzw. einer unsachgemäßen Lagerung (warme Räume) von der „**Trockenfäulnis**" befallen. Der Fisch wird dabei stumpf und die Muskulatur bröcklig. Es kann dann ebenfalls ein muffig-fauliger Geruch festgestellt werden. Die Ursache hierfür sind Mikrokokken und aerobe Sporenbildner, die durch den Räucherprozeß nicht abgetötet wurden. Dazu kommen noch als sekundäre Keime Hefen.

Durch das Vakuumverpacken nach dem Heißräucherprozeß wird ein großer Teil der aeroben Verderbnisflora auf der Fischoberfläche gehemmt. Das gilt insbesondere für die Schimmelpilzflora. Der Verderb derartig verpackter Ware erfolgt während der Kühllagerung insbesondere durch Enterobakterien (*Enterobacter, Morganella, Hafnia* usw.), Laktobazillen und Hefen [234, 311].

Heißgeräucherte Produkte dürfen wegen ihrer leichten Verderblichkeit nur kurze Zeit und unter Kühlung gelagert werden. Für vakuumverpackte Räucherforellen bzw. -filets wird bei 4 °C eine Mindesthaltbarkeitsangabe von 10 Tagen empfohlen. Die maximale Haltbarkeit liegt bei 14 bis 21 Tagen [311].

Offen gelagerte Heißräucherware wies in Versuchen folgende Haltbarkeitsfristen auf [118]:

	Lagertemperatur in °C		
	6	12	20
Heilbutt in Stücken	4–9 Tage	2–5 Tage	1–2 Tage
Bückling	7–12 Tage	3–8 Tage	2–3 Tage
Räucheraal	14–21 Tage	9–15 Tage	7–9 Tage

Eine häufige Ursache für den Verderb sowohl heiß- als auch kaltgeräucherter Produkte ist eine mehr oder weniger starke **Schimmelbildung** auf der Oberfläche der Fische. Sie wird durch feuchte Lagerung oder durch Abpacken der noch warmen Erzeugnisse begünstigt. Selbst odnungsgemäße Kühlung (6 °C) kann das Verschimmeln heißgeräucherter Erzeugnisse nicht verhindern. Erste Schimmelpilzkolonien treten unter den genannten Bedingungen nach 10 Tagen auf. Höhere Temperaturen beschleunigen diesen Vorgang, so daß z. B. die Lagerung bei 12 °C schon nach 4 bis 6 Tagen zu einer leichten bis mittelgradigen Verpilzung derartiger Produkte führt [118]. Kaltgeräucherte Fische können durch die Sägespäne mit Schimmelpilzsporen kontaminiert werden [246].

In der Regel sind auch **kaltgeräucherte Fischerzeugnisse** in ihrem Inneren keimarm. Allerdings liegen hier die Keimzahlen etwas höher als bei heißgeräucherten Produkten.

Die aerobe Gesamtkeimzahl, die bei kaltgeräuchertem Lachs bzw. Lachshering ermittelt wurde, schwankte zwischen $1{,}3 \times 10^3\ g^{-1}$ und $10^8\ g^{-1}$ [95, 203]. Bei diesen Erzeugnissen läßt die Keimzahl keine direkten Rückschlüsse auf die sensorische Beschaffenheit zu. In kaltgeräucherten, vakuumverpackten Lachserzeugnissen steigt selbst bei Kühlung die Mikroorganismenzahl während der Lagerung an. Dominierende Keimart sind dabei die Laktobazillen [95]. Der mikrobielle Verderb wird durch eine starke Vermehrung vor allem der *Enterobacteriaceae* aber auch der Pseudomonaden oder Hefen verursacht [95, 229].

7.1.3.9.4 Vorkommen von menschenpathogenen Keimen bei Räucherfisch

Räucherfische können die Ursache von Lebensmittelvergiftungen sein. Eine große Bedeutung haben dabei die **Salmonellosen**. Die Fische werden entweder durch Abwässer bei der Binnen- und Küstenfischerei oder durch Möwen, die die Fischereifahrzeuge bzw. -geräte verschmutzen, kontaminiert. Begünstigend wirkt sich ein längeres, ungekühltes Stehenlassen vor dem Räuchern aus. In dieser Zeit vermehren sich die mesophilen Keime stark. Wenn der Fisch dann beim Räuchern nicht genügend erhitzt wird, können im Inneren die Salmonellen überleben und sich anschließend im Fertigerzeugnis wieder vermehren. Als wichtigste Salmonellenart kommt *S. typhimurium* in Frage. Lebensmittelvergiftungen dieser Art werden durch eine geschlossene Kühlkette vom Fang bis zum Räuchern und eine genügend hohe Räuchertemperatur verhindert.

Weiterhin kommt das Toxin von *Clostridium botulinum* Typ E als Ursache von Lebensmittelvergiftungen durch Räucherfische vor [26]. Besonders in vakuumverpackten Produkten sind die Vermehrungsbedingungen für Clostridien günstig. Um die Toxinbildung in Räucherfischen sicher auszuschließen, sollten die Sporen von *C. botulinum* Typ E zerstört werden. Die dazu nötigen Temperaturen und Haltezeiten sind wie auch für die oben genannten Salmonellen aus Tab. 7.6 zu entnehmen. Außerdem verhindert eine Lagertemperatur <3 °C die Anreicherung des Botulinustoxins in Lebensmitteln. Die Senkung des a_w-Wertes wirkt sich wie folgt aus [44, 266, 283]:

<0,94 wird das Wachstum der Typen A und B sowie
<0,97 das des Types E gehemmt.

Seltener werden Lebensmittelvergiftungen, die von Räucherfischen ausgehen, durch *C. perfringens* und *Staphylococcus aureus* verursacht. Staphylokokken sind vor allem bei kaltgeräucherten Erzeugnissen zu erwarten, die aus vorgesalzenen Fischen hergestellt wurden [175].

Listeria monocytogenes wird bei Räucherfischen relativ häufig (etwa 10 % der Produkte) allerdings meist in geringen Zahlen gefunden. Obwohl sich diese Art sowohl in kalt- als auch in heißgeräucherten Produkten vermehren kann, wurden Listeriosen infolge von Räucherfischgenuß bisher nicht bekannt [110].

Erwähnt werden muß noch, daß auch bei Räucherfischerzeugnissen **biogene Amine** (Histamin, Cadaverin) vorhanden sein können [238]. Näher wird hierauf unter 7.1.1.4 eingegangen.

7.1.3.9.5 Möglichkeiten der Haltbarkeitsverlängerung bei Räucherfisch

Um die Haltbarkeit von Räucherfisch zu erhöhen, hat man verschiedene Möglichkeiten untersucht. Eine davon ist das **Gefrieren** geräucherter Fische [55, 78].

Zur Verbesserung der Lagerfähigkeit vor allem von in Kleinverbraucherpakkungen abgepackter Räucherware ist der Einsatz **ionisierender** Strahlen möglich. An den Bestrahlungsvorgang muß sich eine ununterbrochene Kühlkette (<5 °C) anschließen, um die mögliche Toxinbildung durch *Clostridium botulinum* Typ E zu verhindern [97].

7.1.4 Kaviar und weitere Erzeugnisse aus Fischrogen

Kaviar ist der mit Salz konservierte Rogen verschiedener Fischarten. Der echte Kaviar stammt von den Störarten (Stör, Hausen usw.). Er wird einige Monate vor dem Laichen gewonnen. Der Rogen wird, nachdem er von anhaftendem Gewebe befreit wurde, mit Salz verrührt. Die entstehende Lake läßt man abtropfen und verpackt den Kaviar in Dosen.

Mildgesalzener Kaviar (<6 % Kochsalz) wird als **Malossol** bezeichnet. **Salz-** oder **Faßkaviar** enthält 7,5 bis 10 % Kochsalz [141]. „**Deutschen Kaviar**“ stellt man aus Seehasenrogen her. Er enthält 6 bis 10 % Kochsalz. Nach einer 4 bis 6 Wochen dauernden Kaltlagerung hat er genügend Salz aufgenommen. Der Kaviar wird dann in einem Färbebad, das Salz, Essig und Farbstoff enthält, schwarz gefärbt [9].

In letzter Zeit wurden eine größere Zahl von kaviarähnlichen Erzeugnissen, die auf der Verarbeitung des Rogens verschiedener Fischarten (Hering, Forelle usw.) basieren, entwickelt.

Erzeugnisse aus Rogen sind nur begrenzt haltbar, da der Salzgehalt sehr gering ist. Die Lagerung muß deshalb bei möglichst niedrigen Temperaturen (um –2 °C) erfolgen.

Den **Verderb** verursacht die im Kaviar vorhandene Keimflora. Sie besteht aus psychrophilen Keimen, die zur physiologischen Flora der Fische gehören. Sie gelangen beim Ausschlachten der Fische auf den Rogen. Weiterhin kommen im Kaviar Kokken, Kolibakterien sowie Hefen und Schimmelpilze vor [141]. Der **Reifeprozeß** wird weitestgehend durch Kokken bewirkt [9].

Psychrophile Keime führen bei einer starken Vermehrung zur **Fäulnis**. Dabei entstehen Schwefelwasserstoff und Ammoniak. Der normalerweise neutrale pH-Wert wird zur basischen Seite verschoben. Kokken können eine unerwünschte **Gärung** im Kaviar auslösen. Dabei wird der pH-Wert in den sauren Bereich verschoben. In hermetisch verschlossenen Dosen verursacht die Gärung eine Bombage. **Verschimmelter Kaviar** bekommt eine grünliche Farbe und einen dumpfen, unangenehmen Geruch.

Eine Kontamination des Kaviars mit *Clostridium botulinum* Typ E ist ebenfalls nicht ausgeschlossen, da dieser Keim wiederholt aus Stören isoliert wurde [141]. Zur Verhinderung der Toxinproduktion sollte in den Rogenerzeugnissen eine Kochsalzkonzentration von >5,56 % bzw. ein pH-Wert von <5,0 angestrebt werden [88].

Wegen der leichten Verderblichkeit der Rogenerzeugnisse hat man verschiedene Wege beschritten, um die Haltbarkeit zu verlängern. Eine Möglichkeit ist, den Kaviar zu **pasteurisieren** [304]. Dazu können, um die typischen Eigenschaften der Produkte zu erhalten, nur Temperaturen zwischen 65 °C und 70 °C benutzt werden, so daß eine große Zahl von Mikroorganismen diese Behandlung überstehen. Damit deren Vermehrung verhindert wird, ist die Zugabe von 0,1 bis 0,3 % Essig- bzw. Citronensäure möglich [304]. In derartigen Erzeugnissen ist, wie auch die Tab. 7.10 und 7.11 zeigen, grundsätzlich mit einer umfangreichen Mikroorganismenflora zu rechnen.

Den Fischwaren aus Rogen, ausgenommen geräucherter Rogen, können weiterhin folgende **Konservierungsmittel** zugesetzt werden [292]:

Benzoesäure	4,0 g kg^{-1}	Sorbinsäure	2,0 g kg^{-1}
Ameisensäure	1,0 g kg^{-1}	PHB-Ester	0,8 g kg^{-1}

Die zulässige Konzentration der **Benzoesäure** reicht nicht aus, um das Wachstum der psychrophilen Keime sicher zu hemmen. Schimmelpilze (*Aspergillus*- und *Penicillium*-Arten) werden im neutralen Medium erst von sehr hohen Dosen (40 bis 60 g kg^{-1}) an der Entwicklung gehindert [209]. Die Konservierung mit Benzoesäure ersetzt also nicht die Kühllagerung des Kaviars.

PHB-Ester hemmen psychrophile Keime gut (Hemmkonzentration für Pseudomonas-Arten 1 g kg^{-1}). Auch Schimmelpilze werden von 1 g kg^{-1} PHB-Ester gehemmt [209]. Die PHB-Ester haben also eine gute konservierende Wirkung.

Sorbinsäure wirkt nicht so gut wie PHB-Ester gegen psychrophile Keime. *P. aeruginosa* und *P. fluorescens* werden z. B. erst bei einem pH-Wert von 6,5 durch 3,5 g kg^{-1} Sorbinsäure gehemmt. Außer bei *Aspergillus niger* und *A. glaucus* (die Hemmkonzentration beträgt bei einem pH-Wert von 7,0 1,0 bis 20,0 g kg^{-1} [209]) verhindert die Sorbinsäure das Pilzwachstum mit relativ niedrigen Konzentrationen.

Die bakteriostatische Wirkung der Konservierungsmittel wird im Fertigprodukt durch den Salzgehalt gesteigert, so daß auch solche Präparate, die im Versuch nur einen geringen Einfluß auf das Keimwachstum haben, bei der praktischen Anwendung eine gewisse Haltbarkeitsverlängerung bedingen können [143].

7.1.5 Empfohlene Keimzahlstandards für Fischprodukte

Zur Sicherung einer ordnungsgemäßen hygienischen Bedandlung (z. B. im Produktionsprozeß, während der Lagerung usw.) der einzelnen Erzeugnisse ist eine entsprechende Kontrolle nach genau festgelegten Stichprobenplänen anzustreben. Dazu wurden folgende international weitverbreitete Systeme, denen je Losgröße (genau definierte Produktionscharge) eine Probenzahl „n“ zugrunde liegt, erarbeitet [26, 168, 192, 302]:

- Der „**2-Klassen-Plan**“ basiert nur auf Anwesenheit/Abwesenheit-Tests. Er findet bei der Untersuchung auf pathogene Mikroorganismen Anwendung (z. B. Salmonellen).
- Der „**3-Klassen-Plan**“ toleriert, wie die Tab. 7.10 und 7.11 zeigen, eine bestimmte Zahl von Mikroorganismen in den einzelnen Produkten [192]. So bedeutet „m“ die obere Grenze für eine zufriedenstellende und „M“ für eine noch zu akzeptierende Qualität. Die Anzahl der Proben, die zwischen „m“ und „M“ liegen dürfen, wird mit ,,c“ bezeichnet [26].

Überschreiten die ermittelten Keimzahlen den oberen Grenzwert („M“) sollte der Produktionsablauf, der Transport, die Lagerung usw. des jeweiligen Produktes überprüft werden, um mögliche Fehler erkennen und abstellen zu können. Für die Beurteilung eines bestimmten Postens von Lebensmitteln ist die Gesamtkeimzahl nur bedingt verwertbar, da viele Erzeugnisse mikrobielle Reifeprozesse (z. B. Anchosen) durchlaufen. Hier hat grundsätzlich die Sensorik die entscheidende Bedeutung. Anders sind die Zahlen von solchen Mikroorganismenarten einzuschätzen, die als Hygieneindikator dienen oder zu Lebensmittelvergiftungen führen können. Bei diesen dürfen Überschreitungen der Grenzwerte nicht geduldet werden. Die Tab. 7.10 und 7.11 enthalten die Zusammenstellung der empfohlenen Grenzkeimzahlen für ausgewählte Fischprodukte.

Salmonellen sollten in 25 g Untersuchungsmaterial nicht nachgewiesen werden (n = 5; c = 0; m = 0), und bei *Vibrio parahaemolyticus* gilt für 1 g Rohfisch bzw. Fischfarce: n = 5; c = 0; m = 10^2.

Außerdem werden für bestimmte **mikrobiologisch gefährdete Erzeugnisse**, wie z. B. Tiefkühlfertiggerichte, ungegart oder verzehrsfertig (s. Tab. 7.12), mikrobiologische **Richt-** und **Warnwerte** empfohlen [201].

Tab. 7.10 Aerobe Gesamtkeimzahl sowie Hefe- und Schimmelpilzzahl für ausgewählte Fischprodukte je 1 g (n = 5)

Erzeugnis	Gesamtkeimzahl				Hefen			Schimmelpilze		
	°C	c	m	M	c	m	M	c	m	M
Rohfischfleisch, Fischfarce	25	3	10^6	10^7						
Salzfischerzeugnisse					2	10^4	10^5	2	10^3	10^4
Salzhering					2	10^3	10^4	2	10^3	10^4
Anchosen					2	10^4	10^5	2	10^3	10^4
Marinaden	37	2	10^4	10^5	2	10^3	10^4	2	10^2	10^3
Salate	37	1	10^6	10^7	2	10^3	10^4	2	10^3	10^4
Kochfischerzeugnisse	37	2	10^5	5×10^5	2	5×10^4	10^5	2	10^2	10^3
Bratfischerzeugnisse	37	2	5×10^3	10^5	2	10^3	10^4	2	10^2	10^3
Fisch, heißgeräuchert	37	2	10^5	10^6	2	10^2	10^3	2	10^2	10^3
Fisch, kaltgeräuchert	25	3	5×10^5	5×10^6	2	10^2	10^3	2	10^3	10^4
pasteurisierte Präserven	37	2	10^4	3×10^4	1	10^2	10^3	1	10	10^2
Konserven	37	0	10^2							
Kaviar, pasteurisiert	37	3	5×10^4	2×10^5	2	10^2	10^3	2	10^2	10^3
Gefrorene Erzeugnisse, thermisch behandelt	37	2	5×10^6	5×10^7	2	2×10	10^2	2	2×10	10^2

Tab. 7.11 Keimzahlstandards für *Staphylococcus aureus*, sulfitreduzierende Clostridien, coliforme Keime und *Enterobacteriaceae* in ausgewählten Fischprodukten je 1 g (n = 5)

Erzeugnis	*S. aureus* c = 2[1]		Sulfitreduzierende Clostridien c = 2[2]		Coliforme Keime c = 2		*Enterobacteriaceae* c = 2[3]	
	m	M	m	M	m	M	m	M
Rohfischfleisch, Fischfarce	10^3	2×10^3	10^2	10^3	10	4×10^2	10^4	5×10^4
Salzfischerzeugnisse	10^2	10^3	10^2	10^3			10^3	10^4
Salzhering	10^2	10^3	10^2	10^3			10^3	10^4
Anchosen	10^2	10^3	10^2	10^3			10^3	10^4
Marinaden	10^2	10^3	10^2	10^3	10^2	10^3	10^2	10^3
Salate	10^2	10^3	10^2	10^3	10^2	10^3	10^3	10^4
Kochfischerzeugnisse	10^2	10^3			10^3	10^4	10^3	10^4
Bratfisch erzeugnisse			10	10^2			10	10^2
Fisch, heißgeräuchert	10^2	10^3	10^2	10^3			10^3	10^4
Fisch, kaltgeräuchert	10^3	2×10^3	10^2	10^3	4	4×10^2	10^3	5×10^4
pasteurisierte Präserven	10		10^2					
Konserven			0					
Kaviar, pasteurisiert	10^2	10^3	10	10^2			10^3	10^4
gefrorene Erz., therm. behandelt	10^2	10^3	0	10^2	10^2	10^3	10^2	10^3

[1]) c = 0 pasteurisierte Präserven
[2]) c = 0 Konserven; pasteurisierte Präserven
c = 1 Rohfischfleisch, Fischfarce
[3]) c = 1 Marinaden; Bratfischerzeugnisse

Tab. 7.12 Mikrobiologische Richt- und Warnwerte von Tiefkühlfertiggerichten je g DHGM 1992

	ungegart		verzehrsfertig	
	Richtwert	Warnwert	Richtwert	Warnwert
Gesamtkeimzahl			10^6	
Escherichia coli	10^3	10^4	10^2	10^3
Staphylococcus aureus	10^2	10^3	10^2	10^3
Bacillus cereus	10^3	10^4	10^3	10^4
Salmonellen in 25 g negativ				

Das Überschreiten der Warnwerte sollte zu sofortigen Maßnahmen der Verbesserung der Produktionshygiene führen.

Literatur

[1] Abo-Elnaga, I. G.: Keimflora einiger Süßwasserfische. Arch. Lebensmittelhyg. **31** (1980) 181–183.

[2] Abeyta, C.; Kaysner, C. A.; Wekell, M. M.; Sullivan, J. J.; Stelma, G. N.: Das Wiederfinden von *Aeromonas hydrophila* aus Austern, die in einem Ausbruch einer Lebensmittelvergiftung beteiligt waren. J. Food Protect. **49** (1986) 843–846.

[3] Alderton, G.; Chen, J. K.; Ito, K. A.: Hitzeresistenz chemisch resistenter Formen von *Clostridium botulinum* 62 A-Sporen im Wasseraktivitätsbereich von 0 bis 0,9. Appl. and Environm. Microbiol. **40** (1980) 511–515.

[4] Alekseeva, T. I.; Bojcova, T. M.: Eine mögliche Variante – die Produktion von Kochgefrierfarce aus Mintai auf BMRT. Rybnoe Choz. **1974**, H. 10, 53 und 54.

[5] Alur, M. D.; Lewis, N. F.: Einfluß der Lagertemperatur auf die Mikroflora indischer Makrelen (Rastrelliger kanagurta). Fleischwirtschaft **60** (1980) 493–495.

[6] Amlacher, E.: Taschenbuch der Fischkrankheiten. Jena: Gustav Fischer Verlag 1981.

[7] Anter, W.; Hoffmann, R.; Scharnbeck, U.: Neue Perspektiven für die Gefriertrocknung in der DDR. Lebensmittelind. **11** (1964) 236–239.

[8] Aschehoug, V.: Untersuchungen über die Bakterienflora auf frischem Hering. Zbl. Bakt., Parasitenk. u. Infektionsk. **106** (1944/45) 5–27.

[9] Aschehoug, V.: Die Herstellung von Fischhalbkonserven in Norwegen, Teil I. Fischwaren und Feinkostind. **32** (1960) 108–110, 115; Teil II. Fischwaren und Feinkostind. **32** (1960) 126–128; 133–134.

[10] Askar, A.: Histamin und Fischhygiene. Z. ges. Hyg. u. Grenzgebiete **1984**, 699–701

[11] Avakjan, A. O.: Hygienisch-bakteriologische Bewertung des Rohstoffs, der Halbfertigfabrikate und der Endprodukte von Fleisch und Fischwaren mit dem Resazurintest. Vopr. Pitanija **28** (1969) 4, 64–65.

[12] Banner, C. R.; Long, J. J.; Fryer, J. L.: Das Vorkommen von mit *Renibacterium salmonarum* infizierten Salmoniden im Pazifik. J. Fish Diseases **9** (1986) 273–275.

[13] Barbett, H. J.; Conrad, J. W.; Nelson, R. W.: Anwendung von laminiertem Poly-

ethylen hoher und niedriger Dichte als flexible Verpackung zur Lagerung von Forellen (Salmo gairdneri) unter modifizierte Atmosphäre. J. Food Protect. **50** (1987) 645–651.

[14] BARHOUMI, M.; FAYE, A. A.; TEUTSCHER, F.: Lagercharakteristika von Sardine (Sardina pilchardus, Walbaum)-gehalten in Eis und gekühltem Seewasser. Refrigerat. Science and Technology, Internat. Inst. of Refrig. Paris (France) 1981–4.

[15] BARZYNSKA, H.: Bedingungen für die Entwicklung von *Aspergillus flavus* und die Bildung von Aflatoxin in Majonäsen. Rocz. Panstwowego Zkladu Hig. **24** (1973) 33–37.

[16] BAUMGART, J.: Vorkommen und Nachweis von *Clostridium botulinum* Typ E bei Seefischen, 2. Mitteilung. Arch. Lebensmittelhyg. **23** (1972) 34–38.

[17] BAUMGART, J.: Verderb von Feinkost-Salaten. Fleischwirtschaft **61** (1981) 1353–1355.

[18] BAUMGART, J.: Mikrobiologische Untersuchung von Lebensmitteln. Hamburg: Behr's Verlag 1986.

[19] BAUMGART, J.; WEBER, B.; HANEKAMP, B.: Mikrobiologische Stabilität von Feinkosterzeugnissen. Fleischwirtschaft **63** (1983) 93–94.

[20] BECKER, W.: Die Bedeutung der Gattung *Bacillus* als Lebensmittelvergifter und ihr Verhalten gegenüber verschiedenen NaCl-Konzentrationen und pH-Werten. Inaugural-Dissertation Gießen 1986.

[21] BERGANN, T.: Zu einigen lebensmittelhygienisch bedeutsamen Eigenschaften von *Bacillus cereus*. Mh. Vet.-Med. **44** (1989) 23–25.

[22] BIDENKO, M. S.; PODSEVALOV, V. N.; RAMBESA, E. F.; SUKRUTOV, N. I.; MARTYNOVA, E. T.; GORODNICENKO, L. B.; VERCHOTUROVA, F. I.: Ein neues Halbfabrikat-gefrorene Farce. Techn. Rybn. Produkt, T. AN **47** (1971) 43–52.

[23] BOSHKOVA, K.; TODOROVA, L.; BERENBOJJM, J.: Einfluß der Milchsäurebakterien auf einige Qualitätskennziffern von Farce aus Tolstolob. Khranitelna Prom. **37** (1988) 4, 28–30.

[24] BOYD, J. W.; SOUTHCOTT, B. A.: Ultraviolette Bestrahlung von zirkulierendem gekühltem Seewasser zur Fischlagerung. J. Fisheries Res. Bd. Can. **21** (1964) 37–43.

[25] BROEK, M. J. M. van den; MOSSEL, D. A. A.; EGGENKAMP, A. E.: Vorkommen von *Vibrio parahaemolyticus* in niederländischen Muscheln. Appl. and Environm. Microbiol. **39** (1979) 438–442.

[26] BRYAN, F. L.: Epidemiologie der durch Lebensmittel verursachten Erkrankungen, die durch Fische, Muscheln und marine Krebse übertragen werden, in den USA, 1970 bis 1978. J. Food Protect. **43** (1980) 859–876.

[27] BUNCIC, S.; PAUNOVIC, L.; VOJINOVIC, G.; RADISIC, D.: Inaktivierung von *L. monocytogenes* in Fleisch durch Erhitzung. Fleischwirtschaft **72** (1992) 1596–1597.

[28] BUROW, H.: Untersuchungen zum *Clostridium perfringens*-Befall bei gekühlten Seefischen und Miesmuscheln in der Türkei. Arch. Lebensmittelhyg. **25** (1974) 39–42.

[29] CALTABIANI, F.; CIANI, G.; CABASSI, E.; GIANELLI, F.: Qualitative Verteilung der organotrophen Bakterien im Adriatischen Meer, 3. Mitt.Versuchsraum Nähe Porto San Giorgio. Arch. Veter. Ital. **22** (1971) 588–605.

[30] CANN, D. C.; TAYLOR, L. Y.: Eine Einschätzung der Restkontamination durch *Colostridium botulinum* in einer Forellenzuchtanlage nach Ausbruch von Botulismus. J. Fish Diseases **7** (1984) 391–396.

[31] CERNY, G.; FINK, A.: Untersuchungen zur Abhängigkeit der thermischen Abtötung von Mikroorganismen von Viskosität und Wasseraktivität der Erhitzungsmedien. Int. Z. Lebensmittel-Technol. u. Verarbeitungstechn. **37** (1986) 110, 112, 114–115.

[32] CERNY, G.; HENNLICH, W.: Mikrobielle Haltbarkeit von Fleischsalat bei Raumtemperatur, 2. Teil: Pasteurisieren hitzeempfindlicher Mayonnaisen unter vorheriger Konservierungsstoffzugabe. Z. Lebensmittel-Technol. u. Verfahrenstechnik **34** (1983) 610–612.
[33] CHANDRASEKARAN, M.; LAKSHMANAPERUMALSAMY, P.; CHANDRA MOHAN, D.: Auftreten von *Vibrio* beim Fischverderb. Current Sci. **53** (1984) 31–32.
[34] CHEFTEL, H.; THOMAS, G.: Grundlagen und Methoden für die Aufstellung von Sterilisationsmaßstäben bei Lebensmittelkonserven. Braunschweig: Verlag Günter Hempel 1967.
[35] CHRISTIANS, O.: Neuartige Produkte aus Fischfarce ATZ **36** (1984) 12, 39.
[36] CHRISTIANSEN, E.: Über die Herstellung von Halbkonserven. Fischwaren- und Feinkostind. **34** (1962) 69–70 und 72; **34** (1962) 114–116.
[37] COMI, G.; CANTONI, C.; ROSA, M.; CATTANEO, P.: Hefen und Fischverderb. Ristoraz Collett **9** (1984) 65–73.
[38] CORETTI, K.: Unter welchen Bedingungen werden Salmonellen in Mayonnaise abgetötet? Fleischwirtschaft **49** (1969) 89–92.
[39] CORETTI, K.: Sterilisation von Gewürzen. Fleischwirtschaft **58** (1978) 1239–1241.
[40] CRAIG, J. M.; HAYES, S.; PILCHER, K. S.: Vorkommen von *Clostridium botulinum* Typ E in Seelachs und anderen Fischen des Nordwest-Pazifik. App. Microbiol. **16** (1968) 553–557.
[41] DAGBJARTSSON, G.; VALDIMARSSON, G.; ARASON, S.: Isländische Erfahrungen über die Fischlagerung in gekühltem Seewasser. Refrigerat. Sciente and Technology, Internat. Inst. of. Refrig. Paris (France) 1981-4
[42] DAVIDSON, D. M.; PFLUG, I. J.; SMITH, G. H.: Mikrobielle Analyse aufgeblähter Lebensmittelkonserven mit leicht gesäuertem Inhalt von verschiedenen Supermärkten. J. Food Protect. **44** (1981) 686–691.
[43] DEAK, T.: Isolierung und Identifizierung von Laktobazillen in Verbindung mit der Rohkonserven-Fermentation. Food Sci. and Technol. Abstr., Farbham Royal **7** (1975) 234–235.
[44] DEHOF, E.; GREUEL, E.; KRÄMER, J.: Zur Tenazität von *Clostridium botulinum* Typ E in heißgeräucherten vakuumverpackten Forellenfilets. Arch. Lebensmittelhyg. **40** (1989) 27–29.
[45] DELMORE, R. P.; CRISLEY, F. D.: Die Hitzeresistenz von *Vibrio parahaemolyticus* in Venusmuschelhomogenaten. J. Food Protect. **42** (1979) 131–134.
[46] DE PAOLA, A.: *Vibrio cholerae* in Lebensmitteln aus dem Meer und dem sie umgebenden Wasser: Eine Literaturübersicht. J. Food Sci. **46** (1981) 66–70.
[47] DIGIROLOMA, R.; LISTON, K.; MATCHES, J.: Die Wirkung des Frostens auf das Überleben von Salmonellen und *E. coli* bei Pazifik-Austern. J. Food Sci. **35** (1970) 13–16. Ref.: Feinkostwirtsch. **9** (1972) 151.
[48] DOLBISCH, G. A.: Die Ausnutzung der Knurrhähne (Trigla lyral L.) für die Zubereitung einer Nahrungsgefrierfarce. Rybnoe Choz. (1974) H. **2**, 70–72.
[49] DULIN, M. P.: Ein Bericht zur Tuberkulose (Mykobakteriose) der Fische. Veter. Med. and Small Animal Clinician **74** (1979) 731–735
[50] DÜRR, F.; KOSSUROK, B.; SCHOBER, D.: Zum Auftreten von biogenen Aminen in Rohfisch und Bratfischerzeugnissen. Lebensmittelind. **27** (1980) 253.
[51] ECONOMOPOULOU, C.: Mikroflora der Nase, des Rachens und des Intestinum. Alimenta **11** (1972) 61–63.
[52] EISNER, M.: Die Pasteurisation von Schinken-Halbkonserven mit Hilfe des selektiven Stufenverfahrens. Fleischwirtschaft **59** (1979) 1443–1451.
[53] EISNER, M.: Einführung in die Technik und Technologie der Rotationssterilisation. 2. Aufl. Wolfsburg: Verlag Günter Hempel 1985.

[54] EKLUND, M. W.: Bedeutung von *Clostridium botulinum* in Fischprodukten, die durch Kurzsterilisation konserviert wurden. Food Technol. **36** (1982) 107–112.

[55] EKLUND, M. W.; PELROY, G. A.; PARANJPYE, R.; PETERSON, M. E.; TEENY, F. M.: Hemmung der Toxinproduktion von *Clostridium botulinum* Typ A und B durch flüssigen Rauch und Natriumchlorid in hitzebehandeltem geräuchertem Fisch. J. Food Protect. **45** (1982) 935–961.

[56] EKLUND, M. W.; POYSKY, F. T.; PETERSON, M. E.; PECK, L. W.; BRUNSON, W. D.: Typ E-Botulismus bei Lachsartigen und die Bedingungen, die bei den Ausbrüchen mitwirken. Aquaculture **41** (1984) 293–309.

[57] ELLIS, A. E.; DEAR, G.; STEWART, D. J.: Die Histopathologie der „Rote Fleckenkrankheit" (Sekiten-Byo), verursacht durch *Pseudomonas anguilliseptica* beim europäischen Aal (Anguilla anguilla L.) in Schottland. J. Fish Disease **6** (1983) 77–79.

[58] ENGJOM, K.; POPPE, T. T.; HAASTEIN, T.: *Exophiala* spp.-Infektionen bei Atlantischem Lachs (Salmo salar L.). Norsk. Veter. T. **95** (1983) 703–706.

[59] FAISAL, M.; POPP, W.; REFEI, M.: Hohe Mortalität der Nil-Tilapia (Oreochromis niloticus) verursacht durch *Providencia rettgeri.* Berl. Münch. Tierärztl. Wschr. **100** (1987) 238–240.

[60] FARCHMIN, G.; SCHEIBNER, G.: Tierärztliche Lebensmittelhygiene. Jena: Gustav Fischer Verlag 1973.

[61] FEHLHABER, K.; SCHEIBNER, G.; BERGMANN, V.; LITZKE, L.-F.; NIETIEDT, E.: Virulenzuntersuchungen an *Aeromonas-hydrophila*-Stämmen. Mh. Vet.-Med. **40** (1985) 829–832.

[62] FICHTL, P.: Einsatz von Milchsäurebakterien als Starterkulturen zur Aufwertung von Fischfarce. Inaugural-Dissertation München, 1987.

[63] FICHTL, P.; SCHREIBER, W.: Reifung von Heringsfilets durch bakterielle Starterkulturen. Chem. Mikrobiol. Technol. Lebensm. **12** (1989) 33–38.

[64] FILCZAK, K.; KUCHARCZYK, B.: Mikrobiologische Untersuchungen von Mayonnaisen und die Veränderungen ihrer Mikroflora während der Lagerung. Przem. Spoz. **36** (1982) 191–193.

[65] FÜCKER, K.; MEYER, R. A.; PIETSCH, H.-P.: Dünnschichtelektrophoretische Bestimmung biogener Amine in Fisch und Fischprodukten im Zusammenhang mit Lebensmittelintoxikationen. Nahrung **18** (1974) 663–669.

[66] GALLI, L.; PEREZ, R.: Ein Ausbruch von hämorrhagischer Septikämie bei Rhamdia sapo in Uruguay. Riv. ital. piscicolt e ittiopatol. **21** (1986) 77–78.

[67] GARCIA, G. W.; GENIGEORGIS, C.: Quantitative Beurteilung der nicht proteolytischen Typen B, E und F von *Clostridium botulinum* in frischen Lachsgewebehomogenaten nach Lagerung unter modifizierter Atmosphäre. J. Food Protect. **50** (1987) 390–397, 400.

[68] GARCIA, G. W.; GENIGEORGIS, C.; LINDROTH, S.: Das Risiko des Wachstums und der Toxinproduktion durch die nicht proteolytischen Typen B, E und F von *Clostridium botulinum* in Lachsfilet, das unter modifizierter Atmosphäre bei niedrigen und hohen Temperaturen gelagert wurde. J. Food Protect. **50** (1987) 330–336.

[69] GEHRING, F.: Zutaten bei der Herstellung von Präserven als mögliche Infektionsquelle mit Milchsäurebakterien. Inform. Fischwirtsch. **10** (1963) 84.

[70] GEHRING, F.: Versuche über Seelachs in Öl-Konservierung. Inform. Fischwirtsch. **11** (1964) 211–215.

[71] GEHRING, F.: Einige bakteriologische Daten über den Keimgehalt von Tiefgefrierfisch. Inform. Fischwirtsch. **12** (1965) 123–126.

[72] GENIGEORGIS, O.; RIEMANN, H.; SADLER, W. W.: Die Bildung von Enterotoxin-B in gepökeltem Fleisch. J. Food Sci. **34** (1969) 62–68.
[73] GEORGALA, D. L.: Frischfisch III: Die Bakteriologie von gemahlenem Eis auf Trawlern. Ann. Rep. Res. Inst. Rondebosch **13** (1960) 10–11.
[74] Gesetz über den Verkehr mit Lebensmitteln, Tabakerzeugnissen, kosmetischen Mitteln und sonstigen Bedarfsgegenständen (Lebensmittel- und Bedarfsgegenständegesetz) vom 8. 7. 1993. BGBl I, S. 1169.
[75] GIANELLI, F.; CABASSI, E.; CIANI, G.; FRESCHI, E.: Quantitative Verteilung der organotropen Bakterien im Adriatischen Meer, 4. Mitt. Fischfanggebiete, die weit von der Küste entfernt liegen. Arch. Veter. Ital. **22** (1971) 606–632.
[76] GIERER, W.: Differentialdiagnostische Untersuchungen von bakteriell kontaminierten Organproben erkrankter Fische aus den Forellenanlagen der Ostseeküste. Fischerei-Forschung **21** (1983) 1, 50–51.
[77] GORCZYCA, E.; SUMNER, J. L.; COHEN, R.; BRADY, P.: Mesophiler Fischverderb. Food Technol. Aust. **37** (1985) 24–26.
[78] GRAHAM, M.: Das Frieren von Räucherhering. Kälte **16** (1963) 549–551.
[79] GRAM, L.; TROLLE, G.; HUSS, H. H.: Nachweis spezifischer Verderbsbakterien aus Fisch, der bei niedrigen (0 °C) und hohen (20 °C) Temperaturen gelagert wurde. Int. J. Food. Microbiol. **4** (1987) 65–72.
[80] GRAPOVA, T. I.: Aeromonaden in Lebensmitteln. Gig. i. Sanit. **47** (1982) 2, 89–91.
[81] GROSSKLAUS, D.: Über die Haltbarkeit im Verkehr befindlicher und ohne Konservierungsstoffe hergestellter Fischpräserven. Arch. Lebensmittelhyg. **15** (1964) 265–271.
[82] GRÜN, L.; WIRTZ, H.: Fischpräserven mit oder ohne Hexamethylentetramin. Deutsche Lebensmittelrundschau **60** (1964) 14–18.
[83] HABERMANN, H. J.: Untersuchungen über den Keimgehalt gefriergetrockneten Fleisches. Arch. Lebensmittelhyg. **18** (1967) 169–171.
[84] HACKNEY, C. R.; RAY, B.; SPECK, M. L.: Vorkommen von *Vibrio parahaemolyticus* in und mikrobiologische Qualität von marinen Lebensmitteln in Nord-Carolina. J. Food Protect. **43** (1980) 769–773.
[85] HAMMES, W. P.: Gefahren durch den Einsatz von Mikroorganismen in der Lebensmittelindustrie. Alimenta **27** (1988) 55–59.
[86] HANSEN, P.: Behälter für Kühlung, Lagerung und Transport von Frischfleisch in Eiswasser. Refrigerat. Science and Technology, Internat. Inst. of Refrig. Paris (France) 1981-4.
[87] HASTINGS, J. W.; HOLZAPFEL, W. H.; NIEMAND, J. G.: Bestrahlungsresistenz von Laktobazillen, die aus bestrahltem Fleisch isoliert wurden, im Verhältnis zu Wachstum und Umwelt. Appl. and Environm. Microbiol. **52** (1986) 898–901.
[88] HAUSCHILD, A. H. W.; HILSHEIMER, R.: Wirkung des Salzgehaltes und des pH-Wertes auf die Toxinbildung von *Clostridium botulinum* in Kaviar. J. Food Protect. **42** (1979) 245–248.
[89] HAVELKA, B.: Bedeutung der psychrotoleranten Keime für die Entstehung von Histamin im Fischfleisch. Prum. Potravin **25** (1974) 137–141.
[90] HECHELMANN, H.; TAMURA, K.; INAL, T.; LEISTNER, L.: Vorkommen von *Vibrio parahaemolyticus* in verschiedenen Seegebieten Europas im Jahre 1970. Fleischwirtschaft **51** (1971) 965–958.
[91] HECK, I.; KIKIS, D.; ESSER, H.; SCHALLEHN, G.; VOGEL, P.: Inkomplette Parese der quergestreiften Muskulatur, Atemlähmung und komplette Magen-Darm-Atonie bei einem jugendlichen Patienten nach einer Fischkonservenmahlzeit. Internist **25** (1984) 514–516.
[92] HEIMANN, P.; KÜNZLER, W.; LINIGER, M.; SIMMEN, A.: Mikrobiologische und chemi-

sche Beschaffenheit von aus Surimi hergestellten Produkten. Fleischwirtschaft **74** (1994) 92–94.
[93] HEINEMANN, B.; VORIS, L.; STUMBO, C. R.: Die Verwendung von Nisin bei der Verarbeitung von Lebensmitteln. Food Technol. **19** (1965) 160–164.
[94] HEUSCHMANN-BRUNNER, G.: Experimentelle Untersuchungen über Möglichkeiten und Verlauf einer Infektion mit *Salmonella enteritidis* und *Salmonella typhimurium* bei Süßwasserfischen. Zbl. Bak., Parasitenk., Infektionskrankh. und Hyg., I. Abt., Orig., B. **158** (1974) 412–431.
[95] HILDEBRANDT, G.; EROL, I.: Sensorische und mikrobiologische Untersuchung an vakuumverpacktem Räucherlachs in Scheiben. Arch. Lebensmittelhyg. **39** (1988) 120–123.
[96] HILMARSDÓTTIR, E.; KARMAS, E.: Mikrobielle Widerstandsfähigkeit eines fermentierten halbfeuchten Fischerzeugnisses. Lebensmittelwiss. u. Technol. **17** (1984) 328–330.
[97] HOBBS, G.; LAY, F. J.: Strahlenbehandlung von Fisch. Aptit. a la conserv. des poiss. et prod. de la mer refrig. et congel., Paris; Verl. Inst. Internat. Du Froid (1985) 177–186.
[98] HOLMBERG, S. D.; WACHSMUTH, J. K.; HICKMANN-BREMNER, F. W.; BLAKE, P. A.; FARMER, J. J.: Darminfektion durch *Plesiomonas* in den USA Ann. Int. Med. **105** (1986) 690–694.
[99] HOUGHTBY, G. A.; KAYSNER, C. A.: Das Vorkommen von *Clostridium botulium* Typ E im Alaska-Lachs. Appl. Microbiol. **18** (1969) 950–951.
[100] HOWGATE, P.: Bibliographie über die Lagerfähigkeit von frischem und tiefgefrorenem Fisch. Aptit. a la conserv. des poiss. et prod. de la mer refrig. et congel., Paris: Verl. Inst. Internat. Du Froid (1985) 389–401.
[101] HU, C. S.; KOBURGER, J. A.: Isolierung von *Vibrio cholerae* aus Amerikanischem Aal, Anguilla rostrata. J. Food Protect. **46** (1983) 731–732.
[102] HUSS, H. H.; PEDERSEN, A.: *Clostridium botulinum* bei Fisch. Nord. Vet.-Med. **31** (1979) 214–221.
[103] HUSSAIN, A. M.; EHLERMANN, D.; DIEHL, J.-F.: Wirkung der Rarisation auf die Mikroflora von vakuumverpackten Forellen (Salmo gairdneri). Arch. Lebensmittelhyg. **27** (1976) 223–225.
[104] HUSSAIN, A. M.; EHLERMANN, D.; DIEHL, J.-F.: Vergleich der Toxinproduktion durch *Clostridium botulinum* Typ E in bestrahlten und nicht bestrahlten vakuumverpackten Forellen (Salmo gairdneri). Arch. Lebensmittelhyg. **28** (1977) 23–27.
[105] IVANOVA, S. I.: Aktivität der Mikroflora in Präserven unter verschiedenen Lagerbedingungen. Naučno-techn. bjull. Naučno-Issledovatel'skogo Instituta Mechanizacii rybnoj promyšlennosti (1956) 21–25.
[106] IVANOVA, S. I.: Einfluß der Lagertemperatur auf die Entwicklung der Mikroflora in Präserven aus Ostseesprott. Trudy, TNIRO **35** (1958).
[107] JANTZEN, C.; VOSS, J.: Untersuchungen zum Einsatz chemischer Konservierungsmittel in Kaltmarinaden unter Berücksichtigung des Einsatzes von Hexa. Fischereiforschung **5** (1967) 111 –119.
[108] JANZ, I.; SCHEIBNER, G.; BEUTLING, D.: Die lebensmittelhygienische Bedeutung von Histamin und Tyramin (Übersichtsreferat). Mh. Vet.-Med. **38** (1983) 701–709.
[109] JEFFERSON: Symposium über Lebensmittelbestrahlung der Joint FAO/IAEA in Karlsruhe vom 6. bis 10. Juni 1966. Arch. Lebensmittelhyg. **17** (1966) 186–189 und 207–211.
[110] JEMMI, T.: *Listeria monocytogenes* in Räucherfisch, eine Übersicht. Arch. Lebensmittelhyg. **44** (1993) 10–13.

[111] JIROUT, K.; KOFRANEK, J.: Lebensmittelvergiftung durch geräucherten Thunfisch. Ceskoslov. Hyg. **19** (1974) 137–141.
[112] JOHANNSEN, A.: Das Vorkommen und die Ausbreitung von *Clostr. botul.* Typ E mit besonderer Rücksicht auf das Gebiet am Öresund. Nord. Vet.-Med. 14 (1962) 441 Ref.: Fleischwirtschaft **43** (1963) 956.
[113] JØRGENSEN, B. V.: Hygienische Gesichtspunkte bei Fischkisten. Fish handling and preservation Proceed. at Meet. on Fish Technol. Scheveningen – Sept. 1964 – Paris OECD, 1965.
[114] KAMPELMACHER, E. H.: Lebensmittelbestrahlung – eine neue Technologie zur Haltbarmachung und zur hygienischen Sicherung von Lebensmitteln. Fleischwirtschaft **63** (1983) 1677, 1680, 1682, 1684–1686.
[115] KARL, H.: Überlebensfähigkeit von Nematodenlarven (Anisakis simplex) bei der Herstellung von Heringsfilet nach Matjesart unter Verwendung frischer Rohware. Inform. Fischwirtsch. **34** (1987) 137–138.
[116] KARNOP, G.: Die Bakteriologie des Verderbens von Frischfisch – ihre Probleme und deren Lösungsmöglichkeiten. Dt. Lebensmitt.-Rundsch. **74** (1978) 200–205.
[117] KARNOP, G.: Die Erfolgsaussichten der Fischbestrahlung aus der Sicht der Schwankungsbreite bakteriologischer Faktoren. Dt. Lebensmitt.-Rundsch. **74** (1978) 367–371.
[118] KARNOP, G.: Qualität und Lagerverhalten heißgeräucherter Fischereiprodukte, Teil I, II und III. Dt. Lebensmitt.-Rundschau **76** (1980) 42–47, 75–81 und 125–134.
[119] KARNOP, G.: Vorkommen und Bedeutung eiweißabbauender Bakterien an Seefischen. Inform. Fischwirtsch. **29** (1982) 98–101.
[120] KARNOP, G.: Rolle der Proteolyten beim Fischverderb, II. Vorkommen und Bedeutung der Proteolyten als bakterielle Verderbindikatoren. Arch. Lebensmittelhyg. **33** (1982) 61–66.
[121] KARNOP, G.: Analyse der Bakterienpopulationen von Matjes und Heringsfilet nach Matjesart und Unterscheidungsmöglichkeit beider Produkte anhand von *Vibrio costicola*. Arch. Lebensmittelhyg. **37** (1986) 114–117.
[122] KARNOP, G.: Histamin in Salzsardellen. Arch. Lebensmittelhyg. **39** (1988) 67–73.
[123] KARNOP, G.; ANTONACOPOULOS, N.: Einfluß der Röntgenstrahlung auf das bakteriologische und chemische Qualitätsverhalten von verpacktem Frischfisch in Eis. Dt. Lebensmitt.-Rundsch. **73** (1977) 217–222.
[124] KARNOP, G.; MÜNZNER, R.; ANTONACOPOULOS, N.: Einfluß der Bestrahlung an Bord auf die Haltbarkeit von Rotbarsch; II. Bakteriologische und chemische Ergebnisse. Arch. Lebensmittelhyg. **29** (1978) 49–53.
[125] KELLEHER, S. D.; ZALL, R. R.: Die Ethanolanreicherung im Muskelgewebe als chemischer Indikator des Fischverderbes. Food Biochem. **7** (1983) 87–92.
[126] KIETZMANN, U.; PRIEBE, K.: Ergebnisse von Untersuchungen zur Kühlhaltung von verpackten Fischpräserven. Arch. Lebensmittelhyg. **30** (1979) 51–56.
[127] KLEICKMANN, A.; SCHELLHAAS, G.: Zum Keimgehalt von Räucherfischen. Arch. Lebensmittelhyg. **30** (1979) 26–29.
[128] KOBURGER, J. A.; WAHLQUIST, C. L.: Identifizierung von aus Seetieren isolierten Enterobacterien. J. Food Protect. **42** (1979) 956–957.
[129] KOCHANOWSKI, J.: Eigenschaften von bakteriostatischem flüssigem Rauch. Biul. Inf. MIR (1962) S. 21–22.
[130] KÖHLER, B.; FEILER, M.; FRIEDRICHS, F.; BÖTTCHER, E.: Ausbruch von Botulismus bei Wasservögeln. Mh. Vet.-Med. **32** (1977) 178–182.
[131] KOSOVA, N. I.: Der Einfluß der Fermente auf die Mikroflora des Salzherings während der Reifung. Sbornik rabot po technologii rybn. produkt. (1964) S. 97.

[132] KREIGER, R. A.; SNYDER, O. P.; PFLUG, I. J.: Die *D*-Wert-Bestimmung bei der ionisierenden Bestrahlung von *Clostridium botulinum*, die bei einem Mikrolebensmittelproben-System durchgeführt wurde. J. Food Sci. **48** (1983) 141–145.
[133] KREUZER, R.: Die Haltbarmachung von Fischpräserven. AFZ (1958) 112 und 114–118.
[134] KRÜGER, K.-E.: Hygienische Probleme bei der Fischwarenherstellung. Feinkostwirtschaft **10** (1973) 186–190.
[135] KUNZ, B.: Grundriß der Lebensmittel-Mikrobiologie. Hamburg: Behr's Verlag 1988.
[136] LAMPRECHT, E. A.: Überleben von *Vibrio parahaemolyticus* während des Gefrierens. J. Sci. Food and Agric. **31** (1980) 1309–1312.
[137] LANDRY, E. F.; VAUGHIN, J. M.; VICELE, T. J.; MANN, R.: Anreicherung von mit Sedimenten assoziierten Viren in Schalentieren. Appl. and Environm. Microbiol. **45** (1983) 238–247.
[138] LANG, K.: Der flüchtige Basenstickstoff (TVB-N) bei im Binnenland in den Verkehr gebrachten frischen Seefischen, II. Mitteilung. Arch. Lebensmittelhyg. **34** (1983) 7–10.
[139] LANNELONGUE, M.; FINNE, G.; HANNA, M. O.; NICKELSON, R.; VANDERZANT, G.: Charakteristik der Lagerung von Garnelen (Penaeus aztecus) in Einzelpackungen mit Kohlendioxid angereicherter Atmosphäre. J. Food. Sci. **47** (1982) 911–913.
[140] LEN, P. P.: Mesophiler Verderb von Meeresfisch. Food Technol. Aust. **39** (1987) 277–282.
[141] LERCHE, M.; GOERTTLER, V.; RIEVEL, H.: Lehrbuch der tierärztlichen Lebensmittelüberwachung. Jena: Gustav Fischer Verlag 1957.
[142] LICCIARDELLO, J. J.; HILL, W. S.: Mikrobiologische Qualität von kommerziell gefrorenen, zerkleinerten Fischblocks. J. Food Protect. **41** (1978) 948.
[143] LIEWEN, M. B.; MARTH, E. H.: Wachstum und Hemmung der Mikroorganismen in Anwesenheit von Sorbinsäure; eine Rezension. J. Food Protect. **48** (1985) 364–375.
[144] LÖTSCH, G.: Untersuchungen zum Vorkommen von *Yersinia enterocolitica* bei Speisefischen und ausgewählten Fischprodukten. Mh. Vet.-Med. **41** (1986) 496–498.
[145] LOVE, S.; BRATZLER, L. J.: Versuchsweise Identifizierung von Karbonyl-Verbindungen im Holzrauch mittels Gas-Chromatographie. J. Food Sci. **31** (1966) 218.
[146] LUDORFF, W.: Über den Einfluß von Buthylhydroxytoluol und Kaliumsorbat auf das Ranzigwerden von geräucherten Barbenfilets. Inform. Fischwirtsch. **9** (1962) 120.
[147] LUDORFF, W.: Neue Wege zur Herstellung haltbarer Fischpräserven. Fette, Seifen, Anstrichm. **65** (1963) 139–144.
[148] LUNDBORG, L. E.: Lebensmittelhygienische Aspekte der Fisch- und Schalentierzucht. Svensk. Veter.-Tidn., Suppl. **38** (1986) 239–248.
[149] LYNT, R. K.; KAUTTER, D. A.; SOLOMON, H. M.: Die Hitzeresistenz von proteolytischen Stämmen von *Clostridium botulinum* Typ F. in Phosphatpuffer und Krabbenfleisch. J. Food Sci. **47** (1981) 204–206 und 230.
[150] MANTHEY, M.; KARL, H.: Untersuchung zur Qualität von tropischen Buntbarschen (*Sarotherodon nilitica*) bei Eislagerung. Dt. Lebensmittel-Rdsch. **80** (1984) 175–178.
[151] MAYR, A.: Tatsachen und Spekulationen über Viren in Lebensmitteln. Zbl. Bakt., I. Abt. Orig. B 168 (1979) 109–133.
[152] MEBS, D.: CIGUATERA. Münch. Med. Wochenschr. **122** (1980) 1413–1414.

[153] MERSON, M. H.; BAINE, W. B.; GANGAROSA, E. J.; SWANSON, R. C.: Vergiftung durch makrelenartigen Fisch – Ausbruch, zurückverfolgt bis zu einer kommerziellen Thunfischkonserve. J. Americ. Med. Assoc. **228** (1974) 1268–1269.
[154] MEYER, V.: Probleme des Verderbens von Fischkonserven in Dosen. II, Aminosäurendecarboxylase durch Organismen der *Betabacterium Buchneri*-Gruppe als Ursache bombierter Marinaden. Veröffentl. d. Inst. für Meeresforsch. in Bremerhaven Bd. IV (1956) S. 1–16.
[155] MEYER, V.: Probleme des Verderbens von Fischkonserven in Dosen. VI, das Auftreten decarboxylierbarer Aminosäuren bei der Herstellung von Marinaden und ihr Nachweis. Veröffentl. d. Inst. für Meeresforsch. in Bremerhaven Bd. VII (1961) 264–276.
[156] MEYER, V.: Probleme des Verderbens von Fischkonserven in Dosen. II, Untersuchung über die Entstehung der Aminosäuren beim Marinieren von Heringen. Veröffentl. d. Inst. für Meeresforsch. in Bremerhaven Bd. VIII (1962) S. 21–36.
[157] MEYER, V.: Probleme der Konservierung von Fischpräserven. AFZ (1966) S. 110, 112, 114, 116.
[158] MEYER, V.: Probleme in der Herstellung von Fischhalbkonserven. Dt. Lebensmittelrundschau **69** (1973) 20–25.
[159] MEYER, V.: Hygiene beim Fischfang. Arch. Lebensmittelhyg. **25** (1974) 1–4.
[160] MOLIN, G.; STENSTRÖM, I.-M.: Einfluß der Temperatur auf die Mikroflora von Heringsfilets, die in der Luft oder Kohlendioxid gelagert werden. J. appl. Bacteriol. **56** (1984) 275–282.
[161] MOUSSSA, A. E.; DIEHL, J.-F.: Kombinierter Effekt von Strahlendosis, Bestrahlungstemperatur und Wasseraktivität auf die Überlebensrate von drei *Salmonella*-Serotypen. Arch. Lebensmittelhyg. **30** (1979) 171–176.
[162] MÜLLER, G.: Grundlagen der Lebensmikrobiologie, 7. Aufl. Leipzig: Fachbuchverlag 1989.
[163] MÜLLER, F.J.; STOJEW, J.: Die Epidemiologie der Staphylokokken-Lebensmittelvergiftungen. Alimenta **10** (1971) 22–27.
[164] MÜNKNER, W.; HARWARDT, I.; SCHUBRING, R.; VERSÜMER, E.: Zur rationellen Verwertung der Rohware Fisch; I. Gegenwärtiger Stand der Fischfarcegewinnung und -verwertung. Lebensmittelind. **32** (1985) 169–172.
[165] MÜNZNER, R.: Untersuchungen über die Strahlenresistenz von aus Seefischen isolierten Stämmen von *Moraxella-Acinetobacter*. Arch. Lebensmittelhyg. **28** (1977) 195–198.
[166] NAKANISHI, H.; LEISTNER, L.; HECHELMANN, H.; BAUMGART, J.: Weitere Untersuchungen über das Vorkommen von *Vibrio parahaemolyticus* und *Vibrio alginolyticus* bei Seefischen in Deutschland. Arch. Lebensmittelhyg. **19** (1968) 49–53.
[167] NAKATSUGAWA, T.: Eine Streptokokken-Krankheit von Flundern in Marikultur. Fish Pathol. **17** (1983) 281–285.
[168] NICKELSON, R.; FINNE, G.; HANNA, M. O.; VANDERZANT, C.: Zerkleinertes Fischfleisch aus nichtraditionellen Fischarten des Golfs von Mexiko: Bakteriologie. J. Food Sci. **45** (1980) 1321–1326.
[169] NIELS, K. K.; LUND, E.: Die Bildung von biogenen Aminen in Hering und Makrele. Z. Lebensmitt. Untersuch. Forsch. **182** (1986) 459–463.
[170] NIEPER, L.: Lagertemperaturen über 8 Grad schlecht für Marinaden. AFZ **35** (1983) 17, 34–39.
[171] N. N.: Bakteriologie von Eis. World Fisheries Abstr. **12** (1961) 25–26.
[172] N. N.: Konservierung von Räucherfisch. Peche marit. **40** (1961) 29–30.
[173] N. N.: Lagerung von Strömling in gekühltem Seewasser. Cholodil. Techn. **44** (1967) 24–30.

[174] N. N.: Ameisensäure als Konservierungsstoff. AFZ **21** (1969) 33.
[175] N. N.: Fisch- und Schalentierhygiene. Publish. by FAO und WHO, FAO of the UN, Genf 1974.
[176] N. N.: Hochtemperaturräuchern von Fisch mit dem Ziel der 12-D-Abtötungsrate von *Clostridium botulinum* Typ E. J. Food Sci. **45** (1980) 1481–1486.
[177] N. N.: Ozon verlängert Haltbarkeit der Fische. AFZ – Fischmagaz. **38** (1986) 8, 8–9.
[178] N. N.: Verlängerung der Haltbarkeit von Fisch durch Einsatz des Enzyms Glucoseoxidase. J. Food Sci. **51** (1986) 66–70.
[179] N. N.: Billige Haltbarmachung. Fish. Gang **73** (1987) 690.
[180] ODLAUG, T. E.; PFLUG, I. J.: *Clostridium botulinum* und saure Lebensmittel. J. Food Protect. **41** (1978) 566–573.
[181] OGIHARA, H.; JIZUKA, N.; NARIKAWA, Y.; NAKAMURA, Y.; UMEZAWA, K.; HARUTA, M.: Die bakterielle Kontamination von handelsüblichen getrockneten marinen Lebensmitteln und die Analyse ihrer Bakterienflora. Bull. College Agric. Vet.-med., Nihon Univ. **42** (1985) 251–258.
[182] OLSON, D. P.; BELEAU, M. H.; BUSCH, R. A.: Die Erdbeerkrankheit der Regenbogenforelle, Salmo gairdneri. J. Fish Diseases **8** (1985) 101–111.
[183] ONISHI, H.; FUCHI, H.; KONOMI, K.; HIDAKA, O.; KAMEKURA, M.: Isolierung und Verteilung der verschiedenen halophilen Bakterien und ihre Klassifikation nach der Reaktion auf Salz. Agric. Biol. Chem. **44** (1980) 1253–1258.
[184] OSTHOLD, W.; LEISTNER, L.: Untersuchungen zur Haltbarkeitsverbesserung bei Fisch – Salzbehandlung von fangfrischem Kabeljau. Arch. Lebensmittelhyg. **34** (1983) 128–130.
[185] PASTERNACK, R.; MALASPINA, A. S.; WRENSHALL, C. L.; OTTKE, R. C.: Die Anwendung von Antibiotikas, um den frischen Zustand von Fischen u. Schalentieren zu verlängern. FAO Kongreß, Rotterdam (1956), Symposium Nr. 3.
[186] PAUL, W.: Zur Technologie der Gefriertrocknung. Gordian **71** (1971) 36–39.
[187] PAZLER, M.; KOCOVA, P.; POKOMY, J.: Mitteilung. Z. Lebensmittel-Unters.-Forsch. **131** (1966) 269.
[188] PECHANEK, U.; WOIDICH, H.; PFANNHAUSER, W.; BLAICHER, G.: Untersuchung über das Vorkommen von biogenen Aminen in Lebensmitteln. Ernährung/Nutrition **4** (1980) 58–61.
[189] PEREIRA, J. L.; SALZBERG, S. P.; BERGDOLL, M. S.: Einfluß von Temperatur, pH-Wert und Natriumchlorid-Konzentrationen auf die Bildung der Staphylokokken-Enterotoxine A und B. J. Food Protect. **45** (1982) 1306–1309.
[190] PETERS, H.; SIELAFF, H.; SCHLEUSENER, H.: Inaktivierung von Enzymen durch Wärmebehandlung. Lebensmittelind. **29** (1982) 439–442.
[191] PETRICZENKO, L. K.; BELOGLAZOVA, L. K.: Mikrobiologische Charakterisierung von Fischfarsch für Lebensmittel. Kratk. soob. Izvestija Vuzov. Pisht. Technol. **1981**, 6, 133–135.
[192] PICHHARDT, K.: Lebensmittelmikrobiologie, Grundlagen für die Praxis. Berlin, Heidelberg, New York: Springer-Verlag 1984.
[193] PIPEK, P.; CESENEKOVA, I.: Der Einsatz von Milchsäure bei der Fischmarinierung. Sb. vysoke skoly chem.-technol. praze Potraviny **E58** (1985) 51–68.
[194] POWNEY, L. J.; DUMSMORE, D. G.: Die Rolle der Reinigung der Transportkästen beim mikrobiologischen Verderb von Fisch. Food Technol. New Zealand **21** (1986) 43, 45, 49.
[195] PRESNELL, M. W.; MIESCIER, J. J.; HILL, W. F. jr.: *Clostridium botulinum* in marinen Sedimenten und in der Auster (*Crassostrea virginica*) aus der Mobilebai. Appl. Microbiol. **15** (1967) 668–669.

[196] PRIEBE, K.: Zur Frage der Herkunft der Betabakterien (Laktobakterien) bei Heringsmarinaden. Arch. Lebensmittelhyg. **13** (1962) 278–281.
[197] PRIEBE, K.: Untersuchungen zur Ursache und zur Vermeidung des Auftretens von Fadenziehen bei Bratheringsmarinaden. Arch. Lebensmittelhyg. **22** (1971) 13–23.
[198] PRIEBE, K.: Trends bei der Herstellung von beschränkt haltbaren Fischerzeugnissen und deren Beurteilung. Fleischwirtschaft **60** (1980) 225–229.
[199] PRIEBE, K.: Probleme der sachgerechten Restfleischgewinnung von Fischen. Sonderdruck aus FIMA-Schriftenreihe Bd. **25** (1992).
[200] PRIEBE, K.: Giftfische – Fischgifte. Persönliche Mitteilung. (1994).
[201] Deutsche Gesellschaft für Hygiene und Mikrobiologie: Mikrobiologische Richt- und Warnwerte zur Beurteilung von rohen, teilgegarten und gegarten Tiefkühl-Fertiggerichten oder Teilen davon. Lebensmittel-Technik **24** (1992) 89.
[202] PRIEBE, K., BOISELLE, C.; LINDENA, U.: Bedeutsame Prozeßfaktoren bei der Herstellung von Seelachsschnitzeln, Lachsersatz und Bemerkungen zur Untersuchung und Deklaration dieses Feinkosterzeugnisses. Arch. Lebensmittelhyg. **43** (1992) 144–148.
[203] RAKOW, D.: Bemerkungen zum Keimgehalt von im Handel befindlichen Räucherfischen. Arch. Lebensmittelhyg. **28** (1977) 192–195.
[204] RAMM, I.; WILKE, K.; WASMUND, M.: Zur Herstellung, Weiterverarbeitung und Mikrobiologie von Süßwasserfischfarce. Lebensmittelind. **33** (1986) 272–273.
[205] RAVIC-SCERBO, J. A.; DUBROVA, G. B.; SMOTRJASVA, E. A.; ONIKIENKO, A. JA.: Chlortetracyclin-Biomycin zur Lagerung von Frischfisch. Moskva: Izdat Ryb. Choz. 1960.
[206] RAY, H.; LISTON, J.: Die Beeinflussung von pathogenen Bakterien in gefrosteten Meeresprodukten durch Verarbeitungsvorgänge. Food Technol. I, **17** (1963) 83–89.
[207] REED, R. J.; AMMERMANN, G. R.; CHEN, T.: Untersuchungen an Kühlpackungen von in Fischfarmen gezüchtetem Wels. J. Food Sci. **48** (1983) 311–312.
[208] REHBEIN, H.: Assessment of fish spoilage by enzymatic determination of ethanol. Arch. Lebensmittelhyg. **44** (1993) 3–5.
[209] REHM, H.-J.: Grenzhemmkonzentrationen der zugelassenen Konservierungsmittel gegen Mikroorganismen. Z. Lebensmittel-Unters.-Forsch. **115** (1961) 293–309.
[210] REICHERT, I. E.: Die Haltbarmachung von Fleischerzeugnissen durch Hitzebehandlung. Fleischwirtschaft **58** (1978) 971–980.
[211] REINACHER, E.; ANTONACOPOULOS, N.; EHLERMANN, D.: Die Problematik der Bewertung neuer Technologien am Beispiel der Radurisierung („Strahlenpasteurisierung") von Frischfisch. Dt. Lebensmittel.-Rundsch. **73** (1977) 361–363.
[212] REUSSE, U.: Die Bedeutung von Lebensmittelhygiene und -technologie für die Qualität von Eiern, Fischen und Wild. Arch. Lebensmittelhyg. **31** (1980) 99–101.
[213] RÖDEL, W.; HERZOG, H.; LEISTNER, L.: Wasseraktivitäts-Toleranz von lebensmittelhygienisch wichtigen Keimarten der Gattung *Vibrio*. Fleischwirtschaft **53** (1973) 1301–1304.
[214] RÖDEL, W.; KRISPIEN, K.: Einfluß von Kühl- und Gefriertemperaturen auf die Wasseraktivität (a_w-Wert) von Fleisch und Fleischerzeugnissen. Fleischwirtschaft **57** (1977) 1863–1867.
[215] ROSS, S. S.; MORRIS, E. O.: Eine Untersuchung der Hefeflora von Seefischen aus schottischen Küstengewässern und einem Fangplatz bei Island. J. appl. Bacteriol. **28** (1965) 224–234.

[216] SANGJINDAVON, M.; GJERDE, J.: Klassifikation von koliformen Bakterien, die aus der Meeresumgebung und aus Seefischerzeugnissen isoliert wurden. Food Sci. and Technol. Abstr. Farnham Royal **10** (1978) 67–74.

[217] SATO, Y.: Ständig auftretende Rotflossenkrankheit bei Aalen eines Fischbetriebes. J. Japan veter. med. Assoc. **34** (1981) 527–530.

[218] SAUPE, CH.: Mikrobiell bedingte Gefährdung des Menschen durch Fisch und Fischerzeugnisse und Möglichkeiten ihrer Verhinderung (Übersichtsreferat) Mh. Vet.-Med. **44** (1989) 54–59.

[219] SAVVIDIS, G.: Quantitative Untersuchungen über das Vorkommen von Enterobacteriaceen aus dem Darm von Süßwasserfischen unter besonderer Berücksichtigung von *Yersinia ruckeri*, dem ätiologischen Agens der ERD (Enteric Redmouth Disease). Inaugural-Dissertation Hannover, 1984.

[220] SCHALCH, B.; EISGRUBER, H.; STOLLE, A.: Eignung der Mikrowellenbehandlung zur Keimzahlreduzierung bei vakuumverpacktem Brühwurstaufschnitt. Arch. Lebensmittelhyg. **45** (1994) 6–13.

[221] SCHANDEVYL, P.; v. DYCK, E.; PIOT, P.: Halophile Vibrio-Arten aus Seefischen in Senegal. Appl. and Environm. Microbiol. **48** (1984) 236–238.

[222] SCHÄPERCLAUS, W.: Fischkrankheiten, 4. Aufl., Berlin: Akademie-Verlag 1979.

[223] SCHEER, H.: Über die Haltbarkeit von vakuumverschlossenen Fischpräserven. Inform. Fischwirtsch. **9** (1962) 118–120.

[224] SCHEER, H.: Einfluß von Natriumformiat auf Stoffwechselvorgänge von Bakterien. Inform. Fischwirtsch. **18** (1971) 19–22.

[225] SCHEER, H.: Über die bakteriostatische Wirkung von Na-Benzoat bei tieferen Temperaturen. Inform. Fischwirtsch. **21** (1974) 61–62.

[226] SCHIRRMACHER, G.: Untersuchungen über das Vorkommen von Pseudomonaden und Aeromonaden auf Bodenseefischen in lebensmittelhygienischer Sicht. Inaugural-Dissertation Gießen, 1975.

[227] SCHKOLNIKOVA, S. S.: Mikrobiologie der Salzfischprodukte. Obzorn. Inform., obrabotka ryby i moreprod. (1973) 1, 1–45.

[228] SCHKOLNIKOVA, S. S.: Mikrobiologische Untersuchungen von gefrorenem, zerkleinertem Fischfleisch vom Alaskapollack während der Zubereitung und Lagerung. Trud. Vsesoj. Nauchno-issled. Inst. Morsk. Rybn. Choz. i Okeanogr. **95** (1974) 38–43.

[229] SCHNEIDER, W.; HILDEBRANDT, G.: Untersuchungen zur Lagerfähigkeit von vakuumverpacktem Räucherlachs. Arch. Lebensmittelhyg. **35** (1984) 60–64.

[230] SCHOBER, B.; KÄMPF, H.: Untersuchungen der Haltbarkeitsdauer von Fischpräserven bei verschiedenen Lagertemperaturen. Fisch-Inform. **8** (1968), 37–43.

[231] SCHOOP, G.: Rotlaufinfektion auf Seefischen. DTW **44** (1936) 371–375.

[232] SCHOOP, G.; STOLL, L.: Die auf den Fischen vorkommenden *Erysipelotrix*-Typen (Ein Beitrag zur Epidemiologie des Erysipeloids). Z. med. Mikrobiol. u. Immunol. **152** (1966) 188–197.

[233] SCHUBRING, R.; KUHLMANN, W.: Orientierende Untersuchungen zum Einsatz von Starterkulturen bei der Herstellung von Fischerzeugnissen. Lebensmittelind. **25** (1978) 455–457.

[234] SCHULZE, K.: Untersuchungen zur Mikrobiologie, Haltbarkeit und Zusammensetzung von Räucherforellen aus einer Aquakultur. Arch. Lebensmittelhyg. **36** (1985) 82–84.

[235] SCHULZE, K.: Botulismus nach dem Verzehr von selbst eingelegten Heringen. Toxin- und Keimnachweis. Arch. Lebensmittelhyg. **37** (1986) 125.

[236] SCHULZE, K.; REUSSE, U.; TILLACK, J.: Lebensmittelvergiftung durch Histamin nach Genuß von Ölsardinen. Arch. Lebensmittelhyg. **30** (1979) 56–59.

[237] SCHULZE, K.; ZIMMERMANN, TH.: Untersuchungen zum Einfluß verschiedener Lagerungsbedingungen auf die Entwicklung biogener Amine in Thunfisch- und Makrelenfleisch. Fleischwirtschaft **62** (1982) 906–910.

[238] SCHULZE, K.; ZIMMERMANN, TH.: Untersuchungen an Räucherfischen unter besonderer Berücksichtigung von Makrelen. Arch. Lebensmittelhyg. **34** (1983) 67–70.

[239] SCHWERIN, K.-O.: Untersuchung über das Verhalten von Lebensmittelvergiftern in Fischpräserven u. Fischölen. Arch. Lebensmittelhyg. **13** (1962) 156–158.

[240] SCOTT, D. N.; FLETCHER, G. C.; HOGG, M. G.: Lagerung von Schnapperfilet in modifizierter Atmosphäre bei –1 °C. Food Technol. Aust. **38** (1986) 234–238.

[241] SENHAJI, A. F.: Der Schutzeffekt des Fettes auf die Hitzeresistenz von Bakterien, 2. Mitt. J. Food Technol. **12** (1977) 217–230.

[242] SHENEMAN, J. M.: Verhinderung der Toxinbildung durch *Clostr. bot.* Typ E in geräuchertem Weißfisch durch Zusatz von Tylosinlaktat. J. Food Sci. **30** (1965) 337–343.

[243] SHEWAN, J. M.: Die obligaten Anaeroben im Schleim und den Eingeweiden des Schellfisches (*Gadus aeglefinus*). Veröffentl. der Torry Research. Station. Aberdeen: 1937.

[244] SHEWAN, J. M.: Lebensmittelvergiftungen durch Fisch und Fischprodukte. Veröffentl. der Torry Research. Station. Aberdeen: 1955

[245] SHEWAN, J. M.: Versuche mit Antibiotika u. antibakteriellen Substanzen bei der Konservierung von Weißfisch u. Filets. FAO Kongreß, Rotterdam (1956), Symposium Nr. 4.

[246] SHEWAN, J. M.: Mikobiologie des Salzwasserfisches aus: Bogstrom, G.: Fish as Food, Bd. I u. II. London: 1961/62.

[247] SHEWAN, J. M.: Bakteriologie des in Seewasser gekühlten Fisches. Fish handling and preservation, Proceed. at Meet. on Fish Technol., Scheveningen – Sept. 1964 – Paris EOCD (1965) 95–109 und 11–115.

[248] SHEWAN, J. M.: Die Mikrobiologie des Fisches und der Fischprodukte – ein Fortschrittsbericht. J. appl. Bakteriol. **34** (1971) 299–315.

[249] SHEWAN, J. M.; HOBBS, G.; HODGKISS, W.: Ein Klassifizierungsschema für die Einordnung bestimmter Arten gramnegativer Bakterien, mit besonderer Bezugnahme auf die *Pseudomonadaceae*. J. appl. Bacteriol. **23** (1960) 379–390.

[250] SHEWAN, J. M.; HOBBS, G.; HODGKISS, W.: Die *Pseudomonas-* und *Achromobacter-*gruppen beim Verderb mariner Weißfische. J. appl. Bacteriol. **23** (1960) 463–466.

[251] SHOW, S. J.; BLIGH, E. G.; WOYEWODA, A. D.: Einfluß von Kaliumsorbat auf die Haltbarkeit von Kabeljau. Cand. Inst. Food Sci. Technol. J. **16** (1983) 237–241.

[252] SHULTZ, L. M.; RUTLEDGE, J. E.; GRODNER, R. M.; BIEDE, S. I.: Bestimmung der Dezimalreduktionszeit (*D*-Wert) von *Vibrio cholerae* in Blaukrabben (Callinectes sapidus). J. Food Protect **47** (1984) 4–6, 10, 13.

[253] SIELAFF, H.; SCHLEUSENER, H.: Zur Charakterisierung des Pasteurisationseffektes. Lebensmittelind. **26** (1979) 248–252.

[254] SIELAFF, H.; THIEMIG, T.: Gedanken zu energetischen Problemen in der Fleischwirtschaft. Fleisch **36** (1982) 26–28.

[255] SIEPMANN, R.; HÖHNK, W.: Über Hefen und einige Pilze (Fungi imp., Hyphales) aus dem Nordatlantik, Veröffentl. d. Inst. für Meeresforsch. in Bremerhaven Bd. VIII (1962) 79–97.

[256] SILVERMANN, G. J.; DAVIS, N. S.; NICKERSON, J. T. R.: Mikrobielle Anhaltspunkte für gefrorene rohe Fischfilets. J. Food Sci. **29** (1964) 331–336.

[257] SIMIDU, U.; AISO, K.: An der Oberflächenfäulnis von Fischwürsten beteiligte Bakterien. Bull. Jap. Soc. of Scient. Fish **30** (1964) 189–196.

[258] SINELL, H.-J.: Bewertung der hygienischen Qualität von Lebensmitteln nach mikrobiologischen Gesichtspunkten. Fleischwirtschaft. **51** (1971) 767–772.

[259] SINELL, H.-J.: Zur Methodik der mikroskopischen Untersuchung von Voll- und Halbkonserven. Fleischwirtschaft **54** (1974) 1642–1646.

[260] SINELL, H.-J.; BAUMGART, J.: Bakteriologische Untersuchung im kontinuierlichen Verfahren hergestellter Mayonnaisen. Z. Lebensmittel-Unters.-Forsch. **28** (1965) 159–170.

[261] SKACKOV, V. P.: Entwicklung einer Technologie zur Herstellung von eßbarer Farce aus Kleinfisch. Rybnoe Choz. (1974) H. 9, S. 56–58.

[262] SMAIL, D. A.; EGGLESTONE, S. I.: Virusinfektionen mariner Fischerythrozyten. J. Fish Diseases **3** (1980) 41–46.

[263] SKOVGAARD, N.: Bakterien-Assoziationen und Stoffwechselaktivität in Fisch in Nordwesteuropa. Arch. Lebensmittelhyg. **30** (1979) 106–109.

[264] SMITTKE, R. B.; FLOWERS, R. S.: Das Vorkommen säuretoleranter Mikroorganismen in verdorbenen Salattunken, J. Food Protect. **45** (1982) 977–983.

[265] SMOLINA, L. N.: Über die fettzersetzenden Mikroorganismen gefrosteter Fische. Rybnoe Choz. (1965) H. 6, S. 60–62.

[266] SPERBER, W. H.: Bedingungen, die für das Wachstum und die Toxinproduktion von *Clostridium botulinum* nötig sind. Food Technol. **36** (1982) 12, 89–94.

[267] SPITE, G. T.; BROWN, D. F.; TWEDT, R. M.: Isolierung eines enteropathogenen Kanagawa-positiven *Vibrio-parahaemolyticus*-Stammes aus Meeres-Lebensmitteln, der bei akuter Gastroenteritis mit beteiligt ist. Appl. and Environm. Microbiol. **35** (1978) 1226–1227.

[268] STATHAM, J. A.; BREMNER, H. A.: Akzeptanz von Trevalla (Hyperoglyphe porosa Richardson) nach der Lagerung in Kohlendioxid. Food Technol. Aust. **37** (1985) 212–215.

[269] STEFANOVSKIJ, V. M.: Analyse der Entfrostungsverfahren von Fisch und der technischen Daten von Entfrostungsanlagen. Rybnoe Choz. (1979) H. 6, S. 48–49.

[270] STENSTRÖM, I.-M.: Mikroorganismenflora von Dorschfilet (Gadus morrhua), das bei 2 °C in unterschiedlicher Mischung von Kohlendioxid und Stickstoff/Sauerstoff gelagert wurde. J. Food Protect. **48** (1985) 585–589.

[271] STIEBING, A.: Ermittlung von Erhitzungswerten für Fleischkonserven in der Praxis. Fleischwirtschaft **58** (1978) 1305–1312.

[272] STOJKOVIC-ATANACKOVIC, M.; JEREMIC, S.: Die Bakterienflora des Darmkanals von Regenbogenforellen. Veter. Glasnik **40** (1986) 749–752.

[273] STREICHAN, D.: Das Verhalten einiger menschenpathogener Keime und Bakterientoxine in Lebensmitteln und ihre Abtötung durch eine Hitzebehandlung der Lebensmittel, I. Salmonellen. Arch. Lebensmittelhyg. **18** (1967) 284–288.

[274] SUGITA, H.; FUKUMOTO, M.; TSUNOHARA, M.: Die Veränderlichkeit der fäkalen Flora der Silberkarausche (Carassius auratus), Bull. Jpn. Soc. Sci. Fisheries **53** (1987) 1443–1447.

[275] SUMNER, S. S.; SPECKHARD, M. W.; SOMERS, E. B.; TAYLOR, S. J.: Isolierung eines histaminbildenden *Lactobacillus buchneri* aus Schweizer Käse, der mit dem Ausbruch einer Lebensmittelvergiftung in Verbindung gebracht wird. Appl. Environm. Microbiol. **50** (1985) 1094–1096.

[276] SURKIEWICZ, B. F., zit. nach Sinell, H.-J.: Bewertung der hygienischen Qualität von Lebensmitteln nach mikrobiologischen Gesichtspunkten. Fleischwirtschaft **51** (1971) 767–772.

[277] SZNAJDROWSKI, B. W.: Die Wärmediffusion im Prozeß der Heißräucherung der Fische. Zeszyty Nauk. Akad. Pol. Szczecin (1984) 108, 129–144.

[278] TAKACZ, J.; WIRTH, F.; LEISTNER, L.: Berechnung der Erhitzungswerte (*F*-Werte) für

Fleischkonserven, I. Mitteilg.: Theoretische Grundlagen. Fleischwirtschaft **49** (1969) 877–882.
[279] TANAKA, N.: Die Toxinproduktion durch *Clostridium botulinum* in Medien mit einem pH-Wert niedriger als 4,6. J. Food Protect. **45** (1982) 234–237.
[280] TANASUGARN, L.: *Clostridium botulinum* im Golf von Thailand. Appl. and Environm. Microbiol. **37** (1979) 194–197.
[281] TESKEREDZIC, Z.; PFEIFER, K.: Bestimmung des Frischegrades der Regenbogenforelle (Salmo gairdneri), gezüchtet in Brackwasser. J. Food Sci. **52** (1987) 1101–1102.
[282] THOMANN, R., TIETZ, U.: Herstellung und Einsatz von keimreduzierten Gewürzen. Lebensmittelind. **35** (1988) 158–160.
[283] TROLLER, J. A.: Wasseraktivität und aus Lebensmitteln stammende pathogene Bakterien – eine aktualisierte Übersicht. J. Food Protect. **49** (1986) 656–670.
[284] TÜLSNER, M.: Die Herstellung von Salzfischerzeugnissen; I. Grundlagen. Dresden: Lehrbrief von der Zentralstelle f. d. Hochschulstud. 1983.
[285] UCHLYAMA, H.; KAKUDA, K.: Eine einfache und schnelle Methode zur Messung des K-Wertes, einem Frische-Index für Fische. Bull. Jpn. Soc. Sci. Fisheries **50** (1984) 263–267.
[286] UNTERMANN, F.: Zum Vorkommen von enterotoxinbildenden Staphylokokken bei Menschen. Zbl. Bakteriol., Parasitenk., Infekt.-krank. u. Hyg. Abt. 1 Orig. **222** (1972) 18–26.
[287] URAIH, N.; OGBADU, L.: Der Einfluß von Holzrauch auf die Aflatoxinbildung durch *Aspergillus flavus*. Europ. J. appl. Microbiol. Biotechn. **14** (1982) 51–53.
[288] VALDIMARSSON, G.; GUDBJOERNSDOTTIR, B.: Die Mikrobiologie von Trockenfisch während des Trocknungsvorgangs. J. appl. Bacteriol. **57** (1984) 413–421.
[289] VARGA, S.; SIMS, G.; MICHALIK, P.; REGIER, R. W.: Wachstum und Kontrolle von halophilen Mikroorganismen in gesalzenem, zerkleinertem Fisch. J. Food Sci. **44** (1979) 47–50.
[290] VENUGOPAL, V.; ALUR, M. D.; NERKAR, D. P.: Die Haltbarkeit unverpackter bestrahlter indischer Makrelen (Rastrelliger kanagurta) auf Eis. J. Food Sci. **52** (1987) 507–508.
[291] Verordnung über die hygienischen Anforderungen an Fischereierzeugnisse und lebende Muscheln (Fischhygiene-Verordnung) vom 31. 3. 1994, Bundesgesetzblatt I 737.
[292] Verordnung über die Zulassung von Zusatzstoffen zu Lebensmitteln (Zusatzstoff-Zulassungsverordnung) vom 22. 12. 1981 BGBl. I S. 1625; 1984 I S. 393.
[293] VILLAR, M.; RUIZ, H.; AIDA, P. DE; SANCHEZ, J. J.; TRUCCO, R.; OLIVER, G.: Isolierung und Charakterisierung von *Pediococcus halophilus* aus gesalzenem Anchovis (*Engraulis anchoita*). Appl. and Environm. Microbiol. **49** (1985) 664–666.
[294] VYLEGZAMIN, A. F.: Über die lebensmittelhygienische Bewertung vibrionenbefallenen Fisches. Gig. i⁻ Sanit. **31** (1966) 1, 108–109.
[295] WAGNER, H.; UNGER, J.; BOLDT, H.: Temperaturführung im RSW-Vorlagerungsprozeß an Bord (I). Lebensmittelind. **35** (1988) 274–275
[296] WATANABE, E.; NAGUMO, A.; HOSHI, M.; KONAGAYA, S.; TANAKA, M.: Mikrobielle Sensoren für den Nachweis der Frische von Fisch. J. Food Sci. **52** (1987) 592–595.
[297] WATERS, M. E.: Verzögerte Schimmelbildung auf geräucherten Meeräschen. Comm. Fisheries Rev. **23** (1961) 8–13.
[298] WEAGANT, S. D.; SADO, P. N.; COLBURN, K. G.; TORKELSON, J. D.; STANLEY, F. A.; KRANE, M. H.; SHIELDS, S. C.; THAYER, C. F.: Vorkommen von Listeria sp. in gefrorenen Meerestierprodukten. J. Food Protect. **51** (1988) 655–657.

[299] WEBER, H.; LAUX, P.: Haltbarkeitsverlängerung durch Schutzgaslagerung bei rotfleischigen Forellen. Fleischwirtschaft **72** (1992) 1206–1210.
[300] WEIS, J.: Über das Vorkommen einer Kaltwasserkrankheit bei Regenbogenforellen, Salmo gairdneri. Tierärztl. Umschau **42** (1987) 575–578.
[301] WEISS, H.-E.; WACKER, R.; DALCHOW, W.: Botulismus als Ursache eines Massensterbens bei Wasservögeln. Tierärztl. Umschau **37** (1982) 842–844.
[302] WENTZ, B. A.; DURAN, A. P.; SWARTZENTRUBER, A.; SCHWAB, A. H.; READ, Jr., R. B.: Mikrobiologische Qualität von frischem Blaukrabbenfleisch, Venusmuscheln und Austern. J. Food Protect. **46** (1983) 978–981.
[303] WITTFOGEL, H.: Über ein direktes mikroskopisches Keimzählverfahren als Hilfsmittel für die objektive Beurteilung des Frischezustandes von Seefischen. III. Die Beurteilung der Keimzahl hinsichtlich beginnender Zersetzung. Arch. Lebensmittelhyg. **7** (1956) 111–115.
[304] WITTFOGEL, H.: Ein neues Verfahren der Haltbarmachung deutschen Kaviars ohne Zusatz von Konservierungsmitteln. Arch. Lebensmittelhyg. **6** (1955) 54–56.
[305] WOLSCHON, A.: Über die Autolyse von Fischeiweiß unter besonderer Berücksichtigung des Temperatureinflusses. Greifswald: Diplomarbeit 1955.
[306] YASUMOTO, T.; YASUMURA, D.; YOTSU, M.; MICHISHITA, T.; ENDO, A.; KOTAKI, Y.: Die bakterielle Produktion von Tetrodotoxin und Anhydrotetrodotoxin. Agric. Biol. Chem. **50** (1986) 793–795.
[307] YOON, I. H.; MATCHES, J. R.; RASCO, B.: Mikrobiologische und chemische Veränderungen während der Lagerung von Krabbenfleischimitation, die aus Surimi hergestellt wurde. J. Food Sci. **53** (1988) 1343–1346, 1426.
[308] YOSHINAGA, D. H.; FRANK, H. A.: Histaminbildende Bakterien in verdorbenem Skipjack-Thunfisch (Katsuwonus pelamis). Appl. and Environm. Microbiol. **44** (1982) 447–452.
[309] ZALESKI, ST.: Untersuchungen über die Eignung des Gasbrandbazillus (*Clostr. perfringens*) bei der hygienischen Überwachung von Heringslaken. Roczniki Panstwowego Zakladu Higieny (1961) 167–176.
[310] ZALESKI, ST.: Konservierung von Fischpräserven mit Sorbinsäure. Nahrung **8** (1964) 245–248.
[311] ZORN, W.; GREUEL, E.; KRÄMER, J.: Beurteilung des Hygienestatus geräucherter, vakuumverpackter Forellenfilets. Arch. Lebensmittelhyg. **44** (1993) 95–98.
[312] ZÜHL, B.: Schnellsalzung von Heringsfilet unter Einsatz eines Enzympräparates. Lebensmittelind. **34** (1987) 277.

7.2 Mikrobiologie der Krebstiere *Crustacea*

K. Priebe

7.2.1 Einführung

Aus der Arthropoda-Klasse der „höheren Krebse“ (*Malacostraca*) spielen vor allem Angehörige der Unterordnung der Zehnfüßer *Decapoda* eine Rolle als Lebensmittel. Als aquatische Lebewesen bevölkern die Krebsarten unterschiedliche Lebensräume [3] des Wassers und weisen damit auch eine verschiedenartige originäre Mikroflora auf. Einige Arten sind streng an das Meerwasser gebunden (Hummer, Languste, Kaisergranat, verschiedene Garnelenarten). Andere Arten sind an das Süßwasser angepaßt (Flußkrebse, bestimmte Garnelenarten) oder vertragen auch die Brackwasserzone (Wollhandkrabbe, Garnelenarten). Viele Arten sind ausgesprochene Warmwassertiere (*Macrobrachium rosenbergii*, *Penaeus aztecus*). Für andere sind Kaltwassergebiete das angepaßte Verbreitungsgebiet (*Lithodidae*, *Pandalus borealis*, *Chionecetes* spp., *Euphausia superba*). Manche Kurzschwanzkrebse verlassen auch zeitweilig oder länger das Wasser (Chinesische Wollhandkrabbe, Palmendieb). Von der Bewegungsweise her unterscheidet man kriechende (*Reptantia*: Hummer, Taschenkrebs) von schwimmenden Arten (*Natantia*: alle Garnelenarten); es gibt aber auch zum Schwimmen befähigte *Reptantia*, wie z. B. die zahlreichen Schwimmkrabbenarten (Strandkrabbe *Carcinus maenas*) oder Angehörige der *Galatheidae* (Furchenkrebs *Pleuroncodes* spp.). Am Boden lebende Arten werden auch regelmäßig mit Keimarten des Gewässersediments kontaminiert sein, während pelagisch lebende Arten hiervon frei sind. In den Ästuarien von Flüssen mit starker Besiedlungsdichte besteht die besondere Kontaminationsgelegenheit mit Abwasserkeimen (*Enterobacteriaceae*).

Neben den wild im freien Gewässer vorkommenden Arten (Tiefseegarnele, Nordseegarnele) wird ein immer umfangreicherer Teil der Welterzeugung von Krebstieren in Aquakulturanlagen (Amerika, Asien, Europa) – teils in extensiver, teils in intensiver Aufzucht – gewonnen. Mit einer solchen Aquakultur sind ebenfalls Einflußfaktoren (Futterstoffe, Wasserqualität, Arzneimitteleinsatz) verbunden, die sich auf die Zusammensetzung der Mikroflora auswirken [42].

Von den Krustentieren, deren Stützgerüst ein starrer, chitinöser Außenpanzer ist, der beim Wachsen des Individuums periodisch abgestoßen und dann neu aufgebaut (soft shell) wird, dient zum Zwecke des Lebensmittelverzehrs bei den Langschwanzkrebsen in erster Linie der große Abdominalmuskel (Hummer, Langusten,Garnelen) und, soweit es die Größe erlaubt, auch die Muskulatur der Lauf- und Scherenbeine (Hummer). Von den Kurzschwanzkrebsen wird überwiegend die Scheren- und Laufbeinmuskulatur verwertet (Crabmeat). Regional unterschiedlich werden von verschiedenen Krebsarten auch die Gonaden oder andere Eingeweideorgane (Taschenkrebs) verzehrt (brown meat).

Zum Zwecke des Verzehrs – auch einer tierschutzgerechten Tötung wegen – werden die Tiere i. d. R. durch schnelles Abtrennen des Kopfes oder durch einen Stich in den Hinterkopf betäubt und getötet. Als ebenso tierschutz- und praxisgerecht ist das unmittelbare Verbringen in kochendes Wasser anzusehen, weil durch die Hitzedenaturierung gleichzeitig die Schale von der Muskulatur gelöst und damit das manuelle oder maschinelle Schälen erleichert wird. In diesem Zustand, geschält oder ungeschält, werden die meisten Krebstiere auf der Welt abseits der Erzeugergebiete im Lebensmittelhandel angeboten. Seitdem solche Lebensmittel aber weltweit als Tiefkühlkost vertrieben werden, findet man heute vermehrt auch rohe Erzeugnisse, oft schon geschält, im Angebot. Es ist einleuchtend, daß diese unterschiedlichen Prozeßschritte auch das Bild der Mikroflora der Produkte prägen.

Es darf schließlich nicht unerwähnt bleiben, daß auch in Europa gelegentlich Krebstiere (Kaisergranat) roh verzehrt werden. Ebenso gibt es für einzelne Krebstiere eine Lebendvermarktung (Flußkrebs, Hummer, Taschenkrebs, Garnelen) mit allen Problemen des artgerechten Transportes und der artgerechten Haltung.

7.2.2 Mikroflora frischer und gekochter Krebstiere

Abgesehen von septikämischen Infektionskrankheiten dürfte das parenterale Körperinnere der lebenden Krebstiere im allgemeinen als frei von lebenden Mikroorganismen anzusehen sein. Die Muskulatur von gerade gefangenen Krebsen läßt sich daher bei sauberer Verarbeitung nahezu keimarm gewinnen. Die Kiemen und der Darmtrakt sind aber regelmäßig als bakteriell kontaminiert anzusehen, so daß der Verderb hier seinen Ausgang nimmt. Zu den originären Keimen, die überwiegend psychrotroph sind, gehören vor allem Angehörige folgender Genera: *Alteromonas*, *Shewanella*, *Micrococcus*, *Corynebacterium* und *Flavobacterium* [35, 43, 67]. Im Verlaufe der Eislagerung tritt ein Florawechsel durch Kontamination mit terrestrischen Keimarten auf: *Arthrobacter*, *Pseudomonas*, *Achromobacter*,

Bacillus. Bei einer 12tägigen Eislagerung von Garnelen fiel z. B. der Floraanteil an Mikrokokken mit einem Initialanteil von 33,6 % auf einen Restanteil von 0,8 % zurück. Der Anteil an Flavobakterien verringerte sich im gleichen Zeitraum von 17,8 % auf 2,0 %. Dagegen stieg der Achromobakteranteil von 27,2 % auf 67 % und der Pseudomonasanteil von 19,2 % auf 30,1 % [20]. Wie auch bei tropischen Fischarten umfassen bei tropischen Garnelen mehr als 50 % grampositive Keimarten, meist *Bacillus*-Arten [40]. Bewegliche Kokken des Genus *Planococcus* (*Pl. citreus*, *Pl. kocurii*) spielen beim Garnelenverderb ebenfalls eine Rolle [4, 26].

Aus dem Fleisch pazifischer Krabben konnten neben einer bakteriellen Kontamination auch eine Vielzahl von Hefearten isoliert werden: *Rodutorula*, *Cryptococcus*, *Torulopsis*, *Candida* und *Trichosporon.* Sie waren psychrophil, und eine Art verursachte auch Proteolyse [16]. Ein Befall mit Fusarien konnte bei Farmgarnelen in Israel festgestellt werden [12].

Was nun die quantitativen Verhältnisse beim Fang der Krebstiere angeht, so muß hier ein enger Zusammenhang zwischen der Art des Fanggewässers, der Art der Fang- oder Gewinnungstechnik und der Zeitdauer vom Fang bis zur (Erst-)Vermarktung gesehen werden. In der Zeit bis zur Vermarktung erhöht sich die Keimzahl durch Vermehrung, wobei dann auch Keimarten aus dem terrestrischen Umfeld auf den Tieren zu finden sind [72]. Auf den Einzelhandelsmärkten Seattles [1] wies das Fleisch von roh angebotenen Taschenkrebsen eine aerobe Gesamt-Kolonienzahl (GKZ) von 5×10^5/g (arithmetisches Mittel) mit einer Schwankungsbreite von $2{,}5 \times 10^3$ bis $2{,}0 \times 10^7$/g auf. Mit Coliformen waren 85,7 % der Proben behaftet (Befallstärke 3,6–460/g MPN). Die Befallsrate mit *E. coli* lag dagegen lediglich bei 9,5 % (Variationsbereich der Befallstärke 3,6–9,1/g MPN). Mit *Staphylococcus aureus* waren 62 % der Proben bei einer Befallstärke von 3,6–9,3/g MPN kontaminiert. Der Enterokokkengehalt unterschied sich beim Taschenkrebs und ganzen oder geschälten Garnelen nicht. Nahezu 60 % aller Proben waren mit mehr als 10^3/g Enterokoken befallen (Befallstärke 10 bis $5{,}9 \times 10^5$/g), wobei ganze Garnelen die eindeutig höchsten Enterokokkengehalte aufwiesen, was hier auf eine originäre Kontamination hinweist. Von den Garnelen zeigten geschälte Exemplare eine höhere GKZ (Mittelwert 2×10^5/g, Bereich $1{,}3 \times 10^4$–$1{,}6 \times 10^6$/g) als ganze (Mittelwert $6{,}3 \times 10^4$/g, Bereich $3{,}2 \times 10^4$–$1{,}0 \times 10^7$/g). Während *E. coli* bei den Garnelen überhaupt nicht nachgewiesen wurde, waren die geschälten sowohl mit Coliformen (Häufigkeit 82,4 %, Bereich 3,6–240/g) wie auch mit *Staphylococcus aureus* (Befallsanteil 64,7 %, Bereich 3,6–36/g) stärker kontaminiert als ganze Garnelen (Befallsanteil Coliforme 55,6 %, Befallbereich 3,6–1100/g; *Staph. aureus* 22,2 %, Bereich 3,0–240/g). Letzterer Unterschied ist sicherlich mit dem zusätzlichen Prozeßschritt „Schälen“ zu erklären.

Beim Vergleich der bakteriellen Kontamination von rohen, gefrorenen Garnelen (n = 657) lagen bei Süßwassergarnelen die GKZ (35 °C), der Coliformengehalt und der *E. coli*-Gehalt stets über denen von Meerwassergarnelen [63]. Die Kontamination mit *Staphylococcus aureus* war bei den roh geschälten Süßwasser- und Meerwassergarnelen stets höher als bei den ganzen Garnelen. Aber 99 % aller Proben erfüllten die von der International Commission on Microbiological Specifications for Foods [31] hinsichtlich der für *Staphylococcus aureus* empfohlenen Werte als gute Qualität (rohe Shrimps: n = 5; c = 2; m = 10^3/g; M = 10^4/g gekochte Shrimps: n = 5; c = 0; m = 10^3 = M). Deutlich spiegelt sich in diesen Keimzahlen wider, daß Süßwassergarnelen mit Fäkalkeimen regelmäßig stärker und häufiger kontaminiert sind als Meerwassergarnelen, die zwar auch in Küstennähe gefangen werden, aber aus größeren Tiefen stammen, wo die Konzentration des Abwassers bereits verringert ist. Nach den ICMSF-Empfehlungen für die GKZ (rohe Shrimps: n = 5, c = 3, m = 10^6/g, M = 10^7/g; gekochte Shrimps: n = 5, c = 2, m = $5{,}0 \times 10^5$, M = 10^7/g) erreichten nach diesen Erhebungen 2 % der ungeschälten und 7 % der geschälten Süßwassergarnelen sowie 1% der Meerwassergarnelen (geschält und ungeschält) nicht die erforderliche akzeptable Qualität. Nach den für *E. coli* empfohlenen Spezifikationen (rohe Shrimps: n = 5, c = 3, m = 11, M = 500; gekochte Shrimps n = 5, c = 2, m = 11, M = 500) waren 2% der ungeschälten Süßwassergarnelen und 4 % der geschälten Süßwassergarnelen als nicht akzeptabel zu beurteilen. Die untersuchten Meerwassergarnelen erfüllten dagegen ausnahmslos die Anforderungen bezüglich des Gehaltes an *E. coli*. In keiner der untersuchten Proben wurden *Shigella* spp. und *Vibrio cholerae* gefunden. Salmonellen wurden in 3 Proben (0,5 % der Gesamtzahl) und zwar jeweils 1 Serovar in gekochten, in rohen geschälten Meerwassergarnelen und in geschälten Süßwassergarnelen festgestellt. Auch diese gestreute Verteilung der Kontamination mit Salmonellen zeigt die verschiedenen Möglichkeiten der Herkunft dieser Keime auf, nämlich sowohl durch Kontakt während der Verarbeitung als auch durch Verunreinigung des Fanggewässers.

Bei der Untersuchung von lebenden Garnelen *Crangon crangon* aus den Mündungsgebieten der Flüsse der Deutschen Bucht sind bereits große Schwankungen der GKZ zwischen 10^2 bis 10^7/g zu beobachten [66]. Offensichtlich hängt dies sehr von der Nähe zum Strömungsbereich der großen Flüsse (Elbe, Weser, Jade, Ems) und von der Beschaffenheit des Bodens der Fanggebiete ab, wobei schlammige Gründe häufig mit einer höheren bakteriellen Kontamination einhergehen als sandige. Unter den praktischen Verhältnissen der Nordseegarnelen-Fischerei ist es bei den 6- bis 12stündigen Fangreisen der „Krabbenkutter" für dieses Lebensmittel unumgänglich, diese Fänge bereits an Bord in Meerwasser zu kochen. Würde die Kochung erst später an Land durchgeführt werden, müßte mit einem zu großen Verlust durch Qualitätsabfall oder Verderb gerechnet werden, wodurch dieser Zweig der Küstenfischerei insgesamt in Frage gestellt sein würde.

Dies unterscheidet die Nordseegarnelen-Fischerei von der Fischerei der größeren *Pandalus*- und *Penaeus*-Arten in anderen Meeresgebieten, in denen die Garnelen im rohen Zustand entweder ganz oder geköpft und/oder entdärmt („deveined") an Bord sogar mehrere Tage unter schmelzendem Eis bis zur Anlandung gelagert werden können oder sofort tiefgefroren werden. Diese Arten werden roh angelandet und erst dann gekocht. Die Entfernung des Krustenpanzers (Schälen, peeling) erfolgt überwiegend im gekochten Zustand und zwar maschinell oder manuell, wobei bei letzterem Verfahren ein besonderes Kontaminationsrisiko durch die damit beschäftigten Personen gegeben ist, wenn hygienische Maßnahmen nicht beachtet werden.

Die Nordseegarnelen erfahren bei der etwa 10minütigen Kochung an Bord eine Reduzierung der GKZ um 2–3 Zehnerpotenzen [23]. Wenn jedoch bei der Kochung die Temperatur unkontrolliert absinkt, dann muß durch die Verschmutzung des Kochwassers mit einem Anstieg der Keimbelastung gerechnet werden. Nur so und infolge der Verwendung von nicht ausreichend sauberem Meerwasser zum Kühlen („Taufen") der heißen Garnelen lassen sich die mitunter hohen Keimgehalte von unmittelbar nach dem Kochen untersuchten „Krabben" in Höhe von 10^4–10^5/g erklären. Um die Haltbarkeit der Garnelen zu verbessern, muß nach dem Kochen die Kontamination mit verunreinigtem Meerwasser unterbunden werden [23] und für eine ununterbrochene Kühlkette vom Zeitpunkt der Kochung, während der Aufbewahrung an Bord, der Anlandung, des Transportes zu den Schälzentren, der Schälung und der weiteren Vermarktung des geschälten Fleisches gesorgt werden [35].

Beim Vergleich der GKZ von Nordseegarnelen *Crangon crangon* mit der von Tiefseegarnelen *Pandalus borealis* und von tropischen Garnelen verschiedener Art im geschälten und gekochten Zustand überstiegen 66 % der Nordseegarnelen und nur 27 % der tropischen Garnelen die GKZ von 10^6/g [34]. Keimarten der Genera *Salmonella*, *Pseudomonas*, *Vibrio* und *Clostridium* wiesen 14% der Nordseegarnelenproben und 37 % der tropischen Garnelenproben auf. Die Verwendung von Konservierungsstoffen wirkte sich deutlich keimsenkend aus. Als guter Indikator für den Hygienestatus erwies sich in diesem Zusammenhang die Bestimmung des Indolgehaltes bei einem Grenzwert von 25 µg/100 g [34].

Auf die Verwendung einer Krebstierart ist besonders hinzuweisen, die seit mehr als 2 Jahrzehnten als Lebensmittel Bedeutung gewonnen hat und möglicherweise als bisher wenig genutzte Ressource eine Rolle in der Zukunft spielen könnte: *Euphausia superba*, der Krill. Er ist die natürliche Nahrungsquelle der Bartenwale in der Antarktis und verkörpert nach der Gesamtpopulation aller Menschen die Tierart mit der größten Biomasse auf unserem Planeten. Es wird daher vermutet, daß eine kontrollierte Befischung des Krills ohne Gefährdung der Nahrungsversorgung der Wale möglich ist. Nach der technologischen Lösung der Schälung des Krills mit einer Rollenspaltmaschine [69] ohne die lästige Fluor-Kontamination aus dem stark fluorhaltigen Krustenpanzer, wird heute geschältes Krillfleisch international (Japan, Polen) als Lebensmittel angeboten. Fangfrischer Krill weist mit $6{,}5 \times 10^2$–$1{,}1 \times 10^3$/g keine hohe originäre GKZ auf [37]. Das durch Schälen gewonnene Fleisch weist bei fangfrischer Verarbeitung an Bord unter Beachtung hygienischer Grundsätze nach eigener Erfahrung eine GKZ in der Größenordnung von 10^5/g auf. Es fällt auf, daß nicht selten Laktobazillen bis zu einer Konzentration von 10^4/g an der Flora geschälten Krillfleisches beteiligt sind [25]. Für die Haltbarkeit des durch Kochen gewonnenen Krillfleisches ist die Lagerung im tiefgefrorenen Zustand eine notwendige Voraussetzung, da auch bei konsequenter Kühlung in dem an freien Extraktstoffen reichen Substrat schnell ein mikrobieller Verderb einsetzt.

7.2.3 Möglichkeiten der Haltbarkeitsverlängerung

Über die Maßnahme des Kühlens und des Kochens wurde bereits berichtet. Der Prozeßschritt Kochen reduziert zwar ganz wesentlich die mikrobielle Kontamination. Der weitaus größte Teil aller Krustentiere wird dann geschält und die weitere Vermarktung erfolgt in diesem Zustand. Sowohl von der nach der Kochung verbleibenden Restflora baut sich während der Kühlkette eine neue Flora auf, als auch durch die nachträgliche Kontamination bei der Schälung und Lagerung kommen neue Keimarten hinzu, die die Haltbarkeit begrenzen.

Obwohl es erfolgversprechende Untersuchungen gibt, gekochten Krustentieren unter modifizierter Atmosphäre verpackt eine längere Haltbarkeitsstabilität zu geben [41, 49], wird in der Praxis des Vertriebs davon wenig Gebrauch gemacht. Auch konnte gezeigt werden, daß die artifizielle Kontamination gekühlter Shrimps mit Laktobazillen durch deren kompetitive Wirkung den Verderb verzögert [52].

In der Praxis ist das am häufigsten angewendete Verfahren das Tiefgefrieren, wodurch je nach Vorbehandlung und Verpackung Haltbarkeitsfristen von mehr als 12 Monaten erzielt werden. Für die gesundheitlich mikrobielle Unbedenklichkeit solcher gefrorenen Produkte ist wichtig, daß die geschälten und gekochten Produkte häufig nach dem Auftauen nicht unmittelbar verzehrt und auch nicht immer einer weiteren Erhitzung unterzogen werden. Um eine unkontrollierte Kontamination und Keimentwicklung zu vermeiden, müssen daher an das Auftauen, an die Auftauzeit und an den hygienischen Umgang mit solchen aufgetauten TK-Lebensmitteln hohe Ansprüche gestellt werden.

Verschiedene Krebstiererzeugnisse werden auch eingedost einer Pasteurisierung unterzogen und dann tiefgefroren vermarktet. Für Verbraucher ist die Verpackung eines tiefgekühlten Lebensmittels in einer Metalldose leicht ein Anlaß zu einer Verwechslung mit einer Sterilkonserve.

Andere Krustentiererzeugnisse werden auch verpackt unter Kochsalzlake mit oder ohne Konservierungs- oder Säuerungsmittel vertrieben. Hier ist die mikrobiologische Stabilität und Zusammensetzung von der Gewinnungshygiene, dem Kochsalzgehalt, der Art und Menge der verwendeten Konservierungs- und Säuerungsmittel abhängig. Von der Vermarktung als Sterilkonserve, insbesondere im internationalen Handelsverkehr, wird beim Vertrieb des geschälten Fleisches der Kurzschwanzkrebse (Crabmeat) vielfach Gebrauch gemacht [72]. Zu beachten ist hier die auch bei anderen Sterilkonserven erforderliche Temperaturführung zur Abtötung von *Clostridium botulinum*-Sporen (Botulinum-Kochung [62]).

Der Zusatz von Konservierungsstoffen zur Haltbarkeitsverlängerung von nicht sterilisierten Krebszubereitungen, also auch gekochten, geschälten oder ungeschälten Nordseegarnelen, ist nach den Vorschriften der Zusatzstoff-Zulassungs-Verordnung erlaubt und wird weitgehend auch von der deutschen Nordseegarnelenfischerei praktiziert. Es wird überwiegend Benzoesäure oder deren Natrium-Salz verwendet. Für die Norseegarnele sind derzeit (1995) bei alleiniger Verwendung von Benzoesäure 4 g pro kg Garnelengewicht statthaft. I. d. R. wird die Benzoesäure oder das Na-Benzoat auf die Garnelen gestreut und dann untergemengt. Es dürfte verständlich sein, daß so eine genaue Dosierung kaum möglich ist und daher Höchstmengenüberschreitungen keine Seltenheit sind. Die Verwendung der Benzoesäure macht es möglich, doch einige Tage mit frisch geschältem Garnelenfleisch unter Beachtung der Kühlkette Handel zu treiben. In nicht geschältem Zustand ist ein Handel von Garnelen auch bei Verwendung von Benzoesäure nur 1–2 Tage möglich, da Kiemen und Eingeweideorgane zu schnell faulig werden. Beim Handel mit nicht gefrorener Garnelenmuskulatur wird die Verwendung von Benzoesäure für unverzichtbar gehalten. Dennoch wird in der Praxis einer Tatsache weitgehend keine Aufmerksamkeit geschenkt, nämlich, daß die Benzoesäure nur im sauren Milieu antimikrobielle Eigenschaften aufweist, da sie dann nicht dissoziiert ist. Da erhitzte Garnelenmuskulatur meist ein pH-Milieu von nahe 7,0 hat, kann eine ausreichende Wirkung der Benzoesäure nur erwartet werden, wenn das Fleisch angesäuert wird (z. B. Citronensäure). Von der FAO/WHO wird beim Vorliegen erschwerter Gewinnung von mikrobiologisch einwandfreiem Trinkwasser oder bei besonderen Seuchensituationen (Cholera, Typhus) die Chlorierung des Trinkwassers auch zur Gewinnung von nicht kontaminierten Shrimps empfohlen. Untersuchungen zeigten, daß auch durch eine intensive Chlorierung des Wassers (100 mg Cl_2/Liter) unter Bildung von unterchloriger Säure nur etwa 1–3 % des Chlors von dem Garnelenmuskeleiweiß inkorporiert werden [24]. Dennoch bleibt es eine offene Frage, ob derartige über das Trinkwasser durchgeführte Chlorierungen von Shrimps außerhalb von Seuchensituationen statthaft sein können. Langjährige Erfahrungen zeigen, daß Shrimps ausgewählter Provenienzen immer wieder sensorisch durch eine Chlorierung auffallen, obwohl dies ein unzulässiges Behandlungsverfahren darstellt. Als ein nicht selten benutztes Haltbarmachungsverfahren bei Garnelen gilt auch die Behandlung mit ionisierenden Strahlen, wodurch die Keimzahl beträchtlich reduziert wird [28]. In der Bundesrepublik Deutschland ist das Bestrahlen von Lebensmitteln zwar weitgehend verboten, dennoch ist es gerade für Garnelen in einzelnen Mitgliedstaaten der Europäischen Union (Belgien, Frankreich, Großbritannien, Niederlande) erlaubt [22], wobei maximale Strahlendosen bis 7 kGy angewendet werden dürfen.

Auch die Verwendung von Antibiotika zur Haltbarkeitsverlängerung von Krustentieren wurde noch vor 25 Jahren wissenschaftlich bearbeitet und auch empfohlen. Inzwischen hat sich weltweit die Erkenntnis durchgesetzt, daß eine derartige Behandlung von Lebensmitteln aus verschiedenen Gründen schädlich ist und die Verwendung solcher Wirkstoffe anderen Verwendungszwecken vorbehalten bleiben muß. Wenn heute bei Garnelen Antibiotika nachgewiesen werden, handelt es sich i. d. R. um Farmgarnelen, die wegen bakterieller Erkrankungen mit diesen Mitteln behandelt wurden, die Einhaltung der korrekten Dosierung und Wartezeit aber mißachtet wurde.

Hinzuweisen ist ferner auf das Entstehen von Schwarzfleckigkeit bei Krustentieren aller Art, wodurch der Genußwert erheblich gemindert ist. Diese Abweichung wird enzymatisch verursacht durch im Muskelgewebe der Krebstiere vorhandene Polyphenoloxidasen. Die enzymatischen Reaktionen und damit das Auftreten der Schwarzfleckigkeit kann durch den Zusatz von Kaliumhydrogensulfit oder anderen Sulfiten begrenzt oder verhindert werden [18]. Der erlaubte Zusatz von SO_2 als dem Anhydrid der schwefligen

Säure (maximal 100 mg SO_2/kg bei rohen Krebstieren; maximal 30 mg SO_2/kg bei gekochten Krebstieren) hat auch einen hemmenden Einfluß auf Mikroorganismen [56]. Da Proteolyten jedoch nicht gehemmt werden, ist ein Sulfit-Zusatz ohne haltbarkeitsverlängernde Wirkung.

7.2.4 Lebensmittelvergiftungsbakterien bei Krebstieren

Krebstiere können dann mit Enterobakterien kontaminiert sein, wenn deren Ursprungsgewässer insbesondere mit Abwasser kontaminiert sind. Das können nicht nur Süßgewässer sein, sondern auch mit Siedlungsabwässern verschmutzte Küstengewässer [46] oder Aquakulturanlagen, die mit Brack- oder Süßwasser betrieben werden [21, 57]. Wenn nach ausreichender Kochung bei unhygienischer Verarbeitung Kreuzkontaminationen erfolgen, dann resultiert in Abhängigkeit von der Zeitdauer und der Temperaturhöhe eine fast ungestörte Vermehrung z. B. von Salmonellen, da dann eine störende Begleitflora kaum vorhanden ist. Unter den Krebstieren werden Salmonellosen am häufigsten nach dem Verzehr von Garnelen registriert, weil sie oftmals in nährstoffreichen, aber verschmutzten Flußmündungen gefangen werden oder Produkte aus Aquakulturanlagen sind. Bei der Weiterverarbeitung kommt als zusätzlicher Faktor für eine *Salmonella*-Kontamination die manuelle Schälung als risikoreicher Prozeßschritt dazu. Es ist darauf hinzuweisen, daß etwa 1 000 *Salmonella*-Erkrankungen im heißen Sommer 1947 im nördlichen Niedersachsen auf den Verzehr von Nordseegarnelen zurückzuführen waren, die auf die lokale Verunreinigung umschriebener Garnelenfanggebiete im Mündungsgebiet der Elbe bei Cuxhaven mit kommunalen Abwässern zurückgeführt werden konnten [46]. Da selbst ein 30minütiges Abkochen nicht zur Abtötung aller Keime führt, ist die unmittelbare Abkühlung der gekochten Garnelen auf eine Temperatur von weniger als 4 °C und die weitere Lagerung unter diesen Bedingungen ein hygienisches Erfordernis.

Lebende Garnelen, die experimentell mit Salmonellen infiziert wurden, schieden die aufgenommenen Salmonellen schon innerhalb der ersten 24 Stunden wieder aus, während die *Salmonella*-Retention in Fischen länger als 30 Tage dauerte [44].

Bei einer 2jährigen Untersuchung von Garnelen aus verschiedenen Brackwasserfarmen südostasiatischer Länder wurden in 16 % der Garnelen und in 22,1 % der Wasserproben Salmonellen isoliert. Von den *Salmonella*-Isolaten gehörten 83 % dem Serovar *S. weltevreden*, 11 % *S. anatum*, 8 % *S. wandsworth* und 8 % *S. potsdam* an [57]. Bei der gleichen Untersuchung wurden in 1,5 % der Garnelenproben und in 3,1 % der Teichwasserproben *Vibrio cholerae* non 01 nachgewiesen. Es zeigte sich hier, daß beide Keimarten besonders in der Regenzeit bei den Farmanlagen häufiger vorkamen, in deren Nähe sich menschliche Siedlungsgebiete befanden.

Shigella flexneri Typ 2 war im Jahre 1984 in den Niederlanden die Ursache einer Lebensmittelvergiftung in einem Seniorenheim und trat nach dem Verzehr von Shrimps asiatischer Herkunft auf. Im Verlaufe dieser Ruhrerkrankung waren 140 Personen betroffen mit insgesamt 14 Todesfällen [7].

Aus Süßwassergarnelen wurde erstmals ein enterotoxischer Stamm von *Klebsiella pneumoniae var. pneumoniae* isoliert [64], während in Meerwassergarnelen dieser Nachweis nicht gelang.

Je nach Ursprung, Gewinnungsweise und Verarbeitungsverfahren kann auch *Yersinia enterocolitica* [54] zur Flora von Krabben und Garnelen gehören.

Krebstiere stellen auch die Infektionsquelle für Kanagawa-positive Stämme von *Vibrio parahämolyticus* dar [10, 13, 36], wenn der Verzehr in rohem, nicht ausreichend erhitztem oder nachträglich kontaminiertem Zustand erfolgt. Bei einer Infektionsdosis von 10^6 bis 10^9 Keimen wird beim Menschen eine Gastroenteritis ausgelöst, die seit ihrer Erstbeschreibung im Jahre 1951 in Japan, mit Ausnahme des Nordost-Atlantiks, in allen tropischen, subtropischen und in Sommermonaten auch in gemäßigten Zonen vielfach und wiederholt diagnostiziert wird. *V. parahämolyticus* gehört zur Originalflora der Ästuarien und Küstengewässer [61, 70] und wird in moribunden Krebstieren (Blaukrabbe, Hummer, Garnelen) häufig nachgewiesen.

Mit dem Vorkommen von *Vibrio cholerae* muß bei Krebstieren gerechnet werden, die aus Ästuarien und Brackwassergebieten stammen, auch wenn eine fäkale Verunreinigung nicht offensichtlich ist [58]. In Seuchengebieten wird der Gefahr der Ausbreitung der Cholera meist durch Einsatz von über der erlaubten Norm chloriertem Trinkwasser auch zur Keimreduzierung von Krebstieren begegnet. *Aeromonas hydrophila* und *Plesiomonas shigelloides* werden in gekochtem Fleisch von Flußkrebsen bei einer Kühllagerung von unter 8 °C ausreichend gehemmt [30].

Beim Verzehr von gekochten Krebstieren aller Art ist die Enterotoxikose durch *Staphylococcus aureus* keine Seltenheit. Die Ursache der Kontamination und der anschließenden Toxinbildung ist i. d. R. auf mangelnde Personal- und Küchenhygiene oder kontaminierte Zutaten zurückzuführen [15, 45, 47, 58]. Gekochte Krebstiere mit einem Gehalt von $> 10^3$/g sind als Lebensmittel nicht verkehrsfähig (Entscheidung 93/51/EWG in der Bekanntmachung vom 23. 06. 94, BAnz. S. 6994). Die Berichte über eine Kontamination von rohen, gekochten, geschälten oder ungeschälten Krustentieren mit *Listeria monocytogenes* sind inzwischen zahlreich [11, 14, 17, 27, 71]. Als psychrotrophe Keimart ist sie auch bei Krustentieren weit verbreitet, insbesondere auch bei Handelsprodukten. Es hat sich herausgestellt, daß die Keimart mit konsequenten hygienischen Maßnahmen einschließlich der üblichen Zubereitung durch Erhitzen unter Kontrolle zu halten ist.

Darauf hinzuweisen ist aber, daß Chitinreste von Krebstieren auf *L. monocytogenes* und anderen Bakterienarten durch Absorption dieser Keime eine protektive Wirkung ausüben, so daß die Resistenz gegenüber bioziden Stoffen (Desinfektionsmittel) erhöht ist [50]. Um *L. monocytogenes* wirksam auszuschalten, müssen die technischen Anlagen zur Verarbeitung von Krebstieren aller Art besonders gründlich von Resten des Krustenpanzers gereinigt werden, damit Desinfektionsmittel ausreichend wirken können.

Eine Kontamination mit Clostridien ist auch bei Krebstieren nicht ausgeschlossen. So kann *Cl. perfringens* [10] wie *Cl. botulinum* [59], insbesondere der Typ E in Krebstieren und deren Fleisch nachgewiesen werden, wobei bei letzterer Keimart sogar durch eine Pasteurisierung durch Temperaturen ab 65 °C bereits eine ausreichende Inaktivierung erzielt werden kann. Auf die Möglichkeit der Toxinbildung von *Cl. botulinum* in Verpackungen von Krebsen unter modifizierter Atmosphäre ist ebenfalls hinzuweisen [41, 49]. Ein aerober Sporenbildner wurde als Bombageerreger von eingedostem, pasteurisiertem Crabmeat isoliert [60].

7.2.5 Andere biologisch bedingte Lebensmittelvergiftungen nach dem Verzehr von Krebstieren [51]

In manchen Krabbenarten des indopazifischen Raumes können zeitweise in vivo Giftstoffe gebildet oder mit der Nahrung aufgenommen und akkumuliert werden, so daß sie, obwohl sonst wohlschmeckend und bekömmlich, nach dem Verzehr durch Menschen zu Erkrankungen und u. U. auch zu Todesfällen führen können. Es handelt sich dabei im wesentlichen um Toxine, die, soweit bisher bekannt, von Bakterien oder Mikroalgen gebildet werden.

In vielen Kurzschwanzkrebsarten *Carpilius* sp., *Eriphia* sp., *Platypodia* sp., *Lophozymus* sp., *Zozymus* sp. und auch Angehörigen der Familien *Grapsidae*, *Majidae*, *Porturidae* und *Parthenopidae* wird das Toxin der paralytischen Muschelvergiftung, das Saxitoxin, in recht hohen Konzentrationen, wie auch seine strukturhomologen Gonyautoxine nachgewiesen. Die Gonyautoxine kommen insbesondere in der Rotalge *Jania* sp. vor, die von den Krabben gefressen wird. In den Krabben werden die Gonyautoxine wahrscheinlich bakteriell zu Saxitoxin metabolisiert [39].

Manche Krabben enthalten auch Tetrodotoxin, welches nachweislich bakteriell (*Vibrio* sp.) im Darm der Krabbe *Atergatis floridus* gebildet wird. Ebenso können die Eier und das Hepatopankreas der beiden Pfeilschwanzkrebse *Carcinoscorpius rotundicauda* und *Tachypleus gigas* hohe Konzentrationen von Tetrodotoxin enthalten und entsprechende Erkrankungssymptome beim Menschen nach dem Verzehr provozieren.

Ein weiteres Toxin, das in der Krustenanemone *Palythoa* vorkommt und durch Abweiden von den Krabbenarten *Lophozymus pictor*, *Demania alcalai* und *D. toxica* aufgenommen und akkumuliert wird, das Polyketid Palytoxin, verursacht Gastroenteritis, Muskelschmerz, Blutdruckabfall und schließlich eine Atemlähmung mit einer wie auch bei Saxitoxin- und Tetrodotoxinvergiftungen hohen Mortalitätsrate.

Auch von dem an Land lebenden Kurzschwanzkrebs Palmendieb oder Kokosnußkrabbe *Birgus latro* können nach dem Verzehr Krankheitsbeschwerden unter dem Bild von Bewußtseinstrübung, Übelkeit mit Durchfall und Erbrechen auftreten [6].

Im Jahre 1987 wurden erstmals nach dem Verzehr des Pazifischen Taschenkrebses *Cancer magister* und der Messerscheidenmuschel (Razor clams) Vergiftungserscheinungen unter dem Bild der amnestischen Muschelvergiftung beobachtet [73]. Das Gift, die Domosäure, wird von der Kieselalge *Nitzschia pungens forma multiseries* gebildet.

7.2.6 Mikrobielle Krankheitserreger von Krebstieren

Als spezifischer, bakterieller Krankheitskeim für den europäischen wie für den amerikanischen Hummer gilt ein kapselbildender, in Tetraform vorkommender Mikrokokkus, der früher als *Gaffkya homari* [29] beschrieben wurde, heute aber als *Aerococcus viridans var. homari* [38] taxonomisch eingeordnet ist. Er ruft beim Hummer unter dem Bild von Rotverfärbungen am Panzer des Abdomens die sog. Gaffkämie hervor, die sich durch eine hohe Mortalität auszeichnet. Bei erkrankten Hummern ist der Erreger regelmäßig in der Hämolymphe nachweisbar.

Über 30 verschiedene marine Bakterienarten wurden aus Krustentierpopulationen isoliert (*Natantia*, *Reptantia*), die krankhafte Defekte des Krustenpanzers aufwiesen (shell disease) und von hohen Mortalitätsraten begleitet waren. Nicht immer gelang es aber, bei experimentellen Infektionen mit solchen chitinolytischen Bakterien das entsprechende Krankheitsbild zu erzeugen, so daß diese Keime als fakultativ pathogen aufzufassen sind [61]. Bei Meerwassergarnelen wurde eine Myxobakterienart isoliert [5].

Auch in Aquakulturanlagen von Krustentieren werden Massensterben oft begleitet von pathologisch-anatomischen Veränderungen des Chitinpanzers. Es wurden Keime der Gattungen *Vibrio* (*V. parahämolyticus*, *V. alginolyticus*, *V. anguillarum*), *Pseudomonas* und *Aeromonas* isoliert [47]. Auch handelt es sich in aller Regel um eine fakultative Pathogenität, die erst unter Streßfaktoren Wassertemperatur, Sauerstoffversorgung) realisiert wird.

In diesem Zusammenhang ist auch auf das stammesgeschichtlich früh erworbene Infektionsabwehrsystem des Pfeilschwanzkrebses *Limulus polyphemus* gegenüber gramnegativen Bakterien hinzuweisen. Endotoxine solcher Bakterienarten aktivieren in den Amöbozyten der Hämolymphe dieser Pfeilschwanzkrebse vorhandene Serinproteasen, die dadurch eine Gerinnung der Hämolymphe (Agglutination der Amöbozyten) auslösen. Im sogenannten Limulus-Test dienen Ambozyten dieser Krebsart zum praktischen Nachweis von Endotoxinen in Arzneimitteln, Lebensmitteln und Körperflüssigkeiten von Patienten [8].

Auch Fadenbakterien (*Leuconostoc mucor*) und ähnliche Keimarten besiedeln juvenile Stadien von Garnelen, Krabben und Hummern und finden sich an den verendeten Exemplaren bei Massensterben [19]. Erkrankungen mit Todesfällen durch systemische Infektionen von Chlamydien sind bei der Dungeness Krabbe *Cancer pagurus* [65] und von Rickettsien-ähnlichen Mikroorganismen bei der Strandkrabbe *Carcinus maenas*, bei der Königskrabbe *Paralithodes platypus* und bei juvenilen Garnelen beobachtet worden [9, 33]. Todesfälle der Mittelmeerkrabbe *Carcinus mediterraneus* waren vergesellschaftet mit dem Nachweis von *Enterococcus* faecalis, der wahrscheinlich aus Abwasserkontaminationen stammte [55].

Groß ist ebenfalls die Zahl der Fälle bei Krustentieren aller Art und verschiedenen Habitates, bei denen im Zusammenhang mit einem epidemiologischen Auftreten von Erkrankungen und Todesfällen bei den Krebstieren Infektionen mit Hyphomyceten oder Virusstrukturen festzustellen waren [60]. In Europa führte die Krebspest durch den Pilzbefall mit *Aphanomyces astaci* in weiten Gebieten zur Ausrottung des Flußkrebses [32].

7.2.7 Mikrobiologische Normen für Krustentiere als Lebensmittel

Soweit es sich um rohe Krustentiere handelt, hat der Gesetzgeber amtliche Vorschriften über die mikrobiologische Beschaffenheit von rohen Krebstieren nicht geschaffen. Es versteht sich von selbst, daß auch von rohen Fischereierzeugnissen aus Krustentieren nicht die Eignung ausgehen darf, beim Verzehr die Gesundheit des Verbrauchers zu schädigen (§ 8 LMBG). Insofern muß die Kontamination mit infektiösen und gesundheitsschädlichen Keimen oder mit deren Toxinen ausgeschlossen sein. Das Gleiche muß sich auch beziehen auf die Toxine, die von oder über Mikroalgen oder über die Nahrung der Krebstiere aufgenommen werden. Auch muß das Krebstier vom Frischegrad her der Verkehrsauffassung entsprechen und zum Verzehr geeignet sein (Verbot des §17 Abs. 1 Nr. 1 LMBG). In der Regel werden rohe Krebstiere zum Verzehr durch Erhitzen zubereitet, so daß die hitzeempfindlichen Mikroorganismen bezüglich ihrer Zahl erheblich reduziert werden.

Zur Verhütung von Gesundheitsschädigungen durch gekochte Krebs- und Weichtiere hat sich jedoch die Europäische Union zum Erlaß der Entscheidung Nr. 93/51/EWG über mikrobiologische Normen von gekochten Krebs- und Weichtieren entschieden, weil gekochte Krebs-und Weichtiere vom Verbraucher ohne weitere Erhitzung direkt verzehrt werden und damit ein Risikopotential für die Schädigung der Verbrauchergesundheit gegeben ist.

Diese Entscheidung Nr. 93/51/EWG ist durch die Bekanntmachung im Bundesanzeiger Nr. 125, Seite 6994, am 7. Juli 1994 in nationales Recht umgesetzt worden und damit für jedermann verbindlich. Die Entscheidung gilt gleichermaßen für gekochte Muscheln, Schnecken und Tintenfische. Nach dieser Entscheidung ist die Prüfung der Stichproben für Salmonellen nach einem attributiven Zwei-Klassen-Plan vorgesehen, bei dem bei einem Stichprobenumfang von n = 5 in keiner der Proben (25 g) Salmonellen nachgewiesen werden. Die Prüfung auf *Staphylococcus aureus*, auf thermophile Coliforme und *Escherichia coli* erfolgt bei einem Stichprobenumfang von ebenfalls n = 5, wobei die Bewertung in einem attributiven Drei-Klassen-Plan vorgenommen wird, mit einem Limit für eine zufriedenstellende Qualität (m) und einem Limit für die Akzeptanz (M), oberhalb dessen die Charge (Sendung, Partie) nicht mehr als Lebensmittel verkehrsfähig ist. Der Buchstabe „c“ bedeutet die Anzahl der Einheiten in der Stichprobe, die bei Vorliegen von Untersuchungsergebnissen zwischen m und M nicht überschritten werden dürfen, um die Partie noch als akzeptabel einstufen zu können.

Diese Normen für gekochte Krebs- und Weichtiere sind im Einzelnen in der tabellarischen Übersicht Nr.7.2.1 aufgeführt.

Tabellarische Übersicht 7.2.1

Mikrobiologische Normen für gekochte Krebs- und Weichtiere, Entscheidung der Kommission Nr. 93/51/EWG, BAnz. Nr. 125 vom 7. Juli 1994, S. 6994 (Originalfassung).

1. Pathogene Keime

Keime	Norm		
Salmonella spp.	Keime in 25 g	n = 5	c = 0

Ferner dürfen pathogene Keime und ihre Toxine, die entsprechend der Risikoanalyse zu bestimmen sind, nicht in gesundheitsschädlicher Menge vorhanden sein.

2. Hygienemangel-Nachweiskeime (Produkte ohne Schale)

Keim	Norm (/g)			
Staphylococcus aureus	m = 100	M = 1 000	n = 5	c = 2
entweder thermophile Coliforme (44 °C auf festem Nährsubstrat)	m = 10	M = 100	n = 5	c = 2
oder *Escherichia coli* (auf festem Nährsubstrat)	m = 10	M = 100	n = 5	c = 1

3. Indikatorkeime (Leitlinien)

Keim	Norm (Koloniezahl)	
aerobe mesophile Bakterien (30 °C)	n = 5	c = 2
a) Ganze Erzeugnisse	$m = 10^4$	$M = 10^5$
b) Erzeugnisse ohne Panzer bzw. Schale, außer Krabbenfleisch[2])	$m = 5 \times 10^4$	$M = 5 \times 10^5$
c) Krabbenfleisch[2])	$m = 10^5$	$M = 10^6$

Anmerkung des Autors:

[1]) gilt nicht für *E. coli* (s. S. 776)
[2]) gemeint ist das Fleisch der Nordseegarnele *Crangon crangon*

Die Parameter n, m, M und c sind wie folgt definiert:
n = Zahl der Einheiten in der Stichprobe;
m = unterer Grenzwert, bei dessen Unterschreitung die Befunde als zufriedenstellend gelten;
M = oberer Grenzwert, bei dessen Überschreitung die Ergebnisse nicht mehr als zufriedenstellend gelten;
c = Zahl der Einheiten in der Stichprobe mit Befunden zwischen m und M

Die Qualität einer Partie gilt als:
a) zufriedenstellend, wenn die Befunde kleiner oder gleich 3 m sind;
b) akzeptabel, wenn die Befunde Werte zwischen 3 m und 10 m (= M) erreichen und der Quotient c/n kleiner oder gleich 2/5[1]) ist.

Die Qualität einer Partie gilt als unzureichend:
- in allen Fällen, in denen ein Befund den Wert M übersteigt;
- wenn der Quotient c/n größer ist als 2/5[1]).

Diese Leitlinien sollen es den Erzeugern ermöglichen, den einwandfreien Betrieb ihrer Anlagen zu beurteilen, und ihnen bei der Durchführung von Maßnahmen zur Überwachung der Produktion helfen.

Literatur

[1] ABEYTA, C. jr.: Bacteriological Quality of fresh Seafood Products from Seattle Retail Markets. J. Food Protection **46** (1983) 901–909.
[2] ALDESIYUN, A. A.: Prevalence of Listeria spp., *Campylobacter* spp., *Salmonella* spp., *Yersinia* spp. and toxigenic *Escherichia coli* on meat and seafood in Trinidad. Food Microbiol. (London) **10** (1993) 395–403.
[3] ALTEVOGT, R.: Höhere Krebse. In Grzimeks Tierleben. Bd. 1, München: Deutscher Taschenbuch Verlag, 1979, S. 468–506.
[4] ALVAREZ, R. J.: Die Bedeutung von *Planococcus citreus* beim Verderb von Penaeus-Garnelen. Zbl. Bakt. Mikrobiol. u. Hyg. Abt. 1, Orig., R.C., Allg., angew. u. ökol. Mikrobiol. **3** (1982) 503–512.
[5] ANDERSON, J. I. W.; CONROY, D. A.: The Significance of disease in preliminary attemps to raise Crustacea in sea water. Bull. Off. Int. Epizoot. **69** (1968) 1239–1247.
[6] BAGNIS, R.: A case of coconut crab poisoning. Clin. Toxicol. **3** (1970) 506.
[7] BIJKERK, H.; VAN OS, M.: Bacillaire dysenterie (*Shigella flexneri* type 2) door garnalen. Nederlandsch Tijdschr. voor Geneesk. **128** (1984) 431–432.
[8] BODE, C.: Der Pfeilschwanzkrebs (*Limulus polyphemus*) – ein Modell für eine Sepsis durch gramnegative Bakterien bei Meerestieren und beim Menschen. FIMA Reihe Bremerhaven, **3** (1988) 99–105.
[9] BROCK, J. A.; NAKAGAWA, L. K.; HAYASHI; THRUYA, S.; VAN CAMPEN, H.: Hepatopancreatic rickettsial infection of penaeid, Penaeus marmarginatus, from Hawai. J. Fish Dis. **9** (1986) 73–77.
[10] BRYAN, F. L.: Epidemiologie der durch Lebensmittel verursachten Erkrankungen,

die durch Fische, Muscheln und marine Krebse übertragen werden, 1970 bis 1978 in den USA. J.Food Protection **43** (1980) 859–876.
[11] BUDU-AMOAKO, E.; TOORA, S.; WALTON, C.; ABLETT, R. F.; SMITH, J.: Thermal death times for *Listeria monocytogenes* in lobster meat. F. Food Protection **55** (1992) 211–213.
[12] COLORNI, A.: Fusariosis in the shrimp *Penaeus semisulcatus* cultured in Israel. Mycopathologica **108** (1989) 145–147.
[13] DAVIS, J. W.; SIZEMORE, R. K.: Vorkommen von Vibrio-Arten zusammen mit Blaukrabben (*Callinectes sapidus*) aus dem Galvestone Bay, Texas. Appl. and Environm. Microbiol. **43** (1982) 1092–1097.
[14] DORSA, W. J.; MARSHALL, D. L.; MOODY, M. W.; HACKNEY, C. R.: Low temperature growth and thermal inactivation of *Listeria monocytogenes* in precooked crawfish tail meat. J. Food Protection **56** (1993) 106–109.
[15] DURAN, P.; WENTZ, B. A.; LANIER, J. M.; MCCLURE, F. D.; SCHWAB, H. H.: Mikrobiologische Qualität panierter Krabben während der Verarbeitung. J. Food Protection **46** (1983) 974–977.
[16] EKLUND, M. W.; SPINELLI, J.; MIYAUCHI, D.; GRONIGER, H.: Eigenschaften von Hefen, die aus Krabbenfleisch aus dem Stillen Ozean isoliert wurden. Appl. Microbiol. **13** (1965) 985–990.
[17] FARBER, J. M.: *Listeria monocytogenes* in fish products. J. Food Protection **54** (1991) 922–934.
[18] FERRER, G. J.; OTTWELL, G. ST.; MARSHALL, M. R.: Effect of Bisulfite on Lobster shell Phenoloxidase. J. Food Sci. **54** (1989) 478–480.
[19] FISHER, W. S.: Relationship of epibiotic fouling and mortalities of the eggs of the Dungeness crab (Cancer magister). J. Fish. Res. Board Can. **38** (1976) 2849–2853.
[20] FLICK, G. J. jr., ENRIQUEZ, L. G.; HUBBARD, J. B.: The shelf-life of fish and shellfish. In CHARALAMBOUS, G.(ed.): Handbook of Food and Beverage stability. San Diego: Academic Press Orlando, 1986, S. 113–343.
[21] Food and Agriculture Organisation: Review of the occurence of *Salmonella* in cultured tropical shrimp. FAO Circular No. 851,1992.
[22] Food and Agriculture Organisation/International Atomic Energy Agency , Wien: Food Irradiation Newsletter, Supplement Vol. 15, No. **2** (1991) 1–15.
[23] GALLHOFF, G.: Untersuchungen zum mikrobiellen und biochemischen Status hand- und maschinengeschälter Nordseegarnelen (*Crangon crangon*). Inaug. Diss., Hannover: Tierärztliche Hochschule, 1987.
[24] GHANBARI, H. A.; WHEELER, W. B.; KIRK, J. R.: The Fate of hypochlorous acid during shrimp processing: A model system. J. Food Sci. **47** (1981) 185–187.
[25] GLOE, A.: Bremerhavener Institut für Lebensmitteltechnologie und Bioverfahrenstechnik, persönliche Mitteilung vom 5. Juli 1994.
[26] HAO, M. V.; KOMAGATA, K.: A new species of *Planococcus*, *P. kourii*, isolated from frozen fish, frozen foods, and fish curing brine. J. Gen. Appl. Microbiol. **13** (1985) 441–455.
[27] HARRISON, M. A.; HUANG, G. W.: Thermal death times for *Listeria monocytogenes* in crabmeat. J. Food Protection **53** (1990) 878-880.
[28] HAU, L. B.; LIEW, M. H.; YEH, L. T.: Preservation of grass prawns by ionizing radiation. J. Food Protection **55** (1992) 198–202.
[29] HITCHNER, E. R.; SNIESZKO, S. F.: A study of a microorganism causing a bacterial disease of lobster. J. Bacteriol. **54** (1947) 48.
[30] INGHAM, ST. C.: Growth of *Aeromonas hydrophila* and *Plesiomonas shigelloides* on cooked crayfish tails during cold storage under air, vacuum, and a modified atmosphere. J. Food Protection **53** (1990) 665–667.

[31] International Commission on Microbiological Specifications for Foods.: Microorganisms in Foods II., Toronto, Canada: University of Toronto Press, 1986.

[32] JOHNSON, P. T.: Diseases caused by viruses, rickettsia, bacteria and fungi. In: PROVENZANO, A. (ed.) „The Biology of the Crustacea", Vol. 6, 1–70, New York: Academic Press, 1983.

[33] JOHNSON, P. T.: A rickettsia of the Blue king crab, *Paralithodes platypus.* J. Invertebr. Pathol. **44** (1984) 112–113.

[34] JONKER, K. M.; ROESSINK, G. L.; HAMERLINK, E. M.; SCHOUT, L. J.: Chemische und mikrobiologische Untersuchung von Nordsee-, nordischen und tropischen Garnelen. (De Waren) Chemicus **22** (1992) 193–207.

[35] KARNOP, G.: Beeinflussung des Lagerverhaltens von Nordsee-Garnelen durch Vorkühlen an Land. Archiv Lebensmittelhygiene **37** (1986) 21–24.

[36] KARUNASAGAR, J.; VENUGOPAL, M. N.; KARANUSAGAR, I.: Gehalt an *Vibrio parahämolyticus* in indischen Garnelen bei der Verarbeitung für den Export. Canad. J. Microbiol. **30** (1984) 713–715.

[37] KELLY, M. D.; LUKASCHEWSKY, S.; ANDERSON, C. G.: Bakterienflora des antarktischen Krills (*Euphausia superba*) und einige ihrer enzymatischen Eigenschaften. J. Food Sci. **43** (1978) 1196–1197.

[38] KOCUR, M.; MARTINEC, T.: Proposal for the rejection of the bacterial generic name Gaffkya. Int. Bull. Bacteriol. Nomencl. Taxon. **15** (1965) 177–179.

[39] KOTAKI, Y.; OSHIMA, Y.; YASUMOTO, T.: Bacterial transformation of paralytic shellfish toxins in coral reef crabs and a marine snail. Bull. Jap. Soc. Sci. Fisheries **51** (1985) 1005.

[40] KRISHNAMURTHY, B. V.; KARUNASAGAR, I: Mikrobiologie von Garnelen, gehandelt und gelagert in gekühltem Seewasser und Eis. J. Food Sci. Technol. (India) **23** (1986) 148–152.

[41] LAUNELONGUE, M.; FINNE, G.; HANNA, M. O.; NICKELSON, R.; VANDERZANT, G.: Charakteristik der Lagerung von Garnelen (*Penaeus aztecus*) in Einzelpackungen mit Kohlendioxid angereicherter Atmosphäre. J. Food Sci. **47** (1982) 911–913.

[42] LEE, D. O'C.; WICKINS, J. F.: Crustacean Farming. Oxford, London, Berlin: Blackwell Scientific Publikations, 1992.

[43] LERCHE, M.; GOERTTLER, V.; RIEVEL, H.: Lehrbuch der tierärztlichen Lebensmittelüberwachung. Jena: Gustav Fischer Verlag 1957.

[44] LEWIS, D. H.: Retention of *Salmonella typhimurium* by certain species of fish and shrimp. J. Amer. Vet. Med. Assoc. **167** (1975) 551–552.

[45] LOVELL, R. T.; BARKATE, J. A.: Vorkommen und Wachstum einiger gesundheitsgefährdender Bakterien in handelsüblichen Süßwasserkrebsen (*Genus Procambarus*). J. Food Sci. **34** (1969) 268–270.

[46] LÜTJE, A.: Rückblick auf die Nahrungsmittelvergiftungen in Niedersachsen nach dem Genuß von Nordseekrabben im Jahre 1947. Deutsche Tierärztliche Wochenschrift **56** (1949) 17–24.

[47] MADDEN, R. H.; KINGHAM, S.: Veränderungen der mikrobiologischen Qualität von *Nephrops norwegicus* während der Verarbeitung zu kleinverpackten Erzeugnissen für den Einzelhandel. J. Food Protection **50** (1987) 460–463.

[48] MALLOY, S. C.: Bacteria induced shell disease of lobsters (*Homarus americanus*). J. Wildlife Dis. **14** (1978) 2–10.

[49] MATCHES, I. R.; LAYRISSE, M. E.: Lagerung von nordpazifischen, kleinen Garnelen (*Pandalus platyceros*) unter kontrollierter Atmosphäre. J. Food Protection **48** (1985) 709–711.

[50] MCCHARTY, S. A.: Attachment of *Listeria monocytogenes* to chitin and resistance to biocides. Food Technol. **46** (1992) 84–87.

[51] MEBS, D.: Gifttiere. Stuttgart: Wissenschaftliche Verlagsgesellschaft, 1992.
[52] MOON, N. J.; BEUCHAT, L. R.; KINHAID, D. T.; HAYS, E. R.: Evaluation of Lactic Acid Bacteria for Extending the shelf life of shrimp. J. Food Sci. **47** (1982) 897–900.
[53] MOTES, M. L. jr.: Incidence of *Listeria* spp. in shrimp, oysters and estuarine waters. J. Food Protection **54** (1991) 170–173.
[54] PAIXOTTO, S. S.; FINNE, G.; HANNA, M. O.; VANDERZANT, C.: Vorkommen, Wachstum und Überleben von *Yersinia enterocolitica* in Austern, Garnelen und Krabben. J. Food Protection **42** (1979) 974–981.
[55] PAPPALARDO, R.; BOEMARE, N.: An intracellular *Streptococcus*, causative agent of a slowly disease in the mediterranean crab, *Carcinus mediterraneus*. Aquaculture **28** (1982) 283–292.
[56] PYLE, M. L.; KOBURGER, J. A.: Erhöhte Empfindlichkeit der Garnelen-Mikroflora gegenüber Hypochlorit nach dem Eintauchen in Natriumsulfit. J. Food Protection **47** (1984) 375–377.
[57] REILLY, P. J. A.; TWIDDY, D. R.: *Salmonella* and *Vibrio cholerae* in brackish water cultured tropical prawns. Int. J. Food Microbiol. **16** (1992) 293–301.
[58] REILY, L. A.; HACKNEY, C. R.: Survival of Vibrio cholerae during cold storage in artically seafood. J. Food Sci. **50** (1985) 838–839.
[59] RIPPEN, TH. E.; HACKNEY, C. R.: Pasteurization of seafood: Potential for shelflife extension and pathogen control. Food Technol. **46** (1992) 88–94.
[60] SEGNER, W. P.: Spoilage of pasteurized crabmeat by a non-toxigenic psychrotrophic anaerobic sporeformer. J. Food Protection **55** (1992) 176–181.
[61] SINDERMANN, C. J.: Principal diseases of marine fish and shellfish. Vol. 2, 2nd ed., San Diego: Academic Press, 990.
[62] SINELL, H.-J.: Einführung in die Lebensmittelhygiene. 3. Aufl., Berlin und Hamburg: Verlag Paul Parey, 1992.
[63] SINGH, D.; CHAN, M.; HOON NG, H., YOUNG, M. O.: Microbiological quality of frozen raw and cooked shrimps. Food Microbiol. **4** (1987) 221–228.
[64] SINGH, B. R.; KULSHRESHTHA, S. B.: Preliminary examination on the enterotoxigenity of isolates of *Klebsiella pneumoniae* from seafoods. J. Food Microbiol. **16** (1992) 349–352.
[65] SPARKS, A. K.; MORADO, J. F.; HAWKES, J. W.: A systemic microbial disease in the Dungeness crab, Cancer magister, caused by a Chlamydia-like organism. J. Invertebr. Pathol. **45** (1985) 204–217.
[66] STÜVEN, K.: 1964, zit. nach GALLHOFF, G. 1987.
[67] SURENDRAN, P. K.; MAHADEVA, I. K.; GOPAKUMAR, K.: Die Reihenfolge der Bakterienstämme während der Eislagerung von 3 tropischen Garnelenarten *Penaeus indicus, Metapenaeus dobsoni, M. affinis.* Fishery Technol. **22** (1985) 117–120.
[68] SURKIEWICZ, B. F.; HYNDMANN, J. B.; JANCEY, M. V.: Bakteriologische Kontrolle der Gefriernahrungsmittelindustrie. 2. Mitteilung Gefrostete Garnelen. Appl. Mikrobiol. **15** (1967) 1–9.
[69] SUZUKI, T.; SHIBATA, N.: The utilization of antarctic for human food. Food Reviews International New York, **1** (1990) 119–147.
[70] VIEIRA, R. H. S. F.; JARIA, ST.: *Vibrio parahämolyticus* in lobster *Panulirus laevicaudo Latreille*. Revista de Microbiologica **24** (1993) 16–21.
[71] WEAGANT, ST. D. et al.: The incidence of Listeria species in frozen seafood products. J. Food Protection **51** (1988) 655–657.
[72] WENTZ, B. A.; DURAN, A. P.; SWARTZENTRUBER, A.; SCHWAB, A. H.; MCCLURE, D. F.; ARCHER, D.; READ, R. B. jr.: Microbiological Quality of Crab-meat during processing. J. Food Protection **48** (1985) 44–49.
[73] –, –: Giftige Krabben und Muscheln. Informationen der Fischwirtschaft des Auslandes **1** (1992) 21.

7.3 Mikrobiologie der Weichtiere *Mollusca*

K. Priebe

7.3.1 Schnecken *Gastropoda*

7.3.1.1 Einführung

Von den ca. 105 000 *Gastropoda*-Arten, die sowohl als Kiemenatmer im Wasser wie auch als Lungenatmer an Land vorkommen [60], werden verhältnismäßig wenige Arten als Lebensmittel genutzt. In Europa sind am bekanntesten die Landlungenschnecken, von denen die Weinbergschnecke *Helix pomatia* als Delikatesse gilt und schon seit dem Mittelalter in extensiver Form kultiviert wird. Seit mehr als 15 Jahren sind auch die weniger wertvollen Achatschnecken (*Achatina* spp.) im Angebot. In Ostasien werden gerne und häufig auch Blasenschnecken (*Ampullarius* spp.) gegessen, die sowohl an das Leben an Land wie im Wasser angepaßt sind, was anatomisch-funktionell auf der rechten Körperseite durch die Anlage eines Lungensackes und auf der linken Körperseite durch einen Kiemensack zum Ausdruck kommt. Die meisten Schneckenarten, die als Lebensmittel verwertet werden, kommen im Meer vor (Brandungs- und Gezeitenzone). Dazu zählen die Meerohren (Abalone *Haliotis* spp.), Wellhornschnecken (*Buccinum* spp.) und Strandschnecken (*Littorina* spp.).

Von den Weichteilen der Schnecken wird als Lebensmittel vor allem der Fußmuskel geschätzt. Er ist bei vielen Meeresschnecken kräftig ausgebildet und zeichnet sich infolge seines Bindegewebsreichtums durch eine zähe Konsistenz aus, die sich erst nach längerem Kochen mindert.

Entsprechend der Verschiedenheit der Lebensräume (marin, limnisch, terrestrisch) und der Ernährungsweise (Pflanzen-, Fleisch-, Aasfresser, Filtrierer) ist die originäre Mikroflora qualitativ und quantitativ sehr unterschiedlich.

In aller Regel werden Schnecken durch Erhitzen zum Verzehr zubereitet. In manchen Ländern wird zur Haltbarmachung auch vom Trocknen, Salzen und Marinieren Gebrauch gemacht. Wertvolle Arten werden auch als Vollkonserve in den Verkehr gebracht.

7.3.1.2 Mikrobiologie von Landschnecken

Weinbergschnecken sind ausgesprochene Pflanzenfresser, die im feuchten Buschwerk (nicht nur auf Weinbergen) vorkommen. Die Mikroflora, die in und an ihnen gefunden wird, hängt sehr von der der Pflanzen und der des Bodens ab. So sind in Weinbergschnecken sowohl Keimarten pflanzlichen Ursprungs wie besonders auch in der Nähe von Siedlungen und Tierhaltung eine saprophytische Flora festzustellen, die mit Anteilen der Intestinalflora von Wirbeltieren vermischt sein kann. Es ist bekannt, daß gewisse Drüsenstoffe der Weinbergschnecke, der Gartenschnecke und der Großen Wegschnecke aufgenommene Keime in ihrem Inneren agglutinieren. Dieser Eigenschaft wird zugeschrieben, daß diese Schnecken in der Volksmedizin bei der Behandlung von Asthma, Keuchhusten und ähnlichen Erkrankungen eine heilende Wirkung haben [60]. Die Fähigkeit der Landlungenschnecken, Cellulose und Chitin zu verdauen, wird der Mitwirkung von in deren Darm vorhandenen Bakterien zugeschrieben [36].

Dies bestätigt auch die Erfahrung, daß sowohl rohe wie auch gekochte Weinbergschneckenweichteile regelmäßig eine aerobe Gesamtkeimzahl (GKZ) von $>10^6$/g aufweisen, was sicherlich hauptsächlich die initiale Keimkontamination widerspiegelt und erst in zweiter Linie eine Funktion der Erhitzung und der weiteren Gewinnungshygiene ist. Beim Vergleich von gekochten, gekrümmten Weichteilen von Weinbergschnecken (Krümmungsreaktion ist zu werten als Lebendzustand z. Z. der Kochung) mit gestreckten Weichteilen (bereits vor der Kochung verendet) war festzustellen [69], daß die GKZ bei gekrümmten Weichteilen stets unter 5×10^6/g lag, während die erschlafften, gestreckten Weichteile stets eine GKZ von mehr als 5×10^6/g aufwiesen.

Die Flora gekochter, überwiegend tiefgefroren vermarkteter Weinbergschneckenweichteile wird beherrscht durch einen hohen Anteil an aeroben Sporenbildnern, da diese in der Sporenform das Kochen nahezu unversehrt überstehen, während die vegetativen Zellen entsprechend dem Grad der Durcherhitzung mehr oder weniger abgetötet sind. Die Zusammensetzung der Mikroflora von Weinbergschneckenfleisch nach der Erhitzung hängt im weiteren Verlauf von der baldigen Kühlung und der Einhaltung der Kühlkette ab. Abgesehen von Vollkonserven wird der Großteil aller Lebensmittel aus Weinbergschnecken heute küchenfertig gewürzt, zubereitet mit Kräuterbutter und abgefüllt in Weinbergschneckengehäusen als Tiefkühlprodukt angeboten. Erfahrungen bei der Untersuchung solcher TK-Produkte aus Weinberg- und Achatschnecken zeigen im Mittel GKZen im Bereich von 10^5–10^6/g, wobei in einem relativ hohen Prozentsatz auch Enterokokken und

Enterobakterien nachweisbar sind. Ein Einfluß auf die Mikroflora des in Gehäusen abgepackten Erzeugnisses muß dabei dem Reinigungsgrad und damit der mikrobiellen Kontamination des verwendeten Gehäuses zugemessen werden, dessen akkurate Säuberung oftmals zu wünschen übrig läßt.

Hinzuweisen ist darauf, daß Weinbergschnecken, die einer Kontamination mit Salmonellen ausgesetzt wurden, diese Erreger noch über Wochen beherbergen und ausscheiden, ohne selbst gesundheitlich attackiert zu werden [38]. In der Vergangenheit sind Importverbote von Weinbergschnecken aus solchen Ländern verhängt worden, deren Schnecken mit Salmonellen behaftet waren oder die wegen des Ausbruchs von Cholera oder Shigellose eine Kontamination der Schnecken mit den Erregern dieser Seuchen nicht ausschließen konnten.

7.3.1.3 Mikrobiologie und Biotoxikologie von Meeresschnecken

Meeresschnecken weisen eine Mikroflora auf, die mit der von Fischen oder Muscheln aus dem gleichen Meeresgebiet nahezu identisch ist. Sie werden überwiegend in der Gezeitenzone der Meeresküsten oder etwas tiefer gesammelt und gewonnen. In Flußmündungen, wo mit Zufluß von Abwässern aus Siedlungsgebieten (Ästuarien) zu rechnen ist, muß auch mit der Präsenz von Fäkalkeimen und damit auch von Erregern menschlicher Erkrankungen (Bakterien, Viren) gerechnet werden. Von besonderem Einfluß auf die Mikroflora ist auch die Ernährungsweise, z. B. ob es sich um Planktonfiltrierer, Pflanzenfresser, fleischfressende Beutetiere oder Aasfresser handelt. Je nach Stellung in der Nahrungskette im Meer können dann Meeresschnecken zeitweise auch Träger von Toxinen sein, die in Muscheln (als PSP- oder DSP-Toxine) und in Fischen (als Tetrodotoxin oder als Ciguateratoxin) bekannt sind und deren natürliche Biosynthese auf Mikroalgen (Dinoflagellaten, Kieselalgen) und/oder auf Bakterien (Vibrionen, Pseudomonaden) zurückgeführt wird [41].

Bereits während der Entdeckung Amerikas machten die spanischen Eroberer nach dem Verzehr tropischer Fischarten mit einer Erkrankung Bekanntschaft, die von den Einheimischen (Kuba) ,,ciguatera“ genannt wurde, weil sie zeitweise besonders nach dem Verzehr der Meeresschnecke *Turbo pica* auftrat, die den einheimischen Namen „cigua“ trug [68]. Von dieser Schnekke wird heute auch der Name der Ciguatera-Erkrankung abgeleitet, die in tropischen und subtropischen Zonen nach dem Verzehr von Meeresfischen auftritt, wenn diese in der Nahrungskette das Ciguatera-Toxin des Dinoflagellaten *Gambierdiscus toxicus* aufnehmen.

Gelegentliche Vergiftungen des Menschen nach dem Verzehr von Meeresschnecken unter dem klinischen Bild von Lähmungen mit Todesfällen sind von folgenden Schneckenarten mit den entsprechenden Toxinen bekannt [41]:

1. Saxitoxin/Gonyautoxin und Derivate

Turbanschnecken	*Turbo argyrostoma*
	Turbo marmorata
Dachschnecken	*Tectus nilotica*
	Tectus maxima
	Tectus pyramis

2. Tetrodotoxin

Trompetenschnecke	*Charonia sauliae*
Elfenbeinschnecke	*Babylonia japonica*

Ebenso sind nach dem Verzehr von Angehörigen der Familie der Seehasen *Aplysiacea* (Gattung *Aplysia* und *Dolabella*) unter ähnlichem klinischen Bild Lähmungen und Todesfälle aufgetreten. Auf Borneo sind gleiche Vergiftungen nach dem Verzehr von Exemplaren der Schnecke *Oliva vidua fulminans* beobachtet worden.

3. Aplysiatoxin

Schnecken der Familie der Seehasen nehmen mit der Nahrung auch bromhaltige Verbindungen auf, die gespeichert werden. Diesem Aplysiatoxin werden bei menschlichen Vergiftungen klinische Symptome zugeschrieben, die dem Bild einer Bromvergiftung (Tremor, Ataxie) gleichen.

4. Surugatoxin

In der Elfenbeinschnecke werden auch Glykoside nachgewiesen (Surugatoxin und Derivate), die für ein Vergiftungsbild, welches von einer starken Mydriasis geprägt ist, verantwortlich gemacht werden. Ungiftige japanische Elfenbeinschnecken, die in einer Meeresbucht ausgesetzt wurden, aus welcher das Auftreten dieser Erkrankung nach dem Verzehr solcher Schnecken bekannt ist (Suruga Bay), wurden dort giftig, während giftige Schnecken aus dieser Bucht nach Umsetzen in andere Gewässer ihre Giftigkeit verloren [27].

5. Tetramethylammoniumhydroxid (Tetramin).

Die Trompetenschnecke *Neptunea antigua* (engl. red whelk) führt nach dem Verzehr schon innerhalb von 30 Minuten im rohen, im gekochten oder eingedosten Zustand zu intensivem Kopfschmerz, Verwirrung, Übelkeit,

Erbrechen, Darmreizung und Blutdruckabfall (red whelk poisoning). Ursache dafür ist Tetramethylammoniumhydroxid $C_4H_{12}N$, welches in der Speicheldrüse der Schnecke vorkommt. Nach Entfernen der Speicheldrüse treten die Beschwerden nicht auf. Gleiche Erkrankungen werden auch in Japan bei den beiden verwandten Arten *Neptunea arthritica* und *N. intersculpta* beobachtet [29, 30]. Das Tetramethylammoniumhydroxid wurde erstmal aus der Seeanemone *Actinia equina* isoliert und als Thalassin bezeichnet. Die Biosynthese ist nicht geklärt und eine mikrobielle Herkunft nicht ausgeschlossen. Das Toxin kann mit Hilfe kernmagnetischer Protonenresonanzspektroskopie identifiziert und quantifiziert werden [5].

7.3.1.4 Haltbarkeit

Zwar werden Schnecken auch lebend gehandelt. Ein Rohverzehr von Schnecken ist jedoch nicht üblich. In der Regel gelangen Schnecken durch Erhitzen durchgegart zum Verzehr.

Einsetzender mikrobiologischer Verderb ist zwar überwiegend eine proteolytische Zersetzung mit dem Entstehen von basischen Abbausubstanzen (NH_3), dennoch macht sich auch die Freisetzung von H_2S fast regelmäßig bemerkbar, da der Anteil schwefelhaltiger Aminosäuren im Gewebeeiweiß relativ hoch ist. In Weinbergschneckenkonserven wird ein leichter Geruch nach Schwefelwasserstoff nicht selten registriert, der während des Sterilisationsprozesses auch aus frisch gewonnenem Schnekkengewebe freigesetzt werden kann. Der Schwefelwasserstoffgehalt als Maßstab für den Frischegrad von Schnecken korrespondiert zumindest bei beginnender Zersetzung nicht immer mit dem sensorischen Befund oder der GKZ. Im pazifischen wie im atlantischen Raum wird zum Zwekke der Haltbarkeitsverlängerung auch vom Salzen, Marinieren und Trocknen Gebrauch gemacht.

Die recht teuren Seeohren (Abalone) *Haliotis* spp., die in ihren Gewinnungsländern auch strengen artenschutzrechtlichen Vorschriften unterliegen, gelangen auf den europäischen Markt überwiegend als Vollkonserve und müssen daher den Normen dieser Technologie entsprechen. Die Weichteile von Weinberg- und Achatschnecken werden überwiegend gekocht aus den Gewinnungsländern (Mittelmeerraum) eingeführt und hier unter Verbringen in natürliche oder künstliche Schneckengehäuse als küchenfertige TK-Produkte angeboten. Die Haltbarkeit dieser Produkte ist begrenzt durch die überwiegend chemischen Veränderungen an den Lipiden des Substrats.

7.3.1.5 Gesetzliche Vorschriften

Die gekochten Schnecken aller Art haben im Lebensmittelverkehr die Anforderungen der Entscheidung Nr. 93/51/EWG der Kommission des Rates der EU vom 15. Dez. 1992 für gekochte Krebs- und Weichtiere in der Bekanntmachung vom 23. Juni 1994 (BAnz. S. 6994) zu erfüllen. Danach dürfen in den Schnecken weder gesundheitsschädliche Keime noch ihre Toxine in gesundheitsschädlicher Menge vorhanden sein (siehe auch tabellarische Übersicht 7.2.1 im Kapitel 7.2). Wie zu zeigen war, nehmen Meeresschnekken von Muscheln oder ähnlich wie Muscheln Toxine auf, die meistens mikrobiellen Ursprungs sind.

7.3.2 Muscheln *Bivalvia*

7.3.2.1 Einführung

Von den zweischaligen Weichtieren (Klasse *Lamellibranchiata = Bivalvia*), den Muscheln, werden als Lebensmittel fast ausschließlich marine Arten verwertet.

Sie kommen an den Küsten tropischer, gemäßigter und auch polarer Zonen vor. Sie leben besonders auch in Bereichen, wo Salz- und Süßwasserkörper aufeinander treffen (Ästuarien). Diese Lokalisation im Wasser bestimmt auch sehr wesentlich die Mikroflora der Muscheln [51, 61]. Die überwiegende Ernährungsweise als Planktonfiltrierer bedingt, daß Muscheln aller Art im jeweiligen Biotop sowohl Bakterien, Hefen und Pilze sowie auch andere Infektionsstoffe aufnehmen können. Die Ausscheidung erfolgt meistens verzögert, so daß i. d. R. eine Akkumulation dieser Partikel oder Stoffe resultiert. Die Lokalisation des Wachstums im benthischen Bereich der Küste bedingt außerdem, daß diese Tiere dem Abwasser aus Siedlungsräumen ausgesetzt sein können. Diese Wasserkörper sind häufig dadurch charakterisiert, daß Sprungschichten des Salzgehaltes, der Temperatur und/oder des O_2-Gehaltes auftreten können [22, 37], die sich begünstigend auf die spontane Massenvermehrung phytoplanktischer Mikroorganismen (Dinoflagellaten, Diatomeen) auswirken und als Algenblüte (z. B. „red tide“) die dort lebenden Muscheln beeinflussen. Ein großer Teil der auf der Welt als Lebensmittel vermarkteten Muscheln wird in Aquakulturanlagen gewonnen.

Bei der Verwendung von Muscheln als Lebensmittel ist es aus hygienischen Gründen beachtenswert, daß viele Arten lebend vermarktet werden (Austern) und auch roh verzehrt werden.

7.3.2.2 Bakterienflora von Muscheln einschließlich der Erreger von Lebensmittelvergiftungen

Frisch geerntete Muscheln weisen schon initial einen hohen Gehalt an Keimen auf. Unmittelbar nach der Ernte, ohne Reinigung, liegt die GKZ bereits in einem Bereich von 4×10^2 bis 8×10^4/g [61]. Auf den Frischfischmärkten Seattle's [1] wies die GKZ bei uneröffneten Austern, Klaffmuscheln und Miesmuscheln eine Größenordnung von 2,5–5×10^4/g (Schwankungsbereich 10^3–$2{,}5 \times 10^6$/g) auf. Eröffnete Kammuscheln wiesen ebenfalls nur eine wenig höhere GKZ auf. Der Anteil der untersuchten Muscheln (n = 76) mit einer Kontamination von Coliformen erreichte bei geschlossenen Austern 66,7 %, bei geschlossenen und eröffneten Kammuscheln 100 % sowie bei geschlossenen Miesmuscheln 80 %. *E. coli* war dagegen im Mittel nur bei 6,6 % der untersuchten Muscheln nachweisbar (Schwankungsbereich des Befalls 3,6–23/g MPN). Auch der Befall mit *Staphylococcus aureus* hielt sich in engen Grenzen (3,6–240/g) und war bei 25 % der Proben anzutreffen. Lediglich der Anteil von mit *St. aureus* befallenen, eröffneten Kammmuscheln war mit nahezu 60% relativ hoch, was sicherlich mit dem Prozeßschritt der Öffnung der Schalen zusammenhängt. Bei letzterem Muschelerzeugnis war auch die Kontamination mit Enterokokken in Höhe von 70 % am höchsten, während bei den anderen geschlossenen Muschelarten lediglich 30 % der Proben mit Enterokokken behaftet waren. Eine Kontamination mit *Clostridium perfringens* und *Bacillus cereus* wurde nur gelegentlich (6,6 %) registriert. *Vibrio parahämolyticus* wurde bei Kammuscheln nicht nachgewiesen. Bei den anderen Muschelarten lag die Kontamina-tionsrate bei 10 % und war damit niedrig zu bewerten.

Die in Muscheln nachgewiesenen Keimarten gehören zur marinen Flora von Küstengewässern: *Coryneforme*, *Aeromonas*, *Vibrio*, *Moraxella*, *Acinetobacter*, *Flavobacterium*, *Cytophaga*, *Micrococcus*, *Bacillus*, *Clostridium* etc. [9, 47, 61]. Aber auch fast alle Genera der *Enterobacteriaceae* wurden aus Muscheln schon isoliert [43, 51, 61]: *Escherichia*, *Klebsiella*, *Enterobacter*, *Proteus*, *Edwardsiella*, *Serratia* etc. Ebenso gehören Hefen zur originären Flora mariner Muscheln [34].

Soweit es sich vor allem um proteolytische Keimarten handelt, sind sie ursächlich für den Verderb verantwortlich, der bald nach dem Tode der Muscheln einsetzt und von auffälligen sensorischen Veränderungen begleitet ist. Zur Verhinderung des schnell einsetzenden Verderbs werden die Muscheln überwiegend lebend vermarktet. Das heißt, daß verendete Muscheln dann lebensmittelrechtlich nicht der Verkehrsauffassung entsprechen. Soweit die Muscheln nicht roh verzehrt werden sollen, wird das Fleisch lebender Muscheln dadurch gewonnen, daß sie kurz in kochendes Wasser überführt werden, wodurch sich die Schalen öffnen und die Weichteile freiliegen. Das Muschelfleisch wird so unvollständig oder auch vollständig hitzegegart tiefgefroren und in diesem Zustand weitergehandelt. Nur selten trifft man rohes, tiefgefrorenes Muschelfleisch im Handel an, wie z. B. den Schließmuskel der Kammuschel mit oder ohne Gonaden.

In Muscheln ist aufgrund ihrer Herkunft aus küstennahen Gewässern mit bakteriellen Lebensmittelvergiftern aller Art zu rechnen, wenn keine hygienischen Maßnahmen bei der Gewinnung und der Vermarktung einschließlich der sorgfältigen Zubereitung getroffen werden. Dazu gehört die bakterielle Überwachung der Erzeugergebiete, die Maßnahme des Umsetzens in saubere Gewässer oder die Behandlung in Reinigungszentren.

Das Schrifttum über den Nachweis von pathogenen Bakterien ist zahlreich:

Salmonella spp. einschließlich S. typhi [4, 12, 46, 64]
Shigella spp. [12]
Yersinia spp. [52]
Vibrio cholerae und *V. cholerae* non 01 [8, 12, 33, 40, 66]
Vibrio vulnificus [17, 44, 58]
Vibrio parahämolyticus [11, 20, 28, 63, 65]
Aeromonas hydrophila [2, 24, 53]
Plesiomonas shigelloides [31, 32, 59]
Campylobacter jejuni [3, 7]
Listeria monocytogenes [67]
Staphylococcus aureus [1, 28]
Clostridium botulinum [14, 18, 55]
Clostridium perfringens [13, 47]

Das Umsetzen der erntereifen Muscheln aus bakteriell kontaminierten Gewässern in saubere Gebiete vor der Vermarktung ist die Methode der Wahl, um in angemessener Zeitdauer zumindest eine Selbstreinigung der Muscheln von bakteriellen Lebensmittelvergiftern zu erreichen. Für die mikrobiologische Kontrolle kann dazu die Bestimmung des Gehaltes an Coliformen oder von *E. coli* im Wasser des Umsetzgebietes oder im Muschelfleisch dienen [35].

Abgesehen von der sauberen Gewinnung von Muscheln ist es zur Verhütung bakterieller Lebensmittelvergiftungen vor allem wichtig, daß Erhitzungsprozesse so durchgeführt werden, daß auch beim Kochen in der Schale im Zentrum des Muschelfleisches Temperaturen erzielt werden, die zur Inaktivierung der vegetativen Keime führen.

Zur Verhinderung der Entwicklung pathogener Keime wie auch des fauligen Verderbs ist die Einhaltung der Kühlkette eine notwendige Voraussetzung. Für eine längerfristige Lagerung ist aber das Gefrieren die Methode der Wahl [15], da eine Reihe der o. a. Keimarten durchaus psychrotolerant ist (*Listeria*, *Aeromonas*) und sich bei kühlen Temperaturen vermehren. Die Verbesserung der kurzfristigen Lagerstabilität kann auch durch Verpackung unter modifizierter Atmosphäre und anderen Maßnahmen (kompetitive Hemmung von Verderbskeimen durch andere Mikroorganismen) erfolgen [9, 10], dennoch ist der Erfolg nicht immer zufriedenstellend reproduzierbar, so daß in der Praxis davon wenig Gebrauch gemacht wird. Dort, wo es erlaubt ist, kann sowohl die UV-Bestrahlung wie auch die Bestrahlung mit ionisierenden Strahlen eingesetzt werden. Im Gegensatz zu der in vielen Ländern erlaubten Bestrahlung von Garnelen wird bei Muscheln jedoch davon kaum Gebrauch gemacht. Vielfach werden jedoch zur Verlängerung der Kühllagerfähigkeit von Muschelfleisch Pasteurisierungsprogramme angewandt [50].

7.3.2.3 Muscheln als Überträger menschlicher Virus-Erkrankungen

Die Nähe von Muschelwuchsgebieten zu Abwässerströmen menschlicher Siedlungen und der bevorzugte Rohverzehr vieler Muschelarten hat gezeigt, daß Muscheln auch als Überträger menschlicher Viruserkrankungen in Frage kommen. Als Lebewesen, die ihren Nahrungsbedarf durch Filtration ihres Umweltgewässers decken, sind Muscheln in der Lage, Viruspartikel zu eliminieren und auch zu akkumulieren. Dabei hat sich herausgestellt [6, 54], daß die Muscheln in sauberen Gewässern bakterielle Mikroorganismen in wesentlich kürzerer Zeit (maximal wenige Tage) wieder ausscheiden als darin enthaltene Viren (mehrere Wochen).

Im Jahre 1980 wurde in Australien der Ausbruch einer Gastroenteritis bei 2000 Patienten registriert, die mit dem Verzehr roher Austern und Klaffmuscheln vergesellschaftet war. Als Ursache wurde eine Infektion mit dem Norwalk-Virus diagnostiziert [25], welches als „**s**mall, **r**ound, **s**tructured **v**irus" charakterisiert wird und die Kurzbezeichnung SRSV bekam [16]. Inzwischen wurden solche Gastroenteritis-Ausbrüche auch in anderen Kontinenten, so auch in Großbritannien festgestellt [42]. Soweit bei anderen Durchfallepidemien nach dem Verzehr von Muscheln Unterschiede des gefundenen Virus bezüglich der Antigenstruktur zum Norwalk-Virus gefunden wurden, sprach man vom Norwalk-like-Virus, welches nun unter der Kurzbezeichnung SRFV („**s**mall, **r**ound, **f**eatureless **v**irus) geführt wird [16, 26, 56]. Eine der größten durch Muschelverzehr ausgelösten Virus-Epidemien bei

Menschen ereignete sich 1988 in Shanghai, als dort etwa 300 000 Personen an Hepatitis A nach dem Verzehr von Klaffmuscheln erkrankten. Auch in anderen Teilen der Welt werden Erkrankungen an Hepatitis A nach dem Verzehr von rohen oder nicht ausreichend gekochten Muscheln diagnostiziert [45, 49]. Im Gegensatz zur SRSV- und RSFV-Gastroenteritis ist die Übertragung der Hepatitis A jedoch nicht allein auf den Muschelverzehr beschränkt, sondern andere Übertragungswege und andere Lebensmittel (Himbeeren, Sandwiches) kommen ebenso in Frage [6]. Die Inkubationszeit der Hepatitis A, die auf alimentärem Wege 3–4 Wochen dauert, unterscheidet sich erheblich von der der SRSV- und RSFV-Gastroenteritis, die nur 1–2 Tage beansprucht. Zur Verhütung der Übertragung dieser Muschelinfektionen sind Vorsorgeprogramme von den Regierungen der betroffenen Länder vorgeschrieben (siehe auch Abschnitt 7.3.2.5 Gesetzliche Vorschriften), die vor allem die Kontrolle der Kontamination der Muschelgebiete mit Abwässern, die Reinigung der Muscheln vor der Vermarktung und gegebenenfalls die ausreichende Erhitzung des Muschelfleisches betreffen [45]. Ebenso muß durch strenge Kennzeichnungsvorschriften die Identität und korrekte Vorbehandlung jeder Muschelpartie gesichert sein.

7.3.2.4 Muschelvergiftungen durch Algentoxine

Beim Verzehr sonst bekömmlicher Muscheln muß während begrenzter Zeiträume und aus umschriebenen Herkunftsgebieten mit dem Auftreten verschiedener Vergiftungen gerechnet werden [27, 39, 41]:

1. Die paralytische Muschelvergiftung (paralytic shell fish poisoning = PSP): Bereits 30 Minuten nach dem Verzehr tritt ein kribbelndes Gefühl an den Lippen, der Zunge und im Rachen auf, das sich über den Hals bis zu den Fingern und Zehen ausbreitet. Schließlich treten Lähmungserscheinungen auf, die mit Muskel- und Kopfschmerz sowie mit Benommenheit und Durstgefühl verbunden sind. In schweren Fällen können Sehstörungen mit zeitweiliger Blindheit und schließlich meist innerhalb der ersten 12 Stunden auch eine fortschreitende Atemlähmung eintreten (ähnlich der Tetrodotoxikose oder dem Botulismus), die in etwa 8 % der Fälle zum Tode führt. Als Giftstoffe kommen wasserlösliche, weitgehend hitzestabile Purinabkömmlinge wie Saxitoxin, Gonyautoxin und ca. 10 weitere Derivate in Frage, die die Muscheln mit Mikroalgen (Dinoflagellaten) durch Abfiltrieren des Umgebungswassers aufnehmen und anreichern.

2. Diarrhöische Muschelvergiftung (diarrhetic shell fish poisoning = DSP): nach relativ langer Latenzzeit von 10–12 Stunden treten Übelkeit, Erbre-

chen, Durchfall und Bauchschmerz auf. Der Patient erholt sich danach i. d. R. ohne Folgeschaden. Als Giftstoffe wurden fettlösliche Polyether wie die Okadasäure (mit 2 Derivaten = Dinophysistoxine), das Pectenotoxin (mit 3 Derivaten) und das Yessotoxin erkannt [37, 41], die ebenfalls mit Dinoflagellaten aufgenommen werden.

3. Neurotische Muschelvergiftung (neurotic shell fish poisoning = NSP): die Erkrankung gleicht etwas der PSP-Erkrankung und geht mit ausgedehnten Hautreizungen, auch Lidbindehautentzündung, Kopfschmerz und aufsteigender Hitze einher. Die Genesung erfolgt innerhalb weniger Tage. Tödliche Verlaufsformen sind unbekannt. Es wurden mehrere polyzyklische Ether als Giftstoffe isoliert, die als Brevetoxine bezeichnet werden und mit dem Dinoflagellaten *Ptychodiscus brevis* von den Muscheln angereichert werden. Beim Einatmen solcher in Aerosolform befindlicher Toxine in der Meeresbrise treten bei empfindlichen Personen Atembeschwerden auf [22]. Die Toxine sind auch für Fische giftig und werden für regionale Massenfischsterben (Golf von Mexiko, Florida) verantwortlich gemacht.

4. Amnestische Muschelvergiftung (amnesic shell fish poisoning = ASP): die seit 1987 von der kanadischen Ostküste nach dem Verzehr von Miesmuscheln aufgetretene Erkrankung ist neben Durchfall, Erbrechen und Bauchschmerz besonders durch neurologische Ausfallserscheinungen (Verlust des Kurzzeitgedächtnisses und der Orientierung) charakterisiert. Von 153 erkrankten Personen starben drei. Als Gift wurde die in Kieselalgen (Diatomeen) vorkommende Aminosäure Domosäure (domoin = japanisch Seetang) erkannt. Die Domosäure wurde auch aus Meeresfischen und Krebstieren isoliert.

Bereits seit dem vorigen Jahrhundert weiß man, daß die Giftigkeit von Muscheln zeitlich eng verknüpft ist mit Perioden der Phytoplanktonblüte dieser Gewässer. Inzwischen ist auch längst bekannt, welche Mikroalgen in den betroffenen Gewässern die Gifte enthalten. Neuere Beobachtungen und Experimentaluntersuchungen weisen darauf hin, daß die Toxinsynthese nicht allein von den Panzer- und Kieselalgen vollbracht wird, sondern, daß wesentlichen Anteil daran endo-symbiontisch in den Algen lebende Bakterien haben. Inzwischen sind einige den Vibrionen verwandte Bakterienarten als Saxitoxinproduzenten bekannt. Im Muschelstoffwechsel findet meistens lediglich eine Derivatisierung des Giftes statt. Bei Massenvermehrung der Algen, die auch mit erhöhter Stoffwechselaktivität verbunden ist, kommt es dann durch die erhöhte Nahrungsaufnahme der Muscheln zu einer Akkumulation der Toxine im Darm und Hepatopankreas. Die Muscheln werden durch die Toxine nicht beeinträchtigt. Bei Planktonblüten sollte daher von Muschelernten dringend Abstand genommen werden.

Meeresgebiete neigen besonders im Bereich hydrographischer Sprungschichten, die durch sommerliche Erwärmung von Oberflächenwasser oder durch Unterschiede im Salzgehalt oder der Temperatur, insbesondere bei oberflächlichem Zufluß von Süßwasser zustande kommen, leicht zu Planktonblüten [22, 37]. Auch in Auftriebsgebieten von Wasser aus tieferen Schichten, meist bei ablandigen Winden, wird eine Massenvermehrung der Algen provoziert. Das Algenwachstum wird insbesondere durch folgende Bedingungen begünstigt:

- Wassertemperaturen von über 15 °C
- Salzgehalte zwischen 30–35 %
- Windstärken von < 2 Beaufort und begrenzter Dauer.

Im Anschluß an solche Algenblüten entstehen als Resultat sexueller Vermehrung der Dinoflagellaten als Ruhestadien sog. Hypnozysten (engl. resting cysts), die im Sediment überwintern und meist höhere Toxinkonzen-

Tab. 7.3.1 Übersicht über die wichtigsten Arten der Muschelvergiftungen beim Menschen, der ursächlichen Mikroalgen, der Toxine und der üblichen Nachweisverfahren

Erkrankung	Algenart	Toxin	Nachweis
PSP	*Protogonyaulax tamarensis* *Protogonyaulax cantenella* *Gonyaulax monilata* *Pyrodinium bahamense var. comp.* *Gymnodinium catenatum*	wasserlösliche: Saxitoxin Neosaxitoxin Gonyautoxin 1–6 u. 8 Epigonyautoxin 8	Maus-Test DC u. HPLC mit Fluoreszenzdetektor RIA ELISA
DSP	*Dinophysis acuminata* *Dinophysis fortii*	fettlösliche: Okadasäure Dinophysistoxin 1 u. 3 Pectenotoxin 1–3 u. 6 Yessotoxin	Rattenfütterungstest nach Marie Kat Maus-Test HPLC
NSP	*Ptychodiscus brevis*	Brevetoxine	Maus-Test
ASP	*Nitzschia pungens forma multiseries* (Kieselalge)	Domosäure	HPLC nach Derivatis. m. FMOC

trationen enthalten. Häufig sind aber auch die Gebiete der Algenblüte nicht identisch mit denen der Muschelbänke, die dann erst nach der Verdriftung des blühenden Wasserkörpers kontaminiert werden.

Aus der Tab. 7.3.1 gehen für die hauptsächlichen Muschelvergiftungen die Namen der entsprechenden Mikroalgen, der identifizierten Toxine und die wichtigsten Toxin-Nachweisverfahren hervor.

7.3.2.5 Mikrobielle Erreger von Muschelerkrankungen

Zur Vollständigkeit der Mikrobiologie von Muscheln gehört auch, daß es zahlreiche Erkrankungen oder Massensterben adulter wie juveniler Muscheln gibt, die durch Viren, Bakterien und Pilze verschiedener Art hervorgerufen werden oder zumindest bei Untersuchungen an pathologischem Material festgestellt worden sind. Gerade Berichte über den Nachweis von Virus-Partikeln bei Muscheln mehren sich ständig. Aber auch Bakterien, wie z. B. *Vibrio parahämolyticus*, *V. anguillarum*, *Achromobacter* sp., *Pseudomonas enalia*, werden im Zusammenhang mit wild vorkommenden wie kultivierten Muschelpopulationen isoliert. Ebenso wurden bei Muscheln Infektionen mit Chlamydien- und Rickettsien-ähnlichen Erregern, insbesonders mit Befall der Kiemen, gefunden. Auch wird häufig bei Erkrankungen auf den Muschelbänken ein Befall mit Pilzen diagnostiziert [62].

7.3.2.6 Mikrobiologische Rechtsnormen für Muscheln

Nach § 16 der Fischhygiene-Verordnung vom 31. 03. 1994 (BGBl. I S. 737) ist es verboten, lebende Muscheln oder daraus hergestellte Fischereierzeugnisse als Lebensmittel in den Verkehr zu bringen, in denen fettlösliche Algentoxine (DSP) nach dem in der VO vorgeschriebenen Probenentnahme- und Untersuchungsverfahren nachgewiesen wurden. Ebenso gilt das Verbot für Muscheln, in denen mehr als 800 µg wasserlösliche Algentoxine (PSP) pro kg Muschelfleisch nach vorgeschriebenem Verfahren festgestellt sind. Nach Anlage 2, Kapitel 5 der Fischhygiene-Verordnung vom 31. 03. 94 (BGBl. I S. 737) müssen lebende Muscheln, die zum unmittelbaren Verzehr für Menschen bestimmt sind, folgenden mikrobiologischen Anforderungen entsprechen:

- In einem 5-tube-3-dilution-MPN-Test oder einem anderen bakteriologischen Verfahren mit entsprechender Genauigkeit, müssen weniger als

300 Fäkalcoliforme pro 100 g Muschelfleisch und Schalenflüssigkeit oder weniger als 230 *E. coli* pro 100 g Muschelfleisch und Schalenflüssigkeit nachweisbar sein.
- In 25 g Muschelfleisch dürfen keine Salmonellen nachweisbar sein.

Um diese Normen einzuhalten, unterliegen die Erzeuger von lebenden Muscheln der Zulassung durch die zuständige Behörde und einer laufenden Überwachung, die die Erfüllung der Anforderungen an die Erzeugungsgebiete, an die Ernte, an die Beförderung, an die Umsetzgebiete, an die Reinigungs- und Versandzentren, an das Personal, an die Verpackung und Lagerung sowie an die Beförderung vom Versandzentrum sicherstellt.

Entscheidend für die Behandlung der Muscheln nach der Ernte ist die mikrobiell ausgewiesene Abgrenzung des Erzeugungsgebietes, welches zu anderen Erzeugungsgebieten oder Umsetzgebieten einen Abstand von mindestens 300 m haben muß. Danach sind folgende Erzeugungsgebiete zu unterscheiden: 1. Solche, aus denen lebende Muscheln für den unmittelbaren Verzehr geerntet werden dürfen. 2. Solche, deren lebend geerntete Muscheln erst in einem Reinigungszentrum oder nach Einbringen in ein Umsetzgebiet für den unmittelbaren Verzehr gewonnen werden dürfen; es muß gewährleistet sein, daß bei lebenden Muscheln aus diesen Erzeugungsgebieten in einem 5-tube-3-dilution-MPN-Test oder einem anderen bakteriologischen Verfahren mit entsprechender Genauigkeit in 90 vom Hundert der Proben maximal nicht mehr als 60 Fäkalcoliforme pro g Muschelfleisch oder 46 *E. coli* pro g Muschelfleisch entsprechend Artikel 2 Nr. 18/19 der Richtlinie 91/492/EWG in der jeweils geltenden Fassung nachweisbar sind. 3. Solche Erzeugungsgebiete, deren lebend geerntete Muscheln erst nach Einbringen in ein Umsetzgebiet über einen Zeitraum von mindestens zwei Monaten für den unmittelbaren Verzehr gewonnen werden dürfen. Das Umsetzen kann durch die Aufbereitung in einem Reinigungszentrum ergänzt sein. Es muß gewährleistet sein, daß bei lebenden Muscheln aus diesen Erzeugungsgebieten in einem 5-tube-3-dilution-MPN-Test oder einem anderen bakteriologischen Verfahren mit entsprechender Genauigkeit maximal nicht mehr als 600 Fäkalcoliforme pro g Muschelfleisch nachweisbar sind.

Mit diesen Vorschriften soll sichergestellt werden, daß beim Lebensmittelverkehr mit lebenden Muscheln auch die Gefahr einer alimentären Virus-Erkrankung ausgeschlossen bleibt.

In der Entscheidung der Kommission der EU 93/25/EWG vom 11. 12. 93 (BAnz. Nr. 125, S. 6995) werden Verfahren genehmigt, die zur Hemmung der Entwicklung pathogener Mikroorganismen in Muscheln und Meeresschnecken aus solchen Erzeugungsgebieten statthaft sind, die vor ihrer

Vermarktung weder umgesetzt noch gereinigt sind. Danach ist die Sterilisation in hermetisch verschlossenen Behältnissen entsprechend Kapitel IV Abschnitt IV Ziffer 4 der Richtlinie 91/493/EWG erlaubt. Ferner können solche Muscheln und Meeresschnecken mit Schalen oder Gehäusen, die nicht tiefgefroren sind, folgenden Hitzebehandlungen unterzogen werden, um sie als verarbeitete Fischereierzeugnisse in den Lebensmittelverkehr zu bringen: 1. Verbringen in kochendes Wasser bis zum Erreichen einer Mindest-Kerntemperatur von 90 °C, die wenigstens für 90 Sekunden gehalten werden muß. Oder 2. Garen während 3–5 Minuten in einem geschlossenen Behältnis unter Einhaltung einer Temperatur von 120 bis 160 °C bei einem Druck von 2 bis 5 kg/cm^2 mit anschließender Entfernung der Schale und Einfrieren des Fleisches auf eine Kerntemperatur von –20 °C.

Die mikrobiologischen Normen für gekochte Muscheln sind der Entscheidung Nr. 93/51/EWG der Kommission vom 15. 12. 1992 für gekochte Krebs- und Weichtiere in der Bekanntmachung vom 23 .06. 94 (BAnz. Nr. 125 S. 6994–6995) zu entnehmen und wurden bereits im Kapitel 7.2 erörtert (siehe auch tabellarische Übersicht 7.2.1).

7.3.3 Kopffüßer *Cephalopoda*

Aus der Weichtier-Unterklasse Dibranchiata spielen als Lebensmittel die ausschließlich im Meer vorkommenden achtarmigen Kraken *Octobrachia* und zehnarmigen Tintenfische *Decabrachia* eine Rolle. Innerhalb der *Decabrachia* werden die Kalmare (*Sepia* sp.) von den Kurzflossenkalmaren (*Loligo* sp.) unterschieden. Sie werden in allen Meeren der Welt sowohl als Objekte der Küsten- wie auch der Hochseefischerei hauptsächlich mit Angeln oder Schleppnetzen gefangen.

Die mikrobielle Originalflora unterscheidet sich nicht wesentlich von der mariner Fische in vergleichbaren Herkunftsgewässern (*Moraxella*, *Acinetobacter*, *Vibrio*), zumal die Kopffüßer auch eine wichtige Nahrungsquelle vieler kommerziell genutzter Meeresfischarten sind. Erwähnenswert ist in diesem Zusammenhang, daß viele Cephalopoden mit Leuchtorganen ausgestattet sind, die bei vielen Arten (*Sepia*, *Sepioidea*, *Alloteuthis*) aus einer mit Leuchtbakterien gefüllten ektoblastischen Tasche in Gestalt einer Drüse besteht [36].

Die verschiedenen Tintenfischarten werden je nach Größe als ganze Tierkörper, ausgeweidet oder geschlossen, oder als Teile davon (mit Saugnäpfen besetzte Muskelarme, Mantelkörper als Tuben, Ringe oder Streifen) verwertet.

Die mikrobielle Kontamination der nach dem Fang zerlegten und be- oder verarbeiteten Tintenfische entspricht damit auch der angelandeter Seefische. Unter dem Einfluß der Verarbeitungsbedingungen an Land kommt es in Abhängigkeit von der Zeit und den hygienischen Maßnahmen zu der Manifestation einer Verderbsflora wie sie auch bei Seefischen bekannt ist (*Pseudomonas*, *Alteromonas*, *Shewanella*). Da auch hier wie bei den meisten Weichtierarten der Anteil von schwefelhaltigen Aminosäuren im Eiweiß diese Kopffüßer sehr hoch ist, wird das Bild des Verderbs häufig durch schwefelhaltige Eiweißabbauprodukte bestimmt, die wie Schwefelwasserstoff durch putride Geruchskomponenten charakterisiert sind und auch infolge von Metsulfhämoglobinbildung die Gewebe grünlich verfärben. Als Maßstab für den fauligen Verderb des Kurzflossenkalmars *Todarodes pacificus* [70] wird besonders der Agmatin-Gehalt erachtet, der im Verlaufe des Verderbs von 0,2 mg/100 g (frisch gefangen) auf 40 mg/100 g Gewebe ansteigt. Ein ähnliches Verhalten zeigt auch der Putrescin-Gehalt. Aber auch der Anstieg der basischen Aminosäuren Arginin und Ornithin wird als verwertbarer Frischemaßstab empfohlen [48].

Vertreter der Kopffüßer kommen entweder frisch, getrocknet (im pazifischen Raum häufig), als Vollkonserve mit Öl oder anderen Zutaten oder aber heutzutage überwiegend küchenfertig zubereitet (meist blanchiert) und durch Tiefgefrieren haltbar gemacht als Lebensmittel in den Verkehr.

Bei getrockneten Tintenfischen spielt vor allem der Zutritt von Feuchtigkeit die vorbereitende Rolle für die Entwicklung von Hefen, Schimmelpilzen und proteolytischen Bakterien. Die Gesamtkeimzahl (25 °C) bewegt sich bei ganzen tiefgefrorenen Tintenfischen (ca. 80 % der untersuchten Proben) im Bereich zwischen 10^3 bis 10^6/g, während bei weitergehender Zerteilung durch Zunahme der Prozeßschritte (Tintenfischringe und -streifen) die mittlere Gesamtkeimbelastung um etwa eine Zehnerpotenz erhöht ist. Hygiene-Indikator-Mikroorganismen werden bei TK-Erzeugnissen relativ selten gefunden. So liegt die Häufigkeit des Nachweises von coliformen Keimen und von Enterokokken auch bei GKZen von $>10^5$/g noch unter 10% des Probenmaterials. *Staphylococcus aureus* wie auch sulfit-reduzierende Clostridien werden bei Tintenfischen, die keine weiteren Zutaten enthalten, sehr selten angetroffen.

Es hängt von den Verzehrsgewohnheiten ab, daß mit dem Auftreten von Lebensmittelvergiftungen nach Tintenfischverzehr sehr selten zu rechnen ist. Dennoch muß erwähnt werden, daß 1955 in Japan der Ausbruch einer Gastroenteritis in der Präfektur Niigata, bei der 20 000 Personen erkrankten, registriert werden mußte, der auf den Verzehr roher oder nahezu roher Tintenfische zurückzuführen war. Mikrobielle Ursache war die

Kontamination mit *Vibrio parahämolyticus*, einer der ersten großen Ausbrüche, bei der diese Keimart als Lebensmittelvergifter erkannt wurde [62]. Dort, wo *V. parahämolyticus* zur Meeresflora gehört, sollte daher darauf geachtet werden, daß Tintenfische ausreichend durcherhitzt zum Verzehr gelangen. Ein Fall von Gastroenteritis, verursacht durch *Plesiomonas shigelloides*, wurde nach dem Verzehr eines Tintenfischsalates beschrieben [23].

Zu bemerken bleibt, daß ein Iridovirus für eine Erkrankung der Krake *Octopus vulgaris* unter dem Bild von Muskelveränderungen verantwortlich gemacht wird [57] und in *Sepia vulgaris* Strukturen eines Reovirus festgestellt wurden [20]. Im Zusammenhang mit der bakteriellen Synthese des Tetrodotoxins (Maculotoxin) ist außerdem erwähnenswert, daß durch den Biß der Blauberingelten Krake *Hapalochlaena maculosa* in australischen Gewässern bei Menschen schwere Erkrankungsfälle mit z. T. tödlichem Ausgang unter dem klinischen Bild der Tetrodotoxikose beobachtet worden sind [41].

Literatur

[1] ABEYTA, C. jr.: Bacteriological Quality of fresh Seafood Products from Seattle Retail Markets. J. Food Protection **46** (1983) 901–909.

[2] ABEYTA, C.; KAYSNER, C. A.; WEKELL, M. M.; SULLIVAN, J. J.; STELMA, G. N.: Das Wiederfinden von *Aeromonas hydrophila* aus Austern, die an einem Ausbruch einer Lebensmittelvergiftung beteiligt waren. J. Food Protection **49** (1986) 843–846.

[3] ABEYTA, C. jr.; DEETER, F. G.; KAYSNER, C. A.; STOTT, R. F.; WEKELL, M. M.: *Campylobacter jejuni* in a Washington State shellfish growing bed associated with illness. J. Food Protection **56** (1993) 323–325.

[4] AULICINO, F. A.; ZIKARELLI, M.; TOSTI, E.; VOLTERRA, L.: Qualitätsstandards von Schalentieren. Ann. Ist. Superiore San. **15** (1979) 709–718.

[5] ANTHONI, U.; CHRISTOPHERSEN; NIELSEN, P. H.: Simultaneous identification and determination of tetramine in marine snails by proton nuclear magnetic resonance spectroscopy. J. Agric. Food Chem. **37** (1989) 705–707.

[6] APPLETON, H.: Hepatitis. Vet. Med. Hefte (Berlin) **1** (1991) 109–116.

[7] ARUMUGASWANY, R. K.; PROUDFORD, R. W.: Das Vorkommen von *Campylobacter jejuni* und *C. coli* in der Sydney Rock Auster. Int. J. Food Microbiol. **4** (1987) 101–104.

[8] BOUTIN, B. K.; BRADSHAW, J. G.; STROUP, W. H.: Heat processing of oysters naturally contaminated with *Vibrio cholerae* Serotype 01. J. Food Protect. **45** (1982) 169–171.

[9] BREMNER, H. A.; STATHAM, J. A.: Verderb von vaccuumverpackten kühlgelagerten Kammuscheln mit zugesetzten Laktobazillen. Food Technol. Aust. **35** (1983) 284–289.

[10] BREMNER, H. A.; STATHAM, J. A.: Die Verpackung in Kohlendioxid verlängert die Haltbarkeit von Pilgermuscheln. Food Technol. Aust. **39** (1987) 177–179.

[11] BROEK, M. J. M. VAN DEN; MOSSEL, D. A. A.; EGGENKAMP, A. E.: Vorkommen von *Vibrio parahämolyticus* in niederländischen Muscheln. Appl. and Environm. Microbiol. **39** (1979) 438–442.

[12] BRYAN, F. L.: Epidemiologie der durch Lebensmittel verursachten Erkrankungen, die durch Fische, Muscheln und marine Krebse übertragen werden, in den USA von 1970 bis 1978. J. Food Protect. **43** (1980) 859–876.

[13] BUROW, H.: Untersuchungen zum Clostridium perfringens-Befall bei gekühlten Seefischen und Miesmuscheln. Archiv Lebensmittelhygiene **25** (1974) 39–42.

[14] CHAI, T. J.; LIANG, K. T.: Thermal resistance of spores from 5 type E *Clostridium botulinum* strains in eastern oyster homogenates. J. Food Protection **55** (1992) 18–22.

[15] CHUNG, S. L.; MERRITT, J. H.: On board handling and freezing of sea scallop *Placopecten magellanicus*. Int. J. Food Sci. Technol. **26** (1991) 695–705.

[16] CLIVER, D. O.: Viral Gastroenteritis, others. Vet. Med. Hefte (Berlin) **1** (1991) 117–120.

[17] COOK, D. W.; RUPLE, A. D.: Cold storage and mild heat treatment as processing aids to reduce the numbers of *Vibrio vulnificus* in raw oysters. J. Food Protection **55** (1992) 985–989.

[18] CRAIG, J. M.; HAYES, S.; PILCHER, K. S.: Vorkommen von *Clostridium botulinum* Typ E in Seelachs und anderen Fischen des Nordwest-Pazifiks. Appl. Microbiol. **16** (1968) 553–557.

[19] DALE, B.; YENTSCH, C. M.; HURST, J. W.: Toxicity of resting cysts of the red-tide dinoflagellate *Gonyaulax excavata* from deeper water coastal sediments. Science **201** (1978) 1223–1224.

[20] DECHAUVELLE, G.; VAGO, C.: Particules d'allure virale dans les cellules de l'estomac de la seiche, *Sepia officinales* L. C. R. Hebd. Seances Acad. Sci., Ser. D **272** (1971) 894–896.

[21] EYLES, M. J.; DAVEY, G. R.; ARNOLD, G.: Behavior and incidence of *Vibrio parahämolyticus* in Sydney rock oysters. Int. J. Food Microbiol. **1** (1985) 327–334.

[22] GERLACH, S.: Kann es beim Genuß der Miesmuscheln aus dem deutschen Wattenmeer zur paralytischen Muschelvergiftung (SPS) kommen? FIMA Reihe Bremerhaven, Bd. **5** (1985) 54–90.

[23] GILBERT, R. J.: Bacterial pathogens transmitted by seafood. Vet. Med. Hefte (Berlin) **1** (1991) 121–128.

[24] GRAPOVA, T. I.: Aeromonaden in Lebensmitteln. Gig. i Sanit. **47** (1982) 89–91.

[25] GROHMAN, G. S.; MURPHY, A. M.; CHRISTOPHER, P. J.; AUDY, H.; GREENBERG, H. B.: Norwalk virus gastroenteritis in volunteers consuming depurated oysters. Aust. J. Exper. Biol. Med. Sci. **59** (1989) 219–228.

[26] GUNN, R. A.; JANKOWSKI, H. T.; LIEB, S.; PRATHER, E. C.; GREENBERG, H. B.: Norwalk virus gastroenteritis following raw oyster consumption. Am. J. Epidemiol. **115** (1982) 348–351.

[27] HABERMEHL, G.: Gift-Tiere und ihre Waffen. 3. Aufl., Berlin und Heidelberg: Springer-Verlag 1983.

[28] HACKNEY, C. R.; RAY, B.; SPECK, M. L.: Vorkommen von *Vibrio parahämolyticus* und mikrobiologische Qualität von marinen Lebensmitteln in Nord-Carolina. J. Food Protection **43** (1980) 769–773.

[29] HALSTEAD, B. W.; COURVILLE, D. A.: Poisonous and venomous marine animals of the world Vol. I – Invertebrates. Washington D.C.: US-Government Printing Office 1965.

[30] HASHIMOTO, Y.: Marine toxins and other bioactive marine metabolites. Tokyo: Japan Scientific Societies Press 1979.

[31] HERRINGTON, D. A.; TZIPORI, S.; ROBINS-BROWNE, R. M.: In vivo and in vitro pathogenicity of *Plesiomonas shigelloides*. Infection and Immunity **55** (1987) 979–985.

[32] HOLMBERG, S. D.; WACHSMUTH, J. K.; HICKMAN-BREMNER, F. W.; BLAKE, P. A.; FARMER, J. J.: Darminfektionen durch Plesiomonas in den USA. Ann. Int. Med. **105** (1986) 690–694.

[33] HOOD, M. A.; NESS, G. E.; RODRICK, G. E.: Isolierung von *Vibrio cholerae* Serotyp 01 aus der Auster *Crassostrea virginica*. Appl. and Environm. Microbiol. **41** (1983) 559–560.

[34] HOOD, M. A.: Einfluß des Gewässers und der Lagerungsbedingungen auf die Hefenpopulationen in Muscheln. J. Food Protection **46** (1983) 105–108.

[35] JEHL-PETRI, CH.; HUGNER, B.; DELOINCE, R.: Viral and bacterial contamination of mussels (Mytilus edulis) exposed in an unpolluted marine environment. Letters in Applied Microbiology **11** (1990) 126–129.

[36] KAESTNER, A.: Lehrbuch der Speziellen Zoologie. Bd. 1, Wirbellose 1. Teil, Stuttgart: Gustav Fischer Verlag 1965.

[37] KAT, M.: Diarrhetic mussel poisoning. Measures and consequences in The Netherlands. Rapp. P.-v. Reun. Cons. int. Explor. Mer **187** (1987) 83–88.

[38] LERCHE, M.; GOERTTLER, V. M; RIEVEL, H.: Lehrbuch der tierärztlichen Lebensmittelüberwachung. Jena: Gustav Fischer Verlag 1957.

[39] LINDNER, E.: Toxikologie der Nahrungsmittel. 4. Aufl., Stuttgart und New York: Thieme Verlag 1990.

[40] MADDEN, J. M.; MCCARDELL, B. A.; READ, R. B.: *Vibrio cholerae* in Muscheln aus Küstengewässern der USA. Food Technol. **36** (1982) 93–96.

[41] MEBS, D.: Gifttiere. Stuttgart: Wissenschaftl. Verlags GmbH 1992.

[42] MORSE, D. L.; GUZEWICH, J. J.; HANRAHAN, J. P.; STRICOF, R.; SHAYETGANI, M.; DEIBEL, R.; GRABAU, J. C.; NOWAK, N. A.; HERRMANN, J. E.; CUKOR, G.; BLACKLOW, N. R.: Widespread outbreaks of clam- and oysters-associated gastroenteritis. Role of the Norwalk Virus. N. Engl. J. Med. **314** (1986) 678–681.

[43] MOUSSA, R. S.: Bakteriologische Untersuchung von Schalentieren. J. appl. Bacteriol. **28** (1965) 235–240.

[44] MURPHY, S. K.; OLIVER, J. D.: Effects of temperature abuse on survival of *Vibrio vulnificus* in oysters. Appl. Environm. Microbiol. **58** (1992) 2771–2775.

[45] NACMCF, National Adivary Committee on Microbiological Criteria for Foods: Microbiological criteria for molluscan shellfish. J. Food Protection **55** (1992) 463–480.

[46] NISHIO, T.; NAKAMORI, J.; MIYAZAKI, K.: Überleben von Salmonellen in Austern. Zbl. Bakt. Hyg. I, Abt. Orig. B, **172** (1981) 415–426.

[47] NGUYEN, T. S.; FLEET, G. H.: Das Verhalten der pathogenen Bakterien in der Auster *Crassostrea commercialis* während der Reinigung, Ablösung und Lagerung. Appl. and Environm. Microbiol. **40** (1980) 994–1002.

[48] OHASHI, E.; OKAMOTO, M.; OZAWA, A.; FUJITA, T.: Characterization of common squid using several freshness indicators. J. Food Sci. **56** (1991) 161–163 u. 174.

[49] O'MAHONY, M. C.; GOOCH, C. D.; SMITH, D. A.; TRUSSEL, A. J.; BARTLETT, C. L. R.: Epidemische Hepatitis A durch Herzmuscheln. Lancet **8323** (1983) 518–520.

[50] PACE, J.; WU, C. Y.; CHAI, T.: Die Bakterienflora in pasteurisierten Austern. J. Food Sci. **53** (1988) 325–327 u. 348.

[51] PAILLE, D.; HACKNEYS, C.; REILY, L.; COLE, M.; KILGEN, M.: Jahreszeitliche Variation in der fäkalcoliformen Population der Austern aus Louisiana. J. Food Protection **50** (1987) 545–549.

[52] PAIXOTTO, S. S.; FINN, G. HANNA, M. O.; VANDERZANT, C.: Vorkommen, Wachstum

und Überleben von *Yersinia enterocolitica* in Austern. J. Food Protection **42** (1979) 974–981.

[53] PALUMBO, S.; ABEYTA, C.; STELMA, G. jr.: Aeromonas hydrophila group. in VANDERZANT, C.; SPLITTSTOESSER, D. F.: Compendium of Methods for the microbiological Examination of Foods. 3rd ed., Washington D.C.: American Public Health Association 1992, p. 497–516.

[54] POWER, U. F.; COLLINS, J. K.: Differential depuration o poliovirus, *E. coli* and a coliphage by the common mussel *Mytilus edulis.* Appl. Environm. Microbiol. **55** (1989) 1386–1390.

[55] PRESSWELL, M. W.; MIESCIER, J. J.; HILL, W. J. jr.: *Clostridium botulinum* in marinen Sedimenten und in der Auster aus der Mobile Bay. Appl. Microbiol. **15** (1967) 668–669.

[56] RICHARDS, G.: Outbreaks of shellfish associated enteric illness in the United States: Requisite for development of viral guidelines. J. Food Protection **48** (1985) 815–823.

[57] RUNGGER, D.; CASTELLI, M.; BRAENDLE, E.; MALSBERGER, R. G.: A viruslike particle associated with lesions in the muscles of *Octopus vulgaris* J. Invertebr. Pathol. **17** (1971) 72–80.

[58] RUPLE, A. D.; COOK, D. W.: *Vibrio vulnificus* and indicator bacteria in shellstock and commercially processed oysters from the gulf coast. J. Food Protection **55** (1992) 667–671.

[59] RUTALA, W. A.; SARUBBI, F. A. jr. FINCH, C. S.; MCCARMACK, J. N.; STEINKRAUS, G. E.: Oyster-associated outbreak of diarrheal disease possible caused by *Plesiomonas shigelloides.* Lancet **1** (1982) 739.

[60] SALVINI-PLAWEN, L. VON: Die Schnecken. Grabfüsser und Muscheln. Die Kopffüßer. in Grzimeks Tierleben. Bd. 3, München: Deutscher Taschenbuch Verlag 1979, S. 50–225.

[61] SCHULZE, K.: Zur Untersuchung von Muscheln im Erzeugergebiet. Deutsche Tierärztl. Wschr. **92** (1985) 168–170.

[62] SINDERMANN, C. J.: Principal Diseases of marine fish and shellfish. Vol. 2, San Diego: Academic Press 1990.

[63] SPITE, G. T.; BROWN, D. F.; TWEDT, R. M.: Isolierung eines enteropathogen Kanagawa-positiven *Vibrio parahmolyticus*-Stammes aus Meereslebensmitteln, der bei akuter Gastroenteritis mitbeteiligt ist. Appl. Environm. Microbiol. **35** (1978) 1226–1227.

[64] STÜVEN, K.: Krank durch Muschelgenuß. Lebensmitt.-techn. **12** (1980) 26–29.

[65] TEPEDINO, A. A.: *Vibrio parahämolyticus* in Long Island oysters. J. Food Protection **45** (1982) 150–151.

[66] TWEDT, R. M.; MADDEN, J. M.; HURST, J. M.; FRANCIS, D. W.; PEEPLER, J. F.: Charakterisierung von aus Austern isolierten Stämmen der Art *Vibrio cholerae.* Appl. Environm. Microbiol. **41** (1981) 1475–1478.

[67] WEAGANT, ST. D. et al.: The incidence of Listeria species in frozen seafood products. J. Food Protection **51** (1988) 655–657.

[68] WICHMANN, S.: Vergiftung durch Ciguatera bei Mensch und Tier. Eine Literaturstudie. Inaug. Diss. Hannover: Tierärztl. Hochschule 1993.

[69] WÖHNER, P.: Staatliches Institut für Gesundheit und Umwelt Saarbrücken, Abt. Veterinärmedizin,: persönliche Mitteilung vom 28. Juli 1994.

[70] YAMAKA, H.: Polyamines as potential indices for freshness of fish and squid. Food Review International **6** (1990) 590–602.

Sachwortverzeichnis

F

N

O

Inserenten in dieser Ausgabe